地球科学方法探索

承继成 等 编著

科学出版社

北京

内 容 简 介

本书覆盖了地质、地理、海洋、气象、水文、生态与环境等分支领域方法的共性部分,包括科学思想方法论及方法体系等核心内容。在科学方法论方面,本书提出了"三不论"与"对立并存"观点,在地球科学理论方面提出了"地球系统新论"及其特征,并将地球科学与有关高新技术相融合,具有很强的科学性、前瞻性和实用性,这在国内外尚属首次。

本书可供地质、地理、气象气候、海洋、水文测绘、生态与环境等地球科学领域相关科研人员以及高等院校师生阅读参考。

图书在版编目(CIP)数据

地球科学方法探索/承继成等编著.—北京:科学出版社,2014.1
ISBN 978-7-03-039305-0

Ⅰ.①地… Ⅱ.①承… Ⅲ.①地球科学-科学方法论 Ⅳ.①P

中国版本图书馆 CIP 数据核字(2013)第 297695 号

责任编辑:王 运 韩 鹏/责任校对:张怡君
责任印制:钱玉芬/封面设计:耕者设计工作室

科 学 出 版 社 出版

北京东黄城根北街 16 号
邮政编码:100717
http://www.sciencep.com

中国科学院印刷厂 印刷

科学出版社发行 各地新华书店经销

*

2014 年 1 月第 一 版 开本:787×1092 1/16
2014 年 1 月第一次印刷 印张:38 3/4
字数:900 000

定价:198.00 元

(如有印装质量问题,我社负责调换)

本书编委会

顾　问：徐冠华

主　任：承继成

委　员：鞠洪波　李　琦　张怀清

前　　言

　　地球科学方法的创新是地球科学进步的重要源泉,而地球科学直接与资源、环境有关,是国家现代化过程的基础,地球科学方法又是促进地球科学自主创新能力建设的基础,所以地球科学方法研究具有重大的意义。

　　众所周知,科学方法是建立在科学方法论的基础上的,而科学方法论又靠科学哲学作支撑,所以一切要从科学哲学谈起,但以方法论为重点,尤其要以方法论的新思维为重中之重,以科学方法创新为主要目标,地球科学方法也是如此。近50年来,科学方法论的新思维发展很快,具有从线性科学方法到非线性科学方法、从"老三论"(信息论、系统论和控制论)到"新三论"(混沌论、突变论和协同论)再到"三不论"(不守恒论、不对称论和不确定性论)的发展过程。同时地球科学方法论也随之得到了相应的发展,如地球信息论、地球系统论、地球控制论、地球系统的自组织和不确定性新概念也应运而生,于是导致了地理(球)信息方法、遥感遥测方法、网络地理(球)信息系统方法等的相继出现。尤其是地球系统的"线性、非线性并存与不对称","确定性、不确定性并存与不对称","地球系统的因果关系的不对称"等新概念,或新的方法论的出现推动了地球科学方法的发展,同时也带动了地球科学的发展。

　　地球科学方法随着科学技术的飞速发展,在全球无缝覆盖的数据获取、数据传输及大数据、云计算、泛在网与物联网的广泛应用等领域中,几乎达到了"无处不在,无所不包和无所不能"的全方位服务,包括从数字家庭到智慧家庭的发展过程,充分体现了地球科学方法从领域应用到"以人为本"的全方位服务,并推动了地球科学的发展,使它更加现代化与科学化。

　　本书总的特色是"集成创新"。其难点在于要将约十个三级学科分类的方法的共性问题,包括科学理论与科学方法等方面进行总结与归纳,这在古今中外都从未有过可做参考的样板。本书还将最新科技成果和地球科学领域研究中取得的重大成果进行了综合,提出了具有前瞻性的分析,对制订地球科学方法的发展规划有重要的参考价值。本书具有以下的特色:

　　首先在理论方面,在对与科学方法密切相关的古代、现代科学哲学观进行综合分析的基础上对现代科学方法论,包括"老三论"、"新三论"与最新的"三不论"进行了综合,提出了"对立统一"与"对立并存"与不对称的新方法论点,并讨论了新观点的普适性。在方法论方面,本书还提出了在物质、能量与信息三者关系上,信息流决定了物质、能量流的流向、流速和流量,信息流的作用大于物质、能量流的作用。在地球系统方法方面,本书提出了"系统新论"的概念,除了技术外,增加了系统主体与系统客体等新的内容。在地球系统功能方面,除了"整体性"、"1+1>2"的概念外,本书对系统的"自组织"、"自适应"、"自更新"等自动调节功能作用进行了重点分析,对地球系统过程的平衡与非平衡、确定性与不确定性、可逆与不可逆性、测得准与测不准并存与不对称现象进行了论证。

其次在技术方法方面,奠定了"定量化"与"信息化"相结合方法体系。确立了"时空全覆盖的立体数据获取体系",包括 G³OS、GEOS、深钻、深潜及无线传感器、视频监测系统;确立了包括移动宽带互联网、无线泛在网与物联网在内的"数据传输全球无缝覆盖的通信系统";实现了以"云计算"为代表的网络计算技术/高性能计算系统、空间信息技术与管理信息技术的融合,建立了 Google Earth 和 Glass Earth 及 IGBP 和 ESE 应用服务系统,从数字地球到智慧地球,从数字城市到智慧城市的全方位服务体系,将为实现"无所不包,无所不能,无处和无时不在"的全方位智能化服务,开拓了宽广的前景。

本书由科学方法论与地球科学方法论两大部分组成。科学方法论包括了第一章至第四章,即第一篇;地球科学方法论包括了第五章至第十八章,即第二篇至第四篇,见图 1、图 2、表 1、图 3。其具体的内容为:

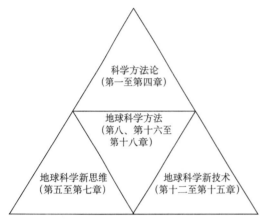

图 1 《地球科学方法探索》内容简介

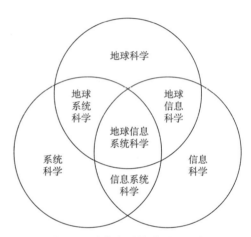

图 2 地球信息系统科学的三大基础(地球科学、系统科学、信息科学)

理论基础:包括第一章、第二章、第三章、第四章;

第一篇,新思维:包括第五章、第六章、第七章;

第二篇,发展过程:包括第八章、第九章、第十章;

第三篇,方法体系:包括第十一章、第十二章、第十三章、第十四章;

第四篇,应用服务:包括第十五章、第十六章、第十七章、第十八章。

本书既包括了理论基础,也包括了方法和技术,应用与服务,同时还包括了它的发展历史、现状与趋势,构成了较为完整的地球科学方法体系。但是由于本书的涵盖面广,涉及地球科学各个领域的方法体系,并要将其高度归纳与综合,确实存在很大的难度,加上知识有限和种种限制,可能存在很多不妥之处,欢迎广大读者批评、指正。

本书经过全体成员数次反复讨论,以及数次专家会讨论,最后由承继成教授统稿而成。在这个过程中还得到张靖老师在技术上的全力支持,谨此表示诚挚的感谢!

表 1　地球科学方法技术系统内涵简表

项目	定量化	信息化
0. 标准与规范	定量标准与规范	信息化标准与规范
1. 数据获取	移动调查/各类工具 定位观测/量测仪器 测绘制图/量测仪器 采样平台:钻探、物探 深潜	各类传感器,遥感、遥测、深潜平台 航空与航天平台、高分辨率无人机遥感平台 GOOS GCOS GTOS/G³OS GEOSS 无线传感器网络 GPS GLONASS GALILEO COMPASS
2. 数据传输	标本与数据人工送回 广域、局域网通信	互联网 Internet　iphone 万维网 Web 格网 Grid　　　　icloud 物联网 Internet of thing
3. 数据计算	数据整编 数据提取 数据分析	Web Computing，Internet of things Grid Computing Cloud Computing Cloud Computing
4. 建模与模拟	建模 模拟	ESMF，SOA　LBS Google Earth Glass Earth,精准高效 管理
5. 监测与管理 （全球变化）	IGBP WCRP IHPP DIVERSITS 深潜计划	NASA ESE 计划 ESA GEMS 计划 JAXA ESS 计划 UK QUEST 计划 CN、CIEM 计划
6. 智能化	地球规划与设计 地球工程	电子皮肤、数字神经系统 数字地球、智慧地球
7. 信息反馈	应用服务效果检查、评估 信息返回对策实施	效果检查、评估、信息实时返回对策 实时实施

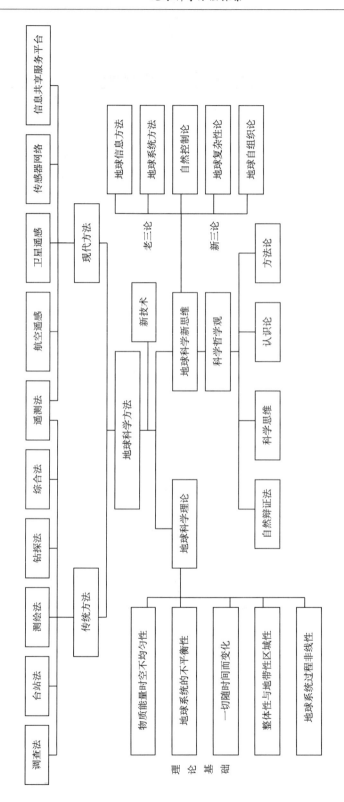

图 3　地球科学方法框架

目　　录

第一章 科学方法哲学观与思维方式

哲学是人类对客观世界的特征和规律认识的高度抽象和总结，是科学的科学，是人类理解客观世界的理论基础，是建立科学方法的依据。哲学领域的覆盖面非常广，内容也很丰富，现在仅选择与科学方法有关的哲学部分，分古代哲学与现代哲学两大类简介于下。

第一节 与科学方法有关的古代哲学

一、"易经"与"周易"

"阴阳"八卦是"周易"的核心思想。"阴阳是万物之本，世界之源"是"对立统一"、"矛盾论"的基础，也是"两分法"、"二进制"和"0 与 1，yes 和 no"的思想来源。莱布尼茨受八卦的启发而发明了二进制数学，诺贝尔奖获得者尼尔斯·波尔在领奖时，把"阴阳"八卦符号印在衣袖上。"阴阳"八卦的核心哲理是"乾以易知，坤以简能；易则易知，简则易知；易知则有亲，易从则有功，有亲则可久矣，有功则可大；易简而天下之理得矣"。其意是指：天有不测风云，地上也有相应变换；天与地的变换，引起了认识的变化；认识的变化必然引起措施相应的变化，这就是自然规律，天地之理。周易还指出，"为道也，屡迁"和"静极则动，动静相生"等哲理。

二、《道德经》

《道德经》是老子的代表作。老子名耳，又称老聃，生于公元前 500 多年的春秋时期，主要的哲学思想有："道可道，非常道，名可名，非常名。无名，天地之始，有名，万物之母。故常无，欲以观其妙；常有欲，以观其徼。此两者，同出而异名。同谓之玄，玄之又玄，众妙之门"。其意思是："道"指客观世界的道理，即规律与法则；"可道"是指可以说清楚的，并应服从与遵守的；"非常道"是指这些道理或规律、法则是可变的，与日俱进的，或无常的；"名"指名分，即类别；"可名"指可以划分的；"非常名"是指名分不是固定不变的，是可变的；"无名"指不分名分，或不分类别；"天地之始"指天地的原始状态；"有名，万物之母"指有了名分就有了丰富多彩的世界；"故常无，欲以观其妙"指可以从经常变化中，看到客观世界中宏观法则千变万化的奥妙；"常有欲，以观其徼"指可以从不变中发现局部的规律与法则；"常无"与"常有"即变与不变是并存的；"此两者，同出而异名"是指变与不变同出一源而形式不同，变与不变既是对立统一的，又是对立并存的，变与不变都是客观世界的基本法则与规律；"同谓之玄，玄之又玄，众妙之门"指变与不变的基本法则是产生次一级法则的基础，是形成丰富多彩的奥妙世界的根源。

它又说"道生于无，其恍其惚"，"道之为物，其恍其惚"。"其恍其惚"指不确定性的；"道生于无"指法则是从无到有，逐渐被人发现的；"道之为物"指法则是实实在在存在的，具体的事物具有具体的法则。它还说"无常是万物之本，而无极是宇宙之道"、"无常生有常"和"无中生有"等，意思是变化乃万物固有特征，变化无穷是宇宙的基本法则，有了变化就有不变化的存在，不变是相对变化而言的，两者是对立统一与对立并存的。

《道德经》还提出了"人法地，地法天，天法道，道法自然"和"天人合一"的思想。

前者是指人要服从地球的法则，地球则服从于宇宙的法则，宇宙要服从于自然的基本法则，自然的基本法则要服从于客观基本规律；"天人合一"是指人类与自然界相协调；"人地和谐"指人类与地球相融合。

它还说"有无相生，难易相成，长短相形，高下（低）相倾"与"物极必反"、"相反相成"的思想。其意思是指对立统一，对立并存，对立相互转化。"物极必反"是客观世界固有的特征，即"祸兮福之所倚，福兮祸之所伏"，"乐极生悲"，"至乐无乐"，"至誉无誉"，"世无常贵"，"事无常师"。一切都在变，并向对立方向转变。

三、《齐物论》

《齐物论》是庄子的代表作。庄子又名庄周，公元前 300 年春秋战国时代人。

他的主要哲学思想是：物无非彼，物无非是。自彼则不见，自知则知之。故曰：彼出于是，是亦因彼。彼是，方生之说也。虽然，方生方死，方死方生；方可方不可，方不可方可；因是因非，因非因是。是以圣人不由而照之于天，亦因是也。是亦彼也，彼亦是也。彼亦一是非，此亦一是非。果且有彼是乎哉？果且无彼是乎哉？彼是莫得其偶，谓之道枢。枢始得其环中，以应无穷。是亦一无穷，非亦一无穷也。故曰莫若以明。

上文的中心思想是：事物无不存在对立两方中彼的一面，事物无不存在对立两方中此的一面；目光只是从彼的一方看就看不清楚，目光若同时看到自己一方就明白了；所以说彼由此生出，此也其余彼；彼此的关系，可说是并生，依存的；虽然生命刚刚产生，死亡随即开始，旧的刚刚死亡，新的随即产生；方才肯定的随即转向否定，旧的刚刚否定随即有新的被肯定；是中有非，依托是也就依托了非；非中有是，遵循非也就遵循了是；所以圣人处事不由是非而观照于自然，也就是遵循了正确；此也有彼，彼也有此，彼也有一对是与非，此也有一对是与非；事物果真有彼此两个方面吗？事物果真没有彼此两个两个方面吗？彼和此莫不需得它的对立面为偶，叫做道的枢纽、关键；找到枢纽才得事物的中心环节，可用它顺应事物无穷无尽的变化；是也是一个无穷的发展过程，非也是一个无穷尽的发展过程；所以说，不如用自然来观察事物（杨书案，1997）。于是提出了"万物一府，死生同状"的观点（《庄子·天地》）。

庄子在《齐物论》中提出以下思想：可乎可，不可乎不可。道行之而成，物谓而然。恶乎然？然与然。恶乎不然？不然于不然。恶乎可？可于可。恶乎不可？不可于不可。物固有所然，物固有所可；无物不然，无物不可。故为是举莛与楹，厉与西施，恢诡谲怪，道通为一。其分也，成也；其成也，毁也。凡物无成与毁，复通为一。唯达者知通为一，为是不用而寓诸庸。庸也者，用也；用也者，通也；通也者，得也；适得而几矣。因是已，已而不知其然，谓之道。

上文的主要思想是：凡事都要掌握适当的度；肯定在事物应该肯定的度上，否定在事物应该的否定的度上；道，每实行而后成道，物，须人指认，称为而后成立；什么为是？是在于事物本身主导面是正确的；什么是非？非在于事物本身主导面就是不正确的；什么为可？可在于事物本身主导面就是肯定的；什么为不可？不可在于事物本身主导面就是否定的；事物固有正确的一面，事物固有不正确的一面；没有事物不存在正确的一面，没有事物不存在不正确的一面。所以，可以列举以下对立统一的事物，如草茎和楹柱、癞厉女与西施、恢宏宽大与诡诈怪异，从道的观点看，这些相对立的事物也都有相通的、同一的地方。分，孕育着合；成，孕育着毁；所有事物无论成和毁，也都有相通、同一的地方。只有达于道的人，能够明白对立的事物相通和具有同性的道理，为此将无用寄寓于庸；庸就是用的意思；认识无用就是有用，便是通达；通达，就能够得到真理的精髓（杨书案，1997）。

庄子认为：吾生也有涯，而知也无涯，道有涯随无涯，殆已。意思是说：我们的生命是有限的，而知识却是无限的；用有限的生命去追求无限的知识，劳心伤身危险啊！（杨书案，1997）

庄子指出：知天之所为，知人之所为者，至矣；知天之所为者，天而生也；知人之所为者，以其知之所知，以养其知之所不知，终其天年而不中道夭者，是知之盛也。意思是说：知道自然如何运行，知道人类如何发展，知识就达到极致了；知道自然如何运行的人，他会顺乎自然而生活；知道人类如何发展的人，用他智慧所感知的知识，进一步去培养、发展他知识领域里还未掌握的知识，便能享完自然年岁而不会夭亡；这是认识的最高境界（杨书案，1997）。

四、"天命论"

孔子与孟子都是公元前 500～前 400 年春秋战国时代人，比老子略晚，他们的主要哲学思想如下。孔子曰："畏天命，畏大人，畏圣人之言。"所谓"畏"，即服从之意。"畏天命"就是服从天命。"天命"指自然法则。"畏天命"也是服从自然法则。孔子又说："吾十有五而志学，三十而立，四十不惑，五十而知天命，六十而耳顺，七十而从心所欲，不踰距。"朱熹对"天命"的诠释为"即天道之流行而赋于物者，乃事物所以当然之故也"。"知天命"就是掌握自然规律，或事物法则。孔子说他到了五十岁时才掌握了自然规律或事物的法则。"天命论"认为，"物有本末，事有始终，知所先后，则近道矣"，"首明道义之本原出于天而不可易"，谓之"天命"，"盖人心之灵莫不有知，而天下之物莫不有理，惟理有末穷，故其知有不尽也"（朱熹诠释）。

五、其他中国古代哲学家

鬼谷子，名王栩，是公元前 400 年春秋战国时期人。他的哲学思想贯穿于整个《孙子兵法》中。他认为：自古至今，其道一也；道是根本，术是方法；道不合无穷，各有所归，或阴或阳，或柔或刚，或开或闭，或驰或张。他又说："捭阖者，天地之道，以变动阴阳，四时开闭以化万物，纵横、反复必由此矣。"鬼谷子正处于春秋战国时期，提出了"以战去战，虽然也可"，"以兵禁兵"，"以战治战"和"杀人安人"等对立统一的思想。他还指出："刚柔进退"，"以柔克刚"等哲理。

关尹子，名关君，是公元前 300 年春秋战国时期人。他主张"亏而盈，满而损"，"坚则毁矣，锐而挫矣"，"常宽于物，不损于人，不争人先，常随人后，可谓至极境界"，"以柔弱谦下为表，以空虚宁静，不毁弃万物为里，沉寂宁静如同虚空湛清混同于万物必能协和"。

六、欧洲古代哲学思想家

早在 2500 年前，苏格拉底就曾提过关于"宇宙是否由确定性规律所支配?"的问题，而且至今依然存在。柏拉图也曾提出过真理与存在是否联系在一起的问题，并断言我们既需要存在，也需要演化。卢梭也提出："人类所有的知识都是不确定的，不精确的和不完全的。"

几乎与我国老庄同一时期，即公元前 400～前 300 年，以皮浪和蒂孟为首的哲学家主张"怀疑（Skepsis）主义"，又称"皮浪主义"，提出了基本逻辑规则。

（1）证明、判断或把握一个无穷系统是不可能的。

（2）通过有问题的东西来证明成问题的东西是荒谬的。

（3）相互矛盾的东西不可能同时为真的。

某意思是指：要认识清楚无限的客观世界是不可能的，但不等于不可知论；本身就是不确定性的理由来证明另一个东西的确定性与否是不科学的；两个相互矛盾、对立的东西中，肯定有一个是错的，或假的。第三点不能同意。矛盾、对立双方都是正确的是客观存在的。皮浪认为真理的标准是不存在的，因此，一切都是不确定性的。

哲学形而上学的第二定律——排中定律（就 0 和 1 而言，非 0 即 1，两者不得含糊）和第三定律——不矛盾律（凡是两个相互矛盾的事物中，其中必然有一个是错误的），也持有与皮浪主义相同的观点。

法国哲学家，1930 年诺贝尔奖获得者 Bergson 指出："时间证明，自然界存在不确定性"，"自然界不断创造出不可预测的新鲜事物"。

第二节　与科学方法有关的现代哲学观

一、自然辩证法

（一）自然辩证法对现代科学研究的影响

自然辩证法作为马克思主义的自然哲学、科学哲学、技术哲学、科学技术与社会研究，不仅具有哲学属性，而且具有交叉学科的性质。首先，在哲学研究概括的自然、社会和思维这三大领域的知识中，自然辩证法是其中的一大领域。马克思和恩格斯在创立科学的世界观时，从一开始就认为整个世界的历史可以划分为"自然史和人类史"，对这两方面历史的哲学概括构成了马克思主义哲学中的两门学科，即自然辩证法和历史唯物主义。

自然辩证法虽然与自然科学一样，所面对和讨论的都是"自然"，但有两点原则上的区别：其一，在各门自然科学中，"自然"作为对象，是指自然的某一部分或某一特殊的领域，而在自然辩证法中，"自然"作为对象是指整体的自然或自然的整个领域，它将自然当做一个整体而从其总的方面来考察；其二，在自然科学中，"自然"作为对象，是被给定的、现成的，它的存在是无可置疑的、自明的，无需对它提出追究，"自然"已不在追问之列，而在自然辩证法中，"自然"作为对象，是"自然"本身，对于被给定的自然物，需要对它进行追问，正如形而上学追问"存在"那样，追思本真的"自然"，追问"自然"的根据或始基。自然辩证法必须透过现象而达到实在，必须凭借人的理性以理论思维的方式超越呈现于感官的现象去寻找答案。而这两方面正是自然辩证法之所以为哲学的本质所在。当代自然辩证法除了以自然为研究对象外，还以科学、技术、科学技术与社会的关系为研究对象。它所要揭示的是人类认识和改造自然中的一般规律以及科学技术发展中的一般规律，而不是自然界中个别的过程，是人类认识和改造自然个别领域或者科学技术个别学科的特殊规律。这个一般规律也正是哲学研究区别于科学技术研究的特殊之处。自然辩证法一方面是辩证唯物主义的普遍原理在自然界中的具体表现和科学技术领域的具体应用，另一方面又是对科学技术及其发展的哲学概括。

当代自然辩证法还是一门自然科学与人文、社会科学交叉的综合性学科。自然辩证法研究的领域，是自然科学与人文、社会科学的"结合部"，而对这个"结合部"的研究又是紧紧地围绕着人与自然之间的相互关系来进行的。自然辩证法只有研究科学与自然、人文、社会这三者的结合，才有可能科学地认识和处理人与自然的关系。事实上，自然辩证法作为联系辩证唯物主义与自然科学的桥梁，反映了哲学与自然科学的交叉；作为研究人与自然的关系以及这种关系在人的思维中的反映和在人类社会中展开与发展的过程的辩证法，它又反映了自然科学与人文科学、社会科学、思维科学的交叉。正是从这个意义上说，自然辩证法带有交叉学科的性质，也就是说，它是一门跨学科研究的综合性范围很广的学科，可以称之为哲学性质的交叉学科。自然辩证法涉及哲学、人文社会科学、自然科学的基础学科、技术学科等许多学科领域，因而开展这项研究工作，需要自然科学、哲学、社会科学和现代科学方法等多重知识结构，需要哲学社会科学工作者和科学技术工作者合作联盟，才能取得卓有成效的研究成果。

（二）自然辩证法的研究内容

自然辩证法研究的内容主要有两大方面：一是自然观，即对自然界辩证法的研究；二是自然科学观，即对自然科学辩证法的研究。

1. 自然观

这方面的研究，要求不断地概括和运用自然科学的最新成果，发展和更新人们关于自然界辩证发展的总图景和对自然界的总观点，其中包括物质观、运动观、时空观、信息观、系统观、规律观以及自然发展史和自然界各种运动形态的划分、联系、交错、转化等；要求探讨辩证法的基本规律和范畴在自然界各种过程中丰富多样的表现及运用，使人们对辩证法规律和范畴的理解不断充实和深化，在许多方面进一步清晰化、准确化和精细化，并增添新的内容，从而把辩证唯物主义自然观提高到同自然科学的新发展、新思想相适应的现代水平。

2. 自然科学观

自然辩证法主要从马克思主义认识论、方法论方面研究自然科学认识过程、认识方法和自然科学认识发展的规律，从马克思主义社会历史观的角度研究作为社会现象之一的自然科学在社会中发展和发挥作用的规律。自然辩证法不但把科学看做一种独立的社会现象，探讨其在一定社会中发展和发挥作用的规律，而且把与科学紧密相关的技术作为一种独立的社会现象来研究。自然辩证法关于技术论的研究，就是从总体上探讨技术的性质和特点、技术发展的条件和规律，以及技术和其他各种社会现象的关系等。这一研究和自然科学论的研究共同为科学技术政策的制订、科学技术发展的规划、科学技术工作的领导和管理提供理论基础，其重要性日益突出。

在哲学上普遍性达到极限程度的辩证法规律只有三个，分别是对立统一规律、量变质变规律、否定之否定规律。其中，对立统一规律揭示了客观存在所具有的特点，任何事物内部都是矛盾的统一体，矛盾是事物发展变化的源泉、动力。量变质变规律揭示了事物发展变化形式上所具有的特点，从量变开始，质变是量变的终结。否定之否定规律揭示了矛盾运动过程所具有的特点，它告诉人们，矛盾运动是生命力的表现，其特点是自我否定和向对立面转化，否定之否定规律是辩证运动的实质。

从认识层次上讲，辩证法三大规律中，量变质变规律处在最外层，人们可以直观地感觉到，因为它是以统一体的变化形式存在的客观规律；其次是对立统一规律，它需要人们进行观察和分析，因为它的认识深度从外部统一体上升到统一体内部的矛盾。

对立统一规律比量变质变规律深入一层，相对来讲，量变质变规律的特点如果相当于认识中的直观性的话，那么对立统一规律的特点就相当于认识中的直接性，而否定之否定规律的特点则相当于认识中的间接性。按照康德的划分方法，它们三者依次相当于感性、知性和理性。由于否定之否定规律上升到理性高度，它的特点是隐藏在矛盾的内部，揭示矛盾运动的本质。因此，否定之否定规律在理解和认识上都具有很高的难度。自从黑格尔提出这一规律以来，只有马克思才真正从本质高度把握了其内涵，其他的哲学家都没有能够上升到本质的高度，而是停留在肤浅的表象上。

如何认识辩证法的三大规律以及它们之间的相互联系，是衡量一个人哲学思想水平的重要标志。它直接反映出一个人对辩证法的理解和认识深度。为什么这样说呢？因为辩证法规律揭示的全是极限本质之间的联系，是抽象程度最高的产物。尽管辩证法的规律都是从概念的推演中抽象出来的，但是这些规律完全与客观现实的本质运动相一致。因此，它们都是具有极限真理的客观规律。

作为极限真理，它的特点就是纯粹的绝对性，没有任何相对性在其中。当然，不要忘记这种纯粹的绝对性也是有前提条件的，即人的认识领域，或者说，在认识论中辩证法的三大规律属于极限真理，它们是不会发生变化的理论观点。

（三）　自然辩证法的内容

1. 对立统一法则

对立统一法则也叫矛盾法则，是自然辩证法的核心，也是客观世界的基本法则。它是指在同事物中，可以分为两个以上相互矛盾、相互排斥的对立物，两对立的双方又相互联系、相互依存，并存于同一事物之中，如正离子与负离子、化合与分解、微分与积分、生与死等。其中一个只要不存在了，另一个也不再存在。对立统一现象是普遍存在的，并存在于同一事物之中，但又是不对称的。对立统一法则的基本要点是：第一，对立双方各有其特殊结构和功能特征，具有明显的区别；第二，对立双方不论存在多大的差异（个性），它们之间依然具有一定的相同或相通之处（共性）；第三，对立的双方并存于一个系统中，并互以对方的存在而存在，相互依存，相互制约；第四，对立的双方，按照其在系统中的作用和地位，可以分为矛盾的主要方面和矛盾的次要方面，但是相对的，而不是绝对的；第五，矛盾对立的双方，在一定条件下是可以相互转化的。

2. 主要矛盾和主要矛盾方面

对立的双方或矛盾的双方，是不对称的，有的在对立中占有主导地位，有的仅占次要地位，而且次要矛盾的一方，还需要通过主导矛盾才能发挥它的作用。系统对立的性质，或矛盾的性质，是由占主导地位的一方，即主要矛盾一方所决定的，而次要的一方，或次要矛盾的一方，只能起一定的作用。在一个对立统一，或矛盾系统中，可能有很多个因子在起作用，按其重要程度，可以划分为不同的等级。

气候子系统主要由自然因子与人为因子组成，自然因子是主控因子，人为因子是次要因子。因为气候子系统属于自然科学范畴，或自然系统，所以应由自然因子为主控。而人为因子只起一定的作用，因此，不是人类改变了气候，而是影响了气候变化。所以自然因子是气候变化的主要矛盾方面。

3. 量变到质变的法则

客观世界永远处在不断的运动和变化之中，变化只有速度的快慢和数量的差别之分，不存在变与不变之分，不变是相对的，变是绝对的。

造成变化的根本原因是物质和能量在时间和空间上的不均匀性和不均衡性，永远处在远离平衡的状态。不平衡就会引起物质和能量移动，于是就产生了运动，产生了变化。由于客观世界物质能量的时空分布是不均衡的，不平衡的，而且永远处在远离平衡的状态，所以运动和变化也是永恒的。

变化是物质与能量运动的结果，没有运动也就没有变化。

变化的基本法则有两条：

第一，从渐变到突变的过程。变化开始是逐渐的、少量的，物质和能量使变化的积聚达到一定阈值时，它就开始突变。例如，地震、太阳的活动，就是渐变到突变的过程。

第二，从量变到质变的过程。在客观世界中，不少事物的量与质之间存在着密切的关系。例如，CO_2 浓度与气温在某一个阈值的范围内，是线性关系，当越过了某特定的阈值时，就变为非线性关系。又例如，开水中加糖，在一定的阈值范围内，它是甜的，当超过一定阈值时，它就变成苦的。又例如，水体加温到 $100℃$ 时，由液体状态转化气体状态，当温度降到 $0℃$ 时，它又转化为固体状态，这就是由量变到质变的例子。

在客观世界中，由渐变到突变，由量变到质变的例子比比皆是，不胜枚举。

从量变到质变的法则，又叫"变化的法则"。它由两个核心组成：从渐变到突变；从量变到质变。

客观世界是一个对立的统一体，物质与能量的分布是不均衡的，有高低、大小、强弱之分，因此，变化也是不均衡的。由物质、能量的时空分布不均匀，而引起物质、能量时空分布的不平衡；不平衡的存在必然导致物质流和能量流的运动形式存在，物质流和能量流的存在，必然引起客观世界发生变化。变化遵循"从渐变到突变"和"从量变到质变"的过程，由此产生了"由简单到复杂"，"由低级到高级"的变化过程。

若以地球系统的变化为例，在 46 亿年的漫长过程中，经过了从渐变到突变和量变到质变的演化过程。地球系统从混沌状态的无序变成有序结构，形成了气体、液体、固体和生物地球四大子系统。地球生物也经历了"从无到有"、"无中生有"的渐变到突变、量变到质变的过程。从无机物变有机物、从无生命到有生命，这是一个很大的突变，很大的质变过程。

4. 否定之否定法则

否定之否定是唯物辩证法的基本规律之一，指事物的发展是通过它自身的辩证否定实现的。事物都是肯定方面和否定方面的统一。当肯定方面居于主导地位时，事物保持现有的性质、特征和倾向；当事物内部的否定方面战胜肯定方面并居于矛盾的主导地位时，事物的性质、特征和趋势就发生变化，旧事物就转化为新事物。否定是对旧事物的质的根本否定，但不是对旧事物的简单抛弃，而是变革和继承相统一的扬弃。事物发展过程中的每一阶段，都是对前一阶段的否定，同时它自身也被后一阶段再否定。经过否定之否定，事物运动就表现为一个周期，在更高的阶段上重复旧的阶段的某些特征，由此构成事物从低级到高级，从简单到复杂的周期性螺旋式上升和波浪式前进的发展过程，体现出事物发展的曲折性。否定之否定规律的表现形态是多种多样的。

作为辩证法三大规律之一的否定之否定规律，在辩证法发展史上经历的过程恰恰与这一规律的本质完全吻合，真正体现出了"言行一致、表里如一"的特点。换句话说，在哲学史上否定之否定规律自身发展过程的特点就是否定之否定。具体说来，整个发展过程经历了肯定、否定、否定之否定（肯定）的过程，这一特点与否定之否定规律自身具有的规定性恰好保持了一致性。

根据否定之否定规律本身发展变化具有的特点，我们在分析这一规律经历的三个不同阶段时也将按照"肯定、否定、否定之否定"的顺序进行，具体划分的三个阶段是：肯定阶段，包括黑格尔、马克思、恩格斯三个代表人物对否定之否定规律的认识；否定阶段，同样包括列宁、毛泽东、斯大林三个代表人物对否定之否定规律的认识；否定之否定阶段，就是我们自身对否定之否定规律的认识，其特点是通过两个实例，一个抽象实例和一个具体实例，重新确立了否定之否定规律在辩证法中占据的重要地位。

辩证的否定指的是本质运动具有的特点，不是外在形式上的否定、抽象的否定，而是自我否定、具体的否定。什么是具体的否定呢？很简单，在否定中包含着肯定，不是全面彻底的否定，而是有肯定因素包含在其中的否定，而且否定的结果不是消解为空无，什么都没有了，而是具有新的内容、新的形式出现。这就是辩证的否定具有的特点。（黑格尔）

基于否定辩证法的特点，黑格尔在第一部分《存在论》中就提出了否定之否定的观点。下面请看黑格尔自己的论述："某物作为单纯的、有的自身关系，是第一个否定之否定。否定的自身统一是一切这些规定的基础。但是，在这里，第一次的否定，即一般的否定，当然要与第二次否定，即否定之否定区别开；后者是具体的、绝对的否定性，而前者则仅仅是抽象的否定性。某物作为否定之否定，是有的；于是否定之否定是单纯的自身关系之恢复；——但是这样一来，某物也同样是以自身作自己的中介了。"

在这段话里黑格尔非常明确地提出第一次否定和第二次否定的观点，并对两次否定进行了分析。第一次否定属于抽象的否定，第二次否定则是具体的否定。从抽象的存在过渡到具体的存在，需要经过两次否定才能实现。恰恰是这个"次"字，遮盖了人们的双眼。它使黑格尔在抽象层次上从本质高度（间接性）跌落到现象层次上（直接性），为以后人们理解和认识否定之否定规律设置了障碍。为什么这样说呢？因为第一次、第二次属于前后相继的、并列的关系。而矛盾双方的运动过程和运动结果是具有层次关系的，必须通过反思，从直接性前进到间接性才能把握住。黑格尔在这里的论述属于直观的描述，因此，他在表述否定之否定的内涵时偏离了理性辩证法的规定。

从第一次否定到第二次否定，这是一个完整的发展过程。然而，这个发展过程恰恰与现实的发展变化过程存在着本质的区别。现实的发展变化过程表明：矛盾双方是同时存在的，不是先有矛盾一方，再有矛盾另一方的。把握矛盾双方之间具有的同一性，是唯物论的理论基础，认为矛盾先有一方存在，然后再产生另一方的观点，是唯心论的理论基础。

　　"否定之否定"的特征是：第一，事物发展是自己发展自己，自己完善自己的过程；第二，是对事物发展的量变性和周期性的合理解释，"麦粒—植株—新的麦粒"是否定之否定的周期性。

　　地球演化过程中的"否定之否定"的周期特征是，原始地壳经风化剥蚀形成岩屑，经河流搬运到低洼处，或海洋中沉积下来，再经过胶结及压力等地质作用形成沉积岩，然后经造山运动，从海洋升起，形成高山或新的地壳，再经风化剥蚀，再由河流搬运到海洋中沉积，形成新沉积岩。这就是否定之否定的周期性过程。

　　否定之否定法则是科学唯物辩证法的另一个主要的法则，反映了世界的复杂性、绝对真理的不存在、终极理论的不存在。随着科学技术的发展，人们认识世界的能力也越来越强，原来不全面的或错误的认识，得到了第一次纠正，或第一次否定。随着新的科技手段进一步地发展，人们对原来认识又有了进一步强化，认为需要进一步修改和完善，取得了第二次认识，不仅仅是认识上的进步和发展，同时遭到否定的认识，现在再改为肯定的认识，这就是"否定之否定"。例如，对市场经济的看法，过去是否定的，现在变得肯定。这样的例子很多，在自然科学领域内，物质和能量守恒定律一向被认为是真理，现在则认为要进行重大地纠正。

　　一切事物的发展是在"否定之否定"中不断向前的，否定之否定，不是走回头路，不是恢复原来的样子，而是有实质性的进步，有发展。"否定之否定"既包括了"新陈代谢"的演化过程、"推陈出新"的过程，又包括了新事物的出现和成长。"否定之否定"表现为一切事物都遵循"螺旋式"的发展模式、循环上升模式、绝不是原地踏步或倒退。

5. 必然性和偶然性

　　必然性是客观事物联系和发展中合乎规律的、一定要发生的、确定不移的趋势。偶然性是客观事物联系和发展中并非确定发生、可以出现也可以不出现的、可以这样出现也可以那样出现的、不确定的趋势。

　　必然性和偶然性各有其特点：第一，二者产生的原因不同，必然性由事物内部的根本矛盾所决定，偶然性则由事物的非根本的矛盾和外部条件所决定；第二，二者的地位不同，必然性在事物发展中居于支配地位，偶然性则处于从属地位；第三，二者的作用不同，必然性决定着事物发展的前途和方向，偶然性则对事物发展过程起着促进或延缓作用，使事物发展带有这样或那样的特点和偏差。

　　1）必然性与偶然性的含义

　　必然性与偶然性是指客观事物发生联系和发展过程中的一种可能性趋势。必然性是指客观事物发生联系和发展过程中一种不可避免、一定如此的趋向，及产生于事物的内在根据、本质的原因。偶然性则表明客观事物发展过程中存在的一种有可能出现也有可能不出现的趋向。偶然性产生于客观事物的外在条件、非本质的原因。必然性和偶然性在客观事物发展过程中有着不同的地位并起着不同的作用。必然性是事物发展过程中居支配地位的、一定要贯彻下去的趋势，决定着事物发展的前途和方向。偶然性则相反，它对事物的发展只是起着加速或者延续的作用。必然性和偶然性是对立统一的。任何一个事物的发展过程既包含着必然性的趋势，又包含着偶然性的情形。这种矛盾现象的产生是由于客观事物的发展过程本身存在的普遍联系的客观世界中的复杂性所决定的。事物发展的必然趋势主要是由它的内在根据所决定的，然而这种必然趋势能否实现而成为现实，又得取决于这一事物与其他事物的许多偶然的联系，以致在事物发展中会产生多种多样的摇摆与偏差。恩格斯曾指出："偶然的东西正因为是偶然的，所以有某种根据，而且正因为是偶然的，所以也就没有根据；偶然的东西是必然的，必然性自己规定自己的偶然性。而另一方面，这种偶然性又宁可说是绝对的必然性。"正因为偶然性和必然性之间存在如此辩证的关系，恩格斯又指出："被断定为必然的东西，是由纯粹的偶然性构成的，而所谓偶然的东西，是一种有必然性隐藏在里面的形式。"由此可见，在事物的联系和发展过程中，必然性和偶然性是同时存在的。必然性通过偶然性为自己开辟道路，并通过大量的偶然性表现出来。偶然性是必然性的补充和表现形式。没有脱离了必然性的偶然性。凡看来是偶然性在起作用的地方，偶然性本身又始终服从于内部隐藏着的必然性。

2）必然性和偶然性的辩证关系

必然性和偶然性作为事物联系和发展中相互区别和对立的两种趋势，又是辩证统一的。首先，必然性总要通过大量的偶然性表现出来，没有脱离偶然性的、纯粹的必然性；必然性是通过偶然性来为自己开辟道路的。其次，偶然性背后总是隐藏着必然性，没有脱离必然性的、纯粹的偶然性；偶然性是必然性的表现和补充，偶然现象中贯穿着必然性的规律。最后，必然性和偶然性的区分是相对的，二者在一定条件下相互过渡、相互转化。这主要表现为两种情况：一是从事物存在的范围来看，对一个过程来说是必然性的东西，相对于另一个过程来说则是偶然的；二是从事物发展的过程来看，随着事物发展过程的推移，必然性和偶然性也可相互转化（新事物：偶然—必然；旧事物：必然—偶然）。在必然性与偶然性的关系中，既要反对形而上学的机械决定论（只承认必然而否认偶然），也要反对唯心主义非决定论（只承认偶然而否认必然）。

3）偶然性和必然性原理和方法论

必然性和偶然性辩证关系的方法论意义。①必然性和偶然性的关系就是规律本身和规律的表现形式的关系。②必然性通过偶然性开辟道路，偶然性是必然性的表现形式和补充。③一方面，要重视必然性、规律性在事物发展中的作用；另一方面，不忽视偶然性，要从偶然性中发现必然性。偶然性不仅表现必然性，而且对事物发展也起着重要作用。④要善于利用各种偶然性去推进工作。要重视"机遇"的作用，敏锐地发现并抓住机遇，实现发展。地球系统或客观世界是必然性与偶然性并存的统一体。

4）科学认识的基本任务就在于从偶然性中发现必然性

在必然性与偶然性的辩证关系上，我们还要注意防止两种倾向：一种是把一切都看作必然的机械决定论观点；另一种是否认必然性只承认偶然性的非决定论观点。机械唯物主义与非决定论都不懂得必然性与偶然性的辩证关系，前者承认了必然性，但却不理解必然性要通过偶然表现出来；后者承认了偶然性，但却不理解偶然性要受到必然性的支配。我们只有全面理解必然性与偶然性的辩证关系，才能更好地认识和改造世界。

6. 原因和结果

1）原因与结果的含义

客观世界到处都存在着引起与被引起的普遍关系，唯物辩证法把这种引起与被引起的关系称为因果关系或因果联系。其中，引起某一种现象的现象叫做原因，而被某种现象所引起的现象叫做结果。

2）因果联系的特点

因果联系有着自身的特点。一般地说，因果总是有时间顺序的联系，总是原因在前结果在后，但绝不能由此得出"在此之后便是因此之故"的结论。因果联系是包括时间顺序在内的由某一现象引起另一现象的内在联系，但不是任何表现为先后顺序的都是因果联系，比如，白天之后是黑夜，这是时间顺序，但白天不是黑夜的原因。同时，世界上任何事物都具有因果关系，既没有无因之果，也没有无果之因，但绝不能由此得出结论，说世界上只有因果联系一种形式。

3）因果联系的辩证法

原因与结果的区分既是确定的又是不确定的。当我们把特定事物的原因与结果从普遍联系中抽取出来，进行单独考察时，原因与结果的区别就显现出来了。每一组具体的因果关系都有自己确定的内容，原因是原因而不是结果，结果是结果而非原因，不能倒因为果，也不能倒果为因，这是原因与结果区分的确定性。如果我们从世界的普遍联系来考察，一切现象都在相互联系的因果链条之中，原因与结果经常互换位置，同一现象在一种关系中是结果，在另一种关系中就转化为原因了。这就是原因与结果区分的不确定性。

在事物的发展过程中，原因与结果又是相互转化、互为因果的。原因与结果可以区分开来，但在无限发展的链条中，事物的发展往往是互为因果的。互为因果关系既表现了原因与结果的相互转化，又表现了它们的相互作用。

原因与结果的关系是复杂多样的。一般来说，因果联系的多样性和复杂性有三种类型：一因多果，同因异果；一果多因，同果异因；多因多果，复合因果。

4）因果辩证关系的方法论意义

把握原因和结果这一对范畴具有重要的方法论意义。第一，原因和结果范畴是辩证唯物主义决定论原则的内在依据，把握二者的辩证关系可以从根本上与宿命论和神学目的论划清界限。第二，原因和结果的辩证关系为人类自觉的、有目的的活动提供了方法论指导。一方面既然一定的结果都是由一定的原因产生的，人们的社会活动就要善于从某一行动的后果分析其原因，总结成功的经验和失败的教训，从中引出什么原因将会引起什么后果的规律性。这是不断提高认识水平和实际工作水平的重要条件。另一方面，分析事物的因果关系又是人们进行科学预测的基础。科学预测是对现实活动的后果和未来趋向进行超前的分析，它既要分析近期的结果，又要揭示长远的后果，对种种后果进行综合地考察。同时，把握了因果的辩证关系，也就使人们从根本上理解了反馈原理，从而使人们的活动更具自觉性、预测性和调控性。

7. 可能性与现实性

可能性与现实性揭示的是现实的事物与可能的事物之间的本质联系和转化过程。

1) 可能性与现实性的含义

现实是已经实现了的可能，现实作为哲学范畴，不是孤立地、静止地确认个别事实和现象的实际存在，而是对相互联系、变化发展的客观事实、现象的综合。从纵向上看，现在的现实是过去现实发展的结果，又是发展为未来现实的原因；从横向上看，任何个别事物的现实存在都不是单一的，而是同周围事物处于普遍联系之中的。换言之，现实性体现了事物联系和发展纵横两个方面的整体性质。

可能是现实事物包含的预示事物发展前途的种种趋势。相对于现实性来说，可能性是潜在的、尚未实现的东西。当某种事物或现象还没有成为现实之前，只是某种可能。可能的反面是不可能性。当我们说某一事物和现象不具备某种客观的依据和条件，因而是永远不能实现的东西，指的就是不可能性。当然，不可能也不都是绝对的。有些在现在条件下不可能的东西在新的条件下会成为可能的。所以不可能性有两种：一种是绝对不可能，它违背规律，永远不可能；另一种是相对的，是指条件尚不具备，只要为它的出现创造条件就会由不可能变为可能。

我们要区分现实的可能性与抽象（非现实）的可能性。现实的可能性是指在现实中有充分根据，因而是目前就可以实现的可能。抽象的可能性也是一种可能，只是在当前条件下还不能实现，在将来当条件具备时，这种抽象的可能性也就转化为现实的可能性。

我们要区分好的可能与坏的可能。可能不是单一的，而是有着各种可能。其中，有着两种相反的可能，即好的可能和坏的可能。我们要争取好的可能，避免坏的可能。

2) 可能性与现实性的对立统一关系

第一，可能性与现实性是两个内容不同的范畴，具有明显的区别，我们不能把可能性与现实性混为一谈。第二，可能性与现实性又紧密相连。可能性包含在现实之中，是没有展开的、没有实现的现实；现实性则是已经展开、已经实现的可能，同时又孕育着新的可能。所以，没有现实性也就没有可能性，反过来，没有可能也就没有现实。第三，可能性与现实性又是相互转化的。现实的发展是不断产生可能、可能又不断变为现实的过程。可能与现实的相互转化是一个川流不息、永无止境的发展过程。

3) 可能性与现实性关系的方法论意义

掌握现实性与可能性的辩证关系，就要努力在现实性与可能性的转化中发挥人的主观能动性。在这里要注意两方面的问题：第一，在实现有可能向现实转化的过程中，既要注意转化的条件性，又要发挥人的主观能动性，积极创造条件，实现可能向现实的转化；第二，既要注意可能与现实联系的复杂性，又要争取最好的可能。这里不仅存在着多样性，而且存在着好与坏两种对立的可能。我们应努力创造有利的条件，克服不利的条件，力争实现好的可能；同时又要未雨绸缪，防止坏的可能向现实转化，并做好应付这种局面的充分准备。

二、怎样理解"自由是对必然的认识"——斯宾诺莎论人的思想自由

斯宾诺莎（Baruch de Spinoza，1632～1677）可以说是第一个明确强调人的思想自由的思想家。斯宾诺莎所说的人的思想自由或精神自由，应该有两个层次。第一个层次是，一个人具有理性，他就有了自由。这是较高的层次。斯宾诺莎说："只要能够正确运用理性，思想便完全处于自己的权利之下，或得到完全的自由。"（斯宾诺莎：政治学．冯炳昆译．商务印书馆 1999 版，第 16 页）那么，什么是理性？在解说理性之前，须先对斯宾诺莎关于自由与必然的关系的思想做一辨析。

学术界将斯宾诺莎的这一思想概括为："自由是对必然的认识。"这一概括不能说是错误的，但不够准确，因为它很容易招致误解。包括许多研究者在内，很多人对这句话的通常理解是：一个人对事物的必然性，即发展规律，认识得越深，就越自由；既然认识了事物的发展规律，他就可以按照这个规律去做事，做起事来就会得心应手，就会成功，也就是获得了自由。这种理解看起来很清楚，实际上是有问题的。例如，这里所说"认识事物的必然性"，是指任何事物，还是有所限定；作为认识者的人与认识对象，即被认识的事物，是什么关系，是一般的认识主体与认识客体的关系吗？通常的理解是，这个事物可以是任何事物；只要人们花费工夫去认识它，终归可以越来越深入地了解其必然性；认识者和认识对象之间没有其他的限定条件，也不需要有任何特别的关系。

但这种理解符合斯宾诺莎的本意吗？我们看看他本人是怎样说的："凡是仅仅由自身本性的必然性而存在，其行为仅仅由它自身决定的东西叫做自由。反之，凡一物的存在及其行为均按一定的方式为他物所决定，便叫做必然或受制。"（斯宾诺莎：伦理学，贺麟译．商务印书馆 1983 版，第 4 页）斯宾诺莎还说，一个思想得到完全自由的人，"他的行动完全取决于可以单独从他自己的本性加以理解的诸种原因，而且这些原因必然决定他采取行动。其实，自由并不排除行动的必然性，反而以这种必然性为前提"。（斯宾诺莎：政治学．冯炳昆译．商务印书馆 1999 版，第 16 页）

由斯宾诺莎所说可知，自由和必然的关系不是认识问题，而是一个行动问题。这里必然性说的是行动的必然性，也就是从一个物或人自己本性可以加以理解并决定的行动；在这种情况下，"自由并不排除行动的必然性，反而以这种必然性为前提"。与此相反，如果一个物或人的存在和行动是被他物或他人所决定，他的存在和行动就是不自由的，这时的必然性并不导致自由，而是导致不自由或强制，所以也可称为强制的必然性。

单就人而言，他的行为是由欲望引起的。斯宾诺莎将人的欲望分为两种，一种是"可以单独从人性自身加以理解的欲望"，他称之为"主动的行为"，也就是理性，它体现了人的力量，其余的欲望归于第二种，即它们"仅与未能正确理解事物的心灵相关联"，因此这种欲望的力量及其增减都不是人的力量所能决定，而是被外界事物的力量所决定，所以被称为"被动的情感"。（斯宾诺莎：伦理学，贺麟译．商务印书馆 1983 版，第 228 页）所以，一个人越是有理性，他就越是自由；他越是受制于那些被动的情感，他就越是不自由，而被一种外在的强制性力量所决定。当一个人所有的行为都受理

性控制时，他就达到了自由的最高程度。

1. 什么是自由与必然

自由是一个标志人的活动状态的概念，其最一般的意义是指从受束缚下解放出来。人的活动涉及三个领域，即自然、社会和人自身。因此，最一般意义上的自由，就是从自然力的奴役下，从社会关系的压迫下和从人自身的束缚中解放出来。

自由不是抽象的，而是具体的。所谓具体的自由，其一是说自由不是绝对的、无条件的，而是相对的、有条件的；其二是说，在阶级社会里，自由具有阶级性，没有超阶级的自由；其三是说，自由不是头脑中幻想的自由，而是在实践中通过对必然性的认识和对客观世界的改造而获得的实际的自由。

必然与必然性是一个意思，指的是客观事物本质的、规律性的联系。自由是对客观必然性的认识和对客观世界的改造。

2. 自由及其与必然性的关系

马克思主义哲学认为，自由是对必然性的认识和对客观世界的改造。在这里，必然是指客观事物的本质和规律，而自由是指对必然的认识和对客观世界的改造。必然和自由是一对相互矛盾的范畴，它们之间是对立统一的关系。

首先，它们是相互对立的。必然是客观规律，是外在的约束，对人类主观而言，必然的存在是一种"不自由"。而自由是人类对于规律的掌握和运用，是主观的自我意志，是主观的"随心所欲"。

同时，必然与自由又是辩证统一的。必然是相对于自由而言的，是人类主观意志对客观世界的感受。没有人类的主观理解力，也就无所谓必然。而自由也不能脱离必然而独立存在，必须以必然性为前提。没有必然就无所谓自由。

第一，自由是建立在对必然的基础上的。人永远不能摆脱客观必然性的制约，因而人不能超出客观必然性所限定的范围去寻找自由的限度。必然性实现的具体形式和途径是多种多样的，是人可以选择的，有了选择的余地，也就有了自由，这就是人的自由的客观依据。所以，必然既是对自由的限制，也是自由的根据。自由不能脱离必然而独立存在，人的自由必须以必然性为前提和基础，自由是从必然而转化来的，没有必然就无所谓自由。自由并不是随心所欲，任意妄为，而是要受到必然性的制约。

第二，自由是对必然的认识。这是指人的意志自由，意志自由只是借助对事物的认识来做出决定的能力。选择体现着主体的意志、愿望和欲求，是要求客体服从于、服务于主体。但是，主体的这种选择要借助于对事物的认识，只有认识了事物的客观必然性，才能使选择的结果在实践中得到实现。否则，选择就不是自由的，而只能是盲目的。只有认识和掌握了必然，人类才会有自由。违背必然的所谓"自由"，不是真正的"自由"，而是盲动。这种盲动，由于违反了自然规律，必定会受到规律的惩罚，因而最终是不自由的。科学认识和正确掌握了必然，人类才会在必然中自由行动。这是真正的自由。庖丁只有正确认识和掌握了牛的生理结构，解牛时才能"游刃有余"。人类只有掌握了运动规律和宇宙结构，才能自由地翱翔于太空，才能"可上九天揽月"。

第三，自由是对客观世界的改造。这是指人的行动自由，行动自由是人根据意志自由的决定和选择支配自己活动并达到预期结果的状态。当人们在实践中将自己在客观必然性规定的范围内所做的选择变成了事实，达到了预期的目的时，也就是人们在实践中驾驭了客观必然性，从而获得了实在的自由。

在自由和必然关系的问题上，我们必须反对两种错误观点。一种是片面地夸大人的能动性，认为人可以脱离规律性、必然性，随心所欲地行动。这样必然导致抽象的自由观，把自由绝对化。另一种是夸大必然，认为只存在必然，无所谓自由，完全抹杀人的能动性。这样必然导致形而上学的机械论和宿命论。把自由和必然统一起来，认为人的自由受到客观必然性的限制，人只有认识必然性并利用其来改造世界，才能获得自由，这是一种辩证唯物主义的自由观。

3. 自由的实现：从必然王国到自由王国

自由的实现程度是同人们支配和改造自然的能力的状况联系在一起的。唯物史观认为，就社会整体而言，人的自由的真正实现就是人类的解放。而人类解放的实现过程，就是从必然王国走向自由王国的过程。所谓必然王国，是指人们受盲目必然性的支配和一定社会关系的奴役的社会状态，即私有制社会。所谓自由王国，则是指人们摆脱了盲目必然性的支配和奴役，成为自然和社会的主人的社会状态，即共产主义社会。

在未来的共产主义社会中，一旦社会占有了生产资料，产品对生产者的统治将随之消除，人的生存条件将由人自己支配和控制，人们自己的社会结合将变成他们自己的自由行动，一直统治着历史的客观的异己的力量将处在人们自己的控制之下。这是人类从必然王国进入自由王国的飞跃。

4. 必然王国与自由王国的关系

人们不断认识必然，取得自由的过程，也是不断地由"必然王国"走向"自由王国"的过程。

就具体实践活动而言，必然王国是指主体尚未认识必然，受必然性奴役的实践状态；自由王国是指认识了必然并驾驭必然，实现预定目的的实践状态。从这个意义上说，人类认识和改造世界的过程，就是"不断地从必然王国向自由王国发展的"过程。

就整个人类发展的历史和趋势而言，必然王国是指人们受盲目必然性的支配，特别是受自己所创造的社会关系的奴役的一种社会状态；自由王国是指人们摆脱了盲目必然性的奴役，成为自己社会关系的主人，从而也成为自然界和自己本身的主人的一种社会状态，也就是共产主义和人类解放的实现。

必然王国与自由王国又是统一的。人类就是在改造自然与改造社会的过程中，不断地从必然王国走向自由王国。

黑格尔是第一个正确地叙述了自由和必然之间的关系的人。在他看来，自由是对必然的认识。"必然只是在它没有被了解的时候才是盲目的"。自由不在于幻想中摆脱自然规律而独立，而在于认识这些规律，从而能够有计划地使自然规律为一定的目的服务。（《马克思恩格斯选集》第 3 卷，第 153 页）

三、自然辩证法在科学方法中的应用

（1）主观要自觉地适应客观。研究者的思想要根据研究对象的情况、特征和状态来做决策，不能一厢情愿，按研究者主观想象来办事。

（2）在众多因素中，要抓住主导或控制的因素，不能主次不分、大小不分，不然将事倍功半。

（3）强化内因与外因相结合的理念。研究者的素质与研究对象的难易程度和运用工具或方法的水平，统一结合考虑。研究者的素质是第一位，是主导因子。但绝不是"人定胜天"。蛮干是不行的。

（4）要用"一分为二"的观点对待和处理问题。既要了解自己的优势与劣势，同时也要熟知对方的优势和劣势，争取制订科学的应对措施。

（5）要有变化的、动态的观点。一切都处在变化之中，优势可以转化为劣势，劣势也可以转化成优势，不能以"一成不变"的观点对待事物。

（6）物质和能量的时空分布是不均匀的，所以不平衡是普遍现象。因为不平衡的存在，所以物质与能量都是变化的、动态的。

第三节　科学认识论与地球科学方法

现代科学的认识方法论，简称认识论或认知论，是科学方法的基础。科学方法与科学认知是分不开的。科学方法是为科学认知服务的，科学认知离不开科学方法。严格地说，科学方法就是科学认知的方法。科学方法包括工程措施，工程措施实际也隐含了工程认知在内。工程认知，也是一种特殊的认知。

科学认知是一个复杂的系统。首先，认知系统是由认知主体、认知客体和认知介质（手段）相互联系、相互制约组成的。其次，认知是实践的过程，只有通过实践，才能获得认知。其中包括实验、化验、分析、模拟等科学活动在内。同时，认知过程是一个开放的动态网络系统，认知过程是从感性到理性、从低级到高级的发展过程、进化过程。

一、认知系统简介

现代科学认知系统由认知主体、认知客体和认知介质（手段）三个基本要素组成。认知主体就是人，具体的就是认知者或研究者本身。认知客体就是被研究的对象，可以是人，也可以是物，或是一种现象、一个过程。研究介质或研究工具，包括研究过程所需的一切硬件和软件，如仪器、设备及运载工具等必需品，又如各种计算机软件、信息或数据等。

过去的认知论侧重于"认知客体"或"研究对象"的认知过程，而对于"认知主体"或"研究者"本身很少涉及，对"认知介质"或"研究工具"、"研究手段"很少讨论。其实认知主体（研究者本身）和认知介质（研究手段）都是非常主要的。例如，研究主体（研究者）的文化素质、知识结构，及对认知客体（研究对象）的了解程度，决定了认知的效果。研究介质（工具、手段）对认知过程和认知效果也起到了决定性的作用。运用高科技工具或手段获得的认知效果，远远要大于非高科技手段的效果。

现代科学的认知方法研究，应该首先从"认知主体"或"研究者"本身开始，对认知主体的文化素质、知识结构进行分析，然后进一步讨论认知的具体方法。认知方法是随"认知客体"（或研究对象）的性质，研究介质（工具）的技术水平而定。所以认知主体和认知方法（含认知客体与认知介质）是讨论的重点。

二、现代科学认知系统的认知主体和认知客体

现代科学的认知系统由认知主体、认知客体和认知介质（手段）三者构成。认知主体是三者之首。它决定运用认知介质的状况和认知客体的解决或认知的效果。

（一）认知主体的基本概念

"认知主体"是指研究者本人，指认知活动的承担者，或从事认知活动的实现者，主要是认知活动承担者的文化素质、知识结构、工作能力、对认知对象（研究对象）的熟悉程度及心理素质等状况。"认知主体"对认知过程起决定性的作用。

认知主体，不论是哪种认知活动的承担者，都具有社会性特征，与其他人和整个社会紧密联系，存在一种相互联系、相互制约的关系。认知活动承担者的能力，是在他所在的社会中形成的，受社会的影响很大。而且，承担者的整个认知过程，也都受到社会过程的影响。所以，承担者的社会性及认知过程的社会性特征，应受到重视。

（二）认知主体的认知过程是一种复杂的动态网络系统过程

不仅认知的承担者具有社会性，而且整个认知过程也具有社会性特征。因为现代社会更是一个网络社会，所以认知承担者是网络组成的一个部分，整个认知过程是由多种因素组成的复杂的动态网络系统。

（1）从横向结构来看，认知承担者的生理因素、心理因素、文化素质和知识结构交织一起，构成了网络。而且，承担者还是社会的一员，还受到整个社会网络的影响。不论是承担者个人因素网络，还是承担者的社会因素网络，都具有复杂性、动态性的特征。

认知主体，即认知承担者的心理因素、文化素质和知识结构，在整个认知过程中，起着十分重要的关键作用。因为认知介质（手段）运用的好坏，主要取决于承担者的综合素质如何。

（2）从纵向过程来看，从认知过程的宏观层次上来看，不仅承担者的素质有层次，而且运用介质（手段）也有层次的差别。承担者素质的层次与认知介质（手段）的层次

要能够匹配。低素质的承担者，不会很好运用高水平的认知手段，这是非常明显的事实，所以要在网络的选择中很好地定位。

（3）认知过程是一个纵横交错的动态网络系统，认知主体的认知过程是一个纵横交错的动态网络系统。其主要的特征是：①认知承担者的认知过程是种复杂的、动态网络系统；②在上述认知过程的网络系统中，承担者的素质十分重要，决定了认知的效果或质量；③在上述的认知过程中，在承担者素质的基础上，要选择好、运用好认知介质（工具），使其在认知过程中，充分发挥作用，提高认知质量和效果。

（4）认知主体在认知过程中的作用和地位。认知过程由认知主体、认知介质和认知客体三者组成，其中以认知主体为核心。在整个认知过程中，认知主体是认知的组织者、执行者，更是主导者。换句话说，认知主体就是认知过程的承担者或负责人，也是认知成果的掌握者。所以要求认知主体具有很高的文化素质、知识结构和心理素质，最主要的是要具备认知能力。

（三）认知客体

（1）认知客体是指认知对象，也就是一般的研究对象。它按学科分类主要包括数学、物理、化学、天文、地球（质）、生物和环境等方面。本章重点讨论地球和环境方面的问题。不论是地球认知客体，还是环境认知客体，它们都是具有可开发的、动态的、复杂的巨系统。

（2）认知介质或者认知手段和认知工具，包括各种硬件和软件、数据和信息在内，也是一个开放的、动态的、复杂的网络系统。

三、实践论与认知

现代科学方法是建立在现代科学认知方法、现代科学思维方法和现代科学方法论的基础上的。认知、思维与方法是科学的三大环节。由于它们对科学发展的重要性，所以人们对其研究也越来越多，而且已经上升成为理论，如认识方法论、思维方法论和科学方法论。

1. 实践方法是认识方法论的主要内容

认知或认识是从实践开始的。实践是研究者与研究对象之间的桥梁，包括调查询问、实验与分析、模型与仿真等许多方面。因为实践是认识过程的方法，所以称它为实践方法，毛泽东在《实践论》中进行了详细的论述。现在我们从科学的角度讨论实践方法论的内涵。

2. 实践过程是一种复杂的、动态的网络过程

现代的科学实践是由研究者、研究对象和研究中介（硬件、软件）三个环节组成的系统。同时，网络系统应该是结构优化的系统，而且实践过程还是动态的。不仅系统内

部三个环节（研究者、研究对象和研究手段（介质））是动态的、网络化的，而且系统与外部环境也是动态的和网络的。

3. 实践过程的最佳起始点的选择是十分重要的

首先，从实际出发，由实践理性中找到最佳起始点，将过去实践过程中的信息收集与处理，与即将开始的时间过程有关信息的了解结合。实践过程的最佳起始点的选择方法有：① 从网络系统来考察并确定实践过程的最佳起始点；②从纵向过程来选择最佳起始点。实践过程以网络的纵、横向结构的交叉带作为起始点。

其次，按照科学论证的逻辑程序确定实践程序如何开始。这需要运用综合集成、比较论证的科学方法，将专家群体、数据和各种信息与计算技术有机地结合起来。实行综合集成和比较论证的过程，能够比较优化地确定实践过程的最佳起始点。

4. 实践过程怎样优化运行

第一，动态调控方法。实践过程开始后，根据各种情况和关系的复杂变化，及时地对复杂的信息控制网络系统进行调控，使程控网络系统能按 P 点优化的机制运行，并向优化目标逼近。对实践过程的动态调控，需要进行动态管理，必须及时处理种种随机因素的正负干扰。随机因素是指事前并未曾料到的偶然发生的因素，包括系统内部与外部的干扰因素。

第二，正负反馈结合的方法。在实践过程中，将正、负反馈方法结合起来应用，确保系统增加逼近目标的充分条件，保证系统逼近目标。

第三，系统协同、整体优化的方法。对于复杂的信息控制网络系统来说，它的实践过程需要采用系统协同、整体优化的方法，并与正、负反馈耦合回路的方法综合应用。所谓系统协同、整体优化的方法，是指处在复杂的信息控制系统的实践过程中，要从网络系统的整体出发，使网络中各个系统之间保证动态的协调，并使系统的运行机制能够保证达到整体优化目标的方法。

科学实践过程如何开始，实践过程如何优化，最终如何确保，如何逼近整体化目标，是实践论的主要内容。科学的实践过程对复杂的系统的认知水平能有较大的提高。

四、认　识　论

1. 认识方法论综述

现代科学的认知对象已经包括了客观世界的各个方面。现在认识论的发展不仅把客观世界的各个方面作为认识对象，而且把研究者本身也作为研究对象来进行研究。研究者对客观世界进行认知研究之前，首先要对研究者本身进行认知研究。因为研究者对本身的知识结构、知识水平和认知介质，包括软件及硬件，并不完全了解。因为只有"知己知彼"才能"百战不殆"。在对研究者本身认知的基础上，才能对客观世界进行认知研究。

对客观世界进行认知研究，主要包括以下几个方面的内容：

（1）信息成为认知的对象。认知客观世界，主要是认知客观世界的信息，因为信息是客观世界的物质、能量的性质特征和状态的表征。只有通过认识客观世界的信息，才能达到客观世界的本质。信息作为认知的对象，主要包括：①把信息作为认知对象，是真正抓住了认知的关键，是认识论的一大进步，只有通过客观世界的信息，才能通过它认识客观世界的本质，这是认识论的必由之路；②信息不仅认识对象，而且也是认识客观世界的渠道和方式，因为只有信息才能反映事物的本质。

（2）客观世界转化为认知对象的范围不断拓宽。随着人类认知介质（科学技术的硬件与软件）的不断发展，从无穷大的宇宙到无穷小的"夸克"（微小粒子），都已经成为认知的对象。人们对客观世界的认知在不断拓宽、不断深化。

（3）客观世界转化为认识对象的层次不断加深。从"基因"到"克隆"，再到"人造生命"，这是对生命认识的不断深化的过程。新材料、纳米技术的出现，也是对物质世界认识的深化过程。

（4）客观世界转化的认知对象的复杂性更加明显。从物质到暗物质，从能量到暗能量，从"虫洞"到"白洞"、"黑洞"等，人们对客观世界的认知不断拓宽、不断深化的同时，认知也变得越来越复杂。

（5）现代高科技的飞速发展是加快认知过程的进程。信息获取技术、信息传输技术及网络与万能计算技术飞速发展，几乎已达到了无所不包、无所不能的程度，同时，人们对客观世界的认识水平也达到了空前的高度。

2. 认知对象是一种不断拓展的动态系统

1）拓展认知对象

在现代科学技术的条件下，由人控制的机器人及认知介质能够进入超高温、超高压、强辐射等人类不能到达的有害环境从事认知实践，从而获得人们所需要的知识。例如，上天、入地、下海以及探及原来人迹罕至的地方，现在依靠高技术可以进行认知，认知对象的范围要比过去大了许多。

2）优化已知系统

它是指对已知的客观世界系统的认知进一步优化、完善。例如，运用现代技术，实时准确地对大范围的对象进行认知，分析系统内外的情况变化、随机因素的正负干扰等。掌握规律、优化运行，达到优化利用和改造系统的目的。

3）改造复杂系统

对于复杂的大系统，如生态系统等，原来认为是不可控的系统，现在通过高技术，在科学规划与设计下，进行有目的地改造成为可能。例如，荒漠、盐碱化系统的改造，现在已经成为可能，它们可得到控制和改造。

4）认知对象是动态系统

从辩证法的角度看，一切都处在变化之中，主要是时间长短问题。人们的认知对象也是动态系统，不能以一成不变的眼光来看待，必须随着它的变化而采用不同的认知办法。

5）创造新的认知对象

人们不仅可以不断发现新的认知对象，而且还可创造新的认知对象去进一步认知。例如，转基因的动物、植物是由人类创造的，现在人们正对它们的性质、特征进一步研究、认知，如对转基因食品的认知，又如对克隆动物的研究等，克隆动物就是创造的新的认知对象。

3. 感性认识

人们通过人体的五官和皮肤获得外源信息后，形成了不同层次的感性认识。这是表面的、不完全的，对认知体的性质、特征和状态略知一二，对它的物质成分与物质结构则一无所知。但这种感性认识十分重要，这是认识过程的第一步。

人们或认知主体系统是一个高度复杂化，而又高度优化的信息处理与控制的、动态的网络系统。它将五官、皮肤获得的信息进行加工、处理、综合和分析，形成不同层次的感性认识，即内源信息。再经过外源信息与内源信息的交互作用，形成更高一层次的感性认识。感性认识是人脑神经系统经过分析处理后，通过选择、整合而形成的更高级的感性认识。这种认知过程也是一种复杂的网络系统。感性认识的特点是动态性的，是可不断变动的。每次变化都是一次新的认识，一种深化的过程。感性认识是一种不固定的、不断变化的、深化的初步认识。

4. 理性认识

理性认识是感性认识的发展和深化。从感性认识到理性认识是一个多级抽象过程，逐步深化的过程。

"从个别上升到一般"，"从个性发展到共性"，从感性实在和具体出发，经过抽象，上升到抽象的规定，许多规定的综合，形成了多样性的统一，即科学的概念，这就是理性认识。理性认识的过程包括以下两点。

（1）从感性认识上升到理性认识的条件性。它的充分条件是：第一，感性材料合于实际而又十分丰富；第二，经过"去粗取精，去伪存真，由此及彼，由表及里"的分析、提炼和抽象的过程。

（2）从感性认识到理性认识的动态性。感性认识过程是动态性的、不断变化的，或深化的过程，甚至可能出现"否定之否定"的现象，这是可以理解的。但是到了理性认识阶段，是否还会像感性认识阶段那样的不确定？在程度上和频率上是不会的，但仍然是动态的。即使到了理性认识阶段，认识过程仍是不断发展的。发展就是变化，即不断地往更完善，更高级水平上发展，所以也是动态的。其原因是：第一，理性认识过程仍然是动态的、复杂的网络，由于网络是动态的，所以理性认知过程也是动态的；第二，理性认知网络是有层次的，所以理性认知过程也有层次，一般具有低级向高级理性认识发展的过程，所以也是动态的。

1）理性认识的发展也是一个多级动态过程

一向被捧为物理学中"金科玉律"的，普遍公认的"守恒定律"、"对称定律"和"确定性定律"等地地道道的理性认识，仍不是终极理性、绝对真理。现代物理研究表明，从理论上说是物质与能量是守恒的，但从无数次试验结果来看是不守恒的，都有一些微量的变化。同样，对称性、确定性在理论上也是变化的，因此有以下的特点：①理性认识回到实践中的动态性；②理性认识回到实践中的层次性。理性认识也是有层次的、不断深化的过程。随着科学技术不断进步、高精度的仪器不断出现，原来认为是理性认识，例如，质子大小是确定的，现在发现它比原来的要小。理性认识不存在"终极"，也是在不断发展的。

2）理性认识也需定性与定量相结合

由于客观世界是非常复杂的，有些不可能做到定量的认识，如"测不准"现象绝不是个别的，而是客观世界的固有特征之一，硬要进行定量化是不可能的，所以定量不一定是理性认识的标准。在一些情况下，定性与定量相结合，是理性认识的标准之一。

反馈与检验：实践是检验真理的标准。

认知是一个十分复杂的过程。认知对象或客体更是一个复杂的、不断变化的巨系统。所以认知是否正确，需要通过多次反馈与实践检验，才能证明。"实践是检验认知是否正确的唯一标准"。凡是没有通过实践、多次实践、不同条件下的实验的认知，不能证明是可信的、正确的。

认知无终极：绝对真理与相对真理。

对客观世界的认知是一个漫长的过程，"认知无终极"。所以只有相对真理，而无绝对真理。过去认为物理学的三大理论是确定性的，是真理，但现在面临挑战；对称与平衡定律也受到了挑战；过去认为确定性的现象或过程，也都受到了挑战。

五、本　体　论

本体论（Ontology）一词是由 17 世纪的德国学者郭克兰纽（Goclenius，1547～1628）首先使用的。此词由 ont（όντ）加上表示"学问"、"学说"的词缀——ology 构成，即是关于 ont 的学问。ont 源出希腊文，是 on（όν）的变式，相当于英文的 being，也就是巴门尼德（Parmenides）的"存在"。

1. 概念

本体论这个词的定义虽然有各种不同，但一般还是有一定的理解。大体上说，马克思以前的哲学所用的本体论有广义和狭义之别。

从广义上说，本体论指一切实在的最终本性。这种本性需要通过认识论而得到认识，因而研究一切实在最终本性的为本体论，研究如何认识则为认识论，这是以本体论与认识论相对称。

从狭义说，则在广义的本体论中又有宇宙的起源与结构的研究和宇宙本性的研究之分，前者为宇宙论，后者为本体论，这是以本体论与宇宙论相对称。

这两种用法在现代西方哲学中仍同时存在。

马克思主义哲学不采取本体论与认识论相对立，或本体论与宇宙论相对立的方法，而以辩证唯物主义说明哲学的整个问题（冯契，2008）。

2. 研究内容

　　"本体"的研究，在希腊哲学史上有其渊源。从米利都学派开始，希腊早期哲学家就致力于探索组成万有的最基本元素——"本原"（希腊文 arche，旧译为"始基"）。对此，"本原"的研究即成为本体论的先声，而且逐步逼近于对 being 的探讨。之后的巴门尼德深刻地提出，"是以外便无非是，存在之为存在者必一，这就不会有不存在者存在"，并且认为存在永存不变，仅有思维与之同一，亦仅有思维可以获此真理；而从感觉得来者仅为意见，从意见的观点看，则有存在和非存在。巴门尼德对 being（是，存在）的探讨，建立了本体论研究的基本方向：对于被"是者"所分有的"是"，只能由思维向超验之域探寻，而不能由感觉从经验之中获取；在超验之域中寻得之"是"，因其绝对的普遍性和本原性，必然只能是一。不过，这一点只有苏格拉底和柏拉图才能真正领会，与他同时的希腊哲人或多或少地有所忽略。因而，如原子论者虽然也区分了真理认识和暧昧认识，认识到思维与感觉的不同，但其探寻的"本原"可否由经验获知却极模糊，因而实际上并未能区分超验和经验。在苏格拉底那些没有最终结论的对话中，已破除了经验归纳方法获取真理的可能性；在柏拉图的理念论中，则鲜明地以超验世界的"理念"为真理之根本。

　　在古希腊罗马哲学中，本体论的研究主要是探究世界的本原或基质。各派哲学家力图把世界的存在归结为某种物质的、精神的实体或某个抽象原则。巴门尼德提出了唯一不变的本原——"存在"，使关于存在的研究成为这一时期的主题。亚里士多德认为哲学研究的主要对象是实体，而实体或本体的问题是关于本质、共相和个体事物的问题。他认为研究实体或本体的哲学是高于其他一切科学的第一哲学。从此，本体论的研究转入探讨本质与现象、共相与殊相、一般与个别等的关系。在西方近代哲学中，笛卡儿首先把研究实体或本体的第一哲学叫做"形而上学的本体论"。在 17～18 世纪，莱布尼茨及其继承者沃尔夫试图通过纯粹抽象的途径建立一套完整的、关于一般存在和世界本质的形而上学，即独立的本体论体系。沃尔夫把一般和普遍看作脱离个别和单一而独立存在的本质和原因。康德一方面认为建立抽象本体论的形而上学不可能，本体论要研究的只能是事物的普遍性质及物质存在与精神存在之间的区别；另一方面又用与认识论相割裂的、先验的哲学体系来代替本体论。黑格尔在唯心主义基础上提出了本体论、认识论和逻辑学统一原则，并从纯存在的概念出发构造了存在自身辩证发展的逻辑体系。

　　在中国古代哲学中，本体论叫做"本根论"，指探究天地万物产生、存在、发展变化根本原因和根本依据的学说。中国古代哲学家一般都把天地万物的本根归结为无形无象的，与天地万物根本不同的东西，这种东西大体可分为三类：①没有固定形体的物质，如"气"；②抽象的概念或原则，如"无"、"理"；③主观精神，如"心"。这三种观点分别归属于朴素唯物主义、客观唯心主义和主观唯心主义。在中国哲学史的研究中，有些学者用"本体论"一词专指那种在物质世界之外寻找物质世界存在依据的唯心主义学说，如魏晋时期王弼的贵无论。

　　本体论（Ontology）是哲学概念，是研究存在的本质的哲学问题。但近几十年里，这个词被应用到计算机界，并在人工智能、计算机语言以及数据库理论中扮演着越来重要的作用。

　　然而，到目前为止，对于本体论，还没有统一的定义和固定的应用领域。斯坦福大学的 Gruber 给出的定义得到了许多同行的认可，即本体论是对概念化的精确描述（Gruber，1995），用于描述事物的本质。

　　在实现上，本体论是概念化的详细说明，一个 Ontology 往往就是一个正式的词汇表，其核心作用就在于定义某一领域或领域内的专业词汇以及它们之间的关系。这一系列的基本概念如同一座工程大厦的基石，为交流各方提供了一个统一的认识。在这一系列概念的支持下，知识的搜索、积累和共享的效率将大大提高，真正意义上的知识重用和共享也成为可能。

3. 本体论分类

　　本体论可以分为四种类型——领域、通用、应用和表示。领域本体包含着特定类型领域（如电子、机械、医药和教学等）的相关知识，或者是某个学科、某门课程中的相关知识；通用本体则覆盖了若干个领域，通常也称为核心本体；应用本体包含特定领域建模所需的全部知识；表示本体不只局限于某个特定的领域，还提供了用于描述事物的实体，如"框架本体"定义了框架、槽的概念。

　　Ontology 这个哲学范畴，被人工智能界赋予了新的定义，从而被引入信息科学中。然而信息科学界对 Ontology 的理解也是逐步发展才走向成熟的。1991 年 Neches 等最早给出 Ontology 在信息科学中的定义："给出构成相关领域词汇的基本术语和关系，以及利用这些术语和关系构成的规定这些词汇外延规则的定义。"后来在信息系统、知识系统等领域，随着越来越多的人研究 Ontology，它产生了不同的定义。1993 年 Gruber 定义 Ontology 为"概念模型的明确的规范说明"。1997 年 Borst 进一步将其完善为"共享概念模型的形式化规范说明"。Studer 等对上述两个定义进行了深入研究，认为 Ontology 是共享概念模型的明确的形式化规范说明，这也是目前对 Ontology 概念的统一看法。

4. 定义

　　Studer 等的 Ontology 定义包含四层含义——概念模型（Conceptualization）、明确（Explicit）、形式化（Formal）和共享（Share）。"概念模型"是指通过抽象出客观世界中一些现象（Phenomenon）的相关概念而得到的模型，表示的含义独立于具体的环境状态；"明确"是指所使用的概念及使用这些概念的约束都有明确的定义；"形式化"是指 Ontology 是计算机可读的，也就是计算机可处理的；"共享"是指 Ontology 中体现的是共同认可的知识，反映的是相关领域中公认的概念集，所针对的是团体而非个体。Ontology 的目标是捕获相关领域的知识，提供对该领域知识的共同理解，确定该领域内共同认可的词汇，并从不同层次的形式化模式上给出这些词汇（术语）和词汇之间相互关系的明确定义。

第二章 科学思维与科学方法

第一节 科学思维

一、系统思维方式

系统思维方式是借助模型来认识和模拟对象，揭示对象的运动规律。它不是把整体分解成任意部分，而是在对真实对象研究的基础上，形成关于该对象的概念，并尽可能用符号、图表等形式化手段，以模型的方式来模拟其行为。它只强调对整体的足够认识，而不是太精确的认识，因为对一个复杂系统指望得到太精确的认识是可望而不可即的。

系统思维方式与还原论和形而上学思维方式不同。它考察事物的侧重点不是部分而是整体。它不是立足于分析而是立足于综合。传统的思维方式是先分析后综合，先考察各部分的性质和规律，然后综合描述整体性质。这对内部联系不紧密、相互作用较弱、局部行为与整体行为相差不大的事物是基本适用的。但对多因素、复杂性系统，必须运用系统思维，在综合的指导下进行分析，使每一次分析的结果反馈到综合之中，分析和综合彼此渗透，从系统各要素的相互作用、反馈机制和自我调节功能上考察事物的相互联系，从而把握事物的整体功能。然而，它并不能代替还原论，在某种意义上来说是对其的一种补充。因为系统思维把部分联系起来研究，比对这些部分独立地进行微观分析更能揭示复杂事物的运动规律。它与还原论亦有共同之处，也是一种还原，不过这种还原，不是把对象还原为原子的积聚，而是还原为系统的结构、功能与行为。还原论试图寻找共同具有的物质实体（如原子），并把它作为差异的共同基础。系统思维则把对象还原为组织结构方面相同的东西，作为其共同特征。

二、交叉思维方式

从一头寻找答案，在一定的点暂时停顿，再从另一头找答案，也在这点上停顿，两头交叉汇合沟通思路，找出正确的答案。在解决较为复杂的问题时经常要用到这种思维，如"围魏救赵"。

交叉法是将导致结果的原因（包括条件）按必要的属性（导致结果的必要条件）进行分类，将各种必要条件汇合、交叉以达到充分，最后寻找具有全部必要属性的原因。原因的寻找最后还要落实到证据上。原因的寻找只是逻辑推断，要想使推断变为事实，还要寻找与原因相关的证据。必要条件的第一次交叉很容易带动其他条件的交叉。

证据怕交叉，就像两条直线相交确定一点一样，证据交叉得越多，就越充分；必要条件（事物的属性）相当于一条直线，当几个必要条件交叉于一个点，就锁定了原因。当然，证据的第一次交叉是最重要的。寻找原因的过程就是根据证据的交叉不断地排除不符合条件的原因，最后留下最符合条件的原因。

三、还原论与整体论

古代科学的方法论，本质上是整体论（Holism），强调整体地把握对象。近 400 年来，科学遵循的方法论是还原论（Reductionism），主张把整体分解为部分去研究。古代的整体论是朴素的、直观的，没有把对整体的把握建立在对部分的精细了解之上。随着以还原论作为方法论基础的现代科学的兴起，这种整体论不可避免地被淘汰了。总之，研究地球系统不要还原论不行，只要还原论也不行；不要整体论不行，只要整体论也不行。不还原到元素层次，不了解局部的精细结构，我们对地球系统的整个认识只能是直观的、猜测性的、笼统的、缺乏科学性的和没有整体性的，我们对事物认识只能是零碎的，只见树木、不见森林，不能从整体上把握事物、解决问题，科学的态度应当是把还原论和整体论结合起来。

四、创造性思维

著名科学家爱因斯坦曾经说过，组合（重组）是创造性思维的本质特征。重组又是当今社会发明、创造的主要方式。

调整和择优是重组的两条思维原则。

1. 调整

事物的性质和功能是由结构决定的。要改变事物的现状，唯有打破原先的格局，重新考虑其结构的组合，使之形成新的性质和功能，以满足新形势发展的需要或人们的新需求。

2. 择优

在考虑调整的过程中，往往会出现多个方案，经过反复权衡利弊和可行性论证后，从中选择出一个最优的方案。所谓最优方案就是在最大限度上满足新形势发展需要的或人们新需求的方案。

3. 两种思维模式

重组有两种思维模式：结构重组模式和程序重组模式。结构包括数量、形状、材料等，对它们进行重组就是结构重组模式。程序重组模式是对程序的调整，例如，把原先的操作程序"1、2、3、4、5"改为"1、3、5、2、4"甚至"5、4、3、2、1"……用创造学之父——美国人奥斯本的名字命名的奥斯本检核表法就是上述两种重组模式的集中体现。奥斯本检核表法又称设问法，即以提问的方式从九个角度对现有产品或发明创造物的材料、颜色、气味、声音、形状及其大小、轻重、粗细、上下、左右或前后等结构或顺序进行重组而形成的发明方法。

4. 创造性思维的特征

第一，独创性或新颖性。创造性思维贵在创新，它或者在思路的选择上，或者在思考的技巧上，或者在思维的结论上，具有"前无古人"的独到之处，具有一定范围内的首创性、开拓性。

第二，极大的灵活性。创造性思维并无现成的思维方法和程序可循，所以它的方式、方法、程序、途径等都没有固定的框架。进行创造性思维活动的人在考虑问题时可以迅速地从一个思路转向另一个思路，从一种意境进入另一种意境，多方位地试探解决问题的办法。这样，创造性思维活动就表现出不同的结果或不同的方法、技巧。

第三，艺术性和非拟化。创造性思维活动是一种开放的、灵活多变的思维活动，它的发生伴随有"想象"、"直觉"、"灵感"之类的非逻辑。非规范思维活动，如"思想"、"灵感"、"直觉"等往往因人而异、因时而异、因问题和对象而异，所以创造性思维活动具有极大的特殊性、随机性和技巧性，他人不可以完全模仿、模拟。

第四，对象的潜在性。创造性思维活动从现实的活动和客体出发，但它的指向不是现存的客体，而是一个潜在的、尚未被认识和实践的对象。

第五，风险性。由于创造性思维活动是一种探索未知的活动，因此要受多种因素的限制和影响，如事物发展及其本质暴露的程度、实践的条件与水平、认识的水平与能力等，这就决定了创造性思维并不能每次都能取得成功，甚至有可能毫无成效，或者做出错误的结论。

第二节　科学方法

一、系统动力学方法

系统动力学（System Dynamics）是由 W. Forrester 提出来的。

系统动力学主要是指应用因果关系反馈链来提示系统功能算法。例如，A 增加，B 跟着增加；B 增加，C 也增加；C 增加，又促进 A 增加，形成一个循环反馈的因果链关系。或者 A 增加，B 则减少，B 减少，则 C 增加，又促进 A 增加，同样构成一个循环反馈的因果链关系。无论是物质流、能量流、信息流、资金流，在因果链中都具有速率（R）增加或减少都有一个积累（ΔL）问题。从 A 到 B，到 C，再到 A 之间，在时间上有一个延迟（Δt）的问题。根据以上原则，建立系统动力学模型和形成系统流程的框图。

在建系统动力学模型时，首先明确目标，确定系统的边界（环境），系统内部的因果关系链，并构成反馈回环，并确定正负（＋，－）值，速率（R）与积累（ΔL），和流程图。其次，在系统流程框图的基础上，建立结构方程式，利用计算机进行仿真计算。最后，反复调整系统中的因果反馈链的关系、正负值、速率、积累，并不断试算，直到满意为止。

二、类 推 理 法

"用类推法，亦必两物相类，然后有可推"，绝不可"从抽象名语推理"。

推理按推理过程的思维方向划分，主要有演绎推理、归纳推理和类比推理。

（1）演绎推理：它是由普遍性的前提推出特殊性结论和推理，有三段论、假言推理和选言推理等形式。

（2）归纳推理：它是由特殊的前提推出普遍性结论的推理。

（3）类比推理：它是从特殊性前提推出特殊性结论的一种推理，也就是从一个对象的属性推出另一对象也可能具有这属性。

推理的几种具体方法：

（1）三段演绎法：由一个共同概念联系着的两个性质判断作前提，推出另一个性质判断作结论的推理方法。

（2）联言分解法：由联言判断的真，推出一个肢判断真的联言推理形式的一种思维推理方法。

（3）连锁推导法：在一个证明过程中，或一个比较复杂的推理过程中，将前一个推理的结论作为后一个推理的前提，一步接一步地推导，直到把需要的结论推出来。

（4）综合归纳法：以大量个别知识为前提概括出一个一般性结论的推理方法。

（5）归谬反驳法：从一个命题的荒谬结论，论证其不能成立的思维方法。

三、功能模拟法

功能模拟法指撇开系统的物质结构和能量结构的具体内容，而从系统的行为功能过程，考察其在各种控制作用下状态变化关系的方法。它的特点在于不研究"这是什么东西"，而研究"这些东西在干什么"，它从经典的"什么东西存在着"，"存在的是什么"的认识方式，进入到"如何控制它"，"如何把它纳入施控主体所要求的轨道上"。这种方法充分体现了现代方法的特点。

四、黑 箱 方 法

（1）含义：将要研究的系统作为黑箱，通过对系统输入与输出关系的研究，推断出系统内部结构及其功能的方法。

（2）特点：不必打开黑箱，根据其产生的各种反应推断其内部结构和功能。

（3）框图：如下所示。

所谓灰箱，就是相当部分的结构机制已经明了，但并没有完全明了的系统，如电视机对一个并不高明的修理者来说就是"灰箱"。

五、综合集成法

1990 年初，钱学森等首次把处理开放的复杂巨系统的方法定名为从定性到定量的综合集成法。综合集成是从整体上考虑并解决问题的方法论。钱学森指出，这个方法不同于近代科学一直沿用的培根式的还原论方法，是现代科学条件下认识方法论上的一次飞跃。综合集成法作为一项技术又称为综合集成技术，是思维科学的应用技术，既要用到思维科学成果，又会促进思维科学的发展。它向计算机、网络和通信技术、人工智能技术以及知识工程等提出了高新技术问题。这项技术还可用来整理千千万万零散的群众意见、提案和专家见解以及个别领导的判断，真正做到"集腋成裘"。钱学森认为，对简单系统可从系统相互之间的作用出发，直接综合成全系统的运动功能，还可以借助于大型或巨型计算机。对简单巨系统不能用直接综合方法统计方法，把亿万个分子组成的巨系统功能略去细节，用统计方法概括起来，这就是普里高津和哈肯的贡献，即自组织理论。

综合集成法作为一门工程可称为综合集成工程。它是在对社会系统、人体系统、地理系统和军事系统这四个开放的复杂巨系统研究实践基础上提炼、概括和抽象出来的。在这些研究中通常是科学理论、经验知识和专家判断相结合，形成和提出经验性假设（判断或猜想）。但这些经验性假设不能用严谨的科学方式加以证明，需借助现代计算机技术，基于各种统计数据和信息资料，建立起包括大量参数的模型。而这些模型应建立在经验和对系统的理解上，并经过真实性检验。这里包括了感情的、理性的、经验的、科学的、定性的和定量的知识综合集成，通过人-机交互，反复对比，逐次逼近，最后形成结论。其实质是将专家群体（与主题有关的专家）、统计数据和信息资料（亦与主题有关的）三者有机结合起来，构成一个高度智能化的人机交互系统，它具有综合集成的各种知识，从感性上升到理性，实现从定性到定量的功能。

它的主要特点如下：①定性研究与定量研究有机结合，贯穿全过程；②科学理论与经验知识结合，把人们对客观事物的点点知识综合集成解决问题；③应用系统思想把多种学科结合起来进行综合研究；④根据复杂巨系统的层次结构，把宏观研究与微观研究统一起来；⑤必须有大型计算机系统支持，不仅有管理信息系统、决策支持系统等功能，而且还要有综合集成的功能。

应用综合集成法对开放的复杂巨系统进行探索研究，开辟了一个新科学领域，它在理论和实践上都具有重大的战略意义。

IBM 提出的整合服务管理（Integrated Service Management，ISM），被誉为"智慧的地球"的操作系统，旨在通过可视化、可控化和自动化，实现企业 IT 设施、人员与流程的互通互联，进而达到业务与 IT 系统的全面融合，为企业建立和管理融业务与 IT 为一体的动态架构，为产品和服务的创新提供从设计到交付的全生命周期的服务管理，以及为数据中心自动化提供完善的软件平台，最终帮助企业提高服务，降低成本，管理风险。

六、人工神经网络法

人工神经网络（Artificial Nerve Network）是由 J. Anaerson 等提出来的。人工神经网络法不同于目前常用的泄漏监测算法，它采用了近几年在指纹及人像识别领域常用的模式识别算法进行泄漏检测。系统建立了一个详尽的知识库，库中记录了泄漏和各种工况的曲线信息，对每种工作状况提取了多达 128 个特征点，这些特征点准确详尽地记录了每种曲线的形态信息。当管线的工作状况出现变化时，系统算法会对曲线进行分析处理，将各种特征点与知识库中的曲线进行对比，从而确定引发当前工作状况变化的原因。

这种算法有效地解决了传统算法对各种生产工况无法识别的问题，同时，对小规模的泄漏也能够正确地识别并且报警，在实际生产运行中得到了很好的运用。

七、人工智能法

随着人工神经网络的再度兴起和布鲁克（R. A. Brooks）的机器虫的出现，人工智能研究形成了符号主义、连接主义和行为主义三大学派。

人工智能主要研究和应用领域为：机器思维、机器感知、机器行为、计算智能和机器学习；分布智能、智能系统、人工心理与人工情感；人工生命和人工智能的典型应用。

人工智能是一门研究人类智能的机理以及如何用机器模拟人的智能的学科。从后一种意义上讲，人工智能又被称为"机器智能"或"智能模拟"。人工智能是在现代电子计算机出现之后才发展起来的。它一方面成为人类智能的延长，另一方面又为探讨人类智能机理提供了新的理论和研究方法。

人工智能学习可能会向模糊处理、并行化、神经网络和机器情感几个方面发展。目前，人工智能的推理功能已获突破，学习及联想功能正在研究之中，下一步就是模仿人类右脑的模糊处理功能和整个大脑的并行化处理功能。人工神经网络是未来人工智能应用的新领域，未来智能计算机的构成，可能就是作为主机的冯·诺依曼机与作为智能外围的人工神经网络的结合。研究表明，情感是智能的一部分，而不是与智能相分离的，因此人工智能领域的下一个突破可能在于赋予计算机情感能力。情感能力对于计算机与人的自然交往至关重要。目前人工智能学习研究的三个热点是 智能接口、数据挖掘、主体及多主体系统（杨状元和林建中）。

八、目标优化方法

目标优化方法是指人们为系统达到目标而力图费力最小、路径最短、时间最快,亦即投入最小产出最大、耗费最小效益最大的思维原则和方法。

在运用目标优化方法解决复杂性问题时,其方法类型如下。

(1) 整体法。首先要追求整体目标的优化。

(2) 分析法。整体目标是由诸多子目标构成的,故必须在整体目标最优化的前提下,去分析各子目标之间的非线性关系相互作用机制。

(3) 价值法。无论是评估整体目标,还是分析子目标,都必须把握正确的价值取向。

(4) 跟踪法。传统方法是把注意力放在确定初始值上,并采取机械决定论的方法"等待"必然确定的结果——目标。

九、二分法与多分法

二分法又称二分说,爱利亚学派芝诺四大著名悖论之一,证明运动是不可能的。其主要思路是:假设一个存在物经过空间而运动,为了穿越某个空间,就必须穿越这个空间的一半;为了穿越这一半,就必须穿越这一半的一半;以此类推,直至无穷。所以,运动是不可能的。

(1) 一分为二是指既看到事物内部对立的一面,又看到统一的一面,这种方法也叫"两分法"或"两点论"。

(2) "两点论"、"两分法"、"一分为二"、对立统一和全面的观点等,从根本上说是一致的,都是全面地看问题的方法。

十、排　除　法

唯物辩证法所说的"一分为二"是指一切事物、现象、过程都可分为两个互相对立和互相统一的部分。就整个物质世界的发展过程来讲,一分为二是普遍的,但不能机械地理解,应该看到事物可分性的内容和形式是多种多样的。正确地认识和把握一分为二,就既要看到矛盾双方的对立和排斥,也要看到双方的联系和统一,以及在一定条件下的相互转化。从这个意义上,一分为二也可以看作对立统一规律的通俗表述。

十一、归　纳　法

1. 定义

归纳论证是一种由个别到一般的论证方法。它通过许多个别的事例或分论点,归纳出它们所共有的特性,从而得出一个一般性的结论。归纳法可以先举事例再归纳结论,也可以先提出结论再举例加以证明。前者即我们通常所说的归纳法，后者我们称为例证法。例证法就是一种用个别、典型的具体事例实证明论点的论证方法。归纳法是从个别性知识，引出一般性知识的推理，是由已知真的前提，引出可能真的结论。它把特性或关系归结到基于对特殊的代表（Token）的有限观察的类型；或公式表达基于对反复再现的现象的模式（Pattern）的有限观察的规律。

2. 作用

归纳法在科学研究、技术发展和管理决策过程中均具有重要的作用。

（1）提供假说。简单枚举归纳法、类比和消除归纳法在科学发现和技术发明方面都起着重要的作用。例如，光的波动说的提出和飞机的发明过程中，类比法都起了不可缺少的作用。

（2）证明假说和理论。完全归纳法和数学归纳法在这方面具有突出的作用。证明三段论的规则要用到完全归纳法；证明数学定理离不开数学归纳法。

（3）确定假说的支持度。以概率和统计方法为工具的量的归纳法对确定假说的支持度或置信度起着决定的作用。

（4）理论择优。这也要靠量的归纳法。

（5）对事件未来情况进行预测。

（6）各种管理决策。

解决（5）和（6）两类问题都需要用以概率和统计为工具的归纳方法。

十二、演 绎 法

演绎法——从普遍性结论或一般性事理推导出个别性结论的论证方法。它是演绎推理在议论文中的运用。

在演绎论证中，普遍性结论是依据，而个别性结论是论点。演绎推理与归纳推理相反，它反映了论据与论点之间由一般到个别的逻辑关系。

1. 三个阶段

演绎推理的主要形式是三段论，即大前提、小前提和结论。大前提是一般事理；小前提是论证的个别事物；结论就是论点。用演绎法进行论证，必须符合演绎推理的形式。但在写作时，根据文章表达生动简洁的要求，对三段论推理过程的表述可以灵活处理，有时省略大前提，有时省略小前提。

运用演绎推理，作者所根据的一般原理即大前提必须正确，而且要和结论有必然的联系，不能有丝毫的牵强或脱节，否则会使人对结论的正确性产生怀疑。

在柯南·道尔的《福尔摩斯探案集》中，福尔摩斯用的方法之一就是演绎法。

2. 演绎法的类型

（1）公理演绎法。其特点是大前提是依据公理（或公设）进行推理。

（2）假说演绎法。其特点是以假说作为推理的大前提，它的一般形式可写为：如果 p（假说），则有 q（某事件）；因为 q（或非 q）所以 p 可能成立（或 p 不成立）。

3. 定律演绎法

定律演绎是以某个定律或某种规律作为大前提的演绎法。作为演绎推理前提的规律包括两类：一类是经验规律；另一类是普遍规律。

4. 理论演绎法

以某一理论作为大前提，以在该理论范围内的确切事实为小前提的演绎称为理论演绎法。

理论演绎法的一般形式如下。

大前提：有 M 理论在某一范围内是正确的；在此范围内规律 P 普遍适用。

小前提：假定事物 S 的行为受 M 理论的支配。

结论：则 S 的行为规律为 P。

1）演绎法的特点

（1）演绎法前提的一般性知识和结论的个别性知识之间具有必然的联系，结论蕴含在前提中，没超出前提知识范围。

（2）演绎法的结论是否正确，既取决于作为出发点的一般性知识是否正确反映客观事物的本质，又取决于前提和结论之间是否正确地反映事物之间的联系。如果前提是经过实践检验的正确反映事物本质的普遍原理或公理，演绎过程中又遵循了逻辑规则，那得出的结论可靠。例如，在马克思主义原理指导下，在中国革命实践基础上形成的关于中国革命的理论，是正确可靠的。

（3）演绎法的思维运动方向是由一般到个别、由抽象到具体，即演绎的前提是一般性知识，是抽象性的，而它的结论却是个别性知识，是具体的。

2）演绎法的作用与意义

（1）演绎法是逻辑证明的重要工具。由于演绎是一种必然性的思维运动过程，在思维运动合乎逻辑的条件下，结论取决于前提。所以，只要选取确实可靠的命题为前提，就可有为地证明或反驳某命题。

（2）演绎法是做出科学预见的手段。所谓科学预见，就是运用演绎法把一般理论运用于具体场合所做出的正确推论。

（3）演绎法是进行科学研究的重要思维方法。具体说，它是形成概念、检验和发展科学理论的重要思维方法。

3）演绎法的局限

（1）演绎法不能解决思维活动中演绎前提的真实性问题。前提的真实性要靠其他科学方法和实践来检验。如果演绎前提不可靠，即便没有违犯逻辑规则，也不能保证结论的正确。

（2）演绎法不具有绝对性普遍意义。因为演绎法是从一般推知个别事实，它只说明一般与个别的统一，不能揭示一般与个别的差异。再说，具体事物是发展的，当事物由于发展而出现了一般没有的特点时，以一般直接、简单地演绎到个别就往往不能成功。

（3）演绎法得出的结论正确与否，有待于实践检验。它只能从逻辑上保证其结论的有效性，而不能从内容上确保其结论的真理性，也可以从逻辑思维、逆向思维和想象思维延伸到其结论。

十三、分析与综合法

分析法就是把整体分解为部分，把复杂的事物分解为简单的要素，然后分别加以研究的一种思维方法。

综合法是把研究对象的各个部分、方面和因素的特点、性质联系起来考察，从整体上去认识和把握研究对象的一种思维方法。分析与综合的思维方向是相反的，而这又是辩证统一的。没有分析就没有综合，分析与综合是统一的，这种统一性就在于，分析是以整体为基础，分析不是目的，分析是为了综合；认识部分是为了认识整体，在分析时要以整体作为指导思想，综合是建立在分析的基础上，只有对整体的各个部分及要素分析清楚，综合才有新内容；分析与综合在一定条件下相互转化，这种转化，一是说认识事物总是从分析走上综合，又在综合基础上进行新的分析，使认识不断深化；二是说在一定条件下的分析可以看作一定条件下的综合，一定条件下的综合又可看作另一条件下的分析。

许多地理知识相互之间存在着内在的联系，一个复杂的地理问题往往是由许多简单的地理问题组合而成的。根据地理知识认知的一般规律，把中学地理教学中的一些复杂的问题先分解成若干与之紧密联系的简单问题，按照循序渐进、由易到难、由近及远、由简单到复杂的原则逐个进行学习，并讲清它们相互间的联系，再在此基础之上进行归纳、综合，最终得出结论。这就是"分解—综合"学习法。运用分解—综合法，其一般学习过程与运用其他方法进行学习没有本质上的差异，所不同的只在于如何对地理知识进行分解，如何进行综合。中学地理教学中地理知识的分解，应因教材内容的不同而不同，归纳起来大致有三种基本方法。

（1）顺序排列。文字分解对于教材中某些抽象复杂，难以解释说明的现象，或某项内部包含环节较多，综合性较强，知识面牵连较广的事物，依据其内在规律，将其起始因素、中间过程、最后结论或其各种属性，各个部分和方面，一个一个地按其内在联系的顺序，用文字形式细细排列讲解。其好处是降坡削坎，铺路搭桥，学生易于理解吸收。例如，进行分解"大气运动"一节，可从太阳辐射在地球表面的分布状况起，按照顺序用几组文字，从热量分布、大气密度、气压、气压梯度、气压梯度力和地转偏向力等概念入手进行分解，把大气运动的原因，大气从垂直运动到水平运动的完整过程细细排列出来：太阳辐射在地球表面分布不均—各地受热多少不均—近地面大气受热膨胀上升或冷却收缩下沉—产生大气垂直运动—同一水平面上大气密度不同—同一水平面上气压高低不同—出现水平气压梯度—产生水平梯气压梯度力（垂直于等压线并指向低压）—大气由高压水平流向低压形成风……这样一来，对有关概念就认识清楚了，对大气从垂直运动到水平运动的全过程就有了一个全面、系统的了解，在这个基础之上再学习掌握更为复杂的大气环流现象就容易得多。

这以后学习南北半球三圈环流的形成，教师只需对副热带高压带和副极地低压带的成因稍加解释，学生基本上能通过自学看书，将高低空六种气流方向准确无误地叙述出来。这样处理，符合学生逻辑思维趋势，因此，他们听得懂，记得牢，表达得清楚明白。最后再回到开头所提出的问题上，进行归纳综合。这样，既传授了知识，又教给学生分析问题的方法，起到了知识传授与能力培养同步进行的教学效果，使原来纠缠不清的问题变得条理分明。

（2）模拟演示。简图分解地理课堂学习中的板图演示是很重要的方法，它能帮助学生简明地抓住要点，掌握核心，发现规律，得到启迪。简图分解有助于我们从诸多联系紧密的因素中抓住本质，摸清规律，是一种值得经常运用的较好方法。

（3）归纳比较。列表分解和文字分解形式不同，但实质一样。文字分解适用于认识和理解系统性较强、环节或过程跳跃性较大的地理事物或现象；列表分解则一般用于包含较多平行或并列的内容，难以理清头绪，分清异同的问题，它的优点是简明扼要，令人一目了然。

第三章 科学方法论

第一节 若干基本概念简介

一、线性非线性科学方法

人们一向认为，科学是研究客观世界的确定性的特征与规律，并能够进行预测。但现在认识到客观世界既有确定性的一面，又有不确定性的另一面。科学研究的是客观世界的确定性与不确定特征、有规律与无规律或混沌或复杂性（混沌的边缘）等特征都属于科学范畴。所以科学可以划分为确定性科学和不确定性科学两大类型。两者的方法论也是不同的，确定性科学的方法论为线性科学方法论，不确定性科学的方法论为非线性科学方法论。线性与非线性科学方法论的区别是：前者指"自变量与应变量呈线性关系（直线关系）的方法"；后者指"自变量与应变量呈非直线关系（曲线、弧线关系）的方法"。科学的确定性理论与非确定性理论，线性与非线性科学方法论是科学的基本理论与基本方法论。

线性科学与线性思维（方法论），非线性科学与非线性思维（方法论）：所谓线性，引用 *American Heritage Dictionary* 上的解释是：of, relating, or resembling a line; straight，或者 having only one dimension。线性思维，是一种直线的、单向的、单维的、缺乏变化的思维方式，非线性思维则是相互连接的，非平面、立体化、无中心、无边缘的网状结构，类似人的大脑神经和血管组织。线性思维如传统的写作和阅读，受稿纸和书本的空间影响，必须以时空和逻辑顺序进行。非线性思维则如电脑的 RAM（Random Access Memory），突破时间和逻辑的线性轨道，随意跳跃生发，又如 HTML 提供超越时空限制的网状连接路径。尽管如此，非线性至今仍然没有一个科学的定义，甚至与科学不沾边。

线性科学（linear science）指系统过程的自变量与因变量之间成线性（直线）回归关系，或成正比关系的科学，称为线性科学。凡是运用线性回归方法进行研究的称为线性科学方法。确定性科学，属于线性科学，确定性科学的方法，属于线性科学方法。

非线性科学（non linear science）指系统过程的自变量与应变量之间呈非线性回归关系或成正比关系的科学，称为非线性科学方法。非线性科学是介于确定性科学与非确定性科学之间的边缘的科学，如老三论、新三论及三不论等，都属非线性科学。确定性混沌是一个例子。在确定性系统中，可以有不确定性因素存在，同样，在不确定性系统中，可以出现确定性因素。客观世界不存在"绝对的确定性"或"绝对的不确定性"的系统过程，仅仅在过程中两者所占的比重不同而已。所以概率不是"无知"造成的，而是客观世界的固有特征。

二、确定性与不确定性

确定性科学（certainty science）指对系统过程的初始条件非常敏感的科学。当系统过程的初始条件确定后，未来的一切也就确定了，可以用来预测过程未来的发展趋势，过程是可逆的，时间是可逆的，可以重复，如经典力学、相对论和热力学第一定律（能量守恒定律）。

不确定性科学（uncertainty science）指对系统过程的初始条件不敏感的科学。系统过程既测不准，也算不清，只要系统过程的初始条件有一点微小的偏差，系统过程就会"失之毫厘，差之千里"，甚至产生"蝴蝶效应"。过程是不可逆的，过程不可重复也不能预测，只能通过系统规律，即概率来估算系统过程的状况，如量子力学、进化论、热力学第二定律（热耗散定律）。

三、平衡与非平衡系统

平衡系统（balance system）指在系统过程中的物质流与能量流处于平衡状态或不变状态，所以又称稳定系统（stability system）。平衡系统或稳定系统一般都属"封闭系统"。该系统是一个孤立的、不与外界进行物质与能量交换的系统，多数是人为系统的特征。

非平衡系统（non balance system）指系统过程中，不断与外界进行物质与能量交换的、远离平衡的开放系统，也是客观世界大多数自然系统的特征。对于大多数自然系统来说，都是具有不断与外界进行物质与能量交换特征的开放系统，地球就是远离平衡的开放系统。

四、有序与无序/系统与非系统

具有从无序到有序的过程称为系统，而处在无序状态的过程不能称为系统。

凡是具备从无序状态到有序的现象或过程，包括时间有序、空间有序（结构）和功能有序的可以称为系统（system）。一般系统，还具有自组织（self-organization），它是指系统的有序状态遭破坏后，系统本身具有恢复到有序状态的功能，将被破坏的有序部分进行修复。或通过系统的自适应、自学习功能，将系统原来的有序的功能改变为能适应新情况的，仍能维持有序状态的功能，称为自适应功能，也是属于自组织功能的一部分。当系统自身的功能无法抵抗外来的干扰或破坏有序的影响时，系统也具有自我毁灭的，或自非组织的功能。

凡是系统都具有"有序"的特征。凡是具有无序特征不能称为系统。当系统从有序状态进入"无序"状态时，系统的功能就将消失，系统趋于消亡。当一个有序的系统，从它的"发生、发展到消亡"三个发展中处于消亡阶段的状态，都是无序的，这个过程也称之为"自非组织"（self non organization）过程。即系统从无序到有序，又回归无序的过程。

第二节　确定性理论与线性科学方法论简介

包括经典力学和相对论在内的确定性理论，在每一个人的中学时代和大学时代就有了一定了解，现在仅作回顾性的简介。先哲早在 2000 多年前就指出了："科学与原因有关，而与机遇无涉。"Kant 也曾指出，构成所有科学的知识的必要条件是普通的因果决定论。科学家拉普拉斯认为，只要有能力去观察客观世界的现状，就能预见演化。一旦初始条件给定，一切都是确定的了。拉普拉斯对"确定论"做了这样的描述："一种智慧，如果它能知道，使得自然界生机勃勃的所有的力，以及构成自然的所有的元素各自的状态，在某个给定的瞬时的全部情况，进而，如果是足够庞大以至于可以分析所有这些数据，那么它将可以用同一个公式囊括宇宙中最庞大物体和最小原子的运动；对它来说，没有什么事情是不确定的，无论将来还是过去，都将呈现在它眼中"（David Ruelle，2001）。

一、经典力学理论

经典力学的基本定律是牛顿运动定律或与牛顿定律有关且等价的其他力学原理，它是 20 世纪以前的力学，有两个基本假定：其一是假定时间和空间是绝对的，长度和时间间隔的测量与观测者的运动无关，物质间相互作用的传递是瞬时到达的；其二是一切可观测的物理量在原则上可以无限精确地加以测定。20 世纪以来，由于物理学的发展，经典力学的局限性暴露出来。例如，第一个假定，实际上只适用于与光速相比低速运动的情况。在高速运动情况下，时间和长度不能再认为与观测者的运动无关。第二个假定只适用于宏观物体。在微观系统中，所有物理量在原则上不可能同时被精确测定。因此经典力学的定律一般只是宏观物体低速运动时的近似定律。

经典力学有许多不同的理论表述方式：牛顿力学（矢量力学）的表述方式、拉格朗日力学的表述方式、哈密顿力学的表述方式。

以下介绍经典力学的几个基本概念。为简单起见，经典力学常使用质点来模拟实际物体。质点的尺寸大小可以被忽略。质点的运动可以用一些参数描述：位移、质量、和作用在其上的力。

实际而言，经典力学可以描述的物体总是具有非零的尺寸（真正的质点，如电子，必须用量子力学才能正确描述）。非零尺寸的物体比虚构的质点有更复杂的行为，这是因为自由度的增加。例如，棒球在移动的时候可以旋转。虽然如此，质点的概念也可以用来研究这种物体，因为这种物体可以被认知为由大量质点组成的复合物。如果复合物的尺寸极小于所研究问题的距离尺寸，则可以推断复合物的质心与质点的行为相似。因此，使用质点也适合于研究这类问题。

牛顿力学的核心思想是：一个物理系统在已知某个给定条件，或初始时刻的状态，如位置和速度，就可以知道它在其他任何时刻的状态。其原因是，对于一个给定的系统，每一个瞬间的量由这个瞬间系统的状态所决定。例如，两个天体间的引力和两个天体间距离的平方成正比。因此，系统状态与时间的变化和作用于这个系统的力有关。已知一个系统的初始状态，就可以由此确定系统状态是如何随时间变化，从而决定了其他任何时刻的系统状态。这种关系可以由牛顿方程表达。经典的牛顿力学思想是：如果知道宇宙在某个（任意选择）初始时刻位置（x）和速度（v）状态时，就能够确定它在任何时刻的状态。

Ruelle（2001）指出，牛顿力学的现代语言描述为：在某一个时刻物理系统的状态是由系统中的物质所集中的那些点的位置和速度来给出的。如果知道了一个物理系统在初始时刻的状态，如位置和速度，就可以知道它在其他任何时候的状态。按牛顿力学原理，对于一个给定的系统，每一个瞬间的量是由这个瞬间系统的状态，即位置和速度决定的。例如，两个天体间的引力和两个天体间的距离的平方成正比。系统状态随时间的变化和作用于这个系统的力有关，它们之间的关系可以用牛顿方程表达。只要已知一个系统的初始状态，就可以确定系统状态是如何随时间变化的，即确定了其他任何时刻系统的状态，如果知道了宇宙在某个（任意的）初始时刻的状态，就可以确定它的其他任何时刻的状态。

凡有确定性特征的物理学定律规定一个初始状态是如何随时间演化的。例如，如果我们向空中抛一石块，引力定律将准确地规定石块后续的运动轨迹。但仅根据上述定律不足以预言落在何处，还应该知道该石块离开我们手时的速度和方向，即它的初始条件或石块运动的边界条件，才能测定它的降落地点。不仅如此，石块在飞行过程中还可能受到环境因素的影响，如风力的影响，如果风力十分强劲，则石块可能降落的地点还要受风力和风向的影响。

牛顿定律包括如下四条：

牛顿第一定律（惯性定律指）：一切物体在没有受到外力作用时，总保持匀速直线运动或静止状态，直到有外力迫使它改变这种状态为止。即动者恒动，静者恒静。

牛顿第二定律（加速度定律）：当物体受到外力作用时它的加速度与作用于它上面的力成正比，与物体的质量成反比，加速度的方向与力的方向相同。

牛顿第三定律（反作用定律）：两个物体之间的作用力和反作用力总是大小相等，方向相反，作用在一条直线上。

万有引力定律：自然界中任何两个物体都是相互吸引的，引力的大小与两物体的质量的乘积成正比，与两物体间距离的平方成反比。

牛顿力学指出了位置（x）和速度（v）是如何随时间而变化的基本规律。牛顿力学是一个确定性系统。牛顿力学定律隐含了过去与未来之间是等价的，是对称的，可逆的，不存在时间之矢。

牛顿力学和加速度关系定律是确定性的，时间是可逆的。一旦知道了初始条件，就可以推算出所有的后续状态。此外，过去和未来扮演着相同的角色，因为牛顿定律在时间 $t \to -t$ 反演下具有不确定性。因此就可以有能力去观察宇宙的现状，并预言其演化。

牛顿力学虽然后来被海森伯的量子力学与爱因斯坦相对论所替代，但其核心，"确定性"和"时间的对称性"仍被保留了下来。

在 200 年前牛顿定律确定了一种绝对普遍性的真理地位，到了 20 世纪自从出现了量子力学和相对论，就逐渐取代了牛顿理论的地位。经典力学以轨道为对象，量子力学则以波函数为对象。

拉格朗日力学（Lagrangian mechanics）是分析力学中的一种，于 1788 年由约瑟夫·拉格朗日所创立。拉格朗日力学是对经典力学的一种的新的理论表述，着重于数学解析的方法，是分析力学的重要组成部分。

经典力学最初的表述形式由牛顿建立，它着重于分析位移、速度、加速度、力等矢量间的关系，又称为矢量力学。拉格朗日引入了广义坐标的概念，又运用达朗贝尔原理，求得与牛顿第二定律等价的拉格朗日方程。不仅如此，拉格朗日方程具有更普遍的意义，适用范围更广泛。还有，选取恰当的广义坐标，可以大大地简化拉格朗日方程的求解过程。

哈密顿力学是哈密顿于 1833 年建立的经典力学的重新表述，它由拉格朗日力学演变而来。拉格朗日力学是经典力学的另一表述，由拉格朗日于 1788 年建立。哈密顿力学与拉格朗日力学不同的是前者可以使用辛空间而不依赖于拉格朗日力学表述。适合用哈密顿力学表述的动力系统称为哈密顿系统，包括哈密顿几何、数学表述、黎曼流形、亚黎曼流形、泊松代数。

哈密顿原理用来表述经典力学，这原理也可以应用于经典场，像电磁场或引力场，甚至可以延伸至量子场论等。

二、相 对 论

相对论（the theory of relativity）是关于时空和引力的理论，主要由爱因斯坦创立，依其研究对象的不同可分为狭义相对论和广义相对论。相对论和量子力学的提出给物理学带来了革命性的变化，它们共同奠定了近代物理学的基础。相对论极大地改变了人类对宇宙和自然的"常识性"观念，提出了"同时的相对性"、"四维时空"、"弯曲时空"等全新的概念。不过近年来，人们对于物理理论的分类有了一种新的认识——以其理论是否是决定论来划分经典与非经典的物理学，即"非古典的＝量子的"。在这个意义下，相对论仍然是一种经典的理论。

爱因斯坦的相对论根本改变了经典物理学的绝对时空观念，提出了时间和空间的相对性，或提出了物质运动与时间、空间关系的相对性理论，是物理学的一次大的革命。

1. 狭义相对论（1912）

爱因斯坦的能量-质量宇称守恒定律：$E = Mc^2$，E 为能量、M 为质量、c 为光速，把经典物理学彼此孤立的质量守恒、能量守恒定律联系了起来，反映物质和运动的不灭性和完全一致性（狭义相对论）。他认为时间、空间、物体、运动是不可分割的统一整体。物体的运动变化，不但影响空间的大小存在，也影响时间流动过程，最明显的例证是物体运动速度充分大时，时钟会变慢，物体会沿运动方向缩小尺寸。这就是狭义相对论（1912 年）。爱因斯坦相对论；$E = Mc^2$，即能量等于物质质量乘以光速的平方，它还意味着物质质量随着速度的增加而增加，直至无穷。粒子加速器就是利用了这个原理；质量随着速度的增加而增加，在加速器中，粒子的速度不断增加，直至接近光速。在粒子相互碰撞中将能量转化为质量，产生新的粒子。爱因斯坦指出，牛顿运动定律只有在物体运动速度远比光速低的场合下合适。万有引力定律也只有在强应弱的场所才成立。

2. 广义相对论（1916）

广义相对论是一种没有引力的新引力理论，适用于所有的天体物理定律。广义相对论对牛顿经典力学提出了挑战。根据广义相对论，引力是空间与时间弯曲的结果，即光线在通过有质量的物体附近时发生弯曲证明了引力的存在。广义相对论认为，时间空间与物体运动整体的不可分割性，不但在匀速直线运动下存在，而且在有加速度运动的情况下也照样存在。

它进一步指出，加速度运动与引力场（重力场）引起的运动就是一回事，是等价的或等效的。这就推广了相对论的基本内容。根据等效原理，引力可以等效为加速系统中的惯性力。引力可以被一个加速系统完全抵消，也可以用一个加速系统体现出来。

广义相对论把引力与时间空间的几何特征联系起来了，引力就是时空的弯曲，引力本身已不存在。它认为，人们生存的具有长、宽、高三个方位的空间和一直流动延续下去的时间结合在一起成为四维时空的整个宇宙是弯曲的，有曲率的，并预言了光谱线的引力红移和引力场中光的弯曲，并提出了宇宙是有限无边的模型。

美国 NASA 在 2004 年 10 月 21 日宣布，由各国科学家和大学研究人员组成的研究小组首次发现了地球自转时，拖拽周围的时空变化，证明了爱因斯坦广义相对论的正确。广义相对论认为，一个旋转的天体能使组成二维空间及第四维时间的结构发生偏转和扭曲。而且离地球越近，扭曲的幅度就越大。也称为"框架拖拽"。两颗激光地动卫星 LAGEOSI 和 LAGEOSII 对地球以毫米级对地球进行了精确的跟踪和测量，结果证明了"三维空间及第四维时间的结构框架发生偏转和扭转"。2004 年 4 月 NASA 发射了携带有 4 个回转仪的"引力探测器 B"，证明了广义相对论的正确性。

爱因斯坦企图把引力理论和电磁理论统一起来建立统一场论，但量子力学理论揭示了，单个电子的运动是无法预测的，它在任何时刻的位置和速度都不能以同等精确来测量。这就是量子力学的不确定性，打破了他建立统一场论的期望。

爱因斯坦的广义相对论认为，时间和空间结合成不可分的整体，称作时空。在时空整体中，时间的现在、过去和未来同时存在。时空是一种凝固的结构，不会发生变化，人们自身的存在，从出生到死亡，在时空中都是永恒的。在这个结构中，没有时间的流逝（时间之矢）也没有现在的位置，所以时间是一种错觉。广义相对论、经典力学等都不涉及时间之矢，即随时间而变化，牛顿力学也是隐含了过去、现在与未来等时间的等价性，因此牛顿和爱因斯坦认为时间不是客观世界的基本维。实际上海森伯的量子力学也没有涉及时间维。当时一些著名的物理学家，都错误地把物理过程的演化，把玻尔兹曼的热力学的客观事实，仅仅看做一种现象或不完善观测的结果，认为自然现象活动能简化成一组方程式，如狭义相对论 $E = Mc^2$，"宇宙真理隐藏在数学之中"。

爱因斯坦指出,"对我们这些有坚定信念的物理学家来说,过去、现在和未来的区分是一种错觉,尽管这是一种持久的错觉"。他的好朋友 Kurt Gödel 对他陈述了一个宇宙模型,表明了回溯人的过去是可能的,但他不感兴趣,他不相信人能回到自己的过去。

狭义相对论与广义相对论在高速运动时间变化问题上的对立统一性:设想乘坐一艘太空船以相当于光速的 99% 的速度飞行,根据狭义相对论,时间相对于地球上来说要慢,在飞船上过一年,地球上已过了 7 年。但根据广义相对论的观点认为:引力场越弱,则时间过得越长。飞船由于速度快,所以引力场很弱,产生了与狭义相对论对立的结果。因此实际上国际空间站飞船,由于它以每小时 27 000km 的速度沿轨道运行,狭义相对论占主导地位,所以在空间站的时间大约比地表上慢 1000 亿分之一。

2005 年 1 月 14 日欧洲空间局宣布"惠更斯"号探测器已在土星卫星"泰坦"(土卫六)上安全着陆,并发回 200 多张清晰的土卫六地表的相片,从中可以看出地貌和水系特征。这证明了人们对于太阳系的认知可能大部分是正确的,是确定性的,空间技术也是可靠的,即确定性的。"惠更斯"号探测器在宇宙飞行了 7 年时间,行程 21 亿 km,能准确地到达目的地,实现了三个动态目标的整合,是一项重大的工程,这就证明了确定性的存在。

确定论的共同特点是:认为只要初始条件定了,一切也就定了,不仅可以预测未来,也可以推测过去。时间是可逆的,是对称的,不存在什么"时间之矢"。它有固定的运动轨迹和稳定的运动状态。

但 Popper 和很多科学家指出,只是由确定性科学(由上述论点)来描述客观世界,就将面临很多无法解决的问题,如天气、地震及股市等。

具有确定性特征的物理学定律规定一个初始状态是如何随时间演化的。例如,如果我们向空中抛一块石头,引力定律将准确地规定石块后续的运动轨迹。但仅根据上述定律不足以预言落在何处,还应知道该石块离开我们手时的速度和方向,即它的初始条件或石块运动的边界条件,才能确定它降落的地点。不仅如此,石块在飞行过程中,还会受环境因素的影响,如风力的影响,如果风力十分强劲,则石块降落的地点还要受风力和风向的影响。

相对论主要在两个方面有用:一是高速运动(与光速可比拟的高速);二是强引力场。

在医院的放射治疗部,多数设有一台粒子加速器,产生高能粒子来制造同位素,做治疗之用。由于粒子运动的速度相当接近光速($0.9c \sim 0.9999c$),故粒子加速器的设计和使用必须考虑相对论效应。

全球卫星定位系统的卫星上的原子钟,对精确定位非常重要。这些时钟同时受狭义相对论因高速运动而导致的时间变慢($-7.2\ \mu s/$日)和广义相对论因较(地面物件)承受着较弱的重力场而导致时间变快效应($+45.9\ \mu s/$日)影响。相对论的净效应是那些时钟较地面的时钟运行得快。故此,这些卫星的软件需要计算和抵消一切的相对论效应,确保定位准确。

全球卫星定位系统的算法本身便是基于光速不变原理的，若光速不变原理不成立，则全球卫星定位系统需要更换为不同的算法方能精确定位。

过渡金属如铂的芯电子，运行速度极快，相对论效应不可忽略。在设计或研究新型的催化剂时，便需要考虑相对论对电子轨态能级的影响。同理，相对论亦可解释为何铅的 6s² 轨态的能级偏低现象（inert pair effect）。这个效应可以解释为何某些化学电池有着较高的能量密度，为设计更轻巧的电池提供理论根据。相对论也可以解释为何水银是液体，而其他金属不是。

相对论指出，光速是信息传递速度的极限。超级计算机的总线频率一般不能超越 30GHz，否则在脉冲到达超级计算机的另一处之前，另一脉冲就已经发出了。结果计算机内不同地方的组件会不协调。相对论为超级计算机的布线长度和频率上限提供了理论基础。

由广义相对论推导出来的重力透镜效应，让天文学家可以观察到黑洞和不发射电磁波的暗物质，评估质量在太空的分布状况。

值得一提的是，原子弹的出现并非由于著名的质能关系式（$E = Mc^2$）。质能关系式只是解释原子弹威力的数学工具而已。

三、热力学第一定律（能量守恒定律）

热力学第一定律：$\Delta U = Q + W$，表示系统在过程中能量的变化关系。

1. 定义

热力系内物质的能量可以传递，其形式可以转换，在转换和传递过程中各种形式能源的总量保持不变，即"能量守恒"。

自然界一切物体都具有能量，能量有各种不同形式，它能从一种形式转化为另一种形式，从一个物体传递给另一个物体，在转化和传递过程中能量的总和不变。

2. 基本内容

热可以转变为功，功也可以转变为热，消耗一定的功必产生一定的热，一定的热消失时，也必产生一定的功。

普通的能量转化和守恒定律是一切涉及热现象的宏观过程中的具体表现，是热力学的基本定律之一。

热力学第一定律是对能量守恒和转换定律的一种表述方式。表征热力学系统能量的是内能。通过做功和传热，系统与外界交换能量，使内能有所变化。根据普遍的能量守恒定律，系统由初态 I 经过任意过程到达终态 II 后，内能的增量 ΔU 应等于在此过程中外界对系统传递的热量 Q 和系统对外界做功 A 之差，即

$$U_{II} - U_{I} = \Delta U = Q - W$$

$$或 \quad Q = \Delta U + W$$

这就是热力学第一定律的表达式。如果除做功、传热外，还有因物质从外界进入

系统而带入的能量 Z，则应为 $\Delta U = Q - W + Z$。当然，上述 ΔU、W、Q、Z 均可正可负（使系统能量增加为正、减少为负）。对于无限小过程，热力学第一定律的微分表达式为

$$\delta Q = \mathrm{d}U + \delta W$$

其中，U 为态函数；$\mathrm{d}U$ 为全微分 Q；W 为过程量；δQ 和 δW 只表示微小量并非全微分，用符号 δ 以示区别。ΔU 或 $\mathrm{d}U$ 只涉及初、终态，只要求系统初、终态是平衡态，与中间状态是否平衡态无关。对于准静态过程，有 $\delta Q = \mathrm{d}U + \mathrm{p}\mathrm{d}V$。

3. 表述

热力学的基本定律之一，是能量守恒和转换定律的一种表述方式。热力学第一定律指出，热能可以从一个物体传递给另一个物体，也可以与机械能或其他能量相互转换，在传递和转换过程中，能量的总值不变。它的另一种表述方式为：不消耗能量就可以做功的"第一类永动机"是不可能实现的。

18 世纪以来，流行一时的"热质说"相继为 Count von 朗福德、J. R. von 迈尔、J. P. 焦耳等人所推翻。他们证明热是物质运动的一种表现，并逐步归纳成第一定律的表述方式。其中焦耳于 1840~1850 年进行的热功当量实验为这一定律的科学表述奠定了基础。焦耳的实验表明，机械能所做的功 F 与其转换得到的热量 Q 之间存在着严格的数量关系，不管转换的过程如何，一个单位的热量永远相当于 E 个单位的功，即

$$W = EQ$$

其中，E 称为热功当量。在国际单位制（SI）中热量和功的单位都是焦耳（J），所以 $E = 1$。

对于封闭系统（见热力系统），热力学第一定律可表达为

$$Q = \Delta U + W$$
$$或\ \delta Q = \mathrm{d}U + \delta W$$

它表明向系统输入的热量 Q 等于系统内能的增量 ΔU 和系统对外界做功 W 之和。

在热工设备中经常遇到热量稳定地流入和流出设备的开口系统的情形。这时，热力学第一定律可表达为

$$Q = \Delta H + \Delta\left(\frac{1}{2}m^2\right) + W$$
$$\delta = \mathrm{d}H + \mathrm{d}\left(\frac{1}{2}m^2\right) + \delta W$$

它表明向系统输入的热量 Q，等于质量为 m 的流体流经系统前后焓 H 的增量、功能的增量以及系统向外界输出的机械功 W 之和。

第三节　不确定性理论与非线性科学方法论简介

一、综　　述

产生于 20 世纪 60～70 年代的非线性科学，是研究非线性现象共性的一门新兴的交叉学科。朱照宣认为，"非线性科学只考虑各门科学中有关非线性的共性问题……"，因此，他认为，像耗散结构理论、协同学和突变论这些研究复杂性的科学不属于非线性科学。

在 20 世纪初 Karl Popper 在《开放的宇宙–关于非决定论的争论》一书中写道：常识倾向于认为每一件事总是由在先的某些事件所引起，所以每个事件是可以预言的，但常识又告诉我们，每种事件可能存在两种选择，而不是只有一种结果。他还指出：量子力学、甚至是经典物理学，给予人们的教训是没有什么是必然的，没有什么是完全可预见的，有的只是某些特定事件发生的倾向。

威廉·詹姆斯称为"决定论的二难推理"。这问题的焦点是："未来是给定的，还是不断变化的？"这是二难推理的关键，因为时间是存在的基本维度。

玻尔兹曼试图仿效达尔文在生物中的研究，系统阐述物理学中的随时间演化的过程。但受到当时物理学界中很多人的抵制。认为违背了经典物理学的理论。他还提出了建立演化物理学的想法。

麦克斯韦指出：概率是客观世界的普遍法则。

普里高津认为：科学不再等同于确定性，概率不再等同于无知。

赫拉克利特认为：真理就是抓住自然的基本演化，把它作为内在的无限之物，作为它自身的过程加以表述。

普里高津指出新的自然法则是：不再建立在确定性定律下的确定性，而是建立在概率之上的确定性。而且在概率表达中，时间的对称性被打破了。同时他认为，非平衡过程物理学，包括自组织和耗散结构理论；不稳定系统物理学，包括了扰动、不稳定性、多种选择和有限可预测性等的观点。普里高津在 *From Being to Becoming* 一书中指出，基于过去多年来对非平衡物理学和非平衡化学的研究结果，可以总结出以下两个结论：

(1) 不可逆过程（与时间之矢相关）像物理学基本定律描述的可逆过程一样真实，它们并非相当于加在基本定律上的近似。

(2) 不可逆过程在自然中起着基本的建设性的作用。他在《结构、耗散与生命》(1969) 提出了耗散结构理论。并在耗散结构的理论基础上上，创立了两个新的物理学的分支；近些年来，诞生了一门非平衡过程物理学，出现了像"自组织"(self-organization) 和"耗散结构"(dissipative structure) 等新的概念。非平衡过程物理学描述了单向时间效应，为不可逆这一术语给了新的含义。不可逆性不仅出现在扩散或黏性过程而且用它来解释诸如涡旋的形式，化学震荡和激光等许多现象，它们都与"时间之矢"有关。(Prigogine，1996)

除了上述的"非平衡过程物理学"以外，还诞生了另一门新的学科，即"不稳定系统物理学"。经典科学强调有序和稳定性。而"不稳定系统物理学"重视所有层次上的不稳定性，无序性、扰动、多种选择和有限的可预测性。混沌理论已被很多学科所接受，包括社会科学、经济科学在内。(Prigogine，1996)

狭义相对论把物质运动甚至信息传递的速度限制在光速的范围内；量子力学宣告了微观世界的知识的不确定性；混沌理论进一步证明，即使不存在量子力学的不确定性，许多现象仍然不可预测，Gödel 的不完备性定理消除了人们对现实世界构建一个完备的数学描述系统的可能性。

麻省理工学院的 Alan Guth 提出，在宇宙历史的最高阶段，精确地说，那时的宇宙比一个质子更小，当时的引力变成了斥力，即发生了大爆炸，并不断发生变化，而且也是不可预测的。

惠勒 (John Wheeler) 在《时间的边界》(Frontier of Time) 中指出：宇宙都是独立的现象，这些现象超越了已有定律的结论，这些现象如此繁多，无从捉摸，并不受已有方程式的限制，超越了现有的理论。它进一步指出：自从知道宇宙是由"大爆炸"开始之后，要再认为物理定律是由无限久之后都保持不变，就显得十分荒谬了。这些定律是不断变化的。而观察者参与的程度也与结论息息相关。

Benoit Mandelbrot 发现许多现象和过程具有内在的不确定性；它们的行为是不可预测的，科学家只能猜测单个时间的原因，但不能精确地做出预言。

按达尔文的进化论观点，生物是由简单到复杂，由少数物种逐渐演化成今天的种类繁多的物种的进化过程。但现在"寒武纪"的"澄江生物大爆发"对达尔文进化论提出了挑战，在地球上生物出现的早期，很多生物种群门类是同时出现的。据不完全统计，寒武纪澄江古生物化石门类大多达 20 多种，现在也只有 30 多种，可见不同的生物门类，可能不少是同时出现的。"澄江生物大爆发"的事实，证明了进化论本身也具有不确定性特征。

二、不确定性理论

（一）进化论简介

达尔文在《物种起源》一书中指出，生物的繁衍后代总数通常会超出环境可承载的能力，子代与亲代以及子代个体之间，总会有些微小的差别。每一生物个体，为了能长久生存并繁衍后代，总要与同种的其他个体展开直接或间接的竞争；机遇在任何个体生物的生存中都起一定的作用，大自然只选择那些其变异特征更具适应性的个体，即它们更易存活下去，有更大的机会把这些适应性变异传给后代的生物。他坚信代际变异是随机的，只是在自然选择的压力下，某些差异才成为适应性并导致生物的进化。

孟德尔则认为，生物中存在"遗传粒子"，即"基因"物质在亲代和子代间传递。基因阻止了生物性态的融合，从而保持其特性不变；基因重组才是生物变异的根源，但只发生在有性生殖的过程中，同时偶尔产生基因表达的失误或者突变，从而形成各种变异的后代，使得自然选择成为可能。

Ernst Magr（哈佛大学）等学者将达尔文的进化论与孟德尔的遗传基因说进行了"统合"，形成了一种综合体系，断言自然选择是生物进化与遗传基因综合的结果，才有了今天的生物多样性。

Stuart Kauffman 在《生物序的起源：进化中的自组织与选择》（1993）指出，当一个由简单的化学物质构成的系统达到一定的复杂程度时，就会发生类似于液态的水结冰时发生的相变。分子开始自发地结合，创造出复杂的催化能力不断增加的大分子，导致生命的产生，更可能是这种自组织或自催化的过程，而不是某个具有自复制和进化能力的分子的侥幸生成。这种由相互作用的基因物质复杂的排列顺序所产生的自发突变不是随机发生的，是由"反混沌"（antichaos）引起的基因生序原则所形成的。这种由于自组织引起的基因生序原则，远大于自然选择的作用。

Richard Dawkins（牛津大学）指出，人们应该把基因看做一小段一小段的软件，其目标只有一个：拷贝出自己更多的副本来；不管是石竹花，还是猎豹，所有的生物都只不过是这些"自我复制程序"创造出来的精巧的产品，以帮助它们"扩大再生产"，他还认为：自然选择是宇宙的普适规律；生命在哪里出现，自然选择就在哪里发挥作用。他还认为达尔文的进化论、Watson 和 Crick 等的 DNA 等理论是可以"统合"的。

美国遗传学家 R. B. 戈德施米特认为，通常的自然选择，只能在物种的范围内，作用于基因而产生小的进化改变，即小进化；而由一个种变为另一个种的进化步骤则需要另一种进化方式，即大进化。他认为大进化就是通过他所假设的系统渐变（涉及整个染色体组的遗传渐变）而实现的。这样就可以一下子产生出一个新种甚至一个新属或新科。美国古生物学家辛普森同意把进化的研究分成两大领域：研究种以下的进化改变的小进化和研究种以上层次的进化的大进化，但并不同意戈氏的观点，他并不认为小进化与大进化是各自不同的或彼此无关的进化方式。

大进化研究种以上的分类单元在地质时间尺度上的进化改变，其对象主要是化石，最小研究单位是种。主要研究内容包括：①种及种以上分类单元的起源和大进化的因素；②进化形式，在时间向度上进化的线系的变化和形态；③进化速度，形态改变的速度和分类单元的产生或绝灭速度，种的寿命等；④进化的方向和趋势；⑤绝灭的规律、原因及其与进化趋势、速度的关系等。小进化与大进化在物种这一层次上相互衔接，事实上小进化与大进化都研究物种形成。关于小进化与大进化的关系问题，近年学术界展开了激烈的争论。间断平衡学派认为不能以小进化的机制来解释大进化的事实；而现代综合进化论则认为小进化是大进化的基础，小进化的机制在一定程度上是可以说明大进化的现象的。

（二）量子理论简介

"量子"（Quantun）是指某些物理量不能联系，而只能以某一最小单位的整数倍发生变化，这个最小单位叫做该物理量的量子，或与某种场联系在一起的粒子成为该场的量子，如电磁场的量子就是光子（Photon）。简单地说，量子是指物理量的最小单位。

量子力学是指研究微观粒子运动规律的科学。微观粒子有明显的波粒二象性，其运动规律是牛顿力学，即研究宏观物体运动规律的理论所不能解决的。因此，把凡是不能用牛顿力学解决的一切微观粒子的运动规律的科学称为量子力学。

量子力学是由普朗克（1900），爱因斯坦、海森伯、尼尔斯·波尔、Louis de Broglie、Xax Born 和 Schrodinger 等创建的。主要针对原子运动系统的。对于生活中的力学问题，仅靠经典力学就能解决，而对于基本粒子的运动过程，只能用量子力学来描述。量子力学与经典力学的一个重要区别是：经典力学强调的是对初始条件的敏感依赖性，而量子力学则重视随机过程的描述。

量子力学的数学和操作方面，实现了理论与操作结果的一致性。但量子力学与经典力学的区别是在概念方面和"波包坍缩"问题。经典力学讨论的是运动物体的位置和速度是如何随时间而变化的，而量子力学研究的是它们的概率是如何随时间而变化的。量子力学研究的对象是概率幅或振幅，研究振幅是如何随时间而演化的。这个演化方程叫做"薛定谔方程"。但振幅的演化是确定性的，因为薛定谔方程可毫不含糊地预测概率幅（振幅）的时间演化。但是量子力学又是不确定性的，因为它是概率的，它的仅有预测是以概率为依据的。如果 0 或 100%（0 或 1），为确定性的，概率在 1%～99%则为不确定性的。所以更多的是不确定性。但是量子力学的概率，正如 John Bell 指出的，不等于普遍的概率描述，而是一种 Collapse of Wave Pockets（波包坍缩）的概率。

量子力学认为在亚原子层面上，是绝对而纯粹随机的。有人认为有一种"隐藏的变量"即其无序但具有确定性的行为支配着量子运动，但没有得到证明。

在物理领域内，对确定性理论的第一个冲击是量子学理论，代表人物是海森伯。1927 年的德国物理学家、量子力学创始人普朗克和海森伯推翻了人们延续数百年的对物质、光和现实本质的看法。他们指出，假如想确定一个移动电子的位置，就要用光和其他形式的射线，由于电子很小，只能通过波长很短的射线才能"看到"它们。这种射线也具有类似粒子的性质，如它也有动量。因此，对电子的观察必然"晃动"，会改变其速度。光的波长越短，越想更精确地测定电子位置，对电子的"晃动"就越大，精确测量就越难。换言之，要测量电子的位置而不影响其速度是不可能的，即对一方面的测量越精确，对另一方面就越不确定。人们永远不能同时在这两方面得到准确无误的认识。时间和能量的组合也是一样：对一个亚原粒子测量的时间段越短，就越不能测定它的能量。即坐标和动量不能被同时确定，这就是著名的"量子状态测不准原理"或"不确定性原理"。海森伯推导出一系列计算不确定性程度的数学公式，这就构成了不确定性原理的核心。海森伯根据不确定性原理的结论，还引出了以下的观点：

（1）不确定性是客观现实世界不可避免的一部分，它是人们达到全知的永远障碍，即它使得"确定性"的认知成为不可能。

（2）不确定性还对因果概念提出了挑战，削弱了人们准确预测未来的能力。例如，若不可能得到关于电子目前状态的准确知识，那就全然无法预测下一步它会是什么状态，人们最多只能提出一些可能性的推测。

不确定性原理的推论之一是：此时此刻，在你的周围，比原子还要小的粒子正在不断地出现，又不断地消失。它们凭空产生，又转瞬即逝。它们的存在是整个宇宙存在的基础（英国《焦点》月刊，2003 年 5 月，罗伯特、马修斯文章《不可思议的世界》）。

如果以上宇宙间的基本粒子不断出现，又不断消失，它们凭空产生，又转瞬即逝的现象是事实的话，则不仅证明不确定性的普遍存在，而且对守恒理论提出了挑战。

法国物理学家德·布罗衣开创了现代量子力学的新时代，他提出了光的二象性概念，即光具有波动性与粒子性两个基本特征。

奥地利物理学家薛定谔在波粒二象性原理的基础上，建立了波动方程，确立了一系列作不同运动的电子的波动方程，进一步揭示了微观粒子的波粒二象性的本性，并创立了波动力学。

德国物理学家海森伯发表量子力学的论文比薛定谔还要早，他于 1924 年起研究量子理论。他抛弃了波尔的电子轨道运动的直观图像及其有关经典运动学的量，代之以可观察到的原子衍射谱线的频率和强度的光学量，并应用矩阵演算方法于 1925 年发表了《关于运动学和动力学的量子论的新解释》，导致了物理学进入原子时代。

量子力学是由普朗克、海森伯等创立的，量子力学由两部分组成，一为数学部分，二为物理操作部分。

量子力学的基本研究对象为基本粒子的振幅，或概率幅。量子理论的数学部分规定了振幅是如何随时间而变化的。这个方程为薛定谔方程。

量子力学的数学部分：设基本粒子运动的振幅或概率幅，即在位置 x 上有一个不确定量（或可能的误差）Δv。

海森伯（1926）的量子力学的概率特征或不确定性关系为

$$m \Delta x \cdot \Delta v \geqslant h / 4\pi$$

其中，m 为粒子质量；$\pi = 3.14159\cdots$；H 为非常小的量，即普朗克常数。

海森伯的量子力学不再涉及轨道，而与波函数有关。

海森伯的量子力学中，光子动量 p，频率 r 的光所对应的波长 λ 之间建立起来的关系 $\lambda = h/p$。其中 h 为普朗克常数。海森伯的不确定性关系 $\Delta p \cdot \Delta q \geqslant h$，表明了无法同时精确测量位置和速度两个量。因此未来的有些量是不能精确预测的。

但是量子力学的基本方程式薛定谔方程同样是确立的，时间仍然是可逆的。依靠这种方程，自然法则导致了确定性。一旦初始条件给定，一切都确定了。自然是一个至少在原则上我们可以控制的自动机。而一切变异，选择和自组织行为仅仅是从人类的角度来看是真实的。

虽然早在 1900 年时普朗克已经提出，光总是以他叫做量子的小波包传递的，但直到 20 世纪 20 年代，海森伯正式提出著名的"不确定性原理"和"微小粒子测不准"概念后，量子力学才正式形成。海森伯证明了粒子位置的不确定性乘以它的动量的不确定性总比普朗克常数大，这个常数是和一个光量子的能量紧密相关的一个量。

在量子力学中，有些观测量的数值是不能够同时确定的，即坐标和动量是不能同时被确定的。这是海森伯的不确定度关系和波普尔的互补原理的精髓。

波普尔认为早在现代混沌学之前，他就提出了"不仅量子系统，就连经典的牛顿系统都具有内在的不可预测性"，他曾在 1950 年就指出"每株小草里都包含着混沌"。

当时（20 世纪 20 年代），爱因斯坦对海森伯、薛定谔等人的量子研究结果感到困扰，微小的粒子不再具有确定性的位置和速度。相反地，粒子的位置被确定得越准确，其速度则确定得越不准确，反之亦然。量子现象这一随机性的、不可预测的特征，使得爱因斯坦非常震惊。他说他坚信"上帝从不掷骰子"，而他的朋友海森伯则回答说"上帝不仅掷骰子，而且掷到你所意想不到的地方"。爱因斯坦从未全盘接受过量子力学的基本事实，尤其不能接受量子的不确定性概念。他曾努力将他的相对论与量子力学相统一起来，但未成功。

霍金指出，爱因斯坦根据"上帝从不掷骰子"的信念，反对量子力学中的随机性元素。然而所有证据表明，上帝完全是一个赌徒，人们可以将宇宙认为是一个庞大的赌场。在每一个场合下骰子都在滚动或者轮子在旋转，投资的空间位置具有明显的随机性，同时它具有平均的概率特征，但不确定原理非常重要。（Hawking：*The Universe In A Nutshell*）。

量子理论是不完备的，和经典力学的轨道理论一样是时间不对称的。它不能描述诸如趋近热力学平衡的不可逆过程。

（三）热力学第二定律

1. 定义

（1）热量总是从高温物体自动传到低温物体，不能做相反的传递而不带其他变化。

（2）在孤立系统中，实际发生的过程总使整个系统的熵值增加，所以第二定律又称熵增加原理或能量不守恒定律。

（3）功可以全部转化为热。但任何热机不能全部地、连续不断地将所受的热转化为功。

可见热力学第二定律是时间不可逆的、不对称的，系统总是自发地从有序变为无序，系统熵不断增加，最终会达到热平衡，即"热寂理论"，一切都得停止"世界到了末日"。

2. 内容

热力学第二定律实际上是说，一个封闭系统（即不与外界发生能量和物质交换的系统）的总熵不会随着时间的推移递减。熵是一个物理学概念，常常被说成是"无序"。然而这个术语与惯用的词还是有很大的差别。更重要的是，热力学第二定律允许一个系统的某部分的熵减少，只要该系统其他部分的熵有相应的增加。因此，我们的地球作为一个整体可能会变得越加复杂，因为太阳不断把热和光散射到地球上，而太阳内部热核反应所导致的熵增大足以抵消散射到地球的熵。简单的有机体可以通过耗用其他的生命形式以及非生命物质而朝着越来越复杂的方向发展。

随着时间的推移，系统必定朝着越来越无序的方向发展。因此，活细胞不可能从无生命的化学物质中进化出来，而多细胞生物也不可能从原生动物进化而来。这种说法错在误解了热力学第二定律。如果这种说法站得住脚的话，那么矿物晶体和雪花应该也属于不可能成形的物质，因为它们同样是从无序的组分中形成的复杂结构。

（四）概　率　论

概率论是研究随机现象数量规律的数学分支。随机现象是相对于决定性现象而言的。在一定条件下必然发生某一结果的现象称为决定性现象。例如，在标准大气压下，纯水加热到 100℃ 时必然会沸腾等。随机现象则是指在基本条件不变的情况下，一系列试验或观察会得到不同结果的现象。每一次试验或观察前，不能肯定会出现哪种结果，呈现出偶然性。例如，掷一硬币，可能出现正面或反面，在同一工艺条件下生产出的灯泡，其寿命长短参差不齐等。随机现象的实现和对它的观察称为随机试验。随机试验的每一可能结果称为一个基本事件，一个或一组基本事件统称随机事件，或简称事件。事件的概率则是衡量该事件发生的可能性的量度。虽然在一次随机试验中某个事件的发生是带有偶然性的，但那些可在相同条件下大量重复的随机试验却往往呈现出明显的数量规律。例如，连续多次掷一均匀的硬币，出现正面的概率随着投掷次数的增加逐渐趋向于 1/2。又如，多次测量一物体的长度，其测量结果的平均值随着测量次数的增加，逐渐稳定于一常数，并且诸测量值大都落在此常数的附近，其分布状况呈现中间多，两头少的正态分布特征和一定程度的对称性。大数定律及中心极限定理就是描述和论证这些规律的。在实际生活中，人们往往还需要研究某一特定随机现象的演变情况随机过程。例如，微小粒子在液体中受周围分子的随机碰撞而形成不规则的运动（即布朗运动），这就是随机过程。随机过程的统计特性、计算与随机过程有关的某些事件的概率，特别是研究与随机过程样本轨道（即过程的一次实现）有关的问题，是现代概率论的主要课题。

第四节　非线性科学方法论

一、老三论简介

系统论、控制论和信息论是 20 世纪 40 年代先后创立并获得迅猛发展的三门系统理论的分支学科。虽然它们仅有半个世纪，但在系统科学领域中已是资深望重的元老，合称"老三论"。人们摘取了这三论的英文名字的第一个字母，把它们称之为 SCI 论。

1. 信息论

1）信息的基本概念

按信息论的创始人香农的"信息"（information）的定义是"信息是对某一特定现象或过程的不确定性的消除"，或"信息"就是指"负熵"。熵是指"紊乱"或"混沌"。负熵就是指对某一特定现象或过程的"紊乱"或"混沌"的消除或减少，即"紊乱"或"混沌"越少，信息就越多。

对信息的另一种理解是：人们对某一特定现象或过程获得的信号为"数据"，"数据"中可能包含了"信息"与"噪声"（干扰），即数据＝（信息）＋（噪声），只有当数据中的噪声排除后，才能获得信息，即信息＝（数据）－（噪声）。

信息是指研究对象的性质、特征和状态的表征。信息可以依靠物质、能量的形态，质量的成分和状态（如运动特征、压力程度和声响等）作为载体，也可以用文字、数字图形与影像作为载体，并可以输入计算机进行运算和网络传输。

2）信息论方法简介

信息方法是科学的基本方法，是指运用信息的观点，包括信息获取、信息传输、信息处理及信息输出的全部过程。

3）信息方法的基本原则

（1）功能性原则。所谓功能性原则，是指在运用信息方法认识和处置复杂系统时，应着眼于系统在环境交互作用过程中的动态功能。特别要重视功能体系的综合优化。强调整体功能优化，而不必某一具体细节问题。

（2）整体性原则。所谓整体性原则是指，在运用信息方法知识与处置复杂对象的过程中，要充分考虑到，纵向和横向各个方面的协调，整体功能的优化，而不必对个别阶段，或局部现象过分重视，而忽略整体优化。

（3）信息反馈的原则。所谓信息反馈原则是指，在运用信息方法解决与处置复杂对象的过程中，要十分重视反馈信息，再根据反馈信息考虑要进行适当的调整。信息反馈的原则确定了信息方法的质量的基础。

2. 系统方法论

1）概念

系统思想源远流长，但作为一门科学的系统论，人们公认是美籍奥地利人、理论生物学家 L. V. 贝塔朗菲（L. Von. Bertalanffy）创立的。

系统是指由两个以上相互联系，相互制约，并形成统一功能的整体。小到原子，大到宇宙都可以成为系统。

系统方法是指按事物本身的系统性质，系统的运行过程中，来进行考察的一种认知方法，包括整体与局部，结构与功能，系统整体与外部环境，以及主体与客体之间的相互联系，相互制约，交互作用的关系中综合地、动态地考察对象，以期能优化处理的方法。

（1）整体与局部关系：从研究对象的全貌与各个组成部分之间的关系，结合研究，找出最佳的特征与规律。

（2）结构与功能关系：从研究对象的整体结构与功能，包括各部分和功能关系，来认识对象的特征的方法。

（3）系统整体与外部环境关系：从研究对象的整体与外部环境之间各种关系，来认识对象的性质与特征的方法。

（4）从研究对象的综合性特征来看，分析它的性质，即对对象的组成成分、结构功能、联系方式、主体客体和动态过程等，进行综合考察的方法。

（5）寻求系统最优化的方法：即通过考察，确定最佳的运行机制和系统的最优目标的方法。

系统论的核心思想是系统的整体观念。贝塔朗菲强调，任何系统都是一个有机的整体，它不是各个部分的机械组合或简单相加，系统的整体功能是各要素在孤立状态下所没有的。他用亚里士多德的"整体大于部分之和"的名言来说明系统的整体性，反对那种认为要素性能好，整体性能一定好，以局部说明整体的机械论的观点。同时他认为，系统中各要素不是孤立地存在着，每个要素在系统中都处于一定的位置上，起着特定的作用。要素之间相互关联，构成了一个不可分割的整体。要素是整体中的要素，如果将要素从系统整体中割离出来，它将失去要素的作用。正如人手在人体中它是劳动的器官，一旦将手从人体中砍下来，那时它将不再是劳动的器官一样。

2）基本方法

系统论的基本思想方法，就是把所研究和处理的对象，当做一个系统，分析系统的结构和功能，研究系统、要素、环境三者的相互关系和变动的规律性，并用系统的观点看问题，世界上任何事物都可以看成是一个系统，系统是普遍存在的。大至渺茫的宇宙，小至微观的原子，一粒种子、一群蜜蜂、一台机器、一个工厂、一个学会团体……都是系统，整个世界就是系统的集合。

系统是多种多样的，可以根据不同的原则和情况来划分系统的类型。按人类干预的情况可划分自然系统、人工系统；按学科领域就可分成自然系统、社会系统和思维系统；按范围划分则有宏观系统、微观系统；按与环境的关系划分就有开放系统、封闭系统、孤立系统；按状态划分就有平衡系统、非平衡系统、近平衡系统、远平衡系统等。此外还有大系统、小系统的相对区别。

3. 控制论方法

控制论（Cybernetics）的创始人为 N. 维纳（1994），美国气象学家 Janes Love Lock 首先提出了地球系统的自组织理论与 Gaia 假说，曾庆存院士（1996）提出了气象气候系统的"自然控制"理论，名称虽然各异，但实质是相同的，都属于控制论范畴。所谓"自动控制"或"自组织功能"都是指系统本身具有"自动调节"的功能。即系统在遇到外部环境变化时，会调整或改变部分或整体结构，以适应与应对环境的变化，达到保持原来的机制的目的，是地球系统的最大特征之一。

维纳的控制论是以有序性，规律性或确定性为基础的。对于一个运动系统来说，有确定性的系统，才有可能进行有效的控制，而对于不确定性系统来说，就有很大的难度。确定性的运动系统是有序的，有规律的，是可以预测的，所以是可以控制的。对于那些不确定性的运行系统来说，虽然具有较大的难度，但可以根据它的概率特征，首先进行渐性的或近似性的预测，然后进行"控制"设计和实现"控制"措施，也是可行的。维纳的控制论主要是指人对机器的控制和对通信的控制等。

二、新三论简介

混沌论、协同论、突变论是 20 世纪 70 年代以来陆续确立并获得极快进展的三门系统理论的分支学科。它们虽然时间不长，却已是系统科学领域中年少有为的成员，故合称"新三论"，也称为 DSC 论。

1. 混沌理论

混沌理论（chaos theory）是在数学和物理学中，研究非线性系统在一定条件下表现出的"混沌"现象的理论。

1）基本概念

对确定性理论的第二个冲击是混沌理论的建立。法国物理学家 Henry Poincare 早在 1882 年就提出了"初始条件的微小不同将产生最后结果的很大差异"。Lorenz (1963) 进一步指出，确定性系统可以出现随机性的结果，并指出初始条件仅有一点微小的变化，其结果可能出现很大的差别，可以认为这种差别使得结果根本不知道是什么么，一般称这种现象为蝴蝶效应。在确定系统可能出现随机的结果，这是对确定性理论一个致命的打击。更有甚者，不但是随机结果，而且只要初始条件稍有差别，经长时间演化的结果是什么，就很难说了。

混沌的规律性是对不稳定动力学系统扩展经典力学和量子力学的要素、打破个体描述（用轨道）与统计描述（用系综）之间的不等价性起到了重要的作用。轨道不能起到描述系统的时间演化的功能，但在统计层次上描述混沌系综就没有什么困难，因此只能在统计层次上来描述混沌理论。统计描述方法可以成功地应用于确定性混沌。

混沌（chaos）的定义是对初始条件具有敏感依赖性的回复性非线性周期运动。其理论的要点是：

（1）许多现象和过程是非线的，一般是不能进行或无法预测的。因为任意小的影响，都可能导致无法估量的后果，是一个非常复杂的非线性系统。

（2）简单的确定性系统，也可能出现复杂的行为，这种行为一般是不可预测的。在确定性系统中，可以产生随机的结果。

（3）在无序系统中，可能含有有序的因子，有序可以在空间结构中出现，混沌通过自组织功能变为有序。

2）混沌的主要特征

（1）随机性。在确定的非线性系统中，表现出随机的不确定性，是系统自发产生的。

（2）初值敏感性。即"失之毫厘，谬之千里"及蝴蝶效应。

（3）非规则的有序。混沌不是纯粹的无序，它有统计规律，或概率存在。不具备周期性和明显的对称性，确定性的非线性系统的控制参量按一定方向不断变化，当达到某种极限状态时，就会出现混沌的非周期运动结构。但非周期运动不是无序运动，而是一种非规则的有序，如各种海岸线形状等分形现象。

3）基本方法

混沌理论的特点是把决定论和概率论统一起来解决复杂问题的方法论。在混沌中寻找有序的、规律性的方法是：①将"紊乱"、"无序"、"无规则"现象划分为层次；找到层次后自按层次寻找规律。②将"紊乱"、"无序"现象进行统计，即采用概率方法找出混沌中的规律。

2. 突变论

1）基本概念

突变论（catastrophe theory）是由 R. Thom（1969）提出来的。它是指非连续的变化现象，它强调变化过程的间断或突然转换的现象，所以又称"突变"，是一种研究从有序向无序转化的理论。

突变论认为，系统所处的状态，可用一组参数描述。当系统处于稳定态时，标志该系统状态的某个函数就取唯一的值。当参数在某个范围内变化，该函数值有不止一个极值时，系统必然处于不稳定状态。雷内托姆指出：系统从一种稳定状态进入不稳定状态，随参数的再变化，又使不稳定状态进入另一种稳定状态，那么，系统状态就在这一刹那间发生了突变。突变论给出了系统状态的参数变化区域。

突变论提出，高度优化的设计很可能有许多不理想的性质，因为结构上最优，常常联系着对缺陷的高度敏感性，就会产生特别难于对付的破坏性，以致发生真正的"灾变"。

"突变"一词，法文原意是"灾变"，是强调变化过程的间断或突然转换的意思。突变论的主要特点是用形象而精确的数学模型来描述和预测事物的连续性中断的质变过程。突变论是一门着重应用的科学，它既可以用在"硬"科学方面，又可以用于"软"科学方面。当突变论作为一门数学分支时，它是关于奇点的理论，可以根据势函数而把临界点分类，并且研究各种临界点附近的非连续现象的特征。突变论与耗散结构论、协同论一起，在有序与无序的转化机制上，把系统的形成、结构和发展联系起来，成为推动系统科学发展的重要学科之一。

2）研究方法

从牛顿和莱布尼茨时代以来得到很大发展的微积分学，一般只考虑光滑的连续变化的过程，而突变论则研究跳跃式转变、不连续过程和突发的质变。突变论的基础是结构稳定性。结构稳定性反映同种物体在形态上千差万别中的相似性。例如，人的面貌虽因岁月流逝而发生变化，但仍存在区别于他人的特征。结构稳定的丧失，就是突变的开始。突变论的基本概念是静态模型，它把形态按结构稳定特征分类。至于描述结构变化的动力学理论，至今仍不完备。

突变论是研究不连续现象的一个新兴数学分支，也是一般形态学的一种理论，能为自然界中形态的发生和演化提供数学模型。突变论在数学上属于微分流形拓扑学的一个分支，是关于奇点的理论。因为英文 catastrophe 一词的原意为突然来临的灾祸，所以也有把它译作灾变论。突变论一般并不给出产生突变机制的假设，而是提供一个合理的数学模型来描述现实世界中产生的突变现象，对它进行分类，使之系统化。突变论特别适用于研究内部作用尚属未知、但已观察到有不连续现象的系统。

3）应用

通过突变论能够有效地理解物质状态变化的相变过程，理解物理学中的激光效应，并建立数学模型。通过初等突变类型的形态可以找到光的焦散面的全部可能形式。应用突变论还可以恰当地描述捕食者-被捕食者系统这一自然界中群体消长的现象。过去用微积分方程式长期不能满意解释的，通过突变论能使预测和实验结果很好地吻合。突变论还对自然界生物形态的形成做出解释，用新颖的方式解释生物的发育问题，为发展生态形成学作出了积极贡献。突变论对哲学上量变和质变规律的深化，具有重要意义。很长时间以来，关于质变是通过飞跃还是通过渐变，在哲学上引起重大争论，历史上形成三大派观点："飞跃论"、"渐进论"和"两种飞跃论"。突变论认为，在严格控制条件的情况下，如果质变中经历的中间过渡态是稳定的，那么它就是一个渐变过程。质态的转化，既可通过飞跃来实现，也可通过渐变来实现，关键在于控制条件。应用突变论还可以设计许许多多的解释模型。例如，经济危机模型，它表现经济危机在爆发时是一种突变，并且具有折叠型突变的特征，而在经济危机后的复苏则是缓慢的，它是经济行为沿着"折叠曲面"缓慢滑升的渐变，此外，还有"社会舆论模型"、"战争爆发模型"、"人的习惯模型"、"对策模型"、"攻击与妥协模型"等。

突变论能解说和预测自然界和社会上的突然现象，无疑它也是软科学研究的重要方法和得力工具之一。突变论在数学、物理学、化学、生物学、工程技术、社会科学等方面有着广阔的应用前景。《大英百科年鉴》1977年版中写道："突变论使人类有了战胜愚昧无知的珍奇武器，获得了一种观察宇宙万物的深奥见解。"自然，突变论的应用在某些方面还有待进一步的验证，在将社会现象全部归结为数学模型来模拟时还有许多技术细节要解决，在参量的选择和设计模型方面还有大量工作要做。此外，突变理论本身也还有待于进一步完善，在突变论的方法上也有许多争议之处。总之，突变论问世以来，引起褒贬不一的评述，正像任何一门新兴学科的发展经历一样。著名数学家斯图尔特客观地评价了突变论，他写道："适当地理解突变理论，可以为我们生存的世界提供新颖而深入的见解。但它还需要加以发展、检验、修改，经历一般成为可靠的科学工具的全部过程。但我毫不怀疑，也不是宇宙中的唯一事物。"

目前，突变论在许多领域已经取得了重要的应用成果。随着研究的深入，它的应用范围在不断扩大，相信它在我国四化建设中将发挥重要作用。

3. 协同论

1）概念

协同论（synergetic）是由 H. Haken 于1977年提出来的。它认为从宇宙到人类社会，从原子到DNA，都经历了从无序到有序的演化过程。一个大系统的各个子系统的协同和相干效应，在宏观尺度上，产生了时间和空间上的功能有序结构。

2）协同论的要点

（1）协同效应原理：通过协同导致有序。

（2）协同支配原理：序参量变化导致系统演化。

　　（3）自组织原理：耗散为自组织外因，协同为自组织内因，在非平衡状态中，产生了自组织的形成与发展。

　　协同论主要研究远离平衡态的开放系统在与外界有物质或能量交换的情况下，如何通过自己内部协同作用，自发地出现时间、空间和功能上的有序结构。协同论以现代科学的最新成果——系统论、信息论、控制论、突变论等为基础，吸取了结构耗散理论的大量营养，采用统计学和动力学相结合的方法，通过对不同的领域的分析，提出了多维相空间理论，建立了一整套的数学模型和处理方案，在微观到宏观的过渡上，描述了各种系统和现象中从无序到有序转变的共同规律。

　　协同论是研究不同事物共同特征及其协同机理的新兴学科，是近十几年来获得发展并被广泛应用的综合性学科。它着重探讨各种系统从无序变为有序时的相似性。协同论的创始人哈肯说过，他把这个学科称为"协同学"，一方面是由于我们所研究的对象是许多子系统的联合作用，以产生宏观尺度上结构和功能；另一方面，它又是由许多不同的学科进行合作，来发现自组织系统的一般原理。

　　哈肯在协同理论中，描述了临界点附近的行为，阐述了慢变量支配原则和序参量概念，认为事物的演化受序参量的控制，演化的最终结构和有序程度决定于序参量。不同的系统序参量的物理意义也不同。

　　协同理论指出，一方面，对于一种模型，随着参数、边界条件的不同以及涨落的作用，所得到的图样可能很不相同；但另一方面，对于一些很不相同的系统，却可以产生相同的图样。由此可以得出一个结论：形态发生过程的不同模型可以导致相同的图样。在每一种情况下，都可能存在生成同样图样的一大类模型。

　　协同理论揭示了物态变化的普遍程式："旧结构不稳定性新结构"，即随机"力"和决定论性"力"之间的相互作用把系统从它们的旧状态驱动到新状态，并且确定应实现的那个新状态。由于协同论把它的研究领域扩展到许多学科，并且试图对似乎完全不同的学科之间增进"相互了解"和"相互促进"，无疑，协同论就成为软科学研究的重要工具和方法。

　　3）协同效应

　　协同效应是指由于协同作用而产生的结果，是指复杂开放系统中大量子系统相互作用而产生的整体效应或集体效应（《协同学引论》）。对千差万别的自然系统或社会系统而言，均存在着协同作用。协同作用是系统有序结构形成的内驱力。任何复杂系统，当在外来能量的作用下或物质的聚集态达到某种临界值时，子系统之间就会产生协同作用。这种协同作用能使系统在临界点发生质变产生协同效应，使系统从无序变为有序，从混沌中产生某种稳定结构。协同效应说明了系统自组织现象的观点。

　　4）伺服原理

　　伺服原理用一句话来概括，即快变量服从慢变量，序参量支配子系统行为。它从系统内部稳定因素和不稳定因素间的相互作用方面描述了系统的自组织的过程。其实质在于规定了临界点上系统的简化原则——"快速衰减组态被迫跟随于缓慢增长的组态"，即系统在接近不稳定点或临界点时，系统的动力学和突现结构通常由少数几个集体变量即序参量决定，而系统其他变量的行为则由这些序参量支配或规定，正如协同学的创始人哈肯所说，序参量以"雪崩"之势席卷整个系统，掌握全局，主宰系统演化的整个过程。

5）自组织原理

自组织是相对于他组织而言的。他组织是指组织指令和组织能力来自系统外部，而自组织则指系统在没有外部指令的条件下，其内部子系统之间能够按照某种规则自动形成一定的结构或功能，具有内在性和自生性特点。自组织原理解释了在一定的外部能量流、信息流和物质流输入的条件下，系统会通过大量子系统之间的协同作用而形成新的时间、空间或功能有序结构。

6）协同理论-应用范围

系统的非线性特征是以协同论（synergetic）作为理论基础的。按协同论的观点，组成系统的各要素之间、主系统与各子系统之间，既有相互联系、相互依存的一面，又有相互排斥、相互制约的一面。协同论主要研究各子系统之间、各组成要素之间是如何协调发挥作用的。系统的正效果，是由于相互依存、相互联系为优势作用的结果；而系统的负效果，是以相互排斥为优势作用的结果。

协同论是由德国理论物学家 Haken 于 1977 年创建的。它的研究对象为复杂的巨系统，如天体系统、地球系统和社会系统等。协同论是研究系统的各组成部分之间是如何协同工作的；各组成部分之间既有相互联系、相互依存的一面，又有相互制约、相互排斥与竞争的一面，对立的两个方面又是如何协调与统一的，即协同的，系统各组成部分的功能相加又是如何具有非线性特征的。因此，协同论是研究系统从原始的无序状况发展成为有序状态或从一种有序结构转变为另一种有序结构。苗东升教授（1990）指出：协同论是有关多组分系统如何通过系统的协同行动而导致有序演化的自组织理论。例如，一个区域系统中，地质、地貌、气候、水文及生物是如何协同作用的；对于区域系统的整个功能来说，又是如何具有非线性特征的。

三、不对称、不守恒

李政道（2001）在《物理学的挑战》报告中，再一次明确指出，过去物理学一向认为物质守恒（物质不灭）与能量守恒（能量不灭）定律，以及对称性理论是真理，但现在大量实践与实验结果表明，物质和能量的不守恒、不对称的现象是普遍存在的。这种新的发现，不仅震撼了物理学界，整个科学界包括地球科学界在内也受到很大的影响，并认为这也是客观世界固有的特征。

守恒就是不变，就是确定性，所以人们把科学界的新发现，不对称、不守恒增加了不确定性，称为"三不论"（不对称论、不守恒论、不确定性论），与已经得到广泛认可的"老三论"（系统论、信息论与控制论）和"新三论"（混沌论、突变论与协同论）并立，称为科学方法论的科学方法的新三论。实际上"不对称"和"不守恒"是新的概念，不确定性是量子力学提出来的，早已得到了广泛的认可。所以实际上为两论。

不对称论、不守恒论一经提出，便很快得到学界的广泛支持，并认为也是客观世界的特征，也是非线性科学方法论的又一次突破。

传统物理学家认为，"物质守恒"（物质不灭）、"能量守恒"（能量不灭）是真理和金科玉律，但近年来受到了质疑。日本高畑史彦在 2001 年 7 月 23 日首先提出"电荷宇称"不守恒现象。美国科学家克罗宁早在 1864 年就发现了 K 分子的电荷宇称不守恒现象。美国斯坦福直线加速器中心（SLAC）证明了宇宙不守恒现象的存在。

物质和能量的守恒与不守恒可能是同时存在的，它们都可能适用于某一特定的范畴，所以守恒、不守恒的并存与不对称是客观世界的特征之一，也符合对立统一法则。

"守恒"就是指不变，是常数，就是不随时间和地点而有任何变化的物理量，如物理常数、自然常数、宇宙常数等。

物质系统的特定属性在变化过程中所表现出来的不变性和可变性，也是自然界同一性和差异性的一种表现。

自然界的物质和运动既不可能创造，也不可能消灭。这是人们在长期实践活动中所形成的一种唯物主义信念。但是在每一具体的自然过程中，物质和运动又总是千变万化的，只是在一定条件下才具有某种不变的、同一的方面或属性。因此，一切客观过程都是不守恒和守恒的统一。自然科学的各种守恒定律，是从物质或运动的某些具体方面、属性定量地描述这种不变性和同一性。守恒定律大体上可以分为两种不同的类型，一种是物质的守恒，如质量守恒、电荷守恒、各种粒子数守恒等；另一种是运动的守恒，如动量守恒、能量守恒、角动量守恒等。其中质量守恒定律和能量守恒定律在哲学上分别被认为是物质不灭和运动不灭的佐证，因而对驱除超自然力的幻想、建立辩证唯物主义自然观，曾经起过积极的作用。

任何守恒定律所描述的都是封闭系统，它们暂时撇开同外界的复杂的相互作用，暂时撇开质的可变性，而只限于某一种不变属性的量的变化。因此，守恒定律总是自然过程的某种简化和理想化。它们都是有条件的、相对的，只是人类对自然过程认识的一个部分、一个阶段。随着人的认识的发展，守恒定律的作用范围及其在科学系统中的地位也会跟着变化，有的扩大了适用范围，有的找到了适用的界限，成为更普遍的守恒定律的组成部分。所以，物理学研究总是不断追求着具有更高普遍性的守恒定律。例如，相对论表明，质量和能量并不是分别独立守恒的量，它们互相依存、联合守恒，形成更普遍的质量-能量守恒定律。再如，基本粒子理论从宇称（P）守恒，进到普遍的 CP（C-粒子正反变换）守恒，再进到更加普遍的 CPT（T-时间反演）守恒，标志着它们的普遍性程度的不断提高。

地球系统是一个开放的远离平衡的，复杂多变的巨系统，是守恒与不守恒并存的。以地球常数为例，既守恒又不守恒。在一定时间范围内，它是守恒的，超出一定的时间范围，它是不守恒的，可变化的。宇称不守恒的发现并不是孤立的。

在微观世界里，基本粒子有三个基本的对称方式：一个是粒子和反粒子互相对称，即对于粒子和反粒子，定律是相同的，这被称为电荷（C）对称；一个是空间反射对称，即同一种粒子之间互为镜像，它们的运动规律是相同的，这叫宇称（P）；一个是时间反演对称，即如果我们颠倒粒子的运动方向，粒子的运动是相同的，这被称为时间（T）对称。

这就是说，如果用反粒子代替粒子、把左换成右，以及颠倒时间的流向，那么变换后的物理过程仍遵循同样的物理定律。

但是，自从宇称守恒定律被李政道和杨振宁打破后，科学家很快又发现，粒子和反粒子的行为并不是完全一样的！一些科学家进而提出，可能正是由于物理定律存在轻微的不对称，使粒子的电荷（C）不对称，导致宇宙大爆炸之初生成的物质比反物质略多了一点点，大部分物质与反物质湮灭了，剩余的物质才形成了我们今天所认识的世界。如果物理定律严格对称，宇宙连同我们自身就都不会存在了——宇宙大爆炸之后应当诞生了数量相同的物质和反物质，但正反物质相遇后就会立即湮灭，那么，星系、地球乃至人类就都没有机会形成了。

接下来，科学家发现连时间本身也不再具有对称性了！

可能大多数人原本就认为时光是不可倒流的。日常生活中，时间之箭永远只有一个朝向，"逝者如斯"，老人不能变年轻，打碎的花瓶无法复原，过去与未来的界限泾渭分明。不过，在物理学家眼中，时间却一直被视为是可逆转的。比如说一对光子碰撞产生一个电子和一个正电子，而正负电子相遇则同样产生一对光子，这两个过程都符合基本物理学定律，在时间上是对称的。如果用摄像机拍下其中一个过程然后播放，观看者将不能判断录像带是在正向还是逆向播放——从这个意义上说，时间没有了方向。

然而，1998年年末，物理学家们却首次在微观世界中发现了违背时间对称性的事件。欧洲原子能研究中心的科研人员发现，正负K介子在转换过程中存在时间上的不对称性：反K介子转换为K介子的速率要比其逆转过程——即K介子转变为反K介子来得要快。

至此，粒子世界的物理规律的对称性全部破碎了，世界从本质上被证明了是不完美的、有缺陷的。

李政道等发现了原来一向认为是对称的、守恒的物理现象的认识是不完善的，从大量的实验与实践结果证明，还有它的不对称、不守恒的一面存在，这是对物理学的一大贡献，因此获得了诺贝尔物理学奖。但对称与守恒确实是存在的，如因果关系的对称性"种瓜得瓜，种豆得豆"仍是普遍现象。但有"遗传变异"和"基因漂移"现象，不然就不会有今天的"金鱼"、"菊花"那样的丰富多彩。再从"地球常数"来看，一年只有365天是守恒的，年年如此，但在两亿年前的二叠纪时，一年就只有260天，很多事物，在短期内守恒的，从长期来看又是不守恒的，总之，一切都随时间而变。如果世界上的一切，没有"守恒"一面存在的话，一切都是无规律的，很多生产、生活的事情就不存在了，所以，"对称"与"不对称"是并存的。"守恒"与"不守恒"也是并存，才能形成今天的"有序"而又"变化"的世界。丰富发展，并不断发展的世界。所以在一个确定性系统中，可以有不确定性因素存在，但以确定性为主，不确定性为辅，所以是不对称的，而且确定性与不确定性所占的比例（重）是不守恒的。反之亦然。所以对称与不对称，守恒与不守恒是并存的，而且本身又是不对称，不守恒的。这主要取决于时间和条件。这就是客观世界固有的特征。

1. "对称"与"不对称"

对称性（symmetry）是在科学领域内广泛使用的基本概念，它与守恒、确定性等科学概念之间存在着密切的关系，它是客观世界的固有特征之一。在科学领域内，一向认为客观世界是对称的，如物理学中的正离子与负离子、阳极和阴极等是对称的。在化学中有化合与分解，在生物学中有新陈代谢，在数学中也有加和减、乘和除、微分和积分等，这些都是对称的。但是近50年来，科学家发现，除了对称性之外，还存在着大量不对称现象，而且不对称现象，不仅普遍存在，而且在客观世界过程中，起着十分重要的作用。

李政道（2000）在《物理学的挑战》一文中指出，宇宙有三种作用力：强作用、电弱作用和引力场。这三种作用的基础都是建立在对称理论上的，可是实验不断发现对称不守恒。尤其在20世纪50年代发现了宇称不守恒以后，理论上越来越对称，但实验结果则越来越不对称，显然理论上出了问题。他又说，我们是相信对称的，但在实践中却充满了不对称，其原因是：完全的对称会产生最多的不对称；初始的高对称性，必然会导致最后结果的最大的不对称性。宇宙大爆炸的初期是对称的，而后来越来越不对称，现在的一切都是不对称的结果。

1）对称性的基本概念

对称性的科学内涵非常广泛，对称性是指在某种操作下的不变性，对称与守恒定律密切相关（2001，赵凯华），主要有：

（1）与空间不变性相应的有"动量守恒定律"。

（2）与时间平移不变的相应的是"参数守恒定律"。

（3）与移动不变性相应的是"角动量守恒定律"。

（4）与空间反射（镜像）操作不变性相应的是"宇称守恒定律"。

2）对称性四大基本类型（李政道）

（1）空间的对称性：如左右、上下、整体与局部的对称性。

（2）时间的对称性：如时间的可逆性，参量的守恒性。

（3）属性的守恒性：如正和负，阴和阳，对和错等的对称性。

（4）综合的对称性：如多与少，强与弱，高与低，大和小等对称性。

对称性指因果关系的匹配性，一致性，如因与果的一致关系，有什么样的原因，就有什么样的结果。反之亦然。等价的原因必然产生等价的结果（Pierre Curie）。对称性往往是指秩序（order）、优美（beauty）和完善（perfect）等（崔晋川，2005）或均衡性等。

对称性还意味着规则性和自组织机制，如对称性不断遭破坏，又不停地自动恢复的机制。

对称性（symmetry）是指相对应的，相匹配的，在某种操作下的不变性或守恒性和平衡性的基本概念。例如，指因果关系的匹配性，有什么样的原因就有什么样的结果；同样什么样的结果，就有什么样的原因。又如空间不变性相对应的是动量守恒定律，与时间平移不变性相对应的是参守恒定律，与旋转不变性相应的是角动量守恒定律，与空间反射（镜像）操作不变性相对应的是宇称守恒。同时，还有长程整体对称和短程对称之分。另外，对称性有一种自组织机制，一方面对称性破坏不断遭破坏，另一方面新的对称性破坏不断产生。

（1）对称不仅是空间几何上的理解，如矿物晶体、化学晶体。

（2）在信息方面，信息与熵相对称，信息量越大熵就越高，信息与熵是对称的。

（3）对称与因果关系，有什么样的原因，就有什么样的结果。因果关系的对称性，称等价原理：等价的原因，产生等价的结果，等价就是相似性，有相似的原因就有相似的结果。

3）关于不对称的基本概念

对称性的破缺（symmetry-breaking）：对称就是对立系统中的双方处于平衡状况，对立的破缺就是指平衡遭到了破坏。系统的对立双方处在不平衡的状态时，即一方强，另一方弱的情况下，系统就发展，如双方处于平衡状态，不可能产生变化，也就没有发展。只有在不平衡状态下，才可能有所发展。所以对称的破缺是不平衡的开始，也就是发展的开始。

杨振宁与李政道提出了"宇称不守恒"与"对称性破缺"的概念，受到了科学家广泛的重视。

李政道在 2001 年 10 月提出了客观世界的不对称存在着三种基本类型：左右不对称，正负不对称和时间不对称。而且对称与不对称是并存的。如物质与反物质并存，是对称的，但以反物质为主，又是不对称的。明物质与暗物质并存，是对称的，但以暗物质为主，所以又是不对称对的。正离子和负离子并存，是对称的，但以负离子为主（两者相差 0.01%），所以又是不对称的。

李政道认为对称与不对称的规律是：最高的对称，必然产生或导致更大的不对称。物理学中的三大理论都是对称的，但实验结果都是不对称的。宇宙大爆炸的初期是对称的，但后来越来越不对称。宇宙从混沌初开始，就发生了一系列的对称性破缺的过程，就是平衡遭到了破坏。生命现象的演化，也是一种对称性破坏的连续过程，生物从无到有，从低级到高级，从简单到复杂的过程，也就是对称性破缺的过程。系统每经一次对称的破缺，系统就得到了发展。

近几十年来粒子物理的发展，使得对称破坏的概念受到非常重视。宇宙从混沌初开起，就发生了一连串的对称性破坏过程。"对称"（symmetry）就是对立体的平衡，对称性破坏就是平衡的丧失，就是对立中的一方强于另一方，于是就发展。平衡没变化，就没有发展，只有不平衡时才有发展。

宇宙从大爆炸（Big Bang）中诞生时，它是完全对称的，但当逐渐冷却时，它的对称性就不断被破坏，而且结构也越来越复杂。生命现象的演化，也是一种对称性破坏的连续过程。生命起源于海洋，海洋中产生了细胞的微生物开始是对称的，后来分化成掠食者和被掠食者，就成为不对称的了，直至进化到人猿，经过了无数次的对称性的破坏，每次对称被破坏的时候，就是更复杂结构可能产生的时候。宇宙和生命的进化的本质，就是一个无穷尽的对称性破坏的过程和分化的过程。

对称性具有一种自组织机制。一方面对称性不断遭到破坏，同时可能为另一方面的对称性的出现和存在提供了条件和基础。对称性和对称性破缺的某种组合，是客观世界固有的特征。

在传统的物理学，尤其是粒子物理和量子力学中，宇称守恒定律（宇宙对称守恒定律）一向被认为金科玉律，称为左右对称定律。后来在量子力学的研究中，发现了"对称缺陷"现象。1956 年杨振宁和李政道通过实验，提出了"弱相互作用中宇称不守恒原理"，并共同获得 1957 年诺贝尔物理奖。

李政道教授于 2001 年 10 月在北京举办了一次大型学术报告会，名为"现代物理学面临的挑战"，重点介绍了"不对称理论"，提出了"宇宙不对称"和"宇宙不守恒"等重要理论。他认为客观世界的不对称存在着三种基本类型：左右不对称，正负不对称和时间不对称，而且对称与不对称是并存的。例如，物质与反物质并存，这是对称，但以反物质为主，这又是不对称；明物质与暗物质并存，这是对称，但以暗物质为主，暗物质占物质总量的 90% 以上，"黑洞"是物质的集中点，所以又是不对称的。正离子和负离子并存是对称的，但以负离子为主，两者相差 0.01% 所以又是不对称的。宇宙的时间可分为过去与未来是对称的，但以未来为主，所以又是不对称的。对称与不对称的规律是：最高对称，必然产生或导致更大的不对称。

李政道指出，不对称（non-symmetry）现象这个概念是从量子力学中引来的。量子力学认为，宇宙的演化就是"对称破缺"的结果。

在自然界中或实验室中，原来具有很高对称性的现象或过程，在不受外力的作用下，出现突然的对称性下降的状况，称为对称性自发破缺。造成不对称的原因有三：

（1）破坏对称性的微扰动被放大；

（2）造成对称的因素发生偏离或衰减；

（3）按照狄拉克理论每种粒子都有自己的反粒子，如质子与反质子，中子与反中子，正电子与负电子等，他因此获得了 1933 年的诺贝尔物理学奖。在自然界中，正、反粒子的地位也是完全对称的。在宇宙早期，质子、中子和它们的反粒子数量都比现在大十亿倍以上，正负粒子数量的差额，或者说不对称性，是微乎其微的。在宇宙冷却时，它们中的绝大部分湮没了，剩下少量"残渣"。宇宙线中的正、负带电粒子是不对称的，它们在地磁场中的回旋运动也是不对称的，从而使阳光通过大气时，其中左右旋偏振光的成分也是不对称的，再通过光合作用，合成了生物体内不对称的有机化合物，但不对称的量很小。（赵凯华）

对称性确定物体的运动方程，而对称性的破缺决定物体之间的相互作用。在这个基础上，一些物理学的基本理论如电磁现象和弱作用现象的理论、广义相对论等，显示出空前的、惊人的美。（崔晋川）

4）因果关系的不对称

确定性理论认为，自变量与因变量之间是一种线性关系，自变量决定了因变量，因变量完全服从于自变量。因变量随自变量的变化而变化。从因果关系来说，自变量相当于原因，而因变量相当于"果"或"结果"。

从最近的"不对称"理论和非线性理论来看，尤其是不确定性理论认为，因果关系也存在不对称特征。确定论者或线性科学认为，相同的原因，一定会产生相同的结果。

但是不确定论者认为，世界上不存在完全相同的原因，只存在相似的原因，因此，世界上也不存在完全相同的结果，而只有相似的结果。世界上以自然体来说，不存在完全相同，相等和重复的事物，即使是同一株上的树叶也没有完全相同的，而只有相似的叶子，双胞胎孩子也只可能是相似的，甚至是十分相似，但没有完全相同或相等的。对于人造物体来说，即使出自"同一个模型"的产品，只可能相似，甚至是十分相似，但不能完全相等或相同，总存在一些微小的差别。

牛顿说：客观世界是数学，客观世界的现象或过程用数学公式表达或模拟，但大量的实践证明，客观世界的现象或过程用数学公式来表达，只可能产生相似的，十分相似的结果，只有数学计算才能产生相同结果，而物理、化学的公式只有产生相似的结果。每次条件相同的物理实验只能产生相似的结果，化学也是这样，生物和地球科学的公式，只能产生相似的结果，而不能产生相同的结果。

一切模型及模拟实验，只可能产生预设条件，或给予的条件相似的结果。重复同样的模拟和实验，不可能产生完全相同的结果。

因果关系只能产生"等价"的关系，而不能产生相等、相同的关系，因为因果关系是不对称的。其原因是不存在完全相同的条件，只可能存在相似的条件，所以只能产生相似的结果。

地球系统过程进行模拟实验或因果关系分析时，原因与结果的不对称性特征是普遍存在的。

2. "守恒"与"不守恒"

物质守恒与能量守恒是物理学的经典理论，也是确定性理论的基础。所谓守恒就是保持不变，就是一个"常数"，就是不随时间和地点而有任何变化的物理量。常见的有物理常数、自然常数或宇宙常数。物质守恒又称物质不灭、能量不灭。它在物理和化学中都为基础原理。

这些物理学和化学中的基础定理，近来受到质疑。人们发现，物质守恒和能量守恒之外，还存在一些不守恒的事实，尤其在天文学领域和物理实验中，证明不守恒现象是客观存在的。所以守恒与不守恒并存才是客观世界固有的特征。关于守恒概念一般都很熟悉，而对于不守恒问题则比较生疏，所以重点讨论不守恒的基本概念。

1）能量不守恒

光速、重力强度和电子质量（量子参数）是大家熟悉的物理常数。R. Clausius 的热力学定理指出，宇宙能量是一个常数。但近来天文学家证明，宇宙能量不是一个常数，是在不断地减少之中，宇宙能量是不守恒的。爱因斯坦相对论断言，$E = Mc^2$，光速 c 是一个不变的常数，并得到了公认。约翰·巴罗在美国《新科学家》周刊 2002 年 9 月的文章中指出，近年来研究表明，过去公认的常数可能正在改变，而且在地球历史上也曾经有过多次改变。诸如光速 c、牛顿重力常数 G 和普朗克量子常数 H，都是公认的物理或自然常数，但现在证明，光速 c 不是常数，牛顿重力常数 G 也受到了"宇宙大爆炸"和暗能量的质疑。自然常数与宇宙的初始条件间具有密切的关系，它们是在宇宙早期历史过程中随机形成的。

爱因斯坦的相对论公式证明,宇宙正在膨胀之中,并得到天文学家的证明,但他认为不好解释膨胀来自何方和向何处膨胀,于是就对相对论作了修改,加入了宇宙常数,这就得出宇宙是静止的结论。后来哈勃等人进一步证明宇宙确实是在膨胀,爱因斯坦又发表声明说,承认宇宙常数是他一生中所犯下的最大错误。过了 70 年之后,天文学家发现,宇宙不仅在膨胀,而且正以超出常理的速度在加速膨胀。据说,这种星际间的排斥现象,可能缘于某种神秘能量,即暗能量,并对牛顿常数 G 提出了质疑。

英国剑桥大学若昂、马盖若和安迪、阿尔布雷克特在《物理学评论》(Review of physics,2004)杂志上发表了"可变光速理论",其中指出:物理常数是由环境决定的,是由周围物质决定的,而不是预先设定的。没有物质就没有物理学,如果由于宇宙大爆炸使得物质变得越来越稀薄,越来越冷,那就完全有理由认为"常数"可能变化。可变光速理论由两大部分组成:光速受到邻近物质的影响和热量的影响,即温度越高,光的能量越大。可变光速理论认为:光速每年都有微小的变化,日本科学家已经发现,几十亿年前的尖星射电源的速度比现在要快得多。大宇宙之间的环境和物质的相似性的概率几乎等于零。因此,光速是具有可变性特征的。

王利军(音)和其在新泽西州普林斯顿的 NEC 研究所的同事测出激光脉冲在充满铯气体的容器中的速度是光速的 300 倍,即 1000×10^8 m/s。他们认为,即使是质量极小的物体,随着速度的加快,其质量也会越来越大。因此,当火箭的速度接近光速时,火箭的质量就会变得极大。达到光速需要得无限大的能量。因此,是能够超过宇宙极限速度的。因为,信息传输速度大于光速是可能的。

加州大学伯克利分校的雷蒙德·乔指出,量子力学使光的脉冲能突破宇宙极限。根据量子力学理论,当一颗光子的粒子碰到一面不透光的墙时,它有可能穿过这面墙,而不是反弹回来。光的脉冲光子速度大于光速的 1.7 倍。

根据爱因斯坦的相对论,光速为一自然常数,在真空中是恒定的,为 299.792km/s,即约 30 万 km/s。但在 2001 年时,英国的一些光体物理学家计算出,光在创世大爆炸时,速度要比现在的速度高出好几千倍。这是否可以说,目前在教科书中介绍的确定性的科学理论,如爱因斯坦相对论、牛顿力学,都是不确定性的,所有理论被承认之后,总会有另一种更准确的理论代替它。科学理论也在不断进步,也要与时俱进。

法国全国教学大纲理事会秘书长多米尼克·罗兰(2003.9《周末三日》周刊)指出:长期以来,教授科学的课程已经僵化,真正的科学与学校里教授的内容之间存在很大的距离,在学校里学习的很多知识已经过时,甚至是错误的。

光年是用时间来代表的距离,每秒约为 30 万 km,一个光年约为 10 万亿 km。最远的星系或恒星离地点 126 亿光年,即 1260 兆亿 km。但这个距离也是不确定的,因为光速与光线都是不确定性的。其原因有两个:

第一,光线只有在地球范围内,即很短距离条件下才是直线的,在其他星体的引力下,它是弯曲的,星体的质量越大,引力越大,路过的光线弯曲也大,而宇宙中的恒星至少有一万多亿颗,一个离地球最远的恒星发出的光线,可能要经过几千亿颗恒星引力的范围,要发生不同程度的弯曲。

爱因斯坦在狭义相对论中提出能量-质量守恒定律($E = Mc^2$, E 为能量, M 为质量，c 为光速），并认为时间、空间物体和运动是不可分割的。物体的运动变化，不但影响空间的大小存在，也影响到时间的流动过程。最明显的例证是物体运动速度充分大时，时钟会变慢。物体会沿运动方向缩小尺寸（压缩结果）。广义相对论认为：时间、空间和物体运动是不可分割的整体，这种情况不仅在匀速的直线运动下存在，而且在有加速度运动的情况下也照样存在。引力是空间与时间弯曲的结果，即光线在通过有巨大质量的物体附近时，发生弯曲现象证明了引力的存在。因此可以认为引力就是空间的弯曲，并预言了光谱线的引力红移和引力场中光的弯曲。他还认为："时间是一种错觉，过去、现在和未来的划分是一种错觉，尽管这是一种持久的错觉。"

　　爱因斯坦的广义相对论认为：时间和空间是非常复杂地相互纠缠在一起的。人们不能单独使空间弯曲而不涉及时间。这样，时间也就有形态。然而时间只能往一个方向前进，即时间是不可逆的。对于地球的时间和空间关系来说，地球自转一周，即一天为24小时，但在赤道和高纬度地区，尤其是极地区，时间是相同的，但空间有很大的差异，在赤道地区24小时相应空间为40 000km，而高纬度地区，至今仅为几千千米甚至更短，所以是不确定性的。

　　空间是绝对的，既不会产生，也不会消灭，但会发生变化，空间是真实的。

　　时间是空间的变化。时间是相对的，即有生、有灭，霍金所以提出了"时间简史"的感念。时间是虚幻的，是一种错觉。

　　霍金在《时间简史》中提出了"虚时间"的新概念，以消除时间和空间的区别，从而否定了时间的存在。在早期的宇宙中，不仅物质和能量丧失了它们的区别，空间与时间也失去了它们的区别，时间变得充分"空间化"了，所以称为"时间是空间的变化"。

　　一天24小时的划分是以地球自转一周的空间来确定的，绕地球公转一周的时间为一年，在一年中，又根据月球满月与变化划分为12个月。看来不论年、月、日小时的划分都是以地球的自转和公转等空间作为标准而划分的。地球划分24小时，而不是30小时，这是任意的。据天津市地质局研究，2亿年前的地球公转周期只有250天，比现在要少115天。而每天的时间在2亿年前与现在的也不一样。从近期10年、100年、1000年来说，地球的自转与公转都是确定性的，年、月、日等时间度不会明显变化。但从亿年的尺度来看，地球自转和公转都存在着很大的差别，所以它又是不确定性的。

　　"宇宙是存在的总和"，它包含了时间、空间、物质和能量在内。在宇宙大爆炸之前，物质和能量是不可分的，对现在的体积极小，质量极大的黑洞，物理学上的物质和能量的概念已经不再适用，一切的物理定律都失效。对于空间来说，宇宙的形态、星际间的距离都是动态。距离是用光来测量的，是用光年来表达的，但光不是直线运行的，而是弯弯曲曲的，是路径星体引力的结果。距离光年也是该星在该光年的空间位置，当被我们接收到时，它又远离了该光年的距离，该星体现在所在的位置至少也是该光年的两倍。所以空间是存在的，但是不确定性的。宇宙的形状是不确定性的，是足球型还是铁饼型也是不确定性的，它的大小也是不确定性的，星际间的距离也都是不确定性的。

　　现在地球的形状，也有周期性的微小变化。月球、太阳对地球的引力作用，不仅产生了水体的潮涨、潮落的波动，而且还产生了固体潮，地形变化（平面与垂直形态），所以地球的固体形状，现在也是不断变化的，所以空间也是可变的，不确定性的。再从地球的历史来看，现在的地球要比两亿年前的地球大 1.6 倍。因为地球在不断地吸收天外陨石的降落和宇宙辐射。所以地球的空间是不确定性的，而时间是由空间来决定的，因此时间也是不确定性的。

时间和空间尺度有没有客观标准？有否绝对值存在？这是大家所关心的。科学家规定"一米长度为真空环境中光在 1/229892458 秒内行走的距离"，重量千克规定"千克硅含有的硅原子数量约为 10^{24}"，作为长度和重量的标准。时间的标准，从原子钟到铯钟，它的准确度越来越高。

光速是可变的，是随时间的增加而衰减的。创始宇宙大爆炸时的光速为现在 30 万km/秒的 2000 倍。而 126 亿年前时的光速肯定比现在要快得多，所以将现在光速来推过去的光速是不合适的。

澳大利亚新南威尔士大学的研究小组，利用位于夏威夷的凯克望远镜，对位于数十亿光年的 28 类星体进行光谱分析，发现这些常数会随时间而变化，经过分析证明，当宇宙年龄只有现在 1/3 时，电子的质量（量子参数）比现在小一点，但仅为 1/10 万（Sky & Telescope Magazine，2001-12）。

马库斯·齐恩（2002 年，英《新科学家》周刊）指出，1972 年发射的先驱者 10 号是飞过木星的航天器。但在 240 亿 km 处，经历了一种朝向太阳的神秘减速，受到了一种微弱力的影响。1973 年发射的先驱者 11 号是飞向土星的航天器，在另一个方向上也受到了神秘力的干扰。2003 年时，先锋 10 号比原定计划飞行轨道偏离了 40 万 km。NASA 在 1995 年已与先驱者 11 号失去了联系，NASA 认为造成上述现象的原因可能是：第一，引力法测的改变；第二，暗物质发生了作用；第三，镜物质产生的影响，由于镜物质产生拉力的作用。洛斯阿拉莫斯国家实验室的迈克尔·马丁涅托说：我们只有一些假设，但没有一个得到证实。

密苏里大学谢尔盖·科佩全于 2002 年 9 月 8 日发现木星正好从一个类星体发出的无线电波前面经过，木星引力使类星体得无线电波发生弯曲，结果它们到达地球的时间稍有延迟，测量的结果表明木星的引力速度与光速的吻合率只有不到 20%。

英国地球物理学家 Lovelock 和美国生态学家 Margulis 等指出，地球在约 4 亿年前，太阳辐射强度至少比现在增长 30%。甚至增长 70% 以上，当时地球的平均气温比现在约高 8℃ 左右。

1997 年，悉尼新南威尔士大学的约翰韦布和他的研究组对从遥远的类星体抵达地球的光进行了分析。这些光经过了 120 亿年的行程，穿越了主要成分为铁、镍、铬的星云，研究人员发现，星云原子吸收了类星体光的部分光子，但与他们所计算的数量不符。如果观测是正确的话，对这种现象的唯一合理解释是，当光穿越云时，一种被称为阿尔法常数的物理量发生了改变。阿尔法常数是决定光与物质相互作用的非常重要的常数。它是由电子所携带的电荷、光速，普朗克常数及其他许多因素决定的。这些因素使常数可能发生了变化。

2）物质不守恒

天文学家证明，近 200 年来，整个宇宙中已失去了相当于一个银河系的物质的质量，NASA（2004）证明，在一次新的大爆炸中，相当于 300 个太阳的物质被黑洞吞没，而大爆炸持续了 1 亿年之久。

柏林工业大学地质学家卡尔·海因茨·雅各布研究，在 2 亿年前，地球的体积比现在小（约小 1.6%），地球自转速度为 9.313 小时，现在为 24 小时，据天津地质局研究，在 2.4 亿年前，地球每年只有 260 天，所以地球运行不是常数。

在化学领域中，合成与分解也是不守恒的，可能产生一定的变化。生物也能产生基因变异，也是不守恒的。

天文学家证明，近 200 年来，整个宇宙中已失去了相当于一个银河系的物质的质量，而且还不是由于宇宙大爆炸引起的体积扩大、密度减少的结果，而是整个宇宙的物质减少了。

美国《自然》周刊（2004）发表了俄亥俄大学的布赖恩·麦克拉马拉文章指出，NASA 观察到最强烈的一次爆炸，在爆炸中相当于 300 个太阳的物质被黑洞吞没。这次大爆炸持续了约 1 亿年之久。大部分物质被吞食掉，一部分物质在进入黑洞之前就被猛抛出来了，被移位的物质相当于 1 万亿个太阳，相当于整个银河系质量之和。

根据 NASA 运用威尔金森微波各向异性探测器（WMAP）研究结果，宇宙的组成成分只有 4% 是原子，由它组成了各种物质，其余 23% 的暗物，73% 为一种神秘的暗能量。这种暗能量似乎正在使宇宙加速膨胀。

现有的物理概念和物理定律，只适用于地球环境。在黑洞的环境下，一切物理概念与定律都不再发生作用。

1972 年发射的"先驱者 10 号"航天器的怪异轨迹，使得 NASA 科学家认为牛顿"万有引力定律"存在局限性，他们发现几个宇宙飞行器逐渐放慢速度，偏离按照"万有引力"计算的轨迹。而且证明不是仪器问题，也不是计算问题，而是尚存在一个未知世界的问题。也可能是暗物质和暗能问题。

柏林工业大学地质学家卡尔·海因茨·雅各布教授研究表明，在 2 亿年前，地球的体积比现在小 1.6 倍左右，那时的地球自转速为 9.375 小时，而现在为 24 小时。天津地质局在遵化研究结果表明在 2.4 亿年前，每年地球只有 260 天。地轴每隔 25 万年倒转一次，所以时间也不是常数。

3）守恒与不守恒理论

日本文部科学省高能加速器研究机构（KEK）的高崎史彦教授于 2001 年 7 月 23 日提出了"CP 对称性失衡，即电荷宇称不守恒现象"，近于 100% 存在的观测结果。早在 1964 年美国科学家克罗宁在研究 K 介子时，发现了"电荷宇称不守恒现象"。1973 年日本科学家小林诚提出了电荷宇称不守恒现象的形成原因是夸克的反应衰变速率不同。现在发现有 6 类夸克存在。美国斯坦福直线加速器中心（SLAC）证明电荷宇称不守恒现象的存在出现的概率为 99.997%。对称性失衡必然导致宇称不守恒的结果，即不对称和不守恒是密切相关的。

对称性决定了各种可能的守恒定律。对称性常与守恒定律相关，与空间不变性对应的是动量守恒定律，与时间平移不变性对应的是能量守恒定律，与转动不变性对应的是角动量守恒定律，与空间反射（镜像）操作不变性对应的是宇称守恒定律。对称性是客观世界固有的属性，但对称性原理又是根植于"不可观测量"的理论上。

在物理学中守恒与不守恒问题久已受到广泛的关注，如"动者恒动、静者恒静"，物质守恒（或不灭），能量守恒（不灭）早已为大家所熟悉。物理学中传统的另一个经典理论是：物理定律在空间反射的情况下是不变的，这就是著名的"宇称定律"。杨振宁、李政道在 1956 年发现，对称性 C、P 及 T 在基本粒子间占优势的作用是守恒的，而在弱力量里则是宇称不守恒的。这一观点，得到吴健雄的实验证明，于是在 1957 年获得了诺贝尔物理学奖。在 1946 年，科学家就发现了电荷宇称不守恒现象。自 1957 年才得到了广泛的承认。"宇称不守恒理论"是指基本粒子的左右对称性现象，在优势作用下是守恒的，而在弱相互作用下是不守恒的。因此物质和能量的守恒与不守恒现象是并存的，最近发现光速也存在守恒与不守恒并存问题。

在化学领域中的合成与分解过程也是不守恒的，它也可能产生一定程度的变化，也是守恒与不守恒并存的。在生物学领域中，新陈代谢过程是守恒与不守恒并存的，病毒 SARS 是守恒与不守恒并存的，发展和变化也是守恒与不守恒并存的。

从哲学的角度看，守恒就是永恒，就是不变、不发展的，这是不存在的，即使有也是暂时的、局部的现象，所以也是守恒与不守恒并存的。矛盾对立的双方的性质，特征是永远不断变化的，它们在矛盾体系统中的作用和地位也是可以转化的，性质和地位的不变是暂时的、局部的现象，而变化则是永久的、全局的现象。所以也存在守恒与不守恒并存的现象。

"物质守恒"、"能量守恒"应该还是物理学的基本规律，在工程中仍然有着十分重要的地位。对于一个具体的系统来说，如果输入与输出的能量或物质平衡时，就应该理解物质或能量损耗在什么地方。物质平衡方程与能量平衡方程是公认的，也是常用的。但是从哲学的角度来看，守恒就是不变，对于一个系统来说，不变只能是暂时的，或相对的，而变和发展才是绝对的，普遍的。工程中的物质平衡方程，或能量平衡方程，只能用于工程计算，而不符合自然界或人类社会的实际情况。物质和能量处于不断地变化之中，所以不可能守恒，而守恒是有条件的。因此守恒与不守恒并存，而以不守恒为主，这就是客观世界的法则。

四、其他主要的非线性科学方法论

1. 耗散结构理论简介

1）概念

耗散结构（dissipative structure）是由普里高津通过对远离平衡的现象的研究，经过十多年的努力于 1969 年在《结构、耗散和生命》论文中正式提出来的，普里高津并于 1977 年荣获诺贝尔化学奖。耗散结构理论被誉为 20 世纪的最重要的科学理论之一。Toffler 在《第三次浪潮》中称，该理论是下一次科学革命的方向。

耗散结构是指一个远离平衡的开放系统，通过与外界的物质和能量的交换，并达到一定的阈值时，能从原来的无序状态变为时间、空间或功能的有序状态，这种非平衡条件下的、稳定的、有序的结果称为耗散结构。

热力平衡结构与远离平衡的耗散结构的区别是：热力平衡结构的有序特征主要表现在微观上的有序，是不随时空变化的稳定结构；而非平衡的耗散结构的有序特征主要表现在宏观上，是随时空变化而不断变化的动态结构，具有系统的状态、性能不断向优化方向转变的结构，即具有自组织能力的结构。

2）内容

耗散结构具有以下的特征：它必须是开放的，远离平衡的，非线性相互作用的和存在扰动或涨落、分叉现象的。现在简要介绍如下：

（1）远离平衡的开放系统与熵的变化：一个远离平衡的开放系统，除了要考虑内部的熵之外，还必须考虑系统与外界的物质和能量交换引起的熵的变化：即

$$ds = dis + des$$

其中，dis 是由内部的不可逆过程引起的熵变，叫熵产生。它不能为负值，因此，称为熵增加原理。des 是指系统与外界环境进行物质与能量交换时引入熵变，叫熵流。可通过控制外界条件使它为正，为负或为零。如果 des<0，且其绝对值足够大，就能够在抵消了系统的熵增加（dis>0）之后，使系统的总熵减少，从而使系统走向具有生机活力的耗散结构。

（2）扰动与自组织过程：扰动也叫涨落是指系统的某个量变或种过程对平衡值的偏离。扰动是偶然的，随机的和无序的，在不同状态下的作用不同。耗散结构理论认为，在接近平衡态的线性非平衡区，扰动的发生只能使系统状态发生暂时的偏离，且这种偏离状态不断衰减，直至回到稳定状态。而在远离平衡的非线性区，系统中的一个随机的微波扰动，通过非线性的相互作用和连馈效应被迅速放大，就可以形成整体的巨扰动或巨涨落，从而导致系统发生突变，形成一种新的稳定的有序状态，即所谓"扰动导致有序"，这种过程称为自组织过程（图 3.1）。

耗散结构理论可概括为：一个远离平衡态的非线性的开放系统（不管是物理的、化学的、生物的乃至社会的、经济的系统）通过不断地与外界交换物质和能量，在系统内部某个参量的变化达到一定的阈值时，通过涨落，系统可能发生突变即非平衡相变，由原来的混沌无序状态转变为一种在时间上、空间上或功能上的有序状态。这种在远离平衡的非线性区形成新的稳定的宏观有序结构，由于需要不断与外界交换物质或能量才能维持，因此称之为"耗散结构"（dissipative structure）。可见，要理解耗散结构理论，关键是弄清楚如下几个概念：远离平衡态、非线性、开放系统、涨落、突变。

（3）远离平衡态：远离平衡态是相对于平衡态和近平衡态而言的。平衡态是指系统各处可测的宏观物理性质均匀（从而系统内部没有宏观不可逆过程）的状态，它遵守热力学第一定律：$dE = dQ - pdV$，即系统内能的增量等于系统所吸收的热量减去系统对外所做的功；热力学第二定律：$dS/dt \geq 0$，即系统的自发运动总是向着熵增加的方向；波尔兹曼有序性原理：$pi = e - Ei/kT$，即温度为 T 的系统中内能为 Ei 的子系统的比率为 pi。

近平衡态是指系统处于离平衡态不远的线性区，它遵守昂萨格（Onsager）倒易关

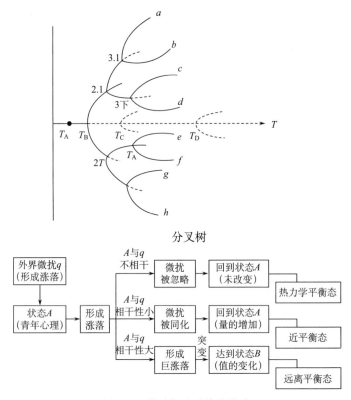

分叉树

图 3.1   微对抗对系统的影响

系和最小熵产生原理。前者可表述为：$Lij = Lji$，即只要和不可逆过程 i 相应的流 ji 受到不可逆过程 j 的力 Xj 的影响，那么，流 ji 也会通过相等的系数 Lij 受到力 Xi 的影响。后者意味着，当给定的边界条件阻止系统达到热力学平衡态（即零熵产生）时，系统就落入最小耗散（即最小熵产生）的态。

远离平衡态是指系统内可测的物理性质极不均匀的状态，这时其热力学行为与用最小熵产生原理所预言的行为相比，可能颇为不同，甚至实际上完全相反，正如耗散结构理论所指出的，系统走向一个高熵产生的、宏观上有序的状态。

（4）开放系统：热力学第二定律告诉我们，一个孤立系统的熵一定会随时间增大，熵达到极大值，系统达到最无序的平衡态，所以孤立系统绝不会出现耗散结构。那么开放系统为什么会出现本质上不同于孤立系统的行为呢？其实，在开放的条件下，系统的熵增量 dS 是由系统与外界的熵交换 deS 和系统内的熵产生 diS 两部分组成的，即 dS＝deS＋diS 。

热力学第二定律只要求系统内的熵产生非负，即 diS≥0，然而外界给系统注入的熵 deS 可为正、零或负，这要根据系统与其外界的相互作用而定，在 deS＜0 的情况下，只要这个负熵流足够强，它就除了抵消掉系统内部的熵产生 diS 外，还能使系统的总熵增量 dS 为负，总熵 S 减小，从而使系统进入相对有序的状态。所以对于开放系统来说，系统可以通过自发的对称破缺从无序进入有序的耗散结构状态。

（5）涨落：一个由大量子系统组成的系统，其可测的宏观量是众多子系统的统计平均效应的反映。但系统在每一时刻的实际测度并不都精确地处于这些平均值上，而是或多或少有些偏差，这些偏差就叫涨落，涨落是偶然的、杂乱无章的、随机的。

在正常情况下，由于热力学系统相对于其子系统来说非常大，这时涨落相对于平均值是很小的，即使偶尔有大的涨落也会立即耗散掉，系统总要回到平均值附近，这些涨落不会对宏观的实际测量产生影响，因而可以被忽略掉。然而，在临界点（即所谓阈值）附近，情况就大不相同了，这时涨落可能不自生自灭，而是被不稳定的系统放大，最后促使系统达到新的宏观态。

当在临界点处系统内部的长程关联作用产生相干运动时，反映系统动力学机制的非线性方程具有多重解的可能性，自然地提出了在不同结果之间进行选择的问题，在这里瞬间的涨落和扰动造成的偶然性将支配这种选择方式，所以普里戈金提出涨落导致有序的论断，它明确地说明了在非平衡系统具有了形成有序结构的宏观条件后，涨落对实现某种序所起的决定作用。

（6）突变：阈值即临界值对系统性质的变化有着根本的意义。在控制参数越过临界值时，原来的热力学分支失去了稳定性，同时产生了新的稳定的耗散结构分支，在这一过程中系统从热力学混沌状态转变为有序的耗散结构状态，其间微小的涨落起到了关键的作用。这种在临界点附近控制参数的微小改变导致系统状态明显的大幅度变化的现象，叫做突变。耗散结构的出现都是以这种临界点附近的突变方式实现的。

一座城市不断有人外出和进入，生产的产品和原料也要川流不息地运入及运出。这种与外界环境自由地进行物质、能量和信息交换的系统，称为开放系统。当开放系统内部某个参量的变化达到一定阈值时，它就可能从原来无序的混乱状态，转变为一种在时间上、空间上和功能上的有序状态，即耗散结构。例如，一壶水放在火炉上，水温逐渐升高，但水开后水蒸气不断蒸发，壶中的水和空气就形成了一个开放系统，带走了火炉提供的热量，水温不再升高，达到了一种新的稳定状态。

2. 分形理论简介

1）概念

对确定性理论的第四个冲击是分形理论的提出，代表人物是 Mandelbrot（1975）。

Mandelbrot 的分形理论的核心是：在多尺度系统中，物理量是随尺度而变化的尺度，是一个变量，而它的分数维则为不随尺度而变化的不变量，如长度是随尺度而变化的可变量，具有不确定性；而分数维是不随尺度而变化的不变量，或常数，具有确定性特征，两者是对称的。

Mandelbrot 分形理论的另一个要点是小尺度和大尺度之间具有相似性特征。

分形理论不仅仅是"物理量是随尺度而变化"和"大尺度与小尺度之间具有相似性"原理外更重要的还在于提出了海岸线长度是测不准的。因为海岸的概念不完备，潮水线的位置是动态的、模糊的，所以海岸线长度是测不准的。

分形几何学的基本思想：客观事物具有自相似的层次结构，局部与整体在形态、功能、信息、时间、空间等方面具有统计意义上的相似性，成为自相似性。例如，一块磁铁中的每一部分都像整体一样具有南北两极，不断分割下去，每一部分都具有和整体磁铁相同的磁场。这种自相似的层次结构，适当的放大或缩小几何尺寸，整个结构不变。

维数是几何对象的一个重要特征量，它是几何对象中一个点的位置所需的独立坐标数目。在欧氏空间中，人们习惯把空间看成三维的，平面或球面看成二维，而把直线或曲线看成一维。也可以稍加推广，认为点是零维的，还可以引入高维空间，对于更抽象或更复杂的对象，只要每个局部可以和欧氏空间对应，也容易确定维数。但通常人们习惯于整数的维数。

分形理论认为维数也可以是分数，这类维数是物理学家在研究混沌吸引子等理论时需要引入的重要概念。为了定量地描述客观事物的"非规则"程度，1919 年，数学家从测度的角度引入了维数概念，将维数从整数扩大到分数，从而突破了一般拓扑集维数为整数的界限。

维数和测量有着密切的关系，下面我们举例说明一下分维的概念。

当我们画一根直线，如果我们用 0 维的点来量它，其结果为无穷大，因为直线中包含无穷多个点；如果我们用一块平面来量它，其结果是 0，因为直线中不包含平面。那么，用怎样的尺度来量它才会得到有限值哪？看来只有用与其同维数的小线段来量它才会得到有限值，而这里直线的维数为 1（大于 0、小于 2）。

对于我们上面提到的"寇赫岛"曲线，其整体是一条无限长的线折叠而成，显然，用小直线段量，其结果是无穷大，而用平面量，其结果是 0（此曲线中不包含平面），那么只有找一个与"寇赫岛"曲线维数相同的尺子量它才会得到有限值，而这个维数显然大于 1、小于 2，那么只能是小数了，所以存在分维。经过计算"寇赫岛"曲线的维数是 1.2618……

2）分形几何学的应用

分形几何学已在自然界与物理学中得到了应用。例如，在显微镜下观察落入溶液中的一粒花粉，会看见它不间断地做无规则运动（布朗运动），这是花粉在大量液体分子的无规则碰撞（每秒钟多达十亿亿次）下表现的平均行为。布朗粒子的轨迹，由各种尺寸的折线连成。只要有足够的分辨率，就可以发现原以为是直线段的部分，其实由大量更小尺度的折线连成。这是一种处处连续，但又处处无导数的曲线。这种布朗粒子轨迹的分维是 2，大大高于它的拓扑维数 1。

在某些电化学反应中，电极附近沉积的固态物质，以不规则的树枝形状向外增长。受到污染的一些流水中，粘在藻类植物上的颗粒和胶状物，不断因新的沉积而生长，成为带有许多须须毛毛的枝条状，就可以用分维。

自然界中更大的尺度上也存在分形对象。一枝粗干可以分出不规则的枝杈，每个枝杈继续分为细杈……至少有十几次分支的层次，可以用分形几何学去测量。

有人研究了某些云彩边界的几何性质，发现存在从 1～1000km 的无标度区。小于 1km 的云朵，更受地形概貌影响，大于 1000km 时，地球曲率开始起作用。大小两端都受到一定特征尺度的限制，中间有三个数量级的无标度区，这已经足够了。分形存在于这中间区域。

近几年在流体力学不稳定性、光学双稳定器件、化学振荡反应等实验中，都实际测得了混沌吸引子，并从实验数据中计算出它们的分维。学会从实验数据测算分维是最近的一大进展。分形几何学在物理学、生物学上的应用也正在成为有充实内容的研究领域。

（《分形理论及其应用》著译者朱华，2011）

3. 复杂性科学的简介

兴起于 20 世纪 80 年代的复杂性科学（complexity sciences），是系统科学发展的新阶段，也是当代科学发展的前沿领域之一。复杂性科学的发展，不仅引发了自然科学界的变革，而且也日益渗透到哲学、人文社会科学领域。英国著名物理学家霍金称 "21 世纪将是复杂性科学的世纪"。复杂性科学为什么会赢得如此盛誉，并带给科学研究如此巨大的变革呢？主要是因为复杂性科学在研究方法论上的突破和创新。在某种意义上，甚至可以说复杂性科学带来的首先是一场方法论或者思维方式的变革。尽管国内外学者已经认识到研究复杂性科学的重要意义，然而要想找出一个能够符合各方研究旨趣的复杂性科学的概念还有困难。虽然目前人们对复杂性科学的认识不尽相同，但是可以肯定的是 "复杂性科学的理论和方法将为人类的发展提供一种新思路、新方法和新途径，具有很好的应用前景"。黄欣荣认为尽管复杂性科学流派纷呈、观点多样，但是复杂性科学却具有一些共同的特点可循：①它只能通过研究方法来界定，其度量标尺和框架是非还原的研究方法论。②它不是一门具体的学科，而是分散在许多学科中，是学科互涉的。③它力图打破传统学科之间互不来往的界限，寻找各学科之间的相互联系、相互合作的统一机制。④它力图打破从牛顿力学以来一直统治和主宰世界的线性理论，抛弃还原论适用于所用学科的梦想。⑤它要创立新的理论框架体系或范式，应用新的思维模式来理解自然界带给我们的问题。

复杂性科学是指以复杂性系统为研究对象，以超越还原论为方法论特征，以揭示和解释复杂系统运行规律为主要任务，以提高人们认识世界、探究世界和改造世界的能力为主要目的的一种 "学科互涉"（inter-disciplinary）的新兴科学研究形态。

4. 超循环简介

1）概念

在生命现象中包含许多由酶的催化作用所推动的各种循环，而基层的循环又组成了更高层次的循环，即超循环，还可组成再高层次的超循环。超循环系统即经循环联系把自催化或自复制单元连接起来的系统。在此系统中，每一个复制单元既能指导自己的复制，又能对下一个中间物的产生提供催化帮助。

研究分子自组织的一种理论。大分子集团借助于超循环的组织形成稳定的结构，并能进化变异。这种组织也是耗散结构的一种形式。超循环是较高等级的循环，指的是由循环组成的循环。在大分子中具体指催化功能的超循环，即经过循环联系把自催化或自复制单元等循环连接起来的系统。从动力学性质看，催化功能的超循环是二次或更高次的超循环。超循环理论可用以研究生物分子信息的起源和进化，并可用唯象的数学模型来描述。超循环理论是联邦德国生物物理学家 M. 艾根在 1971 年提出的。曾有不少学者提出各种理论来研究生物信息的起源和进化。艾根总结了大量的生物学实验事实，提出了超循环理论。

2）历史

艾肯在分子生物学水平上，把生物进化的达尔文学说通过巨系统高阶环理论，进行数学化，建立了一个通过自我复制、自然选择而进化到高度有序水平的自组织系统模型，以解释多分子体系向原始生命的进化。这个理论在科学界仍有争议，但无疑它把系统科学的研究推进了一步。超循环理论建立在生物化学、分子生物学基础上探讨细胞起源的系统理论，将贝塔朗菲的生态系统、器官系统水平的一般系统论推进到了细胞、分子水平，从而开创了分子系统生物学的研究领域，贝塔朗菲的系统论和艾根的超循环论20世纪80～90年代在中国翻译出版并影响了系统医学等概念的提出。

3）原理

生命的发展过程分为化学进化和生物学进化两个阶段。

在化学进化阶段中，无机分子逐渐形成简单的有机分子。在生物学进化阶段中，原核生物逐渐发展为真核生物，单细胞生物逐渐发展为多细胞生物，简单低级的生物逐渐发展为高级复杂的生物。生物的进化依赖遗传和变异，遗传和变异过程中最重要的两类生物大分子是核酸和蛋白质。各种生物的核酸和蛋白质的代谢有许多共同点，所有生物都使用统一的遗传密码和基本上一致的译码方法，而译码过程的实现又需要几百种分子的配合。在生命起源过程中，这几百种分子不可能一起形成并严密地组织起来。因此，在化学进化阶段和生物学进化阶段之间有一个生物大分子的自组织阶段，这种分子自组织的形式是超循环。如核酸是自复制的模板，但核酸序列的自复制过程往往不是直接进行的。核酸通过它所编码的蛋白质去影响另一段核酸的自复制。这种结构便是一种超循环结构。这种大分子结构是相对稳定的，能够积累、保持和处理遗传信息。另外，这种结构在处理遗传信息时又会有微小的变异，这又成为生物分子发展进化的机制。为了根据生物大分子自组织的基本要求建立生物进化变异模型，艾根提出一组唯象的数学方程，并得到一些具有启发意义的结果。选择的对象不是单一的分子种，而是拟种，即以一定的概率分布组织起来的一些关系密切的分子种的组合。信息选择的积累以自复制子单元最大信息容量为上限，超过这个限制就不能保证拟种的内部稳定性。可以认为，拟种的内部稳定性是进化行为更本质的属性。考虑到生物体内进行着许多必不可少的生化反应，需要许多不同的蛋白质和核酸参加，它们总的信息量远大于已知的最精确复制机制所允许的最大信息容量。这一实验事实表明，只有经过超循环形式的联系才能把自复制和选择上稳定的单元结合为较高的组织形式，以便下一步再产生选择上稳定的行为。

4）重要性质

超循环有如下一些重要性质：

（1）超循环使借助于循环联系起来的所有种稳定共存，允许它们相干地增长，并与不属于此循环的复制单元竞争。

（2）超循环可以放大或缩小，只要这种改变具有选择的优势。

（3）超循环一旦出现便可稳定地保持下去。总之，生物大分子的形成和进化的逐步发展过程需要超循环的组织形式。它既是稳定的又允许变异，因而导致普适密码的建立，并在密码的基础上构成细胞。

具有超循环结构的生物大分子的进化可用一组微分方程来描述。设有 n 个物种，其状态变量记作 x_i（$i=1，2，\cdots，n$），它们形成自复制的催化超循环结构需要依靠外界的能量和物质流来维持，在不断复制过程中会产生误差，这样就导致优势物种的变异。描述这种进化过程的方程组是

$$\frac{\mathrm{d}x_i}{\mathrm{d}i}=(A_iQ_i-D_i)x_i+\sum_j x_i\Phi_{ji}+x_i\Omega(i，j=1，2，\cdots，n)$$

式中，A_i 为复制率；Q_i 为模板的品质因子；D_i 为分解率；Φ_{ji} 为 j 物种到 i 物种的误合成系数；Ω 为环境影响因子，可以是非线性的。因此在这一方程组中包含了物种变异的各种因素。对这个方程进行分析、数值计算或定性讨论，就可以得出有关物种进化的各种趋势。例如，选择不同的误合成系数 Φ_{ji} 可以得到不同的结果。当误合成系数 Φ_{ji} 很小时，在初始时刻某一物种占优势的状态便逐渐变异到终了时刻另一物种占优势的状态。如果误合成系数相当大，最终便形成多种物种并存的状态。这一方程组及其所得结果，使人们有可能用数学工具讨论进化过程。

5）意义

超循环理论对于生物大分子的形成和进化提供了一种模型。对于具有大量信息并能遗传复制和变异进化的生物分子，其结构必然是十分复杂的。超循环结构便是携带信息并进行处理的一种基本形式。这种从生物分子中概括出来的超循环模型对于一般复杂系统的分析具有重要的启示。如在复杂系统中信息量的积累和提取不可能在一个单一的不可逆过程中完成，多个不可逆过程或循环过程将是高度自组织系统的结构方式之一。超循环理论已成为系统学的一个组成部分，对研究系统演化规律、系统自组织方式以及对复杂系统的处理都有深刻的影响。

5. 元胞自动机

元胞自动机（Cellular Automaton，复数为 Cellular Automata，简称 CA，也有人译为细胞自动机、点格自动机、分子自动机或单元自动机）是一时间和空间都离散的动力系统。散布在规则格网（Lattice Grid）中的每一元胞（Cell）取有限的离散状态，遵循同样的作用规则，依据确定的局部规则作同步更新。大量元胞通过简单的相互作用而构成动态系统的演化。

不同于一般的动力学模型，元胞自动机不是由严格定义的物理方程或函数确定，而是用一系列模型构造的规则构成。凡是满足这些规则的模型都可以算作元胞自动机模型。因此，元胞自动机是一类模型的总称，或者说是一个方法框架。其特点是时间、空间、状态都离散，每个变量只取有限多个状态，且其状态改变的规则在时间和空间上都是局部的。

1）具体解释

元胞自动机的构建没有固定的数学公式，构成方式繁杂，变种很多，行为复杂。故其分类难度也较大，自元胞自动机产生以来，对于其分类的研究就是元胞自动机的一个重要的研究课题和核心理论，基于不同的出发点，元胞自动机可有多种分类，其中，最

具影响力的当属 S. Wolfm 在 20 世纪 80 年代初做的基于动力学行为的元胞自动机分类，而基于维数的元胞自动机分类也是最简单和最常用的划分。除此之外，在 1990 年，Howard A. Gutowitz 提出了基于元胞自动机行为的马尔科夫概率量测的层次化、参量化的分类体系（Gutowitz，1990）。下面就上述的前两种分类作进一步的介绍。同时就几种特殊类型的元胞自动机进行介绍和探讨。S. Wolfram 在详细分析研究了一维元胞自动机的演化行为，并在大量的计算机实验的基础上，将所有元胞自动机的动力学行为归纳为四大类（Wolfram，1986）：

（1）平稳型。自任何初始状态开始，经过一定时间运行后，元胞空间趋于一个空间平稳的构形，这里空间平稳即指每一个元胞处于固定状态，不随时间变化而变化。

（2）周期型。经过一定时间运行后，元胞空间趋于一系列简单的固定结构（stable patterns）或周期结构（perlodical patterns）。由于这些结构可看做是一种滤波器（Filter），故可应用到图像处理的研究中。

（3）混沌型。自任何初始状态开始，经过一定时间运行后，元胞自动机表现出混沌的非周期行为，所生成的结构的统计特征不再变止，通常表现为分形分维特征。

（4）复杂型。出现复杂的局部结构，或者说是局部的混沌，其中有些会不断地传播。

2）元胞自动机的应用

元胞自动机可用来研究很多一般现象。其中包括通信、信息传递（communicahon）、计算（compulation）、构造（construction）、生长（growth）、复制（reproduction）、竞争（competition）与进化（evolution）等（smith，1969；perrier，1996）。同时它为动力学系统理论中有关秩序（ordering）、紊动（turbulence）、混沌（chaos）、非对称（symmetry-breaking）、分形（fractality）等系统整体行为与复杂现象的研究提供了一个有效的模型工具（Vichhac，1984；Bennett，1985）。

元胞自动机自产生以来，被广泛地应用到社会、经济、军事和科学研究的各个领域。应用领域涉及社会学、生物学、生态学、信息科学、计算机科学、数学、物理学、化学、地理、环境、军事学等。

（1）在社会学中元胞自动机用于研究经济危机的形成与爆发过程、个人行为的社会性、流行现象，如服装流行色的形成等。在生物学中，元胞自动机的设计思想本身就来源于生物学自繁殖的思想，因而它在生物学上的应用更为自然而广泛。例如，元胞自动机用于肿瘤细胞的增长机理和过程模拟、人类大脑的机理探索（Jonathan，1990）、艾滋病病毒 HIV 的感染过程（Sieburg，1990）、自组织、自繁殖等生命现象的研究以及最新流行的克隆（clone）技术的研究等（Ermentrout，1993）。

（2）在生态学中，元胞自动机用于兔子-草、鲨鱼-小鱼等生态动态变化过程的模拟，展示出令人满意的动态效果；元胞自动机还成功地应用于蚂蚁、大雁、鱼类洄游等动物的群体行为的模拟；另外，基于元胞自动机模型的生物群落的扩散模拟也是当前的一个应用热点。在信息学中，元胞自动机用于研究信息的保存、传递、扩散的过程。另外，Deutsch（1972）、Sternberg（1980）和 Rosenfeld（1979）等还将二维元胞自动机应用到图像处理和模式识别中（WoIfram，1983）。

（3）在计算机科学中元胞自动机可以被看做并行计算机而用于并行计算的研究（Wolfram，1983）。另外。元胞自动机还应用于计算机图形学的研究中。

（4）在数学中元胞自动机可用来研究数论和并行计算。例如，Fischer（1965）设计的素数过滤器（Prime Number Sieves）（Wolfram，1983）。

（5）在物理学中，除了格子气元胞自动机在流体力学上的成功应用，元胞自动机还应用于磁场、电场等场的模拟，以及热扩散、热传导和机械波的模拟。另外，元胞自动机还用来模拟雪花等枝晶的形成。

（6）在化学中元胞自动机可用来通过模拟原子、分子等各种微观粒子在化学反应中的相互作用，而研究化学反应的过程。例如，李才伟（1997）应用元胞自动机模型成功模拟了由耗散结构创始人 I. Prgogine 所领导的 Brussel 学派提出的自催化模型——Brusselator 模型，又称为三分子模型。Y. BarYam 等利用元胞自动机模型构造了高分子的聚合过程模拟模型，在环境科学上，有人应用元胞自动机来模拟海上石油泄露后的油污扩散、工厂周围废水、废气的扩散等过程的模拟。

（7）在军事科学中，"元胞自动机模型可用来进行战场的军事作战模拟"，提供对战争过程的理解（谭跃进等，1996）。

6. 沙堆理论

界状态是美国物理学家 P. 拜克、K. 陈提出的自组织临界态理论，也可以叫"沙堆理论"：小沙堆上一粒一粒地加，沙堆越来越高，沙堆达到临界状态，不可能处于平衡态。即每一沙粒，这时都与沙堆其他沙粒具有直接或间接的力学接触，一个或几个沙粒下落，作用力传导给沙堆，使其他沙粒错位，重构整个沙堆，就引起沙崩。人类文明已达到某种临界状态，到达世界共同体或地球村的阶段。为避免人类文明的"沙崩"，就必须坚持集体主义价值观，整体、动态平衡地观察、分析、解决生态环境问题。

第四章 非线性科学的新思维——对立并存观点

前面已经讨论了确定性与不确定性，对称与不对称，守恒与不守恒等问题。这些问题相互矛盾，相互对立。两者能否统合起来，这是广大学者所关心问题。根据自然辩证法的"对立统一法则"，从理论来说应该是能够统合的，但大量的实践和实验结果表明，两者统合的结果，并不能令人满意，实验的结果证明，有的是能够统合的，有的不能统合，而只能并存。

在科学界中存在百年的"确定性与不确定性"全球性的大争论和李政道等提出的"不对称"与"不守恒"新概念的基础上，本书又提出了"对立并存与不对称、不守恒"观点，并不是对"对立统一法则"的否定，而是补充与完善。我们认为"对立并存"观点与"对立统一"法则是共存与并存的。这个观点的提出，是对非线性科学方法论的又一次创新的突破，现在简介如下。

第一节 科学大争论的焦点

一、关于确定性与不确定性问题的争论

关于确定性与不确定性问题，主要是针对以下几种情况而言的。

第一，针对某事物的发展状况或趋势可以正确或精确预测，或不能进行正确或精确预测而言的。前者的预测具有确定性特征，后者则具有不确定性特征。或者说，对初始条件的敏感性比较低的为确定性，高的为不确定性。

第二，针对某一事物可以判别是正确的或错误的，是 A 或不是 A，以及不能判别是正确，还是错误的，是 A 或不是 A 而言的。前者是确定性的，后者是不确定性的。

第三，针对某一事物可能测得准或不可能测得准而言的。凡是能够进行精确测定的，称为确定性，凡是不能进行精确测量的，称为不确定性。

第四，凡是未知的东西都是不确定性的，而已知的东西，都是确定性的。例如，一座高层建筑有两个电梯，当某人要下楼时按动了下去按钮，控制电梯的计算机获得了信号，按自动控制程序指定某部电梯完成任务，而人不知道是哪一部电梯送他下去。所以对于电梯的自动控制系统来说它是确定的，而对于人来说则是不确定性的，他不可能知道哪一部电梯送他下去。

1. 确定性与不确定性区分的标准

（1）凡是既不能肯定，也不能否定的为不确定性。反之则为确定性。

（2）凡是对初始条件或控制参数具有敏感性的运动过程，一般为不确定性的。反之

则为确定性的。

（3）凡是概率为 0％的为不可能，概率为 100％为确定性，两者之间为可能性，概率从 1％～99％的为不确定性（Ruelle，2001）。

（4）凡是具有多解性的（两种以上解释），或多种可能性的（两种以上的可能性）为不确定性，反之为确定性。

（5）凡是既不是完全确定性的，又不是完全随机性的为不确定性。

（6）凡是测不准的对象或过程，如量子力学的基本粒子测不准原理，瞬息万变，动态不定，逐渐过渡和不存在明显界线的为不确定性，反之为确定性。

（7）从理论上看是确定性的，如中国的人口、中国的耕地面积、农作物的产量等，但由于非常复杂，所以实际上是测不准的。只有大数是可信的，后面的小数是不可信的。

（8）凡是人工模拟产品，包括各种地图、遥感影像和公式推算值和真实世界之间，都可能存在一定的误差。误差值的大小是不确定的。

（9）凡是人工模拟产品或计算产品，在未经统计抽样核对之前，它是不确定性的，凡是没有"真值"可核对的人工产品，都是不确定性的。观测站点的数据是确定的，凡是用插值法或公式求得的数据可能是不确定性的。

（10）凡是概念或定义不明确或有差别的，所产生的结果具有不确定性。反之则为确定性的。

（11）凡是运用错误的方法，错误的公式或模型的结果是不确定性的。

（12）对于同一个不规则和复杂对象来说，不同的尺度可得到不同的物理量，所以可以有不确定的结果。

（13）凡是随时间而变化的，又无法预测的为不确定性。随时间而变化，但能进行预测的为确定性。

（14）在客观世界中，有些现象或过程之间，只可能有相似性，而不可能有相等性。如同一棵树上的叶子的形状，只可能相似，不可能相等，每一片叶子的生长过程也只有相似，而没有相等。但对于同一现象或过程来说，有的只有周期性，或可能有重复性，但有的是既有周期性又有重复性。如地球或九大行星的运行，它既有周期性又有重复性。

（15）"不确定性信息"的类型：①随机信息：多变的，瞬息万变，忽而这样忽而那样，无定论的。②模糊信息：亦此亦彼，似是而非，看不清楚，难能区分。③灰色信息："黑色"为完全不知；"白色"为完全知道；"灰色"为只有部分知道，还有一部分不知道的，略知一二；"黑色"可信度为 0；"白色"为 1，"灰色"为 0.1～0.9。④粗糙信息：大家知道，正确率为 70％～80％，掌握了 70％～80％的资料。⑤未确知信息：可信度在 0％以上，100％以下。

2. 争论焦点

在现代科学领域中的争论主要集中在以经典力学、相对论为代表的确定性理论，以量子力学、进化论为代表的不确定性理论，以及介于确定性和不确定性理论之间的"统合理论"之间的争论。尤其在非线性科学，如混沌理论、耗散结构理论、分形理论、突变理论和协同理论等出现之后，这场争论变得更加激烈和更有意义。学术泰斗爱因斯坦曾这样说过："什么是光量子？如今每个人都认为自己知道，但他们是错误的。"又说："在我提出的概念中，没有一个我确信能坚如磐石，我也没有把握自己总体上是否处于正确的轨道。"起码现在，并没存在什么"终极理论"或"绝对真理"。人们对客观世界的认识是随科学技术的进步，以及所积累的科学数据和经验增加而不断进步的。所以只可能存在"逼近真理"，即真理离我们越来越近，目前还不可能已到达真理。争论是趋向真理或"终极理论"的动力。事实只可能越辩越明，越辩越糊涂的情况是少数。

爱因斯坦（相对论创始人）说："上帝从不掷骰子。"海森伯（量子力学创始人）却说："上帝也许不仅掷骰子，而且还把骰子掷到你所想象不到的地方去。"

爱因斯坦说："时间、空间与物质运动是不可分割的整体"。"现在和未来的划分是一种错觉"。"时间是一种错觉"。普里高津（耗散结构理论创始人）却说："时间是客观世界的基本维度"。"在时间维上，一切都在变化"。

经典力学与相对论认为："当初始条件确定后，·切都是确定性的了。""根据现在可以预测未来，也可以推测过去。"混沌理论和耗散结构理论却认为："哪怕初始条件只要有一点微小的差异，必将引起最后结果的重大变化"，即产生"蝴蝶效应"。又说："非平衡系统是不稳定的，容易产生扰动、变化、多种选择和很少能够进行预测的"。

爱因斯坦等说："宇宙的真理藏在数字中。"Gödel（大数学家）在著名的《不完备定律》却说："在任何公理化的形式维中，总存在着在定义该维的公理基础上，即不能肯定，也不能否定的问题。"

Clausius（热力学平衡理论创始人）认为，根据熵增加原理。系统总是自发地从有序变为无序，宇宙总有一天会达到热平衡的，即"热寂论"，那时一切将"死亡"。普里高津则认为：一个开放的、远离平衡的系统，在通过与外界物质和能量交换过程，当达到一定的阈值时，原有无序状态将形成新的时间、空间和功能上的新有序结构，系统将获得新的活力和发展，这就是自组织理论。

这场争论，不仅震撼了整个物理学界，而且这场在物理领域中的地震波，也波及所有的基础科学和技术科学领域，争论的焦点集中在确定性理论和不确定性理论的相互矛盾，相互对立方面，以经典力学和相对论为一方，而以量子理论混沌理论耗散结构理论与分形理论为另一方，就确定性与不确定性理论争论 100 年，至今尚在继续。

争论的各方都有一大批支持者，且都有自己的科学证据。争论的结果是不仅谁都说服不了谁，而且还都承认对方是科学的，而且都希望能寻找到能够包容对方观点的理论，即"统合理论"。爱因斯坦和海森伯双方都曾做过努力，但都未成功。爱因斯坦曾力图建立一个既符合经典力学、相对论的原理，又能满足量子力学和热力学第二定律原理的"the Theory of Everything"，但他失败了。被人誉为当今的爱因斯坦的霍金也曾企图建立一个能包涵一切理论在内的，包括确定性与不确定性理论在内的"大一统理论"，他于 2002 年和 2004 年只得宣布放弃这个打算。霍金指出 Godel 的"不完善定律"已经表明，建立"the Theory of Everything"是不可能的，因为客观世界永远存在着自相矛盾的一个方面，而数学上也不可能有任何一种运算法则可以证明"Theory of Everything"是成立的。

　　争论的核心问题是对"确定性"和"不确定性"的看法。确定性理论认为，只要初始条件确定，一切都是确定性的了，不仅可以预测未来，也可以推测过去，时间是可逆的，是对称的，不存在"时间之矢"，它有固定的运动轨迹（和波函数），这个理论适用于稳定系统和平衡系统。而不确定性理论则认为，不论你掌握的初始条件多么精确或正确，但一切都是随时间而变的，哪怕只要有一点点偏离原定的初始点的位置，再接着的运动过程就可能会远离预定的轨道。因此，预测未来或推算过去的可能性是很小的，但不能说没有。一切随时间和环境而变化，时间是不可逆的，是不对称的，所以存在时间之矢，并认为概率是客观世界普遍存在的，固有的特征。它以客观世界的"从有序到无序，从无序到有序"（自组织）过程作为研究重点，它是不稳定不平衡的固有特征。

　　客观世界既有稳定、平衡的一面，又有不稳定、不平衡的另一面；既有规律性和可预测性的一面，又有扰动、变化和很少可能预测的另一面，所以确定性和不确定性是并存的，这就是客观世界固有的特征。

　　客观世界既不存在绝对确定性，也不存在绝对的不确定性，只存在相对的确定性与不确定性。所谓确定性是指确定性占了主导地位，不确定性占了次要地位；反之亦然，具有明显的不对称的特征。所以客观世界的确定性与不确定性并存和不对称是客观世界的固有特征。

　　这一场争论，虽然是从物理领域开始的，但很快就扩大到数学、化学、生物学、地球科学和天文学等领域。争论的各方，除了代表性的学术泰斗外，各自还有一大批拥护者，都运用了大量的科学证据和数据。

二、关于时间流的争论

　　在经典力学和量子力学中，不论是牛顿运动轨道方程，还是量子力学的薛定谔的波函数方程，对于时间来说都是可逆的和对称的。若将时间 t 换为 $(-t)$，代入公式中，无论是牛顿方程的轨道，还是薛定谔方程的波函数，形式都不会发生变化，即方程中的时间是完全可逆的，过去和未来没有什么区别。时间仅仅是描述运动的一个几何参量，与物质运动的性质没有什么内在的联系。在经典物理学中对称性和可逆性是等价的，相同的概念。爱因斯坦认为"时间是一种错觉"。

　　但在1964年美国的菲奇和克罗宁在K介子衰变的试验中，发现了在弱相互作用中，宇称（P）和电荷（C）的联合变换不守恒，表明了时间（T）的对称性也受到破坏，即在微观世界中观察到时间对称性自发破缺的现象。

　　热力学第二定律第一次描述了时间不可逆性或不对称性。这个定律以熵增加原理第一次把进化观念引入了物理学。这个原理指出，对于一个孤立的系统中的不可逆过程，它的一个状态函数熵会随着时间的推移单调地增加直到达到热力学平衡态时趋于极大，表明了不可逆过程中时间的方向性，它只能指向熵增加的方向。

　　在不确定性理论中，"时间之矢"或"时间流"是一个十分重要的组成部分，因为在时间轴上，一切都是变化的或不稳定的。确定性与不确定性理论的不同之处的重要方面之一就在于对"时间之矢"的看法上。

爱因斯坦常说:"时间是一种错觉"。的确,物理学基本定律所描述的时间,从经典力学到相对论和量子力学,均未包含过去与未来之间的任何区别。即使对于许多现代物理学家而言,他们也认为不存在什么时间之矢。但是地质学、生物学、宇宙学,甚至化学都存在时间维,至于社会经济学就更不用说了。而经典力学定律隐含着过去与未来之间时间的等价性,因此时间不是客观世界的基本维。

玻尔兹曼曾试图仿效达尔文在生物学中的研究,系统地描述了物理学中的演化现象,但当时大多数物理学家都认为任何赋予时间之矢的尝试均会危及经典理论,因而受到抵制。牛顿力学、爱因斯坦相对论和海森伯的量子力学,都被看做终极完善的理论,都没有涉及时间维,当时人们把玻尔兹曼的物理过程中的时间维,即物理过程的演化这个客观事实,仅仅看作为是一种现象或不完善观测的结果。但最近人们发现光速也是变化的,在宇宙初期的光速与今天的光速是不一样的。

在近几十年间,一门新学科(非平衡过程物理学)诞生了。这门新学科提出了"自组织"和"耗散结构"的新概念,并已广泛应用于化学、生物学、生态学、社会学和宇宙学等领域。

非平衡过程物理学描述了单向时间效应,并为"不可逆性"这个术语给出了新的含义。不可逆性理论导致了涡旋形成、化学震荡和激光许多现象。这些现象都说明了时间之矢至关重要。不可逆性还导致了"相干"现象。现象没有这种起因于不可逆非平衡过程的相干,很难想象地球上会出现生命和很多物理现象。不具备时间之矢的平衡态物质,是"盲目的";只有具备了时间之矢,它才开始"看见"。

Max Born 的名言是"不可逆性是无知介入物理学基本定律的后果,即随时的变化是不确定性与物理基本定律综合的结果"。

普里高津指出,时间维的第二个重要影响是"不稳定系统"的物理学表述。经典科学强调有序和稳定性。而现代科学则有了新的发现,即在所有的科学层次上都看到了扰动、不稳定性、多种选择,有限的可预测性和混沌概念,产生了巨大的影响,从经典物理学,尤其是量子力学,到现代物理学都存在着不稳定和混沌现象,发现"只要给定了适当的初始条件,就可以用确定性来预言未来和追溯过去"的确定性概念是不符合实际情况的,而是要遵循现实世界的概率过程和远离僵化的"决定论力学"。他认为:我们生活在一个可靠的概率世界中,生命和物质在这个世界里沿时间方向不断演化。

麦克斯韦(1956)提出"一种新型知识,会克服决定论(Determinism)的偏见"。普里高津实现了他的原理,并指出,正是通过与时间之矢相联系的不可逆过程,自然界才能达到其优美和复杂之至的结构,生命只有在非平衡的宇宙中才可能出现。他在《从存在到演化》一书中,在非平衡物理学和非平衡化学取得的成果的基础上,得出了以下的结论:

(1)与时间之矢相关的可逆过程在自然界中起着基本的建设作用。

(2)与时间之矢相关的不可逆过程是非常真实的过程。

普里高津指出:尽管量子力学已把统计概念包括于物理学核心中,但它的基本对象波函数却满足确定性的时间可逆方程。现在要更多地引入概率和时间的不可逆性概念,要超越传统量子力学论定律相联系的确定性，强调概率的基本作用，强调概率是物理学基本规律表达方式。

前因后果的因果关系是确定性科学的经典理论之一，因果关系论认为只要给定了适当的"初始条件"，就不可能是稳定的，它随时间而变化。稳定是相对的、暂时的、局部的，不稳定则是绝对的、永远的、全局性的。未来不再由现在所确定，过去也不能用现在进行推测，过去与未来之间的对称性打破了，时间的可逆性受到了质疑。普里高津指出：科学不再等同于确定性，概率不再等同于无知。

经典力学和加速关系定律是一个典型的确定性的和时间可逆的经典的物理学定律，它一旦知道了初始条件，就可以推算出所有的后继状态，也可以推算出先前的状态，因为经典定律在时间 $t \to t$ 反演下具有不变性。经典力学在 20 世纪已被量子力学和相对论所取代，然而经典力学的基本特征（确定性和时间对称性）却保留了下来。它们也都认为：一旦初始条件给定，一切都是确定的了。例如，无摩擦摆的运动，未来和过去起着相同的作用。传统的物理学定律描述了一个理想化的，稳定不变的世界，但实际上的客观世界是随时间而不断变化的，绝不能把时间之矢仅仅与无序增加相联系了。

在经典力学中初始条件由位置 g 和速度 v 或动量 p 确定。一旦这些量已知，就可以确定运动的轨迹。可以在动标和动量所形成的空间用点（qopo）表示动力学状态，这就是相空间，可以用数值模拟表达或预测。但是给定的初始条件，不能在空间始终保持不变，速度也可以受空间条件的变化而变化，即它们都可能随时间而变化。

时间之矢，或时间是客观世界的基本维。过去与未来时间是对称的，又是不对称的。普里高津认为：在客观世界中既包括了时间的可逆过程，又包括了时间的不可逆过程，是对称的，但实际上，不可逆过程是常规的，是普遍的，而可逆过程是特殊的，例外的和局部现象，所以它们又是不对称的。

可逆过程和不可逆过程之间的差异，是通过与所谓热力学第二定律相联系的熵的概念引入的，按照热力学第二定律，不可逆过程产生熵，相反，可逆过程使熵保持不变。

普里高津认为客观上存在两个相互矛盾的自然观，即按动力学定律为基础的时间可逆观点和以熵为基础的时间不可逆的演化观点。按动力学定律为基础的时间可逆观点，只要给定了适当的初始条件，就可以用确定性来预言未来和追溯过去。按熵的观点或时间不可逆（时间之矢）的观点，则根据现在状况不可能预测未来，也不可能追溯过去。不存在因果关系，只能用概率来表达，事物处在不断地变化之中。

普里高津以热力学第二定律为基础，创立了"耗散结构理论"。热力学是一门专门研究随时间方向而变化的科学，如地球，太阳辐射，放射性衰变，天气变化等是一个时间不可逆的物理过程，都表明了时间之矢不仅存在，而且至关重要，一切事物在时间轴上发生变化，这种变化还具有不确定性特征。普里高津指出，时间维的第二个重要影响是"不稳定系统"的物理学表述。经典科学强调有序和稳定性。而现代科学则有了新的发现即在所有的科学层次上都看到了涨落、不稳定性、多种选择，有限的可预测性和混沌概念，产生了巨大的影响。从经典物理，尤其是量子力学，到现代物理学都存在不稳定和混沌现象，发现了"只要给定了适当的初始条件，就可以用确定性来预言未来和追溯过去"的确定性概念是不符合实际情况的，而是要遵循现实世界的概率过程和远离僵化的"决定论力学"。他认为：我们生活在一个可确定的概率世界中，生命和物质在这个世界里沿时间方向不断演化。爱因斯坦说："时间是一种错觉"，但事实上，"确定性本身才是错觉"。

第二节　确定性与不确定性的统合理论

一、确定性和不确定性统合理论

C. P. Snow 在 19 世纪的"两种文化"之间留下的双重遗产：牛顿定律描述了一个时间可逆的自然定律；与熵相关的另一种演化描述。即以动力学定律为基础的时间可逆观点和以熵为基础的时间不可逆演化观点。这两种矛盾的观点，经历了 100 年的对立，至今依然存在。

Steven Weinberg 指出，人们虽然喜欢采用一种统一的自然观，但实际生活遇到一个十分棘手的二元论，即稳定的、可预测的现象是客观存在的，同时不稳定性和扰动变化现象也比比皆是。对于量子力学来说，薛定谔方程以一种完美的确定性方法模拟了任何系统的波函数如何随时间的变化，又可以采用一种原则规定如何用波函数推算各种可能结局的概率。对于经典力学与相对论，可以用来描述稳定的物理系统现象。

确定性理论已经存在了一百多年，如经典力学、物种进化论等，早已为大家所熟悉。海森伯的不确定性原理一出现，引起了科学界的轰动和遭到了激烈的争议，首先爱因斯坦起来反对，他认为"不确定性理论只是一种无知的表现。所有量子力学所提出的不确定性只能表示量子理论还不完善"。因为不确定性原理对爱因斯坦的广义相对理论等提出了质疑，因此他在 1935 年提出了一项自信能证明自己观点的论据。他设想有一个分子由 A、B 两个粒子构成，然后分子裂变，把 A 和 B 分别射向相反的方向，根据量子力学理论，任何对 A 的确切位置的测量，都将令人们难以知道它的准确程度。但爱因斯坦认为有一个办法可以做到：利用牛顿的作用力与反作用力定律，A 和 B 一定会以相同速率向相反方向运动，因此可以得到 A 的准确速度，它和 B 的速率相同。

量子力学的另一创始人，诺贝尔奖获得者丹麦物理学家尼尔斯·波尔对爱因斯坦的上述理论进行反驳说：不确定性既影响 A 也影响到 B，即在测量 A 的同时观测行为立即会对 B 造成影响，会使测量结果完全不符合牛顿定律。它认为这种作用会瞬时发生，即使 A. B 两个粒子间隔离很远也不例外。他的上述理论打破了爱因斯坦的"传播速度不可能超过光速"的法则。它还认为，这对 A. B 粒子从来没有真正分开过。一旦同时形成，它们的性质就永远缠结在一起。爱因斯坦则称波尔的理论为"诡异"的推理。但最后他退却了。

物理学家量子论创始人（普朗克）指出，他曾试图使物理学基本理论适应量子力学理论的努力彻底失败了。这就好比是把地基从建筑物下面抽走，这个建筑物无疑就成了空中楼阁，可见量子力学与传统物理学的矛盾是很深的。

霍金在重新研读了 Gödel 的著作之后于 2004 年 2 月发表了《Gödel 与物理学的终极》的论文。他指出，Gödel "不完善定理"很明显表明"万有理论"是不可实现的。

他认为，只要有无法证明的数学结论，就有无法预知的物理问题。我们和我们的模型都只是所要描述的宇宙的一个部分，一个物理学的理论或者自相矛盾，或者无法实现。正如 Gödel 定律所指出的那样。他承认，总有一些事物是无法去解释的。Gödel 已经证明万有理论在原则上或者永远无法完成，或者永远自相矛盾。Gödel 已经证明，终极万有理论是不可能的；而且也不可能有任何一种运算法则证明万有理论的成立。

2002 年 8 月 17～19 日在北京召开的"国际弦理论大会"上，霍金作了关于 Gödel 与 M-理论报告，朱重远指出，这与他的《Gödel 与物理学的终极》一文的观点是一致的。根据逻辑学家、数学家 Gödel 的定理，万有理论是不可能实现的。朱重远认为："物理科学从基础上讲是离不开实验的，在有限的时间和空间范围内，所知道的一些东西不可能代替全部。"

二、量子力学与广义相对论的统和理论

20 世纪物理学有两大基础：量子力学与广义相对论。

量子力学可以用来描述微世界的现象，如从分子、原子以下到最小的基本粒子的性质和行为。基本粒子可近似为没有大小的点粒子。微小粒子间的相互作用有电磁作用、弱作用或强作用，这三种交互作用可以解释自然界中重力以外的所有现象。

相对论是以重力为基础，它可以用来描述"时空"的性质问题。依据狭义相对论，时间与空间并不相互独立，二者应该结合成为不能分割的"时空"统一体。按广义相对论的观点，时空是动态的，会受到物质的影响而变动，如发生弯曲，即物质决定了时空的曲率。爱因斯坦方程式就在指明物质分布和时空曲率之间的关系。大致是质量密度大的地方，曲率也就大。一旦知道时空曲率，位处时空中的物质，其运动轨迹也就可以计算出来。以地球绕太阳来说，太阳的质量决定它附近时空的曲率，地球运行轨迹受此曲率的影响成为近乎椭圆形。曲率如果不大，爱因斯坦理论与牛顿重力论的结果大致相同。两者若有差异，观测数据都支持广义相对论。当曲率很大时，牛顿重力理论就完全不适用。广义相对论认为时空曲率的振动会造成重力波的出现。而牛顿力学没有提到这一点。

量子力学与广义相对论分别描述了客观世界不同的侧面。量子力学所反映的是微观粒子规律，它的质量小，可以忽略重力/曲率效应。而广义相对论所反映的是宏观世界的规律，它的质量大，重力/曲率效应也大，可以忽略量子效应。因此量子力学与广义相对论都是对的，它们各自反映了部分客观世界的规律性，都是局部真理。但是，过去认为量子力学与广义相对论又存在着深刻的矛盾之处，主要表现在：广义相对论违反了量子力学中的"测不准原理"和"不确定性原理"，而广义相对论则主张确定性和测得准，两者完全相反，要做到两者相互包容是不可能的，普朗克坦率地承认，他用了多年时间想要使传统物理学的理论适应量子力学理论的努力，结果是彻底失败了。后来的科学家想要把量子力学与广义相对论结合起来，开展了"量子重力理论"的试验研究，至今没有取得任何进展。因为没有又小又重的粒子供试验。

既然量子力学是反映微小粒子的规律，可以不计重力/曲率效应；而广义相对论是

反映较大物体的，甚至是星体运行规律，可以不计量子效应，微小粒子和宇宙星体都是客观世界的组成部分，量子力学和广义相对论各自反映微小粒子和宇宙星体的规律，就没有必要将它们统一和相互包容。客观世界本来就是微观和宏观相互对立的统一体，反映它们规律的量子力学与广义相对论也是对立统一的理论。统一就是并存。即客观世界本来就具有相互矛盾、相互对立的规律，因此就有相互矛盾、相互对立的理论，即不确定性与确定性并存、测不准与测得准并存就是客观世界固有的特征。所以量子力学与广义相对论具有对立统一特征。

爱因斯坦的广义相对论在强交互作用与弱交互作用的统和模型（grand unified model）方面作出了巨大的贡献。

爱因斯坦是一位伟大的"统和理论"追求者，他把晚年的时间全部用在"统一场理论"的构思中，企图把量子力学和它的引力理论（广义相对论）统一起来。他的目的是为了确定宇宙是否是必然的，或是"上帝在创造宇宙时是否有选择的余地"，或"上帝是否也在掷骰子"。但是他没有成功。于是建立"统一场理论"被搁浅了，到了20世纪70年代"大统一理论"在新的研究成果下激活了起来，重新提上日程。

霍金从1974年开始试图把量子力学和万有引力定律结合起来，认为黑洞一定要向外喷射能量，这就是所谓"霍金辐射"，但这种辐射会消耗能量，黑洞会逐渐蒸发，并最终在一次大爆炸性的喷发后消失，信息也会随之消失。但这与量子物理学的基本法则相矛盾。根据量子物理学的基本法则，信息是永远不会完全消失的。2004年7月，Hawking改变他的上述看法，面对600多名物理学家说，他现在相信，黑洞并没有摧毁被其吞没的所有物质。相反经过一段时间后，描绘宇宙中各种粒子基本特征的"信息"能够从黑洞中逃逸出来。黑洞的表面存在波动，这些波动导致了信息的逃逸。30年前他一直坚持认为，被黑洞吞没的所有物质被远远与外部宇宙隔离了。信息也就会随之消失。

霍金企图建立"自然的、完全的统一理论"，即将微观的量子力学与宏观的宇宙统和起来叫"量子宇宙学"。量子宇宙学认为在非常小的尺度上，量子不确定性不仅使物质和能量，而且使空间和时间在不同状态之间起伏。这些时刻"扰动"会产生把一个时空区域与另一个非常遥远的时空区域联系起来。但是对于宇宙来说，这似乎不大可能。因此他宣布了"Theory of Everything"的失败。

霍金（天体物理学家）认为，至今没有一个可以统一量子力学和广义相对论的完全一致的理论，因此量子力学认为"真空"是不能完全空的，如果考察非常小范围的真空，位置相当精确地已知，那么，海森伯的不确定性理论认为，速度或动量必然就是不确定性的。

D. Ruelle在2002年也指出，一些权威物理学家企图将量子力学与相对论统和成"完美力学"（true mechanics）理论的幻想，至今尚没有实现，而且也不可能实现。

普里高津曾企图用概率将经典物理学，包括牛顿力学爱因斯坦相对论和海森伯量子力学进行统和，但概率论是不确定性的，而经典物理学是确定性的，两者是完全对立的。他企图把不可逆性或时间流引入量子理论，然而，这将破坏了量子力学的原有的稳定性或确定性的基础。

Roger Penrose 等许多物理学家，曾试图把量子力学与广义相对论统和成一个无内在矛盾的"统合论"，都以失败而告终。

三、标准模型与大一统理论

罗伯特·马修斯（英国《焦点》月刊 2004 年 5 月号）介绍标准模型理论和"大统一理论"研究状况。这些理论是在过去 70 年里逐渐形成的，对构成宇宙和粒子进行统一描述的理论。"标准模型理论"是以爱因斯坦的理论为基础建立起来的。物理学家保罗·迪拉克将狭义相对论和量子理论的法则整合到一起，创立了量子电动力学。这一理论预言存在与普通物质的性质完全相反的"反物质"，但后来科学家发现这理论存在着很多不完备性。到 20 世纪 50 年代，人们已经发现了数十种亚原子粒子，它们各自迥异的性质，推翻了长期存在的"自然在本质上是统一的"观点。1964 年默里·格尔曼提出了一种真正的基本粒子——"夸克"，各种粒子截然不同的性质只是夸克组合方式不同的反映。1968 年，科学家证明了质子和中子内部存在与夸克的性质毫无不同的性质，又重新燃起了建立"统一理论"的希望，史蒂文·温伯格等人提出了统一的电弱力理论，并预言有重交换粒子 W 和 Z 的存在（10 亿质子和反质子相撞后产生的残余物，具有极不稳定，瞬间衰变的其他粒子），这种理论把强核力也涵盖在内，与正在形成的以夸克为基础的粒子统一理论直接联系起来。到了 1998 年人们对"标准模型理论"和"大统一理论"的希望破灭了。因为：

（1）科学家经测量发现，中微子是有质量的，尽管其质量差不多只有电子的 1％，但仍然令标准模型理论难以解释。

（2）原来认为标准模型理论能精确预测 μ 介子的某种磁性值，而现在证明标准模型的预测值与实际测量值有偏差，尽管偏差很小。

（3）标准模型是建立在大量假设基础上的。

（4）标准模型没有涵盖"引力"。

（5）没有发现希格斯粒子的存在，而它对解释粒子质量问题是至关重要的。

《科技日报》在 2004 年 6 月 14 日报道，来自 10 个国家的科学家组成的研究小组通过实验证实，基本粒子中微子具有质量的概率为 99.99％。中微子是一种非常小的基本粒子，广泛存在于宇宙中，共有电子微子、μ 中微子和 γ 中微子三种形态，其中只有前两者能被观测到。未能捕获到的中微子在穿过大气和地球时发生了振荡现象，即从一种形态转换为另一种，变为检测不到的 γ 中微子。粒子之间的相互转化只有其在具有静止质量的情况下才能发生。这说明，中微子具有静止质量。试验显示，中微子有质量存在的概率为 99.99％，这个发现对揭开宇宙的物质和反物质之谜具有重要意义。

2004 年诺贝尔物理学奖授予了三位美国物理学家戴维·格罗斯、戴维·波利策、佛兰克·维尔切克，因为他们 1973 年公布了发现导致量子色动力学理论（QCD）。该理论对标准模型理论是一个重要贡献。标准模型理论描述与电磁力（在带电粒子之间其作用），弱力（对太阳的能量生成有重要作用）和强力（在夸克之间其作用）有关的所有物理现象。该理论有助于形成一个把重力也包括在内的统一理论，即一个适用于一切理论的理论方面又迈进了一步。

NASA 科学家们根据发现宇宙中存在着一种比光还要快的神秘的质点，以及爱因斯坦与 Heisonbery 理论的"统一场证论"的基础，在 2005 年创立了"时空场共振理论"，其要旨是：借助电磁、重力、光速和时空共同演变的可伸缩性，即不确定性理论及瞬间跨越恒星际空间理论。科学家认为，当太空船经过重力场时，把引力场的拉力转换成为推力的可能性，那时太空船在该时间内，跨越以光速飞行。只有在超过光速的条件下，时光倒流才成为可能。

Edward Witten 提出"Super-string"（超弦）是物理学的一种理论假设：是指一种极小的，纯属臆测的弦状粒子的名字。根据超弦理论，这些弦在 10 维超空间中扭曲，产生了宇宙中的一切物质和能量，甚至产生了时间和空间。很多科学家指出，它可能成为寻觅已久的"统一理论"，也有人称它为"Theory of Everything"。

"Theory of Everything"被人译为"终极"或"万有"理论或"弦论"。其原意是指自然界中四种基本相互作用：强相互作用，弱相互作用，电磁相互作用和引力相互作用的大统一问题。

John Horgan（1997）指出，自古以来，人们无数次地试图寻求一种适于预测和解释包括自然和社会现象在内的多种现象的数学理论，不幸的是，所有这些努力最后都以失败告终。Norbert Wiener（MIT）是控制论的创始人，出版了名著《控制论-动物与机器的控制与通讯》（1948 年），他宣称完全能建立一个单一的、包罗万象的理论，不但可以解释机器的各种运行机制，而且还能解释小至单细胞生物，大到国民经济系统的各种复杂行为。他认为这些实体的行为和过程，从本质上看，都是以信息作为基础的。它们的运行机制无非是各种正负反馈及用以分辨信号和噪声的滤波机制。

John Archibald Wheeler 是一位著名的量子学家、天文学家、信息学家和生物学家，他力图找到信息学与物理学之间的统一理论，并提出了"万物源于 bit"观点，认为一切都和信息有关。

"统和论"者把注意力放在事物的"共性特征"上，而"多样论"者则把注意力放在事物的"个性特征"上。物理学家总希望以一个基本原理、公式将许多物理现象"统和"起来，希望用相对论来解释一切。但实际是做不到的，物理中的量子状态就不符合相对论的原理。生命学家则侧重研究生命过程的多样性，但最终发现了在多样性现象的同时，也存在着广泛的一致性的地方。因此，共性与个性是组成同一个事物的两个方面，任何事物都是对立统一的共同体。

John Wheeler 在《时间的边界》（Frontier of Time）文中指出，多样性与一致性并存，共同组成了丰富、多彩的、协调的世界。如果没有多样性，世界就不会如此丰富多彩；如果丧失了一致性，世界就不再协调和谐。一致性就是统--论或确定性理论，多样性就是不确定性理论。

四、生物学与物理学的统合理论

达尔文的进化论则是统和论与多样论的结合论者，达尔文把整个有机界用他的演化理论来涵盖（统和论）。但无论有机界是如何多样的，多样性是生命的本质，而达尔文的伟大就是找出了"统和论"与"多样性"在有机界的共同点或联通点，将统和论与多样论很好地结合了起来，做到了独立统一的典型，后来约99%的生物学家在研究生命的多样性的复杂行为模式下，发现了多样性的生命过程，广泛存在着内在的一致性的地方，这就是统和论（一致性）与多样论（性）之间的联通点。

Stuart Kauffman 在《生物的起源：进化中的自组织与选择》（1993）指出，当一个由简单的化学物质构成的系统达到一定的复杂程度时，就会发生类似于液态的水结冰时发生的相变。分子开始自发地合，创造出复杂的催化能力不断增加的大分子，导致生命的产生，更可能是这种自组织或自催化的过程，而不是某个具有自复制和进化能力的分子的侥幸生成。这种由相互作用的基因物质及复杂的排列顺序所产生的自发突变，不是随机发生的，是由"反混沌"（antichaos）引起的基因生序原则所形成的，这种由于自组织引起的基因生序原则，远大于自然选择的作用。

Richard Dawkins（牛津大学）指出，人们应该把基因看作一小段一小段的软件，其目标只有一个：拷贝出自己更多的副本来；不管是石竹花，还是猎豹，所有的生物都只不过是这些"自我复制程序"创造出来的精巧的产品，以帮助它们"扩大再生产"。他还认为：自然选择是宇宙的普适规律；生命在哪里出现，自然选择就在哪里发挥作用。他还认为达尔文、Watson 和 Crick 等的进化论和遗传基因等理论是可以"统和"的。

Watson 和 Crick 从 DAN 结构研究中证明了一切生物都是相互联系的，都有共同的来源，使自然选择可能成为遗传现象的统和基础，即连续性和变异性相统一的原因，同时分子生物学也宣布，所有的生物现象均可用物理语言来描述。但 Niels Bohr 并不完全同意，很多生物现象不可能用物理原理描述，生物现象还有它自己的规律。但也同意生物和物理之间确存在内在相通之处。Bohr 还指出，就像物理学家在理解电子的行为时只能满足于不确定性原理一样，生命学家们在探索生命的奥秘时，也必须容忍某种不确定性的存在，即允许生物体在某些方面保持一定的自由度，这样才能形成生物的多样性。

造成物种进化的理论如"物竞天择"与"随机扰动"、"基因漂移"的对立统一理论，达尔文的"物竞天择、优胜劣汰"的生物进化理论，早已为大家所熟悉。而木村（Motoo Kimura）提出了中性演化理论，认为在整个生命的历史中，物种进化主要是"随机的扰动"的结果，而不是由于达尔文的物竞天择说，却并未被很多人所了解。

普里高津大力地推广"物理学与生物学"综合理论。他以热力学第二定律，耗散结构理论的"时间不对称"或"时间不可逆性"等为依据，提出了"演化物理学"与"生物的进化论"相融合。他提出了把热力学、动力学和概率论结合起来的方法。他指出：把熵和概率的关系和内在的随机系统的概率与动力学结合起来，并向不可逆系统过渡，才有可能。他指出，不可逆性和它的熵增大现象都不可能是动力学的一般结果。它不可能从动力学中推导出来，只能被动力学繁殖出来。为此，他主张不以熵还原为动力，而是通过非么正变换理论，把热力学不可逆性引进力学，使力学的结构发生变化。这才可把热力学、动力学、统计力学结合起来，使得热力学给出了全新熵的概念，不再强调它的无序性，而成为有序的源泉。动力学不再强调轨道观念，代之以可以容纳随机性和不可逆性的相空间。概率统计也变为偶然性被镶嵌到决定论的框架中。正是这三者相干整合的结果，才产生了"整体大于部分之和"的认识，并阐明了自组织的机理。

普里高津的确定性混沌是对立统一的很好的例子。在经典力学中初始条件由位置 q 和速度 v（或动量 p）确定，一旦这些量已知，就可以用牛顿定律来确定轨道。在坐标和动量所形成的空间中用点（qopo）表示动力学状态。除了单个系统外，也可以考虑一簇系统，即"系综"，或多个系统。Gibbs 在《统计力学基本原理》书中写到：可以设想有许多性质相同，但给定的时间和速度不同，就会产生热力学定律表达的大量粒子系统的近似的、可能的行为，而且也不能进行重复试验。Gibbs 通过系统方法把群体动力学引入了物理学。这种只能获得近似的，可能的行为规律、就是确定性混沌的基本思想。当得不到精确的初始条件时，系综方法是一个方便的方法，可以从个体轨道出发，推出概率函数的演化，反之亦然。概率对于轨道的叠加，单个轨道层次与统计层次（对应于系统）是等价的。自然界既包括时间可逆过程，又包括时间不可逆过程，但公平地说，不可逆过程是经常的，而可逆过程是例外。他还指出必须将"概率"这个新理念进入物理学的定律和法则中，这完全是可能的。时间的可逆与不可逆在现实世界中是并存的，而且也是普遍的。将不稳定动力学系统扩展经典力学和量子力学要素是完全可能的，即将用轨道的个体描述与系综统计描述相结合是可能的。他认为，可以把经典物理学，包括牛顿力学、爱因斯坦相对论、海森伯的量子力学与非平衡过程物理学（自组织理论，耗散结构理论）和不稳定系统物理学（混沌理论）相结合，即确定性理论与不确定性理论相统和起来。但是上述设想在实践过程中遭到了困难，如尽管量子力学已把统计概念包括于其核心中，但量子力学的基本对象波函数却满足确定性的时间可逆议程。要引入概率和不可逆性存在一定的难度。

普里高津认为：经典力学与量子力学之间虽然存在着根本性的差异，但都存在用轨道（经典力学）或波函数（量子力学）的分别描述，也都可以用概率的统计方法描述。因此在经典力学中获得的结果，也将适用于量子力学。两者在概率的统计描述方面得到统和。但这个观点并没有得到大多数物理学家的认可。

第三节　"对立并存"观点

一、"对立并存"的基本概念

"对立统一"是"自然辩证法"的核心内容，是客观世界的基本法则。辩证法认为：任何事物都有它的相对立的或矛盾的一面存在，对立的双方是相互依存的，都以双方的存在而存在，并且相互对立，或矛盾的双方是可以相互转化的，是可以相互调换位置的。而"对立并存"的观点则认为：客观世界的任何一个事物，都有与自己的性质，特征完全不相同的，或矛盾的对立面存在，这是客观的事实。但是相互矛盾或对立的双方，不一定是相互依存的，不一定是以对方的存在作为自己存在的条件，可以彼此不相关，也可以是相关的；矛盾的，或对立双方既可以相互转化，也可以不能相互转化。因此，矛盾的或对立的双方既可以是统一的，也可以是不统一的，只能是并立的。关于对立统一是客观世界的特征的例子在辩证法与矛盾论中已讨论很多，并早已为大家熟悉。现在提不能"对立统一"，只能"对立并存"的主要理由：

首先，物理学中的热力学第一定律是"能量守恒"定律。但它的第二定律则是"能量不守恒"的定律，是"热绝理论"，两者都是公认的客观规律。热力学的第一定律、第二定律是相互矛盾的，相互对立的，只能是并存的，因为两者都符合客观规律，都是客观世界的固有特征，所以只能是"对立并存"。

其次是经典力学与量子力学之间是矛盾的，是对立的，但都是科学真理，都是客观世界的固有特征之一。很多学者，包括权威学者在内，企图将它们统合起来，建立统合模型，但始终未能实现。曾经有人提出过"弦论"来将"确定性"与"不确定性"理论进行统一，但也没有得到认可，所以有的对立理论只能并存，而不能统一。因而"对立并存"也是客观世界的固有特征。

另外，就"对立统一"法则的本身来说，既然承认所有事物都存在与自己相矛盾的，或对立的另一方存在，那么"对立统一"法则的本身，也应该有它的对立面，即"对立不能统一"的法则存在。而且"对立统一"与"对立不能统一"的法则是相互依存的，都要以对方的存在作为自己存在的先决条件，所以"对立统一"法则应承认"对立不能统一"法则的存在，以及它是客观世界的基本法则。"对立不能统一"的基本法则，改称为"对立并存"法则更科学些。

1. "对立统一"法则与"对立并存"观点

1) "对立统一"法则

"对立统一"法则是辩证法的基本法则，也是矛盾论的依据。对立统一法则是指世界上的一切事物是对立的或矛盾的统一体，具有以下特征：

（1）对立的，或矛盾的双方，既存在相互排斥的一面，又存在相互依存的一面。例如，好与坏是相互对立，矛盾或排斥的。是好的就不可能坏，是好或坏只可能选其中之一，但好与坏对立的双方，又是相互依存的，都以对方的存在而存在。好与坏这一对矛盾或对立面，都以对方的存在而存在，如果没有好也就不存在坏，反之亦然。如果没有坏，也就无所谓好。

（2）对立的或矛盾的双方，既有绝对的一面，又有相对的一面。例如，好与坏，美与丑，正确与错误等，都没有绝对，只有相对。即只有程度上的差别。既没有绝对好，也没有绝对的坏。可能只存在程度上的差别，有的以好的为主，有的只以坏的为主，定量的界线没有绝对的标准，只有相对的标准。但于正与负，阴和阳一般都是绝对的，要么是正，要么是负，一般毫不含糊，但可能有少数情况下是相对的。

（3）对立的或矛盾的双方相互转化特征。例如，好与坏的对立或矛盾不是永久维持原状的，而是可以相互转化的，好在一定条件下可以转化成坏，坏也可以转化成为好，主要是随条件的变化而变化。

"对立统一"法则与"统合理论"或"统一场理论"是十分相似的。因为该理论强调对立的双方是相互依存的，可以相互转化的，而且也是相对的，与统合理论，或统一场理论相一致的，至少也是相似的。

　　2）"对立并存"的观点

　　"对立并存"的观点则认为：

　　（1）矛盾的双方相互对立，但不一定相互依存，多数情况下是依存与不依存都存在，即既有并存，又有依存。

　　（2）矛盾双方的对立性，既是相对的，又是绝对的。相对与绝对并存是客观世界固有的特征。

　　"自然辩证法"和"矛盾论"对"对立统一法则"作了详细的论述，并认为是最普遍的法则之一。它所讨论的事实大部分是正确的，是客观世界的固有特征之一，但是对于某些客观现象和过程有一些深层次的问题，却缺乏了解和研究不够，如"经典力学"、"相对论"的确定性理论与"量子力学"、"混沌理论"等的不确定性理论之间的争论，并不符合对立统一法则。

　　根据对立统一的法则，凡是对立的或矛盾的双方，如对与错，左与右，上与下，正与负等都具有以下三大特征：

　　①对立双方，密切相关，相互依存，以对方的存在而存在。

　　②对立双方，在一定条件下是可以互相转化的。

　　③对立双方，共同构成客观世界，既矛盾而又协调。

　　确定性与不确定性，笼统来说是符合对立统一法则的。但具体落实到对立的双方，经典力学与量子力学来说，它们既不是相互依存，又不以对方的存在而存在，由于它们没有共同的物理的和数学的基础，所以不能相互转化，也不相互包容，只能并存，它们各自为客观世界的固有，独立存在的特征。

　　爱因斯坦、霍金等，都承认确定性理论和不确定性理论都符合客观实际，都是客观世界的固有特征之一，但企图将两者"统一"起来，建立"统合理论"、"统一场理论"等的努力先后都失败了。"确定性"与"不确定性"理论不符合"对立统一法则"。确定性与不确定性都属于客观世界的固有特征之一，彼此既不能相互替代，也不能相互统合，而只能相互并存，都各自独立地表达了客观世界的一个方面，因此，客观世界除了存在"对立统一法则"外，还存在"对立并存法则"。这也符合客观世界多样性这个固有的特征。

　　"对立统一"与"对立并存"都是客观世界的固有特征之一，是两者并存的，或兼有的，所以是对称的；在某些情况下以"对立统一"为主，在另一些情况下，则以"对立并存"为主，所以又是不对称的，这就是规律。

　　根据"对立统一"法则，应该有自己的对立面，即与自己相矛盾的"对立不统一"的法则存在。"对立不统一"，既不能统一，就只能并存，采用"对立并存"替代"对立不统一"法则，所以称为"对立并存"方法。

　　（3）矛盾对立的双方，既可以相互转化，又不能相互转化。凡是相对性的对立双方是可以相互转化的，而绝对对立的双方是不能相互转化的。

　　"对立并存"与"对立统一"的不同之处在于对立统一的双方，既是矛盾的又是相互依存的，相对的和可相互转化的。而对立并存的双方，既有相互依存的一面，又有不相互依存的一面；既有相对性的一面，又有绝对性的一面；既有相互转化的一面，又有不能相互转化的一面。对立统一法则研究的矛盾双方之间存在内在联系，所以可以统合或具有统一场基础，而对立并存的矛盾双方可以有联系，也可以没有联系，或联系并不紧密。

3）"确定性与不确定性"的矛盾双方只能是"并存"，而不可能是"统一"

"确定性"与"不确定性"的区别之一就是对初始条件的敏感性的反应上。凡是对初始条件能够精确测量和全面掌握的为确定性，凡是对初始条件既不能精确测定，又不能全面掌握的为不确定性。两者黑白分明，不存在相互依存，也不能相互转化，所以确定性与不确定性相互对立的双方，只能并存，不能"统一"或"统合"，它们之间不存在"统一场"作为"统一"或"统合"的基础。

"确定性"过程一般属于稳定系统，不受环境变化的影响，而"不稳定性"过程，则属于不稳定系统，它受环境变化影响很大，它随环境的变化而变化。所以两者的差别是绝对的，是不能相互转化的，所以只能是并存，而不可能"统一"或"统合"。它们之间不存在统一场问题。

经典力学与量子力学不可能"对立统一"两者只能"对立并存"。热力学的第一定律（能量守恒）与第二定律（能量不守恒）不可能对立统一，只可能对立并存。

2. 稳定与不稳定，平衡与非平衡系统的基本特征

1）稳定系统与不稳定系统的基本特征

稳定系统是指当初始条件发生微小变化，只能产生相应的小影响的系统。

不稳定系统是指当初始条件发生微小变化时，即小小的扰动就会随时被放大产生了巨大的影响，即使初始条件决定的轨道多么接近，都会随时间推移呈指数地越来越分道扬镳，差异越来越大，这就是叫"对初始条件的敏感性"。

稳定系统具有稳定和有序特征，可以根据初始条件就能预测未来，推测过去。

不稳定系统则具有在所有层次上的扰动（涨落）、不稳定性、多种选择和有限的可预测性。

稳定系统的时间是可逆的，时间是对称的，不存在时间流，或不存在时间之矢。过去和现在是等价的，过去和未来是不能划分的，时间是一种错觉。根据现在就可以知道过去和未来。

不稳定系统的时间是不可逆的，时间是对称的，存在时间流或时间之矢。过去和现在是不等价的，现在、未来和过去具有明显的区别，在时间轴上一切都在变化。

稳定系统包括经典力学和相对论，普里高津称它为稳定物理学。

不稳定系统包括混沌论、协同论和突变论等在内，普里高津称之为不稳定系统物理学。

无论是稳定系统还是不稳定系统都具确定性和不确定性并存和不对称特征。稳定系统以确定性为主，而不稳定系统以不确定性为主。所以无论是稳定系统还是不稳定系统，都具有概率特征。概率的本身也具有确定性与不确定性并存和不对称，即以不确定性为主。

2) 平衡过程与不平衡过程系统的基本特征

平衡过程是始终保持有序状态，包括时间有序结构有序和功能有序。

非平衡过程是指在运行过程中从有序逐步变为无序，出现相变，同时还可能出现新的有序状态。

平衡过程是保持原来的面貌，过去、未来和现在是一致的，不存在时间之矢，即时间流不起作用，即不随时间而变化是始终一致的。

非平衡过程是不断变化的过程，演化的过程，过去、未来和现在是不一样的，时间是不可逆的，不对称的，不断出现新的事物。

平衡过程多数发生在孤立的系统或封闭的系统中。

非平衡系统多数是指开放系统或远离平衡的系统。

平衡系统主要包括经典力学，相对论。

非平衡系，统主要包括：热力学第二定律，耗散结构和自组织理论。热力学第二定律重点研究从有序到非有序过程，而耗散结构与自组织理论主要是研究从无序到新的有序过程。普里高津称为非平衡过程物理学。

平衡过程与非平衡过程系统都具有确定性和不确定性并存和不对称特征。对于平衡过程系统来说，以确定性为主，而对于非平衡过程来说，以不确定性为主，所以都是不对称的，都可以用概率来表达。概率的本身又是确定性与不确定性并存又不对称，即以不确定性为主。

二、"对立并存"的主要内容

"对立并存"的完整概念为：对立并存与不对称。"对立统一"的内涵应该是非常广泛的，但主要包括以下方面：

第一，系统过程的"确定性、不确定性并存与不对称"，或"守恒、不守恒并存与不对称"和"对称、不对称并存"现象。

第二，对立是指系统的组成要素之间存在性质、特征和状态上的不同，或对立，或矛盾，是指两个相互矛盾的现象或过程，"对立"就是矛盾，就是相反。

第三，"并存"是指两相互矛盾和对立的现象或过程的各自独立存在。也并不存在相互依存的关系，并不一定要以对方的存在作为存在的条件，更不可能相互转化，对立的双方之间，并不存在数学与物理上的内在联系，而是同时存在一个系统之中，可以存在一定的相互影响。

第四，"不对称"是指同一系统中对立各方所占的"比例"或"比重"。例如，确定性和不确定性并存的系统中，它们各自所占的比重大小。"对立"指所占比重一致或相同不对称是指比重不同，如确定性成分所占比重大，如90%。而不确定性占的比重为10%，该系统为确定性系统，反之亦然。所以概率是衡量不对称程度的定量指标。一般来说，对称的现象较少，不对称现象占多数，客观世界大多是不对称的。但对称现象是存在的。所以对称与不对称都是客观世界固有的特征。

1. "对立并存"的主要内容

（1）对系统过程的"初始条件的敏感性"，存在不同的情况，有敏感的，有不敏感的，还有间于两者之间的。对初始条件的敏感与不敏感是对立的。科学方法要能满足各种不同的状况。

（2）对系统过程的初始条件有能测得准的，有测不准的，还有处于两者之间状态的。情况很复杂，能测得准与测不准是对立的，科学方法要能满足各种状况，所以采用对立并存的方法。

（3）在系统过程测不准的条件下，有时能产生"蝴蝶效应"，有时或有些状况下，则不能产生蝴蝶效应。能与不能是对立的。科学方法要准备两手，既要有产生蝴蝶效应的准备，同时也要有不产生蝴蝶效应的准备。

（4）对系统过程的预测性，即存在可预测的，又存在不可预测的，还有处于中间状态的。可预测与不可预测是相互对立的，科学方法具有"对立并存"的措施，才能达到很好的效果。

（5）对待系统过程的效果，有好、有坏、还有中间状态的，好与坏是对立的，科学应对方法要有"对立并存"的观点，作两种准备。

（6）面对"矛盾"或"对立的"双方，不要轻易下"是"与"非"、"正确与错误"的结论，因为双方都是正确的，都符合客观的规律。"瞎子摸象"的各方都是有正确的一面，都掌握局部真理，各方强调并坚信的是自己局部的真理。

2. 具体包括的内容

1）不守恒、不对称与不确定性之间的关系

不守恒、不对称与不确定性都是属于客观世界特征的一个方面。它们之间存在着密切的关系。例如，对称与守恒之间的关系是一个问题的两个方面，对称性是指在某种操作的守恒性、对称性，与守恒定律是密切相关的：与空间对称相应的有"空间守恒定律"，与时间对称性有关的有"参数守恒定律"，与运转守恒性有关的有"角动量守恒定律"，与空间反射（镜像）操作守恒有关的有"宇称守恒定律"等（赵凯华，2001）。对称与守恒的关系还可以从空间、时间、数属和数量的多与少、强与弱、高与低和大与小等的不确定性来说，而且是很少可以预测的。因此，不守恒、不对称与不确定性三者之间存在着十分密切的关系。

2）守恒与不守恒并存与不对称

在很多科学领域内，"守恒"是被普遍承认的科学概念，如物质守恒（不灭）、能量守恒（不灭）、空间守恒、参数守恒、角动量守恒及宇称守恒等一切物理学的基本定律，是不能完全被推翻的。它们确实也是客观世界固有的特征之一。但杨振宁和李政道发现"宇称不守恒"现象不仅得到了实验室的证实，而且也得到了公认。李政道指出，物理学的三大领域从理论上说是对称的，而从实验结果和实践应用来看，大多数是不守恒的，而且往往开始是守恒的，而越到后来越不守恒。可见，与守恒一样，不守恒也是客观世界的固有特征之一，而且守恒与不守恒是相互对立和相互矛盾的，既不能相互替

代，也不能相互包容，而只能是相互并存的。

守恒与不守恒不仅是并存的，还是不对称的。守恒主要是多与少、强与弱、高与低、大与小等数量上不守恒，可能是变化的。由于客观世界的复杂性，不守恒或变化的尺度也是不同的，可预测性也是不一样的，因此又是不对称的。

3）对称与不对称并存

对称是一个在很多领域中被广泛引用的科学概念，是客观世界的固有特征之一。近来又证明不对称也是客观存在的，也是客观世界的一个特征。李政道说，物理学的三大领域从理论上看是对称的，但实验结果和实践证明又是不对称。可见对称与不对称现象都是客观存在的，都是客观世界的固有特征之一，而且它们是相互矛盾、相互对立的，既不能相互替代，也不能相互包容，而只能相互并存。这就是客观世界复杂性的特征之一。

守恒与不守恒并存，对称与不对称并存，与本书讨论的核心——确定性与不确定性并存都是客观世界固有的特征，是普遍存在的客观规律。所谓"不守恒、不对称和不确定性"的"三不理论"，实际上是守恒与不守恒，对称与不对称和确定性与不确定性并存的理论。如果只强调不守恒、不对称与不确定性理论的话，可能会被误解为全面否定了守恒性、对称性和确定性的存在。事实上不但没有否定传统的守恒、对称与确定性的存在，而且把它们与不守恒、不对称与不确定性一样重视，不仅如此，还认为在某些情况下，可能以守恒、对称和确定性为主，也可能以不守恒，不对称和不确定性为主，视具体情况而定，这就是客观世界的复杂性。

4）"确定性、不确定性与不对称观点"中的不对称涵义

"观点"中的不对称主要指物理参量的不对称，如多与少、强与弱、高与低和大与小的不对称性。例如，正离子和负离子并存是对称的，但以负离子为主，因为两者相差0.01%，所以又是不对称的（李政道语）。

确定性与不确定性理论并存与不对称观点或多种理论并存与不对称观点的特色包括以下六个方面。

（1）多样性是客观世界的固有特征。

（2）多样性的客观世界应有多样性的理论来描述。

（3）每一种理论对应于每一类型的特殊对象；确定性理论只适用于稳定和平衡系统，而不确定性理论适用于不稳定和不平衡系统。

（4）每一种理论只能描述某一特殊类型的对象，且都有一定的适用范围和不完备性。相对论适用于宏观世界，量子力学适用于微观世界。相对论认为光速是一个常数，是直线运行的，在一般情况下是对的，但从整个宇宙范围来说，它又是不完备的。水在0℃以下具有固体的特征，在1~99℃条件下有流体特征，在100℃以上则具有气体特征。如果加上压力调节，情况就更复杂了。

（5）确定性与不确定性都是相对的。所谓确定性是指以确定性成分为主，不确定性成分为次，反之亦然。因此，对任何一个事件来说，确定性与不确定性是并存的，但又是不对称的。

（6）客观世界的复杂性与认知过程的复杂性的综合是形成不确定性的根本原因。没

有复杂性，就不可能有不确定性。

Hawking（2002）也指出，"不太可能建立一个单一的，能协调和完善地描述整个宇宙的理论"，而是需要用多个不同的理论去描述宇宙，这样才是可行的。

5）确定性与不确定性并存与不对称观点概要

从以经典力学和相对论为代表的确定性理论到以量子力学、热力学第二定律、混沌理论、耗散结构与分形理论等为代表的不确定性理论，这是对客观世界认识的逐步深化的过程，但这些都是阶段性的认识，都分别反映了客观世界的不同方面，既不能相互替代，又不能相互包容，因此就产生了"确定性与不确定性并存与不对称观点"。

（1）确定性与不确定性并存是客观世界的固有特征。经典力学与相对论一向被认为是"终极理论"或"绝对真理"，能描述客观世界的一个方面，仍然是物理学的基础内容；而量子力学、热力学第二定律、混沌理论、耗散结构和分形理论是描述客观世界的另一个方面，是现代物理学的核心内容。它们都是客观世界的固有特征。

（2）确定性、不确定性理论既不能相互替代，也不能相互包容，而只能并存。经典力学只能用来描述一般力学问题；量子力学只能用来描述微观力学问题（如原子力学）；相对论在描述高能物理或宏观宇宙时非常有效；热力学第二定律用于热力问题时才有效；混沌理论，耗散结构理论和分形理论等值适用于不稳定和不平衡系统。它们各自反映了客观世界的一个方面，都有自己描述的对象，彼此既不能替代，又不能相互包容，只能相互并存。

（3）确定性与不确定的统和理论困难重重。爱因斯坦等试图将经典力学和量子力学进行统和，霍金也在这方面进行过努力，但都未成功，只有普里高津等运用概率理论将有关学科进行了统合。统计物理、统计化学和统计生物等已很普遍，但它们不能替代物理学、化学和生物学，只能作为其中的一个组成部分。根据生物学的进化论原理，普里高津提出了演化物理学（1997）。总之，确定性与不确定性的统合理论难度大，彼此又不能替代其他理论，因此很多方面没有成功。

（4）确定性与不确定性并存而又不对称。经典力学和相对论只能描述宏观世界的某些东西，而且可能表现出误差。因为确定性与不确定性并存，所以是对称的。但因为以确定性为主，所以又是不对称的。量子力学也只能描述微观世界的某些方面，而且它既有"测不准原理"和运用概率的不确定性的一面，又有波函数与时间可逆，或对称性的确定性的一面，确定性与不确定性并存。但从总体上说，因为量子力学是以"测不准原理"与"概率特征为主，即以不确定性为主"，所以又是不对称的。混沌理论主要是以研究客观世界的无序性为主，但无序性也有其规律性和确定性混沌的方面，如概率特征，因此，对于混沌来说，无序与有序是并存的，但以无序为主，所以又是不对称的。耗散结构理论是研究客观世界"从有序到无序，又从无序到有序的过程"，所以是对称的。但因为以研究"从无序到有序过程"为主，所以又是不对称的。再以"概率理论"来说，"可信度"或"概率"是确定性的，但因为它随"样品"的数量而变化，所以又是不确定性的，而对于某一个具体事件来说，因为它更是不确定性的，所以概率理论是确定性与不确定性并存的，但因为其以不确定性为主，所以又是不对称的。事实上，所谓确定性与不确定性是相对的。所谓确定性，不过是指"以确定性成分为主，而以不确定性成分为辅而已"。因为它们各自所占的比例是不确定的，所以是不对称的。

混沌和分形概念的提出使确定论和随机论之间相同了。确定的系统中可以有随机的结果，随机的系统中也可以有确定性的规律，确定性系统可以有确定性的结果，也可以有不确定性的结果，但都具有不对称特征。

在物理、化学、生物、地球、天文和环境科学中，既有确定性的，又有不确定性的，两者是并存的，所以是对称的。但因为有的以确定性为主，不确定性为次，或者相反，所以又是不对称的。

在物理学中，既有确定性的经典力学与相对论，又有不确定性的量子力学、混沌论与第二热力学。在化学中，既有确定性的门德尔元素周期表和各种化学定律，又有不确定性的化学振荡和耗散结构理论。在生物学中，既有确定性的"龙生龙，凤生凤"和"种瓜得瓜和种豆得豆"，又有不确定性的遗传基因的变异。在地球科学中，既有确定性

表 4.1 确定性、不确定性与并存不对称集成表

确定性理论	不确定性理论	统合理论	确定性、不确定性并存与不对称观点
1. 代表：经典力学、相对论。 2. 适用：稳定系统、平衡系统。 3. 主要论点： （1）物理守恒、能量守恒、对称性。 （2）当初始条件确定后，一切也都是确定的了。 （3）只要精确知道现在，就能预测未来和推测过去。 （4）时间是可逆的、对称的，不存在时间之矢，时间是一种误解	1. 代表：量子力学、热力学第二定律耗散结构理论、分形论、概率论和进化论。 2. 适用：不稳定系统、非平衡系统； 3. 主要论点： （1）初始条件只要有一点微小的变化就能造成最终结果的巨大变化，蝴蝶效应（混沌）。 （2）对于一个开放的、非平衡系统，具有不稳定，扰动，变化多种选择，很少能预测和推测（混沌）。 （3）测不准原理（量子力学）。 （4）海岸线长度测不准（分形理论）。 （5）从有序到无序（热力学第二定律）。 （6）从无序到有序（耗散结构）。 （7）时间是不可逆的、不对称的，存在时间之矢。 （8）概率是普适的特征	1. 代表：统合理论、大一统理论、"Theory of Everything"和"标准模型"。 2. 适用：稳定与不稳定系统，平衡与不平衡系统 3. 主要内容： （1）相对论与量子力学的统合。 （2）动力学与热力学的统合。 （3）物理学与生物学的统合。 （4）以概率论统合一切科学。 （5）确定性理论与不确定性理论的统合。 （6）但以上都没有成功，各种理论存在的基本矛盾，不能统合，也不能替代。虽然有了统计物理、统计化学和统计生物学，但仍然不能替代物理、化学和生物学的存在	1. 客观世界是多样性的，相应地也应存在多种理论与其相匹配。 2. 每一种理论只能描述某一特殊领域的现象和过程，它们都有特定的适用范围，同时也都有不完备性的一面。 3. "对立统一"应该是"对立并存法则"，是普遍法则，稳定与不稳定、平衡与不平衡系统并存是客观世界应有的特征（局部与整体，短期与长期）。 4. 确定性与不确定性并存，而且不能相互替代，这是客观世界的固有特征。 5. 确定性与不确定性是相对的。所谓确定性指确定性成分占多数，不确定性成分占少数，反之是不对称性。 6. 确定性理论不能用来描述不稳定、不平衡系统，统合理论也没有成功，因此，只有多种理论并存与不对称才是唯一的出路。 7. 可预测与不可预测并存与不对称，是客观世界的固有特征

的地球运转规律、气候变化的节律、动植物分布及变化规律，又有不确定性的地震、天气和水文，尤其是龙卷风、厄尔尼诺等过程的可预测性低。在任何自然科学中，都具有确定性和不确定性并存的特征，只不过有的以研究确定性规律为主，有的则以不确定性规律为主。因此，可以认为科学就是研究确定性与不确定性并存和不对称规律的。为了更清楚地表明确定性、不确定性并存不对称的关系，见表 4.1。

第四节 "对立并存"观点的科学论证

一、关于"对称"与"不对称"并存的观点

对称性（Symmetry）是在科学领域内所广泛使用的基本概念。它与守恒、确定性等科学概念之间存在着密切的关系，它是客观世界的固有特征之一。在科学领域内，一向认为客观世界是对称的，例如，物理学中的正离子与负离子、阳极和阴极等都是对称的。在化学中有化合与分解，在生物学中有新陈代谢，在数学中也有加和减、乘和除、微分和积分等，它们都是对称的。但是近 50 年来，科学家发现，除了对称性之外，还存在着大量不对称现象，而且不对称现象，不仅普遍存在，而且在客观世界中，起着十分重要的作用。

李政道在《物理学的挑战》一文中指出，宇宙有三种作用力：强作用、电弱作用和引力场。这三种作用的基础都是建立在对称理论上的，可是实验不断发现对称不守恒。尤其在 20 世纪 50 年代发现了宇称不守恒以后，理论上越来越对称，但实验结果则越来越不对称，显然理论上出了问题。他又说，我们是相信对称的，但在实践中却充满了不对称，其原因是：完全的对称会产生最多的不对称；初始的高对称性必然会导致最后结果的最大的不对称性。宇宙大爆炸的初期是对称的，而后来越来越不对称，现在的一切都是不对称的结果。

（一）关于"对称性"的基本概念

"对称性"的科学内涵非常广泛，主要有以下两点：

（1）对称性是指在某种操作下的不变性，对称与守恒定律密切相关（赵凯华，2001）。例如，①与空间不变性相应的有"动量守恒定律"；②与时间平移不变的相应的是"参数守恒定律"；③与移动不变性相应的是"角动量守恒定律"；④与空间反射（镜像）操作不变性相应的是"宇称守恒定律"。

（2）对称性四大基本类型（李政道）；例如，①空间的对称性，如左右、上下、整体与局部的对称性；②时间的对称性，如时间的可逆性、参量的守恒性；③属性的守恒性，如正和负、阴和阳、对和错等的对称性；④综合的对称性，如多与少、强与弱、高与低、大和小等对称性。

对称性指因果关系的匹配性、一致性，例如，因与果的一致关系，有什么样的原因，就有什么样的结果。反之亦然。等价的原因必然产生等价的结果（Pierre Curie）。

对称性往往是指秩序（Order）、优美（Beauty）和完善（Perfect）等，或均衡性等。

对称性还意味着规则性和自组织机制，例如，对称性不断遭破坏，又不停地自动恢复的机制。

（二）系统过程的对称与不对称并存

1. 上帝是个左撇子？

当"宇称不守恒"在20世纪50年代被提出时，大多数人对"完美和谐"的宇称守恒定律受到挑战不以为然。在吴健雄实验之前，当时著名的理论物理学权威泡利教授甚至说："我不相信上帝是一个软弱的左撇子，我已经准备好一笔大赌注，我敢打赌实验将获得对称的结论。"然而，严谨的实验证明，泡利教授的这一次赌输了。

近代微生物学之父巴斯德曾经说："生命向我们显示的乃是宇宙不对称的功能。宇宙是不对称的，生命受不对称作用支配。"自然界或许真的不是那么对称和完美，大自然除了偏爱物质，嫌弃反物质之外，它对左右也有偏好。

自然界的20种氨基酸中，有19种都存在两种构型，即左旋型和右旋型。在非生物反应产生氨基酸的实验中，左旋和右旋两种类型出现的概率是均等的，但在生命体中，19种氨基酸惊人一致地全部呈现左旋型，除了极少数低级病毒含有右旋型氨基酸。无疑，生命对左旋型有着强烈的偏爱。

也有人提出，生命起源时，氨基酸呈左旋型其实是随机的，它不过是顺应了地球围绕太阳转的磁场方向。但大多数科学家却认为，左旋型和右旋型的不对称意味着这两种能量存在着高低。通常认为，左旋型能量较低，也较稳定，稳定则容易形成生命。

更令人费解的是，虽然构成生命体的蛋白质氨基酸分子都是左旋型的，但组成核酸的核糖和脱氧核糖分子却都是右旋型的，尽管天然的糖中左旋和右旋的概率几乎相同。看来，上帝对左右真的是有所偏爱，如果事事处处都要达到绝对的平衡对称，"万物之灵"的生命就不会产生了。

2. 不对称才有大千世界

不管是故意也好，疏忽也罢，上帝或许真的并不是一个绝对对称的完美主义者。从某种意义上来说，正是不对称创造了世界。

道理其实很简单。虽然对称性反映了不同物质形态在运动中的共性，但是，只有对称性被破坏才能使它们显示出各自的特性。这正如建筑一样，只有对称而没有不对称的破坏，建筑物看上去虽然很规则，但同时却一定会显得非常单调和呆板。只有基本上对称但又不完全对称才能构成美的建筑。

大自然正是这样的建筑师。当大自然构造像DNA这样的大分子时，总是遵循复制的原则，将分子按照对称的螺旋结构连接在一起，构成螺旋形结构的空间排列也是基本相同的。但是在复制过程中，对精确对称性的细微的偏离就会在大分子单位的排列次序上产生新的可能性。因此，对称性被破坏是事物不断发展进化，变得丰富多彩的原因。

正如著名的德国哲学家莱布尼茨所说，世界上没有两片完全相同的树叶。仔细观察树叶中脉（即树叶中间的主脉）的细微结构，你会发现，就连同一片叶子两边叶脉的数量和分布，以及叶缘缺刻或锯齿的数目和分布也都是不同的。绝大多数人的面部发育都不对称，66％的人左耳稍大于右耳，56％的人左眼睛大，59％的人右半侧脸较大；人的躯干、四肢也不完全对称，左肩往往较高，75％的人右侧上肢较左侧长。

可以说，生物界里的不对称是绝对的，而对称是相对的。实验研究证明，这是由细胞内原生质的不对称性所引起的。从生物体内蛋白质等物质分子结构可以清楚地看到，它们一般呈不对称的结构形式。科学研究还发现，不对称原生质的新陈代谢活动能力，比起左右对称的化学物至少要快三倍。由此可见，不对称性对生命的进化有着重要的意义。自然界的发展，正是一个对称性不断减少的过程。

其实，不仅在自然界，即使在崇尚完美的人类文明中，绝对的对称也并不讨好。一幅看来近似左右对称的山水画，能给人以美的享受。但是一幅完全左右对称的山水画，呆板而缺少生气，与充满活力的自然景观毫无共同之处，根本无美可言。有时，对对称性或者平衡性的某种破坏，哪怕是微小破坏，也会带来不可思议的美妙结果。从这种意义上来说，或许完美并不意味着绝对的对称，恰恰是对称的打破带来了完美。

3. 不对称的宇宙

你照着镜子，与镜子里的影像形成了一种对称关系。对称，不仅是在镜子里出现，在我们身边的大自然里也随处可见。蜂巢是由一个个正六边形对称排列组合而成的建筑物，每个正六边形大小统一，上下左右距离相等，这种结构最紧密有序，也最节省材料；蝴蝶左右翅膀的结构是对称的，就连翅膀上的图案与颜色也是对称的，因此它能够成为自然界最美丽的昆虫；所有的海螺都拥有奇妙的左右旋对称；人本身也是对称的，而且不止左右结构对称，双眼、双耳和左右脑的形状也是对称的，设想一个人少一只眼，或嘴歪在一边，那一定被认为不是很美的。

人类自古以来就对对称美推崇备至，对称的概念几乎已经渗透到所有的学科领域。在建筑学中，建筑家们在规划、设计和建造形形色色的建筑时，总是离不开对称，那些流传千古的著名建筑物也大多是极具对称美的，比如中国的故宫、天坛、颐和园的长廊，埃及的大金字塔，罗马的角斗场等。在几何学中，有圆、椭圆、正方形、矩形、梯形、三角形、圆锥和圆柱等各种对称。代数中，有一元二次方程两个根的对称、方程的对称函数，甚至还有专门关于对称性的数学理论——群论。

在晶体学中，对称性表现得尤为突出。其实，自然界中百分之百完全对称的东西极少，但晶体是个例外，无论从宏观还是微观来看，晶体都是严格对称的。晶体中的原子数目很大，而且有严格的空间排列，如果任意画出一部分原子排列图，无论对此图进行平移、旋转还是左右互换，所得的图像与原图像都无法区分，也就是说，大部分晶体都具有平移对称、旋转对称和镜像对称的性质。比如，雪花具有六重旋转对称，就是说，雪花晶体在沿一根固定的轴旋转60°、120°、180°、240°、300°或360°后，其原子的空间排布都与原来的排布完全相同。

4. 物理学中的对称

实际上，在物理学中，对称的概念绝对不只是"左右相同"，它比我们通常所理解的含义要广泛得多，几乎适用于一切自然现象——从宇宙的产生到每个微观的亚核反应过程。

把两个东西对换一下，就好像没动过一样，这就是对称。把左边的东西和右边的东西互换一下而没有任何变化，这叫做镜像对称，意思就是像照镜子一样，镜子里和镜子外的事物是一样的。人体和动物形体大多是镜像对称的，中国的故宫、天坛等建筑也是镜像对称的。

在空间里，沿着任何方向平移一单元，平移后的图像与原图无法区分（完全重合），这种操作可继续下去，这就是平移对称。规整的网格就具有平移对称性，在自然界中，蜂巢、竹节或串珠都具有平移对称性。

把一个质地均匀的球绕球心旋转任意角度，它的形状、大小、质量、密度分布等所有的性质都保持不变，这就是旋转对称。一朵有 5 片相同花瓣的花（比如梅花和紫荆花）绕垂直花面的轴旋转 $2\pi/5$ 或 $2\pi/5$ 的整数倍角度，旋转前后完全是一样的，没有什么变化，我们就说它具有 $2\pi/5$ 旋转对称性。反过来说，如果一个球的边缘上有一个点或有些残缺，这个点或残缺就能区分旋转前后的情况，它就不具有旋转对称性了，或者说它的旋转对称性是残缺的。

以上说的都是物体的外在形体的对称。物理学中还有一类更重要的对称——物理规律的对称。就拿牛顿定律来说，无论怎么转动物体，物体的运动都遵从牛顿定律，因此，牛顿定律具有旋转对称性；镜子里和镜子外物体的运动都遵从牛顿定律，牛顿定律又具有镜像对称性；物体在空间中任意移动后，牛顿定律仍然有效，牛顿定律也具有空间平移对称性；在不同的时间，昨天、今天或明天，物体的运动也都遵从牛顿定律，牛顿定律还具有时间平移对称性……其他已知的物理定律也都有类似的情况。

物理学家们一向对对称性有着特殊的兴趣。对称性常常使我们可以不必精确地求解就可以获得一些知识，使问题得以简化。例如，一个无阻力的单摆摆动起来，其左右是对称的，因此，不必求解就可以知道，向左边摆动的高度与向右边摆边的高度一定是相等的，从正中间摆动到左边最高点的时间一定等于摆动到右边最高点的时间，左右两边相应位置处单摆的速度和加速度也一定是相同的……

5. 对称与守恒的关系

物理定律的这些对称性其实也意味着物理定律在各种变换条件下的不变性。由物理定律的不变性，我们可以得到一种不变的物理量，叫守恒量，或叫不变量。例如，空间旋转最重要的参量是角动量，如果一个物体是空间旋转对称的，它的角动量必定是守恒的，因此，空间旋转对称对应于角动量守恒定律。再如，如果把瀑布水流功率全部变成电能，在任何时候，同样的水流的发电功率都是一样的，这个能量不会随时间的改变而改变，因此，时间平移对称对应于能量守恒。还有，空间平移对称对应于动量守恒，电荷共轭对称对应于电量守恒，如此等等。

　　物理定律的守恒性具有极其重要的意义，有了这些守恒定律，自然界的变化就呈现出一种简单、和谐、对称的关系，也就变得易于理解了。因此，在科学研究中，科学家对守恒定律有一种特殊的热情和敏感，一旦某个守恒定律被公认以后，人们是极不情愿把它推翻的。

　　因此，当我们明白了各种对称性与物理量守恒定律的对应关系后，也就明白了对称性原理的重要意义，我们无法设想一个没有对称性的世界，物理定律也变动不定，那该是一个多么混乱，而令人手足无措的世界！

　　物理定律对称性与物理量守恒定律的对应关系是一位德国女数学家艾米·诺特在1918年首先发现的，因此被称为"诺特定理"。自那以后，物理学家们已经形成了这样一种思维定式：只要发现了一种新的对称性，就要去寻找相应的守恒定律；反之，只要发现了一条守恒定律，也总要把相应的对称性找出来。

　　诺特定理将物理学中"对称"的重要性推到了前所未有的高度。不过，物理学家们似乎还不满足，1926年，又有人提出了宇称守恒定律，把对称和守恒定律的关系进一步推广到微观世界。

二、"确定性"与"不确定性"并存的观点

（一）综　　述

　　（1）确定性与不确定性并存是客观世界的基本特征，是完全符合"对立并存法则"的。它的内涵是：①确定性与不确定性两者是既对立又相互依存的，双方都以对方的存在而存在，没有确定性，也就没有不确定性，没有不确定性，也就无所谓确定性；②确定性与不确定性是相对的，所谓确定性是指在一个运动系统中，确定成分，或规律性成分占多数，而不确定成分占少数，所谓不确定是指在一个运动系统中，不确定性成分，或无序成分占多数，而确定性，或有序成分占少数，因此是相对的，不是绝对的，它们之间是相同的；③确定性与不确定性在一定的条件下是可以相互转换的。

　　（2）确定性与不确定性，或有序与无序并存和不对称特征也是客观世界的固有特征。它的内涵包括：①确定性与不确定性是并存的，而且也是对称的；②两者又是不对称的，在一个运动系统中，从局部、短时间来看是对称的、确定性的、线性的，但从整体和长时期来看，又是不对称的、不确定性的和非线性的；③对于一个运动系统来说，平衡与不平衡是对称的，但以不平衡为主，不平衡是主要的、绝对的，而平衡是次要的、相对的，确定性与不确定性是不对称的，不确定性是主要的；④"时间将改变一切"，在时间轴上，一切都是不确定性的、可变的，即使公认为常数的光速、重力等，都是可变，物质和能量也都是可变的，在一定的时间范围内，光速、重力系数都是常数，确定性的，但超出时间范围，它就是不确定性的了；⑤在一个运动系统中，如果初始条件不变，它将按确定性的轨迹运行，但一旦受到外来的、哪怕是微子的干扰，运动轨迹就会发生重大的改变（蝴蝶效应）；⑥确定性是有条件的，不确定性则是无条件的，但在复杂的客观世界中，环境的变化是绝对的，不变化是相对的，因此确定性与不确定

性又是不对称的；⑦概率的普遍性是客观世界固有的特征之一，概率具有确定性与不确定性并存和对称的特征，概率为90%时是接近确定性的，但它又存在一个变幅，如相关系数 $r=0.9$，可信度或置信度为0.9，又是不确定性的，而且概率的大小值还随样品数的多少而变化，因此更是不确定性的。概率的不确定性程度大于确定性程度；⑧不确定性或概率不等于不可知论，不确定性是可知与不可知并存的，对某个具体对象或过程来说，它可能是可知的也可能是不可知的，而对宏观和微观世界来说，不可知的多于可知的方面，虽然人的认识能力是无限的，但比不上客观世界的无限程度；⑨通过了解或掌握客观世界普遍存在的概率特征，即确定性与不确定性并存的规律，尤其是确定性概率，可以实现"自然控制"目标，一般只有有规律的好像才能进行"控制"，无规律的、不确定性的好像是无法实现"控制"的；但确定性概率部分具有规律性或确定性的一面，是可以用于"控制"的；⑩终极理论是不存在的，所有的理论都是阶段性的认识，确定性与不确定性并存，或可知与不可知、已知与未知并存也是阶段性的认识。

（二）关于确定性、不确定性并存的争论

以世界上两个科学的顶尖人物——相对论的创始人爱因斯坦和量子力学的创始人海森伯为代表的两个学派的争论，也是最具有权威的争论。对立的双方都各自强调了自己在客观世界所观察到的一个真实的方面，可能两者都对，可能各有各的道理，客观世界本来就是确定性与不确定性并存的，这符合对立并存的法则。

科学中的确定性理论已经存在了100多年，牛顿力学与爱因斯坦相对论等都是公认的确定性科学，但也都是有条件的确定性科学。它们在一定范围内是正确的，超出或离开规定的范围就可能是正确的，也可能是不正确的。有条件的确定性科学实际上就是不确定性的。不确定性理论的出现还不到80年，虽然已有很多证据证明它是普遍存在的现象，但也不能否定确定性的存在。在客观世界中，确实有许许多多的事情都是确定性，并不是不可知的。一般来说，凡是在宏观或微观现象中，不确定性的成分多于确定性的，在中观现象中，确定性可能多于不确定性；从时间上看，在长时期的现象中不确定性可能多于确定性，在短时期的现象中确定性可能多于不确定性。在客观世界中，有些现象从局部来看是确定性的、有序的，但从整体来看又是不确定性的和无序的。从短时间看，它是确定性的、有序的，但从长期来看又是不确定的、无序的，如气象与水文现象。

所有事情都具有概率特征，只有大概率和小概率的差别而已。凡是过去认为确定性的，实际仅仅是出现差错的概率较小，而不确定性的出现差错较大而已。凡是大数科学，如气象学、水文学等不确定性科学，差错的概率较大；凡是小数科学，如物理、化学等有条件的确定性科学，出现差错的概率较小；凡是出现差错的概率在0.01%以下的，可以认为是确定性的，0.01%以上就存在风险性，可以认为是不确定性的。但对风险的概率标准，不同对象是完全不同的。我们的任务就是确定不同对象的风险概率标准。

爱因斯坦曾说："宇宙的真理隐藏在数学之中。"但是他的好朋友，著名的数学家

Kurt Gödel 都证明，纯数学世界是无止境的，不能以任何一组的公理和推理定律导出所有的数学。任意提出一组公理，都能找出这些真理无法回答的数学问题。Gödel 的这个观点，对许多科学家，尤其是统合论者是一个大打击，彻底击碎了人们想要找出运用数学，包括公式能够解决一切问题的期望。Gödel 指出，即使在纯数学中，问题的可解性也是不确定性的。

爱因斯坦和他的好朋友 Gödel 的不同的观点，实际上是可以并存的。很多科学家认为：宇宙之大是无止境的，数学也永远走不到尽头。不论数学如何进步，也不论解决了多少问题，永远都还有更多的问题产生，也有更多的数学想法出现来解决问题。宇宙和数学都是无止境的。这就是对立的并存。

规律问题是人们传统的思想和方法，什么事情都希望知道它的规律性。对于那些确定性对象来说，确定性就是规律性；但对于不确定性对象来说，它是否有规律性？当然是有的，不然就成为"不可知论"了。但不确定性对象的规律有两个基本类型。

第一，统计规律。很多不确定性对象，如地震、水文、气象等，具有统计规律。根据多样的统计数据，它们出现的概率是确定性的，但是它们发生的确切"地点、时间和强度"，则可能是随机的，即不确定性的。天气预报的准确度一般为 70%，地震在目前或近期内就没有准确可言。

第二，混沌规律。一般来说，混沌就是无序，无序就是无规律，但现在提出了"确定性混沌"和"混沌的数学公式"，或"混沌的数学模型"，可见混沌也并非毫无规律可循。混沌的规律可以用模糊数学进行描述，并具有概率特征，但实际上也是不确定性的。

对宏观与微观世界来说，多数是不确定性的，而对中观世界来说，多数可能是属于有条件的确定性的，实际上也是不确定性的，都有概率特征。

人类社会已经进入了信息时代，通信技术，特别是网络技术给社会经济的发展起到了推动作用，同时也造成了一些危机，如计算机病毒，甚至造成联系中断经济瘫痪。病毒肆虐，推动了用户，特别是企业用户的防毒和杀毒需要，于是众多的中外杀毒软件公司出现，形成了庞大的"病毒经济"。好事带来了坏事，坏事又出生了好事。计算机病毒的出现和"黑客"攻击，固然是一件坏事，但它揭露了计算机的弱点所在。对抗黑客的攻击使计算机更加完善。

"沙尘暴"是件坏事，是公认的环境灾害，但它也有一点好处，主要是由于它才形成了黄土高原，它还给海洋中的藻类提供了矿物营养，而海洋中的微生物藻类是"地球之肺"，吸收 CO_2 的主体，是减少温室气体的"工具"。

普里高津在他的名著 *The End of Certainty: Time, Chaos, and the New laws of Nature* (1996) 中，对经典力学、量子力学和相对论进行了评述。他指出，它们的共同特点是没有时间，没有发展或变化的概念，认为过去和未来是没有区别的，不存在时间之矢，是可逆的。爱因斯坦曾说过，"时间是一种错觉"，并认为只要初始条件（速度和位置）确定了，就能预测未来和推算过去，就可以知道运动的轨迹和波函数，即一旦初始条件给定，一切都成为确定性的了。这就是确定性理论，并认为这是"终极理论"或"绝对真理"。但是很多科学家在大量实践中发现，量子力学主要适用于研究

"基本粒子"，相对论更适用于宏观宇宙研究，经典力学适用于稳定的运动系统的某些现象和过程，即便如此，相对论还不能很好地解释大爆炸和"黑洞"等问题，量子力学不能用来描述经典力学，反之亦然。因此，它们仅仅是"局限性的理论"，或"相对真理"。它们主要适用于有序和稳定的状况，而对于普遍存在的扰动、不稳定、不规则和不断变化等现象和过程，上述的经典理论是无法精确解决的。普里高津指出，客观世界存在很多随时间而变化的现象和过程，在化学、生物和地球科学中是很普遍的，因此时间之矢（时间不可逆）是客观存在的，一切都随时间而变化，所以"确定性才是错觉"。于是他认为"确定性应该终了"，应该用不稳定性理论替代确定性理论。

普里高津认为最近出现的非平衡过程物理学，包括耗散结构理论、热力的自组织理论等和不稳定系统物理学，包括混沌系统理论等，以及概率的普遍性理论等是不确定性理论的基础，可惜他没有提到系统论。

关于确定性与不确定性问题的争论，在哲学界中早已存在了 2000 多年，在学术界中，也已有约 100 年的历史。在确定性的范畴内，量子力学与经典力学，甚至和相对论之间也存在着矛盾或对立之处。爱因斯坦等著名的科学家曾经试图创建一个新的理论将经典力学与量子力学、宏观的相对论与微观的量子力学进行统一，当时称之为"统合理论"，但最后失败了。后来又有一些科学家，如霍金等，企图将确定性理论与不确定性理论进行统一，创建一个"大统一理论"，或"统合理论"，或"Theory of Everything"等，但最后也宣告失败。

实践证明，客观世界是非常复杂的，而且是丰富多彩的，人的认识过程也是复杂的，两者的耦合就造成了今天的确定性理论、不确定性理论、统合理论和大统一理论的出现及争论不休。实际上确定性与不确定性都存在，都是客观世界的一个方面，而且是相互矛盾、相互对立的方面，这就是事实，就是存在。硬要把相互矛盾、对立的统合起来是不可能的。确定性理论是传统的经典理论，它代表了客观世界的某一方面现象，尤其是温度系统的现象或过程。而不确定性理论是以系统论、混沌论、耗散结构和分形理论为基础，代表了客观世界的另一个方面，尤其是符合不稳定系统的状况。两者都是客观世界的一个方面，而且是相互矛盾、对立的方面，是客观存在的。这就是客观世界固有的特征。

事实上，那些主张"不确定性"的人，也并没有否定"确定性"的存在，只不过是指出除了确定性存在以外，还有一些现象和过程是不确定性的。"确定性"不能代表一切，包涵一切；主张不确定性的人，也并没有完全否定"确定性"的存在，而仅仅是论证了"不确定性"的存在和普遍性。

确定性与不确定性是客观存在的，是客观世界的两个方面，是客观世界固有的特征，是客观世界"对立并存"法则的体现。

不仅确定性理论具有不完备性，不确定性理论也有自己的不完备性。不论是经典力学、量子力学，还是相对论都存在它们的适用方面，也存在不适用方面，而且它们不能彼此相互描述。同样，混沌理论、耗散结构理论和分形理论，既有各自的适用一面，又有各自的不适用的一面，它们也不能替代经典力学、量子力学和相对论，它们自己也不可能相互替代。概率或统计理论虽然可以用于一切科学与工程技术领域，如统计物理、统计化学、统计生物、统计水文、统计气象、统计力学等，确实是一种科学手段，可以揭露科学特征的一方面，但绝不可能替代经典力学、量子力学、相对论或混沌论、耗散结构理论，它们各有各的用处，彼此替代是不可能的。

因此，确定性与不确定性并存是客观世界固有的特征，是符合对立并存法则的。同时，确定性与不确定性并存还具有不对称的特征，即稳定系统以确定性为主，而不稳定系统则以不确定性为主，所以是不对称的。另一层意义是在确定性与不确定性并存的条件下，以不确定为主，尤其是概率特征，具有普遍性意义。

若要用确定性理论来替代不确定性理论，或反之，用不确定性来替代确定性理论，都是不可能的，至少也是不完备的。例如，用概率理论不可能完全替代确定性理论，或者将对立的两个理论进行统合、统一，也是办不到的，多少次努力都失败了。因此唯有确定性与不确定性并存且不对称才是符合客观规律的，才是可行的。这理论的优点是：保留确定性理论与不确定性理论核心部分，去掉了不完备的部分，提出了对不同的对象分别对待的方法，这才是可行的。

普里高津由于在耗散结构理论方面的成就获得了 1997 年诺贝尔化学奖。Alvin Toffler 称第三次科学浪潮将是普里高津时代。20 世纪 90 年代初，他宣布创立了一个新的、能正确反映客观世界的、不可逆本质的物理学，称为"演化物理学"，或"不平衡过程物理学"，或"不稳定系统物理学"。

他指出，概率论可以消除长期以来困扰着量子力学的理论问题，并能调和量子力学与经典力学、非线性动力学以及热力学之间的矛盾，还将有助于在自然科学与社会科学之间鸿沟的弥合。现代科学用概率来描述客观世界可以解决传统科学很多难以解决的问题。但概率方法能解决一些问题，不能解决一切问题，也不是什么问题都不能解决。

普里高津认为热力学第二定律的熵增加并不意味着总是产生无序；在某些系统中，熵的变化会产生新的模式。"结构基于不可逆的时间流向，时间之矢在宇宙结构中是一个主要因子"。时间导致了进化，进化包括了达尔文的观点、生物的观点。新模式的产生将使物理学获得新的发展。新物理学将弥合总是把自然描述成确定性的结果与强调人性自由的社会科学之间的鸿沟。

同时普里高津还指出，绝不应该夸大这种统合理论的观点，不可能设想非平衡反应理论能解决政治、经济、医学、物理、化学等所有问题。但这一模型能引入统一因子、分边因素、时间维和进化模式，并可能在所有层次上发现它们的存在。从这种意义上来说，就是宇宙观的统一因素。

他还认为，用非线性和概率的观点去观察宇宙时，时空范围内不存在稳定的状态，没有平衡条件，因而宇宙既没有开始，也没有终结。混沌、不稳定、非线性变化是观察客观世界的基本观点，并指出用上述观点去观察世界，比经典力学、量子力学和相对论的精确的、确定性的观点更符合实际情况。

经典概率的奠基人 Abraham De Moiver 指出，概率既无法定义，也难以理解。概率具有确定性与不确定性并存的特征。确定性表现在掷的骰子具有一定的百分比，不确定性则表现在那一次是什么。

玻尔兹曼采用还原的方法把复杂事情简单化。例如，①指出熵的概率解释，从随机性引出的不可逆行，玻尔兹曼的著名公式 $S=K \cdot 10 \cdot g \cdot P$ 建立了熵与概率之间的关系，熵随着概率的增大而增大，但不能评释自组织现象；②寻找熵的力学解，从可逆性推出不可逆性，分布函数得出的动力学议程的非对称性与动力学的对称性是矛盾的，因此熵不能导出力学解释。

海森伯认为，量子力学具有两重性或二元论的特征。它既有确定性的一面，又有不确定性一面。它的确定性一面是波函数能满足时间可逆过程，是对称性的；不确定性的另一面是测不准原理和符合统计规律。因为概率是不可逆的，所以是不对称的。Stephon J. Gould 指出，细菌目前与寒武纪以来大致保持相同，其他物种在短时间尺度里却显著地发生了变化。他还指出，在进化过程中，大约在 2 亿年前，一部分动物从海洋爬上陆地，后来有一部分又回到了海洋，另一部分则飞向空中，向多个方向发生了变化。同时一部分猿进化为人，而另一些猿则不变仍为猿。进化与不进化并存，超越了"进化论"的传统观念。

客观世界具有多种扰动（发展）的特征，有些为扰动进化，有些为扰动退化。这些扰动是不稳定动力学系统微观层次上产生扰动的根本属性的宏观表现。

John Archibald Wheeler 指出："我们所面临物理学的最大危机就是物理学定律不适用于物质和能量无穷致密时所对应的点。"

Rene Thom 是一位确定论者。他认为：科学的任务是阐明客观现象和过程的规律，因此科学就是对它们进行确定性的表达，但可以不是 Laplace 的确定性理论，而是一种具有某些概率分布的确定性理论，即一种确定性与不确定性并存的理论。他承认了不确定性的客观存在。

D. Ruelle 认为：确定性与不确定性是并存的。确定性理论指出系统的初始状态决定一切，但系统在初始时刻的状态并非是精确的（除人工系统，如登月飞船外），而是随机的（Random）。因为自然系统的初始状态具有某种概率分布特征，所以它又是不确定性的。即确定性的系统初始状态具有不确定性的概率分布特征，是遵循对立统一法则的。因此系统在其他任何时刻的状态也将是随机的。它的随机性也将由新的概率分布来描述，而这个概率分布能够通过力学定律推演出来，这就是不确定性的确定性规律，也是对立统一的一种表达形式。实际上，自然系统的初始状态是不可能完全被精确获知的，多少有一点随机性，所以一切都是相对的。初始条件的一点微小的随机性，将会引发后来的更大、更多的随机性，或不确定性。因此随机性或不确定性是时时处处存在的，要千万小心。在确定性系统中，因为可能出现随机性，或不确定的结果，所以是对称的，但因为以确定性的结果为主，所以又是不对称的原因。同时，具有某些概率分布的确定性规律的存在也是有力的证明。

不确定性（Uncertainty）是一个很广泛的科学哲学概念。目前对它尚没有统一的认识或公认的定义。但是作者认为，它应涵盖以下内容。

除了前面已经讨论的以外，不确定性还指客观世界中存在的某一个对象或过程的属性和边界的模糊性、瞬息万变性，或动态性、特征的多解性，人们对客观世界认知的不完善性，认为定义的不明确、界定不清和运用工具的测不准，或存在着不可避免的，但尚未确知的误差等。凡是已知的误差是属于确定的，未知的误差的数据或数据集都具有不确定性。

　　不确定性还指客观世界中普遍存在着的对与错、好与坏、美与丑、可行与不可行、完善与不完善等"对立统一"、"矛与盾"并存且没法确定的现象。什么是对？对在于事物本身的主导面是对的，而它的次要面可能是错的。什么是错？错在于事物本身的主导面就是错的，虽然次要面也可能有对的方面。或者说，对者指对的成分所占比例较大，错的成分所占比例较小；错者指错的成分较大，对的成分较小。不存在绝对的对或绝对的错。对与错都是相对而言的。在未知它们所占的比例之前，都是不确定性的。但是数学中的"＋"与"－"，计算机科学中的"0"与"1"，或"yes"与"no"，则是好不含糊的。因为"0"就是"0"，"1"就是"1"，所以是确定性的。确定性与不确定性并存，是客观普遍的现象。

　　因此，不确定性还指客观世界一切事物都具有概率的特征。概率也称或然率、几率。不论在自然界或社会经济现象中，客观世界的复杂性和认知过程的复杂性，即使在相同的条件下，由于偶然因素的影响，也可能发生与预期不相同的事件，这类事件称为随机事件。就随机事件的每一个具体情况看，它是没有规律可循的，但从大量的统计数据来看，它又是有规律的。因此，它是确定性与不确定性并存的。另外，这种随机事件发生次数规律与实验次数的比，总在一个常数附近摆动，这个常数叫做随机事件发生的概率。因为概率的大小反映了随机事件发生的可能性的大小，所以实际上它也是不确定性。因为实际发生的次数是在概率值上下摆动，所以总体上是不确定性的。不论是牛顿力学，还是爱因斯坦相对论，过去虽然认为是属于确定性科学，但都有一定条件，在某一个特定条件下是正确的，离开了特定的条件就是不正确的了。在自然界或社会生活中，保持条件始终不变是不大可能的。即使在同样的条件下，经过很多次重复试验，也会出现概率问题，因此概率本身就有确定性与不确定性并存的特征。

　　线性与非线性并存。局部来说它是线性的，而对于整体来说，它又是非线性的，或主要是非线性的。对于某一时段或短期来说，它是线性的，而对于长期来说它又是非线性的，或主要是非线性的，变与不变并存。对于局部来说，它是不变的，而对于整体来说它又是变化的，或主要是变化的，等等。具有局部与整体的关系和时间的关系，从总体上来说，也具有对立统一的特征。

　　庄子指出，什么事情都具有相对性的特征。"有用"有"有用"的用途。"无用"在另一条件下它就成了有用的了。好与坏、对与错也是如此，都是相对的。凡事都有"一定的度"。达不到或超过了"度"的范围，它就成为错误的。

　　混沌理论和突变理论等新的科学理论也都涉及了不确定性问题。它们虽然也讨论了计算或预测方法，但都如同概率理论一样离不开不确定性这个基础。

　　科学的最大贡献是将复杂的事情简单化。深奥的相对论只需用三个符号就表达，美妙动听的音乐只用了7个音符。它在创造了奇迹的同时，也带来了不确定性。

　　不确定性的理论基础在于"对立统一"的哲学理念。对立统一是客观世界普遍存在的法则，对与错、可与否、好与坏并存，所占比例的大小随条件的变化而变化，这就是造成不确定性的基础。对与错、可与否、好与坏的本身是确定性。不确定性是指它们之间的区别，所占比例的不了解，或不完全了解所造成的不肯定的结果。

　　不确定性近期研究的重点是对称与不对称、守恒与不守恒、确定性与不确定性并存的对立统一现象。一般来说，对称、守恒和确定性是在一定条件下出现的，或一定时段的、一定空间的特征；而不守恒、不对称和不确定性是长时期的和大范围的特征。短时和长时、局部和整体是对立的统一体，共同组成一个复杂系统，而不确定性又是复杂系统的一个核心问题。

　　由不守恒、不对称与不确定性组成的"三不"理论在最近才引起广泛的重视。"对立统一"理论，包括矛盾论在内，已经存在 2000 多年。作者的意图是将"三不"理论与"对立统一"理论整合起来，提出"守恒与不守恒统一"、"对称与不对称相统一"和"确定性与不确定性相统一"的设想，而且主要以"确定性与不确定性相统一"为主。按照"对立统一"的观点，承认客观世界既有确定性的一面，又有不确定性的一面，两者并存是普遍的规律。例如，线性规律与非线性规律并存在一个复杂系统之中是普遍存在的现象，对于某一个局部来说是线性的，而对于整体来说是非线性的；对于短时间来说是线性的，对于长时间来说是非线性的，线性与非线性对立统一的现象是很普遍的。我们的主张应该改变要么确定性，要么不确定性，两者只能挑一，两者不能并存的僵化思想。应该承认对立统一是客观世界的基本特征之一。同时我们还应指出，确定性与不确定性的并存，或对立统一理论，也不是"终极理论"或"万有理论"，而只是认识长河中的阶段性的认识和阶段性的理论。

　　"不确定性"是指"不确定性与确定性并存，并难以区分，或尚未确切知道它们各自所占的地位的现象或过程的特征"。

　　有限与无限并存，一致性与多样性并存，变与不变并存，平衡与不平衡并存，线性与非线性并存，相似性与相差性并存，周期性与重复性并存，测得准与测不准并存等，均为客观世界复杂性的表征，科学认知的限度等均为认知过程的复杂性的表征。客观世界的复杂性与认知过程的复杂性的耦合，就形成了不确定性，即有了复杂性，才有不确定性。

（三）因果关系与确定性、不确定性并存

1. 因果关系综述

　　Kant 指出，科学与因果有关，而与机遇无涉，科学知识的必要条件是因果关系。

　　在确定性的系统中，不仅现在是可以知道的，而且可以根据现在预测未来，也可以推测过去。对于不确定系统来说，则存在着变化扰动、多种选择和很少可能预测未来和推测过去。即确定性系统是可知的，不确定性系统是不可知的。这是一般来说的，但是在确定性系统中，可以有确定性结果，也可以有不确定性结果，但以确定性为主。同样在不确定性的系统中，可以有不确定性的结果，在不确定性系统中可以有确定性的结果。这就是客观世界的复杂性。

　　客观世界的对象或过程存在着可知与不可知并存的现象，这也是固有的特征。所谓可知是指能够了解或掌握它的物质成分、物质结构、属性特征，以及发生、发展的基本规律。不可知是指目前条件尚不了解和无法了解它的上述情况，但不是将来也不可能，

甚至永远也不可能了解上述情况。由于客观世界是无限的，不论是宏观，还是微观世界都是无限的，虽然人的认识能力也是无限的，但是人类认知能力的无限程度远远赶不上客观世界的无限程度。客观世界的复杂性与人的认识过程的复杂性，两者耦合，决定了可知与不可知，确定性与不确定性。

可知、不可知与已知和未知之间既有区别，又密切相关。一般来说，凡是可知的，可能是已知的，也可能是未知的，由于客观条件的限制暂时尚未知道而已。凡是不可知的，不仅现在未知，将来也可能是未知的，也许永远是未知的。不可知的东西也许并不存在，但未知的东西却比比皆是。但不确定性是客观存在的，而且也是客观世界固有的特征。只要有不确定性存在，概率就是普遍存在的特征，不可知也是永远存在的。

2. 确定性与不确定性并存

确定性与不确定性并存而且是不对称的；已知与未知并存，而且也是不对称的。确定性与不确定性并存，不确定性的出现率可能大于确定性的出现率。已知与未知并存，已知的成分一般少于未知的成分。已经知道的物质和能量占总量的 5%，最多还不到 10%，而新的未知世界还在不断地被发现。就以对人的本身认识为例，人们对“人体功能”机制的认识程度还很低，例如，对人脑思维的机制了解甚少，甚至连问题还不会提。以目前的认识水平来看，未知的对象远远多于已知的对象。何况目前我们认为已知的，仅仅是阶段性认识，过些日子会对其做很大的修改，甚至将其完全否定。再经过“否定之否定”，认识逐步深化，直到接近真正的认识。但仍然不能下已经取得完全认识的结论，因为世界是无止境的，人们的认识也是无止境的，只可能有相对真理，不可能有绝对真理。

由于客观世界的复杂性和认识过程的复杂性，虽然人类对客观世界的认知能力是无限的，但是客观世界从宏观和微观来说更是无限的，因此人类对客观世界的认识都是阶段性的，都是相对真理，绝对真理是不存在的。没有任何人的话是终极理论（no man's word shall be final theory），只可能是近似的。

由于人们对客观世界的认知过程本身的不确定性，如 Otto Rossler 认为存在两个基本的知识限度，因此我们的认识是不完整的。第一个限度：“不可通达性”。例如，我们永远也不能确切地知道宇宙的起源，因为无论从空间还是时间来说都离我们太远了。第二个限度：“歪曲”。客观世界会欺骗我们，让我们觉得理解了它，可实际上没有。

哲学家 Kant 和物理学家 Maxwell 都提出了“知识的限度问题”。Rossler O. 甚至提出了限度学（Limitology）。他指出，当我们从世界收集的信息越来越多时，虽然原有的问题可能得到一定程度的解决，但又可能出现了新的问题，可能发现的新问题比解决了的问题还多，从而增加了不可知性。科学与数学不能超越人类认知的限度。

Horgan 于 1997 年指出，人类关于自然系统的知识总是不完全的，最多也是近似的。我们从来都不敢确定一定没有忽略某些相关的因素。他指出，天文学家永远也不会就某一精确数字达成一致的看法。宇宙大爆炸发生的时间约为 150 亿年前，一部分人认为是 100 亿年前，另一部分人则认为是 200 亿年前，误差为 50 亿～100 亿年。

从生物信息学的角度来看，生物的基因对生物的生长状况起决定性的作用。但是基因在生物过程中的传递，尤其是遗传过程中的传递，具有不确定性的特征，如存在遗传基因变异，且具有概率特征。生物种群变化的规律也是不确定性的，只能用概率来表达。概率则是确定性与不确定性并存的。

3. 因果关系理论（Causal Set Theory）

因果关系理论又称时空的因果顺序理论，是由纽约州锡拉丘兹大学的拉斐尔·索金在 1987 年提出来的。该理论是希望将广义相对论和量子力学理论统一起来。近年来科学家已经发现在因果关系理论中时空是怎样以某种方式发展的，从而使时间似乎流动起来，而不是呈静止状态的。

广义相对论认为，时空是平滑的四维结构，引力则是这个结构的几何形状或者说是弧形状态造成的结果。在体现行星如何受太阳吸引时有一个著名的类比：行星就像一堆在一张橡胶床单上滚动的石子，而这张橡胶床单的中心因承担过大的重量而凹了下去。但因为这种解释是不足以去描述时空关系的，所以相对论存在不足之处。

拉斐尔·索金认为：一切物体都有一个最大的运动速度，即光速。这种速度上的限制意味着人们可以不从形状，而从事情发生的顺序上思考时空。光速的不可超越性为时空提供了一个顺序，因为它阻止了某些点从因果关系上受到其他点上所发生情况的影响。比如，地球上现在发生的事情不会受到某些遥远星系上发生的事件的影响，因为那些事件要到达这里（地球）需要亿万光年。"关于那些时空点可能影响哪些时空点的信息总和"称为"时空的因果顺序"。

加利福尼亚大学欧文分校的戴维·马拉曼特指出，如果人们一开始并不知道时空的几何形状，但知道时空中所有点的因果顺序，那么就有可能重组关于时空的一切。这种结果可以达到很高的准确度。因果顺序可以界定时空的一切，除了它的"体积"，或物理学上的大小外。

因果系理论目前还不是完整的量子引力理论。至今还没有把量子力学作用与因果关系的发展结合起来。但是，重新确认时间的流动性却是重大的概念进步。它把量子引力理论从凝固的时空中释放出来，并给予人类一个希望：人们能让科学与人们关于时间流逝的深刻感觉达成一致。

（四）因果关系的确定性与不确定性

1. 因果关系综述

因果关系是与确定性与不确定性密切相关的。

自然规律反映了事物之间的因果关系。所谓"因果关系"，就是在一定"条件"下会出现一定的"现象"，"条件"称为"原因"。稳定的因果关系，最重要的有两条：可重复性和预见性。因此，"相同的原因必定产生相同的结果"。但是因为客观世界中的一切事物没有绝对的相同（除非事物的本身），所以用"等价"一词代替"相同"。因此因果关系归结为下列公式。

等价的原因→等价的结果

其中，"→"表示必定产生，这就是因果关系的等价原理（赵凯华，1991）。

因果关系的等价原理也可以理解为"相似的原因，必然产生相似的结果"，这是确定性系统的原理之一。

但是客观世界是非常复杂的，是不断变化的。根据混沌理论，随机现象是普遍存在的，因此确定性系统可以有确定的结果，也可以有不确定的结果，可能是"必定产生"，也可能是"未必定产生"。对于确定系统来说，虽然是同样的等价原因，可能产生等价结果，也可能未必产生等价结果。同样，对于非确定系统来说，等价的原因可能不必定产生等价结果，也可能产生等价的结果。因此，一般来说，可以认为确定性与不确定性并存，但以不确定性为主。

从包括经典力学和相对论的经典观点看，客观世界是确定性的。只要给定了适当的初始条件，人们就可以用确定性预测未来，或"追溯"过去。Gerd、Gigerenzer、Claude、Bernard 等认为科学与原因有关，与机遇无涉。Kant 甚至鼓吹所有科学知识都和因果决定论有关。

2. 因果关系的不完善性

因果关系（Causal Set Theory）理论流传最广、最久，几乎是普遍承认的哲理。例如，"种瓜得瓜，种豆得豆"，"播什么种子长什么苗"，"前因后果"，"有因就有果"等，还有，如"善有善报，恶有恶报，不是不报，时候未到"，"没有春天的耕耘，就不可能有秋天的收获"等。生活实践告诉我们，有的是对的，有的则不一定。

1）"因果关系"的不完善性的一般特征

"种瓜得瓜，种豆得豆"基本上是正确的，因为它是稳定系统。如果不遇到什么灾变范围，如洪水、冰雹、蝗虫、旱灾，造成颗粒无收，那么它是正确的。虽然也存在"确定性"与"不确定性"并存，但因为以确定性为主，所以是对称的。"善有善报，恶有恶报"的"报应"哲学，因为它是不稳定系统，虽然也存在确定性与不确定性并存，但以不确定性为主，所以是不对称的。

"根据现在可以推测过去，根据过去和现在可以预测未来"，这也是基于"因果关系"的传统哲理。但实际上也是不完善的。根据现在可能推测过去，也可能不能推测过去。根据过去和现在可能预测未来，也存在不可能预测未来的可能性。因为传统的哲理并没有考虑外界环境的影响。现在的状况可能受外界环境影响的结果，而外界环境我们是不知道的。根据过去和现在不能预测未来，因为它可能还会受未来环境变化的影响，而未来环境变化也是不可能知道的。根据现在预测未来和推测过去的确定性与不确定性并存，但以不确定性为主，所以是不对称的。

2）发展和进化对"因果关系"哲理提出了挑战

"因"是原因，"果"为结果，有什么原因就有什么结果。"因"是指事物的内在挑战和动力机制。"果"是指事物本身所具备的特征和动力机制产生的结果。"因"是能动的，主要的方面，而"果"是被动的，次要的，"果"是由"因"决定的，因是主体。"因"是主要的，分为内因与外因，内因是指事物内部特征决定的动力机制，外因是指环境要素对内因的物质特征及其动力机制的影响，这种影响可大、可小。对因果关系存在两种认识。①认为事物变化以内因为主，外因为辅，外因要通过内因起作用。②认为事物的变化分为两个阶段：第一阶段，事物变化以内因为主，外因为辅，事物只有数量的变化；第二阶段，事物在外因、在环境的不断影响下，不仅改变了事物的特征，而且改变了动力机制，于是事物由量变到质变，就进化和发展成为和原来完全不同的新品种、新事物。例如，生命的进化，进化是外因为主的结果，内因在外因的作用下发生了质的变化。

设内因为 A，外因为 B，可以预测的结果为 C。外因 B 是不知的，可能出现三种情况：①$A>B$，$AB=C$；②$A=B$，$AB=C\pm$；③$A<B$，$AB\neq C$。

（五）预测学与确定性、不确定性并存

霍金指出，人类总想预知未来，或者至少要预言未来将发生什么。但是预言学家或未来学家识相得很，所做的预言或预报都是非常模糊的，使其对任何结果都能左右逢源，永远不会证伪。Laplace 认为，如果已经知道某一时刻宇宙中的所有粒子的位置和速度，那么物理定律应允许预测宇宙的过去或未来的任何时刻的状态。但是物理方程往往具有混沌的性质，在某一时刻，位置或速度的微小变化都会导致与原预测的结果完全不同的行为。量子理论不确定性原理认为，人们不能同时准确测量一个粒子的位置和速度。如果位置测得越准确，那么速度将测得越不准确，反之亦然。如果不能确切地知道现在所有粒子的位置和速度，就无法正确预测未来某一时刻的粒子所在的位置和速度的具体数据，即使具有科学的模型、最先进的算法和功能最强大的计算机，也不可能获得精确的结果。

确定性和不确定性是客观世界固有的特征。确定性理论是预测学和未来学的基础，也是控制论的先决条件。如果没能掌握任何一个过程确定性的规律，就失去了预测和控制的基础。如果只了解了 60%～70% 的概率特征，即了解了这个过程的"不确定性"的一面，就可以预先采取相应的措施，以减少负面影响。

一般认为，人们既不能预测未知因素，也无法对此做准备。因此，"未来可能发生的最大意外，就是没有任何意外发生"。其意思是说发生意外是必然的，因为大多数事物都属于开放系统，它不仅自身处在不断变化之中，而且与外界环境也存在着密切的联系。它自身起始条件如果发生了任何微小的变化，那么将对系统以后的发展产生重大的影响，可能与原来的预期完全不同。同时，在系统运行过程中，外界环境的任何变化，随时都能影响或改变系统的发展方向，因此未来的变数很多，充满了不确定性。

由于客观世界的复杂性和人们认知过程的复杂性，因此人们对事件未来的预测，可能会遇到数不清的意外，包括来自本身可能出现的意外和事件外界环境可能发生的意外。而且这些"意外"既不能被准确预测，也不能对其早做准备。这是"未来学"的难点。

未来学家约翰·彼得森在他的著作《出人意料：如何预测未来的重大意外事件》（2003）中，探讨了未来的 80 种未知因素，并认为通过复杂有效的情报搜集和分析工作，能够确认初期的预警信息，了解未知因素的构成，从而拟定可能的回应的方式。

彼得森指出，人们往往以为我们既不能预测未知因素，也无法对此做任何准备，其实可以预测并准备好应对这些未知因素的，他列举了应对未知因素的三个基本规律。

第一，未雨绸缪。人们越是了解可能会发生的事件，这一事件的威胁就越小，解决的办法也就越多。

第二，关键是获取并理解信息。确认初期的预警信号或先兆，了解未知因素的构成，拟定可能的回应方式——这一切都需要复杂有效的信息搜集和分析。

第三，非常事件需要非常手段。我们在进入一个新时期时，可能发生的事件也许会超出现有的理解和解决能力，需要采用新的办法和新的手段。

未来学是以因果关系理论和确定性理论为基础的。但是客观世界是多变的，事件的起始条件可能会发生的哪怕是一点点微小的变化都可导致事件最终结果发生很大变化，甚至发生根本性的变化，而且任何一个事件都与外界环境是密切相关的。事件外部环境的变化，都可能引起事件发展过程的变化，因此，因果关系可能存在，也可能不存在，具有不确定性特征。

客观世界如此复杂，而且发展如此之快，远远超越了人们的理解和常规的想象力。人们思想永远也跟不上客观世界的变化。未来学只有少数人，而少数人的脑袋不可能预料60亿人的想法。尤其是对非传统的未知事件，未来学家也未必能够预测到它。即使每一个事件发生之前都会有不同程度的预兆，但在五彩缤纷的世界中如何识别"预兆"，难度实在太大了。很可能"预兆"就在你的面前，而你往往是"视而不见，见而不识，食而不知其味"。只有你理解了的东西，才能感觉它的存在。凡是不理解的东西，你不会知道它的存在。

（六）必然性、偶然性与确定性、不确定性并存

爱德华科尼什在美国《未来学家》双月刊2003年7～8月发表了《我们未来的未知因素》，文章指出："未来可能发生的最大意外的发生"，即发生意外是必然的，而不发生意外倒是偶然的。造成"意外"的原因是"未知因素"。而"未知因素"则充斥在我们的周围。它彻底扰乱了许多事情，甚至我们的思想。"意外性"和"偶然性"是密切相关的，但"偶然性"隐含着"必然性"。"意外性"或"偶然性"是由"未知因素"造成的。当"未知因素"成为"已知因素"时，就可以进行预测，就不会发生"意外"，"偶然"就成为"必然"。"未来学"的基础是建立在"因果关系"理论上的，而人们对"因果关系"存在着争论。不确定性理论认为，有些现象是不存在"因果关系"的。

对于"必然性"与"偶然性"，在自然辩证法中有过深入的讨论，认为：偶然性是必然性的一种表现形式，偶然性存在于必然性之中，也是以因果关系理论为基础的，有因必有果，根据"结果"可以追索"原因"。该理论还认为："不存在没有原因的结果"，也不存在没有结果的原因。这就是预测学的理论基础。但从不确定性理论来说，未知因素可能有一部分是可以预测的，但有一部分则是"永远未知的"，是不可能预测的。客观世界的复杂性和认知过程的复杂性，使有一部分因素是预测不到的。

未来学家约翰·彼得森指出："通过复杂有效的情报搜集和分析工作，人们能够确

认初期的预警信号，了解未知因素的构成，从而拟定可能的回应方式。"但是识别"预警信息"又谈何容易。识别"预警信息"固然难，更难的是"预警信息"不是固定不变的，而是不断变化的，因此难上加难了，也因此，必然有的"未知因素"是"永远未知的"。有了未知因素就有了不可预测性，有了不可预测学的存在，就有了"风险性"（Risk）。凡事都有风险性，但有"风险"大小之分，没有风险的东西是不存在的。凡是越简单的事情，它的风险性就越小，反之亦然。凡是风险性小的，可预测性就越大，即未知因素就少。例如，"炒股"和"彩票"有谁能预测？什么是它们的"预警信息（号）"？专门搞概率数学的人也算不出来，"炒股模型"或"股票预测模型"是假的。地震预报的"未知因素"，50 年之内仍然是未知的，50 年以后就不得而知了。

第二次世界大战期间，在德国入侵苏联和日本偷袭珍珠港事件发生之前，情报系统十分强大、健全的苏联和美国都未能知道"预警信号（息）"，几年、几十年以后，有人才列举了两者都曾有的"预警信息"，并列举有哪些迹象等，但实际上不过是"事后诸葛亮"，在那时也是不知道的。"未来学"和"预测学"尚有很远的路要走。

"预测"也存在一些希望。

Vanessaspedding 在英国《新科学家》（2003.7.19）发表的文章《征服自然界的数字》中指出：世界是个杂乱无章的地方吗？这完全要看你从哪个角度来看问题。"生物学家认为世界充满了多样性"，"物理学家认为世界包含了无数需要探索的现象"，"数学家则认为世界真是一团糟"。

新泽西州立蒙特克莱大学的数学家 Diana Thomas 运用数学公式来表达蚊虫的数量。她的数学公式考虑了连续过程和离散过程的结合，把微积分算法和差分方程合并成一个数学定理，即时间标度演算法。

斯特凡·希尔格也发现，"离散过程和连续过程"之间有很多相似性，同时也发现了微积分算法和差分方程式之间有着深层次的关系。微积分和差分方程式是同一理论的两个分支。这个演算理论称为"时间标度演算法"，在数学演算方面取得了一大突破。它可能成为预测的数学工具。

伽利略认为："大自然是一本用数学语言写成的书。"但王浩在《哥德尔（Gold）传记》（2003，上海译文出版社）中则认为，Gold 的"关于数学的不完整性"是关于数学确定性丧失的论证。数学也不是万能的，至少现在还是如此。

以因果关系为基础的可预测的线性变化特征与非线性变化特征并存，增加了因果关系的复杂性和不确定性。由于以初始条件为基础的预测公式或模型，随着不连续的、难以捉摸的环境变化，预定的初始条件也发生改变，从而导致原定的公式或模型变得不确定性。

（七）因果关系与不确定性

因果关系是未来学的理论关系，有因必有果，有果必有因。什么样的因就有什么样的果。种瓜得瓜，种豆得豆，这是对因果关系的描述。又说，可以根据现在的状况推测过去的状况，根据现在和过去的状况，就可以预测未来的状况。这就是经典的因果关系理论。

　　因果关系理论的基础或存在的条件是：在外界环境不变的条件下，某一个现象或过程是由它的初始条件或动力决定的。给定什么样的条件或动力，就必然会产生什么样的结果。但是任何一个事物，不可能脱离环境而独立存在。相反，它与环境关系密切，受环境的影响很大。而环境是十分复杂和不断变化的，初始条件往往受环境变化的干扰，因此，初始条件未必能决定未来的结果。因此，根据现在未必就能推测过去；根据过去和现状未必就能预测未来。因果关系如果考虑到"一切都是可变化的和一切都处在不断发展之中"的原则，具有不确定性特征，即可能是"有什么因，就有什么果"，也可能是"有什么因，不一定有什么果"，而是"起始的因，加上后来环境变化的干扰因素，就决定了什么样的果"。如果将因果关系的因变为可变的因，果变为可变的果，那是正确的。但原先的推测与预测必须做相应的修改。因此，因果关系也具有不确定性特征，即可能是对的，也可能是不对的，或不存在因果关系。

　　因果关系也变得越来越不确定。传统认为根据现在就可以推过去和根据过去和现在就能预测未来的说法越来越受到质疑，现在的观点是，如果所处的外界环境不变时，只靠事物内部的、本身的规律可能是正确的，但可惜外部环境因素起到很重要的作用，而且还是不可预测的。

$$（因）=（果）$$

$$（初始条件）\cdot（外界环境）=发展规律$$

$$（本身条件）\cdot（外界环境）=发展规律$$

　　事物的本身条件或初始条件是可知的，而外界环境是随时空变化而变化的，而且是不可知的，因此因果关系越来越不可捉摸和不确定性。不可能根据已知的"因"就预测未来的"果"。实际上，"果"不可能是全知的，只能是部分的，起码外界环境的变化的趋势是不可知的。

三、"对立统一"与"对立并存"共存观点

　　确定性、不确定性并存，是对称的，但对于确定性系统来说，因为以确定性为主，所以又是不对称的；对于不确定性系统来说，因为以不确定性为主，所以也是不对称的。确定性与不确定性系统的区分在于系统的"初始条件"的敏感性，如果是敏感的，则为不确定性系统，如不敏感则为确定性系统。在确定性系统中，因为可以存在不确定性因素，所以是对称的；又因为以确定性为主，所以又是不对称的。在不确定性系统中，因为可以存在某些确定性因素，所以是对称的；但因为以不确定为主，所以又是不对称的。因此，概率是客观世界固有的特征。

　　在确定性系统中，因为系统的控制因素是守恒与不守恒并存的，所以既是对称的，又是不对称的；在不确定性系统中，因为系统的控制因素是守恒与不守恒并存的，所以是对称的，但因为以不守恒为主，所以又是不对称的。

　　对于系统来说，所有上述的确定性与不确定性、对称与不对称、守恒与不守恒等对立

现象，都存在"对立统一"与"对立不可统一"或"对立并存"共存的现象，因此是对称的。但在系统过程的初期，以"对立统一"为主，因此又是不对称的，在系统过程的中、后期则以"对立并存"为主，因此也是不对称的。这就是概率具有普适性的特征。

综上所述，确定性、守恒、对称与不确定性、不守恒、不对称是并存的，但以不确定性、不守恒、不对称为主，因此又是不对称的。一切都随时间而变化，这是客观世界固有的特征；一切又都是不对称的，仅多少与大小的差别而已。

不确定性、不守恒、不对称是普遍存在的现象。

"对立统一"与"对立不统一"或"对立并存"是共存的。如果没有"对立统一"的存在，世界就没有那么"和谐"。如果没有"对立不统一"或"对立并存"的存在，世界就不可能如此丰富多彩，世界也就不可能有变化与发展。

多元世界观认为，真理不可能只有一个，而可能有多个，即使是完全"相互对立"、"相互矛盾"的理论或观点，可能都是真理，都是客观世界一个方面的反映，都是事实。

第五节　"对立并存"的普适性

既然"对立统一"是客观世界的基本法则，那么它的对立面，"对立并存"法则也应该是客观世界的基本法则，尤其在地球科学领域更是如此（表4.2）。

表 4.2　对立统一与对立并存

项目	都存在对立或矛盾的另一面	两个对立双方相互依存以对方的存在而存在	对立（矛盾）的双方是可以相互转化的
对立统一法则	都存在自己的对立面	相互依存	相互转化，可以统一
对立并存法则	都存在自己的对立面	既可相互依存，也可不相互依存	不能相互转化，不能统一，只能并存

首先，地球科学数据是"确定性"与"不确定性"并存的。没有绝对的确定性或不确定性的数据，只有相对确定性或相对不确定性的数据。先以"地球常数"来说，一般公认的是"确定性的"数据，但实际上存在着时间尺度的条件。它对于近百年、千年来说是确定性的，超越了这个尺度，就成为不确定性的。例如，现在每年有365天是确定性的，但在2亿年前，每年只有250天，因此地球常数也是确定性与不确定性并存的。只有在一定时间范围内，它是常数。超越时间范围，它就是不确定性的。地球的所有参数都随时间而变，离开时间尺度这个条件来说就是不正确的。再以地球系统的其他数据来说，有测得准的，有测不准的，一般来说，小范围数据是比较准的，大范围的数据相对不准，尤其是全国每年农作物的产量，不是靠实测得来的，而是靠"会议协商"得出来的。因为农业部的、国家统计局的和科研单位的数据是不同的，甚至相差很大，而各方都有自己的科学依据，不可能判断出数据的正确性，所以实际上全国每年农作物产量是测不准的。不同用途的数据质量也是不同的，一般过程用途的数据质量比较高，其他用途的则相对较低。因此地球科学数据中，确定性与不确定性是并存的。但它们占的比例是不同的，有的确定性相对高，有的相对低，数据的质量需要用概率来表示。又如全

球年平均气温数据、CO_2 的释放与吸收的数据，既不准，也算不清。所谓数据的可信度，就是指确定性与不确定性之间的比重关系。数据的可信度高就是确定性成分占的比重大，可信度低指不确定性的比重大。

还有，对"地球是一个开放的、远离平衡的、不断变化的巨系统"这句话来说，包含了"开放的"，不是"封闭的"，"远离平衡的"，不是"平衡的"，"不断变化的"，不是"不变的"，"巨系统"，不是"小系统"（仅含两个要素的），都含有"对立并存"和"对立双方是不对称的，各占的比重是不同的"意义在内。

一、"对立并存"的一般普适性

（一）数学领域中的确定性与不确定性并存

数学作为一门基础科学，它是很多科学和技术的基础。一般来说它应该是确定性的，至少是确定性成分多于不确定性成分。数学领域中的不确定性，一般称为不完备性。

一些人认为，客观世界的现象或过程，都可以用数学公式或模型来表达，甚至用非常庞大的、复杂的数学公式来表达。但符合实际情况的并不多，有的仅仅是一种数学推理，甚至是数学游戏。有很多复杂现象或过程是不可能用数学公式、方程式来表达的。

伽利略指出，"大自然这本书是用数学写成的"。牛顿写了"自然哲学的数学原理"。爱因斯坦也说，"宇宙的真理藏在数学中"。似乎数学可以解决一切客观世界存在的问题，但事实并非如此，连数学家自己也承认这一点。著名的 Gödel 的"不完备定律"，John Casti 的 "*Randomness in Arithmetic*"、"*The Limite of Mathematics*"（1997），王浩的《数学的限度》、《算数中的随机性》和《纯数学中的随机性与复杂性》及《无数理引起的数学危机》，欧阳首承的《数学的不完备性》和《计算数学的不确定性》等值得引起重视。针对复杂问题的复杂的数学公式或模式，大多是理论上的推导，离实际尚有一定的距离。但确实有不少是可以用数学方法表达的。承认数学能解决问题的一面，同时也看到存在的不确定性和不完备性，才是正确的认识。数学的不完备性，还由于数学都有预设和条件。

1. Gödel 的"不完备性定律"

Kuot Gödel 和爱因斯坦是同时代人，而且他们是好朋友。Kuot Gödel 是著名的数学家，他的"不完备性定律"（Incompleteness Theory）影响巨大。该定律指出："在任何公理化形式维中，总存在着在定义该维公理基础上，既不能肯定，也不能否定的问题，也就是不确定性问题。"Gödel 的不完备性定理消除了人们对客观世界建立完备数学描述的可能性。同时，他还指出，纯数学世界是无止境的，人们不可能以任何一组公理和推测定律导出所有的数学结果。任何一组公理都存在这些公理无法回答的数学问题。不论数学如何进步，也不论已解决了多少问题，永远有更多的问题产生，因此数学是无止境的。数学的基础是建立在严格定义的推导规则和有限的几个被称为公理的完全明确的基本断言上的。Gödel 指出，如果固定推导的规则和任意有限个公理存在一些有意义的命题，那么它既不能被证明，也不能被否定。更确切地说，假设被整数认可的公理是不矛盾的，即假设通过运用推导规则，永远也不能同时证明一个断言（公理）是正确的还是错误的，因此就不能由公理来推导整数的真属性（公理）。如果承认任何一个这样的属性为新的公理，那么就会有其他一些不可证明的属性被保存下来。这就是 Gödel 的"不完全性定理"或"不完备定理"（Ruelle，2001）。Gödel 的上述不完备定律是对数学的一个沉重打击，它导致了数学家的传统观念的改变。总之，不完备定律的发现改变了传统数学的观点。Gödel 定律在某种意义上是具有随机性特征的。

霍金指出，Gödel 证明了存在用任何步骤也不能解决的问题。Gödel 定理对数学立下了基本的极限。它抛弃了被广泛接受的信念，即数学是一个基于单独逻辑基础的、协调而完备的系统。Gödel 定理、海森伯的确定性原理及 Lorenz 的混沌理论等形成了知识局限性的核心。这种局限性只有在 20 世纪才被意识到（Hawking，2001）。

2. 芝诺悖（谬）论与数学逻辑分析的棘手问题

在物理学和数学中广为流传的"芝诺悖论"或"芝诺谬论"，是爱利亚指出来的一种逻辑分析上合理，论证过程颇令人信服，但结论是荒谬的理论。著名的亚里士多德的《物理学》中转述了四个典型案例。

（1）二分法。一个运动的物体在到达目的地之前必须达到全程的一半。这个要求可以无限地进行下去，所以它永远也达不到终点，因为永远有一半存在。从数学逻辑上来看它是合理的，但其结论是荒谬的。

微积分的发展使得对此进行定量分析成为可能，无穷分割后的各部趋于零，但不等于零，其总和不等于零，但也不会是一个无限量。

（2）快跑者永远赶不上慢跑者，又称"阿喀琉斯"或"阿基里斯"。为什么快跑者永远赶不上慢跑者？设在慢跑者先起跑的前提下，因为追赶者必须首先跑到被追者的出发点，而当它到达被追者的出发点时，又有新的出发点在等着它，有无限个这样的出发点。也就是说兔子即使不在半途上睡觉，也永远赶不上乌龟。这个结论是荒谬的，但论证是符合逻辑的和数学原则的。

从现代数学来看，虽然要无数次的到达某个起始点，但它所走的空间距离并不是一个无限量，追龟情形下的空间距离为

$$d + d\left(\frac{v_2}{v_1}\right) + d\left(\frac{v_2}{v_1}\right)^2 + \cdots + d\left(\frac{v_2}{v_1}\right)^{n-1} + \cdots$$

$$= \lim_{h \to \infty} \frac{dv_1}{v_1 - v_2}\left(1 - \left(\frac{v_2}{v_1}\right)^n\right) = \frac{dv^1}{v_1 - v_2} \tag{4.1}$$

其中，d 为初距离；v_1、v_2 分别为快者和慢者的速度。

追龟问题是一个有限量，对于有限的距离来说，可以在有限的时间内穿过并达到终点。

（3）飞矢不动。根据"任何东西占据一个与自身相等的处所时间是静止的"运动原则，飞着的箭在任何一个瞬间总是占据与自身相等的处所，所以也是静止的。

如果说，运动物体在每一个瞬间都处在同一个位置，那么在这一瞬间的确无法知道它是否是运动的，特别是当时间和空间不连续时。如果考虑时空是连续的，而箭的轨迹是连续的，求出了速度，但也没有解决运动的本身问题，因为速度的大小并不能说明是否有运动。

(4) 运动场。两列物体 B、C 相对于一列静止物体 A 相向运动，B 越过 A 的数目是超过 C 的一半，因此一半时间等于一倍时间。

芝诺提出的通过三列物体在分立的时空结构中运动揭示运动的特征是不可能的，要害是在时空分立结构上。

从以上芝诺悖论中不难看出，其逻辑分析上基本合理，论证过程也颇令人信服，但结论可能是荒谬的。有的即使从现代数学的观点来看，它的结论仍然是不确定性的。(吴国盛，1998)

3. 算法的复杂性和不确定性

"运动推销员的最佳路线"算法是一个通俗、易懂的算法复杂性和不确定性问题。如果已知一定数量的城市间距离及所允许给定的总里程数，其中间距和总里程都是整数，问是否存在一条不超过所允许总里程数的路线可以达到所有城市的最佳路径。这是一道肯定、否定判断题。如果提出某条线路，检验它是否满足总里程数的条件是容易的，但当城市很多时要逐一检验所有可能的线路就是不可解的（NP）了。

大体上，NP 完全问题需要"是"或"否"的答案，且具有这样的特点：人们可以在多项式时间内验证一个"是"答案的存在性（这里，答案"是"或"否"是不对称的，因为人们不能说可以在多项式时间内验证一个"否"答案）。设"问题 X"是你最关心的判断问题，如果你可以轻松得到流动推销员问题的解，问题 X 就成为可解的；而如果可以轻松得到问题 X 的解，流动推销员问题就成为可解的，那么，问题 X 称为 NP 完全的。尽管进行了大量的搜索，仍未找到解决 NP 完全问题的多项式时间算法，且一般认为它根本就不存在，但这并未被证明。

介绍 NP 难问题比较方便，虽然它和 NP 完全问题一样难，但不需要"是"或"否"的答案，如自旋玻璃问题。输入消息是一个元素 $a(i, j)$ 为 +1 或 −1 的数组，其中，i 和 j 为从 1 到某个数值 n（如从 1 到 100，则数组由 10000 个 ±1 组成），如下表达式的最大值是多少？

$$E = \sum_{i=1}^{n} \sum_{j=1}^{n} a(i, j) \times (i) \times (j) \tag{4.2}$$

其中，$x(1)$，$\cdots$，$x(n)$ 取 +1 或 −1。因此，你不得不将每个取值为 +1 或 −1 的共 n^2 个项相加，使结果最大。也许你不能相信这是一个不可解问题，也许它不是，但还没人找到解决它的一个有效算法（注意：输入消息有 n^2 个比特，那么要想对每种情况逐一搜索，则需要考虑 2^n 种情况）。

自旋玻璃问题是由无序系统（Disordered Systems）物理学提出的一组问题的原型。位点 i 和 j 之间的"相互作用" $a(i, j)$ 是无序的。使 E 最大的问题，犹如是在一座山脉上找出它的最高峰。在如图 4.1 的情况下，这是容易的。因为 x 只在一条线上变化，也就是说，x 是一维的。在自旋玻璃问题中，峰和谷的几何形状是 n 维，且不可解的（尽管对于其中任何一维来说，只可能取 ＋1 和 －1 两个值），见图 4.1 的最大值变化。

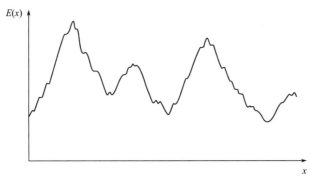

图 4.1 $E(x)$ 的值变化

让我们对生命问题进行理想化，或者，更好的说法是做个比喻。依着这个比喻，生命问题就是要找出遗传消息 $x(1)$，…，$x(n)$，它能把某个非常大的值赋给像上面那个 E 一样的、一个复杂的表述。按照我们刚才说的，这也许是个很难的问题。但有迹象表明，上述关于生命的比喻也许并不是太荒谬。

算法复杂性思想也许同样是作为对证明数学定理或设计太空火箭的难度的一个比喻。然而，我们会看到，证明定理的过程将带着我们走入比 NP 完全问题更深层次的复杂性，更深刻，更晦涩，更令人反感。

4. 统计概率的确定性与不确定性并存

统计概率一般公认是研究不确定性的重要工具。系列数据中的每一个事件都是随机性的，总体的概率则是确定性的，但概率也随着样品数的多少而变化，因此总的来说是不确定性的。每一个样品可能出现的机会更是不确定性的。

5. 非线性常微分方程的计算不确定性问题

曾庆存院士（2000）发表的《非线性常微积分方程的计算不确定性原理》，研究了常微积分方程一般数值解法的误差传播规律，提出了理论收敛性、数值差的各种分量，通过引进一类新的递推不等式，本质上改进了线性多步法误差界的经典结果，结合概率理论导出了浮点机上舍入误差的"正常"累积增长，并给出一般多步法总误差的统一估计；在此基础上，解释了数值试验中的各种现象，导得两个与方程、初值和数值格式无关且与数值试验中相一致的普适关系，并给出计算不确定性原理的明确数学表述，阐明了数值解法和计算机所带来的量子不确定性之间存在的固有关系。

同时，曾庆存等还作了两点讨论。①在现实当中，计算不确定性原理指出计算机的有效模拟能力是有限度的，我们必须认识到这一点。有效模拟能力之所以会有限度是因为除去一个零测度集外，计算误差是完全不可避免的。这个界限的存在性是固有的，是不依赖于所模拟的对象（确切地说是除去一个零测度集）的，而这个界限的大小常常是与模拟的对象有关。一旦研究的对象和计算机的精度给定，那么所能模拟的最好能力便被确定下来。这个限制同样是固有的，是不能通过改进描述这个对象的模拟或改善资料来加以克服的；而改进描述这个对象的模式或改善资料只能使模拟的能力逐渐接近这个最好程度。②利用计算不确定性原理使模拟达到最好程度。计算不确定性原理一方面给出了模拟能力的限度；另一方面又指出了最优关系。这个最优关系给出达到最好模拟能力的途径。根据这个关系，我们必须确认哪些计算结果是有效的，可以肯定的，哪些结果是无效的，不能确定的，从而明确数值预测结果中的正确部分。③发展高精度的计算机是提高有效计算能力的一条途径。目前对于微分方程的各种数值解法，其核心都是步进式的递推过程，而这种方法必然存在最大有效积分时间。超过这个时间的积分结果将是无精度就可以延长最大有效计算时间的，从而提高有效计算能力。总之，目前正面临着从无限精度理想化向有限精度现实性的观念转变，在这个转变过程中，如何冲破在有限机器精度下，计算不确定性原理，并提高长时间数值计算能力，则是需要解决的重要课题。

在微分方程中，对初始值的敏感性是判别确定性与不确定性的基础。一般认为：凡是确定性的一般都不具备敏感性；而凡是不确定性的一般对初始条件具有很强的敏感性。

另外，凡是具有可无穷解的方程，也具有不确定性。

在一个非线性运动方程中，有许多变量，这些变量可以划分为快变量和慢变量，而最终只有少数慢变量才能发展成为序参量（Order Parameter）。对序参量初始值的敏感性是判别确定性和不确定性的主要标志。凡是对序参量的初始值具有很强的敏感性的，则具有不确定性特征，反之具有确定性特征。

6. 无量纲化的不确定性

无量纲化是经典物理学中常用的有效数学方法。这个方法的特点是将数量分析作为唯一标准。但数量不等于物质的性质，例如，苹果和梨子是不能相加的，而统一到水果"量纲"上就可以相加了，但相加后的水果，是苹果还是梨子，是不确定性的。

7. 变量数学的不完备性

微积分的连续光滑性和统计方法的平衡序列的限定，使现有的变量数学体系不能处理非规则信息，尤其是不连续信息。尽管建立在随机观念上的统计方法，意在弥补动力体育算法的不足，但可能实施的也只是大概率（欧阳首承，2001）。

8. 计算数学中的不完备性

计算的稳定性来自偏微分方程的适应性。在计算数学中，有很大部分涉及计算稳定性的差分格式，并涉及了前差、后差、耗散格式、隐式、平衡式，平滑、滤波、时间中心差、能量守恒格式、往复迭代、简化方程、初始化、倒积分（伴随点子）。因此计算数学中存在了不少确定性问题。计算越复杂，所得结果的不确定性越大。

9. 不确定性数学

　　研究随机信息的理论与方法的数学称为随机数学，即概率论与数理统计；研究模糊信息的理论与方法的数学称为模糊数学；研究粗糙信息的理论与方法的数学称为粗集理论；研究信息的理论与方法的数学称为灰色数学；研究未确知信息理论与方法的数学称为确知数学。它们统称为不确定性数学。换句话说，不确定性数学包括了随机数学（概率与统计）、模糊数学、粗糙数学（粗集理论）、灰色数学和未确知数学等（王印清，2004）。另外，分析几何学是专门研究复杂几何形态的数学，也具有不确定性特征。

（二）物理领域中的确定性与不确定性并存

　　以经典力学和相对论为代表的确定性理论和以量子理论、混沌理论、耗散结构理论、分形理论等为代表的不确定性理论都具有相对性的特征。在确定性系统中，可以有随机性或不确定性的结果，确定与不确定性并存，因此是对称的，但因为以确定性为主，所以又是不对称的。在不确定性系统中，也存在局部的规律性的结果，不确定性与确定性并存，因此是对称的，但因为又以不确定性为主，所以又是不对称的。概率是客观世界的固有特征，在确定系统中，不确定性可能出现的概率很小；同样在不确定性系统中，确定性可能出现的概率也是很小的。概率本身也具有确定性与不确定性并存的特征。概率虽然具有确定性的某些特征，但因为它随采用的样品多少而变化，所以又是不确定性的。对于每次抽样来说，则更具有随机性的特征。爱因斯坦说，上帝从不掷骰子。海森伯却说，上帝不仅掷骰子，而且还掷到你所想象不到的地方。霍金也说，上帝不仅掷骰子，而且还是位沉迷于掷骰子的赌徒。

1. 霍金在《时间简史》中遇到的不确定性问题

　　霍金是当代最伟大的物理学家，在名著《时间简史》（*A Brief History of Time*）中指出，"宇宙起源于大爆炸，并将终结与黑洞"；"宇宙是由一个果壳状的瞬子创生而来，而在瞬子上的量子理论能允许时空物质的最小扰动，是宇宙中的诸如星系团、星系，甚至生命中的一切结构的起源"；宇宙的边界条件就是宇宙没有边界；宇宙具有"无中生有"的特征。

　　霍金还提出了与爱因斯坦广义相对论密切相关的"虫洞"、"时间隧道"问题。它是指连接时空中不同区域的细管，并可以用来进行星系之间的旅行或在时间中旅行，包括到已经过去了的时间，即回到历史时代中去旅行，也可以到未来的世界中旅行，但人们从未邂逅过未来的人和事。

　　霍金还在著作中讨论了不同的物理理论，如广义相对论与量子论之间的相对应的方面，即两种矛盾观点的"对偶性"问题。

　　霍金在书中还提出了"虚时间"（$\tau = it$）这个概念，以消除空间和时间的区别。在他看来，真实时间可能就是这种虚时间，从而否定了时间的实在性。他提出，在早期的宇宙中，空间和时间丧失了它们的区别，时间变得充分"空间化"。

霍金虽然也认识到数学方程是描述科学思想的最简明而精确的方法和手段，但是大部分人对其敬而远之。有人告诉他，他在书中每写一个方程式，都将使书的销售量减半。于是他决定不写什么方程。但还是在 *A Brief History of Time* 中写进了最简明的 $E = Mc^2$，即相对论的方程。他希望它不致会吓跑一半他的潜在读者，他坚信不用数学方程也可以正确地表达科学概念。

霍金认为：Gödel 在 1931 年证明的"不完备性定理"是正确的。该定理指出，在任何公理化形式系统中，总存留着在定义该系统的公理基础上，既不能证明也不能证伪 Gödel 的不完备性定理的规律。因此，他指出，不太可能建立一个单一的能协调和完善地描述整个宇宙的理论。这也证明"对立统一"理论是宇宙的基本法则。

2. 普朗克的时间、空间和质量三个极限尺度理论中的确定性与不确定性并存

量子是物理量的不可分割的最小单位。

最短长度，也叫量子长度，或普朗克长度，为 10^{-35} m，夸克为 10^{-18} m 以下。

最短时间，也叫量子时间，或普朗克时间为 10^{-43} s。

最快速度，就是光速，每秒钟为 29.979 245 8 万 km，任何物质的速度都不会超过它。

以上最短长度、最短时间及最快速度称为"科学的新边界"。如果超过了这个边界意味着达到新的领域，目前的一切物理定律将失效。

普朗克是量子（Quantun）论的创始人。海森伯在量子论的基础上创立了"不确定性理论"。

普朗克（1900）通过实验发现了一个简单的发光、发热的物体在产生光热性质的过程中，该物体所辐射出来的能量不是连续的，而是分为一小股一小股发出的。这就是"量子"形式。每个量子的能量 E 与其辐射频率 r 之间关系公式为

$$E = hr \tag{4.3}$$

其中，h 为普朗克常数，为 6.625×10^{-34} J·s。它表明量子的频率越高，波长越短，能量越大，例如，普朗克常数 h、牛顿的万有引力常数 G 和爱因斯坦相对论中的光速 c 被认为是描述宇宙的最重要的三个常数。

普朗克研究黑体辐射，创立了热力学第二定律，属于统计物理学的概率范畴，具有不研究性特征。他的量子论很好地解释了"光电现象"。光强度的增加并不产生更多的电，而波长越短，所产生的电流越强。波长较短的光由能量较高的量子组成。这些量子更容易使电子脱离金属，从而产生较强的电流。

目前量子论的预测精度可以达到小数点后 11 位，相当于从英国伦敦议会大厦顶上的大钟到法国埃菲尔铁塔的距离误差不到一根头发丝的宽度。

普朗克发明了一套通用的计量单位体系。该体系是建立在三个常数——光速、万有引力和普朗克常数，即 c、G 和 γ 上的。在这个体系中，有三个重要的极限尺度：普朗克长度（1.6×10^{-35} m）、普朗克时间时隔（5.4×10^{-44} s）和普朗克质量（10^{-8} kg）。根据现代物理学论，对于超过这三个计量尺度的微观粒子，时间和空间就会丧失其属性，产生被称之为"时空泡沫"的现象。这一预言将被正在组建中的美国激光干涉计重力波观

测台所检验。在通常情况下，要直接看到这种现象需要把电子尺度放大到跟银河系一样大才成。如果上述预言得到证实或成立，那么从宇宙到微小粒子可以在同一个方程得到统一的描述。

3. 光速、重力强度和电子电量三大常数的确定性与不确定性并存

约翰·巴罗在英国《新科学家》周刊 2002 年 9 月刊上的《变化之谜》中指出，人们可以通过精确的实验和测量获得光速、重力强度和电子电量（量子）的数据，但对其起源却一无所知。这也说明了人类对客观世界的重大无知。

光速、重力强度和电子电量（量子参数）的数据是否是常数（Constant）？近年来的研究结果表明，过去公认的常数可能正在改变，而且在地球历史上也曾经有过改变。因此一切都充满了不确定性，客观世界处在随机的游动之中，至今尚不清楚是否有定向的规律。诸如光速 c、牛顿重力常数 G 和普朗克量子常数 h，一般公认是自然常数，但剑桥大学若昂·马盖若证明光速是可变的，光速 c 不是常数，牛顿重力常数 G 也受到了"大爆炸"和暗能量的质疑。

以电磁力强度常数 α 或精细结构常数为例，它决定着原子和分子的性质。这一常数是由电子量 e、普朗克常数 h，以及光速 c 共同决定的，其定义为

$$\alpha = e^2 / (2\varepsilon_0 hc)$$

若 α 值太大，原子和分子将不能存在，地球也不能存在，人类也将不能存在。但没有人知道 α 为什么是现在这个值，这个值是怎么产生的。最近对 147 个类星体进行观测的结果表明，110 亿年前的常数 α 比现在的要小 $7/10^6$ 左右。

自然常数现在面临着最大的挑战。自然常数可能与宇宙的起始条件密切相关，而 α、G 等其他常数的值则是在宇宙早期历史过程中随机形成的。

约翰·巴罗认为，世界的空间维度远远多于人们所见的三维。在三维世界里称之为自然常数的东西，在多维世界中可能就不是基本常数，甚至根本不是恒定不变的。

4. 物质与能量传统概念中的确定性与不确定性并存

1）物质、暗物质与反物质

2002 年美国《发现》月刊 2 月号登载了埃里克·哈兹尔廷的文章《物理学重大的未解难题》，其中指出：越来越多的研究表明，在客观世界中，普遍存在着相互矛盾、相互对立和与现有理论不相符的现象，得出的结论是相反的，是对立的，如量子力学与广义相对论是最著名、也是公认的，其他的例子也越来越多。但原因是什么至今尚未能说清楚。

关于暗物质和暗能量问题，已经被普遍承认它是存在的客观现象，但我们对它所知甚少。人们已经有初步认识的物质，仅占客观世界物质总量的 4% 左右。我们能说对客观的物质世界已经有所了解，可以做出任何结论吗？宇宙中仅仅是暗色尘云和死星体是较容易认识的，但那些人们根本不知的暗物质是什么，至今仅有推测，并无真知。有人推测暗物质成分是中微子、Neutralino 和 Axions，这些粒子都不带电，因此无法吸收或反射光。但其性质稳定，是大爆炸中产生并遗留下来的幸存物。还有人认为暗物质是

指我们尚未知的所有物质的统称，它们占物质总量的95％。因此，人们不能说已经认识了物质。对于暗能量来说，宇宙学最近的两个发现证实，普通物质和暗物质还不足以解释宇宙的结构，一定还有一种暗能量的存在。暗能量的存在证明有两个。

第一，从宇宙构造来说，爱因斯坦认为所有物质都会改变它周围的时空形状。宇宙的总体形状是由总质量和能量决定的，而宇宙的形状是扁平的，这也反过来揭示了宇宙的总质量密度。但天文学家研究发现，将全部普通物质和暗物质总和进行计算，结果宇宙的质量密度仍少2/3，这2/3需要能量来补充。

第二，从超新星的实测数据证明，宇宙的扩张速度正在加快，其原因很难解释，除非有一股普遍的推动力持续将时空结构向外推。因此，推测有一种暗能量存在。NASA的先锋10号和11号都除了朝着太阳方向的飞行器出现减速，另外在240亿km处，两个飞行器均受到了神秘的力的作用。虽然这种力很小，但它确实存在。这种未知能量使得先锋10号比原定计划落后了40万km。

以上宇宙的结构形状和扩张速度的不断扩大现象表明，宇宙中有一种暗能量存在。这种暗能量还是非常巨大的。暗能量是指未知的能量，形成于大爆炸初期，由氢和锂等轻元素形成。

根据当今物理学的看法，早期宇宙大爆炸时，爱因斯坦的物质和时空理论是，无法解释宇宙初始时炎热的弹丸之地是如何膨胀成今天所看到的景象的。早期宇宙中的能量应该产生了数量相当的物质和反物质，之后它们又互相湮灭，而某些不知道的、作用巨大的过程使物质保存了下来，形成今天的星系，这也是一个谜。根据物理学的证明，反物质是客观存在的。

2）物质与能量的不确定性与确定性并存

再从微观世界的物质结构来看，也是可以无穷分割的，认识也是无止境的。组成物质的最小单元为原子，而原子是由原子核和绕核运动的电子组成。原子核则由质子和中子通过强相互作用结合而成。质子、中子、中微子等统称为基本粒子。而质子、中子、和中微子等又由夸克（一个质子由三个夸克）组成，目前已发现了6种夸克。由质子、中子等组成的参与强相互作用的基本粒子又称强子，其大小为原子核的$1/10^{12}$。一个质子由三个不可分的夸克组成。夸克是无法测量的胶子等离子体，因此它也具有测不准和不确定性特征。中微子有没有质量，也存在着两种对立的看法，即有一部分人认为是有少许质量的，另一部分人则认为是没有质量的，因此中微子的质量问题也具有不确定性特征。太空中能量最大的粒子，如超高能粒子、中微子、γ射线光子，它们无时无刻不在射向地球，穿过人体。它们是从哪里来的？现在也不知道，只有种种猜测，大爆炸产生的？超新星撞成黑洞产生的冲击波产生的？因此也具有不确定性。

3）物质和能量的界线在宇宙空间变得越来越模糊

天文学家由于巨大超新星爆炸和中子星与自身及黑洞的碰撞产生了高能粒子、中微子等，物质变得非常热，以至于它以异常的形式与辐射相互作用，而辐射光子能互相撞击产生新的物质，于是物质与能量的界线开始变得模糊了。在超高温和密度之下能否产生新的物质形态也是一个谜。因此，在物质和能量的领域内具有明显的不确定性，并符合对立统一的原则。

在重力领域内，爱因斯坦改进了牛顿的理论，扩展了重力的概念，将巨大的重力场和以接近光速的运动的物体都计算在内，于是就形成了"相对论"和"时空理论"。但这理论不涉及极小范围的量子力学，因为重力在很小的范围内可忽略不计。但是，在靠近黑洞中央的地方，大量物质被挤在量子大小的空间里，重力就在很小的距离内变得非常强。在大爆炸时期混沌的初始宇宙中，量子理论与广义相对论就表现出了对立统一。

在客观世界中，是否存在自相矛盾、相互对立的现象？回答是肯定的。人们应该接受这样的事实，即有两种力作用于两个不同的层面：重力作用于星系这个大层面；其他三种力（强作用力、弱作用力和电磁力）作用于原子的微小世界。

人们熟悉的空间有四维（重力），量子空间有七维（三种力），共有十一维空间。其中七维是无法觉察到的，我们无法看到这多维世界。

Freeman Dyson 认为：物理也是无止境的，粒子物理学虽然取得了重大进展，但客观世界是无限的，认识永无止境。地球的大小约是整个可观测宇宙大小的 $1/10^{12}$；原子核的大小为地球大小的 $1/10^{12}$；而超强的大小也约为原子核的 $1/10^{12}$。因为所有的物理能被一组方程式所描绘的可能性比较小，所以去力学也是无止境的，不存在终极理论。

John Wheeler 在他的《时间的边界》（*Frontier of Time*）中指出，宇宙中都是独立的现象，这些现象超越了定律，它们如此繁多，无从捉摸，因此并不受方程式的限制。他进一步指出，自从知道宇宙是由"大爆炸"开始之后，再要认为物理定律是由无限之前直到无限之后都保持不变，就显得十分荒谬了。这些定律不断地在变化着，因此它们不可能 100% 正确，最多只能取近似值或存在可能性。时间是被超越的，定律和理论是不断变化的，研究结果或结论是与观察者的参与程度和当时的科学技术水平息息相关的。人们对客观世界的认知是逐步深化的，而且是永无止境的。Dyson（1997）指出，20 世纪初只知道有三种基本粒子存在，而现在已经知道有 61 种基本粒子；过去认为物质有三态，即固态、液态和气态，而现在知道至少有六种状态。科学是一种不断发展与变化的文化。爱因斯坦的黑洞理论认为：黑洞是指在重力作用的影响下，永远处在自由落体状态下的星球。黑洞是永远存在的，而且也永远是黑的。而霍金的黑洞理论认为：黑洞是在重力和扭力作用下的实体。它在某一温度下放射出辐射液，所以不全是黑的，因此它不能永远存在。爱因斯坦的黑洞理论被称为经典理论，而霍金的黑洞理论称之为现代理论。不确定性表现在以下两个方面：一为客观世界固有的不确定性；另一为人类对客观世界认知的不确定性，包括理论、定律、模型的不确定性。不确定性是客观世界的固有特征之一。

确定性与不确定性并存（对称），确定性是有条件的，而不确定性则无时无处不在（不对称），这就是客观世界的特征。在我们的生活中，充满了不确定性，因此我们要学会与不确定性共处（Living with Uncertainty）。

5. 所以在物理学领域中的确定性与不确定性

海森伯（德国人，1926 年，量子力学创始人）在他著名的量子力学中提出了"测不准原则"、"非定域性理论"和电磁波波速二象性（粒子性和波动性）的"波动数概率及光子的不确定性原理"等。量子力学理论指出：当人们观察一个非常小的物体时，要测得它的速度时，结果总会出现不确定性。Helen Couclelie（2002）称它为海森伯的不确定性原理（Heisenberg's Uncertainty Principle）。统计物理学对微观事物做了概括性描述，指出多数粒子的统计行为，对于单个粒子的一次性运动行为是无法预测的，即不确定性的。对于微观粒子，人们看到一个自由运动粒子的动量是确定性的，而它的位置却是随机的，它可以出现在任何地方。这就是确定性与随机性统一的实例（姜路，2000）。

Hermann Haken（德国人，1986年，"协同论"的创始人）指出：按照热力学的基本规律，宇宙的混沌特征应该不断地增加，一切有规律的功能顺序应该停止，一切有序性应该崩解。他进一步指出，不要轻率地把一些规律认为是普遍有效的。我们不得不承认，一些自然规律，其有效性虽已在一定领域中被认识，并得到肯定，但在更大的范围内就只是一种近似的，甚至完全失去其意义。同时他还指出：客观世界中存在着有序的经常变换现象，并提出有序的经常变换等于无序的结论。

Dyson 认为物质（Material）是指大量粒子聚集在一起所表现的行为。在粒子物理试验中对物质进行检验时，发现粒子的行为是无法预测的。它们似乎是在不同的可能性中，随意挑选自己要走的路，因此物质具有不确定性特征，至少具有确定性与不确定性并存的特征。

普里高津在他的名著 The End of Certainty（1996）中详细论述了不确定性的普遍性，并明确地指出了经典物理学中的确定性都是有条件的。普里高津认为我们生活在一个可确定的概率世界中，生命和物质在这个世界里沿时间方向不断演化，确定性本身才是错觉。他进一步指出，从宇宙学到分子生物学的所有存在的层次上，都产生了不确定性的演化模式。例如，爱因斯坦的广义相对论（物质说明时空如何弯曲，时空说明物质如何运动）无法解释暗物质、暗能量和"大爆炸"现象，牛顿力学与引力定律出现了引力异常和重力异常等。引力、磁力、原子核力和造成放射性衰变的弱作用力四种基本力，它们的强度也具有不确定性特征，是随着温度的波动而变化的。

牛顿力学对客观世界进行了确定性的描述，认为客观世界是有序的、有规律的，但是这种有序性、规律性都是有条件的，属于有条件的确定性。例如，它只适用于地球的条件下，离开了地球很多规律就不存在了，就出现了重力异常、引力异常。1972年发射的"先驱者10号"航天器的怪异轨迹，使 NASA 科学家认为牛顿"万有引力定律"存在局限性。NASA 科学家发现，他们发射的几个宇宙飞行器逐渐放慢，偏离按照"万有引力定律"所计算的轨道。而且证明不是仪器的问题，也不是有着一个尚未发现的天体问题。对此唯一的合理解释是：在宇宙尺度水平上，牛顿的"万有引力定律"不再有效。这表明任何真理、定律都是有局限性的，只在一定条件下成立。这就是有条件的不确定性原则或规律。

中国科学院的相关天文专家则认为：这是由于我们对宇宙的了解还不彻底，有不少参数并不知道，因此轨道的参数存在误差，于是航天器偏离了预定的轨道。"对宇宙了解还不彻底，有不少参数并不知道"，就形成了不确定性的原因。

Eric Haseltine 在美国《发现》月刊2001年2月号的《物理学重大的未解难题》一文中指出：近年来人们通过对量子力学（微观物理）和广义相对论（宏观物理）的研究发现，量子力学与广义相对论之间存在着深刻的矛盾之处，因此，提出了"自然界中是否存在自相矛盾"这个客观现象，即客观世界是一个"矛盾的统一体"的观点，也就是不确定性的普遍性是客观世界的基本规律之一。例如，以伽利略、开普勒、笛卡儿和牛顿的研究成果为基础的爱因斯坦理论，将万有引力定义为"空间-时间的转变"。它在解释宏观现象时有的很有效，很好地解释了一个足够大的恒星的运动规律，但它无法给出恒星解体时形成黑洞的极限值。它在描述很微小规模的万有引力现象时却十分困难。从理论上讲，恒星解体后，物质最后向中心集中，挤压形成唯一的一个点，该点的体积为零，而密度无限大。爱因斯坦的广义相对论无法解释"黑洞"现象。又如，广义相对论和量子力学在空间概念上有很大的差异，在万有引力作用下的中子所运行的轨迹，广义相对论认为是平滑的、连续的，而量子力学则认为是阶梯的，是不连续的。俄罗斯的内斯韦热夫斯基进行实验的结果不是光滑的抛物线，而是阶梯形线。这证明广义相对论与量子力学的理论是不一致的。广义相对论适用于解释宏观世界，而量子力学则适用于解释微观世界。澳大利亚悉尼麦夸里大学物理学家保罗戴维斯称光速也具有不确定性特征，它在数十亿年的时间里减慢了。这意味着要改变相对论和 $E = Mc^2$ 方程的结论（*Nature*，2002.8）。光速不确定性理论还被新南威尔士大学天文学家约翰·韦布收集的数据所证明。

剑桥大学的若昂·马盖若和安迪·阿尔布雷克特两位物理学家在最近的《物理学评论》杂志上发表了《可变光速理论》。他们认为，"物理恒量是由环境决定的，是由周围物质决定的，而不是预先设定的。没有物质就没有物理学。如果宇宙的物质变得越来越稀薄，越来越冷，那就完全有理由认为恒量可能改变"。目前可变光速理论有两大组成部分：光速受邻近物质影响，它还受热量的影响，即温度越高，光的能量越大。可变光速理论对爱因斯坦相对论的核心：光速固定不变和物质不灭定律等提出了质疑。原来公认为确定性的理论（相对论）受到了挑战。可变光速理论认为：光速每年都有微小的变化。日本科学家已经发现，几十亿年前的尖星射电源的速度就比现在快。大宇宙之间的环境和物质的相似性的概率几乎为零。因此在大宇宙中运行的光速具有可变性的特征。卫星发射仍然要运用牛顿力学和爱因斯坦相对论，但它们给出的只是一个近似值，需要用可变光速理论来进行修订。

Ronen 于 1998 年指出，现代科学描述客观世界具有局限性，相对论认为科学正在变成一种按照某种语法规则描述客观世界的预言，或一种符号，而符号是无所谓正确和错误的。科学处理的仅仅是符号，而不是客观世界本身。量子力学的一个重要结论是将客观世界的存在方式描述成一种固有的不确定性。不论是以定性的（文字）还是定量（数据）的方式描述的客观实体与客观真实体之间存在一定程度的差别，表明了力学对客观实体的描述存在着固有的不确定性。

Helen Couelelie 指出：数学家一生与由无穷大和无穷小引起的非规则现象打交道，即在 Gödel 的"不完整性理论"框架下工作。物理学家使自己屈从于 Copenhagen 的量子力学解译难题和海森伯的"不确定性原理"及在空间与时间异常方面的打破了物理学的规则，在发现者宇宙飞船上的逻辑引力出现了和物理学矛盾的现象，并使物理学陷入了困境。

M. Waldrop（*Complexity* 作者）指出不确定性具有非线性特征，在一定的条件下最小的不确定性可以发展到令整个系统完全不可预测的地方。

普里高津在确定性与不确定性并存的基础上提出了"演化物理学"和"不稳定或不平衡物理学"等新的概念，对传统的经典物理学提出了挑战。

（三）信息领域中的不确定性

C. E. Shannon（信息论创始人）指出，"信息就是不确定性的消除"，"信息就是两次不确定性之差"，熵就是描写不确定性大小的量，熵值越大，不确定性就越大，信息就是负熵。由于不确定性只能减少而不可能完全消除，因此在信息中仍然保存着一定的残存的不确定性。因此，信息本身就含有一定的不确定性成分在内，虽然这种不确定性是微量的。

Dyson F. 于 1997 年指出，如果将生命和电脑相比的话，电脑是由硬件和软件两部分组成，生命则由蛋白质分子（硬件）和核酸大分子（软件）组成；从它们的功能上看：电脑硬件是指电脑本身由逻辑及数学运算的电子电路组成，而生命硬件蛋白质大分子的功能是使其他的化学物质以特定的方式发生反应，如催化反应和新陈代谢作用等；电脑软件指储存在硬盘上的指令及信息，而生命软件核酸大分子其功能是组织蛋白质，指令蛋白质如何工作和指令分子自行复制。生命过程具有增殖（Reproduction）和复制（Replication）两个功能。增殖是对细胞而言的，是指一个细胞分裂成两个大小相似的细胞的过程。复制是对分子而言的，是指制造一个和它完全相同的化学结构物的过程。细胞的增殖过程一定伴随着分子的复制过程。在生命过程中，如果细胞的增殖和分子的复制受到环境影响而发生变化，那么复制自己的过程就会产生变异。如果误差的概率为25%，即每四个单元中的三个单元位于正确的位置上，一个位于错误的位置上，这些变异就会一代一代地积累和传递下去，由渐变到突变，于是形成物种变异，称为"误差突变"（Error Catastrophe）。这种变异具有不确定性特征，环境变化具有不确定性，复制发生过程具有不确定性，任何生物发生复制过程变异也具有不确定性。

Motoo Kimura 提出了物种进行的"随机扰动"理论或"基因漂移"（Genetic Drift）理论皆为生命过程的不确定性理论。

粒子物理学家 Steven Weinberg（量子物理学家）认为："万物源于比特"（then from Bit）。"每一个物体，如每一个粒子，每一个力场，甚至时空连续系统本身"，其功能、含义和绝对存在都来自于仪器设备对"是或不是"（Yes or No）问题所给出的答案，都来自二进制选择，都来自比特（Bit）。

信息论创始人 C. E. Shannon 在《通信息数学理论》一文中把信息定义为"不确定性的减少或消除"。这种不确定性存在于通信双方。在通信给出开始之前，任何一方的状态对于另一方而言都是未知的，因而也是不确定性最大的。通信的过程就是信息交流的过程。信息在通信双方的交流过程中所起到的作用就是逐步减少，甚至消除通信实体中的任何一方对于另一方的状态的不确定性。

（四）化学领域中的确定性与不确定性并存

耗散结构理论认为化学反应系统都是开放系统和耗散系统。它们都要与外界进行物质、能量和信息的交换。化学反应系统在反应进程中都属于非平衡态。当其达到平衡时，反应就会中止。化学反应是一种非线性关系。每种化学反应过程都要从扰动开始。

化学反应过程，既可以处于平衡态，也可以处于非平衡态，包括近平衡态和远离平衡态，因此化学反应系统过程具有明显的不确定性特征。

化学振荡反应与耗散结构理论是密切相关的。普里高津提出非线性二次三分子自催化模型，并指出：只要不可逆的化学反应在远离平衡态下进行，就有可能出现有序结构，方程式也可能存在振荡解。

耗散结构理论还揭示了化学平衡和非平衡的矛盾及其转化问题，展现出了非平衡化学的广阔前景。

1. 化学振荡反应

耗散结构理论与化学振荡反应有密切的关系。近 30 多年来，化学振荡反应受到了重视。1955 年普里高津提出了"非线性二次三分子自催化模型"，并指出"只要不可逆的化学反应是在远离平衡态下进行，就有可能出现有序结构，方程也可能存在振荡解"。总之，化学振荡就是化学反应在的一定条件下形成的时间有周期，空间有结构的现象。

2. 化学平衡与不平衡

耗散结构理论还揭示了化学平衡和非平衡的矛盾及其转化问题，展现出非平衡化学的广阔前景。近来实践证明，化学反应都是由非平衡引起的。正是由于非平衡，才使物质由一种化学形态变为另一种化学形态。因此可以认为非平衡是化学反应之源，相对平衡则是变化的结果。因此由普里高津创建的非平衡态化学是化学这门学科的必然发展趋势，是化学中的一个新的分支。

（五）生物领域中的确定性与不确定性并存

达尔文的进化论认为，生物繁衍的后代总数通常都大于环境和资源的承受力。子孙与亲代以及子代体之间，总会有微小的差别。每一个生物个体，为了能长久地生存和繁殖自己的后代，总要与同种的其他个体展开直接或间接的竞争。机遇在任何个体生物的生存中都起一定的作用，大自然只选择那些变异特征更具适应性的个体，即更易存活的个体，有更大的机会把这些适用变异传给后代。他认为代际变异是随机的，只是在自然选择的压力下，某些变异才成为适应性的，并导致生物的进化。

海克尔生物基因定律：胚胎在很短的时期会经历其所属物种的整个进化史。即人类在胚胎时期能够出现我们的祖先所具备的某些形态特征。

爱德华兹在《现代生物科学家的进化论》（1982）提出了：①基本的遗传变异性质；

②繁殖方式把这些变异组成的个体的基因型及遗传组织的各种途径；③自然选择在时空上产生遗传差异的作用。

经典达尔文主义强调选择的作用，新达尔文主义则强调基因组合，非达尔文主义强调随机变异。

Stephen Jay Gould 和 Nilos Eldredge 等则认为，新的物种的产生几乎不可能通过达尔文所描述的那种渐进式的、线性的进化方式实现，在更多情况下，物种的形成是一种相对迅速的事件。当一个生物群落脱离其稳定的亲本种群，开始自己的进化旅途时，新的物种出现了。决定物种形成的是某些独特的、复杂的和偶然因素，而不是渐进的适应过程。

孟德尔则认为生物的进化主要是由遗传粒子（基因）发生基因重组、变异造成的。遗传基因阻止了特性的变化，但是在有性生殖过程中，发生了基因重组或变异，从而形成了新的物种。这些新的物种凡是能更适环境者就能生存下去，自然选择在这时产生作用。孟德尔描述了遗传基因的不确定性特征。他提出了"遗传粒子"，即基因（Gene）物质阻止了生物遗传过程中的性状的融合，从而保持了特性不变；基因重组发生在有性生殖的过程中，由于偶尔产生了基因表达的失误或突变，产生各种变异的后代，使自然选择可以在此基础上发挥作用。这种基因的变异是随机的，具有不确定性特征。

Richard Dawkings（牛津大学）建议把基因看作一小段一小段的软件，其目标是拷贝出自己更多的副本来。不管是石竹花，还是猎豹，所有的生物都只不过是这些"自我复制程序"的产物。但这种"自我复制"还受到"自然选择"的普遍适用规律的影响，因而可能产生变异。这种变异是随机的，即不确定性的。这种基于 DNA 的基因还可以经人为改变基因组的方法控制生物的发育，但这种通过改变基因组而改变生物性能的过程也具有不确定性特征。

Stephen Jay Gould 等指出"决定物体形成的不是像达尔文所描述的适应过程，而是某些更加独特、复杂、偶然的因素"。他坚决反对"生物的遗传决定论"的观点，强调"随机性，不连续性"的观点。他进一步指出：发生在我们这个星球上的生命进化可能会被证明仅仅是整个生命现象很小的部分，别的星球的生命的现象也许完全不符合达尔文主义的原则。因此，达尔文主义也具有不确定性的特点。他多次强调生命的形成更多是偶然性的，由不可预见的环境所决定。

严重急性呼吸道综合征（SARS），或称传染性非典型肺炎，简称"非典"，是一种由新冠状病毒所引起的呼吸道传染病。它的病原体为变种的冠状病毒，具有明显的不确定性特征，这种冠状病毒是"不守恒的"。它不断地产生新的变种，而且这种新的冠状病毒，还具有阳性反应与阴性反应并存，高温（38℃以上）与低温（38℃以下）并存等不确定性特征。它们的传染途径也是不确定性的，因此增加了防治的难度。

曼彻斯特大学的斯蒂芬、奥利弗等把一种酵母基因组的脱氧核糖核酸（DNA）片段进行交换后，这种酵母变成了另一种酵母，即基因修补把一个物种变成了另一个物种。这种基因修补实验回答了关于物种是如何形成的问题，同时还表明人们在瞬间就可以毁掉或展示数万年才形成的进化结果。

每一个生物都是独一无二的，而且一个这种独特的生物体又时时刻刻在发生变化，因此生物具有明显的不确定性特征。

Kauffman Smart 认为：人类和所有其他生命无疑都是 40 亿年的随机变化、随机灾难和随机生存竞争的产物。

长期以来一直认为"亚马孙流域的热带森林是地球之肺"，而现在则认为"海洋才是真正的地球之肺"。法国国家科学研究中心的环境与气候研究室负责人、地球化学家让·克洛德·迪普莱西通过研究证明，亚马孙热带雨林中的一株树消耗的氧气与它释放的氧气一样多。对于一片成熟的森林来说，氧气与二氧化碳的吸收与排放是平衡的、相抵的，还不到一株树在死亡后燃烧、腐烂时释放的 CO_2 总量。

海洋中的藻类和浮游植物进行光合作用时，吸入 CO_2，而释放 O_2，在夜间则为相反的过程。藻类和浮游植物释放的 O_2 量大于 CO_2 量，水在蒸发过程中，也释放 O_2 和 CO_2，其中 O_2 量大于 CO_2 量。

在生物学中曾有这样的理论：没有阳光就没有生命。太阳的光合作用使植物利用 CO_2 和水制造有机物。植物是食物链中的第一个环节。深海是不适合生命存在的，这是相对真理。直到 1977 年，美国科学家在海平面以下 2630m 深处，在海底火山管附近，温度高达 350℃处，发现到处是贝壳和 2m 长的虫子，否定了原来的理论，并提出了建立在化能合成基础上的原始生态系统理论。细菌成为虫子和软体动物的食物，把食物链的第一个环节理论推翻了。在 1985 年时，人们认为亚马孙森林是地球之肺，是环境的理论之一。但让·克洛德·迪普莱西又提出了"真正的地球之肺是海洋"的理论。海洋中的藻类里浮游植物群落能吸收 CO_2，并释放 O_2，其量比热带森林要大得多，可见生物学的理论在不断更新。

云南省澄江地区的"寒武纪古生物大爆发"化石表明，约有 20 多种动物门类是同时出现的，而现在也只有 30 多种动物门类。这个重大发现与"进化论"的观点是不同的。这表明了"进化论"也具有不确定性特征。

（六）天文科学领域中的确定性与不确定性并存

由于人们认识能力与客观世界的复杂性之间存在着固有的不确定性。人们对客观世界的认识能力虽然是不断提高的，但是客观世界无论从宏观上还是微观上来说也都是无限的。目前我们对客观世界的物质的认识还不到 5％的水平，对能量的认识也是如此（李政道，2002）。我们对暗物质、暗能量所知甚少，即使对已经知道的 4％～5％的物质的深层结构，如夸克和轻子，也了解甚少。我们用哈勃望远镜所看到的宇宙，也不是现在所存在的宇宙。望远镜中正在摄制的照片，所反映的现象，有的是现在的，有的早已不存在了，有的已经消失几千年、几万年，甚至几十万年不等。而已经诞生的新的宇宙，或已诞生了千年、万年的现象，现在仍然还不能见到。现在看到的可能早已不存在了，而现在存在的我们还看不到，可能要在千年、万年后才能看到，因此宇宙充满了不确定性。加上光并不保持直线运行，在路经"黑洞"附近时，可能发生弯曲，所以光距离"光年"也具有不确定性。天上的星星离我们非常遥远，当它们发出的光到达地球时，它们的位置已经发生了变化。即我们现在所看到的只是它们过去的位置状态。人们在地球上所看到的太阳的位置和太阳的实际位置大约相差 3min，即光线从太阳到达地球的时间约有 3min。再以人脑和遗传基因来说，仍然存在很多的变异和不确定性因子认识不清，人的认识能力虽然是无限的，但个人的生命是有限的，人类的生命也是有限的，要认识这个无限的世界几乎是不可能的。因此不确定性对于人类来说，它将永远存在。虽然人们对流星雨和小行星的轨道运行已经掌握得很精确，但仍然常常出现违约现象，因此存在着不确定性。

宇宙从无中生有的一次大爆炸中形成，NASA 运用 WMAP 对宇宙进行长达 12 个月的探测之后，测得宇宙年龄为 137 亿年，误差率为 1‰。国际天体物理学家小组，利用天体望远镜对 20 万颗天体（都距离地球 20 亿光年）测得的结果是宇宙年龄为 141 亿年，两者相差 6 亿年。可见宇宙年龄是不确定性的。由相当于核桃那么大，甚至相当于一粒绿豆大小，扩大到直径为 150 亿（130 亿）光年（1 光年相当于 10 亿万 km），具有 5 个银河系轮带，拥有 2000 亿个恒星，大部分是在大爆炸之后的 7 亿年间形成的，呈扁平状（形似铁饼）或五角形 12 面体足球状的大宇宙。至今仍然不断地扩张，星体在不断地生长或消亡，现在人们用天文望远镜所看到的星系图，有的可能早已消亡了几千或几万年，有的新星体已经存在了几千或几万年，它们还尚未显示，我们至今还没能见到。

宇宙的组成物质，初始时只有氢和氦两种元素。现在已经形成了 111 种元素，所以无论是物质还是能量都是不守恒的。

美国斯坦福大学天体物理学家安德雷·林德认为，宇宙的生命周期约为 360 亿年，其寿命还有 240 亿年处在壮年期。

太阳周围约 10 万光年的范围内集合了约有 1000 亿个恒星。这个恒星集团就是银河系，即银河系约有 1000 亿个恒星和 10 万光年的直径。银河系外的大量光点并不是恒星，而是远处的，类似于银河系的恒星集团。这种恒星集团统称为星系，但在表现上只是一个光点。星系在宇宙中的分布并不完全均匀，由于引力作用，它们也有弱的聚团性，但计数测量表明，空间各处的星系数平均密度是接近均匀的。

宇宙膨胀是一个重要的观测事实。它是指远处的星系在向远离我们的方向飞去，星系的距离在扩大，密度在减少。宇宙的膨胀速度为 50～100km/s。宇宙不存在中心，在任何一个部位测量，其四周围星系都在向外扩散。

牛顿力学无法解释无穷介质中的各部分间的引力。而爱因斯坦的广义相对论则可以，因为它论证了引力的作用造成了时空的弯曲。宇宙中的物质分布是均匀的。均匀的引力效应使宇宙变成了一个等曲位率的弯曲空间。理论上宇宙空间的曲率可为正，可为负，也可为零。实际宇宙属于哪一种可能，具有确定性与不确定性两种可能。按里曼几何、零曲率或负曲率的空间的总体积都是无限的，正曲率空间的总体积是有限的，但宇宙在理论上可能是无限的，也可能是有限的（广义相对论）。

（七）工程技术领域中确定性与不确定性

在工程技术领域内，凡是运用仪器对真实世界进行测量的数据都存在一定程度的不确定性，这是国际公认的。1992 年由国际标准组织（ISO）、国际计量委员会（CIPM）、国际法制计量组织（OIML）和国际电工委员会（IEC）共同组织的国际不确定度表示工作组（ISO/TAG4/WG3）的会议上，通过了《实验不确定度的说明》，即关于度量不确定度的一些度量和表示方法的标准和规范。

"不确定性"不仅存在于自然科学中，而且存在于自然科学技术的各个领域中，微电子分子生物学、基因工程、脑神经及医学中，还存在于社会经济和人文科学的各个领域中。总之，在客观世界中，在我们的生活里充满了不确定性。因此，Helen Couclelies（2002）提出了"和不确定性共处"（Living with Uncertainty）和 H. Toddweer，R. G. Congalton 于 2002 年提出"未来的世界是不确定性分析的世纪"（The Coming-Age of Uncertainty Analysis）可能是并不过分的。

二、"对立统一"法则与"对立并存"共存的观点

自然辩证法认为，"对立统一"是客观世界的基本法则。该法则指出，所有的事物都有与自己相反或矛盾的对立面存在，而且两者相互依存，都以对立面的存在作为自己存在的条件。一旦与其相矛盾的对立面消失，它马上也就不再存在了。更为重要的一点是两者不但相互依存，而且还可以相互转化。因此任何相互矛盾、相互对立的事物，都是"对立统一"的。辩证法认为，这是客观世界的基本法则。

在科学方法论中，人们一向认为确定性与不确定性理论是相互矛盾、相互对立的，线性科学方法与非线性科学方法也是相互矛盾、相互对立的。还有均衡与非均衡、有序与无序都是相互矛盾、相互对立的。各方都有自己的对立面存在，并与对立面相互依存，并可相互转化。但大量的实践与实验结果表明，所有事物都有与自己相矛盾的对立面存在，这是事实，但对立面相互依存、相互转化的情况十分复杂，需要进行再研究。就以"确定性与不确定性"来说，或以经典力学与量子力学为例，两者是相互矛盾相互转化的，双方都有自己的绝对权威，大批支持者，有大量的科学数据实验资料作为佐证，双方经过了百年的争论，也曾提出解决矛盾的方法与理论，如"统合理论"、"统一场理论"及"大统合模型"，还有"弦论"，但都没成功，尚未得到广泛的认可。既然"确定性与不确定性"的"对立统一"期望不能成功，那么只能"对立并存"。对立并存是可以实现的，其理由如下。

第一，按"对立统一"法则，它本身也存在对立面，或与其相矛盾的一面。它的对立面就应该是"对立并存"法则。对立统一与对立不统一是相互对立的。对立不统一就是对立并存。

第二，从热力学的角度来说，它的第一定律（能量守恒）与第二定律（能量不守恒）是相互矛盾、相互对立的。但它们不能统合，只能并存。

第三，确定性与不确定性理论是相互矛盾、相互对立的。既然它们不能实现统合，即不能实现"对立统一"，那么只能对立并存。

第四，在确定性的系统中，可以存在不确定性因素，在不确定性系统中，也可以存在确定性因子，因此在一切系统中，都是对立并存的，概率具有普遍意义。

"对立并存"观点的具体内涵是：确定性、不确定性并存与不对称。包括经典力学，相对论及热力学第一定律（能量守恒）在内的理论是客观世界的固有特征之一。而量子力学、进化论及热力学第二定律（能量不守恒）也是客观世界的另一个固有特征。两者都是"真理"，但是两者是相互矛盾的、相互对立的。两者的矛盾与对立之处在于，确定性理论认为在一个系统过程中，当它的初始条件一旦确定后，整个系统过程就已知了，过程是可逆的，可以重复的，时间也是可逆的，是可以预测的；但不确定性理论则认为，系统过程的初始条件是测不准的，系统过程中的环境因素是可变的，如果出现一点微小的差别，将可能"失之毫厘，差之千里"，甚至产生"蝴蝶效应"，因此时间是不可逆的，过程也是不可逆的，也是不能预测的，只能用概率来表示。总之，确定性理论认为，系统过程是测得准的，系统过程环境是保持不变的，初始条件确定后，一切都是可知的。过程是可逆的，可重复的，时间也是可逆的，还认为概率是出于无知。不确定性理论则认为，系统过程的初始条件是测不准的，系统过程的外界环境是可变的，如果出现一点微小差异，就可能"失之毫厘，差之千里"，甚至还可能造成"蝴蝶效应"，一般只能用概率来表达。因此，确定性与不确定性是对立的。

"对立并存"观点认为，在任何一个系统中，不论是确定性系统还是不确定性系统都是对立并存的。在确定性系统中，可能存在少量的不确定因素，同样，在不确定性系统中，也可以存在少量的确定性因素。对于不同系统来说，虽然确定性与不确定性因素都是并存的，但所占比重有很大的差别，有的以确定性因素为主，有的则以不确定性因素为主，因此只能用概率来表示。概率是客观世界固有的特征之一，是普遍性的。

"对立并存"就是相互矛盾，两者不能统一，既不相互依存，又不可以相互转化，只能是并存的。对立并存与对立统一都是客观世界固有的特征。客观世界既是对立的统一体，同时又是对立的并存体。"对立统一"与"对立并存"都是客观世界固有的特征。对立并存观点不是对对立统一法则的否定，而是重要的补充和完善。如果没有对立统一观点的存在。对立统一法则也就不能成立，因为对立统一法则必须要有与自己相矛盾的一方存在。对立并存就是就是对立统一法则矛盾的一面，或对立的一面。若按"对立统一"的法则来说，"对立统一"与"对立并存"是相互预存的关系。客观世界不是单元世界，而是多元世界。对立统一法则，就是单元世界的思想，而对立并存才是多元世界的思想。在多元世界里，既可以存在"对立统一"的法则，又可以存在对立并存的观点。这既符合多元世界的原则，同时又符合"对立统一"法则。这是对科学方法论的创新和突破。

三、"对立并存"的地球系统过程中的普适性

地球系统是一个复杂的巨系统，从相对短的时间来看，如十年、百年，甚至千年角度来说，它既具有确定性特征，又有不确定性特征，是确定性与不确定性并存的，即对立并存的复杂系统。从相对较长的时间来看，如万年、十万年、百万年、千万年和亿万年，它则是不确定性的，非稳定的系统。因为地球系统的一切都随时间而变，不存在永恒不变的"地球常数"，所以地球是一个具有不确定性、非稳定性特征的复杂系统。无

论从相对短时间的确定性、不确定性对立并存的角度，还是从相对长期的不确定性的、不稳定性的特征的角度，两者都存在对立并存的特征。即使相对长时段的不稳定、不确定性系统来说，也存在"对立并存"的特征。因为在确定性或稳定性系统中，可能存在不稳定性的因素，它们可能在某一个特定的时段，某一个地区出现，因此无论是对确定性系统来说，还是对不确定性系统来说，"对立并存"是普遍存在的。

地球系统不仅具有"对立并存"的特征，而且同样具有不对称特征。由于确定性和不确定性并存是普遍存在的事实，对于确定性系统来说，确定性因素占的比重较大，不确定性因素占的比重较小。同样，对于不确定性系统来说，它的不确定性因素占的比重较大，而确定性因素所占比重较小。因为都是"不对称"的，所以不对称也是普遍特征。

从百万年、千万年、亿年的时间尺度来看，地球的大小、重量、形状，包括地轴倒转、大陆漂移、板块运动、地形沧海桑田的变迁，及气候生物的变化等几乎所有"地球常数"都发生了不同程度的变化。地球自转速度在 2 亿年前，每年只有 260 天，现在为 365 天，是变化的；地球自转、公转及地轴的位置，三者是有周期变化的，称为 Milankovitch 周期。这个周期存在不确定性与确定性并存的特征，因为以确定性为主，所以又是对称的。地球系统过程在相对长期的条件下，确定性与不确定性是并存的。

从十年、百年、千年的时间尺度来看，地球系统过程也是确定性与不确定性并存的，因此是对立并存的。但因为以确定性为主，所以又是不对称的。短期的天气预报正确与不正确是并存的，是对立并存的。但因为正确为主，正确率为 75%，所以又是不对称的。地震与火山活动的可预测与不可预测是并存的，但因为以不可预测为主，正确率几乎为"0"，所以又是不对称的。

（一）地球科学中的确定性与不确定性并存

我们的太阳系是在 47 亿（46 亿）年前形成的，地球约在 40 亿年前诞生，经历了多次海陆变化，地轴倒转（平均约 25 万年改变一次），气候变迁，造山和造陆运动，群场在逐渐变小，38 亿年前首先在海洋中出现生物，5.7 亿年前出现动物大爆炸，4 亿年前开始登陆，1.5 亿年前出现恐龙，又经历了 5 次生物大灭绝。在地球轨道附近，约有 700 颗小行星在运行，它们是否会撞击地球？概率为 1000 万分之一。可见地球也是不守恒的。

地球作为大爆炸之后太阳系形成过程中的一员，在外形上总体来说是圆形的，实际上具有不规则的"倒梨形"或"斯图加特土豆形"。地球的表面不仅是不对称的，而且还凹凸不平。因为地球表层的物质分布是不均匀的，它们的密度是不一致的，所以重力分布也是不均的。海平面也不是均匀润滑的弧面，而是起伏不平的，高差可达 200m 左右，因此海平面、水准面都不是完全平的。

原始的液态氨基酸和其他简单的分子在 40 亿年前转化为原始的活的单细胞。单细胞在 6 亿年前开始组合形成海藻、水母等多细胞生物体，从 4 亿年前生物开始登陆形成陆地生物。这些物种和生态系统，从诞生、发展到灭亡经历了几百万年的过程。少数还要更长时间，但都在完成了历史任务后被新的物种和新的生态系统所替代。这就是地球系统守恒与不守恒的特征。某一个物体或生态系统只能存在几百万年时间，是守恒的特征，但只存在几百万年，又是不守恒的特征，与40亿年相比，它是非常短暂的。

地球在某种意义上是一个"活的机体"，是一个"自组织"系统。它在外界的太阳能量的支持下，依靠本身的物质和能量进行自动调节，如一个"永动机器"或"活的机体"、"耗散结构"。

达尔文的自然选择论是建立在生物的随机进化的偶然结构的基础上的，因此它具有不确定性特征。生命的本身是一种特殊的复杂的碳水化合物。生命一开始就处在复杂、多变和不确定性交融的环境里，共同形成了地球系统的复杂性、多变性和不确定性特征。

2000万年前出现原始人类，100万年前出现直立人类，50万年前出现北京猿人，16万年前出现智人（Homosapiens）。7万年前人类遭受了一次灾难估计只剩下数千人，后来逐渐增加。97％的时间为旧石器时代，直到17世纪出现蒸汽机为主的第一次工业革命，18世纪出现了以电动机为主的第二次工业革命，到19世纪中叶出现了计算机和网络，进入了第三次工业革命。科学技术的出现只有300多年却推动了社会经济飞速发展，改变了整个面貌，所以说人类社会是不守恒的。生命突破了原有的极限。原来认为生命需要阳光氧气和适度的温度，过去陆上生物圈层为地下30m到地上100m，而现在发现岩层下5000m处仍有生物存在，海底8000m也有生物存在。那里已没有光线（阳光）和氧气。目前生物生存的温度记录为113℃，估计可达120~150℃。生物圈不只是扩大了，而且是一个全新的概念，是另一个世界。

每一个动物的生命周期从几天到几年、几十年和上百年。对于整个种群的生命周期，或更替周期为500万年到1000万年，有少数物种可以更长。人类从原始人类开始至少50万年，有的材料认为已有100万年，智人也有10万年的历史。在7万年前，人类和其他生命遭受过沉重打击，可能是第四纪时期，当时只剩下了少数人，分布在世界各地，后来逐渐增加，到现在已达60亿以上。

美国研究人员证明600万年前人类已经直立行走（《科学》周刊2004），比以前材料提前了300万年。这种古人类称为奥陵园根原始人，生活在非洲肯尼亚的Lukeino地区。遗传基因证明黑猩猩和人类是700万年前的同一祖先的分支。

地震具有明显的不确定性特征。气象、水文和海洋兼有确定性和不确定性科学，是属于经典统计概率为主的科学；地质学和地理学更是兼有"有序与无序并存"的不确定性科学，地质年代、地质构造、地层岩性是不确定性的，其可信度只能用概率来表达。地理的地带性和非地带性特征，自然区划经济区划的界线也具有不确定性特征。在地球科学中的很多现象和过程都是连续的、不停的，动态变化的，很难进行划界。但是人们要求划界，这种划界是不确定性的，如土壤、海洋的物理和化学特征的界线等。

对于大气预报来说，研究的历史最长，大约超过了100年，投入的人力、物力也最多，从事大气运动和天气预报的人力已超过千万，运用了最大型的计算机、最先进的仪器设备。就以最先进的美国来说，根据100个气象站预报的结果是：5天的温度预报准确率75％；1个月温度预报的准确率为61％；1个季度的温度预报的准确率只有58％。

而降雨的预报的准确率更低：5天的为59％；1个月的为52％；1个季度的为51％。这表明其存在很大的不确定性。对地震预报的准确率则为零，具有很大的不确定性。我国运用每秒数千亿次的计算机，根据大气实况，通过术语描写天气演变的主程组，预报未来的天气，准确率只有60％～70％。还有，如光子的不确定性、遗传基因的不确定性、重力异常、引力异常、地球磁极的漂移、气候的变化和地球转速的微小变化等，都具有不确定性。

对于某些具有变化很快、边界瞬息万变和连续变化，没有明确界限或边界的事物或过程来说，它多数存在固有的不确定性特征。例如，不同类型的土壤之间，不同的自然（区）带之间，海洋中的不同的温度和泥沙浓度带之间的边界具有明显的不确定性。它们之间是逐渐过渡的，不存在明确的界线。即使有界线存在，也是动态的、变化无常的。

凡是属于社会经济范畴类的事物或过程，更存在"固有不确定性"的特征。即使在某些方面进行过预测，或建立了预测模型，但它们结果的准确率很低，何况很多是没法检验的，全凭他说了算。

Gaia假说是由James Lovelock于1972年提出的。Gaia是希腊神话中的大地女神，以Gaia名字命名他的理论。Gaia假说的核心是：地球上所有的生命构成的生物圈与其环境构成一种稳定的共生关系。环境养育了生物，生物借助自身的作用，以更加有利于自身生存的方式改变着环境。

（二）地球系统过程中的"对立统一"法则与对立并存观点

"对立统一"是自然辩证法的基本法则，但是在"确定性、不确定性的统合理论"中遇到了挑战，同时人们发现，"对立不统一"或"对立并存"也是客观世界的另一个固有特征，并认为客观世界应该是多元性的，不是单元性，可以存在"对立并存"与"对立统一"，两者都是基本法则，在前面章节中已有论述。

"对立并存"虽然已经证实为客观世界的另一个固有特征，但不能称为法则，只能称为论点，尚需进一步严格地论证。前面已经讨论了"对立并存"观点的普遍性，现在主要讨论"对立并存"观点在地球科学领域中的情况。

在正式讨论地球系统过程中的"对立并存"观点的具体内涵前，在以前的章节中已明确规定"确定性、不确定性并存与不对称"，即在任何一个事物中，包括一个具体的地球系统过程在内，都具有确定性与不确定性因素并存的特征，不过在确定性系统中，确定性因素为主，而不确定性系统中，以不确定性因素为主，概率是用来衡量确定性或不确定性的指标。现在就地球系统过程中的确定性与不确定性，或"对立并存"的状况进行简要的讨论。

（1）地球系统过程的"波动性、节律性和不确定性"特征是"对立并存"的。波动性、节律性特征基本上属于确定性范围，不确定性特征本身就是不确定性范围的，因此波动性、节律性与不确定性是对立并存的。波动性与节律性既有确定性特征的因素，又有在波动幅度的变算性和节律的漂移性，因此是不确定性的。确定性与不确定性是并存的。

（2）地球系统过程的均衡与非均衡、平衡与不平衡是对立的。例如，地壳重力均衡假说，河流平衡剖面、海滩平衡剖面和坡地平衡剖面的假说都是属于动力平衡性质的。无论是动力构造还是动力平衡、都是从力学角度来讨论的。还有，如地球化学元素的平衡问题，包括地球系统过程中对 CO_2 的吸收与释放循环的平衡问题，这些是常见问题。但是不论是力学的均衡或平衡，化学过程平衡，还是地球化学元素的平衡等，都存在争论，即均衡与非均衡、平衡与非平衡的争论。一部分学者认为地球系统过程存在物理的、化学的、生物的、地球系统的平衡、均衡问题。另一部分学者则认为均衡、平衡问题，仅仅从理论上来说是存在的，实际上是不存在的。即使存在也是短暂现象，仅仅是一种动态平衡或均衡。从整个地球系统过程来说，地球系统是远离平衡的。我们认为在地球系统过程中，平衡、均衡与非平衡、非均衡都是地球系统过程的固有特征，两者是客观存在的，是相互对立的和并存的。对于地球系统过程的整体来说，是对立并存的和不对称的，以非平衡、非均衡为主，平衡、均衡为辅，是短暂的现象。准平原，夷平面是客观存在的，但保存得很少；非平衡，非均衡现象是普遍存在的。

（3）地球系统过程的可逆性，时间的可逆性或可重复性、不可重复性现象，都是客观世界固有的特征，但是又是相互矛盾的、相互对立的，是相互并存的。在地球系统过程中，生物从无到有，从简单到复杂的过程是不可逆的，如从蕨类植物到裸子植物再到被子植物的进化过程，动物从无脊椎动物到有脊椎动物，再到哺乳动物，灵长类动物，直到原始人的进化，是不可逆的。但地球的自转、公转，太阳活动，气候变化，植物生长随季节变化等都是可逆的，可重复的。因此地球系统过程的可逆性与不可逆性，可重复性与不可重复性是对立的，又是并存的，都是客观世界的固有特征。可逆性和不可逆性是并存的和不对称的。不同对象是不同的。有的以可逆性为主，有的则以不可逆性为主，都具有概率特征。

（4）即使对于地球系统的同一对象来说，如"地球常数"，也是确定性与不确定性并存的。一般来说，地球常数是确定性的，但实际上是存在时间条件的，在一定时间范围内，它是不变的，可以称为"常数"，但是超过了时间范围，它又是可变的，是不确定性的。例如，现在一年有 365 天，是确定性的，是常数；但在 2 亿年前，每年只有250 天，因此又是可变的，是不确定性的。再以人口数为例；对于一个区来说，人口数可能是确定性的；对于一个县来说，人口是不确定性的；而对于一个省的人口，一个国家的人口，尤其是中国的人口数是不确定性的。如果计生委宣布 2000 年第 13 亿个孩子在北京出生了，这是不准确的。全国哪一年的农作物产量的数据更是不准确的，因为全国产量数据是开会协商决定的，不是实测的，是估计的。所以地球系统的数据是确定性与不确定性并存与不对称的。对于小范围、小数据量的数据是确定性的，而对于大范围的、大数据量的数据是不确定性的。地球数据的确定性与否是有时间尺度的，在一定范围内是确定性的，而超过了这个范围，这个数据就是不确定性的了。

（5）地球系统过程的地带性与非地带性并存特征。地带性与非地带性是相互矛盾和相互对立的，都是客观世界的固有特征，两者是并存的。但两者并不相互依存，也不能相互转化，更不能统合，只能并存。即使在同一地区，既有地带性特征，又有非地带性特征，两者是并存的，是镶嵌的。

（6）Milankovitch 周期是确定性的，但存在一定的变化，因此又是不确定性的，两者是并存的。

（7）地球系统的变化存在波动性特征是确定性的。但因为温度变化的强度与持续时间的长短是不确定性的，所以也是"对立并存"的。又如 100 年来全球温度变暖是确定性的，但变暖的原因是不确定性的。

（8）近百年来全球海洋平面变化是确定性的，但变化幅度与原因则是不确定性的。

（9）地球生物层的变化是确定性的，但变化原因与方式属于渐变的"进化论"方式还是"爆发论"方式则是不确定性的，或"对立并存的"。

（10）水文系统过程也是"对立并存"的，既有可预测的一面，又有不可预测的一面，即确定性与不确定性是并存的。

（11）地震、火山活动等地壳运动也是"对立统一"的。即有火山带与地震带的空间分布特征是确定性的，活跃期与平静期是确定性的；但它们的具体活动地点、时间及强度又是不确定性的。

（12）大地构造"地槽、地台"是对立并存的，湖泊、沼泽的发展阶段也是"对立并存"的。

因此，"对立并存"在地球系统过程中是普遍存在的现象。

（三）地球系统过程中的对立并存观点——对立并存与不对称观点

从科学理论来说，确定性与不确定性理论是对立的；线性方法与非线性方法也是相互对立的。"对立统一"法则是辩证法的核心内容之一，并得到了广泛的认可。但是由于以经典力学与相对论为代表的确定性理论与线性方法论和以"进化论"与"量子论"为代表的不确定性理论与非线方法论，企图将相互对立的两者进行"统合理论"或"统一场理论"努力的失败，宣布了对"对立统一"理论的否定，只可能是"对立并存"，因此不得不承认两者都是正确的，都是客观世界固有的特征，也符合地球科学领域。因此"对立统一"与"对立并存"都是客观世界的固有特征。

1. 从科学理论来说，线性、非线性方法并存与不对称也是客观世界的固有特征

（1）"自变量与应变量"是线性关系，大多存在小范围的、短时间的现象和过程，对于大范围、长时期的现象和过程为非线性的。线性仅仅是非线性的局部现象。从地球系统的角度来看，线性、非线性并存，但以非线性为主。

（2）"确定性、不确定性并存与不对称"。从地球系统角度来看，一切现象和过程，既有确定性的，又有不确定性的，但以不确定性为主。因为大尺度的时间和空间条件下，一切都在变，而且是不确定性的。

（3）"测得准、测不准并存与不对称"。对于小范围、小数量的过程与对象来说，是测得准的，如隧道测量，一个镇的人口数，是测得准的。对于大范围和大数据量的对象或过程来说是测不准的，如全球人口数量、2009 年全球粮食产量，是测不准的，对于地球系统来说，测得准与测不准并存，但多数是测不准的。

（4）"已知、未知并存与不对称"。这也是普遍的现象。人们不可能对客观世界做到全知，只可能基本认识，或基本不认识。例如，人们对"暗物质"、"暗能量"略知一二，即 $10\%\sim20\%$，而约 90% 是不认识的；人们对日月运行则有较多的认识，已知七八，即 $70\%\sim80\%$，尚有约 20% 是未知的。对于大气预报来说，当天可达 90% 的可信度，但从一年的统计来看，不可能达到 100%，而一年的气候预报，可信度微乎其微。

在地球系统领域中，以地球常数为例，如地球自转速度与公转速度，一般都认为是守恒的，即确定性的；在一定的时间范围内是正确的，但若以亿年的时间尺度来看，地球的公转与自转速度是可变的，因此地球常数是"确定性与不确定性并存"，且不对称的。对于千年、万年尺度来说，地球自转与公转速度确定性成分占 99%，是确定性的。若以亿年尺度来说，不确定性成分占 90% 以上，又是不确定性的。这就是地球常数是"确定性与不确定性并存"且不对称的原因。

再以天气预报为例，一周（7 天）内的天气预报的"正确性、与不正确性并存与不对称"。一般正确率为 75%，则正确性占 75%，而不正确性为 25%，天气预报基本是正确的，同样，海洋预报也是一样。

动物的食物链也是如此，以野兔与狼之间的食物链关系为例。野兔与狼数量之间的关系为线性、非线性并存与不对称的关系。开始时为线性关系，过了若干年后为非线性关系。在开始阶段，狼的数目与野兔数目之间，随野兔的数量增加与狼数量增加呈线性关系。但过了若干年后，它们之间呈非线性关系。因为野兔繁殖的数量赶不上野狼增加的需要，所以呈非线性关系。只有降低狼的繁殖力来达到平衡，才能恢复线性关系。

在地球系统运行的轨迹，有些是线性关系，有些则是非线性关系，如呈弧形线关系或曲线关系。这种线性与非线性关系可以同时出现在同一过程中，往往是由于外部条件变化而不同，或是由于发展阶段不同而不同。往往出现线性与非线性过程并存和不对称现象，有时以线性为主，有时则以非线性为主。

2. 宇宙系统中的"对立并存"现象

地球系统是宇宙系统很小的组成部分。在讨论地球系统之前，认识一下整个宇宙的概况是十分必要的。宇宙是一个质量（或密度）无限大，体积无限小（霍金称为"舜子"，麻省理工学院的 Alan Guth 认为比质子更小，还有人认为 1 立方英寸，重达 10^{27} t）的物质当引力变成斥力时，约在 137 亿年（NASA）或 141 亿年（国际文体物理学家小组）前的一次大爆炸中形成的。宇宙大爆炸得到了包括哈勃等在内的很多天文学家和天体物理学家所证实，而且宇宙膨胀的速度还越来越快。这种斥力对经典力学提出了质疑，对带有宇宙常数的相对论也存在质疑。现在的宇宙直径约为 150 亿（或 130 亿）光年，每 1 光年约为 10 万亿 km，并具有扁平状，形似铁饼，或一个五角星 12 面体的（形似足球）的整体形状，约包含了 2000 亿个恒星，大部分是在大爆炸之后的 7 亿年间形成的。星体在不断的生长和消亡。现在人们用天文望远镜所看到的遥远的恒星，有的可能已消亡了几千年或几万年，有的新星已经存在了几千或几万年了，但它们还未能在天文望远镜中得到显示。NASA 运用威尔金森微波各向异性探测器（WMAP）研究表明，宇宙的组成物质成分只有 4% 是原子，其余 23% 为暗物质，73% 为一种神秘的暗能量。在宇宙形成的初期只有氢和氦两种较轻的元素，现在已经形成了 111 中元素。这些元素是在不同的温度条件下，由不同的原子数量组成的。

宇宙中大约有 10 个银河系，每一个银河系约有 2000 亿个恒星。银河系是太阳系所在的恒星集团，集合了很多个恒星，银河系的直径约为 10 万光年。银河系外的大量光点并不是恒星，而是远处的，类似于银河系的恒星集团，这种恒星集团统称为星系，但在表面上只是一个光点。星系在宇宙中的分布是不均匀的，由于引力作用它们也有弱的聚团性。但计数测量表明，空间各处的星系数平均密度是接近均匀的。宇宙膨胀是一个重要的事实。远处的星系正在越来越快地远离我们。星系间的距离在扩大，密度在减小。宇宙的膨胀速度为 50～100km/s。

牛顿力学无法解释无穷介质中的各分物质间的引力和斥力。而爱因斯坦的广义相对论则可以，因为它论证了引力的作用造成的时空弯曲。宇宙中的物质分布是均匀的。均匀的引力效应使宇宙空间成了一个弯曲位率的弯曲空间。理论上宇宙空间的曲率可为正，可为负，也可为零。实际宇宙属于哪一种，都具有确定性与不确定性两种可能，按里曼几何，零曲率或负曲率的空间的总体都是无限的，真正曲率空间面积的总体积是有限的，但宇宙理论上是"有边无限"的。但是爱因斯坦在他的相对论中加了一个"宇宙常数"，也就无法解释正在膨胀，而且膨胀速度越来越快的现象。宇宙膨胀是否存在止境？如果有止境，那么爱因斯坦加的宇宙常数是对的；如果没有止境，那么加的宇宙常数是错的。因此，一切都是确定性与不确定性并存的。

John Wheeler 在《时间的边界》（*Frontier of Time*）中指出，宇宙中都是独立的现象。这些现象超越了已有定律的结论。这些现象如此之繁多，无从捉摸，并不受已有方程式的限制，超越了现有的理论。他进一步指出：自从知道宇宙是从"大爆炸"开始之后，再要认为物理定律是由无限之前一直到无限之后都保持不变，就显得十分荒谬了。这些定律应该是不断变化的。

太阳系具有八大行星，我们的地球就是其中的一个。在地球的轨道附近约有 700 多个小行星（宇宙碎屑）在运行。

宇宙在 137 亿年（或 141 亿年）前从无中生有的一次大爆炸中形成，太阳系是 46 亿年（或 47 亿年）前形成，地球约在 40 亿～45 亿年前形成。宇宙的生命周期约为 360 年，现在正处于壮年期。

3. 地球系统演化过程中的"对立并存"

地球系统包括气圈、水圈、陆圈和生物圈在内，但也有人划分出更多圈层的。圈层的划分不是绝对的，各圈层间存在相互渗透的现象。在气圈中存在着少量的生物和矿物，在水圈中不仅含有少量的气体和矿物质，还有种类繁多的生物。在陆圈的地层岩中，即使在地表以下的几千米处也存在着水体和生物，而且还有气体。在生物圈内，生物与气体、水体、土壤更是密不可分。这些圈层相互渗透、相互影响或相互作用，形成了一个复杂的巨系统。同时地球系统还受到太阳辐射、宇宙辐射和外来陨石等的影响，因此地球又是一个开放的、复杂的巨系统。在地球系统中，不仅各部分或各地区之间存在温度、湿度、压力、重力、磁力及由地势高低引起的位能、势能等差异的不平衡，而且它与地球以外的其他形体之间的物质和能量的交换也远没有达到平衡的条件。因此，地球系统是一个远离平衡的、开放的和复杂的巨系统。

地球系统自诞生之日起，一直处在不断变化之中。变化的时间尺度可以从分秒到亿年计，变化的空间可以从局部地区到全球范围。其中，以气候与生物变化最快和最明显。它们是地球演化的敏感标志。

4. 气圈、气候子系统中的"对立并存"

近年来，德国波拉克（H. N. Pollack）在其所著《不确定的科学与不确定的世界》一书中以大量的篇幅说明了科学和客观世界充满了不确定性，从而使得在大多数人眼里以"发现规律为己任"的科学，给人类展示的总是确定性事物的本质受到了质疑和严峻的挑战。一般公众认为，科学之所以成为"科学"，就是因其揭示了某种"确定性"规律或事物的本质。最明显的例子是，牛顿"万有引力"学说诞生以来，不少科学界的权威和大师都认为，世界万事万物的运动规律都是确定的，其实并不尽然。例如，预测未来某一事物的变化（如天气、气候或地震等），往往具有一定的风险（不确定性）。完全能做出的与现实非常接近的预言，一般都不能如愿。近几十年来科学界讨论激烈的非线性科学、混沌理论等研究成果表明，由确定性微分方程可以导出貌似随机的混沌结果，这对于支撑许多科学问题的种种确定性观念是一种严峻的挑战。

事实上，在自然界乃至人类社会中，不确定性本来就是客观存在的，这就使得许多学科的科学家们有必要对根据一些数学物理定律而构建的种种"模型"重新审视一番。例如，在大气科学中，牛顿力学应用于旋转流体而导出的 Navie-Stokes 方程及热力学第一定律所导出的热力学方程，迄今已成为确定论的大气科学方法论的坚实基础。20多年来，在大气动力学基础上发展起来的动力气候数值模拟更加支持了确定论的研究方法和思想。但是，对任何一门科学，人们所考察的都只是"有限现象"。

自然辩证法认为，一切有限现象都包含有偶然性的成分，因此，科学所研究的一切（物理、化学、生物）过程都包含着偶然性成分，它的外在表现当然就是不确定性。从哲学理论上说，"偶然性"并不阻碍对各种现象的科学认识，它恰恰是相对于必然性的新的生长点。随着人类对世界认识的深化，虽然各个必然过程的交叉点上所出现的偶然性将逐渐减少，但是，人类对于无穷世界的认识永远不可能到达"终结真理"的顶点。换言之，在我们周围发生的一切过程，包括天气、气候变化过程，都有确定性的一面，可预报（知）的一面，又都存在着不确定性的一面，不可预报（知）的一面。如何正确认识"确定性"与"不确定性"，以便正确处理其相应的方法论，是一个值得探讨的问题。

但是当今仍有不少学者，特别沉迷于理想化模型，并特别相信对自然实况做了大量简化处理后所得到的理想化模型的计算结果。例如，全球气候变化问题，它是涉及整个人类生存的大问题，从而也成为举世瞩目的重大科学问题。在北欧哥本哈根召开的世界气候大会从各国政府的层面，讨论人类如何应对全球气候变化问题，而所有这些国际问题的依据焦点就是全球科学界对气候变化的科学研究结果。当前虽然理性和科学的态度占据上风，但关于气候不确定性的研究论文借助"Climateprediction. net"试验也已取得了可喜的结果。与此同时，古气候的研究向纵深化发展，这类研究是减少气候不确定性的最有效手段之一。实际上，在地学科学中往往存在着大量的包括随机性、模糊性和未确知性在内的不确定性因素及其信息。对几百到几千万年以来地球气候变化的翔实研究，也许是我们最终能较准确地预测未来气候所必经的途径。地球系统概括起来可分为五大子系统（或圈层），分别是：大气系统、陆面系统、海洋系统、冰层系统、生物系统。地球气候的变化过程，正是涉及上述全球系统内外部各种因素的相互作用。无论用何种研究方法来诊断和预测气候的变化，必须首先深刻认识全球（气候）系统及其变化的复杂性。

20多年来，随着地球科学的发展，特别是大气科学及其相关学科的迅速发展，人们对地球气候的形成和变化有了新的认识。"气候"的概念已不再是经典气候学定义的那种所谓"天气状况的平均"或"大气瞬时状态的长期平均"等"静态"概念。气候的形成是全球气候系统（包含大气、海洋、冰雪、陆面及生物各子系统）内外部多种因素错综复杂的相互作用的结果。由于其相互作用过程随时间的推移处于无休止的变化之中，它们涉及各个子系统内部以及各子系统彼此之间的各种动力的、物理的、化学的和生物的过程，因此导致气候的长期平均状态和偏离平均态的各种时间尺度的变化。除此以外，整个地球气候系统还会受到各种来自天体运动和地球内部运动的渐变或突变因素的冲击，从而对其施加各种外部强迫，如地球轨道参数变化、火山爆发、太阳活动等。因此，全球或任一地区（点）的气候状态在不同的时空尺度上始终是变化的。"气候"的概念必须从气候系统的全部统计特性和物理过程及其变化来认识。

气候变化过程的复杂性首先是因气候系统各子系统本身具有显著不同的物理属性而引发。例如，大气是气候系统中最主要最活跃的子系统，人类和大部分生物赖以生存的大气，在垂直方向由对流层、平流层、中层和热层组成，其中，对流层是气候变化的主要场所。大气具有易变性、动力不稳定性和能量耗散性。它之所以处于运动之中，全靠其他子系统和气候系统外部（太阳辐射）能量的补偿来维持。假如没有补充大气动能的物理过程，大气运动和能量传输就会被摩擦消耗殆尽而终止运行，其时间极限大约只有一个月。由于大气密度和比热相对较小，使其在受热时易变为不稳定，因此对于外部强迫的响应比其他子系统迅速。而太阳短波辐射和地球长波辐射在大气中的传输受大气成分变化的影响，尤其是温室效应强弱变化对气候的影响相当大。此外，大气作为地球外围圈层流体，在旋转地球上运动，服从流体力学中旋转流体运动规律，具有平流和湍流特性、非线性特性及其与边界层和大气内部的摩擦效应，这些特性都可能隐含着不确定性。

海洋覆盖全球70%的面积，由于其热容量大（地球上巨大能量库），并有70m深（对海洋混合层而言），其储热能力比大气高出30倍。它的热输送主要通过洋流把赤道地区的多余热量向两极输送，而中纬海洋中的能量则以感热、潜热和长波辐射形式释放给大气。虽然洋流流速远小于风速，海洋的平流输送比大气慢10倍左右，但其输送量远高于大气。海洋表层可通过潜热将其储热释放。海水对流的形式主要是局部冷却，而不是加热，因而海洋内部的垂直涌动受海面冷却、海水密度和含盐度影响很大，海洋上层对于大气和冰雪圈的相互作用，其特征时间尺度为几个月到几年，对深海，其特征时间尺度为数百年。海洋在气候系统中的作用主要有两方面：①大气-海洋耦合变化中的动力与热力相互作用；②海洋内部物理过程。前者为海-气间的动量、热量，物质交换，后者为海洋环流（包括深层温盐环流）的变化。由于海洋加热场的不均匀性，大气与海洋之间的各种相互作用在时空分布上都极不均匀，尤其是热带和赤道洋面的暖、冷水事件形成的物理过程（如厄尔尼诺和拉尼娜）更是人们关注的焦点。因为其变化过程很复杂，所以海-气之间的相互作用不可避免地具有不确定性。至于其他子系统及其相互作用过程，其复杂性与不确定性就更加明显。例如，迄今为止，人们对陆面与大气之间的物理量交换过程的认识及其描述仍然不够。生物圈及其内部过程的复杂性在气候模拟中的定量描述仍然是一个难题。生物界本身的变化直接影响到气候的变化。人类活动作为特殊的生物活动对气候产生直接或间接的影响。近年来人类活动产生的气候影响已经与自然气候变化量级相当。例如，人类的城市化效应，大规模开垦、放牧、砍伐森林，工地排放污染物、碳化物、粉尘等，可严重地改变大气中某些成分的浓度（如 CO_2、CH_4、CFC 等），导致不断加剧的温室效应和局地地表辐射平衡与热平衡的变化。同样，植被分布、植物生长发育的季节周期都是与气候既相互适应又相互制约的。所有这些都无法完全加以客观定量化。

就时间尺度而言，不同尺度的变化相互叠加。在地球漫长的生命史（约 50 亿年）上，气候已经经历了巨大的变迁，而人类历史与地球史相比，其时间极为短暂。迄今人们已经认识到的气候变化的时间尺度跨度相当巨大。从长达数百万年、数千万年的大冰期和大间冻期循环，到短于几百年、几十年甚至几年或数个月的短期气候振动，全球各地气候变化的时间尺度谱几乎覆盖了全部频率段。若以最短时间尺度取为一个月来描述这些不同时间尺度的气候变化，它可一直延伸到以万年为单位的时间尺度的气候变化。事实上，各种不同时间尺度的变化呈相互叠加、相互交织的状态。例如，在大冰期中就有相对暖期与相对冷期的气候波动，交替循环其外面尺度约为 1 万～20 万年，即人们常说的所谓冰期与间冰期（为区别于大冰期与大面冰期或温暖期），又称亚冰期与亚间冰期，如第四大冰期中就有许多这类变动。当然，每一个冰期或间冰期，还存在着时间尺度为万年的冷暖相对期，如此等等，层次分明地相互叠加，即便是近百年气候变化记录中，也仍表现为几十年甚至 10 多年时间的相对冷暖波动。

由此可见，气候变化是以不同时间尺度的气候变迁、气候变动、气候波动直至几年或数月的气候振动、气候异常交替循环，而构成的一幅幅错综复杂的气候变化图像。一方面，一般说来，较长时间尺度气候变化总是较短时间尺度的变化背景，较短时间尺度的气候变化总是叠加于较长时间尺度气候变化背景之上，从而形成一种层层嵌套、层次分明的复杂变化图像。另一方面，气候变化的不同时间尺度往往对应着不同的空间尺度。例如，一个地点的温度和降水长期变化大约代表直径为 10km 范围的气候变化，太平洋或大西洋暖洋流的长期变化大致代表 $10^2 \sim 10^3$ km 的中尺度气候变化，欧亚大陆环流指数或环流型的长期变化属于 10^4 km 的大尺度范围，北半球乃至全球的气候变化则代表了 10^5 km 以上的行尺度变化。关于时间尺度和空间尺度的匹配，从近百年全球或半球气候变化的观测中已可见一斑。

　　研究表明，气候变化时空尺度的多样性是与其成因相对应的。应该说，这只是一种定性的非严格的对应关系。一般可将气候变化因子分为两大类：一类为外部因子；一类为内部因子。前者基本上不受气候系统状况的影响，即气候系统对这些因子没有反馈作用；后者则是气候系统同倍物理过程及复杂的相互作用过程所产生的原因。例如，地球气候系统主要能量来源的太阳辐射自古以来就有变化，云水滴的反射率增高，影响辐射吸收，因而许多研究指出火山灰气溶胶和人类排放气溶胶有抵消温室效应的冷却作用，在区域性气候变化中不可低估。而人类活动是近 100 多年来新增加的一类气候变化原因。所有这一切都给气候的变化增加了复杂性。

　　气候系统的不确定性还表现在：气候系统各子系统内部物理过程相当复杂（如大气），彼此之间又有动量、质量和能量的交换与传输，必然构成气候变化的不确定性。例如，由于大气成分有许多不确定性（如 CO_2 浓度增加、火山灰增加、水汽变化等），实际建立的辐射过程定量关系只能通过参数化作经验性的估计和简化。云的影响是气候系统中最不确定的复杂因素之一。它对地-气，海-气的能量和水分分布及其间接反馈效应的影响是相当可观的。例如，通过降水使大气和地面的水义过程相耦合；云滴由水汽、液态水、冰晶构成，云量分布的宏观确定，微观不确定，它不断改变地表的辐射和湍流输送，加之云中微粒的温室气体效应，因而对于地-气系统动量、热量、水汽交换及辐射都有重要影响。又如，地表反射率是陆面过程的基本参数，不同地表特征，其反射率有一定差异，且随季节而变化，很难准确测定。此外，陆面物质输送过程主要通过水分循环进行，而蒸发、降水和地面径流等现象是主要循环形式。所有上述这些过程都有很多不确定性因素。最新研究成果还表明，大气气溶胶对短波和长波辐射有不同的复杂影响，它在对流层与平流层对辐射的直接和间接影响也不同；至于 CO_2 所产生的温室效应是众所周知的，目前估计 CO_2 的人为排放量有一定的可靠性，但是，若考虑自然界的碳循环过程，尤其是海洋吸收部分，尚具有相当多的不确定性（丁裕国，2012）。

（四）气圈与气候演化过程中的对立并存

　　从地表以上，100km 以下为气圈层顶，10km 处为对流层顶，10～100km 之间为平流层、中间层和热层（逆温层）。大气层顶是一个波动面，具有不确定性特征。

　　自从大气圈层从地球系统中分离出来后，在漫长的地球演化过程中，经历了重大的变化。根据对气候敏感的地层沉积物种可以推断出当时的气候变化，如煤炭、铝土、蒸发盐、岩盐、钙结石、高岭土、石膏、冰砾岩及碳酸盐、生物化石、红层、海相红层、赤铁矿和磷铁矿等沉积物地层可以恢复古气候状况。树木的年轮也可以判断气候的变化。

　　在寒武纪（代号为 $\in$，距今 5.00 亿～5.70 亿年），南半球为较凉和较寒冷气候，北半球则为较温暖的气候。

　　在奥陶纪（代号为 O，距今 4.40 亿～5.00 亿年），南极位于现今的中非地区，南半球寒冷，乌拉尔—哈萨克—蒙古一带处于当时的热带，而西伯利亚为当时的干旱地带。我国东北、新疆及北美处在当时的低纬度地区。

在志留纪（代号为 S，距今 4.05 亿～4.40 亿年），全球大部分地区为温暖气候。

在泥盆纪（代号为 D，距今 3.50 亿～4.05 亿年），早期气候变化强烈，晚期变化缓和。

在石炭纪（代号为 C，距今 2.85 亿～3.50 亿年），全球气候变暖，相当于热带和亚热带气候，湿度大而温度高。森林茂盛，遍及全球。石炭纪晚期气候突然变冷，冈瓦纳古陆出现大陆冰川，热带和亚热带在欧洲和北美向南移，天山、大兴安岭一带为温带森林区。

在二叠纪（代号为 P，距今 2.30 亿～2.85 亿年），大陆冰川仍广泛分布，冰盖的周围出现干旱带。到了晚二叠纪，北半球也出现干旱气候，中国大陆为北温带森林区，气候温暖潮湿，新疆、内蒙古和大兴安岭一带植物茂盛，森林遍地。

在三叠纪（代号为 T，距今 1.95 亿～2.30 亿年），北半球和南半球中、高纬度地带出现温凉气候，低纬地带森林茂盛。

在侏罗纪（代号为 J，距今 1.37 亿～1.95 亿年），全球气候温和，湿润地带和潮湿地区交错分布。

在白垩纪（代号为 K，距今 0.67 亿～1.37 亿年），气候温凉，极地区则寒冷，但还没有冰盖。白垩纪中、晚、全球气候较暖。

在古近纪、新近纪（代号为 N，距今约 0.25 亿年），南极出现冰盖，中国北部气候干热，形成大片红土沉积，南欧及华南、北美、北部气候湿热有棕榈和红树林分布。

在第四纪（代号为 Q，距今约 250 万年），全球气候变冷进入冰期时代。它可以划分为以下阶段：末次间冰期鼎盛期（0.1Ma B. P.）；末次冰期极盛期（0.019Ma～0.0Ma B. P.）；中世纪最佳期（1000～1200A. D.）；全球小冰期（约 1500～1850A. D.）。

在地球历史上重大的气候变化主要有：三次大的热时期，如二叠纪、白垩纪和第三纪，平均温度高于现在约 10～15℃，主要证据为都有红色地层的存在；五次大的冷期，如前寒武纪（震旦纪）大冰期、奥陶纪大冰期、石炭纪末大冰期、二叠纪末三叠纪初的大冰期和第四纪的大冰期。

《科学》周刊（2004.11）发表了西班牙高等科研理事会对近 25 万年的气候变化研究报告，称在今后几千年间将经历一次气温骤降，然后开始一个 1000～2000 年的冰期。因为现在正处在第四纪冰期的间冰期时期，现在变暖是间冰期的特征，变暖后仍将变冷也是间冰期的特征。霍安·格里马尔特认为，在过去 150 年内，由于温室气体排放量超过 2000 年的总和，因而气候变暖，这将促使气候骤降更早成为现实。

同时他还发现在这间冰期期间，海水的温度下降了 10℃，而海水温度是气候变化的"缓冲器"，如果平衡被打破，那么冰山的冰融水将使海水温度不断下降。这就是"气温变暖、海水变冷"，将导致冰期的来临，即地球系统的自组织功能的结果。

现在研究结果表明，北半球的气温在 100 年内平均上升了 0.7℃。埃斯佩在《科学》周刊上指出，公元 1000～1300 年，为公认的中世纪温暖期，其气温上升强度不下于现在的气温上升强度。关于 100 年来气候变化曲线，不同学者研究的结果是不同的，联合国气候委员会专家迈克尔·曼等与加拿大科学家史蒂夫·麦金太尔的气候曲线是不一样的。后者进一步表明公元 1400~1600 年的气温上升幅度与 20 世纪的上升幅度不相上下，证明人类的温室气体排放对气温上升的影响不大。

全球气候变化委员会（IPCC）认为，近百年来，全球平均气温上升了 0.6℃ 左右，估计到 2100 年时，全球平均气温将上升 1.5~4.5℃，而最佳估计是 2.5℃。因为温度上升与 CO_2 浓度增加会引起植物的迅猛生长，反过来会吸收 CO_2 气体，大气中 SO_2 也会使气体下降，这就是地球的自组织功能。

6 亿年前的地球漫长的历史时期，气候是怎么变化的，没有证据可查，但在 5.7 亿年前震旦纪出现了第一次全球性的大冰期，并在地质史存了遗迹，第二次大冰期出现在 5.0 亿~4.4 亿年的奥陶纪也是有证据的，第三次冰期出现在 2.85 亿年前的石炭纪末期，第四次冰期出现在 2.30 亿~1.95 亿年前的二叠纪与三叠纪之间，最近一次冰期出现在 250 万年前和第四纪，都是有历史遗迹可证明的。关于地球历史时期具有全球影响的冰期见表 4.3。

表 4.3　地球历史时期具有全球影响的冰期（寒冷气候）

距今年代	地质历史时期名称	证据
5.7 亿年前	震旦纪	冰碛与冰水沉积地层
5.0 亿~4.4 亿年前	奥陶纪	冰碛与冰水沉积地层
2.85 亿年前	石炭纪末	冰碛与冰水沉积，无生物残迹化石
2.30 亿~1.95 亿年前	二叠纪与三叠纪之间	冰碛、冰水沉积，无生物残迹化石
从 250 万年前开始	第四纪	冰盖、冰川沉积物，寒冷生物残迹

同样，在地球的历史中，在 2.30 亿年前的二叠纪出现了第一次炎热期，在 1.37 亿~0.67 亿年前的白垩纪的第二次炎热期和 0.25 亿年前的古近、新近纪的炎热期都有红色地层存在作证据。红色地层只有炎热而干燥的条件下才能形成，估计那时的平均气温要比现在的平均气温高 10~15℃。

在地球历史上，气候的变冷、变热曾有过多次变化，都有地质证据可查，是确定的。变化的周期越来越短，也是确定的，但因其变化的原因都是一些推理、猜测，即使也曾有过用来证明观点的地质证据，但也是相互矛盾的，所以是不确定的。例如，太阳系在宇宙中运行到某一特殊空间受到某种引力或者辐射所致，也可能是由于太阳辐射的变化、地轴的变化，陨石冲击产生的尘埃遮盖、火山爆发的火山灰挡住了太阳光达到地表引起的，或者是海洋中的海藻植物和陆地森林大量吸收 CO_2 温室气体的结果，但这些假定都是不确定的，更不能精确测定它们的参数值和发生的时间和强度，因此更是不确定的。只有在弄清了气候变化的历史背景的情况下，才能讨论当前的气候变化问题。地质历史时期的温暖期见表 4.4。

表 4.4　地质历史时期的温暖时期

温暖和炎热时期	证据	气候特征
泥盆纪早期	煤层	温暖、潮湿
石炭纪	煤层	温暖、潮湿
二叠纪	煤层	温暖、潮湿
三叠纪	煤层、红层	温暖、潮湿；炎热干燥
侏罗纪	煤层、红层	温暖、潮湿；炎热干燥
白垩纪	少量煤、红层	温暖、潮湿；炎热干燥
古近纪、新近纪	红层	炎热干燥

1. 近期气候变化的对立并存观点

目前正处于最近的一次冰期，即第四纪冰期的间冰期期间。自 250 万年前形成最近一次冰期以来，气候经常发生波动，具有历史记载的公元 1000 年时，气候非常温暖，到公元前 190 年时开始了 90 年的气候变冷，到公元 1000～1200 年，即中世纪时期，气候变冷，经历了 250 年的寒冷期。从 1850 年开始又进入了变暖时期，现在正处于新的一次变暖的顶层期。据《科学》周刊（2004.11）发表的西班牙高等科研理事会对近 25 万年来的气候变化研究称，现在变暖正是处于间冰期的特征，并认为不久的将来又将变冷，将出现 1000～2000 年的寒冷期。估计他们是从统计规律中得出的结论。研究显示，间冰期的周期，从 2.1 万年、4.0 万年，到 10 万年不等。

末次冰期最盛期（18 万年前）气温最低时，比现在低 8～10℃，上次间冰期（距今 1.4 万～11 万年前）气温比现在高 4～6℃，距今 6000 年前气温比现在高 2℃左右。在过去的 100 多年里，即从工业革命开始的 1860～1986 年，全球平均气温上升了约 0.5℃。但气温是波动的，根据 IPCC1990 年报告，1917～1994 年，全球平均气温上升了 0.7℃，而 1944～1976 年又下降了 0.4℃。

现在气候变暖这是事实，是确定性的，但是对于它属于间冰期正常的自然现象，还是排放 CO_2 过多所引起的，存在着不同的看法。现在的研究结果表明，不同学者的研究结果是不一样的。

2. 气象、气候预报中的"对立并存"现象

沈铁元于 2004 年指出，在气象预报领域中早已开展了不确定性研究；曾庆存等于 2000 年研究了长微分方程数值求解中的误差传播规律；陈静等利用 MMS 模式和集合预报方法对华南暖区暴雨个例模拟，研究了暴雨预报落区和强度的不确定性（华南中尺度暴雨数值预报的不确定性与集合预报实验，气象预报，2003.8）；王邵武评价了有关大气环流模式（AGAM）和统计方法的预报能力，探讨了某些气候系统或气候特征的确定性与不确定性的来源（短期气候预测的可预测性与不确定性，地球科学进展，1998.2）；王会军研究了两种大气环流模式在进行短期气候预测时的不确定性及其产生原因（试论短期气候预测的不确定性，气候与环境研究，1997.12.2）；王国强把不确定

性理论中集对分析方法成功应用于降水预报；张学文把不确定性与复杂性联系起来，天气预报的不确定性研究是公认前沿课题。

通过长期经验的积累，技术有了很大的进步。例如，雷达测雪与气象卫星的应用，提高了气象预报的水平，但仍然具有不确定性特征。虽然数值预报方法的采用，从理论上说有利于预报水平的提高，但由于气象数据和计算中存在的不确定性是不可避免的，因此预报中的不确定性也是不可避免的。首先气象观测在时间和空间上是不完全的观测，是对大气特征的粗略的描述，在观测中还包含了多种误差，而且人们已有的气象知识大多是粗糙的、模糊的、未确知的信息。例如，目前人们无法精确求解大气运动方程组，于是只好采用数值预报模式方法求取近解，而且还经常对方程组进行某种简化处理；人们对非线性作用的研究和理解尚不全面、不透彻；模式对地形运动力强迫和辐射、云等的热力作用，以及多尺度的相互作用过程的模拟尚不够完善。自从数值预报开展以来，预报水平逐步得到提高，但仍存在不确定性。

数值模拟对中尺度暴雨预报的准确率还不高。影响暴雨数值预报准确率的因素主要包括模拟初始值误差、模式误差和模式中非绝热物理过程的描述误差等。与湍流、对流输送、凝结和辐射相对伴随的非绝热物理过程，对中尺度暴雨发生和发展具有重要意义，数值模拟普遍采用参数化方式描述这些非绝热物理过程。参数化方案包括对流触发条件、闭合假设、降水效率、对环境场的反馈等方面（陈静，2003）。

数值预报的不确定性来源于观测误差，计算误差，模型包括的气象知识的模糊、粗糙、未确知性等因素，以及预报本身存在的系统误差和随机误差暂时尚不能严格区分等。

国际CLIVAR计划的重点是气候变率及可预测性，即气候的可预测度（气候是否以及在多大程度上是可以预测的）。这一计划的提出对国际气候预测研究具有重大的指导意义。首先，大气系统中混沌机制的存在使得大气系统对初始状态具有较大的敏感性，这种敏感性是削弱气候可预测的一个因素。其次，作为最大的年际变率信号厄尔尼诺与反厄尔尼诺对大气环流的影响尽管比较广泛，但主要限于热带，在中高纬区影响较小，这又大大削弱了热带以外区域气候可预测度。另外，我们对于影响气候钝器变化的其他一些因子（陆面过程、土壤深度、冰雪过程等）的演变规律及其对气候短期变化的综合影响知之甚少，这又大大削弱了可以利用现有知识和模型进行较为准确的气候预测的程度。

概率天气预报方法已被世界各国广泛采用，并得到了很好的效果。由于大气运动同时具有确定性和随机性的双重特征是人们在天气预报中长期实践的科学认识，天气预报本身存在着不确定性，所以概率天气预报是必然的结果。显然大气运动的随机性和天气预报的不确定性是概率天气预报的关键。

丑纪范院士在《长期数值天气预报》（1986）著作中，从怪引子和大气湍流的角度来看待天气预报中的动力学方法和统计学方法，从确定性系统具有内在随机性这一最新发现，推导出大气内部的非线性作用所引起的变化带有不确定性特征，易于用统计方法来处理，而由外部因素变化所造成的变化，则易于用动力学方法处理，从而提出了动力-统计有机结合的新见解。

丑纪范院士还提出了数值预报中的内在不确定性和外在不确定性的概念，认为在进行长期预报时，两种不确定性都是存在的，并建议以不确定性为基本前提将长期天气预报问题作为一个信息问题，并将这个信息问题作为微分方程的反问题的新设想。

巢纪平院士指出，从大气学的一门新的学科分支——全球大气环流模式（GCM）或动力气候学的角度来看，天气变化可预报性大致为两个星期，在当前科技的条件下，要进行月和季的长期数值预报是徒劳的。如果要求预报一个月后某一天的天气状态是十分困难的，但如预报一个月后某一时段的平均天气状况，如旬平均、月平均，是可能的，大概这是天气预报的上限。

水文与气象是密切相关的。水文领域中的确定性与不确定性问题与气象领域中的确定性与不确定性有关，但又有差别。因为水文的确定性与不确定性问题，既受降水的影响，又受地表及一定深度地下状况的影响，包括地质、地形、地貌、土壤、植被和人为的影响，所以水文和气象一样复杂，甚至更复杂一些。

国际水文科学协会（LAHS）最近提出，"水文水资源中新的不确定性概念"，作为重点研究问题，包括水文变化的随机性、概念划分非唯一的模糊性和信息不完全的"灰色"系统等重要理论的研究。国际水文计划（IHP）的"变化世界中的水资源规划"专题中，强调了水资源开发中的不确定性问题。

2004年12月18～19日，由中科院地理科学与资源研究所陆地水循环及地表过程重点实验室、武汉大学水资源与水电工程科学国家重点实验室、中国自然资源学会水资源专业委员会、武汉大学水问题联合研究中心等组织在北京举办了以"水问题复杂性与不确定性"为主题的第二届全国水问题研究学术讨论会，并出版了《水问题复杂性与不确定性研究与进展》论文集（夏军主编，中国水利水电出版社，2004.12），受到了广泛的关注。

（五）水圈子系统中的"对立并存"现象

在水圈，尤其是大洋形成的早期，水体的化学成分性质和现在是不一样的，但在6亿年以来，大洋的酸度、盐度、氧化与还原状况没有发生多大的变化，即使在冰期时代的年平均温度变化，也没有超过8℃，在冰期与间冰期变化期间，在冰期最盛时期，海平面可低于现今的海平面130m。而在上一个间冰期时的海平面要比现今的海平面约高出6m。

在地球系统的历史上，古代的水圈和现在的水圈，尤其是大洋分布是不一样的。现在陆圈上的石灰岩所在地，曾经都是古代的海洋。地球系统的古地图描述了地球系统的水圈演化过程。现在的高山，如喜马拉雅山，曾经是古地中海的一个组成部分，所谓"沧海桑田"就是对水圈演化过程的很好描述。

从水圈演化过程看出，海平面的变化是一个十分重要的标志。据陈代钊的研究，海平面变化具有周期性特征，一般可以划分为6个旋回，主要以其沉层特征为依据进行划分。

一级旋回＞50Ma
二级旋回 5Ma～50Ma
　　　　沉积旋回厚度大，以石灰岩为主

三级旋回 0.5Ma～5Ma　　　　特征明显，以石灰岩为主

四级旋回 0.1Ma～0.5Ma　　　规模小，频率高，石灰岩和碎屑岩

五级旋回 0.01Ma～0.1Ma
六级旋回＜0.01Ma
　　　　规模小，频率高，以石灰岩和海相碎屑岩为主

海平面变化：距今 1.87 万～0.6 万年，海平面持续上升，大致恢复到最后一次大冰期以前的情况。距今 0.6 万年以后，全球海平面基本稳定，但由于受地方性因素的影响，各地区的海平面变化差异很大。最近 100 年来，全球海平面总的趋势是上升的，每年平均约为 1～2mm/a。据国家测绘地理信息局资料，近年来我国海平面上升速度为平均 1.4mm/a。据气候变化委员会（IPCC）1990 年估计，到 2100 年，海平面上升的最高值为 110mm，最低值为 31mm，1992 年 IPCC 作了修正，认为到 2100 年时，海平面上升的最高值为 88mm，最低值 14mm。

相对海平面变化，世界上的大三角洲，约为过去几十年理论海平面上升率的 5～10 倍，例如，长江三角洲的沉降率为 6～19mm/a 以上，美国的密西西比河三角洲上升量中，地面沉降占海平面上升的 85%～90%。

南极地区指南极辐合地带，即南纬 55°S 以南的地区，总面积为 3220 万 km^2 其中海洋面积为 1820 万 km^2，陆地 1400 万 km^2，地球上 70% 的淡水，总量约 2450 万 km^3，以冰的形式聚集在大陆。据计算，如果南极冰盖全部融化，世界洋面将上升 60m，如果格陵兰冰盖也全部消融，海面上升的高度远远不止这个数。

由于地球具有不均匀的地心引力，因此地球上各个地方受到不同的引力，使地球具有凹凸不平的、土豆一样的表面形状和北半球略大、南半球略小的梨子一样的整体形状，南北半球具有不对称的特征见图 4.2。

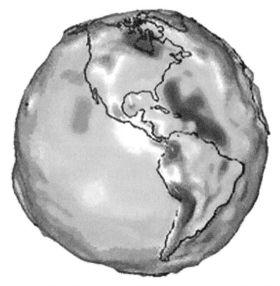

图 4.2　美国国家航空航天局提供的地球不均匀的引力场图片

以地球表面凹凸不平形态的形成来说，重力小的地区凹陷比较明显，而重力大的地方，地心引力则比较高。印度洋海平面局部比澳大利亚海岸的西太平洋海平面低190m。这是岩石融化和不规则漂流的结果，测地卫星可测得地球表面的重力的波动起伏。德国波茨坦地球科学研究中心（GFZ）的科学家于2002年发射两颗环绕地球的测地卫星，测得的结果把地球称为"波茨坦土豆"。地球表面的最大凹陷在印度附近，那里的地心引力比地球表面平均引力小0.3%。即在印度买1kg肉运到德国后会变轻。在印度海岸的船只比平均海平面低120m。水体被周边重力大的地方吸走，因而印度洋形成凹形。测地卫星的数值与局部海平面测得的数值最多相差2m。

如果气候变暖是确定的，那么海平面上升也是必然结果，具有确定性。因为两极的冰山、冰盖融化，将导致海平面上升。海平面上升，将使沿海的低地被淹没，包括珠江三角洲、长江三角洲等经济发达地区。国家测绘地理信息局实测结果显示，海平面平均上升速度为1.4mm/a；气候变化委员会（IPCC）1992年的报告称，到2100年，海平面上升最高值为88mm，最低值为14mm。如果按照地质证据，在冰期最盛期，海平面比现在下降了130mm，而在上次最盛的间冰期，海平面比现在约上升了6m。是否可以认为当两极的冰盖、冰山完全融化，海平面将上升6m？这将淹没大片陆地，是不可能的。

近百年来全球气温平均升高了0.6℃左右，海平面上升了10～20cm，海平面变化值是统计各地验潮站记录得来的。由于验潮站分布不均匀，记录时间的长短以及地区构造运动的影响，因此不同学者所得的结果是不同的，见表4.5。

表4.5 近百年来海平面上升计算值（施雅风）

研究学者	依据资料	时间段	速率/(mm/a)
Gornitz 与 Lebedff（1987）	130站	1880～1982年	1.2（误差0.3）
Barnett（1988）	155站	1980～1986年	1.5
Trupin 与 Wahn（1990）	84站	1900～1980年	0.71（误差0.13）
Peltier 与 Tushinghan（1989）	40站	1920～1970年	2.4（误差0.9）
Douglas（1991）	21站	1880～1980年	1.8（误差0.1）

可见，海平面变化具有不确定性。

中国科学院地学部海平面考察组（1993）科研结果认为，估计到2050年，相对海平面的上升值如下：

珠江三角洲：40～50cm；

长江三角洲：50～70cm；

黄河三角洲（天津地区）：70～100cm。

据任美锷院士推测，到2030年海平面相对上升值如下：

黄河三角洲：老的为60cm；现代的30～50cm；

长江三角洲：30～40cm；

珠江三角洲：20～25cm。

据 IPCC 报告，到 2100 年，海平面上升 88mm，对沿海地区的影响如何也是不确定的。因为：①所谓海平面是假设的理想平面，而实际上它是一个表面凹凸不平的、坑坑洼洼的"波茨坦土豆"形体，这是由重力不均匀所造成的，如印度洋局部的海平面比澳大利亚海岸的西太平洋海平面低 190m。因为实际的海平面不是统一的平面，所以到 2100 年海平面平均上升 88mm 在各个地方的表现是不一样的。②陆地的地壳平面也是处在不断变化之中的，不仅产生水平位移，而且还产生垂直位移，即局部地区不断产生上升或下降的变化。地形测量结果表明，这种地形形变是客观存在的。因此，海平面上升对陆地的影响是复杂的海平面形状与复杂的地形影响的综合结果，具有不确定性特征。

上海浦东地区就是地基下沉的影响和海平面上升两者综合作用的结果，非常复杂。

（六）关于生物圈子系统的对立并存现象

从地球表层以上 8000m 天空到以下 8000m 深海为生物活动的场所，称为"生物圈"。

地球系统形成初期处于高温的混沌状态，随着太阳和星际作用力以及地球内部热能的相互作用，发生了核幔分异、地幔流和壳幔分异，形成了原始的地核、地幔和地壳。地壳随着时间演化不断增厚，又分出不同层次，地球内部的岩浆喷出地表，将大量气体带到地球外部形成了原始的大气圈。在一种随机的条件下，大气圈中的水汽凝结，降落到地表或深入地下，并汇流到地壳的低洼处，形成了原始水圈。其后，水和大气在太阳辐射作用下，孕育出原始细胞，并逐渐形成了生物圈。生物圈形成后，太阳能就能够通过光合作用进入生物界，从而加强了存储太阳能量并促进了地壳表层的演化。随着地球系统的演化，生物分成动物和植物，并按各自的方向发展。动物由单细胞到多细胞，由双胚层动物到三胚层动物，由无体腔到真体腔动物，从鱼类发展到两栖类、爬行类、鸟类到哺乳动物群；植物从藻类到蕨类，从蕨类到种子类，从裸子类到被子类。总之，生物是由简单到复杂的发展过程。

1. 生物形成与发展过程中的"对立并存"观点

在地球系统的演化过程中，在 38 亿年前生物首先在海洋中形成，然后扩展到陆圈，先出现低等的原始藻类植物，后出现原始动物。4 亿年前生物从海洋开始登陆，从原始藻类到裸子植物、被子植物，从古无脊椎的腕足类、三叶虫到古脊动物的恐龙、鸟及鱼等经历了漫长的演化更替过程。传统的观念包括达尔文的进化论，认为生物是由简单到复杂，由少到多逐步演化发展起来的。但根据近期的云南澄江化石群发现，生物的演化是多种生物同时出现的。在一个合适的古环境下，可能出现了"生物大爆炸"，尤其最近在印度尼西亚发现的"矮人化石"，表明了非洲出现的原始人化石不是唯一的原始人种。植物个体的生命周期从几天到百年以上不等，但它的种群的生命周期可从 2000 万年到 2 亿年。动物的个体生命周期也从数天到百年以上，但种群的生命周期一般在 500 万～5000 万年，有一种在海洋中的原始生物叫"毛孔虫"的，它既有动物的特征，又有植物的特征，它既能进行光合作用，又能捕食其他生物为生，已经存在了 4 亿年。另外，珊瑚种群已经存在了 4 亿年以上。一般来说，越是高等的生物种群，因为它对生态环境要求比较高，所以它们的生命周期比较短。

2. 进化论的"对立并存"观点

Ernst Magr（哈佛大学）等学者将达尔文的进化论与孟德尔的遗传基因说进行了"统合"，形成了一种综合体系，断言自然选择是生物进化与遗传基因综合的结果，才有了今天的生物多样性。

Watson 和 Crick 从 DAN 结构研究中证明一切生物都是相互联系的，都有共同的来源，揭示了使自然选择成为可能遗传现象的统合基础，即连续性和变异性相统一的原因，同时分子生物学也宣布，所有的生物现象均可用物理语言来描述。但尼尔斯·波尔并不完全同意，很多生物现象是不可能用物理原理所能描述的，生物现象还有它自己的规律。但也同意生物和物理之间确存内在相同之处。Bohr 还指出，就像物理学家在理解电子的行为时只能满足与不确定性原理一样，生物学家们在探索生命的奥秘时，也不容忍某种不确定性的存在，即允许生物体在某些方面保持一定的自由度，这样才能形成生物的多样性。

John Horgan 于 1997 年指出，自古以来，人们无数次地试图寻求一种预测和解释，包括自然和社会现象在内的多种现象的数学理论，不幸的是，所有这些努力最后都以失败告终。Norbert Wiener（控制论的创始人，1948 年出版了名著《控制论——动物与机器的控制与通讯》），他宣称完全能建立一个单一的、包罗万象的理论，不但可以解释机器的各种运行机制，而且还能解释小自单细胞生物，大到国民经济系统的各种复杂行为，并认为这些实体的行为和过程，从本质上看，都是以信息作为基础的。它们的运行机制无非是各种正负反馈及用以分辨信号和噪声的滤波机制。

达尔文的"物竞天择、优胜劣汰"的生物进化理论，早已为大家所熟悉。而木村对于（Motoo Kimura）提出的中性演化理论，认为在整个生命的历史中，造成物种进化的原因主要是"随机的扰动"的结果而不是达尔文的"物竞天择"说，却并未被很多人所了解。Freeman Dyson 于 1997 年将随机扰动引起的生物演化称为"基因漂移"（Genetic Drift），并认为生物的演化既有"物竞天择"的因素，又有"基因漂移"的因素，但"基因漂移"对生物的影响，远比"物竞天择"的影响大。Dyson 将对立的生物进化理论，即"物竞天择"说与"随机扰动"或"基因漂移"说进行了统一。

Dyson 进一步指出，"基因漂移"说比"物竞天择"说的相对重要性要视情况而定。特别是在生命初期，正确复制基因的机制尚未发展，基因漂移可能是重要的演化驱动力。到了生命中期，物种大量出现，"物竞天择"的影响逐渐显露。如果生命演化是一个缓慢的过程，可能是物竞天择的结果，如果生命的发生是一个快速的过程，则随机扰动或基因漂移可能是主要驱动力。事实上，物种演化是非常复杂的，可能是在长期的缓慢演化过程中，夹杂着快速的变化，这就是对立统一理论，或二元论。

按达尔文的《进化论》观点，生物是由简单到复杂，由少数物种逐渐演化成今天的种类繁多的物种的进化过程。但现在"寒武纪"的"澄江生物大爆发"对达尔文《进化论》提出了挑战。在地球上生物出现的早期，很多生物种群门类同时出现。据不完全统计，寒武纪澄江古生物化石门类多达 20 多种，现在也只有 30 多种，可见不同的生物门类，可能不少是同时出现的。"澄江生物大爆发"的事实，证明了进化论本身也具有不确定性特征。

3. 生物消亡问题

地球上的生物除了正常的更替外，还有不少灾变现象，即某些生物种群突然消亡的现象。例如，早寒武纪（震旦纪距今约 5.70 亿年前）出现了生物大爆发（如云南澄江化石群）以来，经历了五次生物大灭绝。第一次为奥陶纪（距今约 5.00 亿～4.05 亿年前）的生物大灭绝；第二次为泥盆纪（距今约 4.05 亿～2.5 亿年）大灭绝；第三次为二叠纪末（距今约 2.30 亿年）的生物大灭绝；第四次为白垩纪（距今约 6500 万年）的恐龙大灭绝，（恐龙存在约 1.6 亿年，控制地球约 200 万年）；第五次为始新世与渐新世（距今约 250 万年）的第四纪冰期生物大灭绝。还有人认为当今还处在第六次生物大灭绝中，原因是人为的生态环境灾难。据世界自然保护联盟 2004 年的《全球物种评估报告》称，至少有 15 589 种生物濒临灭绝。大约有 1/3 的两栖动物，1/2 的淡水龟，1/8 的鸟类和 1/4 的哺乳动物存在灭绝的危险，约有 1/4 的松林和灌木，1/2 的铁树目裸子植物可能会消失，都是生态灾害的结果（表 4.6）。

表 4.6 地球历史中的生物大灭绝（5.7 亿～5 亿年前，寒武纪生物大爆发开始）

时代	年代	生物灭绝	原因
奥陶纪	5.0 亿～4.05 亿年前	古生物门类中某些种群灭绝	陨石、火山活动
泥盆纪	4.05 亿～2.5 亿年前	古生物门类中某些种群灭绝	陨石、火山活动
二叠纪与三叠纪之间	2.30 亿～1.95 亿年前	90%海洋生物、75%陆生物灭绝	火山活动、气温升高
白垩纪末	0.65 亿年前	恐龙灭绝	陨石撞击地球
第四纪渐新世	250 万年前	大批生物灭绝	冰期

物种的消亡有自然的规律，它们不可永存，但人类生态环境灾害加剧了其自然消亡的过程。上述的濒危生物种类之多，应该是"自然消亡"与"人为生态灾害消亡"两者共同作用的结果。其中，属自然消亡的占多少，纯粹由于人为生态灾害造成的消亡占多少？没有人能说得清楚，这就是不确定性。全部归罪于"生态灾害"是不公正的。

另外，人类保护野生濒危物种，如熊猫等，是有功的。熊猫正处于自然更替或消亡过程中，人类才发现不到 100 年，人类对它的捕杀的影响是很小的。它属于自然消亡，人类发现了它，并拯救了它。但它能否长期延续生存下去？能延续多长时间？这些都是不确定性的。

全球变化是地球系统的自然过程和人为影响共同作用的结果。地球系统自形成之日起一直处在不同尺度的变化之中。近百年以来人类不合理的生产和生活方式造成了不同程度的生态灾难。近期的全球变化是两者共同作用的结果。从整体上来看应该以自然演化为主，人为影响为辅，但在某些地方和某些时段内则以人为影响为主。

自然变化过程是一种必然性与偶然性、规律性与随机性、确定性与不确定性并存的过程，但以偶然性、随机性和不确定性为主。自然变化过程的预测性很小。人们无法预测未来可能会出现什么样的新的物种，也无法预测地球将来是否会变成今天的火星。但是人们可预测较短时间，如百年的变化趋势，但很难做出准确性的预测，因此还是以不确定性为主。

2005 年 1 月，华盛顿大学古生物学家彼得沃德的研究表明，2500 万年前生物大灭绝的原因是气候变化，而不是小行星撞击地球。他领导的研究小组认为，二叠纪末至三叠纪初，90％的海洋生物和 75％的陆地生物灭绝的原因是大气温度升高。而大气温度的升高过程则是由火山喷发引起的温室效应的结果。研究表明，海洋和陆地生物的灭绝表现为渐进的过程，它们似乎在同一时期，因同样的原因而消亡，主要原因是气温过高和缺氧。生物大灭绝是在约 1000 万年内逐渐进行的，在随后的 500 万年，这种灭绝过程加快了。

在澳大利亚柯廷技术大学的格赖斯教授的领导下，另一个古生物小组分析了澳大利亚和中国地区同样地质时期的沉积物，发现的地球化学特征表明当时的海水中缺氧，地球大气中氧气含量少，并且受到了火山喷发排放的含硫气体的毒害。

中科院古研究所的王沥和金峰在《古 DNA 研究与分子考古学》（大自然，第一期，2005.14）的文中提出了与全球变化有关的地球历史上的气候变化、海平面变化及生物变化问题。虽然和前面介绍的情况有些差异，但基本趋势还是十分接近的。文中特别详细地介绍了生物的演化，指出自 5.4 亿年以来，共发生过 900 次事件，即灭绝和爆发事件，其中有五次大灭绝和四次大爆发事件。

（七）地壳岩石圈子系统的"对立并存"现象

根据地球化学与同位素年代学研究，地球从 4.6Ga～4.0Ga 已形成原始地核、地幔和地壳，在其漫长的演化历史进程中，地球表面有三个快速生长期，即 3.0Ga～2.7Ga，2.1Ga～1.8Ga 和 1Ga～0.6Ga。在地壳的演化过程中，经历了几次大的运动，如加里东、海西、印支、燕山和喜马拉雅等运动，也具有明显的准周期特征。

地球系统的圈层结构反映了它的空间有序化特征。大陆地壳层的厚度大约为80～200km，海洋岩石圈的厚度为 60km，以下为地幔，地表以下 2900km 以下为地核，具有明显的空间分布特征。

古地理演化是指地质历史时期的地球表层的海陆分布、陆地形态、气候环境及生物类型及分布等的演化过程。其研究方法主要是以地层和化石、岩相和地质构造、区域地质及古地磁等科学分析为依据。

古地理演化研究，主要包括古海陆分布、岩相古地理分布、地质构造和古地理分布、古生物分布、古地形分布、古海洋深度分布及古气候带分布等，主要是研究其演化过程或演化序列。

刘鸿允出版的《中国古地理图》系统地描述了震旦纪、古生代各纪和中生代的三叠纪以世为单位的中国古海陆分布、地质构造分布、古生物分布和古地形分布的演化过程；同时还描述了寒武纪、加里东泥盆纪、华力西二叠纪、燕山白垩纪和喜马拉雅期中国重大的地壳运动过程；概要地描述了中国陆地圈层的演化过程，包括海陆变化、造山与造陆过程、火山活动、气候变化（冰川）及生物的演化过程。

全球岩石圈可以划分为七大板块：欧亚板块、北美板块、南美板块、非洲板块、印度-澳大利亚板块、太平洋板块和南极板块。相对而言，板块内部可视为刚体，岩石圈的活动主要发生在板块的边界上。板块边界的活动主要有三种形态：①离散型；②聚敛型；③剪切型。

洋脊的岩浆上涌，以太平洋板块为例，它是既古老，又不断更新的海洋，它形成于古生代前，但现在老的洋底几乎全被新的所替代。在洋脊处，上地幔物质沿裂缝不断上升，使两旁的板块不断分裂开来，并向两侧移动。洋脊的中间被上升的地幔物质所填充，形成新的洋底，而在海沟处，海洋岩石向另一板块的上地幔不断俯冲，使海洋岩石圈不断减少，因此洋脊处的洋底最新，海沟处的洋底最老。据地质年龄测定，现存太平洋中最老的洋底年龄也不超过 2 亿年。

魏格纳的"大陆漂移"学说，原来只被认为是一种学说，但现在则被认为是现实。古地磁方法测定大陆在不同地质时代的位置，证明了大陆在不断漂移之中。在 5 亿年前，地球表面已经存在某些分散的大陆块，后来才逐渐汇聚到一起。大约在 4.2 亿年或 3.8 亿年前，北美陆地与欧洲陆块碰撞并拼和在一起，成为 Laurasia 大陆。其间非洲陆块、印度-澳大利亚陆块、南美洲及南极洲也相互碰撞，合拼成为 Gondwana 古陆，形成 Pangaea "超级大陆"。约在 2 亿年前，它又开始分裂，各奔东西。这种大陆的"拼合—分离"过程的周期大约为 5 亿年。

大陆漂移的形成，可以用地幔对流来解释，或者说是由于陆块的质量轻，海洋地壳的质量重，因此陆块在海洋地壳上漂移。大陆在分裂后漂移时产生了新的海底，使得海平面降低，于是出现了"沧海桑田"的变迁；大陆汇聚，使某些海洋消失，又使海平面升高，出现了"海侵"现象。在大的陆块中，又可以存在小的陆块。以中国为例，存在有华北块体、华南块体、塔里木块体、准格尔块体、柴达木块体、羌塘块体、拉萨块体、四川块体等，在块体之间存在着如秦岭褶皱带、松潘甘孜褶皱带和天山、昆仑山褶皱带等。

板块碰撞与山脉隆起：阿尔卑斯山是非洲大陆与欧亚大陆碰撞是古地中海的一部分上升形成的；太平洋板块与南美板块碰撞形成了安第斯山脉；太平洋板块与欧亚板块、北美板块碰撞，结果形成一系列环太平洋岛系列及山脉；太平洋板块与澳大利亚板块碰撞结果，形成了印度尼西亚、新几内亚等。

根据上海"甚长空线干涉测量"（VLBI）站自 1988 年开始参与 40 多次国际大地测量的联测结果，测得上海相对于欧洲大陆每年有 1～2cm 的东向运动。

1996 年中国科学院上海天文台叶淑华院士倡导并启动的亚太空间地球动力学国际合作计划（APSG）有美、俄、澳、日、韩、德、法等国家的科学家参加，共组织了 4 次运用全球定位系统（GPS）和甚长基线射电干涉（VLBI）对亚太地区进行了联测，首次发现地球自转速率变化对海洋的反作用并测得了亚太地区的地壳运动速度场等。利用 VLBI 测量射电望远镜所在的位置坐标，可以精确到几毫米。已经测量到乌鲁木齐射电天文观测站的水平运动速率为 9.80 ± 1.25 mm/a，水平运动方位角为 $20.8° \pm 6.5°$，也就是每年约有 1cm 的向北偏东方向运动。它已经成为研究板块运动的主要方法。

活动构造：即近 10 万～12 万年以来，尤其是 1 万～1.2 万以来发生过活动的，或现在正在活动的构造，包括活动断裂、活动褶皱、活动盆地、活动火山等。它们的活动很少具有可预测性，所以是不确定性的。

沙漠化：距今 2.4 万～1.8 万年，全球进入最近冰期的盛行期，气候寒冷，温度降低，水温下降，蒸发量减少，降水量也减少，而且以干的形式出现，台风消失，河流水量减少，河道缩短，地表风化强烈，海面下降，陆架出露；沙化作用强烈，风力强大，沙漠面积扩大，约占陆地面积的 50%（现在沙漠面积为 35%），现在的西辽河及东北平原可能都是沙漠覆盖，风力作用为当时的主要外营力。从 1.81 万～2 万年，气温回升，冰川融化，海面上升，沙漠化作用停止。

1. 地震与火山活动预测的"对立并存"特征

地震与火山活动是地球运动的重要特征之一。多数地震发生在距离地表 10～20km 以上的地壳中，而少数可以深至 600～700km。火山活动则发生在地幔的岩浆带，距离地表 70～80km 处。地震是由地壳的突然运动所造成的。虽然地震的发生仅在一瞬间，但是一次大地震的孕育却需要数年、数十年或更长的时间，火山喷发是岩浆活动的结果，可以历时数天、数月，或更长时间。

地壳处在不断的运动之中，一般每年以 1mm 或若干毫米作水平或垂直运动，但是地形变的速度不仅很慢、很小，而且是不均匀的。有的地方可能大一些，有的为正，有的为负，方向也不一致。一般来说，在地震之前和火山喷发之前有明显的地形变现象，一般要大于平均值。

2. 地震、火山空间分布的确定性特征

因为地震与火山活动在地球上是有固定地带的，所以在空间上的分布是确定性的，它们大多数发生在三个地带。

（1）环太平洋地震火山带：西起阿留申群岛，经千岛群岛、日本、琉球群岛、台湾岛、菲律宾群岛、新西兰；东起阿拉斯加，经北美、中美、南美西海直至安第斯山南端，是地震与火山活跃带，大约有 95% 的地震发生在环太平洋地震火山带内。

（2）欧亚地震火山带：从地中海北岸起沿阿尔卑斯山、喜马拉雅山，包括意大利亚平宁半岛、西西里岛、土耳其、伊朗、巴基斯坦、印度北部、青藏高原，在印度东南部与太平洋火山地震带相接。

（3）海岭火山地震带：在大西洋、印度洋、太平洋等中间和南极洲周边的海洋中，微小的地震几乎到处和天天都发生，但较大的灾害性地震与火山活动绝大部分发生在这两个地带。

3. 地震活动的周期性问题

关于地震带的地震活动是否存在周期目前尚无定论。从地震统计看，似乎存在 3～10 年的周期，即这一误差较大的概率特征。全球的地震具有周期性的特征是存在的，

即是确定性的，但它的概率不高，是大致的近似的或粗糙的，所以属于不确定性的。

还有人认为，地震的发生具有迁移的周期特征，如果 1976 年的唐山地震是由 20 年前的，即 1956 年发生在内蒙古和林格尔的地震迁移而来，那么 20 年后发生在包头的地震也会以同样的方式"迁移"到北京，但北京并没有发生。

4. 地震火山的不确定性特征

地震预报的三要素——"时间、地点和震级"，缺一不可。时间要求准确到天；地点要求准确到具体的什么城市或地区；震级要到具体的等级。但是地震发生的地点、时间及震级具有很大的随机性特征。

美国地质勘探局"帕克菲尔德地震预报实验室"预测加利福尼亚的帕克菲尔地区，要在 1988～1992 年发生一次里氏 6 级地震，结果晚了 12 年才发生，但震级与预报是符合的。这按地震预报三要素标准来衡量是不合格的：一是晚了 12 年；二是 1988～1992 年这个 4～5 年的时间段也是不符合要求的。

加利福尼亚州在大学的弗拉基米尔·凯利斯·博罗克领导的一个由各国地震学家组成的研究小组，成功地预报了 2003 年发生的两次大地震：一次发生在加利福尼亚；另一次发生在日本，并在地震前几个月发出警报，但第三次预报失败了。

中国地震工作者在 20 世纪 70 年代，成功预报了海城地震（里氏 7.3 级）。在地震前 2 天就进行了人口撤离，避免了一场灾难。但除却这一次，以后 20 多年中没有成功的报道。

地震预报要严格按三要素标准，而且要连续预报三次以上是正确的才能算成功，至今尚没有成功的例子。经过了约 30 年的努力，地震预报工作取得了一定进展，但距离能够进行预测还有漫长的路要走。

在美国、日本这样经济实力雄厚、科技发达的国家，在地震带内布置了很多地震台站监测网，对地震区的地质构造比较了解。但是在美国，1988 年 10 月 17 日加州北部的洛马普列培 6.9 级（里氏）地震，1992 年 6 月 28 日兰德斯 7.2 级（里氏）地震和 1994 年 1 月 17 日的北岭 6.9 级（里氏）地震都没有发生在预测的主断层上。在日本预测了多年、等候了多年的"东海大地震"至今尚未发生。我国对 1995 年 7 月 12 日在云南南孟连中缅边境 7.3 级（里氏），取得了长、中、短、临预报的成功，但对 1996 年 2 月 3 日云南丽江 7.0 级地震在有明确的中短期预报的情况下，未能做出临震预报，可以认为地震预报尚处在不确定性阶段。

1976 年美国矿业局（USBM）的 Brady B. T. 预测了 1981 年 7 月在秘鲁要发生特大的地震，引起了大规模的恐慌，游客逃离，股票狂跌，经济受到了很大影响，但地震并没有发生，受到了秘鲁政府的抗议。1990 年美国 Browning I 预测了 1990 年 12 月初在新马德里将发生 7 级大地震，引起了社会混乱，但地震并没有发生。

由于地震过程实在太复杂，不确定性的因素太多，为了弄清地震机理，地震学家们正在美国加利福尼亚地震频发的圣·安德利亚断层的核心地段向下挖掘，准备在 3200m 深处安放地震仪器来预报地震。在此之前，已经在这里安放了应力传感器、倾斜传感器、加速度计、地震仪、应变传感器、温度传感器、压力传感器、重力磁力及地电等测量仪，但可用于地震预报的信息很少。美国国家科学基金会资助的深钻计划也于 2007 年完成。总之，为搞清楚地震发生机理，已经想尽了各种办法。

火山喷发是由地表以下 75～250km 处的岩浆活动所造成的。火山物质来源于上地幔的软流层或岩石圈中的岩浆囊，在适当的温度和压力条件下，岩浆通过岩石圈中的脆弱带或裂缝，突然冲出地表而成。

全球约有 500～600 座活火山，大部分分布在地球板块的边界处和深大断裂所在处，因此在空间分布上是确定性的。火山带与地震带几乎完全一致，主要有如下 4 个。

（1）环太平洋火山带：太平洋西岸的活火山，自北向南依次为沿堪察加半岛、日本列岛、台湾岛、琉球群岛、菲律宾群岛、印度尼西亚群岛、巴布亚-新几内亚至新西兰等地；而太平洋东岸的活火山，自北向南沿阿留申群岛、南北美洲的科迪勒拉山脉、危地马拉、尼加拉瓜、厄瓜多尔等国都有活火山分布。该火山带特征是活动性强，喷发猛烈。

（2）洋中脊扩张型火山带：洋中脊多为隆起的山脉，有宽 20～30km，深 1～2km 的地堑，一般又叫大洋裂谷；火山集中在大洋的裂谷带上；大西洋中脊向北延伸，在冰岛处登陆；太平洋活火山有 14 座，最有名的为檀香山火山群，大西洋中脊活火山出现在冰岛上，印度洋中脊活火山如塞舌尔群岛、马斯克林群岛、希瓦瓦岛等。

（3）裂谷火山带：例如，东非大裂谷的火山活动频繁；东支有扎伊尔、卢旺达、乌干达三国接壤地区的活火山群；西支由八座巨大的火山和几万座小山组成；太原盆地北部的大同火山、东北的五大连池活火山、长白山活火山等都是由深大断裂所造成。

（4）古地中海缝合带活火山带：如意大利的维苏威火山、埃特纳火山、斯通博火山，乌尔加诺火山、腾冲火山群、龙岗火山群等。

我国东南沿海火山活动带是属于太平洋火山带的一个组成部分，包括福建泉州-澎湖列岛火山带、汕头-雷州半岛火山带等。东北-华北裂谷的周边地带，有长白山、龙岗、镜泊湖、五大连池、大同火山等。长白山天池火山在 1215 年有过火山喷发，在 1668 年和 1702 年曾有两次喷发。五大连池于 1719～1721 年发生过喷发。

火山喷发的预测问题仍然是一个难题，但要比地震预测容易一些，因为活火山的位置是确定性的，主要是时间和强度（级别）的预测存在着不确定性。虽然火山喷发之前，经常会有地震出现，但不一定就喷发，地震强度也不等于喷发的强度。但火山喷发之前是一定会有地震的。

一次成功的火山喷发预报是"圣海伦斯火山喷发"。早在 1980 年前，美国地质调查局、华盛顿州立大学的火山研究人员在火山周围布置了许多地震仪和气体监控器，进行了严格的监测。1980 年 3 月初至 4 月，大地测量和光学监控发现火山北侧以每天大于 1m 的速度向外膨胀，立即发出火山要喷发的预测，并画出危险地带将其隔离。1980 年 5 月 18 日早上，火山附近发生了 5 级（里氏）地震，山坡增长速度也未加速，但地震引发了山体滑坡，同时产生了巨大的侧向爆炸，崩落的岩屑飞出 23km 以外，一直持续到晚上，大量的生物被消灭。这次喷发造成了 57 人死亡。看来火山喷发的预测是可能的，但并不能预测它的强度，而且只能预测它喷发的时间，因此，属于不确定性的。

第五章 地球科学方法论的新思维

近年来，以"老三论"、"新三论"和"三不论"为代表的非线性科学取得了长足的进步，同时在地球科学领域中得到了广泛的应用，并获得成功。

随着科技的飞速发展和社会需求的日益增加，科学技术的新思维、新方法不断涌现。非线性科学方法论的出现使科学方法发生了大的革命，其中影响最大的主要有"老三论"、"新三论"和"三不论"。前两个估计大家早已熟悉，而"三不论"在20年前才出现，主要是由李政道系统阐明的。实际上，它们是科学技术的新思维、新方法，也是新的方法论。新的方法论就是"新思维"和"新方法"的融合。

"老三论"是指"系统论"、"信息论"和"控制论"；"新三论"是指"混沌论"、"突变论"和"协同论"；也有人主张把"自组织论"（含自适应、自学习）和"复杂性"也包括在内。

"三不理论"是指"不守衡"、"不对称"和"不确定性"。它对传统的"物质守恒"、"能量守恒"、"对称理论"和"确定性理论"提出了挑战。李政道指出，从理论上说是守恒的、对称的和确定性的，但实验结果往往是不守恒的、不对称的和不确定性的。现在"不对称理论"已被广泛认可，并已在很多领域应用。

以上方法论对地球科学研究也产生了重大的影响，主要表现在"地球系统理论"、"地球信息理论"和"地球系统不确定理论"等。它们可以认为是地球科学的新理论。实际上，它们是属于新思维、新的方法论，是一种新的思维方法。

第一节 地球系统科学方法

美国NASA于1988年成立了"地球系统科学委员会"（Earth System Science Committe NASA），同年出版了《地球系统科学》（*Earth System Science*）专著。1998年陈述彭院士主编并出版了巨著《地球系统科学》（250万字）。由此地球系统科学很快得到了全球地球科学相关的学者的认可。

一、地球系统科学的基本概念

钱学森指出：地球是一个开放的、远离平衡的、不断变化的、复杂的巨系统。这个概念得到了广泛的承认，这个新概念包涵了以下几方面的内涵。

1. 地球是一个复杂的巨系统

地球是一个由固体地球（地壳、岩石）、气体地球（大气）、液体地球（海洋、湖泊）及生物地球（植物、动物及人类社会）四大相互联系、制约和密切相关的子系统，以及比它们更次一级的无数小系统组成，并受外部环境，尤其受太阳及银河系等宇宙星体影响的复杂的巨系统。

2. 地球是一个开放的系统

地球系统的四个子系统之间，子系统与其更次一级系统之间，整个系统与外部环境，如太阳系及银河系之间，不断进行物质与能量的交换，包括接受来自太阳系的辐射能量，银河系的宇宙辐射，来自宇宙空间的或其他星球的碎屑物质，如陨石，同时地球也与宇宙进行能量的辐射与反辐射。

3. 地球系统物质与能量的时空分布的不均匀性特征

地球系统自形成以来的 46 亿年中，一直处在物质与能量的时空分布的不均匀性与不平衡性状态，物质的密度有高有低，能量有强有弱。正是由于物质与能量的时空分布不均匀性的存在才不断出现了运动和变化的现象。物质流和能量流的形成促进了地球的变化和发展。对于地球接受太阳的辐射能量来说，由于地球的形状和绕太阳运行的轨迹的差异，产生了地球接受太阳能量的不均匀性特征，因此出现了年变化和季变化，才有了变化万千、丰富多彩的世界。

4. 地球是一个远离平衡的系统

地球的各子系统之间，整个地球与外部宇宙环境之间的物质与能量交换远远没有达到平衡的程度，因此地球系统的物质流与能量流在持续地进行，地球处在不断地变化和发展之中，地球系统是远离平衡的系统。

地球系统的物质流、能量流在运动过程中，虽然在理论上是可以达到平衡的，但实际上是永远也达不到的。即使能达到，也是短暂的和动态的，即平衡状态随时可能遭到破坏。虽然有过"地壳均衡学说"，即地壳保持了重力均匀或平衡状态，设一地区地表被剥蚀多少，地壳将上升多少，保持重力平衡，这样，该地区的海拔就永远保持不变，但实际是地形由之变低，逐渐被夷平。按照板块构造理论，地壳的变形是受板块碰撞挤压的结果，而非地壳均衡的结果。河流与海岸带的动力均衡状态也是动态均衡状态，是暂时的、短期的现象，而不均衡、不平衡才是永远的、持续的现象。因为不均衡是地球系统过程的基本动力，所以有了不平衡现象存在，地球系统才有变化与发展。如果达到了保持的平衡，地球就不会再有变化和发展，地球系统过程就停止，地球系统生命也将停止。

二、地球系统的功能

1. 一般两种情况

第一种：数学状态，即 $1+1=2$ 的基本数学方法。

第二种：系统状态，又分为两种情况。

(1) 系统正效果，即 1＋1＞2，或＝3，或＝4…原因是系统结构得到了优化，优化的程度越好，正效果的值越大。

(2) 系统负效果，即 1＋1＜2，或＜1，或＜0.1，甚至为−1，或−2，或−3…原因是组成系统的结构差，如系统的要素之间的作用是相互不协调，甚至相互抵消的，起到的不是正效果，而是负效果，系统将逐渐趋向非组织化，趋向紊乱，甚至消亡。

2. 地球系统还具有自组织、自适应和自修复的功能

地球系统既不是"神力所造的"，也不是别的外力所造成的。地球系统依赖自己的系统自组织、自适应和自修复等功能，从"无中生有"中产生，从简单到复杂，从低级到高级，从渐变到突变过程中，逐步强化过来并形成了今天五彩缤纷的世界。在运行过程中，各子系统都具有自适应和自修复的功能。如何适应环境的变化？例如，沙漠中的植物和动物具有很强的应对恶劣生态环境的能力，植物的枝叶、根等都适于在沙漠的环境中生长、繁殖。森林、草原在经过天然火灾破坏后能自动修复，地形、河流、海滩能依靠动力平衡过程进行自我调整等。

3. 有序与无序论

一切事物作为系统在结构和功能上都具有组织程度及其变化趋势。有序即系统的组织性，无序即系统的无组织性。它们可加以统计地量度，例如，信息是有序的量度，熵是无序的量度，两者是对立统一的。

对有序和无序的认识，在自然科学和哲学中经历了一个发展过程。按照牛顿力学，宇宙是一个动力学系统，其结构和运动是高度有序的，在这里，无序原则上是不存在的。这种观点最后将导致初始有序性。19 世纪的热力学统计理论揭示出，一个孤立系统由于大量分子的无规则运动，总是不断地从有序趋于无序，系统的熵总是自发地趋于极大值。R. 格劳修乌斯进一步把这个结论推广到全宇宙，导出宇宙必然以最大的无序状态告终的"热寂说"。这是一种把无序性绝对化的退化论。差不多同时，在天文学特别是生物学中，提出了科学的进化论，认为天体从原始混沌状态演化到现在的有序状态，生物则从组织性极低的原始生物发展到越来越高级的生物。H. 斯宾塞则把有序性绝对化，由生物进化论得出"物质普遍进化定律"，即物质由于某种"上升的力"连续作用于平衡系统，引起变异的增加，导致宇宙物质不断地从不确定的无序状态过渡到确定的有序状态。

现代科学以新的成果更深刻地揭示了有序和无序的统一。用信息和熵所表征的有序和无序是同一发展过程中相辅相成的两种趋势，只有概率统计的意义，因而原则上任何时候都会出现统计涨落，不可能达到绝对的有序或无序。而且经典力学所处理的孤立系统只是现实物质系统的简化和理想化，原则上都是开放的，可以通过与外界的物质和能量交换来吸取负熵流，以保持或增加有序性。地球上的生命就是从太阳能中获取负熵，以整个太阳系的增熵换取生命系统的减熵，在整体的无序化中保持暂时的局域的有序化。

非平衡热力学等新兴学科的发展进一步表明，系统内部有序和无序具有更加复杂的辩证关系。一方面，任何开放系统在远离平衡态的条件下，当某一外参量变化到一定程度时，即可通过随机涨落以及系统内部各元素之间的非线性相互作用而改变无序化趋势，在不同的无序等级上建立有序。另一方面，远离平衡态的开放系统在其有序化的过程中，当某一外参量增大到一定程度时，也会出现混乱，而改变有序化趋势。因此，有序同无序是互相依存而又互相转化的。

4. 地球系统科学方法

地球系统的科学方法没有特殊的方法，一般与地球科学方法的信息方法是不可分的，如地理信息系统方法或地球信息系统方法，还有"数字地球方法"、"智慧地球方法"等，都是系统与信息科学方法紧密相结合的方法，在后面要详细讨论。地球系统科学方法的特殊性主要包括：在进行地球对象研究时，要采用"系统观点"，即要把研究对象看作整体，要有整体性，相互联系性的观点；要有系统优化结构的观点；还要有系统的自组织功能等观点，并要倍加重视。

5. 系统科学方法主要观点

（1）系统观点，或整体观点。大小子系统的各组成部位之间是密切相关、相互联系、相互制约的，要有"牵一发，动全身"的观点。

（2）要有优化结构观点，对于一个优化结构的系统来说，它的整体功能大于各部分功能之和，即 $1+1>2$，反之，亦反。

（3）系统是一个"有序结构"组织体，具有一定的自动控制、自动调节和自动适应的功能。当结构局部受损时，具有一定的自动修补功能。只有当整个系统遭到严重破坏，凭自我能力无法调节时，整个系统才将遭毁灭，变成无序系统。

（4）所有的系统离不开信息，实际上整个信息系统中，信息起到纽带的作用。

第二节　地球科学方法的信息化方法

一、基本概念

物质、能量和信息是客观世界的三大特征，尤其是信息，越来越受到重视。

"信息"是物质、能量的性质、特征和状态的表征。它可以用语言、文字、图形、声音及影像作为载体进行表达和记录。信息虽然是由物质、能量所产生的，并依附物质与能量而存在，但它可用文字、数字、图形作为载体而独立存在，并可以输入电脑进行处理，还可以输入网络进行传输。信息一旦脱离物质和能量独立存在并通过电脑加工和网络传输后，它的功能就远远超越原来的作用，甚至大于物质和能量本身的作用。信息流决定了物质流、能量流的流向、流速和流量。信息产生了价值，成为世界上最宝贵的财富。

　　地球信息就是指地球的地质、气象、海洋、生物的性质、特征和状态的表征，以及其文字、数字、图形、地图及影像等作为载体，并可以输入电脑，进行各种处理和网络传输的地球信息。现在人们所能直接接触的是地球信息的载体及其相关的产品。

　　地球科学方法的信息方法是指对这些信息载体的采集、处理、传输、分析和可视化的方法，是地球科学与现代新技术融合的产物。

二、地球信息科学理论

　　（1）物质、能量和信息是客观世界的三大特征，也是地球信息系统的基本特征之一。

　　（2）信息是物质、能量的性质、特征和状态的表征。它依附于物质和能量而存在。

　　（3）信息可以以数字作为载体而独立存在。它一旦以数字作为载体存在时，可以被计算机处理和网络传输，于是它的作用与意义就开始飞跃。

　　（4）信息流决定了物质流和能量流的流速、流向和流量，其作用远远大于物质与能量。

　　（5）现在已进入信息社会。信息的社会化与社会的信息化得到普及。

　　（6）IT大融合是当前的大趋势，地球信息融入IT主流，而IT的空间化也是当前的大趋势。

　　（7）地球信息融入生产与生活的IT技术系统中，地球信息技术（GIS、GPS、RS、ICT）的物理形态可以不再存在，但它的功能无处不在。

　　（8）信息不对称导致了经济不对称，出现了信息鸿沟和第四世界。

　　（9）地球科学方法实际上就是地球信息方法。

　　（10）地球科学研究的对象就是地球信息。

　　信息虽然是由物质和能量产生，并依附于物质和能量而存在。但它一经形成，可以以数据载体形式存在，并能为计算机处理、运算，也能通过网络进行传输。信息以数字载体形式进入计算机与网络之后，其功能将得到几千、几百万的增加，远远超出了它原来的功能。信息流决定了物质流、能量流的流向、流速和流量。从某种意义上来说，信息的功能将大于物质、能量的功能和作用。地球科学实际上就是研究地球信息的科学，包括信息获取、处理、运算、传输和应用的方法论。它将在很大程度上替代原来的地球科学传统的方法。原来的传统方法所获取的数据，都将转化成为信息形式后用计算机进行处理、管理并传输。地球科学的方法就是获取处理传输信息的方法，就是地球信息方法，就是数字地球方法。地球信息化的方法，是占有十分重要地位的。IT大融合是当前的另一个大趋势，是地球信息技术融入IT主流及空间化的大趋势。以Google Earth为代表的地球信息技术融入一切生产和生活领域，不仅物流，人流及一切交通工具都离不开GIS、GPS，还有RS。GIS和RS等的物流形态不再存在，但它们的功能无处不在。地球信息技术还可以带动工业化，带动传统产业改造和升级，同时，地球信息技术也融入到生活的方方面面。

三、地球信息系统新论

地球信息科学技术与地球系统科学技术是密不可分的，因此一般称为地球信息系统科学技术方法，简称地球信息系统方法。

1. 传统的地球信息方法

RS、GIS 及 ICT 都是地球信息系统，都只是技术系统（图 5.1）。

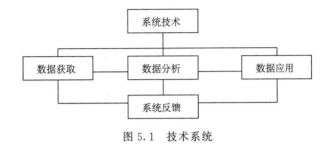

图 5.1　技术系统

2. 地球信息系统方法的新思维

除了技术系统外，还把研究主体和研究客体列入系统方法要素（元素）（图 5.2）。系统主体指系统的操作者或系统的主管。系统客体指系统的工作对象，或研究目标、研究对象，即地球系统的要素。系统主体与系统客体都有一定的要素。

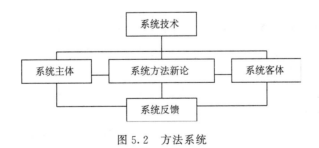

图 5.2　方法系统

3. 地球系统的信息理论

物质、能量和信息是客观世界的三大特征。信息是物质、能量的性质、特征和状态的表征，并以文字、图形作为载体而存在。信息来源于物质和能量，并可以作为它们的代表，以数字载体出现，还可以输入计算机进行处理、计算和通过网络进行传输。在信息社会中，信息流决定了物质流和能量流的流向、流速和流量，因此信息流比物质和能量更为重要，它能影响经济的发展。例如，信息的不对称可以导致经济发展的不对称，产生信息鸿沟，形成社会经济的差异。信息还在政治、军事中发挥了重要作用。

在地球系统中，物质和能量的时空分布有不均匀、不平衡、不对称等特征，都是通过它的信息来表达的。物质与能量流的流向、流速与流量也都是通过信息流来实现和表达的，尤其是能量信息。例如，光谱特征包括反射光谱和发射光谱的信息，全部都用信息方法，如信息获取、信息传输、信息处理与分析等，通过 IT 技术、高性能和网络计算技术来实现的。地理信息系统（GIS），尤其是 Web GIS 等，都是信息化的产物。

4. 地球系统的系统理论（新论）

地球是一个开放的、远离平衡的、不断变化与发展的、复杂的巨系统。它由固体、液体、气体和生物四大子系统和无数子系统组成。各子系统之间具有相互联系、相互制约、密切相关的特征。系统内部各子系统之间，与外部环境之间是开放的，不断进行物质与能量交换、流动，而且还是远离平衡的，并不断发生变化和发展的演化过程。

地球系统过程具有线性和非线性、确定性与不确定性并存与不对称的特征。尤其是地球系统功能，具有整体功能大于、小于或等于各部分功能之和的不确定性特征，是由系统的结构所决定的。

系统具有自组织功能，包括自动控制、自适应、自我调节的功能，地球系统是一个"有机的生命体"，处于不断更新与发展中。因为它既具有自组织功能又具有自非组织的功能，所以它能"新陈代谢"，不断发展与进化。地球经历了无数次的"天体大碰撞"、"火山大爆发"和"大地震"后依然存在，而且在不断发展，都是自组织的功劳。6 亿年来，地球生命经历了多次"大灭绝"和"大爆发"，至今仍在不断进化之中，也全靠自组织功能发挥作用。未来的地球是否会变成现在的火星，具有明显的不确定性。

地球系统理论在方法论方面出现了新的思维。传统的地球系统方法是一种纯信息技术系统的方法，即由信息获取、信息传输、信息处理分析、信息应用与反馈组成的信息系统。其主要内涵如下。

系统主体素质：指任务承担者的素质，包括地球科学、地球科学方法论及技术、对完成任务的经验等素质。

系统技术水平：指信息获取、信息传输、信息处理分析与信息应用反馈的水平。

5. 系统主体的素质

系统主体是指任务的完成者或承担者，他或他们应具有的素质如下。
（1）对地球科学方法论的熟悉程度。
（2）对地球科学知识的掌握水平。
（3）对任务的熟悉程度。
（4）完成任务的工作经验。
（5）工作，尤其是管理工作的水平与能力。

6. 系统技术水平

系统技术水平是指完成任务采用的技术方法或手段的水平，见表5.1。

（1）采用的系统技术与所要完成的任务之间是否相匹配的程度，是否存在"杀鸡用牛刀"的现象或"愚公移山"的现象，根据任务的需要，选择相匹配的、合适的技术系统。根据工程量与完成时间进行成本核算，再决定选择什么样的技术系统，严防浪费。

（2）系统客体状况。系统客体是指研究对象或研究目标的状况，难或易程度，以及人物性质、工作环境等。

（3）已有研究程度的"深"或"浅"。研究程度很差或研究程度很好，已积累了大量的研究资料或一无所有、空白。

（4）研究区的环境条件。

表 5.1　系统技术水平样表

类型　　　　　　　　　　　评级	高、中、低
研究主体1. 方法论水平 　　　　2. 地球科学知识水平 　　　　3. 对研究对象熟悉程度 　　　　4. 同类工作的经验	—
研究方法1. 数据获取能量 　　　　2. 数据处理能力 　　　　3. 数据计算能力 　　　　4. 数据应用能力	—
研究客体1. 研究对象的难易程度 　　　　2. 研究对象的研究程度 　　　　3. 数据获取的难度	—

第三节　地球科学方法的控制论方法

一、基 本 概 念

N. Winner（1948）创立了控制论（Cybernetics），曾庆存（1996）提出了自然控制论（Natural Cybernetics），实际上就是地球控制论（Earth Cybernetics）。

自动控制理论是研究自动控制共同规律的技术科学。它的发展初期是以反馈理论为基础的自动调节原理，主要用于工业控制。第二次世界大战期间为了设计和制造飞机及船用自动驾驶仪、火炮定位系统、雷达跟踪系统以及其他基于反馈原理的军用设备，进一步促进并完善了自动控制理论的发展。第二次世界大战后已形成完整的自动控制理论体系，即以传递函数为基础的经典控制理论，它主要研究单输入-单输出，线性定常系统的分析和设计问题。

二、地球系统的自动控制论点

曾庆存院士首先提出了气候系统中的"自动控制概念"，并得到了广泛认可。地球系统是一个自动控制系统，它的自组织功能是与自动控制密切相关的。尤其是地球系统的自适应、自修复功能，与其自动控制有关。以植物子系统为例，林地具有明显的自动控制功能。在无人为的干涉下，当林地进入旺盛（壮年期）期时，生长繁茂，林地空间全被枝叶覆盖，阳光难以进入林地的地面，加上枯枝落叶遍地，种子不能落入土壤生根发芽，即使出了树的幼苗，也由于接收不到阳光不能进行光合作用而生长不良，甚至死亡。由于不能"新陈代谢"，一些老龄树日益衰亡，这个林地进入"老年期"，枝叶凋零而渐稀，甚至死亡。于是阳光得以穿过树冠到达地面，树木的幼苗开始成长，这就是林地的自动控制过程。西伯利亚的寒带针叶林进入老年期之后，虽然林火将林地焚毁，地表枯枝落叶大部分烧光，种子却能得以生根发芽，幼苗由于得到阳光而迅速成长，这就是林地的自动修复与更新的过程。再以野兔和狼的数量为例，当野兔数量很多，狼的食物充足而繁殖很快，但当狼的数量超过一定数量，特别是超过"野兔与狼的生态平衡"限度时，狼因为数量过多而吃不饱，于是自动限制繁殖量达到维持生态平衡，从而实施了自动控制。再以无机体河流为例，河流中的泥沙与水流量之间也存在"平衡关系"。当泥沙与水的流量失调时，就出现了用改变河道比降的办法实现自动控制。改变河道比降是通过侵蚀（冲刷）和沉积作用调整泥沙含量来实现的，地球系统的自动控制作用是通过"生态平衡"或"动力平衡"来实现的。尽管"平衡"仅仅是理论上的，是不可能达到的，最多也只可能是一种动态平衡。

三、地球系统的自动控制方法

重点是如何充分利用地球系统的自动控制机制与功能达到对地球系统进行自动控制的目的。

为了减少全球气候变化引起的不良影响，一些国家提出了应对全球气候变化的"适应与应对不良影响的国家性或地区性计划"。充分利用地球系统自身就具备的"自组织"、"自适应"和"自修复"的功能，来减少外部环境变化带来的不良影响。

第四节　地球科学方法的协同论方法

一、基本概念

协同论（Synergetic）是由 H. Haken（1977）提出来的，认为从宇宙到人类社会，从原子到 DNA，都经历了从无序到有序的演化过程。一个大系统的各个子系统的协同和相干效应，在宏观尺度上，产生了时间和空间上的功能有序结构。

协同理论认为，千差万别的系统，尽管其属性不同，但在整个环境中，各个系统间存在着相互影响而又相互合作的关系。其中也包括通常的社会现象，如不同单位间的相互配合与协作、部门间关系的协调、企业间相互竞争的作用以及系统中的相互干扰和制约等。协同论指出，大量子系统组成的系统，在一定条件下，由于子系统相互作用和协作，这种系统的研究内容，可以概括地认为是研究从自然界到人类社会各种系统的发展演变，探讨其转变所遵守的共同规律。应用协同论方法，可以把已经取得的研究成果，类比拓宽于其他学科，为探索未知领域提供有效的手段，还可以用于找出影响系统变化的控制因素，进而发挥系统内子系统间的协同作用。

二、地球系统协同

（1）非线性特征：所有地球系统都具有非线性特征。

（2）依赖于外部控制参量：地球系统是开放的、远离平衡状态的大系统，它们与环境有物质、能量和信息的交换，演化行为受外部条件的影响和支配。

（3）涨落现象特征：地球系统发生演化的动因不可能完全预测，它往往是随机变化的，因此导致涨落现象的产生。

（4）地球系统是非均匀介质的，受扩散或波传导因素的影响。

地球系统的非线性现象是普遍存在的。例如，各级河流的级别与数量、宽度、比降之间呈明显的非线性关系，水量也呈非线性关系。

协同是地球系统的基本功能之一，它决定了地球从最早的混沌状态到目前的基本有序的世界，包括形成了气体、液体、固体和生物地球四大子系统。尤其是生物子系统中，地球生物从 20 亿年前开始，从无到有，到 6 亿年前大爆发，从简单到复杂，从低级到高级的演化过程，从序参量变化到系统变化，从此地球成为一个具有自组织的"生命体"（Living Body）。大气中原没有 O_2，它也是由原来占大气成分 30% 的 CO_2 在 20 亿年前经植物的光作用分解成 O_2，并变得越来越多，到现在占 22%，有了 O_2 的出现动物才大量繁殖，使地球变成真正具有生命的世界和以生命为主的世界。

协同论使地球系统从无序变为有序，序参量变化促进了地球系统从简单向复杂，从低级向高级的演化，并形成地球系统的自组织过程，使地球系统自动调节并不断发展的过程。

三、地球化学工程的协同系统

协同学是远离平衡的状态条件下，系统自己组织产生时间、空间或功能结构的科学。1970 年德国科学家哈肯（H. Haken）在斯图加特大学首次引用协同学（Synergetics）一词。其所研究的结构并不限于某一学科。因为它适用于自然界或人类社会的各种结构，所以是系统科学的基础理论之一。钱学森认为，"哈肯综合了现代理论科学的许多成就才创造他的系统理论的"。与耗散结构理论相对照，协同论把物质和能量的耗散视为自组织的条件，把协同当做自组织的内因，深刻地描述了非平衡相变的发生和发展过程。目前协同学已在物理、化学、生物、社会学和思维科学等领域广为传播和应用。地球化学过程广泛存在着自组织现象，矿物、岩石、矿床、环境、生态、大气和有关地球科学等领域中，有着各种各样的地球化学过程，存在多种宏观有序态。以往，地球化学家习惯于用热力学的理论和方法来处理问题。热力学的特点是它的普适性，它可以应用于各种各样的宏观现象而不管它的微观组分是什么。热力学定律适用于不同物质在各种平衡（或接近平衡）条件而下物态（气态、液态和固态）的转变，即平衡相变。因此，地球化学过程中矿物溶解或熔融、沉淀或结晶、气化和凝结，以及多组分体系的化学反应等都被地球化学家用热力学方法来处理。但热力学的理论基础是平衡态，其普适性受到严格限制。很多地球化学系统如水热流体运移、围岩蚀变分带、矿床分带、变质岩带状构造、矿物环带构造、岩浆形成和运移等，常常由流体（熔体）运动、化学吸附、物质扩散、热扩散等多个子系统合作进行，是一种开放系统，通常是不可逆过程，经典热力学无法对这些现象提供定量描述。几十年来，国内外很多科学家都尝试用一种类似于热力学的宏观现象理论来描述非平衡开放体系。20 世纪 40 年代，昂色格（Onsager）和普里高津（Prigogine）等把平衡热力学理论推广到不可逆过程，创建了不可逆过程热力学。实际上，这种不可逆过程热力学仅适用于描述接近平衡的体系，即非平衡态的线性区，不适合描述远离平衡态的非平衡区。因此，线性热力学（即不可逆过程热力学）无法解释地球化学过程广泛存在的非平衡相变。它不同于平衡相变，是在远离平衡态的条件下发生和演变的。

目前国际上对自组织现象的研究主要可分为两大学派。一是以普利高津和他的合作者为代表的布鲁塞尔学派。他们把线性热力学理论进一步延拓到远离平衡态的非线性区，即非平衡态热力学，提出了超熵判据，作为判断热力学分支失稳可能性的依据。但这个判据不是失稳的充分条件，更无法预测由无序向稳定有序结构演变的过程。在实际应用时，他们是用非平衡热力和非线性动力学的理论和方法来描述和研究这类有序结构的。二是以德国哈肯为代表的斯图加特学派。哈肯通过对激光理论长期不懈地研究，进而扩大到各种远离平衡的相变的合作现象研究，提出激光、流体、化学反应等虽然有着各种各样的结构，但遵循着共同的规律。协同学旨在揭示支配着极不相同的系统结构形成普适规律。协同学认为系统的自组织现象是由系统内大量子系统协同作用形成的。协同作用导致了序参量产生，而序参量又反过来支配着该系统的行为，最后形成有序结构，即谓之伺服过程。协同学研究的对象是复杂体系，描述一个复杂体系的变量数目往往很多，但涨落在新结构出现的临界点起着触发作用，任何微小的涨落都会被放大，从而使系统产生相应的新结构。

国内外地学界在研究非平衡态有序结构时，大多数应用布鲁塞尔派的理论与方法，用哈肯学派的协同学理论解释地学中自组织现象者尚不多见。例如，Haase 等（1980）、李如生（1984）定量模拟了斜长石环带构造的成因；Marino 等于 1984 年对成岩过程中压力溶解层进行了数学分析；Moore 于 1984 年用双层扩散模式模拟了碳酸盐岩中球状韵律层的形成机制；Ortoleva 等（1987）对地球化学过程中反应-输运反馈进行了模拟；王益锋等也于 1990 年指出对玛瑙自组织现象的模拟计算取得了满意的结果；中国地质大学於崇文等对云南个旧多金属矿床成矿作用进行了动力学机制的研究，提出了空间耗散结构形成的条件。上述种种基本上都属于布鲁塞尔派的方法。

协同学在处理复杂体系时将从两个途径进行研究。一是从宏观类似于热力学的方法，用宏观量表示定态的强度，依照最大信息原理决定参量、合适的分布函数、伺服模拟以及出现的模式，然后与产生的宏观结构或行为的微观结构相比较。二是从微观或中观层次出发，将复杂体系用动力学方法转化为数学方程，在参考态附近作线性稳定性分析，区分出稳定膜和不稳定膜，后者即为相应于参考态的序参量，再用伺服原理消去快变量，最后进行分析和计算机求解，将所得结论与宏观现象对照，以检验模型的正确性。

协同学发展至今已 20 多年，在处理复杂体系的非平衡相变，如激光、流体、社会等方面已取得了一定的结果。地球化学系统也可被视为物理系统，因而仍可用协同学处理。地球化学系统的宏观量既有化学反应速度，又有流体流动速度、温度场、压力场、组分浓度场等。从各个子系统出发，如某些化学反应，假定所研究系统受到一些外界约束，如系统中一定的能量流和物质流的输入，当改变这个控制参数时，便可出现不稳定性，从而将系统趋于一种新的结构状态。在不稳定点处，一般会有几个集体模变为不稳定的，它们将成为描述宏观模式的序参量。当控制参数再度改变时，系统会经历一个不稳定序列，同时伴随着一系列结构更替。地球化学体系中有各种各样的地体对象，从小的层次看，有岩石、矿石、矿物、元素等；从宏观层次看，有矿体、矿床、矿田、成矿区域、岩体、盆地、土壤、大气，以及不同世代、不同阶段和不同时期形成的岩体、矿床、矿体等。从它们中都可以看到一系列结构花纹，表现为组分、矿物和结构的不均一性。这些结构的形成大都属于非平衡相变，它对认识矿床时空分布、有用组分富集规律、环境变异和治理都有重要意义。协同学在处理地球化学过程中将会为人与资源环境体系开创一个新的研究领域，不断地发现地体各个层次的结构，不断地揭示地球化学体系更本质的规律，实现地体在各个层次、各个方面的统一，将是地球化学工作者的共同任务。

第五节　地球科学方法的突变论方法

一、概　念

突变论（Catastrophe Theory）是由 R. Thom 于 1969 年提出来的，是指非连续的变化现象。它强调变化过程的间断或突然转换的现象，所以又称"突变"。它是一种研究从有序向无序转化的理论。

在突变论中，把那些作为突变原因的连续变化因素称之为"控制变量"，把那些可能出现突变的量称为"状态变量"。以水为例，给水连续不断地加温、加压，其温度和压强都是连续变化的，但当这些连续变化的量一旦达到某一临界点——沸点，即水在一个大气压下，温度达 100℃ 时便会引起不连续的突变——水突然沸腾，转化为水蒸气。在这个水的相变（指水从液态转变为气态）模型中，"控制变量"就是由人们控制、掌握的两个量——温度和压强，它们始终是连续变化的；而"状态变量"则是能表示水的不同形态特征的密度（密度高的状态对应着液态，密度低的状态代表气态）。显然，是控制变量温度和压强连续不断地变化，导致了状态变量密度的"突变"。

二、地球系统的突变方法论

地球系统中的突变现象是普遍存在的，是由地球系统的非线性特征决定的。这种由外界条件的轻微变化导致的系统宏观状态的剧变，只是在非线性系统中才有。

地球系统的突变理论是地球科学理论与非线性科学理论，尤其是突变理论的综合。同时也是地球系统变化的一种常见的形式之一。它与"渐变"共同组成了地球系统变化的主要方式。

地理系统的非线性数学模式有两个分支：其一是拓扑学的观念，涉及较深的数学基础；其二是分叉理论的观念，即泛函数分析算子理论的观点。

具体地说，系统在发展过程中其系统物理量并不是始终不变的，会或多或少地发生一些偏离现象，这种现象称"涨落"。这种"涨落"是随机的，而且还是微小的，很快会消失。在一定时刻，某一空间位置上的随机变量的涨落，与其他时间、其他位置上的涨落完全无关，即在时间和空间上没有相干性。它们不能形成时空上的有序性。然而在临界点附近的涨落则就不同了，不仅涨落的强度大，而且具有时空的协同作用或相干性，称为巨涨落。这种巨涨落，将引起系统的物质流和能量流的重大变化，并形成新的系统结构和新的有序特征，于是该系统就发生了"突变"，形成新的系统。这就是系统由物质流和能量流的渐变到突变、量变到质变的过程。在临界点附近，控制参数的改变可以从根本上改变系统结构和功能。这种改变称为突变。

突变理论是用拓扑学方法研究各种跃迁、不连续性和质变的理论和方法。或者说，突变理论就是研究系统状态随外界控制参数连续改变而发生的不连续变化的理论。突变理论也是非线性特征的基础理论之一。

（1）生物种群的突变。关于生物种群的突变现象是普遍得到承认的，但对于突变造成的原因却争论不休。白顺良教授认为，地球上自有生命以来的 35 亿年中（个别人认为是 38 亿年），生物种群的更替或突变约有 6～7 次，如元古代的澄江化石群中反映的生物的绝灭、奥陶纪鹦鹉螺的绝灭、泥盆纪笔石的绝灭、二叠纪四射珊瑚的绝灭、侏罗纪菊石的绝灭，以及白垩纪恐龙的绝灭等。他认为，造成地球上生物群更替或绝灭的原因是：陨石撞击地球表面一次，能量相当于 1000 个在广岛投下的原子弹，对地壳造成巨大的震动，使得大裂谷、大断裂发生复活，使得有毒矿物如 Ni 和 Ir 等从地壳深部上升到地表并大量堆积，造成了对生物的杀伤作用。陨石撞击是一瞬间完成的，但 Ni 和 Ir 的毒害则长期存在，能影响到数百年、数千年。

（2）地震与火山爆发的突变过程。地震与火山爆发中应力和能量的集中过程可能需要很长时间，但爆发则是一瞬间或几秒钟的事。地震和火山爆发虽然都有前兆，但爆发则是突然的，它们的发生都具有突变特征。

（3）地貌的突变过程。地貌的塑造过程不论是侵蚀地貌还是堆积地貌过程都有一个突变过程，尤其是山崩、滑坡、泥石流。河流的冲刷、河流阶地与洪积扇的堆积等都是突变的过程。地貌过程中当然也有不少属渐变过程，例如，常规的侵蚀和堆积过程，既缓慢，也是微弱的。

（4）社会过程发生突变的例子也是很多的。产业革命也可认为是突变。"信息革命是社会进化的突变形式之一。"

地球系统的现象或过程，从渐变到突变，从"稳定态"到"非稳定态"的过程实际上是一种由量变到质变的过程，是一种系统飞跃的过程，都是由渐变到突变的过程。板块碰撞、造山运动、生物大爆发等也都属于从渐变到突变的过程。

突变是地球系统的固有特征之一。在地球系统 46 亿年的历史过程中，充满了由渐变到突变的现象。过去在地球系统演化过程中的突变现象，实际上就是指"突变"。渐变过程可能持续了数年或数十年的时间，而突然爆发的"突变"即完成在几秒或几分钟的时间内。这种突变往往可能给社会经济造成大灾难，所以又叫"灾变"。

在社会和经济演化过程中，往往也有从渐变到突变的现象。

第六节　地球科学方法的混沌方法论方法

混沌（Chaos）理论最早是由 H. Poineare 提出。他指出，"初始条件一点微小变化将导致最终结果产生巨大的差异"。N. Loren 进一步提出"蝴蝶效应"理论，因为初始条件很可能是测不准的，"失之毫厘，差之千里"，加上环境变化也是很难预测的，所以预报的难度很大。

一、基 本 概 念

混沌又被称为"混沌学"、"纷乱学"、"紊乱学"和"杂乱学"。它虽然早已出现在很多领域的论文中，但是至今尚未建立起能够被普遍接受的定义。"混沌"这个术语首先是由美国气象学家 E. N. Loren 于 1963 年提出来的。他发现在一个非线性动态系统的相空间中，在一定的参数范围内，轨迹线在一个范围内作无规则现象运动中，存在着一定的规律性。Haken 于 1984 年指出："混沌性为来源于决定性方程的无规则运动。"Prigogine（1986）把混沌分为两类：一类是热混沌，即无序的热平冲（或称原始混沌）；另一类是非平衡湍流混沌。Haken 也把无序的热平衡状态看做一种混沌状态。综上所述，混沌就是动力系统的不规则的、非周期的、异常复杂的运动形式；但它并不是完全无规则的，表面上看起来杂乱无章，实际上有规律可循。即自然辩证法中的偶然性和必然性的关系，偶然性是混沌的特征，但偶然性是包含在必然性中的。研究混沌理论的目的，就是发现紊乱中的规律性的条件。

二、基 本 理 论

混沌主要讨论的是概率问题或随机性问题。混沌不是简单的无序或混乱，而是没有明显的周期性和对称性，但同时又有丰富的内部层次性和有序性，无序状态中存在着一定的规律性。即无序中包含着有序，有序中又包含着无序的行为。

对苗东升教授及其他学者的观点进行总结和归纳，混沌的基本要点有以下 4 点。

（1）混沌是非线性系统的控制参量按一定方向不断变化而达到某种极限情形的一种结构状态，是一种非周期性的运动。

（2）混沌不是一片紊乱，而是一种没有明显周期性和对称性的有序状态，是具有一定的层次性的有序性，在无序状态中存在着一定的规律性。

（3）在现实世界中对称性是非常复杂的，且存在各种类型的对称性，彼此交织在一起。在系统演化中，有些现象在一定条件下表现出很高的对称性，但在另一种情况下则相反，周期性和对称性很不明显。

（4）因此，混沌研究的基本内容有：①从系统的紊乱事物中寻求规律性；②偶然性、随机性孕育于必然性之中，从偶然的随机的事态中通过统计方法寻找无序中的有序性；③判别系统中的动力随机性与内在随机性行为；④研究混沌现象对初值的敏感依赖性，即从两个非常接近的初值出发的两条轨迹线，在经过一段时间演化后可变得相距甚远，诚所谓"失之毫厘，差之千里"，表现出轨迹线对初值的极端敏感性。

三、基　本　方　法

混沌理论的特点是把决定论和概率论统一起来解决复杂问题的方法论。在混沌中寻找有序的、规律性的方法有如下两种。

第一，将"紊乱"、"无序"、"无规则"现象划分层次；找到层次后再按层次寻找规律。

第二，将"紊乱"、"无序"现象进行统计，即采用概率方法找出混沌中的规律。

四、地球系统中的混沌现象

科学家认为解决复杂的巨系统问题，应该运用混沌理论和方法。例如，牛津大学生态学家 Robert May 用混沌理论预测了非洲野生动物数量的变化；纽约州立大学布法罗分校的来尔开尔·谢里丹使用混沌的类推模式预测了墨西哥利马火山的喷发等，都有较好的效果。在天气预报、地震预报及道琼斯工业股票指数变化等方面，虽然运用混沌理论和方法进行了研究，但尚未见明显的成功效果。

五、天体运动中的混沌现象

前已述及三体问题，更不要说更多体的问题，不可能有解析解。对于这类问题，目前只能用计算机进行数值计算。现时太阳系中行星的运动，因为各行星受的引力主要是太阳的引力，一方面，作为一级近似，所以它们都可以被认为是单独在太阳引力作用下运动而不受其他行星的影响。这样太阳系中行星的运动就可以视为两体问题而有确定的解析解。另一方面，也可以认为太阳系的年龄已够长，以至初始的混沌运动已消失，同时年龄又没有大到各可能轨道分离到不可预测的程度（顺便指出，人造宇宙探测器的轨道不出现混沌是因为随时有地面站或宇航员加以控制的缘故）。但是在太阳系内，也真有在引力作用下的混沌现象发生。牛顿力学和混沌理论已证明，冥王星的运动以千万年为时间尺度是混沌的（这一时间尺度虽比它的运行周期250年长得多，但比起太阳系的寿命——50亿年要短得多了）。哈雷彗星运行周期的微小变动也可用混沌理论来解释。1994年7月苏梅克-列维9号彗星撞上木星这种罕见的太空奇观也很可能就是混沌运动的一种表现。在太阳系内火星和木星之间分布有一个小行星带，其中的小行星都围绕太阳运行。因为它们离木星较近，而木星是最大的行星，所以木星对它们的引力不能忽略。木星对小行星运动的长期影响就可能引起小行星进入混沌运动。1985年有人曾对小行星的轨道运动进行了计算机模拟，证明了小行星的运动的确可能变得混沌，其后果是被从原来轨道中甩出，有的甚至可能最终被抛入地球大气层中成为流星。令人特别感兴趣的是美国的阿尔瓦莱兹曾提出一个理论：在6500万年前曾有一颗大的小行星在混沌运动中脱离小行星带而以104m/s的速度撞上地球（墨西哥境内现存有撞击后形成的大坑）。撞击时产生的大量尘埃遮天蔽日，引起地球上的气候大变，大量茂盛的植物品种消失，也导致了以植物为食的恐龙及其他动物品种的灭绝。

六、生物界的混沌

混沌，由于其混乱，往往使人想到灾难。但也正是由于其混乱和多样性，提供了充分的选择机会，因此就有可能使其在走出混沌时得到最好的结果。生物的进化就是一个例子。

自然界创造了各种生物以适应各种自然环境，包括灾难性的气候突变。由于自然环境的演变不可预测，生物种族的产生和发展不可能有一个预先安排好的确定程序。自然界在这里利用了混乱来对抗不可预测的环境。它利用无序的突变产生出各种各样的生命形式来适应自然选择的需要。自然选择好像一种反馈，适者生存并得到发展，不适者被淘汰灭绝。可以说，生物进化就是具有反馈的混沌。

人的自体免疫反应也是有反馈的混沌。人体的这种反应是要对付各种各样的微生物病菌和病毒的。一种理论认为，如果为此要建立一个确定的程序，那就不但要把现有的各种病菌和病毒都编入打击目录，而且还要列上将来可能出现的病菌和病毒的名字。这种包揽无余的确定程序是不可能建立的。自然界采取了以火攻火的办法，利用混沌为人体设计了一种十分经济的程序。在任何一种病菌或病毒入侵后，体内的生产器官就开始制造形状各种各样的分子并把它们运送到病菌入侵处。当发现某一号分子能完全包围入侵者时，就向生产器官发出一个反馈信息。于是生产器官就立即停止生产其他型号的分子而只大量生产这种对路的特定型号的分子。很快，所有入侵者都被这种分子所包围，并通过循环系统把它们带到排泄器官（如肠、肾）而被排出体外。最后，生产器官通知关闭，一切又恢复正常。

在医学研究中，人们已发现猝死、癫痫、精神分裂症等疾病的根源可能就是混沌。在神经生理测试中，已发现正常人的脑电波是混沌的，而神经病患者的往往简单有序。在所有这些领域中，对混沌的研究都有十分重要的意义。

此外，在流体动力学领域还有一种常见的混沌现象。当管道内流体的流速超过一定值时，或是在液流或气流中的障碍物后面，都会出现十分紊乱的流动。这种流动叫湍流（或涡流）。这种湍流是流体动力学研究的重要问题，具有很大的实际意义，但至今没有比较满意的理论说明。混沌的发现给这方面的研究提供了可能是非常重要的或必要的手段。对混沌现象的研究目前不但在自然科学领域受到人们的极大关注，而且发展到人文学科，如经济学、社会学等领域。

第七节　地球系统的复杂性分析方法

一、基本概念

复杂性（Complexity）问题，首先是由美国 Santafii 研究所的 Norman Packard 等于 1982 年提出来的。到了 1986 年由 Mitechell Waldrop 出版了一本名叫《复杂性——产生于秩序与混沌边缘的科学》（*Complexity—The Emerging Science at the Edge of Order and Chaos*）书后，引起了科学家们广泛的注意。所谓复杂性科学，就如该书的副标题所指出的，是"介于秩序与混沌边缘的科学"，即研究"介于有序与无序之间的科学"，或专门研究具有"不确定性"（Uncertainty）与"模糊性"（Fuzzy）特征的科学，甚至是"无人知晓的科学"。它是与系统论、协同论、突变论、混沌论等理论科学密切相关的最新的理论科学问题。

某件事情或某个问题的复杂性不仅是指影响它的要素或参数很多，多达成千上万个，而且主要是指即使要素和参数并不多，但是它们都是不确定的，或十分模糊的。例如，系统的过程是线性特征与非线性特征并存、有序与无序并存、周期与非周期特征并存、平衡与非平衡、均匀与非均匀并存、整体性与分异性并存、渐变与突变并存、稳定与不稳定性并存、必然性与偶然性并存的现象，使人感到它是难以捉摸的混沌现象，或是一个"矛盾的统一体"。

高与低、强与弱、多与少和快与慢等并存现象是普遍存在的，是宇宙的不均匀性、不平衡性特征的表现。宇宙具有"矛盾统一体"的特征，也就是复杂性的特征。从总体上来说，宇宙是一个具有非线性特征的、矛盾的统一体和开放的、复杂的巨系统。

从总体上来说，宇宙间的物质和能量的差异性是客观存在的或固有的特征，它们在时间和空间分布上的不均匀性和不平衡性又是其基本规律，但是它们又力图趋向于统一，均匀或均衡也是其固有的特征，或基本特征。保持矛盾的、相互对立的两个方面就是宇宙这个矛盾的统一体的特征。

从学科现在来说，复杂性特征应该属于非线性科学领域。非线性科学不但涉及了很复杂的问题，而且它提供了解决复杂性问题的理论和方法的基础，因此它应归入非线性科学范畴。在一个非线性系统中，基于局部线性特征分析做出的决策只适用于局部时空。对于局部来说是正确的东西，但从整体来说，它可能是不正确的、不合理的，至少是不优化的，这种现象十分普遍。

当今改变人类社会的关键性学科领域有：宇宙科学、基本物质科学、地球科学、生命科学、非线性科学。这也是科学家正在探索的前沿科学。

Kurt Godel 的不完备性定理认为，任何一个自洽的公理系统，一旦超出某个基本的复杂性层次，就会出现这样的一些命题：它们在一些公理系统内，既不能被证明，又不能被否定，因此该公理是不完备的，很多公理都具有这个特征。

复杂性的理论依据有：混沌、突变、分形、孤子、自组织临界性、元胞自动机等理论。量子力学也宣告微观世界的不确定性，至少知识是不确定的和不能预测的。

复杂性与简单性也是并存的，一个极其复杂的系统中可能存在着极简单的控制规则，而在一个极其简单的系统中也可能存在着复杂的规则。

最新的研究成果表明，"复杂性"是宇宙间普遍存在的特征。不少事物从局部或短时间来说，具有线性的和有序的特征，但从全局或长时间来说，可能是无序的和非线性的，这是普遍规律。我们只能精确地知道或掌握局部的、特定时段内的特征。例如，近几千年来某些天体的运行规律可能属于线性的特征，但从整体全局来说可能又是非线性的。非线性特征是属于普遍的、最基本的规律。地球过程也不例外。

1996 年，美国由 30 多所大学地理系组成的地理信息科学大会协会所提出的《地理信息科学的优先研究领域》报告中第六点，就是 "University in Geographic Data and GIS Based Analysis"，即地理数据与 GIS 分析的不确定性，是地理信息科学的优先研究的领域之一。不确定性（Uncertainty）与模糊性（Fuzzy）是密切相关的，或者说是相一致的。地理数据的复杂性已经受到广泛的重视。

二、基 本 特 征

1. 物质、能量的差异性与时空分布的不均衡性与它们的统一性、整体与均衡性并存

对于整个地球系统来说，物质、能量的差异性与它们的时空和空间分布的非均匀性、非均衡性是客观存在的，而且是永恒的特征；同时，物质和能量力图达到统一，均匀与均衡也是永远的主题。以上两个永恒的主题就引起了物质和能量的永恒处于不断地运动之中，而这种统一、均匀和均衡也是永远达不到的，因此物质和能量的运动也是永恒的主题。物质和能量的差异性，与时空分布的不均匀性和不均性，物质和能量的力图达到统一、均衡的趋向及引起的物质和能量的运动，也永远达不到统一、均匀与均衡状态等矛盾的统一体的现象，乃是宇宙的永恒的主题。

牛顿的万有引力理论与普里高津的耗散结构理论，即集中与分散理论，将成为解释宇宙一切现象的基础理论。它们是造成一切现象或过程的动力基础和产生一切事物的根源。矛盾的统一体是一切事物的基本特征。

2. 聚集于扩散并存现象

（1）物质和能量的统一性与不均匀、不平衡并存。

（2）引力场理论与耗散结构理论的统一性：宇宙是由其间存在的两个相互矛盾而又统一的力量构成的，牛顿的万有引力（集中）与普里高津的耗散结构理论，两者是揭开宇宙奥秘的相互矛盾而又统一的理论，是可以用来解释宇宙的一切现象的发生、发展和消亡的过程。

（3）"聚集与扩散"并存，原为解释城市的发展过程的动力机制或过程，也可以用于解释一切人文地理现象。

物质和能量的空间和时间分布按守恒定律应该是均衡的，但对于某一特定时空来说，又是不均衡、不均匀的。时空分布是不平衡的。由于不均衡的存在，才有运动，运动就产生一切。

3. 整体性与分异性并存现象

地带性理论是地理学的基础理论之一。由于物质和能量的时空分布的不均衡特征，因此出现了分异现象。但是物质和能量的运动又遵循统一性、均衡性的规律，即耗散结构理论形成了统一性。运动是由于均衡、统一的动力机制引起的，又是为整体性目的服务的。整体性与分异性是相互矛盾而又统一的整体。节律性是分异性的一种特殊表现。

4. 线性与非线性特征并存

在地理过程中线性特征早已为大家所熟悉，但是它的非线性特征很少有人知道，而非线性特征却是地理过程的主要特征。Mitchell Waldrop 指出，对于地理过程来说，不少现象从特定时段或短时间来说，或从局部空间范围来说，可能是具有线性特征，但从整体、大范围及长时间来说，则属于非线性的，因此非线性属于本质特征。

5. 非线性特征的普遍性

（1）系统的整体功能不等于各部分功能之和定律属于非线性科学的范畴。

（2）系统的分形、系统原理属于非线性范围。

（3）系统的自组织原理属于非线性范畴，社会经济的发展、人口的繁殖、经济的增长均属自组织系统，具有非线性特征。

（4）地貌过程的非线性特征，动植物发展非线性过程。

（5）社会经济、科学技术发展的非线性特征。

（6）"人地系统"的非线性特征：环境与人类社会的相互作用也具有非线性特征，人类对环境的控制能力呈非线性增长。

（7）所有事物的"发生、发展、衰亡"的非线性特征。

三、地球数据的复杂性

1. 地球数据的精确与模糊并存

地球数据的复杂性特征之一就是地理数据的确定性与不确定性并存现象。地理数据的确定性主要是指某些测量获得的距离、高程等数据和经精确计算获得的某些天体运行的数据都是确定的和精确的数据，但都是在某一特定条件下或时段内是精确的、确定性的。例如，只有在某一特定的时空范围内是正确的，超越了特定时空范围就不一定是正确的。

地球数据的不确定性（Uncertainty in Geographic Data）是普遍存在的。它有以下几种情况：

（1）地球对象的渐变性、逐步过渡性特征：人为地将其划分为界线的，如相邻两种土壤类型之间的界线，相邻两污染等级之间的界线，相邻两自然地带、气候带、经济带等之间的界线，都具有不确定性的特征。实际该界线在地面上是不存在的，是难以确定的。

（2）地球对象边界的动态性：如气温、气压的界线，泥沙浓度分布的界线，它们不仅是渐变的，而且还是动态的，很难准确将其界线划定在具体的某一位置上。

（3）地球对象定义上的不确定性：如林业部与农业部对林地的定义上就存在着差别，因此造成了林地概念的模糊性。

（4）地球对象的人为定义是明确的，但技术操作上是困难的，因此造成了相邻两地间对象界线的不确定性，例如，林地与草地之间的分界线定为：凡是树冠投影面积占30%或60%以上者为林地。但是在划界时是很难把握的，因此该界线是模糊的。

（5）等温线、等雨量线、等径流度线等都是大概的、不确定的，因为气象台站、水文站的数量太少了，温度、雨量和径流又受多种因素的影响，因此，它们都是不确定性的、模糊的。

（6）多尺度的模糊性，运用不同尺度，如用公里、公尺、厘米、毫米尺量同一海岸线或河流的长度，将会获得不同的结果，甚至相差很大的结果。

2. 比例尺造成的模糊性

不同的比例尺，不仅具有不同的精度，如长度的误差等，而且还能影响到它的属性和内容的误差。例如，1：50万旱地的纯度与1：10万和1：5万的旱地的纯度是不一样的。

3. 遥感数据的确定性与不确定性并存

遥感数据的复杂性表现为它具有确定性与不确定性并存的现象。

遥感数据具有不确定性的特征：如水陆的分界、有无植被等，是肯定的或确定的。

遥感数据具有不确定性的特征：如植物的分类、农作物的分类、岩石的分类、土壤的分类等。植物的分类的正确率一般为 60％左右，岩性分类的正确率为 60％左右，土壤分类精度只有 40％，即它们有的能识别，有的不能识别，所以具有模糊性特征。

第八节　地球科学方法的分形方法

分形（Fractal）是由 B. B. Mandelbrot（1924，IBM）提出来的，他在 *The Fractal Geometry of Nature*（1982）中阐明，"分形"与"混沌"、"孤子"（Soliton）是非线性科学的核心。分形方法又叫复杂几何学，是用来描述地球系统过程的种种复杂现象的方法。

一、分形的基本概念

分形指具有多重自相似的对象。它可以是自然存在的，也可以是人造的。花椰菜、树木、山川、云雨、脑电图、材料断口等都是经典的分形。如果您从未听说过"分形"，一时又很难搞清楚分形是什么，有一个简单迅捷的办法：去市场买一个新鲜的菜花（花椰菜），掰下一枝，切开，仔细观察，思考其组织结构。这就是分形。分形概念虽然极有价值，但它并不神秘，人人都能明白它的基本含义。

分形理论是一门交叉性的横断学科，从振动力学到流体力学、天文学和计算机图形学，从分子生物学到生理学、生物形态学，从材料科学到地球科学、地理科学，从经济学到语言学、社会学等，无不闪现着分形的身影。分形理论已经对方法论和自然观产生着强烈的影响，用分形的观点看世界，我们发现这个世界是以分形的方式存在和演化着的。

分形理论有很强的解释能力，能说明大自然的许多形态发生和自组织过程，分形自相似原理和分形迭代生成原理对人们更好地认识世界起到了推动作用。分形图形生成技术也对传统艺术造成了不小的冲击，但不能把一种科学理论任意夸大、玄学化。分形理论与所有其他科学理论一样，绝不是万能的。分形理论已走过轰轰烈烈的革命式发展时期，并进入平稳的发展过程。只有注意到其限度，不断创新，由分形引出的新科学才有生命力。

二、分　数　维　数

分数维数：从拓扑维到度量维。整数维数是整数，这还好理解，原来我们知道的整数维数是拓扑维数，只能取整数，维数表示描述一个对象所需的独立变量的个数。在直线上确定一个点需要一个坐标；在平面上确定一个点得用两个坐标；在三维空间中确定一个点得用三个坐标，等等。

除拓扑维数外，还有度量维数。它是从测量的角度定义的。原来的维数也可以从测量的角度重新理解。为什么要发展测量维数的定义？其实维数概念并不是从天上掉下来的，都有"操作"的成分，都可以从操作的角度说明。学过数学的人都知道，积分理论从黎曼积分发展到勒贝格积分就是因为引入了"测度"这一概念，这一举动克服了传统积分理论的许多缺陷，扩充了所研究的函数的范围和极限的意义。后来柯尔莫哥洛夫（A. N. Kolmogorov）将勒贝格测度引入概率论，又为概率论奠定了坚实的基础。

分数维数并不神秘。我们首先说明，从测量的角度看，维数是可变的。看一个毛线团，从远处看，它是一个点——0 维的，好比在广阔的银河系外的宇宙空间看地球，地球的大小可以忽略不计；再近一些，毛线团是三维的球，好比进入太阳系后，乘航天飞机在太空沿地球轨道飞行；再近一些，贴近其表面，它是二维的球面，甚至二维的平面，这好比我们站在旷野上环顾左右或者站在草原的小山丘上向四周眺望；再近一些，看一根毛线，它是一维的线；再细看，它是三维的柱体；再近一些，它又是二维柱面或者二维平面；再接近，看毛线上的纤维，它又是一维的；再近则又变成三维柱了……

所以，对象的维数是可以变化的，关键是我们从什么尺度去观察它、研究它。一旦尺度确定了，对象的维数就确定了。反过来，不规定尺度，问一个对象的维数，其实很难回答。这正如问海岸线的长度一样，只有知道用什么样的刻尺去测量，才能得到明确的结果。

作为整数的拓扑维，在拓扑变换下是不变的，所以拓扑学也叫"橡皮几何"，只要不发生粘连和撕断，拓扑空间可以像橡皮一样任意拉伸。对于分形对象，虽然可用拓扑变换来考察，但也可以用别的、更好的、更形象的办法考察。分形体有许多空洞，像冻豆腐一样，用空间充填的办法测度它是一个好主意。

从测量的角度重新理解维数概念就会自然地得出分数维数的概念，实际上 1919 年豪斯道夫已经作了这种推广。下面我们看一个例子。

一根线段 L，它是一维的，取单位长度 A，将它的线度（边长）扩大到原来的三倍，看看能得到几个原始对象（单位长度为 A 的线段）。显然得到三个：$L \to 3L = 3 \times L$。再看平面上的一个正方形 P，边长为 A，假设仍然将其线度（边长）扩大到原来的三倍，则得到 9 个正方形：$P \to 9P = 3^2 \times P$。对于三维空间上的正方体 V，边长为 A，假设仍然将其线度（边长）扩大到原来的三倍，则得到 27 个立方体：$V \to 27V = 3^3 \times V$。得到的总个数可以表达为关系：$M = B^d$，其中 B 指放大倍数，M 是总个数，d 相当于对象的维数。上式，换一种写法，就有：$d = \log M / \log B$，其中指数 d 相当于维数。

以上是从放大的角度看问题，还可以从反面理解：从"铺砌"的角度看，对于给定的对象，用很小的单元块 ε 充填它，最后数一数所使用的小单元数目 N。改变 ε 的大小，自然会得到不同的 N 值，ε 越小，得到的 N 显然越大，ε 越大，得到的 N 就越小。将测到的结果在"双对数"坐标纸上标出来，往往会得到一条直线，此直线的斜率的绝对值就是对象的维数 d。用数学关系表达如下。

$$d = \lim(\varepsilon \to 0) \log N(\varepsilon) / \log(1/\varepsilon) = -\lim(\varepsilon \to 0) \log N(\varepsilon) / \log \varepsilon$$

在双对数坐标纸上绘出数据点，进而看看数据是否呈直线关系，或者可以分解为几段直线，然后求出直线的斜率，这个斜率的绝对值就代表维数。

这是最简单的"计盒维数"，现在已经有许多种维数计算公式，如容量维、柯尔莫哥洛夫维、信息维、关联维、雷尼（A. Renyi）维等，用得最多的是关联维。

三、分形方法在地球科学中的应用

分形方法主要用于地球系统过程中的种种复杂现象，如地形的复杂性、大气海洋运动中的复杂图形及动植物形态的复杂性等。分形方法的要点主要有如下三个。

（1）运用不同的尺度量测同一对象时，如用米、厘米、纳米量某一段公路的长度时，所得到的结果可能完全不同。

（2）任何复杂形态都可以用分维数来描述。

（3）即使是同一类型的各部分的几何形状，只可能具有相似性特征，而不可能完全相同，更不可能相等。例如，同一株数的枝、叶的几何形状特征不可能完全相同，只可能相似，多少有些区别。14 亿中国人中不可能找到完全相同的，只能是相似的，即使"双胞胎"兄弟，也都存在一些微小的差别。

第六章　地球系统过程的基本特征

地球是一个由四个相互制约的子系统组成，不断进行物质与能量交换，不断变化，具有时空分异和自组织功能的复杂的巨系统。

地球是由固体（地壳岩石）、液体（海洋、湖泊及河流）、气体（大气）及生物（动植物、微生物及人类社会）四大子系统及其无数次一级小系统密切相关、相互联系，相互制约的系统整体。

地球系统由于物质、能量时空分布的不均匀性（有高低强弱，大小多少的差别）形成了物质流、能量流的性质、特征（强弱等）的不同及时空分布的差异，使系统内部、系统外部及环境之间（太阳、银河系等）物质与能量不断进行交换，所以短期系统是一个开放的系统。

地球系统的内部之间，内部与外部环境之间不断进行的物质与能量的交换过程，使地球系统处在远离平衡的状态。只有不平衡才能使物质流、能量流持续，系统才有生命力，生命力才旺盛。

也正是由于地球系统的物质流、能量流远离平衡状态并持续进行，地球系统才能保持不断变化和发展。

地球系统的物质流、能量流分布的不均匀及其时空分布差异才形成了时空分异和变化的特征，包括时间变化及空间变化并形成了现在丰富多彩的世界。

由于地球系统具有自组织、自适应及自我调节的特征，地球系统才能经历各种自然的巨大灾难，如大冰期、大地震、大火山爆发、多次陨石撞击。地球生物经历了"无中生有"，由低级到高级和数次大灭绝的打击，仍然维持了下来并越来越好，全凭自身的自组织功能。

宇宙由体积无限小，密度无限大，几乎等于"无"的物质与能量统一体，在约150亿年前的一次大爆炸的混沌中，逐渐形成的约有20万亿~40万亿颗恒星（太阳）组成。每颗恒星都在向宇宙外圈飞驰而去，由8个行星组成的太阳系就是其中之一，地球是它的一个行星。对于整个宇宙来说，地球实在是太小了。地球是大约在46亿年前的太阳系一次无中生有的过程中，由物质和能量聚集而成的不规则形体，也经历了从无序混沌到有序的组织结构的发展过程，并成为开放的、远离平衡的、不断变化的、复杂的系统。

地球由四层结构组成，即气体层、液体层、固体层和生物层（包括社会经济）。根据卫星测量的结果，地球的固体部分具有"鸭梨"的外形，北半球的体积大，南半球的体积小，具有明显的不均匀特征（图6.1）。如果将固体与液体部分叠加在一起来看，地球表面凹凸不平，形状如一个不规则的"土豆体"，称为"斯图加特土豆体"，表面极其不规则。

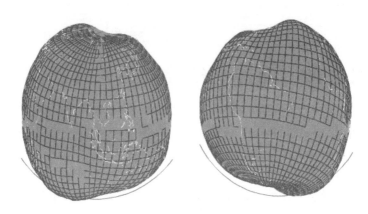

图 6.1   WDM94 模型描述的地球形状

　　地球的物质与能量除了来源于地球本身外，还有从天外来的，包括来自太阳、银河系及宇宙的碎屑（如陨石等）。其中来自太阳的影响最大。由于地球的物质与能量的时空分布是不均匀的，有高与低、多与少、强与弱的差别，于是形成了物质流与能量流，造成了不断地变化与发展。原来属于混沌状态的地球，分解成为气圈、水圈、岩石圈和生物圈。岩石圈的形成过程（康德-拉普拉斯假说）是地槽—地台—地洼的演化，气圈则由原始大气—CO_2大气—现代大气的演化；水圈由原始海洋（低盐，高钙）—现代海洋—（高盐，低钙）的演化；生物圈植物界则由细菌（36 亿年前出现）—藻类（20 亿年前出现）—蕨类—种子植被—被子植物，动物界从单细胞—无脊椎动物—鱼类—两栖类—爬行类—哺乳类，都是从低级到高级，从简单到复杂的过程，是不可逆转的过程。复杂的发展过程的时间是不可逆的，并具有波动性、节律性与不确定性特征。气温有冷与暖的波动，生物有大灭绝和大爆发演化。渐变到突变，量变到质变过程，是一个具有节律性与回旋性的"螺旋"式的直线与非线性并存的发展过程。不确定性特征是地球数据有测得准与测不准并存、确定性与不确定性并存的结果。再加上即使"地球常数"，也是"不变"与"可变"并存，短期是不变的，长期是可变的，一切都随时间而变化（图 6.2、图 6.3）。

　　由于物质和能量的时空分布不均匀性与物质流和能量流长期作用，形成时间分异的特征如下所述。

　　时间分异：包括变化与发展的节律性、回旋性的阶段特征，呈螺旋式上升演化趋势。

　　空间分异：地带性（水平，垂直）与地（局）域性。

　　地球的物质流和能量流是远离平衡的状态，非平衡是地球的特征。只有不平衡才有不断变化和发展，地球系统才有生命和活力。地球的物质流和能量流在远离平衡过程中，具有渐变与突变、量变与质变的过程，并具有波动性、节律性与不确定性等特征。

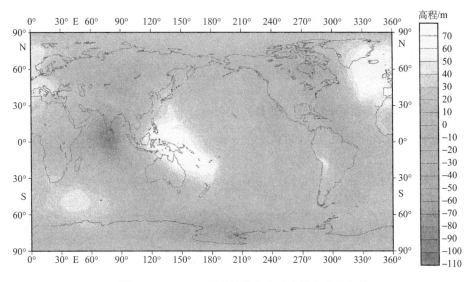

图 6.2 WDM94 模型计算的全球大地水准面起伏

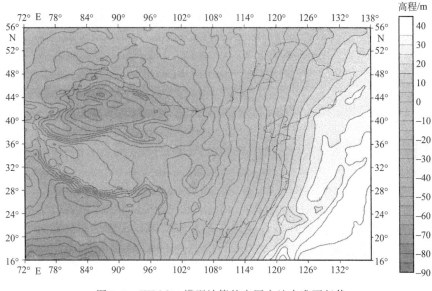

图 6.3 WDM94 模型计算的中国大地水准面起伏

第一节 能量、物质时空分布不均匀特征

一、能量时空分布的不均匀性特征

1. 来自太阳能量的时空分布不均匀的影响

由于地球本身为一球体，它的旋转存在倾角，加上地球绕太阳的自转与公转，即太阳入射角的差别，阳光穿越大气层的厚度存在差别，太阳能量经大气散射而损耗的能量

存在明显差别，因此地球表面接受的太阳能量也相应地随纬度而异，赤道附近的太阳能量最大，然后向高纬度逐渐递减，极地区域最小。同时出现了日变化、月变化、季变化和年变化。因为地球表面的下垫面不同，如地形高低、土地覆盖的差异，所以地表温度有了复杂的变化，形成了气候、植物、动物、土壤等的地带性和区域分异现象。

2. 米兰科维奇周期变化引起地球表面能量的变化

地球轨道参数，如地轴斜率、偏心率及岁差旋回的变率，对地球表面接受太阳能量有很大的影响。这三个参数存在周期特征，这个周期称为米兰科维奇周期，它对地表温度变化有巨大影响。地球史上的冰期与间冰期的波动、更替现象，可能是在它的作用下形成的。

3. 银河系宇宙射线对地球表层能量变化的影响

宇宙射线对地球表层的影响虽然小于前面所提到的两个因素，但是客观存在的。

4. 来自地球内部热源对地表能量变化的影响

在板块构造的缝合线或碰撞带附近，有穿透地壳的深大断裂的存在。海洋板块的中脊线出现的地震带、火山带是地球内部能量释放的表现。每次地震与火山活动，都要向地球表面释放出大量的能量，而且火山与地震活动都有明显的活跃期和宁静期（非活跃期）之分，具有明显的节律性特征。地震的节律特征表现以中国为例，在 100 年间 8 级以上共 12 次，7 级以上共 159 次，6 级以上地震共发生 99 次，5 级以上地震共 362 次，4 级以上地震共 125 次。火山喷发也有明显的节律特征。另外温泉、地热也是地球内部释放热能的例子。尤其是地震与火山活动对地球层的影响巨大。

二、物质的时空分布不均匀性的影响

物质分布的不均匀性包括环境与资源分布的不均匀性。环境主要指地壳厚度与结构、地形的高低，资源则指矿产资源、生物资源、水资源等，在地球上的分布是不均匀的。

1. 环境条件的不均匀性

地球表层的地壳厚度及组成岩性、地质构造是不均匀的。地壳厚的地方的厚度约为 80km，薄的地方只有 50km 左右。其组成与结构和构造也有很大的差别。

地形的高低也有很大的差别。以陆地为例，最高的山海拔为 8000m，最低的为海拔以下 30m，有高山、高原、山地、丘陵、平原、盆地等区别。

2. 地球表层资源分布也是不均匀的

各类矿产资源的空间分布极不均匀，有的地区矿产资源富集，有的地区则十分复杂，尤其是金矿、能源（煤、石油、天然气等）等的空间分布是很不均匀的。

淡水资源的空间分布也是不均匀的，有的地方很丰富，有的地方则严重干旱，如沙漠及半沙漠地区。

土地资源的空间分布同样是不均匀的，有的地区平坦、肥沃，而另一些地区则崇山峻岭，岩石裸露，无可耕之地。

生物资源的分布更是不均匀，有的地方森林茂盛，草场肥沃，动植物资源十分丰富，另一些地区则十分贫乏，寸草不生。

气候既是环境又是资源，有的地区气温温和，雨量适中，生物繁茂，而有的地区则气候寒冷，雨量稀少。气温的过高或过低，降雨的过多或过少，都不利于人类的生存。

3. 环境与资源组合状况的影响

如果将环境分成优、中、差三个等级，它们的组合出现相应的三种状况：环境优与资源优为最好；环境中与资源中的组合为中，环境差与资源中的组合为中；环境差与资源中组合为差，环境差与资源差组合为差，即不毛之地，生存环境恶劣。

第二节 物质流与能量流的运行及非平衡性特征

根据一切向相反方向转化与"相反相成"的原则，物质与能量都有强的向弱的、多的向少的、高处向低处、密度大的向密度小的方向扩散、迁移流动的功能。这就是物质流与能量流产生的原因。

由于物质流与能量流的存在与作用，地球的一切才能出现变化，从量变到质变，从渐变到突变，地球也就发展成为地球系统。

在物质流和能量流的长期作用下，物质平衡、能量平衡就会出现并存在。如能量均衡、地壳重力均衡的假设出现，实际这种均衡都是动态的，理论上，均衡是不能出现的，即使有也是暂短的，因为地球处于"远离平衡"是它的固有特征之一。从理论上看，地球的物质与能量一旦达到了平衡，物质流与能量流就将消失，变化与发展不再出现，地球就将消亡。

在物质流和能量流的作用下，加上前面提到过的平衡假说，地球系统就出现物质循环、能量循环现象，如碳元素循环、水循环、大气环流、海洋环流等，它是地球系统固有的特征之一。

不论是物质流还是能量流，在观察中，具有波动性、节律性和不确定性特征也是普遍现象。例如，火山、地震等地壳运动具有活跃期和非活跃期之分，地球的气温、降水也都具有高温与低温，丰水与少水的季节性变化，生物活动也有季节性特征。不论是固体地球、液体地球、气体地球，还是生物地球都存在波动性、节律性和不确定性三大特征。

地球上除了重力作用外，还有引力作用，这是另一种现象存在，即重的、大的物质对轻的、小的物质的吸引力，如海洋的潮汐现象。

一、地球元素循环

地球化学元素循环过程是地球系统的物质流和能量流的综合作用结果。以碳（C）元素循环为例，主要有两种形式，即无机碳和有机碳循环。无机碳元素循环指地球化学元素碳通过物质与能量的地质过程，如火山活动、地壳运动（地震）及地下水活动，将地壳中的碳元素送达地表，或经过地表岩石中含有的碳元素经风化作用、流水作用进入海洋和湖泊中沉积下来，形成地壳的一部分，后来经造山、造陆运动，上升形成陆地或山地组成的岩石，再经地壳运动或风化作用形成地壳、岩石中碳元素的新的迁移。这个过程称为碳元素循环或轮回过程，是一种可逆的过程。再以有机碳循环为例，大气中或水中的 CO_2 气体，经过植物的光合作用吸收并形成植物的有机体——枝、叶、干等，后来经腐烂、燃烧后恢复成 CO_2 进入大气，还有通过动物将有机碳组成的植物或果实吞食后形成机体或经消化排泄后再恢复成 CO_2 的过程，也是可逆的循环过程，这是最常见的碳元素的循环过程，对地球系统过程产生了十分重要的影响。

二、物质与能量过程的非平衡性特征

地球是一个"开放的、远离平衡的不断变化的复杂的巨系统"，不仅地球系统内部不断通过物质流、能量流进行物质与能量的交换，而且与外部环境，至少与银河系进行着物质与能量的交换。物质、能量分布的不均匀性是地球固有的特征。一旦物质能量的高与低、强与弱、多与少的差别消失，物质流、能量流也就终止，地球就不再有变化与发展，地球的生命也就终止。因此，地球的物质、能量过程是永远达不到平衡的。

以碳元素的物质流的循环过程来说，不论是有机碳还是无机碳，其移动过程都是非常复杂的、非平衡。通过植物、动物和微生物作用的 CO_2 的吸收与释放是不平衡的，通过地壳运动和风化、侵蚀、沉积过程的碳元素循环过程也是不平衡的。

三、均衡或平衡剖面及夷平面的问题

河流平衡剖面、坡地平衡剖面及海滩平衡剖面是经常碰到的问题，但这仅仅是理论上的，实际上很难存在，即使有也是动态的平衡，可能接近平衡状态，真正的平衡是很难达到的。因为环境因素处在不断变化之中，有了变化，平衡就达不到。

夷平面是指一个特定山区，地形多变阶段或"地形轮回"进入了"老年期"，原来是山地，经过长期的风化、剥蚀、侵蚀等的物质流过程，变成平缓丘陵地、缓坡地，地表达到了物质流的平衡状态的现象。但如天山、昆仑山区的残存的"夷平面"现在遭到了强烈地切割，折返到了"幼年期"状态，所以非平衡状态是普遍的、持续的，平衡状态是短暂的、稀少的。

第三节　地球系统过程的渐变与突变和量变与质变特征

由物质流、能量流引起的过程，称为地球系统过程。它具有以下两个特征。

一、地球系统过程的"渐变到突变"和"量变到质变"的变化发展特征

在地球系统过程中，不论是物质流还是能量流，在运行过程中，往往出现由"渐变到突变"和"量变到质变"的特征。以地壳运动为例，如地震过程，是能量的逐渐积累过程，这个积累过程是十分缓慢的，不易被人感觉到的，可能持续很长的时间。一旦能量积累到一定程度时，就以突然的、强烈的方式爆发，于是形成地震，对地表的一切造成严重破坏。这是由"渐变到突变"，由"量变到质变"的典型例子。火山喷发、山崩滑坡、泥石流及山洪的发生过程都具有上述的特征。

但是另一些地球系统过程，只有渐变、量变的过程，没有突变和质变的过程，如动植物的生长过程、地形变化过程等。从总体上说，地球系统过程从"渐变到突变"、"量变到质变"过程和只有"渐变"、"量变"，没有"突变"、"质变"现象是并存的。这是对辩证法的修正和补充。

自然界一切事物的效果都是有原因的。地球生物种类的突然变异是由各种自然过程引起的，地质构造剧烈变动导致环境变化与生物种类的大规模突然变异之间就是因果关系。地质年代的地层单位之间的界限就是以古地理、古生物、古气候等划分的。从震旦纪末期、寒武纪末期、志留纪末期……直到新近纪末期的每一地质年代都是地壳构造剧烈活动，地表环境发生大变化，生物形态出现大规模演变的过程。

大量古生物化石的重见天日改变了人们的传统看法。地球历史上的生物种类灭绝比古生物学家以前认为的要频繁和强烈，每次"灾变"后地球表面生态环境十分恶劣，树枯草黄，尸横遍野，一片萧条景象。随着大灭绝的影响烟消云散，生态系统经过艰难的恢复，整个生物界从此进入另一个新天地。那些幸存物种被迫改变其与环境不相适应的特征，继续充满艰辛和痛苦的进化历程，生物繁殖开始突飞猛进。

我们只能通过化石研究来揭示生物演变的概貌，通过从各地质时代形成的岩层中发掘出的化石就可以了解某个地质时代生物类群及其生活活动的情况。地层学中地质年代划分的基础就是对地层中保存的化石进行对比，化石标本的突然性变异呈现出地质变动的周期性。

在地球演变过程中，地质构造处于稳定期时，生物在相对稳定的环境下，物种变异是缓慢的；当地质构造发生剧烈变动（全球性熔岩冲破地壳的大爆发）时，生物为适应变化的地表环境会被迫改变其形态和生存方式而在较短时间内发生根本性变异。从远古地质年代考察发现，地球生命由简单有机物变为单细胞生命只有很短的时间（大约1亿年）。前寒武纪末期生物大爆发导致单细胞生物向多细胞的加快进化和白垩纪末期大爆发导致爬行类动物向哺乳类动物、鸟类的加速进化也都是跳跃式的进程。

　　但是，即使生物形态突变，其周期也不是短暂的。相对而言，生命进化的总体过程是缓慢的（已近 40 亿年）。根据遗传学研究，物种从一种遗传稳态转变到另一种遗传稳态需要几百个以上的世代才能完成。在物种由简而繁的进化中，每两类由低至高的物种之间都有中间过渡形态，如蛋白质到单细胞之间的类病毒体，原核细胞生物到真核细胞生物之间的甲藻。两栖类是动物从水生向陆生过渡的中间类群，其成年期可以在陆地或水中生活，但它的幼年期仍须在水中生活。即使在地质构造剧变引起的突然性灾难中，一些物种的突然变异也不是一朝一夕完成的。

　　澄江动物化石的发现，就可以断定在距今 5.3 亿年前的几百万年时间内，几乎所有现生动物门一级和绝灭了的相当多动物门或纲一级的动物化石在地球上突发性出现，而完全没有祖先的痕迹，这是一种误解，其实并不存在什么"生命大爆炸"现象，更不能因此而否定生物通过天择对生物实践有利遗传的改变是一个渐变的过程。单细胞生物演变成多细胞动物也不只发生在早寒武纪的短短几百万年，在"寒武纪生命大爆炸"之前的前寒武纪就已经出现多细胞生物（埃迪卡拉动物）；在恐龙鼎盛的侏罗纪也已有原始哺乳类、鸟类（如梁齿兽、始祖鸟等）；而恐龙消失之后的新生代古近、新近纪的地层中仍然发现了恐龙化石；还有奥陶纪末期、二叠纪末期等所谓的生物大灭绝事件。这些不同时代的生物大灭绝的地质背景是相同的，都是由于每次地球大爆发过程中地球生态环境系统遭受严重破坏，导致大批生物死亡，生物的多样性陡然下降。

　　化石的形成和保存需要苛刻的条件，并不是所有生物的遗体都能成为化石。只有在每一次地球大爆发的过程中的特殊地质环境中才会有大量的生物以化石的形式保留下来。因为地球的大爆发过程是周期性的，所以生物灭绝率每隔一定的时间（约几千万年）出现一个峰值。被保存下来的表明生物进化历史的化石证据也是阶段性的。在大爆发的间歇期，地壳变动相对平稳，不具备生物遗体化石化的基本条件，生物遗体会在自然环境中氧化分解，因此，只有局部地区的火山爆发时形成的少量化石。这样我们就很难发现大爆发间歇期的生物化石，而保存在岩层中的化石只是地质历史时期曾经生存过的生物中非常少的一部分，这就造成了生物史记录的不完备性。

　　从进化角度讲，生物已经退化的器官不会回复到以前发展的程度，已消失的器官也不会重新出现。例如，鲸虽然仍在水中生活，但只能用肺而不再用鳃呼吸了。因此，作为对达尔文进化理论的补充和客观存在的化石记录最合理的解释是，生命进化是瞬时的突变过程与长期的渐变过程交替进行的阶梯式不可逆转的进程。

二、地球生命进化过程的突变与渐变的讨论

　　地球生命进化过程的突变与渐变认为，发生地球大爆炸之后，地球横尸遍野，一少部分幸免于难的动物继续繁衍生息，最后遍及全球。

　　三元论认为有一个问题应该有所考虑，即地球发生大爆炸前和地球发生大爆炸后，二者之间物种的比例相差应该是非常大的，极有可能的是，大部分（假如 90%）物种在地球上被毁灭，而只有少数（10%）的物种活下来。按照灾变论，地球已经毁灭了 4

次。为了说明问题，假设原始地球生命为 1，那么，第一次灾变后，死亡率是 90%，成活率为 10%；第二次灾变后，死亡率是 10%×90%，成活率是 10%×10%；第三次灾变后，死亡率是 10%×10%×90%，成活率是 10%×10%×10%；第四次灾变后，死亡率是 10%×10%×10%×90%，成活率是 10%×10%×10%×10%。

地球上到底有多少物种？据美国广播公司（ABC）网站 2011 年 8 月 24 日报道，美国科学家给出了答案：874 万个。探究源头，地球上原始物种是多少？三元论的回答是：874000000000（874 万÷10%×10%×10%×10%）个。也就是说，874 亿个物种在地球上繁衍生息过。

大家可以考虑这个问题，这么庞大的物种数目，地球生命的历史上会存在吗？三元论认为，这个假设合情合理，结论却是否定的：不会[*]。

在自然界中，一些物质运动在物质结构的某种层次上表现为一种缓慢的、逐渐的、连续变化的运动形式，而并不表现为外部冲突或内部剧烈改组的形式，这种表现形式即为渐变。渐变的基本特点是，相对于同一物质结构层次上的突变过程而言，一般表现为较长时间的跨度，较缓慢的速度，变化的量比较小，变化的质比较微弱，并且通常可以用一条连续变化曲线描绘出来。渐变普遍存在于物质世界的运动中，如生物的进化、原始星云的演化等。突变则是指在物质结构的某种层次上，一种突然迅速发生的剧烈运动形式。突变的基本特征是，突变过程在时间跨度上相对于同层次上的渐变过程比较暂短，变化的强度迅速激烈，变化的量大，而且一般都表现为一种间断性的形式。突变是自然界普遍存在的现象，如火山爆发、地震和超新星爆发等。渐变与突变同为物质运动的形式，事物发展运动过程中，渐变与突变既相互依存，又可相互转化。并且，随着时间跨度、变化幅度等参量所选取的参照系的不同，渐变与突变也表现出相对性。在哲学上，渐变与突变指事物的两种飞跃形式，渐变指事物的量变过程的非爆发式飞跃；突变指事物质变过程的爆发式飞跃（石磊等，1988）。

第四节　地球系统过程的波动性、节律性和不确定性

一、波动性特征

地球的物质与能量的过程具有明显的波动性、节律性和不确定性三大特征。例如，地壳运动，包括地震与火山活动在内，有活跃期与宁静期之分；全球的温度变化也有冷暖波动的特征；海洋运动也都有波动特征；生物活动也往往随着气温的波动而波动。地壳活动也有节律性或周期性特征。例如，火山与地震的活跃期每隔 17 年出现一次，每次持续约为 3 年，17 年是能量积累的过程，3 年是释放的过程；全球温度变化的冰期约为 2 亿年重复一次；大洪水与大干旱约为 70 年重复一次等。但是，波幅与节律的时间周期，还具有明显的不确定性特征。

---

[*] 中国科学院智慧火花，地球生命进化过程的突变与渐变的讨论，2011.9.27

1. 地壳运动的波动性

　　包括大陆漂移，地槽、地台和地洼演化过程，造山造陆活动和板块构造地形变化，火山及地震活动等在内，都具有波动性、节律性和不确定性特征。波动性指地壳运动的活动和平静、强烈与缓和、主要变化幅度和规模大小等的变化。吕梁运动、五台运动、劳伦运动、加里东运动、海西运动、燕山运动、喜马拉雅（或新阿尔卑斯）运动等，还有火山、地震等活跃期都是地壳运动波动性特征的标志。节律性指这些地壳运动都具有时间特征，包括两次运动发生时间的间隔及每次运动的持续时间的长短等。不确定性指，不论是运动的强度和规模，还是间隔时间与储蓄时间的长短等，都存在一定变幅的特征（表 6.1、图 6.4）。

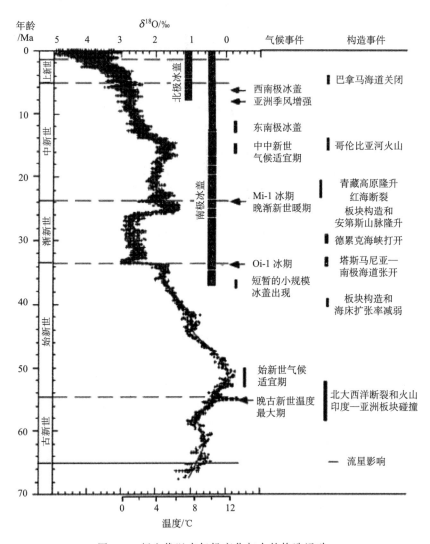

图 6.4　新生代以来气候变化与大的构造运动

表 6.1 地球古气候史地质年代表

代	纪	符号	世	绝对年代				地壳运动	气候概况
				开始时间 (按同位素测定)	距今时间/Ma (一般通用)	持续时间/Ma (按同位素测定)	持续时间/Ma (一般通用)		
新生代 (K₂)	第四纪	Q	全新世 更新世	0.025 1	2或8	1	2~3	喜马拉雅运动（新阿尔卑斯运动）	第四纪大冰川气候
	新近纪	N	上新世 中新世	12 28	12 25	27	22~23		大间冰川期气候
	古近纪	E	渐新世 始新世 古新世	40 68~72	40 60 70	40~44	45		
中生代 (M₂)	白垩纪	K	晚白垩世 早白垩世	130~140	135	70	65	燕山运动（新阿尔卑斯运动）	
	侏罗纪	J	晚侏罗世 中侏罗世 早侏罗世	175~185	180	45	45		
	三叠纪	T	晚三叠世 中三叠世 早三叠世	220~230	225	45	45		
晚生代 (P₂)	二叠纪	P	晚二叠世 早二叠世	265~275	270	30	45	海西运动	石炭—二叠纪大冰川气候
	石炭纪	C	晚石炭世 中石炭世 早石炭世	320~330	350	70	80		大间冰川期气候
	泥盆纪	D	晚泥盆世 中泥盆世 早泥盆世	370~390	400	50	50	加里东运动	大间冰川期气候
	志留纪	S	晚志留世 中志留世 早志留世	410~430	440	40	40		
早生代 (P₂)	奥陶纪	O	晚奥陶世 中奥陶世 早奥陶世	485~515	500	75~80	60		
	寒武纪	€	晚寒武世 中寒武世 早寒武世	580~620	600	95~105	100		
	震旦纪	Z	晚震旦世 中震旦世 早震旦世	900~1000	1000	—	—	—	震旦纪大冰川气候
隐生代	元古代	P₂	前震旦世	—	—	—		吕梁运动 五台运动 劳伦运动	元古代大冰川气候
	太古代	A₂							太古代大冰川气候
地壳局部异大陆开始形成最古矿物								—	
地球形成									

注：摘自《气候变迁及其原因》。

2. 全球气候变化的波动性

地球至今已有 46 亿年的历史,但直到 38 亿年前才有了可靠的地质记录。因此把 46 亿年前至 38 亿年前这段时期称为冥古代,科学证据极少,大多为推测。从 38 亿年前到 25 亿年前称为太古代,从 25 亿年前至 5.4 亿年(或 6 亿年)前称为元古代。太古代和元古代统称为"前寒武纪",约占整个地球历史时期的 88%。元古代之后为古生代、中生代和新生代时期,即生物在地球上大量出现,并在地球历史上占有十分重要的地位的时期,地球正式进入了有生命时期。

在整个地球历史的 46 亿年间,Kasfing 和 Owen 认为距今约 30 亿年时,地球气温出现了大的变化,以 30 亿年为界分成两个决然不同的时期,30 亿年前为全球气温"持续炎热期",之后为"冷暖波动期"。持续炎热期约占地球历史的 80% 的时间,冷暖波动期约占 20% 的时间。下面分别将两者的特点进行简单介绍。

1)持续炎热期

持续炎热期包括了冥古代(38 亿~46 亿年前)和太古代(25 亿~38 亿年前)。据 Kasting 和 Aekenmon 研究,那时地球的气温高达 85~110℃。据 Knauth 和 Lowc 研究,根据燧石的氧同位素测定气温为 70±15℃。那时全球普遍炎热,无液态之水的存在,大约在 38 亿年之后,才有液态水存在,并开始出现河流、湖泊与海洋。

2)冷暖波动期

冷暖波动期从元古代(从 25 亿年前至 5.4 亿年前,或 6 亿年前)开始至今。此时全球气温不仅大幅度降低,还出现了冷暖波动。暖期的年平均气温为 22℃左右,冷期气温到 12℃左右,年平均温差可达 10℃左右。大约在 20 亿年前左右,温度下降至生物可以存在的临界值,原始生物首先在海洋中出现,以后才扩展到陆地,直到 6 亿年前开始,地球才进入生物时代(表 6.2、图 6.5)。

表 6.2　冷暖波动阶段的概况

	地质时期	暖期特征	冷期特征
古生代	寒武纪	20~28℃	冰期 7~8℃
	奥陶纪	20~26℃	
	志留纪	18~22℃	
	泥盆纪	24℃(26~28℃)	
	石炭纪	20℃	
	二叠纪	25~30℃	
中生代	三叠纪	22℃	冰期 5℃
	侏罗纪	25℃	
	白垩纪	25~30℃	
新生代	古近纪、新近纪	20~29℃	新生代冰期 6~7℃
	第四纪		

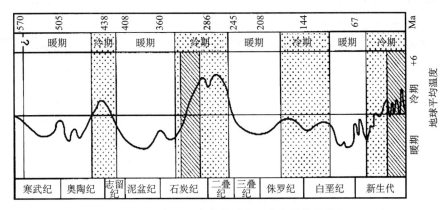

图 6.5　历史上五次大绝灭和四次大爆发事件年

3）地球历史上的炎热期

(1) 二叠纪：2.30 亿年前，年平均温度为 25～30℃。

(2) 白垩纪：1.37 亿～0.67 亿年前，年平均温度为 25～30℃。

(3) 古近纪、新近纪：0.25 亿年前，年平均温度为 25～30℃。

4）地球历史上的冰期

(1) 震旦纪冰期：5.7 亿年前，年平均温度约为 4℃。

(2) 奥陶纪冰期：5.0 亿～4.4 亿年前，年平均温度约 7±8℃。

(3) 石炭纪末冰期：2.85 亿年前，年平均温度约 8℃。

(4) 二叠三叠纪冰期：2.30 亿～1.95 亿年前，年平均温度约 5℃。

古近纪、新近纪、第四纪冰期：250 万年前，年平均温度为 7～8℃，亚间冰期 16℃。

3. 近万年来全球气温变化的波动性特征

距今 1.2 万～1.1 万年前，出现了"新仙女木小冰期"那时全球气温是 7℃ 左右。距今 6000 万～4500 万年前，为全球气候"大暖期"，年平均气温 20～22℃。

人类文明出现三次飞跃，如仰韶文化等。新石器时代，距今约 3000 年前，全球气候回暖，即"中世纪暖期"。当时的年平均气温约为 16～17℃。公元 1550～1850 年全球气候变凉，称为"小冰期"，那时年平均气温为 12℃ 左右。公元 1850 年至今，全球气候总的趋势变暖，但有波动，1998 年气温最高达 15℃ 左右，后略有下降。

5000 年以来的气候变化模式。我国著名的气候学家竺可桢（1973）根据历史、考古及地方志等资料，得出了距今 5000 年来我国气候变化的四个暖期与四个冷期的模式，见表 6.3。

表 6.3　5000 年以来的气候变化模式

特征	时间	标志
第一温暖期 （相当于大西洋期）	5000～3100a B. P.（公元前 3000～1100 年） 相当于仰韶—殷墟时期	黄河下游有热带、亚热带动物生活， 年均温度比现在高 2℃ 1 月温度比现在高 3～5℃
第一寒冷期	3100～2850a B. P.（公元前 110～850 年） 相当于殷末周初	秦汉转冷，长江支流汉水出现封冻、结冰
第二温暖期	2850～2000a B. P.（公元前 850～公元初） 春秋战国—秦汉时期	黄河流域梅、竹普遍生长，气候温暖
第二寒冷期	2000～1400a B. P.（公元初～公元 600 年） 东汉～南北朝	年平均温度比现在低 1～2℃，淮河结冰， 气候变冷
第三温暖期	1400～1000a B. P.（公元 600～1000 年） 隋唐时代	黄河流域生长梅、竹等亚热带植物， 西安有柑橘结果的记载
第三寒冷区	1000～800a B. P.（公元 1000～1200 年） 南宋	公元 111 年太湖结冰，冰上可以行车， 杭州降雪频繁，并延迟到暮春 3 月， 气候寒冷
第四温暖区	800～700a B. P.（公元 1200～1300 年） 元朝	西安一带又有竹子大面积种植，气候转暖
第四寒冷区 （相当于小冰期）	600～100a B. P.（公元 1400～1900 年） 明末—晚清。最冷出现在 350～300a B. P. （公元 1650～1700 年）	1650～1700 年，北京冬季气温比现在平 均低 2℃左右，京津运河冰封百余尺， 太湖洞庭、淮河汉水多次冰封

注：a 为年，B. P. 为距今。

二、节　律　性

地球系统过程的节律性，主要指相同的系统过程的时间上的可重复性或周期性。如：

太阳活动（黑子活动）的节律为 11 年；

米兰科维奇周期为 11 年、22 年、4 万年、10 万年的频率最高；

板块构造活动，岩浆活动以 33Ma 为周期；

火山活动有 60 年、1000 年和 1400 年三种节律；

地震活动有 11 年、30 年、300 年三种节律；一般震级越大，周期越长。其中以 11 年、30 年周期的发生频率最高；

海洋活动如厄尔尼诺、拉尼娜和 SO 活动，以 11 年、22 年、60 年发生一次的频率最高；

石灰岩的丰度，有百万年和千百万年两种节律；

地球磁极倒转的节律为 2Ma 和 3Ma。

三、不确定性

对地球系统过程来说，不论是它的波动性，还是节律性，都具有不确定性特征。在地球系统过程中，温度变化的幅度、地壳运动的强度等都不是固定的，每次都存在一定的差别。从温度变化的持续时间、地壳运动的持续时间或发生的时间间隔来说，都不是严格固定的，而是都存在一定的变幅，因此都是不确定性的。形成不确定的原因是，地球系统是一个开放的、远离平衡的、复杂的、多变的巨系统，不断地与内部各子系统之间和外部环境之间进行物质与能量的交换。因为内部与外部环境都处在不断变化之中，物质流与能量流也处在不断的变化之中，所以就产生了系统过程的不确定性。

第五节　地球系统过程的整体性特征

地球系统过程指地球表层的物质与能量的共同作用下形成的地表特征，又称"地球表层学"，包括地球表层的整体性特征、空间分异特征（地带性与地域性）及时间分异特征等在内。首先讨论整体性特征。

地球表层是指地球系统的大气圈、水圈、岩石圈和生物圈（含人类社会经济）的物质流、能量流的相互作用下形成的地球表层特征。虽然大气、水体、岩石及生物各圈层都有自己的功能和特征，但是在这些圈层协同产生的集成功能绝不是由四者功能简单相加所组成的，而是形成系统功能。根据系统科学的观点，地球系统的整体功能大于各部分（四大圈层）功能之和，绝不是简单的数学相加，而是系统功能。系统功能的大小是由系统功能决定的。系统的优化结构状况下可以产生 $1+1>2$ 的效果。如果系统结构在非优化的状况下，可以产生 $1+1<2$ 的负效果。地球系统的四大组成要素，既是相互联系、相互制约，又是各自独立的，各自都有自己的复杂规律，并处在不断变化之中，因此它们的组合产生的效果也是处在不断的变化之中。系统的结构也产生了相应的变化，优化结构可以变为非优化结构，非优化结构也可以变为优化结构，系统的功能也可以产生相应的变化，由正效果变为负效果，负效果可变为正效果。

地球表层是一个开放系统。比利时物理学家普里高津（Prigogine）的耗散结构理论认为，开放系统由于不断地与环境交换能量与物质，能够自组织地形成有序、稳定的结构，这是靠不断从环境获取能量和物质，在其内部流通转化，形成负极流来维持的。这样的系统被普利高津称为耗散结构。太阳辐射能是地球表层系统的主要外部能源，它在地球表层系统内形成了负熵流，降低了系统的总熵，使它远离平衡态，形成耗散结构，具有稳定的结构与功能。地球表层不仅像有机体"新陈代谢"一样，不断与环境交换能量与物质，而且像有机体一样"生长"，从简单到复杂进化发展，最终成为包括非生物、生物和人的极为复杂的巨系统。可见，地球表层是从属于太阳辐射能流的耗散结构。因此，地球表层的范围定义为太阳辐射能流在地球外层作用的范围。广义地说，它的上部包括了整个大气圈；狭义地说，上界可定为对流层的顶部，在极地上空约 8km，赤道升空约 11km，平均 10km 左右地球表层下是岩石圈的上部硅铝层达到的深度，陆地深 5～6km，海洋下平均深 4km。将地球表层作为太阳副辐射能作用下形成的特殊的物质体系，是地球表层与生物圈、生态圈的不同之处。

浦汉昕指出：进化是地球表层作为耗散结构最主要的特征，进化规律是地球表层最基本的规律。地球表层进化最主要的特点如下所述。

一、它从简单到复杂，从比较无序到比较有序

地球表层的物质逐渐从同心圆的形式分异，形成各种圈层。同时，太阳能在地球表层中流通转化的途径日趋复杂。最初它只是在无机环境流通转化，之后被有机体固定转化，从而提高了地球表层固定太阳能的能力。太阳能作为地球表层的负熵流，不断增强，使地球表层积累越来越多的自由能，形成越来越复杂、高级的耗散结构。贯穿地球表层进化的是太阳能在其内部的积聚。

二、地球表层进化形成三大类型的耗散结构

最初形成的自然地球系统是指太阳能在大气圈、水圈和岩石圈等无机成分中流通转化构成的系统。由它进化形成了以生物为主体的生态系统，最后生态系统又进化发展为以人为核心的人类生态系统。这三大类型系统，除了有发生学的联系之外，还不断进行着能量、物质和信息的交流。地球表层中的太阳能流或负熵流的流通途径是从自然地理系统到生态系统，再到人类生态系统。地球表层中的自然地理系统、生态系统和人类生态系统三者是同源、同构、互感的。

三、生物和人都是地球表层进化的产物

生物和人都是地球表层进化的产物，并都逐步在地球表层进化中起着主导作用。最初的生命物质是异养生物，在 30 亿年前产生了自养生物，能进行光合作用，固定太阳能，从而增加了地球表层内太阳能的聚集，加速了地球表层的进化。人类从环境中获取大量的能量与物质，从事社会生产与消费活动。当一个系统从另一个系统中获取负熵流时，必然引起后一个系统总熵的增长。人类生态系统不断从生态系统和自然地理系统中获取能量与物质，必然引起生态系统和自然地理系统总熵的增长，也就是环境退化问题。但是社会的生产与消费使物质与能量在系统内部流通转化，虽然大量的能量耗散了，但能量的品质却提高了，最终转化为信息。太阳辐射能在地球表层内形成的负熵流在人类生态系统中流通转化，形成高质量的能量，最终转化成信息储存下来，形成人类文化。由此可见，地球表层的进化过程，不仅表现为自由能的积聚，而且表现为信息的积累。人类在地球表层信息的生产和积累中起着关键作用，正像生物在太阳能的积累中起着关键作用一样。人类的生产与消费活动由于从环境中获取了负熵，而引起环境的熵

增，但人们又将信息反馈到环境中去，改善它的结构与功能，必将促进地球表层的进化。

系统理论认为，系统的整体性质并不等于子系统特性的简单加和。它具有高层次所独具的特性。地球表层学是在对子系统认识的基础上，进行更高层次的综合，从而提炼出新的、更普遍的规律，是人类在其中生存活动的巨系统的学问。

概括地说，它是大气圈、水圈、岩石圈和生物圈相互渗透并连接在一起发展的整体，而且是连续的、阶段性发展的体系，是物质运动的相互作用的形态极其复杂与极其多种多样的一个体系。它相当于地理系统中的自然地理系统。由组成的自然地理要素——物质流、能量流、信息流通过相互作用结合而成的具有一定结构，能完成一定功能的自然整体。

所谓自然综合体，就是各组成要素相互结合所构成的综合性的自然整体。因此有人认为，综合自然地理学就是研究自然综合体的科学。整个地理环境便是一个巨大的自然综合体所组成。它的各个自然地理区域也是一个自然综合体。一方面，整体性是地理环境结构的基本特征之一。在一个整体之内，整体影响部分，部分也影响整体；一个要素变化，其他要素也相应地发生变化。

但另一方面，整体性不等于均一性。由于地球是一个球形，在公转中其自转轴同公转轨道面呈 66°34′倾斜，所以地面各部分接受的太阳能是不均的。地表各部分所受内应力的作用也是不一致的，其组成物质和地貌结构各部分也不均一，而各部分所处海陆位置以及所经历的历史发展过程又不相同，组成要素之间的相互联系与相互结合，在地表不同地段产生量和质的差别，从而导致地域分异，这就是地理环境结构的差异性。它也是地理环境结构的基本特征之一。差异性主要表现为地带性差异和非地带性差异；两者交错综合，由此可以分出不同等级的自然地理区域或自然综合体；统一等级的区域综合体又可分为次一级的区域综合体。整个地理环境如此，一个洲的地理环境也是如此。一个洲可以是一个整体，也可分为不同等级的区域或综合体，这既体现整体性又反映差异性。对一个区域来讲，亦复如此。

四、整体性与差异性的辩证关系

整体性与差异性是地理环境结构的两个不同而有着辩证关系的侧面。随着上下层次地位的转换，某一分区所体现的整体性如向上易位则转为上一层次的差异性，反之则反是。

例如，一个洲通过其组成要素相互联系、相互作用所形成的总体特征，一方面体现洲的整体性，同时又是有别于其他洲的特殊性。这个有别于其他洲的特殊性，又反映了整个地球地理环境的差异性。洲内所划出的各个自然地理区域，其综合特征如从洲的全局来看，是全洲差异性的反映，而从各个区域本身来看，则又体现各区的整体性。

对地理环境结构的基本特征——整体性与差异性的认识，是基于整个地球环境是一个多样性的统一体的辩证唯物主义思想，这也切合地理学作为地球科学中一门学科的特点——综合性与区域性。这两个特点对研究地理环境的结构是很有针对性和指导意义的，不可分割开来。所谓综合性就是要强调联系性，从整体出发考虑问题，地理学同地球科学中其他分支学科一样，它的综合性立足于地区，离开地区就不是地理学的综合性。因此许多现代地理学所强调的综合性，可以说成是空间联系性。另外，区域性也离不开综合性，离不开区域的各组成要素的相互联系性。否则，区域的整体性便无从体现，区域的综合性特征或特性也就不能形成和阐明，区域性也就难以理解。由此看来，两者同样有着对立统一的辩证关系。所以说区域自然地理学研究地理环境结构的整体性与差异性以及它们之间的辩证关系的观点，同地理学的综合性与区域性的学科特点是协调一致、互通声息的。

地理结构环境的整体性与差异性之间存在的辩证关系，说明对待一个特定区域或地理景象时，要研究其整体的一面，不要忽视其差异性的一面，反过来也应如此。

钱学森提出用"定性与定量相结合的综合集成法"或简称"综合集成"（Metasynthesis）的方法研究它。

地理环境是一个巨大的物质体系和时空动态整体，在能量流、物质流和信息流作用下，经常处于不断变化之中。因为其组成要素的相互作用和过程转换连接在一起变化，所以动态性和变异性也是地理环境结构的主要特征。

地理学的两大特点——综合性和差异性，实质上反映它的研究对象地理环境结构的整体性和差异性。

五、两个结合

（1）宏观与微观相结合。以上关于区域共性与个性的研究，是就区域类型及其分区所举的示例。共性是从同类各有关区域的个性中，经过求大同存小异的筛选过程概括出来的，也就是从宏观进行概括的过程。再以共性对照个性，即以一般规律为指导，进一步对特殊规律进行研究，加深对各分区个性的了解，再以此丰富和发展对共性的认识和理解。北美洲地中海型气候夏季干燥、少雨程度最为严重，即系统体现宏观与微观结合的示例。

（2）地带性与非地带性相结合，基本上是体现地带性分异规律的区域，但也深受非地带性因素的影响，实际上它是地带性与非地带性两种规律的结合。当然主要以体现非地带性分异规律的区域，也是两种分异规律的结合。

第六节　地球系统的空间分异特征

空间分异规律是地理环境及其各要素分布与分异的规律，是既涉及自然过程又涉及社会过程的综合性规律。它是地理学基本规律之一，与一系列综合性的概念和综合性的方法相结合，构成地理学的理论基石。如果地理环境及其各要素的分布和分异是杂乱无章的，或者是均一的，就不可能有地域分异规律，不可能有地理学。地理学思想的发展史，在某种程度上是对地域分异规律认识的深化史。

地球内外动力的分布和分异、内外动力的统一是形成地域分异的机制。地理环境各要素的地带性和非地带性是地域分异规律的基本内涵。由于对地带性的共识与分歧导致对地域分异内涵的共识与分歧。

共识主要有下列四点：①太阳能在纬度间分布的分异产生气候、水文、生物、土壤以及整个自然综合体沿纬线方向延伸和递变，引起纬度地带性；②海陆相互作用引起从海岸向大陆中心递变的干湿度地带性；③山地高度引起的垂直地带性；④大地构造、地貌、地面物质、地下水埋深等引起的地域分异和局部性分异。

分歧集中在对地带性理解的范围上。广义理解认为地带性包括纬度地带性、经度地带性（干湿度地带性）和垂直地带性。狭义理解认为地带性专指纬度地带性。经度地带性和垂直地带性分布范围有限，与大地构造、地貌、岩性引起的分异一样，属于非地带性。地带性范围的分歧与对机制的认识有关。强调纬度地带性第一性的，认为经度地带和垂直地带是对纬度地带的一次叠加、二次叠加，容易赞同狭义理解。从地理位置的三维观点出发，强调东西、南北、高低等的质性，容易赞同广义的理解。着眼于中国那样的地域背景，容易接受广义的理解。对于背靠欧洲大陆，面向太平洋，多高山峻岭的中国，纬度地带、经度地带、垂直地带，三者的影响具有同等重要性。

对地域分异研究有不同的层次性：①全球规模的、延续到所有大陆、数量有限的世界地理带；②大陆和大洋规模的地理带；③区域性的地理带，如温带大陆东岸、大陆西岸和大陆内部的经路地带、垂直地带；④地方性的地域分异。地域分异规律是概括不同层次的普遍性规律。

以往研究地域分异规律时，大都着眼于自然地理环境，认为地域分异规律是自然地理环境各组成部分及其构成的自然综合体在地表沿一定方向分异或分布的规律性现象。在科学进入整体研究和交叉研究的当代，创导"自然科学与社会科学汇合"，创导研究既涉及自然过程又涉及社会过程的综合规律，对地域规律的研究进入自然过程与社会过程的整体化和综合化阶段。

地理环境的整体性和开放性是地域分异规律综合性的客观依据，自然环境按自然规律运动，社会环境按社会规律运动。这是事物的一个方面。自然环境和社会环境存在于同一地域，都是开放性的系统，互相进行物质、能量、信息的交换，共同形成自我调节、自我进化的整体，保持自身动态稳定。这是事物的另一方面。自然环境和社会环境的开放性及其相互影响的整体性，决定地域分异规律既涉及自然过程，又涉及社会过程。

地域分异规律是研究自然地理环境、自然区划和自然资源开发利用的理论基础。将地域分异规律扩展到社会环境领域，发挥规律的综合特性，同样具有重要的理论意义和应用意义。开放性的社会环境与地域分异规律有密切的联系。人种地理学上的白种人、黄种人和黑种人分布，是纬度地带性的反映。当今政治生活中南北矛盾、南北对话、南南合作等话题，与纬度地带性有关。我国人口地理中的爱辉-腾冲线说明纬度地带性与经度地带性对我国人口分布有同等重要的影响,两者的合力使该线呈东北—西南走向。进一步分析,华北平原、长江中下游平原、四川盆地、东南沿海三角洲一带,较其他丘陵、山地人烟稠密,说明垂直地带的巨大影响(胡兆量)。

一、地带性特征

地带性特征包括水平地带、垂直地带和地域性特征。

1. 水平地带性

水平地带性包括纬向地带、经向地带。

经向地带:所谓经向地带性,就是地球形状和地球运动特征引起地球上太阳辐射分布不均而产生有规律的分异。

地带性的典型表现是地球表面的热量分带。因为热量分带是地球球形引起太阳辐射呈东西延伸、南北更替的分异,因此它最能反映地带性的本质特点。

地球表面获得的太阳辐射是随纬度的增加而减少的。人们通常根据热量状况把地球表面分成热带、亚热带、温带、亚寒带和寒带(表6.4)。

表 6.4　热量分带

热量带	寒带	亚寒带	温带	亚热带	热带
热量/[亿 J/(m² · a)]	<8.4	8.4~14.7	14.7~21.0	21.0~31.5	>31.5

注:热量分带决定了其他要素的地带性分布(刘南威,2002)。

纬向地带性是地带性规律在地球表面的具体表现,它表现为地球系统要素或自然综合体大致沿纬线延伸,按纬度发生有规律的排列,而产生南北向的分化。

在热量分带的基础上,各自然要素表现出明显的纬向地带性。对应于一定的热量气候、水文、风化壳和土壤、生物群落,乃至外力所形成的地貌都具有相应于该热量带特征的性质。于是产生了各自然要素或自然综合体沿纬度的地域分化。

纬向地带性首先反映在大气过程中。热量带影响气压带和风带的分布,不同气压带和风带的降水量及降水季节不同。可见,气温与降水都与纬度相关(其中起主导作用的是气温),因而地球表面就存在自赤道到两极的东西向延伸、南北向更替的气候带。气候的纬向地带性分异往往成为导致其他自然要素纬向地带性分异的主导因素。

大气降水是地表水来源的主要形式。由于不同气候带内降水量和降水季节不同,因此地表水资源分布及水文过程具有地带性特征。诸如径流的补给形式、流量的大小、流量的年变化,潜水的埋深和矿化作用,湖泊的热力状况、沉积类型、化学成分,沼泽的沼泽化程度、泥炭堆积的程度、类型等,都具有明显的纬向地带分异。

地貌纬向地带性往往被人们所忽视。但是由于地貌的外营力因素具有纬向地带性,因此决定于外力作用的地貌特征都具有一定的纬向地带性。地貌的纬向地带性分异尤其与气候带相适应。在不同气候带内有不同的水热组合,促使外力作用的性质和强度发生变化。例如，寒冷气候以融冻风化为主，冰川作用突出；干旱气候以物理风化为主，风力作用、间歇性流水作用强烈；高纬地区的冰川和冰缘地貌、冻土地貌发育等，表现出一定的纬向地带性分异。

土壤和生物（首先是植物）的纬向地带性更是地带分异的集中表现和具体反映。不同地域的特定水热组合长期与地表物质作用而形成该地域中有代表性的地带性差别。

植物的纬向地带性最为鲜明，不同地带具有显著不同的植被外貌和典型植被类型。植被的种类、组成、群落构造、生物质储量、生产率等也都受到地带性规律的制约。不同的植物带内有相应的动物生活着，因而动物亦具有鲜明的纬向地带性差异。此外，自然综合体的地球化学过程都具有地带性。

各自然要素的地带性决定了自然地理环境的地带性，因为后者是前者相互作用的结果，因而在地表上就产生了一系列的纬向自然带。

不仅陆地表面存在着纬向自然带，而且在海洋表面，水温、盐度以及海洋生物、洋流等也具有纬向地带性差异，因此在海洋上也可以分出一系列纬向自然带。

2. 经向地带性

经向地带性是非地带性规律在地表的具体表现。它表现为自然地理要素或自然综合体大致沿经线方向延伸，按经线由海向陆发生有规律的东西向分化。

产生经向地带性的具体因素主要是海洋和大陆两大体系对太阳辐射的不同反应，从而导致大陆东西两岸与内陆水热条件及其组合的不同。在本质上，这种差异可以归结到干湿程度的差异，通过干湿差异而影响其他因素分异。一般来说，大陆降水由沿海向内陆递减，气候也就由湿润到干旱递变。与海岸平行的高亢地形，由于其对水汽输送的屏障作用，因此往往加深了这种分异。而大陆东西两岸所处大气环流位置不同，更会引起气候的极大差异，形成不同的气候类型。

从全球范围看，世界海陆基本上是东西相间排列的。在同一热量带内大陆东西两岸及内陆水分条件不同，自然地理环境便发生明显的经向地带性分化。在赤道带和寒带这方面的分化是不大的；在热带则形成了西岸信风气候和东岸季风气候的差别；在温带形成了西岸西风湿润气候、大陆荒漠草原气候和东岸干湿季分明的季风气候的差别。相应于气候的东西分异，自然要素以及自然综合体也发生了东西向的分异，表现出诸如森林—森林草原—草原—半荒漠—荒漠等不同景观的规律性更替。

必须指出，经向地带性的名称没有从本质上反映上述规律的实质，因为经向地带性实际上与经线（度）没有本质的联系。我们不要被这表面的字眼所束缚而忽视了它的本质内容。

此外，并非凡经向地带性因素都必然导致东西向的地域分异。在局部地段它可能加剧了纬向地带性的作用。例如，在华南（指南岭以南的区域）的地域分异中，纬向地带性分异是鲜明的。其原因除了纬向地带性因素起着巨大的作用外，同时诸如地势的北高南低、山脉多为东北—西南或西北—东南走向、东部及南部濒海等非地带性因素不仅没有减弱或抹杀地带性因素，反而起着促进作用，加强了该地域的南北分异。

3. 水平地带分布图式

水平地带性是由纬向地带性与经向地带性结合产生的。

（1）水平地带延伸方向，取决于纬向地带性与经向地带性影响程度的对比关系，如果纬向地带性因素影响占优势，水平地带沿着纬向延伸。例如，亚欧大陆中部的大平原，从南到北依次出现温带荒漠带、温带草原带、森林草原带、泰加森林。若经向地带占优势，则基本沿经向延伸，如北美西部，从海洋到内陆，水平地带为森林—湿草原—干草原—荒漠。若纬向地带性与经向地带性势力相当，则水平地带呈斜交分布，如我国东北和华北、青藏东南部等。

（2）带段性分异，是非地带性区域内的地带性差异。较明显的例子是我国东部季风区属非地带性区域，其中出现南北向更替的自然地带性差异。

（3）省性分异，是非地带性区域内的地带性差异。例如，我国中亚热带自然地带内，由沿海到内陆存在明显的省性差异：东部（浙、闽）沿海是台风侵袭的范围，暴雨影响很大；中部（湘、赣）每年梅雨之后常受伏旱影响，冬季受寒潮影响较大；西部（川、贵）降水比较均匀，降水强度不大，多云雾。

总之，水平地带性是指地带性因素和非地带性因素共同作用的产物，它有两种表现形式，即带段性和省性。由它支配地表水平方向的地域分异，产生水平地带。

（4）水平地带图式，在介绍水平地带图式之前，需要明确两个概念：一是地带性谱，即水平地带（自然地带）的更替方式；二是海洋地带性谱与大陆地带性谱。海洋地带性谱是分布于暖流流过的地方，从低纬—极地自然地带的更替方式是：各种森林—草甸—苔原；大陆地带性谱，除分布于大陆内部外，还延伸到寒流流过的海岸（如西非信风带），从低纬—高纬，其更替方式是：荒漠—草原—泰加林—苔原。

关于水平地带的更替规律，II.C 马尔科夫提出了一个比较复杂的理想大陆自然地带分布图式。由图可见如下规律：①地带性图谱在南北半球基本对称；②环球分布的水平地带，只分布于极地、高纬度和赤道，其他纬度出现经向分异，即出现沿岸森林—草原—内陆荒漠的经向变化；③大陆西岸，暖流经过的地方出现海洋性地带谱的更替方式；④大陆西岸寒流流经的地方出现大陆性地带谱的更替方式；⑤在寒流发生分流的地方，出现地中海式水平地带。

（5）水热对比关系与水平地带自然地理学对水平地带的研究，特别注重有关水平地带性分异的控制因素的研究。这个控制因素就是水热对比关系。

根据 M.И. 布德科和 A.A. 格里高里耶夫的研究，认为水热对比关系可用辐射干燥指数来表示。而辐射干燥指数与水平地带界限之间的关系非常密切。可以利用这一指标来表示各种地带的理想分布和相互关系。布德科的辐射干燥指数的表达式如下：

$$\text{辐射干燥指数} = \frac{R}{Lr} \tag{6.1}$$

其中，R 为年辐射平衡量，在数值上等于相应地段的太阳辐射总量减去有效辐射与反射幅设之和；L 为蒸发潜热；r 为年降水量。

　　显而易见，这个指数是某地的年辐射差额（即辐射平衡）与用热量单位表示的年降水量（蒸发该地降水量所需要得热量卡数）之比。根据这个比值的大小，可以定量地划分责任地带的界线，如图6.6所示。当辐射干燥指数＜0.35时，为冻原；各类森林为0.35～1.1；热带稀树草原和温带草原为1.1～2.3；半荒原为2.3～3.4；荒原的辐射干燥指数＞3.4。

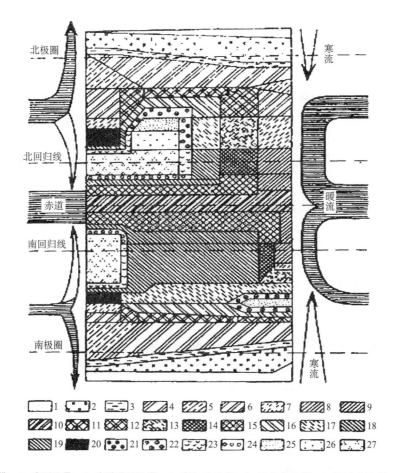

1.长寒地带；2.冻原地带；3.森林冻原地带；4.泰加林地带；5.混交林地带；6.阔叶林地带；7.半亚热带林地带；8.亚热带林地带；9.热带林地带；10.赤道雨林地带；11.桦树森林草原地带；12.栎树森林草原地带；13.半亚热带森林草原地带；14.亚热带森林草原地带；15.热带森林草原地带；16.温带草原地带；17.半亚热带草原地带；18.亚热带草原地带；19.热带草原地带；20.地中海地带；21.温带半荒漠地带；22.半亚热带半荒漠地带；23.亚热带半荒漠地带；24.热带半荒漠地带；25.温带荒漠地带；26.半亚热带荒漠地带；27.亚热带荒漠地带

图6.6　理想大陆自然地带分布图示（刘南威，2002）

　　总之，水热对比关系是水平地带更替的主要原因。

4. 陆地自然带

纬向地带性和经向地带性的共同作用，在大陆上产生了水平自然地带。由于每一陆地自然地带的典型的和最富有表现力的特征是植被类型，因此，自然地带通常就以该带中的典型植被类型的名称命名。

（1）热带雨林带，分布于赤道带的湿润大陆地区和岛屿上，如南美的亚马孙平原、非洲的刚果盆地和南洋群岛。这里气候终年炎热潮湿，降水量超过可能蒸发量，呈现出过度湿润状态，引起稠密而经常满水的水文网发育，沼泽众多，典型植被为赤道雨林，树种繁多，层次复杂，乔木高大，常绿浓密，四时常花，林内藤本植物纵横交错，附生植物随处可见。森林动物种类丰富多样，但茂密的森林使动物行走不便，因而地面上几乎没有善于奔走和长跑的动物；这样的环境却给营巢树栖、攀缘生活的动物提供了丰富的食物和居所，因而此类动物特别繁茂，各种猿猴和鸟类常年喧闹，使森林十分活跃。这里风化过程进行迅速，风化层厚，淋溶过程非常强烈，铁、铝氧化物相对积累，发育着砖红壤。

（2）热带季风雨林，主要分布在印度半岛、中南半岛及我国云南南部等地区，大致与热带季风气候区相当。这里降水量略次于赤道雨林带，且有明显干湿季，气温年差也较大。因此热带季雨林季相分明；雨季时林相颇似赤道雨林，树种也相当复杂；干季时则多数树种都要落叶。土壤主要为砖红壤性红壤和红壤。

（3）热带稀树草原带，在非洲和南美洲有广泛分布，在澳大利亚、中美和亚洲的相应局部地带也有出现。气候属于热带干湿季分明的类型，年中有长达 4 个月的干季。这里草本植被植株很高，在广阔的草原上，点缀着散生的乔木，它们具有能储存大量水分的旱生构造。热带稀树草原季相非常分明：雨季草木欣欣向荣，百花吐艳；干季草原死气沉沉，一派黄褐色调。广阔的草原和茂盛的草本植物，使善于疾驰的食草动物，如长颈鹿、羚羊等，在这里得到很大的发展；食草动物的繁盛又给食肉动物创造了良好条件，因此食肉动物也很丰富，常见的有狮、豹等动物。季节性的干湿交替有利于土壤有机质和氮的累积，形成燥红土。

（4）热带荒漠带，位于副热带高压带和信风带的背风侧，在北非的撒哈拉、西南亚的阿拉伯、北美的西南部、澳大利亚的中部和西部、南非和南美部分地区表现明显。气候属于全年干燥少雨的热带干旱与半干旱类型，因为蒸发量大大超过降雨量，所以没有地方性水文网，只有少数"外来河"。这里植被贫乏，存在着大面积表土裸露地段，植物以稀疏的旱生灌木和少数草本植物以及一些雨后生长的短生植物为主。动物的种类和数量都很贫乏，占优势的是那些能迅速越过长距离的动物，以及一些爬虫类和啮齿类。成土过程进行得十分微弱，形成荒漠土。

（5）亚热带荒漠草原带，位于热带荒漠和亚热带森林带之间。在北半球很清楚地出现于热带荒漠带的北缘，在南半球则出现于澳大利亚南部、南非和南美南部的部分地区。气候属于亚热带干旱与半干旱类型。随着由热带荒漠向纬度较高地区的推进，年降水量有所增加，但最大降水量常在低温时期，夏季的高温和干旱促使强烈的蒸发，使本带仍是一个缺水地区。植被类型属于荒漠草原，通常生长有旱生灌木及禾本科植物，在较湿润的季节里有短生植物生长。土壤属于半荒漠的淡棕色土。

　　(6) 亚热带森林带，被大陆内部的荒漠草原所隔开，分成大陆东岸和大陆西岸两种类型。大陆东岸的亚热带森林带，在北半球主要分布在我国的长江流域、日本的南部和美国的东部，在南半球主要分布在澳大利亚的东南部、非洲东南部以及南美的东南部。亚热带大陆东岸的气候属于亚热带季风气候和亚热带湿润气候，这里主要形成常绿阔叶林，又称照叶林，发育着亚热带的黄壤和红壤。大陆西岸的亚热带森林带又名地中海地带，在北半球主要分布在地中海地区和北美洲加利福尼亚沿海地区；在南半球主要分布在澳大利亚的西南部、非洲的西南端以及南美洲西岸的智利中部。亚热带大陆西岸的气候属于亚热带夏干型，又名地中海式气候，这里主要形成常绿硬叶林地带，发育着褐色土。

　　(7) 温带荒漠带，主要分布在亚欧大陆中部和北美大陆西部的一些山间高原上，在南美大陆南部也有出现。其气候属于温带大陆性干旱类型。这里植被贫乏，只有非常稀疏的草本植物和个别灌木。在温带荒漠的外围和温带草原之间有一个过渡带叫温带荒漠草原地带，主要是蒿属草原，还可见到旱生禾本科植物。温带荒漠带和荒漠草原带的土壤主要是荒原土、综钙土和淡栗钙土，在它们中间还有呈斑状分布的一些碱土及盐土。

　　(8) 温带草原带，在欧亚大陆中纬地区占有相当大的面积，从东欧平原南部起呈连续的带状往东延伸，经西伯利亚平原南部、蒙古高原南部直达我国境内，构成世界最广阔的草原带。在北美洲，温带草原带呈南北向带状分布，也是典型的表现。与北半球相比，南半球草原面积要小得多，在南美、非洲南部等局部地区有分布。温带草原带的气候属于温带大陆性半干旱类型。地方性补给的河流，夏季水位低，甚至干涸，变成一串湖泊；春季积雪融化，河流满水。植被以禾本科植物为主。土壤主要是黑钙土即暗栗钙土。动物多穴居洞中，啮齿类和一些草原肉食类是温带草原的主要动物。

　　温带森林草原带是草原带向温带森林过渡的地带，它在欧亚大陆中部和北美大陆中部都有分布，其过渡性质反映在气候、土壤、植被及动物界诸方面。本带温度适中，在原始森林草原中，杂草草原景观与森林景观相互更替，森林主要是阔叶林、小叶林，即松林。灰色森林土是本带的代表土壤。动物界也具有从森林到草原带动物的混合型。

　　(9) 温带阔叶林带，又称夏绿阔叶林带。主要分布在欧洲西部、亚洲东部、北美洲东部，在南半球仅分布在南美洲的巴塔哥尼亚。欧洲西部的夏绿林受温带海洋性气候的影响，往往形成由单一树种组成的纯林，如毛榉林，栎林等。亚洲东部夏绿林受温带季风气候影响，阔叶林种类较欧洲丰富，有蒙古栎林、辽东栎林以及槭属、椴属、桦属、杨属等组成的杂木林。北美洲夏绿林受温带大陆性湿润气候影响，植被主要是美洲山毛榉和糖槭组成的山毛榉林。温带阔叶林带的土壤主要为棕色森林土、灰棕壤和褐色土。动物种类比热带森林少，但个体数量较多，主要以蹄类、鸟类、啮齿类和一些食肉动物最为活跃。

　　（10）寒温带针叶林带，属于整个温带森林带的北部亚带。它沿欧亚大陆北部及北美大陆北部连成非常广阔的自然带。这里气候属于寒温带大陆性气候，冬季十分寒冷，夏季温暖潮湿，形成了由云杉、银松、落叶松、冷杉、西伯利亚松等针叶数种构成的针叶林带，发育着森林灰化土，活跃着松鼠、雪兔、狐、貂、麋、熊、猞猁等耐寒动物。

　　针叶林带以南，气候较温暖湿润，渐渐出现阔叶树种，形成针、阔叶混交林，是针叶林带与阔叶林带之间的过渡带。

　　（11）苔原带，也称冻原带。它占据着欧亚大陆及北美大陆的最北部以及邻近岛屿的广大地区。苔原带气候严寒而湿润，土壤冻结，沼泽化现象普遍，这样的环境条件极不利于树木生长，因而形成以苔藓和地衣占优势的、无林的地带。本带土壤属于冰沼土。动物种类不多，特有驯鹿和北极狐等，夏季有大量鸟类在陡峭的海岸上栖息，形成鸟市。在针叶林带和苔原带之间，有一个比较狭窄的过渡带，称森林苔原带。

　　（12）冰原带，亦称冰漠带。它几乎占有南极大陆的全部、格陵兰岛的大部以及极地的许多岛屿。冰原带终年被冰雪覆盖，环境条件极为严酷，没有水文网和土壤，植被罕见，仅在突出于冰雪之外的岩崖上有某些藻类和地衣生长。冰原带动物种类极为单一，而且贫乏，在南极大陆没有陆生哺乳动物，仅在沿岸地区分布着特有的企鹅一类海鸟，在北极诸岛上主要为白熊（刘南威等，2002）。

5. 海洋自然带

　　与陆地相比，海洋性质较为均一。因而海洋自然较为单调，自然带的类型少，界限模糊。海洋自然带存在于大洋表层，约为海面以下200m深的范围。在这个范围内，海洋与大气对流圈、岩石圈之间进行着能量交换和物质循环，海洋生物也主要集中在这里活动。由于太阳辐射按纬度方向分布不均引起了大洋表层的温度、盐度以及含氧量的纬向分异，海洋生物种群也相应产生分异，形成了海洋自然带。全球海洋自然带基本是南北对称的，但由于北冰洋与南极大陆对立，导致海洋自然带分布呈现出某些非对称性。和陆地自然带划分一样，生物种群的分布是划分海洋自然带的主要标志。

　　结合多位学者的意见，刘南威等在世界海洋中划出8个自然带。

　　（1）北极带，以北极为中心，分布着常年存在这里的北极冰丛，气温和上层水温均在0℃以下，气流下沉无风，生物非常贫乏。

　　（2）亚北极带，即北冰洋边缘的近陆海域。这里海面冰层发生季节性变化，冬季冰封，夏季冰层逐渐融化形成浮冰。由于近岸，海陆物理性质不同，常有明显的"季风"变化，而且风速很大。生命在短促的夏季很快发展起来，沿岸有相当丰富的浮游生物，吸引了鱼类及其他动物。虽然动物的数量不少，种类却不多，主要有北极鳕、白海鲱等鱼类和北极鲸、鳁鲸、海象、海豹、白熊等哺乳类，以及一些形成"鸟市"的海鸟。

　　（3）北温带，包括北半球中纬度的辽阔海域，终年受极地气团影响，大气活动非常强烈，经常发生大气旋和狂风暴雨，降水量和云量都很大。水温为5～15℃，盐度小，含氧量多，水团垂直交换强，水中包含营养盐类，因而浮游生物很丰富（可达2000～3000mg/m³），鱼类大量繁殖，种类丰富，世界著名的渔场都集中在此带。主要鱼类有太平洋鲱鱼、鳕鱼、大马哈鱼等，还有一些哺乳类动物繁殖，如海狗、海獭、日本鲸、灰鲸、海豚等。

（4）北热带，基本上与副热带高压带相吻合，强大而稳定的高压是这里天气变化和气候形成的基础。在大多数情况下，风力微弱，风向不定，或者风平浪静，空气下沉，降水量小，蒸发量大，水面温度在18℃以上，含盐高。由于本带受高压控制，广大海域水体垂直交换微弱，因此深层水的营养盐类不易上涌，加上含氧量少，故本带浮游生物以及有经济价值的鱼类很少。海水清澈明净，色彩蔚蓝。

（5）赤道带，这里气温很高，一般都达27～30℃，气温变幅很小，不超过2℃；盐分不高；一年中大部分时间浓云密布、雨量充沛、风平浪静。由于本带南北有赤道逆流，引起海水垂直交换，使水中营养盐类和氧气相当丰富，因此赤道带生物的种数极多，但一定种的个体数量和热带一样都小于温带。赤道带鲨目和鲟目鱼类特别多，飞鱼也很典型。温暖的海水使珊瑚礁得以大量发育。

（6）南热带，特征和成因与北热带基本相似，但在非洲大陆西南和南美洲的秘鲁沿海都有上升流，海水的垂直交换较北热带明显，因此这两个海区的浮游生物大量繁殖，使上层鱼类，如南非沙丁鱼和秘鲁鳀鱼，也随之大量生长，形成南半球的重要渔场。

（7）南温带，位于从南亚热带辐合线以南一直伸展到南极辐合线（40°～60°S）的广大海域，形成了一个完整的环形水域，这里天气多变，风暴和巨浪频繁；洋流全年受西风漂流控制，没有暖流影响，水温稍低于北温带。但海洋生物的基本生态条件与北温带很相似，植物繁茂，巨藻生长极好，浮游生物丰富，是南半球海洋生物最多的海区，具有与北温带同种或相邻几种的巨大类群。这种两极性分布特点在兽类（如海豹、海狗、鲸等）、鱼类（如刀鱼、小鲛鱼、鲨鱼等）以及无脊椎动物和植物中都有典型的表现。

（8）南极带，从南极辐合线伸展到南极大陆边缘，也是一个完整的环形水域。风向及洋流也自西向东。全年水温很低，冬季基本冰封，夏季短暂解冻。动植物种类普遍贫乏，除个别种（如硅藻、磷虾）外，缺乏广泛分布的种群，但浮游生物很丰富。哺乳动物中鲸类相当丰富，其中，南极鲸和侏儒鲸为特有种；海豹也占有重要地位；南极海狗和长鬃海驴是这里的特有种；南极鸟类最著名的是王企鹅和白眶企鹅；南极带鱼类特别少，特殊的有南极杜父鱼。南极大陆架海域全年冰封，部分水域为冰川占据，形成广阔的陆缘冰和高大的冰障（刘南威，2002）。

6. 气候带

全球气候带可划分为10种：①寒带苔原气候；②温带针叶林气候；③温带阔叶林气候；④温带季风气候；⑤温带草原气候；⑥温带沙漠气候；⑦亚热带森林气候；⑧热带沙漠气候；⑨热带草原气候；⑩热带雨林气候。

7. 植被带

植被带可划分为如下 4 种。①寒带植被：苔原植被、小灌木丛与多年生草本植物。②温带植被：常绿阔叶林、针阔叶混交林、泰加林（寒温带针叶林）、温带草原。③亚热带植被：常绿阔叶林、常绿硬叶林、荒漠草原。④热带植被：热带雨林、季风雨林、热带疏林草原、红树林。

8. 土壤地带性

土壤分布具有地带性，可分为以下几种：①热带森林土：砖红壤。②热带草原土：燥红土（红褐土）、红色草原。③亚热带森林土：红壤、黄壤。④温带森林土：棕壤。⑤温带湿草原土。⑥温带草原土：黑钙土。⑦温带干草原土：栗钙土。⑧荒漠土。⑨寒带森林土：灰化土。⑩苔原土：冰沼土。

二、垂直地带性

垂直地带性是叠加了地带性影响的一种非地带性现象。因此，也可以认为是隐域性表现。

（一）垂直地带性的概念

垂直地带性是指自然地理要素和自然综合体大致沿等高线方向延伸，随地势高度变化，按垂直方向发生有规律的分异。只要某一山地有足够的高度，那么，自下而上就可形成一系列的垂直自然带。一般，山体高度越大，垂直带就越多。垂直带的底部称为基带。

产生垂直地带的必要条件，是有足够高度的山地，充分依据是山地水热条件随高度的变化而变化，即温度随高度的增加而降低，以及在一定高度范围内降水随高度增加而增多，超过这一限度则相反，随高度的增加而减少。两者结合起来使制约植被、土壤生长发育的气候条件也随高度发生有规律的变化，从而产生出山地自然地带的垂直更替。平原地区的自然地理要素和自然综合体不存在垂直分异，因为不具备足够的高差这个必要条件。平坦而完整的高原面垂直分异也不明显，原因是它虽有足够的高度，但缺少形成水热条件随高度变化的充分依据。我国青藏高原情况比较特殊，因为它是由众多大山系构成的山原，所以不仅在边缘部分自然地带的垂直分异十分明显，而且在高原面上仍可见垂直分异现象，这也是符合逻辑的。因为是山原，高原面上存在 1000 多米以上的相对高度，具备产生垂直分异的必要条件。

（二）垂直地带谱是山地垂直带的更替方式

它反映了自然综合体在山地的空间分布格局，是地域结构的一种特殊结构。垂直地带谱中的每一垂直地带都不是孤立的地段，而是通过普遍存在的能量传输、转换和物质循环联系起来的整体。

　　垂直地带谱的完整性标志是存在几条重要界线（或带），即基带、树线、雪线和顶带。

　　（1）基带。垂直带谱的起始带（山地下部第一带）称为基带。在整个垂直地带谱中，基带与所处的水平地带一致。基带往上各垂直地带的组合类型和排列次序与所在水平地带往高纬方向更替相似。基带的类型决定了整个带谱的性质，也决定了一个完整带谱可能出现的结构。图6.7给出了两种不同性质的垂直地带谱。

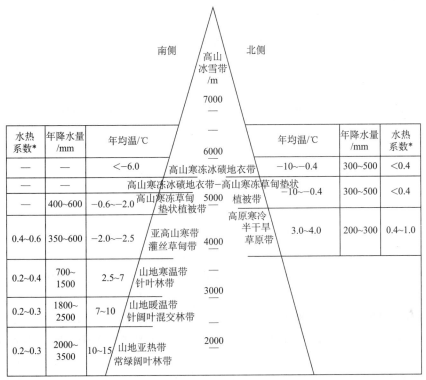

*水热系数 $= \dfrac{0.16 \times \Sigma t}{r}$。式中，$\Sigma t$ 为日温≥5℃持续期间活动温度总和，r 为同期的降水量。

图6.7　珠穆朗玛峰地区的垂直分带（刘南威，2002）

　　（2）树线。森林上限是垂直地带谱中一条重要的生态界线，常称为树线。这条界线以下发育着以乔木为主的郁闭的森林带；而界线以上则是无林带，发育着灌丛或草甸，常形成垫状植物带，在海洋性条件下有的可发育成高山苔原带。树线对环境临界条件变化反应十分敏锐，其分布高度主要取决于温度和降水，强风的影响也很显著。树线通常与最热月平均气温10℃的等值线相吻合。在干旱区，树线受水分条件影响较大，林带高度与最大降水带高度相当。一些低纬山地的顶部，其海拔和水热条件远未达到寒温性针叶林的极限，却仍然出现森林上限，这是由于山顶部经常受到强风作用的结果。例如，粤北南岭山地海拔不超过2000m，树线出现在1800m处，其下是已明显矮化的常绿阔叶林，其上为灌丛草甸植被。

（3）雪线。垂直地带谱中另一条重要的界线是雪线。雪线是永久冰雪带的下界。其高度受气温与降水的共同影响，一般气温高的山地雪线也高，而降水多的山地雪线又低。因此，雪线高度是山地水热组合的综合反映。例如，喜马拉雅山南坡虽然日照高于北坡，但有丰富的降水，所以雪线低于北坡。

（4）顶带。它是某一山地垂直地带谱中最高的垂直地带。它是垂直地带谱完整程度的标志。一个完整的垂直地带谱，顶带应是永久冰雪带。如果山地没有足够的高度，顶带则为与其高度及生态环境相应的其他垂直地带所代替。

垂直地带的类型差异是通过带谱比较进行研究的。在比较研究时，应着重上述重要的垂直地带、界线以及不同带谱中同类型垂直地带的比较，并研究形成这种差异的原因。比较不同区域垂直地带的差异可以把水平分异与垂直分异联系起来，获得对自然地理环境地域分异更全面的认识。

垂直地带谱受纬度位置的影响显著。不同的水平地带具有不同的垂直地带谱类型。不过这是模式化了的分布图示。而具体的水平地带上，垂直地带谱仍有相当大的变化。

（三）垂直地带的特征

在外貌上垂直地带与水平地带有不少相似之处。例如，在热带或亚热带地区的高山常可见在水平距离不足 100km 范围内，从基带向上的几千米高度上，重现从低纬到极地的几千公里的水平距离上相似的自然景象的变化。然而，绝不能因此就把垂直地带与水平地带二者的性质混为一谈，认为前者是后者在垂直方向上的重现。与水平地带比较，垂直地带具有如下显著的特征。

（1）带幅窄，递变急剧。垂直地带的带幅宽度比水平地带的带幅宽度狭窄得多。水平地带的带幅宽度可达 500km 以上，只在其尖灭处才较窄，且最窄也在 100km 左右；而垂直地带的带幅宽度最窄的只有几十米（以基带或顶带常见），一般在 300～1000m，最宽也不超过 2000m。在这样窄带幅的情况下，仅数千米的高差范围内出现了多个垂直自然地带更替的现象，可见垂直地带递变之急剧。造成上述特征的主要原因，显然是气温沿山坡的垂直递减率远大于其在平地上的水平递减率。

（2）带间联系密切。水平地带之间虽然可以通过多种物质循环形式相互联系、相互作用，但由于带幅较大，与垂直自然带相比，其带间联系则逊色多了。垂直地带因为带幅狭窄，同时重力效应显著，所以带间联系密切。在大规模、大范围的物质循环和能量转换的基础上，通过特殊的山地气流（如山谷风、焚风等）、山地地表水和地下水的径流、植物花粉飘落、动物季节性的上下迁移等过程，都进一步加强了垂直地带之间的联系。加之在山地经常发生突发性过程，诸如洪水、泥石流、滑坡、山崩、雪崩和冰崩等，使垂直地带的联系更为密切。这些重力参与的过程在水平地带之间的联系中则是微不足道的。

（3）水热对比特殊。山地的降水量在多雨带以下呈现由下向上递增的规律；背风坡由于焚风作用，一些地区的降水量递增甚微，而且在同一高度上，背风坡降水量往往少于迎风坡。这些特殊的山地降水分布状况与山地热量分布状况相结合，便形成了种种特殊的水热对比关系。

此外，山谷风、焚风、逆温层、云雾层等因素也加深了其特殊性。因此，垂直地带与那些外貌类似的水平地带存在着本质差别。而且，垂直地带谱并不完全重现水平地带的序列，许多水平地带在山地并没有相应的垂直地带，而一些高山垂直地带在平地上也不成带状。例如，大陆性草原荒漠垂直地带谱中部出现高山苔原带；高山草甸带也没有相应的水平地带。

（4）节律变化同步。水平地带由于带幅广，跨越地域宽阔，各地带之间的昼夜节律和季节节律便有很大的差别，而在同一山体的各垂直地带的节律变化则是基本一致的。由此可知，垂直地带的时间结构与那些外貌类似的水平地带的时间结构是完全不同的。

（5）微域差异显著。复杂多变的山地地貌使得山地小气候复杂化，因而垂直地带微域差异十分明显。常可观察到同一垂直地带在很短的距离内，由于地貌的局部变化，气候、土壤、植被便被相应发生变化。如果加上山区第四纪堆积物类型众多、泉水和风化壳类型复杂等因素的影响，则垂直地带的微域差异比平原地区的微域差异更明显。

三、地域性特征

1. 地域性概念

地带性与非地带性支配着自然地理环境的大、中尺度地域分异规律。而局部地区的小范围地域分异则由地方性支配。

所谓地方性，就是在地带性与非地带性因素的影响下，由局地分布因素影响而形成的陆地表面小范围、小尺度的分异规律性。地方性分异是自然地理环境最低级的地域分异。在野外考察时，能直接观测到的往往是地方性差异现象。因此，对地方性的研究更具有实际意义。

2. 地域性分异因素

引起地方性分异的局地分布因素主要有地貌部位的差别、小气候的差别、岩性和土质的差别，以及人类活动的影响等。虽然这些因素在一定程度上互相作用、互相联系着，但其中某一因素可能成为主导的分异因素，支配着局部地区自然地理环境的分异。

（1）地貌部位引起的分异，局部地形（中等地貌形态）往往可以进一步分异为一系列的地貌部位。例如，从河谷低地走向分水高地，可观察到这样的变化：河床—河漫滩—阶地（可能有数级，即一级阶地、河滩阶地、高阶地等）—谷坡—山坡—山顶。局部地貌自身的这种分异，进一步引起了地表物质和能量的再分配，从而影响了植被、土壤的地方性分布。

局部地形对植被分布有很大影响，因为地形的微细变化也会引起水分状况的变化，从而引起矿物养分、盐类等的变化。一般而言，自然环境中高地较干，低地较湿；植物及其组合就按照生态序列沿斜坡排列，从高处较喜干的种类到低处较喜湿的种类，或从高处的贫瘠种类到低处的养分较多的种类，等等，构成一个生态序列。局部地形的分异作用在干旱、半干旱地区尤为明显，因为那里每一滴水对植物都很重要，甚至几厘米的地形微小起伏都会引起植被显著的改变。在中纬度和高纬度的山区坡向不同往往引起地面水热条件的差异，从而出现不同的植物群落。

地形对水分的热量再分配作用也影响了土壤特性。在同一地区内，不同地形有着不同的土壤水分状况和土壤温度，从而也影响物质的机械组成和地球化学分异过程，使土壤形成过程表现出地方性分布规律。例如，褐土地带的华北平原，由山麓到滨海地带依次出现褐土、草甸褐土、草甸土、滨海盐土等。

（2）小气候引起的分异。小气候的形成起因于下垫面的局部差异，其中主要的是地形的差异，因为不同坡向和坡度的地貌部位具有不同的日照和通风条件。在野外工作时，阴、阳坡的差异以及迎风、背风坡的差异，常可通过植被的差异而显示出来。

当然小气候分异因素并不完全被地貌部位所控制，而是具有自己相对的独立性。山谷风虽然由地貌引起，但其影响并不限于某一地貌部位，还可大大地加强整个山地河谷的通风条件。海陆风所形成的小气候条件具有更大的相对孤立性，形成沿海岸带较好的通风条件。

局部地形与小气候条件结合在一起，共同制约了局部地方的干湿状况，这是地方性分异的重要因素。不同干湿程度的局部环境决定了不同的生活条件，相应地形成不同的植物群丛，也就构成了小范围的地域分异。

（3）岩性和土质引起的分异。岩性和土质的差异也是一种地方性分异因素。土壤中的矿物质部分来源于岩石的风化产物（土质）。不同性质的岩石风化后，土质的机械组成、矿物质组成、酸碱程度等不同，因此所发育的土壤性质不同，从而引起生物生境的差异。例如，在华北的气候条件下，石灰岩风化的山坡土壤呈碱性，那里多生长柏树；花岗岩风化的山坡土壤呈酸性，那里多生长松树（油松）。

土质的差异还包括了沉积物分相的不同。沉积相的差别往往受到地形的很大影响，一般坡度不同的地形部位大体具有不同的沉积特性。但是土地在地域分异上表现出相对独立性，原因是沉积物的机械组成也影响潜水的分布状况，如黄河下游的泛滥冲积平原。其中沙丘、沙垄地段，排水良好，地表堆积的细粉沙在冬天常随风移动，自然植被是稀松的旱生、沙生草类；而在浅平洼地上，潜水接近或露出地表，排水条件差，常有滞水现象，土壤潜育化和盐碱化明显，自然植被多为水生草本植物和耐盐碱的草类或灌木丛。这样的沙丘、沙垄地和滞水盐碱洼地是黄河下游泛滥冲积平原两种突出的地方性景观。

（4）人类活动引起的分异。人类活动对自然地理环境的地方性分异作用是非常明显的。在现代社会，随着农业发展和都市化发展，自然地理环境发生剧烈的变化。现代人类活动已成为一种重要的地貌营力。它可以改造自然的地表形态，造成农田、道路、矿场、水库等局部环境。例如，丘陵、山地区域的梯田系统，干旱半干旱地区的防护林体系和灌溉系统，物种的迁移、引进，跨流域调水工程，大规模的改土工程，以及城市化造成的城区环境等，所有这些活动已大大超出地方性特征的范围（刘南威，2002）。

3. 地壳板块构造的区域分布

地壳板块构造主要有以下 12 个区域的分布。

（1）欧亚板块。

（2）北美板块。

（3）非洲板块。

（4）南美板块。

（5）印度-澳大利亚板块。

（6）阿拉伯板块。

（7）菲律宾板块。

（8）太平洋板块。

（9）加勒比板块。

（10）科万斯板块。

（11）纳斯卡板块。

（12）南极板块。

4. 地震、火山活动分异区

地震、火山活动分异区主要有 4 个。

（1）环太平洋火山地震带。

（2）地中海-喜马拉雅地带。

（3）太平洋海岭地震火山带。

（4）大陆深大断裂带-地震带：东非大裂谷带、横断山大裂谷、青藏高原深大断裂。

5. 地形区域分异

地形区域分异有 4 种类型。

（1）平原。

（2）丘陵。

（3）山地（低、中、高）。

（4）高原。

6. 地方性与地带性、非地带性的联系

地方性分异规律如何反映地带性与非地带性问题，这是一个具有深刻实践意义和理论意义的课题。我们知道，小尺度地域分异中，通常把地貌部位分为三种处境，即排水良好的残积处境、受地下水影响的水上处境和经常积水的水下处境，由于残积处境分布于高亢部位，潜水面埋藏很深，对土壤和生物的影响不显著，因此形成了符合当地的地带性水热条件的土壤植被，称为地带性土壤和植被，或称为显域（Zonal）土壤和植被。水上处境由于潜水面接近地面，潜水可通过蒸发上升到地面，影响土壤的发育和植物的生长。水下处境接受从残积处境和水上处境输入的水流、物质流和易迁移因素，并在此

堆积，因而成为矿物养分丰富、水分充分的生境。因此，在水上处境和水下处境形成了与当地的地带性土壤不同的草甸土、盐碱土、沼泽土，形成了与地带性植被不同的草甸、盐生植被、沼泽植被等。这些土壤和植被，正如前面讨论纬向地带性时指出的，属于隐域（Infazonal）土壤和植被。

由此可见，显域处境反映了水平地带性分布规律。换句话说，水平地带性主要根据显域处境的土壤和植被变化情况来划分。隐域处境，表面看来是非地带性，然而不同水平地带的隐域性土壤和植被仍然有区别。

7. 空间分异规律的相互关系

自然地理环境的显著特征就是综合性和区域性。自然地理环境的区域性是空间分异规律的综合表现。它是由地带性因素和非地带性因素相互作用的性质决定的。换句话说，地球表面区分为大、中、小尺度的区域系统，首先要依据的是地带性和非地带性这两个最基本的地域分异规律。其他分异规律只是它们的具体表现或派生形式。因此，可以认为地带性和非地带性是最基本的地域分异规律性。

倘若仅从字面意义上理解，地带性可以包括纬向、经向和垂直这三种分带性。我们不采取这种广义的地带性概念，而是把地带性只视为与纬度热量分异直接相关的地域分异规律。其典型表现是地表的热量分带性。非地带性并非指其不存在带状分布，而是因其作为地带性的对立面存在，故冠以这个“非”字。非地带性因素常使地带性分布发生偏离与畸变，其典型表现是构造区域性。

在地球表面，地带性具体表现为纬向地带性，非地带性则具体表现为经向地带性。它们均以各自然要素或自然综合体的分异为标志，两者共同支配了自然地理环境在水平方向的分异。因此，纬向地带性和经向地带性的综合表现就是水平地带性。

带段性和省性是水平地带性的两种不同形式，各自反映出其主要和次要的分异因素的作用及其相互联系的状况。

垂直地带性是叠加了地带性影响的非地带性。在这里，非地带性因素（地势起伏）起了主导作用，它使地带性产生了垂直方向上的强烈畸变，从而产生了垂直地带性分异。但是，垂直地带谱的基带仍在地带性因素控制之中。

隐域性是地表相对高度变化而产生分异的规律性表现，显然是受非地带性因素控制的，同时也在一定程度上反映了纬向地带性分异。因此，隐域性可看作水平地带性派生的规律性，是叠加了地带性因素影响的非地带性现象。如上所述，垂直地带性是叠加了地带性影响的非地带性。因此，也可视为另一种隐域现象。因为由地势起伏引起的垂直地带性本身是非地带性现象，而各类垂直带谱的特征又反映水平地带性分异规律。由此可见，凡是由地势高低导致水平地带性发生变异的现象都可以称为隐域性。

地方性是在小范围内的地带性和非地带性的综合表现。它是在两种基本空间分异因素共同作用下，由地貌切割起伏和地面组成物质的差异而引起的局地分异性（刘南威，2002）。

第七节　地球系统过程的时间分异特征

地球系统的时间分异，包括时间不可逆性与时间可逆性两类。

一、时间的不可逆性

时间的不可逆性，又称地球系统演化的方向性。包括地球系统发展阶段和地表进化过程（时间）的不可逆性。

1. 地球系统发展阶段的划分

（1）早期无序混沌阶段。从距今约 46 亿年到约 26 亿年间的地球形成早期，整个原始地球处在混沌状态，物质三态（固态、液态、气态）不分，是一个物质与能量的综合体，当时整个地球温度很高。

（2）有序结构形成阶段。从距今 26 亿年到 20 亿年期间，地球开始形成有序的分层结构，气圈、水圈、岩石圈开始形成。当时气圈以 CO_2 为主，水圈以多钙少盐为特征。岩石圈以岩浆岩为主，到了后期，全球气候由炎热转变为冷热交替。

（3）生物的出现阶段。距今 26 亿年到 6 亿年期间，全球气候暖冷交替出现，总体温暖。约在 20 亿年前，原始生命细菌从无到有，并十分缓慢地演化繁殖，大气中 CO_2 开始减少，O_2 增多，有利于生物生长，海洋中钙成分减少，而盐分增加，沉积岩开始出现。

（4）生物圈的形成阶段。从距今约 6 亿年前后开始，尤其在寒武纪时，出现了生物大爆发，生物开始在海洋中出现；后来逐渐发展到陆地，并很快遍及陆地、海洋及大气中，生物圈开始形成。植物经历从藻类—蕨类—裸子植物—被子植物的发展过程。动物经历从单细胞动物—无脊椎动物—脊椎动物—哺乳动物—原始人类的由低级到高级的发展过程。

（5）人类社会经济的立体的阶段。从地球系统到一株小草，一只昆虫，都得经历"从无序到有序"或"发生—发展—消亡"的演化过程，这是客观世界的基本规律。虽然在地球系统中存在有"发展阶段轮回"现象，即幼年期—壮年期—老年期—回归幼年期的发展过程可逆的现象存在，但总体上是不可逆的。约在 200 万年前原始人类出现，并逐渐发展。人类社会的出现与发展对地球系统产生了巨大的影响。

（6）地球系统从有序回归无序状态的阶段（从现在到未来 50 亿年）。由于时间是不可逆的，因此地球系统的发展过程是不可逆的，一切都服从"发生—发展—消亡"的演化过程法则，地球系统的有序结构状态阶段再持续 50 亿年之后，可能要回归无序状态，现在的火星状态，可能就是将来的地球系统发展的前景。但是地球回归无序状态的阶段能持续多久将是一个谜。可能随着太阳系的消失而消失，或者由于两个恒星的碰撞而消失，或者被"黑洞"吞噬。

2. 地表进化过程（时间）的不可逆性

地球系统过程不可逆性是指方向性，或"不可重复性"；可逆性是指过程的可重复出现，或"可轮回性"，如地形轮回。过程的不可逆性，也就是指"时间的不可逆性"，过程的可逆性，指时间的可逆性。不可逆性一般是"开放系统"的特征，可逆性一般是"封闭系统"的特征。

（1）地球阶段的划分，如太古代、元古代、古生代、中生代与新生代的划分是以生物进化为标志的，是不可逆的进化过程。

（2）地壳过程的演化过程，不论是地槽、地台和地洼，还是板块构造，都是不可逆的。

（3）自然环境进化的方向性。自然地理环境发展演化是不可逆的，总是沿着"时间之矢"前进。虽然自然界存在着诸如一日之间的白天与黑夜，一月之间的月圆月缺，一年之间的春、夏、秋、冬等周而复始的"可逆"现象，但这毕竟是表面上的可逆。而每一次的重复出现都有别于从前，包含着时间对称性的破缺。例如，恒星年与回归年的差别，它们不是原地打转，而是螺旋式前进。

自然地理环境中的各圈层均存在显著的不可逆现象：岩石圈的形成过程（按康德-拉普拉斯假说）是从混沌开始到地壳—地幔—地核，绝不会倒转过来；地壳演化规律（按地洼学说）地槽—地台—地洼—螺旋式向前发展也是不可逆的；大气圈的演化为原始大气—二氧化碳大气—现代大气；水圈的演化为原始海洋（低盐、少水、高钙）—现代海洋（高盐、多水、低钙）；生物圈的演化为（植物）藻类—蕨类—裸子植物—被子植物；动物界为单细胞动物—无脊椎动物—鱼类—两栖类—爬行类—哺乳类，如此等等，均不可逆转。

自然地理环境的进化，还具有随机性和概率性。伊·普里戈金有句名言："对未来的预言不同于对过去的追溯。"这就是说对过去追溯的是历史，而未来绝对不是历史的重演。此外根据波尔兹曼的有序原理，系统的熵是随着概率的增大而增大的，熵的增大意味着系统的无序程度增加。对于孤立的、封闭的系统来说，熵增是不可逆的，最终达到最大熵（熵垒）；但对于开放系统来说，负熵流可以抵消系统自然的熵增，而趋于0或负值，出现瞬间的稳定或不断有序。故可以用 des−dis≤0 作为自然地理环境进化的一个表述。

二、原始自然地理系统的形成

原始自然地理系统的形成大概经历如下阶段：

46亿年前，地球起初是一些相互靠近的宇宙物质，即星云。这些星云由宇宙大爆炸产生。这个时期被称为天文期。

46亿年后，称为地质时期。这时因为地球内放射性热的生成率比今天高出许多倍，所以地球内能是当时地球表层演化的主要能源。由于地球内部热量的大量聚集，导致地球物质熔融，喷溢大量岩浆、气体和水蒸气，于是形成了原始的岩石圈、水圈和大气圈。

作为原始自然地理系统的要素，岩石圈、水圈和大气圈的生成，标志着原始自然地理系统开始形成。但因为此时地球内能占优势，所以原始大气以甲烷（CH_4）、氮气（N_2）、水汽（H_2O）、氨气（NH_3）和二氧化碳（CO_2）等为主。原始海洋和海水为低盐、高钙型，且水少，因此物质、能量的交换受到一定的限制。

约于 37 亿～20 亿年前，地壳不断增厚（表 6.5）。由于地壳增厚，地球内部对地表的作用减弱，太阳辐射能逐渐成为地球表层的主要能源。

表 6.5　地壳厚度变化阶段

阶段	1	2	3	4
年龄/亿年	37	37～27	27～20	20
地壳厚度/km	10	20	40	40

注：据陈之荣著《地球的一生》。

太阳能取代地球内能成为地球表层演化的主要能源以后，在三大无机圈层中不断转换、耗散，并促成三大无机圈中的物质交换，使三大圈层紧密连接成统一的整体，连接成一个新的物质形态，这就是原始自然地理系统。另外，由于原始大气对太阳的短波辐射基本透明，因此，在强烈的紫外线辐射照射下，环境中的小分子和元素，在原始的海洋中合成高分子化合物，如碳水化合物。这为地球生物的诞生，准备了充足的物质基础。

1. 天然生态系统的形成

原始自然地理系统是具有耗散结构的物质系统，它还要继续进化。根据浦汉昕的研究，大约在 30 亿年前，地壳增厚到 20km，地球内能对地表的作用再次减弱，相对于地球内部而言，太阳辐射能对地表的作用进一步增强。同时，海洋里的有机化合物大量积聚，这些物质在太阳能的作用下，终于合成了生命。这是因为海洋环境受到水体的保护，免除了紫外线杀伤的缘故。

这些生命的形成，最初是异养的细菌，靠海洋中的有机物和积聚能量为生。在达到与环境的动态平衡时，异养细菌感到食物匮乏，于是出现突破，产生自养生物。这些生物具有叶绿素，称为蓝藻，能进行光合作用，自身固定太阳能，制造有机物，于是产生了原始的生态系统，这是自然地理环境的一次重大飞跃，大大地改变了自然地理环境的物理、化学过程和元素迁移过程，从而改变了自然地理环境的组成和结构，逐渐形成生物圈。由于含有叶绿素的生物不断增多，因此固定太阳能的数量也随之增加。

光合作用的不断加强，使原始大气中的二氧化碳（CO_2）减少，其中的碳以碳酸盐岩的形式固定在沉积岩中。而大气圈中的氧气（O_2）不断增加，并在大气圈中出现臭氧层，吸收了对生物体有害的紫外辐射（波长＜$0.29\mu m$ 的紫外光），为生物在自然地理环境中繁衍创造了有利条件。由于大气圈中的氧含量不断增加，导致喜氧生物不断产生。当大气中氧含量达到现代大气的千分之一时，嫌气生物逐渐被喜氧生物取代。由于有了有氧呼吸，自然地理环境中的能量转换效率提高了大约 19 倍。大约在距今 4 亿年前，生物从海洋登陆，接受太阳辐射更为充分，结果导致生物种类和数量大增，水陆都形成由生产者（植物）、消费者（动物）和分解者（细菌）组成的复杂、完善的生态系统，这就是天然生态系统。

生物圈的形成，标志着自然地理环境的进化进入了一个全新的阶段。太阳能在有机界的转换实际上是绿色植物通过光合作用把太阳能转变成潜能。然后，通过食物链将其转移。最后，食物链中残存的有机物质的潜能，由微生物通过发酵、腐烂等形式加以释放。就这样，太阳能进入生物圈通过固定—转移—释放过程，也就是耗散过程，把有机界与无机界连接成整体系统。

生物圈的出现和天然生态系统的形成，使自然界的两个极重要的地球化学循环建立起来。

2. 人类生态系统形成

大约在距今二三百万年前，人类从动物界中分化出来。人类的出现是自然地理环境进化史上又一次重大飞跃，也是人类生态系统形成的标志。人类从天然生态系统取得食物，实际上是取得太阳能的固定形式，又从自然地理系统取得低熵物质（水、矿物、水电）。

人类社会的生产方式在不断演化：从狩猎—采集—农耕放牧—农业—工业—后工业阶段等，不断改变着太阳能在天然生态系统中的流通与转换，不断增加能量的投入。时至今日，人类生态系统已受到人口、粮食、资源、能源和环境污染等问题的滋扰。

综上所述，自然地理环境的进化发展，实质上是三大系统，即自然地理系统、天然生态系统、人类生态系统，既相互连接，又彼此有别的三大耗散结构的进化。自然地理系统是太阳能进入地球形成负熵流，在三个圈层中流通而形成无机的自然地理系统。天然生态系统是在自然地理系统中孕育出来的，绿色植物通过光合作用，固定太阳能，使天然生态系统获得的负熵流，较之自然地理系统多得多，作用更大，形成更复杂的、更有序的耗散结构。人类从天然生态系统中的动物群类脱颖而出，成为支配物种，形成人类生态系统。自然地理环境的进化发展，是从无机到有机，从简单到复杂，从比较无序到有序的不可逆的过程，充满随机性，而不受决定论支配。三大耗散结构除在发生学上相互联系外，在物质、能量、信息交换方面也紧密联系，是一个复杂的统一整体（图 6.8）。

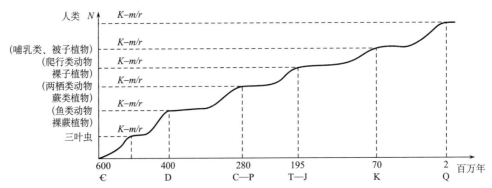

图 6.8　生物进化节律示意图（刘南威，2002）

三、时间可逆性

地球系统过程的时间可逆性包括："地球轮回"及季节性、节律性变化。

（1）地质沉积相轮回，如出现砾岩—砂岩—乐岩—石灰岩的沉积相为更替演化，就反映了海进海退的侵蚀与沉积过程的轮回。海进与海退的过程，可能是地壳运动周期性变化，也可能是气候变化的反映，这种沉积相互更替过程，是可逆的过程，是地壳运动或气候过程的轮回。

（2）地质时期古生物轮回，如生物大爆发与生物大灭绝，是可逆性的轮回过程，可以多次重复。每次大的更替轮回，都与大的气候变化周期有关。例如，大冰期的周期性约为 2 亿年，大的地壳运动及陨石撞击地球，也是可能重复出现的。

（3）地貌的发育阶段轮回，或"地理轮回"也是可逆过程，如"幼年期、壮年期、老年期"三个阶段是可逆的。老年期地面为平缓的夷平面，壮年期的地形为切割强烈的山地，幼年期地表为平缓的、有些沟谷开始切割的夷平面，从老年期又可轮回到幼年期，再到壮年期，其更替重复出现。

第八节　地球科学数据的确定性与不确定性特征

科学数据是构建科学的基础，尤其是地球科学数据是构建地球科学的基础。科学数据不等于信息，信息与数据存在一定的差别。

数据（Data）＝信息（Information）＋噪声（noise）

信息（Information）＝数据（Data）－噪声（noise）

任何数据都可能带有噪声，只有当数据排除了噪声之后，才是信息。在地球科学数据中，都可能带有噪声，只有经噪声排除之后，才是真正的地球信息。任何原始数据中，包括仪器测量数据、统计数据或调查数据，都可能存在噪声，它可能是由仪器或操作过程造成的。这是普遍存在的现象。噪声又叫误差，它直接影响了数据的质量。如果人们利用的数据质量有问题，即误差很大，噪声很多，那么以它为基础的计算结果，肯定也是不可信的，用这和计算数据做出的结论，肯定也是错误的，因此数据质量受到了广泛的重视，尤其是地球科学数据，质量问题很多，在国际上已经专门召开了多次有关"数据质量"或"数据不确定性"问题的国际讨论会，主要有：第一届于 1994 年在美国的 Virginia 的 Williamsburg 召开；第二届于 1996 年在美国的 Colarndo 召开；第三届于 1998 年在加拿大的 Quebec 召开；第四届于 2002 年在澳大利亚的 Melboarne 召开；第五届于 2004 年在奥地利召开。

关于地球科学数据质量会议，每隔两年举行一次，直到最近，可见人们对它十分重视。

运用地球科学方法获得的有关地球系统的数据，由于应用目的要求和研究对象的不同，测得的数据基本上有两大类型。

一、精确数据与非精确数据（近似值数据）

非精确数据有全球的人口数据、耕地面积数据、年产量数据、全球平均温度数据、全球碳汇碳源数据等。甚至一个国家，一个面积较大地区的上述数据，都存在着"既测不准，也算不清"的特征，只可能是近似值数据。这种复杂的大数据的数值，往往最后三位、四位数是不准的数据。

有些数据，尤其是工程数据，是比较准的。"地球常数"是比较精确的，但它们也随时间的变化而变化，例如，它们在百万年、千万年、亿万年前的数据，可能是有变化的。

同时，人们还发现，在地球科学领域内，确定性与不确定性是并存的，而且也是不对称的，其中不确定性占多数。确定性在有限的时空条件下是存在的，而不确定性是较大时空范围的特征，因为一切都随时空而变化，即使是"地球常数"也是可逆的，是不确定性的。

二、地球常数的不确定性

"地球常数"是指不变的地球参数。但在时间面前，一切都是可变的，地球常数也不例外。地球常数对短时间，如百年、千年，可能是不变的，但万年以上就有了变化，同样也具有不确定性特征。

严格地从宏观来说，某些地球参数可能是不变的；但从微观角度来看，即从纳米尺度来看，一切都是变化的，不变是不存在的，常数也是不存在的。

根据卫星定位（GNSS/GPS）亚洲板块（中国东部）正以 11～12mm/a 的速度向南移动，菲律宾板块以 70mm/a 的率向北西方向推进，因此两板块相对汇聚速率为 80mm/a。台湾岛的海岸山脉与中央山脉之间的相汇速率 31～33mm/a。1998～2005 年，华北与华南之间沿秦岭—大别山的相对位移速率只有 31mm/a。海底扩张速率，在太平洋可达 100～200mm/a，而印度洋却不足 20mm/a。北美洲板块西海岸外的 Juan de Fuca 板块向东俯冲到北美板块之下，百万年的平均速率为 40mm/a。

第七章 地球系统过程的科学推理与假说

地球科学的科学推理与科学假说（Hypothesis）有很多，但得到广泛认可的，影响最大的主要有以下几种，现简介如下。

第一节 地球系统过程的自组织特征与 Gaia 假说

一、地球系统的自组织

地球系统由地核、地幔、地壳、水圈、大气圈和生物圈各部分组成，这种层次结构称为有序结构：从热力学观点看，自然界有两类有序结构：一类可以在孤立环境和平衡条件下维持，不需要与外界环境与系统进行任何物质和能量的交换，如晶体中存在的那种有序结构；另一类是宏观范围的时空有序，这类有序结构只有在非平衡条件下通过与外界环境间的物质和能量交换才能形成和维持。地球系统长期处在太阳辐射、星际作用力、陨石坠落和撞击、外来宇宙线和电磁波、地球内部放射性元素蜕变和热能释放，以及火山喷发、地震活动、对流层和大气层的气体交换等作用之中，因此地球系统与外界环境之间不仅有能量交换，而且有物质交换，地球系统的有序结构显然属于第二类有序结构，是自组织现象。

1. 时间有序化

时间有序是地球系统随着时间推演过程有序结构的形成和演化，反映为总体有序化和局部过程有序化。

地球形成之初处于高温混沌状态，随着太阳和星际作用力以及地内热能作用，在地球历史早期，发生核幔分异、地幔对流和壳幔分异，逐渐形成原始地核、地幔和地壳。地壳随着时间演化不断增厚，又分出不同层次。地球内部的岩浆喷出地表，将大量气体带出地球外部，形成了原始大气圈。在适宜的条件下，大气圈中的水汽凝结，降落地表或渗入地下，地表水流在低凹处聚集，形成了原始水圈。其后，水和大气在太阳辐射作用下，孕育出原始细胞，生命演变使地球上出现了生物圈，生物圈形成后，太阳能就可以通过光合作用进入生物界，从而加强了地球壳层的演化和存储太阳能的能力。随着地球演化，生物分成动物和植物，向各自的方向发展。总之，生物由简单到复杂的变化，反映出全球环境的演变，生物适应环境的能力不断增加，从而出现越来越高级的动植物。

地球演化促进了一些生物进化，也伴随着另一些生物灭绝。在前寒武纪—寒武纪之交，出现过大量具硬壳的小型动物，晚奥陶世这类生物群灭绝，白垩纪—古近纪、新近纪及始新世—渐新世也发生过生物群灭绝。生物群灭绝说明全球环境发生过突变，多次生物群灭绝又说明这种突变具有震荡性。

在地质历史上，地球曾发生过各种尺度的气候变化。例如，较为引人关注的地质时期有①二叠纪—三叠纪；②白垩纪（特别是白垩纪末期）；③上新世；④更新世与全新世过渡期；⑤末次间冰期鼎盛期（0.12Ma B.P.）；⑥末次冰期极盛期（0.019Ma～0.02Ma B.P.）；⑦中世纪最佳期（1000～1200A.D.）；⑧全球小冰期（1500～1850 A.D.）。上述气候变化时期有些是突然变冷，有些是突然变暖，反映在地球演化历史上，气候变化具有准周期性。

不同地质时期古气候变化的尺度大小也有差别，前寒武纪为1500Ma和700Ma；古生代为300Ma；中生代为100Ma；古近纪、新近纪为2.4Ma和1.8Ma；第四纪以来，有40ka、20ka、10ka和400ka。说明在地质历史上，古气候的变化在早期周期较长，越到晚期周期越短。

根据地球化学和同位素年代学研究，地球从4.6Ga～4.0Ga已形成原始地核、地幔和地壳，在其漫长的演化历史进程中，地球表面有三个快速地壳生长期，即3.0Ga～2.7Ga，2.1Ga～1.8Ga和1Ga～0.6Ga。在显生宙，经历了加里东期、海西期、印支期、燕山期和喜马拉雅期，这些造山期不同程度地生成地壳，呈准周期式发展。

华南地区自元古代以来，经过加里东期、海西期、印支期、燕山期和喜马拉雅期，自西向东南海洋方向，大洋洋桥演化发展成为大陆地壳，大陆边缘发生阶段性的成长和增生，具有明显的周期性。

我国的稀有元素成矿时代也具有周期性。自吕梁期起，经过加里东期、海西期、印支期、燕山期和喜马拉雅期等，各构造岩浆旋回期都有稀有元素矿床形成，其中以海西期和燕山期的稀有元素矿床分布最广阔，规模也最大。

2. 空间有序化

地球各圈层反映了地球系统的空间有序。最上层以大气圈为主，向下为水圈和生物圈，大部分生物都生活在水体中，一部分生活在陆壳上；再向下是刚性地壳，大部分地壳在水圈之下，一部分露出水面，是人类的主要居住场所；地壳之下为地幔，地幔对流使上地幔和地壳之间发生热量和物质运输，这里是地壳物质增长的重要源区；在地球深部2900km以下是地核，地核与地幔之间有边界层，地核和下地幔之间也发生对流，从而在下地幔热点处不断地由地核引伸出热柱体，标志核地幔分异在持续进行。大陆岩石圈也具有层状结构，上部地壳和上地幔呈脆性，夹于中间的仲夏地壳处于20～40km深度，矿物具韧性，在应力作用下，能塑成流动，形成"三明治"结构。

华南不同时代花岗岩类分布，由西北向东南，由老到新，空间上表现出板块活动地段由陆壳向海洋迁移的特征。

华南区域成矿带分布也有类似格局。由西北向东南，主要成矿元素组成为：铁、铜、钨、锡、银、铅、锌。

一些花岗岩岩体中常具有环带构造，某些富含挥发组分的岩体，如西华山、柿竹园等岩体，顶部常具有粗细相间的似层状伟晶岩和细晶岩互层产出，显然属于非平衡条件下的有序结构。

在岩石和矿石中，常可见到重复的韵律性结构构造模式，如变质岩中条带状构造，加拿大苏必利尔湖条带状建造的韵律构造。夕卡岩和一些蚀变岩石中常出现条带状和条纹状韵律构造，如石榴子石和透辉石相间呈数厘米宽的条带。此外，斜长石、石榴子石和黄铁矿等矿物颗粒常见有环带状结构。所有上述结构构造都不是由外部环境的周期性变化所致，而是通过自组织获得的。

3. 地球系统有序化演化机制

地球系统是一个复杂的非平衡态的开放体系，系统内部各层次子系统之间以及系统与地球外部环境之间，存在着非线性的相互作用，它们自发地、相干地组织起各种有序图样的演化机制。

1）地球系统的开放性

地球系统由固态、液态、气态、电离态和生物态等组成，是一个复杂的巨系统，具有典型的开放系统特征。地球系统与外界环境（太阳系、银河系等天体巨系统）之间，地球系统内部各圈层子系统之间都频繁进行着物质和能量的交换，如陨石和宇宙的冲击、太阳辐射、电磁波和宇宙射线辐射、地热释放和吸收、水汽循环、地幔对流、火山喷发、地震、板块俯冲和碰撞等。地外系统输入地球的负熵流 des 足以抵消地球系统内部自发产生的内熵源 dis，在时间间隔 dt 内，弱控制地球系统的总熵变 ds 相对稳定并趋于减少，即 ds＝des＋dis＜0 成立，原始混沌无序的地球系统将演变为宏观稳定有序的耗散结构。

2）地球系统远离平衡态

地球表面、水圈、生物圈和大气圈虽有温度和压力差异，一般都属于常温常压状态，地幔和地核为高温高压和超高压状态，地外太空环境则为低温低压、超高温压、超低温压等多种物理化学条件。此外，地壳、地幔、地核、水圈、生物圈和大气圈的物质组成和浓度的差异很大，相邻系统和子系统的物理化学条件的巨大差异将使系统远离平衡，这是形成稳定有序耗散结构的必要条件。

3）随机涨落导致某个定态

涨落是由内因或外因引起的地球系统内部平衡的扰动。涨落往往限于某个子系统，对于特定时间和空间尺度，涨落也不同。晶体缺陷、成岩成矿作用、陨石冲击和地球表面固相、液相、气相相互转化等属于较小尺度的涨落；造山运动、海陆升降、地幔对流等属于较大尺度涨落。在非平衡地球系统中，随机的小涨落通过相干效应会不断增强形成大涨落、巨涨落，使体系由不稳定状态趋于与新结构相应的状态。由于涨落的随机性，涨落不同将使不稳定态跃变为不同的定态。

4）展望

地球科学面临的三大问题是矿产资源、地质灾害和全球变化。矿产资源是制约经济建设和社会发展的基石；地质和环境灾害对人类的威胁已构成重大社会问题；全球变化的研究将对人类生存和生活环境发展趋势做出评估。如上所述，资源和灾害的形成时地球不同层次的自组织现象，是开放的地球系统在远离平衡态条件下能量流和物质流不断输入的结果。全球变化反映地球时空有序结构由失稳趋向新的有序结构的演化过程。地球是一个具有不同层次和漫长时间序列的复杂体系，资源和灾害是地球的某个层次和某个部位的宏观表现，全球变化是地球本身如何向复杂方向演化的问题。为了把地球作为复杂体系研究，一方面应进一步揭示不同层次和不同地质时代的自组织现象，寻找描述某个体系的合适变量或相关量；另一方面要运用非平衡热力学和非线性动力学理论建立起各个宏观量之间的关系式，最终达到评价和预测动态变量的时空分布和演化趋势。

4. 地球化学系统的自组织、自相似与自相关

自从系统科学思想引入了地球科学领域，越来越多的人认识到地球化学是一门系统科学。地球化学过程是地球化学系统的自组织过程；地球化学场内存在着自相关；地球化学景观往往具有自相似的性质。因此，系统论中耗散结构论、协同论、分形理论和地质统计学方法势必成为研究地球化学系统的基本理论和方法。本节从地球化学自组织、自相似和自相关的基本概念出发，阐明地球化学系统中自组织、自相关和自相似存在的普遍性；并从分岔理论、混沌理论、奇怪吸引子和变程之间的关系出发，探讨自组织、自相似与自相关三者之间的内在联系。

1）地球化学自组织、自相关和自相似存在的普遍性

（1）地球化学系统自组织存在的普遍性。自组织是一个在没有外部条件干扰下，体系从无序到有序的自治过程。自组织过程的形成与发展必须满足两个条件：①体系离平衡足够远；②体系中至少存在两个作用的耦合。因此，我们就用这两个条件作为考察地球化学系统能否发生自组织的准则。

（2）地球化学系统的非平衡。在任何情形中，系统实际是指研究对象的发生域，系统之外的范围就称环境。系统与环境之间的数学界面称为边界。地球化学系统无时无刻不与环境之间通过边界发生物质交换和能量交换。定量描述地球化学系统与环境之间相互作用的数学语言就是边界条件。系统在初始时刻的空间状态称为初值。地球化学系统的非平衡是由初值和边界条件控制的。

涨落是引起地球化学自组织的基础，它描述了某一变量离开平均值的所有随机偏差。涨落可以在初值中存在，也可以在边界条件中存在。在地球化学系统中，任何岩石的结构总是与完美的均质结构有偏差，即存在"涨落"。正是这一微小的偏差被反馈循环放大，然后一些"涨落"比另一些"涨落"增长得快，并控制着后者，从而形成自组织结构。

地球化学系统中的反应物和生成物不断地与环境"不变组分库"之间发生物质交换和能量交换，因此，非平衡也可以通过边界条件施加在体系之上。

（3）地球化学体系中的耦合，在地球化学体系中存在着许多地球化学作用，其中以反应-运移反馈为主。各种作用遵循质量守恒定律、能量守恒定律和动量守恒定律，共同制约着地球化学系统中某一描述定量的变化，即

$$\frac{\partial \varphi}{\partial t} = \sum_{\text{过程} \neq i} \left[\frac{\partial \varphi}{\partial t} \right]_i \tag{7.1}$$

上式中的每一项代表了一个单独过程，$\left[\dfrac{\partial \varphi}{\partial t}\right]_i$ 代表了过程 i 对 φ 的总体变化率在给定点的贡献。这种贡献反映了由运移定律派生的各种空间衍生物。它不仅取决于 φ，而且还取决于其他描述变量。正是这后一性质为地球化学自组织提供了必需的耦合。

可见，在地球化学系统中，反应一运移反馈和非平衡是普遍原则，而不是例外，因此在地球化学过程中自组织是普遍存在的。

2）地球化学景观的自相似

自相似是分形理论的基础，自相似事物的一部分与其整体是相似的，是整体成比例的缩小，即具有放大对称性。或者说它具有无穷多的层次结构，各层次之间是相似的。自然界不仅只有几何实体具有自相似特征，某种随机过程和随机场也往往具有自相似性，如各种观测值的时空分布等。如果某一随机过程可以用不同尺度等概率去描述，那么由该过程产生的物体或现象往往具有自相似性。

地球化学景观的形成经历了复杂的地质历史的演化，元素曾经发生过不同尺度的迁移和富集。表 7.1 给出了产生地球化学景观的各种尺度地质地球化学作用的例子。如果把形成地球化学景观的整个地质地球化学作用过程视为随机过程，那么，至此说明了用于刻画这一个过程的不同尺度的地质地球化学作用是等概率发生的，从微观的化学反应到宏观的大陆运动，线性尺度可以从 10^{-6}m 增大到 10^6m。

表 7.1　各种尺度下的地质地球化学过程

线性尺度/m	过程实例
$<10^{-6}$	化学反应、熔融、固结、扩散、溶解
$10^{-6} \sim 10^{-2}$	晶体形成、土壤的形成、植物生长、风化作用、沉淀、烟雾的形成、结冰、融化、蒸发
$10^{-2} \sim 10^2$	地下水运动、物质的下移运动、火山活动、侵蚀作用、沉积作用、流星相撞
$10^2 \sim 10^6$	火山喷发、山脉的形成、水表面移移、冰川运动、海底扩张、动物的生命过程
$>10^6$	大陆运动、河水运动、大洋洋流、大气流动

不同尺度的地质地球化学作用过程产生了与其尺度相一致的地球化学景观，大量的事实证明了这一点。表 7.2 给出了相应尺度下的地质地球化学作用产生的地球化学景观类型。

表 7.2　各种尺度的地球化学景观类型

线性尺度/m	景观类型
$<10^{-6}$	矿物中的微量元素分布
$10^{-6} \sim 10^{-2}$	薄片中的矿物分布
$10^{-2} \sim 10^2$	剖面中造岩元素和微量元素的丰度分布
$10^2 \sim 10^6$	某地区以至整个国家范围内地质样品中元素的丰度分布
$>10^6$	某一国家以至全球范围内的成矿省和地球化学省

以上两点表明，地球化学景观可能具有自相似特征。事实上，地球化学自相似的现象普遍存在。例如，在元素组合分带研究中，存在矿田—矿床—矿体元素组合分带的层次结构，而不同层次的元素组合分带往往具有相似性。在勘查地球化学中，可以发现三个层次的地球化学景观结构：地球化学背景，地球化学省和地球化学异常。矿带引起的地球化学异常寓于地球化学省中，矿田引起的地球化学异常寓于矿带引起的地球化学异常中，同时又可分解成数个矿床或矿体地球化学异常，这便是地球化学系统预测的基本原理。

3）地球化学场的自相关

在地球化学研究中，人们逐渐认识到地球化学变量不是简单的随机变量，而是区域化变量。变量在空间上的取值既有随机性，又有结构性，也就是说在一定的空间范围内，变量自身存在着空间自相关，即 $X = F(d_{ij})X_i + Y_i$，这里 X_i 和 X_j 代表了地球化学变量 X 在空间两点 i 和 j 处的实现。$F(d_{ij})$ 为两点 i 和 j 的距离 d_{ij} 的相关函数，Y_i 为"噪声"。目前在 $1 : 5$ 万大比例地球化学勘查中，广泛使用地质统计学方法处理地球化学数据，正是利用地球化学变量的自相关性质。

以上初步讨论了在地球化学系统中，自组织、自相似和自相关普遍存在，那么它们三者之间是否存在必然联系呢？我们仅从分岔理论、混沌理论、奇怪吸引子和变程的基本概念出发，讨论地球化学系统中自组织、自相似和自相关之间的内在联系。

4）地球化学系统中自组织、自相似与自相关之间的内在联系

自组织是自相似之源，前已述及在地球化学体系中存在多种反应—运移反馈，自反馈、自催化是产生地球化学自组织的必要条件。在数学上这种自反馈和自催化的过程就是一个非线性迭代的过程，即把得到的"输出"又作为"输入"引入原非线性动力学方程，构成"因→果→因……→果"反馈循环，直到果不随因而变为止，不变的果称为不动点，即 $X_{n+1} = X_n = X^*$，其中 X^* 称为不动点。

在地球化学系统中，涨落是产生自组织的基础。当体系中的涨落足够大时（$u = u_\infty$），定态（不动点）就会失稳，达到一个新的有序程度更高的状态。而在这种转变过程中，即处于临界状态时，会出现多个新的、可能的定态选择，这便是所谓的地球化学自组织过程的分岔现象。

在地球化学自组织过程中，由于自催化作用，化学振荡时有发生。化学振荡是一种无规则的周期现象，并可由其频率表征。当受涨落触发时，一种频率的化学振荡有可能进一步失去稳定性，产生新的振荡频率。在条件发生进一步改变时，由新的频率表征的振荡又会失去稳定性而产生更新的振荡频率。显然，这又是一个分岔过程。化学振荡通过逐级分岔，系统中出现的振荡频率会越来越多，最后导致化学混沌状态的存在。

混沌状态是系统内在的非线性动力学本身产生的不规则（非周期）的宏观时空行为，是一种无周期的有序。在混沌的背后隐藏着一类具有无穷嵌套的层次结构——奇怪吸引子，而奇怪吸引子具有自相似结构。

至此，我们得出结论：地球化学自组织是自相似之源。

（1）协同长度与变程。根据涨落的局域理论，涨落的扰动范围即协同长度与表征不稳定性附近所展现的长程空间相关，而变差函数的变程也反映了地球化学变量在该范围

内的空间相关，因此自组织理论中的"协同长度"和随机场理论中的"变程"就空间相关的共性而言彼此相对应。

（2）自相似范围与变程，具有自相似（或自仿射）特性的地球化学景观，其丰度增量的方差随着样品点对距离 h 的增加而不断地增加，即在无标度区内半变差函数满足下列方程：

$$y(h) = (h/\lambda)^{ZH} \tag{7.2}$$

其中，h 为样品点的距离；λ 为常数；H 为 Husrt 指数。但是理想的半变异函数都有一个水平的基台值，方差的增加并不随着点对距离 h 的增加而无限地进行下去，而是存在着一定的范围，这一范围就是自相关范围——变程。也就是说无标度区（自相似范围）往往与变程相当。因此当我们用取对数的方法计算地球化学景观的分维时，其自相似的范围就是变程范围。特别是当地球化学景观的半变异函数具有多级套合结构时，也为多级嵌套，形成多标度分形。

变程与协同长度、变程与自相似范围之间存在内在的有机联系，因此用半变异函数进行对数变换求分维的方法是有理论根据的，也是切实可行的。

5）研究地球化学系统自组织、自相似和自相关的意义

地球化学系统自组织、自相似和自相关为我们从系统角度研究地球化学提供了理论基础和方法论。地球化学自组织的研究使我们能够从系统出发认识地球化学过程、地球化学作用、乃至地球化学异常的形成机制，如长石、黄铁矿振荡分带的形成，围岩蚀变分带和元素共生组合分带等。如果地球化学景观自相似普遍存在，那么就为我们开展地球化学系统预测，制定决策提供了理论基础，使地球化学找矿减少盲目性。根据地球化学场的自相关性质，我们便可以用地质统计方法和时间序列分析方法处理地球化学数据，解决地球化学问题。地球化学自组织、自相似和自相关三者之间的有机关联将推动地球化学系统科学理论日臻完善，特别是与当前的空间组合分析和 GIS（地理信息系统）相结合，势必推动地球化学研究领域向更纵深的方向发展（孟宪伟等，1994）。

5. 客观世界演化过程自组织特征的事实

悉尼麦夸里大学澳大利亚太空生物中心保罗达维耶于 2006 年指出，宇宙的历史就是一部宇宙自组织过程的历史，是一部复杂性不断增加的历史。宇宙在大爆炸初期的结构是十分单一的，那是一种热力的均衡状态和物质、能量无法区分的混沌状态，从大爆炸过程中所留下的、近乎完全一致的辐射可以得到证明。Hawking（2001）指出，从大爆炸那一瞬间开始，整个宇宙体积在膨胀，温度从原来的 1000 亿摄氏度开始降低，物质开始形成。当时宇宙的物质和能量的界限模糊，基本的光子、电子和中微子（极轻的粒子）和它们的反粒子，还存在默写质子和中子。当宇宙冷却到大约 10 亿摄氏度，质子和中子开始结合成氢、氦核即其他氢元素的核。几十万年以后，当温度下降到几千摄氏度时，电子运行速度进一步变慢，氢核能够将它们捕获而形成原子，然后构造成碳元素和氧元素等更重的元素，直到十亿年后，才出现其他元素，现在已形成了 118 种元素。从以上论述中可见宇宙的物质也经历了从简单到复杂的演化。

　　宇宙结构的自组织特征：宇宙初期的混沌状态，随温度逐渐降低，物质和能量分离，物质进一步分离为物质暗物质与反物质，能量分离为能量和暗能量，并出现了空间分布不均匀现象，某些空间的物质密度较大，有的地方则较小；密度较大空间的物质聚集在一起，于是出现了"引力"的差异，物质密度大的空间对密度较小空间的物质产生了吸引力。于是宇宙空间就分化成了物质密度的原始星体与物质密度稀少的星际空间。随着物质密度的原始星体与物质稀少的星际空间的出现，宇宙中的物质和能量的空间分布进一步分化。由于物质的集中产生了引力的增加，引力增加使物质更加集中，于是引力更大，物质更加集中，而星际空间的物质稀少，引力很小，物质就被附近的星体吸引走，于是星际空间的物质更加稀少，而星体的质量就越来越大，形成了现今的宇宙结构。这是由于宇宙的自组织过程造成的。

　　目前的宇宙是由大约 800 个银河系，每个银河系约有 2000 亿个恒星组成，大约是在大爆炸之后 7 亿年形成的。而当前所在银河系的直径约为 10 万光年，宇宙直径约为 150 亿或 130 亿光年（每一光年为 10 万亿 km）。根据星体光谱的红移现象分析，宇宙继续在不断膨胀之中，其速度为 50～100km/s，而且膨胀的速度越来越快。关于宇宙的形状，有的说是扁平状，像一个铁饼，有的则认为像一个五角星的 12 面体的足球形状。宇宙的年龄 NASA 认为已有 137 亿年，国际天文物理学家小组认为 141 亿年。宇宙的生命周期有多长，看法很不一致。斯坦福大学文体物理学家安德雷·林德认为：宇宙的生命周期约为 360 亿年。

　　NASA 运用威尔金森微波各向异性探测器（WMAP）研究表明：宇宙的组成物质 4% 是已知的（原子），而 96% 则为未知的暗物质（占 23%）和反物质（73%）。人们已知的能量占 27%，而未知暗能量占 73%。英国剑桥大学天文研究所副所长 Gilmore 教授指出：宇宙要保持现状需要有一个质量和一种能量的集合体的存在。质量包括已知的所有恒星、行星、宇宙碎屑物质的质量，约占宇宙总质量的 4%，未知的粒子，即暗物质约占 96%；能量包括已知能量占 27%，而未知能量，即暗能量占 73%，Gilmore 对围绕银河系运转的矮星系进行了研究，算出暗物质以 5.6km/s 的速度在运动，哪怕最小的一块暗物质，其直径都有 1000 光年，质量相当于太阳的 3000 万倍。宇宙似乎是由这些未识见的暗物质"巨砖"堆砌而成，它们是组成宇宙的最基本的单元。在这些暗物质组成的基础上，分布了无数个银河系，每一个银河系约由 2000 亿个恒星和无数个"黑洞"所组成。这些暗物质，并不是传统观念上的冷物质，相反，它的温度可以高达万度。但它却不会发出红外线，说明它不是由电子和质子构成的，所以称它为未知物质。

　　暗物质的存在才能使宇宙保持有序状态，没有了它，星体就会解体。不论是地球所在太阳系，还是太阳系所在的银河系，其有序状态，都是由于暗物质的存在造成的。充满了宇宙空间的暗物质，不仅是有温度的，而且还是有密度的，它们在宇宙空间的分布也是不均匀的。它们的密度，可以用每立方厘米的氢原子重量衡量。在太阳的四周，暗物质的密度相当于每立方厘米的 1/3 个氢原子重量，而密度最大的空间，可达 4 个氢原子重量。

从宇宙大爆炸初期的混沌状态到物质和能量的分异，物质由简单到复杂，宇宙的结构也从简单变得复杂和多样化，从无序逐渐趋向有序。但这种有序结构是一种动态的有序结构，即一种不稳定的有序结构，有序性不断遭到破坏，又不断构建新的有序，宇宙的结构主动态烃化从简单到复杂的变化过程，这是宇宙的自发过程，是宇宙发展过程中的固有特征。

剑桥大学天体物理学和宇宙学教授马丁·雷斯（英国《新科学家》周刊2005.9.17）就"宇宙大爆炸"问题指出，宇宙在起源之后的数秒钟内是什么样的？根据宇宙射线中的氢、氦、氧的比例，可推测那时温度大概有 100 亿摄氏度，射线、质子、中子以及不明"暗物质"存在于各处，随后均匀地冷却。按照力学的第二定律，宇宙大爆炸之后应该是"简单"的，但它却形成了庞大而错综复杂的现在宇宙。这主要是由于万有引力的作用，将原来密度稍大部分的周边物质吸引在一起形成星系的"种子"。

地球所在的太阳系大约形成于 46 亿年或 47 亿年前，地球则在 40 亿或 45 亿年前形成。太阳系由八大行星组成，地球是其中之一。地球带了一个卫星，即月球。在地球的轨道附近，约有 700 多个小行星（宇宙碎屑）在运行，它们撞击地球的概率只有 0.1%。

地球在 45 亿年前形成以来经历了无数次巨变。《自然杂志》（2006）刊登了布宜诺斯艾利斯的天文台和地球物理学院的阿德里安·布鲁尼尼的文章指出大约在几十亿年前，当时的太阳系的几个大行星如木星、土星、天王星和海王星之间的距离比现在近，每一个大行星的引力都对其他大行星有牵引作用。目前这些行星在远离太阳的过程中，相互的距离也越来越远，相互的引力作用也逐渐减弱，所以是不确定性的。

柏林工业大学地质学家卡尔·海因茨·雅各布教授指出，现在地球的体积是 24 亿年前的 1.6 倍，主要是由于吸引了地球轨道上的宇宙尘埃碎屑。地球的磁极，平均每隔 25 万年倒转一次，所以是不确定的。

根据天津市地质局（2000）在遵化地区对植物化石的研究表明，在 2 亿年前，地球公转一周，即每年只有 260 天，每天只有 9.37h，地球运行速度比现在要快得多。

地球作为大爆炸之后的太阳系形成过程中的一员，在外形上总体来说是圆形的，但实际上具有不规则的"倒梨形"或"斯图加特土豆形"。地球的表面不仅是不对称的，而且还是凹凸不平。因为地球表层的物质分布是不均匀的，它们的密度是不一致的，所以重力分布也是不均匀的，海平面也不是均匀润滑的弧面，而是起伏不平的，高差可达 200m 左右，因此海平水准面都是不完全平的。

地球系统作为太阳系统，或在恒星系的一个子系统，也经历了从无序、混沌到有序的过程。在大爆炸中产生的原始地球的混沌物质，经历了自组织过程分化成气圈、水圈、陆圈和生物圈组成的有序结构。在气圈中再分化成对流层、平流层和逆温层。在陆圈中再分化成岩石层、上地幔、下地幔和地核等圈，在岩石层中，矿物的结晶过程是自组织的。在水圈和生物圈层中，再分层就有一定的困难，这是由于它们的特征所决定的。以上各个圈层之间也存在着相互作用的关系，也是由自组织过程决定的。在气圈中的天气过程也是一种自组织过程。陆圈和水圈之间的更替是一种自组织过程。大陆漂移、板块构造运动、火山活动和地震活动等也都是自组织过程。

　　大约在 38 亿年前的海洋中出现了原始单细胞生物，直到 5.7 亿年前的寒武纪时代，突然发生了生物"大爆发"，约有 2/3 的生物门类在云南的澄江化石群中被发现。生物在 4 亿年前开始登陆，经历了物种交替和分化，出现了动物和植物两大类型。生物圈中的动物、植物的演化和更替具有明显的自组织特征。在人类社会出现以后，尤其是近 100 多年来，除了自组织作用外，还受到了人为的有组织活动的影响。人类社会对生物圈，除了建设性的作用外，还产生了破坏作用，尤其是掠夺性地开采资源，破坏生态、污染环境，引起了物种消失、灾害蔓延等严重的后果，同时还影响了气圈、水圈和陆圈的状况。但人为的有组织的对地球系统的影响，比起它自身的自组织作用来说，是微乎其微的。地球系统具有自组织和有组织特征并存，因此是对称的，但以自组织为主，因此又是不对称。地球系统的自组织作用至少目前多数是不可预测的，而有组织作用多数是可预测的，因此地球系统以不确定性为主，但也有不少是可以预测的。

　　45 亿年前形成地球，地球上最早的生物为蓝绿藻，在 35 亿年前出现，6 亿年前开始衰落，至今尚存在。蓝绿藻从人气中吸收 CO_2，形成石灰岩，通过光合作用，释放了 O_2，形成了今天的大气圈。从 20 亿年前开始，在海中出浮游生物，主要是浮游藻类大量出现。在 6 亿～7 亿年前，多细胞生物形成，出现了海洋生物，4 亿年前陆地生态建立。

　　生命突破了原有的生存极限：原来认为生命需要阳光氧气和适度的温度。过去陆上生物圈层为地下 30 到地上 100m，而现在发现岩层下 5000m 处仍有生物存在。海底 8000m 也有生物存在。那里已没有光线（阳光）和氧气。目前生物生存的温度最高纪录为 113℃，估计可达 120～150℃。生物圈不只是扩大了，而且是一个全新的概念，是另一个世界。生物圈的覆盖范围上至地表以上 8000m，下到海面以下 8000m。

　　2000 万年前出现原始人类，美国研究人员证明 600 万年前人类已经直立行走（《科学》周刊 2004）比以前材料提前了 300 万年。这种古人类称为奥陵园根原始人，生活在非洲肯尼亚的 Lukeino 地区。遗传基因证明黑猩猩和人类是 700 万年前的同一祖先的分支。50 万年前出现北京猿人；16 万年前出现智人（Homosapiens）；7 万年前人类遭受了一次灾难，估计只剩下数千人，后来才逐渐增加；97％的时间为旧石器时代，直到 17 世纪出现蒸汽机为主的第一次工业革命，18 世纪出现了以电动机为主体的第二次工业革命，到 19 世纪中叶出现了计算机和网络进入了第三次工业革命。科学技术出现只有 300 多年，推动了社会经济飞速发展，改变了整个面貌，因此人类社会是不确定性的。

　　每一个动物的生命周期从几天到几年、几十年和上百年不等。整个种群的生命周期，或更替周期为 500 万～1000 万年，有少数物种可以更长，如海洋中的蓝藻已存了 35 亿年。

二、地球系统的 Gaia 假说

　　Gaia 假说（Gaia Hypothesis）的核心认为地球是一个具有自组织功能的生命体。

1. Gaia 假说

Gaia 是希腊神话中的大地女神，是由英国地球物理学家 James Lovelock 和美国生态学家 Lynn Margulis 借用来代表地球系统的"自组织理论"的假说。

在 Gaia 假说中，地球这个大地女神的范围包含了地球的生物圈、大气层、海洋与土壤等。地球上的生物与环境，就像一个我们已知的生命一样，可形成回馈或调控的体系，这个体系中的生物在改变地球环境，同时被改变的地球环境也推动着生物的演化，生物与地球环境相互影响，遂结合成一个能自我调控的大地之母，而这个大地之母一直为地球上的其他生命，寻求最适宜的物理与化学环境，并维持内环境稳定（Homoeostasis）。

Lovelock 提出许多大地之母能自我调控和监控的例子。例如，通过微生物每年制造出 10 亿 t 的甲烷，可调控大气中氧气浓度的稳定，而地球上的植物则在积极稳定大气中二氧化碳的浓度，可见大地之母自我调控的能力还需要广大的生物来参与，如果地球失去生物多样性，大地之母的调控能力将面临考验。

对此 Lovelock 提出在大地之母存在的假设前提下，大地之母有三大原理特点：①大地之母的特质是使所有陆栖生物维持在平稳状态，只要人类还未严重地干扰大地之母的内环境稳定。②大地之母的中枢在于地球上充满生命的地方，人类施加在大地上所产生的效应，以人类施加于大地的何处而定。③大地之母对大地变迁产生的最坏反应，还必须服从系统调控学的定律，其中时间常数与回馈控制是两大重要因素。

Gaia 假说提出后引起科学界广泛讨论和争辩，然而在 1993 年由生物多样性之父 Wilson 出版的《亲生命假说》（*The Biophilia Hypothesis*）中，就是以 Gaia 假说为主来探究地球上生命演化的问题，可见 Gaia 假说已经逐渐受到科学界的重视及认同。Gaia 假说提出一个全新对生命的思维方式，生命可能不再只是会表现生命现象的个体，地球如果是一个生命，那大气层就像哺乳类的毛发一样可以维持地球的温度变化，而元素就像血液在 Gaia 女神的体内循环一般。

Lovelock 认为大地之母身体的重要器官不在陆地，而是在港湾、湿地及大陆棚的淤泥，因为这些水域固定碳的速率，自动地调控大气中氧的浓度，让许多对生命重要的元素重返大气层。因此在更了解这些水域扮演的角色之前，人类对水域的开发最好禁止或排除，以避免发生控制失调下的正回馈或持续波动的灾变发生。

2. Gaia 假说的科学内涵及其争论

现代科学把地球作为一个超级有机体的思想并不是拉伍洛克最先提出的。早在 1785 年被称为地质学之父的哈顿（James Hutton）就指出："我认为地球是一个超级有机体并且应该用生理学的方式对它进行恰当的研究。"他利用血液循环和氧与生命之间的联系等生理学的发现来看待地球的水循环和营养元素的运动。然而，到了 19 世纪哈顿的这种把地球作为一个整体来进行研究的观点被抛弃了。地球科学和生命科学分离了。地质学家认为，地球环境的变化只不过由化学的和物理的过程决定；而生物学家则认为不管地球环境如何变化，对有机体来说，只是个适应的问题。甚至达尔文也没有认识到，我们呼吸的空气、海洋和岩石或者是生命有机体的直接产物，或者被生命有机体大大地改变了。

直到 1945 年，被称为现代生物地球化学之父的苏联科学家沃纳德斯基（Vladimir Vernadsky）才认识到生命和物质环境是相互作用的，大气中的氧气和沼气是生物的产物，并建立了一种生命和物质环境两者共同进化的理论。但这种共同进化论很像精神上的朋友关系，生物学家和地质学家保持朋友关系，但不是密不可分的关系。这种共同进化论不包括由地球上的生物和其物质环境所构成的系统主动地调节地球的化学构成和气候；更重要的是，它没有把地球看作一个活着的有机体，更没有把它看作一个生理的系统。

Gaia 假说把共同进化论向前推进了一大步。它认为地球上的生命和其物质环境进化，包括大气、海洋和地表岩石，是紧密联系在一起的系统进化。它把地球看作一个生理的系统，拉伍洛克甚至直接把 Gaia 假说称为地球生理学。正像生理学用整体性的观点看待植物、动物和微生物等生命有机体一样，地球生理学是把地球作为一个活的系统的整体性科学。拉伍洛克认为这种地球生理学是一种硬的和严格的科学。它主要研究诸如大气和温度调节系统的性质。它也是行星医学（Planetary Medicine）这个实际经验领域的基础。它不能打破现代科学思想和实验的诚实传统。它是哈顿和沃纳德斯基有关思想和理论的继承和发展。

作为一个科学假说，Gaia 假说不仅是要描述世界的真实图景，更重要的是它能刺激人们有效地提出问题和预测，随后的研究或者证实其预测，或者拓宽有意义的研究领域。这样，Gaia 假说就有效地推动了研究的进展。Gaia 假说的预测有些已经得到证实，有些还在研究之中有待证实。例如，1968 年根据 Gaia 假说预测火星上没有生命，1977 年海盗号飞船予以证实；1971 年预测有机体产生的化合物能把一些基本元素从海洋转移到大陆表面上来，1973 年二甲基硫和甲基碘被发现；1981 年预测通过生物可以增强岩石的风化，二氧化碳可以控制调节气候，1989 年发现微生物大大加速了岩石的风化；1987 年预测气候调节通过云密度的控制与海藻硫气体的释放相连，1990 年发现海洋云层的覆盖与海藻的分布在地理上是相配的，此预测还需要进一步的证实；1973 年预测在过去的 2 亿年里大气里的氧气保持在 21%±5% 的水平，这一预测在证实中；1988 年预测，太古代的大气化学由沼气主导着，此预测在证实中；等等。总之，Gaia 假说在预测和证实的意义上完全遵循现代科学产生以来的传统，并大大拓展了研究的视野。

Gaia 假说也引起了科学界的激烈争论。第一类争论是由对概念的理解不同引起的。Gaia 假说的核心思想认为地球是一个生命有机体。但对生命是什么，不同的学科有不同的定义。物理学家把生命定义为一个系统通过吸收外界自由能和排除低能废物，而使内熵减少的一种特殊状态。新达尔文主义生物学家把生命定义为一个有机体能够繁殖后代，并通过在其后代中的自然选择来修正繁殖错误。生物化学家把生命定义为一个有机体在遗传信息的指导下，利用阳光或食品等自由能生长。而 Gaia 假说或地球生理学家把生命定义为一个有边界的系统，通过与外界交换物质和能量，在外界条件变化的情况下，能保持内部条件的稳定性。Gaia 假说对生命的定义在物理学家和生物化学家各自对生命定义的范围内，因此，他们从概念上往往不反对 Gaia 假说。而新达尔文主义生物学家则反对和嘲笑 Gaia 假说。他们说，地球不能繁殖，不能在与其他行星的竞争中进化，怎么能说地球是生命有机体呢。而拉伍洛克争辩说，新达尔文主义生物学家对生命的定义太狭窄。他指出生命大体有繁殖、新陈代谢、进化、热稳态、化学稳态和自我康复（医治）等特性，但不是所有的生命形式都完全具有这些特性。正像微生物和树木没有热稳态特性，人们仍把它们作为生命有机体一样，地球没有繁殖特性，同样也可以作为生命有机体。

1985 年拉伍洛克接受美国物理学家罗瑟斯坦（Jerome Rothstein）的建议，把 Gaia 形象地比作美国西海岸的红杉树。一颗红杉树 97% 以上的部分是死的，只有树皮下和木质外围之间的形成层和树叶、花和籽是活的。同样，地球绝大部分是死的，只有散布着各种生命有机体的地表的"形成层"才是活的。另外，树皮和大气也分别起着相似的作用。

第二类争论是由对 Gaia 假说所包含的不同层次含义的理解不同引起的。Gaia 假说至少包含 5 个层次的含义：一是认为地球上的各种生物有效地调节着大气的温度和化学构成；二是地球上的各种生物体影响生态环境，而环境又反过来影响达尔文的生物进化过程，两者共同进化；三是各种生物与自然界之间主要由负反馈环连接，从而保持地球生态的稳定状态；四是认为大气能保持在稳定状态，不仅取决于生物圈，而且在一定意义上为了生物圈；五是认为各种生物调节其物质环境，以便创造各类生物优化的生存条件。对于前两层含义（常常被称为弱 Gaia 假说）一般没有争论；而对于后三层含义（常常被称为强 Gaia 假说）就有很大的争论。其争论表现在如下几个方面。

第一，如果把 Gaia 作为一个负反馈调节系统，那么怎样理解该系统的目标，是某种意义的设计呢，还是系统本身的自发状态呢？拉伍洛克认为这个系统本身有一种稳定状态。但 Gaia 假说的批评者认为，Gaia 假说没有独立的目标定义，即大气服务于不管大气如何行为的目标。

第二，如何理解 Gaia 的自动平衡态。Gaia 假说的批评者指出，地球产生以来，大气中的氧气、二氧化碳和沼气的含量已经发生了很大的变化，它怎么能保持自动平衡呢？而拉伍洛克则解释说，Gaia 作为一个活的系统，其稳定态不是永远不变的，而是一种动态的稳定。在外界条件变化很大的情况下，这个系统通过自动调节，只产生微小的变化，从而保持有利于生命存在和进化的条件。

第三，如何理解模型的功能。尽管拉伍洛克及其合作者和支持者根据 Gaia 假说，能得到一些预测，并且有些预测已经得到了证实，但把 Gaia 作为一个整体系统来研究，只能建立计算机模型并进行模拟实验。拉伍洛克及其合作者为 Gaia 假说研制了名为雏菊世界（Daisy World）的模型，并进行了大量的模拟实验来研究和说明地球生态系统的结构、行为和运动机制。Gaia 的批评者则认为模型只是研究的一个工具，不能代替对地球生态系统的实际研究。如果 Gaia 假说主要是通过模型研究而不是通过实际研究，那么就很难说它是"科学的"。应该看到，Gaia 假说作为一个具有科学革命意义的学说，在科学界引起激烈的争论是一种正常现象。正是这种争论已经并将继续推动其向前发展。

3. 一种新的地球系统观

Gaia 假说不仅具有上述科学意义，而且具有很大的精神意义。拉伍洛克用 Gaia 来为其学说命名本身就表明这个假说的精神价值。在古希腊神话中，Gaia 是宇宙混沌的女儿，是地球母亲，其他许多神都是她的后代。很显然，地球母亲的思想，作为一种世界观在古希腊时期就出现了。到了中世纪，地球母亲的世界观有时被象征性地或隐喻性地来理解，上帝通过她创造地球上的各种生命形式。随着现代自然科学的兴起，地球母亲的观念变为一种浪漫的和富有诗意的传统而离开了自然科学。但作为现代地球科学、大气科学、生态学和微生物学等领域交叉最新成果的 Gaia 假说，又复活了地球母亲的观念，并赋予其现代意义，这是一种新的地球系统观。

Gaia 假说认为，地球不仅容纳了千百万种生命有机体，而且它本身也是一个巨大的生命有机体。岩石、空气、海洋和所有的生命构成一个不可分离的系统。正是这个系统的整体功能使地球成为生命存在之地，也就是说，生命要依靠整个地球的规模才能生存。地球上物种的进化与其物理和化学环境的进化紧密地联系在一起，构成单一的和不可分割的进化过程。

Gaia 假说的提出与拉伍洛克"从上到下"的系统思维方式密切相关。作为要探讨其他行星上是否存在生命的大气学家、拉伍洛克没有采用"从下到上"的传统的还原论的思维方式，即没有采用从最小的生命形式开始，逐渐扩展到大的生命系统的方式，而是站在地球之外，把整个地球作为一个系统，并把地球系统与火星系统和金星系统相比较，从而提出 Gaia 假说。拉伍洛克指出："当我们从外层空间向地球运动的时候，首先我们看到的是包围着 Gaia 的大气外围；然后看到的是诸如森林生态系统的边界；然后，看到的灵活的动物和植物的皮；进一步是细胞膜；最后是细胞核和 DNA。如果生命被定义为能够主动地维持低熵特性的自组织系统，那么，从每一个层次的边界之外来看，这些不同层次的系统都是活着的。"正因为拉伍洛克把地球作为一个整体，并采用"从上到下"的系统的思维方式，才能提出 Gaia 假说。这也表示 Gaia 假说是一种新的地球系统观。

Gaia 假说作为一种新的地球系统观的意义在于，它能直接或间接地帮助回答当今人类所面临的生态问题和世界观问题。首先，全球生态环境恶化是人类当今面临的最严重的问题之一。Gaia 假说启示人们，环境问题是涉及整个地球生态系统的问题，要解决这个问题不仅要用系统的或整体的观点和方法来认识人类生产和生活方式对生态环境影响，而且需要人类共同行动。同时，Gaia 假说也从道义上启示人们，包括人类在内的所有生物都是地球母亲的后代，人类既不是地球的主人，又不是地球的管理者，只是地球母亲的后代之一。因此，人类应该热爱和保护地球母亲，并与其他生物和睦相处。

另外，Gaia 假说对回答生命目的问题给人们新的启示。生命的存在依赖于整个地球生态系统，它是一个能进行自我调节的负反馈系统，其目标就是体内平衡的状态，即各种生物及其环境和睦的平衡状态，从而使生命在全球范围内健康成长。人类只有与 Gaia 和睦相处，致力于她的健康，欣赏她的美丽和报答她的恩惠，才能发现生命的意义。

Gaia 假说对回答所谓宇宙设计问题给人们新的启示。Gaia 假说认为，地球本身有一定的次序和结构，从而形成一种体内自动平衡态。这只是事物进化的一种方式，而不需要有意的设计。同样，宇宙本身也有一定的次序和结构，而不需要有意的设计。

4. Gaia 假说的启示

Gaia 假说的发展及其影响能给人们许多启示，下述三点特别值得注意。

第一，Gaia 假说作为一个具有科学革命意义的假说提出后，在很长一段时间里不能为现存的科学界接受，通过提出者百折不挠的努力，才逐渐被接受。拉伍洛克自从 20 世纪 60 年代中期产生 Gaia 思想以来，30 多年来孜孜不倦地为推进其假说而奔走、呼吁和开展研究，这才使其假说在科学界影响越来越大。在其论文不能在《科学》和《自然》等重要科学刊物上发表的情况下，他没有泄气，而是寻找其他途径宣传其假说。例如，利用各种学术会议，宣传 Gaia 假说。拉伍洛克知道，这些会议的组织者让他到会讲 Gaia 假说，主要是为了调节一下会议沉闷的气氛。但即使这样，他也去讲，这毕竟是传播 Gaia 假说的一种途径。

第二，Gaia 假说作为一个跨学科性的新假说提出后，要得到发展，需要与相关专业的科学家合作。拉伍洛克提出 Gaia 假说后，找到生物学家马古利斯，并长期合作，共同推动 Gaia 假说的研究与发展。这种不同学科、志同道合的研究者长期合作，对 Gaia 假说的发展也是极为重要的。特别难能可贵的是他们的这种合作研究是在长达 20 多年的时间里得不到美国国家科学基金和其他基金资助的情况下进行的（当然，这一情况也说明，现存的以学科为基础的科学基金资助体系，不利于资助跨学科的研究）。

第三，Gaia 假说作为一个具有重大科学意义的假说的提出和发展，必然引起人们观念的变革，从而在一定意义上指导人们的行动。但 Gaia 假说本身并不是判断人们的行为正确与否的最终的道德标准。Gaia 假说本身体现了一种新的地球系统观，西方一些生态环境保护组织和绿党也纷纷把它作为环境保护运动或生态抵抗运动的理论基础或精神动力。这的确在一定意义上支持和促进了生态环境运动。但 Gaia 假说本身并不能解决人们应该如何对待生态环境的最终的道德判断问题。事实上，在一些生态环境保护主义者利用 Gaia 假说来说明其行动合理性的同时，一些以盈利为目的的企业家也利用 Gaia 假说来为其浪费资源和污染环境的行为辩解。他们说，既然地球是一个具有自动调节能力的巨大系统，那么，多利用一些资源或多排放一些污染，地球会利用其自我调节能力，使其保持平衡态。针对这种辩解，一些 Gaia 假说研究者，包括拉伍洛克本人也对地球生态系统的自我调节能力进行计算机模拟研究，但这种模拟研究很难得到公认的结果，更不要说地球生态系统自我调节的真实能力究竟有多大了。但即使得到真实调节能力的数据，也不能说服这些企业家。他们会说，如果污染超过地球系统的调节能力，这个系统又会达到一个新的平衡点，使这个系统恢复自我调节能力，等等。

由此可见，Gaia 假说与其他重大的科学假说或理论一样，尽管能使人们对自然界有新的理解，也能为人们行为的合理性提供一定意义的支持，但其本身并不是人们行为的最终道德标准。要解决人类所面临的生态环境问题，还必须考虑人文和社会等多方面的因素。

第二节　地球系统过程的平衡与非平衡特征

从系统科学的角度来说，系统可以划分为"平（均）衡"和"非平（均）衡"两个基本类型。钱学森认为，地球是一个开放的、远离平衡的、不断变化的、复杂的巨系统。这个概念得到了广泛的认可。我们则认为地球系统虽然从总体上说是一个非平（均）衡系统，但它确带有一定的平（均）衡因素，如动力平（均）衡，重力平（均）衡等因素还是普遍存在的。所以地球系统是平衡（均衡）对立并存的系统，但以非平（均）衡为主，而且还具有不对称，即平（均）衡与非平（均）衡在整个系统中所占比重是不对称的，多数是以非平（均）衡为主，而且比重是不对称和不守恒的，或可变的。在地球系统中动力或重力平（均）衡是并存的，不对称的，即使是平（均）衡的，也是动态的，短暂的，而非平（均）衡是主要的。在进行地球系统过程分析时，需要从动力或重力平（均）衡的因素来考虑。这是在系统分析时，普遍存在的现象。

一、地球系统过程是远离平衡的

1. 均衡运动

均衡运动是地壳运动的假说之一。最早由普拉特（J. Pratt）和艾利（G. B. Airy）于 1855 年根据物理学有关密度和平衡原理的对比提出。1889 年道顿（C. E. Dutton）用地壳均衡原理解释地壳升降运动。该假说的原理是：把横截面面积相同、重量相同但密度不同的柱状体放在液体中，由于重力影响，块体的下界在同一平面上，而上界却高低不平，密度小的高于密度大的，从而保持了液面上块体之间的平衡。1855 年普拉特以此为比喻，说明地壳在高山地区密度较平原地区小的道理。同一时期，艾利提出另一种均衡的方案，即把面积相同、密度相同，但重量不同的块体放在液体中，在重力作用下，露出水面越高的块体沉入水下的部分越深，以此保持块体之间的平衡状态。艾利认为大山好像冰山浮在海洋里一样，其表面和底面有相应而又相反的形象，故地面较高的地壳部分底面也较深，大山区的底部都存在"山根"。现代重力探测资料证实，艾利的方案符合实际。如果地壳某一部分的负荷减轻（如山区剥蚀），或加重（如低凹处沉积），均衡将受到破坏，负荷减轻的地区要上升，加重的地区要下降，以便达到新的平衡。1889 年道顿用均衡原理解释地壳升降运动的原因，他说，像欧洲波罗的海地区因第四纪冰盖的消融而负荷减轻，该地区大面积上升。这样的地壳升降运动由地壳下的塑性地幔缓慢的水平移动而得到补偿。均衡说对地壳升降运动的原因做出解释，但却不能解释水平运动，而且所提出的升降运动机制是不可逆的，即在重力作用下，下降地区不可能转为上升，上升地区也永远不会转为下降，这与事实不符。

地壳均衡说是按照阿基米德原理（轻物质漂浮于液态重物质之上，力求达到均衡的现象）用以解释地壳运动原因的一种假说。1855年，普拉德和艾利同样主张地球的固体地壳漂浮平衡于液态底层之上，但前者认为固体地壳各处密度不同，如隆起的山脉部分密度小、下陷的海盆部分密度大，地形起伏不平，但它和液态底层的界面——均衡补偿面是水平的；后者认为固体地壳各处密度相同，地壳增厚的地区，如山脉与地壳变薄的地区，如海盆，不仅表现于其上界的高低起伏，下界呈镜像反映（山脉越高、山根越深），而且其界面是起伏不平的。1889年，道顿以某一地区的地壳因剥蚀而负荷减轻，另一地区的地壳因沉积而负荷加重，均衡遭到破坏，使负荷减轻的地区上升，负荷加重的地区下降，以求得到的地壳平衡，以此解释地壳升降运动的原因。现代重力测量和地震研究资料表明普拉德和艾利的假设各有可取之处，二者结合可对岩石圈的平衡做出解释，而若按本假说来解释地壳运动的起因很难令人置信，因为它所表述的升降运动的机制是不可逆的，更无法来解释地壳的水平运动，因而未被广泛接受。

2. 均衡理论

一般均衡理论（General Equilibrium Theory）是理论性的微观经济学的一个分支，寻求在整体经济的框架内解释生产、消费和价格。一般均衡是指经济中存在着这样一套价格系统，它能够使每个消费者都能在给定价格下提供自己所拥有的投入要素，并在各自的预算约束下购买产品来达到自己的消费效用最大化；使每个企业都会在给定价格下决定其产量和对投入的需求，来达到其利润的最大化；每个市场（产品市场和投入市场）都会在这套价格体系下达到总供给与总需求的相等（均衡）。当经济具备上述这样的条件时，就是一般均衡。这套价格就是一般均衡价格。

一般均衡是经济学中局部均衡概念的扩展。在一个一般均衡的市场中，每个单独的市场都是局部均衡的。

3. 均衡剖面（Equilibrium Profile）

它指在波浪的侵蚀、搬运和堆积作用下，最终使水下岸坡上的组成物质从发生位移到只发生振荡……影响和破坏海岸达到均衡剖面的因素很多，其中最主要的是海底坡度、波力的大小和泥沙的粗细等，只要任一因素变化，都将破坏海岸的均衡剖面。

二、地球系统过程的可逆与不可逆特征——发展阶段轮回与时间的可逆与不可逆观点

1. 地球系统过程的平衡性与非平衡性特征

地球系统的物质与能量时空分布的不均匀性，导致了物质流、能量流的形成。地球系统的物质流与能量流的时空分布相应也是不均匀，同时也是不均衡的，出现了时空分

布的差异性，形成了空间分异与时间分异现象，形成了地带性和非地带性，季节和年际的差异。

地球系统的物质流、能量流除了时空差异外，还存在平衡与非平衡特征。地球系统的物质流、能量流的过程具有平衡与非平衡的区别。一般来说因为物质流能量流的时空分布差异性是地球系统的固有特征，而且外部环境，如太阳与银河系的宇宙辐射能量与宇宙的碎屑物（陨石等）的时空分布也是不均匀的，所以地球系统的物质流、能量流，不仅是不均匀的，也是不平衡的。地球系统的物质、能量和时空分布始终持续不均匀，必然导致物质流、能量流的始终持续不平衡。在某一个时段内，某些具体对象或过程可能出现平衡现象，但也是暂时的现象，属于动态性质的平衡现象，是相对的，而非平衡是持续的，绝对的现象，因此非平衡是地球系统过程的主体。

由于地球系统过程的非平衡性特征的存在，地球系统过程才能持续进行，地球系统才能出现变化，由渐变到突变，由量变到质变的发展过程。正是由于地球系统过程"远离平衡"的特征存在，地球系统才能保持不断变化和发展，才能保持地球系统丰富多彩的特征。

2. 地球系统的"平衡"推理与假说

虽然地球系统始终保持"非平衡"状态，但对于某些现象的过程来说，在某一时段，暂时出现"平衡"现象，也只能是一种"动态平衡"。从理论上看，平衡是存在的，也是系统过程的一种状态；并可以用它解释某些现象，但它绝不是系统的主要状态。常见的地球系统的平衡状态主要有以下三种。

1）"地壳均衡"推理

有学者推理，地壳的各部位是处在重力平衡状态下的，虽然地表存在海拔高低的差别，地壳的厚度也有薄厚相差的区分。一般认为，高山和高原区的地壳较厚，而平坦地区的地壳厚度较小，但两者的质量是相等的，存在着重力平衡状态，如同水中的船一样。当山地、高地受到剥蚀和物质流将物质带到低处沉积时，山地高山的地形自动升高，低地因沉积增加，地壳下沉，以达到重力平衡。但这仅仅是一种推理。

2）"动力平衡剖面"推理

不论是河流，还是海滩、山地的地形（坡地），在物质流的长期作用下，可能会达到动力平衡状态。以河流为例，地形的变化与物质的侵蚀、搬运与堆积（沉积）过程间，会处于短暂的动态平衡状态，通过侵蚀与堆（沉）积过程的协调来实现。海滩也是如此，都可能存在动力平衡剖面，尽管仅仅是理论上的，但有它的应用价值存在。

3）空间承载能力的平衡与推理

不论是河流还是动物和植物，都有一定的空间承载力的要求，河流的规模，动植物的数量都与它的"空间承载力"或"给养空间"大小相"平衡"，这是地球系统的另一个特征。

例如，一个面积较小的汇水范围（流域），只能产生或供养规模较小的河流，甚至只能形成一条小沟。相反，一个面积很大汇水范围（流域），能产生较大的河流。河流的规模与汇水范围（流域）大小之间存在着"平衡"的关系。

又如，一片林地的面积与能承载林子的数量之间，也存在一种"平衡"的关系，多大的面积，只能承载多少株数，因此每株树要有一定的"给养面积"，面积与树的株数间存在"平衡"关系。

再如，野兔与狼的数量之间的平衡，狼要求有一定的野兔数量的供养，或一定的给养面积。狼的数量与野兔数量之间存在一定的平衡关系。野兔数量与草地面积和草的长势有关，每只兔子要有一定的供草面积，因此狼的数量与草地面积之间存在一定的平衡关系。

空间承载能量的平衡是一个十分复杂的问题，实际上也是不平衡的，因为一个河流供水量不仅与流域面积有关，而且与气候变化有关。林地、野兔数量除了面积外，还与数量有关。

3. 区域"夷平面"问题

区域"夷平面"是一个地区的地球系统过程，尤其是物质流、能量流长期稳定综合作用的结果。一个地区如果气候与地壳运动之间没有明显变化的话，在理论上是可以达到的。但实际上"区域夷平面"保存不多，除了中国新疆的天山、昆仑山地区存在小片的"区域夷平面"外，其他地方尚未发现得到公认的"区域夷平面"。

从理论上说，区域"夷平面"内的物质流、能量流已基本上达到了平衡，尤其是侵蚀与沉积不再发生，地形十分平缓，整个区域已达到动力平衡状态。但实际上，这种区域平衡状态不仅是局部的，而且很快遭到了破坏。天山、昆仑山地区的区域"夷平面"已受到了破坏。

4. 碳元素循环的碳平衡

碳循环过程是一种确定性与不确定性对立并存的过程。尤其是 CO_2 气体的循环过程，整个地球系统都参与这一过程，这是确定性的，但参与的程度又是不确定性的，所以也是对立并存的。关于 CO_2 的吸收与释放过程，是否已达到了平衡或接近平衡的水平，具有明显的不确定性特征，但总的来说是处在"远离平衡的状态"。

5. 对立并存观点——岩石风化过程中 CO_2 的吸收与释放

在岩石圈表面，包括风化沉积作用在内的许多低温地球化学过程都消耗 CO_2，并将碳从大气圈转移到沉积圈。在地质时间尺度上，风化沉积作用导致的硅酸盐岩的转变和岩浆变质作用引起的逆向转变，即便不是完整控制，也是极大地影响着大气 CO_2 的浓度。

在地球历史上，大气 CO_2 浓度很大程度上都是风化作用吸收 CO_2，与岩浆变质作用释放 CO_2 之间的平衡的结果。其经典反应式为

$$CO_2 + CaSiO_3 \xrightarrow[\text{变质}]{\text{风化}} CaCO_3 + SiO_2$$

$$CO_2 + MgSiO_3 \xrightarrow[\text{变质}]{\text{风化}} MgSiO_3 + SiO_2 \tag{7.3}$$

其中，$CaSiO_3$ 和 $MgSiO_3$ 为高温钙和镁硅酸盐矿物；SiO_2 为沉积硅酸盐矿物；$MgCO_3$ 为白云石代表组分。碳酸盐矿物风化及其在海洋中沉淀与大气 CO_2 有关，其经典反应式为

$$CO_2 + CaCO_3 + H_2O \xrightarrow[\text{沉淀}]{\text{风化}} Ca^{2+} + 2HCO_2^-$$

$$2CO_2 + CaMg(CO_3)_2 + 2H_2O \xrightarrow[\text{沉淀}]{\text{风化}} Ca^{2+} + Mg^{2+} + 4HCO_2^- \qquad (7.4)$$

硅酸盐岩风化沉积是 CO_2 净吸收过程，而碳酸盐岩风化沉积作用不消耗也不释放 CO_2。任何对上述向前和向后反应的扰动，均可导致反应速度的不平衡，并可能引起大气 CO_2 浓度变化。这样，硅酸盐岩风化与岩浆变质和碳酸盐矿物风化与沉淀一起，构成硅酸盐-碳酸盐循环的主要过程。

20 世纪 80 年代初期，人们试图建立现代硅酸盐-碳酸盐地球化学循环模型，来探讨地质历史时期大气 CO_2 年代的变化，并用此方法检验影响大气 CO_2 年代的主要因素——构造运动和沉积白云岩数量变化的相对重要性。

研究表明构造因素在全球范围和地质时间尺度上通过下述几种机制影响 CO_2 的释放和吸收。

（1）通过诱发岩浆作用、变质作用而向大气或通过海洋向大气排放 CO_2。板块俯冲在俯冲带引起的加热和脱碳酸盐作用，通过海洋向大气释放大量 CO_2；在大洋中脊，碳酸盐随地幔循环中产生的 CO_2 由岩浆作用大量释出。

（2）板块扩张速度的增减有两方面影响，一方面引起大洋容量的消长，改变可风化的陆地面积来间接影响 CO_2 从大气的除去速度；另一方面，诱发岩浆变质作用的构造运动强度受控于板块扩张速度，因此扩张速度也控制地球去气作用。

（3）构造运动是导致海洋面升降的原因之一，洋面升降引起海洋碳酸盐补偿深度变化，进而使海洋碳酸盐容量发生变化。

除了构造因素，还有白云石风化产物 Mg^{2+} 在海水与海底的水岩作用中大量进入硅酸盐矿物，硅酸盐-碳酸盐地球化学循环导致镁从碳酸盐库向硅酸盐转移，使碳酸盐库内方解石和白云石比例发生变化，这可能引发额外的扰动而影响一些大气 CO_2 的浓度。

与上述 CO_2 去气作用的地球物理过程相反，硅酸盐岩和碳酸盐岩风化吸收 CO_2，是一种生物参与的地球化学过程，但这种吸收速度对大气 CO_2 浓度并不做出直接的响应，因为岩石矿物被 CO_2（加上有机酸）风化在土壤中进行。土壤 CO_2 浓度主要受控于生物活动，而非简单地与大气 CO_2 相平衡。

目前，人们试图探讨生物在硅酸盐化学风化中的作用，并已证明生物在稳定大气温度的过程中发挥了决定性作用。

很多证据表明，地质历史时期植物的出现促进了风化作用。例如，志留纪出现的维管形陆地植物，以及随后的多样化，对矿物风化产生重要影响。白垩纪晚期或古近纪早期，被子植物-落叶的生态系统的多样化和迅速蔓延，引起较高的风化速度。不同的生态系统决定了不同的土壤矿物的风化速度，比如被子植物-落叶生态系统，其风化速度 3～4 倍于针叶林-常绿的生态系统。新生代时期草类的出现和多样化产生了与矿物风化

速度增加相关的另一类被子植物。这些植物的演化起源和具有高矿物风化速度的生态系统的扩张会引起地球表面温度明显下降。因此，在气候演化中生命所表现的、潜在的重要性，要求我们下一步的研究工作应把地球化学模型与生态数据相结合。

工业时期以来，人类活动把大量的有活性的 C、N、S 的气体排放到大气，从而引起酸性沉降，导致岩石矿物风化速度的潜在性增加。尤其是化石燃料的使用，把大量 CO_2 排入大气，使大气 CO_2 浓度增加，这可能造成植物的生长加速，进而导致土壤中呼吸速度和有机质分解加快，最终引起岩石矿物风化吸收 CO_2 速度增加。然而，这种效应在自然状态下的重要性尚未得到证实。另一争论的焦点是排入大气的 CO_2 的归宿问题。有人通过计算机模拟实验与定量计算，认为海洋吸收的 CO_2 的数量并不像早先研究所认为的那么多，大约只占 CO_2 排放量的 4%，而过去总认为海洋大约吸收了由化石燃料产生的 CO_2 的 40%，因此，有人认为陆地上的土壤和树木必须吸收大部分 CO_2。在确立大气 CO_2 浓度与生物诱发的风化速率之间的关系之前，还有许多研究工作要做，但是，生物效应导致的风化与大气 CO_2 之间不大可能仅为简单的线性响应关系（朴河春和刘广深，1996）。

三、地球系统是一个"超级有机体"与发展阶段"轮回"假说

德国地质学家 W. Krambein 和原苏联地质学家拉波夫等，提出了地球是一个"超级有机体"或"Living Body"（活体）。生物圈在整个地球系统中，起到了自动调节和反馈作用，具有明显的自组织特征。他们还提出了地球是生物星体假说（Bioid Hypothesis）和地球生理学（Geophy Siology）等新概念。

可以这样认为，地球系统就是一个超级生态系统，它涵盖了海洋生态系统、陆地生态系统（又分为森林生态系统、草场生态系统、湖泊生态系统、河流生态系统、山地生态系统、湿地生态系统、干旱与半干旱生态系统、石漠生态系统）、社会生态系统（又分城市生态系统、工业生态系统、商业生态系统、农业生态系统等），它们的共同特征是：

第一，它们都具有开放的、远离平衡的耗散结构特征；

第二，它们都具有自组织功能。

生态系统都具有确定性、不确定性并存和不对称特征，主要表现在以下几个方面。

第一，确定性特征：它们都具有确定性的领域，如海洋生态领域，陆地生态领域，都有确定性区别，它们之间有明确的界线和各自的发展方向和模式。它们的过程都遵循固定的轨道。

第二，不确定性特征：它们都具有随时间而变化的特征。它们的时间是不可逆的，不对称的，具有明显的时间流特征，因此，它们才能不断地演化，而且这个演化过程具有多种选择并且很少是能进行预测的。

第三，生态系统也可分为确定性生态系统和不确定性生态系统。确定性生态系统是一个稳定的，不受外界重大干扰的、能自由发生的系统，如天然森林系统的生命过程，不受人为或火灾破坏，而自然发展，反之则为不确定性系统。

以上三点就形成了生态系统的确定性、不确定性并存与不对称特征。

一些花岗岩岩体中常具有环状带结构，顶部常具有粗细相间的似层状伟晶岩和细晶岩层产出，显然是属于非平衡条件下的有序结构。在一些变质岩中的条带状构造，都是由自组织过程形成的。

地球系统的气候地带性及由其决定的植物地带性、土壤地带性、水文地带性及生态地带性等都具有明显的空间分布特征，都是自组织作用产生的。

第三节　地球系统过程的不可逆特征

一、大陆漂移假说

1. 大陆漂移假说定义

大陆漂移假说解释大陆和海洋的分布以及大陆之间存在的构造、地质和物理相似性的假说。1912 年由德国地质学家、气象学家魏格纳（A. Wegener）提出。此假说认为各大陆是由一个巨大的陆块漂移、分开而形成的。

它是解释地壳运动和大洲大洋分布的一种假说。很久以前，人们已发现南美洲东岸的外形轮廓可以和非洲西岸拼在一起。1858 年法国人斯奈德就提出这两块大陆原先是连在一起的，而当时没有人注意到斯奈德的提议。1912 年，德国地球物理学家魏格纳根据大西洋两岸，特别是非洲和南美洲海岸轮廓非常相似等资料，认为地壳的硅铝层是漂浮于硅镁层之上的，并设想全世界的大陆在古生代石炭纪以前，是一块联合大陆，在它的周围是辽阔的海洋。此后，特别是中生代末期，这个原始大陆在天体的引潮力和地球自转所产生的离心力的作用下分裂成几块，逐渐形成今日世界上大洲和大洋的分布状态。这个假说当时引起了地质学界及地球物理学界的重视，但因在解释一些重大问题时遇到困难，一度归于沉寂。20 世纪 60 年代板块构造学提出后，大陆漂移说又重新引起人们重视。

2. 大陆漂移假说内容

大陆漂移假说是 20 世纪初由魏格纳提出的。大陆漂移假说认为，地球上原先只有一块叫"泛大陆"的庞大陆地，被叫做"泛大洋"的广袤海洋所包围。大约两亿年前，泛大陆开始破裂，"碎块"像浮在水上的冰块一样向外越漂越远。距今约两三百万年前，这些漂移的大陆漂到今天的位置，形成现在七大洲、四大洋的基本面貌。

就在魏格纳死后不到 20 年，一系列新的科学观测资料为大陆漂移学说提供了证据。例如，古地磁学的研究表明，磁极在地球历史中变化是很大的，如果用大陆固定论就无法解释这种变化，而用大陆漂移说来解释就容易多了。新的科学观测资料还证实，大陆现在仍然在移动之中。近几十年来，欧洲和美洲大陆每年以 1～5cm 的速度在相互靠拢。法国的科西嘉岛，在最近 80 年间曾向东移动了 8～10m。

3. 证据

地质构造方面的证据：阿巴拉契亚山脉是东北——西南走向，临至大西洋西岸就中断，而地质研究证明斯堪的纳维亚山脉与苏格兰、爱尔兰的山脉是与阿巴拉契亚山脉同源的。另外，有证据证明南非的开普山和布宜诺斯艾利斯山是如出一辙。可见曾有段时间，美洲、非洲和欧洲是相连的。

大陆边缘的吻合：将大西洋两岸的非洲和南美洲拼在一起时，两岸的大陆边缘能十分吻合且完美地贴合。经对两岸岩层的研究，发现在非洲某处海岸的岩层，恰与拼合后的南美洲海岸的岩层相同，再度印证两块大陆曾经是相连的。

古生物化石方面的证据：活在约 2 亿年前的中龙是一种住在陆上淡水沼泽的爬虫类，无法越过大洋。地质学家在大西洋两侧的南美洲与南非都发现了中龙化石，即可证明南美洲与非洲过去是相连的。另外，2 亿～3 亿年前的舌羊齿植物，因种子很大，无法借风力漂洋过海，但其化石却出现在非洲、澳大利亚、印度、南美洲及南极洲，由此可见，过去这些大陆是彼此连接在一起的。

气候的证据：在印度南部有冰川作用的痕迹，而印度南部远离喜马拉雅山，北部的冰川不可能在溶化前来到南部，何况印度南部是低纬度地区，年温度高，不可能出现冰川。这证明印度曾经是中高纬度地区。另外，地理学家在南极洲发现丰富的煤矿，煤是由远古植物遗骸变化而成，若南极洲一直都在南极圈内，严寒的天气根本不容许南极洲有茂密的森林，何况丰富的煤矿，从而反证南极洲曾在低纬度地区。

古磁场的证据：把非洲、南美洲、澳大利亚、印度和南极洲各大陆连接在一起时，各大陆测得的古生代磁极边缘轨迹大致重合在一起，证明它们在古生代期间确实属于同一大陆地块。

C. R. Soctose 与 Frakes 在 1979 分别对大陆漂移进行了深入研究，现在将 Frakes 的研究成果介绍如下，见图 7.1～图 7.5。

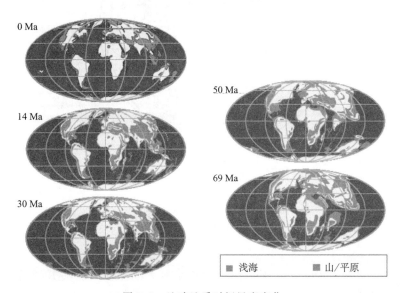

图 7.1　地球地质时间尺度变化

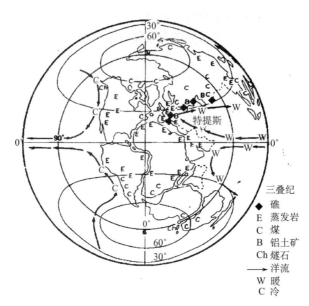

图 7.2　三叠纪某一时期的世界古地图（Frakes，1979）

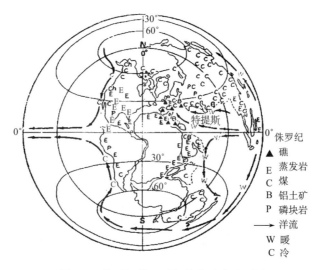

图 7.3　侏罗纪某一时期的全球古地理图

二、板块构造假说

　　板块构造（Place Tectonics）假说是在魏格纳的大陆漂移假说及 1962 年 Hess H. H. 的海底扩张假说的基础上，是由 Mckenzie，Parker，Margan，Lepichon 等学者于 1967～1968年首先提出来的，并很快得到了广泛的认可，认为是地球科学的又一次"重大革命"。

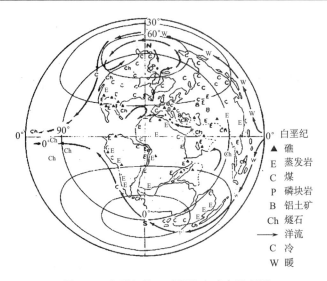

图 7.4　白垩纪某一时期的全球古地理图

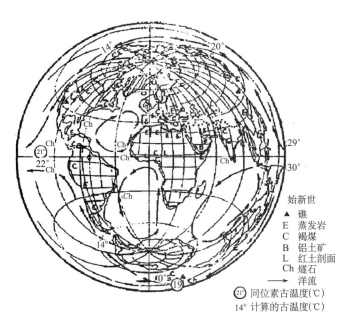

图 7.5　晚始新世某一时期的全球古地理图

　　板块构造是指地壳表层岩石圈被断裂分割成大小不等的，有边界的刚性块体，各板块的相互运动过程及其形成的地壳构造。包括陆地和海洋是由 12 个主要板块和许多次要板块所构成。板块不停地运动，这是一种岩石圈刚体绕球面的旋转运动。大板块本身并非完全独立，它是由多个小板块拼合而成。在小板块之间，大板块之间存在着缝合线，沿着这些缝合线，往往由于受到挤压而发生变形。缝合线大多数是大断裂组成的。板块之间的边界，即缝合线是全球构造中最活跃的地带。巨型的板块边界地带，常常会发生强烈的地震和火山活动。板块运动可分为"俯冲"、"走滑平移"及"扭曲"等形式。海底扩张推动大陆板块分离，俯冲作用使扩张的海底，滑亡在地幔深处，形成巨大的海沟，火山岛弧和弧后盆地构造形态。碰撞作用产生巨大压力将岩块向上推挤，产生褶皱推覆构造和逆掩断层，使地壳缩短、增厚，并伴随着大规模的花岗岩入侵，形成大型的造山带。

1. 板块学说的理论要点

板块构造认为：地壳的水平运动占主导地位，大陆和海洋的位置不是固定不变的。基本论点有四个。

（1）地球的上壳层按物理性质可分为：①脆性和黏性都较大的岩石圈（地壳和地幔的最上层）；②脆性和黏性都较小的软流圈。

（2）岩石圈在侧向上分为若干个大的刚性板块，它们在岩石圈和软流圈的界面经历着长期、缓慢、规模巨大而彼此相对的水平位移，板块在裂谷带拉开（海底扩张），洋壳在深海沟——岛弧带俯冲（消亡）。

（3）板块水平位移的原因为地幔中的热对流，拉开（扩张）发生在上升流的地段之下，俯冲（消亡）则发生在下降流的地段上。

（4）在全球范围内，板块在扩张带的拉伸（离散）与在消亡带的挤压（汇聚）之间互相补偿，使地球半径得以基本保持不变。

美国学者赫斯（H. H. Hess）提出海底扩张学说，认为地幔软流层物质的对流上升使海岭地区形成新岩石，并推动整个海底向两侧扩张，最后在海沟地区俯冲沉入大陆地壳下方。板块构造学说是海底扩张说的具体引申。

板块构造，又称全球大地构造。所谓板块指的是岩石圈板块，包括整个地壳和莫霍面以下的上地幔顶部，也就是说地壳和软流圈以上的地幔顶部。新全球构造理论认为，不论大陆壳或大洋壳都曾发生并还在继续发生大规模水平运动。但这种水平运动并不像大陆漂移说所设想的，发生在硅铝层和硅镁层之间，而是岩石圈板块整个地幔软流层上像传送带那样移动着，大陆只是传送带上的"乘客"。

2. 板块构造的基本内容

（1）固体地球在垂向上可划分为物理性质截然不同的两个圈层——上部刚性的岩石圈与下部塑性软流圈。

（2）岩石圈在侧向上又可划分为大小不一的板块。板块之间以洋脊、海沟、转换断层及地缝合线为界。板块边界是地震、火山、构造活动集中的地带。

（3）岩石圈板块在地球表面作大规模水平运动，洋脊处扩张增生，海沟处压缩消亡，以保证地表面积不变。

（4）板块运动的驱动力来自地球内部的地幔对流。

按"极移动曲线"和海底扩大等提供的证据，大陆漂移的确是正在发生的事实。1965年，科学家运用计算机使地球各个大陆以现有的形状恰好拼合在一起。而且，海地地形、地震位置、火山等活跃部位都连接成为带状，于是"板块构造学说"这一革命性的见解应运而生。

（5）全球地壳划分为六大板块：太平洋板块、亚欧板块、非洲板块、美洲板块、印度洋板块（包括澳大利亚）和南极洲板块。板块之间为俯冲、碰撞带，中洋脊，以及转换断层等活动带。板块内部一般较稳定，板块之间构造活动较剧烈。

3. 地壳构造运动的表现

1）现代及新构造运动的表现

现代构造运动指人类历史时期所发生的或正在发生的地壳运动，新构造运动是指新近纪以来发生的构造运动。现代地壳运动典型的例证是意大利那不勒斯海湾的一个小城镇遗址。该遗址保存有三根完好的大理石柱，它的下段被火山灰掩埋过，柱面光滑无痕，中段布满海生动物蛀孔，上段柱面为风化痕迹。据历史记载，该镇初建于陆地上，后被维苏威火山喷出的火山灰掩埋。13 世纪时，地面沉降到海面以下 6m 多，致使石柱中段被海生瓣鳃类凿了许多小孔，而上段一直在水面以上，接受风化剥蚀。后来，该地区上升到海面以上，才修建起现代的波簇里城。此例充分说明了构造运动可造成沧海桑田之变。

地壳的升降也表现在高出现代海面的海成阶地、海蚀槽、滨海平原等方面。例如，广州附近的七星岗可见高出现代海面的波切台及海蚀槽，说明了海岸的上升。

2）古构造运动的表现

从地球产生之日起，构造运动一直处在进行中，现代及新构造运动可以通过直接观察地貌特征变化，或通过精密仪器测量反映出来。地质历史时期发生地壳构造运动，距今久远，无法通过直接测量来了解，但可以根据古构造运动遗留的各种形迹来恢复地壳在漫长的地质年代中的各种运动情况。具体说来，保留在岩石地层中的构造形迹，以及地质剖面中的岩相、岩层厚度和层间接触关系能间接地反映出古构造运动的历史。

巨大的太平洋板块朝西北、西及北的海沟俯冲推移。太平洋板块与欧亚板块和印度板块的汇聚速率，在日本—汤加海沟一带达到最大，可达 9cm/a。汤加海沟以南，日本海沟以北，汇聚速率递减，向南至克马德克海沟，向北至阿留申海沟减至 7cm/a 左右。在马里亚纳和菲律宾海沟附近，海沟出现分叉现象，其间夹着菲律宾海板块，由于间夹板块处于环太平洋汇聚挤压带范围内，故其间并未出现离散型边界。欧亚板块与次级菲律宾海板块之间相对运动的旋转极在日本北海道东北，它们的汇聚速率在日本九州附近为（3～4）cm/a，向南逐渐增大，至我国台湾以南增大到 7cm/a 以上。太平洋板块东边侧，沿秘鲁-智利海沟，次级可可板块和纳兹卡板块与南美板块相互对冲（俯冲和仰冲），其汇聚速率也在 9cm/a 以上。

南、北美板块之间的加勒比板块与菲律宾海板块一样，也处于环太平洋汇聚挤压带内，同样也未见有离散型边界出现。加勒比板块的西界是中美海沟，东界是小安的列斯岛弧—海沟系，二者均属汇聚型边界，南、北两端均为转换断层，北端左旋，南端右旋。因此，加勒比板块向东仰冲于大西洋洋底之上。

欧亚板块南界西端为大西洋亚速尔三联点，从亚速尔到直布罗陀一线，非洲板块相对于欧洲板块左旋，其相互汇聚速率仅 0.5cm/a。自此向东为阿尔卑斯-喜马拉雅巨型纬向造山带，以北为欧亚板块，以南依次为非洲板块、阿拉伯板块和印度板块，它们相对挤压、汇聚，压缩速率自西而东逐渐增大，至印度板块西面的帕米尔楔，其汇聚速率为 4.3cm/a，向北偏西插入欧亚板块，至东面的阿萨姆楔，则以 6.4cm/a 的汇聚速率向北东突入欧亚板块。由于两端向北推进的速率不一致、不对称，故在印度板块向北运动的同时兼有左旋动势。印度板块的这种运动性质是形成青藏高原构造形变的最重要因素。再往东过渡为印度洋东北缘的俯冲边界，沿爪哇海沟其汇聚速率为 7cm/a 左右，至东南边缘则被新西兰转换断层所替代。阿拉伯板块与印度板块之间，在阿拉伯板块的西北缘和东南缘均为北东向的左旋转换断层，并以此与印度板块相分隔。

上述全球主要板块的相互协调和彼此关联，以及增生扩张和消亡压缩现象，集中体现为全球的三大巨型构造系，一是环太平洋深消减带板舌构造系，所环绕的太平洋面积占全球面积的 1/4；二是太平洋增生带洋脊构造系，相当于环绕地球赤道两周的总长度；三是大陆碰撞造山带构造系，主要分布在北半球北纬 20°～50°，是一个包括阿尔卑斯—喜马拉雅造山带在内，宽达 2000～3000km 的环带。这三个具有全球尺度的巨型构造又具有以下特征。

（1）定向性。岩石圈板块总体向西漂移的定向性：根据 J. B. 明斯特（1978）和 A. E. 格里普（1990）等的研究，北半球岩石圈板块运动矢量相对热点参考架都是向西漂移旋转的。南半球除印度洋、太平洋和非洲是向北运动外，太平洋和大西洋洋脊，虽然以向两侧做离散运动为主，但洋脊西侧运动矢量明显大于东侧，因此，整体上仍然可以看作向西漂移的。由于北半球较南半球向西漂移量较大，故在赤道附近可能存在着一个南、北半球相对运动的扭动带。目前整个岩石圈相对地幔做向西的整体运动已得到普遍的承认。

（2）非平稳性。岩石圈板块运动强度的非平稳性：主要有三点依据，即大洋中脊的变格和跳位现象，以及热点轨迹走向的显著变化；古地磁视极移曲线沿走向突然改变而分开；岩石圈板块相对于热点，其运动速率发生过较大变化，比如北美、欧亚、非洲和南极洲板块早期的运动速率曾达到过 8cm/a，而现在的运动速率则为 2cm/a 左右。地震活动的幕式特征也是板块运动非平稳性的反映。

（3）不对称性。岩石圈巨型构造系的不对称性：全球巨型构造系的空间位置和几何形式虽相互对称，但活动构造特征是相反的，故称反对称性。全球 3/4 的大洋和洋脊裂谷集中在南半球，那里有相当高的热流值，代表扩张型半球；相反，全球 3/4 的大陆和活动造山带则集中在北半球，那里有广泛的地震活动，代表压缩型半球，此与南半球形成鲜明对照。在以经度 180° 为中心的太平洋半球，其环太平洋消减带代表着压缩型半球，边缘环带为以 180° 半径为中心的环带；以经度 0° 为中心的大西洋半球，则在 0° 以西，呈面状分布着一系列纵向洋脊和裂谷，代表着纵张型半球，二者的反对称性特征亦相当明显。此外，在同一构造系内，也存在着明显的反对称性，如在环太平洋深消减带板舌构造系内，西太平洋的板舌倾角多数大于 45°，以至直立下插，而东太平洋的板舌倾角多小于 45°，在南美西岸可以低到 8°～12°，以至水平。

西太平洋俯冲带为典型的沟-弧-盆系，而东太平洋俯冲带则属陆缘挤压造山带，弧后盆地不发育。西太平洋中脊裂谷和太平洋中隆裂谷，虽然在中、低纬度，它们的走向都是南北向，转换断层也基本是东西向，但中脊两侧同一地质时代的海底磁条带的宽度并不相等，多数是东侧比西侧宽，反映两侧为不等速扩张，这是板块运动速率的反对称性特征（图 7.6，图 7.7）。

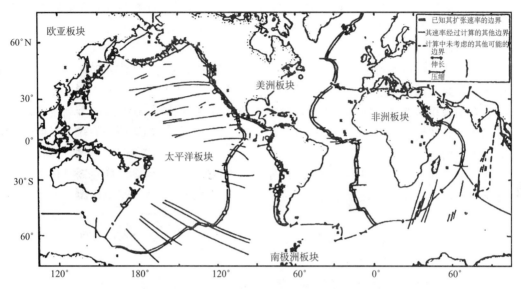

图 7.6　板块相互作用（x 表示历史性或火山；o 表示造成海啸的地震）

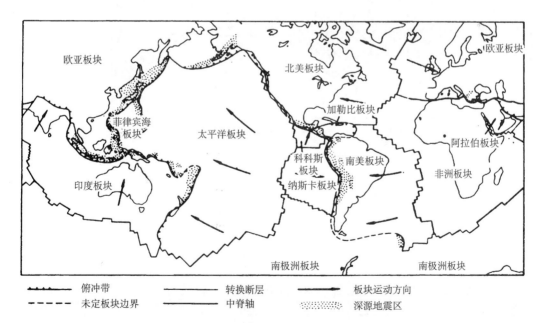

图 7.7　地球岩石圈板块分布图

　　七大板块系一级板块，它们一般包括陆地，也包括海洋。例如，太平洋板块基本上包括太平洋水域，但还包括北美圣安德烈斯断层以西的陆地和加利福尼亚半岛；南美板块既包括南美洲大陆，也包括大西洋中脊以西的半个大西洋的南部；北美板块既包括北美洲大陆，也包括大西洋中脊以西的半个大西洋的北部以及西伯利亚最东端的楚科奇地区，等等。

　　小板块是次一级的板块，其作用不及大板块，虽然如此，小板块相对于邻接板块的运动还是相当显著的，在全球板块运动中具有不可忽视的作用。

　　地球表面被如上所述的厚度达 80～100 多千米的二十几个大小不等的、准稳定的、接近刚性的岩石层板块所覆盖，这些板块以每年几厘米至 10 余厘米的速率在厚度达数百千米的低黏滞性的软层上运动。

　　岩石圈板块包括了大陆和相邻大洋的一部分。例如，非洲板块除非洲大陆及其水下边缘部分外，还包括了大西洋的东南部、印度洋的西部，一直到这两个大洋的洋中脊轴带和地中海的东南部。只有几个板块，首先是太平洋板块几乎完全由大洋岩石圈构成。在大陆岩石圈和大洋岩石圈中划分板块的原因是它们具动力学联系，即它们是作为一个整体而运动的，在现代岩石圈构造中划分出了 7 个大板块和至少 6 个小板块（图 7.8）。

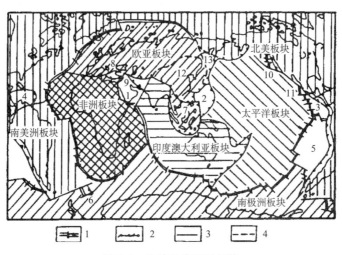

图 7.8　地球的岩石圈板块

板块交界：①扩张轴（地壳增生）；②俯冲带（地壳消亡）；③转换断层；④推测的边界。小板块：
1—阿拉伯板块；2—菲律宾板块；3—科克斯板块；4—加勒比板块；5—纳斯卡板块；6—南桑德维奇板块；
7—印度板块；8—爱琴海板块；9—阿纳托里板块；10—胡安·德·富卡板块；11—利维拉板块；
12—中国板块；13—鄂霍次克板块

　　在地质历史中，板块的数量、轮廓和分布是另外的情形。古板块界线是缝合带，它们沿着已消失了的大洋中脊和裂谷形成（如在格陵兰和北美之间），而在大陆内部沿着蛇绿岩缝合带分布。蛇绿岩是古洋壳岩石在地表的露头，由橄榄岩、辉长岩、玄武岩、硅质岩组成。蛇绿岩的存在表明，在被缝合带分隔的大陆块之间，以前曾存在过洋壳、洋中脊和裂谷。

4. 洋中脊扩张型及大陆裂谷火山

洋中脊中部多为隆起的山脉，中央有宽 20~30km、深 1~2km 的地堑，人们称之为大洋裂谷。大洋内的火山就集中分布在大洋裂谷带上（图 7.9）。此类火山多属海底喷发，地幔物质向上隆起，玄武质熔岩从裂缝处大量喷溢，因而不易被人察觉。大西洋洋中脊向北延伸，至冰岛登陆，因此冰岛的火山也属于此类。大西洋洋中脊的火山约有 14 座。

洋底扩张与火山形成过程如图 7.9 所示。在大洋洋中脊之下，由于热的地幔岩石的上升而发生玄武质火山作用和高热流值，使洋中脊称为扩张的中心。洋底碎片的分离使得洋中脊张开裂谷并引起浅源地震（如脊上的星点所示）冷岩石的下沉，使得较老的洋底在海沟沉降，并形成和达一本尼奥夫带和安山岩带。

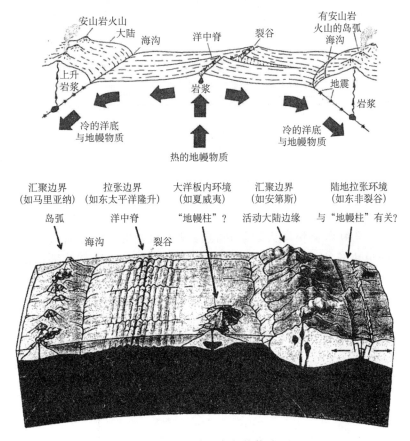

图 7.9　火山与板块构造

全球与幔源玄武岩浆起源的重要大地构造环境示意图（据 Davidson et al.，1996）

喜马拉雅山是由印度次大陆与欧亚大陆碰撞形成的。它的形成过程尚有争论。我们根据西藏南部的地震带分布，在雅鲁藏布江、"主中冲断层"（MCT）、"主边界冲断层"（MBT）均观测到印度地壳向欧亚地壳俯冲的证据。图 7.10（a）、（b）、（c）、（d）分别表示 5000 万年前、3500 万年前、2100 万年前、1100 万年前时喜马拉雅山的情况。

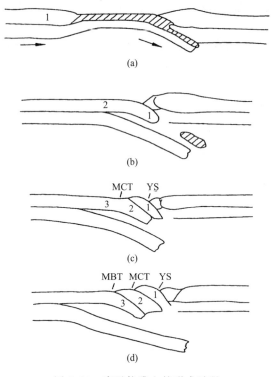

图 7.10　喜马拉雅山的形成过程

　　现在再来看海洋板块和大陆板块碰撞时，是如何形成像南美的安第斯山那样的山脉的（图 7.11）。当海洋板块与大陆板块碰撞发生后，由于海洋岩石圈较薄而且较重，所以向大陆板块俯冲。俯冲时，海洋板块的冷物质和大陆软流圈的热物质产生化学作用，使大陆软流圈的岩浆上升并向地壳侵入；由于地壳的物质增多，并且温度增高，使地壳增厚，同时南美海岸的安第斯山是由太平洋岩石圈向南美洲大陆俯冲所产生的。冷的海洋岩石圈与深部物质产生的化学作用，使热物质向上部迁移，形成山脉。

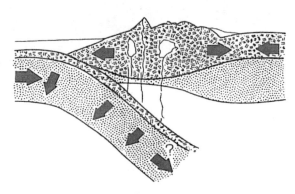

图 7.11　安第斯山的形成过程

二、地槽-地台说和地洼说假说

地槽-地台说是最早的有关地史的传统学说,它曾为大地构造学说奠定过基础。它主要从地壳运动的历史观点出发,按地壳的物质组成和建造及其表现形式划分大地构造单元(主要是大陆部分),故又称为地史学派。它的基本的论点是:地壳运动主要受垂直运动所控制,地壳此升彼降造成所谓的振荡运动,而水平运动则是派生的或次要的(以 B.B. 别洛乌索夫为代表),槽台说认为,驱动力主要是地球物质的重力分异作用。物质上升造成隆起,而下降则造成凹陷,主要的构造单元有地槽和地台两类,并认为地台是由地槽演化而来的。

地槽区是地壳活动强烈的地带,在地表呈长条状分布;具有升降速度快和幅度大,接受巨厚的沉积并有复杂的岩相变化,褶皱强烈,岩浆活动频繁等特点。地槽的发展大致分为两阶段:初期以不匀速的下沉为主,地势起伏很大,接受巨厚的沉积,并有基性岩浆活动,沉积物以陆源碎屑为主,随着下沉的幅度增大,沉积物也由粗变细,乃至出现碳酸盐类沉积。后期,地槽受强烈挤压抬升,沉积物由细变粗,并产生强烈的褶皱和断裂,同时出现中、酸性岩浆活动和变质作用,最后形成突起的褶皱带(造山带),如喜马拉雅地槽、昆仑地槽、秦岭地槽等。地槽经过强烈的降升运动之后,活动性减弱,并受长期的剥蚀夷平,此后逐渐转化成为地台。

地台区是地壳较稳定的区域,升降运动的速度和幅度都较小,构造变动和岩浆活动也较弱。由于其是由地槽转化而来的,故下部为紧密褶皱和变质的基底,上部沉积了较薄的盖层,常形成宽阔的褶皱,构造形态和地势起伏较地槽区简单。若地台区的沉积盖层被剥蚀而露出古老的褶皱基底时,则称为地盾。地台的例子如中朝地台,俄罗斯地台,加拿大地盾等。

地槽和地台也有规模大小和等级的差异。另外在地台与地槽之间具有过渡性质的地区,常又分出另一种构造单元,称为山前拗陷或边缘拗陷带。

在地壳发展历史中,构造运动具有强弱交替的周期性和阶段性。在稳定期,地壳运动较和缓,主要表现为缓慢的升降并引起海陆变迁。在活动期,地壳的构造运动和岩浆活动等都较频繁,主要表现为强烈的褶皱和隆起,形成巨大的山系,故有人称它为造山运动。地壳运动的周期性决定了地壳发展历史具有阶段性。因此从地史的观点出发,地球上曾经发生过的比较强烈和影响范围较广的构造运动可以分为若干阶段,称为构造运动期或造山运动幕,如加里东运动期、海西运动期、燕山运动期、喜马拉雅运动期等。地壳运动发展的阶段性,可引起地壳的组成、结构和构造以及古地理环境的一系列的发展和变化。

这一学说的理论基础主要是根据大陆上的资料得来的,极少涉及现代海洋的构造和演变情况,故具有一定局限性,而且地槽转化为地台一说也不够全面。大量资料表明,地台区也不是固定不变的,只是相对稳定的一种构造单元。因此,地台和地槽都不是地壳发展的最后形式,彼此可以转化。例如,我国东南部地台区的特征已不断消失,活动性已逐渐增加,有向新阶段转化的趋势。据此,陈国达(1956)认为,地壳构造除地槽与地台外，还存在一个新的构造单元——地洼区（原称活化区）。这一观点现已发展为一个新的分支——地洼学说。

地洼说认为，在地壳发展过程中，活动区和稳定区可以相互转化，不仅地槽区可以转化为地台区，地台区也可以转化为地洼区，这种转化绝不是简单的重复，而是由简单到复杂、由低级到高级的螺旋式的向前发展。地洼本身也不是地壳发展的最后形式和阶段，更可能转化为别的更新的构造单元。当然，地壳发展是不均衡的，各地区、各阶段的情况是有差别的。地洼说的出现使传统的大地构造理论增加了新的内容。

自 1859 年霍尔创立地槽说以来，它对地壳的认识曾起积极的作用，但随着时间的推移，许多问题用这一学说便不能解释了。现代科学的发展，可能给地槽这个概念以新的内容。比如，过去认为地槽是大陆中间的槽型拗陷，实际上它是板块的边缘。海沟就是现代的地槽，那里发现了典型的地槽型沉积——混杂堆积。这种成因、年代和成分复杂的混杂岩层，在许多老地槽中都有发现，但过去对其成因一直无法进行解释。现在认为它是由于板块向海沟俯冲时相互碰撞和剥落而产生的。对地槽转变为褶皱山脉的过程，板块说比地槽说能做出更加合理的解释。R.S. 迪茨认为，对于地槽旋回是由板块构造所控制的这一观点，也可为地槽变化这个老问题提供新的答案。可见，地槽与板块并不是互不相干的概念。

在板块构造说和地质力学说中都提到地壳的水平运动具有一定的方向性。从板块间的洋脊轴与转换断层之间的几何关系来看，它们在球面上的展布都有一定的经、纬向规则，并提出了扩张极和扩张轴的问题，而在大型的构造体系中也有经向和纬向的关系问题。两者在这方面反映出来的一致性绝不是偶然的。它表明地壳水平运动与地球自转运动之间必然存在某种相互关系。

地洼说与板块说之间也存在密切的联系。它们主要表现在时间上的一致性和空间上的联系性两方面。例如，板块的活动和地台的活化，或地洼的形成，都是从侏罗纪开始的，而且彼此的发展阶段相吻合。又如，中国南部地洼区，在越靠近亚欧板块与太平洋板块之间或与印度洋板块之间的汇聚边界上，其活化强度越大，并造成了这个地区地洼成矿的明显带状分布，而且控制地洼成矿的断裂带，大都位于各级板块间的地缝合线上。此外，两者均认为引起活动的原因（动力）皆是地球内部（主要是上地幔软流层）物质的运动。从上可见，各学派之间可相互促进、相互补充，为建立统一的大地构造理论体系提供了可能性（云中雪，2009）。

第四节　地球系统过程的可逆性与不可逆性并存假说

可逆性是指系统过程的可重复性，守恒性或不变性，可还原性，即循环性特征。不可逆性是指系统过程的不可重复性，不守恒性，可变性或不可还原性，即不可循环性特征。两者的结合，即可重复性与不可重复性，守恒性与不守恒性，可变性与不可变性，可还原性与不可还原性并存与不对称，不对称是地球系统过程的固有特征。或可循环性与不可循环性并存，即螺旋式的过程是地球系统过程的特征。

一、地球系统过程的可逆性与不可逆性观点

地球系统过程的可逆性与不可逆性，主要是指时间的可逆性与不可逆性问题，也就是过程是否重复的问题，而且过去与未来是否都是相同或相似的。确定性理论与不确定性理论对这个问题有不同的看法。

（1）确定性理论认为，时间是可逆的，过去与未来都是对称的。因此地球系统过程是可以重复的，再现的。只要初始条件是确定性的，系统的整个过程是可以预测，未来状况是可以进行预报的。因此可以说系统过程是可逆的，可以重复的，也可以复制的。例如，地球系统过程的季节性变化，包括植物的生长过程，气候变化过程，都有节律性变化的特征，这个过程每年都会重复再现。

（2）不确定性理论则认为，过程是不可逆的，过去与未来是不对称，或不一样的。地球系统过程对初始条件是非常敏感的，而且也是测不准的，只要有一点小的误差，对过程的预测可能会产生巨大的差异，即具有蝴蝶效应特征，因此过程是不可逆不可重复的，也是不可预测的，如地震、火山活动等是不可预测的。

（3）根据"对立并存"的观点，地球系统过程既存在可逆性特征，同时也存在不可逆的特征，两者既是对立的，又是并存的。地球系统的循环与轮回过程都是可逆的，地球系统的演化与发展过程都是不可逆的，不能重复再现。

二、地球系统的过程可逆的循环过程

基本上是属于确定性系统，具有明显的节律性重复再现的特征，但有不确定性，既确定性与不确定性并存的特征，包括如下四个方面。

（1）大气环流过程是一种确定性与不确定性并存的大气循环过程，具有过程的重复性与不确定性特征。虽然每年大的格局保持重复再现，但存在漂移现象的不确定性。

（2）水文循环过程是控制气候过程的主要因素，既有了确定性的重复再现的特征，又有不确定性的变异特征，因此实际上它们是对立并存的。

（3）地球元素循环过程是地球系统过程的主要内容之一，尤其是碳元素循环受到了广泛重视。其中，以 CO_2 气体方式的循环过程，既有它的确定性一面，又有不确定性的另一面，主要是因为它既测不准，又算不清，所以它更具有"对立并存"的特征。

（4）洋流循环过程的可逆性。主要海洋的暖流与冷流循环过程是可逆的。冬季达到北大西洋高纬地区表层的暖洋流被冷却后下沉到深海，并向南极流动形成冷洋流，再流向大西洋、印度洋和太平洋。从海洋深处再上到海洋表面的洋流，经阳光加热形成暖流再回到大西洋的循环过程，是一种由海洋表层暖流，流入海洋底层变为冷流，再回到海面变成暖流的循环过程，是一种可逆的，对气候产生巨大影响的地球系统过程。

三、地球系统的可逆轮回假说

1. 侵蚀轮回或地表轮回假说

　　该假说是由 W. M. Daivis 于 1889 年首先提出来，并得到广泛认可的关于地表的可逆"轮回"假说。他认为，地表的形态是地质过程（各种外力作用）及发展阶段（侵蚀、沉积）的函数。地表经历了"幼年、壮年和老年"三个阶段，在新的地质过程下，又可从老年到幼年阶段的可逆的"轮回"现象。所谓发育阶段是地表形态由平坦变为高差大的切割地，并又回到平坦的演化可逆的过程。

2. 林地发展阶段的轮回可逆过程的假说

　　林地从无到有的自然发展过程，经历了"幼年、壮年到老年"三个阶段，在不受人为的干预下又可从"老年回到幼年"的可逆的轮回过程。林地从幼林发育成为繁茂的成年、壮年林，树冠挡住了照射到地表的阳光，地表又覆盖了厚厚的枯枝落叶，树的种子不能接触土壤，幼苗因没有阳光而无法成长，于是林地由壮年进入"老年阶段"，慢慢开始衰落、死亡。当老的树枝枯萎死亡之后，林地的枯枝落叶不再增加，阳光也可以达到地面，种子能落到地面，从而发芽生根和成长，于是回到了幼年林阶段，这就是可逆的"轮回"过程。之所以一些无人经营的寒带针叶林进入老年林阶段后，人们对天然林火并不反对，是因为老年林被火烧毁之后，新的幼年林马上又将成长起来，这是自然更新的办法。如果不发生林火，老年林轮回到新的"幼年林"阶段，需要很长的时间。在地球历史上的林地轮回过程，就是这样进行的。

四、地球系统演化的不可逆的过程

1. 大部分的地质过程是不可逆的

　　大陆漂移，地质构造的"地槽-地台"发展过程和板块构造的过程等，都是不可逆的过程。"沧海"可以变为"桑田"。古地中海可以因亚洲板块与印度板块相互碰撞而形成今天的喜马拉雅山。但这是不可逆的过程。因为喜马拉雅山虽然可以因剥蚀和侵蚀而日益变低，但没有人能预测它何时能恢复成"古地中海"，所以不可逆。地槽可以上升成地台，但地台则不可恢复成地槽，因这是不可逆过程。总之，很多地质过程是不可逆的。

2. 湖泊、沼泽演化的不可逆过程

　　一个内陆的由地壳下沉形成的构造湖，或由河流废弃的牛轭湖，或河道阻塞而形成的湖泊，它的发展过程可以划分为"幼年、壮年和老年"阶段。湖泊在形成之后经过长期的泥沙沉积，或水生生物的作用，逐渐淤积而变浅、变小，最后形成了沼泽地或河道而消失，即进入老年期而死亡。但它一般不可再恢复成为幼年阶段的湖泊，这是一个不可逆的过程。

山崩、滑坡、泥石流等地质地貌过程，是壮年期地貌的产物，它可能多次重复出现，但一般也是不可逆的。

五、物种大爆发及一点猜想

寒武纪是地质历史划分中属显生宙古生代的第一个纪，距今约 5.4 亿～5.1 亿年，是现代生物的开始阶段，是地球上现代生命开始出现、发展的时期。这个时期对我们来说是十分遥远而陌生的，其地球大陆特征完全不同于今天。这一时期常被称为"三叶虫的时代"，这是因为寒武纪岩石中保存的矿化的三叶虫硬壳比其他类群丰富。当时出现了丰富多样且比较高级的海生无脊椎动物，并保存了大量的化石，从而有可能研究当时生物界的状况，并能够利用生物地层学方法来划分和对比地层，进而研究有机界和无机界比较完整的发展历史。但澄江动物群告诉我们，现在地球上生活的多种多样的动物门类在寒武纪开始不久就几乎同时出现了。

寒武纪是显生宙（Phanerozoic Eon）的开始，标志着地球生物演化史新的一幕。在寒武纪开始后的短短数百万年时间里，包括现生动物几乎所有类群祖先在内的大量多细胞生物突然出现。这一爆发式的生物演化事件被称为"寒武纪生命大爆炸"（Cambrian Explosion）。带壳、具骨骼的海洋无脊椎动物趋向繁荣，它们营底栖生活，以微小的海藻和有机质颗粒为食物，其中，最繁盛的是节肢动物三叶虫，故寒武纪又被称为"三叶虫时代"，其次是腕足动物、古杯类、棘皮动物和腹足动物。寒武纪的生物形态奇特，和我们现在地球上所能看见的生物极不相同。比较著名的有早寒武世云南的澄江动物群、加拿大中寒武世的布尔吉斯页岩生物群。寒武纪的生物界以海生无脊椎动物和海生藻类为主。无脊椎动物的许多高级门类，如节肢动物、棘皮动物、软体动物、腕足动物、笔石动物等，都有了代表。其中以节肢动物门中的三叶虫纲最为重要，其次为腕足动物。此外，古杯类、古介形类、软舌螺类、牙形刺、鹦鹉螺类等也相当重要。抛开牙形石不说，高等的脊索动物还有许多其他代表，如我国云南澄江动物群中的华夏鳗、云南鱼、海口鱼等，加拿大布尔吉斯页岩中的皮开虫，美国上寒武统的鸭鳞鱼。

在潮湿的低地，可能分布有苔藓和地衣类的低等植物，但它们还缺乏真正的根茎组织，难以在干燥地区生活；无脊椎动物也还没有演化出适应在空气中生活的机能。因此，寒武纪没有真正的陆生生物，大陆上缺乏生气、荒凉一片。

古生物学引用"大爆发"一词来形容生物多样性突然爆发式出现。根据寒武纪开始时痕迹化石和小壳化石的突然多样性和复杂性，"寒武纪大爆发"的理论在澄江动物群发现之前就已提出，但对"寒武纪大爆发"所产生的动物及动物群落结构特征所知甚微，即使著名的加拿大布尔吉斯页岩动物群化石也比"寒武纪大爆发"晚 1000 多万年，因而不能回答寒武纪初期海洋中具体有什么生命。

澄江动物群的地质时代正处于"寒武纪大爆发"时期，它让我们如实地看到 5.3 亿年前动物群的真实面貌，各种各样的动物在"寒武纪大爆发"时期迅速起源，立即出现。现在生活在地球上的各个动物门类几乎都是同时存在，而不是经过长时间的演化慢慢变来的。它将动物多样性的历史前推到寒武纪早期。

寒武纪的生物形态奇特，与地球上的现生生物极不相同。最古老的鱼种也出现在这个时代，是耳材村海口鱼（Haikouichthys Ercaicunensis），该化石发掘于澄江动物群。

1. 寒武纪大爆发与达尔文进化论

地球是太阳系中得天独厚、唯一确定有生物存在的星球。纷繁驳色、多彩多姿的生物世界在地球历史上并非一成不变。达尔文认为现存的生物都是由共同的祖先发展而来。生物进化是从水生到陆地，从简单到复杂，从低级到高级的演变过程。这一过程是通过自然选择和遗传变异两个车轮的缓慢滚动逐渐实现的。达尔文不承认有突变的存在，他认为新种只能由老种经过微小的变异逐渐积累而形成。那么，在漫长的生物史中，是否仅有渐变而没有快速的演化事件发生过呢？化石资料告诉我们，在生命演化史上确实经历过多次大灭绝与大演化，寒武纪生物大爆发就是其中最精彩的一幕。

寒武纪是地球历史上最早有丰富动物化石记录的时代。达尔义对寒武纪海洋动物的突然繁荣深感困惑，当时人们还不曾在寒武纪以前的地层中找到任何化石，他以生命记录不完备来解释这一现象。20世纪初，美国科学家沃尔柯特在加拿大西部落基山脉5.15亿年前的寒武纪中期黑色页岩中，发现大量保存完美，造型奇特的动物遗骸。在所收集的6.5万件珍贵标本中，科学家们陆续辨认出几乎现存动物每一个门的祖先类型在当时都已出现，还有许多早已绝灭了的生物门类，这就是著名的布尔吉斯（Burgess）动物化石群。这一发现震撼了当时的科学界，引发了人们对寒武纪大爆发的思考。

半个多世纪以后，幸运的中国学者候先光于1984年7月，在我国云南省澄江县帽天山距今5.3亿年的寒武纪早期黄橙色页岩中，又发现与布尔吉斯页岩相似的澄江动物化石群。经众多科学家十余年的大规模考察发掘和初步研究表明，澄江动物化石与现代动物形态基本相同，包括有节肢、腕足、蠕形、海绵和脊索动物，还有大量形状奇特的奇虾类、叶足类以及水母状生物等。它们不仅完好地保存了生物的矿化骨骼，还保存了大量软体组织印痕，如表皮、感觉器、纤毛、眼睛、肠、胃、消化腺、口腔和神经等，甚至有的动物好像在临死前还饱餐一顿，消化道里充满着的食物仍可辨认。澄江动物化石能如此完美地展示多种软组织生物形态及精细的内部组织结构实在是一大奇迹。更有价值的是，中国的澄江动物化石群比加拿大的布尔吉斯页岩化石群还要早1500万年。难怪这一发现在1992年被纽约时报列为20世纪最惊人的发现之一。澄江化石群的发现为人类认识和研究地球早期生命提供了不可多得的"窗口"，也使寒武纪生物大爆发事件再度成为科学界的热门话题。

生命在地球45亿年的历史上至少有35亿年的历程。但直到6亿年前才出现比细菌、单细胞浮游生物和多细胞藻类更为复杂的生物。那就是最先在澳大利亚发现的伊迪卡拉（Edeacara）生物化石群。它们是一些大型多细胞生物在岩石中留下的印模。形状与现代水母、海鳃、蠕虫和节肢动物有点相像，但它们没有口、肛门和消化道等器官的分化，以柄状物固着在海底上生活。现在还没有人能说清楚这些神秘的生物究竟是动物还是植物。类似的化石在原苏联白海、中国的山区及西南非洲的纳米比亚地层中也有发现。伊迪卡拉生物的消失和出现同样令人费解。最让人吃惊的是，在寒武纪奇迹般地出现了具有牙齿、触手、爪、颚和脊索的生物。

譬如，古怪的欧巴宾海蝎（Opabinia），头上顶着5只带柄的眼睛，并伸出象鼻状的嘴巴；奇妙的怪诞虫（Hallucigenia），像用针尖一样的七对细腿在跳舞，戴着盔甲的毛虫状生物蛞蝓虫（Wiwaxia），全身披满鳞片，并长有成对的须；1m多长的肉食动物奇虾（Anomalocaris），长着水母状的圆形口器和一对钳状附肢以及很长的尾翼；还有不惹人注目的小带型游泳动物云南虫（Yunnanozoon），具有吻、鳃弓、肌节和脊索（半索）构造，它们可能是包括人类在内的所有脊椎动物的共同远祖。这些寒武纪怪物既非"天外来客"，也不是动物寓言，确实是生活在5亿多年前地球上的海洋生物，并都有化石依据。大自然这种空前绝后的创造力，似乎已经为整个动物王国构筑好了蓝图。种类浩繁、结构复杂得多细胞动物的突然出现并迅速辐射演化，就是科学家们所说的寒武纪生物大爆发。

自20世纪80年代以来，相继在格陵兰、中国和西伯利亚等地寒武纪初期的岩层中，发现大量毛虫状生物死亡后留下来的离散骨片——小壳化石说明，生物骨骼矿化这一创新事件在地质记录上表现为全球同步发生，被认为是寒武纪大爆发的开始。澄江动物化石只不过是大爆发接近尾声的记录。布尔吉斯动物群则是大爆发事件之后1500万年生命延续演化的结果。专家估计，寒武纪大爆发从开始到结束，大约经历了几百万年的时间。它与整个地球生命史35亿年相比较，就好像一天24小时中的一分钟，只是非常短暂的一瞬间。

许多人都相信寒武纪以前的生物与寒武纪时出现的生物之间没有传承关系。但也有人反驳说，寒武纪生物并不是像晴天霹雳那样凭空产生的，它不过是很久以前开始的生命过程的延续，依然是进化的产物。只是那时的生物由于缺乏硬件不易被保存为化石罢了。现在还没有人认为伊迪卡拉生物就是寒武纪动物的祖先。事实上，寒武纪以前也并不存在什么地层缺失。因而，达尔文关于地质记录不完备的理论很难令人信服。

寒武纪生物大爆发的论断，随着对寒武纪前后生物化石的研究，特别是澄江动物化石的发掘，已经成为无可辩驳的事实。这一事实对传统进化理论产生了迄今为止最强烈的冲击。

达尔文在1895年出版的《物种起源》一书中曾预言，今后如有人对我的理论进行挑战，很可能首先来自对寒武纪动物大量出现理论的解释。达尔文之后古生物学、分子生物学和遗传学的许多新发现和实验结果，不断对他的自然选择说和渐变说提出了质疑。自然选择说难以解释生物多样性突然出现的事实，新种形成的主要原因在于生物基因发生突变。

寒武纪大爆发的确是一个不可思议的突发性演化事件。科学家为试图解开这个生物巨变的疑谜，做出种种有趣的猜测，但至今没有令人满意的答案。我国研究澄江化石的权威陈均远先生提出寒武纪生物突变具有极明显的自发性进化行为的设想。他认为寒武纪早期生物多样性的出现，可能与控制胚胎形成的同源基因在那时具有极强的可塑性和广适性有关。这一设想解释不了为什么寒武纪以后的动物基本造型可塑性非但没有增强反而减弱了的问题。固然，基因的改变可以是随机的，但也不可忽视外界环境，如大冰期后的气候转暖，海侵造成的新的生态空间；原始古陆解体促使岩浆和火山活动带来的有利于生物矿化的元素，古地磁场的频繁倒转以及可能的天外事件等因素，对诱发基因突变所起的重要作用。如果过分强调生物本身的自发行为，有可能陷入唯心论的泥潭。据说，西方宗教界人士已把寒武纪生物突变发生的事例塞进了他们的教科书，作为重塑上帝英明伟大的理论根据，这岂不发人深省。

有关寒武纪大爆发机制的探讨，目前正处在"盲人摸象"的阶段。今后进一步的深入研究有可能对传统生物进化理论提出重要的补充修改（肖立功，1998）。

2. 寒武纪生命大爆发原因探讨

寒武爆发吸引了无数的古生物学家和进化论者去寻找证据探讨其起因。100 多年以来的证据产生出解释寒武爆发的两种基本观点。一种观点认为，寒武爆发是一种假象，这是某些达尔文或新达尔主义者所持的观点。由于进化是渐进的，所谓的"爆发"只是表明首次在生物化石记录中发现了早在前寒武纪就已经广泛存在并发展的生物，其他的生物化石群则可能由于地质记录的不完全而"缺档"，造成这种"缺档"的原因是前寒武纪地层经历了热与压力，其中的化石被销毁了。由于发现前寒武纪化石沉积层中存在大量像细菌和蓝藻这样简单的原核生物，因此这一解释不再有说服力。另一种观点认为，寒武爆发代表了生物进化过程中的真实事件，科学家从物理环境和生态环境的变化两个方面来解释这一现象。

3. 寒武纪生命大爆发的化石

1965 年，两位美国物理学家提出了寒武爆发是由地球大气的氧的水平这个物理因素造成的。他们认为，在早期地球的大气中含有很少或根本就没有自由氧，氧是前寒武纪藻类植物光合作用的生产并逐渐积累形成的。后生动物需要大量的氧，一方面用于呼吸作用；另一方面氧还以臭氧的形式在大气中吸收大量有害的紫外线，使后生动物免于有害辐射的损伤。

生物学家则从生物本身的生态关系来探讨这一问题，因为地质学的证据否定了这种氧理论的观点。大约在距今 10 亿～20 亿年广泛沉积层中含有大量严重氧化的岩石，这说明在这一时期内已经存在足够生命爆发的氧条件。因而生物学家从两个重要事件的出现来探索造成寒武爆发的原因，即有性生殖的产生和生物收割者的出现。

从化石资料来看，真核藻类大约在 9 亿年前出现了有性生殖，实际上，有性生殖出现得更早。有性生殖的发生在整个生物界的进化过程中有着极其重要的作用。有性生殖提供了遗传变异性，从而有可能进一步增加了生物的多样性，这是造成寒武爆发的原因之一。

4. 寒武纪生命大爆发

生物收割者假说是美国生态学家斯坦利提出的，是一种解释寒武爆发的生态学理论，即收割原则。斯坦利认为，在前寒武纪的 25 亿年的多数时间里，海洋是一个由原核蓝藻这样简单的初级生产者所组成的生态系统。这一系统内的群落在生态学上属于单一不变的群落，营养级也是简单唯一的。因为物理空间被这种种类少但数量大的生物群落顽强地占据着，所以这种群落的进化非常缓慢，从未有过丰富的多样性。寒武爆发的关键是草食收割者的出现和进化，即食用原核细胞（蓝藻）的原生动物的出现和进化。收割者为生产者有更大的多样性制造了空间，而这种生产者多样性的增加又导致了更特异的收割者的进化。营养级金字塔按两个方向迅速发展：较低层次的生产者增加了许多新物种，丰富了物种多样性，在顶端又增加了新的"收割者"，丰富了营养级的多样性。从而使整个生态系统的生物多样性不断丰富，最终导致了寒武纪生命大爆发的产生。

对于"收割理论"，科学家们目前还没有找到直接的证据来证明其正确性，然而，一些间接的证据支持了这一理论。间接证据之一来自于前寒武纪叠层石，这些由藻类组成的叠层石中保存了前寒武纪最丰富的生产者群落。今天，叠层石仅盛产于缺少后生动物收割者的贫瘠环境中，如超盐量的咸水湖中。藻类在前寒武纪地层中的大量存在，大概反映了当时收割者的贫乏。另外，生态学野外研究也提供了一些间接的证据，研究表明，在一个人工池塘中，放进捕食性鱼，会增加浮游生物的多样性；从多样的藻类群落中去掉海胆，会使某一藻类在该群落中占统治地位而使多样性下降。

寒武纪生命大爆发作为地史上的第二大悬案一直为人们所关注。随着化石的不断发现及新理论的建立，这一谜团最终将大白于天下。

六、地质过程中的 CO_2 循环特征

1. 风化与变质作用引起的 CO_2 循环

石灰岩在风化与沉积过程中，既不吸收也不释放 CO_2，硅酸盐岩（岩浆岩）的变质作用释放 CO_2，而风化沉积过程吸取 CO_2，岩浆岩经风化、沉积形成石灰岩，这个过程就形成了 CO_2 循环过程。

岩浆岩的风化与变质作用时的 CO_2 循环：

$$CO_2 + CaSiO_3 \underset{\text{变质}}{\overset{\text{风化}}{\rightleftharpoons}} CaCO_3 + SiO_2 \text{（方解石 } CaCO_3\text{）}$$

$$CO_2 + MgSiO_3 \underset{\text{变质}}{\overset{\text{风化}}{\rightleftharpoons}} MgCO_3 + SiO_2 \text{（白云石 } MgCO_3\text{）}$$

$COCO_3$ 与 $MgCO_3$ 在海水中与 CO_2 关系：

$$CO_2 + CaCO_3 + H_2O \underset{\text{变质}}{\overset{\text{风化}}{\rightleftharpoons}} Ca^{2+} + 2HCO_3^-$$

$$2CO_2 + CaMg(CO_3)_3 + 2H_2O \underset{\text{变质}}{\overset{\text{风化}}{\rightleftharpoons}} Ca^{2+} + Mg^{2+} + 4HCO_3^-$$

岩浆岩在风化过程中吸收 CO_2 的过程是在生物作用的参与下形成的，而且是在土壤中进行的，而土壤的 CO_2 浓度主要受控于生物活动。生物对岩石的同化过程起到促进作用。

2. 地质过程引起的 CO_2 吸收与释放作用

（1）岩浆活动与变质作用过程中释放了 CO_2，尤其是板块俯冲的加热与脱碳盐作用，向海洋及大气中释放了大量的 CO_2，岩浆岩作用引起的岩变质，也产生并释放 CO_2 气体。

（2）火山活动、地震及地壳运动，使岩石发生变质并释放 CO_2 气体。

（3）地壳、地幔中，本来含有的 CO_2 气体，可以通过地裂缝等通道上升到地表，也可以通过地下水活动渗透到地表。

第五节 地球系统过程发展阶段可循环性与不可循环性并存假说

地球系统过程可以划分为"幼年"、"壮年"、"老年"三个发展阶段，又称为"地理循环"假说。最有名的是 Davis 的"地理循环论（假说）"和 Dahstrom 的"平衡剖面论（假说）"下面分别进行简介。

一、平 衡 剖 面

1. 概念、内容、定义

20 世纪 80 年代，不论是理论地质学，还是石油地质学和经济地质学，都出现了多余平衡剖面的普遍要求。近代平衡剖面奠基人 C. D. A. Dahstrom（1969）提出了平衡剖面的两个准则。第一是对于横剖面几何学的合理性的检验，它可以通过测量岩层的长度而获得。第二是在特定的环境中只能存在一套特定的构造。D. Elliot（1983）指出，"如果一条剖面能够复原到未变形的状态，那么它就是一条合理的剖面，一条平衡了的剖面应当是既合理又可接受的剖面"。显然，如果人们了解构造的形成方式与过程，那么就可能把这些构造复原。换言之，这种构造剖面可通过去变形作用，而恢复到一个未变形或少变形的阶段。当岩层的长度和面积在横剖面中与变形前是相等时，这个剖面就是平衡了的剖面。因此对于平衡剖面最简单的定义是：平衡剖面是构造上可恢复的合理的剖面。"合理的"意味着两个方面：第一方面是剖面必须与地面、钻孔、坑道、地震曲线等已知的构造相符合；第二方面是它的形成机制和过程符合对其岩石变形的最新知识。对于这两个方面的检验方法就是剖面的可恢复性。当一条剖面不能够被恢复时，它一定是不合理的、不完全的。一条可恢复的剖面，即平衡剖面，可以是真实的剖面，也可能不是真实的剖面。即使在同一情况下，与非平衡剖面比较而言，它总是满足了许多实际能观察的资料和变形知识，因而比较接近自然和比较正确。

2. 历史和趋势

平衡剖面的概念孕育于 20 世纪初。Chamberlain（1910，1919）研究阿巴拉契亚和科罗拉多落基山的构造时使用平衡剖面的概念来计算滑脱面的深度。他假定在一个滑脱面之上的变形过程中，剖面的面积是守恒的，并以此为前提，提出了估算滑脱面深度的方法。这种方法都曾成功地使用过，加拿大的勘探地质学家 A. W. Ball、P. L. Gordy、G. A. Stewart 等于 1966 年在加拿大落基山构造演化的研究中首先编制了平衡剖面。Dahlstrom 于 1969 年首先在地质文献中引进并详细讨论了平衡剖面的概念。由于地质构造本身的三维特性，暴露得再好的剖面或者深部被约束得再好的剖面，总还是在剖面中留有大片的空白地带，需要地质学家进行合理的外推，填满这些空白，才能编制出一幅完整的剖面。Dahlstrom 提出了评价构造剖面图的编制方案是否合理的平衡技术，并指出这是集中在所观测到的构造和能够合理推断出来的构造几何学的问题。通过平衡剖面的工作就可以建立起一定的模型，理论工作者必须解释这个模型，而勘探工作者应采用这个模型。这说明了平衡剖面的性质和地质学家应当对其重视的原因。"合理推断出来的"是平衡剖面思想的精髓。编制平衡剖面的全过程的目的就是从已知的事实出发，将未知限制在地质上被认为是合理的范围内。J. Suppe（1983，1985）提出了断层转折褶皱（Fault Bend Fold）和断层扩展褶皱（Fault Propagating Fold）以及断层形态与上述断层相关的褶皱形态之间的数学关系，把逆掩断层地区的平衡剖面研究发展到准确定量的程度，并使得应用计算机程序来进行平衡试验成为可能。自 20 世纪 80 年代末期平衡剖面的研究经逆掩断层变形区发展到伸展构造变形区。

3. 研究前沿

（1）更为符合自然的岩层变形机制。制作平衡剖面的基本原理是变形过程中岩层的厚度及长度守恒，也就是变形前和变形后横剖面中岩层的面积守恒和岩层面界线长度守恒的原则。这就要求一种适当的变形机制，以往普遍采用的同心平行褶皱要求一个褶皱中的各层面都有相同的曲率中心，通常在其核心都存在重要的空间问题。Suppe 于1985 年、Jamison 等于 1987 年提出了台阶状逆断层（Stepped Thrust）和断层相关褶皱模型的形态关系数学解，很好地保证了变形的守恒原理。Bown 等于 1986 年提出了北美西部落基山脉弧后前路变形；Deigel 于 1986 年、Mitra 于 1988 年提出了阿巴拉契亚前陆变形带；Howell 等和 Lu 等于 1990 年提出了阿拉斯加布洛克斯山脉周缘前陆变形带；龙门山周缘前陆变形带（卢华复，1989）等大量野外地质和地下地质资料。证实了这种构造变形作用模型在地壳上部脆性变形域中的比较普遍适用。人们对台阶状逆断层进行了更详细的几何学研究，以便详细说明这类构造侵蚀的运动学过程。例如，Woodward（1989）用上盘断坪与下盘断坡耦合及上盘断坡与下盘断坪、下盘断坡、中断坪、上盘断坡、前断坪的序列来说明逆冲断层的运动方向。

（2）冲断层双层构造（Duolex）。这是 80 年代后期在平衡剖面处理的特殊构造型式中的一个研究热点。冲断层双层构造是盲断层，它有一个统一的底部滑脱断层和一个统一的顶板逆断层。典型冲断层双层结构的斜列逆断层面倾向后陆，两斜列逆断层之间岩片中岩层呈长 S 形，其前缘是上盘断坡，后缘是下盘断坡。其断距与二断层间岩片长度之比为 1：2。由于这种比值不同，就会产生一系列冲断层双层结构的变态，如同前陆倾斜的冲断层双层构造，背形堆垛构造等。

（3）生长断层转折褶皱和生长断层扩展褶皱。台阶状冲断层及相关褶皱形成时，所产生的背斜高点处于沉积基准面之下，那么在背斜的顶部和背斜前后的坑槽中同时发生沉积作用，易于把逆断层作用所创造出来的构造起伏填平，这样就形成了生长断层转折褶皱和生长断层扩展褶皱。这种同构造的沉积物具有特殊的结构形态，是断层侵位极好的定时指示体，为平衡剖面引入同构造的沉积作用和构造定时开辟了途径。

（4）三角形变形带。这是在推覆构造带前缘的一种新辨认出来的构造类型，它由前冲断层与反向冲断层相背倾斜组合而成。它既是推覆构造带前锋运动的消失形式，对剖面的平衡至关重要，又是重要的油气圈闭区，因而受到地质学者格外的重视。

（5）平衡剖面的计算机正、反演。80 年代中期人们对于利用计算机进行正演平衡剖面给予了重视。它能够快速判断不同构造组合模式的合理性，可以通过显示变形中间过程来判断构造是否平衡，它制图精确，减少了误差。人们强调断层侵位的不同运动方式，因而有多种正演方法，如 Suppe 于 1983 年提出的断层褶皱模型，以及 Mitra 等于 1990 年提出的断层扩展褶皱模型，Whilthan 于 1989 年提出的有限差分模型等。同时对于正演平衡计算也采用了计算机反演法加辅助求取始构造参数。同样因为强调不同的构造侵位方式有 Chervron 制作法、改进的 Chervron 制作法、滑线反演法、地层长度平衡反演法等方法，要根据地质情况而选用。

（6）金星的推覆构造。近期平衡剖面技术已被扩展到金星的推覆构造带的定量研究之中，成为研究行星地质学的一个新手段。（卢华复等，2001）

二、侵蚀轮回与堆积基准学说

侵蚀轮回是地表在河流作用下，地貌形成与发展经历幼年期、壮年期和老年期阶段，以后该区再次经历构造抬升，地貌演变又重复上述过程的学说，又称地貌轮回说、地理轮回说。1889 年由美国 W. M. 戴维斯提出。他认为地貌是构造、过程（指各种外力作用过程）与阶段（指发展阶段）的函数。

1. 学说简介

侵蚀轮回学说指地表在河流作用下，地貌形成与发展经历幼年期、壮年期和老年期阶段的学说（图 7.13）。

侵蚀轮回学说又称地貌轮回说、地理轮回说，由美国 W. M. 戴维斯于 1889 年提出。他认为地貌是构造、过程（指各种外力作用过程）与阶段（指发展阶段）的函数，并首先假设有一个因构造运动从海底抬升的陆地，由于抬升迅速，地面立即受到侵蚀，原来的低平地形变为高山、深谷、陡坡；然后，构造运动处于长时间的稳定，高地被蚀低，河谷渐变宽浅，缓坡又复盛行；最终整个地面变成仅有微小起伏的平原地形，戴维斯称之为准平原。这就是一个地貌轮回，或称侵蚀轮回、地理轮回。以后该区再一次经历构造抬升，继以稳定，其地貌演变又重复上述过程，即再经历一个轮回。戴维斯把上述过程不同的阶段形象地命名为幼年期、壮年期和老年期（图 7.14）。

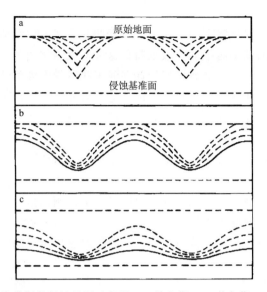

图 7.13　戴维斯的侵蚀轮回示意图（a. 幼年期；b. 壮年期；c. 老年期）

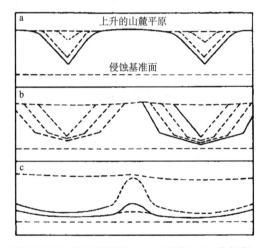

图 7.14　山麓夷平侵蚀轮回示意图（a. 幼年期；b. 壮年期；c. 老年期）

2. 地貌发育过程

1）幼年期

河流迅速下切，河谷深狭，谷坡陡峻，接近 30°或更陡。陡坡上也发生风化和滑坡等作用，但以河流切割为主，因而在相当长的时间内河谷近似"V"字形。在整个幼年期阶段，原始地面大部分保留在河间地段。随着时间的推移，由于主、支流河谷谷坡的剥蚀后退以及河流源头的溯源侵蚀，原始地面的范围逐渐缩小。此时期河流纵剖面很不规则，在河床上硬岩层出露处常有瀑布和跌水。戴维斯将这种河流纵剖面称为非均夷纵剖面。

2）壮年期

随着河流的下切，河流纵剖面渐变为平缓下凹的曲线，向河流基准面趋近。如果是入海的河流，其基准面就是海平面。戴维斯称这种河流纵剖面为均夷纵剖面，或平衡纵剖面，因为他设想这时河流的能量正好消耗在河水和携带泥沙的运动中。由于河流下切侵蚀的减缓以至停顿，河流侧蚀与谷坡剥蚀后退相对加强，因而河谷展宽，原河间段的原始地面亦被剥蚀而不复存在，新的河间地逐渐降低。

3）老年期

河床比降继续降低，谷坡继续变缓，但速度缓慢。最后，整个地形变成微有起伏的准平原。

戴维斯以美国新英格兰准平原上的莫纳德诺克山为例，指出在准平原上可能还残留着一些小高地，称为莫纳德诺克地貌。

流水侵蚀作用是最普遍的外营力过程，所以把河流作用下的侵蚀轮回称之为常态侵蚀轮回（图 7.15）。

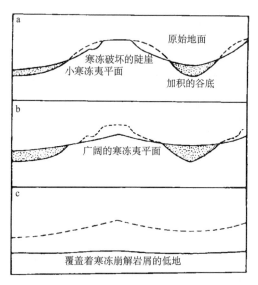

图 7.15　冰缘寒冻侵蚀轮回示意图（a. 幼年期；b. 壮年期；c. 老年期）

3. 学说评价

戴维斯的学说风行于 19 世纪末至 20 世纪初，极大地推动了地貌学的发展，是地貌学形成的重要标志之一。但也有些地貌学家持有不同看法：

（1）一些学者以现代构造运动和海平面变迁的研究成果为依据，指出地壳运动不可能都是短暂的、突发性的上升，然后继以长期的稳定。再说，海平面作为基准面，也不是长期稳定不变的。戴维斯及其拥护者认为：有些情况下地貌发育可以完成一个轮回，所以世界上许多地方存在着准平原地貌；有时地形发育还没有完成一个轮回就被新的上升所打断，那就会出现多发育阶段地形的叠置。

（2）一些学者认为，外营力不是仅有流水侵蚀，还有冰川侵蚀、寒冻风化与风的侵蚀等（见侵蚀作用）。即使是流水侵蚀，在湿润多雨、植被茂密的地区和在植被稀疏的干旱地区，其表现也是不同的。在湿润区，多线状水流，地貌发育有簧能产生戴维斯所说的准平原。在干旱区，多片状或辫状水流，侵蚀下切作用微弱，在重力剥蚀或片状水流冲刷下，山坡平行后退，塑造出广阔的山麓剥蚀平原，以至于有时在这种平原上残留着一些"岛山"，这个过程称为山麓夷平侵蚀轮回。

（3）L. C. 珀尔帖于 1950 年提出局部夷平面形成理论，即冰缘寒冻侵蚀轮回的理论。他指出在现今高纬度地区或高山顶部寒冻风化强烈的地区，寒冻风化产生的岩屑在解冻时期被土流带到高地的坡脚堆积下来，这样高地就渐渐被夷平。这种夷平作用在局部地区是存在的。

（4）至于夷平面地形的成因以及在长时期的地质发展史中有否侵蚀轮回的存在还无定论。

4. 戴维斯模型

戴维斯所提出的地理循环理论，其目标主要在于提供一个有关地貌解释的系统性以及一个有关发生学分类的基础。按照他的意见，这样的一种分类将会促进对于众多的野外观察资料的处理，以及促进其集中和统一的描述，同时还可帮助人们深化对地理学的认识。戴氏一直十分强调的地理循环观点，集中体现在他在 1909 年所发表的《地形的系统描述》之中。

由戴维斯所发展的这个参考系统，事实上似乎要比地理循环还要广泛。他的这个模型强调了这样一种思想，即地形的变化是一种有次序的方式，并且可以作为时间过程（即随时间的变化）进行分析。这样，在某种统一的外部条件下，将会产生一个按序排布的统一系列。根据这样一个系统，地形发育的几个模型，也被称作为侵蚀轮回，在地球表面的干旱地区、潮湿温带气候地区，都已总结出来并且较好地符合于这个理论的基本要求。

在通常的侵蚀轮回中，戴维斯又发展了两个"变种"：一个是由稳定性所伴随的迅速抬升；另一个则是缓慢的抬升。

尽管戴维斯本人一再说过，在实际的地貌发育过程中，并不限于以上的两个变种，必定还会有无数的现象发生，但却没有多少人去关注他的这种论述。正如彭克所指出的那样："戴维斯是不幸的。无论是他的追随者或是他的诽谤者，都只是强调了简单的和正常的侵蚀轮回，而对于他关于模型的基本重心，即参考系统却都无一例外地轻视了。"

在戴维斯的地貌过程模型中，有六个必要的基本条件，这也是他的参考系统的循环所依据的基本假定，它们分别是：

（1）地形应当是内力与外力之间互相作用的进化产物。

（2）地形的进化是有序的。于是，地球表面形状的一个系统序列的发育，应该正好对应于一个地理环境的变化。

（3）河流侵蚀迅速下切，直到缓变的条件被实现时为止，那时横向侵蚀将会占据统治地位。

（4）从基底向上，坡面成为一种递进式的分段，并且具备一个由土壤质地所控制的梯度变化。

（5）在所研究的阶段内，不会发生气候变化。

（6）该假定随着不同的模型而变化，对于一个理想的模型来说，它就是一个具有相当长间歇的地体迅速抬升的过程。而对于另外一个变种来说，抬升则是以一种较慢的速率进行的，这也是被假定的一个基本条件。

此种理想的地理循环，是戴维斯所倡导的依赖于时间过程的模型。在理想的地理循环图式中，一个完整的地形序列被很好地发育出来了。随着抬升速率的变化，虽然其余各类变种的发生也是许可的，但是它们均不如理想模型那样，可以产生出简单的、全部的和统一的地形序列。

戴维斯并没有十分关注有关发展岩石调整作用的模型，可是在他的著述中，却充满了对于岩石调整地形或结构调整地形的例子。此种调整模型在戴氏模型中表现为：一个发育成熟的地形，主要河道沿着构造线或是岩石脆弱的地方发育，而河间地段则位于有较强阻抗的岩石成分之上。倾斜的河流坡度将会被流量和所携物质的体积与质地等，加以相应地调节，而其中更为主要的则是与岩石状况有关的梯度变化。但是，河流的不规则性又须联系到支流状况、洪水状况等条件。

客观世界的一切，都处在不断变化与发展之中，"无常"是客观世界的基本特征。变化过程有量变到质变，渐变到突变之分，发展过程也有阶段之别。对于生物或有机体来说，包括动物、植物和微生物的生命过程，有出生、成长和死亡的过程，对于非生物或无机物质来说，包括一切物质和能量的发展过程，有发生、发展和消亡的阶段，这就是客观世界的基本规则。对于有生命体，即动物、植物和微生物来说，不仅个体，而且对种群来说，都存在时间的限制。对于个体来说，少则数小时，多则过千年；对于种群来说，少则千万年，多则数亿年。很多古生物的种群，已经消亡很久。对于生物来说时间是不可逆的，生命是不可能轮回的。对于非生命的物质世界来说，也和有生命体一样，它的发展过程，也可划分为"幼年、壮年和老年"三个阶段。著名的地质学家就把地球表面的地貌地形发展过程，划分为上述的三个阶段，但地形地貌的发展过程和生物是不一样的，在时间上是可逆的，可以从"老年期"恢复为"幼年期"。这主要受地壳运动和气候等因素所控制，可以称为"地形轮回"或"地理轮回"，这个概念得到普遍认可和广泛应用。

除了地形地貌具有发展阶段轮回特征外，湖泊的发展过程也可以划分为"幼年、壮年和老年"三个阶段。不论是构造成因的湖泊，还是河流堵塞形成的湖泊或"牛轭湖"等，在沉积作用与植物作用的影响下，都经历"幼年、壮年和老年"三个阶段而逐渐消失。但在时间上是不可逆的，也可能由于矿物质增加而死亡，如由淡水湖变成盐碱湖而死亡。

对于在退耕还林或由于林火烧毁后的天然的恢复过程中，也存在阶段轮回现象。当自然林从"幼年阶段"进入"壮年阶段"后，枝叶繁茂，阳光难以照到地面，加上枯枝落叶满地，而且厚厚一层，种子落下后不能与地面接触，也就无法生根成长，于是整个林地进入"老年阶段"。因此在西伯利亚的寒带针叶林林区，对于已经"老年阶段"的树林来说，人们希望林火将它烧毁，再重新生长为幼年林，这就是"阶段轮回"过程。如果该林地有人类经营的话，可以在用人工有计划地实现"轮回"更新过程。

我们的地球大约是在 46 亿年前宇宙大爆炸过程中形成的，已经经历了它的幼年期阶段，现在已进入"壮年阶段"。一般认为，现在的火星状况是未来地球老年阶段的后期。地球的发展阶段轮回的特点是：它是时间不可逆的，即"老年"阶段之后就是"死亡"，不能再轮回到幼年阶段，属于一次性的，但是它是"有始有终"的。

三、地球系统阶段的无序阶段假说

"耗散结构"与"自组织假说"讨论了"从无序到有序过程的转变"。在自组织假说中，还提出了"自非组织机制"即"从有序向无序的转变过程"。对于动植物来说，由于自身组织结构的老化衰竭，从有序转变为无序，进入发展的老年化阶段而逐渐消亡，即新陈代谢过程。对于无机体来说，由于物质、能量是不守恒的，逐渐衰竭而消亡。或是当系统遭到不可抗拒的外界环境突变，或强大的干扰，而无法自适应，受到损坏的机制无法"自行修复"时，该系统也将从有序变为无序而消亡。

根据"自然辩证法"的"相反相成"和"一切都向对立方转化"的原则，有生就有死，任何事物都经历着"发生、发展到亡死"三个阶段，地球系统也不例外，最终也会消亡，太阳系也是，银河系也是，最终都会消亡，"时间将结束"（the End of Time）。有人认为现在的火星就可能是地球的将来，地球也将成为现在的"火星"。

地球系统从无到有，再从"无序"到"有序"，最终仍回归"无序"和"无"而终。这就是客观世界的固有特征，这也是客观世界的基本法则。世界没有永恒存在的东西，一切都会变。对于时间来说，一切都是暂时的。世界上不存在"绝对的真理"，只有相对的真理。真理也要与时俱进，也要不断更新。

第六节　人地关系理论或假说

"环境决定论"、"人定胜天论"与"人地和谐论"这三种人地关系理论从 3000 多年前开始直至今，一直在争论之中。我国的先哲孔子提出要"敬畏天地"，而老子则主张"天人合一"。在欧洲也是一样，人地关系是大家关注的焦点，也是争论的核心问题之一。现在分别简介如下。

一、环境决定论简介

1. 历史概念

古希腊时期的思想家已开始注意人与气候的关系。希波克拉底、柏拉图和亚里士多德等都认为，人的性格和智慧由气候决定。18 世纪法国启蒙思想家孟德斯鸠在《论法的精神》中接受了古希腊学者关于人与气候关系的思想，以气候的威力是世界上最高威力的观点为指导，提出应根据气候环境决定论与文化理论修改法律，以便使它适合气候所造成的人们的性格。19 世纪中叶，英国历史学家 H. T. 巴克尔认为气候是影响国家或民族文化发展的重要外部因素，并认定印度的贫穷落后是由气候的自然法则所决定的。

德国地理学家 F. 拉采尔在 19 世纪末叶发表的著作《人类地理学》中认为，人和动植物一样是地理环境的产物，人的活动、发展和抱负受到地理环境的严格限制。他的学生、美国地理学家 E.C. 森普尔把拉采尔的观点介绍到美国，夸大和突出了环境的决定作用。其后美国地理学家 E. 亨廷顿在他的《文明与气候》一书中，特别强调气候对人类文明的决定性作用。

到了 19 世纪，人类改变地球面貌的作用几乎未受注意。受达尔文进化论的影响，环境决定论取得了优势。进入 20 世纪后，人们逐渐认识到，在人与环境的关系中，人是主动的，是环境变化的作用者。于是，陆续出现了各种不同的人地关系论学说，对环境决定论提出了异议或否定。然而直至第二次世界大战后，环境决定论并未消失。澳大利亚地理学家 G. 泰勒批评老式的决定论，认为孟德斯鸠和巴克尔等把气候对人类的影响说得过分了，但他提出一种决定行止论（又称有限决定论），认为人类可以改变一个地区的发展进程，但如果不顾自然的限制，就一定会遭受灾难。

环境决定论的代表主要有华生和洛克。

2. 核心观点

认为人类的身心特征、民族特性、社会组织、文化发展等人文现象受自然环境，特别是气候条件支配的观点，是人地关系论的一种理论，简称决定论。其核心内容是："顺其自然，听天由命"。

3. 孟德斯鸠观点

18 世纪法国启蒙思想家孟德斯鸠在《论法的精神》（1748）中接受了古希腊学者关于人与气候关系的思想，以气候的威力是世界上最高威力的观点为指导，提出应根据气候修改法律，以便使它适合气候所造成的人们的性格。

德国地理学家 F. 拉采尔在 19 世纪末发表的著作《人类地理学》中认为，人和动植物一样是地理环境的产物，人的活动、发展和抱负受到地理环境的严格限制。他的学生、美国地理学家 E.C. 森普尔把拉采尔的观点介绍到美国，夸大和突出了环境的决定作用。其后美国地理学家 E. 亨廷顿在他的《文明与气候》（1915）一书中，特别强调气候对人类文明的决定性作用。

孟德斯鸠、黑格尔和马克思的"地理环境决定论"的区别不在于地理环境是否决定着人类的生活，而在于前者怎样决定后者的。

近代西方地理学派的代表人物孟德斯鸠认为，地理环境决定人们的气质性格，人们的气质性格又决定他们采用何种法律和政治制度。

黑格尔是继孟德斯鸠之后另一位重要的"地理环境决定论"者。黑格尔视地理环境为"历史的地理基础"，他把世界上的地理环境划分为三种类型：干燥的高地、广阔的草原和平原；巨川、大江所经过的平原流域；与海相连的海岸区域。他认为各种不同地理环境中生活的人们形成了不同类型的生活和性格。

黑格尔将某个人类共同体的制度上的特点、人们的性格，与其所从事的活动，特别是物质生产活动联系在一起。与孟德斯鸠相比，黑格尔对地理环境问题关注的范围、角度更为广阔，观察更为深刻，对地理环境与人类社会生活关系的描述更符合历史的实际。

如何认识地理环境因素在经济关系中的具体影响和其所发挥的作用呢？马克思、恩格斯将地理环境视为人类物质生产活动的参与者，是劳动过程的要素之一。恩格斯指出，"政治经济学家说：劳动是一切财富的源泉。其实劳动和自然界一起才是一切财富的源泉，自然界为劳动提供材料，劳动把材料变为财富"。马克思则进一步指明劳动过程所具有的三个要素："有目的的活动或劳动本身、劳动对象和劳动资料"。马克思、恩格斯在这里所说的劳动材料、劳动对象或劳动的自然物质，指的是地理环境中的土地、森林、河流、矿藏等因素。作为物质生产活动要素的劳动材料或劳动对象的这些地理环境因素，当然会影响到人类的物质生产活动，并对社会经济关系以至人类文明的其他方面产生影响。

地理环境对于人类社会的物质生产活动的影响能达到怎样的程度呢？马克思、恩格斯认为，在人类文明初期，某一地理环境对成长于其中的人类共同体的物质生产活动情况具有决定性的影响，进而决定该人类文明的类型及其发展进程。马克思指出，在人类历史初期，"不同的共同体在各自的自然环境中，找到不同的生产资料和不同的生活资料。因此，它们的生产方式、生活方式和产品，也就各不相同"。实际情况正是如此。人类从事物质生产活动以求得生存和发展，但人们不是随心所欲地去从事物质生产活动的，特别是在人类文明初期，人们只能因其所生存的地理环境所提供的条件，形成自己的物质生产类型和具体的内容及方式，故有农业民族、游牧民族之别。而生活于地中海沿岸的古希腊人、腓尼基人，则因其自然条件，在主要从事农业的同时，手工业、商业也比较发达。恩格斯在对古代欧洲大陆与美洲大陆的自然条件和社会历史发展情况进行比较时指出，欧洲大陆与美洲大陆在可供人类利用的动物、植物资源方面存在着很大的差异，欧洲大陆"差不多有着一切适于驯养的动物和除一种以外一切适于种植的谷物"；而在美洲大陆，适于驯养的哺乳动物只有羊驼一种，并且只是在南部某些地方才有，可种植的谷物也只有玉蜀黍。自然条件的这些差异使这两个大陆形成了不同类型的物质生产活动，"两个半球上的居民，从此以后，便各自循着自己独特的道路发展，而表示各个阶段的界标在两个半球也就各不相同了"。

马克思、恩格斯的以上论述表明，他们认为，在人类文明初期，地理环境对于人类的物质生产活动和社会生活具有决定性的影响。这种影响主要是地理环境因素通过作为人类物质生产活动要素之一的劳动对象而实现的。作为劳动对象，地理环境因素决定着物质生产活动的类型、方式等，并通过决定人类的物质生产活动影响到人类的社会生活、政治生活和精神生活。因此，世界各地区不同的地理环境就使不同地区的人类文明产生了许多差异，呈现出不同的面貌，形成了不同的类型。这些不同类型的文明，在其具体的、特定的社会内部矛盾运动的推动下，基本上是"各自循着自己独特的道路发展"，这就不能不带有其文明初期在不同的地理环境影响下形成的、具有各自特征的社会生活所打上的深刻烙印。

如此，马克思、恩格斯唯物史观的地理环境学说就与孟德斯鸠等的"地理环境决定论"形成了很大区别。在孟德斯鸠那里，地理环境与人类社会的关系是这样的：地理环境决定人的气质性格，人的气质和性格决定法律及政治制度。马克思、恩格斯唯物史观关于地理环境与人类社会的关系则是这样的：地理环境决定人的物质生产活动方式，人的物质生产活动方式决定社会、政治及精神生活。

由此可见，二者的区别不在于地理环境是否决定着人类的生活，而在于前者怎样决定后者。孟德斯鸠等认识不到物质生产活动对于人类社会生活的极端重要性，而不适当地强调人的气质性格及心理状态的作用，使其"地理环境决定论"仍带有浓厚的唯心主义色彩。马克思、恩格斯的唯物史观科学地揭示了物质生产活动在人类社会生活中的地位，从而为正确说明地理环境与人类社会的关系提供了必要的前提。

那么，地理环境对于人们的心理状态、气质性格就没有任何影响吗？回答应该是否定的。在人类文明起源时期，某个人类共同体从事于何种物质生产活动，主要是由他们所生存于其中的某种地理环境所提供的自然条件决定的。例如，生活在高原、草原地带的人们主要从事畜牧业，生活于大河流域的民族多过着农耕生活。而当人们在从事某种具体的物质生产活动，"作用于他身外的自然并改造自然时，也就同时改变他自身的自然"，"通过生产而发展和改造着自身，造成新的力量和新的观念，造成新的交往方式、新的需要和新的语言"。正是在这种由某种特定的地理环境的制约而形成的长期的物质生产实践活动中，某个民族逐渐形成了具体的、具有某种特点的气质性格和心理状态。此外，一个民族的气质性格的形成，在相当大的程度上还受到社会、政治及精神生活的影响。但是，这些社会、政治及精神生活也是建立在这个人类共同体的物质生产活动的基础之上的，"物质生活的生产方式制约着整个社会生活、政治生活和精神生活的过程"。

人们的某种气质性格的形成，关键在于参加了在某种地理环境中形成的具体的物质生产活动以及在此基础上形成的社会、政治和精神生活，才和自然界发生了联系，受到地理环境的影响。

马克思、恩格斯关于地理环境与人类社会关系的学说，可以说也是一种"地理环境决定论"，但这是唯物史观的"地理环境决定论"，与以孟德斯鸠为代表的"地理环境决定论"存在着很大区别。马克思、恩格斯唯物史观特别强调，物质生产活动是人类社会最基本的实践活动，正是在物质生产活动中，在与自然界进行物质交换的过程中，人类社会才与地理环境发生了最直接、最主要的联系。地理环境因素作为生产过程之一的劳动对象，在人类文明初期，对人类的物质生产活动产生着直接的、决定性的影响，并通过对物质生产活动的影响，间接地影响到人类社会生活的其他方面及整个社会以后的发展进程。马克思、恩格斯的这一学说是符合人类社会历史发展的实际情况的，是其唯物史观在地理环境与人类社会关系问题上的科学表述，这也为我们解释为什么不同地区的人类文明呈现出不同的特色，走着不同的发展道路，提供了重要启示。

二、人定胜天论简介

人与自然的关系是哲学、科学思想史的重大课题。我国古今思想可分为"合天论"

与"胜天论"两大流派，概述其历史发展和演变。高度评价"人与天调"、"道法自然"和"天人合一"的积极思想价值，指出合天论在几千年中占据的主导地位。列举诸多胜天论的史料（若干不为学界所提及），说明在生产力低下的古代胜天论的历史作用。本节着重指出，20 世纪 50 年代始在事实上作为指导思想的"人定胜天"，阉割和窜改了古人的原意（其中"定"不是"必定"，"胜"不是"战胜"），成为反自然、反科学的口号，对生态环境大规模灾难性的破坏，起到直接的作用，必须引起深刻的反思。

1. 历史概念

"人定胜天"这一命题表明了人在自然界中的位置、人与自然的关系，它不仅是中国思想史、科学史的研究对象，而且反映在当代中国"改造自然"的科学政策中。作为指导性的理论或思想路线，几十年来在广阔的领域产生了深刻的影响。因此，探讨"人定胜天"的观念及其影响在研究中国科学思想史和当代科学政策中具有基本的重要性和现实意义。

中国人心目中的"天"具有主宰之天、道德之天、命运之天、物质之天、自然之天等多种含义，在"人定胜天"中指的是大自然。我国学术界经常把"人定胜天"看作积极进取的唯物主义口号，本节将对这一思潮的背景、形成、发展、影响与后果作概括的回顾，指出它的片面性和局限性，特别在已进入环保时代的今天，仍在使用这一未经严格定义的口号，应当进行历史的反思。

2. 胜天论：附有前提或条件

中国古代神话保存了上古时代的传说，有的曲折反映出人同自然界的矛盾和斗争，如《山海经》中的"精卫填海"、"夸父逐日"、"禹治洪水"，又如《淮南子》中的"女娲补天"、"羿射十日"等，故事中的人物成为千古传颂的英雄。以"精卫填海"为例："炎帝之少女，……游于东海，溺而不返，故为精卫，常御西山之木石，以堙于东海。"（《北山经》）晋代诗人陶渊明（365～427）写道："精卫御微木，将以填沧海"（《读〈山海经〉》）。歌颂斗争和反抗的精神，在想象中人们总是希望人类比自然更强大。

在一本失而复得的古书《逸周书》中首次出现了"人强胜天"的命题。此书旧题《汲冢周书》，晋太康二年（公元 281 年）在一古墓出土的竹简中被发现。但据考证，此说有误。然而此书被认为"春秋时已有之"。由于它来历不明，古今引用"人强胜天"者极少，可以说是鲜为人知。

约与孔子同时，春秋末期吴国大夫伍子胥（？～前 484）说过："吾闻之，人众者胜天，天定亦能破人。"（《史记·伍子胥列传》）这里的"定"不作"必定"解，一种解释是"发挥它之所长"。可见约 2500 年前，中国人已清楚地看到人与自然各有所长，而人多势众，则有力量克服自然带来的困难。

战国晚期赵国思想家荀况（前 313～前 230）在《荀子》一书中系统论述了人与自然的关系。在《天论》篇的开始，他提出"天行有常"，接着阐述"明于天人之分"，即人与自然各守其职分，人"不与天争职"，即不能超越自己的能力和职分去取代自然，达到与天地"参"，即天时、地财与人治三者互相配合，为此，人须"知其所为，知其

所不为",在这样复杂的前提下,引出一篇堂皇的议论:

　　大天而思之,孰与物畜而制之!

　　从天而颂之,孰与制天命而用之!

　　望明而待之,孰与应时而使之!

　　因物而多之,孰与聘能而化之!

　　思物而物之,孰与理物而勿失之也!

　　愿于物之所以生,孰与有物之所以成!

　　荀子"制天命而用之"是先进的思想,产生了较大影响。

　　东汉初年的哲学家王充(公元27～97)在《论衡·自然》中阐发了"天道自然"的命题。他继承了荀子积极进取的思想,分析和批评了董仲舒"天人感应"和神学迷信,但他亦有人的生死贵贱"皆由命也"的感慨。

　　唐代文学家、哲学家刘禹锡(公元772～842)在《天论》上篇论述道:"大凡入形器者皆有能、有不能。天,有形之大者也;人,动物之尤者也。天之能,人固不能也;人之能,天亦有所不能也。故余曰:天与人交相胜耳。"在《天论》中篇关于"天与人交相胜"回答持有不同意见者时,他说:"天非务胜乎人者也,何哉?人不宰则归乎天也。人诚务胜乎天者也,何哉?天无私,故人可务乎胜也。"刘禹锡发挥了荀子"知其所为,知其所不为"的思想,指出天与人各有所能亦有所不能。在这里,"胜"是"胜过"、"优于"、"强于",并非突出"战胜"之意。承续上文,是比较天与人的能力。他的"人务胜乎天"在"天人交相胜"的前提下,同20世纪所流行的"人定胜天"意义有重要的差别。利用古人的只言片语、篡改他的原意而为今所用是一种实用主义态度。其实,刘也有"天为人君,君为人天"(《砥石赋》)的诗句,意即"上天是人民的主宰,君主是人民的上帝",因此他不可能有人一定战胜上天的概念。

　　南宋学者刘过在《龙川集·襄阳歌》中写道:"人定兮胜天,半壁久无胡日明"。金元时的官员和史学家刘祁在《归潜志》中说:"人定亦能胜天,天定亦能胜人。大抵有势力者,能不为造物所欺,然所以有势力者,亦造物所使也。"两例中的"定"字均不作"必定"解,一解为"谋略";一解为"长处",或指处于某种状态。两例中的"胜"字均为"优于"、"强于",后者所说的"胜天",指"不为造物所欺"而已,无战胜自然之意。直到近代,因传播西方学术而著名的思想家、翻译家严复(1853～1921)大力提倡救亡图存,"与天争胜",即与自然和命运抗争,进行了系统和详尽的论述。他的思想来源,已超出传统的胜天论的范畴。

　　在中国历史上,作为"合天论"的补充,"胜天论"发挥了积极的作用。人类早期生产力低下,从事艰苦的体力劳动,而对险恶的自然环境,必须克服不利条件,改造自然,以利于人类繁衍生息,因此"胜天论"充满活力,受到学者的重视。但是,详尽论述"胜天论"的著作很少,有的只是只言片语,有的是诗歌、散文,与其说是科学的,不如说是文学的。因此,它没有形成支配的思潮。刘禹锡"人务胜乎天"的观点,在此后1000多年的科学思想史上,并没有产生多少影响。

3. 20 世纪 50 年代后"人定胜天"在中国大陆盛行

从古希腊开始，西方民族一般比较侧重于处理人与自然的矛盾。如果借用"胜天论"这一名词，可以认为在文艺复兴之后，特别在 18、19 世纪，西方"胜天论"获得了相当的成功。科学技术的巨大进步向保持人与自然协调一致的东方发起了严重挑战。20 世纪中期，伴随着社会主义在中国的胜利，"改造自然"的宗旨深入人心。"人定胜天"便是它的中国版本，应运而生，广为传播。当然，这也与毛泽东的个性、爱好与影响力直接相关。

毛泽东具有诗人的气质和反抗的精神，他在青年时代说过："与天斗，其乐无穷！与地斗，其乐无穷！"这与"人定胜天"的表述方式非常相似，其精神实质也有共同之处。他很喜欢《列子·汤问》中的寓言"愚公移山"，并引用它写过一篇重要的政治论文，号召人民学习愚公，移走压迫人民的"三座大山"。此文针对的是社会问题，并非关涉自然。

毛泽东很欣赏刘禹锡和唐代另一位文学家柳宗元（773～819）的诗文和哲学及政治观点。柳宗元在《天说》中抨击了神学，而刘禹锡在《天论》三篇中阐发了无神论和"天人交相胜"、"人务胜乎天"。这在当时是进步的，具有超前的意义。在"文化大革命"中，毛泽东否定儒家文化，曾批评诗人、史学家郭沫若从柳宗元的立场倒退。

20 世纪 50 年代后期以来，特别是在"大跃进"和"文化大革命"中，"人定胜天"同"改天换地"、"愚公移山"等成为处理人与自然关系的最响亮的口号。学者对它在破除神学迷信和焕发革命精神中的积极作用津津乐道。"人定胜天"从未被怀疑过，每谈及它，甚至带着崇敬的心理。例如，70 年代初流行的一本哲学书中说："（荀子）强调人要与自然作斗争，并进而征服自然，这是光辉的人定胜天思想。"对自然凡讲"斗争"、"征服"，均带有神圣的光环。

直到 90 年代，学者们仍然认为"人定胜天"并非片面强调人与自然的斗争，现在生态环境的恶化，并非是在"人定胜天"的思想指导下产生的后果。

因此，很有必要追溯"胜天论"的历史根源，所谓"究天人之际，通古今之变"。本节作者强烈认为，必须把古代的思想同 20 世纪"人定胜天"的口号作严格的区分。

4. 对 20 世纪"人定胜天"的分析与批判

20 世纪 50 年代以来流行的"人定胜天"，其含义是"人一定能战胜自然"。这是一个未经严格定义的口号。大量的事实可以证明，在处理人与自然关系的活动中，它已成为指导性的观念，几十年来产生了广泛的影响，很有必要进行历史的反思和深入的批判。

从思想来源来看，首先，它区别于中国古代一系列有关命题。如前所述，荀子的学说"制天命而用之"和刘禹锡"人务胜乎天"都有明确的前提，天与人有职分之不同，人须知其所为、知其所不为；天与人各有所长，各有所能，亦有所不能。他们是实事求是的，决非妄自尊大，以天为敌。《归潜志》将"天定亦能胜人"与"人定亦能胜天"相提并论，表明两命题具有相同的价值，互为前提。而我们看到的口号"人定胜天"则断章取义，舍去了这些必要的前提。

"人强胜天"(《逸周书》)、"人众者胜天"(伍子胥)、"人定兮胜天"(《襄阳歌》)中"强"、"众"、"定"均为人所以胜天的条件,新的口号将"定"字理解为"一定",即完全舍弃了这些必要的条件。特别是,将"胜"字解释为"战胜",窜改了"优于"、"长于"的含义,完全将自然置于敌对的位置。无论是有意的还是无意的,经过以上的阉割和篡改,20世纪的"人定胜天"失去了历史上的原意,变成了人类妄自尊大、可以为所欲为的口号,而自然界则变成了终究要失败的敌人,可以长期斗争,战而胜之,取而代之。

其次,它与西方传入的社会主义思想也不相同。恩格斯说:"我们这个世纪面临的大改革,即人类同自然的和解以及人类本身的和解。"他特别指出人类"征服自然"取得的胜利是有代价的,"如果说人靠科学和创造天才征服了自然力,那么,自然力也对人进行报复,"并警告人们不要陶醉于这种胜利,因为到后来产生了"完全不同的、出乎意料的影响,常常把第一个结果"取消了。(第18卷,p.342)因此,这种胜利是虚假的、靠不住的。但他的论点并没有被人们接受,在19世纪的西方如此,在20世纪中的中国亦然。从字面上看,"人定胜天"的口号简练有力,颇有气势,这可能是许多学者喜欢它的原因。但它存在片面性。首先,它强调人与自然的矛盾斗争,忽略了人与自然的和谐统一,这是"胜天论"的基本观点决定的。其次,它夸大人对自然的作用,藐视自然存在的客观前提,这是从刘禹锡"交相胜"观点的倒退。再次,它只看到改造自然的成就,完全无视破坏自然的恶果,满足人类自以为是、急功近利的心理。"人定胜天"的口号还存在局限性,它不能回答两个根本性的问题:第一,按什么标准去改造自然?第二,用什么方法去改造自然?

5. 20世纪50年代以来"人定胜天"的实验结果

40年前,人类在生态学方面还处在蒙昧状态,对于空气、水、土地污染、资源破坏、砍伐森林、野生生物减少、水土流失及环境公害等熟视无睹、麻木不仁。曾几何时,主宰、控制、征服、战胜自然,充满人的头脑,成为最英勇的口号。李约瑟(N. J. T. M. Needham)认为,"人主宰自然"这种狂热是欧洲科学思维中最具有破坏性的特点之一。60~70年代在西方,由于工业化的积累,人们饱尝了各种污染、公害和灾难带来的痛苦。美国学者、生物学家莱切尔·卡逊(Rachel Carson)在著名的《寂静的春天》(Silent Spring)中指出,"控制自然"这个提法是一个妄自尊大的产物,是生物学和哲学低级、幼稚的产物,是科学上蒙昧的产物。

类似的情况也发生在中国,1958年开始的"大跃进"和延续十年的"文化大革命",表现出人似乎无所不能、无往不胜。为了实现工业和农业高产,在"改天换地"、"人定胜天"的口号下,人们狂热地、有时是不自觉地投入了大规模破坏自然的活动。

我们仔细审视那个历史时期发生的与自然界有关的一系列事件,分析各种事件的联系,而非就事论事,探求它们产生的思想背景,就会相信"人定胜天"已形成了影响全局的主导思想。这些事件有压制马寅初的人口论,使中国人口失控,所谓"人多、热气高、干劲大";砍伐树森,破坏草场,围湖造田,所谓"开荒开到山顶上,插秧插到湖中央";大炼钢铁,"两条腿走路","土法上马",土法开矿、冶炼,土法办厂,破坏了资源，污染了环境；消灭四害（蚊、蝇、鼠、雀等），掠夺性开发野生动植物资源……所有这些都破坏了生态环境，使经济的发展受到严重遏制，最终受到大自然的报复和惩罚。

实践结果证明，"人定胜天"是一个貌似英勇的口号，实则是人们缺乏科学的精神、先进的技术和有效的组织，而把大自然当做敌人一样的长期斗争的对象，陶醉于虚假的"胜利"之中，狂热地犯下了不可挽回的错误。现在，40年前开始的那场灾难的后果日益显现，时时见诸报端。以长江流域生态环境破坏的恶果来看，实在是触目惊心。也许，我们不可以把一切灾难性后果都归咎于"人定胜天"，但至少应进行政策的检讨，以恢复它的历史面貌。更重要的是，在新的世纪使中国的自然界恢复到良性循环，使中国的经济社会得到持续发展。

三、人地和谐简介

"人地和谐论"与古代的"天人合一"论是相一致的。

人与自然的关系这一重要的课题在中国古代思想史中具有非常丰富的内容。"传统文化追求人与自然的和谐统一"。"在中国人看来，自然界是一个有机的整体，人是宇宙的缩影，人和自然应该通过相互作用而达到辩证统一"。这种观点可以追溯到《易经》。《易经》中模仿天地、经纬万物的思想影响深远，它的哲学反映出古人留心仿效自然、顺应自然，而不是克服它、战胜它，体现出仔细观察、认真求知的科学精神。

春秋前期政治家管仲（？～前645）在《管子·五行》中阐发"人与天调，然后天地之美生"的命题，并将这一基本观点应用于农业和生态保护，提出"山林虽广，草木虽美，禁发必有时，……江海虽广，池泽虽博，鱼鳖虽多，网罟必有正"（《管子·八观》）。这些约束性要求，具有十分重要的意义。他反复强调"衡顺山林，禁民斩木"（《五行》），"毋行大火，毋断大木，毋斩大山，毋戮大衍"（《经重乙》）。可见在2650多年前就具有人与自然相协调的思想，闪耀着东方智慧的光辉。

春秋时的思想家老聃在《老子》中提出"道法自然"的观点，即道家的最高原则是师法自然、顺应自然，认为"天道无为"，自然之道并无有所作为的目的，并且"生而不有，为而不恃，长而不宰"，听任万物自由发展。战国时的思想家庄周（前369～前286）在《庄子》中表达了"万物与我为一"的思想，认为"庸讵知吾所谓天之非人乎？所谓人非天乎"（《庄子·大宗师》）。他要求"无以人灭天"，认定一切的人为都是对自然的损害。春秋末期的思想家孔丘（前551～前479）继承了商周的"天命"思想，他说"五十而知天命"（《论语·为政》）。天命论认为上天能把它的意志传达给人类，并决定人类的命运。孔子之孙孔伋，即子思（前483～前402）的《中庸》提出"天命之谓性"。孔子学派的另一思想家孟轲（前372～前289）发展了天命论，认为"知其性，则知天矣"（《孟子·尽心上》）。儒家学派对天命论多有阐述，产生了极大影响。

西汉哲学家董仲舒（前179～前104）提出"天人感应"的神秘学说，认为"天人之际，合而为一"（《春秋繁露》）。他是一个文化专制主义者，依靠皇权实现了独尊儒术，形成了封建的神学体系。南宋哲学家朱熹（1130～1200）提倡"天人一物，内外一理"，他说："天命，谓天所命生人者也。"天命论叫人安于命运，不利于促进科学发展。

儒家学派多从抽象的理、性、命等方面论述天人合一，一般说来他们并不重视人与自然界的直接关系。但是，儒家关于"天人合一"、天命论的著述很多，在2500多年的历史中形成了思想界的主流，影响到人在同自然界打交道时的观念，在天文学、地理学、生物学、医学、农学中形成了指导性的思想，许多现代学者认为"天人合一"的思想至今在保护生态环境中具有积极的意义。

人类是大地的产物，也在这片大地上生存发展，既依存于大地的环境与资源，又通过对环境的改造以利于人类的发展需求。但当人类为满足自己无止境的需求而将自己的行为强加于环境，超过了大地和环境自身的修复能力时，人类必然会遭到大地的无情报复。因而人类必须善待自然，不懈地追求人地和谐，只有在人地和谐中人类才可能保障自身的健康、高效、持续发展。

中国属于产业落后、人口众多的国家，人均资源处于世界最低国家行列，工业化进程尚未完成，生态和环境问题成为我们经济和社会可持续发展的重要制约因素，因而在经济发展过程中注重生态和环境问题，是每一个人的责任和义务。

江泽民同志于1999年6月17日在西安召开的关于西部发展的座谈会上指出："由于千百年来多少次战乱、多少次自然灾害和各种人为的原因，西部地区自然环境不断恶化，特别是水资源短缺，水土流失严重，生态环境越来越恶劣，荒漠化年复一年地加剧，并不断向东推进。这不仅对西部地区，而且对其他地区的经济社会发展也带来不利的影响。改善生态环境，是西部地区的开发建设必须首先研究和解决的一个重大课题。如果不从现在起，努力使生态环境有一个明显的改善，在西部地区实现可持续发展的战略就会落空。"

要有效解决生态和环境问题，就有必要对生态和环境的人地关系问题给予分析，追根寻源、全面把握、掌握重点，以便更有效、更有针对性、更理性科学地规范人类自身的行为，在人类生产经营和社会生活中与环境协调发展。

生态恶化已成为我国面临的重大挑战，沙化、盐碱化和退化草地每年增加200万hm^2，水土流失面积每年新增1万km^2，荒漠化土地每年扩展2460km^2。我们面临着生态破坏和环境污染的双重压力，这成为我国经济可持续发展的最大障碍和难点。

1. 生存与发展——人类对自然不可回避的争斗

人类是从自然中分化、游离出来的精灵，是自然生态圈中的一个组成部分，在生态循环链中、在与生态环境的相互矛盾斗争中生存与发展。迫于强大的自然力量，人们不仅从生理上同自然做着艰难的斗争，而且从心理上将自然敬为神灵，顶礼膜拜。例如，生于中国本土的儒家学说、道教，以及从"西天"引进并在中国生根、发展、壮大的佛教等，都崇尚"天人合一"、"燮理阴阳"、"辩证调和"、"道法自然"的哲学思想，而且这种观念深入人心，加上中国人民勤劳节俭的百姓生活习惯，其能量需求长期处于低水平生存维持状态，因而由于战乱和封建统治阶级奢侈豪华的生活对自然的无情掠夺也时常造成生态的破坏和大自然无情的报复，将"风吹草低见牛羊"的大西北变成了荒漠千里的戈壁沙滩，但总体上看，到 20 世纪初，我国生态环境和淡水资源水质基本维持在自然可更新状态下。

人之所以成为万物之灵，就在于对自然的干预能力大大增强，渔猎、游牧、开垦种植、开矿冶炼、制造、工业化……随着人口的高速增长和生活水平的提高，人类向自然索取的力度、速度和规模都在不断扩大，对自然环境的破坏力度也在不断增加。当干预程度超过了自然自身净化能力的时候，生态循环中某个脆弱环节、断裂就会造成中断、逆向等恶性循环，使人类自身生存环境不断恶化，最终危及人类的生存、健康和发展。例如，两河文明的消亡（幼发拉底河、底格里斯河）、阿斯旺大坝的争议、热带雨林的减少、许许多多动植物的灭绝、我国西部地区的水土流失、土地荒漠化、能源矿产资源的日益紧缺、全球气候灾害等，这种人地矛盾始终伴随着人类成长的全过程，成为人类应该高度重视的关乎自身生存的重大课题。

2. 人地和谐——人类生存发展的永恒主题

人类生活在环境中，要向自然界索取各种资源以维持自身的生存与发展。然而自然资源是有限的，无止境地索取只能是饮鸩止渴，只有对环境中的自然资源合理地开发，才能使人类与环境和谐相处。生存在一个良好的环境中，才能真正实现"可持续发展"。一方面人类为了生存和发展要开发利用环境中的自然资源，对环境和资源造成不良影响；另一方面人类为了自身永久的生存与发展，又不得不有意识地保护环境和自然资源，对开发利用自然资源的行为进行自我监督和制约，以此来维持人地的和谐相处。尽管人类自我制约的方式不同，或先发展后治理（发达资本主义国家已经走过的道路），或边发展边治理（许多发展中国家正在走的道路），但都在竭力保持人类与自然的和谐，因为人们已清醒地认识到对大自然的无情掠夺其结果是对人类自身的残杀。从古到今，人类已为此付出了无数惨痛的代价，旱灾是西北地区的重大自然灾害，"伊洛竭而夏亡，河竭而商亡，三川竭而周亡。"（《国语周语》）。据陕西 1949～1989 年统计，年平均受旱面积达 184 万 hm²，约占全省耕地面积的 18%，受旱面积和成灾面积比为 10∶4。1962～1997 年黄河发生 20 次断流，1997 年断流 226 日。与旱灾相对应的是洪灾，如黄河大水灾在宋代每 30.2 年发生一次，明代 11.3 年一次，清代 5.3 年一次；从公元前602～1949 年的 2500 多年，黄河决口泛滥有 543 年，决口 1950 次，改道 26 次，而长江 1998 年雨量小于 1954 年，但下游洪峰多于、高于、危害损失大于 1954 年，其根本原因就在于对上游森林生态的巨大破坏。周代黄土高原森林区有 3200 万 hm²，覆盖率53%，先秦时还有 45%，但到现在已下降到不足 10%；在 115 万 km² 的长江上游流域内，50 年代水土流失面积是 29.95 万 km²，发展到现在已超过 40 万 km²。人地矛盾的尖锐化最终造成人类自身的灾难；人地的和谐无疑成为人类生存与发展永恒不变的话题。

"天人合一"是中国古代先哲老子提出来的。"人地和谐"思想，实质上与生态平衡有关。生态平衡指的是生态系统中，通过生物链和其他自然因素来维系的一种平衡状态，它包括两方面的稳定：①生物种类的组成和数量比例相对稳定；②非生物环境条件（如空气、阳光、水、土壤等）相对稳定。

生态平衡是一种动态平衡。比如，一个生物种群中的个体会不断死亡和新生；但从总体上看，整个种群数量没有剧烈变化，因此系统保持相对稳定。

生态系统一旦失去平衡，会发生非常严重的连锁性后果。例如，50年代，我国曾发起把麻雀作为四害来消灭的运动。然而，在麻雀被大量捕杀之后的几年里，却出现了严重的虫灾，使农业生产受到巨大的损失。后来科学家们发现，麻雀在大自然中要吃大量的虫子。麻雀被消灭了，天敌没有了，虫子就大量繁殖起来，结果虫灾暴发，引起农田绝收。

生态平衡是大自然经过了很长时间才建立起来的动态平衡。一旦受到破坏，有些平衡就无法重建了，带来的恶果可能是人的努力无法弥补的。因此人类要尊重生态平衡，帮助维护这个平衡，绝不要轻易去干预大自然，打破这个平衡。

生态系统中的能量流和物质循环在通常情况下（没有受到外力的剧烈干扰）总是平稳地进行着，与此同时生态系统的结构也保持相对的稳定状态，这叫做生态平衡。生态平衡的最明显表现就是系统中的物种数量和种群规模相对平稳。当然，生态平衡是一种动态平衡，即它的各项指标，如生产量、生物的种类和数量，都不是固定在某一水平，而是在某个范围内来回变化的。这同时也表明生态系统具有自我调节和维持平衡状态的能力。当生态系统的某个要素出现功能异常时，其产生的影响就会被系统做出的调节所抵消。生态系统的能量流和物质循环以多种渠道进行着，如果某一渠道受阻，其他渠道就会发挥补偿作用。对污染物的入侵，生态系统表现出一定的自净能力，这也是系统调节的结果。生态系统的结构越复杂，能量流和物质循环的途径越多，其调节能力，或者抵抗外力影响的能力就越强。反之，结构越简单，生态系统维持平衡的能力就越弱。农田和果园生态系统是脆弱生态系统的例子。一个生态系统的调节能力是有限度的。如果外力的影响超出这个限度，生态平衡就会遭到破坏，生态系统就会在短时间内发生结构上的变化，比如，一些物种的种群规模可能发生剧烈变化，另一些物种则可能消失，也可能产生新的物种。但变化的总结果往往是不利的，它削弱了生态系统的调节能力。这种超限度的影响对生态系统造成的破坏是长远性的，生态系统重新回到与原来相当的状态往往需要很长的时间，甚至造成不可逆转的改变，这就是生态平衡的破坏。人类作为生物圈一分子，对生态环境的影响力目前已经超过自然力量，而且主要是负面影响，成为破坏生态平衡的主要因素。人类对生物圈的破坏性影响主要表现在三个方面：一是大规模地把自然生态系统转变为人工生态系统，严重干扰和损害了生物圈的正常运转，农业开发和城市化是这种影响的典型代表；二是大量取用生物圈中的各种资源，包括生物的和非生物的，严重破坏了生态平衡，森林砍伐、水资源过度利用是其典型例子；三是向生物圈中超量输入人类活动所产生的产品和废物，严重污染和毒害了生物圈的物理环境和生物组分，包括人类自己，化肥、杀虫剂、除草剂、工业三废和城市三废是其代表。

人与自然的和谐需要三种态度。胡锦涛同志关于和谐社会的权威论述中，谈到了人与自然和谐相处，强调要加强生态环境建设和治理工作。的确，人与自然和谐相处是和谐社会应有之意。那么，如何构建人与自然相和谐的社会呢？我们认为，在处理人与自然关系上，应倡导三种态度。

倡导一种尊重自然、善待自然的伦理态度。我们必须意识到，自然环境不是我们欲望的函数，而是我们赖以生存的母体。人类与自然环境之间有一条永远割不断的脐带，当我们从自然母体中汲取营养而创造文明时，我们不要忘记自然母亲的恩德，更不能做一个以怨报德的不肖子孙。人不过是自然之子，我们无时无刻不受自然的恩惠，我们的生存无不依赖于自然生态系统。这个系统中的所有资源，如土壤、空气、水、气候、森林、草原和各类动植物，对我们来说都是生死攸关的。我们的命运与大自然的命运紧密交织在一起，就如同心灵和躯体一样密不可分。今天，我们不能再以一个征服者的面目对自然发号施令，而必须学会尊重自然、善待自然，自觉充当维护自然稳定与和谐的调节者。从一个号令自然的主人，到一个善待自然的朋友，这是一次人类意识的深刻觉醒，也是一次人类角色的深刻转换。实现这一角色的转换不仅需要外在的法律强制，更需要我们的良知和内在的道德力量。我们需要一种新的伦理学，以便为我们适应这种新的角色建立起新的道德准则和行为规范。

我们倡导一种拜自然为师、循自然之道的理性态度。纵观许多古文明的兴衰，我们发现，这些文明之所以从强盛走向衰落，是因为它们在文明发展过程中很少或根本没有遵循生态规律，对自然界肆意开发和掠夺，从而导致自然生态系统的崩溃，最终酿成文明的衰败。美索不达米亚文明如此，玛雅文明如此，哈巴拉文明也如此。

直至今天，我们仍未从中汲取应有的教训，甚至采用更加强大的手段破坏着更大范围的生态系统。如果说过去的农业文明和游牧文明破坏的只是局部的生态系统，最终导致一个区域性的文明衰败；那么现在的工业文明破坏的则是整个地球生态系统。难以设想，一个失衡的地球怎么能够支撑起一座庞大的文明大厦呢？因此，我们必须从现在起，拜自然为师，循自然之道，从自然界中学习我们的生存和发展之道。我们不要过度迷恋人类无所不知、无所不能的信条，实际上，现存的环境问题往往是我们对自然无知或知之甚少的结果，它的最终解决办法需要我们到自然生态系统中去发现和掌握生态规律。只有这样，我们才能摆脱目前的困境。

倡导一种保护自然、拯救自然的实践态度。几千年来，文明人足迹所过之处常常留下一片沙漠，这是文明的悲剧。人类在不断吞噬自然的躯体，同时也在品尝自己所酿造的苦酒。今天，我们比任何时候都能领略到气候变化的威胁。有数据显示，全球气温自1800年以来一直缓慢上升，20世纪是过去600年间最热的一个世纪。如果我们再不改变自己的行为，在自然界面前依然我行我素，那么，数百年后，巨大的热浪将会席卷地球的每一个角落，海洋中漂浮的冰山将会融化得无影无踪。到那时，也许泰坦尼克号的悲剧不会重演，但更为严重的全球性的悲剧将会不期而至。面对如此情景，我们必须以人类的良知、远见和气魄，采取果断的行动来弥补我们的前人以及我们自己对自然所犯下的过错。保护自然，修复自然，维护自然生态系统的平衡，应当是我们义不容辞的责任。

建立人与自然的和谐关系，就是保持人与自然之间的平衡与协调。我国把"人与自然和谐相处"作为和谐社会的基本特征之一，这既是对人与自然关系的正确定位，又是对社会主义社会特征的一种新认识。

建立人与自然的和谐关系，就是保持人与自然之间的平衡与协调，形成人与自然和谐的价值取向和思维模式，走可持续发展之路。在与自然和谐相处的方面，某些动物做得比人类要睿智得多。作家姜戎在《狼图腾》小说中为我们描述了蒙古草原狼的生活景况，一则关于狼捕食的细节着实值得人们感念：以狍子肉为美食的狼在发现一窝狍子时，它们即使没有吃饱也不会将狍子"赶尽杀绝"，总是留着几只小狍子让其存活下来。或许在狼简单的大脑里已经意识到：如果食物链不再延续下去，等待它们的将是生存的危机。为了自己的明天依然能过足实的生活，狼群努力维系着与自然生物的和谐关系。狼且如此，何况人乎！

其实，与自然的关系古人早已有所认识。我国传统哲学中有不少关于人与自然的论述，教育人们要尊重自然、保护环境。在生产力水平相对较低、人类活动对自然界影响较小的情况下，古人强调"天道"和"人道"、"自然"与"人为"的相通、相类和统一。这种朴素的"天人合一"的观点使古人与自然形成了亲近和谐的关系。

如今，我们提倡人与自然和谐相处的科学发展观，不是对遥远过去的简单重复和回归，而是自然意识的全面发展和升华，是基于对自然规律更深的理解和把握，更是基于对可持续发展的追求和渴望。我国把"人与自然和谐相处"作为社会主义和谐社会的基本特征之一，这既是对人与自然关系的正确定位，又是对社会主义社会特征的一种新认识。具体来说，"人与自然和谐相处"是指生产发展、生活富裕、生态良好的高度统一状态。其中，生态良好是生产发展、生活富裕的前提和保证，能够从根本上促进人与自然的和谐共处。

当前，在人类对自然规律掌握仍然有限的情况下，需要慎重处理与自然的关系。人类应该尊重自然、善待自然，自觉充当维护自然稳定的调节者，从而达到与自然和谐相处的境界。虽然某些对人类不利的自然因素（如洪水、干旱、风暴、地震、海啸等）从开天辟地以来就存在，不以我们意志而改变；但对此类自然问题，人类可以采取一些有力措施，从而减少它的消极影响和破坏力，使自己得以更好地生存。只要人们能够正确认识自然，合理改造自然，充分利用自然，有效保护自然，自然就能够成为人类的挚友，为人类谋福利、创幸福，让人类感受到自然的博大胸襟和优美环境。

人类几千年的文明发展史，是以巨大的环境和资源代价换来了经济的增长和社会的进步。在相当长的历史时期，以征服自然为目的，以科学技术为手段，以物质财富的增长为动力的传统发展模式，在一定程度上使人类改造自然的力量转化为损害人类自身的力量，人类在征服自然的同时却变成了被自然征服的对象。的确，人们从世纪性洪水的咆哮和干旱的肆虐，以及席卷华夏大地的沙尘暴的喧嚣中，分明感悟到了大自然正向人类宣战。尽管每次自然灾害都被众志成城的我们所战胜。但这种胜利所昭示的只是在面临生死之交，一种同舟共济、奋力拼搏的民族精神。从某种意义上说，这只是将灾害降低到最低限度的一种自救。除此之外，我们要做的应是冷静地反思人与自然的关系，思忖一下，如何去营造人与自然和谐的环境。

早在100多年前，恩格斯就告诫人们要充分认识到人类与自然的关系，不要去做破坏自然环境的蠢事。他在不朽名著《自然辩证法》一书中写道："我们不要过分陶醉于我们人类对自然界的胜利，对于每一次这样的胜利，自然界都要对我们进行报复……因此我们每走一步都要记住，我们统治自然界，绝不像征服者统治异族人那样，像站在自然界之外的人似的，相反地，连同我们的肉、血和头脑都是属于自然界和存在于自然界之中的……"

我们早已习惯以无法阻挡的霸气统治和主宰着地球，国人何以不能胜天？可是，"今天不为长江忧，明天便为中国哭"。滔滔不绝的洪水、满天飞扬的沙尘暴、连绵不断的自然灾害，是大自然对人类无限制索取的报复。科学研究成果告诉我们，中国 960 万 km^2 的土地，能承载的人口数极限是 17 亿左右，国人的人口生产离这个极限不需要 20 年，到那时我们无论怎样地围海造田、开山垦田，可耕种的土地和粮食增长都将被过分增长的人口所抵消。土地、森林、江河、山陵、湖泊在人口的重压下，就要发出难以承受的呻吟。

科学的发展观要求把人与自然和谐发展作为全面建设小康社会的重要目标，在经济建设中遏止盲目投资和低水平重复建设，切实转变经济增长的方式，建设资源节约型社会，已成为有识之士的共识。全面建设小康社会，实现现代化，不能走国外"先发展、后治理"的道路，应正确处理好经济发展与保护环境之间的关系，营造人与自然和谐发展的良好环境，使大自然更好地造福于人类。当无情的自然灾害吞没了国人的生命、房屋、牲畜和庄稼，我们会不会意识到这是大自然向我们人类发出的警告？能不能深刻地反思一下人类与自然的关系？每当我们利令智昏、盲目自大地奴役自然、虐待地球的时候，能不能想到我们得到的将是灭顶之灾。人与自然的和谐发展必须依赖全民族环境意识的培养和加强，形成保护环境、人人有责的良好社会风尚，并内化为自身的文化观念。人类啊，还是尊重自然规律，顺应历史潮流，做天人相谐的地球之子吧！那样我们自身和我们的子孙才能生活得更加美好。

要实现人与自然的和谐相处，就必须实现人文精神与科学精神的有机统一。和谐则发展，不和谐则变异，这是千古不变的真理。这就需要重新反思人与自然的关系，树立"天人合一"的协调发展理念。

第八章 地球科学方法的发展特征

第一节 科学方法的作用与意义

诺贝尔生理学奖获得者巴甫洛夫曾经说过,"科学是随着研究方法所获得成就前进的"。由此可见,科学方法是人们探索世界、获取知识的途径和程序,也是共同体据以评价、接收理论的标准;它既是既往认识成果的结晶和程序化,又为未来科学的形成和发展定向开路,使其规范化、效率化和最优化。

科学技术的突破为地球科学研究方法的发展注入了强大的动力,是地球科学方法演变的主要影响因子。

在地球科学形成初期,显微镜技术的发明和引入地学,促进了晶体光学、光性矿物学一整套系统的技术方法和理论的形成,开辟了观察微观世界的天地;把成分研究与结构构造研究糅合在一起,使矿物岩石学获得了长足发展,形成了系统的新的研究方法。继而矿物 X 射线分析结构方法及高温高压实验手段的出现,把矿物学引向矿物物理学、矿物材料学等新的学科发展方向。高精度地震反射法的突破引起了地层学的革命,层序地层学和沉积体系理论随之产生,使能源勘察跨上了一个新的台阶。深地震反射法及地震层析成像理论和方法的开展,解决了如何探测大陆深部构造特征及成分变化的难题。这些新技术的出现,都为当时的地球科学研究方法的进步提供了动力。

人类对物质世界一直是从微观和宏观两个层次进行探索研究的,并创造出了现代物质文明和精神文明。随着科学技术的发展和理论的不断创新,特别是 20 世纪 30 年代以来,人们越来越感到仅用传统微观和宏观两个尺度去研究物质世界,显然是力不从心,缺少精致性和准确性,所以,便有了量子力学和相对论等科学理论的提出。这些理论提出之后,人类对物质世界的观察、研究和科学实践,从微观和宏观两个方面的研究都获得了巨大的进展。微观层次研究已经很深入,已进入原子核内部,发现了百种以上的基本粒子,产生了粒子加速器、对撞机、电子显微镜、原子弹、氢弹、原子能发电、高能辐射技术、激光等直接关系人类生存和生活的事物。自从爱因斯坦提出相对论以后,特别是哈勃的宇宙大爆炸理论提出以后,人类对宏观的探索研究也已经走得更远了,已延伸到宇宙深空。它所用的时空尺度,更是涵盖了人类目前所使用的一切时空单位,长度单位是"光年"、"亿光年"。

人类在 20 世纪 90 年代又开始了新一轮物质的宏观与微观探索,正是由于科学家们对微观物质世界和宏观物质世界两个方面深层次的探索研究所积累的知识、方法和物质技术手段,促使一些科学家回归到对现实的物质世界进行进一步的深入观察研究。起初他们所观察的空间尺度,从亚微米级(即 100~1000nm)开始,随着深入观察研究,发现在 0.1~100nm 空间内的物质世界存在许多奇异的物理性质。我们知道,构成一切现实宏观物质的基本单元是原子和分子。因此原子和分子是现实宏观物质的微观起点。在 0.1~100nm 这样的空间内，存在的原子和分子为数不多，却存在着一块近年来才吸引一大批科学家极大兴趣和探研的处女地。在这个研究领地，既不同于原子和分子这样的微观起点，又不同于现实宏观物质领域，它正好介于微观与宏观之间，科学家们把它称为"介观物理，或介观"。介观物理历经 40 多年的发展，已有长足进展，特别是近十几年来的高速发展，已形成了新兴的科学技术，即纳米科技。这是人类对现实物质世界认识深层次的回归和把握。宏观的回归主要集中在地球这颗人类居住的行星上，人们在跨入新世纪时，时代的思维让有识之士认识到庞大而又复杂的地球实际上也很简单，层圈构造组成是其独特的组构、地球多层圈作用是全球构造、全球变化的控制纽带。所以地学在初步完成"矿物岩石"—"地层"尺度下的研究阶段后，需要迅速转入地球层圈及多层圈作用这类宏观尺度的研究，以便获得全球尺度下物质成分组成与结构构造、物质运动的总体规律。这些都证明了科技进步是地球科学研究方法不断演变的影响因子。

第二节　综合-分化-再综合

地球科学的发展历程，是指地球科学领域由低级向高级的演化过程，大体经历了以下四个发展阶段。

一、综　合　阶　段

最早的地球科学称"地学"。学科的一级分类中的"数、理、化、天、地、生"中的"地"，是指"地学"，更多是指"地理学"，所谓"上知天文，下知地理"，最早的地理学中包括了地理学、地质学、气象学和海洋学在内。在大学最早的学科分类中，只有地理、历史、物理、化学、数学、生物等。地理学中再划分地理、地质、气象和海洋专业，当时统称为"地球科学"。

二、专业划分阶段

随着科学技术的飞速发展和社会的需要，"地学"或"地理科学"已经不再满足学科发展的需要。于是，地质学、气象学、海洋学等纷纷从地理学中独立出来，并与地理学相并列，形成了地理科学、地质科学、气象科学和海洋科学等。这是学科的发展和进步的表现，使它更能满足学科发展和生产的需要。地球科学的分化与细化是学科进步的表现。

三、回归综合阶段

随着科学技术进一步发展与生产的进一步需要，一方面是进一步细分，另一方面，又趋向回归综合（如地质学不仅分化出岩石矿物学、地质构造学、古生物与古气候、水文地质、工程地质、矿床学，而且还形成了地球物理学、地球化学等）。地理学不仅分化为自然地理、经济地理、人文地理学分支，又进一步分为植物地理、动物地理和化学地理等。气象学又分化为：大气物理、大气化学和气候学/气象地理。海洋学则分化为海洋物理、海洋化学、海洋生物、海洋地质、海洋地理等。实际上这些分支学科都是交叉学科，又回归了"学科综合"，而且是跨一级学科的大综合，这是学科发展的需要。

四、科学与技术的综合阶段

近 20~30 年来，科学技术得到了飞速的发展，科学方法也得到了飞速发展，并且很快与地球科学相结合起来，于是就出现了"地球信息科学"，"地球系统科学"，和"地球信息系统科学"等全新的学科。地球信息科学是由信息科学方法论，信息技术与地球科学三者的结合。地球系统论是系统方法论、控制技术和地球科学的结合产物。地球信息系统科学（主要是 GIS 科学技术）是地球信息科学、地球系统科学与信息科学技术（IT）大融合的产物。地球科学与信息论，系统论，控制论等方法论与信息科学技术（IT）的综合是地球科学的"大革命"阶段，推动了地球科学的发展，具体表现在：三维虚拟地球系统（Google Earth）、开放的三维虚拟地球系统（World Wind，NASA）、开放式虚拟地球集成共享平台（Geo GLOBE）及开放的虚拟透明地球系统（Glass Earth）的开发与应用。为从数字地球发展到智慧地球，从数字区域到智慧区域，从数字城市到智慧城市，从数字社区到智慧社区，从数字家庭到智慧家庭的发展创造了条件。

第三节　定性-定量-信息化

一、从定性到定量的发展历程

传统观念认为，地球科学和物理，化学及生物不一样，它是非精准的科学，是粗放的，不能进行实验的科学，一种定性的科学。但现在已经有了很大的改变，从原来的地面调查为主的方法，发展到现在"上天（空间探测、航空航天遥感）、入地（大陆科学深钻、地震层析成像技术、深部找矿）、下海（大规模海洋观测、深海钻探与大洋钻探）、探极（南、北极与青藏高原科学考察）"的重要转变，从原来的以定性描述为主，转化成为定性与定量并重的方法，这一研究方法的转变过程主要包含以下几个方面：

第一，从定性到定量，从概念模型到数学模型。

第二，从定性到概念模型，又称思维模型。

第三，从定量到数学模型。

（1）线性模型：应变量随自变量呈线性（直线）关系的模型。

（2）非线性模型：应变量随自变量的变化呈非线性（非直线）关系的模型，主要有简单非线性关系模型，复杂非线性关系模型。

（3）线性模型又可分为：静态线性模型、动态线性模型。

第四，从模型到模型。

（1）线性模型：模拟结果真实，等价性特征，自变量与应变量之间比例关系不是相等的，而只可能是相似的，或等价的。

（2）非线性模型模拟的结果的非等价性特征更加明显。

第五，线性与非线性并存与不对称。

线性与非线性是并存的，但是不对称的，只不过是有的线性为主，称为线性模型；有的则以非线性为主，称为非线性模型，所以是不对称的，都有概率特征。

二、从定性到定量，再到信息化的发展历程

地球科学从原来的实地调查，量测及台站长期监测到现在的遥感、遥测，天地一体化的数据获取方法，有线、无线网络的信息传输和高性能计算技术相结合的重大转变，基本上实现了从定性到定量，再到以信息化为主的研究方法的转变。这个发展历程，主要特点有以下几个方面。

1. 解决了大范围的同步数据获取问题

传统的地球科学调查方法，只能是运用地形图、罗盘、铁锤/铲、放大镜、皮尺等简单的工具，后来再加上一台相机，靠人工、步行进行点、线或小面积的地区进行调查或详查。如果调查区域只有数十平方公里，如果只有几个工作人员，需用几个月甚至几年时间才能完成。对于不是动态的调查对象，如地质、地貌、土壤等，调查时间长短问题不大，但对于动态的对象，如土地利用、动物分布是不断变化的，运用传统方法编制的一个地区的"土地利用图"就成了问题，一个省的土地利用图，需2～3年才能完成，于是土地利用图反映的情况也可能相差2年或3年。例如，中国的全国土地利用图的编制，运用传统方法需要10～20年的时间，图上反映的状况，各部分也有10～20年的差异，这种土地利用图是没有意义的。所以运用传统的方法，就不可能编制全省、全国的土地利用图。后来运用航空摄影方法，情况有了大的改变，现在运用卫星摄像，情况就彻底得到了改善，可以获得全省、全国的同步资料。如果运用多颗遥感卫星，还可以获得全球同步的资料，这对于天气预报，海洋研究是必要的。

2. 满足了大数据量的计算问题

运用传统方法和传统计算工具，如算盘、计算尺和计算器，不能满足大数据量计算的要求。而地球科学的数据，往往是大数据量的，或"海量"的，所以传统的计算方法与计算工具不可能胜任大数据量的计算任务。运用传统的方法完成一项地球科学问题的计算，往往要数个月，甚至数年的时间，不能满足地球科学研究的需要。所以传统计算方法和技术阻碍了地球科学的发展，是地球科学的第二个瓶颈问题。

现在采用了计算机，包括各种类型的大、中、小型计算机，超大型计算机及网络计算机，运用各种算法和计算软件，使计算速度和传统方法相比，何止快了万倍，十万倍，百万倍、千万倍，亿倍。数据获取与数据计算同步，如实时或准实时，只要一拿到数据，马上就有计算结果，基本上满足了地球科学大数据量的计算与复杂问题的解决。

过去运用传统的计算工具和计算方法不可能满足地球科学大数据量的任务，尤其是

与重大灾害事件有关的，如灾害性天气的预报、地震与海啸的预报，不仅数据量大，而且要求计算速度要快。过去的计算速度是满足不了需要的，现在采用计算机并行算法、高性能计算技术，大幅度提高了计算速度和精度，虽然尚未能对重大灾害做出精准预报，但有了重大的进展。

3. 满足了对传输速度的需求问题

在地球科学研究与应用领域，有不少是具有大数据量和要求快速传输需求的。天气预报，地震预测等，不仅数据量大，而且要求能快速传输。传统的人工和返回式方法不能满足需求，即传统的有线通信网的带宽不够，不能满足要求；而且还有线的限制，没有有线网的地方，数据无法传输；传统的人与人、人与物、物与物之间不能信息传输。而现有的网络解决了传统网络的瓶颈，实现了有线与无线的自由转换、网络光纤与宽带的结合、基本实现人与人、人与物、物与物的实时与准实时传输，网络传输正朝着无处不在、无时不在、无所不包、无事不能的方向发展。

4. 从单项到综合，再到一体化发展历程

不论是地球科学，还是地球科学方法，都有从综合到专题，再到综合的发展历程。地球科学的最早形态为地理学，后来分化为：地理学、地质学、气象学、海洋学等，现在又有回归综合，即形成地球系统科学的发展趋势。以气象学为例，它的研究离不开海洋学，也离不开地理学，于是产生了新的综合科学，即地球系统科学。地球系统科学是对地理学，地质学、气象学和海洋学的高度综合。从地球科学到分化为地理、地质、气象、海洋、水文学，再回归到地球系统科学发展历程，是地球科学的进步。不仅气象学离不开海洋学和地理学，同样，海洋学也离不开气象学，地理学也离不开气象学和海洋学，彼此存在密切的、不可分割的关系，所以这是科学发展的大趋势。

尤其从地球科学方法来说，从单项到综合，再到一体化的发展历程，更是当前的大趋势。

1）地球科学传统的数据获取方法从单项到综合

地球科学传统的数据获取方法分为实地调查与定位的台站观测方法。开始是各自独立的，现在越来越感到需要两者相结合，如不论是气象台站，还是水文台站，环境台站的选址，都有一定的代表性；而且设置得又不能太多，台站获得的数据，不可能代表全部，全面的情况需要有适当的调查数据作补充。

2）从传统方法到现代方法，再到传统与现代方法的综合

地球科学的传统方法是实地调查、定位观测、测绘制图等，后来随着传感器与飞行器的飞速发展，于是又采用了航空摄影与航空遥感，大大提高了地球科学调查的效率和效益。地面调查、台站观测与航空遥感开始是各自独立完成任务的。后来又很快发现，彼此是互补的，不能分开，地面调查台站观测还需要用航空遥感数据进行检验，航空遥感数据也要用调查数据、台站数据作为定标，两者是相互补充的，因此发展为传统方法与现代方法并存的局面。

3）从专业卫星遥感到综合卫星遥感，再到全球综合卫星遥感的发展历程

从气象卫星、海洋卫星、环境卫星、专业遥感系统到多种专业卫星综合组成的地球观测系统（Earth Observing System，EOS），再到全球综合观测系统的系统（Global Earth Observation System of Systems，GEOSS）的发展历程是地球科学方法发展历程的一个重要阶段。各类专业卫星是为不同专业部门服务的，但它们之间又存在一定程度的相关关系，如气象卫星与海洋卫星之间存在一定的相关关系，两者的数据是互补的。地球研究的很多项目又需要对多种类型的数据进行综合分析，所以就产生了综合地球观测的需求。由于地球之大绝不是一个 EOS 就能胜任监测任务的，于是又有了由多个 EOS 组成的全球综合地球地球观测系统（GEOSS）的要求。从专业卫星到 EOS，再到 GEOSS 是发展历程中的新阶段。

4）从地面台站观测，到无线传感器网络观测，再到天地一体化的立体监测系统的发展历程

台站观测是有人管理的监测系统，无线传感器网络是无人管理的监测系统，往往设在环境恶劣的两极、高山高原、海底、火山口附近等不适宜人们生存地区的监测系统，加上 EOS 和 GEOSS 轨道观测系统和航空遥感遥测系统，构建成了立体观测系统。尤其是全球气象观测系统（Global Climate Observing System，GCOS）、全球海洋观测系统（Global Ocean Observing System，GOOS）和全球陆地观测系统（Global Terrestrial Observing System，GTOS），三者统称为 G^3OS，是地球科学方法发展历程中的又一个新阶段。

5）从简单计算到大数据量、复杂计算再到高性能计算的发展历程

从原始计算工具（如算盘、计算尺等）到计算机，再到网络计算机的发展历程，是地球科学方法发展历程中十分重要的趋势。尤其是网络计算，如计算机网格计算（Web Computing Grid Computing）到云计算（Cloud Computing）不仅提高了计算速度、效率和效益，而且解决了地球科学的复杂问题，这是一大进步。

第四节　从"e 战略"到"u 战略"的发展和 IT 红移

2000 年 7 月八国首脑峰会（G8）正式发布《全球信息社会冲绳宪章》，宣布人类迈向信息社会。在新世纪之交，面向国家和区域经济社会发展的信息化战略不断被提出，并逐渐形成了潮流，如欧盟提出了电子欧洲（"e 欧洲"）计划，日本、美国均于 2000 年宣布建设电子政府（e-Government）。我国在 2002 年 8 月国家做出了开展电子政务（e-Government）建设的决定。由于这些信息化战略通常以英文"e"（Electronic）字母开头，国际上将这些经济社会信息化发展计划简称为"e-战略"。

实施"e-战略"的主要技术基础是互联网技术和计算技术。互联网的发展使人类社会可以虚拟地存在于同一个信息网络上，政府、企业、公众以及电子化方式实现沟通和互助，而计算技术的发展保证了人们可用各种方式上网和使用各式各样的应用。

可以概念性地认为，"e-战略"是面向国家、地区的政治、经济、文化等领域，为行业、企业、社会公众服务的社会信息化战略。以电子政府（e-Government）建设为例，世

界各国的应用目标都可以概括为：建立政府与政府之间的协同服务（Government to Gov-
ernmcnt，G2G），政府与企业之间的互动与服务（G2B），政府与公众之间的互动与服务
（G2C）等。电子政府是针对包括司法、行政、立法的广义政府的信息化建设。

　　在"e-战略"的推动下，经济社会信息化进程大大加快，应用引发出的新需求激励
了信息技术进一步飞速发展，无线网络使上网更加便捷。传感器网络使非信息技术设备
可以接入网络，射频识别技术使包括人或任何实体入网，而 IPv6 技术可以提供近乎无
限多的网络地址资源，等等。这些新技术与更多传统技术的融合使人们产生了一种全新
的信息化战略理念——"u-战略"。"u"（ubiquitous，意指无处不在的、泛在的）来取
代原先的"e"，用来表达新世纪将是信息技术应用无所不在、信息化泛在的信息社会。
"u-战略"要实现信息化"无所不在、无所不包、无所不能"的目标。欧盟称"u-战略
计划"为"数字融合时代计划"和"无所不在的信息社会计划"。

　　实施"u-战略"的关键技术基础是"u-网络"和"u-计算"。"u-网络"或称"泛在
网络"，是将所有网络资源融合，使得网络"无处不在"，人们可以在任何时间、任何地
点上网，获得信息服务。"u-计算"（u-Computing，又称"普适计算"）涵盖各种网络
计算，使得实现"泛在"的"无所不包"、"无所不能"的信息化应用目标成为可能。

　　实施"u-战略"将推动社会进入智能化的知识社会，使人们得以充分利用知识和设
想实现人类的理想。"u-战略"要比"e-战略"广泛深刻得多。这是一个关系到国家发
展战略、科技和产业政策导向、基础设施建设、国民教育计划等信息化大战略。

　　当前，国际上在"u-战略"理念的推动下，经济社会信息化的面貌正发生着深刻的
变化。不断下降的信息化成本和不断降低的信息化技术门槛使社会信息化进程空前加
速。例如，在较短的时间内，我国网民数量在 2008 年 6 月即达到 2.53 亿，跃居全球第
一。公民通过网络参与经济社会生活、参政议政已经形成强大的舆论监督力量。SaaS
（Software as a Service）商业应用模式使企业和公众可以只凭借简单的互联网使用技
能，无需了解复杂的信息系统结构技术即可利用商业应用服务平台以低廉的价格购买所
需要的信息服务，实现企业乃至个人的信息化目标。例如，广东省已将利用阿里巴巴网
站构建中小企业的电子商务平台作为政府推动企业信息化的重大策略，企业可以极低的
成本实现高效的电子商务。阿里巴巴已经成为国际知名的、为数十万家中小企业提供电
子商务平台的应用服务运营商，美国 Google 公司不但为全球用户提供全球对地遥感影
像服务，还提供在线 Office 和企业应用套件服务，大大降低了客户端的技术复杂度，
使办公自动化更方便地实现协同和移动，并可与企业原有的信息系统相融合。2008 年
10 月 27 日，国际 IT 巨头，美国微软公司正式宣布了名为 Window Azure 的计划。微
软高级副总裁 Robert Muglia 指出，这是微软 16 年来最重要的计划。"这项计划比以前
任何人所尝试过的任何事情都要宽广得多"。这意味着用户可以通过互联网在微软的大
型数据中心存储数据并获得服务，如 Google 公司和微软公司的大型数据中心均由数十
万台服务器组成。当大量企业和个人的数据都存储和运行在这种基于"云计算"（Cloud
Computing）的"红移系统"中时（又被称为存储和运行在"云端"），一旦发生故障，
将使企业和个人遭受重大损失。因此安全问题将不只是运营商的事，它将导致对这种新
型信息服务业的管理逐步转向，如对电力行业、银行业那样的政府与社会监管，推动立

法与国际合作，这必将加速社会信息化进程和人类进入信息社会的步伐。

第五节　地球科学方法的线性–非线性–综合

一、从线性理论到非线性理论，再到线性理论与非线性理论相结合的发展历程

1. 地球科学方法论的线性理论阶段

地球科学从定性到定量研究阶段后，出现了大量的研究数据，尤其是各种台站的观测，每年产生了大量的数据。在最早阶段，发现了"应变量与自变量之间是符合物理上普遍存在的线性关系"，并可以运用这些数据与线性关系，建立各种预测模型和进行各种实验，大幅度提高了地球科学的水平。于是人们惊呼地球科学终于发展到与物理科学一样，可以进行实验阶段，而进入"精确科学"的行列了。

2. 地球科学方法论的非线性阶段

当人们欢呼地球科学终于成了"精确科学"不久，通过大量的实践和大量数据的获取，人们马上又发现地球科学不同于物理科学，要比物理科学复杂得多。大量的实践和实测数据证明，有大量的"应变量与自变量之间的非线性关系"的存在。于是人们在为失去成为"精确科学"而失望的同时，立刻又发现了"非线性科学"也是客观世界中普遍存在的另一个固有特征，人们后来陆陆续续在"精确物理学"中，同样也发现存在非线性特征，如热力学中的非线性特征，已经得到了普遍认可，这是科学发展的一大进步。

3. 地球科学的"线性与非线性理论并存"的阶段

地球科学家们很快冷静下来，在过去和现在大量的实践和数据面前，不得不承认"线性与非线性并存"也是客观世界固有的特征之一。在复杂地球系统中，即存在着线性关系的一面，同时又存在非线性关系的一面，而两者既矛盾又统一，同时也再一次为"自然辩证法"的独立统一法则又找到一个例证而高兴。地球系统是一个复杂的巨系统，它的一个方面具有线性特征，另一个方面又具有非线性特征完全是可能的。在大的地球科学系统中，在初始阶段具有线性特征，到后来变为非线性特征是完全可能的。从系统的某一时段具有线性特征，但从整体上、全过程来看，它又是非线性的，这也是可能的。有谁要否定线性存在是不可能的，同样要有人否定非线性特征存在也是不可能的。所以只能是"线性与非线性并存"才是客观世界固有的特征。

二、从确定性到不确定性，再到确定性与不确定性并存于对称的发展历程与历史形态

1. 确定性理论

牛顿和爱因斯坦经典理论学的权威认为，"一个运动或过程，当它初始条件确定后，

一切也就确定了",爱因斯坦还说,"上帝从不掷骰子",更有甚者,一些确定论者还认为:"概率出于无知"。这是典型的确定论者的理论。当时确定性理论对地球科学产生很大的影响,如"环境决定论","资源决定论"和"区域决定论"等,都是在这个时期产生的。

2. 不确定性论

与爱因斯坦同时代的海森伯格,是量子力学的创始人和权威,提出了完全相反的观点。他认为:对量子世界或粒子世界来说,由于它是测不准的,所以运动或过程的初始条件是不确定的。他认为,既然初始条件是测不准的,当然结果也是不确定性的。不确定性同样在热力学中也得到证明,是客观世界的另一个固有的特征之一。这个不确定性理论,在地球科学中很快就得到了响应。大量的研究证明,在地球科学中,不论是微观世界还是宏观世界都存在数据测不准现象,很多是近似值。既然地球科学数据测不准,当然由此推测的结论也就具有不确定性了。当然绝不是说,所有地球科学数据都是确定性的,也不能说都是不确定性的。最近十年来,对于地球科学数据的不确定性问题受到了很多关注。

3. 确定性与不确定性并存的理论

爱因斯坦和海森伯格都坚信自己的理论是正确的,同时也无法否认对方的理论。因此,爱因斯坦希望能找到融合两个对立理论的"大统一论",但经过多少年的努力还是失败了。但是客观世界又证明确定性与不确定性同时存在,都反映了客观世界的一个方面。既然两者都存在,又不能结合,所以只能并存。在地球科学中,确定性与不确定性并存现象是普遍存在的,即使统一对象也是如此。以人口数为例,一个小地区的人口数是测得准的,所以是确定性的,但对于一个大的地区来说,如一个省一个国家的人口数量是测不准的,所以也是不确定性的。另外耕地面积,尤其是粮食产量更是如此。测得准与测不准是并存的,所以确定性与不确定性也是并存的。

三、不守恒、不对称和不确定性新思维的发展历程

1. "三不论"的由来

李政道在"近代物理学进展"的科学报告,虽然没有明确提出"不守恒、不对称和不确定性"(简称为"三不理论"),但在他的这个报告中充满了这方面的论述。在物理学中原来奉为经典理论的"物质守恒"、"能量守恒"理论,近年来证明是不守恒的。原来认为"因果关系是对称的",有什么样的原因就一定有与其相应的什么样的结果。但实践结果发现,原因与结果是不相等的,而是"等价的"即相似的,所以它是不对称的。由于"不守恒"与"不对称"两个大前提的存在,必然导致"不确定"的形成。

2. 从"守恒到不守恒到守恒与不守恒并存"的发展历程

物质守恒、能量守恒与物质平衡、能量平衡之间存在着密切的关系。物质守恒意味

着物质不会增加也不会减少，输出与输入应该是平衡的，能量也是如此。在地球科学的早期，由于受物理学物质守恒和能量守恒的影响，也出现了"地壳平衡"理论，"河流、海滩动力平衡"理论等。但不久，地球"板块构造"学说的出现，对地壳平衡理论提出了挑战。人们发现地壳的隆起主要受地壳板块挤压作用所造成的，而与地壳平衡无关。同时，人们还发现，地球系统的碳循环，吸收与释放，即碳汇与碳源之间也是不平衡的，至少存在 2 亿 t 的缺口。同时对整个地球系统来说，它的物质和能量也是不平衡的，正是由于不平衡特征的存在，地球系统才处在不断地变化与发展之中，也正是由于这个物质与能量的不平衡特征，地球系统才有现在的新陈代谢，才有发生、发展和消亡过程存在，于是不平衡、不守恒理论得到了广泛的认可。但是随着地球科学的研究在广度和深度上都有了很大的发展，人们又发现，守恒与不守恒，平衡与不平衡，都是客观世界的固有特征之一。河流与海滩的动力平衡，至少从理论上是存在的。在碳循环过程中，吸收与释放是不平衡的、不守恒的也是事实。所以，守恒与不守恒并存，平衡与不平衡并存，也是地球系统固有的特征之一。

3. 从对称到不对称，到对称与不对称并存的发展历程

在物理学中，对称性是普遍存在的法则，作用与反作用，正离子与负离子等都是对称的，这在地球科学中也得到了充分的响应。例如，河流摆动的 30 年河东 30 年河西等对称性规则。后来杨振宁、李政道发现了物理学中"对称性破缺现象"，即不对称现象而获得了诺贝尔奖。李政道在近代物理学进展的报告中，又进一步记述了种种过去认为是对称的，而现在发现却是"不对称"的实例，尤其是关于因果关系的不对称受到了广泛的关注。对于地球科学，一向是注重因果关系的，但后来也发现种种不对称现象的存在，影响最大的要推由于信息不对称，导致了经济不对称，结果出现了信息鸿沟和区域的贫富差别扩大。区域的贫富差异主要是由于信息不对称造成的。信息不对称导致了经济不对称、政治不对称等，所以不对称现象是普遍存在的。但是随着地球科学研究的不断深入，人们发现"对称"与"不对称"是同时存在的，都是客观世界固有的特征，如矿物晶体有对称的，也有不对称的。

4. 地球系统的线性与非线性，确定性与不确定性等并存与不对称

地球系统的现象与过程的"从线性到非线性，到线性与非线性并存"，"从确定性到不确定性，再到确定性与不确定性并存"，"从对称到不对称，再到对称与不对称并存"，再到"线性与非线性，确定性与不确定性并存与不对称"的演化过程，是一个发展的过程，认识不断深化的过程。"线性、非线性并存与不对称"是指有的以线性为主，有的则以非线性为主；以线性为主的，可以认为属于线性；凡是以非线性为主的，可以认为是属于非线性，不存在 100% 的线性，也不存在 100% 的非线性的现象，它们都具有概率特征，只有概率才是普遍存在的。由于"因果关系不对称"的原则存在，即使是同一模型出来的产品，也不可能完全相同或相等，即使存在十万分之一的误差，它也是有概率特征的。世界上只存在相似性的事物，而不存在完全相同、相等的事物，所以只有概率才是普遍性的特征。

第六节　地球科学方法：物质（实物）-能量（光谱）

一、从目标物的实物特征到目标物的光谱特征的发展历程

从实物到光谱特征的发展历程，是一次巨大的飞跃，它改变了整个工作方法。

1. 以目标物的实物特征作为对象的工作方法，也是传统的方法

它是以目标物的实物的性质、特征和状态的信息作为研究对象的，因此受到很大的限制（如数量、空间范围不可能很大、数量多，范围大者不可能同步），但它是基础，必不可少。传统方法包括了调查、台站、定位、观测，移动平台量测，如测绘制图、飞机与船舶，钻井平台等，对样品的化学分析、物理分析（显微放大）、实验与模拟等。

2. 以目标物的光谱特征作为对象的工作方法，属于全新的方法

它克服传统方法的种种限制，可以采用遥感、遥测的方法，获得大范围的同步数据，如飞机、卫星作为载体，同步获得一个区域，甚至全球范围的数据。它经数字化可以在网上传输，进入计算机进行各种运算和处理，但往往也需用传统方法进行定位。和传统方法相比，它主要在信息获取、信息传输、信息分析和信息应用服务等方面，都有了全面的改进。光谱方法的最大特点是可以获得大范围的同步信息，可以进行大数据量的快速传输、快速分析和快速进行决策。

二、从技术大融合到数据大融合的过程

（1）传统方法是气象卫星、海洋卫星、环境卫星、测绘卫星、资源卫星、重力卫星等各自独立的，分开或自成系统，并在各自领域中发挥了重要的作用。在方法上，包括信息获取，信息传输、信息分析和信息应用服务等自成系统，独立完成。现在则采用综合方法，将上各个专业卫星组成统一的技术系统，如地球观测系统（EOS）全球综合观测系统（GEOSS），即组合全球不同系统的系统，可以节省资源，又可以更快地获得所需的信息。原来各个业务卫星是各自独立的，而信息则要共享，因此传统方法存在诸多不便之处，现在得到了克服。

（2）不仅各专业卫星实现了组合，而且还与台站观测方法实现了天地一体化的组合方法，如全球气象观测系统（GCOS），全球还与观测系统（GOOS），全球陆地观测系统（GTOS），三者统称为 G^3OS，是方法上的天地一体的组合。

（3）信息通信技术的大融合。从有线到无线，从局域网到广域网，从互联网（Internet）到万维网（Web）到格网（Grid）到物联网（Internet of Things），从专业网到综合网，不仅为了无处不在，而且可以进行大数据量的实时传输。

（4）计算机实现了计算能力的大融合。各部门及私人的计算能力包括硬件、软件及数据实现融合和共享，可以用个人的笔记本电脑，进行大数据量的计算和数据处理，实

现全球计算能力的共享。

（5）运用 SOA 技术，实现技术和数据的大融合，实现 IT 的大融合，不论是个人还是大小单位，都具有同样的计算能力。个人只要提出明确的任务要求，就有专门单位来承担，自己不再需要硬件、软件和数据。

（6）从 e 战略到 u 战略，从原来的以技术为主要目标到以服务为主要目标，实现全方位的与深度化的服务，包括无处不在，无所不包，无所不能和无时不能，实现时空全覆盖和从资源到环境，从区域到城市，从社区到家庭的服务。

（7）从数字城市到智慧城市，从数字城市到数字地球，从数字地球到智慧地球的发展过程。

（8）从地球调查、监测到地球规划，再到地球设计，再到地球工程。

第七节　台站观测与计算机模拟实验

地球科学方法从台站观测到计算机模拟实验，这是一次飞跃，包括气象观测、水文观测、海洋观测、环境监测、地震监测及生态监测台站，提供了时间连续的精确数据，然后根据数据分析，建立预模型，再运用计算机进行预测模拟实验，并将结果运用计算机模拟技术进行可视化表达，如天气预报的数值模拟、水文预测模拟、海洋预测模拟、生态变化的预测模拟实验等。日本 TAXA 的"地球模拟器"对全球变化进行模拟实验，为管理决策提供了科学依据，这是地球科学方法的一大进步。

第九章　地球科学方法的新进展

第一节　地球科学的高分辨率卫星遥感数据的大数据技术进展

一、高分辨率卫星遥感数据进展

军用的高分辨率遥感卫星已经达到了很高的水平，现在仅简要介绍商用的，即可以在市场上出售的高分辨率遥感卫星，包括高空间分辨率和高光谱分辨率的卫星遥感技术。

美国是商业高分辨率遥感卫星发展较早的国家，政府相继发布相关条例、政策、法规，并根据形势不断调整，推动遥感卫星商业化发展。1994 年的 PDD-23 号令，允许商业公司经营 0.5m 分辨率的遥感卫星图像，同时美国政府不断加强对商业遥感卫星的依赖程度。2003 年新的遥感政策发布，允许 0.25m 分辨率商业遥感卫星的研制，并要求政府各部门最大限度地使用商业卫星图像，但同时规定，分辨率优于 0.5m 的图像只能提供给美国军方。2009 年，美国政府授权许可 1m 分辨率商业雷达卫星的研制，打破了以往不得出售分辨率优于 3m 雷达卫星图像的限制，迈出了高分辨率雷达卫星遥感图像商业化坚实的一步。2010 年，美国政府公布新的《美国国家航天政策》指出美国政府将使用商业航天产品和服务来实现政府需求。2011 年美国发布《国家安全空间战略》，提出改革美国的出口管制，并公布出口控制改革新规定建议稿。出口控制改革的进一步推进，将会对商业对地观测领域供应商产生积极影响。

下一代商业成像卫星将进一步提高地面分辨率。2010 年 8 月，美国国家地理空间情报局（NGA）签署了为期 10 年价值 73 亿美元的"增强视野"（Enhanced View）合同。地球眼公司和数字全球公司分别获得 38 亿美元和 35.5 亿美元，将研制和运行下一代高分辨率商业成像卫星，包括"地球之眼"-2/-3（GeoEye-2/-3）和"世界观测"-3（WorldView-3）。洛克希德·马丁公司负责研制"地球之眼"-2 卫星，计划于 2012 年发射，其地面分辨率将达到 0.33m。鲍尔宇航公司负责研制"世界之眼"-3 卫星，计划于 2014 年发射。

"地球星"后继系统将延续美国海军全球海洋高度测量任务。2010 年 4 月，鲍尔宇航公司获得美国海军空间与海上作战司令部（SPAWAR）的"地球星后继系统"-2（GFO-2）卫星研制合同。其有效载荷为双频雷达高度计，可以表征全球海洋状况和战术战场空间，并通过缩短数据响应时间具备增强型抗射频干涉能力。"地球星后继系统"-2 卫星计划于 2014 年发射（表 9.1）。

表 9.1　数字地球和地球眼公司在轨和计划发卫星

公司名词	卫星名称	发射时间	卫星特征	状态
数字地球 (DigitalGlobe)	QuickBird-2	2001 年	提供高质量、清晰和准确的卫星数据	在轨
	WorldView-1	2007 年	地面分辨率达到 0.5m	
	WorldView-2	2009 年	地面全色分辨率 0.46m，是全球首颗提供 8 波段多光谱数据的高分辨率商业卫星，分辨率 0.4m	
	WorldView-3	2014 年	0.25m 全色分辨率	计划
地球眼 (GeoEye)	OrbView-2	1997 年	卫星每天可提供整个地球的 1km 分辨率、2800km 带宽的多谱段图像	在轨
	IKONOS-2	1999 年	全球第一颗高分辨率商业遥感卫星，分辨率 1km	
	GeoEye-1	2008 年	0.41m 全色分辨率，目前对地观测卫星中分辨率最高	
	GeoEye-2	2012 年	0.25m 全色分辨率	在轨

　　NOAA 负责美国遥感卫星商业运营的许可证审批，根据 NSAA 网站最新公告，到 2012 年初，NOAA 已向 10 家美国公司颁发了运营许可证（表 9.2）。

表 9.2　获得 NOAA 许可证的商业遥感公司

运营公司	卫星名称	卫星特性	发证时间	发射时间
宇宙视野公司 (AstroVison)	AVStar-1/2	2 颗地球静止轨道卫星，定位于西经 90°和西经 160°上空分别对美洲大陆和太平洋地区进行天气和地球环境监测	1995 年	尚未公布
鲍尔宇航公司	SAR 卫星系统	X 频道 SAR 卫星，1m 分辨率	2000 年	尚未公布
Technica	EagLEye	4 颗光学卫星组成的星座，0.5m 全色分辨率太阳同步轨道	2005 年	2014 年
轨道成像公司 （后重组并入地球眼公司）	OrbView-2	太阳同步轨道卫星，轨道高度 705km。低分辨率卫星影像，主要收集全球土地和海洋表面的多光谱影像	2003 年更新许可证 （卫星许可证由 SeaStar 改为 OrbView-2）	1997 年
	IKONOS	1m 全色分辨率，4m 多光谱分辨率，轨道高度 680km，倾角 98°，太阳同步轨道	2006 年（由于公司重组，2010 年更新许可证名称）	1999 年
轨道成像公司	GeoEye-1 （原称 OrbView-5）	0.41m 全色分辨率，1.65m 多光谱分辨率，每天可拍摄 70 万 km² 的图像	2004 年（由于公司重组，2010 年更新许可证名称）	2008 年
地球眼公司	GeoEye-2/3	2 颗卫星、0.25m 全色分辨率，每天可拍摄 70 万 km² 的图像	2010 年（卫星名称由 IKONOS Block ll 改为 GeoEye-2/3）	2014 年- GeoEye-2

续表

运营公司	卫星名称	卫星特性	发证时间	发射时间
数字全球公司	QuickBird-2	0.65m 全色分辨率，2.4m 多光谱分辨率，轨道高度 450km，倾角 97.8°，统一同步轨道	2000 年	2001 年
	WorldView-1/2/3/4	0.25m 全色分辨率，轨道高度 450～850km 倾角 97.8°，太阳同步轨道	2003 年	2007 年 WorldView-1 2009 年 WorldView-2 2014 年 WorldView-3
DISH 运营公司	EchoStar-11	通信卫星搭载有低分辨率 CCD 相机，地球静止轨道	2007 年（2010 年许可证由 EchoStar 公司转让给 DISH 公司）	2008 年
诺斯罗普-格鲁曼公司	Continuum 遥感系统	包括 2 颗卫星，0.5m 全色分辨率，太阳同步轨道	2004 年	尚未公布
	Trinidad	X 频段 SAR 卫星，1m 分辨率，太阳同步轨道	2009 年	尚未公布（依据政府购买合同而定）
GeoMetWatch 公司	GMW-1/2/3/4/5/6	地球静止轨道超光谱成像卫星，提供超光谱图像和探测产品，用于环境和气候监测	2010 年	2013 年 GMW-1 寄生搭载于一颗商业通信卫星
Skybox Imaging 公司	SkySat-1	亚米级全色分辨率和多光谱分辨率，轨道高度 450km，极轨倾斜轨道	2010 年（已申请许可证增加 SkySat-2 卫星）	尚未公布

二、遥感小卫星编队观测技术

遥感小卫星编队观测技术，主要是为提高空间和时间分辨率的目的服务，在美国近几年来已经取得了重大进展。

首颗快速空间响应系统卫星完成系统集成。2010 年 10 月，快速空间响应系统办公室的首颗卫星，即 ORS-1 已完成有效载荷与平台的系统集成，并于 12 月进入了极端环境试验，卫星计划于 2011 年 4 月发射。这颗卫星通过多光谱图像为美国中央司令部（USCENTCOM）在阿富汗和伊拉克等地区的军事行动提供情报、监视与侦察能力的支持。其多光谱成像仪采用 U-2 高空侦察机 SYERS-2 光学成像系统的改进型，空间分辨率可达到 1m，而卫星平台则沿用"战术星"-3 卫星的空间响应模块化平台（RSMB），并增加了 1 个推进系统。

美国空军的"太空实验计划"已经发射了 26 个任务，2010 年 11 月将 STPSat-2 标准有效载荷——接口演示验证器、FASTSat 低成本微卫星母体、FASTRAC 自主导航纳卫星和 FalconSat-5 科学微卫星送入太空。

F6 系统寻求技术载荷搭载卫星。2010 年 4 月，美国国防预先研究计划局（DARPA）发布寻求 F6 项目技术载荷搭载卫星的需求。该技术载荷采用 S 波段接收机，质量为 12～18kg，功率为 300W。F6 分离模块航天器可通过无线交叉链路形成"虚拟卫星"。除搭载卫星外，轨道科学公司与喷气动力实验室和 IBM 公司正在联合进行 3 颗 F6 系统专用卫星的设计，将分别用于有效载荷处理、数据存储以及持续地面宽带通信。这 3 颗卫星计划在 2014 年进行在轨试验，包括半自主星簇重构、在轨结构共享和防御性散射与重聚机动等。

美国陆军首颗纳卫星发射。2010 年 12 月，美国陆军"太空与导弹防御司令部-作战纳卫星效果"（SMDC-ONE）项目纳卫星作为"猎鹰"-9 运载火箭的次级载荷发射入轨。此次首飞的主要目标是接收来自地面发射器的数据，并将这些数据中继到地面站。这次技术演示验证的目的是：建造一批相同的卫星，将它们一起部署在低地球轨道，进行增强型（超视距）战术通信能力仿真，评估纳卫星性能。

2010 年 6 月，瑞典"棱镜"（Prisma）卫星从俄罗斯亚斯内（Yasny）航天发射场发射入轨。"棱镜"卫星即"原型研究设备和空间任务技术改进"任务，包括 2 颗小卫星，即主星"明戈"（Mango）和目标星"探戈"（Tango），质量分别为 140kg 和 10kg。"棱镜"卫星由瑞典、德国、法国和丹麦等国家研制。在 10 个月的试验期间，这 2 颗小卫星将利用实时差分 GPS 系统、射频测量系统和可视传感器等传感器进行自主编队飞行、交会与接近操作（相对距离保持 1cm，相对姿态保持 1°）等在轨演示验证。

总重量在 1000kg 以下的能满足载荷遥感器工作条件的遥感卫星称为遥感小卫星。由多颗功能单一的遥感小卫星组成网络，并能完成特定的对地观测任务的遥感卫星群称为遥感小卫星星座。星座可以解决高空间分辨率和高时间分辨率不能同时兼得的难点。遥感卫星星座既可以提供高空间分辨率的遥感影像，又可以提供高时间分辨率遥感影像数据。例如，军事侦察卫星星座的空间分辨率为 0.1m，时间分辨率为 5s，这是卫星遥感的飞跃。

小行星按照它的重量和研制成本，一般可以划分为 6 个等级（表 9.3）。

表 9.3　小卫星等级

类别	重量/kg	研制成本/百万美元
Small-sat	500～1000	20～50
Mini-sat	100～500	4～20
Micro-sat	10～100	1～4
Nano-sat	1～10	<1
Pico-sat	0.1～1	<1
Femto-sat	<0.1	<1

小卫星的核心技术，是将全部电子器件集成在直径为 0.1m 的硅圆片上，采用镁或复合材料和一体式结构，就可以达到卫星的重量最轻、体积最小、成本最低的目标。美国的宇航公司提出了硅纳米卫星的设想，即采用砷化镓太阳能电池，离子推进剂，具有 CCD 光电成像功能，将整个遥感卫星结构集成在一块硅片或镁片上。纳米遥感卫星的直径不超过 0.15m，高度也在 0.15m 左右。遥感小卫星除了以上的技术要求外，还要

求小型化、轻型化、集成化、高度自动化和智能化。

电子技术方面，大量采用高性能的微处理器，低能耗的元器件和高集成的芯片开发出低耗能、高性能的星上电子系统。尽量采用成熟的商用元器件，加快开发步伐。功能器件的小型化是关键。

微小卫星的结构与热控技术，包括电池帆板的薄片化、蓄电池的板块化，飞行任务仪器组件箱、飞轮组件、天线组件等的模块化。

微小行星的在轨控制是核心技术，要求定轨精度是一个难点，而且要求能建立柔性的模块化配置满足不同用户的需求。

微小行星的供配电技术，采用高效的太阳能电池片、蓄电组的轻型化、配电一体化和能源的优化利用等技术。

1. 遥感小卫星星座的案例

（1）美国的 Starlite 卫星星座计划：军事侦察卫星。采用 24 颗卫星组成星座的重复周期为 15s；如采用 34 颗卫星组成星座时，重复观测周期为 8s；如采用 48 颗遥感卫星组成的星座时，重复周期为 5s。

（2）美国遥感 SAR 小卫星星座。该星座装备有 SAR 和 MTI（移动目标指示器）技术，难点是降低 SAR 天线重量和发射功率。以 SkyMED/COSMO SAR 卫星星座为例，它由以下两套星座组成：①光学遥感小卫星星座。其轨道高度为 500km，太阳同步轨道。该星座由三颗小卫星组成，5 天可以覆盖全球；有些区域可以每天重复一次观测，全色片为 2m 分辨率，宽幅为 12km。多波段为 CCD，可见光-近红外三个波段，分辨率为 20m，幅宽为 120km。②SAR 小卫星星座，由 4 颗 SAR 小卫星组成，4 天可以完成全球覆盖。具有侧视能力，重复周期为 13h，采用 X 波段，分辨率为 3m，幅宽 40km，扫描式的分辨率为 9～12m，幅宽 80～100km。

（3）掩星大气探测卫星星座（Constellation Observing System for Meterology Ionosphere and Climate，COSMIC）计划，是由 6 颗卫星组成的星座，分布在轨道面上，轨道倾角为 70°，轨道高度为 200km，计划运行 2 年。

（4）高级大气与气候探测卫星（ACE＋）计划。欧洲空间局（ESA）提出的 Atmosphere and Climate Explorer，缩写为 ACE＋计划，是 4 颗卫星组成的星座，分布在两个轨道面上，每个轨道的倾角为 90°，轨道高度分别为 650km、800km，升交点赤道相差 180°，即两个轨道上的卫星逆向运行。ACE＋计划的目的是支持地球探测计划属于 EOS 的组成部分，其中对流层和平流层中的水汽和温度（WATS）计划是一种新型技术。

NASA 与哥达德航天中心正在设计如何用 100 颗、每颗重量为 10kg 的小卫星组成的星座，用于调查地球磁场，称为"磁层卫星"。这些小卫星分布在 1.2 万 km 和 3.1km，其寿命为 5 年，是由 5 颗 X 波段的小卫星组成，分布在 3 个高度轨道上，卫星之间具有链路能力。

（5）日本现在已发射了由 2 颗光学卫星和 2 颗 SAR 卫星组成的星座，目的是进行军事侦察。NASA 计划发射 Hypersat 星座，每颗小卫星的重量小于 50kg，10 颗小卫星组成星座系统，其任务有通信、对地观测和测绘。现在 NASDA 正在设计包括可见光与合成孔径雷达小卫星组成的小卫星星座。

（6）意大利 Prima 小卫星星座平台。它是由意大利空间局（ASI）主持，Alenia 公司设计由光学和 SAR 两种小卫星组成的星座。

（7）意大利 Alenia 公司开发了一名为"地中海周边地区"的小卫星星座（COSMO）系统，以色列飞机工业公司建立了一个由 8 颗卫星组成的星座，这些卫星以 1995 年发射的"地平线一号"为基础，全色片的分辨率为 1.8m。

（8）21 世纪技术卫星（Techsat-21）是由 16 颗 SAR 小卫星组成的星座系统，小卫星间有链路，采用星上信号处理机，每颗卫星不仅可以接收自动发射机的雷达回波，还可以接受其他卫星正交雷达信息，经过综合处理后，发现战术目标。

2. 遥感小卫星的编队飞行

1）编队飞行的基本概念

遥感卫星的编队飞行，适用于小卫星，也适用于大卫星。编队飞行的卫星星座之间的关系也十分密切。目前的验证大型复杂卫星功能可以由小型编队飞行卫星所替代，如 2003 年已由三颗小卫星组成的星座进行协同工作进行编队飞行。

编队飞行（Formation Flying，FF）是指若干个飞行器在一定距离范围内联合飞行，彼此协调，协同工作的卫星、航天器，尤其是小卫星组成的航天系统。编队飞行技术也被称为分布式空间系统技术和虚拟探测技术等，这是前沿技术。卫星编队飞行的目的是提高对地观测的时间分辨率。飞行过程中的两个卫星之间的距离可以很近，如 1km，也可以很远，如 500 万 km，要求小卫星之间相互关系和相对状态保持不变。

2）编队飞行案例

1998 年美国提出了大学纳米卫星计划，发展小于 10kg 的纳米卫星，验证微型平台技术，编队飞行技术及应用试验，有 10 所大学参加。

2000 年美国国防高级研究计划局（DARPA）采用母子星的方式，发射了 5 颗小卫星，其中 1 颗为"母星"，4 颗为"子星"，"子星"逐个从"母星"上释放进入空间，形似星座，并进行编队飞行试验。

NASA 卫星编队飞行的特征是：由多个小卫星组成，目的用于空间科学对地观测，导航定位和别的卫星难以完成的使命，每个编队飞行计划都有很强的针对性和关键技术，要求很高的协调性。

欧洲空间局（ESA）与 NASA 的小卫星编队飞行同时起步，在某些方面技术领先于 NASA，如 2002 年 ESA 发射了 GRACE 编队飞行卫星，修正了地球引力场模型，并具有高精度测量的能力，该编队飞行共由三颗卫星组成。在轨道上运行间距为 500 万 km，主要用于探测引力波，并验证爱因斯坦的广义相对论。

NASA 和 ESA 联合进行了 LISA 使命计划，用于微米级的编队飞行实验。包括类行星搜寻者（Terrestrial Planet Finder，TPE）计划和 DARWIN 计划，是由 5 颗小卫星编队飞行构成，目的是探测来自 45 亿光年的 150 个恒星的类地行星发出的微弱信息。DARWIN 计划是环绕太阳的地球公转轨道的编队飞行，目的是完成研究星系形成和探测地外生命的科学使命。这些编队飞行计划一般是由 5 颗重量约为 20kg 的微型卫星组成，其中一颗为主卫星，其余 4 颗为附属卫星组成的编队卫星群。TPE 和 DARWIN 计划同在 2014 年发射。

在编队飞行计划中，大多数是由微小卫星来实现的，如美国的 Techsat-21 计划，法国的 Essain 计划等都是由小卫星执行的。NASA 计划将大小如生日蛋糕，重量小台式计算机（20kg）和高自动化水平的 3 颗遥感卫星进行编队飞行试验。NASA 计划应用卫星编队飞行或密集分布式星座进行三维立体成像气象观测、天文观测和空间物理方面研究，密集分布式星座主要以卫星编队飞行为基础。编队飞行取决于两项技术，高精度目标测量与定位技术，与卫星大小和轻重无关。

三、高分辨率的无人遥感飞机

无人机遥感（Unmanned Aerial Vehicle Remote Sensing），即利用先进的无人驾驶飞行器技术、遥感传感器技术、遥测遥控技术、通信技术、GPS 差分定位技术和遥感应用技术，自动化、智能化、专用化快速获取国土、资源、环境等空间遥感信息，完成遥感数据处理、建模和应用分析的应用技术。无人机遥感系统由于具有机动、快速、经济等优势，已经成为世界各国争相研究的热点课题，现已逐步从研究开发发展到实际应用阶段，成为未来的主要航空遥感技术之一。

1. 应用特点

无人机是通过无线电遥控设备或机载计算机程控系统进行操控的不载人飞行器。无人机结构简单、使用成本低，不但能完成有人驾驶飞机执行的任务，更适用于有人飞机不宜执行的任务，如危险区域的地质灾害调查、空中救援指挥和环境遥感监测。

无人机为空中遥感平台的微型遥感技术，其特点是：以无人机为空中平台，遥感传感器获取信息，用计算机对图像信息进行处理，并按照一定精度要求制作成图像。

按照系统组成和飞行特点，无人机可分为固定翼型无人机、无人驾驶直升机两大种类。固定翼型无人机通过动力系统和机翼的滑行实现起降和飞行，遥控飞行和程控飞行均容易实现，抗风能力也比较强，类型较多，能同时搭载多种遥感传感器。起飞方式有滑行、弹射、车载、火箭助推和飞机投放等；降落方式有滑行、伞降和撞网等。固定翼型无人机的起降需要比较空旷的场地，比较适合矿山资源监测、林业和草场监测、海洋环境监测、污染源及扩散态势监测、土地利用监测以及水利、电力等领域的应用。

无人驾驶直升机的技术优势是能够定点起飞、降落，对起降场地的条件要求不高，其飞行也是通过无线电遥控或通过机载计算机实现程控。但无人驾驶直升机的结构相对来说比较复杂，操控难度也较大，所以种类有限，主要应用于突发事件的调查，如单体滑坡勘查、火山环境的监测等领域。

无人机遥感系统多使用小型数字相机（或扫描仪）作为机载遥感设备，与传统的航片相比，存在像幅较小、影像数量多等问题，针对其遥感影像的特点以及相机定标参数、拍摄（或扫描）时的姿态数据和有关几何模型对图像进行几何和辐射校正，开发出相应的软件进行交互式的处理。同时还有影像自动识别和快速拼接软件，实现影像质量、飞行质量的快速检查和数据的快速处理，以满足整套系统实时、快速的技术要求。无人机的主要特点包括：机体重量轻，结构强度高，使用和采购成本低，维护方便及硬件方面兼容性高。该测绘用无人机采用航空级木料制作，与其他材料相比减轻了飞机的自身重量，提升载荷能力与续航时间。木质测绘用无人机的可维护性好，飞机的各部分构件均为独立加工，使用高强度的碳纤维复合材料作为受力连接，如果机体某一部分受损，可进行局部更换，便于维护。减少了企业对飞机整机采购的成本。

2. 国内外发展情况

无人机出现在 1917 年，早期的无人驾驶飞行器的研制和应用主要用作靶机，应用范围主要是在军事上，后来逐渐用于作战、侦察及民用遥感飞行平台。20 世纪 80 年代以来，随着计算机技术、通信技术的迅速发展以及各种数字化、重量轻、体积小、探测精度高的新型传感器的不断面世，无人机的性能不断提高，应用范围和应用领域迅速拓展。世界范围内的各种用途、各种性能指标的无人机的类型已达数百种之多。续航时间从一小时延长到几十小时，任务载荷从几公斤到几百公斤，这为长时间、大范围的遥感监测提供了保障，也为搭载多种传感器和执行多种任务创造了有利条件。

传感器由早期的胶片相机向大面阵数字化发展，2011 年国内制造的数字航空测量相机有 8000 多万像素，能够同时拍摄彩色、红外、全色的高精度航片；中国测绘科学研究院使用多台哈苏相机组合照相，利用开发的软件再进行拼接，有效地提高了遥感飞行效率；德国禄来公司推出的 2200 万像素专业相机，配备了自动保持水平和改正旋偏的相机云台，开发了相应的成图软件。另外，激光三维扫描仪、红外扫描仪等小型高精度遥感器为无人机遥感的应用提供了发展的余地。

无人机遥感技术可快速对地质环境信息和过时的 GIS 数据库进行更新、修正和升级。为政府和相关部门的行政管理、土地、地质环境治理，提供及时的技术保证。

随着我国改革开放的逐步深入，经济建设迅猛发展，各地区的地貌发生巨大变迁。现有的航空遥感技术手段已无法适应经济发展的需要。新的遥感技术为日益发展的经济建设和文化事业服务。以无人驾驶飞机为空中遥感平台的技术，正是适应这一需要而发展起来的一项新型应用性技术，能够较好地满足现阶段我国对航空遥感业务的需求，对陈旧的地理资料进行更新。

无人机遥感航空技术以低速无人驾驶飞机为空中遥感平台，用彩色、黑白、红外、摄像技术拍摄空中影像数据；并用计算机对图像信息加工处理。全系统在设计和最优化组合方面具有突出的特点，是集成了遥感、遥控、遥测技术与计算机技术的新型应用技术。

3. 应用实例

（1）台湾大学理学院空间信息研究中心利用无人机拍摄低空大比例尺图像，配合FORMOSAT2 分类进行异常提取，解译桃园县非法废弃堆积物（固体垃圾等），用于环境污染和执法调查。

（2）美国 Nicolas Lewyckyj 等人利用 UAV-RS 技术在北卡罗来纳州进行自然灾害调查，通过正射影像处理与分析准确评估场房和村庄的损失。显示了无人机遥感技术具有的快速反映能力，为灾害的治理提供了及时、准确的数据。

（3）日本减灾组织使用 RPH1 和 YANMAHA 无人机携带高精度数码摄像机和雷达扫描仪对正在喷发的火山进行调查，无人机能抵达人们难以进入的地区快速获取现场实况，对灾情进行评估，对不同埋藏深度的辐射源的辐射强度的反映能力进行量化研究，为核电站及其他核设施的管理提供基础数据。

（4）我国首个成立的 Quickeye（快眼）应急空间信息服务中心，是我国无人机应急遥感应用的开创尝试和遥感应用典范。其基于的无人机平台即为 Quickeye（快眼）系列无人机，在不到两年的时间内，该机型已成功作业近 10 万 km^2，广泛应用于 1∶1000，1∶2000 成图，以及测绘、应急领域。

四、大数据技术系统进展

1. 大数据浪潮与 GEOS 数据共享

大数据集（Big Data Set），简称大数据（Big Data），是当前 IT 领域的三大热点问题（云计算、物联网和大数据）之一。

2012 年 3 月美国政府颁布了《大数据研究和发展计划》政府令，把研究和发展大数据提升到维护国家安全，加速科学研究步伐和引发教育和学习变革的高度上，并上升到国家意志。该政府令指出，国家竞争力也将体现为一国拥有数据的规模、活性以及解释、运用的能力。这场发源于美国的"大数据"浪潮，立刻席卷全球，得到了很多国家的响应。大数据之所以受到如此重视，是因为它能帮助人们从大数据中发现规则、发现信息，进而对未来态势发展做出预测。

我国科技部在 2012 年 6 月提出的《GEOS 数据共享计划》也可以看作我国对国际"大数据"浪潮的一种响应。我国也已积累大量的数据，但开发利用水平很低，可能还不到 10％。例如，气象卫星数据，目前仅作"卫星云图"用，大量的信息未被开发和应用，比发达国家差得较远，所以引起了国家的重视。应该趁着"大数据"浪潮把我国的数据开发与应用往前推进一大步。

关于 IT 领域当前的三大热点问题，或第四次浪潮，说法不一，有的认为指云计算、物流网和大数据。有的则将物联网改为泛在网或社交网，有的人称为 IT 领域的三大热点，有人则称为 IT 领域的第四次浪潮，其中"大数据"为一支出色的"浪花"。

云计算（Cloud Computing & Service）是高性能计算技术的核心。它在 Web Computing & Service，Grid Computing & Service 基础上发展起来。它是具有一定自组织能力的计算机网络集成技术，可按需要而将 IT 技术与一切需要技术集合，能够改进大数据复杂问题的快速运算，是先进的网络电脑计算技术系统，几乎无所不能。

物联网（Internet of Things）是建立在移动互联网、泛在网的基础上，先进的网络系统实现了人与人，人与物及物与物之间的通信，它是一种无处不在和无所不包的网络技术系统。

大数据集和传统的"大数据量"/"大规模数据"或"海量数据"概念的区别是：大数据是指远远地超出了传统数据的范围，它包括了数据采集、存储、管理和计算分析能力的数据技术的集合，是数据、技术与应用的融合。

2011 年，我国的社交网络（SNS）继续保持稳定增长。据报道，截至 2011 年 10 月，我国社交网站用户已达到 2.5 亿。从应用主体上看，微博仍然是 2011 年 SNS 行业的热点，部分博运营商也开始尝试微博商业化之路；从媒体价值上看，企业加深对微博、SNS 等社交媒体营销的认识，而社会化营销 ROI 评估体系的产生也促进社会化营销的快速发展；从整体互联网趋势上看，SoloMo 概念深入社交媒体领域，而各大运营商着手布局 SoloMo 模式，创造新的生态链。由于移动化和本地化有助于社交网络在时间和空间上的延伸，而用户的地理位置结合真实社交关系使得用户的信息更为精准，从而提升社交网站和微博的营销价值，触发社交网站和微博去探索更多元的盈利模式，改变人们的信息化生活方式。

《第 29 次中国互联网络发展状况统计报告》显示，微博成了我国 2011 年最火的互联网应用，微博用户达到 2.5 亿，较 2010 年底增长了 296％，网民的微博使用率从 2010 年的 13.8％猛增到 2011 年的 48.7％。但是在微博的发展过程中，也出现了传播谣言和虚假信息，利用网络欺诈等突出问题，损害了公共利益和公众利益，社会各方面强烈呼吁加强互联网诚信建设，规范微博服务管理，保障互联网健康发展。2011 年 12 月，北京市发布《北京市微博客发展管理若干规定》，其中要求微博用户必须进行真实身份注册后，才能使用发言功能。实名注册将有效减少微博的负面影响，有利于营造健康和谐的网络环境。

2. 大数据的基本概念

2005 年 IBM 出版了约翰·韦伯斯特的《无所不包的数据》，首先提出了"大数据"这个概念，在数字宇宙研究报告《从混沌中提取价值》中作了进一步阐述，指出人类在过去的 3 年里产生的数据量比以往 400 年的还要多。全球信息总量是每两年要增长 1 倍，2011 年全球的数据总量约为 1.8ZB（ZB 是 2 的 70 次方或 10 的 18 次万个字节，若将它刻录存在 1.2mmDVD 光盘内光盘的高度等于从地球到月球的一个半来回），估计到 2020 年时，全球电子设备存储的数据将增至 35.27ZB，NASA 和 NOAA 的数据中心次年初的数据已超过 20ZB。但利用率还不到 10％，有待开发、挖掘有用的信息。

数据是一种资源，是战略资源。麦肯锡全球研究院（MGI）于 2011 年 6 月发布了《大数据：下一个创新，竞争和生产力的前沿》的研发报告。它指出了数据已经成为与物质资产和人力资本相提并论的重要生产要素。大数据的使用将成为未来提高竞争力、生产力、创新能力，以及创造消费者盈余的关键要素。

随着信息存储技术、处理、分析技术的发展和云计算等新技术的出现为大数据的发展创造了条件，人们使用信息技术的成本与壁垒都在逐渐降低，汇聚、存储、组合并进行再分析的能力都有大的发展，数据的融合，技术的融合学科的融合促使大数据得到了进一步的发展空间。

所以美国政府于 2012 年 6 月制订了大数据的研究和发展计划，指定美国国家科学基金、美国地调局（USGS）等六个部门联合执行，促进了大数据的收集、组织和分析能力的发展，尤其通过数据的知识挖掘和知识发现等，提升了大数据的实用价值和它的作用及意义，未来国家层面的竞争力将体现为拥有数据资源的规模、活力以及解释运用的能力。

3. 基本内容

大数据集与传统的"大数据量"、"海量数据"概念的区别在于，大数据集包括了"无所不包"、"数据采集、数据处理分析与数据应用的融合"、"从混沌的数据海洋中挖掘、发现有用的信息"三大内容，在内涵的深度和广度上远远大于传统的数据概念。

（1）大数据集的范围几乎"无所不包"，其类型之多、规模之大是传统数据所无法比拟的。它包括几乎所有的资源、环境、社会经济等各个方面，因为这些数据都有相互关联之处，所以只有通过综合分析，才能发现它们之间的相关关系的代表数值，并从中发现有用的新的知识。其规模之大，达到了 KB、MB、GB 级别，甚至还可以达到 ZB、EB 级别，数以亿计，已成为常态。例如，脸谱（Face Book）每月要共享 300 亿条信息，百度每天要收集几千亿网页。数据类型主要包括结构化数据、半结构化数据和非结构化数据等。结构化数据是指能够存储在关系数据库里，可以用二维表结构来逻辑表达实现的数据，主要是指纯文本数据。结构化数据的属性数量固定、内容明确，对其进行查询、排序等处理较为容易。非结构化数据是不方便用数据二维逻辑表现的数据，主要包括图片、音视频等。半结构化数据则介于两者之间，具有一定的结构，但结构变化很大，数据的结构和内容混杂在一起。数据对象中的属性数据无法预先知道，如办公文档、文件、电子邮件等。随着网络应用和多媒体应用的出现，各类数据增长迅速，结构化数据增长率约为 32%，非结构化数据的增长为 63%。据估计非结构化数据占有的比例将达到整个互联网数据量的 75% 以上。

（2）从技术上来说，大数据将数据采集，处理应用与存储，检索，传输等融为一体，在移动互联网、泛在网、物联网及 Web Grid 网络电脑，尤其是云计算的高性能计算技术的支持下，可以满足大数据集各种复杂的计算，其运算速度之快。精度之准，可以满足需求。对大数据的处理具有速度快、线性搜索、事后分析等功能。以"1 秒"为目标的实时处理成为大数据的重要特征。大数据分析是大数据技术的核心。

（3）"从混沌的大数据海洋/宇宙中挖掘有用的信息"，既是应用目标，又是技术要求。信息存储技术、云计算处理分析技术、移动互联网、泛在网和物联网技术的广泛应用，使得从混沌状态的大数据海洋中，提取、挖掘有用的信息成为可能。目前，大数据的开发利用的水平很低，仅仅达到 10% 的水平。隐藏在外表处于混沌状态的大数据中的有用信息，等待人们去开发、挖掘。大数据技术的任务就是从混沌状态的大数据中挖掘有价值的信息，使大数据"活起来"（盘活大数据）。为了达到这个目标就需要综合运用灵活的、多学科的方法进行综合分析。

（4）大数据技术的主要任务是对特定的大数据集合，集成应用大数据技术，从混沌状态的大数据海洋中挖掘有用的信息，为社会经济和可持续发展服务。大数据技术的另一个核心是数据融合与技术融合,是对混沌状态的海量大数据中蕴含有用信息挖掘与发现的有效手段。

(5) 同时由于应用部门的业务需求存在差异,对于不同领域、不同业务,甚至同一领域不同企业的相同业务来说。由于数据集合和分析挖掘目标存在差异,所运用的大数据技术和大数据信息系统也可能有差异,因此要求具有针对性。针对具体的目标,采用不同的数据,不同的技术才能达到很好的效果。

(6) 在大数据的开发与挖掘过程中的有用信息,一般来说数据价值密度较低。例如,一个长达数十小时的视频监视录像数据中,有用的,有价值的信息只有若干秒,这若干秒的信息可能价值连城。所以数据的价值密度如何评估,是一个复杂的问题。同样在 NOAA 或 NASA 的卫星影像数据 KB 中,仅有少量是有用的,这完全是可能的。科技工作者的任务是在这大数据中,运用各种方法,尽力能多发现一些有用的信息。另外,不同的应用目的,对数据的价值密度的看法是不同的,如对于某一个单位来说,是"信息",而对于另一个单位来说可能是"噪声"。所以对于大数据的价值密度的评估,要从多目标、多用途评价才是科学的,所以对于任何数据,都不能随便否定它的价值。

(7) 在 2012 年 3 月的 IBM 论坛上,正式提出了"大数据"概念,并于同年 5 月正式发布智慧的分析洞察和大数据的方法论,即"3A5 步法"。IBM 的智慧的分析洞察,整合了软件、硬件、咨询服务、研究等各个领域的资产和能力,囊括了如大数据平台,业务分析工具、内容管理解决方案,咨询解决方案等的"大数据"方法。IBM 的大数据平台整合了四大核心能力,包括 Hadoop、统计算、数据仓库、以进行信息整合与治理。

4. 大数据方法还包括以下三个方面

(1) 整合的信息与分析和服务的组合。
(2) 运用经验的能力,经验可以节省创造时间。
(3) 先进的分析能力。

所以有人认为,对于大数据的有用价值密度进行评估时,对于特定的应用目标来说,存在"密度高"和"密度低"的差别,对于大数据整体来说,"凡是数据皆有用",不存在密度大小之别。所谓"信息"与"噪声"不是绝对的,对某个对象来说,它可能是信息,对于另一个对象来说,它可能是噪声,所以"凡是数据皆有用"、"凡是数据皆含有信息"。

5. GEOS 数据共享计划

我国科技部于 2012 年 5 月提出了《GEOS 数据共享计划》,与美国政府的《大数据研究和发展计划》存在类似之处,但不完全一致。我国仅限于 GEOS 数据的范围内,不论在数据的类型与数量上,远不及美国的大数据的规模大,仅仅包括了美国大数据中的 NOAA、NASA,最多还有 USGS 部门的数据。我国的 GEOS 数据共享计划侧重在共享上,对于数据分析和处理方面还考虑不多,尤其对于数据挖掘;信息发现方面,过去虽然做过一些工作,但与大多数技术的要求相差甚远。

　　我国的《GEOS 数据共享计划》虽然在规模上不能和美国的《大数据研究和发展计划》相比，但其中的研究和发展部分的内涵应该相似。除了共享外，还应强调要从处于混沌状态的 GEOS 海量数据中挖掘和发现有用的信息，要将数据的采集/获取、处理分析与应用服务三者融合在一起。以 GEOS 数据来说，应包括美国大数据制定的 NOAA、NASA 及 USGS 存储的数据在内。以上三者所存储的数据是海量的，但目前的利用率还不到 10%，很多信息还未被挖掘和发现。问题在于人们对这些信息不认识，处在"视而不见、见而不识、听而不闻"的混沌状态，所以首先要对数据蕴藏信息要能认识，要能分辨是信息还是噪音，仅强调共享是不够的。例如，6 颗在轨"测碳卫星"已获得了大量的信息，但利用率极低，如 NOAA 数据仅作云图使用，其他信息没有被挖掘，更没有利用。不论在国内还是在国外，一些人认为，这些数据无法用，或不能用。这就是认识信息存在问题，而不是共享问题，所以首先要解决如何认识信息问题。

　　在国外，数据共享似乎不成问题，而我国则成为数据利用的首要问题。单位与单位之间的数据壁垒问题严重，掌握数据的单位不太愿意供其他单位应用，或是收很高的费用，使其他单位用不起。这是国家体制与机制不完善所造成的，靠纳税人的钱用来获得数据，转变为单位的财产或赚钱的资本，是管理上的问题。

　　大数据的目的是要从处于混沌状态的海量数据中挖掘有用的信息，为此要将数据采集、数据处理与分析和数据应用进行综合考虑。

　　GEOS 数据是大数据中一个十分重要的组成部分，而数据共享更是其中的部分内容。GEOS 数据的目的，也是从 GEOS 的海量数据中挖掘出有用的信息，为此要实施以下的步骤：

　　（1）数据的审核与校正；

　　（2）数据的变换与整合，包括格式变换，投影变换；

　　（3）数据综合与技术综合计算与分析；

　　（4）信息的挖掘与提取，包括理解，解释的能力与水平；

　　（5）信息的应用、服务与共享，及其机动性、灵活性；

　　（6）信息反馈与评估。

第二节　宽带泛在网（含物联网）技术系统

一、泛　在　网

　　泛在网是 U 战略的核心技术。泛在（Ubiquitous）意为无处不在、无所不包和无所不能的意思，指传感器无处不在，可以在任何地点、任何时间及对任何物品、现象或过程的信息进行获取和传输给任何地点的任何人或物。泛在网方法的核心技术是 WiFi 技术，包括泛在计算（u-Computing）、普适计算（Pervasive Computing），都是无所不在、无所不能的计算或无处不在的计算机网络。

　　（1）泛在网计算（u-Computing），也称网络计算，就是将计算从单体计算缩小和融化到网络之中，把计算机变成消失得无法监察的技术，这样实现普适计算。

（2）物联网（Internet of Things）是指网络不仅把人与人连接起来，而且把人与物，物与物也连接起来。总之，把一切的一切都用计算机网络相连接起来。物联网的工作原理是将一个具有唯一代码的电子标签贴在所属识别的物品上，就好像给每一个物体发放了"身份证"。然后，将这个代码和反映该物品的其他信息存储在网络服务器中，就好像身份证在公安局备案和登记一样。这个服务器叫物品名称解析服务器（ONS），它是物联网的"花名册"，被赋予"身份"的物品具有与传感器进行"交谈"的功能，在互联网与服务器的沟通下，形成物联网，从而可以查询远在任何地点的物品的信息。

物联网的关键技术要能彼此"认识"和"交流"。RFID（电子标签）射频识别系统和网络系统组成了核心技术。有效识别距离为 30m 以上，主要用于物体自动识别、定位、跟踪。

物联网（Internet of Things）被公认为是 IT 的第三次浪潮。2009 年，美国政府称它为"新一代智慧型基础设施"，并上升成为美国的国家发展战略的地位。

物联网是将各种信息感知设备与系统，通过不同的接入方式进入 Internet 中，从而形成一个巨大的智能网络，达到物与物的通信能力，实现生活生产和生活中的通信无处不在、无所不能的目标。物联网依托于互联网，但在用户终端上远远超越了"人-机"的范畴，扩大到任何"物-物"，"人-物"同通信的交互，形成"感知-传输-计算-信息服务"的体系，即信息获取与服务系统。它包括：

（1）主动感知功能：物联网通过"射频识别"（RFIO）、GPS，激光扫描器等，主动获取，感知物体的性质，位置等信息，包括各类物理量、标志、音频、视频等数据。

（2）物联网通过有线、无线及不同的方式进行正确传输信息。它是传感器网络、移动通信、互联网、有线电视网的融合、集成。

（3）具有大数据量，如声音、视频、图像等海量数据存储功能和协同，数据处理、智能处理及可视化技术等。

（4）具有智能化服务的功能，如它能在大数据量的环境信息中换取、挖掘、识别所需物体的信息。

给地球上所有物体安装具备"知觉"功能的传感器，通过有线、无线等方式纵横交错地连接，一张"天罗地网"便植入了人们的生活世界。万物在现代技术下重新相连，天人合一的传说在网络中再次呈现，地球变得愈来愈"智慧"，人类的生活也因此而改变。

"经过三年的土地净化，俺们村从今年起就正式成为德米特有机示范园基地了。"北京市平谷区大庙峪村主任王庆林告诉《世界博览》记者。总部设在瑞典的德米特国际生态农业组织，不仅在瑞典首都斯德哥尔摩附近拥有一座美丽的有机生态农场，它还把著名的"德米特有机农业标准"推向了全世界。"土地的湿度、空气温度、太阳照射的光度等，都可以通过这些个东西传输到网上，实现远程监控。"王庆林介绍道。

"物联网"的梦想就是让一切有生命的、无生命的物件都"联网"，从而使物体和物体物之间能够畅通地进行信息交流——就像潘多拉星球上的花草、山水、鸟兽与纳美人一样实现密切"联结"。

二、泛在网技术、泛在网与 u-Computing

1. WiBro 与 u-Computing 的基本概念

随着经济社会信息化日益扩大和深入，无线通信技术，如 3G、WIMAX、WIFI 即无线宽带网（WiBro）飞速发展，移动计算芯片的出现使计算机无线上网、手机上网等应用蓬勃发展，互联网开始融入社会生活。互联网从最初单纯的内容发布发展到能够与公众交互的双向互动。新闻媒体、电子政务、电子商务、公共服务等越来越多的社会管理与服务职能转向互联网。在这种背景下，国家、地区、行业的信息化战略发生了深刻变化，即"u-战略"开始替代"e-战略"。u-战略的主要技术基础为：WiBro，即无线宽带网，使上网于无形，摆脱了网线的束缚，"u-战略"又被称为无线宽带网战略或"泛在网"战略："ubiquitous Computing"，简写为 u-Computing，意为"无处不在、无所不包和无所不能的计算"，或"泛在"计算，也被称为"智能化"/"数字融合"战略。由此，信息化的"u-战略"强调实施"无处不在、无所不包和无所不能"的社会经济信息化。

最早提出此概念的是已故美国施乐公司 PARC 研究中心（Palo Alto Research Center）首席科学家马克·威赛（Mark Weiser）。他在 1991 年 9 月美国《科学》杂志上发表了论文《21 世纪的计算机》（*the Computer for the 21st Century*），引起世人瞩目，并第一次提出 Ubiquitous Computing 的概念。威赛说，"无处不在的计算，就是到处都有计算机存在的意思，不像现在计算机有具体表现。正如以前的马达已经从我们眼前消失一样，计算机以后也会完全消失，但还是相互联络，更加全面地服务人类。人类不会意识到这一点，系统也不会强制人类的行为，这一新世界的主导还是人类"。

2. u-Computing 的特点

u-Computing 的特点是 IT 与一切技术的融合，信息技术与生活、生产各个领域的大融合。

3. u-Computing 的主要技术

从技术层面上看，u-站略与 e 战略的重大区别在于，u-战略更加重视 ICT（信息通信技术），强调 IT 要转向 ICT 并于所有的技术相融合，如手机、电视、DVD、空调、电子音响等家用电器，都可以成为交换信息的工具，真正实现无所不在和无所不包、无所不能的信息交流。不仅如此，包括人本身在内的社会上的所有物理实体都能与计算机网络融合。u-战略实质上是在打造一个崭新的信息时代或信息社会，是人、物、计算机网络融合为一体的"智能型"社会。这样，不仅生产水平得到大幅度提高，人们的生活质量也会大有改善，那时无论何时、何处，人人都可以使用计算机及网络；生产和生活中的一切因素，都具有计算机网络的特征，并可纳入其中。计算机与网络融入生产和生活中，而且不再具有它们的物理结构形态的存在，只有功能的存在。

无线宽带网（WiBro），主要包括了 WiFi（无线保真）、WiMAX（全球微波接入互操作）等，提供了计算机终端设备通过无线局域网 WiFi、无线城域网 WiMAX 接入互联网的手段。3G（第三代移动通信）手机成为互联网与电信网的融合环境，除了电信功能外，还成为更方便地得到互联网服务的重要工具。

蓝牙和 ZigBee 用于小范围无线网，特别是 ZigBee 的低能耗、低复杂度（网络可自组织建立）、低成本、微小化等特点，使得它在构建传感器网络用于数据采集处理上有独特优势。

射频身份识别（RFID）技术是 u-Computing 又一个核心技术。无线射频网络与RFID 的研制成功，是进入智能社会的重要标志。对人或任何物品，只要运用该技术，即便是在远距离也能够读取相关的信息。RFID 的应用使网络不再只是由网络设备构成，现实世界的任何实体都可能成为网络的组成部分。

手机上网是实现个人无处不在的主要手段。根据 3G 的规格看，数据传输速度最低为 128kb/s，最高可达 2Mb/s，在行驶的汽车内，手机传输率可达 128kb/s。当手机处在静止状态时，传输速度可达 2Mb/s。3G 手机可随时接收音乐、电视、电影服务，还可以和卫星定位系统（GPS）与电子地图（GIS）等相连接。将来 4G 手机研发成功后，它就可以与空间信息技术（GPS、GIS、RSS 和 LBS）直接融合。

在 u-Computing 的技术中还包括宽带融合网络（BCN），将语音、数据、视频与互联网融合，在任何时间，任何地点，都可为用户提供高质量的无缝网络服务。

物联网是 u-Computing 的重要组成部分。通过物联网技术实现机器与机器对话。视物网络使通过新的 ICT 器件，如电子标签、传感器网络和网络机器人把视物同网络连接在一起的。配合 u-Korea，韩国推出的 u-Home 是一项集远程教学、家庭监控、视频点播、居家购物、家庭保安系统等数字服务的一项创新服务。近年来韩国新建的民宅基本都具有 u-Home 功能。

4. u-Computing 的特点

u-网络的特点是："无所不在，无所不包和无所不能"。

"无所不在"是指网络处处存在，即任何人（anyone）在任何时间（anytime）、任何地点（anywhere）都可能以信息形式存在、传输和获取信息。

"无所不包"指任何事物、任何设施都可以连到网上来、融入网络中。物联网的发展就是"无所不包"的体现。

"无所不能"是指网络包括各种各样的应用。从经济活动到社会活动，都可以通过u-网络来协助完成。美国正在智能微机电系统（MEIS）传感器开发，低成本的 MEMS移动传感器，可以使电动机植入到各种如头盔、衣服、精密仪器中。多模无线传感器（MUSE）、多芯片模块等都是 u-网络的基础。

5. u-Computing 的发展现状

联合国（UN）于 2003 年 12 月在日内瓦举办的信息社会世界峰会（WSIS）上，首次设立了"无所不在的网络"发展战略讲座会。2004 年 2 月国际电信联盟在日内瓦举办了"REID 研讨会"，会上特别强调了物联网的概念，指出了物联网能实现任何时间，任何地点的无所不在的网络连接的特征。

欧盟提出了《2010》框架，指出为迎接数字融合时代的来临必须整合不同的通信网络、内容服务、终端设备，以提供一致性的管理架构来适应全球化的数字经济和信息这回的到来。欧盟在 RFID 和 EPC 方面已经形成了欧洲自己的标准。

日本政府在 2004 年正式提出 "u-Japan 构想"，目前正在推进 RFID 应用和打造物联网基础设施。

韩国与 2004 年正式提出 "u-Korea 战略"，韩国信息通信部制订了 "IT839 战略"，支持 u-技术的发展和应用，带动国家整体产业的发展。

新加坡积极推进 u-战略。2006 年新加坡政府正式启动了 "智慧国 2015"（IN2015）计划。该计划是将新加坡建设成为 "一个智慧的国家、全球化的城市和信息科技无所不在的国家和城市"。

我国对 u-网络建设非常重视。我国新一代的互联网（grid）的研究基本上保持和世界同步，在 IPv6 研究方面还有一定优势。WiFi、WiMAX 及 RFID 的应用引起高度重视，如上海市正在积极推广 RFID 的应用，推动生产生活领域中的数字化融合。香港在一些公共场所向市民提供 WiFi 上网服务。台北提出了 "无线台北" 的概念并积极推进 WiFi、WiMAX 等技术的应用。

6. u-Computing 与地球数字神经系统

由于 "无所不在，无所不包和无所不能" 的 u-Computing 的技术系统的不断进步，不仅推动了经济社会的高度发展，人民生活质量的大幅度提高，而且也为地球系统科学的发展，尤其为 "地球数字神经系统" 或 "电子皮肤" 建设创造了条件。由多颗地球观测卫星组成的 "地球观测系统"（EOS），尤其是与 "智能化地球观测系统"（IEOS）的协调运行是要靠 u-Computing 技术来完成的。对于 IEOS 系统，不仅具有自动校正、自动分幅和自动分发的概念，还具有事件驱动（event Driven）的机制。当指挥卫星发现了地球的任何地方出现异常情况（如森林火灾、洪水、火山爆发、地震、海啸）时，实时对其他卫星发布调整姿态和角度，甚至调整波段，获取地表变化状况数据，实时发送到有关用户，如防洪指挥中心，减灾救灾中心，并能实时发送警报等，这些都由 u-Computing 来完成，负责从轨道高度向地球进行观察。除了 EOS 和 IEOS 外，还有多国的同类系统组成全球观察系统（GEOSS），共同组成了地球全覆盖和无缝覆盖的过程体系。

仅靠地球观测卫星是不够的，除了遥感数据具有不确定性特点和需要靠地面实况验证外，还有某些地表的细节需要由地面监测系统来完成。现在全球范围已经建立了很多气象站、水文站、海洋站、生态站、环境监测站、农业站、经济社会数据统计站等，积累了大量的监测数据，这些站有许多位于海洋、两极、沙漠、高山、高原等极艰苦地区，利用无线传感器网络将这些观测站互联，可以用来做卫星遥感数据的验证或定标依据。

在 u-Computing 的支持下，新一代天地一体化的地球监测系统是可以实现在任何时间，任何地点，任何对象的状况，尤其是变化状况进行监测，如同人体的皮肤那样灵敏，人脑那样实时地做出判断和决策，这就是地球数字神经系统和电子皮肤的概念（表 9.4）。

表 9.4　Web Service 与 Grid Service 等的比较表

类型	功能	技术	应用
Web Service	异地、异构数据的传输、浏览和多媒体显示	计算机、信息及其通信网络、外设	Web Gis Web DIS Web LBS
Grid Service	除了与 Web 功能相同外，还能实现在线的异地计算资源（硬件、软件、数据、模型等）一切电子设备的共享，实现分布式的计算	除了与 Web 相同外，还有在线的一切闲置的计算资源，传感器资源，电子设备的协同运作	Sensor Grid，Grid GIS，Grid GPS，EOS，IEOS GEOSS
Cloud Service	除了具有 Web Grid 功能外，它实现了 IT 资源的融合，如网络计算、网络存储、并完成任务的大数据量的计算，并能将大任务自动分工后分配到分布式的计算机进行运算，还能自动调节和自动编程	除了与 Web Grid 相同外它有 IT 资源池，多功能服务器等	完成 Web Grid 的功能和应用外，实现 IT 融合具有大部分 IT 功能，IT 的空间化，空间信息技术融入 IT 主流
u-Service	不仅将 IT 集成，还能将一切技术集成，具有网络存储、网络计算功能，网络和计算机的有形物理实体不再存在，而它们的功能越来越强和普及，是一个虚拟的信息中心，是技术的大融合，数据的大融合	泛在网或无线网宽带。WiFi（无线宽带接入系统），WiMAX（无线宽带接入技术、标准）FRID（视频接入技术）及 3G（第三代通信技术）	u-日本、u-韩国、无线广州、无线深圳甚至具有无处不在、无处不包和无处不能功能

第三节　网络计算与云计算

一、Cloud Computing——未来的高性能计算

1. Cloud 与 Cloud Computing 的基本概念

（1）云计算（Cloud Computing）是 Grid Computing 的高级阶段，又称 Grid 的 2.0 版本。"云"是指计算机群，每一群包括了几十万台，甚至上百万台计算机组成的一种无障碍的虚拟化的科学计算平台，具有分布式、高可用性，可进行全球访问的计算机网络平台。

（2）云计算是借用量子物理中的"电子云"（Electron）的概念，指格网中的计算机有像电子云一样的弥漫性、复杂性、不确定性、同时性和无处不在等特征。云计算虽然是在分布式计算、平行计算和格网计算的基础上发展起来的，是格网计算的高级阶段。但它们之间的主要区别在于格网计算在处理复杂的，大计算任务时，需要将大型计算任务，分解多个小任务之后以平行计算方式运行在不同的服务器上，并使用成千上万台计算机进行处理，而云计算也支持 Grid Computing 环境，但又具有 Grid Computing 所不备的自动管理和自动分配任务的能力。云计算产生的背景是基于网站或者业务系统

所需要处理的业务量快速的增长，如面向公众服务的 SaaS 商业应用模式使应用系统快速扩充，扩充和管理成本不断增大。如何扩展面向公众服务的 IT 系统推动了云计算的发展。能够快速部署和低成本是云计算系统的突出特征。

（3）云计算是利用遍布于网络上的远程主机进行更高效的运行、搜索信息以及编写程序。这种基于互联网的超级计算模式，就是大家所熟悉的云计算，即把存储于个人电脑、移动电脑和其他设备上的大量信息和处理器资源集中在一起，协同工作。

（4）云计算是一种新兴的共享基础架构的方法，它可以将巨大的系统池连接在一起以提供各种 IT 服务。很多因素推动了对这类环境的需求，其中包括连接设备、实时数据流、SOA 的采用一级搜索、开放协作，社会网络和移动商务等这样的 Web2.0 应用的急剧增长。另外，数字元器件性能的提升也使 IT 环境的规模大幅度提高，从而进一步加强了对一个由统一的云计算进行管理的需求。

2. 云计算服务

由于它可以让小型企业按照自己的需要购买亚马逊数据中心的处理能力，受到了用户的大力追捧。

云存储服务：Google、微软和苹果都在近期推出了这一服务，希望在亚马逊独大的市场中分流更多用户，以便扩大广告受众。

更多的企业和个人选择通过 Web 服务共享大型数据中心的资源，这已经成为不可逆转的趋势，云计算能够使计算分布在大量的分布式计算机，而非本地计算机或远程服务器农场上，这使得企业数据中心的运行与互联网计算模式相似。而满足云计算的数据中心足以应对互联网规模的计算挑战，往往在分秒之间就能处理超大规模的数据流量。

搜索引擎计算用来解读云计算再合适不过，网页的变更通常大量而复杂，但云计算可以很容易地处理海量数据，它不仅可以将搜索任务切分为多个小的任务模块执行，而且单个任务模块可以采用不同的算法，这样的计算结果集合就是搜索结果。

其实云计算就是 Google 数据中心得以处理互联网服务的技术秘密，而 Google 的搜索引擎就是云计算初期的服务产品，现在的云存储以及未来更多形式的 Web 新应用将使云计算成为 Web 时代的新型计算语言。

云计算既描述了一种平台，又描述了一类应用。一个云计算平台能够根据需要动态地提供、配置、在配置和接触提供服务器。而云应用则是那些经过扩展能够通过互联网访问的各种应用，这些云应用运行在那些托管 Web 应用和 Web 服务的大型数据中心及功能强大的服务器上。

由此看来，云不仅仅是计算机资源的简单汇集，因为其提供了一种管理这些资源的机制，即提供变更请求、重新映像、工作负载重新平衡、资源解除提供和资源监测。从某种意义上说，云计算更像是网格计算的升级，但它的最大魅力就在于，在这种计算模式下，计算业务将不再局限于个人桌面和企业计算中心，而可以称为一种依托于互联网处理的服务。

二、地球科学方法中的云计算技术

事实上，地球空间信息科学应用是 Cloud Computing 发展最重要的一个推动力。美国 Google 公司在其面向公众服务的搜索引擎和气候的 Google Earth 应用，无不面临服务系统的快速膨胀，传统信息系统应用架构扩充所需要的高成本和复杂度使其不得不另辟蹊径。云计算创始公司之一即 Google。

云计算（Cloud Computing）是指由一群虚拟的相互连接的计算机组成的并行和分布式系统，及有关硬件、软件工具联网组成的计算机服务系统，它主要由以下三部分组成。

1. 虚拟化技术

虚拟化是为一组类似资源提供一个通用的抽象接口集，从而隐藏属性和操作之间的差异，并允许通过一种通用的方式来查看并维护资源。虚拟化是资源的逻辑表示，它不受物理限制的约束。按照虚拟的 IT 资源的不同，虚拟化可以分成三种类型：基础设施虚拟化、系统虚拟化和软件虚拟化。基础设施虚拟化主要包括网络虚拟化和存储虚拟化。系统虚拟化是指使用虚拟化软件在一台物理机器上虚拟出一台或多台虚拟机。每一台虚拟机都运行在一个隔离环境中，是一个具有完整硬件功能的逻辑计算机系统。系统虚拟化使得多个虚拟机可以互不影响地在同一台物理机上同时运行，复用物理资源，提高了硬件资源的利用率。系统虚拟化的软件主要包括虚拟机监视器（Virtual Machine Monitor，VMM）和虚拟化平台（Hypervisor）。虚拟机监视器负责对虚拟机提供硬件资源抽象，为操作系统提供运行时环境；虚拟化平台则直接运行在硬件之上，负责虚拟机的托管。软件虚拟化主要包括应用虚拟化和高级语言虚拟化。应用虚拟化将应用程序与操作系统耦合，为应用程序提供一个虚拟的运行环境。高级语言虚拟化主要用于可执行程序在不同体系结构计算机间迁移的问题（陈莹等，2009）。

2. 分布式文件系统

分布式存储的目标是利用多台服务器的存储资源来实现单台服务器所无法满足的存储需求。分布式存储要求存储资源能够被抽象表示和统一管理，并且能够保证数据读写的安全性、可靠性和性能等方面的要求。分布式文件允许用户像访问本地文件系统一样访问远程服务器的文件系统，通过冗余备份机制和容错机制来保障数据读写的正确性。云计算平台的存储服务基于分布式系统，并根据云存储的特征做相应的配置和改进。

Frangipani 是一个具有高伸缩性的高性能分布式文件系统。该系统采用两层服务体系架构，底层是分布式存储服务，该服务可以自动管理可伸缩、高可用的虚拟磁盘；上层是 Frangipani 分布式文件系统。JetFile 是一个基于 P2P 的组播技术，支持 Internet 的异构环境中分享文件的分布式文件系统。Ceph 是一个具有高可靠性的高虚拟分布式文件系统，它把数据和对数据的管理在最大程度上分开来获取最佳的 I/O 性能。

Google File System（GFS）是 Google 公司设计开发的分布式系统。Hadoop File System（HDFS）是模仿 GFS 的设计，使用 Jave 开发的开源分布式文件系统（Wang et al.，2009）。GFShe HDFS 可以运行在由数千台服务器组成的集群中，实现具备高可靠性、高可用性和高扩展性的分布式存储，并在性能方面有很好的表现。GFS 作为 Google 最主要的数据存储平台，支撑着 Google 的日常业务，是目前最为优秀的分布式文件系统之一。Hadoop 也在业界获得了广泛应用，Yahoo 和 Oracle 都推出了基于 Hadoop 的数据存储和分析平台。

3. 分布式非关系型数据库

在云环境中，面对超大规模的数据存储和高并发访问，传统关系数据库的性能难以满足业务需求。云环境下的应用，对于数据库事务一致性需求要求较低；对于写操作的实时性要求高，读操作实时性视应用的不同，可以有所降低；复杂 SQL 查询应用情况较少，单表简单条件下分页查询的应用情形较多。

NoSQL（Not Only SQL）是对不同于传统的关系型数据库管理系统统称（Cattell，2011）。NoSQL 中的数据查询语言不是标准的 SQL。数据存储也不是二维表模型，不支持 JOIN 操作。在云海间中，分布式 NoSQL 数据库得到了广泛的应用。

Redis（Lerner，2010）是一个开源的 key-Value 型分布式内存数据库，支持多种数据结构，所有的数据库操作都在内存中完成，系统定期将内存储的数据保存到硬盘上，实时持久化存储。Tokyo Cabinet 和 Tokyo Tyrant 也是一个 key-Value 型的分布式数据库。Tokyo Tyrant 负责数据库管理，其数据库只有一个文件，里面存放着 key-Value 数据记录；Tokyo Tyrant 是一个网络程序，可以使用 Http、memcached 协议访问 Tokyo Cabinet 数据库，二者配合，形成分布式数据库架构。Dynamo 是由 Amazon 开发的一种基于键值对的分布式存储系统，该系统在设计之初的一个主要考虑就是 Amazon 公司的大规模数据中心设备失效频繁，需要系统具有较高的可用性（Bala et al.，2011）。

MongoDB（Lerner，2010）是一个开源的面向文档存储的分布式数据库，支持 json 类型文档的存储和全属性检索，具有较好的可扩展性。CouchDB（Lerner，2010）是一个面向 Web 应用的分布式数据库。它支持 json 格式文档存储，可以通过 Http 利用 Web 和 JavaScriptAPI 接口进行数据查询。

BigTable 是 Google 设计用来存储海量结构化数据的分布式存储系统，将网页存储成分布式的，多维的有序的图（Chang et al.，2008）。HBase 是根据 BigTable 原理实现的一个开源分布式数据库。Amazon 公司的 Simple Storage Service（S3）是一个支持多媒体等二进制文件的云存储服务。Amazon 公司的 SimpleDB 是建立在 S3 和 EC2 之上的用来存储结构化数据的云服务。Cassandra 是由许多数据库节点组成的分布式网络服务，一个写操作会在多个节点上，该操作也可以相应地从这些节点上读取数据。Cassandra 是由 Facebook 技术团队开发的，并服务于 Facebook、Twitter 和 Amazon 的业务应用。Voldemoet 与 Cassandra 类似，是由 Linkedin 团队开发的分布式 NoSQL 数据库，数据库单节点可以达到每秒 1 万～2 万次的读写操作。

三、高性能计算与高并发响应

1. 高性能计算技术

云计算中涉及大量的海量数据处理任务。由于数据量通常可以达到 TB 甚至 PB 级别，单机斥力难以满足数据处理的性能和可靠性方面的要求，所以通常需要使用并行计算模型。

River 是由 Remz 等人提出的一种并行编辑模型，是由一个高性能的分布式队列和一个存储冗余机制组成，目的是便于大规模计算机集群开发高性能并行计算程序。

Map-Reduce 是由 Dean 提出的编程模型，它将一个任务分解成很多更细粒度的子任务，任务调度器根据节点的能力和负载，将子任务分配到合适的节点进行处理，降低了"短板效应"对任务的处理时间的影响。Map-Reduce 包含 Map 和 Reduce 两个步骤。Map 负责根据输入的键值对生成中间结果，中间结果也是键值对的形式。Reduce 将所有具有相同键值的中间结构进行合并，生成最终结果。

2. 高并发响应技术

在云计算环境中，针对持高并发请求，服务器需要及时响应。服务器端应对高并发主要有三种形式，多线程、多进程和基于系统异步 I/O 库（如 Linux 中的 epoll 和 FreeBSD 中的 Kqueue）的方式。

在多线程模式中，一般采用 Master-Worker 模型，主线程负责接收连接，然后将其分配给 Worker 线程，线程完成接收，处理，并将结果返回给客户端。在多进程模式中，采用的也是 Master-Worker 模型，Master 进程循环接收信号，管理 Worker 的进程；Worker 的进程负责监听网络事件并处理，Worker 进程在监听事件时，需要获得一个锁，锁的存在避免了多个 Worker 进程同时处理一个事件。

上面两种方式在程序设计中都是 I/O 同步模型，后续任务的处理必须等待 I/O 的完成，在等待过程中 CPU 处于空闲状态。为了充分利用 CPU，可以通过异步 I/O 的方式，在发起异步调用后，不进行轮询而去处理下一个任务，在 I/O 完成后，通过信号或回调函数，将数据传递给应用程序，以提高 CPU 的利用率。

Erlang 是一种通用并行程序设计语言，在并发程序支持方面有很好的性能，是一个服务器端的 JavaScript 解释器，为构建具备高可扩展性的网络程序提供了支持。

四、云服务平台

1. IBM 蓝云平台

IBM 蓝云平台的主要模块包括：Ensembles、TSAM、WCA、Lotuslive。

Ensembles 是一组采用虚拟化技术实现的资源池（Xiang et al.，2008），主要包括服务器 Ensemble、网络 Ensemble 和存储 Ensemble。虚拟化技术隐藏了底层的技术细节，提供了对资源的管理、配置和调整功能。在这三种类型的 Ensemble 之上的是 Ensemble 服务接口，它为用户提供统一的操作接口。

Tivoli Service Automation Manager（TASM）为用户提供了管理应用服务生命周期的方案。TASM 帮助不同角色的用户按照 ITIL V3 的最佳实践经验来管理服务的生命周期。TASM 提供了三个阶段的管理功能，包括服务的设计阶段、部署阶段和运行时管理阶段，支持两种角色的用户。它们是服务设计者、服务运营和管理者。

Web Sphere Cloud Burst Appliance（WCA）是一款用于创建部署和管理私有 WebSphere 云环境的产品（Kai and Deyi，2010）。它能帮助用户创建和管理面向服务的私有云平台，其最大优势在于有效整合了云基础设施层和云平台层。

LotusLive 是 IBM 云计算应用层中软件即服务的典型代表，它是一组通过 Web 方式交付的服务，包括会议服务，办公协作服务和电子邮件服务三个部分。

2. Amazon Web Service

Amazon Web Service（AWS）是 Amazon 公司构建的云计算平台，通过 AWS 的 IT 基础设施层服务和丰富的平台层服务，用户可以在 AWS 上构建各种企业级应用和个人应用。AWS 服务包括管理计算和存储资源的基础设施服务和平台服务。基础设施层服务包括 Simple Storage Service（S3）、SimpleDB、Simple Queue Service（SQS）和 Elastic Compute Cloud（EC2）；平台层服务包括电子商务、支付和物流等。

Simple Storage Service 提供可靠的网络存储服务。提供 S3，用户可以将自己的数据放到存储云上，提供互联网访问和管理。同时 AWS 的其他服务也可以直接访问 S3。S3 由对象和存储桶两部分组成，对象是最基本的存储实体，包括对象数据本身、键值、描述对象的元数据及访问控制策略等信息。存储桶则是存放对象的容器，每个桶中可以存储无限数量的对象。

SimpleDB 是一种支持结构化数据存储和查询操作的轻量级数据库服务。与传统的关系数据库不同，SimpleDB 不需要预先设计和定义任何数据库 Schema，只需要定义属性和项，使用简单的服务接口对数据进行创建、查询更新或删除操作（CRUD）。SimpleDB 的存储模型分为三层：域（Domain）、项（Item）和属性（Attribute）。域是数据的容器，每个域可以包括多个项。用户的数据是按照域进行逻辑划分的，数据查询操作只能在同一个域内进行，不支持跨域的查询操作。项是由若干属性组成的数据集合，它的名字在域中是全局唯一的。项中的属性可以包括多个值。属性是由一个或多个文本值组成的数据集合，在项内具有唯一标识。

Simple Queue Service（SQS）是一种用于分布式应用的组件之间数据传递的消息队列服务。消息和队列是 SQS 的公共访问接口执行添加、读取和删除操作。队列是消息的容器，提供了消息传递及访问控制的配备选项。SQS 是一种支持并发访问的消息队列服务。消息一旦被某个组件处理，则该消息即被锁定并且被隐藏，其他组件不能访问和操作此消息，此时队列中的其他消息仍然可以被各个组件访问。

Elastic Compute Cloud 是一种基础设施服务，基于服务虚拟化技术，为用户提供大规模的、可靠的和可伸缩的计算运营环境。EC2 由 Amazon Machine Image（AMI）、EC2 虚拟机实例和 AMI 运行环境组成。AMI 是一个用户可制订的虚拟镜像，包含了用户的所有软件和配置的虚拟环境，是 EC2 部署的基本单位。多个 AMI 可以组合成一个解决方案。AMI 被部署到 EC2 的运行环境后，就产生了一个 EC2 虚拟机实例，由同一个 AMI 创建的所有实例都拥有相同的配置。EC2 虚拟机实例内部并不保存系统的状态信息，存储在实例中的信息随着它的终止而丢失。用户需要借助 S3 和 SimpleDB 等服务实现数据持久化。

3. Google App Engine

Google App Engine（GAE）平台主要包括五个部分：Web 服务基础设施、分布式存储服务、应用程序运行时环境、应用开发套件和管理控制台。Web 基础设施提供了可伸缩的服务接口，保证了 GAE 对存储和网络等资源的灵活使用和管理。分布式存储服务则提供了一种基于对象的结构化数据存储服务，保证应用能够安全、可靠并且高效地执行数据管理任务。应用程序运行时环境为应用程序提供可伸缩的运行环境。管理控制台提供管理的控制台，用户可以查看应用的资源使用情况，查看或者更新数据库，管理应用的版本，查看应用的状态和日志。

4. Windows Azure

Windows Azure 是微软云平台上的操作系统，由 Windows Azure Fabric、存储服务、计算服务和云应用开发环境四部分组成。Fabric 负责管理平台上的各种资源，包括存储设备、服务器、交换机和负载均衡设备的分配、部署、监控、管理、维护和回收。Azure 提供了针对三种数据结构的存储服务以满足应用的不同需求，分别是块（Blob）、表（Table）和队列（Queue）。Blob 存储服务能够支持用户存储数据量大的数据集合。表由实体和属性构成，采用层次化的存储结构。队列存储服务用于为不同的应用之间或者应用的不同模块之间提供可靠的、持久化的消息服务。Azure 支持两种类型的虚拟机，一种是 Web Role，负责接收客户端的 HTTP 请求；另一种是 Worker Role，负责从 Web Role 接收输入和执行计算，并将计算结果返回给 Web Role 或者写到指定的存储位置。

SQL Azure 服务提供了一个云环境的数据管理系统，它包含了一组针对结构化、半结构化及非结构化数据的云应用数据管理技术，目的是为云应用提供一种可靠的、可伸缩的、高效的数据服务，具体功能包括数据存储、数据查询、数据分析及报表等。

5. 开源云计算平台

Abiquo 公司推出的一款开源云计算平台"abiCloud"，使公司能够以快速、简单和可扩展的方式创建和管理大型、复杂的 IT 基础设施。abiCloud 提供了易用的 Web 界面来对虚拟机进行管理，支持通过拖拽徐弩机的方式来部署一个新的任务。

Eucalyptus（Elastic Utility Computing Architecture for linking your Programs to Uscful System）是 UCSB 为研发的一个 EC2 开源实现，它与商业服务接口兼容。Eucalyptus 依赖于 Linux 和 Xen 进行操作系统虚拟化。

Enomaly 的 Elastic Computing Platform（ECP）是一个可编程的虚拟云架构，ECP 平台可以简化在云架构中发布应用的操作。Enomalism 提供了一个类似 EC2 的云计算框架。Enomalism 基于 Linux，同时支持 Xen 和 Kernel Virtual Machine（KVM）。与其他纯 Laas 解决方案不同的是 Enomalism 提供了一个基于 TurboGears Web 应用程序框架和 Python。

Nimbus 由网络中间件 Globus 提供，Virtual Workspae 演化而来，与 Eucalyptus 一样，提供 EC2 的类似功能和接口。

五、空间云服务系统

在空间云服务应用方面，Esri、Oracle 和国内的超图、中地、合众思壮、高德等都已经开始探索和尝试向用户提供空间云服务产品。

（1）Esri 推出的空间云服务产品包括，基于 Amazon AWS、Cisco Vblock Platform 和 Windows Azure 等平台的 ArcGIS Server 产品，支持通过网络和多种客户端访问；以软件即服务形式提供的 ArcGIS Online 服务，用户可以在云环境中创建和共享地图以及其他空间数据。

（2）Oracle 推出了 Amazon EC2 的 Oracle Spatial 数据库解决方案，并已经应用于点云数据管理，支持点云数据快速定位和目标区域抽取（Wang et al.，2009）。

（3）超图软件推出了 SuperMap GIS 6R 系列产品，支持开放的云服务。用户可以通过 CloudLayer 访问超图云服务提供的地图数据。

（4）中地数码推出的 MapGIS IGSS 地理空间信息共享服务云引擎解决方案，面向政府、企业和个人，提供快速搭建应用，构建个性化解决方案；帮助政府提升公共服务水平，为企业节约生产经营成本，向大众提供方便快捷的实用服务（吴边和吴信才，2011）

（5）合众思壮推出了中国位置云服务平台，采用"云＋端"的方式提供位置云服务，已经应用于移动资产管理、位置社区应用和导航应用。高德也推出了类似的导航云服务。

（6）云 GIS Cloud GIS 是指 GIS 平台、软件和地理空间信息能够方便、高效地部署到 Cloud 的基础设施上，能够以弹性的、按需获取的方式，提供广泛的基于 Web 服务。它主要包括：提供可视化的服务，面向多专题，多粒度的功能集成服务，异构数据与功能管理服务，为开发人员提供一个构建特定 GIS 应用的集成开发环境和运行环境。

六、物联网 GIS 与 GPS

物联网（Internet of Things）是通过射频识别（RFID）、物品名称解析服务器（Object Naming Service，ONS）、红外感应器、GNSS 和激光扫描器等信息传感设备，按约定协议，把任何物品信息与互联网相连接，进行信息交换和通信，以实现对物品的智能识别、定位、跟踪、监控和管理的网络技术。它与 GIS、GPS，甚至与电子地图/影像地图结合，达到多种应用服务目的，主要有以下方面：

（1）物联网 GIS 平台。它将需要监控、跟踪的目标，落实在 GIS 平台上进行各种空间分析。同时以 GIS 的电子图为基础，进行物联网空间设计与布局，并分析它的科学性、合理性。

（2）物联网 GNSS、GIS 组合平台。在 GNSS 支持下可以实现全球、区域、国家级的位置服务（LBS）要求，达到厘米级的定位、跟踪、监控的水平。

（3）物联网三维 GIS。GIS 的物联网提供了虚拟的三维可视化平台，为用户提供了一个具有视觉、听觉、触觉等为一体的虚拟环境，用户可以身历其境，利用物联网前端传感器传回各种信息，可以对被感知的对象进行虚拟重建，再现三维景观，并可进行直观地空间分析，和应用服务。

（4）物联网移动 GIS。移动 GIS 是一个集 GIS、GNSS、移动通信（GSM/GPRS/CDMA）三大技术于一体的技术系统。它不但使 GIS 的应用发生了极大的变化和改善，而且移动 GIS 为物联网提供了可移动的计算平台，将物联网的前端感知与移动 GIS 结合，可以帮助准确定位、跟踪对象，并提供一系列的模拟决策和完美的人机交互。

物联网 GIS 技术，已在环境监测、公共安全、物流配送、交通运输和工业生产等方面获得广泛应用。

第十章 地球科学方法的发展趋势

　　现代化的地球科学方法是建立在信息技术发展的基础上的。近 10 年来，信息技术出现三大热点问题，即大数据（Big Data）技术、云计算（Cloud Computing）技术和社交网技术（如微博网）。社交网又称泛在网（Cl-internet），它包括了物联网（Internet of Things）。这三个热点技术，不仅与地球科学方法有关系，而且影响很大。地球科学方法也相应地出现了新的发展趋势，如"面向世界"、"学科交叉"、"数据共享"和"信息化"四大发展趋势，同时，还有"系统化"和"服务化"等新的动态。这些新趋势，不仅推动了地球科学方法向更大的纵深方向发展，而且扩大了应用范围和体现"以人为本"的思想。

　　徐冠华院士于 2010 年 8 月 1 日在科技日报上发表了《21 世纪中国地球科学发展立足中国走向世界》的文章，是一篇纲领性重要文件，指出了地球科学方法的大趋势。以下根据该文章的精神作了一些修改和补充如下。

第一节 "面向世界"的大趋势/全球化

　　经济全球化与全球信息化时代的到来不仅对地球科学方法提出了"面向世界"的迫切要求，同时也为地球科学方法"面向世界"创造了条件。中国对地球科学方法的未来发展，早就提出了"上天、入地和下海"的战略目标。首先，"上天"是指发展卫星技术以满足"面向世界"的要求。从大气相通角度来看，地球是一个整体，必须要从全球的角度来解决资源与环境问题，所以地球科学方法要把"全球变化研究"放在十分重要的位置。"面向世界"不仅是平面问题，更应该是立体问题，所以不仅要上天，也要重视入地、下海问题。我们不仅向地球的深部、海洋的深部要资源和能源，而且从地球系统角度看，地球的深部与海洋深部是系统的重要组成部分，必须深入研究，所以我们对深钻和深潜（蛟龙号）技术的发展十分重视。

　　"面向世界"不仅是社会经济发展的需要、地球科学的需要，而且在科学技术上也具备了条件与可能性。随着社会经济的全球化进程加速，生产经济规模不断扩大，对资源与环境的影响也不断增加。用来解决资源开发与环境保护的地球科学方法，也相应要求全球化。尤其是环境保护问题，需要进行全球性研究才能解决，加之当前科学技术发展非常快，也已具备了开展全球性研究的条件。全球化的另一层意思是，不仅包含了无缝全覆盖的全球性研究，而且还包括了"上天、入地、下海"立体性的研究，如 Google Earth 和 Glass Earth 就是立体性研究的表现。我国不仅有各类卫星、航空遥感技术系统、无线传感器及视频网络，还有"天宫轨道仓"、"蛟龙号"深潜探测技术、陆地海洋的深钻技术等，实现了全方位的全球化，如 GEOS 计划、G^3OS 计划、联合国的

IGBP 计划、WCEP 计划，NASA 的 ESE 计划，ESA 的 GMES 计划。

第二节　"学科交叉"的大趋势

"学科交叉"又称科学技术的大融合，包括"学科与学科的融合"、"学科与技术的融合"和"技术与技术的融合"，在近年来已成为地球科学发展的大趋势。

地球科学与其他学科相交叉早已实现，如与数学、物理、化学及生物学科交叉，产生了地球物理、地球化学、数学地球、数字地球及生物地球/生态学等，都已发展成为独立的分支科学。地球科学方法与其他方法的融合，在近 30 年来有了飞速的发展。例如，卫星遥感技术系统、卫星遥测技术系统、卫星全球导航与定位系统等，都是不同领域技术大融合的产物。应用最为广泛的、最容易理解的地球科学方法，如测绘与制图方法，现在也是多种技术的融合，这就是发展的大趋势。

随着社会经济发展的需要和科学技术的飞速发展，出现了地球科学与其他科学，地球科学与技术，地球科学技术与其他技术大融合的趋势，现在分别进行简要的介绍。

一、地球科学与其他科学的融合

首先从地球科学与其他一级学科之间的融合来说，地球科学与物理科学的融合形成了新的地球物理科学，地球科学与化学的融合产生了新的地球化学，地球科学与生物科学融合的结果，形成了新的生物地球科学，地球科学与数学科学相结合形成了地球数学（数字地球、数学地质等），地球科学技术与天文科学相结合而形成了天文地球学（月质学、行星地质学等）等二级交叉学科。

同时，地球科学还经历了"从融合到分化，再回归到高级融合的"的发展过程。地球科学在早期称为"地理科学"所谓"上知天文。下知地理"。地球包含了后来分化为地质、地理、海洋、气象、水文、土壤、生物地理等在内，到了 20 世纪 50 年代，才正式分化独立形成二级学科，随着学科的发展与社会的需要，地质学又分解为构造地质、岩石地质、矿产地质、水文地质、工程地质等。地理又分为自然地理、经济地理、人文地理。海洋又分化为海洋物理、海洋化学、海洋生物等。随着科学发展与社会经济发展，又出现了回归综合的现象，如地球科学、生态学、环境科学，不是简单的融合，而是高级的融合，不论其科学性和功能性都是更强的融合。

1. 地球科学与技术的融合

地球科学的发展促进了很多与其有关的技术发展，技术的飞速发展又推动了科学的发展。科学与技术的大融合，也成为当前地球科学的发展的大趋势之一。科学与技术密不可分，所以人们称它为"科学技术"，不再是单纯的科学或单纯的技术，如"数字地球科学技术"就是地球科学与信息技术的融合。地球信息科学技术、卫星气象科学技术、海洋卫星科学技术、环境科学技术等都是科学与技术相结合或密不可分的产物，这是另一个大趋势。

2. 技术与技术的融合

与地球科学技术密切相关的遥感技术、全球定位与导航技术、地理信息系统技术、信息通信技术，即 RS、GNSS、GIS 和 ICTS 技术系统，不论哪一种技术都是由成百上千种不同技术融合而成，是技术大融合的结果。例如，卫星遥感技术，由纬向技术、传感器技术、通信技术、电脑技术、自动控制技术等融合而成。再以卫星技术来说，它本身就包括了成千上万种技术在内，以及通信技术等无不是技术大融合的产品。

3. 地球信息系统科学是多种学科大融合的典型

地球科学技术的新的生长点之一是"地球信息系统科学"。它由地球科学、系统科学和信息科学三者融合而成。如果再加上它们分支学科融合，包括地球系统科学、系统科学和信息科学二级学科在内，共由 6 个学科融合而成（图 10.1）。

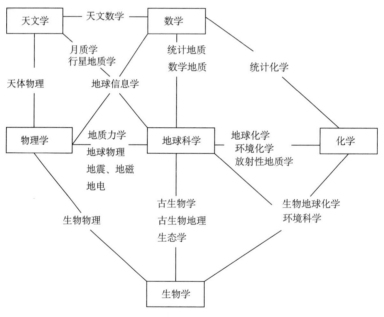

图 10.1　学科的综合

4. 地球科学方法是学科与技术融合的结果

地球科学方法是学科与技术融合而成，包括了地球科学的哲学观与思维方式，地球科学的新思维与地球科学的新技术。

科学与科学、科学与技术、技术与技术的融合，不是简单的融合，而是科学性、功能性等方面的融合，它推动了科学技术的发展，满足了社会经济发展的需要。例如，地球信息科学技术的形成，使资源环境调查，监测与保护，能够全球化、同步化，实时地或准实时化进行，过去需花多年时间完成的任务，现在能实时完成。

二、空间信息技术与管理信息技术的融合

空间技术如遥感系统（RSS）技术、卫星导航定位系统（GNSS/GPS）技术、地理信息（GIS）技术、基于空间位置（LBS）的技术与管理信息系统（MIS）技术，如ERP，CRM 和 SCM 等的融合，是信息技术的一次飞跃。空间信息技术（SIT）的融入IT 主流（MIS），与 IT 主流的空间化即 MIS 技术的空间化，不仅使当前出现大趋势，而且不论在科学性方面还是在应用方面都上了一个新的台阶。

IT 技术的大融合，是当前信息化泛在的另一个大趋势，包括 IT 主流技术的空间化和空间技术融入 IT 主流；同时空间信息技术（如 RS、GPS、GIS 和 ICT）的物理形态不再存在，而它们的功能则无处不在且越来越强。这两个新趋势对地球科学方法将产生重大的影响。

三、IT 主流与空间信息技术的融合

IT 主流的空间化，与空间信息技术的融入 IT 主流是当前另一个泛在趋势。IT 主流是指以管理信息系统（MIS），包括企业资源规划（ERP），客户资源管理（CRM），供应链管理（SCM）和计算机 IT 技术集成系统（CIMS，包括 CAD、CAM、CAPP、CAE、PDM 等在内）。空间信息技术（SIT）包括遥感系统（RSS）、卫星定位导航系统（GPS），地理信息系统（GIS）及信息通信技术（ICT）等在内。IT 主流与空间信息技术的融合，是指以上技术的融合。

（1）ERP 的空间化与 GIS 融入 ERP。ERP 是指在信息技术的支撑下，通过对企业生产、销售、采购/原料及物流等各个环节，以及对人力资源、生产设备资金等企业资源进行科学、高效的管理，实现企业资源的优化配置，提高企业生产效率和市场响应能力的信息化管理系统。原来没有运用空间概念和 GIS 与 GPS 技术，使得其在运行过程中存在众多不便之处。如果 ERP 引进 GIP 和 GPS 技术，在企业资源的优化配置与生产、销售运行中，将会产生更大的效率与效益。例如，现在一些大企业中，石油化工、钢铁、交通，尤其是物流企业已采用了 GIS 与 GPS 技术，提高了生产效益。所以在企业资源规划时进行空间化，即进行企业资源空间规划（ERSP）是完全应该和十分科学的。

（2）CRM 空间化与 GIS 融入 CRM。CRM 是指在信息技术的支撑下，对客户资源与售后服务，客户资源的流向进行有序、高效的管理系统，这是任何企业所必须做到的。客户或用户是企业的"上帝"、企业的资源，如何保持稳定的客户资源，并能不断地扩大客户资源，对于企业来说是十分重要的。如果能运用 GIS 技术将客户与潜在客户资源进行高效的服务与管理，对于企业来说是十分必要的。实现客户关系的空间化管理，要比原有的效率与效益高得多。

（3）SCM 的空间化与 GIS、GPS 融入 SCM。SCM 是指运用信息技术对企业的制造商、供应商、经销商、客户机物流配送进行管理技术系统。它还包括了大型企业，如

石油化工和钢铁企业在生产过程中，供应链或生产链的管理系统在内。如果采用了"供应链的空间管理"方法，即将 GPS 技术引入生产链的管理或企业经营链的管理，将会产生更大的效益。

IT 主流与空间信息技术的融合，为落实"信息化带动工业化，带动传统产业的改造和升级"的方针创造了条件。对于 GIS 与 GPS 如何为"传统产业改造"所用的问题，这是唯一可行之路，也是传统产业改造的必由之路。

1. 空间信息技术的功能无处不在

这是信息化和 IT 大融合的必然趋势。GIS、GPS、RSS 及 ICTS 技术如同当年的"马达"一样，在现代交通企业（如铁路、公路、航空和航海业）及物流企业中已融入了各种交通工具。它们的物理形态不再存在，但功能不仅处处存在，而且还越来越强。尤其是 GPS，不仅已完全融入交通业、物流业，而且还融入了通信业、公安，甚至社会很多行业之中，且产生了很好的效益。IT 主流与空间信息技术的融合，通过优化结构将产生 1＋1＞2 的正系统效果。

2. IT 大融合对地球科学方法的影响

IT 大融合不仅使地球科学方法大幅提高了功效，而且还扩大了应用领域；不仅把地球科学方法的应用领域，扩大到传统产业改造方面，而且还大幅度提高了经济效益和工作效率。过去空间信息技术，只限于测绘制图、资源与环境监测，现在通过 IT 大融合，GPS 与 GIS 已渗透到生产与生活的很多方面。几乎在所有的交通工具上，特别是在个人的汽车上，以 PIS 与 GPS 为基础的导航定位系统已经十分普及，几乎人人都知道 GIS 与 GPS。这是过去 10 年前不可想象的，而且已经形成了很大的产业。

GIS、GPS、RSS 和 ICTS 融入了 IT 主流的结果使得原来只局限于测绘制图、资源调查和环境监测的应用，扩展到了生产与生活的方方面面，这是一个很大的突破。地球信息方法原来属于行业的应用技术，现在已变成生产和生活的通用技术，它的作用和意义也就变大了。

四、空间信息化与工业化融合大趋势

空间信息是指具有空间位置，包括二维、三维的信息，如各种图，尤其是地图、专题图，影像载体等的信息。空间信息化是指将信息用位置，或二维、三维图形进行表达的方法，或指原来没有位置或空间特征的信息，转变成具有位置或二维、三维空间特征的信息的方法，它主要包括：

（1）将工业管理信息进行空间化改造，如将工业或企业管理信息技术的空间化，即将原来的企业资源规划（ERP）进行空间信息化改造，形成企业资源空间管理技术；将原来的客户资源管理，进行空间化的改造，形成客户资源空间管理。具体办法是指原来的管理信息系统（MIS）与地理信息系统（GIS）、全球卫星定位与导航系统（GNSS）、基于位置的服务（LBS）等空间信息技术相结合，尤其对于大型的工业企业来说，具有很长的生产线，占有很大的空间，如果再加上游、下游企业、工业，更需要空间技术的支持才能产生很高的效率与效益。现在很多企业，工业部门的信息化管理化过程中，则都增加了空间信息技术的使用。

（2）空间信息技术与工业技术直接相结合，最典型的例子是交通运输或物流企业中，空间信息化的深度融合已经十分普遍，如在飞机或飞行器工业、企业、各类汽车企业、各类船舶企业工业中采用电子地图，GNSS、LBS 甚至 RSS 等空间信息技术已经十分普遍。空间信息技术与交通运输工业技术的深度融合，提高了效率与效益，使得空间信息技术的物理形态不再存在，而它的功能不仅存在，而且还得到很大的加强。

（3）信息化与工业化深度融合主要表现在：

信息化对工业研发设计、生产制造、经营管理和节能减排产生了深刻的影响。信息化极大地提升了研发设计的效率和能力。波音 777 飞机从整机设计、零件制造、部件测试、整机装配到各种环境下的试飞均在计算机上完成，使研发周期缩短了 50%，出错返工率减少 75%，成本降低 25%。马自达运用自主开发的计算机辅助制造（CAD/CAM，Computer Aided Design/Computer Aided Manufacturing）软件，使产品样车的完成由 3.5 个月缩短到 1.5 个月，试验周期从 4.5 个月缩短到 2.5 个月。信息化与生产制造的融合促进了工业精益生产。应用先进过程控制（Advanced Process Control，APC）、柔性制造单元和柔性制造系统等陷阱技术，可实现优质、低耗、多品种、变批量生产。日本开闭气工业株式会社（NKK，Nikkai）利用遗传算法编制钢铁生产计划，使工作效率由过去的日计划需 3h，缩短到周计划只需 20min，每年可降低成本 5000 万～6000 万日元。在造船业，计算机集成制造系统（Computer Integrates Manufacturing Systems，CIMS）的应用使日本的船舶建造节省了设计工时 50%，减少了生产工时 30%。信息化极大提高了企业经营管理水平。业务流程重组（Business Process Reengineering，BPR）、企业资源管理（Enterprise Resource Planning，ERP）、计算机决策支持（DSS Decision Support System）、数据挖掘（DM Data Mining）、供应链管理（Supply Chain Management，SCM）、客户关系管理（Customer Relationship Management，CRM）等信息技术的应用，可提高企业管理决策科学化水平。大众汽车公司采用射频识别技术（Radio Frequency Identification，RFID）帮助管理停在汽车厂的汽车，使汽车发货速度提高了 4 倍，将停车场的可用空间提高了 20%。信息化极大地推进了工业行业节能减排工作。信息技术对传统生产设备和工艺流程的改造显著提升了各类工业设备的利用效率，成为降低能源和资源消耗的重要途径。日本利用 20 世纪 90 年代后期钢铁需求疲软导致高炉低利用系数生产的有利时机，大力开发扩大喷吹煤粉以带焦炭而降低成本的技术，使部分高炉月度喷煤比高达 254～266g/t。

信息化与工业化深度融合后，主要在技术质量管理，生产管理，供应管理，销售管理，财务成本管理，设备管理，仓库管理，项目管理及客户服务等方面，效率与效益均有大幅度的提高。

信息化与工业化深度融合后，主要产生以下方面的作用：

（1）信息技术不断向工业核心环节渗透，新型业务模式不断涌现；

（2）单项应用加速向综合集成转变，改善了企业研究生产管理方式；

（3）大型企业加强产业链协同应用，不断提升产业链整体竞争力；

（4）信息化促进传统工业向服务转型，生产性服务业地位日益凸显；

（5）智能化成为产品结构升级的主要内容，不断增强企业创新能力。

信息化与工业化融合，主要包括空间信息技术（SITS）、管理信息技术（MIS）与工业技术（IT）相结合，不仅在工业生产是一个大的促进，而且扩大了信息技术业应用范围。这主要包括：

（1）空间信息技术（SITS），管理信息技术（MIS）即一般工业生产相融合，包括GIS、GNSS、RSS及ICTS在内的空间信息技术与工业生产中的ERP（企业资源规划）、CRM（客观资源管理）及SCM（生产流程管理）融合，并贯穿在整个生产过程中，提高了生产效率和销售效益。SITS与MIS相融合，实际上就是将管理信息系统空间化，包括企业资源的空间规划，客户资源的空间管理和生产流程的空间管理。尤其对于一个大企业来说，它的生产分为多个部门，分布在较大的空间范围内，所以需要靠空间信息技术的支持，如果将上游产业，下游产业都包括在内的话，主要靠空间信息技术的支持。

（2）空间信息技术（SITS）、卫星导航定位技术（GNSS即LBS）和现代交通工具，如飞机、汽车、船舶等各种移动工具融合，就构成了现代交通系统，卫星定位与导航技术系统（含LSS）、电子地图相融合后，就可以提高速度和效益。现在所有航空器、船舶及汽车上都各有GNSS、电子地图，有的还有卫星遥感接收系统。

第三节　地球科学方法的信息化

有人对"地球方法的定量化"持不同看法，认为"定量化"存在一些概念不清的地方，只有"精确化"才表达了全面的、正确的概念——它不仅要求定量，而且更要求正确和精确，或误差要在容许的范围内。现在进一步认为，现代的地球科学方法，要求做到"精确化"这仅仅是第一步，当然也是最基础的一步，更重要的是实现"信息化"，包括了数字化、网络化、计算机化和智能化在内，这样才能满足地球科学方法的现代化的需求。

"定量化与信息化"是不可分的。对于地球科学来说，只有通过网络传输，才能形成信息流，才能与"物质能量"共同形成三大资源，或三大要素，甚至信息流比物质流，能量流更为重要，因为信息流决定物质流，能量流的流量、流向和流速。因此，有人认为信息比资源与环境更为重要。信息的不对称，造成了经济社会的不对称，区域的贫富差异。所以信息是资源，是主要的战略资源。信息化是全球化的基础，全球性无缝的实时观测是靠信息化实现的，所以信息化是当前另一个大趋势。

信息化的最终结果是智能化。数字化、网络化、信息化和智能化也就是自动化。对于地球科学来说，最终目标是实现全球"电子皮肤"和"数字神经系统"，智能遥感卫星包括卫星自动发现目标自动跟踪目标、自动报警及自动对策等智能化过程，如重点侦察，重点"打击"、"精准打击"等，都是智能化的体现。

1. 系统方法及其历史形态

系统方法又名信息系统方法。因为系统方法与信息方法两者是不可分的，系统是结构，信息是连接的纽带，地球系统方法如遥感、遥测、全球定位系统、地理信息系统、信息通信网络，都是系统，更是信息系统。

传统的系统方法的历史形态，其结构特征如图 10.2 所示。

图 10.2 传统系统方法结构特征

实际它是一个技术系统，更确切地说是一个信息技术系统。RS，GIS，GPS 和 ICT 无不包含上述架构在内。

2. 系统科学方法及其形态

系统科学方法与传统系统方法之区别在于它更具有系统性和科学性特征。它的组成结构如图 10.3 所示。

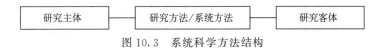

图 10.3 系统科学方法结构

研究主体指人，研究者，任务承担者；研究方法指采用技术，即系统方法；研究客体，指研究对象，或研究目标。

传统的系统方法仅仅考虑了采用的技术，即解决任务的方法与手段，而不把任务承担者，即研究者的能力和素质因素考虑在内，也不把研究对象、研究目标的难易程度考虑在内，是不科学的和不全面的。

其具体要求包括以下几个方面。

第一，研究者的素质，包括研究者对科学方法论的掌握水平；研究者对大气系统科学的知识水平，对研究对象/目标的知识水平；研究者对应用技术熟悉程度；研究者对完成任务的工作经验。

第二，研究方法/系统方法，包括实用性，针对性；可操作性，易操作性；技术成本核算。

第三，研究对象，包括开放性，难易程度；所在环境条件；工作目标对施工人员健康影响的评估。

3. 地球科学的地球系统方法

地球系统方法是由研究主体、研究方法和研究客体三要素相互联系、相互制约、密切相关的技术整体（图 10.4）。

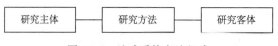

图 10.4　地球系统方法组成

　　研究主体或研究人员必须具备地球科学方法论的素质、地球科学素质和完成研究任务经验与组织能力素质等；研究客体或研究对象，即研究任务的复杂程度状况。研究方法包括信息获取、传输、分析解决问题能力的技术水平。

4. 地球科学的地球系统网络方法

　　地球系统网络方法是研究主体，研究客体和研究方法三者的主控因素组成的网络方法（表 10.1，图 10.5）。

　　研究主体素质可划分为高、中、低三个等级；研究客体也可划分为难、一般、容易三个等级；研究方法也可划分为优、良、差三个等级。

表 10.1　地球系统科学方法的系统方法

主体素质	主体的科学哲学方法素质 主体的科学方法论素质 主体的地球科学素质 主体的领域的经验
技术水平	可使用的技术水平及操作能力 可使用技术实用性，针对性 可使用技术的配套性，完整性 可使用技术的可操作性，易掌握性
客体性质	研究对象性质，复杂性，难点 研究对象的规模、分布范围（如海洋比陆地难，极地、高原比平地难） 研究对象的已有研究程度、资料空白还是丰富 研究资料很难获得，如测不准

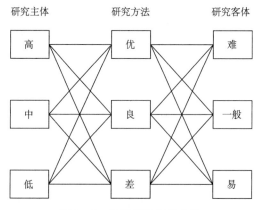

图 10.5　地球系统网络方法

5. 地球科学的信息共享方法

地球科学数据共享方法，是现代地球科学方法的基础，也是目标。如果地球科学数据不能共享，也就失去了它的意义。若要实现地球科学数据共享，首先该数据要求标准化和网络化要有完善的数据库及其管理系统，使用户可以"随手可得"所需要的数据。地球科学数据共享方法，主要的如元数据方法。元数据方法已经建立了公认的"元数据标准"，这是共享的基础。目前，全球已经建立了很多完善的数据库及其管理系统，与互联网相连接。尤其是与无线网相连使用户可以在任何地点、任何时间，随时获得需要的数据，实现了真正数据共享的目标。

第四节　地球科学方法/空间信息技术的
全方位服务化趋势

随着"信息社会化"与"社会信息化"时代的到来，信息化从"e 战略"向"u 战略"方位发展的大趋势之下，空间信息技术，或地球科学方法的信息技术，展现出全方位服务的可能性。尤其是属于地球科学方法的空间信息技术与交通运输上的成功结合，及空间信息技术与农业结合，即精准农业或现代农业或信息化农业，就是很好的例子。最近国家又提出了信息化与工业化相结合，给了空间信息技术的全方位服务很大的促进作用。

1. 面向区域服务

从数字地球到智慧地球，从数字区域到智慧区域，从数字城市到智慧城市，从数字社区到智慧社区，都是空间信息技术与其他技术相结合的产物。

2. 面向行业的服务

随着信息化与工业化相结合，空间信息技术（SIT）与管理信息技术（MIT）相结合的推广与发展，制造业、交通运输业、石化企业、采矿冶金业、建筑业、纺织业等都在不同程度上实现了机械化与空间信息化的结合，并取得了很好的效益，包括农业、林业、牧业及渔业在内的大农业的现代化，机械化与信息化普遍的结合。尤其现代农业，或精准农业，或信息农业都已经取得了很好的效果。

3. 面向社会管理与经济服务

例如，电子政务，电子商务在国内外已普遍实施，其中包括采用空间信息技术在内，金融服务不仅广泛采用，而且效果明显。

4. 面向个性化服务

智能化的遥感卫星已经具有面向个性化服务的功能，如能自动发现特定的（个性化的）目标并能跟踪目标，并及时向地面管理部门自动发布警报及有关信息。

无人侦察机也具有遥感能力，能进行多种个性化服务。

5. 面向服务的架构（SOA）

面向服务的架构（Service-oriented Architecture，SOA）是指为了解决在互联网（Internet）环境下业务集成，并且需要通过连接能完成特定任务的独立功能实体实现的一种软件架构。SOA 是一个组件模型，它将应用程序的不同功能单元（服务），通过 SOA 之间的定义良好接口和契约联系起来。接口是采用中立方式进行定义的，应独立于实现服务的硬件平台，操作系统和编程语言。SOA 不是技术，而是一种面向服务的方法的框架。SOA 由以技术为导向的方法，转向以服务为导向的方法，是公认的 IT 领域发展的新的里程碑。

SOA 采用面向建模技术的 Web 服务技术，实现系统之间的松散耦合，实现系统之间的整合与协同。人们可以通过组合一个或多个服务来构建应用的方法，不管该服务来自哪一个平台，使用哪一种语言。

SOA 关键是提供服务，本质就是服务的集合。它不是技术，而是一种架构，是根据应用需要，通过计算机网络，将所需的分布式的，不管是谁所有的，在线的或虚拟的计算机资源、传感器资源及有关的电子仪器或设备，以统一形式进行封装，打包和接入，让各类 IT 资源在物理上保持独立和分布式的同时，进行逻辑上的统一管理，以透明方式进行资源化、选取、组合、访问和服务，是并行支持用户的应用需求的，组件式的服务框架。

6. 地球系统建模框架（ESMF）

地球系统建模框架（Earth System Modeling Framework，ESMF）又称"地球系统多组件集成建模框架"，是地球科学方法的最新进展。

ESMF 和 SOA 相似，它不是技术，而是一种面向服务的方法的框架。SEMF 是建立在综合的多组件模式基础上，在 Grid 的支持下的，跨机构、跨学科、跨地区的服务架构。ESMF 是一种标准的、开放的源码软件系统，是在 NASA 的主控下，NOAA、USGS 等协作研发的地球科学服务系统。

ESMF 是由 ISS 初始试验床（Test Bed）组成，包括地球物理流体力学实验室（GFDL）的灵活模式系统、国家大气研究中心（NCAR）公用气候系统模式（CCSM）、国家环境预测中心（NCEP）的公用气候系统模式（CCMS）、国家环境预测中心（NCEP）的天气研究和预报（WRP）NASA 的数据同化办公室（DAO）、洛斯阿拉莫斯国家实验室（LANC）等协同组成。

ESMF 还包括 Goddard 地球模拟系统（GEMS）、MIT 的包裹器工具箱，模式耦合工具（MCT）大气子系统组件、海洋子系统组件、陆地子系统组件、生物子系统组件等软件包。每一个子系统又包含了多个或无数个子系统小组件。

ESMF 定义了组件需要的接口、组件的耦合方式等，还提供了对组件的高性能计算和处理技术等功能。

ESMF 中的"耦合器"（Coupler）："耦合"是一种模式，一种框架，如以地理网格为基础的，各种要素变量按空间、时间分辨率进行集成和分析的模式。"耦合"还包括了技术集成、数据融合和建模在内，是指连接、结合或组合行为的计算机软件或模块化框架。

地球系统耦合器的主要作用之一是将地球系统的天气、海洋、陆面和海冰等组件集成为地球系统模式。

ESMF是因为地球系统模型的复杂的增加而产生的，主要是指与物理机制和过程表达有关的模型及软件越来越复杂。例如：大气、海洋和海冰等要素，它们常常既独立起作用，又耦合起来组成集成系统，而这些系统的模型需要采用高级计算机及平行处理才能完成。ESMF可以定义为某一共同的功能的标准软件的集成和高性能计算工具集成，如Grid接入（格网接入）。

ESMF的组件结构的最底层为NASA Goddard开发的GEOS-5AGCM。这个模型是建立在运用ESMF，包括耦合器基础上的，这是ESMF的组件的标准界面。

7. ESMF 的作用

（1）ESMF是构建通用建模功能的低级组件及耦合器的工具，如网格再建、日常管理、数据的重复使用。

（2）共存的或连续发生的，单个的或多个发生的方式的地球系统要素的集成。

（3）支持形成整体。

（4）支持C++，Linux，IBM SGI。

（5）ESMF的研发得到很多部门的资金和技术的支持，主要在建模方面，包括DoD，NASA，NOPP等。

（6）推理（Rationale）ESMF是使NCAR战略成为现实的方法，NCAR战略的目的是研发一个通用的建模框架，为气候预报服务，将地球系统与空间气候模型水文模型及其他相关模型组建进行集成。

（7）最近主要完成的任务。截至2006年，ESMF小组完成了软件的开发及组织的成熟。现在至少有三个ESMF组件是成熟的，如海洋和陆地物理因素、辐射与化学的因子及计算机需要的数据的融合等；完成了NASA的GEOS-5大气环流模型，NCEP的全球预报系统；在软件研发方面，2006年完成了ESMF3.0版本满足了曲线和多道的格网耦合的要求。

（8）今后计划，包括地球系统知识环境研究项目：地球系统管理者，地球系统网格，社区人口数据等三个方面。

（9）在ESMF的基础上，NASA完成GEOS-5型大气环流模型的开发，2005年完成NCEP全球预测系统的开发（2006.8），耦合的HYCOM和CICE模型的开发，大体约有36个组件被采用。

（10）软件开发的目的包括为新的网格及其发展的中等水平的通信和结构的再生成，进一步完善表达非结构性的网格数据结构，曲线坐标网格的数据结构。

第五节　信息技术的物理形态不再存在

一、人类社会正逐步进入信息社会

经济全球化，或经济社会全球化是当前时代的潮流和社会发展的大趋势。随着科学技术的飞速发展，生产规模不断扩大，不仅要求市场全球化，而且也要求资源、能源全球化，同时保护环境也要求全球化，如关于 CO_2 排放问题等，已成为全球性的热点问题。随着经济社会的全球化向纵深方向发展，全球信息化也已上升为头等大事。众所周知，信息不对称必然导致经济不对称，进而会形成经济鸿沟，出现贫富差别，所以要以信息化带动工业化，带动传统产业改造和升级，是发展经济的必由之路。所以经济全球化必然要以全球信息化作为必要的条件。

同时，经济全球化与信息全球化，推动了地球科学的信息化，尤其是地球科学方法的信息化。因为不论是资源、环境，还是市场问题，无不与地球科学有关，若要解决资源、环境与市场的信息化管理，地球科学方法的信息化是必不可少的基础。

二、从"e 战略"到"u 战略"

信息全球化或全球信息化，不仅是指所有的城市、区域、国家实现信息化，还包括各行各业，各个学科领域，包括地球科学领域的信息化在内。信息技术的飞速发展和经济全球化的需求，为信息全球化奠定了基础，推动了各个科学领域的信息化，尤其是地球科学的信息化。

在讨论地球领域信息化之前，首先简要介绍当前信息化的发展大趋势。

自 20 世纪 70 年代以来，随着"三高"空间信息技术、无所不包的信息通信网络技术和高性能计算技术的迅猛发展，推动了地球信息科学方法的大发展，使得时空全覆盖的高分辨率数据的获取与传输成为可能，大数据量的快速与精准计算已成为现实。在不久的将来，面向生产、生活的全方位信息服务，就可能梦想成真。一个"无处不在，无所不包和无所不能"的信息时代即将来临，信息社会化和社会信息化的理想，可能已离我们不远了。

那时，除了政治、军事、科技与商业保密信息外，一切都可以实现共享，而且人人有权可以获得、随时可以获得和十分方便获得所需的信息。那时，人们的工作效率和效益将得到大幅度的提高，你可以在千里万里之外管理你的工厂、农场和牧场，也可以和家人交谈与看到操控家中的一切。医生也可以随时了解你的血压、心跳或需要监测的内容，也可以在飞机或汽车的旅途中随时通过无限网络实时准时了解或看到全球任何地点发生的地震、泥石流、洪水或森林火灾的实况，甚至也可以直接指挥救灾行动。总之，本来的科幻电影故事，很可能成为现实，甚至将成为平常的和普通的事情。

当前信息化的大趋势是"从 e 战略到 u 战略"。"e 战略"是指以 e-Science 和 e-technology 为支撑的 e-Government，e-Business，e-英国、e-日本、e-韩国、e-东京、e-首尔等。

"e"是指 electronic 的字头，是指"电子化"或"信息化"。它包括数字化、计算机化、网络化、智能化、虚拟化或可视化等在内，通常指数字化与信息化。"u 战略"是"ubiquitous"（指无所不在的、泛在的）的字头，是指"泛在的信息化"，即信息化无所不在、无所不包和无所不能的意思。u 战略不仅包括了 e 战略的全部信息化目标，还在"信息社会化"和"社会信息化"的深度和广度上得到了无线扩展，渗入生产、生活的方方面面，包括了地球科学领域在内。欧盟提出了"u-欧盟计划"，日本政府也提"u-Japan 计划"等。u-战略的关键技术是 u-网络与 u-计算。u-网络是指无线宽带网技术、RFID（射频身份识别）技术、广播网络技术、有限网络技术、无线传感器网络技术等相互融合，构成了 IT 网络，又称"泛在网"。u-计算（u-Computing）又称普适计算，覆盖了各种网络应用计算，如 Web 2.0 Computing，Grid Computing 和 Cloud Computing 及 IPv6 等技术在内。u-Japan 计划中，还提出了三个方面：普及（Universal），面向用户（User-oriented）和个性化或独特性（Unique）。它指满足各个使用者的特殊要求，也就是突出了面向服务的思想。U-战略的实现，为地球科学方法提供了新的强有力的武器，满足了随时随地及任何时间都可以应用地球科学技术，进行生产、生活目标而作出应有的贡献。

三、IT 技术的大融合

IT 技术的大融合是当前信息化泛在的另一个大趋势。它包括 IT 的主流技术的空间化和空间技术融入 IT 主流；同时空间信息技术（如 RS、GPS、GIS 和 ICT）的物理形态不再存在，而它们的功能则无处不在且越来越强。这两个新趋势对地球科学方法将产生重大的影响。

IT 主流的空间化与空间信息技术融入 IT 主流是当前另一个泛在趋势。IT 主流是指以管理信息系统（MIS），包括企业资源规划（ERP），客户资源管理（CRM），供应链管理（SCM）和计算机 IT 技术集成系统（CIMS，包括 CAD、CAM、CAPP、CAE、PDM 等在内）。空间信息技术（SIT）包括遥感系统（RSS）、卫星定位导航系统（GPS）、地理信息系统（GIS）及信息通信技术（ICT）等在内。IT 主流与空间信息技术的融合，是指以上技术的融合。

IT 主流与空间信息技术的融合，为落实"信息化带动工业化，带动传统产业的改造和升级"的方针创造了条件。对于 GIS 与 GPS 如何为"传统产业改造"作出贡献的问题，这是唯一可行之路，也是传统产业改造的必由之路。

四、空间信息技术的物理形态不再存在，
而它的功能则无处不在

这是信息化和 IT 大融合的必然趋势。GIS，GPS，RSS 及 ICTS 技术如同当年的"马达"那样，在现代交通企业（如铁路、公路、航空和航海业）及物流企业中已融入了各种交通工具，它们的物理形态不再存在，但它们的功能不仅处处存在，而且还越来

越强。尤其是 GPS，不仅已完全融入交通业、物流业，而且还融入了通信业、公安，甚至社会很多行业之中，且产生了很好的效益。IT 主流与空间信息技术的融合，通过优化结构将产生 1+1＞2 的正系统效果。

IT 大融合不仅给地球科学方法大幅提高了功效，而且还扩大了应用领域；不仅把地球科学方法的应用领域，扩大到传统产业改造方面，而且还大幅度提高了经济效益和工作效率。过去空间信息技术，只限于测绘制图，资源与环境监测。现在通过 IT 大融合，GPS 与 GIS 已渗透到生产与生活的很多方面。几乎在所有的交通工具上，特别是在个人的汽车上，以 PIS 与 GPS 为基础的导航定位系统，已经十分普及。几乎人人都知道 GIS 与 GPS。这是过去 10 年前不可想象的，而且已经形成了很大的产业。

由于 GIS、GPS、RSS 和 ICTS 融入了 IT 主流的结果，原来只局限于测绘制图、资源调查和环境监测的应用，扩展到了生产与生活的方方面面，这是一个很大的突破。地球信息方法原来属于行业的应用技术，现在已变成生产和生活的通用技术，它的作用和意义也就变大了。

从地球科学数据的获取、处理、计算、分析及应用服务，形成了一个完整的体系。从数字化、信息化到智能化，实现了"个性化服务"，某些技术的物理形态不再存在，但它的功能则无处不在。农场主可以在远离农田的大城市的现代化办公室中，指挥整个农业生产过程。整个农田的生长状况，需要进行什么样的操作，都可以布控农田的各类无线传感器网、卫星或无人机了解翻地、播种、灌溉、喷洒农药及收割等农事工作，只需通过网络，请专门公司来完成。最后到"期货市场"销售，在专门的银行提款等，全部配套服务。在移动互联网，物联网，泛在无线传感器及云计算支持下，实现无所不能，无所不在的实时服务。

五、绿色经济化

人们在社会经济发展的过程中，充分考虑到保护资源与环境，实施绿色经济和可持续发展。既为了当代人，也是为了后代人设想，保护人类唯一家园——地球。实现人地和谐化是每一个人的责任。1987 年专门成立了世界环境与发展委员会（WCED）并正式发布了《我们共同的未来》（*Our Common Future*）的文件，强调了人地和谐思想，实现人地和谐的目标。

第六节　地球科学方法的两极化趋势

近年来出现了地球科学方法的两极化趋势。一为全球化趋势，即运用天基、空基的地球观测技术，如 GEOS、G^3OS 等进行全方位的全球观测研究。二为纳米化趋势，即采用各种深度观测技术或显微技术，进行深化研究，同时也出现了"纳米地球科学"、"卫星气象学"、"卫星海洋学"等新的分支科学。

一、宏观地球科学

1. 宇宙的形成过程

宇宙产生于 150 亿年前的一次大爆炸。大爆炸散发的物质在太空中漂游，由许多恒星组成的巨大的星系就是由这些物质构成的。大爆炸后的膨胀过程是一种引力和斥力之争，爆炸产生的动力是一种斥力，它使宇宙中的天体不断远离；天体间又存在万有引力，它会阻止天体远离，甚至力图使其互相靠近。引力的大小与天体的质量有关，因而大爆炸后宇宙的最终归宿是不断膨胀，还是最终会停止膨胀并反过来收缩变小，这完全取决于宇宙中物质密度的大小。

而宇宙大爆炸（Big Bang）仅仅是一种学说，是根据天文观测研究后得到的一种设想。大约在 150 亿年前，宇宙所有的物质都高度密集在一点，有着极高的温度，因而发生了巨大的爆炸。大爆炸以后，物质开始向外大膨胀，就形成了今天的宇宙。大爆炸的整个过程是复杂的，现在只能从理论研究的基础上描绘过去远古的宇宙发展史。在这150 亿年中，先后诞生了星系团、星系、我们的银河系、恒星、太阳系、行星、卫星等。现在我们看见的和看不见的一切天体和宇宙物质，形成了当今的宇宙形态，人类就是在这一宇宙演变中诞生的。

2. 宇宙中的恒星数量是根据银河系的恒星数量推算出来的

根据目前的技术手段，我们还无法看清银河系的每一颗恒星。可见光望远镜大约能观测到以太阳为中心半径 5000 光年范围内的恒星，而银河系的半径达 5 万～6 万光年，太阳距银河系中心约 3.3 万光年，距太阳最远的银河系恒星达 9 万光年。根据目前推断，银河系大约有 4000 亿颗恒星，正负误差为 50%，因此，银河系的恒星数为 2000亿～6000 亿颗。

而宇宙中有 1000 亿～2000 亿个像银河系这样的星系。如果银河系的恒星数量以最低的 2000 亿颗计算，由此推算出的宇宙中的恒星数量为 $2 \times 10^{22} \sim 4 \times 10^{22}$ 颗，即 200 万亿亿～400 万亿亿颗。

3. （NASA）的探测器首次看到了我们太阳系的"边缘"——它完全不是科学家曾经认为的样子

我们的太阳系在太空中飞行的速度要比我们认为的更加缓慢，而且美国国家航空航天局的星际边界探测器（IBEX）已经发现，太阳系并不产生"头部激波"，即当太阳系在太空中急速飞行时所形成的对其自身产生屏蔽的一个气体或等离子体区域。

IBEX 探测计划首席研究员戴维·麦科马斯解释说："喷气飞机穿越声障时所产生的音爆是头部激波在地球上的一个实例。当喷气飞机到达超音速的时候，飞机前面的空气就无法足够快地避开。一旦飞机的速度达到音速，这种相互作用就会立刻发生变化，从而形成冲击波。但是我们太阳系的运动速度没有快到足以形成太空版本的'音爆'。"

在大约 1/4 个世纪的时间里，研究人员一直相信，日光层穿过恒星际介质的速度快得足以形成头部激波。而 IBEX 探测数据显示,日光层穿越其所处的恒星际云的速度实际上为每小时大约 5.2 万 mi（1mi≈1.6km）,比人们先前认为的时速慢 7000mi,这一速度慢得足以形成头部"波浪",却无法形成"激波"。

另一个改变是恒星际介质中的磁场压力。IBEX 的探测数据以及早些时候的"航行者"行星际探测器的观测显示,恒星际介质中的磁场比先前认为的更强,因此需要更快的速度才能形成头部激波。现在这两项因素结合在一起,得出了头部激波极不可能出现的结论。

麦科马斯说:"要确切地解释这些新数据对我们的日光层意味着什么还为时太早。以往几十年的研究一直在探索包括头部激波在内的各种假想状况。这种研究现在必须利用最新的数据加以返工。我们已经知道,强大的宇宙射线在太空中的传播以及进入太阳系的方式很可能因此受到影响,而这与人类的空间旅行有关。"IBEX 已经探测到了从恒星际空间进入到太阳系外部的粒子。

这一发现使人类获得了迄今对太阳系外部状况最为完整的观察。研究人员相信,新的观测数据将能提供有益的线索,从而帮助解答太阳系的形成方式与形成地点、哪些力量使太阳系得以成形以及银河系其他恒星的历史等诸多问题。

4. NASA 进行史上最全面评估太阳系 4700 颗小行星威胁地球

美国国家航空航天局（NASA）通过"广域红外线巡天探测卫星"对太阳系内对地球有潜在威胁的小行星进行了有史以来最全面的评估。评估结果为我们提供了关于这些小行星总数、来源以及可能带来的威胁等信息。

"潜在威胁小行星"是地球附近一类体积较大的小行星的总称。它们的轨道距离地球较近,即不超过 800 万 km,而且体积足以穿透大气层,对地球某一地区或更大区域造成伤害。

研究人员选择了 107 颗具有潜在威胁的小行星作为预测整个群体状况的样本。结果显示,直径超过 100m 的小行星总数约为 4700 颗（误差为 1500 颗）,目前其中 20%～30% 已经找到。与此前的研究相比,这一次关于这类小行星总数和体积的评估可信度更高。

"分析表明我们在寻找对地球构成真正威胁的天体方面有了好的开始",美国国家航空航天局近地天体项目负责人林德利约翰逊说,"但还有很多（小行星）我们没有找到,未来几十年需要共同努力,找到所有可能会（对地球）造成严重伤害或成为探测目标的小行星"。

分析显示,轨道倾角较小、即更接近地球轨道平面的"潜在威胁小行星"数量是此前预计的两倍。

一种可能的解释是,许多"潜在威胁小行星"是火星和木星之间的小行星带中两个小行星相撞的产物。还有一种可能是一个轨道倾角较小的较大天体在小行星带上破裂,使得一些碎片进入近地轨道并最终成为具有潜在威胁的小行星。

这些轨道倾角更小的小行星与地球相遇的可能性更大,但人类或探测器也更容易抵达那里,因此这些距离地球更近的天体更容易成为未来空间探测任务的目标。

"广域红外线巡天探测卫星"于 2009 年 12 月从美国加利福尼亚州范登堡空军基地发射升空，一个月后的 2010 年 1 月 14 日正式投入使用。除了观测太阳系内的小行星外，它的任务还包括观察距离地球数十亿光年的星系。

二、全球构造假说

1. 板块构造的未来发展

对板块构造未来的展望涉及对板块构造理论全球科学价值的评价，以及对目前所处发展阶段的评估。

关于板块理论的全球科学价值，世界地质学界几乎众口一词，那就是板块理论深刻地解释了地质学中一系列久而难决的棘手问题，改造和更新了传统地质学中的许多旧观念，使得既承认水平运动又承认垂直运动的活动论取代了统治地质学长达 100 多年的固定论，是地球科学的一场大革命，也是创新地质学的真正开端。

关于所处发展阶段，据有关研究（肖庆辉等，1991），板块理论目前正处于非累积性变化的前夜，将进入一个既不断发展又困难重重的新的飞跃发展阶段，其未来取决于对大陆动力学、全球动力学和行星—地球统一理论的研究进展。

2. 研究大陆变形，建立大陆动力学理论

这一理论是将大陆作为独立系统，对大陆地质现象和要素的力源性质和动力作用模式进行理论概括，实际上是将源自海洋的板块理论向大陆再扩展。这正如一些地质学家所指出的那样，板块理论各个定量方面的应用，一方面显示出板块理论应用于大陆的全部能力，另一方面也暴露出板块构造理论的局限性。它不能像描述大洋板块那样，精确定量地描述大陆的变形运动，所以板块登陆后面临着板块理论如何发展和如何适应复杂的大陆地质问题，这就是大陆动力学的理论和模式问题。这些问题的几个主要方面如下。①测定大陆变形运动参数，使变形和位移定量化，进而确定大陆变形的基本形式。②通过古地磁研究，确定大陆地块的旋转性质，判别其旋转驱动机制。③利用地震波和地震层析成像，研究大陆深部构造，这是一个主要的方面。我国大尺度地震层析成像已揭示出我国大陆边缘及大陆内部存在有板块俯冲带和板内裂谷带，华北、塔里木、扬子克拉通存在有大陆地幔根，秦岭—大别造山带的地壳和上地幔波速和物性参数显示出其结构上有分段差异性。大别超高压变质带高分辨地震层析成像还表明，俯冲于华北板块之下的扬子板块在 130～170km 深度，其俯冲板块断离。之所以断离是超高压变质岩折返的主导动力学机制所致。青藏高原最新的地震波研究表明，南面的印度板块现正以 5cm/a 的速率分层或整体向我国拉萨地块俯冲推移，这是目前影响我国大陆的最主要外力，也是青藏高原地壳加厚至 70～80km 的主要源动力。④测定大陆抬升（高原）和下降（盆地）的动力学模型，确定其应力和应变状态。⑤通过甚长波基线干涉测距（VLBI）、卫星激光测距（SLR）和全球定位系统（GPS）等空间新技术测定现代板块运动和地壳形变以获得高精度观测数据。⑥在对大陆板块的具体构造，例如，在进一步查明拆离、伸展和陆内转换断层、A 型俯冲等各种碰撞造山作用的同时，应同时阐明古板

块的形成机制及动力学过程。

3. 研究全球动力学，建立新地球观

20 世纪 90 年代以来的最新研究表明，地球内部可能存在着三种动力学体系，一类是目前已被认知的岩石圈动力学体系，这是当代板块构造运动的主要驱动力体系。二是学者们正在努力探索，涉及下地幔和核-幔界面的所谓"深部地质作用"的地幔动力学体系，以及核-幔界面的热流变化系统。有迹象表明，这个系统可能是控制板块构造演化和岩浆活动的主要动力学机制。三是美国哥伦比亚大学的中国学者宋晓东博士等揭示的地球内核差速旋转的动力学体系。学者普遍认为，这三大体系的观测研究，在 21 世纪很可能会引发一场从思维方法到研究目标和研究内容都发生深刻变革的大革命，这将是地球科学的第二次大革命。

由于地球动力学研究的方面和层次多样，牵涉面较广，很难一概而论，这里主要介绍我国学者王仁教授的意见。他认为，当代地球动力学研究可以通过空间技术精确地测得地壳的运动，求解位移场和应力场，但地球动力学的一个重要目标乃是寻找这些运动的驱动力，这是一个典型的反演问题。反演的成败关键在于构造模型的筛选和用以对反演结果进行检验的实测资料。从固体力学角度看，地球动力学有待深入研究的问题是：地壳水平运动与垂直运动的关系；地球介质的流变性质、变形传播及蠕变破坏；地球介质中的流体运行；地球内部地幔运动及其与板块运动的关系；非线性反演理论及解的优化。

对于古远时期的地球动力学，应与现代地球动力学的研究方法和研究重点有所不同，我国著名地质学家王鸿祯教授认为，地球历史的节律现象可能是地球动力学的普遍规律，它的时空框架可以以地球历史发展的"点断前进说"和"聚散周期说"为依据来进行验证。"点断前进说"主张突变。其主要特征一是阵发性，二是不可逆性或前进性；"聚散周期说"主张全球构造活动论，根据是地球圈层结构的纵、横向不均一性，二者（时、空）的结合即地球动力学的演化观，也就是说，地球表层岩石圈演化节律现象形成的原因和机制，是与地球内部动力学系统的演化过程密不可分的。

4. 创立行星-地球统一构造理论

这是一个更高层次的追求，这一追求的实现有赖于发达的航天科技和广泛的行星探测，以及空间天文学的巨大贡献。

现有证据表明，板块构造只代表地球演化的一个特定阶段，可能是地球岩石圈构造演化的主要部分。目前国内外开展的地球动力学研究，虽然较板块构造的探求范围又向前推进了一大步，但也仍限于地球的固体部分，难以形成能全面解释地球复杂结构、构造及其动力学机制的系统而完整的理论体系。然而，地球科学的最终目的是要探求全地球的起源与演化，创立全球统一的构造理论，是大地球科学，所以，还需要对整个行星—地球系统开展广泛研究。基本框架应包括日-地系统、核-幔系统、岩石圈系统、地球流体系统、人-地系统和大陆动力学系统等。但也有学者认为，行星-地球统一理论可以在相互关联的圈层研究中寻求突破和发展。第一圈层，由太阳系行星及其卫星、彗

星、小行星的星际空间所构成，主要探索行星的起源和演化。其手段是通过地球卫星、太阳系飞船和星际飞船，从太空对地球进行整体监测。第二圈层，由岩石圈、水圈、大气圈和生物圈之间的复杂相互作用所构成，主要是对它们之间的耦合，以及物理、化学、生物作用关系进行监测研究。第三圈层，是岩石圈，要对岩石圈的运动学和动力学进行定量研究。第四圈层，是地球深层结构，应揭示内-外地核、核-幔、幔-壳的相互作用过程及其动力学特征。

上述圈层的监测研究都与太空和地球深部的高科技探测关系密切。美国等发达国家业已把建立行星-地球统一理论列为大地球科学的议事日程，所追求的目标是以建立统一构造理论来取代板块构造理论，但其现实性仍然比较渺茫。

三、微观地球科学——纳米地球科学（Nano—Geo-Science）

纳米地球科学首先是汪品先教授提出的新概念。

纳米地球科学（Nano-geoscience）是研究与地质系统相关的纳米尺度现象的学科。该学科主要通过研究环境中大小在 $1\sim100$nm 的纳米颗粒来获取信息。研究范围还包括至少一维为纳米尺度的材料（如薄膜、受限流体）以及通过环境界面的能量、电子、质子和物质的传递。

1. 纳米地球科学——大气

由于人类活动（包括直接作用，如开垦荒地和荒漠化和间接作用，如全球变暖），越来越多的粉尘进入到大气中，致使了解矿物尘埃对大气气相组分、云的形成条件以及全球平均辐射强度（即加热和冷却效应）的影响变得越来越重要。

2. 纳米地球科学——海洋

海洋学家通常研究尺寸为 0.2μm 甚至更大的颗粒，这就意味着大量的纳米颗粒未进行考察，特别有关其形成机理。

3. 纳米地球科学——土壤-水-岩石-细菌纳米科学

尽管并未得到发展，几乎有关风化、土壤和水-岩石相互作用科学的所有方面（包括地球过程和生物过程）都与纳米科学有关。在近地表，物质通常通常以纳米状态产生或分解。进而言之，无论是有机分子，简单的或复杂的，还是土壤或岩石中的细菌以及整个植物界和动物界与矿物间的相互作用中，纳米维度和纳米尺寸过程每时每刻都在发生。

4. 金属输送纳米科学

在陆地上，研究者探讨了纳米化矿物如何从土壤中捕集有毒物质（如砷、铜和铅）。如何促进这一被称为土壤修复的过程是一件棘手的事情。

纳米地球科学处于发展的相对早期阶段。地球科学中纳米科学将来的方向包括确定海洋、陆地和大气中纳米粒子和纳米膜的特征、分布和常见化学性质，以及它们是如何以不同寻常的方式推动整个地球过程。

海洋生物量仅占全球生物总量的 0.2%，但陆地与海洋的年生产总量却十分相近，原因是海洋的生物生长周期为 2～6 天，陆地生物生长周期约为数年到数十年。海洋微生物指小于 100～150μm 的生物，包括细菌、古菌 R 及真核生物。蓝细菌的大小 0.8～1.5μm，原绿球藻为 0.4～0.8μm。1mm^3 的海水里含有 1000 个病毒、1000 个细菌、100 个原绿球藻、10 个聚球藻、10 个真核藻类和 10 个原生。海洋的生物总量之中，微生物占 90% 以上，海洋细菌 10s 繁殖一次。

从土壤到气溶胶，从黏土到胶体矿物，纳米已达到单个原子核分子等级。当颗粒达到纳米级（10^{-9}～10^{-7} m），物质的原有性质就会发生变化。当 Fe 颗粒大小在 20～400nm 时，已成为溶解 Fe，并能被生物吸收。只有大于 40nm，NaCl 颗粒才能促使云的形成。

海水中有机碳中 90% 是溶解有机碳，海洋生物中 90% 是微生物。海洋生产力与碳循环与海洋微生物有关。海洋中的碳循环与海洋浮游生物（微生物）与溶解有机碳有关，估计每年约有 3.7 亿～6.3 亿 t 碳是通过溶解碳方式进行的。

5. 纳米地球科学——纳米颗粒的尺寸相关稳定性和反应性

纳米地球科学探讨的是土壤、水生系统和大气中纳米颗粒的结构、性质和行为。纳米颗粒的一个重要特征是纳米颗粒稳定性和反应性的尺寸相关性。它是由小颗粒尺寸时纳米颗粒的大比表面和表面原子结构不同所引起的。通常，纳米颗粒的表面能与其颗粒尺寸成反比。对于具有两种甚至更多结构的材料，尺寸相关的自由能将导致特定尺寸下地相稳定性转变。自由能降低促进晶体（通过原子堆积或取向附生）生长，而尺寸增加时相对相稳定性的变化又将再次引起相变。这些过程对天然系统中纳米颗粒的反应性和迁移性都将造成影响。已经明确识别的纳米颗粒尺寸相关现象包括：

宏观大颗粒在小尺寸时的相稳定性反转。通常，低温（和/或低压）时稳定性较差的体相在颗粒尺寸小于某一临界尺寸时比体相稳定相更加稳定。例如，体相锐钛矿（TiO$_2$）与体相金红石（TiO$_2$）相比处于亚稳态。然而，当颗粒尺寸小于 14nm 时，锐钛矿在空气中比金红石更加稳定。同样，纤锌矿（ZnS）在 1293K 以下不如闪锌矿（ZnS）稳定。当颗粒小于 7nm 时，300K 下处于真空中的纤锌矿比闪锌矿更加稳定。当颗粒很小时，将水滴加到 ZnS 纳米颗粒表面将引起纳米颗粒结构的变化，表面间的相互作用可以通过聚集和解离引发可逆的结构转变。其他尺寸相关相稳定性的粒子还包括 Al$_2$O$_3$、ZrO$_2$、C、CdS、BaTiO$_3$、Fe$_2$O$_3$、Cr$_2$O$_3$、Mn$_2$O$_3$、Nb$_2$O$_3$、Y$_2$O$_3$ 和 Au-Sb 体系。

相转变动力学是尺寸相关的，转变通常在低温下（低于几百摄氏度）发生。在此条件下，由于其高活化能，表面成核和体相成核速率较低。因此，相转变主要通过与纳米颗粒间相互接触相关的界面成核实现。如此的结果是，转变速率为颗粒数目（尺寸）相关，在紧密堆积（高度聚集）的纳米颗粒中比松散堆积的纳米颗粒中进行得更快。复杂的同时相转变和颗粒粗化常在纳米颗粒中出现。

纳米颗粒的尺寸相关吸附和纳米矿物的氧化。

这些尺寸相关性质凸显出颗粒尺寸在纳米颗粒稳定性和反应性中的重要性。

6. 纳米地质学

纳米是长度单位，1nm 是 1m 的十亿分之一，20nm 相当于 1 根头发丝的三千分之一。纳米科技包括纳米电子学、纳米材料学、纳米生物学、纳米化学及纳米天文地质学等。纳米电子学和纳米生物学相结合产生的生物分子机器，能在 1s 内完成几十亿个动作。

7. 纳米地质研究与纳米地质学

自 1982 年 IBM 公司制造成功第一台扫描隧道显微镜（STM）并于 1986 年获得诺贝尔奖以来，纳米科技突飞猛进，引起了地质学家的关注，并迅速用纳米科技的理论、观点、技术和方法进行地质研究，取得令人瞩目的成果：

在矿物学和地球化学方面观察了金、银、铜、铂、铱、硅、石墨、石英、方解石、云母、沸石、辉银矿、辉铝矿、脆硫锑铅矿、锡石等矿物的原子及晶格排列并探讨了矿物表面吸附、渗滤、溶蚀、交代效应；在晶体学方面从观察和理论上研究了某些矿物的晶格缺陷、发光中心、表面重构现象，如辉钼矿、方解石、金、银、铜等并探索其物理和化学机制；在煤岩学方面获得了煤表面的纳米结构图像并探讨了其变化规律；在矿床学方面对微细浸染型（卡林型）金矿进行了研究，金粒平均 7nm，其成因与纳米效应有关；在海洋地质方面，海洋中的黑烟囱现象是纳米地质作用的结果；在古生物学方面探索了生物矿物（磷灰石、方解石）的纳结构特征及其地质记录意义，并试图探查古生物残存基因；在构造地质学方面已在探索地球内部是否存在类纳米的物质层，在天体地质方面认为黑洞现象与纳米物质有关，而 C_{60} 的出现，更吸引地质学家去努力探索新的地质物质形态。

上述研究已涉及地质学诸学科，并在以下方面有待进行纳米地质研究：火山尘埃的产上述研究已涉及地质学诸学科，并在以下方面有待进行纳米地质研究：火山尘埃的产生、运移和吸收效应；大气粉尘（含风沙）效应；海洋沉积（机械、化学、生物）物、岩石颗粒界面、压性断裂产物（断层泥）、微细岩矿及黑色沉积层成因；环境地质中的纳米污染和治理、油气形成中的纳米催化效应、矿物超细粉体（纳米）工程和矿石纳米工艺等，并可望在矿物粉体工程方面首先形成纳米矿业产业。

综上所述，目前已进行的纳米地质研究和有待进行的纳米地质研究领域已构成较系统、较全面的纳米地质学研究，从而形成了地质学的新分支——纳米地质学。纳米地质学是一门高度综合的科学，很难划分出经典意义上的单科性研究，如矿物、岩石、古生物学等，而像卡林型金矿的纳米地质研究将全面涉及纳米科学技术和地质学诸学科。同时，它也同矿产业几近一体化，能迅速形成高效益、高技术矿产业，如矿物粉体工程、纳米矿石工艺等。

8. 太平洋海底微生物定义生命极限

太平洋深处的微生物的不活跃程度达到了新的高度。它们从周围环境摄取养料的速度缓慢到几乎不能被归类为活物。它们的存在或许有助于定义生与死的极限。

不过矛盾的是，它们或许也是地球上仍存活着的年龄最大的生物之一。

在世界五大海洋环流系统之一的北太平洋环流中，事事都以缓慢的速度变化着。从大陆冲刷下来的泥沙很少能到达那里，因此海底累积沉积物的速度相当缓慢。海底之下30m 的泥土是 8600 万年前沉积的。

这种泥土中含有的以养料形式存在的能量极少，本应无力支撑一个生物群落。不过，有人曾在海底之下能量略微丰富些的地方发现过微生物。

为了锁定生命的能量下限，丹麦奥胡斯大学的汉斯·罗伊检测了北太平洋环流系统下的泥土。在显微镜下，他发现了一个由数量极端稀少的细菌和被称为"古菌"的单细胞微生物组成的群落。

他说："在 1cm³ 的沉积物中只有 1000 个微小的细胞，因此找到一个简直就像大海捞针。"

深海微生物在极深的环境中靠氧、碳和其他养料维持生存，但罗伊的团队发现那里的碳十分有限，这些细胞呼吸氧的速度比实验室中培养的细菌要慢 1 万倍。

罗伊认为，这个微生物群落中的微生物数量极端稀少，新陈代谢速度极慢，因此那里的养料水平代表着刚够维持细胞酶和 DNA 工作的最低限度。他说："看来我们似乎触及了细胞新陈代谢的绝对下限。"

位于日本南国市的海洋研究开发机构的诸野佑树最近研究了日本附近太平洋海底之下的类似的低能量微生物群落。他说，在显微镜下，微生物几乎没有显示出生命迹象。"就我们的时间尺度而言，它们似乎已经死了。"

但当诸野的团队用"豪华大餐"——葡萄糖和其他养料来款待这些细胞时，它们中的大部分吸收了一些养料，这表明它们实际上还活着。他说："只不过和我们相比，它们的生命活动十分缓慢。"

罗伊说，由于它们的新陈代谢速度异常慢，单个细胞可能拥有极长的寿命。诸野的团队研究的细胞看似完好无缺，但要完成细胞分裂产生子细胞，它们中的每一个都要花数百或上千年的时间来积聚足够的能量。这意味着诸野研究的细胞中有一些年龄或许已有数千岁了。

罗伊说，他研究的细胞可能还要更老。在地球上的其他地方，生命存在的主要目的是为了维持繁殖而积累足够多的能量。不过在能量极端贫乏的群落中，繁殖没有那么大的意义，因为这会创造出也需要食物的新对手。他说："如果你只能勉强满足自己的能量需求，那分裂成两个无异于自杀。"他认为，这些细胞用它们积聚的能量来修复在几个世纪的使用过程中受损的细胞分子比用这些能量来维持细胞分裂更有意义。

第十一章　地球科学方法体系的
发展过程及其历史形态

第一节　地球科学共性方法综述

一、地球科学方法与学科分类级别的关系

地球科学方法的内涵，首先服从于学科分类的级别，地球科学为一级学科分类，二级分类则划分为地质、地理、气象、海洋、水文、环境及生态等。它们之间的研究方法是不同的，如地质方法、地理方法、气象方法、海洋方法、水文方法、生态方法及环境方法之间是有明显区别的。但是它们之间存在共性方面。我们既要注意二级学科分类的个性特点，又要注意它们之间的共性之处，而且要以共性为主要研究对象，因为"地球科学方法总论"的任务就是讨论它们的共性，而不是个性，个性另有专项研究。

不管地质法（地质科学方法的简称）、地理法、气象法、海洋法、水文法、生态法与环境法之间存在有多大的差异，这些方法之共同之处是都由"数据获取"、"数据传输"、"数据处理"、"数据可视化"、"数据应用服务"及"信息反馈"等组成。这就是地球方法的共性，它是讨论的重点。

地球科学方法的二级学科方法或三级学科方法之间不论存在有多大的差异，但它们的共性方法是一致的，而且都是建立在"科学方法论"、"地球科学新思维"与"有关的高新技术"三大基础上的，使其具有更高的科学性与实用性，包括方法的效率与效益在内。

地球科学方法的分类首先服从于学科的分类体系，不同级别的科学方法，相应地也有所不同，设置差别很大，以地球科学的三级分类为例见表11.1。

表 11.1　地球科学的三级分类体系

一级（1）	二级（6）	三级（36）
地球科学	地质学	构造学、岩石学、地质与生物学、地球物理、地球化学工程地质、水文地质
	地理学	自然地理、经济地理、人文地理、地貌学、生物地理（动物地理、植物地理）城市地理、工业地理、农业地理
	气象气候学	气象学、大气物理、大气化学、气候学、大气动力学
	海洋学	海洋动力学、海洋水文、海洋物理、海洋化学、海洋生物海洋地质
	水文学	河流水文、湖泊水文、沼泽水文、水文量测与技术
	生态环境	环境学、生态学、环境化学

从表 11.1 中不难清楚地看出，不同级别的分类，性质特征有很大的差别，它们的研究方法相应地有所差别，不同级别的地球科学的方法，另有专题做研究，我们的任务是，仅仅讨论 6 个二级分类体系，36 个三级分类之间的共性方法。共性方法显然是存在的，但难度很大，不知从何处下手。有多少个分类级别表，就有多少种个性方法。要把个性分类方法的共性特征找出来，也不是件容易的事情。

二、地球科学共性分类与三大基础的关系

不论是共性地球科学方法，还是个性地球科学方法，都是建立在以下基础上的：

科学方法论：包括科学的哲学观，非线性科学方法论（老三论、新三论、三不论）与对立并存的方法论。

地球科学的新思维：包括地球科学系统新论，新的理论（如板块构造等），新的科学假说（如 Gaia 假说）等。

与地球科学有关的高新技术：如高分辨率的各类传感器，信息传输技术（宽带互联网、泛在网、物联网等），高性能网络计算（云计算等），虚拟与可视化表达，模型与模拟技术，及上天入地，下海立体观测与宏观与微观观测技术等。

科学方法论是地球科学方法的指导思维，地球科学新思维是科学方法的理论基础，而与地球科学有关的高新技术，如信息技术是地球科学方法的驱动力。

三、地球科学分类的理论基础

（一）科学方法论

科学方法论有两个核心观点：

第一，三不论指"不守恒、不对称、不确定性"，是由李政道首先提出的基础论点，又经过我们的修改、补充和完善，已成为地球科学方法具有指导作用的新方法论。

第二，确定性与不确定性对立并存与不对称、不守恒，简称对立并存观点，它并不是对"对立统一法则"的否定，而是补充与完善。"对立统一法则"与"对立并存"观点共存或并存是全新的科学方法论，对地球科学方法具有推动作用。

（二）地球系统新思维两点贡献

地球系统新思维，或称地球系统新论，对地球科学方法有以下两点贡献。

第一，运用新三论重新解释了地球系统概念，尤其运用"三不论"和"对立并存"观点对地球系统增加了新元素，使人们对地球系统有了更全面的理解和认识，提高了地球系统科学的水平，可以称之为"地球系统新论"。

第二，在地球系统方法方面，改正了原来纯技术系统的观点，在科学方法论与地球

科学新思维相融合的基础上，指出"研究主体与研究客体"的两大系统元素，提高了地球系统科学的科学观。

（三）与有关现代高新技术的融合

高分辨率的传感器技术，上天入地、下海的立体观测技术，宽带互联网，泛在网与物联网技术，网络计算机，高性能与云计算技术及系统虚拟可视化技术等与地球科学传统方法的融合，是地球科学性的大革命。

以上论述内容，可参考图 11.1、图 11.2。

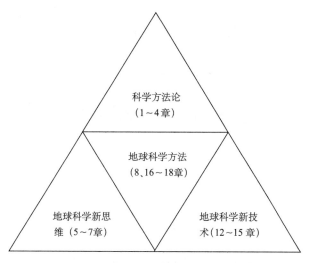

图 11.1 《地球科学方法探索》的内容

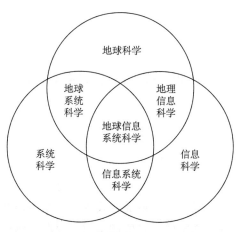

图 11.2 地球信息系统科学的三大基础（地球科学、系统科学、信息科学）

第二节　地球科学共性方法的内涵

一、宏 观 内 涵

　　共性方法主要包括：明确任务，制订总体设计，工程计划实施，考核与质量检查，应用与信息反馈。它们的内涵分别简介如下（图 11.3）。

　　（1）明确任务：研究主体与所有参加人员对任务的来源、性质、特征，范围目标及完成时间进行全面了解。

　　（2）制订总体设计：研究主体在明确任务，了解已经客体（对象）的基础上，制订总体设计，包括采用技术、公关目标、阶段划分、考核指标、验收办法、工程实施、计划制订与论证。

　　（3）工程计划的实施：按计划执行，遇问题时进行调整，修改。在中期检查时，再制订检查方案。

　　（4）考核与质量检查：在工程进行过程中或结果前进行。

　　（5）应用与信息反馈：在任务完成后，经过一段时间应用后，如发现问题进行反馈，要有工程实施（执行）部的承担。

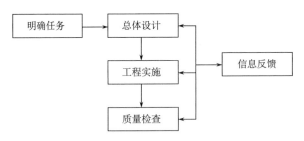

图 11.3　地球科学共性方法宏观内涵

二、共性方法的技术系统框架

　　共性方法的技术系统是指狭义的技术系统，也是大家常见的技术系统，主要包括以下七个方面：数据获取、数据传输、数据处理、数据的可视化表达、模型与模拟、应用与服务、信息反馈，分别简介如下（图 11.4）：

　　（1）数据获取：手工的、仪器的、机械化的和信息化采集技术；

　　（2）数据传输：人工的、局域与广域通信技术，卫星通信技术，网络技术；

　　（3）数据处理：人工的、光学的和电脑的增强、提取、修正与整合技术；

　　（4）数据可视化表达：人工的、光学的和电脑的，曲线、图形影像表达；

　　（5）模型与模拟：包括建模及预测在内，还有实验；

　　（6）应用与服务：包括生产与生活等各个方面应用，资源调查，环境监测及生产管理，区划与规划，设计服务；

（7）信息反馈：工程进行过程中，进行中期质量检查，发现问题后的信息反馈与工程结束后，在应用过程中发现问题时，进行信息反馈。

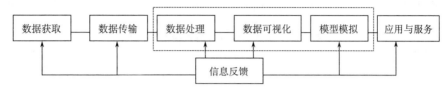

图 11.4　共性方法技术系统

传统方法与现代方法区别的原则，以高新技术的广泛应用作为标准，主要指卫星遥感与计算机网络的应用区别为分水岭。

三、地球科学共性方法内涵简表

为了达到简明的要求，现将共性方法列出，如表 11.2 所示。

表 11.2　共性方法内涵简表

	具体内涵	说明
数据获取	（1）调查方法：普查、详查、采样/标本 （2）台站观测：气象、水文、海洋、生态、环境、专业 （3）测绘与绘图：地形测绘、专题测绘 （4）平台方法：飞机航摄、物探、化探、船舶、近海、远洋、钻探、浅钻、深钻、陆地、海洋	为基础数据
数据传输	（1）人工 （2）返回式：飞机、轮船 （3）网络：有线、局域	包括数据的文字、数字、图形影像的各载体光盘、磁带笔记本等
数据处理	（1）数据整理：校正、补缺 （2）数据增强：特征提取 （3）数据分析：物理、化学、生物特征分析 （4）建模与模拟实验室	包括人工，光学与电脑方法实验分析与广泛采用
数据可视化	（1）曲线、表格 （2）二维、三维图形/地表 （3）多维虚拟表达	多数以曲线，表格表达 图形与地图/专题图也很重要 影像
模型与模拟	（1）数学物理模型 （2）概念模型/权重模型	难度大，可信度差
应用服务	（1）资源调查、环境监测，区域管理 （2）生产与生活全方位服务	广泛应用
信息反馈	工程完成后，通过应用检验，对工程进行评估与提出改进建议	常被忽视

四、地球科学共性方法信息化内涵

有的已经实现，有的将要实现，如表 11.3 所示。

表 11.3　地球科学共性方法信息化内涵

	内涵	说明
数据获取	上天、入地，下海 (1) 遥感、遥测、卫星、飞机、无人机 (2) 传感器与视频网络 (3) 深钻、陆地、海洋 (4) 深潜 (5) 从宇宙到地球到纳米观测	全球无缝覆盖的数据获取 EOS、GEOS G^3OS、GOOS、GCOS、GTOS
数据传输	(1) 移动宽带到互联网 (2) 泛在网 (3) 物联网 (4) 蓝牙技术	全球无缝信息传输
高性能网络计算	(1) 网络计算机 (2) Web、Computing (3) Grid Computing (4) Cloud Computing	具有自组织功能的大数据，复杂计算，云计算是一种技术的大融合
虚拟可视化	(1) 二维的可视化表达 (2) 三维的可视化表达 (3) N 维的可视化表达	二维、三维已普及
模型与模拟	地球建模框架体系	难度大
应用与服务	(1) G^3OS：GOOS、COOS、GTOS (2) Google Earth、Glass Earth (3) 数字地球、智慧地球 空间信息技术与管理信息技术的融合（"3S"与 MIS) 信息化与工业化融合	无所不包，无所不能与无时无处不在

五、地球科学性/传统方法

1. 调查法

调查法指研究者或任务承担者对调查对象进行实地考察，或访问。这是最早采用的地球科学方法。

适用范围包括地理调查，地质普查，动植调查，土壤调查等一切普查工作。其主要内容：包括实地调查，访问；搜集样本与典型案例；实验分析；综合归纳，结论；应用与反馈。

以地质普查为例，主要包括：实地调查，在地形图上调绘共性，构造草图；采集岩石，矿物和化石样本；对岩石、矿物、化石进行鉴定和分析；实地进行准确的地查调绘，每隔 20m 设一调绘剖面，将地质界线及有异的地段现象标记在调绘图上，运用 GPS 确定位置；综合、归纳、地质评价。

2. 台站观测法

台站观测指在固定地点，或选择一定范围，运用仪器对观测对象进行长期监测及数据搜集，并经过分析做出反馈。

其适用范围：气象观测、水文观测、海洋观测、环境监测、生态监测、农业、林业、草场监测。

其主要内容包括台站位置的选择；仪器设备的配置；观测内容、标准与规范制定及观测；数据整理与分析；进行趋势预报与反馈。

以气象台站观测为例，其步骤如下：

（1）气象台站位址的选择：NOAA 制订双频标准，现在太多不合格，城市热岛；

（2）装备各种气象观测仪器，计算机、测云雷达、高空气球、高塔观测；

（3）观测内容：气压、温度、风向、风速、太阳辐射、云量及性质等；

（4）数据处理，计算及分析；

（5）天气预报，可信度反馈。

再以海洋台站为例，其步骤如下：

（1）观测站选址十分重要；

（2）地面、海面浮标仪器的选址；

（3）内容：气象条件，浪高、波速、潮汐；

（4）资料汇总处理；

（5）资料分析及海况趋势分析；

（6）海况预报与可信度反馈。

3. 测绘制图

测绘制图指运用测绘仪器，对地区或工程地段进行测绘及制作地形图或专题图。

适用范围：国家、地方级工程部门测绘地形图，工程地形图。

其主要内容包括：①测绘地区考察及仪器设备准备和测量基准点；②实地仪器测量；③数据处理及计算；④地形图的编制与实地调绘；⑤应用与反馈。

以地形图测绘为例，其步骤如下：①实地考察地形、地貌状况，制订测绘方案；②实地用测绘仪进行测量；③数据整理及计算；④地形图的编制与实地调绘检验；⑤应用与反馈。

4. 遥感、遥测方法

遥感遥测指运用多种遥感或传感器，遥测仪器和飞行器，从空中对某一地区进行探测的方法。

其适用范围：对一个地区，资源、环境、矿产进行调查，或进行地形图的测绘等，包括摄影、遥感、重力、磁力、放射幅及化控等。

其主要内容包括：①根据地区和应用目的，选用飞行器运载工具，及相关遥感，遥测仪器；②实地飞行于遥测，遥测操作；③数据处理及整合；④信息提取与解释；⑤编制各种应用图件，地形图、矿产预测图。

以地形图的测绘为例，其步骤如下：①采用航空遥感方法，对选中地区进行航摄飞行；②对获得航摄影像进行处理，校正；③进行地形测绘与整合；④将地形图进行实地调绘；⑤应用与反馈。

5. 钻探方法

钻探方法是运用钻井方法，对地下地质，矿产状况进行探测的技术方法，包括浅钻、深钻等。

其适用范围：包括各种矿产，如石油、天然气、煤层、金属矿床、地下水、工程地质条件，及科学研究的深钻等。

其主要内容包括：①根据应用目的，选择好钻井的位置，确定钻探深度；②钻探实施与钻心岩石样本采集；③对钻心、岩心样本进行试验分析鉴定；④对钻心、岩心样本建立柱状剖面图；⑤对柱状剖面图进行综合分析，与决策判断，如矿产的品位与储量等。

以石油钻探为例，其步骤包括：①选定井位；②实施钻探和岩心取样；③对岩心样本分析鉴定，建立柱状图；④油层、井喷、出油、压力鉴定，采油样分析；⑤继续往深部钻探；⑥确定石油性质/品位、储量。

六、地球科学性的新方法

其适用范围：地球科学各个领域（图11.5）。

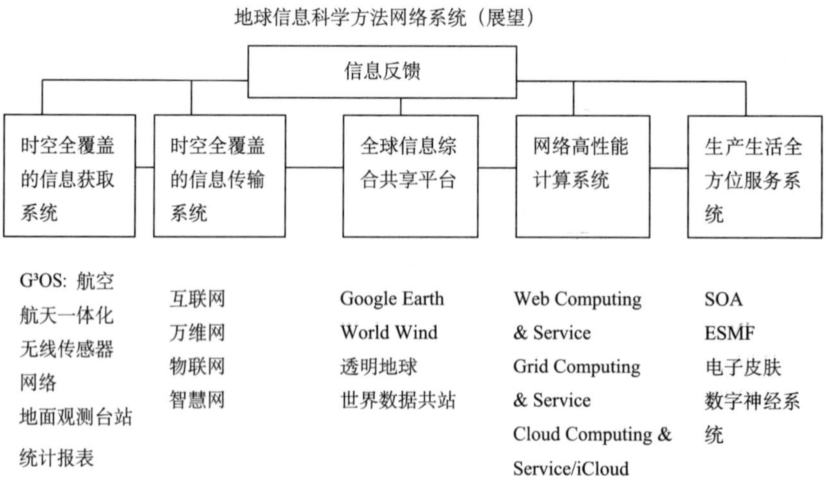

图 11.5　地球科学方法网络系统

其方法包括：①信息获取得时空全覆盖；②航天、航空、G³OS 系统；③无线传感器网络系统；④台站、调查、统计信息、钻探、物化探信息。

信息传输（时空全覆盖），包括互联网（三网联）、万维网、物联网、智慧网。

信息共享网络平台如下：

（1）Google Earth、World Wind；

（2）透明地球/玻璃地球。

1. 网络与高性能计算

（1）Web Computing & Service；

（2）Grid Computing & Service；

（3）Cloud Computing & Service/iCloud。

2. SOA 与 ESMF

（1）SOA；

（2）ESMF。

3. 地球模拟实验及预测

（1）地球虚拟实验；

（2）地球模拟实验；

（3）地球仿真实验。

4. 全球观测计划

（1）NASA、ESS 计划；

（2）ESA、GMES 计划；

（3）7AXA 地球模拟器。

5. 智慧地球

（1）地球电子皮肤；

（2）地球数字神经系统。

6. 数字地球与数字地球工程

（1）数字地球；

（2）地球设计与规划；

（3）数字地球工程。

7. 地球科学方法的未来模式

1）地球科学方法的未来模型包含以下两个方面

（1）全球时空全覆盖的数据搜集系统：①G³OS：COOS、G³OS、GCOS、GROS；

②无线传感器网络；③上天、入地、下海和探极。

（2）全球时空全覆盖的信息传输网络系统：①互联网、物联网和智慧网；②Google Earth、World Wind；③玻璃地球、透明地球。

2）IT技术大融合

（1）地球信息技术融入IT主流；

（2）信息化带动工业化，带动传统重点改造。

3）网络高性能技算

（1）Web Computing & Service；

（2）Grid Computing & Service；

（3）Cloud Computing & Service/iCloud。

4）无所不包、无所不能的信息服务系统

（1）SOA与ESMF；

（2）融入生产的各领域；

（3）融入生活的方方面面。

七、地球科学方法体系的发展过程

1. 地球科学方法的基本内容的发展过程综述

地球科学方法的发展过程，经历了三个阶段：传统方法阶段、定量化方法阶段和信息化方法阶段。

传统方法阶段 ⟶ 定量化方法阶段 ⟶ 信息化方法阶段

传统方法阶段：在地球科学的发展早期，由于受科学技术水平和量测技术的限制，地球科学方法，以定性描述为主，只在某些研究对象采用了简单的、粗略的定量方法。

定量化方法阶段：随着量测技术的发展和各种量测仪器的应用，才进入了定量的阶段，包括固定台站观测，移动量测，如测绘制图，物探化探方法等方法相继广泛应用，获得了大量的科学数据供定量分析。

信息化方法阶段：包括数字化、网络化、计算机化和智能化在内，实现了全球观测的（上天、下海，立体的）无缝覆盖，信息传输的全球无缝覆盖和云计算等高性能计算技术，实现了精准的快速计算等。

现在从方法流程开始讨论。

1）数据获取

数据获取是指运用人工、仪器、工具等手段收集研究和生产所需的各种数据的过程，包括传统方法与现代方法两大方面。

传统方法：资料查找，统计报表，实地调查，访问，台站观测（如气象台站、水文台站、环境与生态监测台站等），测绘制图（如地形测绘与制图，地质测绘与制图等），人工地震，钻探等方法。

现代方法：包括飞机与船舶，卫星等先进搭载工具以获取所需数据的重要手段，如航空摄影与遥感、航空化探、物探，如航空放射性探测、重力测量、磁力测量等。以船舶作为运载工具，分近海、远海探测等。卫星遥感与遥测，包括专业遥感卫星，如资源卫星、环境卫星、测绘卫星、气象卫星、海洋卫星及多种卫星的协同，综合探测如 EOS、G^3OS 等，还有全球定位系统 GPS 等。

以上传统方法与现代方法代表数据获取方法的两个发展阶段（图 11.6）。

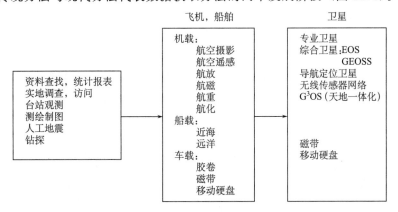

图 11.6　数据获取

资料查找：有关文字、数字、图形、地图、专题图；统计报表：国家统计局有关数据、普查、详查、采样、标本等；台站：气象、水文、海洋、环境、生态等；测绘制图：地形图、专题图、工程图；地震：测地质构造、矿产；钻探：深钻、浅钻、陆地、海洋；飞机：主要用航摄（全色片）航遥（彩色，红外）航放、航磁、航重、航化等；船舶：近海、远洋，用于调查与采样；专业卫星：飞机、海洋、环境、资源、测绘卫星；无线传感器网络：各类视频、噪声、气体成分等；G^3OS：全球气象观测系统（Global Climate Observing System，GCOS）、全球海洋观测系统（Global Ocean Observing System，GOOS）和全球陆地观测系统（Global Terrestrial Observing System，GTOS）

2）数据传输

数据传输主要有以下三种方式，如图 11.7 所示。

人工：将纸质、胶卷、磁带、光盘、移动硬盘人工带回；

返回式：飞机、车、船完成数据集成，将纸质、胶卷、磁带、光盘、移动硬盘带回；

网络：有线局域网，通信传输、无线局域、广域网传输、互联网、万维网、格网、物联网、时空全覆盖的综合网。

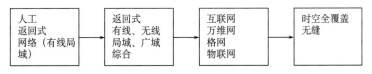

图 11.7　数据传输

3) 数据处理

数据处理主要包括以下几个方面，如图 11.8 所示。

数据整理：数据校正（大气校正，几何校正），修补包括补遗；

数据编辑：投影变换，比较变换，增加、减少、开窗；

目标增强：彩色增强；

目标提取：道路提取，居民点提取；

数据挖掘：信息开发，信息发现；

分析与实验：化学分析（成分）物理实验、生物实验；

模型与模拟：概念模型，物理数学模型（定量）与各种模拟；

光学处理：进行光学仪器（暗室设备）进行放大，缩小，彩色增强，边缘增强；

数据分析：逻辑分析，关系分析，主成分分析，黑箱（灰箱等）分析。

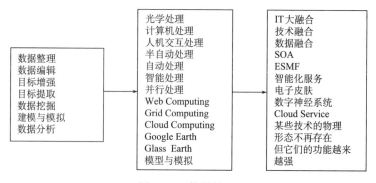

图 11.8   数据处理

4) 数据信息应用与服务

数据信息应用与服务如图 11.9 所示。

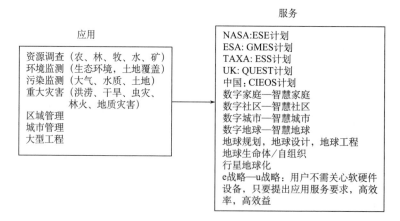

图 11.9   数据信息应用与服务

以上传统的应用服务与现代应用服务，代表了应用服务两个发展阶段，即由定量化为主到信息化为主的阶段（图 11.10）。

定量化应用服务

| IGPB计划 |
| WCRP计划 |
| IHDP计划 |
| DIVERSITAS计划 |
| IODP计划 |

信息化应用服务

EOS、GEOS、G³OS计划
Google Earth，World Wind，Glass Earth
NASA ESE，ESA GMES，JAXA的ESS
UK的QUEST等计划

图 11.10　数据应用与服务

IGPB. 国际地圈-生物圈计划；WCRP. 世界气候研究计划；

IHDP. 国际全球环境变化，人为因素研究计划；DIVERSITAS. 国际生物多样性计划；

IODP. 综合大洋钻探计划

地球科学方法基本内容的发展过程可以用表格来简单综述（表 11.4）。

表 11.4　地球科学方法基本内容的发展过程

方法	传统	现代	未来
数据获取	调查：普查详查，采样/标本 台站：气象、水文、海洋、生态环境、专题 测绘与制图：地形测绘、专题测绘 平台：飞机、航摄、航遥、物探化探 船舶：远洋、近海 钻探：陆地、海洋	航空遥感：航天遥感 RS、GPS、EOS、GEOSS、G³OS 全信息化	时空无缝全覆盖 智能化信息获取 全智能化
数据传输	返回式 有线网	有线网、无线网 互联网、万维网格网	时空无缝全覆盖 智能化信息传输
数据分析	数据整理：校正、补缺， 数据增强：特征提取 数据分析：物理、化学、生物特征分析 建模与模拟实验	Digital Earth Google Earth Glass Earth Web Grid Computing ESMF，SOA	电子皮肤与数字神经系统 高性能计算：Web Grid、Cloud、 Computing & Service
数据应用	—	GEO：GEOSS 计划 NASA：ESE 计划 ESA：GMES 计划 JAXA：ESS 计划 中国：CIEOSS 计划 北京大学 ESSN 计划 全球变化研究	地球规划与设计 地球管理与地球 工程 行星地球化

注：NASA ESE-NASA 的地球科学事业计划；ESA GMES-ESA 的全球环境与安全监测计划；JAXA ESS-JAXA 的地球模拟器计划；UK QUEST-英国的"量化并理解地球系统"计划。

2. 地球科学方法的未来模式

（1）全球时空全覆盖的数据搜集系统：①G³OS：COOS. GCOS. GROS；②无线传

感器网络；③上天、入地、下海和探极。

（2）全球时空全覆盖的信息传输网络系统：①互联网、物联网和智慧网；②Google Earth、World Wind；③玻璃地球、透明地球。

（3）IT 技术大融合：①IT 主流的空间化；②地球信息技术融入 IT 主流；③信息化带动工业化，带动传统重点改造。

（4）网络高性能技算：① Web Computing ＆ Service；② Grid Computing ＆ Service；③Cloud Computing ＆ Service/iCloud。

（5）无所不包、无所不能的信息服务系统：①SOA 与 ESMF；②融入生产的各领域；③融入生活的方方面面。

第三节　地球科学共性方法的发展历史形态

一、地球科学方法的历史形态

1. 气体地球子系统的科学方法

（1）一般方法：观测台站的选址，仪器设备的确定，观测规范的制订；观测与数据采集；数据处理与分析；数据建模与模拟；预报（应用与服务）与反馈；

（2）综合方法：大气物理；大气化学；大气数学与数值分析。

2. 液体地球（海洋）子系统的科学方法

（1）一般方法：观测台站的选址，仪器设备配置，观测标准与规范的制订（漂标、岸基），科学调查船的目的、任务，航线的确定；观测与数据采集；数据处理与分析；建模与模拟；预报（应用服务）与反馈。

（2）综合方法：海洋物理、海洋化学、海洋生物、海洋数学。

3. 固体地球子系统的科学方法

（1）一般方法：研究的目的与任务，研究方案的制订，国内外有关资料的搜集与分析，各种仪器设备的准备；调查、量测与样本采集；样本化验、测试、鉴定与量计；分析与模拟；应用与反馈。

（2）综合方法：地球物理；地球化学；地球数学（数学地质）。

4. 生物（动植物）地球子系统的科学方法

（1）一般方法：明确目的，搜集资料，制订计划，仪器设备准备；实地调查与社会访问；采集样本与典型案例；室内分析、实验与案例分析；综合、归纳与结论；预测、应用服务，效果检验反馈。

（2）综合方法：地球生物化学；地球生物理论；地球生物统计。

二、传统的地球科学共性方法内涵简明表

传统的地球科学共性方法内涵简明表如表 11.5、表 11.6 所示。

表 11.5　传统的地球科学共性方法内涵

项目	内涵	说明
1. 数据获取	调查方法：普查、详查 台站方法：气象、水文 　　　　　环境、生态 　　　　　专业 平台方法：测绘制图 　　　　　飞机 　　　　　船舶 　　　　　钻探	指南针，铁锤/铲，放大镜，皮尺，测高仪，相机，各种简单的观测仪（温度、气压、湿度、速度、方向） 量测：采用工具 经纬仪，平板仪，绘图仪，航空摄影，物探、化探、近海、远洋、量测、采样工具、深钻、浅钻
2. 数据传输	人工传输 局域、广域通信方法	数据与标本等由人工传送 将数据影像等通过有线与无线通信网传送
3. 数据处理	人工的、仪器的、光学的整理、补漏、校正 整合、增强、特征提取 综合分析，主成分分析、成果集成	各种计算机，量测仪，绘图仪，存储器 逻辑推理，黑（灰）箱方法，相关分析 实验室分析
4. 可视化表达	图、表、曲线 图形、地图，专题图 影像	将数据转换成图、表、曲线，图形和地图，专题图或用影像表达
5. 模型与模拟	数字物理模型 系统权重模型	仿真模拟实验已广泛采用 模型的难度大，预测的可信度低
6. 应用服务	资源调查 环境监测 区域管理 工程监测	——
7. 信息反馈	对工程完成后经若干年应用后的效果评估	大多没执行

表 11.6　地球科学传统方法一览表

调查方法	台站观测	测绘制图	遥感遥测	钻探物探	综合方法
1. 调查访问	台站选测 仪器设置	实地测量	飞行与数据采集	钻探、物探化探	上述方法的集成
2. 采样、典型案例	观测与数据采集	数据整理	数据处理	数据处理	—
3. 实验、分析	数据处理	数据制图	分析与目标识别	数据分析	—
4. 综合归纳	趋势分析	实地调绘	制图、影像图	综合研究	—

调查方法	台站观测	测绘制图	遥感遥测	钻探物探	综合方法
5.应用与反馈	预测与反馈	应用与反馈	应用与反馈	应用服务	—
6.地质地理、土壤、植物	气象、水文海洋、环境生态、冰川冻土	工程测绘	测绘制图 专业调查 区域研究	地质找矿	—

三、方法发展的历史形态发展过程

地球科学方法近年来之所以取得重大突破，主要得益于以下两个方面：

第一，在地球科学方法论飞速发展的带动下，如地球信息科学方法论，地球系统科学方法论，地球复杂系统论，地球自组织论，地球对立异存与不对称论等，对地球科学方法具有重大的指导意义，为地球科学方法的发展提供理论基础和技术发展方向。

第二，在现代科学技术，尤其是空间信息技术的直接推动下，如航天航空技术，主被动传感器及探测技术，信息通信技术，计算机及计算技术，信息共享及服务技术对地球科学方法，起到了直接推动作用。

地球科学方法之所以取得如此重大突破，主要是上述两个原因，尤其是现代科学技术直接推动的结果。更为主要的是空间信息技术直接推动下所取得的成果，主要包括以下几个方面。

（一）科学方法演进的驱动力

（1）首先随科学思维的发展而发展；

（2）随着科学技术的进步而进展；

（3）科学技术的综合、交叉促进了科学方法的综合；

（4）社会需求带动了科学方法的进步。

近年来地球科学方法取得了突破性进展，主要表现在以下几个方面：

第一，从过去的点、线、面（地区）调查方式，发展成为多个卫星的全球范围的调查，这是过去所不可想象的。点、线方法获得信息在空间上有局限性，不如卫星遥感整个面的，全球范围的信息。

第二，传统的方法，无法在大范围内获得时间上同步的信息，过去最多只可能在小范围内在时间上获得同步。现在有了卫星遥感，可以获得大范围的同步信息，全球范围多个卫星的时间上准同步的信息。

第三，现在卫星遥感可以达到三高数据，即高空间分辨力（0.5m），高光谱分辨力，若干纳米和时间分辨力。多个卫星若干小时重复一次，获得信息。运用传统的方法，要在大范围，甚至全球范围内获得"三高"的信息是根本不可能的。这三个信息对动态对象研究是十分重要的。

第四，运用卫星遥感技术，除了可以获得大量的地球综合信息外，还可以获得各种专门信息，如气象卫星、海洋卫星、环境、测地工程、重力卫星等同步的全球专题信息。雷达卫星还可以获得地表覆盖，如森林、土壤层地下的信息。热红外卫星还可以获取地面温度信息等。

第五，近年来有了很大发展的无线精准传感器网络，可以弥补人迹难以达到地区的数据不足和地面数据密度不够问题。

第六，G^3OS 与无线传感器网络、台站观测网络、社会经济统计网站的组合，形成时空全覆盖的数据采集系统。

第七，电话网、视频网和互联网的连接，互联网与无线网，物联网连接，实现了时空全覆盖的信息通信系统。

第八，各种类型（大型超大型）计算机的出现与各种算法的突破，计算机联网，实现了 Web、Grid 和 Cloud Computing、Service 大幅度提高计算能力。

第九，随着网络计算机技术的飞速发展，如 Google Earth，World Wind，透明地球/玻璃地球 Glass Earth 的数据共享平台的出现，为全球研究创造了有利条件。

第十，全球性的，区域性的及专门性的 NASA 数据库及其网站建设的飞速发展，和全球地球数据共享奠定了基础。

第十一，随着全球信息化由技术为主，转向以服务为主，SOA，尤其是 ESMF 等，为地球研究应用提供了强大的工具。

（二）地球科学方法的发展过程

地球科学方法随着科学理念、科学方法论及科学技术的发展而迅速演化，经历了从定性到定量，从区域到全球，从一般调查到位生产、生活全方位服务的演化过程。

从定性到定量、从数字化到网络化、再到智能化发展过程，即从数字地球到网络地球再到智慧地球（Smart Earth）的发展过程。

首先在地球科学的科学理念和科学方法论上，从原来的地球方法理论、辩证法、到现在的老三论、新三论和自组织、复杂性理论，在科学理念、方法论上产生了飞跃。

在手段和工具方面，也就是地球科学方法的技术方面，也有了新的突破。在调查方法方面，从罗盘、放大镜、铁锤（铁铲），到现在的各种测量仪器、无线移动电脑网络。在台站观测方面，从原来的一般仪器到现在的各种遥感、预测及无线传感器网络等高新技术的应用；从原来的人工调查到现在全球遥感、遥测。在数据处理方面，从原来的计算器到现在的网络高性能计算，在技术上有了很大的突破。

在研究对象方面，原来的某些地区的若干目标到现在的全球综合观测，过去是特定目标，特定时间、特定区域的观测到现在则为无处不在、无所不包和无所不能，生产、生活全方位服务。

从 20 世纪 80 年代以来，地球科学研究发展迅猛。从上天（空间探测，航空航天遥感）到入地（大陆科学深钻、地震层析成像技术、深部找矿），再到下海（大规模海洋观测，深海钻探预大洋钻探），到探极（南、北极定位观测与青藏高原研究），在技术方法上有了大的进步。

　　尤其原来把地球科学方法作为一般方法，而现在把它上升为地球科学方法系统，而且当成是地球科学方法网络系统。这不仅是于科学理念，科学方法论的突破，而且扩大了地球科学应用的广度和深度。

　　最常见的地球科学调查方法，经历了由纯野外调查到与遥感技术相结合的阶段。台站观测方法也经历了由纯台站观测到与无线传感器网络和遥感技术相结合的过程。测绘制图方法也经历了野外测绘到航空遥感，到目前的卫星遥感的发展过程。

第十二章　地球科学共性方法体系内涵

第一节　全球化大融合与共享体系

地球科学包括整个地球系统的岩石圈、水圈、气圈和生物圈四大子系统。以学科来说，包括了地理、地质、气象、生物、环境等二级学科在内，也包括了三级、四级分类。各级地球科学都有自己相应的特殊的科学方法，但也存在适用于各级分支学科的共性方法，现在的重点是讨论共性方法。

地球科学方法总论的体系主要是指地球科学方法的共性体系，它既包括了地球系统的四大子系统的方法体系，也包括了地球科学的学科的各级分支学科的方法体系，如地理、地质、气象、海洋、地球生物及环境等科学的方法在内，主要是指它们的共性方法，或方法的共性，如数据获取、数据传输、数据分析、模型与模拟、可视化表达及应用服务等方法。不仅地球系统的四大子系统都需采用，而且各级分支地球科学方法也离不开这些方法内容，所以称它为共性方法。除了共性外，各级学科还有通用于自身的个性方法，需进行分别专门的讨论。地球科学方法总论只限于讨论地球科学方法的共性部分，即通用于各级地球学科的方法体系（表 12.1）。

表 12.1　地球科学方法技术系统内涵简表

项目	定量化	信息化
标准与规范	定量标准与规范	信息化标准与规范
数据获取	移动调查/各类工具 定位观测/量测仪器 测绘制图/量测仪器 采样平台：钻探、物探 深潜	各类传感器，遥感，遥测，深潜平台 航空与航天平台 GOOS GCOS GTOS/G³OS GEOSS 无线传感器网络 GPS GLONASS GALILEO COMPASS
数据传输	返回式 广域、局域网通信	互联网 Internet Iphone 万维网 Web 格网 Grid icloud 物联网 Internet of Thing
数据计算	数据整编 数据提取 数据分析	Web Computing，Internet of Things Grid Computing Cloud Computing Cloud Computing
建模与模拟	建模 模拟	ESMF，SOA LBS Google Earth Glass Earth，精准高效 管理

续表

项目	定量化	信息化
监测与管理 （全球变化）	IGBP WCRP IHPP DIVERSITS 深潜计划	NASA ESE 计划 ESA GEMS 计划 JAXA ESS 计划 UK QUEST 计划 CN、CIEM 计划
智能化	地球规划与设计 地球工程	电子皮肤、数字神经系统 智慧地球
信息反馈	应用服务效果检查、评估信息返回对策实施	效果检查、评估、信息实时返回对策实时实施

地球科学方法共性体系实际上包括了"全球化、大融合与共享化"核心内容。全球化不仅包括了岩石圈、水圈、气圈和生物圈四大地球子系统，还包括了要把地球当做整体系统来看，要从全球眼光来看问题。大融合指与地球科学方法密切相关的学科的融合，还包括有关技术的集成，如与地球科学方法密切相关的数、理、化、天、地、生一级学科间的融合，地质、地理、气象、海洋、水文、生态、环境等二级学科间的融合，以及与第三级学科之间的集合。技术集成指与地球科学方法有关的技术的集成，包括了信息技术之间的集成，信息技术与其他技术之间的集成，如空间信息技术（RS、GPS、GIS）与管理信息技术（MIS 系统/ERP. CRM. SCM）的集成，信息化与工业化的集成等。不论是学科的融合还是技术的集成，都是为实现信息共享和发挥信息技术全方位服务于个性化服务的目标。

地球科学方法的共性体系，既是从大量的实践性中总结出来的，同时也有它的理论基础，包括科学哲学基础和科学方法论的基础，可以用以下的"地球科学方法体系框架"、"地球科学方法体系的理论基础框架"来表达（图 12.1）。

地球系统科学方法的共性体系的特点是，首先强调它的共性特征，它应该是能适用地理、地质、气象气候、海洋、生物地理、环境等所有的地球分支科学的方法，而不是仅仅通用于某一个分支科学的特征的方法，它具有地球科学方法的共性特征，所以这个共性方法具有整体性、逻辑性的特征。

地球科学方法的共性体系不仅能反映地球科学方法的发展现状，而且还能反映未来的发展趋势。地球科学共识的"定量化"与"信息化"不仅代表了现状，而且还包括了未来的发展趋势。当前地球科学方法由于学科性质的不同，有的仍然处于以定量方法为主，信息化方法为辅的阶段，有的则以信息化为主和以定量化为辅的阶段，虽然将来都要实现信息化，甚至还要智能化，但目前将"定量化"与"信息化"区分开来是符合现状的。

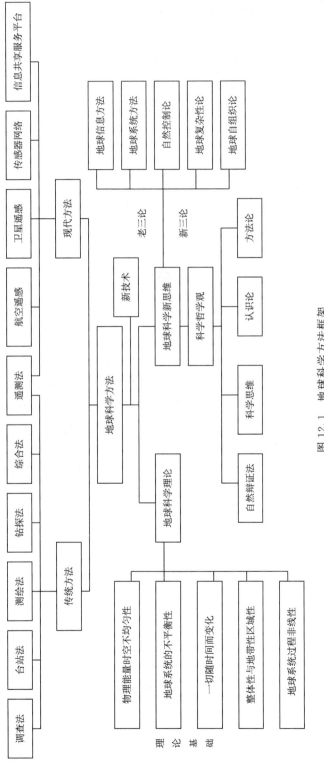

图 12.1　地球科学方法框架

第二节　全球无缝覆盖的数据精准实时获取技术

由于学科性质的不同，有的地球分支科学尚处在以定量化为主，以信息化为辅的阶段，有的则相反，所以只能分别介绍。

以定量化为主的地球分支科学有地质学、土壤学、生态学和环境学等，这些学科在一般情况下，运用各种专业工具进行移动式的野外调查方法，或用台站定位观测，如气象台，水文站，环境站等，有的还要采用钻探，化探、打钻、开挖勘槽、剖面进行采样与观测等方法，获取数据。

以信息化为主的地球分支学科，如测绘制图、地形地貌、城市交通、区域、自然灾害等领域，可以运用遥感、遥测等方法获得所需的数据，此外还可以运用无线、有线传感器及视频探测仪获取地面、地下、水下所需的数据，包括以下几个方面。

一、遥 感 技 术

1. 遥感平台

1）卫星遥感平台

卫星遥感平台的技术进展表现在近年来卫星数量的快速增加、卫星寿命的延长和定规精度的提高。最为突出的进展是小卫星遥感应用的成功。小卫星遥感带来两个显著的优点，其一是飞行轨道低，因而有助于提高影像的信噪比，实现高分辨率遥感成像，其二是由于小卫星的低成本，而容易形成星座，提高连续覆盖或立体过程能力。

2）航空遥感平台

航空遥感平台的技术进展主要表现在 GPS 导航定位系统的应用和无人机遥感平台的成功。

航空遥感平台的 GPS 导航定位已经从差分 GPS 发展到单机精确定位 GPS，已能实现按规划的像主点定点曝光，也能达到 InSAR 和 LiDAR 等传感器的匀速直线飞行要素。

无人机（Unmanned Air Vehicle）是包括飞机、无人直升机、无人飞艇在内的一系列无人驾驶的空中飞行机械的总称。无人机以机动灵活、可无需机场起降、可在阴天云下飞行获取光学影像，可低空获取其高分辨率（厘米级）影像，可远距离长航时飞行、可在复杂环境作复杂航线飞行，可实现指定区域指定时间的日常巡查飞行等一系列优点，被看做当代卫星遥感和有人驾驶飞机航空遥感的一种有效补充技术手段。

平流层无人机已进入大规模研究阶段将来借助这种技术有希望实现对局部地区的24h 不间断遥感监测。

2. 成像传感器系统

成像传感器系统包括传感器、定姿稳定平台和影像数据传输系统。

1）传感器

传感器的进步是近年来遥感系统最大的技术进步。

合成孔径微波雷达（SAR）实现了全天候遥感，干涉合成孔径雷达（InSAR）实现了自动化三维地形测量和地面高程微变化监测，多极化 SAR 实现了对具有结构特征地物的遥感监测。

高光谱扫描成像仪实现了十纳米级细分的光波谱探测，为资源环境遥感提供了极为丰富的波谱信息，有很多亟待开发的应用领域。

光学高分辨率传感器发展很快，已经实现了分辨率高于 1m 的卫星遥感成像和立体遥感成像。

机载光学数码相机市场推广很快，组合宽角航空数码相机和机载三线阵扫描相机几乎同时问世，获得前所未有的高分辨率、高清晰度影像。

机载激光扫描仪（LiDAR）获取的距离图像称为现代的一个新产品，它能实时获取飞行区的地面高程模型，并且可以通过多回波技术探测森林植被高度及其所覆盖的地表的真实高程。

2）定姿稳定平台

利用惯导技术（陀螺仪）测量成像传感器的姿态角，并且用以控制传感器的温度平台达到高精度要求，这是遥感系统多年努力、逐步精化的技术进步。星载合成孔径雷达和线阵扫描仪的成像质量得以大幅度提高，同时，无地面控制点的微小遥感几何精度也大大提高。

航空遥感平台利用高精度稳定平台才能实现机载 SAR 和高光谱扫描仪的高分辨率成像。

利用 POS 可以大大提高空中三角测量构网精度，大量减少野外控制点测量的工作量，提高航测成图精度。

3）数据传输系统

遥感影像数据传输系统，依托现代通信技术而进步，目前关注点是无损压缩和有损压缩技术的进步。

4）遥感影像数据处理系统

遥感影像数据处理技术的进步，主要表现在定标校正、自动识别、三维测量、信息提取以及海量数据的存储管理服务等方面。

遥感影像的三维测量已经实现了全自动化。从空中三角测量，到数字高程模型，数字正射影像的全过程几乎都利用计算机视觉方法替代人的手眼操作，实现了全数字的自动化。

遥感影像识别目前还只能实现人机交互操作，但是，面向专业目标的应用则进展很好，如粮食估产系统等。

遥感系统的进展除了表现在上述的技术进步，还表现在应用服务的扩展和效益的提高。以世界范围看，遥感的应用服务大体可分为军事应用、公益应用和商业应用三个层次。军事应用的特点是采用高新技术，发展速度快；社会公益应用的特点是政府重视，投资有保证，能实现全国土覆盖。商业应用的特点是面向工农业生产，深入经济建设、社会发展和民众生活的广阔领域，因而有大量企业参与，向着产业化目标发展，有广阔发展前景。

3. 无线传感器网络进展

1）无线传感器网络技术

无线传感器网络技术指的是将传感器技术，小型计算机技术，无线通信技术，卫星定位技术，自动控制技术，数据网络传输、储存、处理与分析技术集成的现代信息科学技术，具有数据获取、分析、运算、存储和传输等功能。它的传感器一般与小型计算机和无线发送装置于一体，称作网络传感器节点。每个节点一般置于观测对象的附近，或与观测对象直接接触，甚至埋于感兴趣的观测对象当中，可以获得关于观测对象的图像、声音、气味、震动等物理、化学、生物学特性。人们可以通过手机、因特网等无线通信技术控制传感器开启或关闭，获得各种数据，对所获数据进行显示、储存或分析，并通过网络传输到数据收集中心。

无线传感器网络从技术层面和传统遥感有很多相似的地方，它能够使用更多的传感器，有更灵活的传感器搭载平台（人、动物、植物、建筑、车辆、机器、地面或空中），可以更容易地进行数据校正和简单的数据处理。地面传感器网络节点原始数据可以辅助遥感数据校正和信息提取，经过处理分析的地面网络节点数据可以支持遥感应用，反之亦然。

无线传感器网络技术的发展及其广泛应用前景主要归因于传感器技术的小型化、智能化、廉价性和数据无线传输的可能性。传感器是实现自动检测和自动控制的首要环节。常用的传感器有两种分类方法，一种是按被测物理量来分，另一种是按传感器工作原理来分。

2）无线传感器网络技术发展现状

无线传感器网络作为"地球观测系统"的一个近地的组成部分，近来得到了公认。在遥感领域里，国际上已经把无线传感器网络技术视为未来一个非常重要的领域，一些主要从事地球信息科学的著名单位，如美国地质调查局（USGS）、美国国家研究委员会（NRC）、美国地球空间情报局（NGA）等都把"无线传感器网络"与卫星遥感并列为 2006 年以后的重点十年研究计划，并把它作为 EOS、IEOS 和 GEOSS 计划的补充，被视为地球空间信息科学领域的重要组成部分。它们将无线传感器网络技术列为重要使用的三大技术之一。

在我国《国家中长期科学和科技发展规划纲要》中列出的 11 个重点领域 63 项优先发展的主题中 20 项适合应用遥感技术，但是有 43 项适合应用无线传感器网络技术，而这 43 项中有 37 项具有位置特征的需要采用无线传感器网络技术。

目前，一些发达国家运用近地面无线传感器网络的许多智能化微型节点，能够在较大区域范围或区域内完成多种信息获取任务，节省大量人力物力，尤其对于那些环境条件恶劣地区，是唯一的数据获取方法。

美国自然科学基金会正在规划建 20 个左右的生态监测网站，整个投资的力度在 3 亿美元左右。美国军方专门成立地空间情报局收集分析全球的地空间信息。其主要任务之一是传感器瞬时集成和虚拟现实技术。

3）无线传感器网络技术在环境地理学应用中的特点及基本问题

无线传感器网络技术的特点之一拥有为数较多的传感器，可以自动构成网络传感器组合，通过协同工作完成对较大面积区域的多种信息获取任务。在信息提取方面，无线传感器网络技术主要是直接测量对象的各种特性，如温度、湿度、风速、风向、气体化学成分、某些生态成分等。但是遥感一般无法直接获得这些信息，无线传感器网络技术能够做到实时数据传输、显示和基本分析。有了实时数据就能实现与其他来源或其他无线传感器数据的瞬时集成。

无线传感器网络的特色是能够连续获取点数据，可以说无线传感器网络是比遥感大得多的一个领域。将传感器网络数据瞬时集成，实时显示并充分应用将对国防、国家安全、紧急事件处理有非常重大的意义。无线传感器网络技术不管白天黑夜都能提供数据，能极大地丰富传统地理信息系统中的数据。

无线传感器网络技术有很广泛的应用需求，因此它有强大的生命力。对于环境应用来说，有以下基本问题：①哪些环境要素是可测的？②如何按照环境监测需求制作和筛选相应的传感器？③如何在空间布设无线传感器节点？④如何传送、存储、表达所测得的数据？⑤如何从所测得的数据中提取有关信息？⑥如何运用提取信息解决环境科学问题、地学问题，然后为决策者提供决策支持？

所有与地球有关的数据和与环境有关的数据都能连接在一起，而要联网需要我们解决一些问题。首先就应有一个标准，然后就要有一个数据交换协议，再然后就是多部门的数据联网和部门协作的问题。

4）无线传感器网络技术环境监测应用

近 10 年来由于技术出现了大的飞跃，无线传感器网络技术日益成熟，已经成为近地面自动监测的组成部分，加上无线传感器网络具有成本低、精度高、可靠性强、自组织和容错性等特点受到了广大的关注。

目前已经成熟的技术有 Smart Sensor Web 无线精准传感器网络无人地面传感器群，传感器组网系统和网状传感器系统（CEC）等。一个典型的无线传感器网络，通常由环境监测节点、基站、通信系统互联网，精准传感器及监控软件系统等组成。不同的应用目的，采用不同的组合。它在很多领域得到了很好的应用，已经形成了环境监测传感器网络，用于生态环境监测、极地冰雪环境监测和低成本传感器联网监测污染等；农业监测传感器网络，用于低成本土壤养分，水分和精准农业等；海洋有线传感器网络，用于气候、生物、海洋物理、海洋化学、海洋污染等多种海洋环境要素进行监测；空间探索传感器网络，借助于航天器布撒的传感器节点实现对星球表面大范围、长时间、近距离的监测和探索，是一种经济可行的方案；地震传感器网络，用于断层地震自动监测；建筑领域传感器监测，同于监测桥梁、高架桥、高速公路等道路环境，用于海洋平台和其他土木工程结构健康监测，珍贵的古老建筑保护等；智能家居传感器网络，建立基于无线传感器网络的智能楼宇系统，基于无线传感器网络的无线水表系统等；医疗监护传感器网络，用于监测人体生理数据，老年人健康状况，医疗药品管理，进行人体行为模式监测，实现远程医疗监测等；工业领域传感器网络，用于工业安全，先进制造，交通控制管理，安防系统，仓储物流管理等；军事领域传感器网络，利用无线传感器网络能够实现对敌我军情监测，敌军兵力和装备的监控、战场的实时监控，目标的定位，战场评估，核攻击和生物化学攻击的监测和搜索等功能。

二、全球定位、导航卫星系统

1. GPS

美国于 1990 年启动，共有 36 颗在轨卫星组成，军民两用，2005 年 Block-HR-M 卫星入轨后采用了第二民用导航定位信号，2010 年由发射了 Block-HF 卫星，增设第三导航定位信号（1.5），形成了三个 GPS 信号（1.1，1.2，1.5）、包括了 12 颗卫星 GPS-111A，8 颗 GPS-111B 和 16 颗 GPS-111C 卫星，分为椭圆轨道（HEO）和地球静止轨道（GEO）。定位精度军用可达厘米级，民用可达米级。俄罗斯于 2003 年启动，共由 26 颗在轨卫星组成，其中 20 颗在工作、4 颗在维护、2 颗备用，共有三个导航信号，采用两个码分多址（COMA）信号和二进制编制载波（BOC）调制方法，定位精度可达米级。

2. Calilico

欧盟于 2002 年启动，由 30 颗卫星组成，分布在三个轨道上，有 6 种导航定位信号：LIF，1.IP，E6C，E6P，ESA 和 ESB。其功能分为公开、安全、商务和管制等四种服务模式。公开服务（OS），为全球提供免费定位，导航，定时服务，其精度可优于米级。安全服务（SOL）为航空，航海和交通安全服务。管制服务（PRS）为欧盟内部的国家安全服务。

3. Compass/CNSS Compass Navigation Satellite System

我国于 2004 年启动，计划由 33 颗卫星组成。2003 年试运行，具有定位，通信和授时三大功能。一次双向通信能传送 100 多个汉字信息。目前在轨运行的有 12 颗卫星，包括 5 颗地球静止轨道卫星（GEO），4 颗中轨卫星（MEO）和 3 颗分别处了三个轨道的斜轨卫星（ICSO）。该系统在服务区内的任何时间，任何地点，能精确测定用户所在的点位坐标，并提供双向短文通信和精密按时服务。导航定位精度为 ±20cm/s，授时精度为 ±50/ns 和一次传送 40～1203 汉字双向短文服务。计划在 2020 年建成，由 5 颗静止轨道卫星，30 颗非静止轨道卫星组成，能覆盖全球。

三、地理信息系统（GIS）技术进展

在组件式 GIS、Web GIS 和 Grid GIS 等新技术的推动下，未来的 GIS 需要解决多种异构问题，发展可以适用于任何硬件设备、任何操作系统、任何数据格式、任何数据库、任何开发语言、任何分布式平台、任何网络模式的通用 GIS 软件平台，并且有完善的空间数据共享互操作，灵活高效的二次开发，无缝集成和无限扩展，系统完善等特点。

新一代的 GIS 软件是以空间信息分布式协同计算为基础，以空间信息为服务中心，以面向问题的解决方案为目标，使 GIS 软件成为提供基础性服务和行业应用服务平台。GIS 前沿问题包括：①空间数据库管理系统；②空间数据分析技术；③空间信息可视化与交互技术；④地理信息系统的标准与规范；⑤地理信息系统体系结构等。

1. 数据空间管理系统

空间数据的组织和管理是空间数据库管理的关键之一，"关系型数据库＋空间数据引擎"、"扩展对象关系型数据库"是当前工业界和学术界所采用的两种主流技术。近年来网络 GIS 的发展也推动了影像数据库管理系统网络化产品的发展，提出了基于空间数据库的遥感影像存储方法，从对象-关系型数据库内部扩充地理栅格数据类型和 GeoSQL 函数的存储管理方式是今后发展的趋势。

数据仓库是支持管理决策过程，面向主题、集成，随时间变化但信息相对稳定的数据集合。空间数据仓库是在数据仓库的基础上引入空间维数据，增加对空间数据的存储、管理和分析能力，根据主题从不同的 GIS 应用系统中截取不同时空尺度上的信息，从而为地学研究以及有关环境资源政策的制定提供信息服务。其特点是面向主题、数据集成性、数据持久性和数据时空动态性。空间数据仓库按照功能分为源数据、数据变换工具、空间数据仓库和客户端分析工具。

数据库管理系统是信息系统中负责数据存储与访问的核心部件。系统主要的安全功能体现在以下方面：身份认证、访问控制、数据加密、审计和对其他安全组件（如防火墙等）的支持。现有的数据访问控制技术包括自动访问控制模型，加强访问控制模型。入侵容忍数据库系统的体系结构等。

空间数据模型是数据库管理系统，面向对象实体关系模型是当前 GIS 界空间数据模型发展的趋势与未来的潮流。

1）空间数据分析技术

针对空间数据的几何操作和基于空间位置的分析过程是 GIS 有别于其他信息系统的本质特征，空间数据的几何操作分析效率的高低直接影响到 GIS 整体功能的发挥。广义的空间数据几何操作既包括空间关系的判定过程，也包括在原数据集上经过数字运算产生新的数据集。空间分析的过程一般都需要空间数据几何操作的支持。空间数据几何操作重点包括：①分布式数据处理；②空间数据库事务处理；③时空数据建模技术（包括模拟离散型时空变化到连续型时空变化建设，基于地理特征模型的时空数据建设、时空四维建设，面向时空建模等）；④海量时空数据的高效率组织与存储技术。

三维模型构造与二维分析、网络分析和空间分析构成了基于空间位置的分析体系。近些年来，空间数据挖掘技术迅速发展，已成为一个很有前途的发展领域。

2）空间信息可视化与交互技术

经过十多年的发展，空间认知、空间数据的动态表达、交互式探索分析、数据集成可视化、智能可视化、立体三维可视化、时空可视、模糊空间数据的可视化、网络可视化、KDD 与地理现象可视化集成、虚拟现实等技术内容均成为该领域的研究热点。在三维可视化方面,大量研究集中在三维 GIS 的数据模型和建模方法。随着 IT 技术的不断发展,应用的普及与深化,在下述方向需要开展进一步的研究:自适应空间信息可视化,网上海量空间数据渐进传输与可视化,不确定性地理信息可视化,地学多维信息可视化与分析,VRML 与 X3D 等标准三维网络可视化与虚拟现实等在地学可视化中的应用,地理知识可视化,分布式协同可视化,协同地理环境等。

在空间信息分布式协同交互处理技术方面,目前,协同 GIS 的研究探索工作还处在初级阶段,在第二代互联网的支持下,协同 GIS 必将成为新一代分布式 GIS 软件的研究热点。

世界各国特别是发达国家对地理信息的技术标准研究制订工作非常重视。与地理信息国际标准研制有关的国际组织制订了大量的地理信息系统的标准与规范。目前 ISO/TC211 已完成了近 20 个标准草案,并正在起草 18 个新的地理信息标准。这些标准由三方面组成,即数据标准化(如"空间数据交换标准")、技术标准化(如"GIS 软件互操作标准")和应用标准化(如"GIS 应用户操作标准")。开放地理信息系统联盟(OpenGIS)为进一步地理信息共享的技术进步,联合研究推出地理空间数据互操作规范。这些相关的标准与规范可分为四个层次:第一个层次是数据集的标准,第二个层次是地理数据分发服务的标准,第三层次是空间数据互操作的规范,第四层次是地理空间信息服务(元服务)的标准。

2. 地理信息系统体系结构及其软件

地理信息系统体系结构分为集中式 GIS、模块化 GIS、组件化 GIS、Web GIS、网络化 GIS、时态 GIS 等。集中式 GIS 优点在于其集成了 GIS 的各项功能,形成独立完整的系统;而其缺点在于系统过于复杂、庞大从而导致成本高,也难于与其他应用系统集成。模块化 GIS 具有较大的工程针对性,便于开发和应用,用户可以根据需求选择所需模块。网络组件化 GIS(ComGIS)是 GIS 发展的前沿之一。组件化 GIS(ComGIS)采用了面向对象技术,把 GIS 的各个功能模块划分为几个组件,每个组件完成不同的功能。各个 GIS 组件之间,以及 GIS 组件与其他非 GIS 组件之间,都可以方便地通过可视化软件的开发工具集成起来,形成最终的 GIS 基础平台以及应用系统。GIS 通过 WWW 功能得以扩展,真正成为一种大众使用的工具,是实现分布式管理与共享应用服务目的的重要手段。它将分散建立的空间信息系统有机地互联起来,实现共享与互操作,充分提高空间信息的应用效率。GridGIS 软件的研发,包括适用于地学高性能计算中间件,数据访问和和分析计算的标准接口协议,提高原系统的可用性和可扩展性,属于地球科学高性能计算的共享与互操作的关键问题。空间信息网络就是网络技术中加入对空间维的支持和处理,可以构建于分布式计算的空间信息服务。"网络式"地理信息系统已经成为发展地理信息系统的方向。时空一体化的海量数据管理及相应的时序分析能力是新一代 GIS 软件体系的重要目标之一。当前国际上有关 TGIS 迫切需要解决的主要问题有:表达数据变化的数据模型、时空数据组织与存取方法、时空数据库的版本问题、时空数据库的质量控制、时空数据的可视化问题等。

目前商业地理信息系统软件产品主要的 GIS 软件产品可分为应用组件开发平台、空间信息网络发布平台、嵌入式 GIS、桌面应用程序、空间数据库、行业应用系统这几种主要门类。GIS 软件产品的发展趋势是面向服务，具备高性能分析处理，支持高并发访问能力的，网络计算环境下的软件产品。

第三节　全球无缝覆盖的数据传输技术

一、以定量化为主的数据传输方法

所谓定量化为主的方法，即传统的数据传输方式为主，以信息化方式为辅的方法，实际上什么也离不开信息化。传统输入方式是指不能调方法，台测观测记录现场实测，钻探等采集的数据，图标、曲线、图形、文字及各种实物标本，如植物、动物、土壤、岩石、水体、大气等的数据，采取返回式由人工将其送到数据中心，或应用服务中心。但是有一些台站观测数据，由于台站与主管部门或数据中心已经实现了联网，如气象台站、海洋台站，水文台站、环境监测台站等，都已联网，所以部分数据可以通过网络传输，但还有相当多台站仍采用人工方法传输。

二、以信息化为主的数据传输方法

一些现代化水平比较高的台站已经采用数据实时、准实时的网络传输方法。

信息交换网络技术（ICN）和 3S 技术、网络计算技术共同组成了地球信息科学技术的三大核心技术。信息交换网络技术不仅承担了信息传输任务，而且还是信息获取、信息处理与分析、信息应用之间的必不可少的纽带。它存在于地球空间信息科学技术的各个组成部分之中和之间。

以互联网为基础的广域网与局域网，地下、水下的光缆网，无线微波通信转播站，有线接入、无线接入和移动接入，加上卫星通信，移动卫星和海事卫星等技术组成的协同运作网络，实现了全球时空无缝覆盖的信息交换网络技术（ICN）系统，实现了信息交换网络技术（ICN）的无缝和无处不在的目标。

1. 互联网进展

互联网（Internet）是指全球最大的、开放的、众多网络相互连接而成的计算机网络，或指由多个由计算机网络连接而成的大网络系统。它在功能和逻辑上组成的大型网络，并以 TCP/IP 网络协议连接全球各地区、各城市、各部门、各行业、各个机构的计算机网络与计算机组成的数据通信网，具有开放性、自由性，普及性和集成性的名副其实的共享性，信息通信网络系统，可以分为有线互联网，无线互联网，有线、无线混合互联网等，如果再加上宽带（网络的传输速率）又可分为宽带有线互联网，宽带网有线，无线混合联网。

李国杰院士将互联网的发展分为三个阶段即三次浪潮，第一阶段：互联网（Internet）

第二阶段：万维网（WWW. Web），第三阶段：格网（GGG/Grid）。

第二代互联网，又称下一代互联网。1998 年美国提出了下一代的网络技术和应用程序的研究计划。其目标是：增加互联网的宽带，可靠性、灵活性和安全性，建立一套能在新构架上运行的复杂的分布式的应用程序。

1）泛在网和物联网的进展

泛在网是指"无处不在的网络"，是由"Ubiqitous Network Society"，或"U-战略"的新概念所衍生出来的。U-战略是指以互联网为基础的，无线接入和移动接入融合形成的无处不在，无所不包和无所不能的现代网络，具有"人与人"，人与物，"人与机器"和"机器与机器"之间通信的能力，并导致了"物联网"和"云计算"的出现。由于"物联网"和"云计算"的出现，才能实现无所不包和无所不能的功能。

无线接入技术、移动接入技术与互联网融合结果，实现了人与人之间无所不在的通信，移动电话与 Felica、RFID 和 IPv6 的连接，可以实现"人与物"、"人与机器"和"机器与机器"之间的通信，完成无所不包和无所不能的目标。所谓无线接入技术，移动接入技术，就是与互联网相连的技术。无线接入技术覆盖半径可达 100m，移动接入距离，取决于移动通信基站的分布空间极其分布密度。

目前有线接入技术包括以太网、xdsl 等。无线接入技术作为高速有线接入技术的"由线到面的延伸"，具有可移动性，价格低的优点，是互联网的"功能末梢"。无线接入技术被广泛应用于有线接入需无线延伸的领域。另外无线接入技术，也是蜂窝移动 3G 的补充。蜂窝移动通信的覆盖面很广，但它的传输率不高，无线接入技术与 3G 的结合，两者具有互补性。

2）全球卫星通信发展概述

卫星通信是地球站之间或航天器与地球站之间利益通信卫星转发信号的无限点通信，主要包括纬向固定通信、卫星移动通信、卫星直线广播和卫星中继通信四大领域。前三者是地球站之间利用通信卫星转发器转发信号的无线电通信，后者是航天器与地球站之间利用通信卫星转发器转发信号的无线电通信。

卫星通信是现代通信技术的重要成果，也是航天技术应用的重要领域。它具有覆盖面达、频带宽、容量大、适用于多种业务、性能稳定可靠、机动灵活、不受地理条件限制、成本与通信距离无关等优点。40 多年来，它在国际通信、国内通信、国防通信、移动通信和广播电视等领域得到了广泛应用。

至 2007 年底，地球静止轨道上约有 260 多颗通信、广播卫星以及跟踪和数据中继卫星为全球用户提供固定通信、移动通信、广播电视服务，以及航天器数据中继服务；低轨道上 3 颗大椭圆轨道卫星组成的区域覆盖广播系统为移动用户提供多媒体广播服务。

至 2007 年底，全球商用通信卫星拥有各种用户终端数量据美国 Futron 咨询公司公布的统计数据如下：宽带通信终端为 68.37 万台；移动通信终端为 183.3126 万台；直播电视终端为 10 050.7651 万台；移动音频广播接收终端为 1802.2951 万台；移动电视接收终端为 95 万台。

3）卫星移动通信与海事卫星

国际移动卫星通信系统（Inmarsat）是由国际海事卫星组织管理的全球第一个商用卫星移动通信系统，原来中文名称为"国际海事卫星通信系统"，现在更名为"国际移动卫星通信系统"。在 20 世纪 70 年代末 80 年代初，Inmarsat 租用美国的 Marisat、欧洲的 Mamcs 和国际通信卫星组织的 ntelsat-V 卫星（都是 GEO 卫星），构成了第一代的 Inmarsat 系统，为海洋船只提供全球海事卫星通信服务和必要的海事安全呼救通道。第二代 Inmarsat 的第三颗卫星于 20 世纪 90 年代初布置完毕。

对于早期的第一、二代 Inmarsat 系统，通信只能在船站与岸站之间进行，船站之间的通信应由岸站转接形成"两跳"通信。目前运行的系统是具有点波束的第三代 Inmarsat，船站之间可直接通信，并支持便携电话终端。

2. 卫星移动通信系统的特点

卫星移动通信是利用卫星和地面设备，实现陆、海、空域移动用户之间以及移动用户与地面网之间或专用网之间的通信，具有覆盖区域广、组网灵活、受地形地貌影响小等特点。

GEO 移动通信卫星系统，不论是在政治上、经济上、还是技术上以及社会效益上都极具意义。国际通信需求日益迫切、巨大，安全和经济等因素使我们必须至少保持基本能力。用我国自主研发的 GEO 移动通信卫星系统占领市场，可以打破国外在这一领域对我国的技术垄断和封锁。

静止轨道卫星移动通信中，有全球覆盖的国际海事卫星（Inmarsat）通信系统，区域覆盖的北美移动卫星（MSAT）通信系统、亚洲蜂窝卫星（ACES）通信系统、瑟拉亚（Thuraya）卫星通信系统，国内覆盖的有日本（iq-STAR）通信系统和澳大利亚（OVms）卫星通信系统等。上述系统波束覆盖包含中国的系统为国际海事卫星通信系统，亚洲蜂窝卫星通信系统和瑟拉亚卫星通信系统。

信息通信技术（ICT）系统，也就是计算机网络系统，近年来发展迅速，已步入第三次发展浪潮。互联网为第一次浪潮，万维网为第二次浪潮，格网为第三次浪潮。万维网与格网的区别是：Web 实现了异地、异构数据的共享，Grid 则除了实现异地、异构的数据共享外，还可以实现软件、硬件及在线的传感器及一切相关设备的共享，可以共享一切在线的计算资源，这是一次大的飞跃。从 WebGIS，Websercice 等到 GridGIS，Gridservice 统称为 e-computing 在技术上跨越了一个很大的台阶。

第四节　大数据自组织复杂高性能云计算技术

一、以定量化为主的数据处理方法

它包括运用简单的工具和光学仪器等进行数据整编，放大缩小，投影变换，校正，镶嵌，增强，信息提取等多种处理方法。对一些采集的标本，如土壤、水体、大气等样本进行各种仪器分析，这些都是一些单位尚在用的数据方法。

二、基于计算机网络的高性能计算进展

计算是地球信息科学技术的三大核心技术之一，它不仅解决了信息和信息技术的共享问题，而且还解决了大数据的计算、技术集成、数据融合、建模框架、模拟实验的应用问题。

1. 高性能计算

高性能计算（High Performance Computing）是指通过互联技术如互联网将多台计算机连接在一起组成的计算集成系统，其能综合利用在线的计算能力，并能处理大型计算问题。高性能计算方法的基本原理是将复杂的计算问题分为若干部分，在线的、相连的每台计算机成为节点，均可同时参与计算，从而提高运算速度和效率。高性能计算的出现使这一类应用从昂贵的大型外部计算机系统（硬件）变为采用商用服务器和软件的高性能计算集群，如 Web、Grid、Cloud 计算等。还有人把超大型计算机通过互联网，与分布在不同地点、单位的小型计算机、台式机和服务器相连接，共享超大型计算机的计算能力，即计算集群也归入网络计算。

一般来说，高性能计算具有组件化、网络化、虚拟化和智能化四大特征。组件化又称模块化，它可以根据应用需求，挑选相应的技术，模型和数据组件按一定规则和协议组装而成的，具有特定功能的计算包（快）。网络化是指将按需的有关自检，通过网络作为纽带连接成为能协同动作的技术系统，尤其实现了分布式、异地、异构的数据资源和计算资源的共享。虚拟化是指有关数据库传输网络和计算资源的物理实体可能不再存在，但它功能不仅存在，而且还越来越强，可视化的程度也越来越高。智能化是指通过高性能计算技术，不仅提高自动化的水平，而且还具有"自动调节"、"自动生成"等功能，如智能化地球观测（IEOS）、遭破坏能自行恢复的智能系统如近几年来新兴的"云计算"等。

与地球信息科学技术密切相关的有 Web Computing、Grid Computing、Cloud Computing 和 Wibro/u-Computing 等，实现了数据共享，扩大了计算能力，达到了一切 IT 资源协同运作的可能性。Web Computing 技术具有分布式异地、异构数据共享的能力。Grid Computing 技术除了继承 Web Computing 的功能外，还可以将在线的一切闲置的计算资源，包括硬件、软件数据、模型及传感器等主要的实时共享，大幅度提高了计算能力。Cloud Computing 将高性能计算推上了更高的台阶，它不仅继承了 Grid 的功能而且还能将在线的一切数据资源形成数据池，计算资源集成为计算资源池，传感器资源及一切 IT 资源组成资源池，并按统一规则共同协议统一管理，统一自动分配任务和统一运作。对于 Cloud Computing 来说，一切数据资源、计算资源、传感器资源、总之一切 IT 资源的物理实体可以不必关心，而只要关注所需的功能就可以了，这时，IT 资源全部被虚拟化了。

Wibro/u-Computing 将无线接入和移动接入技术与有线、无线互联网相融合，达到了由原来的点与线的连接扩大为整个面的连接，实现了人与人、人与物、人与机器及机器与机器之间的通信，即物联网的形成，达到了无处不在、无所不包和无所不能的战略目标。虽然目前离这个目标尚有很远的路要走，但从技术上看是有很大的可能性的。

2. 高性能计算服务

高性能计算服务，它是高性能计算的最高目标，主要包括数基于服务的架构（SOA）。面向服务的架构（SOA）是指为了解决互联网（Internet）环境下业务集成问题，需要通过连接才能完成特定任务的独立的功能组件的实体，并能实现一种软件架构，SOA 是一个组件模型。它将应用程序的不同功能（服务）单元通过 SOA 质检的定义良好接口和契约联系起来，接口是采用中立的方式进行定义的，它应独立实现服务的硬件平台、操作系统和编程语言。SOA 采用建模技术和 Web 服务技术，实现了系统之间的松散耦合、整合与协同，人们可以通过组合一个或多个服务来构建应用，不用管该服务来自哪一个平台、使用何种语言。SOA 是一种架构模型，它可以根据需求通过网络对松散耦合的应用组件进行分布式部署、组合使用。服务是 SOA 的基础，可以直接被调用。SOA 的关键是服务，"服务提供者将完成一组工作，为服务使用者交付所需的最终结果"。"SOA 的本质是服务的集合，服务就是精确定义，封装完善"。独立于其他服务所处环境和状态的函数。它可以是简单数据传递，也可以是复杂的两个或多个活动的协调行为，或方法的连接，"SOA 不是一种现成的技术，而是一种架构和组织 IT 基础结构及业务功能的方法。它是一种服务的结合"。

第五节　地球信息多维虚拟可视化技术

地球信息的三维虚拟可视化技术已经广泛应用，动态的三维虚拟技术，即四维虚拟可视化技术正处在初级阶段，但已经有了可喜的进展。动态三维虚拟技术，即四维虚拟技术，不仅具有动态的可视化特征，而且还具有可量测、可计算、可分析与可预测的特征。

有一些地球系统过程的四维虚拟技术系统，如地壳运动，板块构造活动，或地震、火山活动，虽已达到四维可视化水平，但它不具备可测量、可计算、可分析的水平，仍处在"示意性"可视化阶段，即仅仅满足了视觉的观感，有助于很好地理解，但不能作为测量、分析的依据，需要进一步努力。

第六节　地球科学的应用与服务方法

一、以定量为主的地球科学的应用于服务方法

这主要包括国际合作研究和国家级的两种方式，都是以全球变化研究及其对策作为对象，以定量为主的方法主要以合作方式为主，包括：国际地圈-生物圈的合作计划（IGBP）、世界气候变化研究计划（WCRP）、国际环境的人为因素计划（IHPP）、地壳深钻（DIVERSITS）。

二、G³OS/全球综合观测系统

遥感监测、遥测技术、无线传感器网络及台站观测技术，都属于单项地球数据获取技术。而全球综合观测技术，即 G³OS 是将所有地球数据获取技术进行集成的综合技术，主要包括以下几个方面。

1. GCOS 与全球气象综合观测系统

GCOS 与全球气象综合观测系统，包括气象卫星数据，台站观测数据及其他气象统计数据的集成。

2. GOOS 全球海洋综合观测系统

GOOS 全球海洋综合观测系统，包括海洋工业、海洋观测站、浮标站、海洋考察船数据的集成。

3. GTOS 全球陆地综合观测系统

GTOS 全球陆地综合观测系统，包括各种遥感技术系统，如陆地卫星、资源卫星、环境卫星、航空遥感、地表监测台站（生态台站，环境台站，资源专题台站及调查或统计数据在内的）综合集成。

三、地球系统数据网站进展

地球数据空间网站，由于它无偿提供几乎覆盖全球的各种空间分辨率的一些城市，甚至可达 1m 的遥感数据，基础地理数据和应用软件，实现全球数据共享，并使得"数字地球"的战略目标成为可能，成为近 10 年来地球信息科学技术的最引人注目的新亮点。它无偿提供陆地（地表和地上）大气层（100km 高度），海洋空间、空间（月球、火星等）的三维特征数据和地球夜间光亮的数据，为全球环境、资源、经济和社会变化监测夜间应用创造了条件，现在简介如下。

1. 陆地空间数据网站

1）地面数据

这主要有 Google 公司的 Google Earth，Microsoft 公司的 MSN Virtual Earth，ESRI 的 Arc GIS Explorer，Skyline，Leica 公司的 Leica Virtual Explorer V3.0 等遥感及基础地理数据网站。北京居民只要有带网卡的笔记本电脑（PC），就可以通过空间分辨率为 1m 甚至 0.6m 的卫星遥感影像，方便查阅"五环路的出口"和"皇府饭店的位置"，甚至比城市地图还要方便。

2）地下数据

Glass Earth Australia 是由政府和公司联合开发的全澳大利亚地表地下 1km 深度的

三维地质岩性、构造和物探、钻探立体化数据，并能和化探数据、高光谱遥感数据协同分析地下矿床的分布和储量的估算。

2. 大气空间数据网站

NASA 的 World Wind 空间数据网站除了无偿提供 Landsat-7 的数据，美国本土±0.6M快鸟卫星数据外，还主要提供 100km 高度的大气成分、气溶胶、温度、适度及 CO_2 气体的三维立体分布状况，为全球大气研究创造了有利条件。

3. 海洋空间数据网站

Blue Link Australia 空间数据网站无偿提供了附近海域的可视海洋空间数据，三维空间和四维时间的数据是由澳大利亚政府与气象局、海洋及海军等部门协同完成的。它包括海洋表面和海面以下不同深度的地形高度变化，温度、盐度及浮游生物/初级生产力的空间分布数据，同时还有洋流、涡流、水团等的四维数据，即三维立体数据和四维随时间变化的动态数据等。Google Earth 也提供海洋深部的数据。

4. 全球夜光光亮数据网站

全球夜光光亮数据是由美国国防部（DoD）气象卫星计划（DMSP）手机，目前有 4 颗正在运行之中，2006 年又发射了 DMSPF-17 号新的卫星，携带了 7 种传感器，带有实用的线性扫描系统，包括可见光与红外探测系统，可以在微弱的光线下工作，和获得红外影像，地面分辨率为 2.7km，红外的量化级别为 8 级。现在从 NOAA 与 NASA 网站上，都无偿提供 1992～2002 年的全球夜间光亮影像数据。光亮影像的大小与实物大小相比，具有明显的误差，显然扩大了很多。从夜间光亮的影像上可以看到：

（1）全球中等以上的城市。尤其是城市化密集带的空间分布及其规模大小清晰可见，如将 1992 年的影像与 2002 年对比，可以看到它们的发展状况。

（2）全球的一些主要交通干线也可以清晰可见。从中可以看到交通的繁忙程度和沿线的密集的居民点的分布状况等，如果将 1992 年和 2002 年的影像相比，可以推测地区的经济状况变化。

（3）一些大型工程的建设状况，不仅可以分辨出它们的空间分布、规模大小甚至是什么性质的工程，如露天采矿，水电站建设等，如果将 1992 年与 2002 年的影像进行对比还可以知道它们是从何时开始及建设的进度如何。

（4）全球的油气田的分布及开采状况，更是清晰可见，如欧洲的北海油气田、中东阿拉伯的油气田、俄罗斯的丘明油气田、西伯利亚油气田、中国的大庆油田等。对任丘油田、黄河口的胜利油田、黄海的春晓油田等，不仅可以分析它们的空间位置分布，而且还可以分析它们的规模大小及变化状况。如将 1992～2002 年的影像相比，可以发现俄罗斯的丘明油气田的开发过程，中国渤海油田的规模变化等都清晰可见，火光也可以清晰可见。

（5）大型渔场及炼焦场地的灯光，火光也可以清晰可见。

（6）森林与草场火灾，火山喷发等，都可以进行监测。

总之，全球夜间光亮数据网站具有明显的直接的经济社会分析意义，是其他数据网站的补充。

5. 外层空间数据网站

Google 公司的 Google Sky，提供地球外的月球火星等三维数据及其他数据。空间数据网站能提供的数据主要是关于月球与火星的数据，其他行星的数据则相对较少。

6. 全新的 8 个地球信息网站平台

具有多角度变化、综合化、立体化，有的还具有无偿共享的特征，包括各种影像的应用软件和地图数据、地理数据在内，主要平台或网站包括：

（1）Google 公司的 Google Earth、Google Sky、Mars 和 Moon，而且还发射了自己的卫星，分辨率为 0.5m（Worldview）；

（2）Microsoft 公司的 Virtual Earth；

（3）NASA 的 World Wind；

（4）Skyline 公司的 Skyline Globe；

（5）Leica 公司的 Virtual Explorer（虚拟全球观测）；

（6）ESRI 公司的 ArcGIS Explorer（地理信息系统全球观测）；

（7）澳大利亚公司的 Glass Earth，Blue Link；

（8）法国的 Geoportail。

7. 网站平台具有层次性、立体化的特征

（1）空间层：Google Sky 平台，将宇宙星系的空间分布进行立体表达，还有 Google Mars，Moondeng。

（2）大气层：World Wind 平台，将大气层顶的辐射、反射、温度、湿度、气溶胶等三维表达。

（3）地表层：大部分平台具有全球覆盖的、多尺度的、多波段的、综合的影像和地图、地理数据。

（4）地下层：Glass Earth 平台，将地表以下 1km 深度的岩性、底层、构造进行立体表达，通过高光谱矿物制图与找矿。

（5）水下层：Blue Link 平台将海洋、水体的温度、盐度、泥沙、洋流及初级生产力进行三维表达。

8. 主要国家地球观测系统进展

对地观测技术的发展改变了人类对地球系统的认知，以及获取地球系统数据的方式，并为大气、陆地、海洋领域的科学研究提供了稳定、连续的科学数据，从而对科学创新起到基础性支撑作用。从 1957 年人类开展空间探测以来，美国的气象卫星（NOAA）、陆地卫星（LANDSAT）、法国的 SPOT 卫星和加拿大的雷达卫星（RADARSAT）等系列

所获得的数据，占了对地观测卫星数据的 70%～80%。当前对地观测数据的空间分辨率正以每十年一个数量级的速度在提高，提供高分辨率信息已成为 21 世纪前 10 年新一代遥感卫星的基本法则方向，对同一地面目标进行重复观测的时间间隔日益缩短，如中空间分辨率遥感卫星的重测周期已小于 1 天，光谱分辨率也已从 20 世纪 70 年代的 50～100μm 发展到目前的 5～10nm。遥感已具备了探查地表物体的性质以及全天候对地观测能力。地球观测卫星及有关的科学研究使科学家们能够将地球看作一个系统，一个处于陆地表面，大气、海洋、冰盖及地球内部相互作用的动态系统，这一深刻的认识导致了一个新的跨学科领域——地球系统科学的诞生。其研究方法的关键是认识全球气候对地球作用力的影响，并将这种响应反作用于地球。人类有关地球科学的知识可以在许多方面得到实际应用，如改进自然灾害的预警等。20 世纪 90 年代重大自然灾害发生的频率为 60 年代的 3 倍，而灾害的损失则达到 60 年代的 9 倍之多，随着人口密度和财产经济价值的增长，区域自然环境日益脆弱，自然灾害的风险性及其所造成的损失在不断增加，为提高人类对地球系统的科学认识，改进现在和将来对气候、大气和自然灾害的预报和预测，必须观测、认识并模拟地球系统，以便知道地球是如何变化的，这些变化对地球上的生物有什么影响。

与此同时，国际上对地观测活动的联合与协调也逐渐加强，使全球对地观测活动走向更广泛和更有效的国际合作。这样，不仅使人类对地球系统可进行更完全、更综合的认识，而且还扩展了全球范围的观测、监测和预警能力，使全人类能更有效地应对全球变化，保护并改善人类的生存环境。

为此，NASA 在有关进展报告中详细地介绍了国际卫星对地观测委员会（CEOS）、一体化全球观测战略（IGOS）、全球综合地球观测系统（GEOSS）、全球气候观测系统（GCOS）、全球海洋观测系统（GOOS）、全球陆地观测系统（EOS）、全球环境监测系统（GEMS）的目的任务、组织机构、发展规划、相应成果、成长历史及当前的活动情况。

此外它还介绍了实施定点观测的生态系统，如国际长期生态研究网络（ILTER），全球 CO_2 通量网（FLUXNET），美国国家生态监测网络（NEOW）。

还有地球系统科学数据共享平台：包括世界数据中心（WDC），国际科技数据委员会（CODATA），同时也介绍了美国的地球系统科学数据共享。

9. 国际计划

目前主要的国际计划有：①IGPB 计划；②WERP 计划；③IHPP 计划；④DIVERSITS 计划。

10. 国家级计划

地球环境变化研究与模拟实验计划。

1）研究计划

在以研究全球变化为目标的"国际地圈-生物圈计划"（IGBP）和"世界气候研究计划"（WCRP）等的基础上，运用地球信息科学技术开展了以下研究任务：①NASA的"地球科学事业战略"（ESE）计划；②ESA的"全球环境与安全监测"（GMES）计划；③NERC（英国自然环境委员会）的"量化并理解地球"（QUEST）计划；④DCESS（丹麦地球系统科学中心）的"2002-2007年研究计划"。

2）模拟实验计划

除了美国的"虚拟实验室项目"（VLP）、"天体物理方针合作实验室"（ASC）以外，最著名的包括：①NASA戈达德的"地球模拟系统"（ESS）计划；②JAXA（NASDA）的日本全球变化前沿研究中心（FRCGC）的"实现全球变化预报"（TPGCC）计划和"地球模拟器中心"（ESSC）的"地球模拟器计划"；③地球系统模拟集成框架（ESMF）是地球系统模拟和地球模拟器的技术基础。它们都是建立在很多模型及其集成运算的基础上的，其核心技术是将模型进行筛选和集成建模。ESMF是一种综合的、多组件的、开放性的计算机建模的软件系统。

3）宏观经济模拟实验

经济模拟是公认的难点。随着科学技术的进步，宏观经济模型日益成熟，一个地区，一个国家，一个省区，一个城市的宏观经济的模拟实验成为可能。近年来经济模型的空间化有了一定的进步，不仅提高了宏观经济模拟的科学水平，而且在实用性和应用性效果方面都有很大的提高。

根据美国信息技术与创新基金会、国际商用机器公司（LBM）、思科系统公司、eBay公司和多家基金会研究，信息技术在经济发展中的作用，为投资的3～5倍。

4）宏观经济模拟器

其全名为"国家宏观经济政策模拟器"，是宏观经济模拟型与计算机软件的集成系统，在国际上有了很大的进展。从应用效果看，据说国外效果很好，而中国效果不佳，可能是由于数据不可信所造成的。①定义：宏观经济模拟器，它是信息技术在一个国家，一个地区和一个城市的宏观经济增长核算，统计分析及政策制定的技术支持系统。②内容：它是一种大型的、由宏观经济数据分模型及其计算机软件组成的，并为制订宏观经济政策服务的计算机技术支持系统。其目的是评估经济运行现状，寻求适当的经济对策去响应未来的经济发展和发现经济面临的冲击和风险，并制定对策与政策。③现状：在1997年发生的东南亚经济危机的促使下，一些发达国家认识到了预测经济危机和寻找对策的重要性，于是"经济政策模拟器"应运而生。美国开发了"世界动态经济均衡模型"（AMIGA），澳大利亚开发了"Murphy Model"，加拿大开发了"The Social Policy Simulation Databaseand Model"（SPSD/M），美国华盛顿大学开发了"Urban Simulator"原型系统等。中国则启动较晚，国家发展和改革委员会宏观经济研究院、国家统计局、中国科学院等单位都曾进行过实验，但应用效果不佳，主要原因据说是数据不足，而且不可信。

5）基于空间信息技术的宏观经济模拟器

（1）内容。它与上述宏观经济模拟器的区别是：除了经济数据、经济分析模型及其计算机软件系统外，增加了运用空间信息技术，如 Arc GIS 等进行空间分析，取得了一定的效果，但多数仍停留在"经济地图"的水平上，没有能发挥空间分析应有的作用。

（2）现状。美国开发了侧重在"资源、环境与宏观经济发展之间的管理政策模拟器"（Landscape Management Policy Simulator）和"Urban Simulator"等。中国启动较晚，存在较大的差距，只有中国科学院科技政策与管理科学研究所正在启动这方面的研究。

总之，地球信息科学技术，从 e-战略到 u-战略的转变，或从信息化向智能化方向的转变，从 e-computing 到 u-computing 的转变，从大气环境变化模拟到宏观经济模拟是一次大的飞跃，又上了一个新的台阶。

第十三章　地球观测技术

第一节　地球观测系统（EOS）

一、行星地球使命与新千年计划

　　行星地球使命（MTPE）是由 NASA 于 20 世纪 80 年代提出来的，到了 90 年代改为新千年计划（NMP），两者同物异名。为了全面认识人类赖以生存的地球，美国联合欧洲和日本等于 90 年代初开始实施庞大的"行星地球使命"（Mission to Planet Earth，MTPE）计划。该计划旨在通过发射多颗卫星，组成严密的全球对地观测网，对地球环境进行长期而全面的观测，摸清其变化规律，以便有的放矢地从根本上解决环境问题。这是人类首次把地球作为一个复杂的系统进行全面测量，其核心便是建造 EOS 系统。该系统以整个地球为对象，对陆地、海洋、大气层、冰以及生物之间的相互作用进行系统性的综合观测。此项计划旨在更好地了解我们的地球，为有效而合理地利用、保护和管理人类的环境和自然资源提供重要依据。

　　美国除陆地卫星外，正在实施大规模行星地球使命（MTPE）计划。按计划，第一阶段研制名为地球观测系统（EOS）的 6 颗卫星，即上午卫星（AM）、下午卫星（PM）、水色卫星（COLOR）、气溶胶卫星（AERO）、测高卫星（ALT）和化学卫星（CHEM）。这些卫星将与欧洲、日本的多颗卫星协调组网观测。MTPE 第二阶段计划研制 5 颗静止轨道卫星，以实现综合观测。

　　观测和研究人类赖以生存的地球是美国空间计划的一个重要部分。NASA 于 20 世纪 80 年代发起了名为行星地球使命（MTPE）的对地观测计划，制订了空间对地观测长远发展目标，目前正在建立对地观测计划中的核心部分——对地观测系统（EOS）。EOS 由全球的几十颗对地观测卫星组成，包括美国和其他国家的卫星。地球被作为一个完整的系统来进行过程和研究——地球系统科学，其中又分五个领域：陆地覆盖变化和全球生产力、季节性和年性气候预报、自然灾害、长期气候变化、大气臭氧。

　　2010 年前，将通过观测来研究整个地球系统的特性，致力于大气、陆地、海洋、低温圈、太阳辐射等方面的 24 个全球环境变量的测量和分析。其具体研究对象包括臭氧和其他痕量化学物质、极地冰、海流、海色、海温、海平面、热带降雨与能量循环、陆地覆盖与土地利用、云雾与辐射平衡等。这些观测和遥感将通过具有更高空间分辨率和频谱分辨率的传感器来进行，还将通过对厄尔尼诺现象、全球植被和森林退化率、全球淡水循环量化特征等研究来了解地球系统的变化。2010 年后，将建成国际性的全球观测与信息系统，形成国际性的能力来预报和评估地球系统的"健康"状况：监测全球大气、海洋、冰盖和陆地，准确评估海平面的升高，使气候变化特征化，应用全球气候模型进行以 10 年为一周期的预报，集成化、区域性地评估土地和水资源极其利用。

"行星地球使命"（MTPE）包括了以下几个方面。

二、MTPE 与 NMP-EOS 总体计划

1983 年美国国家航空航天局（NASA）就今后 10～20 年的地球科学目标和相应的空间对地观测需求进行了分析论证，指出目前的对地观测卫星不能提供大容量、高精度和多学科综合观测结果，明确提出以地球系统科学作为今后 20 年内的重大科学目标，发展极轨平台作为用于这一科学研究的最重要的地球观测系统（EOS）。

美国提出 EOS 计划之后，得到欧洲空间局（ESA）、日本空间发展局（NASDA）和加拿大政府的支持。它们把参加 EOS 计划作为自身空间科学和应用计划的一部分而协商发展。我国在 2004 年 11 月 16 日举行的国际卫星对地观测委员会第 18 届全会上宣布，加入全球对地观测系统，并将在 2020 年前发射 100 多颗卫星，我国加入该系统，意味着中国已经进入对地观测国际合作的大格局中。

1. EOS 计划的目标和任务

地球系统科学的目标实际上也是 EOS 计划的目标，主要是科学认识全球尺度范围内整个地球系统及其组成部分和它们之间的相互作用及其作用机理等，进而预测未来 10～100 年地球系统的变化及其对人类的影响。地球系统由两个相互作用的部分组成，即物理气候系统和生物地球化学圈。前者指大气和海洋之间的相互作用过程，它控制着地球表面温度和降水分布；后者指自然界中各种元素（如氢、氧、碳和氮等）的运动、分散、密集的规律及在生物物体内物质的转移和代谢规律。这些规律都是通过地球系统实现的，也是地球生物化学系统与物理气候系统作用的结果。

为了获得地球系统的定量变化值，至少需要 15 年系统连续的观测资料。为了实现这一目标，EOS 计划由以下三部分组成。

1）EOS 科学研究计划

科学研究是 EOS 计划的基础，它以美国 NASA 和其他研究机构及其国际合作伙伴的地球科学研究工作为基础，也需要适当进行补充。例如，在美国，通过 GCRP（全球气候研究计划）和 IGBP（国际地圈-生物圈计划），以及 WCRP（世界气候研究计划）的密切配合进行研究。现阶段主要研究任务是：现有卫星资料的研究应用，EOS 资料应用的预告研究，发展对现有的和将来的观测资料进行通话分析或判释的示指模式。已取得的研究结果正在推动着 EOS 计划的其他两部分工作。

2）EOS 资料和信息系统（EOSDIS）

EOSDIS 的设计宗旨是：有利于 EOS 研究机构对 EOS 资料的充分利用，向用户长期提供可信度高的观测资料，系统具有能与轨道上的平均数据速率相适应的能力。在资料处理方面，要求一级产品与 48h 内完成，二级和三级产品于 96h 内完成。在历时 15 年的 EOS 任务期间，EOSDIS 具有数据回放、算法更新、产品分发和存档的能力，具

有先进的网络设施，友好的用户界面，对地观测平台有指控能力。

EOSDIS 的建立，采用分阶段，逐步完善的方式。从 1991 年开始，首先使分散在各地的地球科学和应用资料系统能正常工作，其次是加强对计算设施方面的投资，逐步使众多单一的 EOS 平台发射测试。EOS 平台发射后，EOSDIS 将在使用中扩充功能，在数据系统方面更具先进性。

3）EOS 观测平台

EOS 观测平台（实际是 EOS 平台上的仪器仓库）与 EOSDIS 同步发展，从地球系统科学目标出发，要求 EOS 对地球同一地区做一天 4 次的观测。为了对热带地区加密观测，有些仪器要放到低倾角轨道卫星上。EOS 平台按 5 年寿命设计，为了完成 15 年的 EOS 计划，需要三组 6 个平台组成，其中包括 5 颗卫星（NASA 两个，ESA 两个，日本一个）和一个载人太空站。

1991 年 2 月 NASA 的第一个平台拟装载的观测仪器已选定，有 14 种之多。EOS 观测平台可以提供以下环境变量：①云特性；②地球和空间之间的能量交换；③表面温度；④大气结构、成分和大气的动力，风、雷电和降水；⑤雪的增厚和消融；⑥陆地和表层水中的生物活动；⑦海洋环流；⑧地球表面和大气之间的能量、动量和气体的交换；⑨海水的结构和运动，冰川的发展、融化和速度；⑩裸土和岩石的无机物成分；⑪地质断层周围受力和表面高度的变化；⑫太阳辐射和能量粒子对地球的输入。

2. EOS 资料的使用政策

EOS 系统观测平台拟装载研究型和业务型仪器。对于研究型仪器，参加过的研究者使用 EOS 资料要付资料拷贝的成本费，其他国家的用户可以通过缔结研究合同的方式，仿效前者只付资料成本费，使用 EOS 成果（含产品和算法等）也可仿效上述做法。20 世纪 90 年代末或 21 世纪初，ESA 极轨平台将代替 NOAA 业务系统系列极轨卫星的上午轨道，除提供地球系统科学研究用的环境资料外，还将实时提供气象和海洋环境等方面的资料，业务型仪器资料处理，存档和产品分发仍由美国国家环境卫星资料和情报局（NESDIS）负责。

EOS 计划具有以下主要特点：

（1）EOS 计划是一个史无前例的规模巨大的国际综合性空间计划。其核心是把地球看作为一个复杂的集合体，从地圈、大气圈、水圈、冰雪圈等多学科领域收集资料，研究和解决地球系统科学问题。因此，EOS 有别于目前的执行单一任务的卫星遥感系统。

（2）EOS 计划是世界各国科学家集体智慧的结晶。计划的提出和实施过程都以科技研究为先导。例如，为了确保 EOS 计划的顺利进行，成立了世界著名科学家组成的 EOS 调研工作组（EOSIWG）和 14 个专家组（含大气、海洋、地球生物化学循环、定标和检验、物理气候和水文学等）。工作组的主要任务是确定研究课题，研究仪器性能，选择上星仪器，EOS 资料的判释和数值模式研究等。

（3）EOS 是空间、遥感、电子和计算机等世界领先技术的最高水平的集中体现。EOS 平台将安装 10 余种高精尖的多波段高光谱分辨率、高灵敏度的仪器。仪器频率覆盖宽，同时具有多视角对极化遥感能力。主动微波成像仪也将搬上极轨平台。预计这一新空间计划的实施将会给天气预报、气候预测以及全球生态变化监测地学和环境科学领域等一系列重大科学问题带来突破性的进展。

3. EOS 的技术系统

EOS 是地理空间信息技术（Geo-spatial Information Technology，GIT）的重要组成部分。它的作用是提供以及地球系统各圈层及其相互作用的最新数据，促进地球科学及信息化的发展。EOS 能带动 geo-information 和有关技术的发展。EOS 包括的卫星除了 NOAA 的 AVHRR、ETM、SPOT、SAR 等遥感卫星外，还包括 Terra、Aqua 和 Aura 及其装载的 MODIS、AIRS、AMSU、AMSR-EOMI 等遥感仪器。EOS 的预备计划（SPP）的极轨环境卫星 NPOESS 系统的 4 个重要传感器：可见光红外成像辐射组件（VIRS），航线交叉红外探测仪器（CrIS），先进技术微波探测器（ATMS），以及臭氧成图和廓线仪器装置（OMPS）等，可用于研究气候环境变化和天气变化。

1999 年 12 月发射的综合轨道平台 TERRA（AM-1）和 AQUP（PM-1）是计划中的两个。它是装有多种观测仪器的平台，包括"云"和"地球辐射探测系统"（CERES）将平流层污染检测器（MOPITT），多角度成像光谱辐射计（MISK），中分辨率成像光谱仪（MODIS）和星载热发射和反射辐射计（ASTER）集成了成像和非成像方式的对地观测技术，是大型的综合平台。

欧洲空间局（ESA）计划于近期发射的环境卫星（ENVISAT）是 EOS 的组成部分之一，ENVISAT 是一类似于大型卡车的庞大平台，重达 8200kg，载有 10 种对地观测仪器，波长在 $0.2\mu m$ 至 10cm 连续范围之内。EOS 每天收集和处理的数据可达 2500GB，ENVISAT 每天的数据量可以充满 500 台微机的全部硬盘。

1）先进的对地观测平台系统

（1）先进的卫星对地观测系统。它包括大型的综合卫星平台与小卫星星座。

（2）平流层亚轨道平台系统。遥感研发、通信兼容，飞艇式平流层可控和定位的太阳能驱动平台系统。

（3）先进的航空对地观测系统。研发和装备集合低、中、高空飞行作业的先进的航空遥感平台。它包括：①EOS（Earth Observing System）；②IEOS［Future Intelligent Earth Observing System（satellites），未来智能地球观测系统（卫星）］；③GEO（Group On Earth Observation，对地观测工作组）；④IEOS（Integrated Earth Observation System，集成的地球观测系统）。

2）遥感有效载荷系统

（1）发展集高空分辨率、高光谱分辨率、高时间分辨率（三高）于一体的光学遥感系统。

（2）研制多频段、多分辨率、多极化、多测绘模式、干涉雷达（InSAR）对地观测和测绘系统。

（3）研发对地面、大气、海洋某些物质成分和污染物等具有定性、定量和鉴定作用的新型对地观测遥感系统。

（4）研究发展地球磁场、重力场和电场等地球物理参数的观测系统。

3）地面数据保障服务系统

（1）在有效整合现有遥感卫星地面系统的基础上，建立多卫星平台对地观测数据接收，海量数据的集成，高速处理、储存、查询、分发和服务的保障体系；

（2）促进数据的广泛应用与共享，发挥其在经济社会可持续发展中的应用。

4）对地观测定量化技术支撑系统

这包括对地观测、监测、验证、定标、定量、真实性检验等在内的地面支撑体系，以保证数据的标准与定量化。

5）关键技术

（1）高稳定度的大型的综合卫星平台技术；

（2）多卫星组网的星座型虚拟平台技术；

（3）平流层可控和定点平台集体、太阳生材料及蓄能技术；

（4）集"三高"于一体的光学遥感器以及多模态合成孔径雷达技术；

（5）海陆（TB级）、高速、（GBs级）数据接收，传输和处理技术；

（6）国家资源、环境综合预警技术；

（7）突发事件的快速反应技术；

（8）对地观测的定量化技术。

6）加强空间信息获取能力建设

（1）小卫星系统的持续发展，开发目前研发的"高性能微小卫星"系统的运行和应用于后续卫星的构想、设计、研制；

（2）重视航空遥感系统的发展、运行和产业化；

（3）重视"三高"、"全天候"遥感能力建设。

7）加强空间信息应用体系与应用能力建设

（1）建立国家级的应用系统；

（2）建立国家级的空间数据中心，如同 EROS Data Center。

NASA 的 EOS-AMI 计划表明，它的数据量将是非常庞大的，即使是采用分布式数据库的方式，也将是一个难题。如果采用 IKONOS 的 1m 分辨率影像覆盖全中国的话，它的一次的数据量达 53TB 级。NASA 和 NOAA 已着手建立用原型并行机管理的、可存储 1800TM 的数据中心，数据盘带的查找可由机械手自动快速完成，可以在几分钟内就可以从浩瀚的数据海洋中找出所需的任何地点、任何时间的数据。元数据（Metadata）库建设是关键。元数据是关于数据的数据，信息的信息。通过它可以了解有关数据的名称、位置、属性等信息，从而大大减少用户查询所需的时间。

4. 下一代的 EOS-智能对地观测系统

从 2004 年 5 月以来，NASA 每天可以接受超过 3.5TB 数量的对地观测数据，而且空间分辨率也达到 1m，甚至 0.3m，光谱分辨率已超过了 100 个波段。由于采用了星座技术，时间分辨率也可以天计或半天计。因此当前的遥感技术出现了三多（即多传感器、多平台、多角度）和三高（即高空分辨率、高光谱分辨率、高时间分辨率）。

李德仁院士等指出，下一代的 EOS 将是智能对地观测系统，数据获取、分析和传输等功能将都在极轨集成和处理，并能直接为用户服务。IEOS 采用了多层卫星网络结构，实际上是一种 Grid 结构。

第一层由 EOS 卫星组成，这些卫星一般轨道在 300km 以上，能够实现全球覆盖。它们由很多 EOS 组成，被分成为一个个星座，同一座星的卫星搭载不同的传感器，并协助工作。每一个星座有一颗卫星称星座长（Group Lead），负责同其他星座的星座长和地球同步卫星通信，管理协同星座中的其他卫星。星座长的作用相当于局域网服务器，负责同外部网络通道，并管理本局域网。

第二层则由地球同步卫星组成。由于 EOS 不可能同时向全球的用户提供数据，（交通安全、生产安全、国家安全、生命安全）提供天地一体化的空间信息实时服务系统。例如，2003 年的阿尔及利亚地震，在震后一天内，欧洲空间局利用震前震后的 SPOT 卫星图像迅速准确地圈定了各大灾区的范围，估算了倒塌的房屋和居民人数，为各国抗震救援队的行动提供了科学根据。日本航天局（JAXA）已为日本渔民全球海上作业服务的商业化实施捕鱼决策支持系统，通过对海洋环境的实时遥感监测，参照鱼类生活习性规律，及时向渔船发布各种鱼群的位置信息，为捕捞业服务。

在不久的将来，全球 IEOS 用户可以通过终端设备，如 PC 方便地获取任何地区，任何时间的地球系统的信息，那时，不仅提高了工作效率和效应，也提高了用户的生活质量。

第二节　全球大气观测系统（GEOSS）

一、GEO

GEO 为政府间对地观测组织，于 2003 年 8 月在美国 Washington 召开了地球观测第一届部长级峰会宣布成立。其成立的背景是他们认为人类对地球系统的认识尽管在某些领域比较先进，但总体来说还是远远不够的。当前在观测和认识地球系统上必须把如今分散的观测系统和计划发展成为按兼容性标准开发的、协调的、及时的、优质的、持续的全球信息系统，并作为今后决策和行动的基础。

1）GEO 的组织机构

目前 GEO 的四个联合主席国是美国、欧盟、中国和南非。GEO 秘书处设在日内瓦。

2）地球观测第一届部长级峰会宣言

地球观测第一届部长级峰会宣言如下：

作为 2003 年 7 月 31 日在华盛顿召开的对地观测峰会的与会代表，我们：

（1）忆及在约翰内斯堡周凯的世界可持续发展峰会曾呼吁全球各观测系统和研究计划之间加强合作与协作，以建立起综合的地球观测台站。

（2）忆及在埃维昂召开的八国峰会也曾呼吁加强地球环境观测台站的国际合作。

（3）注意到从事对地观测活动的组织机构的重要使命以及它们为满足国家、地区乃至全球的需要所作出的贡献。

（4）坚定地认识到需要及时、优质、长期的全球信息，它是正确决策的基础。为对地球状态进行持续监控，增强对动态地球过程的理解，提高地球系统的预测水平，更好地履行环境协定所规定的义务，我们认识到需要对以下事项给予支持。

（5）增强对地观测台站的战略和系统之间的相互协调，采取措施将数字鸿沟最小化，为建立一个或多个综合、协调、可持续的地球观测系统而努力。

（6）协同努力，吸收发展中国家参与，协助他们保持并加强其对观测系统所作出的贡献和努力，同时，针对对地台站能力建设的需要，帮助发展中国家有效利用观测台站、数据、产品及相关技术。

（7）根据本宣言的精神。遵循有关国际条款及国家政策法律，本着完全和开放的态度，争取最小化的时延和耗费，在观测台站之间进行基于大气现场、飞行器及卫星网络的数据交换。

（8）在现有体系和行动的基础上，筹备制订一个 10 年实施计划，在 2004 年第二季度东京对地观测部长级会议上提出计划框架，并在 2004 年第 4 季度由欧盟主办的部长级会议上颁布该计划。

为达到上述目标，考虑到为发展上述全球观测战略而业已开展的活动，我们建立了一个对地观测特别工作组的具体工作进行指导。我们邀请其他政府参与此项行动，还邀请那些对已有地球观测系统给予资助的国际和地区组织的管理机构对该行动给予认可和支持，并为其专家参与该宣言的实施工作提供便利条件（2003 年 7 月 31 日通过）。

二、GEOSS 技术系统

2004 年 4 月 25 日在东京召开的第二届对地观测峰会通过了地球观测 10 年计划的框架文件。

（1）从观测到行动；

（2）为了全人类的利益，建立综合、协作、可持续的地球观测系统；

（3）GEOSS10 年实施计划框架文件（2004 年 4 月 25 日第二届对地观测峰会通过）。

1. 简介

地球系统包括天气、气候、海洋、陆地、地质、自然资源、生态系统、自然及人为灾害等诸多因素，它关系着人类健康、安全和福利的提高，有助于减轻人们遭受贫穷等问题的困扰，对实现地球环保和可持续发展至关重要。而通过对地观测收集而来的数据和信息更进一步增强了人们对地球系统的认识和理解。2003 年，一项针对政府和国际组织开展的调查表明，人们一致认为，在支持和发展现有对地观测系统的同时，应该也必须加强全球合作，推动地球观测的发展。在 2003 年对地观测峰会上通过的华盛顿宣言曾提出制订一个 10 年实施计划，建立一个或多个综合、协作、可持续的对地观测系统。本框架文件虽然不具有法律效力，但它标志着该计划的制订工作已经迈出了重要的一步。

2. 综合、协作、可持续发展的对地观测系统 GEOSS 的益处

（1）对地球系统进行彻底、详细的观测和理解，有助于提高和拓展全球实现可持续发展的能力和方式，并将在许多具体领域为社会经济带来诸多益处，包括：减轻因自然或人为灾害带来的生命和财产的损失；了解影响人类健康和安宁的环境因素；提高能源管理水平；了解、评估、预测、减缓并适应气候变化及其易变性；进一步了解水循环，提高水资源管理水平；提高天气信息质量以及天气预报和预警水平；加强陆地、沿海和海洋生态系统的管理和保护；推动发展可持续农业，抗击沙漠化；了解、监控和保护生物多样性。

（2）全球来说，将有广泛的用户群体从中受益。这些群体具体包括：国家、地区级地方各级决策者；负责实施国际条约的有关国际组织；商业、工业及服务行业；科学家和教育界人士以及公众。

人们一旦从这些综合、协作、可持续的对地观测台站中受益（如提高决策水平和预测能力等），则表明我们已经朝目标迈出了最根本的一步，开始迎接 2002 年世界可持续发展峰会宣言所提出的挑战，并开始逐步实现 2000 年千年发展目标。

（3）发展中国家成员的全面参与将最大限度地增加他们在上述社会经济领域取得切实利益的机会，并增强整个对地观测领域迎接全球可持续发展挑战的能力，因此受到广泛的支持。

3. 对地观测的关键领域

（1）天气领域是开展协作、可持续的对地观测全球合作的重要领域，该领域的合作开展情况也较好。世界气象组织的世界天气监测网向我们证明了在该领域开展国际合作的价值和重要性。目前，观测网络仍需不断改善，通过提高天气信息和长期预测的准确度，它会有更好的表现。

（2）在土地、水、气候、冰、海洋观测等领域的合作则有些落后。但其中部分领域为下一步行动的开展进行了一些重要的工作并提供了指导，比如：①通过一系列符合国际减灾战略的国际观测和早期预警系统，增强对自然灾害的认识和了解；②通过世界气候研究计划，提高对气候的了解和研究水平，同时，根据《联合国气候变化框架公约》缔约方大会的精神，利用全球气候观测系统，加强气候监控；③通过全球海洋观测系统，提高海洋监控、模拟和预测水平；④一体化全球观测战略伙伴关系提出了一系列的观测主体，包括海洋、碳、水循环、固态地球过程，海岸带（包括珊瑚礁），大气化学，陆地/生物圈等。

（3）上述各项领域都确定了了解动态地球过程的具体观测工作。我们应该在关键的社会经济受益领域开展观测，支持以行动为导向的解决方案。

4. 当前观测系统的弊端

（1）人类尽管在某些领域对地球系统有着较为先进的了解，但总体来说这种了解还是远远不够的。对地球系统的观测和了解必须由如今分散的观测系统和计划发展成为按统一标准开发的协作、及时、优质、可持续的全球信息系统，并将其作为今后正确决策和行动的基础。

（2）许多国际组织和计划在致力于维持并改善地球观测的协作工作。但目前为获取地球观测数据所开展的工作在如下几方面受到限制：①缺乏对数据集相关资料的获取渠道，尤其是在发展中国家；②耗损的技术基础设施；③具体数据集在空间和时间方面有较大差距；④数据缺乏一体化和互用性；⑤观测缺乏连续性；⑥用户参与不足；⑦缺乏将数据转化成有用信息的有关操作系统；⑧长期数据存储不足。

5. 对地观测 10 年实施计划（2005～2014）——需要什么

（1）为实现协作的对地观测的诸多受益，落实理论原则，有关各国政府通过了本框架文件，确定了建立全球对地观测系统（GEOSS）的 10 年实施计划的基本内容。GEOSS 将具有以下特点：①综合性：享有来自各个子系统的观测台站及产品，满足参与成员的需求；②协作性：调整并整合个体资源为整个系统服务，协作集体的总能力和总产出将大于个体能力的产出之和；③可持续性：系统的个体成员及集体的能力共同保证了系统的可持续性。

（2）GEOSS 是一个由许多子系统构成的分布式系统，是在现有独立的观测和处理系统的基础上通过合作逐步建立起来的，并不断鼓励和吸纳新成员。GEOSS 的参与成员有权决定各自的参与方式和方法。基于以下考虑，GEOSS 制订了 10 年实施计划：①该文件第二部分所列述的社会经济收益是 10 年实施计划的路标。该计划将针对用户目前和将来对对地观测的需求而确定一些具体活动，为其提供文件依据，并优先进行开展。这些工作将利于现有行动和基础设施的经验及条件，在适当对话和程序的基础上进行开展。②建设模式将采取在现有系统的基础上逐步扩建的方式，创建一个包含诸多子系统的分布式系统，包括观测系统、数据处理及存储系统、数据交换及传播系统。③10 年实施计划将就消除观测参数、地理区域、观测规则和可达性等方面所存在的重要差距阐述实际方法。

（3）GEOSS 将应对数据应用带来的主要挑战，包括：①遵循国际规章及该国政策法律，以最小化的时延和耗费开展完全和开放的观测数据交流；②保证数据的实用性和可用性（包括定标、真实性检验、空间和时间解决方案等）；③保证已有或计划开展的观测台站及产品的连续性及可用性；④建立有力的对地观测规章性框架机制（如保护对地观测所必需的频率波段等）。

（4）尤其对发展中国家来说，通过对 GEOSS 的教育、培训、机构网络、沟通及其他基础领域开展有关活动。该计划将有助于推动当前及今后能力建设的发展。基于现有的地方、国家、地区乃至全球的能力建设行动，GEOSS 将：①重视教育与培训，推动人力、制度及技术等方面的现有数据应用能力的发展；②开发基础设施资源，满足研究和运营的需求；③遵循全球所公认的可持续发展原则，尤其是在世界可持续发展实施计划峰会上所提出的原则。

(5) GEOSS 的发展原则将最大限度地运用研究与技术领域的发展成果。世界科学界并将由此提出有关地球系统作用的关键性科学问题。

6. 成果

GEOSS 的运行成果将决定 10 年实施计划的成败。10 年实施计划中对 GEOSS 的长短期具体成果进行了阐述，包括但不限于下列几个方面。

第一，提高下述几方面的全球、多体系的信息能力：①减灾，包括应急反应和灾后修复；②综合水资源管理；③海洋监控及海洋资源管理；④空气质量监控及预报；⑤生物多样性保护；⑥土地的可持续利用及管理。

第二，全球入侵物种跟踪；

第三，对全球和地区气候进行年度、10 年及更长期的综合监控，生产出有关气候多样性及气候变化的信息产品；

第四，提高现场网络所提供基本信息的覆盖面、质量及可用性，加强现场数据和卫星数据的整合；

第五，将用户拓展到发展中国家和发达国家，监控并满足他们的需求；

第六，建立一种延伸机制，在重点用户群向决策者们主动示范对地观测的有效性。

7. 发展方向

(1) 该框架文件的通过表明参加国决定按照上述列出的具体条款履行 GEOSS 的 10 年实施计划，并愿意通过合作参与该计划的实施过程。目前，对地观测特别工作组是一项"最佳付出"的行动，得到了各国的志愿者投入及国际组织的建议和支持。

(2) 从 2005 年开始，10 年实施计划的实施工作将需要一个后续的部长级指导机制。该机制作为在对地观测特别工作组的基础上成立的一个政府间对地观测工作组，要求有最大限度的灵活性，对此感兴趣的各国政府、欧盟以及相关国际组织均可参与该工作组。

(3) GEOSS 的 10 年实施计划对该工作组进行了详细阐述，大体上包括：①GEOSS实施工作的协调与计划（实地及遥感）；②所有会员国及相关国际组织和地区组织参与的机会；③面向所有用户群；④测量并监控 GEOSS 的开放性，并为其提供便利条件，以促进观测台站和展品的交叉流动；⑤协调并促进会员国与相关国际及地区组织的观测站及产品的发展与交流。

(4) GEO 和 GEOSS 的现状：自 2003 年 8 月在美国 Washington 召开地球观测第一届部长级峰会以后已经召开了五次部长级峰会。GEOSS 的 10 年执行计划已经制订完毕并正在逐步实施。世界主要国家和欧盟都制订了各自的综合性地区观测计划，因此全世界地球观测正在以前所未有的速度和规模迅猛发展。虽然高分辨率的数据仍受到政府政策和商业行为的限制还难以无偿共享，但是当遇到灾害时，所有国家和地区都可以无偿提供关键地区的数据和图像。例如，中国汶川大地震期间，中国就收到各国的数据援助。另一重要进展是由于发达国家数据处理技术的迅速提高，发达国家向发展中国家提供援助。例如，土地利用、干旱、水资源、农作物等成套产品，这是发展中国家可以利用的机遇。GEOSS 系统的初始组成如表 13.1 所示。

表 13.1 GEOSS 系统的初始组成

类	资助者	系统
观测系统	阿根廷	SAOCOM1A 和 1B：阿根廷 L 波段全偏振合成孔径雷达任务，由阿根廷国家空间计划提供的两颗卫星组成
	加拿大	C 波段雷达卫星（RADARSAT）：由加拿大空间局（CSA）开发的一个高级对地观测合成孔径雷达卫星计划，用于监测环境变化和支持资源的可持续利用
	欧洲	全球环境安全监测（GMES）
	意大利	COSMO-SkyMed（由 4 个 X 波段合成孔径雷达卫星组成的卫星星座）
	日本	为减轻地震和火山灾害而部署的亚太减灾网络（DAPHNE） 高灵敏度地震仪网络（Hi-NET） 强震观测网/基准强震观测网（K-NET/KIK-NET） 全程地震观测网（F-NET） GPS 地球观测网络系统（GEONET）
	美国	每个一体化观测系统（IEOS） 全球地震监测网（GSN）
	世界气象组织（WMO）	世界天气监测网全球观测系统（GOS/WWW） EUMETNET 综合观测系统（EUCOS）（由 19 个欧洲国家气象和水文局发起的区域性组织） 全球大气监测（WHYCOS） 全球陆地水文监测网（GTN-H）
	国际大地测量协会（ICSU）	全球大地测量观测系统（GGOS）
	国际科学联合会（ICSU） 联合国计划联合署（UNEP） 联合国教育、科学及文化组织国际海洋委员会（IOC/UNESCO） 世界气象组织（WMO）	全球气候观测系统（GCOS）
	国际科学联合会（ICSU） 联合国计划联合署（UNEP） 联合国教育、科学及文化组织（UNESCO） 世界气象组织（WMO）	全球陆地观测系统（GTOS）

续表

类	资助者	系统
模型和数据处理中心	亚太经合组织（APEC）21 个成员国	APEC 气候中心（APCC）
	全球制图国际指导委员会（ISCGM）	全球制图计划
	世界气象组织（WMO）	世界天气监测网资料处理和预报系统（GDPFS）
		全球径流资料中心（GRDC）（德国主持）
		全球降水气候中心（GPCC）（德国主持）
	25 个欧洲国家和世界气象组织（WNO）区域专业气象中心（RSMC）	欧洲中期数值天气预报中心（ECMWF）
	阿根廷	Mario Gulich 高级空间研究所
数据交换和分发系统	世界气象组织（WMO）	全球电信系统（GTS）
		WMO 未来信息系统（FWIS）
	美国	国家空间资料基础设施（NSDI）

第三节　G³OS 全球观测系统体系与进展

一、概　述

为了协调与促进地球上主要环境因素的长期观察与变化研究，在各种独立的全球性专业化环境变化研究项目基础上，20 世纪 90 年代以来国际上先后成立了国际性的全球气候观测系统（GTOS）。三大系统的观测目标不仅涵盖了地球上主要的环境对象，而且相互之间既相对独立，又有一定的交叉，国际上统称为 G³OS。这些既相互独立又有关联的观测系统，主要由地基监测系统、空间遥感系统和信息系统组成，旨在对地球环境进行长期、立体、动态地连续观测，为研究大气、海洋、陆地环境因素的变化与相互作用，认识地球环境演变的整体行为，预测其未来变化并提供各类观测数据。

实际上，三大观测计划不仅在观测对象，而且在主管机构方面也存在着相互交叉、相互配合的关系，如图 13.1 所示。

最上面一层的主持机构分别是联合国粮农组织（FAO）、联合国教科文组织（UNESCO）、国际科学联合理事会（ICSU）、国际气象组织（WMO）、联合国环境规划署（UNEP）联合国教科文组织政府间海洋委员会（IOC/UNESCO）。

在这种交叉关系中，GOOS 的两大模块-海洋和海岸带，是联系大气驱动（GCOS）和陆地过程（GTOS）的纽带。这种交叉关系，一方面促进了海洋、陆地、大气领域在观测与相互作用研究上的进展与互补；另一方面又造成了一定的重复和浪费。对此，为了协调三大观测协调的观测计划与相互配合，由三大观测计划的发起者共同成立了全球观测协调组［Sponsors Group for The Global Observing Systems（GCOS、GOOS、GTOS）］，开展三大观测计划之间的信息交流、行动协调等活动。

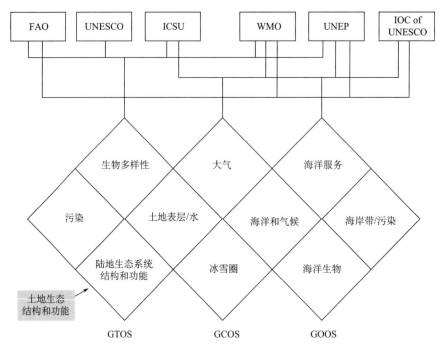

图 13.1　三个观测系统 GTOS、GCOS 和 GOOS 的观测内容和主持机构

随着 GEOSS 的成立和相关活动的全面展开，G³OS 的各项活动逐渐纳入到 GEOSS 体系中，同时又保持相对的独立性。一方面，GTOS、GCOS、GOOS 为 DEOSS 的顺利展开奠定了良好的前期积累、组织经验与观测基础；另一方面，各观测系统期望在 GEOSS 的统一规划与组织下，得到新的活力以及各国政府与国际机构更强有力的支持。GEOSS 对于气候、海洋和陆地的观测，则主要依靠相应的 GCOS、GOOS 和 GTOS 进行。

二、全球气候观测系统（GCOS）

气候变化是全球变化中的一个重要方面，它所涉及的问题会影响人类生活方式的许多方面。气候问题已列到国际政治议事日程的最前列，形成了大量倡议的重点，包括政府部门和科学界的专题讨论会、代表大会、政治声明，以及社会发展研究报告等。1992 年各国政府首脑签字承诺的《联合国气候变化框架公约》进一步表明了气候变化问题的重要性。

在全球气候变化研究的支持保障方面，数据与信息系统和数据管理方法有着决定性的作用。全球气候研究需要大量的、各种类型与来源的、全球的、区域的和局部的数据，因此，要加强并扩大目前的气候数据管理计划，说明需存储哪些数据、说明数据的质量与可获取性、促进数据交换，这些都是非常重要的。

为此，1992 年世界气象组织、联合国教育、科学及文化组织（UNESCO）的政府

间海洋委员会（IOC）、国际科学联盟理事会（ICSU）、联合国环境规划署（UNEP）共
同启动了全球气候观测系统（GCOS）。这一系列是全球综合地理观测系统的核心组成
部分，实施这一计划，可以增强对全球气候变化、区域响应以及极端气候事件的监测能
力，有利于提高定量描述、模拟和预测气候及气候变化的水平，有利于为政府部门提供
决策依据，提高减灾防灾能力，促进人类与自然的和谐发展。

GCOS 成立的目的是设法确保获得与气候相关的观测和信息，并为所有的潜在用户
服务，在 WMO、UNESOC、UNEP、ICSU 共同支持下，GCOS 形成了一个长期的系
统，能够为监测气候系统、探测气候变化、评估气候变化的影响、模拟和预测气候系统
提供所需的综合观测。它主要的研究对象是整个气候系统，包括各种物理的、化学的、
生物的过程，以及大气的、海洋的、水文的、冰层的和陆地的过程。

GCOS 的目标是进行气候系统检测，气候变化的监测和响应监测，尤其是陆地生态
系统和平均海平面；收集用于国家经济发展决策的气候数据；改进对气候系统的理解、
模拟及预测的研究；发展一个以气候预报为目标的综合性工程系统。

除外，监狱进行全球气候变化研究还必须重视对气候记录中不确定性的定量表示，
需要建立高质量的区域性和全球性基本气候数据集。在这方面，全球气候观测
（GCOS）制订了与世界气候计划（WCP）的数据进行紧密合作的机制。

GCOS 的优势有以下几个方面：季节性的到年际的气候预报；尽可能早地查明气候
趋势以及由人类活动引起的气候变化；减少在长期气候预报中的不确定性；改善用于影
响分析的数据。

首先 GCOS 面临与欲解决的主要问题如下：

各会员和国际组织对全面、持续、可靠的气候和气候相关资料和信息的不断增加的
需求，主要体现在下述方面：

（1）气候系统检测；

（2）气候变化检测和归因；

（3）研究以增进对气候系统的理解，改进气候系统模拟和预测；

（4）季节至年际业务气候预估；

（5）评估自然气候变率和人为气候变化的影响、脆弱性和适应措施；

（6）为持续经济发展提供气候应用和服务；

（7）UNFCCC 以及其他国际公约的要求；

（8）WCRP、IGBP、IHDP 以及 Diversitas 的具体观测要求，以及需要全面观测以
支持 IPCC 的评估过程；

（9）在世界气候计划框架下，GCOS 在支持全面的气候应用和服务中的核心作用以
及 NMHS 和其他机构提供的服务；

（10）系统气候观测的数量和来报率的不足，及其在世界许多地方出现的下滑情况；

（11）需要实施并在必要时更新通过"GCOS 区域研讨会计划"制订的各项区域行
动计划；

（12）需要将气候信息纳入社会和经济发展决策，以及支持发展中国家，特别是支
持实现千年发展目标，重点放在非洲。

为此，GCOS 制订了一系列的行动计划，旨在敦促各会员：

（1）在 GCOS 框架下，加强本国的大气、水文和相关的海洋以及陆地气候观测系统和网络，以支持用户需求；

（2）通过切实实施 10 个 GCOS 区域行动计划以及帮助非洲促进发展计划在其他地区的类似计划的实施，援助发展中国家会员，加强它们的观测网络，提高它们获得气候资料的能力，以及提升它们提供气候服务的能力；

（3）在力所能及的情况下，促进 DCOS 重要的空基子系统的长期运行，包括 UND-CCC 所需的关于基本气候变量的卫星气候资料和产品；

（4）在考虑 GCOS 的联合资助组织，以及其同 GEOSS 不断发展的关系的情况下，建立 GCOS 国家委员会，确立 GCOS 国家联络员，以促进气候观测系统方面的协调的国家行动；

（5）确保参加 UNFCCC/COP 及其分支机构会议的国家政府代表团充分了解 NMHS 在履行公约的国家义务方面，特别是保证观测系统的实施和运行中发挥的关键作用，如派 NMHS 的代表参加代表团；

（6）在准备 UNFCCC 国家报告的全球气候系统观测部分的过程中，鼓励 NMHS 发挥组织领导作用，包括确认差距，使用修改后的、反映 2004 年"实施计划"重点和包括基本气候变量报告的 UNFCCC 全球气候观测系统报告指南；

（7）通过短期派遣专家和/或向"气候观测系统基金"以及其他计划和实施机制提供资金，加大对 GCOS 秘书处的支持，以确保秘书处和各实施机构充分履行职能，并建立一套有效运行的 GCOS 系统；

（8）从组成结构上看，GCOS 主要有三个子系统，一是大气观测系统，它除了监测各种气象要素（包括云和大气辐射特征）、大气成分（温室气体、臭氧、气溶胶等）外，还监测各种气象极端事件；二是全球海洋观测 ARGO 系统，即其中的海洋漂浮探测器（类似大气中探空），将有 3000 多个漂浮与海洋，除观测上层海洋温盐结构、海面高度、海洋环流外还有海气相互作用的观测；三是陆地观测系统（GTOS），用于观测水圈、冰圈和生态系统的状况等。

目前，差不多所有的气候数据与其他地面基础数据都是通过世界天气监测网的全球通信系统（GTS）和卫星数据收集系统进行收集的。由于气候的描述必须兼有空间数据和非空间数据，其数据量要比在 GTS 中流通的量大几个数量级。为了有效地发挥这些数据的作用，同时增强未来的数据收集范围和强度，GCOS 进一步提出了建立一些辅助系统来改进 GTS 收集附加数据以及分类数据的功能。

提出待解决的主要问题有：

（1）为获取卫星仪器观测数据，需利用地面配套设备。同样的设备可用来接收几个卫星的数据。因此，如果和其他研究或观测计划公用卫星与地面设备，则气候数据成本可有效降低。卫星数据与地面数据的合并通常可以提高其价值，而实施处理可以有助于控制成本。

（2）以易获取形式进行长期的数据归档存储，对于气候变化研究具有决定性意义。随着技术和模型的发展，需长期对数据采集进行重新处理，因此必须附有辅助数据或称为"元数据"（Metadata），表明该数据处理或校验情况以及质量控制评价，算法指示符等。对于大多数卫星仪器数据集来说，必须要含有足够的档案库存储器，以便能对原始仪器输出的地球物理参数进行重新计算，使修改后的数据成为有用的信息。

（3）产生以空间为基础的气候数据的所需的总计算能力越来越大。要获取空间数据需要开发多信道技术和多种仪器协作测量的方法，建立质量控制方面的数值模型；还需要经常对全部原始数据进行重新处理，以便不断更新校验记录或改进数据处理技术。

这些问题是 GCOS 将要解决的具有代表性的问题。为此，GCOS 将以综合性基本数据目录，分布式数据中心，综合性国际联网功能，以及与国际数据标准相一致的开放式系统结构为基础，制订一个国际 GCOS 数据管理计划。在这项计划中，GCOS 将充分利用 ICSU 世界数据中心系统来加强其实力。

三、全球海洋观测系统（GOOS）

海洋覆盖了地球表面的 71%，是全球生命支持系统的一个基本组成部分，也是资源的宝库、环境的重要调节器。人类社会的发展必然会越来越多地依赖海洋。但是，污染和枯竭的渔业资源正在破坏海洋那脆弱的平衡。海洋过程是没有国界并且普遍存在的，而且目前许多急需解决的与海洋有关的问题往往在一个区域上又很难解决，需要以全球为基础来进行。

社会的发展使海洋的作用越来越重要。一方面，海洋成为人类获得更多的能源、食物和生活空间的最佳领域，然而人类对海洋的认识，远没有达到实现这些目的的要求；另一方面，海洋与影响着目前人类生活质量的因子的关系还需要深入认识，如与海洋相关的气候变化和自然灾害，海洋中有生命和没有生命资源的健康状态和变率等。这一切都需要突破传统海洋观测的局限（如仅在海洋表面进行观测，通过船只进行时间和地点非连续的观测等），对海洋进行连续的、立体的以及物理、生物、化学等多学科联合观测。

21 世纪是人类开发利用海洋的新世纪。维护《联合国海洋法公约》确定的国际海洋法律原则，维护海洋健康，保护海洋环境，确保海洋资源的可持续利用和海上安全，已成为人类共同遵守的准则和共同担负的使命。

为满足许多国家渴望改进对海洋管理的愿望，改进海洋气候预报，必须要建立一个观测系统对海洋的物理、化学和生物学方面进行综合观测。1991 年联合国教科文组织政府间海洋学委员会（IOC/UNESCO）、联合国环境规划署（UNEP）、世界气象组织（WMO）和国际科学联合理事会（ICSU）共同倡议，发起建立了全球海洋观测系统（GOOS）。其主要目的是：在连续性的基础上，详细说明所需的海洋观测数据，以满足海洋环境用户的需要；开发实施收集、获取、交换这些数据的国际性协调策略；推动这些数据的使用和产品的发展，拓宽它们在保护海洋中的应用；依据 GOOS 的框架，帮助不发达国家提高他们获取并使用海洋数据的能力；调整 GOOS 的运行，确保其在更广泛的全球性观测和环境管理策略中的完整性。

从联合国角度，政府间海洋委员会（简称海委会，IOC）是联合国主管海洋科学与服务的机构。从 1960 年成立以来，海委会通过和利用国际合作来确保其方案遍及全球。委员会同时帮助和弥补某些国家基础设施和技术数据的不足，其目标在于"通过其成员国的协同努力，促进旨在丰富自然与海洋资源知识的科学研究"。全球海洋观测系统（GOOS）可以说是海委会范围最广的一个方案。

从全球海洋用户服务角度，可以认为 GOOS 的主要作用之一是尽可能精确和完整地收集、分析和陈述用户对全球海洋观测系统的要求，同时制定观测及产品计划以满足那些要求。此类计划可能包括国家或国家集团（如 GOOS 区域联盟 GRA）为开展研究，试点项目及其他业务化之前活动而采取的行动，为制订长期、持续、充分的观测系统和资料产品的制作和分发方案开辟一个途径。

从社会与经济发展角度，许多国际协定和公约都规定要保障海上安全，有效地管理海洋环境和可持续利用海洋资源。为了实现这个重要而富有挑战性的目标，必须具备对一系列海洋现象的变化进行快速探测和及时预测的能力。这些海洋现象影响的对象是：

（1）海洋作业的安全和效率；

（2）自然灾害对人类的影响程度；

（3）沿岸生态系统对全球气候变化的敏感程度；

（4）公共健康与福利；

（5）海洋生态系统状况；

（6）海洋生物资源的可持续性。

由于任何一个国家均难以具备这些能力，建立 GOOS 正是要发展这些能力。

从海洋的研究与开发的角度看，海洋观测及监控技术融合了现代高科技成果，集合成知识密集、技术密集、资金密集的综合的高技术领域。海洋观测和监测在海洋国土有效管辖，开发海洋资源，保护海洋环境，减轻海洋灾害，增强海上军事实力以及海洋科学研究基础等方面均具有重要的作用，是海洋科学发展和海洋开发生产活动的基础和保障。因此，许多国家都重视发展海洋观测、监测技术，把这一系统的建设水平作为衡量海洋实力的指标之一。GOOS 计划的提出和建设就是在这样的背景下提出并为沿海各国所响应的。

从目前的发展进程来看，这个观测系统可以说是一个能系统地获取和传播过去、现在、未来有关海洋环境状况的数据及其产品的业务化全球性网络。从组成上看，GOOS 逐步形成两个相互关联而且又向同一方向汇聚的模块，一是全球海洋模块，它主要探测和预测海气系统变化，提高海洋服务水平；二是沿海模块，它主要涉及海气系统中大尺度变化，人类活动对沿海生态系统的影响以及提高海洋服务水平。全球海洋模块的工作由海洋观测气候专门小组领导，该气候专门小组由世界气候研究计划，全球气候观测系统和全球海洋观测系统联合发起成立；沿海模块的工作由沿海海洋观测小组领导，该小组由联合国粮农组织、国际地圈-生物圈计划和全球海洋观测系统联合发起成立。

GOOS 是一个国际合作系统，它以协调可靠的方式收集关于地球海域与大洋的国际性数据。其主要任务是应用遥感、海表层和次表层观测等多种技术手段，长期、连续地收集和处理沿海、陆架水域和世界大洋数据，并将观测数据及有关数据产品对世界各国开放。它是全球气候观测系统的海洋组成部分，全球陆地观测系统的沿海组成部分。作为实时海洋观测系统，可以为预先规划和拟定危机预防战略提供建议，如气候和天气预报。

历史上，人们利用多种方法来收集实时海洋观测数据：海洋浮标（一些浮标利用卫星跟踪）、海上测量工具、对海洋进行卫星观测、沿海及浅海观测站以及固定的海洋观测平台。GOOS 计划的系统设计体现了海洋高技术的大规模集成。包括海洋遥感遥测、自动观测、水声探测和探查技术，以及卫星、飞机、船舶、潜器、浮标、岸站等制造技术，相互连接形成立体，实时的海洋环境观测及检测系统。

GOOS 的业务活动主要有质量收集、数据和信息管理、数据分析、产品的加工和分发、数值模拟和与预报、培训、技术援助和技术转让以及开展调查。GOOS 的主要目标是获取全球统一标准的海洋数据集。据估计，其核心数据集可能达到 20～30 种，因此这些数据的应用效率只能通过有效的数据管理来实现，GOOS 数据管理的基本策略是数据存取便捷，各国充分共享。这一策略是 GOOS 获得各国（特别是西方国家）财政和物力支持的关键。据设计者初步估计，GOOS 建成后，数据管理经费每年将达 2 亿～4 亿美元，占 GOOS 整个维持费用的 20％左右。

GOOS 数据管理板块数据获取、传输、产品制作和模式设计等过程。这些过程的执行机构是地区中心和世界数据中心（海洋学）。每一过程都存在数据质量控制问题，为了取得统一标准的高可靠性数据，传感器的比测和相互校准、测量和传输过程的数据质量控制和误差检验等是数据管理的基本内容。WWW、IGOSS、GLOSS 和国际海洋数据与信息交换系统（IODE）以及银行、航空等商业部门数据管理系统适用的先进技术、软件都将引入 GOOS 数据管理，DOOS 数据管理系统将随上述领域的技术进步而逐渐升级和完善。

发展海洋监测的高新技术，重视海洋自动监测技术的研究和应用，与 GOOS 接轨，是沿海各国目前努力的方向。卫星遥感技术越来越广泛地应用于海洋环境监测。1995～2001 年国外专门用于海洋探测的卫星达 10 多颗。高频地波雷达海面环境探测技术已进入到业务化应用阶段。在近海区域建立完整的立体监测系统是国际上先进海洋国家正在试验解决的问题，以美国开发的 REINAS 为代表的示范系统是海天一体化的立体实时监测服务系统的典型范例。发达国家发展了长期水下无人观测站，以获取长时间序列资料，定量和有效地表达海洋过程中的相互关系；漂流浮标、锚泊浮标、拖拽体、自动沉浮式滑行器等观测平台的研制正朝着低成本耐久型方向发展。水声技术日趋成熟，并逐步从军用为主转向民用，提高了海洋常规监测能量。

海洋预报技术主要注重于海洋物理机制研究，发展物理过程全面的数值预报模式；海洋环境预报中的关键技术，如四维变分同化技术业务化等发展迅速；注重海洋环境观测预报的基础领域的技术发展；近海和边缘海域的海温、盐、流三维预报技术取得长足发展。近年来美国重点开展全球风场预报、海浪预报、海流预报及全球大洋的海温、盐度和跃层预报。预计海洋环境预报技术将在 21 世纪的前 10 年取得突破性发展。

为了增进对海洋在控制气候变化上作用的了解，科学家已开始将海洋作为一个全球系统进行试验研究和预测。全球海洋观测系统（GOOS）即出自于此目的。它由以前的项目成分组成，包括海潮测量器全球网络（全球海平面观测系统，GLOS）、世界气象组织（WMO）的自动观测船计划、海洋气象委员会系列漂流气球、全球温度盐度计划、区域数据中心、各种观测卫星、持续浮游生物记录行动、世界贻贝观察及海洋污染检测（MARPOLMON）项目。

GOOS 是一个对全球海洋进行多学科长期连续观测的系统，要求各政府部门和科研机构在系统运行、技术研究和海洋资源开发方面开展密切合作，最大限度地利用现有各种系统，GOOS 不是对现有其他计划的重复或替代，也不是凌驾于其他计划之上的计划，而是通过与全球各种有关监测、观测系统的相互合作，共同发展以实现其目标。可以把 GOOS 看成是由 GOOS 的发起单位、各成员国、用户、海洋观测系统业务单位以及与海洋观测有关联的组织、计划和活动共同组成的大矩阵的一部分。

在全球海洋观测系统中，61 个会员国直接参与全球海洋观测系统项目，它们自由收集和分享海洋环境信息。改善收集信息的质量以及由此生成的预报是理解气候变化的主要因素。这些数据有助于预测预防未来的灾难，如海平面上升、沿海侵蚀、厄尔尼诺或拉尼娜现象。这个系统还可以通过预测渔业最佳收获时间来防治渔业资源的枯竭。该方案强调了各国之间，不管是发达国家还是发展中国家，进行现象共享的必要性。

GOOS 计划的中心原则是：它必须是一个有效运行的全球项目，但它基本上是由一个国家或国家的区域性组织来实施的。这种区域 GOOS 联盟，成为 GOOS 的主要合作形成。例如，已成立了欧洲海洋观测系统（EURO-GOOS）、黑海 GOOS、地中海 GOOS（Med-GOOS）、非洲 GOOS（ARFICA-GOOS）、加勒比海及邻近区域海洋观测系统（IOCARIBE-GOOS）、东北亚洲海洋观测系统（NEAR-GOOS）、东南亚海洋观测系统（SEA-GOOS）、太平洋海洋观测系统（Pacific-GOOS）以及印度洋海洋观测系统（IO-GOOS）和西印度洋海洋应用计划（WIOMAP）等。

有几个区域组织已制订了在其所在区域实施 GOOS 计划，如欧洲 GOOS 石油 14 个欧洲国家、22 个政府机构所组成的联合体。欧洲全球海洋观测系统的主要目的是满足欧盟成员国海洋产业持续发展对海洋环境数据和服务的需要。欧洲 GOOS（EURO-GOOS）目前正在北冰洋、西北陆架、地中海及大西洋盆区建立导航系统及示范项目，如大西洋计划、北极计划、地中海预报系统及欧洲西北陆架海域计划。EURO GOOS 已成为 GOOS 计划开展的最好的两个地区系统之一（另一个系统为东北亚 GOOS，NEARGOOS）。当前利用 EURO GOOS 提供的新数据源和按协议共享的数据，已建立了波罗的海、地中海和大西洋西北陆架的地区模拟中心。EURO GOOS 将全面带动欧洲应用海洋学和海洋观测技术的发展。在它的带动下，近期又启动了地中海全球海洋观测计划（MED GOOS）。

中国参与了联合国教科文组织政府间海洋学委员会等国际组织倡导和发起的全球海洋观测计划（GOOS），并发起组织东北亚海洋观测系统。东北亚海洋观测系统（NEARGOOS）涉及日本、中国、韩国及俄罗斯。作为国际 GOOS 的一部分，其中日本建立了 NEAR GOOS 实时资料传输中心和延时资料中心，中国国家海洋信息中心也建立了延时资料中心，有关资料可通过互联网（Internet）交换，NEAR GOOS 已开始着手业务预报，成为 GOOS 计划中较活跃的区域 GOOS 计划之一。当前研究的重点是在日本与亚洲大陆之间的海区建立一个能包含实时数据库以满足使用者需要的数据流系统。

在美国和加拿大之间的研究则直接针对三大主题：气候、渔业及海岸，因为这些都是众多的北美人关心的海洋环境问题。

GOOS 计划的全面实施需要通过与发展中国家建立伙伴关系把技术转让到发展中国家，并在这些国家建立技术能力。为此，EURO GOOS 正在计划与发展中国家仪器建立技术能力。在 EURO GOOS，日本正扩展原来的计划，以逐渐将其研究范围扩大到整个太平洋。预计 GOOS 的完全实施将到 2010 年。

从层次上划分，GOOS 观测网络由空间、海面和海面以下三方面构成。GOOS 的空间观测网络以卫星遥感为主，利用已发射和将要发射的海洋卫星及星载传感器进行海洋表面和物理状态、海面风和洋流、海洋上层水色和光学特性以及海冰特性等要素的测量；海面观测网络以系泊、漂流、拖拽及各种沿岸海洋观测仪器为主，进行次表层流、热量扩散、水体混合、水团升降、营养盐、溶解氧、化合物等物质的传输与种类变化，海冰以下的海洋学过程及冰架等重要海洋观测的观测；水下观测网络以声学遥感为主，结合一些海底观测仪器和钻探船、潜水器等，进行大洋内部和洋底观测。通过对这些观测网获得的资料的处理和加工，能定期描述全球海洋的状况，其数据和产品也面向全球各国开放。

为了全球促进 GOOS 项目获得的大量海洋气象观测资料的共享和管理，WMO 和 ICO 共同成立了海洋学和海洋气象学联合会（JCOMM），全权负责在政府间协调、规范和管理海洋学和海洋气象观测业务。JCOMM 的长期目标是成为利用最先进技术和具备最强有力的能力充分综合的海洋观测、数据管理和服务的中心，使所有的海洋国家受益。目前 JCOMM 已有 6000 余艘自愿船只进行海洋表面气象和海洋观测，120 艘 SOOP（海洋水下观测计划）船只进行水下温度和盐分观测，20 多艘 ASAP（船上自动高空探测计划）船只进行海上探空观测。

GEOSS 对海洋的观测主要依赖全球海洋观测系统，全球海洋观测系统包括了从空间、空中、岸基平台、水面、水下等多平台对海洋进行的立体观测。通过 COOS 进行海洋观测、建模和预测，要统一在 GEOSS 的标准下，要在 GEOSS 的框架下建设 GOOS。因此 GOOS 是 GEOSS 的一个子系统，它既要有相对独立和完善的观测组件、数据处理和存档组件、数据交换和分发组件，又要与 GEOSS 协调共享。

四、全球陆地观测系统（GTOS）

全球变化是一个非常艰巨而独特的研究问题。迄今为止，全球的陆地生态系统正经历着环境状况的急剧变化，无论是变化的强度还是地理范围，其规模都是空前的。人类社会要改变、适应并利用这些快速的变化，就必须具备有关地球生态系统承受全球变化增强而变化的基础知识。由于缺乏使气候发生变化的物理环境、陆地生态系统过程和社会经济等方面的数据，没有可靠的评估生态系统变化的基线，没有全球预警机制提醒我们所需的预防或弥补的措施，以及不能确认今天所采取的自然资源公约、政策和计划是否足以迎接明天的挑战。这些问题促使了 1992 年地球首脑会议及其他一些国际生态学会议的召开，并且进一步突出了对国际环境条件和变化趋势的具体的、可靠的数据的需求。

1993 年 7 月，由联合国粮食和农业组织（FAO）、联合国环境规划署（UNEP）、联合国教科文组织（UNESCO）、世界气象组织（WMO）以及国际科学联合会理事会（ICSU）联合发起了筹建 GTOS 的行动。到 1995 年，筹建任务基本完成，出版了长达 114 页的 GTOS 规划报告《全球陆地观测系统——从概念到实践》。根据这一报告，GTOS 将主要通过协调现有各实地和遥感网络的各种活动，开展对土地利用变化、水资源管理、污染和毒性、生物多样性的丧失及气候变化的观测，来实现对全球陆地动态的观测。

1996 年 9 月，联合国发起建立 GTOS 的 5 个国际组织的代表在罗马开会，宣布正式进入 GTOS 实施阶段，并在全球范围内选出 17 名专家组成 GTOS 执导委员会，由美国国家大气研究中心的 M. H. Glantz 博士任主任，来负责 GTOS 实施阶段的各项任务，中国科学院赵士洞研究员也被选为该委员会的委员。这次会议还决定 GTOS 实施阶段的工作由 FAO 负责，其秘书处设在罗马 FAO 总部的研究、开发和培训部。

GTOS 的目标是：为维持可持续发展，对陆地生态系统进行观测、模拟和分析，协助科学家和政策制定者获取有关陆地生态系统的信息，以使他们能够阐明并管理全球或区域尺度的环境变化。

陆地生态系统是人类食物和其他基本需求的来源，因此它是社会和经济发展的基础，它还在大气、生物地球化学和水文过程中起着重要的调节作用。然而，我们不知道，人类在何处、在什么时段、如何对陆地和淡水生态系统（包括海岸带）造成危害，甚至不完全了解这些生态系统在全球变化过程中的作用，特别是还不能回答有关持续发展的五个相关问题。

（1）食物和可再生资源：土地还能否再多养活 50 亿～60 亿人口？

（2）淡水：何时何地需求量超过供给多少便会导致国际性问题？

（3）毒素：是否会或将会对人类健康、环境和生态系统的解毒能力产生超极限的严重威胁"如果是，在何时、何地"？

（4）生物多样性：何地、何种生物资源有丧失的危险？这些生物资源的丧失将在哪些方面不可逆地损害生态系统功能或社会经济的进步？

（5）陆地生态系统：对应于全球大气、气候和土地利用的变化，陆地生态系统将在何时何地发生何种程度的变化？这些变化对其维持生命的能力将产生怎样的损害？

针对以上问题，GTOS 的中心目标是对全球或国家范围陆地生态系统的功能变化（尤其是功能衰减）进行监测、定量和定位并提出预警，以保持持续发展并改善人类生活条件。它将有助于提高我们对这些变化的认识。

这些目标的实现需要通过数据提供者和使用者之间平等而公正的合作。这种合作，既能满足国家政府的短期需要，也能满足全球变化研究团体的长期需求。GTOS 的重点将集中在受全球关注的五个关键的发展问题：

（1）土地利用变化、土地退化和受管理生态系统的可持续性；

（2）水资源管理；

（3）污染和毒性；

（4）生物多样性的丧失；

（5）气候变化。

GTOS 的目标还体现在进一步明确需求和克服现有的全球和地区观测系统的缺陷，而不应是仅为自己收集数据。尽管 GTOS 应帮助确定为改进观测和信息系统所需的研究，但研究不应是它的主要功能，GTOS 的主要功能是支持研究项目，并同 IGBP、国际生物多样性计划（DIVERSITAS）以及其他计划合作，进行相应数据集的汇编工作。

为了极大地提高我们理智地管理地球的能力，GTOS 提出了制订计划和开展活动的三个必须：

（1）必须是全球尺度的，即它的覆盖范围是广泛的（区域平衡和划分区域的），它所涉及的是全球性的现象及其特征或影响。

（2）必须提供从几年到几十年的长期连续信息，这个期限同全球过程变化速率一致，以便于及时敏锐地发现其动向。

（3）必须是一个综合的系统，在这个系统中各单独部分的信息值可相互叠加。例如，GTOS 的数据必须不仅能用于发现和描述各种变化，而且能用于认识和预测变化。

从根本上说，GTOS 的主要任务是向政策制订者、资源管理者和研究人员提供各种监测、量化、定位及早期预警陆地生态系统，支持可持续发展和改善人类生活的能力的变化情况（特别是能力衰减的情况），以及可帮助我们进一步认识这些变化的各种数据。具体而言：

（1）监测并认识陆地和淡水系统的全球和区域性变化（包括它们的生物多样性），以及这些系统对上述变化的响应和它们在造成这些变化中的作用；

（2）评价全球变化对陆地生态系统的各个组分和环境的影响及后果（即气候变化、污染物的循环和长期传输、人口的时空变化及其他人为原因的影响）；

（3）预测和预警陆地系统未来的种种变化及这些变化的后果；

（4）验证生态系统过程及其变化的各种全球模型；

（5）为制定政策和规划服务。

1996 年 12 月在罗马召开的 GTOS 指导委员会第一次会议上，进一步讨论明确了GTOS 的方向和任务，即 GTOS 所观测的陆地系统包括土地、淡水、生物区系和人口，其主要内容包括以下几个方面。

1）五个关键问题

（1）食物和可更新资源——还需要多少土地才能满足人类的需求？这些土地资源在哪里？

（2）淡水——定量或定性地说明在哪些地方和什么时候人们对淡水的需求将超过可供应量？超过多少？

（3）危险物质——有害物质在何处以及在什么时候将达到威胁人类和生态系统健康的程度？生态系统降解这些有害物质的能力有多大？

（4）生物多样性——何种生物多样性在何处面临丧失的威胁？生物多样性的丧失在何处将严重影响生态系统的功能？

（5）陆地生态系统——陆地生态系统在何处、何时以及如何改变对资源的利用、土地利用和大气（包括气候）变化的响应状况？这一状况将如何损害这些生态系统支持生命系统的调节能力？

2）三个重要特征

（1）就尺度而言，GTOS 必须是全球性的，即它必须覆盖全球，并且必须涉及一些本质是全球性的或者影响涉及全球的现象。

（2）GTOS 必须提供长期、连续采集的数据和信息，即保证在与一些全球过程出现所需时间相一致的几年至几十年的时间段里，连续采集数据，以便使我们能够准确、适时地预测这些过程不会的趋势。

（3）GTOS 必须是一个各种不同的信息相互补充的综合系统。例如，GTOS 采集的数据一定是不仅只用于监测和描述各种变化，而且有助于我们了解和预测这些变化。

3）GTOS 数据采集工作的四项基本任务

（1）判别并量化那些影响陆地生态系统功能和结构的自然和人为因子；

（2）确定上述因子在国家、区域及全球尺度上的重要性，以及这些因子间的相互关系；

（3）将人类活动引起的长期变化与一些短期的自然现象或干扰区别开来；

（4）为陆地生态系统未来可能出现的变化进行模拟和多学科综合动态分析提供帮助。

4）为了实现上述数据采集各种的四项任务，必须：

（1）自上而下地建立一个由具代表性的实地观测网络与遥感相结合的、可为实现上述任务提供关键数据的系统。

（2）将现有的各个监测网络和台站联系起来建成全球网络，并规范各种观测工作；改善一些观测站的装备和管理状况，或建立新观测站，以保证可充分地代表那些目前尚没有观测站，却具有重要意义，对环境变化很敏感的农业生态系统、生态群区和生态过渡带。

（3）通过制订国际上通用的数据采集、转换和自由交换各种可比数据的规程和程序，来建立国际公认的共享数据管理体系。

（4）支持各国观测系统的培训、项目申请和寻求资助等方面的各种努力。

5）成立工作组

同样在 1996 年 12 月在罗马召开的 GTOS 指导委员会第一次会议上，提出了初步的组织结构。为实施上述任务，会议决定成立以下几个工作小组，会后分别开展工作。

（1）计划实施组：主要研究如何实施由规划组提出的各项任务；

（2）选点组：主要研究在观测计划中如何更好地实现对生物多样性进行监测的问题；

（3）社会问题组：主要研究如何将与社会问题有关的各种信息融入 GTOS 观测体系的问题；

（4）地球科学组：主要研究如何使 GTOS 与地球科学更好地结合，特别是如何运用地球科学的各种最新成果，使 GTOS 更好地完成预期任务的问题。

6）GTOS 的核心工作

GTOS 的核心工作是建立了全球陆地生态系统检测系统（TEMS）。该系统以一个五层数据采样策略为基础，由地球上主要环境梯度的大尺度研究、农业和生态研究中心、试验站和大约 10 000 个采样点的网络系统组成。其主要目的是检验并阐述陆地生态系统特征、组成及格局变化，验证用来预测生态系统变化的模型。自 1996 年以来，GTOS 已经在回答以下五个关键问题上做了很多有益的工作。

（1）土地利用变化和退化对可持续发展有什么影响？按 2050 年人口为 120 亿，地球是否能生产足够的粮食来养活这些人口？

（2）什么时候对淡水的需求将超过供给，在什么地方？超过多少？

（3）气候变化如何影响陆地生态系统？

（4）生物资源丧失会不会对生态系统和人类进步造成不可逆的破坏？哪些资源正在丧失？分布在哪里？

（5）何时何地有毒物质会对人类和环境健康以及生态系统的排毒能力产生威胁？

第四节　其他全球观测技术

一、生态系统定点观测

1. 国际长期生态研究网络

国际长期生态研究网络（ILTER）成立于 1993 年，是一个以研究长期生态学现象为主要目标的国际性学术组织。ILTER 的目标包括：

（1）促进全球生态研究者和研究网络在局地、区域和全球尺度上进行协调、合作；

（2）提高全球所有观测点数据的可比性，并推动其交换和保护；

（3）向科学家、决策者和公众分发科学消息，改善全球生态状况等。

目前，全球已有 32 个国家组织参与了 ILTER 的网络工作，ILTER 也设立了覆盖全球主要区域的六大区域网络（东亚—太平洋区域网络、中东欧区域网络、西欧区域网络、非洲区域网络、北美区域网络和中南美区域网络），全球生态综合观测研究体系已经建立。

2. 全球 CO_2 通量网（FLUXNET）

FLUXNET 是由美国和欧洲科学家在建立了区域性 CO_2 通量网 AmeriFlux 和 EuroFlux 之后，于 1996 年发起的，旨在有效地联合全球 CO_2 通量研究者，共同研究全球范围内不同经纬度、不同生态系统模型 CO_2 通量的国际性研究组织。FLUXNET 项目受到来自美国能源部（DOE）Terrestrial Carbon Programme 项目与美国国家航空航天局（NASA）的经费支持，并负责组织协调项目的实施，归档来自区域网络的数据并建立数据共享网站。

FLUXNET 是由美洲网（AmeriFlux）、欧洲网（EuroFlux）、地中海网（Mede-Flux）、亚洲网（AsiaFlux）、澳大利亚与新西兰网（Oznet）、巴西亚马逊网和欧洲—西伯利亚网以及一些独立观测站点在内的多个地域性网站构成。它拥有 100 多个研究站点、近 40 个不同参数的网络共享数据库，其中 70% 的数据库包括降雨量资料，80% 的数据库包括有关植被类型资料，56% 的数据库拥有叶面积指数资料。其所囊括的植被类型也丰富多样，其中 70% 左右是不同的森林植被类型，这显示了各国研究者对森林生态系统在沉积 CO_2 方面的关注。

3. 美国国家生态监测网络（NEON）

NEON 是一个大陆尺度的研究平台，旨在发现与理解气候变化、土地利用变化、生物入侵对生态学的影响。NEON 计划收集关于生物圈系统对土地利用和气候变化的响应，以及地圈、水圈和大气圈对生物圈的反馈。NEON 是一个国家观测平台，不是区域观测平台的集成。其目的是通过互联网收集记录由分布式传感器网络观测的生态数据至少 30 年。NEON 计划使用标准协议，采用数据公开政策，通过多学科交叉，为美国解决遇到的生态挑战提供科学支撑。

无线传感器网络技术是指将传感器技术、自动控制技术、数据网络传输、存储、处理与分析技术集成的现代信息科学技术。它的传感器一般与小型计算机和无线发送装置集于一体，称做网络传感器节点。每一个节点一般置于观测对象的附近，或与观测对象直接接触，甚至埋于感兴趣观测对象当中，可以获得关于观测对象的图像、声音、气味、震动等物理、化学、生物学特性。人们可以通过手机、因特网等无线通信技术控制传感器开启或关闭，获得各种数据，对所获数据进行显示、储存或分析，并提供网络传输到数据收集中心。它的发展及其广泛应用前景主要归因于传感器技术的小型化、智能化、廉价性和数据无线传输的可能性。网络传感器节点置于野外，自己就能寻找附近的同类传感器网络节点，实现相互间的物理通信、指令和数据传输，并自动构建物理拓扑。其中之一不工作后，节点间可以自动跳接到其他工作的节点，最后传到一个总站。每一个节点既有位置，又有相关的环境特征数据。在战场上这类技术有很大的应用潜力。此外，在紧急状态下，如森林大火，无线传感器网络技术大有应用潜力。当火势凶猛、范围扩大、火力逼人时，不可能把有限的火警力量处处投放进去，因此火警往往无法实时掌握火的前沿和活火范围。这时把传感器网络节点往火里布撒，撒在不同的位置，被烧掉的可能马上失灵，没有被烧掉的随着火焰向它逼近，就可以测得活火蔓延的具体情况，帮助控制大火的决策。

二、两极科学计划及变化探测

1957/1958 年国际地理物理年标志着南极考察从探险时代转入科学考察时代，其极地研究的科学宗旨指导了之后近半个世纪的研究分析。国际两大全球变化研究计划"世界气候研究计划（WCRP）"和"国际地圈-生物圈研究计划（ICBP）"已制订、实施了一批与极地科学相关的计划，如"气候变化和预测研究（CLIVAR）"、"气候与冰冻圈（CliC）"、"平流层过程及其在气候中的作用（SPARC）"、"全球能量和水圈实验（GEWEX）"、"北极气候系统研究（ACSYS）"等。为了适应国际全球变化研究计划对南极和北极地区的科学需求，国际科联（ICSU）南极研究科学委员会（SCAR）与国际北极科学委员会（IASC）联合发起了"全球变化与南北极系统研究计划"，其优先科学领域是：①极区大气-冰-海洋的相互作用和反馈；②极区陆地和海洋生态系统；③极区古环境记录，冰架和冰川；④极区大气化学和空气污染；⑤极区人类活动对全球变化的作用。

在极区探险和监测全球变化方面（卫星遥感和地面观测），这些计划的实施使对极地本身的科学认识得到加深，并显示出极地在地球科学系统中的特殊地位和重要作用。由 ICSU 和 WMO 发起的于 2007～2008 年实施的第四次国际极地年计划，已经把极地科学作为地球系统科学的重要组成部分。

IPY 2007～2008 年中国行动计划中，中国提出的 PANDA 计划被列为了核心计划。IPY 2007～2008 年期间的主要科学计划包括：AGAP（南极甘比采夫山脉省，起源、演化和甘比采夫冰下高地，探询未知区域）、ANDRILL（南极地质钻探，南极大陆边缘钻探，探询全球环境变化中南极的角色）、Rift System Dynamics（西南极断裂系统及其与西南极冰盖稳定性的联系）、Plates and Gate（板块构造和极地海洋通路）、IDEA（南极风能冰岭计划，横穿南极科学断面考察）、POLENET（极区地球观测网络）、USGS（美国地质调查局集成研究）、ACE（南极气候变化）、ICEAP（南极板块的寒区演化研究）、ANTPAS（南极冻土和土壤）、PANDA［普利兹湾、艾默里冰架、冰穹 A 综合观测（中国承担）］、SALE-UNITED（南极冰下湖环境-统一的国际探索和发现研究队伍）。

第十四章　地球科学虚拟与全球可视化网站

第一节　地球系统的虚拟与可视化表达技术

虚拟地球（Virtual Earth）技术是用电脑将地球用二维（平面）、三维（立体）及四维（动态立体）进行可视化表达的技术，是地球科学方法的一次突破。虚拟地球的出现，使人们能够更加方便、更好地理解地球系统。

虚拟地球是指电脑网络，以数字化方式构成的二维、三维及四维表达的地球系统的现象与过程的模拟技术。Google Earth，Google Map 不仅是 0.5m 空间分辨率的影像地图，可以看每一条街道、马路、路上的车子、宾馆、医院、学校的位置状况，还可以看到立体的地形、地物、树木、房屋等真实的形状，而且还能看河水流动、海浪波动、云雾漂移、马路上的车流和活动街景。Google Earth 不仅可以看到地表的一切，而且还可以看到地下水（海）下的一切，而且还可以是动态的，如地壳构造、岩性、矿床分布、地震活动、火山活动等动态状况；湖泊、海洋的波浪，洋流、水团、漩涡、盐度、温度的时空动态分布，海底地形及地质构造，海洋生物及海底火山，地震、海啸的活动，还有海底能源及矿产分布等，不仅是立体的，而且还可以是动态的。总之，有什么资料，包括物探、钻探及深潜资料就可以用电脑对其进行模拟来表达，还有 Google Sky 将人们难以想象的大宇宙的一切，包括恒星、银河系、黑洞、宇宙射线、暗物质等都可以用立体形象化表达，使人们更容易理解和认识。这就是虚拟现实（Virtual Reality）。实际上它可以模拟现实存在的一切，也可以虚拟科学推理，尚未存在称为现实的一切，仅仅是一种有科学依据的科学幻想，如科学幻想小说、科幻景象。它可以成为现实，也可能不能成为现实。但地球科学方法中的虚拟现实，都是有科学依据的科学推论，如科教片《侏罗纪公园》、《恐龙世界》等都是虚拟现实的技术产品。很多有关地球历史的科教影片，都是属于这种性质的。

一、Google Earth 和 Google Map 方法

Google 公司 1998 年成立，1999 年推出 Google Earth。它收购了 Globe 公司的 QuickBird 商业卫星数据，为美国 38 个城市，英国、加拿大提供了 0.6m 高分辨率的遥感数据，为北京、新德里等全球主要城市提供 1m 的 IKONOS 遥感数据。Google Earth 通过计算机网络提供全球的高分辨率的遥感数据。Google Map 提供全球的在线的地形图、专题地图数据，引起广泛关注。它的核心技术是"搜索引擎"，方便而又快捷。它约拥有 60% 全球面积的数据，同时还提供免费邮箱，无偿提供在线的遥感数据，它的用户超过 15 亿。Google Earth 和 Google Map 的手机版的搜索界面，只待 3G 启用和智

能手机的普及，就可以正式运行。一旦手机上网后，遥感影像和地图就将在手机上可以提供服务。Google Earth 和 Google Map 为地球科学方法提供了先进的手段。

Google Earth 软件是由 Key hole 公司开发的 Key hole Earth System 开发的。2001年发布，最早称为：Key hole Earth viewer1.0 window 版本，能管理 TB 级的卫星影像数据库，用户可以通过网络浏览多分辨率的卫星影像、航空影像和 3 级地形数据。2004年 Google 公司收购了 Key hole 公司，于 2005 年开发了 Google Earth 系列软件。它利用宽带技术与三维可视化技术，整合多源卫星影像，航空影像与电子地图，能为用户展现一个三维虚拟地球，并提供诸多人机交互功能，如距离和面积量测、地名标注与图片上传等。同时它还能提供一些城市的高分辨率的影像，目前提供 4 个版本：个人免费版、个人增强版、专业版和企业版。个人免费版在支付一定费用后可以升级到 Google Earth Plus，同时还推出了云计算平台，支持 20 万台 PC 机联网运作，能支持多种数据，包括三维数据的集成、组织、管理、压缩、比例尺变换、目标提取等操作，并在 KML 的支持下，各种类型的用户均可在 Google Earth 平台上进行应用。

二、Arc GIS Explorer

ESRI 公司的 Arc GIS Explorer 是无偿的虚拟地球浏览器，可提供多分辨率的虚拟地球，包括 2D、3D 地理信息浏览，不仅可以显示影像，地形和地球数据，还可以交互，叠加地反映地表细节的变化，浏览全球 3D 无缝数据，完成 GIS 的分析任务，进行多种数据的融合和多种输出格式。

三、ESRI 的 Arc GIS Explorer

这也是无偿的虚拟地球浏览器，可提供多分辨率的虚拟地球，包括 2D、3D 地理信息浏览，不仅可以显示影像、地形和地理数据，还可以交互、叠加地反映地表细节的变化；使用 Arc GIS Explorer 可以浏览全球 3D 无缝数据，可以完成 GIS 的一般分析任务和一定的分析功能，还可以进行多种数据的融合和多种输出格式，这是它的特点。

四、Glass Earth 方法

Glass Earth 方法是由 A. Austral 与 2003 年的政府组织 Geo-Science Australia 和 CSIRO 公司合作开发的"四组地图"技术，包括地表的三维地形与景观，地下的岩石、构造、矿床的立体图像，深度大约为 1km，同时也包括海洋 1km 深处的物理、化学、生物、地质、地貌的立体分布及其动态变化。

Glass Earth 方法的战略目标是：

（1）研究开发下一代的矿床探测技术；

（2）对地壳表层内和基岩下的地质过程加强理解；

（3）发现新的矿床理论和预测矿床的模型；

（4）研究并理解海洋 1km 深部的地质、地貌、物理、化学及生物特征。

Glass Earth 是 Australia（2003 年）政府组织 Geo-science Australia 和 CSIRO 公司合作开发的具有数据四维地图（三维立体空间，第四维为时间）特征的地壳上地幔平台，包括地表三维地形与景观，地下的岩石、构造、矿床等立体分析，深度大约为 1km。同时，它将高光谱遥感数据及地表矿物制图叠加与地表之上，加上重力、磁力的航测数据、3D 地震探测数据等，进行找矿分析，获得了很好的效果。

五、开放的三维虚拟地球系统（Word Wind）

该系统是由 NASA 开发推出。用户可以在平台上随意漫游、缩放、查找地名和行政区划等，并自带了一个插件功能，可以任意扩充，查找各地所需数据，主要是 USGS 库中的数据。该平台采用了等经纬度的球面分析模型，用户可以通过 KML 灵活进行各种应用。客户端软件是一个开放源代码。

六、全球制图者（Global Mapper，GM）

GM 是基于 Google Earth 和 ENVI（环境卫星）开发的全球性区域遥感和地理信息融合、分析及服务的技术系统，具有一整套针对专业遥感图像数据标志和处理、分析及高度兼容的图像处理格式、定义、协议的全球自动化制图系统，具有速度快、精度高、操作简便、兼容性强、可扩充和面向公众服务的特点，并能满足保密要求，可用于局域网与微机的环境，也可用于互联网环境。Google Earth 提供了全球展示之能力，ENVI（欧洲环境卫星）提供遥感数据。GM 对两者进行了融合，并充分发挥了两者的优势具有高度的技术、数据的融合，高度模块化和支持单机、局域网、互联网等不同环境中应用和高度自动化，高度安全可靠性等特点。

七、全球分析者（Global Analyst，GA）

GA 运用全球尺度的空间分析，具有 GIS 的主要功能，它使用了云计算、可伸缩构架和多语言混合编程技术，使得 RS 与 GIS 技术高度融合和一体化、并在国际标准化的地理信息服务规范和标准上进行了扩展，和通过服务链提供各种自动化的服务，满足全球用户的要求。GA 在云计算方面，可以将其核心剥离独立，形成独立的、通用的云计算平台，充分发挥网络分布式运算的自动调度功能，提高了自动化的计算能力。

八、Microsoft 公司的 MSN Virtual Earth

从 2005 年开始，Microsoft 也提供了 Google Earth 服务，与 Google Earth 基本相似，无偿提供全球遥感影像数据。其区别是 Google 提供自己的浏览器客户端，而 Microsoft 则直接将 Virtual Earth 嵌入 IE 浏览器中，因此它不如 Google Earth 方便，而且在 PC 上只能看到小部分的全球数据和图像，不如 Google Earth 实用。MSN Google Earth 的特点是提供地理信息服务，方便用户查询，包括地图和地理信息，但时效性较差。

九、开放式虚拟地球集成共享平台（Geo Globe）

这是由武汉大学测绘遥感信息工程国家重点实验室开发。该平台是将三维虚拟地球技术与地球信息服务技术相结合的开放式三维可视化平台，它集中了全球空间数据模型、数据调应、网络传输共享集成、可视化等技术的平台，并具有开放式的服务体系架构。该平台通过三维虚拟地球，专业地理信息系统互联互递与互操作方法，建立了异构空间数据结构与模型的映射关系，设计了两者之间的多层次访问、协同，实现三维虚拟地球与专业 GIS 之间的信息共享；并基于 Web Service 技术可以将 NASA World Wind 的处理服务软件结合起来，建立虚拟的服务链，也可以在 Geo Clobe 上显示。该平台可以将全球分布的各种异构的虚拟地球的数据，各种空间信息处理与地学分析软件，领域模型，在网上进行集成，实现协同服务与在线共享。

十、Skyline 公司的 Skyline Globe

Skyline 公司于 2006 年 10 月推出了 Skyline Globe 的虚拟软件，它的 Skyline GlobeAPI 也是无偿提供的软件，但 Skyline Globe 的商业包是有偿的，它的功能和 Glass Earth 相似。Skyline Globe 的系列有：

（1）Skyline Terra Suite 提供卫星航空遥感数据、DEM 数据以及它们的 2D、3D 矢量数据建模和应用软件，并提供场景浏览、规划、查询和分析等应用功能，适用于资源环境调查，城乡规划和房地产规划等。

（2）Skyline Globe 三维数据地图服务，无偿提供一套完整的、可自己使用的三维可视化数字地球系统，并可以在无线、离线及移动环境下运作，还可以将 Skyline Globe 的工具集嵌入到自己的解决方案中去，支持桌面 GIS。

十一、Leica 公司的 Leica Virtual Explorer V3.0

Leica 公司与 2006 年推出了 Virtual Explorer V3.0 版本，创造 3D 可视化的标准及浏览，转换地球成为清晰和空间位置准确的数据现实，它可将遥感影像 DEN 和 GIS 等无缝整合，快速打造三维景观。用户的数据也能通过网络协议的方式共享，从而进行相对浏览、聊天、网络会议，场景还可以加入 GIS 数据和客户化 GIS 数据层。

1. Virtual Earth 平台

Virtual Earth 平台是一系列的集成服务，这种服务结合了独特鹰眼，航空航天影像和地图、地址和搜索功能，它可以为商业提供创新的解决方案，为客户提供突破性的体验。利用 Virtual Earth 平台，公司可以为用户创建一种轻松查询、可视商业数据和相关信息的体验。将 Virtual Earth 平台集成到你的网站和应用上，可以提高水平，为用户提供更高级的视觉体验。

2. Virtual Earth 平台体系

Virtual Earth 平台体系包括以下几个方面。

（1）鹰眼图像：对世界上的位置提供鹰眼视图，可以让观察者看到当前的真实情况；

（2）航空和卫星影像：从最好的图像提供商获取高分辨率航空和卫星图像；

（3）动态地图：轻松读取，精确的地图和影像，可以帮助你很容易找到位置；

（4）流畅的用户体验：利用 AJAX 技术，快速进行拖拽、放大缩小操作；

（5）定制静态地图：可以用超过 30 种地图样式进行定制地图，并利用网络服务动态的生产地图；

（6）地理编码：利用最高质量的地理编码器，获得最精确的位置；

（7）驾驶方向：利用步步说明提供最优化的驾驶方向；

（8）临近度查询：可以根据距离选择位置的临近度返回临近区域列表；

（9）灵活、标准的 API：利用面向服务架构（SOA），通过我们的 SOAP 和 JScript 支持多种平台；

（10）客户服务网站：管理服务、存储和处理数据，产生可以和商业智能应用结合的灵活报表。

3. Virtual Earth 平台面向服务和架构

Virtual Earth 平台面向服务和架构使得商业机构可以不必在复杂的 GIS 解决方案中投资过多，而简便高效地将位置服务集成到商业过程中，不需要建立昂贵的服务器基础设施或者从个人提供商那里购买图像、地图数据或内容层图。公司可以用 Virtual Earth 平台获得以下服务：

（1）可视化服务：公司可以通过鹰眼图像为客户提供视觉的商业信息，并快速简便地发现相关信息；

（2）空间服务：公司可以为客户提供步步驾驶方向说明，灵活的地理编码和临近查询；

（3）数据管理服务：Virtual Earth 提供客户感兴趣点（POI）数据存储和批量服务，数据库可以存储数百个可以查询的属性。

4. Virtual Earth 解决方案

Virtual Earth 平台的设计为很广泛领域的客户、公司和政府提供了应用。下面的一些例子使用了相同的核心技术，并且很容易在组织中进行部署。

（1）网站商店定位器——Virtual Earth 平台最广泛的应用之一，为网站提供商店或机构定位器，处理 Virtual Earth 平台强大的地图和地理编码功能，它还能提供基于地图的查询。鹰眼图像结合拖拽地图，可以让网站访问者在前往真实的地点前查询和观看。

（2）信息门户——基于地图的动态查询是信息门户的必须应用，Virtual Earth 让公司集成位置相关信息创建增值服务。

（3）旅游门户——通过将鹰眼图像和强大的地图能力结合，公司可以将虚拟旅游和旅游规划作为网站的一部分，可以获得扩展的感兴趣的数据集，如旅游、饭店和其他内容层，可以增加客户忠诚度，客户可以不离开旅游门户网站，查询相关信息。

（4）移动位置服务——当客户移动的时候，企业可以为客户提供可以查询的电影院、商店和其他位置联网的无线设备。Virtual Earth 平台可以给客户的无线设备发放驾驶方向和航空影像。

（5）呼叫中心应用——Virtual Earth 平台可以集成呼叫路径机制，呼入的请求可以利用位置定位，如销售区域。另外服务代表可以提高针对位置的信息，如客户报告丢失的电话，服务人员可以分析问题的原因。

（6）路径/资产追踪——Virtual Earth 平台可以用来将高质量的路径和地图集成到资产追踪应用，如检测投递卡车或安装者。鹰眼图像可以让投递司机在到达目的地之前看到它，从而缩短了投递时间，企业还可以应用 Virtual Earth 创建多达 50 站的路径。

5. Virtual Earth 实例——Windows Live Local

Windows Live Local 是微软发布的基于 Virtual Earth 开发地图搜索服务网站，可以在 Http：//Local. Live. com 访问它。

2006 年 11 月初，微软对网站进行升级，发布了 Virtual Earth 3D，它是基于 Microsoft Live 搜索引擎的一项个性化服务。它的发布让 Microsoft 跟 Google 的竞争再次升级，从搜索引擎、E-mail、即时通信再到在线 Office 套件。如今微软公司发布了 Virtual Earth 3D 最新 V1.1 Beta 的软件服务，意在挑战 Google Earth。该地图不仅包括常规地图、卫星航拍地图的检索功能，还可以用 3D 的方式浏览地球上的任何一个地方，就如同 Google Earth 一样。只要进入 Windows Live Map 之后，切换到 3D 检视就能够使用，并且是在浏览器里面直接执行，可以用 B/S（浏览器/服务器）模式。在 Virtual Earth 3D 里面目前已经有十多个城市能够看到 3D 的建筑物，如 San Francisco、Seattle、Boston、Philadelphia、Los Angeles、las Vegas、Baltimore、Dallas、Fort Worth、Atlanta、Denver、Detroit、san Jose、Phoenix 和 Houston 等。除此之外还有很实用的小功能，如线路查询、交通状况查询、用户所在区域导航以及虚拟广告牌等。

目前 Virtual Earth 3D 作为 Microsoft Live 一项个性化服务，利用通过 Windows Live Site 进行浏览，需要 IE6 或者 IE7 的支持。该款 Virtual Earth 3D 可以呈现完整交互式的三维图片，通过一个可下载的插件，目前使用者可以浏览美国 15 个主要城市的全方位 3D 图片。微软公司计划在 5 年内扩展到全世界范围 5000 个左右的大都市，目前这点 Google Earth 已经相当成熟了。Virtual Earth 3D 的下一步计划就是能够完整呈现出美国主要城市的街道甚至商店标识，可以直接通过地图浏览整个美国主要城市。微软公司的终极目标就是让 Virtual Earth 3D 和在线个人商店进行整合，让你可以坐在家里就享受整个逛街过程，最后购买需要的商品。

1）界面清晰，浏览易操作

Virtual Earth 的背景继续沿用非常漂亮的极光蓝，与其他 Windows Live 产品色调一致。界面设计清晰简洁，界面布局采用上下框架，顶部框架为搜索框，提供对商业公司、寻人、地图搜索功能；下框架嵌套左右子框架，左侧为功能扩展区域，对搜索、菜单功能的进一步详细描述，右侧则是 Virtual Earth 3D 的主要操作区。总的说来，功能操作上跟 Google Earth 非常相似，所以，相信大家上手应该是没有什么问题。

除了可以使用固定在地图左上方的控制手柄之外，还可以直接利用鼠标快速完成一些简单任务，比如对地图的放大、缩小，既可以通过双击的方式手动放大鼠标所在区域，还可以通过控制手柄的加减号或者比例调节杆来控制，或鼠标的滚轮操作实现，整个地图的缩放操作十分方便。同样地图的移动功能，只需鼠标在地图上拖拽，相应的画面便会随之发生变化，整个拖动过程颇具动画效果，使用起来感觉十分逼真。

2）多演化地图演示

Virtual Earth 3D 从空间角度给出了 2D、3D 两种演示形式；从地图载体的角度可分为常规地图、卫星航拍地图、强两种混合三种模式。

以上两大类的浏览方式进行组合，在处理自己的卫星地图不丰富这个缺点时，它很巧妙地将航拍图片和卫星地图结合了起来。当地图被放大到一定的精度时，控制手柄中的"航拍模式"便被自动激活了。

微软这样的设计既丰富了地图软件的视觉效果，又满足了用户不同习惯和需求，并且依托 AJAX 等时下流行 WEB 技术切换起来十分迅速。

3）3D 视图模式

3D 视图可以说是 Virtual Earth 3D 最有特色的功能了。与航拍模式不同，3D 视图下的每个建筑物，都是电脑根据实际尺寸自动渲染合成的。不仅可以任意改变观看的角度甚至还可以清楚地知道建筑物之间的比例，而这一点正是卫星图和航拍图永远也无法达到的。

4）3D 控件安装方法

用户可以通过"6. 相关资源"中的高速下载链直接下载安装，也可以通过以下方式下载安装，要求操作系统为 Windows XP SP2、Windows Server 2003 或者 Windows Vista。

单击控制手柄上方"3D"按钮，IE 会提示下载 3D 插件。当插件安装完毕后，Virtual Earth 会首先弹出一个选择页面，选择 3D 的渲染级别，这个选项的含义非常简单，从左到右分别是"最低精度"、"中等精度"和"最高精度"，而它们之间的区别除了效果不同之外，对计算机的要求也越来越高。

5）3D 视角的随意切换

由于 3D 视图中的建筑物都是计算机实时渲染出来的，因此就可以随意切换视角。在 3D 视图模式下，画面中除了原有的控制手柄之外，还多出了一个指针罗盘，这正是 Virtual Earth 在 3D 视图下所特有的视角控制器，使用鼠标就可以方便地切换不同视角。

除了上面这种任意切换视角之外，Virtual Earth 还设有俯视、斜视、水平三种默认视角，被顺序地放置在控制手柄上，使用起来十分方便。

6）其他特色功能

除了上述这些功能外，Virtual Earth 3D 附属功能也不比 Google Earth 差。除了最基本的搜索功能，它还有一些十分实用的小功能：线路查询、交通状况查询、用户所在区域导航以及向虚拟广告牌等。

（1）线路查询：单击"driving directions"按钮后，Virtual Earth 便会在页面左侧打开一个对话框，只需将起始地点和目的地出入其中再选择是时希望查询最短行驶时间还是最短路程之后，单击"get directions"按钮即可开始查询，便可看到查询的详细信息，或者参考线路的详细信息，最后结果的线路信息会用一条醒目的颜色标识出来。

（2）交通状况查询：交通状况查询"Traffic"，就像本地交通电台播报路况信息一样，Virtual Earth 上也提供一些事故通报、交通流量速度等路况信息。其中，事故通报的颜色非常醒目，在图中一眼就能看到，只要将鼠标指在通报图标之上，就能看到它的全部详细内容。遗憾的是，该项功能还仅能在美国的一些城市使用，要想全球化不是件容易的事情。

（3）用户所在区域定位：微软提供用户当前所在区域定位功能，通过下载 Location Finder Active 控件，可以通过 WiFi 访问节点或 IP 地址精确定位，前者通过 ActiveX 控件定位较后者更为准确。

（4）虚拟广告牌：除了一些常用的地图服务功能外，微软还在这些城市 3D 建筑物上设置了虚拟广告牌，这是一个特色服务，微软可借此在虚拟世界中卖广告，在领略了微软 Virtual Earth 3D 丰富功能之后，确实为它赞叹不已。新技术、新概念的应用给了它更为广阔的发展空间，脱离了应用程序的束缚。虽然在业界 Google Earth 已独占鳌头，但 Virtual Earth 3D 创新 3D 视图模式还是给我们留下了很深的印象。不足之处是 Virtual Earth 3D 的核心功能仅限于美国本土的十几个大城市，资源有待进一步补充（包括多语言版本）。

6. 相关资源

（1）Http：//www. viavirtualearth. com/，介绍 Virtual Earth 使用的网站，包括介绍文章、论坛、博客、资源、Virtual Earth 开发的网站集锦等；

（2）Http：//www. mp2kmag. com/，Map Point 杂志；

（3）Http：//blogs. msdn. com/viavirtualearth/，开发者博客；

（4）Http：//www. viavirtualearth. spaces. msn. com，Virtual Earth MSN 空间，通常发布最新的 Virtual Earth 更新和相关的信息。

第二节　外层空间虚拟与可视化表达

Google Sky 提供了 JPL 和英国天文技术中的 Moon、Mars 宇宙星空的约 1 亿颗星球的数据。

1. Google Sky

Google Sky 是 Google 推出的可以观看数百万光年以外的遥远星系，可以浏览和放大约 1 亿颗恒星和 2 亿个星系。

1）历史背景

2007 年 8 月，Google 为其地图服务软件 Google Earth 推出了一个可让用户"遨游"太空的名为"Sky"的软件，其实它就是一个虚拟的太空望远镜，它可以带领人们遨游浩瀚无边的太空。

2）数据来源

Google Sky 提供的图片清晰程度绝对令人吃惊，它们均来自美国航空航天局哈勃太空望远镜、太空望远镜科学研究所、"斯隆数字巡天"项目以及数字太空观测协会。与 Google Sky 这次合作的科学和学术机构还包括 NASA、英国天文学技术中心、盎格鲁澳大利亚天文台等天文机构。它可以让用户遨游太空，并放大观察 1 亿颗恒星和 2 亿个星系。网民可以欣赏到的这些外太空特写绝对令人不可思议（整个宇宙被认为包含了至少 1250 亿个星系，其中每个星系包含了大约数千亿个恒星）。

（1）哈勃太空望远镜高约 45 英尺，重约 25 000 磅，运行超越已知的宇宙边缘，解开人类尚未知悉的太空秘密。哈勃太空望远镜解析度极高，若将之置于纽约世贸大楼上，它将能看到华盛顿纪念碑上的铜板。哈勃望远镜是为了纪念提出宇宙膨胀论的天文学家艾德文·哈勃而得名，可以透过哈勃太空望远镜，观察足以改变宇宙诞生过程的伟大景象。哈勃望远镜利用导向系统瞄准已知恒星，并准确地追踪天体，让我们看到行星的变化，感受到彗星撞击惊人的破坏力，了解恒星诞生的环境及过程，也让我们目睹了黑洞形成及吞噬物质时的景象。它帮助天文学家从事科学计划，发现类似地球的行星，分析它的大气层，寻找生命迹象，并推算出大爆炸发生的时间。哈勃太空望远镜观察宇宙，提供人类全新视野的伟大贡献，是美国太空望远镜科学研究所的"功臣名将"。

（2）斯隆数字巡天（Sloan Digital Sky Survey，SDSS）是位于新墨西哥州阿帕奇山顶天文台的口径为 2.5m 望远镜进行的红移巡天项目。该项目开始于 2000 年，以阿尔弗雷德·斯隆的名字命名，计划观测 25％的天空，获取超过 100 万个天体的多色测光资料和光谱数据。斯隆数字巡天的星系样本以红移 0.1 为中值，对于红星系的红移值达到 0.4，对于类星体红移值则达到 5，并且希望探测的红移值大于 6 的类星体。

3）产品特点

浏览器版 Google Sky 允许使用者放大、缩小、平移和旋转天体；搜索行星和星系并在红外线、X 光、紫外线和微波条件下欣赏太空景色。除此之外，浏览器版还为用户准备了大量图库，里面都是哈勃望远镜以及其他太空望远镜拍摄的品质最佳的照片。值得一提的是，用户还可以一边听 Podcast，一边欣赏历史上拍摄的著名天空图片。

（1）换个方式看天穹：根据发布方的介绍，最新推出的 Google Earth4.2 是这款软件的终极版。它的主界面和原来基本一样，但在菜单条的"视图"栏里，加了"切换到 Google Sky"新选项。进入 Google Sky 后，使用者观看世界的角度全变了。如果说 Google Earth 在卫星照片的帮助下，让用户站在太空观望地球，寻找自己的家，那么

Google Sky 就是通过和大型天文望远镜的合作,让用户站在地球上观望太空,在苍茫的宇宙中寻找自己的家。当然使用者看到的也不是肉眼所呈现的视觉效果,而通过射电、红外线就能看到更为清晰的宇宙。

(2) 一边玩一边学:Google Sky 为用户提供了许多种玩法。最简单的是在宇宙星系做一个虚拟的旅程,比如你可以从第一颗被发现的银河系外星"小熊矮行星",一下子旋转到银河系,或者你也可以观察一颗新星是如何发育变成超新星的。此外,Google Sky 还提供了 2 万个宇宙星体的科学解释。只要点一下鼠标,就可以了解 2 万个行星、恒星、星系、星群、彗星的具体名称,什么时候被发现的等各种信息。所有 Google Sky 上的信息都出自权威天文学家之手。在"分类"一栏中显示了其他的学术知识。和 Google Earth 一样,个人和机构可以通过"分类"的设置,将不同的图像、评注、地标及其他数据添加到自定义栏目中。而 Google Sky 本身就已经自带了不同的类别,非常方便查找,其中大类有"星群"、"后院天文学"、"银河导图"、"哈勃专列"、"月球"、"行星"、"恒星诞生"几个不同分类,大分类下还有小分类,比如在其中一个类别里,一位天文学家介绍了所有已知的含有行星的几十个恒星系的状况。而在"月球"一项中则有"月球运行介绍"和"月球在运行"两个小项,单击后者,可以观看月球如何在宇宙中运动,再细分下去,甚至可以看到近期内每小时月球所处的方位。而在"哈勃专列"中的栏目则更多了,单击"黑洞和类星体"栏,找到目前用该望远镜发现的所有黑洞,比如双击其中的 NGC7742,右侧画面就会快速旋转到那个黑洞所处的宇宙方位上,出现一个巨大的、内核为巨大光源的漩涡。Google Sky 是由 Google 在匹兹堡的引擎开发办公室负责的。他们表示,这个项目把 Tera 字节计算的图形和其他数据"缝纫"起来。Tera 字节也就是 100 万兆字节,每一 Tera 字节大约可以装下 100 万本书。

(3) KML 语言是核心:目前的 Google Sky 属于 Google Earth 技术,它的语法是 KML 格式的,这是 Google Earth 的核心语言。KML 语言是建立在 XML 语言基础上,可以用来显示 Google Earth 的移动地理数据。普通网络浏览器的文件格式都是 XML,而处理 KML 文件格式的 Google Earth 也同样可以看成是一个浏览器,只不过显示的内容是由 KML 文件呈现的。KML 语言却可以在应用程序里展现三维的地理数据。

(4) 更重要的是,其他软件虽然也允许用户探索太空,但它们通常只是把天文照片叠加起来,展现恒星和银河的状态。Google Sky 的工作才是太空的真正图像,所有的都是真实的。华盛顿大学的康诺利(Andrew Connolly)也参与了 Google Sky 的建设。他表示,与其他太空浏览软件不同,Google Sky 将太空的数据组合的"天衣无缝"。"最独特的是,你能看到天空中不断流动的所有图像数据。我可以看到天上覆盖最多的东西,比如我们的银河系,我也可以滚动鼠标,拉近镜头看到远方一个正在形成的银河。"

4) Google Sky 服务

Google Sky 服务有 13 种语言的版本。

5) Google Sky 的用途

通过 Google Earth 里面的 Sky 服务,可以看到这些天体在太空中的位置,包括它们位于哪个星座，而且你能去探索周围空间的星体。而这一切的探索并不需要你有什么天文基础。目前 Google Sky 上面收集了 125 张哈勃望远镜传回的照片，以后还会挑选适当的照片添加进来。Google Sky 的开发人员下一步希望能和美国国家光学天文台和 NASA 展开合作，以便为 Google Sky 提供更多的图片。Google Sky 网页上提供了三类星空信息，一个是红外线，一个是微波，还有一个是历史记录。与谷歌地图一样，用户可以对图像进行放大缩小观看。

2. Google Mars

罗杰·海菲尔德 2006 年 2 月 14 日在美国《基督教科学箴言报》上发表了一篇名为 *Google Mars* 的文章，声称在 Google Mars 软件（marsgoogle.com）的帮助下，人们可以在高空鸟瞰这颗红色星球上高耸的山峰层层叠叠的峭壁和蜿蜒的峡谷，参观奥林匹斯大火山（其高度是珠穆朗玛峰的 3 倍）和火星大峡谷如同火星的一道裂口或"伤口"，足有火星周长的 1/5，约 2500mi（相当于纽约到洛杉矶），厚 4mi，十分壮观！

尽管 Google Mars 的分辨率不如 Google Earth，但火星的地貌特征还是十分清晰的。火星的影像是一幅巨大的马赛克般的巨大拼图，由亚利桑那州立大学和 JPL 将火星的 17 000 多幅照片精心拼合而成，该照片是由亚利桑那州立大学研制的热辐射成像系统完成的。该系统是一种多波段太空照相机，被安装在美国 NASA 的火星奥德赛探测其上拍摄的。此外，Google Mars 还采用了"火星环球探测者"的探测器发回的信息，它不仅提供了火星白天的景象，而且还提供了火星夜晚的景象，气温较低的地区呈现的色调要暗一些，而温暖的地区色调要浅一些。火山影像的空间分辨率为 750foot。一直以来，生活在地球上的我们就对火星有着无限的遐想。从 19 世纪美国著名天文学家 Percival Lowell 绘制的火星表面图，到无数描述火星的书籍和电影，人类在千年里一直关注研究着我们这个太阳系的近邻，对它充满着幻想。经过和美国国家航空航天局学者 Noel Gorelick、亚利桑那州立大学的 Michael Weiss-Maiik 的共同合作努力，把 Google 地图技术和到目前为止一些最详尽的火星表面资料图整合起来，发布了 Google Mars（Google 火星）。可以用三种不同的方式来浏览这个红色的星球：

（1）火星的高低立视图（Elevationmap），用不同颜色标注了上面的山峰（Peak）和峡谷（Valley）；

（2）一个世纪视觉图，显示你的肉眼能够真实看到的东西；

（3）一个红外视觉图，让你看到肉眼可能遗漏的地方。

1969 年 7 月 20 日美国国家航空航天局的阿波罗 11 号飞船成功登上了月球，称为人类探索宇宙的新里程碑。为了纪念这一天，2005 年 7 月 Google 推出了 Google Moon，它是 Google Maps 和 Google Earth 的一个扩展，由 NASA 赞助影像，使用户能够在月球表面肆意遨游，并查看阿波罗宇航员登陆的精确位置。在最大显示率下可以轻松地看到月球表面的环形山和起起伏伏的表面岩石层。在阿波罗飞船落脚点还给出了着陆时间以及登陆人员的姓名等信息。

第三节　全球夜间光亮的可视变化表达

夜间光亮影像数据是由美国国防部气象卫星计划（Defence Meteorological Satellite Program，DMSP）收集的。美国自 1965 年发射了第一颗 DMSP 卫星开始，已跨越了 40 多年，卫星发展也经历了七代，发射了 40 余颗，平均一年发射一颗。目前有 4 颗卫星服役，分别为 DMSP F14，DMSP F15 和 DMSP F16，以及于 2006 年 11 月 4 日发射升空的 DMSP F17 卫星。

DMSP 卫星上共有七个传感器，其中最主要的是实用线扫描系统（Operational Linescan System，OLS）传感器。美国国防气象卫星计划设计 OLS 传感器的最初目的是想借助月光观测云层，OLS 同时负责描绘地表的永久光源的地图、强风监测、海况监测等。但由于美国军事气象卫星（DMSP）搭载的 OLS 传感器不仅能够探测到油田、渔船、火光、大桥、城市内的不透水建筑物的灯光，而且还可以探测到城市内小规模居民地、车流等发出的低强度灯光，这些特征使得 OLS 数据在国际上被广泛使用。本节将对 DMSP 卫星及 OLS 夜光数据的特点和应用情况作一个介绍。

1. DMSP 卫星及数据介绍

1）DMSP 卫星

美国"国防气象卫星"（DMSP）是世界上唯一的军用气象卫星，隶属于美国国防部，由美国空军空间和导弹系统中心负责实施，卫星由美国国家海洋大气局（NOAA）负责运行。DMSP 所获得的资料主要为军队所用，但从 1972 年开始也向民间提供。美国国防部于 20 世纪 60 年代中期启动 DMSP 项目，该项目包括设计、制造、发射几颗极轨卫星。最初的 DMSP 卫星为自旋稳定卫星，装载"快门"式照相机。到了 20 世纪 70 年代，DMSP 已能获得可见光和红外图像。20 世纪 80 年代，卫星姿态控制有了明显改进，星上计算机处理能力大为增强。

DMSP（Defense Meteorological Sate-llite Program）是 DoD 的极轨卫星计划，与 NOAA 卫星同属于一类，只不过星上遥感器配置有所不同。DMSP 卫星也采用双星运行体制，但分为 06：00am 轨道卫星和 10：30am 轨道卫星，双星的重复观测周期也为 12h。该计划自 1965 年 1 月 19 日发射第 1 颗卫星，至 2001 年已有 30 多年。在这期间共发射了 7 批或 7 代，共 40 颗，平均每年发射 1 颗，2001 年 1 月 19 日发射的是第 7 代的第 1 颗——DMSP 5D-3 F16。

2）DMSP 卫星的发射目的

（1）云图监测，以获得云的分类信息；

（2）强风监测，以改善风暴、旋风等预报；

（3）海况监测，为海军行动保障提供信息；

（4）微光监测，允许可见光遥感器在夜间月光下工作。

DMSP 卫星计划具体由空军控管，即卫星计划制订、卫星发射、测控和数据分发等，统一由空军指挥、控制和通信系统（C3S）负责，卫星发射和测控由空军卫星控制网（AFSCN）执行。卫星下行数据由空军地面站接收后，实时地传送给空军全球天气中心（AFGWC）和海军舰队数值气象学及海洋学中心（FNMOC），接着再由这两个中心转发给 NOAA、NESDIS（国家卫星、数据和信息中心），由 AFGWC 转发给国家地球物理数据中心（NGDC）。

3）已发射过的 DMSP（截至 2001 年年底）

卫星划分卫星型号卫星序号质量（kg）发射时间：

第 1 代 DMSP 4AF1～F10125～1951965-01-19～1967-10-11；

第 2 代 DMSP 5AF1～F61951968-05-23～1971-02-17；

第 3 代 DMSP 5BF1～F61951971-10-14～1974-08-09；

第 4 代 DMSP 5CF1～F2175～1951975-05-24～1976-02-19；

第 5 代 DMSP 5D－1F1～F5450～5131976-09-11～1999-12-12；

第 6 代 DMSP 5D－2F6～F14750～8301982-12-21～1997-04-04；

第 7 代 DMSP 5D－3F15、F161999-12-12、2001-01-19。

为了节省经费，美国政府于 1994 年 5 月决定将 DMSP 卫星计划和 NOAA 卫星计划合并，定名为 NPOESS，并于 1998 年 10 月开始运作。现阶段由 NOAA 统管 NOAA 卫星、DMSP 卫星和 NPOESS 卫星，负责向军民双方提供气象信息，NPOESS 的第 1 颗卫星 NPOESS-1 计划于 2009 年发射，它仍由民用卫星部门管理，向国际合作用户开放。NPOESS 采用 3 星运行体制，降交点赤道时分别为 05：30am、09：30am 和 01：30pm，因此重复观测时间（白天）缩短至 4h。在 2009 年以前，NOAA 卫星和 DMSP 卫星两个系列仍按原计划执行，其中 DMSP 卫星还将继续发射 4 颗，即 DMSP 5D-3F17～5D-3F20。

4）DMSP 卫星的技术性能

DMSP 卫星发展已经历了 7 代，经不断改进，卫星质量由 125kg 增加到 830kg，遥感器由 1 台增加到 7 台。

5）星上遥感器功能

（1）OLS（可见红外成像）线性扫描业务系统测量云层分布、云顶温度及地面火情等；

（2）SSM/T-2（微波辐射计-2）测量大气水汽廓线；

（3）SSM/T（微波辐射计）测量大气温度廓线；

（4）SSM/I［微波成像（辐射）计］测量降水、液态水、冰覆盖和海面风速等；

（5）SSJ/4 为质子电子密度探测仪；

（6）SSB/X2 为 γ 射线和 X 射线探测仪；

（6）SSI/ES 为离子电子密度探测仪；

（7）SSM 为磁力计。

2. 主要遥感器（4 台）的技术性能

1）OLS

它是 DMSP 卫星的主要遥感器之一，主要用于测量云层或陆地的反射和发射特性，经解译得到云总量、频度和类别。OLS 可见光波段使用 2 套探测器，白天使用光学望远镜头，入瞳单位波长辐亮度为 $10^{-5} \sim 10^{-3}\,\mathrm{W/(cm^2 sr \cdot \mu m)}$，垂直精度有 $0.55\mathrm{km}$ 和 $2.7\mathrm{km}$ 两档；夜间使用光学倍增管（PMT），该探测器灵敏度极高，可以在微弱的月光下工作，入瞳单位波长辐亮度允许低至 $10^{-9} \sim 10^{-5}\,\mathrm{W/(cm^2 \cdot \mu m)}$，垂直精度 $2.7\mathrm{km}$。OLS 红外波段使用 1 套光学望远镜头。OLS 将在 NPOESS 卫星上沿用。

2）OLS 的技术参数

A. SSM/T-2

它用于测量大气湿度廓线，功用与 NOAA 上的 AMSU/B 相同，波段设置也与 AMSU/B 基本相同，不同的是刈幅和分辨率。SSM/T-2 的刈幅和分辨率分别为 $1500\mathrm{km}$ 和 $45\mathrm{km}$，而 AMSU/B 的则为 $2200\mathrm{km}$ 和 $15\mathrm{km}$，所以性能指标不如 AMSU/B。

B. SSM/T

它用于测量大气温度廓线，功能与 NOAA 上的 AMSU/A1 相同，波段设置与 AMSU/A1 相似，但波段数 7 个，故比 AMSU/A1 要少，后者为 13 个波段。SSM/T 的刈幅和分辨率分别为 $1500\mathrm{km}$ 和 $174\mathrm{km}$，不如 AMSU/A1，后者为 $2200\mathrm{km}$ 和 $50\mathrm{km}$。

C. SSM/I

它是 DMSP 卫星的主要仪器之一，用于测量大气、海洋和陆地微波亮温，从而解译得到大气水汽含量、液态水、降水、海面风速、海冰覆盖和陆地湿度等。

最初的影像数据主要是以照片的形式获取的，从 1992 年后，影像开始采用数字影像。1992 年，美国空军和 NOAA 为 DMSP 数据在国家地理数据中建立了数字格式的文档，随后开发了相应的程序来识别和定位夜间 OLS 图像数据。国家地理数据中心为了消除短暂的光事件和云层覆盖，发展了一种算法来产生稳定的夜间光亮数据集，具体的处理流程如图 14.1 所示。

3）数据命名及下载

（1）OLS 模拟夜间光亮数据产品的文件规则。例如，Olslit77. sep. analog. hdf 表示 1977 年 9 月的 OLS 模拟夜间光亮数据产品，而 ols _ 1977 _ 09 _ world. gif 表示 1977 年 9 月的覆盖全球的 GIF 格式的夜间光亮数据。

（2）OLS 数字夜间光亮数据产品的文件命名规则。例如，olslit1994. feb _ digital _ 10. hdf，表示来自于卫星 F10 的 1994 年 2 月的 OLS 夜间光亮数据数字产品，而 ols _ 1994 _ feb _ world _ 10. gif 表示 1994 年 2 月卫星 F10 获取的全球夜间光亮数据 GIF 影像。在 Http：//www. ngdc. noaa. gov/dmsp/global _ composites _ v2. html 网页中，用户可以下载到从 1992～2003 年的全球夜间光亮数据影像，同时也有更多的说明资料。

4）数据产品介绍

从 1965～1992 年的数据产品主要是胶片数据，可见光影像质量不均匀，影像内部存在大量的缝隙。尽管有着重大的缺陷，但是 DMSP 胶片文档还是这一时期存在最广泛的全球夜间光亮图像数据集。从 1992 年后开始有数字产品，目前已有 3 种类型的数字夜间光亮图像数据产品，基于低光数据的稳定夜间光亮数据产品，辐射定标平均夜间光亮强度数据产品和非辐射定标平均夜间光亮强度数据产品。

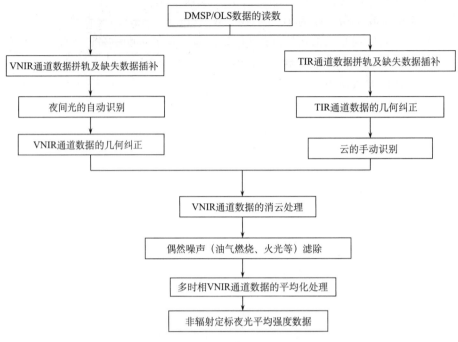

图 14.1　OLS 数据处理流程

基于低光数据的稳定夜间光亮数据产品，记录了一定时段无云观测情况下灯光被探测到的频率。该产品虽然排除了亮云和水体的影响，但仅记录了各像元灯光出现的频率，缺乏灯光强度信息。于是，NGDC 在 1996～1997 年对夜间光亮数据进行了辐射定标实验，得到的数据产品称为辐射定标平均夜间光亮强度数据。介于上述两类产品之间的新数据产品，称为非辐射定标平均夜间光亮强度数据产品，它是由日本国立环境研究所和东京大学在 NGDC 的 DMSP/OLS 研究小组协助下，借鉴 1996～1997 年夜光数据辐射定标实验工作的经验，针对亚洲地区的特点开发的。

Version2 DMSP-OLS 数据产品是用一年中无云覆盖地区的所有可以获得的 DMSP-OLS 光滑分辨率数据影像进行合成而来的。数据集共包括 1992～2003 年共 11 年的夜间光亮数据，经纬度分辨率为 0.008 33，约有 1km。产品数据的范围经度是−180°，纬度为 65°S～65°N，基本覆盖全球。

（1）F1-YYYY_v2_cf_cvg.tif（基于低光数据的稳定夜间光亮数据产品）：无云覆盖的所有观测物的数据，这个影像用于识别有少数观测物的地区，在这些地区质量被降低了。

（2）F1-YYYY_v2_avg_vis.tif（辐射定标平均夜间光亮强度数据产品）：原始的 avg_vis 数据包括没有进一步过滤之前的可见波段数值的平均值，数值范围在 0～63，无云覆盖区的值用 255 来替代，如图 14.2 所示。

（3）F1-YYYY_v2_stable_lights_avg_vis.tif（非辐射定标平均夜间光亮强度数据产品）：该数据包括来自多种地方的光，分别有城市、乡镇和其他有持久光的场所，

图 14.2　辐射定标平均夜间光亮强度数据产品

如煤气光。最后将背景噪声识别出来并赋予 0 值。数据值的范围是 1～63，无云观测为 255，该数据也是用户主要应用的数据。中国东部大部分地区和日本西部大部分地区，如图 14.3 所示。

图 14.3　非辐射定标平均夜间光亮强度数据产品

3. OLS 夜间光亮数据应用

OLS 夜间光亮数据在民用遥感器领域得到了广泛的应用，主要应用包括以下几个方面。

1）用于分类

Elvidge 等通过分析夜光在时间序列影像中所出现的位置、频率以及形态等，可以区别出地球表面存在的四种主要形态的光源：人类居住的光源、油田燃烧、火光以及渔船光，并指出一张 1994～1995 年的 6 个月时间范围内的全球四种夜光光源的地图；Owen 利用 DMSP-OLS 夜间光亮数据应用预值法区分出了城镇、郊区以及农村等区域。

2）评估经济

Christopher 等分析了夜光辐射数据与 11 个欧共体国家和美国的经济产品数据之间

的关系，发现夜光数据影像与区域生产总值（Gross Regional Product，GRP）密切相关。同时基于这些关系，制作出 5km 分辨率的经济状态图。

3）评估人口密度

Sutton 等利用 DMSP-OLS 数据建立了评估模型，对周围的人口密度进行了评估，得到了比较理想的结果。

4）城镇监测及热岛效应评估

Katja Maus 等利用 DMSP-OLS 数据这个有利的工具来监测城市的扩张，分析了城市的边界及周围的环境，利用阈值法得到城镇居民地结构，这为区分居民区和非居民区提供了一个简单有效的方法。Gallo 等用夜光光亮数据使热岛效应对气象记录的影响偏高。

5）评估灾害，包括火灾、地震等

Kohiyama 等建立了灾害区预测系统，利用 DMSP-OLS 数据的夜晚城市灯光的波动曲线来估计受灾区域。此方法的正确性在 2001 年的印度西部地震中已经得到了验证，估计的结果与震中的位置十分接近；Elvidge 等应用数据对巴西森林中的大火进行了定位与预测，并将 1995 年和 1998 年两次火灾进行了对比，得出了满意的结论。

6）雪监测

Foster 使夜间和白天的可见光影像相结合，更好地监测出有雪覆盖的地区。

7）光源污染监测

光源污染是一种新型的、特殊形式的污染，它包括可见光、激光、红外线和紫外线等造成的污染。Cinzano 等基于 DMSP 卫星数据建立了一个准确的光源在大气中的传播模型，提供了一张人类是如何将自己包围在光源迷雾中的图片，这对于防止和预防各种光源污染起到了重要的作用。

4. 国家研究情况

国内也有研究者利用 OLS 夜光数据做过一些类似的应用研究，主要分为以下两个方面。

1）人口密度方面

卓莉等利用 DMSP-OLS 非辐射定标夜间光亮平均强度遥感数据模拟人口密度。基于灯光强度信息模拟了灯光区内部的人口密度，基于人口–距离衰减规律和电场叠加理论模拟了灯光区外部的人口密度，所需数据量较少，更适合于大尺度人口密度的快速估算。

2）用于城市监测

夜间光亮数据可以监测出城市以及乡村与城市交界处的变化和发展情况，应用夜间灯光强度的变化特征对城市用地空间扩展类型进行分类/识别，进而可以揭示城市用地空间扩展的一些主要特征；通过不同时相的 DMSP-OLS 夜间光亮数据的对比，为大尺度的城市化进程研究提供了一种新的数据获取手段；卓莉等用 DMSP-OLS 夜间平均光亮强度图像在区域上的扩展特征和聚集特征构建了反映区域城市综合水平的灯光指数（Compounded Night Light Index，CNLI），并分别在省级和县级尺度上对 CNLI 与机遇统计数据的城市化水平指数做了相关分析，结果表明 CNLI 与基于统计数据的城市化水平复合指数密切相关，最后用 CNLI 分析了中国省级城市化水平的时空特征。

5. 典型应用案列

区域的夜间光亮状况基本上反映了该地区的经济社会发展水平，不仅反映了人口密度，而且反映出城市与城市化带，交通干线的繁忙状况，大型工程的建设状况，信息十分丰富。本节将从油气田的分布、城市化带及城市化进程和大型建筑物三个方面进行具体分析。

1）油气田分析

（1）大型油气田灯光、火光分析：踢球的灯光与火光的混合影像在夜间光亮影像中非常清楚。以西伯利亚油气田为例分析，位于俄罗斯西部的西伯利亚油气田主要分布在西伯利亚大铁道以北，油气田的灯光、火光的影像呈大的亮斑块。这表明油气田的规模很大，分为东、西两个地区，东部油气田的规模比西部的要大得多。在西伯利亚大铁道以南，也有油气田的灯光、火光组成的亮的影像斑块，但规模要比北部的小的多，且呈分散状，主要分布在哈萨克斯坦与土库曼斯坦境内，图 14.4 为 1992 年该地区夜间光亮影像。

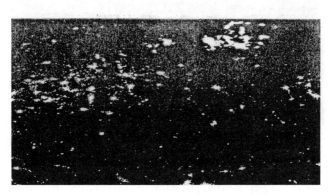

图 14.4 1992 年哈萨克斯坦与土库曼斯坦

（2）油气田变化分析：夜间光亮影像是目前观测油气田变化的最好方法。以中国的渤海海湾地区为例，渤海油气田、胜利油气田的灯光与火光混合影像很明亮，清晰可见。将 1992 年和 2003 年两个时间（跨度 11 年）的夜间光亮影像进行对比，可以清晰地看出：2003 年的油气田的光亮在变小之中，表明油气田资源快开采完了，如图 14.5 所示。

2）城市化带及城市化进程分析

（1）大城市与城市化带分析：以城市化带最亮的北美洲为例进行进一步分析。北美洲的夜间光亮是全球最亮的地区，尤其东海岸纽约、华盛顿和波士顿的城市密集带，五大湖城市密集带及西海岸西雅图、圣弗朗西斯科（旧金山）城密集带和洛杉矶城市密集带，南部佛罗里达城市密集带最为明显。在北部加拿大的埃德蒙顿与卡尔加里城市密集带的大片灯光也是十分显著的。几乎北美洲所有大城市的夜间光亮数据都十分明亮，表

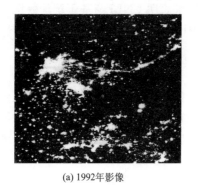

(a) 1992年影像　　　　　　　　　　(b) 2003年影像

图 14.5　油气田影像对比图

明了其社会经济十分繁荣，图 14.6 为 2003 年的北美洲夜间光亮影像。

图 14.6　2003 年北美洲夜间

（2）城市化进程分析：由于夜间光亮数据与其经济发展水平及城市化水平密切相关，所以利用该数据可以对城市化进程进行分析。对比 1992 年与 2003 年中国地区数据，可以清楚地看出长江三角洲、珠江三角洲和渤海湾地区都有明显的变化。以渤海湾地区的山东省为例，图 14.7 为 1992 年和 2003 年山东省对比图，可以清楚地看出：青岛、胶州、日照、威海、烟台、淄博、济南、临沂等地区在 1992～2003 年发生了显著地扩张。

3）大型建筑工程分析

（1）道路主干线分析：铁路、公路的主要干线在夜间光亮影像上都是清晰可见的。最为显著的要数西比利亚大铁道，如图 14.8 所示。西比利亚大铁路夜间的影像呈断断续续的连线，主要是由于铁路的路灯和运行中的火车头灯光以及城市向交通线靠拢这一地理分布状况造成的，由于它是双向平行轨道，加上火车运行繁忙，所以在夜间光亮影像上可以明显看出。

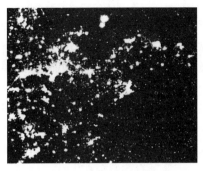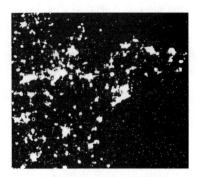

(a) 1992年山东地区夜间光亮影像　　　　　(b) 2003年山东地区夜间光亮影像

图 14.7　1992～2003 年山东夜间光亮影像

图 14.8　2003 年西伯利亚大铁路

（2）跨海大桥建设分析：大型桥梁的灯光与其运行的车头灯光在夜间光亮影像上也可以清楚地监测到。如图 14.9 显示了东海大桥于 2002 年 6 月 26 日开工建设，它始于上海南汇区芦潮港，与沪芦高速公路相连，南跨杭州湾北部海域，直达浙江嵊泗县小洋山岛，全长 32.5m，于 2005 年 5 月正式竣工。2003 年的有序上洋山深水港及与其相连的正在修建的东海大桥清晰可见，1992 年此区域却一片黑暗。

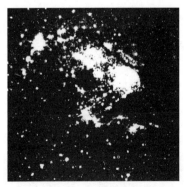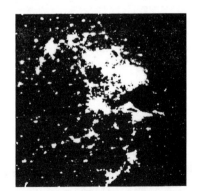

(a) 1992年夜间光亮影像　　　　　(b) 2003年夜间光亮影像

图 14.9　跨海大桥建设分析

4）可延续性工作及应用前景

（1）对夜间光亮数据本身进行稳定性分析：由于夜间光亮影像是每天成像两次，所以可以充分利用时相特征与灰度值特征，对夜间光亮数据本身进行稳定分析。将特定区域的每天两次的观测数据区平均值，作为每天观测数据的灰度值，进而统计出一个月或一年的灰度值变化曲线图。如果该曲线较平滑，说明此数据有较高的稳定性；反之，该传感器受云量、大气影响较严重，适合区年平均值，同时也可以作为云量检测与分析的一种新方法。

（2）年度变化曲线分析：对特定区域的年度灰度值进行统计，计算出年度变化曲线，可以表示出此区域经济发展变化的情况。

（3）不能用于高分辨率分析：由于该影像的分辨率约为 1km，所以城市的灯光看起来是连成一片的，夸大了其真实效应，因此不能用于高分辨率的应用。

（4）研究世界经济发展状况：全球夜间光亮影像对于研究全世界经济发展的状况提供了良好的基础，同时也可以明确我国对外投资的方向。

（5）石油开采情况分析：目前，该影像无疑是侦测油田、天然气开采情况最好的唯一的手段。油气田的灯光、火光影像清晰可见，提供时间序列的对比，可以实时地分析油田开采的情况，进而可以对全球的油价涨落进行总体预测。

第十五章　地球系统数据融合与建模方法

第一节　数据融合技术

一、技术集成、数据融合和建模（包括建模与模式）是地球空间技术的三大环节

严格地说，所有的空间信息技术都是集成技术，如 RS 技术集成、GIS 技术集成、GNSS 技术集成、3G 技术集成和 3S＋C＋N（即 3S＋通信＋网络）技术集成。

技术集成还可以分成观测的集成（卫星组网、天空地一体化观测、不同角度观测的合成等）、数据的集成（包括数据库）、应用的集成（针对某一方面，如农业；某一地区，如市、区、县、国家等的集成）、服务的集成（根据用户的需求去寻找相应的一切可用数据，为用户提供答案，包括解决问题的指南或建议、遥感图、相关资料）和知识的集成（不是简单的数据集成，而是转化对某一方面完整的知识和系统解决）。

技术集成总体上应该包括数据融合和建模。数据融合属于信息处理的一部分，数据融合算法既可以用到多源数据本身，又可以用到模型中，改善模拟精度和遥感数据产品的精度。而建模是对客观事物及其变化规律的模型和方程表达，主要用于参数反演、预测预报，但也会对观测技术带来不良影响。

1）遥感技术的集成

遥感技术集成正朝着标准化、系列化、业务化、产业化、准实时方向发展，地面和空中遥感器的长期稳定性和定量化水平在不断提高。地基-空基-天基综合观测系统能力逐步向更高分辨率、更多监测手段、更快采样频率、多系统集成方向发展（图 15.1）。

传感器研制一直是遥感科学技术发展的亮点，新型传感器不断涌现。仅我国近年来以及在未来几年就有气象（风云卫星 FY 系列）、海洋（HY 系列）、环境与减灾、高分辨率卫星等发射计划，将携带大量的传感器获取各种各样的数据，为我国和世界空间技术应用作出了贡献。美国、法国、日本、印度等国发射的地球观测系统卫星已经对全球形成了逐日连续观测的能力，为大范围探测提供了大量的数据。法国多角度 POLDER、NASA 多角度 MISR 等传感器的研制与数据获取拓展了地面二向反射理论的应用。各国高空分辨率和微波雷达以及激光雷达系统的研制与应用，对数据处理和信息提取提出了新的要求。

传感平台由过去注重卫星和航空发展到地面传感器网络连续观测技术；地面传感器网络的出现大大加强了地球观测实时获取定点小尺度和高频率连续观测数据的能力，具有支持真正的地-空-天一体化地球综合观测的潜力，并且在天-空遥感应用中无法替代的高时间采样频率（分、秒尺度）的地面验证数据，将更好地支撑地球系统科学理论验

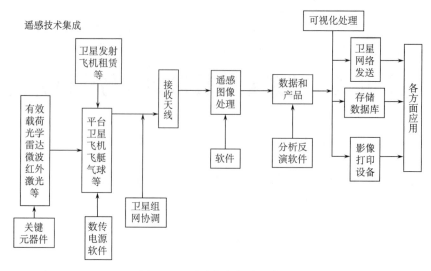

图 15.1　遥感技术集成示意图

证和全球变化问题的理解。

　　以大型常规卫星或大型综合平台作为基干卫星网，同时重视小卫星，特别是微小卫星技术的应用与发展。在发展大卫星观测系统的同时，充分调动和发挥小卫星特别是微小卫星对地观测星座"快、好、省"的特点，形成大小卫星相互补充的地球系统观测体系。

　　2）地理信息系统的技术集成

　　地理信息系统技术集成（图 15.2）需要的技术包括：研究和发展高效能、可信的分布式空间计算方法和技术；突破空间数据自动化分析技术；开发一系列空间数据分析中间件；建立面向地学问题、基于空间知识的空间数据综合分析技术体系；大幅度提高地球空间信息系统的空间数据处理与分析能力。研究构建网络环境海量三维地形数据的建模、三维地形分析和三维场景实时渲染平台技术；在分布式网络环境下，建立多用户协同环境与虚拟地理环境，实现地理协同交互可视化。

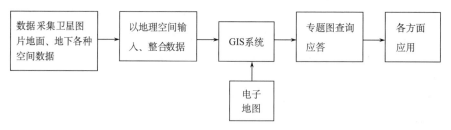

图 15.2　地理信息系统集成示意图

　　针对新一代网络环境，面向海量时空信息组织与管理，面向机构和公众的空间信息服务，研究和发展新一代的时空数据模型、高效时空数据引擎与智能化空间数据自组织集成与更新，探索空间信息服务科学的方法和技术，发展网络地理信息系统的前沿技术，为发展新一代地球空间信息系统奠定基础。

　　3）导航系统的技术集成

　　导航系统技术集成见图 15.3。为了显著提高我国导航定位技术的应用水平和自主创新能力，新一代导航定位系统需集成的关键技术包括以下几个方面

　　（1）新一代卫星导航系统关键技术：导航卫星系统的自主导航机先进抗干扰技术；高精度时空基准的建立、维持与精化技术；导航卫星实时精密定轨和信息数据处理技术；高精度导航星载原子钟及精密时间同步技术。

　　（2）导航增强服务系统技术：广域高精度实时精密定位技术；基于卫星导航技术的电离层和对流层的研究；长间距基准站网络 RTK 技术多模广域和局域增强系统关键技术。

　　（3）组合导航与室内定位技术：地磁导航技术；基于组合的 GNSS/SINS 组合定位导航系统集成与应用技术；基于伪卫星的高精度室内导航定位技术；无线网络辅助 GNSS 定位服务器关键技术；脉冲星导航技术。

　　（4）高性能、多功能、集成化导航芯片和终端，导航定位应用于运营服务等关键技术；全国范围的实施精密定位服务系统、定位终端和增值服务技术。

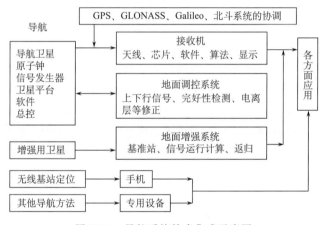

图 15.3　导航系统技术集成示意图

　　4）应用方面需集成

　　（1）基于位置的信息服务关键技术，研究利用多频、多星和多源导航数据的室内外一体化导航定位技术，研究 A-GNSS 定位技术，LBS 动态数据库管理和服务机制等；

　　（2）LBS 业务支撑平台，发展基于 IPv6、具备信息查询调用功能、数据更新功能、位置计算与数据传输、多通信平台管理功能等强大业务能力的综合平台系统，开发基于 IPv6 及 RFID 位置移动服务产品。

　　（3）智能交通导航服务系统研究，动态交通信息的采集与交通流量预测方法、动态交通信息的实施发布与接收、基于实施交通信息的动态路径规划算法，以及车载导航软件和基于实时交通信息的动态车辆导航系统。

5）3S 的集成

虽然 GIS 在理论和应用技术上已经有了很大的发展，但单纯的 GIS 并不能满足目前社会对信息快速、准确更新的需求。

RS 目前已经成为 GIS 最重要的数据源，在大面积资源调查、环境监测等方面发挥了重要的作用。遥感技术在空间分辨率，光谱分辨率和时间分辨率上都在飞速发展和提高，担负着越来越重要的作用。

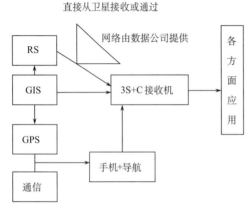

图 15.4　3S 及通信技术的集成示意图

GPS 是以卫星为基础的无线电测时、定位和导航系统，可以为航空、航天、陆地、海洋等方面的用户提供不同精度的在线或离线的空间定位数据。

国际上 3S 的研究和应用开始向集成化（或一体化）方向发展，在 3S 集成应用中，GPS 主要应用于实时、快速地提供目标的空间位置；RS 用于实时或准时地提供目标及其环境的语义或非语义信息，发现地球表面上的各种变化，及时地对 GIS 进行数据更新；GIS 则是对多种来源的时空数据进行综合处理，集成管理和动态存取，作为新的集成系统平台，并为智能化数据提供地学知识（图 15.4）。

6）GIS 与遥感集成

（1）软件实现：软件实现 GIS 与遥感的集成，可以有以下三个不同的层次：①分离的数据库，通过文件转换工具在不同系统之间传输文件；②两个软件模块具有一致的用户界面和同步显示；③集成的最高目的是实现单一的、提供了图像处理功能的 GIS 软件系统。

（2）GIS 作为图像处理工具：①几何纠正和辐射纠正。在遥感图像的实际应用中，需要首先将其转换到某个地理坐标系下，即进行几何纠正。几何纠正的方法是利用采集地面控制点建立多项式拟合公式，它们可以从 GIS 的矢量数据库中抽取出来，然后确定每个点在图像上对应的坐标，并建立纠正公式。在纠正完成后，可以将矢量点叠加在图像上，以判定纠正的效果。为了完成上述功能，需要系统能够综合处理栅格和矢量数据。②图像分类。对于遥感图像分类，与 GIS 集成最明显的好处是训练区的选择，通过矢量/栅格的综合查询，可以计算多边形区域的图像统计特征，评判分类效果，进而改善分类方法。此外在图像分类中，可以将矢量数据栅格化，并作为"遥感影像"参与分类，可以提高分类精度。例如，考虑到植被的垂直分带特征，在进行山区的植被分类时，可以结合 DEM，将其作为一个分类变量。③感兴趣区域的选取。在一些遥感图像处理中，常常需要只对某一区域进行运算，以提取某些特征，这需要栅格数据和矢量数据之间的相交运算。

（3）遥感数据作为 GIS 的信息来源：数据是 GIS 中最为重要的部分，而遥感提供了廉价的、准确的、实时的数据。目前如何从遥感数据中自动获取地理信息依然是一个重要的研究课题，包括：①线以及其他地物要素的提取；②DEM 数据的生成；③土地利用变化以及地图更新。

（4）使用遥感图像作为栅格图像受各种因素的影响，使得从遥感数据中提取的信息不是绝对准确的，在通常的土地利用分类中，90%的分类精度就是相当可观的结果，因而需要野外实际的考察验证，在这个过程中国科学院使用 GIS 进行定位。此外，还要考虑尺度问题，即遥感影像空间分辨率和 GIS 数据比例尺的对应关系。

7）GIS 与全球定位系统的集成

作为实时提供空间定位数据技术，GPS 可以与地理信息系统进行集成，以实现不同的具体应用目标。

（1）定位：主要在诸如旅游、探险等需要室外动态定位信息的活动中使用。如果不与 GIS 集成，利用 GPS 接收机和纸质地形图也可以实现科技定位；但是通过 GPS 连接在已安装 GIS 软件和该地区科技数据的便携式计算机上，可以方便地显示 GPS 接收机所在位置并实时显示其运动轨迹，进而可以利用 GIS 提供的空间检索功能，得到定位点周围的信息，从而实现决策支持。

（2）测量：主要用于土地管理、城市规划等领域。利用 GPS 和 GIS 的集成，可以测量区域的面积或者路径的长度，类似于利用数字化仪进行数据录入，需要跟踪多边形边界或路径，采集抽样后的定点坐标，并将坐标数据通过 GIS 记录，然后计算相关的面积或长度数据。

在进行 GPS 测量时，要注意以下一些问题：首先，要确定 GPS 的定位精度是否满足测量的精度要求，如对宅基地的测量，精度需要达到厘米级，而要在野外测量一个较大区域的面积，米级甚至几十米的精度就可以满足要求；其次，对不规则区域或者路径的测量，需要确定采样原则，采样点选取的不同会影响到最后的测量结果。

（3）监控导航：用于车辆、船只的动态监控，在接收到车辆、船只发回的位置数据后，监控中心可以确定车船的运行轨迹，进而利用 GIS 空间分析工具，判断其运行是否正常，是否偏离预定的路线，速度是否异常（静止）等，在出现异常时，监控中心可以提出相应的处理措施，其中包括向车船发布导航指令。

8）3S＋C（3S＋移动通信）集成概述

GIS、RS、GPS 和通信四者集成利用，构成为整体的、实时的和动态的对地观测、分析、传输和应用的运行系统，提高了 3S 系统的应用效率。

3S＋C 无线集成移动终端的功能要求是可随时随地通话、上网、接收电视和遥感等图形信息，实现以位置为基础的导航信息服务，可广泛应用于政府、航空、交通、紧急救援、野外调查、军队和个人，具有比一般的手机、导航仪、遥感接收器优越的功能。3S 组合之后，将呈现出一个动态的、可视的、不断更新的、三维立体的、不同地域和层次都可以使用的综合位置服务系统。

3S 系统与移动通信系统的融合将构成国家信息体系的基础设施和支撑性技术系统之一，3S 与移动通信日益呈现出融合的趋势。人们需要通过无线移动通信的手段，实现在任何时间、任何地点来访问 3S 信息系统，并通过移动网络的增值业务平台，提供更多、更好的、基于位置的服务。从这个意义上讲，通过与移动通信的融合，3S 系统与人的需求更加紧密地联系在一起，从而实现更多样化的应用。例如，由于紧急救助和报警的需求，美国 FCC 建议从 2001 年开始移动电话的 E911（如同我国的 110）呼叫，都需带有位置信息，大大加速了移动网络与未知服务的集成。可见在未来，3S 与移动通信的融合信息系统能够更加广泛地应用到人们日常生活息息相关的服务领域中，进而成为国家信息体系的基础设施和支撑性技术之一。

3S 高集成终端可以推动 3S 系统的融合。目前世界上没有一个真正意义上的 3S 高集成终端。市场上的一些产品，如手机，也只是在其上加入诸如基于位置服务的定位功能，很多情况下只是一种叠加的结构，没有做到真正的高集成。这样的终端设备功能不够强大，而且在体积、功耗方面也会存在问题。但随着 3S 系统三者本身在优势上的互补性带来的系统融合必将要求在终端上的相应融合。在很多高端场合，3S 高集成终端比现有的 PDA、便携式 PC、GPS 等手持设备可以更好地满足高端用户的需要。真正做到任何时间、任何地点的信息获取，真正意义上的 3S 终端的出现，可以更好更快地推动 3S 系统的融合。

3S 高集成终端是移动通信与位置服务融合链条中的关键环节。首先，终端作为用户和网络、用户和业务之间的唯一接口，其功能和性能正逐渐成为未来业务能否成功的瓶颈；其次，可以集成多种定位系统接入能力的 3S 终端具备更多的位置信息获取方式；再次，可以集成遥感信息接收装置的 3S 终端能够促进遥感信息与位置信息融合应用的产生，因此，3S 终端丰富了移动网络中位置服务的应用。

设计功能强大的 3S 终端既是机遇，也是挑战。一方面，3S 高集成终端可以有效推动整个信息产业链的发展。高集成 3S 终端会在硬件体系结构、软件体系结构等方面出现更新和发展，这有利于我国在这些领域抓住机遇赶上世界先进水平，同时在推动我国集成技术、制造工艺方面也有重大的推动作用。随着技术的发展，3S 高集成终端会逐渐走向一般民众，其市场前景相当广阔。为设备制造商、网络运营商、服务提供商提供了更为广阔的业务空间。市场和技术的同时发展能够真正快速推动 3S 的融合与发展。另一方面，3S 终端需充分利用计算机/手机架构的一些优势，又在整体概念上、软硬件体系结构上结合应用需要进行扩展和革新，使之具备多种通信能力、输入/输出能力、信息存储能力和服务集成能力以及强大的可扩展能力，以适用于应急指挥、野外作业等。

二、在技术方面从"e 战略"向"u 战略"转变的大趋势

从信息化的技术发展战略层面来看，由目前的"e 战略"向未来的"u 战略"转变，即由"信息化"转向"智能化"战略或"无处不在的网络"战略转变，已成为当前信息化发展的大趋势。

"e"是 Electronic 的缩写，是指"电子化"、"信息化"或"数字化"的意思。它由计算机系统、信息通信技术（ICT）系统和信息获取处理及应用技术系统三者共同组成。

e-战略在 e-地矿，e-土地，e-农林、牧、渔，e-海洋、e-气象、e-水文、e-测绘、e-

环境、e-区域、e-国家、e-城市等方面广泛应用，e-产业（一、二、三产业），e-事业（科技、教育、医卫、文化等）中已开始启动。

"u"是 ubiquitous 的字头，是指"无处不在、无所不包和无所不能"的、即生产、生活"全智能化"的意思。它主要指运用无线宽带网（WiFi）、微型无线通信，智能化的、低能耗的和递成本的微型计算机、微型机电传感器，微型卫星导航定位技术，探测技术，遥测技术，射频识别技术，包括空间信息技术，如 GIS、GNSS/GPSS、LBS 等融入生产和生活的各个方面，即把计算机技术，信息获取、处理和管理技术，进行智能化、微型化、自动化和低成本化并融入生产和生活的方方面面。

欧盟称"u 战略"为"数字融合时代计划"、"无处不在的信息社会计划"和"2010计划"等，新加坡成为"智能果 2015 计划"或"I-Hub 计划"，日本成它为"u-Japan计划"，韩国称为"u-Kurea 计划"，美、英、法、德等也都有自己的"u 计划"。中国启动较晚，主要有"u-广东计划"，"u-上海计划"等。上海市信息化《上海市信息基础设施十一五专项规划》，提出了到"十一五"期末形成无处不在、高速互联、业务融合的新型网络即 u 战略的初级阶段。

三、数 据 融 合

1. 数据融合基本原理

数据融合技术包括对运用各种信息获取技术所获得的各种信息的采集、传输、综合、提取、相关及合成，达到对资源、环境、经济、社会，尤其是突发事件应急管理。管理目的的调查、监测、诊断和辅助决策的技术系统。主要目标是从种类繁多的海量数据中，提取对特定目标的有用的、精准的信息。

数据融合技术在多信息、多平台和多用户系统中起着重要的处理和协调作用，保证了数据处理系统各单元与汇集中心或融合中心间的连通性与实时、准实时通信，并能提供准确的目标物位置、变化方向、变化趋势及变化量的准确信息，这是和传统的平台的不同之处。它具有多种信息的收集、综合、提取、分析及准确传输的能力，包括将准确的信息，在准确的时间内，传输给准确的地点和准确的人。

数据融合技术的核心是利用高性能信息处理与计算技术，将来自多个传感器，或多源的观测信息进行分析、综合处理，从而获得决策所需的信息的现代高技术。

数据融合的基本原理是：充分利用多种传感器资源及其获得的数据，通过对各种传感器及人工观测信息的合理综合与分析，并将各种传感器在空间、时间和波谱/频谱等物理特性上的互补性与冗余信息依据的某种优化准则或算法组合起来，产生对观测对象的一致性解译和描述，其目标是基于各种传感器监测信息和人工观测信息的优化组合和分析导出更多有用信息的现代技术系统。

2. 数据融合可以分为以下三种基本类型

（1）像素融合：它是在直接来自采集到的原始数据层上进行的融合，对各种传感器获得的数据进行集成，是低层次的融合。

（2）特征层融合：它先对来自各种传感器的数据进行特征提取，然后再进行特征信息集成，实现了信息的压缩，减少了工作量。它又可以分为分布式的融合和集中式的融合两个基本类型，还可以划分为目标状态融合和目标特性融合两个类，是中间层次的融合。

（3）决策层融合：指通过不同类型的传感器观测同一目标或地区，每一个传感器在本地完成基本处理和台站提取、识别，然后将结果通过网络传输到融合中心，进一步将不同地区、分中心的同一对象的结果进行关联处理和融合，最后完成决策层的融合，是最高层次的融合。

数据的融合是应用的需要，如遥感影像数据与 DEM 数据的融合形成的立体影像地图是一个常见的例子，还有光学数据与雷达数据的融合，不同分辨率数据的融合，不同传感器捕捉同一目标的融合等。

以红外与微波海面温度融合技术为例，海洋表面温度（SST）是一个重要的地球物理学的参数，提供空气-海洋边界热流动情况的评估。对全球规模的气候模拟、地球的热平衡的研究和大气-海洋的循环式样和反常事物的观测是十分重要的。过去，SST 只能用浮标进行测量，其范围有限。卫星技术提高了实时测量全球 SST 的能力。卫星遥感测量 SST 的方法有红外和被动微波辐射计两种方式，但都有其弱点。由于所有的通道都对云很敏感而且也会被气溶胶和大气水汽散射，故红外测量 SST 需要对反演信号进行大气修正，而且只能得到无云的像素。与红外相比较，由于在微波波段地球普朗克辐射信号较弱，故被动微波辐射计得到的 SST 精度和分辨率都很低，而且风或粗糙海面对其也有影响，单用多频率可以修正。但被动微波辐射计波长较长，可以穿透云层，修正大气影响。将两种方法，即高精度和高分辨率的红外 SST 和时空覆盖较好的微波 SST 结合，形成一种混合着两种优势的产品，可大大提高原有各自 SST 的测量水平。

3. 数据融合的分类

目前在轨运行的国内外卫星传感器，观测数据空间分辨率从公里级到米级，光谱波段跨越可见光、红外到微波，观测时间也不同步。数据融合分为以下类型：

（1）多源卫星遥感图像的辐射再定标和自动配准技术。解决不同空间分辨率，不同观测角度，不同传感器遥感图像之间的自动配准技术。通过对卫星遥感数据进行辐射再定标和图像配准，可以提高不同时间序列卫星遥感数据的可对比性。

（2）地面观测与遥感观测的尺度转换与四维时空融合。地面台站观测提供时间连续，空间离散的观测数据，遥感提供空间连续的瞬时观测，因此需要四维时空连续的地球综合观测信息。研究地球系统关键参数的空间尺度效应，建立地面台站观测数据、航空遥感数据、多尺度卫星遥感数据之间的尺度转换模型。研究地球系统关键参数的时间尺度效应，发展台站观测，卫星遥感观测与地表过程模型的融合技术和方法，重点发展地表辐射平衡、地表蒸散、地表碳氮循环的一个定量估算模型，通过四维时空信息融合，实现全球地表能量与物质循环综合监测的时空扩展。

（3）光学和微波不同波段遥感数据的融合。光学和微波波段的辐射传输机制不同，分别有各自的辐射传输模型及参数定义，研究不同波段遥感模型中相互关联参数的物理意义，实现遥感辐射传输模型的相互耦合，是多波段遥感数据融合的基础。

（4）不同空间分辨率的一个数据融合。低分辨率的遥感数据往往覆盖范围广、重复周期短，适合于大范围地表能量与物质循环监测，但混合像元造成的空间尺度效应仍是一大难题；高分辨率的遥感数据往往重复周期长，不能满足快速动态监测的需求。研究遥感数据的空间尺度效应，利用高分辨率遥感数据为低分辨率像元提供亚像元结构信息，建立空间尺度转换模型，可以显著减少尺度误差。

（5）不同时相遥感数据的融合。遥感模型主要针对遥感数据获取的瞬时特点，建立地面状态参数之间的关系，而地表过程都是随时间连续变化的。如何针对这些特点把地表参数的时间过程信息引入遥感状态模型，提高地表参数反演精度，或把遥感反演的地表状态参数与地表过程模型进行融合，是协同使用多时相遥感数据需要解决的重要科学问题。

总之，数据融合研究多源遥感数据的协同反演理论和方法，可以充分挖掘现有的各种卫星遥感数据和地面台站观测数据的潜力，使得生产高精度、高质量、长时间序列的地表参数定量遥感信息产品称为可能。

4. 数据融合过程

遥感数据反演的一般流程如图 15.5 所示。

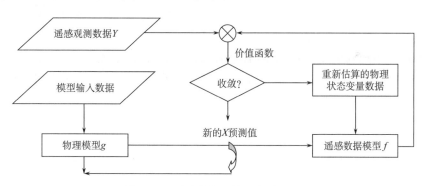

图 15.5　遥感数据反演一般流程图

图 15.5 中 g 是以时间为变量的动态物理模型。f 是前项遥感模型（由物理模型的状态变量 X 做输入定量模拟遥感观测值 Y'）。Y 是遥感数据，通过在包含 Y 和 Y' 两项的价值函数中寻求全局最小值求解模型状态变量 X 的最优值。

四维融合的概念在大气和海洋模拟研究中较早盛行，近年来也被用于水文过程模拟研究。四维数据融合技术对于遥感观测与地学系统过程模拟的结合是至关重要的，同时它也是遥感信息融合的一个终极目的之一。现在有不同的卫星数据，还有航空甚至是地面测量数据，都能提供诸如反照度、叶面积指数等地球表面参数，但是如何集中各种信息提取方法之长而形成质量更好、时间采样频率更高的地表参数产品呢？四维数据融合技术既可以改善地学过程模型的表现，对于提高遥感观测数据产品的精度具有重要意义。目前在这一领域，从事遥感科学与技术研究人员还刚刚起步。如何改进目前遥感数据进行地表参数反演，如何挑选并优化各类参数提取算法，如何以遥感数据为水文、生态系统模拟服务从而更好地改进模型表现，如何应用水文-生态-气候过程模型的运行结果为遥感数据参数反演提供精度控制和验证，数据融合中选择哪种过程模型更能改进数据精度，这些问题都值得进一步研究。

在未来的 10 年，多源遥感数据的集成、融合以及点-面地球综合观测数据与地表过程模型的融合将在更多数据模型、多种时空范围、更大数据容量等方面得到全面发展，为地球科学、环境科学、生命科学等研究提供新的科学方法、技术手段和信息产品；将大大促进以全球观和系统观为特点，以多学科交叉研究为重点的地球系统科学的发展，并为更好地理解和预测全球变化提供科学与技术支撑。

数据融合也可以用于用该数据和 GPS 定位数据的融合。例如，合成孔径雷达干涉测量是获取米级精度、数十米空间分辨率的地面高程信息的一种高效手段，其差分技术还可以用于探测亚厘米级的微小地表形变。随着星载 SAR 卫星（尤其是 ERS-1/2 和 ENVISAT）发射的巨大成功，重复轨道 INSAR 在利用差分技术检测微小的地表形变量方面已经被广泛地应用于不同的领域，如油田快速沉降监测、城市地面沉降监测，地震研究，火山监测，冰川运动和极地研究等。然而它也有其固有的限制，特别是受到卫星轨道误差和大气层延迟误差等影响，很容易导致 INSAR 图像的错误解释。全球定位系统 GPS 精密定位也可以确定地面离散点上的精确位置和高程变化，可以较为精确地确定电离层、对流层参数，特别是星载 GPS 高精度定轨，目前得到了很大的进展。由此可见 GPS 与 INSAR 两种技术具有很好的互补性，研究 GPS 和 INSAR 技术的集成及应用，特别是研究 GPS 和 INSAR 数据融合处理及进行地学实际应用的关键技术和方法是十分重要的。研究多种测量手段的集成和多种数据的融合对我国的地学研究，特别是城市、矿区地面沉降监测和地震、火灾预测预警具有重要的科学和实用价值。

第二节　建模与面向服务的架构（SOA）

一、建模技术

建模（Modeling）是建立模型的简称，模型（Model）是指客观世界的现象或过程机制的物理或数学的表达。常见的有物理方程、数学方程和数理统计方程，统称为方程模型。最简单的例子，如牛顿第二定律：质量为 m 的质点，受外力 F 的作用获得加速度 a，则三者的关系是 $F = ma$。知道其中两个参数，就可以知道第三个参数。建模是根据测量的参数来获得未知参数，即数据反演的基础，同时也是计算过程变化从而对某一参数或现象进行预测预报的基础。

1. 模拟的过程

假设→建立模型→设立方程组→输入初始值→计算→验证
　　　　　　　　　　修正

任何一门科学都要从现象、定型的表述，过渡到理论、定量的计算验证。

遥感数据有一部分来自直接测量，但许多参数和产品是根据一定的模型反演推算出来的，所以通过建模来进行反演是十分重要的。

近年来，美国不断利用 Terra 和 Aqua 卫星上的 MODIS 数据生产全球陆地数据产品，其中包括全球土地覆盖、植被指数、植被叶面积指数、光合作用有效辐射比例（fPAR）、地表温度（LST）、雪盖和雪深、地表反照度等；还利用 Aqua 和日本 ADROS-II 上的高级微波扫描仪（AMSR）生产雪水当量、土壤湿度等。美国仅 MODIS 就生产了几十种数据产品，提高了遥感应用水平，大大改善了数据共享能力，得到了许多新的科学认识。

除美国外，各国纷纷研制各种数据产品，如地表土地覆盖/土地利用及变化监测、大气参数产品反演；大气气溶胶，大气水汽含量，大气痕量气体/污染气体 NO_2、O_3、SO_2、CH_4⋯海洋与内陆水质参数反演；叶绿素、泥沙、黄色物质⋯地表辐射与能量平衡系统参数；植被指数、植被覆盖度、叶面积指数、叶绿素含量、生物量、光合有效辐射、净初级生产力、二氧化碳通量⋯地表水循环系统参数；土壤含水量、雪水当量、冰川分布、降雨、地表径流、地下水、地表蒸发/植被蒸腾等。

要利用遥感数据进行数据反演就要发展基于地球综合观测的地表观测模型。

地表观测模型对认识和理解地表生态和水文工程对大气和气候化学成分有重要的作用。人们开发了许多不同时空尺度的观测模型，如土壤-植被-大气模型。

地表过程模型使用环境参数和变量来定量描述地表能量、水、碳和营养物质的通量在一定空间范围内随时间的变化。

需要多种参数的空间分布值作为模型输入。理论上，地表过程模型需要的许多输入参数可以从光学、热红外或微波遥感数据获得。

但是到目前为止，遥感能为地表过程模型提供的参数主要包括地表覆盖、地表温度、植被覆盖、叶面积指数、土壤湿度等。

地表过程模型是通往全球变化模拟的一个重要途径。从多源遥感数据提取地表过程模型参数具有重要意义。

传统的地表过程模型大多数是基于地面台站观测系统发展起来的，遥感技术发展提供了大量的空间分布的各种定量参数，为有效驱动地表过程模型起到了很好的作用，但是也面临许多新的问题，如遥感定量参数，与地表过程模型参数的定义不完全一致；遥感定量参数精度不能满足地表过程模型的精度要求；遥感定量参数在地表过程模型中用不上等。

例如，地表通量的遥感定量估算是基于大气边界层理论，模型中用到的两个观测参数是大气气象台站温度和地表空气动力学问题，而遥感只能获取地表红外辐射温度，把遥感反演的地表温度简单代替地表空气动力学温度，不能满足地表通量估算的精度要求。是否能发展新的理论，基于遥感反演的地表温度，构建地表通量估算的新的模型，提高全球和全国尺度的地表通量估算精度呢？已成为地球系统科学发展的新课题。

2. 建议重点发展的方向

（1）基于地面与地球综合观测，以具有空间分布的遥感观测信息为主，构建地表能量与物质循环过程模型，解决地表辐射平衡、地表蒸散、地表碳氮循环遥感监测与估算问题。

（2）构建人类活动与全球变化的情景模拟模型，解决城市扩张、粮食安全、水资源遥感监测与预警问题。

（3）构建重大环境事件和巨型灾害过程演化模型，解决大气和水体污染扩散遥感监测与预警，解决洪涝和干旱等自然灾害遥感监测与预警问题。

（4）希望围绕陆地生态系统变化开发出我国特色的中国、境外典型区，乃至全球遥感数据产品。通过交叉比较筛选适合于我国的地表过程模型，实现与我国自主开发以及国际遥感数据产品的同化，并生成新的数据产品。

3. 建模与模型

模型是由多个主要要素变量随机组成的代码-数值形式，它表达了现象或过程的机理。

（1）要素变量是指客观世界现象或过程的基本组成单元或是最小单位。它们可以换分成若干类型，每一类型所起的作用是不同的，可以分为主要要素和次要要素两大类，可以通过要素与现象或过程的相关关系分析来求得。这些要素是一个变量，是随时间和环境的变化而变化的，所以又称为要素变量，它们决定了现象、干湿的性质、特征和状态。

（2）建模（Modeling）是指给客观世界的现象或过程建立模型的过程，包括建立模型时所需的理论、方法和操作过程。

（3）模型是指客观世界现象或过程的主要要素变量的物理、化学、生物、经济社会特征的作用及其定量表达的代码-数值的关系形式，如 $E = Mc^2$，其中 E、M、c 为主要要素变量的代码，2 次方作用大小的定量表达。所以模型是多个要素代码-数值组成的表达形式，简单地说，由多个主要要素变量代码-数值组合成一个模型。

模型一般只需用一个方程就可以表达，一般的计算技术就能进行运算。技术产生数据、数据产生模型，模型是数据与应用之间的纽带。没有应用，数据和技术也就失去了它们的作用和意义，所以模型和建模在地球信息科学技术中，占有十分重要的地位。

组件与建模框架的关系如下。

建模框架是由多个组件耦合而成的，每个组件又由多个模型组合而成，模型是建模框架的基础，建模框架是由多个组件集成的组织结构方式。

（1）组件，根据客观世界的现象或过程的模型，将有关的模型和性质相似，功能相同的模型，按标准封装成一个组件，即将多个模型及它们的算法构成一个软件包，可以重复使用和灵活耦合。简单地说，由多个模型耦合成为一个组件。

（2）耦合器是指组件订成的支持系统，对于地球系统来说，主要是指网和网格，前者是指有线或无线互联网，即计算机网络；后者是指信息采样标准或信息单元，如地理坐标格网、常用的公里网格、10km网格。

（3）建模框架，根据不同的应用目的将有关组件耦合成一个组件集成框架。建模框架是指由多个组件为某一特征应用目的的耦合而成结构体系，它是专门为解决复杂系统问题而开发的由多个组件耦合而成的复合的软件包结构体系。简单地说，由多个组件集成为一个建模框架。

建模框架形成的过程是一个层层建模、层层耦合，直到满足某一具体应用目标的过程。建模是由多个要素组成模型，由多个模型耦合成为一个组件，再由多个组件耦合成为组件集成框架，框架直接为特定的应用目的服务，框架不是模型，也不是标准或语言，而是一种解决问题的方法。它需要采用多个模型方程组，或复杂方程组才能表达。建模框架又称为模式，表示它与模型的区别。

模型与模式的主要区别如表 15.1、表 15.2 所示。

表 15.1　模型与模式的主要区别

项目	模型	模式（建模框架）
1. 组成	主要由若干要素变量代码-数值组成	主要由许多模型封装成为组件，再由若干组件耦合而成模式，又称建模框架
2. 形式	同一个或若干个代码-数值方程表达	用一个或多个代码-数值方程组表达或以复杂方程组表达
3. 用途	用于对简单现象或过程的表达和运算	用于复杂现象或过程的表达和运算
4. 运算	简单现象或过程的模拟	复杂现象或过程的模拟

表 15.2　模型和建模框架、模式的主要区别

模型 （含要素变量，采用一个模型方程表达）		建模框架/模式 （含有组件，采用多个模型方程组， 或复杂模型方程组表达，模拟器实验）	
要素变量	多个要素变量组成模型	多个模型耦合成为组件	多个组件集成建模框架或模式
现象或过程的主要组成要素变量，主要组成要素变量值在现象或过程中起主导作用的要素，可以通过主要成分的分析和相关分析方法获得，它的值是随时间和环境变化而变化，所以称为变量	根据有关要素的物理及影响大小关系建立的代码-数值组成模型，代码是指要素的代表符号，数值是该要素在过程中作用大小，用数值来表达，如 $E=Mc^2$、E、M、c 为代码为数值，这就是一个明显方程	由多个模型耦合成组件，据模型的特征将有关模型封装成一个组件，封装指将有关模型及其算法构成一个软件包，可以重复使用灵活耦合	由多个组件耦合成组件集成框架，根据应用目的将有关组件耦合成具有特定结构的组织体系，用多个模型方程组成复杂模型方程组表达

4. 模拟器

1）基本概念

模拟器（Simulator）是指由多个模型耦合成为一个组件，并由多个组件集成为一个建模框架，由分布式的大量数据、许多模型和算法及大量计算机组成并通过互联网连接起来，实现某一特定应用目标的实验技术系统。模拟器更具有应用的特色，简单地说，模拟器是建模框架的计算机虚拟实验技术系统，或由大量数据和许多模型方程组共同组成的计算机的模拟实验。

2）主要内涵

对于地球系统来说，主要用的是"模型"与"建模框架"（MF）两大类。模型一般用于层次比较低的小系统（如水文模拟等），建模框架一般用于层次较高的系统（如地球表层建模框架、海洋大气建模框架、河流-湖泊水文建模框架等），凡是属于层次较高的建模框架，一般采用"模拟器"进行，实验层次较低的模型，采用常规的计算方法就可以达到目的，一般不需要利用模拟器。模拟器由建模框架的数据、模型、耦合器及计算机组成。

（1）要素（Eleminent）：客观世界现象或过程组成的基本单元，如地质、地貌、土壤、水文、气象、动物、植物、人口、经济、社会等状况。

（2）建模（Modeling）：现象或过程与要素之间的物理、化学、生物、经济社会的相关关系，或推理过程的研究及其表达技术。

（3）模型（Model）现象或过程与要素之间的相关关系或机理的代码-数值表达形式，如 $E=Mc^2$、E、M、c 为要素、现象、过程的代码，2 为数值，表明了能量与物质、运动速度之间的关系，2 为速度的响应力的大小。它可以用简单的模型方程表达，如物理方程、化学过程、数学方程和数理统计方程表达。

模式（Modeling Architecture）：对于一个复杂的现象或过程来说，它们的形成要素很多，关系十分复杂，不能用一个模型就能表达，而是要用很多模型来进行描述，用很多方程组，或复杂的方程组才能描述，因此把由很多模型及它们的用多个方程组或复杂方程组描述的建模方式称为模式。

（4）组件（Component）：由多个模型按一定规则可封装成一个组件，组件实际上由多个模型及它们的代码-数值组成的方程软件包，简而言之，组件就是由多个模型组成的软件包。

（5）耦合与耦合器（Couple & Coupler）是指由两个以上的模型或组件按一定标准及其接口的集成过程和集成标准和规则。耦合就是指连接、结合和融合，耦合器指连接、结合、融合的技术支持，如常用 Grid 支持，Grid 有两种含义，一为指格网或计算机网络，是互联网的高级阶段，另一为网格，如公里网格，它是指信息的空间范围或空间单元，也有经纬网格表达的。

（6）建模框架（Modeling Framework）是指由多个模型经封装成为一个组件，再由若干组件耦合成为一个专门解决复杂问题的模型组合结构，它是指模型集成、组合架构特征。

（7）模拟（Simulation）与模拟器（Simulator）。凡是采用物理的、化学的、生物的、经济和社会支持系统，进行实验的过程及结果或根据模型采用计算机进行运算的过程及其结果称为模拟。凡是上述模拟实验的支持系统或模型，数据及计算机系统的组合系统称为模拟器。

地球系统模式所包含的物理、化学和生物过程几乎涉及了地球科学的绝大多数研究方向，同时又与计算机硬件及其软件技术的发展高度相关。它的研制是一个巨大的系统工程，不可能由一个人，一个课题甚至一个研究所所能完成，目前国际上发展地球系统模式都是由国家出面甚至多个国家联合（如欧盟）支持一个庞大的研究计划发展地球系统模式。

目前国际上有代表性的研究计划共有四个，包括美国的"共同体气候系统模式发展计划（CCSM）"、"地球系统模拟框架（ESMF）"、欧盟的"地球系统模拟集成计划（PRISM）"和日本的"地球模拟器（Earth Simulator）"计划。以欧盟的研究计划为例，其目标是研制一套灵活、高效、便捷和对用户友好的地球系统模拟和气候预测系统，包括大气模式、大气化学模式、地面模式、海冰模式、海洋生物和地球化学模式、区域气候模式、它们通过耦合器相连接，构成一个完整的模式系统。这就是一个模块化地球气候系统模式的典型框架。

3）四个有代表性的研究计划的共同特点

（1）世界上许多国家都已经认识到发展地球系统模式的极端重要性；

（2）这些计划都把观测系统及其处理技术（资料同化）作为地球系统模拟的一个有机整体并在公共技术平台的低层软件支持系统中考虑了争论的储存、传输和共享等技术，使得参与计划的科学家们能够有效地获取相关的观测资料；

（3）这些计划都是一种国家或地区性的行为，有一个专门的机构来协调和组织计划的实施，有着持久稳定的经费支持；

（4）它们都十分重视发展一个可持续发展的地球系统模式总体体系结构的技术平台，该技术平台在上述计划的实施中起着十分重要的纽带作用，它是聚集多个研究单位，多个研究人员共同为一个地球系统模式框架作贡献的枢纽。

二、面向全方位服务的地球科学方法

面向服务的架构（Service-Oriented Architecture，SOA）是指为了解决在互联网（Internet）环境下业务集成的，需要通过连接能完成特定任务的独立的功能实体，实现的一种软件架构。SOA 是一个组件模型，它将应用程序的不同功能单元（服务），通过 SOA 之间的定义良好接口和契约联系起来。接口是采用中立方式进行定义的，应独立于实现服务的硬件平台、操作系统和编程语言。SOA 不是技术，而是一种面向服务的方法的框架。SOA 是由以技术为导向的方法，转向以服务为导向的方法，是公认的 IT 领域发展的新里程碑。

SOA 采用面向建模技术的 Web 服务技术，实现系统之间的松散耦合，实现系统之间的整合与协同。人们可以通过组合一个或多个服务来构建应用的方法，不管该服务来自哪一个平台，使用哪一种语言。

SOA 关键是提供服务，SOA 的本质就是服务的集合。它不是技术，而是一种架构，是根据应用需要，通过计算机网络，将所需的、分布式的、不管是谁所有的、在线的或虚拟的计算机资源、传感器资源及有关的电子仪器或设备，以统一形式进行封装，打包和接入。让各类 IT 资源在物理上保持独立和分布式的同时，进行逻辑上的统一管理。以透明方式进行资源化，选取、组合、访问和服务，是并行支持用户的应用需求的，组件式的服务框架。

（1）SOA 由三部分组成（图 15.6）。

第一部分：把装有分布式的 IT 资源间的定义接口和协议联系起来，组成"服务平台"并以通用的方式进行交互，以达到多种服务的目的。

第二部分：服务需求者或用户需求驱动。

第三部分：服务提供者或提供各种 IT 资源的厂商或其他机构。

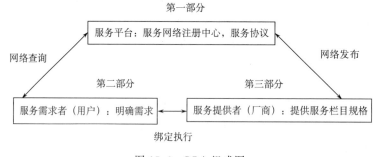

图 15.6　SOA 组成图

SOA 的用户只要提出具体、明确的要求，提供服务平台的接口和协议，从分布式的厂商或所有者那里，调用所需的 IT 资源功能，进行优化组合，运行和计算即能完成用户的要求。用户只需提出要求，自己不用 IT 软件和硬件资源，也不需要数据，只要通过服务平台和提供服务的厂商，就能很快获得所需的结果。对用户来说，既省钱、省事，又能圆满完成任务。对于用户来说，IT 的资源的物理形态不再存在，但它的功能依然可以运用。

（2）SOA 的特点有：

第一，服务是核心，可通过有线与无线网来实现，尤其无线宽带网是核心。

第二，具有组织无模块化的特点，重组灵活。

第三，即使在不同平台和语言环境下，都能互操作。

第四，服务有网络可寻接口，在任何不同机器上都能进行服务，服务的位置是透明的。

第五，每个用户，只要知道调用那个服务，而不必知道位于何方，属谁所有，而且随时可以调用，十分方便、易于掌握。

第六，大量异构系统并存，而且可以互操作，具有标准化的接口，能在 IT 领域中普遍应用，并能与各种技术相兼容。

第七，成本低，功能强。

第三节　地球系统建模框架

地球系统建模框架（Earth System Modeling Framework，ESMF）又称"地球系统多组件集成建模框架"，最早由美国的 Charis Hill 等于 2004 年提出，并很快得到了很多专家的支持，并组织有关专家研发。

一、ESMF 的基本特征

ESMF 是建立在综合的多组件模式，即多台计算机系统和国家技术网络（NTG）基础上建立的，实现了计算水平和科学分析能力的提高。在 Grid 的支持下的，可以跨机构、跨学科、跨地区的界线开展关联性的协同性工作。ESMF 是一种标准的、开放的源码软件系统。其目的是增强软件的主要使用功能和提高组件的互操作性，加强性和可移植性，使用户方便地使用它。它是在 NASA 的支持下，由很多科学机构，如 NOAA、USGS 等协作研发的地球科学服务系统。

ESMF 的目标是地球系统的综合建模。它具有 15 个初始试验床（Test Bed）包括了地球物理流体力学实验室（GFDL）的灵活模式系统（FMS）、国家大气研究中心（NCAR）公用气候系统模式（CCSM）、国家环境预测中心（NCEP）的公用气候系统模式（CCMS）、国家环境预测中心（NCEP）的天气研究和预报（WRP）NASA 的数据同化办公室（DAO）、洛斯阿拉莫斯国家实验室（LANC），NASA 季节和年际预报计划（NSIPP）等。这些试床系统，包括各种离散格网（SIG）法，数值时间步进技术，软件编程范式和硬件平台，通过 Grid 连接起来，能准确预报天气、海洋变化（如厄尔尼诺，拉尼娜），以及陆地表面的可预测性（如土壤水平，农作物产量），以提高预报水平。

ESMF 是一个软件系统，包括 Goddard 地球模拟系统（GEMS），地球物理灵活的模式系统（FMS），MIT 的包裹器工具箱，模式耦合工具（MCT）等，系统的共同特点是标准化和统一化。

ESMF 模型是由大气子系统组件、海洋子系统组件、陆地子系统组件、生物子系统组件等软件包集合而成的。每一个子系统又包含了多个或无数个子系统小组件集合而成的，如陆地子系统组件包括地质、地貌、河流、湖泊及人工建筑等子系统构件中包括多个模型在内。模型又代表了若干个组成要素之间的物理的、化学的、生物的、经济和社会等关系的表达在内。简单地说，地球系统是由多个组件所构成，每个组件又有多个模型打包或封装而成，模型又有多个要素的数学代码、经过打包和封装而成。至于它可以分成多少组件，由它的程度而定。

对于全球气候研究来说，需要综合大陆、海洋和大气等子系统的数据融合而成，使得构成的模型十分复杂，而且有很大的计算量，因此，只能采用组件的集成建模方法。该方法将模型代码封装成符合一定要求的组件，实现了模型的复用。被封装的组件之间提供耦合来构成地球系统应用。

　　建模框架中定义了之间所需要具有的接口，组件的耦合方式等，还提供了对组件的高性能计算和处理技术等功能。

1. 已有的与 ESMF 有关的框架

　　1）美国密歇根大学的空间环境建模中心发展的建模框架

　　SWMF（Space Weather Modeling Framework），主要用一系列包括从太阳表面到地球大气上层的物理或模型进行耦合，来构建能够反映太阳活动对地球大气影响的太阳-地球之间的物理过程。

　　2）欧盟（European Commission）支持的气候模型

　　PIESM（Program for Integrated Earth System Modeling）项目，是一个气候建模项目，目的是通过耦合气候中的大气，海洋，海洋-冰，大气化学，陆地表面和海洋生物化学等模型，来构建气候模型。

　　3）欧盟支持的 European Open Modeling Interface and Environment Open MI 项目

　　该项目主要用于水文、水环境模型组件耦合水文-水环境综合模型。

　　4）美国国家自然科学基金（NSF）、NASA 和美国国防部（DOD）共同资助的建模框架

　　ESMF（Earth System Modeling Framework），即地球系统建模框架是一个建模框架，目的是提供一个能被各个领域所使用的通用框架，同时能够耦合其他框架所定义的组件。

　　5）CCA

　　CCA（Common Component Architecture）是一个高性能计算的框架。它定义了高性能计算组件需要提供的一套接口，利用这些接口来实现封装分布的组件耦合在一起构成应用系统。

　　以上这些框架都具有共同的目的，但各自具有不同的特点，所提供的功能也存在一定的差别。其中 ESMF 的功能最为完备，兼容性也强。同时 ESMF 提出的构建地球系统建模环境（Earth System Modeling Environment，ESME）的目的也已经超越了建模框架的含义，对于地球系统的研究是一个很大的促进。

2. ESMF 的内涵与结构

　　ESMF 是在美国国家航空航天局（NASA）美国国家自然科学基金（NSF）和美国国防部（DOD）共同支持下开发的，能为各个领域所使用的通用建模框架。它是在由大气和气候等相关研究领域的研究者组建的"建模结构工作组"（CMIWG）研究成果的基础上发展起来的。

　　ESMF 提出三个目标：第一核心软件，第二数据同化，第三建模应用。2005 年完成了原型系统的开发，并在很多建模应用中使用。NASA 在 ESMF 的原型的基础上，建立了大气环模型（GEOS-5）。

　　在 ESNF 的基础上，后来又进一步发展成为 ESMF，并将研究成果分为产品研究、科学应用研究和集成研究等三部分。

同时 ESMF 或 ESME 提出了对模型，Data Grid（数据的 10km 网格，相当于 SIG）变量，数据等原来数据的研究建议，并得到了 NASA NSF 和 DOD 的认可。

ESMF 自 2003 年推出 ESMF1.0.1 版本以来到 2007 年 5 月 3.02 版本，在 NASA 和 DOD 等单位的建模中得到普遍应用，如在气候变化建模中、土地信息系统的建模中、地球大气变化建模中得到了广泛的应用。

ESMF 是一个由一系列软件工具构成的软件工具集，主要用于建立 ESMF 所定义的组件。这些组件能够在不同的地球应用中被方便地重复使用，组件之间可以灵活地耦合起来构建地球系统应用的不同领域。ESMF 工具集中提供地球系统模型的计算机表达和运算所需的常用工具，使用时可以快速地将模型代码封装成 ESMF 组件，或者集成其他的 ESMF 组件，构建不同的地球系统应用。封装的 ESMF 组件可以在任何基于 ESMF 的应用中直接使用。

3. ESMF 工具集提供的工具

第一，提供了将模型、运算代码封装成具有标准接口和标准驱动器的 ESMF 组件所需的工具。

第二，为组件提供数据结构和必要工具，如数据通信、重采样、时间管理、配置管理和日志管理等。

组件对外服务依赖于这些工具。

ESMF 由三部分构成：顶层构建，基础构建和用户代码构成了一个"三明治式"的结构（图 15.7）。

1）顶层结构

由应用驱动器（App Driver）和组件类构成。定义了将 ESMF 组件装配成地球系统应用的结构。其组件

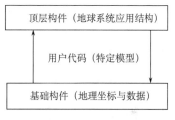

图 15.7　ESMF 构成

可以是对地理区或特定模型的实现，也可以是对数据处理代码的封装。通过顶层组件提供的组件封装方法，可以将用户的代码封装成 ESMF 组件，然后利用顶层组件提供和耦合机制，可以将组件耦合成多种应用系统。耦合的应用系统具有唯一的主入口程序，即应用驱动器。它所创建的 ESMF 组件并调用 ESMF 标准方法来驱动应用的执行。被耦合组件之间，通常需要进行数据的交换，ESMF 组件提供了必要的数据传输的方法，它包括 ESMF 组件模型、ESMF 组件、ESMF 组件的耦合结构、状态及应用驱动器等方面。

2）基础构件由数据类和工具类组成

定义了将用户代码封装成组件的方法，并提供了创建 ESMF 组件的主要工具。数据类是由网格（grid 信息单元，grid 为 10km 网格，地理位置），数据类型等集合组成。数据结构包括网格类型、坐标（水平、垂直）、坐标顺序、坐标值的相对位置、分布类型等，如公里网格、经纬网格等。

3）用户代码可以促进特定模型的实现

也可以提供特定功能函数。用户代码需要用基础构件创建 ESMF 组件，并被顶层构件来驱动代码的运行。

　　第三，地球系统建模框架中的"耦合器"（Coupler）。

　　（1）耦合器的基本概念。在讨论地球系统建模或建模框架时，都涉及耦合和耦合器问题。耦合是动词值行为过程，耦合器是名词，指一种技术、一种模式、一种框架。如以网格作为基础的，各种要素变量按空间时间分辨率进行集成和分析的模式等。

　　（2）技术集成，数据融合和建模（包括模型与模式）使地球科学信息技术的三大环节。这三大环节都离不开耦合或耦合器，尤其是建模，包括模型和模式的形成过程中，耦合器起到了决定性作用。耦合是指连接、结合或组合。耦合器是指专门负责连接、结合或组合行为的计算机软件或模块化框架，主要有两种类型：①"可插拔式"的模块化框架（耦合器）；②非模块化耦合框架（没有单独耦合器的）。

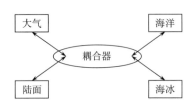

图 15.8　"可插拔式"的模块化框架

　　耦合器的作用是将地球系统模式（如天气、海洋、地面等组件）进行综合集成，形成地球系统，耦合器是进行集成的主要手段。通过耦合器集成的模块化地球系统模式是未来发展的主流方向，受到了广泛关注，如图 15.8 所示。

　　耦合与耦合器既适用于大范围、大规模的地球系统的子系统，如大气、海洋、陆地模块及其形成的组件之间的集成，也适用于小范围的、小的、低级系统，如水文系统的要素变量、流量、流速及泥沙等的模块及其形成的组件之间集成，但它们之间耦合机制是不一样的，它们之间存在着很大的差别，它们的耦合器也是各不相同的，如图 15.9 所示。

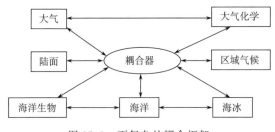

图 15.9　更复杂的耦合框架

　　4）网络耦合模式

　　（1）大气环流的网格耦合模式：Grid 有格网或网格的意思，这里指网格，即信息单位，如公里网格、10km 网格等，对于大气环流来说，一般采用 10km 网格。

　　基本要素变量：U、V、T、P、Q、H、大气成分、太阳常数、地形。①空间分辨率：（二维、三维），分辨率：0.1°～2.5°；②时间分辨率：6 小时，24 小时、月、年。

　　（2）大洋环流的网格耦合模式：①要素变量：U、V、T、P、Q、H、地形；②空间分辨率：（二维、三维），分辨率：0.1°～2.5°；③时间分辨率：6 小时，24 小时、月、年。

4. ESMF 的应用

图 15.10 给出了 ESMF 组件在实际中的应用。这是一幅利用 ESMF 构建的 NASA GEOS-5 大气一般循环模型结构图。每个框都表示一个 ESMF 组件，图中还包括连接器。组件的这种分层树形式能够在不同层进行隔断，因此物理包能够进行整体替换或是单一的参数化。

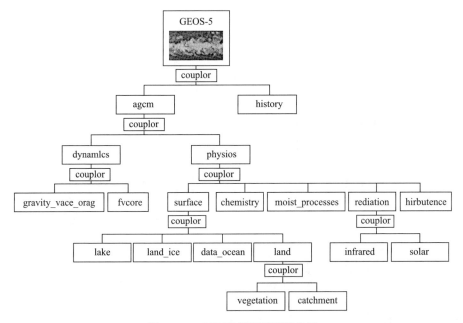

图 15.10　ESMF 循环模型结构图

ESMF 目的在于改进和加快短波天气和中长波气候变化的预测能力。ESMF 作为一种连接天气和气候模型的标准，统一了大多数模型组织，并获得地球作为交互系统的真实表示。

ESMF 能够更容易地利用多个数据源共享和比较科学方法，更加有效地利用遥感数据。ESMF 的出现大大简化了不同组织开发软件模型的难度。

地球系统模拟的未来发展方向主要包括：跨学科的地球系统模拟，耦合大气系统（包括社会经济条件），使用更高的分辨率，完成更多的集合，评估模拟环境变化的能力，预测和应用所需要的争论及争论同化（图 15.11）。

二、日本地球系统模拟器

JAXA 的地球系统模拟器（Earth System Simulator，ESS）和大气环境模拟器等已经广泛出现在地球科学，尤其在地球信息科学研究领域中。日本地球模拟器的开发历史、系统组成及研究进展如下。

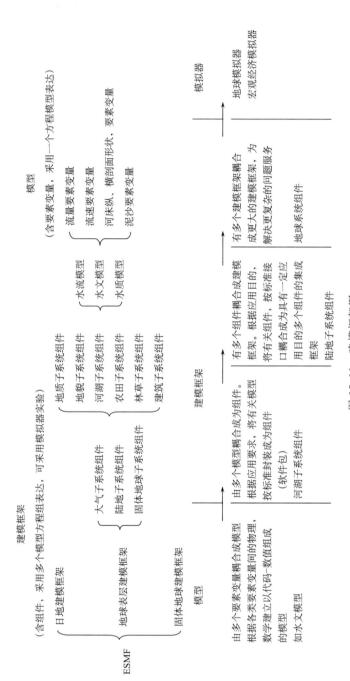

图 15.11　建模框架图

1. 开发历史

(1) 1996 年首次提出开发能预测地球变化（研究）的地球模拟器（Earth Simulator）；

(2) 1997 年成立了地球模拟器中心（Earth Simulator Center）；

(3) 2000 年开始制造，由宇宙开发事业团、日本原子能研究所以及黑夜科学技术中心承担；

(4) 2002 年 2 月，640 个计算节点开始运转（建于横滨市金泽区），160 个计算节点的实测，性能为 7.2terra FLOPS（目标性能 5 terra FLOPS）；

(5) 2002 年 3 月正式运行（由海洋科学技术中心承担）。

2. 系统组成

地球模拟器是超级矢量型计算机，有 5120 个处理器，理论峰值为 40 terra FLOPS，它是由 640 台用来进行验算处理的"计算节点"（每一个节点是 64M FLOPS）和 65 台连接计算节点的网络设备构成，每个节点上有 8 个最大为 8M FLOPS 的 NEC 处理器和 16GB 的共享内存，其最大实效值能达到 90%，其性能可与 10 万～20 万台个人计算机相当。计算节点和网络设备内通信速度为 12.3Gb/s 的网络相连，开发总费用超过 400 亿日元。在运行中将地表分割为 $10km^2$ 的区域，模拟大气及海流的变化情况。

这是世界上首次进行的此类实验，在模拟地球上一天的大气流动情况时，地球模拟器只用了 40min 就可以处理完毕。由于其性能达到了此前世界上最高性能的美国超级计算机的 5 倍以上，因此美国甚至将其称为"Computenik"。

地球模拟器的能力将有 50%～55% 用于原来预定的大气、海洋研究，其他则用来进行计算机科学研究以及其他领域的研究。

3. 地球模拟器中心设有 5 个主要研究小组

(1) 大气与海洋模拟研究小组；

(2) 固体地球模拟研究小组；

(3) 复杂性研究小组；

(4) 高度计算表现方法研究小组；

(5) 算法研究小组。

4. 研究项目举例

(1) 全球变暖预测的高分辨率大气-海洋耦合模型的研究；

(2) 用于全球变化预测的地球系统模型的开发；

(3) 各种物理过程的高度参数化等。

5. 国际合作进行的项目举例

(1) 区域气候模型的开发（与美国 Scripps 海洋研究院）；

（2）台风模拟（与加拿大气象局）等。

三、中国的地球系统模式

中国对地球系统模式的重视程度，几乎与发达国家相同。早在 20 世纪 80 年代，我国气象学家就认识到了数值模拟在大气科学中的重要性，并开始了数值模式的发展，其重要标志就是成立了大气科学和地球流体力学数值模拟国家实验室（LASG）。通过 20 多年的努力，LASG 从最基本的气候模式-大气环流模式（1985～1989 年）经历海-气耦合模式后（1989～1997 年），发展到后来的耦合气候系统模式（1997 至现在），这是我国地球系统模式的雏形。在未来 5～10 年，LASG 将发展地球气候系统模式，并计划在 10 年后建成我国自己的地球系统模式。

LASG 成员与所内外研究人员通力合作，利用耦合气候系统模式开展了一系列气候问题的相关研究，包括人类活动对气候变化的影响研究、大洋环流变率的研究、印度尼西亚贯穿流研究、热带季节内震荡研究、近海海流研究、海气相互作用研究、海冰年际变异研究、大陆板块构造对气候变化的影响研究、古气候研究、耦合模式热带偏差研究等，还利用耦合模式进行短期气候预测，先后建立了季节和跨季节降水距平预测系统（1988 年）、季节和跨季节气候距平预测系统的准业务版本（LAP PSSCA）和短期气候预测系统的业务版本（LAP DCP-II），在业务预测检验中显示出较好的预测能力。国家气候中心（NCC）在 1995～2005 年 10 月期间建成了第一代业务短期气候预报距平预测系统，并从 2004 年开始发展海-陆-气-冰耦合气候系统模式。中国气象科学研究院也于 2000 年开始发展全球和区域一体化的同化预报模式系统（GRAPES）。

在发展和应用气候系统模式的同时，我国学者也充分认识到气候系统模式的发展是一个巨大的工程，需要各相关学科研究人员的联合、参与和支持。在国家自然科学基金委、中国科学院和中国气象局等部门的推动下，KASG 联合国家气候中心、中国气象科学研究院、南京大学大气科学学院等单位，经过半年多的反复研讨，于 2002 年 1 月首次提出了"中国应加速发展自己的气候系统模式"的建议书，并通过基金委 2002 年第 8 期简报上报到了国务院，得到国家领导人的批示。

LASG 近两年来在物理气候系统模式的评估、改进和应用方面取得了一些重要进展。LASG 的物理气候系统模式采用了模块化的结构，以耦合器为中心，把大气、海洋、海冰和陆地四个分量模式耦合在一起。其中大气环流模式 GAMIL、SAMIL 和大气环流模式 LICOM 是 LASG 自己发展的，其他分量模式（地面过程模式和海冰模式）和耦合器目前暂时是从美国国家大气研究中心（NCAR）引进的，但对海冰模式进行了改进。除此之外，LASG 在生物地球化学模型的研发方面也做了起步性工作，建立了中国自己的全球气溶胶模块（LIAM），并实现了与大气模式 GAMIL 的耦合，发展了国内第一个大气-气溶胶耦合模块 GAMIL-LIAM；在对引进的动态全球植被模型 SDGVM 进行评估和改进的基础上，建立了该动态全球植被模型的改进版本 M-SDGVM。

我国未来大气系统模式发展的中心任务主要有如下两个方面：

（1）对现有的物理气候系统模式开展进一步评估、改进和应用；

（2）发展我国自己的生物地球化学模型并实现与物理气候系统模式的耦合。

我国未来地球系统模式发展的重要基础是观察。高精度、高质量和观测资料的缺乏将成为地球系统模式发展的主要障碍。因此不断改进观测手段、加强观测资料的管理与共享对于地球系统模式的发展来说是十分必要的。

地球处在不断地运动中，有每天的自转，也有每年的环绕太阳的公转。地球内部有地核、地幔、地壳。地核的温度很高，热能推动地幔层中物质的流动翻动，引起如火山爆发等活动，热能也推动地壳的运动。根据分析，地壳的岩石层不是完整的一块，而是由几个板块构成的。这些板块有欧亚板块、美洲板块、太平洋板块、印澳板块和南极板块等 8 个大板块和一些小板块。板块在地幔层上漂浮，在这样的运动中，相对运动或相互作用导致了大地构造和地震活动。地球表层是由大气圈的下部（即对流层）、岩石圈的上部和整个水圈、生物圈共同组成，这是地球上岩石、水、空气和生物相互作用的地方，也是地球吸收和转化太阳能的机构。水温的蒸发、洋流、陆地水的运动、岩石的风化、土壤的形成、生物的生长和繁衍等，所包括的自然过程复杂多样。

地球动力学模拟就是把地球作为一个球或椭圆球体，把地球作为一个不可分割的整体，以动力学方程来研究运动和各个圈层之间相互作用，从而研究解决地球资源与能源的发展和合理开发、利用、生态环境的保持及改善、自然灾害的发生和预防等问题。

从全球看，中国地处欧亚板块东南部，以大陆为主体，分别受印度洋板块和太平洋（包括菲律宾）板块的夹持。西南部喜马拉雅山正是欧亚与印度洋两个大陆板块碰撞的地带，而东部大陆边缘又是海洋板块对大陆俯冲及其弧陆碰撞的产物。中国大地貌就是在这些板块的相对运动中及其对大陆古板缘造山带与古陆块的再生与回春作用而形成的。研究表明，以西伯利亚古陆为核心的欧亚板块，相对于其他板块处于被动状态，而其他板块对中国大陆则起主动撞击的作用。这些"主动"板块的活动状态，特别是运动方向、速度对于地貌形成具有重要意义。由于东、西部板块性质和活动方式的不同，因而东、西部地貌也呈明显的差异。

第一，地球圈层情况如图 15.12～图 15.14 所示：

根据地球动力学模型计算，可以尝试地震灾害预测，或者根据震中的地点建立地震断裂破裂模型，我们可以计算地面运动和加速度分布，可以计算地震造成的应力变化及其对其他断层后续地震的影响。

第二，计算地球模型选取一般有以下几种方法：

（1）分层模型—地表位移分布；

（2）椭球模型——地表位移分布及位移变化量；

（3）添加地形的地球模型。

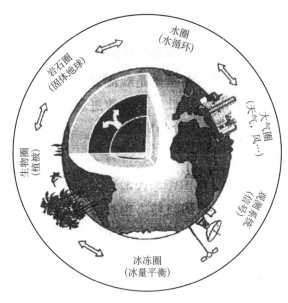

图 15.12　地球内部的热能推动地幔和岩石圈的运动

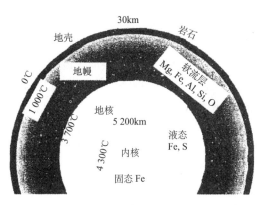

图 15.13　地球内部物质的运动（对流）的表现
（横向不均匀性速度结构）

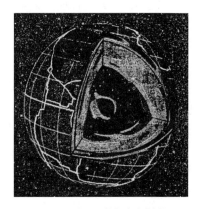

图 15.14　地球的内部结构

四、全球变化经济学模型

1. 重点研究以下几个方面

（1）研究由于全球变化增加环境灾害的尺度与频率而造成对季节社会及生态系统产生的经济损失（如台风、雪灾、酷热、洪灾、干旱等）。

（2）计算由于实施适应全球变化对策而产生的经济社会效益，估测这些适应对策能减少全球环境灾害对社会经济及生态系统损害的经济效益及成本。

（3）评估由于全球变化对环境灾害的影响（如台风、雪灾、酷热、洪灾、干旱等），而增加人员生病及死亡所产生的经济损失；

（4）评估各种方式的灾害风险管理措施对减少各种影响所产生的经济效益。

2. 亚太综合模型（Asia-Pacific Integrated Model）

亚太综合模型是与全球变化经济学相关的一个重要模型，可以说是缓解和适应环境变化影响政策的一个综合评估模型，是广泛的环境模型而不是简单的气候模型。

第一，亚太综合模型主要包括三个主要的子系统：

（1）温室气体排放模型（AIM/emission）：评估温室的相关政策以便简化它们，包括几个国家的模块并预测多种气体的排放。

（2）全球气候变化模型（AIM/climate）：预测大气中温室气体浓度以及评估全球平均温度的增幅，它综合了多种碳循环属性和气候现象。

（3）气候变化的影响模型（AIM/impact）：估计气候变化对亚太地区自然环境和社会经济的影响，它预测与前两种模型交互产生的集中重要作用。

据预测，全球气候的变化对亚太地区的社会经济有重大的影响，应对全球气候变化措施的实施强加给区域的沉重经济负担，而且亚太地区不能采取这些应对措施，据估计，在21世纪末之前温室气体的排放将增加到全球气体排放的一半。

为了应对如此严重和长期的威胁，为区域的政策制订者和科学家建立交流和评估的工具就很有必要。综合评估是提高这些组织交互性的最有效的工具之一，也为综合大范围内的不同学科的知识提供了一个方便的框架。亚太综合模型（AIM）是促进区域内综合过程的大规模计算机仿真系统。

亚太综合模型是为了从减少温室气体排放和避免气候变化影响两方面评估稳定全球，特别是亚太地区气候变化的相关政策提出的。

第二，亚太综合模型有七个明显的特征：

（1）综合了排放、气候和作用几个模型；

（2）为了确保不同模块的一致性，同时准备了洲和国家一级的国家模块和全球模块做详细评估；

（3）综合了至底向上的国家模块和至顶向下的全球模块；

（4）评估各种不同的政策；

（5）包含一个非常详尽技术选择模型评估引入先进技术的作用；

（6）利用一个详尽的地理信息系统里面的信息评估和表示地方一级作用的分布；

（7）主要关注亚太地区，以国际研究机构的一个合作网络为基础。

虽然这个模型主要是为了应对环境变化提出来的，它仍然被用于其他，诸如本地环境污染、酸雨、森林管理政策和其他能源、农业、水资源管理等问题。

AIM这个研究项目是在1991年由日本国家环境研究学会和东京大学的Matsuoka教授提出来的。AIM模型的主要模块在随后的三年完成。1994年，他们在一个国际合作计划的支持下扩展了这个项目，在这个计划中，他们与几个亚洲国家的著名的科研院所共同扩展了国家模型。这些国家模型随后同一些全球和区域的模型结合起来。这些项目从 1997 年开始又经过三年扩充，以便为更广泛围内作用和政策提供更为详尽的评估办法。

第三，亚太综合模型的主要贡献有以下五点：

（1）为 IPCC 提供了全球和地域性的气体排放场景；

（2）在斯坦福能源模型会议上被引用，以便进行排放场景和影响评估的国际比较；

（3）被日本政府用来评估政策；

（4）Eco Asian 采用它来作为评估各种可选政策的内部模型；

（5）对联合国环境规划署的全球环境前景规划、UN 全球模型论坛和亚太网络规划都有显著贡献。

这个项目目前由日本环境署的全球环境研究基金资助。这笔资金很有价值，已被用于创造一个令人兴奋的国际网络，在这个网络中，研究人员和政策的制订者努力提高亚太地区人们未来的福利。

3. MIT 全球整合系统模型（MIT Integrated Global System Model）

MIT 全球整合系统模型（IGSM）是由美国麻省理工大学全球变化科学与政策联合项目研制的综合仿真系统。该系统主要用于模拟由人类活动引起的全球变化，以及研究在政策评估中的敏感因素和不确定因素。MIT 全球综合系统模型实际上是一种作为理解人类全球气候变化和研究由此变化引起的一系列社会环境问题的工具。目前的 MIT 全球综合模型主要包括了三个部分模型：经济模型、大气化学与气候耦合模型和陆地生态系统模型。这三个部分模型都是基于全球尺度的，但是也在一定的水平上反映了区域的特性。

总体上，人类与自然排放模型的输出将作为大气化学与气候耦合模型的输入。其中，大气化学与气候耦合模型中的化学、大气环流以及海洋环流部分是整个综合系统模型的主要组成。此外，系统中的气候模型输出将作为陆地生态系统预测地表植被变化、地表二氧化碳流量以及土壤组成的因素；而这些预测将作为反馈信息回到化学/气候，以及自然辐射耦合模型中。

经济模型是排放预测与政策分析模型中重要组成部分，排放预测与政策分析模型用于对有关温室气体排放过程的分析，为控制排放气体的政策影响进行评估。该模型具有广泛的全球性，已被作为经济增长、国际贸易以及一些经贸地区温室气体的排放（CO_2、CO、CH_4、SO_2、NO_x、NO、N_2O、NH_3、$CPCs$、PFC_s、HFC_s、SF_6）的概括平衡模型。同时，模型中还包括了非甲烷活性有机物、黑炭及有机碳气溶胶，而这些物质都是全球综合系统模型中大气化学-气候模型中的重要输入物质。

经济模型对人类生存排放的重要气体和全球的经济生活、能源使用产生的气溶胶进行了预测，并根据纬度地区的需要情况进行转化分配。模型还提供了特殊的方法解决一些非确定因素的影响，如人口增长与经济活动、科技前进与目标的变化。此外，模型还对排放控制政策进行了分析，如国家之间的排放量与排放配额代价的估计，分析国际贸易引发的变化。最后，根据预测排放比例，模型提供了对气候变化的潜在反馈信息的检测。

　　排放预测与政策分析模型从预测温室气体和气溶胶在未来的排放水平的角度考察人类对未来气候的影响，同时，分析了未来经济与技术的变化。由于大多数用来确定大气中污染和温室气体等级的重要化学物质只在大气中存在很短的时间，因此将经济发展及其引发微量气体的扩散作为空间位置和时间函数进行预测。例如，对硫酸盐气溶胶和臭氧的预测会考虑到 21 世纪气体排放的偏移路线将会出现在从欧洲和北美到中国以及南亚地区。为了进行政策分析，全球综合系统模型包括了描述经济增长、技术变化以及未来人类排放的全球经济发展模型。

　　目前，排放预测与政策分析模型将考虑到一些输入信息在特定区域内是否可以获得，如劳动力、资金、进口货物以及自然资源，这些是相应于各部门需求的。对产品的需求源于家庭、政府、研究机构和出口部门。而一些输入要素，如税、交换的外汇和收入将用来支付产品的价格。资金的积累、消费者的储蓄将影响未来经济产量。由于能源对温室气体排放的重要性，因此能源部门对原油、气体、煤、化石燃料以及长期以来作为传统原料代替品的非化石燃料技术进行分别处理。模型考虑了不同区域的内部资源，以及随着时间发展在生产过程中的损耗，并且对电力部门进行了区分，考虑了其作为燃料（包括核能）与非化石技术部分的输入，如风能与太阳能。模型对每一个经济区域中由经济活动产生相应的温室气体和污染气体进行预测，与此同时，还将预测结果作为气候模型的输入。

第十六章 全球变化的研究计划

第一节 国际合作研究计划

一、地球系统的国际合作研究计划[*]

中文名称：国际地圈-生物圈计划。

英文名称：International Geosphere-Biosphere Programme，IGBP。

国际地圈-生物圈计划是近年来国际科学联合会（ICSU）发起和组织的重大国际科学计划。该计划于 20 世纪 80 年代初开始酝酿，并于 1988 年 ICSU 第 22 届大会上正式提出，1990 年进入执行阶段。

1）IGBP 的意义

IGBP 主要以生物地球化学循环子系统及其与物理气候子系统的相互作用为主要研究对象。其科学目标是：了解和阐述控制整个地球系统的关键的物理、化学和生物相互作用过程；了解和阐述支持生命的独特环境；了解和阐述出现在地球系统中受人类活动影响的重大全球变化。特别是那些时间尺度为几十年至几百年，对生物圈影响最大，对人类活动最为敏感，具有可预测性的重大全球变化问题。

2）IGBP 的核心计划

IGBP 由若干个核心计划和支撑计划构成。已启动的核心计划包括：

（1）国际全球大气化学计划（IGAC）：主要研究大气化学过程是如何调控的，生物过程在产生和消耗微量气体中的作用，预报自然和人类活动对大气化学成分变化的影响。

（2）全球海洋通量联合研究（JGOFS）：主要研究海洋生物地球化学过程对气候的影响，以及对气候变化的响应。

（3）过去的全球变化（PAGES）：定量地论证与 IGBP 有关的过去的变化，并根据地球历史的整合，揭示这些变化对地球未来的意义。PAGES 一方面重点研究过去 2000 年来全球气候和环境的详细历史；另一方面集中研究过去几十万年的冰期、间冰期旋回中的主要变化，研究的时间分辨率较粗。

（4）全球变化与陆地生态系统（GCTE）：主要研究气候、大气成分变化和土地利用类型变化对陆地生态系统的结构和功能的影响及其对气候的反馈。

---

[*] 国际地圈-生物圈计划中国全国委员会秘书处.1988.国际地圈-生物圈计划。

（5）水循环的生物学方面（BAHC）：主要研究植被与水文循环物理过程的相互作用。

（6）海岸带海陆相互作用（LOICZ）：主要研究土地利用、海面变化和气候变化对海岸带生态系统的影响及其严重后果。

（7）全球海洋生态系统动力学（GLOBEC）：认识全球环境变化对海洋生态系统的影响及海洋生态系统的响应。

（8）土地利用/土地覆盖变化（LUCC）：是IGBP与IHDP（全球变化人文计划）两大国际项目合作进行的纲领性交叉科学研究课题，其目的在于提示人类赖以生存的地球环境系统与人类日益发展的生产系统（农业化、工业化/城市化等）之间相互作用的基本过程。国际上1996年通过的LUCC研究计划以五个中心问题为导向：第一，近300年来人类利用（Human Use）导致的土地覆盖的变化；第二，人类土地利用发生变化的主要原因；第三，土地利用的变化在今后50年如何改变土地覆盖；第四，人类和生物物理的直接驱动力对特定类型土地利用可持续发展的影响；第五，全球气候变化及生物地球化学变化与土地利用与覆盖之间的相互影响。

3）IGBP的支撑计划

IGBP计划还包括三个支撑计划：

（1）全球分析、解释与建模（GAIM）：借助于全球模式来定量分析地球系统内物理、化学和生物过程的相互作用，估计未来变化的可能影响。

（2）数据与信息系统（IGBP-DIS）建立全球变化研究所需要的全球资料和信息的处理、储存、交流系统，特别要发展全球变化的空间遥感观测能力的资料的处理能力。

（3）全球变化的分析、研究和培训系统（START）：在全球的代表性生态系统区域，主要在发展中国家，建立全球变化的区域研究中心。它们的功能是生态环境的长期监测，特殊问题的试验研究，科学技术人员的培训以及区域资料交换等。

4）IGBP的价值

在总结前期研究经验与教训的基础上，IGBP于1998年提出了"集成"（Synthesis）研究的新概念。根据IGBP的观点，"集成"的关键是通过对所有主题的各个方面的研究结果进行综合以获取新的概念，并使（原有）认识水平提高到一个新的高度。IGBP的"集成"研究分IGBP计划、核心计划和区域三个层次，在IGBP层面上的集成研究将主要关注碳循环、水循环和食物与纤维三个问题。"集成"代表了今后一段时期内的全球变化研究的主要方向。

二、世界气候研究计划（WCRP）

1. 目的

世界气候研究计划（WCRP）成立于1980年，是由ICSU和世界气象组织（WMO）共同发起的，同时也得到来自联合国教育、科学及组织的政府间海洋委员会（IOC）的资助。WCRP的目标是发展有关自然气候系统和气候过程的基础研究，以确定气候在多大程度上可以预测，以及人类活动对气候影响的程度。WCRP开展针对全球大气、海洋、地表、海冰和陆地冰等对理解地球自然气候系统有贡献的深入研究，尤其关注可以为气候及其变率等热点问题提供科学的定量回答的研究，如建立可以预测全球和区域的气候变率、极端事件发生频率和程度的变化等的研究基地。目前 WCRP 的主要研究计划包括：全球能量与水循环试验（GEWEX）、气候变率及其可预报性（CLIVAR）、气候与冰冻圈（CliC）、平流层过程及其在气候中的作用（SPARC）、气候系统观测与预测试验计划（COPE）等。

WCRP 的研究可以有力地解释地球气候系统研究中的不确定性问题，包括海洋中热量的储存和传输、全球能量和水文循环、云的形成及其对辐射的影响、冰冻圈在气候系统中的作用等。这些研究与政府间气候变化专门委员会（IPCC）所确定的优先领域相配合，为《联合国气候变化框架公约》（UNFCCC）关注的热点问题提供了科学基础。为了迎接《21 世纪议程》中提出的研究挑战，WCRP 也设立了科学基金，与 IGBP 和 IHDP 一道为全球变化研究的科学合作提供国际性的框架。

WCRP 组织或发起针对某一科学或规划问题的会议，参与 ICSU/WMO/IOC/UNEP 的全球气候观测系统（GCOS）的规划工作，WCRP 还与全球气候观测系统、全球海洋观测系统（GOOS）联合成立海洋气候观测专门委员会（OOPC）总体负责GCOS 海洋观测系统（也包括 GOOS 的气候观测部分）的实施；与 GCOS 联合成立大气气候观测专门委员会（AOPC）；在分析、研究和培训系统（START）的发展方面也与 IGBP 和 IHDP 开展了大量的合作。

WCRP 在气候和气候变化的研究活动方面建立了具有领域广泛的多学科研究战略，这一战略在目前正在进行的 WCRP 核心项目中得到了充分体现。WCRP 所有项目都是由科学指导委员会或每年一次的工作会议领导。

2. 任务

（1）北极气候系统研究（ACSYS）是一个研究北极地区气候（包括其大气圈、海洋、海冰和水文条件）的区域性项目，并已逐步发展成为一个研究全部冰冻圈在全球气候中作用的全球性项目——气候与冰冻圈（CliC）。气候与冰冻圈计划（Climate and Cryosphere，CliC）早在 1998 年就由 WCRP 开始酝酿组织，2000 年正式设立 CliC 计划，2004 年南极研究科学委员会（SCAR）成为这一计划的共同资助机构。CliC 计划与北极气候系统计划（Arctic Climate System，ACSYS，1991 年设立）有着紧密的联系，拥有相同的项目办公室和科学指导委员会，因此也合称为 ACSYS/CliC。

CliC 主要研究地球系统中全部的冰冻圈（如雪盖、海/河/湖冰、冰川、冰原、冰帽、冰架和冻土）及其与气候的关系。CliC 的目标在于扩大人们对冰冻圈在气候系统中的过程和相互作用的认识，了解全球冰冻圈的稳定性情况，评估并量化气候变化对冰冻圈的影响以及冰冻圈变化对气候系统的意义。其主要任务如下：①加强对冰冻圈的观测和监测，以支持过程研究、模式评价和了解冰冻圈变化趋势等工作；②增强对冰冻圈的在气候系统中的作用和反馈的认识；改善在各种模式中对冰冻圈的描述，减少气候变化预测与气候模拟中的不确定性（曲建升和高峰，2005）。

（2）气候变率与可预报性（Climate Variability and Predictability，CLIVAR）项目是 WCRP 开展气候变率研究的主要焦点，其主要任务是提供针对气候变化的有效预测，以及人为引起的气候变化的精确评估。值得注意的是，CLIVAR 正在探究缓慢变化的海洋中的"记忆"问题，提高对快速变化的大气层与缓慢变化的陆地表面、海洋和冰体之间耦合关系的认识及其对自然过程、人类影响和地球化学与生物群落变化的响应。CLIVAR 将推进已成功结束的热带海洋与热带大气项目（Tropical Ocean and Global Atmosphere，TOGA）的发现，并将扩大 WCRP 的世界海洋循环试验项目的工作。

（3）全球能源与水循环试验（The Global Energy and Water Cycle Experiment，GEWEX）是 WCRP 关注大气和热动力过程的研究项目，以确定全球水文循环与水分平衡及其在全球变化条件下（如温室气体增加）的调整状况。GEWEX 最主要的措施之一是实施了一系列的大气/水文方面的区域过程项目，如涵盖了整个密西西比河谷地的 GEWEX 大陆尺度国际项目（GEWEX Continental-scale International Project，GCIP）、GEWEX 亚洲季风试验（Asian Monsoon Experiment，GAME），以及波罗的海试验（Baltic Sea Experiment，BALTEX）。以国际人造卫星云气候学项目（International Satellite Cloud Climatology Project，ISCCP）、国际人造卫星陆面气候学项目（International Satellite Land-Surface Climatology Project，ISLSCP）、全球水蒸气项目（Global Water Vapour Project，GVaP）和全球降水气候学项目（Global Precipitation Climatology Project，GPCP）等为代表的 GEWEX 观测项目的设立则是为了满足特殊的和不断发展的科学需要。GEWEX 的云系统研究项目（GEWEX Cloud System Study，GCSS）在发展气候预测和数量化气象预报中所需要的先进的参数与模式方面取得了巨大进展。

（4）WCRP 的平流层过程及其对气候的作用项目（Stratospheric Processes and Their Role in Climate，SPARC）关注动力学、辐射和化学过程的相互作用，在更好地认识气候系统方面发挥了重要的作用。

（5）世界海洋循环试验（World Ocean Circulation Experiment，WOCE）是 WCRP 科学战略的基础性项目，主要通过现场海洋测量、空间观测和全球海洋模拟等手段，了解和预测在大气气候和净辐射影响下的世界海洋循环、体积和热储量等方面的变化。

2005 年，WCRP 将迎来它的 25 周年纪念，为此 WCRP 将提出为期 20 年的气候系统观测与预测试验计划（COPE）作为它以后的主要科学发展方向。制订这个计划的基本指导原则是：为建立从几周到几十年，最后到上百年的无缝隙气候预测应考虑：①必须包括气候系统各圈层的相互作用；②除具有坚实的物理气候系统基础外，必须考虑它与化学与生物系统的相互作用；③必须考虑较短的时间尺度（包括天气过程）的变率对较长时间尺度行为的影响，因为它们的统计状况实际是气候预测的一个关键部分。从这个意义上讲，气候预测将也成为一种初值问题。

（6）气候系统观测与预测试验计划（COPE）的主要目的是：①分析和描述气候系统的结构、变率与变化。②改进对气候系统的机理，过程和自然与人类强迫的认识，并将这些新发现的认识凝练到气候模式中。③提供数周到几百年，全球到区域尺度气候系统预测的依据（包括极端事件）。④把模式用于预测全球和区域尺度的由人类活动引起的气候变化，以此能更实际地评估相关的影响。

COPE 主要分两个部分。一是观测部分，它包括收集和再分析 40 年中（1979～2019 年）所有的观测资料；推动和参与地球观测系统（EOS），尤其是卫星观测与资料的使用（CEOS）；加强与其他观测计划的联系，如 WMO 的 THOPEX 计划（全球大气研究计划），该计划将于 2010 年前后进行一次全球天气试验；参与新的国际极地年（2007/08）的计划和实施等。二是模式部分。将考虑发展一个综合性气候模式，它既包括五大圈层的作用，又能同化天气与气候预测资料。

为了满足观测与模式两方面的需求，WCRP 将实施一些特定的外场试验以收集特别观测资料，并组织协调一致的模式试验。COPE 计划将于 2005 年正式发布。WCRP 的组织包括：科学联合委员会（Joint Scientific Committee，JSC）、科学指导小组（Scientific Steering Groups，SSGs）、耦合模拟工作组（Working Group on Coupled Modelling，WGCM）、数值化试验工作组（Working Group on Numerical Experimentation，WGNE）和海气通量工作组（Working Group on Air-Sea Fluxes，WGASF）。

三、国际全球环境变化人文因素计划

"国际全球环境变化人文因素计划"（International Human Dimensions Programme on Global Environmental Change，IHDP），是对地球系统进行集成研究（the Integrated Study of the Earth System）的联合体——地球系统科学联盟（Earth System Science Partnership，ESSP）的四大全球环境变化计划之一。IHDP 最初由国际社会科学联盟理事会（ISSC）于 1990 年发起，时称"人文因素计划"（Human Dimensions Programme，HDP）。1996 年 2 月，国际科学联盟理事会（ICSU）联同 ISSC 成为项目的共同发起者，项目名称则由 HDP 演变为 IHDP，秘书处设在德国波恩。

1. 人文因素

全球环境变化（Global Environmental Change，GEC）是由人类活动和自然过程相互交织的系统驱动所造成的一系列陆地、海洋与大气的生物物理变化。

全球环境变化中的人文因素（Human Dimensions on Global Environmental Change，HDGEC）研究阐明人类-自然耦合系统，探索个体与社会群体如何驱动局地、区域和全球尺度上发生的环境变化？这些变化的影响？如何减缓和响应这些变化？

国际全球环境变化人文因素计划（International Human Dimensions Programme on Global Environmental Change，IHDP）由国际科学联盟理事会（ICSU）与国际社会科学联盟理事会（ISSC）于 1996 年共同发起，是一个跨学科、非政府的国际科学计划。

IHDP 与其他三项 GEC 计划，即国际地圈-生物圈计划（IGBP）、世界气候研究计划（WCRP）和生物多样性计划（DIVERSITAS），统称"地球系统科学联盟"（ESSP）。各计划之间通过可持续性联合计划建立了密切的合作关系。

IHDP 侧重描述、分析和理解 HDGEC，研究全球环境变化背景下，土地利用/土地覆盖变化，全球环境变化的制度因素，人类安全，可持续性生产、消费系统，以及食物和水的问题、全球碳循环等重大问题。

IHDP 计划围绕着三个主要目标开展、实施——科学研究、科研能力建设和国际化的科学网络。IHDP 的研究需要全世界范围内各个学科的科研工作者的共同努力、合作。

2. 目的

人类活动对地球环境的很多方面都产生着巨大的影响。人类的直接活动已经改变了近 50％的陆地表面，这给生物种类、土地结构和气候带来重大的影响。人类直接或间接使用的淡水资源已经超过总量的一半，很多地区的地下水资源也被迅速耗尽。自从人类进入工业化时代以来，一些重要的温室气体的浓度迅速上升，带来了地球气候潜在的变化。沿海、海岸线的生活环境迅速的改变，世界范围内的渔业生产正在衰竭。

全世界范围内的科学家都在研究这些变化的起因、结果以及可能引起的自然界的响应。显然，也只有依靠全世界的自然科学家（如生态学家、气候学家、海洋学家等）和社会科学家（如经济学家、人类学家、经济学家等）的共同努力才能更好地理解这一系列的全球环境变化。

全球环境变化人文因素研究主要是研究由人类活动引起的环境变化的起因和结果，以及人类对这些变化的响应。这种研究是跨学科领域的，它需要发达、发展中国家的学者为之共同努力。近几年中，全球环境变化研究已经日益的认识到人类作为地球系统中心的重要性。[*]

3. 计划

IHDP 科学委员会现任主席为美国的 Oran Young，秘书处现任执行主任为德国环境政治学家 Andreas Rechkemmer 博士。

IHDP 结构设置围绕研究、能力建设、网络化三大目标进行的，包括科学委员会、核心科学计划、联合科学计划、秘书处、国家委员会等五大模块。

IHDP 的科学计划阐明涉及全球环境变化人文因素研究的关键性问题。它是产生前沿科学领域中新的 IHDP 计划的关键机制。当 IHDP 科学委员会确立了优先行动主题，或是当一个（更多的）国家委员会及其他的科学组织对 IHDP 直接提出建议，这些科学计划就会有所进展。

4. 所有的 IHDP 研究行动都围绕以下 4 个关键问题展开

（1）脆弱性/恢复力，面对社会、自然系统的变化，决定耦合系统承受能力的因素是什么？这种变化对可持续性发展的影响是什么？

（2）阈值/转型，当超过阈值后，我们如何认识长期的变化趋势？如何能够确保平稳的转型？

（3）管理，我们如何能够牢牢地掌握耦合系统，使其朝着期望的目标前进？

---

　　[*]　详见 IGBP 科学系列丛书之 4：《全球变化与地球系统——一颗重负之下的行星》国际全球环境变化人文因素计划（IHDP）在人类的发展中起着重要的作用。

（4）学习/适应，为了维持稳定的耦合系统的动力学，我们如何激发社会的认知？

5. IHDP 核心计划

目前，IHDP 有 7 个核心科学计划：

（1）土地利用/土地覆盖变化（LUCC，与 IGBP 共同发起）；

（2）全球环境变化的制度因素（IDGEC）；

（3）全球环境变化与人类安全（GECHS）；

（4）工业转型（IT）；

（5）海岸带陆海相互作用（LOICZ II）；

（6）城市化与全球环境变化（Urbanization and Global Environmental Change）；

（7）全球土地计划（GLP，与 IGBP 共同发起）。

各核心计划通过各自的国际项目办公室（IPO）协调其运作，并接受来自其各自科学指导委员会的科学管理。

6. IHDP 核心计划主要机制

（1）确立、制订新的优先研究行动；

（2）促进国际间合作关系；

（3）建立决策者与科研工作者之间的沟通。

7. IHDP 联合计划

IHDP 及其他 3 个 ESS-P 计划，已经开始实施 4 个可持续性联合计划，即全球环境变化与食物系统（GECAFS）、全球碳计划（GCP）、全球水系统计划（GWSP）、全球环境变化与人类健康。ESS-P 联合计划分别着重研究粮食、碳、水、人类安全等四大关乎人类生计与生存的关键可持续性问题，主要目的是综合研究地球系统变化及其对全球可持续性的影响。这些计划均采取综合集成、跨学科交叉的研究方法。

8. 伙伴

IHDP 与全球各界人士和组织大力合作共同为全球环境变化人文因素研究议程作出了巨大的贡献。

9. IHDP 的科学主办单位

（1）国际科学联盟理事会（International Council for Science，ICSU）；

（2）国际社会科学联盟理事会（International Social Science Council，ISSC）。

1996 年 2 月 ICSU 和 ISSC 协定联合发起 IHDP 计划，任命了一个科学委员会来指导计划的开展，同时也委任了 IHDP 秘书处的执行主任。

四、全球环境变化研究合作伙伴

(1) 国际地圈–生物圈计划（International Geosphere-Biosphere Programme，IGBP）。

(2) 世界气候研究计划（World Climate Research Programme，WCRP）。

(3) 国际生物多样性计划（International Programme of Biodiversity Science，DIVERSITAS）。

从 2000 年开始，IHDP 积极与其他 3 个全球环境变化计划合作，实施 4 个可持续性联合计划。此外，IHDP、IGBP、WCRP 和 DIVERSTAS 组建了地球科学联盟（ESS-P）。它属非正式组织，主要职责是确定、开发以及促进联合行动，组织研讨会（如 2001 年阿姆斯特丹的开放科学大会），通过实事通信和网络促进综合研究，阐明综合的全球环境变化科学的广义概念。

(4) 合作组织。

IHDP 与很多国内外组织或政府团体有着广泛的合作，例如：①全球变化研究亚太地区网络（the Asia-Pacific Network for Global Change Research，APN）。②全球变化研究美洲国家间机构（the Inter-American Institute for Global Change Research，IAI）同时 IHDP 也是一个科学的发起者。③全球变化分析、研究及培训系统（the Global Change System for Analysis，Research and Training，START）

(5) 国际人文因素委员会及各联系点。

IHDP 在国际人文因素委员会（National Human Dimensions Committees）的发展和扶持本领域发展两方面上有高度的优先权。国家委员会确定参与 IHDP 核心计划和联合计划的研究员，同时它们也协助确立整个计划的研究主题。目前，IHDP 和 44 个国家委员会确立了合作关系，它的联系点遍布世界各地。

五、国际生物多样性计划[*]

国际生物多样性计划（DIVERSITAS）是由 ICSU 所属的国际生物科学联合会（IUBS）、环境问题科学委员会（SCOPE）及联合国教科文组织（UNESCO）于 1991 年共同发起的，由该计划的科学咨询委员会及国际秘书处负责具体实施工作。1995 年又推出其更新方案，不仅进一步完善了该计划原先的研究内容，而且强调了生物多样性保护与持续利用问题中的人文因素。

1. 国际生物多样性计划——基本情况

国际生物多样性计划（DIVERSITAS）于 1991 年成立，由联合国教科文组织（UNESCO）、国际生物科学联合会（IUBS）和环境问题科学委员会（SCOPE）共同发起。此后，DIVERSITAS 多次召开各种类型的会议，完善研究计划和组织建设，并于

---

[*] 资料来源：国际生物多样性计划中国委员会。

1996 年 7 月形成了该项目的实施计划（Operational Plan）。该实施计划于 2002 年又得到进一步的完善，目前正在全球范围内贯彻执行。

1996 年，DIVERSITAS 迎来了两个新的组织者，即国际科学联合会（ICSU）和国际微生物学会联盟（IUMS），因而现在的 DIVERSITAS 是由 5 个国际组织共同发起的。这 5 个国际组织和机构具有广泛科学兴趣，同时各自都在生物多样性和环境科学领域具有很大的影响力。因此，DIVERSITAS 的相关研究内容由原来的 4 个方面进一步拓宽到现在的 10 个领域。目前，DIVERSITAS 非常关注以全球气候变化为标志的全球环境变化。DIVERSITAS 是生物多样性领域内最大的国际合作研究计划，对有关国家和组织的研究工作起到了指导作用，已成为该领域具有向导性的核心计划。

2. 国际生物多样性计划——主要任务

联合生物学、生态学和社会科学，开展与人类社会相关的研究，推动生物多样性科学的集成化发展；为更好地认识生物多样性减少问题提供科学基础，并为制订生物多样性保护和可持续利用的政策提供建议。DIVERSITAS 由 3 个核心计划与几个交互网络（Cross-cutting Networks）组成。

3. 国际生物多样性计划——核心计划

生物多样性发现及其变化预测（BioDiscovery）、生物多样性变化的影响评估（EcoServices）、生物多样性保护与可持续利用的科学发展（BioSustainability）。

交互网络计划包括全球入侵物种计划（GISP）、全球山地生物多样性评估（GMBA）、农业与生物多样性等（AB）和淡水生物多样性网络（FBN）等。

4. 国际生物多样性计划——研究领域

（1）生物多样性的起源、维持和丧失；
（2）生物多样性的生态系统功能；
（3）生物多样性的编目、分类及其相互关系；
（4）生物多样性评价与监测；
（5）生物多样性的保护、恢复和持续利用；
（6）生物多样性的人类因素；
（7）土壤和沉积物的生物多样性；
（8）海洋生物多样性；
（9）微生物生物多样性。

六、大洋钻探计划

大洋钻探计划（Ocean Drilling Program，ODP）：在 1982 年深海钻探计划（DSDP）进行到最后阶段时，学者们认为，有必要将深海和大洋的钻探继续下去，应该制订一项更长期的国际性大洋钻探计划，提出了新计划组织框架和优先研究的领域。

大洋钻探计划从 1985 年 1 月开始实施，目前由美国科学基金会和其他 18 个参加国共同出资，大洋钻探计划的学术领导机构是 JOIDES（地球深部取样海洋研究机构联合体），具体的执行和实施机构是得克萨斯农业与机械大学，哥伦比亚大学的拉蒙特-多尔蒂研究所负责测井工作。大洋钻探计划（ODP）是深海钻探计划（DSDP）的继续。DSDP 的编号为 1~99 航次，ODP 则自第 100 航次起编号，每一个站位可以钻一口或几口井。ODP 采用 "JOIDES·决心" 号钻探船，船长 143m，宽 21m，钻塔高 61m，排水量 16 862t，钻探能力 9510m，钻探最大水深 8 235m。随船携带了直径 127mm 和 140mm 钻杆 9150m。"JOIDES·决心" 号钻探船比 "格洛玛·挑战者" 号钻探船的装备条件和技术能力要强得多，具有先进的动力定位系统、重返钻孔技术和升沉补偿系统，可在暴风巨浪条件下进行钻探作业。船上有 7 层共 1400m^2 实验室可供地质学各学科的分析、测试和实验。1985~1992 年，"JOIDES·决心" 号钻探船，航行世界各大洋，钻探了 244 处洋壳，在 590 个钻孔中采取了 50 万个岩石样品，累计岩心长度 68km。中国于 1998 年春加入了大洋钻探计划（ODP），"JOIDES·决心" 号钻探船于 1998 年 2 月 18 日到中国南海，作为 ODP 第 184 航次，历时 2 个月，在南海南北 6 个深水站位钻孔 16 口，连续取心 5500m，采取率达 95%。ODP 184 航次揭示了南海演变史，发现了 3000 万年前海底扩张、2000 万年前地质和气候突变等证据，圆满完成了由中国科学家担任首席科学家、有 9 名中国学者参加的中国海区第一次大洋钻探项目。

国际大洋钻探计划（ODP，1985~2003）及其前身深海钻探计划（DSDP，1968~1983），是 20 世纪地球科学规模最大、历时最久的国际合作研究计划，而我国于 1998 年才正式加入 ODP 计划，成为 ODP 历史上第一个 "参与成员"。与此同时，由我国汪品先院士等提出的大洋钻探建议书——《东亚季风历史在南海的记录及其全球气候影响》，在 1997 年全球排序中名列第一，并作为 ODP 第 184 航次于 1999 年春天在南海顺利实施。作为中国海的首次大洋钻探，184 航次是根据中国学者的思路、在中国学者主持下、以中国人占优势的情况下实现，无疑是我国地球科学界的一大胜利，标志着我国在这一领域的研究已跻身国际先进行列。

南海的 ODP 第 184 航次在南海南北 6 个深水站位钻孔 17 口，取得高质量的连续岩心共计 5500m。在国家自然科学基金委的大力支持下，经过几年艰苦的航次后研究，取得了数十万个古生物学、地球化学、沉积学等方面高质量数据，建立起世界大洋 3200 万年以来的最佳古环境和地层剖面，也为揭示高原隆升、季风变迁的历史，为了解中国宏观环境变迁的机制提供了条件，推进了我国地质科学进入海陆结合的新阶段。具体进展如下：

在不同时间尺度上建立起了西太平洋区迄今为止最佳的深海地层剖面。其中，南海北部 1148 站 2600 万年的同位素记录，是世界大洋迄今为止唯一不经拼接的晚新生代连续剖面；东沙海区的 1144 站取得的近 100 万年第四纪地层厚近 500m，为高分辨率古环境研究提供了宝贵资料。

揭示了气候周期演变中热带碳循环的作用。南沙 1143 站 500 万年的碳同位素记录展现出从 40 万年的偏心率长周期到 1 万年的半岁差周期，大大丰富了对于气候周期演变历史的认识。热带气候变化可以通过碳循环对冰期旋回的进程和规律产生影响，使得地球系统以水循环和碳循环相互结合、短周期和长周期相互叠加的形式不断演化，并呈现出高纬区冰盖驱动和低纬区热带驱动的共同特征。

东亚季风演变的深海记录。184 航次首次为东亚季风的历史取得了深海记录，研究表明南海记录的古季风信息以冬季风为强，东亚和南亚季风的演变阶段性十分相似，然而在轨道驱动的周期性和识别古季风的替代性标志上不一样。同时，南海深水记录中的季风变迁与我国内地的黄土剖面对比良好，为我国气候历史研究的海陆对比提供了依据。

南海演变的沉积证据。1148 站的地层覆盖了几乎南海海盆扩张的全部历史，第一次为盆地演化提供了沉积证据。深海相渐新统的发现，表明海盆扩张初期已经有深海存在。而渐新世晚期约 2500 万年前的构造运动，揭示了东亚广泛存在的古近、新近纪之间巨大构造运动的年龄。

除学术上的进展外，南海大洋钻探研究也促进了我国深海基础研究及其基地建设，加速了人才的培养，并已初步形成了一支面向国际的我国深海研究队伍。特别是南海大洋钻探的成功和我国在大洋钻探方面的国际活动，使我国在深海研究领域中的国际学术地位明显增高。ODP 计划已于 2003 年结束进入"整合大洋钻探（IODP）"新阶段，已掀起一个深海研究的新高潮。我国应抓紧时机，争取在新一轮的国际合作中发挥前所未有的作用。

后续：国际大洋钻探计划于 2003 年转入综合大洋钻探（IODP）的新阶段。综合大洋钻探计划的规模和目标更为扩展，其以地球系统科学思想为指导，计划打穿大洋壳，揭示地震机理，查明深部生物圈和天然气水合物，理解极端气候和快速气候变化的过程，为国际学术界构筑起新世纪地球系统科学研究的平台；同时为深海新资源勘探开发、环境预测和防震减灾等实际目标服务。钻探船由 ODP 时的一艘增加到两艘以上，钻探范围扩大到全球所有海区（包括陆架浅海和极地海区），研究领域从地球科学扩大到生命科学，手段从钻探扩大到了海底深部观测网和井下试验。

七、综合大洋钻探计划

中文名称：综合大洋钻探计划。

英文名称：Integrated Ocean Drilling Program，IODP。

综合大洋钻探计划是以"地球系统科学"思想为指导，计划打穿大洋壳，揭示地震机理，查明深海海底的深部生物圈和天然气水合物，理解极端气候和快速气候变化的过程，为国际学术界构筑起新世纪地球系统科学研究的平台，同时为深海新资源勘探开发、环境预测和防震减灾等实际目标服务。它将为我们人类了解海底世界、研究地球变化、勘探各种资源（矿产资源、油气资源和生物资源等）开辟了一条新途径。

在 IODP 计划之前，世界上已经历过两个大洋钻探计划：深海钻探计划（Deep-Sea Drilling Program，DSDP，1968～1983）和大洋钻探计划（Ocean Drilling Program，ODP，1983～2003）。这是迄今为止历时最长、成效最大的国际科学合作计划。当 2003 年 10 月 ODP 计划结束时，一个规模更加宏大、科学目标更具挑战性的新的科学大洋钻探计划——综合大洋钻探计划（IODP）即开始实施。

综合大洋钻探计划的一个主要特点是它将以多个钻探平台为主，除了类似于"决心"号这样的非立管钻探船以外，加盟 IODP 计划的钻探船将包括日本斥资 5 亿美元正在建造的五六万吨级的主管钻探船。一些能在海冰区和浅海区钻探的钻探平台也将加入 IODP。此外，美国自然科学基金委员会正在考察重新建造一艘类似于"决心号"，但功能更完备的新的考察船。IODP 的航次将进入过去 ODP 计划所无法进入的地区，如大陆架及极地海冰覆盖区；它的钻探深度则由于主管钻探技术的采用而大大提高，深达上千米。IODP 也因此将在古环境、海底资源（包括气体水合物）、地震机制、大洋岩石圈、海平面变化以及深部生物圈等领域里发挥重要而独特的作用。

通过大洋钻探计划，人们可以了解海底的秘密：发现了新的、更好的能源——天然气水合物及深海石油；发现了形形色色的海底微生物，为生物学及古海洋学的研究提供了宝贵资料；解开了一些世界之谜，如沉没的亚特兰蒂斯城。神秘的海底还隐藏着很多的秘密，等待人们去探索、去发现。

通过大洋钻探计划，钻探船在海底隆起地带的左右两边，对称打点，发现两边的构造结构和成分，是完全相同的。在离海底隆起地点更远的地方对称打孔，仍发现其物理、地理特征也是对称的。这就证明了大陆漂移与海底隆起及海底运动有关，从而揭开了板块漂移的原因！

海底以下数千米深部仍然有大量微生物存在，被称为"深部生物圈"，其总量估计占全球生物量的 1/10～1/2。深部生物圈的研究对于全球的物质循环、环境演变、生命起源与生命本质规律的探索，以及极端生物资源的开发利用均具有重要意义，已经成为当前国际学术界的研究热点和战略前沿。

美国是世界上第一个提出及实施综合大洋钻探计划的国家，并成立了"深海地球采样联合海洋研究所"（JOIDES），有多家科研机构也加入其中。1973 年，莫斯科 PP Shirshov 海洋研究所有幸成为 JOIDES 的第一个非美国成员。到 1975 年，美国国内的成员增长到 9 个，而支持此项计划的国际伙伴又增加了 4 家。

我国自 1998 年加入 ODP，实现了南海深海钻探零的突破，建立了西太平洋最佳的深海地层剖面，在气候演变周期性、亚洲季风变迁和南海盆地演化等方面取得了创新成果，初步形成了一支多学科结合的深海基础研究队伍。

第二节　国家研究计划

一、NASA 的地球科学事业（ESE）

NASA 的地球科学事业（ESE）计划是在地球观测系统（EOS）的支持下实现的。ESE 计划最早称为行星地球观测计划。1991 年正式称 ESE 计划，EOS 是 ESE 计划中的一个组成部分。

1. EOS 计划

EOS 计划包括对地观测、研究、应用，数据和商务等几个部分。EOS 仪器分为三组：EOSA，EOSB 系列，分别称为日本极轨卫星平台（JPOP）和欧洲极轨卫星平台（EPOP）。第三组为 NASA 的 Landsat-7 平台。

第一，目标是确定全球气候变化程度、原因和局部影响，包括：

（1）全球变化程度：平均气温变化及其时间尺度；

（2）全球变化原因：自然的和人为的原因；

（3）研究局部响应状况；

（4）降水变化；

（5）作为生长期的长度变化；

（6）风暴涨落；

（7）海平面变化。

第二，研究内容：

（1）云和辐射；

（2）海洋；

（3）温室气体；

（4）陆地表面水资源和生态过程；

（5）冰川和极地冰盖；

（6）臭氧和同温层化学；

（7）固体地球、火山活动及其在气候变化中的作用。

EOS 计划包括了各种卫星，如陆地卫星、气象卫星、海洋卫星，时期上还分为上午星和下午星。

2. ESE 计划

NASA 在制订和实施 ESE 计划过程中，与国家大气与海洋管理局（NOAA），美国地质调查局（USGS）、联邦紧急事务管理局（FEMA）和国家卫生研究所（NIH）开展了全面合作。

1）科学目标

（1）全球地球系统是怎样变化？

（2）地球系统的主要驱动力是什么？

（3）地球系统如何响应自然和人为引起的变化？

（4）地球系统的变化对人类文明的影响后果是什么？

（5）如何预测地球系统未来的变化？

2）技术

数据获取：EOS 系列，包括陆地、气象、海洋，专题（重力、地形）卫星及其相互联结的无线网络，包括日本的热带降雨测量卫星（TRMM）。

二、ESA 的全球环境与安全监测（GMES）计划

2003 年欧盟在意大利的巴维诺制订了"全球环境与安全监测"（GMES）计划，称为《巴维诺宣言》。

1. GMES 的主要内容

GMES 的主要内容包括：

（1）欧洲的陆地覆盖（Land Cover）变化；

（2）欧洲环境变化；

（3）全球植被监测；

（4）全球海洋监测；

（5）全球大气监测；

（6）支持区域性援助；

（7）危险管理系统；

（8）灾害管理和人道援助系统；

（9）为欧洲提供空间基础信息管理系统。

2. 技术支持

法国的 TOPEX/Posiedon，Tason-1 和 PICASSO-CENA 卫星，德国的 CHAMP 和 GRACE 卫星，荷兰的 EOS Aura 卫星，加拿大的 Terra 卫星，巴西 EOS Agua 卫星，阿根廷的 SAC-C 卫星，俄罗斯的大气臭氧卫星。

（1）计算：需要强大的处理能力，现在每天处理太（10^{12}）子节的数据到未来每天需要需要处理拍（10^{15}）字节数据的能力。要求具有高性能计算能力。

（2）到 2050 年的应用展望：10 年的气候预报；15～20 个月的厄尔尼诺（El niño）预报，12 个月的局域降雨率；60 天的火山预警；10～14 天的天气预报，7 天的空气质量，5 天的飓风轨迹，30min 的龙卷风预警，1～5 年地震实验预报。

3. GMES 的服务要素

GMES 的服务要素包括：

（1）土地信息服务：SAGE 集中于水污染监测，农业环境及土地指数；

（2）GNES 城市服务：城市测绘和监测；

（3）Coast Wach：海岸带管理。

4. GSE 土地信息服务

GSE 土地信息服务主要是土地覆盖与土地利用管理：

（1）林业监测服务；

（2）粮食监测服务；

（3）水旱监测服务；

（4）地理灾害/地质灾害监测与服务；

（5）大气污染；

（6）人文关怀。

三、JAXA 的"地球模拟器"计划

地球系统模拟（Earth System Simulator，ESS）应视为 ESMF 的进一步的发展。JAXA 的地球系统模拟器和大气环境模拟器已经实施，并取得了一定的效果。

JAXA 的 ESS 是一台超级计算机的核心，由用做"计算节点"的 5120 个处理器和 640 台小型机，以及 65 台连接计算节点的网络设备构成。其性能与 10 万～20 万台个人计算机相当。在对地球大气环境进行模拟时，将地球表面分割为 $10km^2$ 的网格（Grid），模拟大气及海流的变化状况。ESS 只用了 40min 就模拟计算完毕。ESS 主要用于大气与海洋研究，并取得了一定的成效。

JAXA 于 2005 年 3 月正式制定了《JAXA 长期远景-2025》计划，核心内容是"地球模拟器"建设，日本全球变化前瞻研究中心（FRCGC）是其核心力量。FRCGC 将研究大气、海洋和陆地在内的数值模型，通过过程的研究和模拟，最终建立一个综合的地球系统模型。经过 7 年的努力，建立了基本模型。

日本科学省项目"人、自然、地球共生计划"包括：

（1）气候变化研究；

（2）水环流研究；

（3）大气成分研究；

（4）生态系统变化研究；

（5）全球变暖研究；

（6）全球环流模拟研究；

（7）人、自然、地球共生计划；

（8）"Digital Asia"研究。

四、英国的"量化并理解地球系统"（QUEST）

英国自然环境研究委员会（NERC）于 2004 年制定并提出了"量化并理解地球系统"（Quantifying and Understanding The Earth System，QUEST）计划，简称"QUEST"计划。

1. QUEST 计划目标

（1）地质时间尺度（过去 10 万～100 万年）的古环境观测数据，它可以使人们理解自然地球系统的动力行为，现代人类扰动叠加于自然地球系统之上，并引起地球系统对其外部环境变化的复杂响应；

（2）当代时间尺度（现在和过去10～100年），通过直接观测和高分辨率的重建和确定，人类活动在全球尺度上对地球系统的影响；

（3）未来时期（未来100年）人类活动对全球范围环境变化的响应和减缓的人文因素。

2. QUEST 的研究方法

（1）理论分析；

（2）定量模拟；

（3）应用反馈。

3. QUEST 的研究内容/主题

（1）现今的碳循环及其与气候变化之间的相互作用；

（2）大气成分在冰期、间冰期和更长时间尺度上的自然变化；

（3）全球环境变化对资源可持续利用的影响后果。

4. QUEST 计划的行动战略

（1）地球系统模拟；

（2）地球系统图集，指全球高质量的数据集，或图集；

（3）集成研究。

五、中国综合地球观测系统（CIEOS）

中国综合地球观测系统（CIEOS）于2007年由科技部牵头，国家气象局、国家减灾委、国土资源部、水利部、农业部、建设部、国家环保总局、国家林业局、国家测绘局、国家地震局和中国科学院等单位参加，正式成立了全球地球观测组织（GEO），制订了《全球综合地球观测系统未来十年规划》和启动建设"全球地球观测系统（GEOSS）"，不仅是中国自己的需要，也是对世界的贡献。

中国综合地球观测系统总的目标是集成各部门已有的地球观测系统，减少分散重复，优化总体结构，建成先进的天、空、地一体化的地球观测体系，为农业与粮食安全、生态安全、灾害管理、城市发展管理、基础测绘、重大工程和热点地区监测提供科学数据和信息服务。

1. 技术路线

（1）满足国家重大需求，充分发挥各部的作用；

（2）明确观测内容和规范，协调观测布局；

（3）对各种观测系统平台和观测站点进行集成；

（4）建立有效的监测质量保证和控制；

（5）加强国内各种观测系统的能力建设及进行合作，包括国际合作。

2. 观测内容

观测内容包括：
(1) 灾害综合信息与观测系统；
(2) 农业综合观测系统；
(3) 水文综合观测系统；
(4) 城镇综合观测系统；
(5) 国土综合观测系统；
(6) 气象综合监测系统；
(7) 地震和地球物理监测系统；
(8) 环境保护综合监测系统；
(9) 森林与生态综合监测系统；
(10) 海洋基本监测系统；
(12) 科学监测系统；
(13) 测绘综合信息平台。

3. 跨部地球观测集成系统

跨部地球观测集成系统包括：
(1) 气候观测系统；
(2) 大气化学观测系统；
(3) 水循环要素综合观测系统；
(4) 碳循环要素综合观测系统；
(5) 海洋观测系统；
(6) 水循环观测系统；
(7) 地球空间环境观测系统。

4. 中国周边及全球关键地区的对地观测

中国周边及全球关键地区的对地观测包括：
(1) 边境监测及管理；
(2) 国际河流监测与管理；
(3) 陆上油气通道建设与管理；
(4) 跨境铁路、公路和海运运输通道监测与管理；
(5) 中亚地质矿产研究；
(6) 中亚气候与环境保护的遥感监测；
(7) 东亚环境和资源监测；
(8) 西亚和非洲的资源、环境监测；
(9) 东南亚和南亚资源和环境遥感监测；
(10) 亚洲季风区集成研究；

（11）全球农情遥感监测；

（12）全球土地覆盖，土地利用动态观测。

六、主要国家地球观测系统进展

（一）美国 NASA 的地球观测计划（EOS）

由 NASA 于 20 世纪 90 年代发起，多个国家和国际组织参与的地球观测系统计划（EOS），是真正意义上以卫星遥感技术（平台、传感器）建设为核心的对地观测系统，开创了对地观测系统建设的新时代。

EOS 的科学目标和具体任务：EOS 的科学目标是增进对全球变化的认识，预测地球系统的变迁，时间跨度为几十年乃至 100 年。

第一，具体目标如下：

（1）增进对地球作为一个整体系统的认识；

（2）利用卫星、飞机和相关的地面系统观测和描述整体地球的特点；

（3）了解在全球和区域尺度上由于自然和人为原因引起的气候变化；

（4）分析和预测这种变化对人类健康和福利所造成的后果；

（5）为创建文明的环境政策作贡献。

第二，地球观测系统（EOS）的任务是：

（1）建立一个持续运行（至少 15 年）的全球规模的综合性观测地球系统；

（2）研究分析影响全球变化的各种物理、化学、生物及社会等各种因素所起的作用；

（3）建立包括陆地、海洋、大气和生物圈在内的全球动力学模型，综合分析并预测全球环境的变化；

（4）区分与评估自然事件和人类活动对地球环境的影响。

第三，EOS 工作组的划分：

EOS 研究工作组的划分是根据 EOS 观测的科学和政策的优先考虑，也是基于国内和国际计划，例如，据政府间气候变化组（IPCC）、地球与环境科学委员会（CEES）环境和自然资源委员会（CENR）的推荐，可划分为以下工作组：

（1）云和辐射；

（2）海洋；

（3）陆地表面水和生态过程；

（4）冰川和极区冰盖；

（5）臭氧和同温层化学；

（6）固体火山和它们在气候变化中的作用。

美国 NASA 的地球科学事业计划（ESE）和地球观测计划（EOS）战略思想明确，观测系统考虑全面，仅空间部分就包含了各种类型的卫星，如专门测雨、测风、测冰、测还色的卫星等，时间上还安排了上午星、下午星等；通过国际合作还将日本、欧盟的极轨卫星纳入系统，其数据系统每天数据量达 1620GB。另外组织运行系统也十分有效，客观上可以说是世界上最全面、最强大的地球观测计划。除了观测以外，这两个计划还支持美国和其他国家几十个从事科学研究和一起设备的研究小组，从而保证了计划的科学水平和仪器可持续发展的水平。

现在地球观测系统 EOS 是 ESE 的一个组成部分，ESE 包含观测、研究、应用、数据和商务几个部分。

（二）美国 NASA 的 ESE 计划

NASA 地球科学事业（ESE）技术投资的战略目标是：规划、开发和引入先进技术，以便能够进行科学的观测并服务于优先应用领域。

ESE 通过实施一项强化的、先进的技术计划来实现其技术战略的目标。该计划与目前正在进行的有关项目相衔接，并建立在科学和技术的直接链接基础上。在"科学/应用需求→技术选择→观测能力→科学研究/应用"的模式下（图 16.1），以 ESE 需求为主导确定技术发展和空间验证的优先领域，并在 ESE 层次上对技术投资进行优化。

作为 ESE 的核心部分，该强化的 ESE 技术计划将其技术能力需求与更广泛的科学/技术/应用团体相连接，并寻求与 NASA 内外的其他技术发展与验证计划的合作，以便通过减少重复、拓展未来技术方法空间、调节现有人力、物力资源以及使先进技术能引入卫星任务和业务系统中，从而使技术投资的回报达到最大。

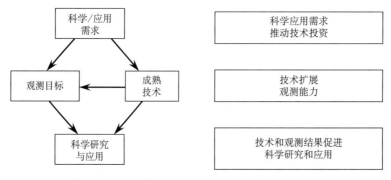

图 16.1　由科学/应用推动的技术提供启动性工具

1. 应用地球科学解决实际问题

人类所获得的有关地球科学的知识可以在许多方面得到实际应用，其中之一是改进对自然灾害的预警工作。随着人口密度和财产经济价值的增长，区域自然环境日趋脆弱，自然灾害的风险性及其所造成的损失程度正在不断增加。正因为这些频发的严重灾害，故自然灾害与气候及地球系统的其他变化间的联系是一个活跃的研究领域。

如果 NASA 能够了解导致地震、飓风、火山喷发及其他灾害的过程，就能够协助联邦及各州的有关机构通过改进计划，完善改进机制，更有效地进行灾后恢复重建，从而减少再坏所造成的损失。空间观测技术在减少各种不可避免的自然灾害方面具有明显的效果和巨大的潜力。ESE 的研究的重点是模拟与灾害有关的地球系统过程以获得可靠的预测能力。ESE 已经和美国国家大气与海洋管理局（NOAA）合作开展了减灾方面的研究，NOAA 是担负天气和气候预报业务的联邦机构，因而 NOAA 能够将上述灾害模型的因子纳入其预报系统。NASA 还与美国地质调查局（USGS）开展合作，在洛杉矶盆地进行土地表面变化监测，并描绘了全球陆地表面特征。此外，NASA 与联邦紧急事务管理局（FEMA）的合作，旨在改进洪泛区制图及灾害预警工作。与灾害相关的某些传染病，如疟疾、登革热、裂谷热（出血热的一种）的发生与传播是与地区性影响以及季节气候条件密切相关。NASA 与国家卫生研究所（NIH）共同利用遥感数据进行预测，极有希望从源头上防治疾病暴发的情况出现。

2. NASA 的空间对地观测实现了对地球系统研究

美国乃至国际全球变化研究的历史是与 NASA 的历史同步进行的。

人类的空间时代开始于第一个国际地球物理年——1957 年。从那时起，来自太空的科学观测仪器就开始关注地球以及其他行星与星体。

20 世纪 60 年代初，NASA 发射了第一颗气象卫星。太空观测是人类研究全球气象的基础，气象卫星现在已实现了 3～5 天的天气预报。

70 年代初，NASA 开始了应用遥感技术获取陆地表面特征与植被信息的试验，陆地卫星（Landsat）成为全球第一颗民用陆地成像卫星。陆地卫星现在已成为研究区域与全球土地覆盖包含的基本工具，被应用于协助解决诸如亚马孙流域和东南亚地区森林破坏率以及通过在作物生长期观测其绿度指数来预测作物产量等问题。

80 年代，在星载地球辐射技术试验和其他能够进行太阳辐射和地球吸收与反射的研究基础上，构建了第一个地球能量收支模型。

在 70～80 年代，NASA 的臭氧总量制图光谱仪开始监测地球年度臭氧浓度与分布的变化，包括众所周知的南极臭氧层空洞的增大。这些观测研究工作导致了全世界几乎所有的国家都承认并接受了防止臭氧层耗减的蒙特利尔协议书。进入 90 年代，NASA 的上层大气研究卫星证实了臭氧耗减的根源是由于地球上化学产品工业化生产所导致的。

90 年代初，NASA 与法国合作研制的 TOPE/Poseidon 雷达高度计是地球遥感技术史上新的里程碑。这种雷达高度计向人类提供了第一张全球大洋环流图，使很多国家能够监测厄尔尼诺/拉尼娜现象形成与消亡的过程，进而对全球气候的预报周期提前到 12～18 个月。

90 年代后期，NASA 与美国私人产业部门协作，使用一种被称为 SeaWifs 的海"色"（浮游植物群落浓度）测量仪器了解海洋从大气层输送 CO_2 的作用。NASA 与日本共同发射了热带降雨测量卫星（TRMM），TRMM 首次完成了全球热带降雨量测量，为了解全球淡水分布作出了贡献。

　　上述这些技术成就与其他探测卫星的观测结果产生了这样一个结论：认识气候变化必须将其置于陆地表面、大气层、海洋和冰盖以及地球内部相互作用的背景之下。

　　2000 年，NASA 进入崭新的地球空间观测时代。这个新时代的标志就是 NASA 提出的地球科学事业（ESE）计划。ESE 涉及以下的目标和研究领域。

3. ESE 的任务、目标与目的

　　提高人类对地球系统的科学认识，包括提高关于地球系统对自然与人为变化的响应的科学认识，改进现在和将来的对气候、天气和自然灾害的预报和预测，这是 ESE 的任务、目标和目的。

　　第一，科学观测、认识并模拟地球系统，以便知道地球是如何变化的，这些变化对于地球上的生物的影响，包括以下几个方面：

　　（1）了解并描述地球是怎样变化的（Variability，变化性）；

　　（2）认识并测定地球系统变化的主要原因（Forcing，驱动力）；

　　（3）认识地球系统如何响应自然和人为变化（Response，响应）；

　　（4）确定由人类文明进程而导致的地球系统变化的后果（Consequence，后果）；

　　（5）实现对地球系统未来变化的预测（Prediction，预测）。

　　第二，应用、扩大并促进地球科学、信息与技术的经济和社会效益。

　　（1）证明科学技术能力能够开发出公众与私立机构决策所需的实际工具；

　　（2）提高公众对地球系统科学的兴趣，并加深对其认识了解，鼓励青年学者从事科学技术为终身职业的研究。

　　（3）技术开发和使用先进技术，保障卫星成功运行并为国家繁荣服务。①开发先进技术，降低地球科学观测的成本并提高工程能力；②与其他机构合作，在利用遥感对地球系统进行观测与预测的过程中发现和使用更好的方法。

　　（4）战略计划的框架。

　　ESE 战略计划的框架图 16.2～图 16.4 所示。

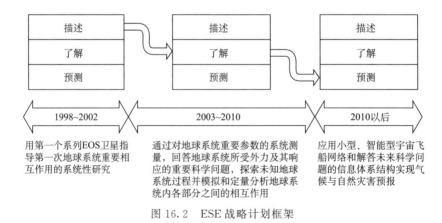

图 16.2　ESE 战略计划框架

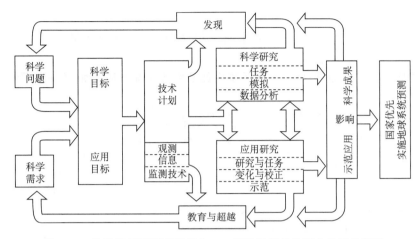

图 16.3　从科学问题到预测能力——战略计划相关部分关系示意图

目的	2002年 描述地球系统的特征	2003~2010年 认识地球系统	2010~2025年及以后 预测地球系统的变化
科学 ■ 了解地球系统的可变性 ■ 识别和测定变化的主要原因 ■ 确定地球系统是怎样响应的 ■ 识别文明化的结果 ■ 预测地球系统的将来变化	■ 制订一个全球降水量标准 ■ 从陆地生物圈的测量估测大气CO₂的吸收 ■ 提供全球大气温度和湿度的精确测定数据 ■ 对全球云的特性进行测量以确定地球对太阳辐射的响应 ■ 测量全球海洋风的地形以提高天气预报的准确度和时间长度并推动海洋模型的建立 ■ 制作我们居住的整个地球表面的三维图	■ 达到对全球淡水圈的定量了解 ■ 用一个"高"的或者"中等适度"的可信程度求量化地球系统主要的驱动力和响应因素 ■ 量化陆地和海洋生态系统的变化和趋势；估测森林和海洋的全球碳含量 ■ 用相互影响的生态系统-气候模型来评价气候变化对全球生态系统的影响 ■ 把海洋表面风、海洋地貌、海洋表面湿度以及降水量纳入气候和天气预测模型	■ 指导研究以示范以下能力： 10年气候预报 12个月降水 7天污染预报 60天火山爆发预报 15~20个月的厄尔尼诺预报 5天飓风轨迹预报1~5年的地震预报(实验的) ■ 估算海平面的升高及其影响 ■ 预测十年气候变化的区域性影响
应用和教育 ■ 向公众和私人部门的决策者展示实用工具的科技能力 ■ 激励公众了解地球科学并鼓励他们从事科技事业	■ 展示地理空间数据在农业、林业、城市和运输计划等方面的应用 ■ 收集地球系统科学数据并扩大商用系统的应用 ■ 与教育者合作开展以地球科学数据和发现为内容的新课程	■ 开展使其具有7~10天的天气和季节降水量预报能力的研究；使数据能广泛应用于精确农业 ■ 实现私人，政府和国际数据源和使用者之间的数据融合 ■ 把地球系统科学加入14岁以上以及大学水平的教育课程中	■ 开展10~14天的天气预报和年度降水量预测能力的研究 ■ 使全球环境数据能广泛传播的商业供应；把环境信息和经济决策结合起来 ■ 发起教育和培训计划培养下一代地球系统科学家
技术 ■ 为地球观测发展先进的技术 ■ 为地球科学数据发展先进的信息技术 ■ 与其他部门合作进行地球系统的监测和预测	■ 实施卫星组飞行以提高科学回报；发展空间验证的革命性技术的新千年计划 ■ 为下一个十年的科学任务探索新的手段 ■ 使用高端超级计算机来迎接地球系统模拟的挑战 ■ 与任务的规划、发展和完成过程中与业务机构合作	■ 发展并实现自动卫星控制 ■ 试验新一代小型、高性能的主动式/被动式及原地仪器 ■ 在地球系统模拟使用分布式计算机和数据挖掘技术 ■ 把先进的系统测量仪器转换到业务系统 ■ 发展高速率的数据传送和桌面数据处理和存储	■ 使用合作型卫星星座和智能遥感器网站 ■ 为新的科学挑战设计仪器；采用先进的仪器以便把从近地轨道和同步轨道的观测有选择的转移到L1和L2传感器 ■ 发展合作氛围以促进理解并能远程使用模型和结果 ■ 在国际全球观测和信息系统方面合作；用新技术改善业务系统

图 16.4　NASA ESE 线路图

（三）2002 年的计划：描述地球系统的特征

当前的地球科学任务是描述大气系统内部的主要相互作用，如图 16.5 所示。

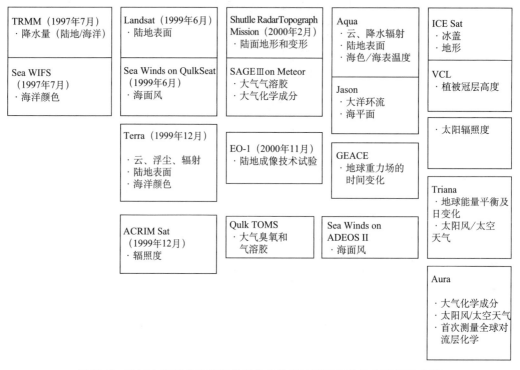

图 16.5　NASA 当前的地球科学任务是描述地球系统内的主要相互作用

1. 科学及应用成果

科学及应用成果主要包括：

（1）对来自太阳和地球的行星的能量收支的辐射通量进行量化；

（2）建立了 26 年的全球土地覆盖的数据记录，来量化如亚马孙流域以及东南亚热带雨林的毁林状况；

（3）揭示了臭氧耗减和形成的原因，并证实了工业化生产及含氯化合物为观测到的臭氧耗减、增加的原因；

（4）从卫星数据生成的第一张全球大洋环流图，是人们能够看到"厄尔尼诺"和"拉尼娜"现象的形成和消失的过程；

（5）确定了格陵兰冰盖的消长速度，并制成了第一张精确的南极雷达图；

（6）用干涉测量雷达和全球定位系统阵列在火山爆发前绘制了地震断层和地面的运动；

（7）解释了高浓度的大气污染物能减少在污染源下风向区域的降雨；

（8）发现了在北半球的高纬度地区过去几十年海冰厚度大大降低。

2. 预期成果

（1）收集几乎每天的全球陆地和海洋生物圈测量数据，从中估算出大气中 CO_2 的吸收。

（2）建立全球和区域降水的测量标准，从而确定淡水资源的可用量。

（3）用卫星资料提供全球大气温度和湿度的精确测量，用以提高天气预报的准确性和延长预报周期。并且连续进行海洋风和地形的测量以增加天气预测的准确性和周期。

（4）对气候影响的模型。

（5）从全球云的特性（范围、高度、反射率、粒子物理学等）的测量来确定它们对地球入射太阳辐射响应和地球气候的影响。

（6）把臭氧和气溶胶测量值作为对流层空气质量指标。对流层是人类生活和呼吸的大气部分。

（7）制作一个 60°N 和 58°S 之间整个地球表面的数字地形图，它可以广泛用在自然灾害、水文学、地形学等方面，并提供来自 Terra 卫星的数字高程模型。

（8）了解对火山和地震发生和形成起作用的过程。

3. 优先实施的任务

优先实施的任务包括：

（1）继续发展第一个 EOS 系列并选择地球探测任务；

（2）提供一个功能数据和信息系统来支持地球探测任务的数据处理、存档和发送；

（3）落实预定的航空遥感和野外监测活动，即开展太平洋对流层化学、亚马孙流域生态、南部非洲生物量焚烧的航空遥感研究；

（4）继续收集和分析现有的 NASA 卫星数据，如全球热带地区降雨率和海洋浮游生物浓度的数据；

（5）与联邦、州和当地其他机构建立联合应用示范项目，如 FEMA 洪积平原制图项目、USDA 精准农业项目；

（6）与机构合作开展其他地球科学主要问题的研究，如与 USGS 合作进行应力场的测量，与 NSF 合作开展"EarthScope"项目；

（7）支持美国全球气候变化研究计划（USGCRP）目标的发展和完成。

（四）2002~2010：认识了解地球系统

1. 战略重点

（1）通过实施一个受人瞩目且有活力的研究项目来回答地球系统承受力和响应的基本问题；

（2）完成对科学界的承诺，通过以下方式提供长期的（15 年或更长）重要地球观测的气候记录，提供除 EOS 第一系列以外的所需要的重要的系统测量数据购买，这些购买的数据既可以满足科学的需要又经济实惠；把完成的主要的系统测量数据转换到国家和国际业务卫星系统；

（3）指导探测卫星任务去探测我们还不熟悉的地球系统过程，如了解云层垂直结构和特性分布以及气溶胶的起源等在地球气候及其变化和地球表面变形中的作用；

（4）完成开放的分布式信息系统体系结构，包括科学数据处理的提供者与主要的投资人的交往过程，同较高水平的信息产品把不同的创造者和使用者联系在一起；

（5）开发地球科学普及网格，以便在州和当地层面上实现信息产品交换，与州和当地机构联合发起应用研究能够扩大地球科学知识传播所产生的社会效益；

（6）与业务任务机构和商业企业合作示范遥感技术可以并入到决策支持系统的能力；

（7）开发技术、改善仪器校准方法以降低数据解译的错误，改善天气及其他地球系统模型；

（8）购买能进行新的观测并具有分析能力的先进技术，并通过以下途径缩小卫星体积，降低研制成本，缩短系统卫星和探测卫星的开发时间，开发先进组件、信息技术先进的组件和亚系统技术的开发和示范（如仪器孵化器传感器概念的发展），太空技术试验和校正（如新千年计划）；

（9）发展和验证模型和数据的同化过程，带来不同的观测数据并研究地球科学的基础问题；

（10）支持对气候变化结果及其对全球和区域以下几个方面的影响的科学评估，视频和纤维生产，淡水及其他自然资源，人类健康和传染病蔓延；道路，城市及其他基本设施的规划和发展。

2. 科学目标

1）地球是怎么变化的，它的变化对地球上的生命有什么影响？

（1）全球大气系统是怎样变化的？①全球降雨量，蒸发量及水循环怎样变化？②大洋环流在年际，十年以及更长时间尺度上怎样变化？③全球生态系统怎样变化？④随着大量臭氧破坏的化学物质的减少和大量新的替代物质的增加，同温层臭氧怎样变化？⑤地球上大多数冰盖会发生怎样的变化？⑥地球及其内部是怎样运动的，对于地球的内部作用过程我们能得出什么样的信息？

（2）地球系统的主要驱动力是什么？①大气成分和太阳辐射以怎样的变化趋势驱动全球气候？②全球土地覆盖和土地利用会发生什么变化？原因是什么？③变形了的地球表面是什么样的？怎样把这样的信息用于预测未来的变化？

（3）地球系统如何响应自然和人为引起的变化？①云和表面水文过程对地球气候产生怎样的影响？②生态系统如何响应并影响全球环境变化和碳循环？③气候变化怎样导致全球大洋环流的变化？④同温层的微量元素会对气候和大气成分作出怎样的响应？⑤气候变化对全球海平面将产生什么影响？⑥区域性空气污染对全球大气会产生什么影响，全球化学和气候变化又对区域大气质量产生什么影响？

（4）大气系统的变化对人类文明的后果是什么？①与全球气候变化有关的局地天气、降雨量以及水资源怎样变化？②土地覆盖和土地利用的变化对生态系统和经济生产力的可持续性能力产生怎样的结果？③气候和海平面变化以及日益增加的人类活动对沿海地区的后果是什么？

（5）我们如何预测地球系统未来的变化？①怎样通过空间观测数据的同化和模拟提高天气预报的持久性和可靠性？②怎样能更好地了解和预测瞬时气候变化？③怎样能更好地估算并预测长期的气候变化趋势？④怎样预测未来大气化学成分的变化对臭氧和气候的影响；⑤怎样通过地球系统建立碳循环模型，对未来大气中 CO_2 和甲烷浓度的预测的可靠性如何？

2）变化性：全球大气系统是怎样变化的？

（1）挑战。地球和太阳组成了一个极端复杂的动态系统，这个系统在所有的时间尺度上发生变化，从数分钟到数天的龙卷风和其他极端天气的扰动，乃至上百万年形成地球景观的构造现象和侵蚀，以及制约大气和海洋的生物地球化学过程。

（2）我们对地球系统变化的了解程度。地球气候系统展示了复杂的变化性，像我们知道的短时间的天气系统的变化，中等时间尺度的厄尔尼诺和拉尼娜以及较长时间尺度的冰期。由 NASA 设计和 NOAA 管理的气象卫星已将短期天气预报扩展到 3～5 天。海洋雷达高度计的测量使夜间人员能够追踪厄尔尼诺和拉尼娜现象的形成，而且明显的发展可以提前数月和几个季节就厄尔尼诺和拉尼娜事件等对地球气候的影响作出预测。最近的研究表明，城市及工业污染所排出的大量烟雾一致了污染源下风区的降雨（雪）量。

（3）地球内部的热损耗引起地球重力场和磁场的变化，导致地球深部的对流运动。这些运动又是板块构造运动的成因，板块构造运动又引发了地震和火山喷发。重力场的变化也表现在地质过程中，如下沉、上升、冰川反弹以及侵蚀，冰川侵蚀直接影响海平面上升的速度。

（4）认识和描述全球地球系统的变化，表 16.1 为今后十年 NASA 的研究计划的要点。

表 16.1 今后十年 NASA 的研究计划的要点（全球变化）

科学问题	需要的知识	EOS 时代（卫星名称）	2010 年（卫星名称）
全球降水量，蒸发量以及水循环怎样变化	大气温度 大气水蒸气 全球降水量 土壤湿度	Aqua Aqua TRMM（热带降水测量卫星） 	NPOESS Bridge 卫星 NPOESS Bridge 卫星 未来全球降水量卫星 土壤湿度探测卫星
全球大洋环流在年际、十年怎样变化	海平面湿度	Aqua	NPOESS Bridge 卫星
全球大洋环境在更长时间尺度上怎样变化	海洋范围 海洋地形 地球重力场 地球质量中心	Aqua Sea Winds TOPEX/Jason GRACE 地面网络	探索性或者业务卫星 未来海洋地形卫星 未来探索性重力卫星 地面网络
全球生态系统怎样变化	海洋 植被指数	SeaWiFS, Terra Aqua Terra Aqua	NPOESS Bridge 卫星 NPOESS Bridge 卫星

续表

科学问题	需要的知识	EOS 时代（卫星名称）	2010 年（卫星名称）
随着破坏臭氧的化学物质的大量减少，和新的替代物质的大量增加，同温层臭氧怎样变化	臭氧总量 臭氧廓线	TOMS Triana，Aura SAGEⅢ	未来臭氧气溶胶总量卫星 未来臭氧气溶胶廓线卫星
地球冰盖物质正在发生什么变化	冰面地形 海冰范围	ICEsat DMSP，QuickSCAT	未来冰高度测量卫星 业务系统
地球及其内部是怎样运动的对于地球的内部作用过程我们能得出什么信息	地球坐标系统 地球磁场 地球重力场 应力场	VLBI/SLR 网络 磁力计/GPS 卫星群 GRACE ERS-1/-2	VLBI/SLR 陆地网络 磁力计/GPS 卫星群 探索性重力卫星 探索性干涉测量 SAR 卫星

地球内部活动会引起地震和火山等地壳和地球表面的变化。NASA 的星载传感器可测量出地球的精确形状，并测量出诸如洛杉矶盆地等所选择地区的陆地表面变形。

厄尔尼诺和拉尼娜现象影响全球热带和中纬度地区的天气，NASA 和 NOAA 的仪器追踪观测这些现象的强势期和弱势期，这项工作也是未来预测任务的一部分。

3. 预期成果

（1）通过业务运行机构的海洋观测支持对厄尔尼诺和拉尼娜现象的实际预测能力；

（2）局地降雨量的季节、年度变化观测，全球降雨强度的 10 年去世预测；

（3）有关陆地和海洋生态的组成及健康、生产力的变化和趋势的定量化知识（包括系统的吸收和碳输出）；

（4）评估冰盖和冰川的增厚和消融及其质量平衡。

4. 对国家实际效益

对国家实际效益如下：

（1）提高了农业生产的效率，降低了季节降雨预报的成本；

（2）评估农作物和渔业的健康和分布；

（3）估算未来海平面的上升量。

5. 地球系统变化的主要原因是什么？

（1）挑战。作用于地球系统的驱动力，既有来组外部的也有产生于内部的，既有自然的力也有人为的力。当今人类所面临的最大挑战就是准确地量化来自自然和人为的力，以此来发现气候和生态系统的变化趋势，并识别器变化模式。

（2）我们所知道的地球系统的驱动力。研究人员已确定出了气候的主要驱动力，并评估了这些力对气候变化的相应贡献。

近来，地球环境的最重要的人为驱动力修正了大气的组成，引起温室气体浓度上升，它们导致平流层臭氧层的破坏和大气温室效应的增强。莫纳罗亚山观测站和其他几个站点的测量结果可证明从工业革命开始，大气中 CO_2 浓度每年增加 1%，全球大气中 CO_2 总计增加了 30%。在气候研究中，对流层气溶胶对气候的直接驱动程度尚未确定，火山喷发的微粒和释放的气体对大气影响也很大，地壳运动引起的显著的地形变形也会对陆地表面产生重要影响。

（3）识别并测量地球系统发生变化的主要因素。

6. 预期成果

（1）量化每个确定的气候驱动力，并用高、中等级表示它们对地球气候的影响；

（2）量化气溶胶的主要人为来源及其对地球气候的影响；

（3）定量评估全球海洋和陆地生态系统以及它们对地球系统碳循环的影响；

（4）周期性地完成全球土地覆盖、土地变化存档数据的季节更新；

（5）发布大气臭氧和气溶胶在日出日落时间的变化的第一次测量结果以及与此有关的，面紫外线辐射图；

（6）获得大气应力场变化的时空连续观测；

（7）开发地震、火山系统的定量化模型。

7. 国家实际受益

（1）经济、政策决策者将拥有坚固的科学基础去比较相关活动与大气变化和与灾害的相互作用过程；

（2）各地区、州、地方政府和产业部门将具有基本科学知识和地球空间信息产品支持市政、交通、农业和开发活动，表 16.2 为近 10 年 NASA 的主要研究计划；

表 16.2　近 10 年 NASA 的主要研究计划

科学问题	需要的知识	EOS 时代	至 2010 年
大气组成和太阳辐射的什么趋势驱动全球气候变化	太阳辐射总量 太阳紫外辐射 气溶胶总量 气溶胶廓线 气溶胶特性 地表痕量气体浓度 痕量气体源/CO_2 总体积	ACRIMsat，SORCE UARS，SORCE Terra SAGEⅢ Terrestrial network Terrestrial network Terrestrial network	未来太阳辐射卫星 未来太阳辐射卫星 NPOESS Bridge 卫星 PICASSO，SAGEⅢ（ISS） 陆地网络。对流层化学探测卫星 陆地网络　Terrestrial Network 陆地网络，空基探测系统
全球土地覆盖和土地利用变化的表现极其原因是什么	地表覆盖编目 火灾事件	Landsat 7，Terra Terra	国内和/或国际合作 NPOESS Bridge 卫星
地表是如何变形的，如何利用这些信息来预测未来的变化	表面地形 变形和应力积累 重力场，地磁场 地球参考坐标	SRTM ERS-1/-2 Space GPS receivers Surface network	干涉测量激光卫星或 SAR 卫星 干涉测量激光卫星或 SAR 卫星 空间 GPS 接收机 地面网络（Surface Network）

（3）卫生部门可根据地球表面紫外线辐射图评估相关的健康风险；

（4）精确的自然灾害地图（如火灾、地震、火山）将有助于改进建筑法规并改进有关措施，减轻灾害的影响。

（五）地球系统如何响应自然和人为变化

1. 挑战

考虑地球系统中较大的自然可变性，将地球系统的响应与其多种驱动因素联系起来是一个困难问题。反馈使这个问题更加复杂，反馈是对地球系统变化的响应，它能影响和反映系统的响应，就像大气中的水蒸气作用于温度一样。改进的关键是开发结合海洋和大气、陆地和大气的模型区探寻地球系统组成分边界处的原因和影响（图16.6）。

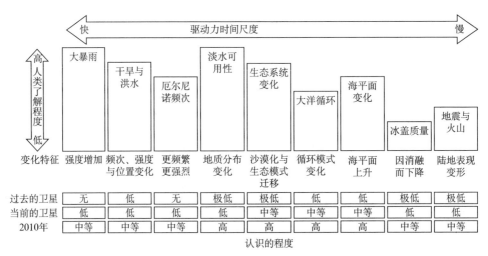

图 16.6　地球系统主要的响应参数

2. 地球系统对变化的响应

已识别出主要的地球系统响应参数，它们发生的时间尺度及对人类显著性的一般特征。

3. 确定地球系统如何响应自然和人为变化

（1）近10年来，定量化每个识别出的气候响应，并用高、中等级确定其对气候变化的影响；

（2）了解CFC替代物的化学影响和蒙特利尔协议书对于减小臭氧层破坏的功效；

（3）提供全球的区域空气质量状况图；

（4）首次估算全球森林和海洋的碳储量。

4. 实际受益

（1）农业规划和洪水灾害评估中的季节和年度土壤水分变化监测；

（2）基于燃料载荷和气候条件为森林牧场管理提供生成火灾灾害图的地球空间数据和决策支持系统；

（3）空气质量管理决策的科学基础依据。

（六）地球系统变化对人类文明的后果是什么？

1. 挑战

地球系统特性全球分布的很小变化，如平均地表温度或海平面压力，都可能会导致区域性天气、生产力模式、水资源利用和其他属性的显著变化。例如，我们已知厄尔尼诺暖洋流会阻断区域海洋水产和广阔的气候模式。厄尔尼诺出现大多与太平洋的台风有关，而不是大西洋的飓风。拉尼娜气候现象表现为东热带太平洋表面海水温度降低几摄氏度，通常大多与大西洋海域活动性的飓风季节有关，以较平常年份频繁的、强烈的热带气旋为特征。

2. 地球系统变化的结果

近年来，很多地方极端降雨事件［一天降雨量多于 2in（1in＝0.0254m）］的频率增加，原因尚未确定。在未来的 30 年，北半球中纬度地区的季节性会增加 10～14 天。

3. 确定地球系统变化对人类文明的后果

预期成果如下：

（1）通过业务运行卫星得到高分辨率的全球海洋表面风场结构以增强短期天气预报；

（2）完全交互式的生态系统——气候模型评估各种气候变化对生态系统响应的影响以及对它们提供的商品和服务的影响；

（3）了解区域生态系统净初级生产力、地区农业和森林生产力的年度间变化；

（4）定量评估全球土地覆盖变化及土地利用变化的结果；

（5）了解全球陆地和沿海营养物和沉积物的交换。

4. 国家实际受益

（1）国家和地方规划部门可根据地球空间信息和必要的工具应用于海岸带管理、交通、城市规划以及居住适宜地的辅助决策；

（2）人类健康组织可通过地球空间信息、健康信息、数据分析、可视化工具来评估气候变化对传染病扩散的影响。

（七）预测：如何准确预测地球系统的未来变化？

1. 挑战

地球系统科学的最终目的是发展基础知识，预测综合地球物理、化学、地质、生物状态的未来变化。评估这些变化带来的风险。尤为感兴趣的是一代人时间尺度的物理气候变化，例如，大气的化学性质和成分变化，生物地球化学循环和初级生产力的变化。预测未来大气系统变化的第一步是能够实际模拟当前状态和短期的全球环境变化。

2. 未来变化的可预测性

研究者描述了地球系统的主要循环，包括水和碳循环，并尝试定量化每种循环中的各个成分。这表现在各种气候模式中，使用卫星或其他来源的数据初始化模型。目前的研究聚焦于将模型和主要地球系统成分结合起来，如海洋-大气，陆地-大气相互作用表示气候系统的绝大部分。未来 10 年的研究主要是填补我们认识的空隙，减少目前认识的不确定性（表 16.3、表 16.4）。

表 16.3　近 10 年 NASA 研究计划的主要内容

科学问题	需要的知识	EOS 时代	至 2010 年
云和地表水文过程对地球气候的影响是什么	云系统结构 云粒子特性和分布 地球辐射收支 土壤湿度 雪盖与积累 地面冻融转化	Terra, Aqua Terra, Aqua, AC-RIM Terra, Aqua Seawinds	NPOESS Bridge 卫星 Cloudsat, PICASSO, 未来气溶胶/云辐射卫星 土壤湿度探测卫星 寒冷气候探测卫星 寒冷气候探测卫星
生态系统如何响应和影响全球环境变化和碳循环	生态系统垂直结构 沿海地区海洋生产力 碳源、碳汇	Terra, Aqua	植被恢复探测卫星 NPOESS Bridge 卫星 CO_2 柱探测卫星（Exploratory Column Mission）
气候变化如何引起全球海洋环流变化	海水表面盐度 次表层温度，洋流、盐度	In Situ Ocean Buoys	海洋盐度探测卫星 实地测量海洋浮标（In Situ Ocean Buoys）
平流层痕量成分如何响应气候和大气成分变化	近对流层大气特性 选择性化学种类 选择性源气体	Aura Aura SAGE III Surface Network	Aura 未来平流层化学卫星 未来平流层化学卫星 SAGE III 地表网络（Surface Network）
气候变化如何影响全球海平面	极地冰盖速度场	Radarsat	干涉测量雷达卫星或 SAR 卫星
区域污染对全球大气的影响是什么	对流层臭氧	Aura	对流层化学探测卫星

表 16.4　今后 10 年 NASA 研究计划的主要内容

科学问题	需要的知识	EOS 时代	至 2010 年
局地天气、降水和水资源的变化量如何与全球气候变化相关的	全球降水 海面风 风暴周围的气候特征 闪电速率 河流水位高度与泄洪速率	TRMM Seawinds GOES LIS Jason	未来全球降水卫星 未来国家/国际合作卫星 GOES w/改进 UNESS，过渡到业务卫星 未来国家/国际合作卫星
土地覆盖，土地利用变化的结果	初级生产力 土地覆盖编目	Terra Landsat 7，Terra	NPOESS Bridge 卫星 国内和/或国际合作
气候和海面变化以及海岸地区人类活动增加的影响	沿海区域特征及生产力	Landsat 7，Terra	数据的商业来源和/或探测卫星

3. 实现对地球系统未来变化的预测

表 16.5 为未来 10 年 NASA 研究计划的主要方面。

表 16.5　未来 10 年 NASA 研究计划的主要方面

科学问题	需要的知识	EOS 时代	至 2010 年
如何通过新的空间观测、数据同化和模拟技术改进天气预报周期和可靠性	对流层风 海面风 土壤湿度 海表湿度	Seawinds 业务卫星（Operational Satellite）	国内和/或国际合作 未来国家/国际合作卫星 土壤湿度探测卫星 业务卫星（Operational Satellite）
土地覆盖，土地利用变化的结果	海面风 土壤湿度 海表湿度 海面高度 深海环流	Seawinds Aqua Jason 现场测定（In Situ Measurement）	与前面相同，但分辨率更高，全球降水分区化
如何准确地预测未来大气化学对臭氧和气候的影响	在模型中同化大气数据	改进并应用包括化学成分输送和反应的大气模型	与前面相同，但分辨率更高，模拟区域气溶胶及其对云和反照率间接影响
如何通过模拟地球系统中的碳循环来实现对未来大气中 CO_2 和甲烷浓度的可靠预测	从 DOE 估算化石燃料消费和甲烷的产生	在气候系统中耦合碳循环模型并用来预测未来的 CO_2 与气候对甲烷采用相同模型	提高模拟能力，以预测未来的 CO_2、甲烷及其导致的气候变化

4. 预期成果

在区域气候变化模型中，加入云的影响；在气候和天气预报模型中，同化海风，海表温度，降水雷达观测数据；在业务天气预报系统中，加入对流层风的观测；提高了天气预报的精度，增加了 3～5 天的短期天气预报，进行增加精度示范；显著提高对碳源和碳汇在陆地、大气、海洋循环中的认识；获取并分析地球物理数据，明显改进对地震火山灾害的风险评估。

5. 国家受益

将大气预报周期扩展到 7～10 天；扩充了对生态系统健康的评估能力，有益于对疾病传播媒介的预测；评估人类活动对地球和生态气候系统影响的科学基础。

6. 应用

第一，目标：扩大地球科学、信息、技术方面的经济和社会效益。

企业及其社区股东发现在以下领域 NASA 的地球科学能够直接对国家的经济和社会发展作出实质性的贡献：①资源管理：农业、牧野、林业、渔业；②社区发展：交通业、基础设施、生活质量；③灾害管理：自然灾害、环境与健康；④环境质量：空气和水质量，土地利用/土地覆盖变化。

ESE 计划的应用和教育部分评价和优化基于 ESE 性能的应用和教育需求，并有助于转化为能够改进公共政策、业务运行和商机的科学技术。

第二，该活动主要有以下三条功能线构成。

（1）应用组将致力于理解面对公共和私人部门决策者的优化问题，并决定如何应用 ESE 的科技能力处理这些问题；

（2）教育组主要通过激励机制，使受教育者产生对地球系统科学、研究技术和应用的广泛兴趣和理解，并鼓励青年学者从事科学技术职业。

（3）外联组集中对那些关心 ESE 结果、项目状况和来自应用领域利益的决策者和投资人提供信息，外联组也将起到一个对 ESE 所关心的公共和商业需求、要求和期望的反馈通道作用。

ESE 追求在应用研究和示范项目方面和其他代理机构、国家、当地政府、工业和学术界建立伙伴关系，提供尖端科技。NASA 的合作伙伴将这些尖端科技应用于产品和服务之中。成功的项目自身具有可持续性。

第三，NASA 将转向开发下一个系列的应用技术。

（1）应用目标：将能力转化为能够解决现实社会问题的使用工具。

经过 10 年的发展，NASA 已经在促进强有力的美国商业遥感行业方面取得了很大的成功，现在每年的收入用亿美元来衡量。现在 NASA 作为与其他学术界、联邦、国家和当地政府的合作伙伴，从事这一行业来示范针对实际问题的遥感数据应用技术。

（2）区域性的应用：针对地理空间数据的变化比较大的国家和用户，NASA 正在筹建一个可以培育有关地理空间数据发展和示范应用的项目。该项目是国家范围的，择优选用，并通过用户组织开展大量合作。

（3）自然灾害方面的应用：在和联邦紧急事务管理局合作的过程中，NASA 率先利用卫星观测和自然现象模拟的方法进行灾害脆弱性的评估。高分辨率的地形制图系统被使用来为国家洪灾保险项目制订更准确的洪灾保险速率图。

第四，预期成就如下：

（1）未来 5 年内：①ESE 的成果显示出它有助于在诸如环境质量评价、资源管理、社区发展和灾害管理等领域的决策；②协调和使 ESE 项目利益最大化的区域性基础设施已经在全国开始实施；③ESE 科技成果将被应用于支持地区和全国性的气候评估。

（2）未来 10 年内：区域性的地球科学应用成果已经在全国范围内通过社会组织推广并应用于社区的环境计划、多方管辖的减灾工作中。

（3）教育目标：激发公众对地球系统科学的兴趣和理解，并鼓励青年学者从事与科学有关的职业。

地球科学教育活动集中通过非正式或正式的学习途径和通过正式的课堂教学方法来交流 ESE 成果。这些活动将不可与以上方法相匹配的 ESE 内容材料的建立、开发能增强 ESE 的作用和激发国内外对之注意和理解的特殊教育计划、把 ESE 回报和日常生活结合的新技能和培训的人定。

第五，教学计划的目标：

（1）提高公众对于一个系统的地球的功能以及 NASA 在认识地球系统中的作用的意识和理解；

（2）能够在所有的教育层面的教学过程中利用地球科学信息及其成果；

（3）能在各个教育层面上的教学过程中使用地球科学信息；

（4）加强应用地球科学成果、技术和信息解决日常实际问题的能力建设。

第六，预期取得的成就如下：

（1）未来 5 年内：①在教育方面至少有 20 个一流的大学机构在地球系统科学领域获得未来高中科学教育工作者资格认证；②全美 1/5 的州的中学或高中应把地球科学作为毕业条件，5% 的教师取得地球科学资格认证；③20% 的美国成人平民了解一种地球系统科学现象或一个具体应用，并且知道 NASA 胜任地球系统科学的研究工作；④一个全国范围的典型鉴定计划，通过针对个体开业者的专业证书培训计划，在本科课程或假期教授地学遥感原理和技术。

（2）未来 10 年：①在教育方面至少有 30 个一流的大学机构在地球系统科学领域被授予能确未来高中科学教育工作的认证；②2/5 的州的中学或高中应把地球科学作为毕业必备条件，在这一领域要有 30% 的教师取得资格认证；③在 SAT 和 ACT 测试中要提出一些有关地球系统科学的关键概念问题；④30% 的美国成人平民了解一种地球系统科学现象或一个具体应用，并且使他们知道 NASA 能胜任这一工作；⑤在一些地方建立一个有关地球遥感方面的全国性的资格认证和授权计划；⑥10% 的国家批准的四年制硕士大专院校在遥感课程方面有授予权，5% 的两年制研究所也应有授予权，5% 的实际工作者在工作场合使用遥感技术获得认可。

7. 技术

1）目标

开发和采用先进技术使任务取得成功并服务于国家优先领域。

科学带动技术进步，为 ESE 向主动的地球系统预测能力的转变铺平了关键性的道路。ESE 寻求以更低的成本满足现在的观测需求并做出以前根本无法做到的观测。NASA 即是先进技术的提供者也是消费者，NASA 启动和调控着三个正在进行中的对未来地球观测的技术革命。

2）地理空间

新型传感器技术采用了新的数据获取和观测技术，由被动式遥感体系（如陆地卫星）产生二维影像，主动式遥感体系（如雷达、激光雷达）使地表和大气产生三维的景观。我们将主动式传感器看作用来测量重力场和磁场的"少光子"（Photon-less）传感器。这将使我们看到地球的内部结构，借助这一工具，就能够遇见世界淡水蓄水层的变化、对火山喷发做出可靠的预报，甚至有可能做出周边地带地震活动 1～5 年的预测。新型传感器技术使有可能产生新的观测和数据。近地轨道飞行的传感器能够迁移到与地球同步卫星轨道，甚至可以到达 100 万英里以外的 L1 和 L2 轨道。与那些从近地轨道获得的窄片和间断的重放访时段相比较，这些传感器可以提供瞬时和全天的连续地球或陆地景观。最终，地理空间革命将包括以串联方式工作的传感器网络，形成智能化、可更换部件的星座，这些星座能对地球上的紧急事件做出快速响应，并在轨恢复工作。我们将通过"列队飞行"的几架 EOS 卫星和将这一组合视为一个单一的进行数据处理"超级仪器"，示范在 EOS 年代"传感器网络"的概念。

3）计算

满足这一体系的计算量是非常庞大的，需要从现在每天处理太（10^{12}）字节的数据到将来的每天处理拍（10^{15}）字节数据量的发展过程，产业将提供更高级的计算，NASA 的工作就是将这些空间能力转化为能够进行在线数据处理和数据压缩的能力。NASA 也需要进行软件设计工作，这些软件将保证高性能信息处理与计算机运行能实现预报的地球系统耦合模型。例如，我们想使天气预报达到理论极值（大约 14 天），而不是局限于处理这些大量数据和所需的大量复杂模型计算的计算机容量。

4）交流

为了广泛传播知识需要进一步加强交流，NASA 的目标就是使地球科学预测更全面地服务于社会。在基于空间的观测背景下，它意味着在飞船上的数据融合允许特制的信息产品直接传送到用户终端，其费用不超过一次国际长途通话的费用。随着计算技术的发展，产业将会提供许多工具。NASA 的作用就是集中在那些对地球科学具有特殊功效的方面，如同身临其境的、新的可视化技术的知识展示，经过数据挖掘产生知识等。开发先进技术减少成本并提高地球观测的科学能力仪器开发策略将主要集中在更有能力解决科学任务的外观手段上；支持仪器的空间平台开发主要集中在减小体积、重量和操作的复杂性；此外，在任务实施之前开发出这些技术，则成本和进度的不确定性，以及所担的风险将会显著地减少。仪器开发策略主要包括以下几点：

（1）更小的智能探测器阵列和被动遥感系统，它可以减少传感器子系统的质量和功率，简化校准、整合和操作的程序，这将会充分利用整个电磁波谱的全部信息内容。

（2）空间激光雷达的主动式遥感器的设备结构，传感器使这些设备在寿命、效率和任务执行方面得到了改进，同时也减少了重量、体积、能量和操作的复杂性和增加桌面的自动化程度来实现的。

（3）能用于小型科学考察的飞船飞行的技术和飞行法则：①先进的小型化精技术实现更小、更有用的亚轨道技术示范和基于表面的平台；②发展机械、亚轨道和空基平台上的技术示范与试验台的校正。

例如，仪器孵化器计划的目的是减少由于革新和将与未来科学仪器子系统和系统融合的高失业率技术带来的风险。新千年计划是为新技术提供一个在轨道的确认试验台，这些技术必须适应独特的太空条件，并融入科学任务之前评价其可行性。

（4）信息技术：发展对地球科学数据的处理、归档、获取、可视化和交流的先进信息系统。允许太（10^{12}）字节的数据传输和管理的先进计算技术和交流概念是一个全球性的 ESE 可视化所必需的。对全国范围内的用户提供的信息将会导致得益于一个全球性社区的有关地球系统动力知识的重大飞跃。例如，这一先进的信息网络将使数据采集和自然模拟活动成为可能，该模拟能区别地球系统中自然和人为引起的变化。

5）ESE 技术计划的信息系统内容

它主要集中在接近高科技的"端对端结构"，即从信息开始传播的太空端到知识提高的用户端。在硬件和软件方面的发展技术主要包括：

（1）飞船上的硬件和软件结构，它可以引起诸如智能平台的传感器控制这类新业务运行能力，这一计划的内容与 NASA 的太空运行管理组织（SOMO）相协调；

（2）把多数据集和精确的、可视化的地球系统数据和信息连接起来的有效途径；

（3）把商业用户与当地用户通过采用适应各自用途的方式使其工具扩大接触地球科学信息的范围；

（4）把高性能的计算和交流（HPCC）概念翻译成未来太空/地面交流的基础设施成分。

8. 监测和预报中的合作关系

作为一个研究型和技术性的机构，NASA 提供了一种新的工具和知识来提高地球系统变化和影响的评价和预报。NASA 首先利用气象卫星，现在继续利用可以从太空监测全球大气、海洋、陆地和冰面状态的卫星。其他机构（比较突出的是 NOAA 和 USGS）利用卫星空间观测来提高天气预测的业务能力和陆面变化的监测能力，NASA 的任务就是在高新技术方面帮它们做得更加有效。

例如，NOAA 和 DOD 致力于将各自的气象卫星计划集中起来。为集成国家极地轨道业务环境卫星（NPOESS），NASA 现在正与他们合作开发新的仪器。这些仪器将首次搭载于 NPOESS Bridge 卫星飞行，该任务将被用于扩大对 NASA 的科学观测和减轻融入 NPOESS 的技术风险。这种合作将有助于增加短期天气预报的准确性和预报周期，为长期气候研究与检测提供重要的观测手段。

NASA 和 USGS 在陆地卫星和陆面遥感技术方面携手并进，例如，NASA 与 USGS 和 NSF 达成协议，就用来监测导致地震和火山的大陆和地层位置的 GPS 排列方面建立合作关系。

随着空基地球观测事业在私人部门中的发展，技术计划将强调探测器的发展、太空建筑和用来巩固能满足某些企业需求的商业性飞行体系的信息体系。在一些有特殊利益的地方，其所追求的是与国内和国际组织间的合作，主要是在激励对接近全球地球观测网络的传感器（Sensor-Web）分布产生兴趣的微型技术方面的投资。

9. ESE 战略实施方法

首先把以下各种不同的需求转化为整体计划：

（1）美国全球变化条件计划（USGCRP）科学需求；

（2）美国科学院的研究建议；

（3）美国业务运行和卫星机构需求；

（4）技术进步与 NASA 的能力；

（5）国际间研究和观测活动；

（6）日益增强的对应用的强调。

NASA 的 ESE 计划承诺促进地球科学数据的广泛获取和应用，并为此制订了《ESE 数据管理声明》。

当这些数据能满足科学需求并且取得科学实惠时，ESE 就从商业的来源获取和谐数据。商业数据购买的选择说明包括在所有公布的未来的机会通知中，根据相互可以接受的协议，ESE 将拥有从购买商用科学数据中分配数据的权力，图 16.7 为 ESE 战略实施方法。

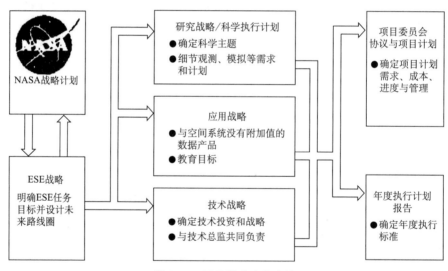

图 16.7　ESE 战略实施方法

在发展 ESE 卫星任务和资助研究方面存在竞争。ESE 将追求商业界、机构间和国际的合作关系来发展任务，确保连续的长期观测并指导研究工作。

其次服务于实现科学与应用目的 ESE 观测与信息系统能力。

为回答 ESE 提出的科学问题，需要研制下列三种类型的卫星以便提供研究所需要的各类观测：

（1）系统性卫星（即陆地卫星，EOS 及其后续卫星）。①按照美国国家科学研究理事会（NRC）的要求，"考虑最重要的科学问题并仔细选择关键变量，优先识别并获取关键变量的精确数据"，应当重视那些不能从其他独立参数推出的参数；②高度关注连续数据集与校准的关系，并在卫星运行期间进行校正；③独立的相关技术的发展不亚于技术革命。

(2) 探测卫星，如地球系统科学开拓者（Pathfinder）。①专门为解决某一类科学问题而设计的一次性卫星，为完成实验而频繁地测量有关参数；②首先应用先进技术以新的方式解决问题。

(3) 业务先导和技术示范卫星（即对流层和新千年计划）。①投资于传感器技术的改进和更为经济、更有效进行观测的先进科学仪器的研制；②确定在研究和业务运行系统之间转换的桥式（Bridging）卫星；③满足长期科学观测的需求。

目前 NASA 正面临着这些来自上述卫星的数据管理以及从中产生信息产品的挑战。地球观测系统数据与信息系统（EOSDIS）为 EOS 实现了这一功能，一个由 EOSDIS 分布式活动文档中心，地球科学信息伙伴以及地区性地球科学应用中心组成的联合体为科学和应用方面的用户的特殊需求提供专业服务。随着信息和通信技术的不断发展，ESE 必须考虑改进其信息系统的服务方式。有关下一个 10 年的数据与信息系统服务概念的研究工作已经启动，这项工作建立在 NASA 的现实能力基础上，并能推动未来科学和先进技术的发展。

(4) 地球科学中心的作用和有关卫星。NASA 下属的几个研究和空间飞行中心是推动地球系统科学进步的引擎，在上述中心工作的科学家指导着前沿研究以及能够在大学完成的研究工作，保证了美国的卫星和飞船项目的质量。这些中心是计划的管理者与执行者，承担着开发先进技术并集成技术成为科学研究卫星的任务。中心领导与地球科学总部办公室由资深管理团队构成，共同领导者 ESE 的规划和指导工作，每个中心的作用反映出其各自独特的专长。

(5) NASA 的国内机构间合作。NASA 并非单独从事地球科学研究，ESE 是在广泛合作的基础上完成其任务的。这些合作伙伴以各自新的科学认识和观测能力为美国提供了更好的服务。NASA 为美国国家海洋与大气管理局（NOAA）研制了业务气象卫星，NOAA 与 NASA 协作开发了气象卫星的气象预报模型，以提高天气预报的准确性和周期，NASA、NOAA 与美国国防部在桥式卫星淋雨的合作将会改进 Terra 和 Aqua 卫星气象观测与研究的连续性，这项合作同时也是 NOAA/DOD 气象卫星计划中的一个业务示范，NASA、NOAA 与美国海军合作共同研制和应用于下一代静止轨道气象卫星的先进静止轨道傅里叶变换成像光谱仪。

(6) 美国地质调查局（USGS）与 NASA 在陆地卫星计划和南加利福尼亚州集成全球定位系统网络（SCIGN）方面开展了合作，USGS 通过其地球资源观测卫星（EROS）数据中心获取和分发 EOS 与其他陆地遥感图像。

(7) 国家图像与制图局（NIMA）与 NASA 的合作是在航天飞机雷达地形学领域，合作加快了数据的处理与分发。

(8) 美国农业部（USDA）与 NASA 合作在农业、林业、牧区遥感应用方面展开合作，以提高食物与纤维的产量。

(9) 国家卫生研究所（NIH）与 NASA 合作利用遥感技术识别由气候条件和生态

系统条件导致的烈性传染病、疟疾、登革热等随着环境变化蔓延或减退的疾病。

（10）国家科学基金会（NSF）与 NASA 共同开展了南极、北极的极区研究以及海洋学研究，NSF 与 USGS。

（11）一起共同参与了 EarthScope 计划，通过 SCIGN 研究地震动力学，NSF 与 NASA 共同研究飞行的航空资产，表 16.6 为 NASA 内部与 ESE 计划有关的机构。

（12）NASA 与美国交通部（DOT）共同探索遥感技术在交通管理方面的应用。

（13）NASA 还与其他 10 个机构通过美国全球变化研究计划合作开展地球研究活动（表 16.6）。

表 16.6　NASA 内部与 ESE 计划有关的机构

COE/机构任务 领导中心分派任务 科学作用 卫星的作用	Goddard 空间飞行中心（ESFC-Greenbelt，MD） 地球科学 EOS/Earth Explorers/ES 技术计划/气象卫星/教育 理解地球科学与跨学科地球系统科学 技术开发（仪器、宇宙飞船、地面系统）/机械科学业务运行（Wallops）
机构任务 领导中心分派任务 科学贡献 卫星的作用	喷气动力实验室（JPL—Passadena，CA） 仪器技术 海洋物理学和固体地球科学/新千年计划 海洋学、固体地球科学，大气化学 仪器开发
机构任务 领导中心分派任务 科学作用	Stennls 空间飞行中心（SSC—Stennls，MS） 遥感应用 遥感应用 海岸带研究
机构任务	Langley 研究中心（LaRC—Hampton，VA） 大气科学
领导中心分派任务 科学作用 卫星的作用	大气科学卫星 大气气溶胶与大气化学，大气辐射收支 大气科学相关技术，工程与仪器开发
COE 卫星的作用	Dryden 飞行研究中心（DFRC—CA） 大气层飞行业务 机械科学业务运行
COE/机构任务 领导中心分派任务 科学作用 卫星的作用	Ames（ARC—Moffet Field，CA） 信息技术/天体生物学/HPCC 信息技术/天体生物学/HPCC 陆地生态与大气评估 信息系统与技术/机载仪器开发
科学作用 卫星的作用	Marsgall 空间飞行中心（MSFC—Huntsyille，AL） 水文气象学/水文气候学，包括被动微波数据分析与大气电学/陆地过程/ 区域应用 仪器开发

NASA 的国际合作。地球科学所固有的合作性、全球性的科学问题需要全球科学家工兵团合作来寻求解决。没有任何一个国家或地区能够单独面对地球系统科学这样的复杂系统，世界各地的决策者都需要依据真实的科学知识来规划其行动，而科学知识的可信度取决于科学研究过程中的国际合作程度。此外，空基观测的校准/校正需要来自世界各地的专门化知识和地观测数据，ESE 已与全球 45 个国家开展了合作。EOS 卫星任务中来自国际捐赠的金额达到 50 亿美元。

第三，与 NASA 开展国际合作的国家如下：

（1）日本是 ESE 最大的合作伙伴，主持热带降雨测量卫星（TRMM）工作，为 EOS 卫星提供仪器并在自己的卫星上搭载 EOS 仪器；

（2）法国与 NASA 在 TOPEX/Posiedon 卫星上的合作取得了极大的成功，该卫星的后续星还有 Jason-1 和 PICASSO-CENA 卫星；

（3）德国与 NASA 在飞船雷达实验室、CHAMP 和 GRACE 卫星方面开展了合作；

（4）英国、荷兰以及芬兰为 EOS Aura 卫星赠送了仪器；

（5）加拿大为 Terra 卫星提供了加拿大雷达卫星（Radarsat-1）；

（6）巴西为 EOS Aqua 卫星提供了湿度探测器（HSB）；

（7）NASA 为阿根廷发射 SAC-C 卫星，该卫星同 EOS 的 Terra 卫星及陆地卫星 7 号一起形成陆地观测卫星星座；

（8）俄罗斯为测量大气臭氧浓度的 SAGE Ⅲ 仪器提供了平台和发射运载平台。

第四，地球观测卫星委员会推进了在构建综合性全球观测战略方面的国际合作，许多国际研究组织和大型计划是 ESE 科学计划的发起者并且为 ESE 的研究与观测作出了积极贡献。这些组织包括：

（1）世界气象研究计划（WCRP）；

（2）国际地圈-生物圈计划（IGBP）；

（3）政府间气候变化小组委员会（IPCC）；

（4）联合国粮农组织（FAO）；

（5）中尺度天气预报欧洲中心；

（6）国际海洋委员会（IOC）。

第五，未来展望：预测地球系统的变化——2025 年的地球科学。未来 25 年内，可能将实现以下内容：

（1）10 年的气候预报；

（2）15～20 个月的厄尔尼诺预报；

（3）12 个月的局域降雨率；

（4）60 天的火山预警；

（5）10～14 天的天气预报；

（6）提前 7 天发出空气质量通知；

（7）提前 5 天做出飓风轨迹预测，误差为 ±30km；

（8）提前 30min 进行龙卷风预警；

（9）1～5 年的地震实验预报。

（八）未　来　展　望

1. 2010～2020 年技术进步展望

观测与信息技术的进步及科学研究和模拟手段的发展都是实现地球系统预测的长期构想所必需的，未来观测系统将包括分布于各种轨道上的卫星。其中有搭载于低空轨道的智能化小卫星的遥感器网站（Sensorweb），有地区静止轨道上的大口径传感器，有离地球约 1.5km 的 L1 和 L2 上的侦查卫星，这种侦查卫星可提供遍及全球的大视野概要昼夜影像。桌面数据处理、高速计算机与通信技术使未来的用户仅用支付今天国际电话的费用就可直接使用来自卫星的定制信息产品。

为了确保实现未来的观测系统，NASA 将致力于向其主要合作者，如 NOAA、USGS、USDA、FEMA 等机构与产业部门转移先进技术，形成新能力。NASA 将向它们提供科学和技术工具并使这些服务广泛地用于全世界。目前应进行的技术投资包括：

（1）先进传感器具有更高时空分辨率的主动式、大口径遥感仪器；

（2）传感器网络——指能够自动运行的全球传感器网络，可根据用户需要进行改造，在传感器部件失效时可进行更换而继续运行；

（3）信息综合与模拟——用可以改进预测模拟水平的计算机模拟系统来实现，以突破科学认识的局限性；

（4）知识获取——能够迅速查询、定制并向用户停工所需的专用信息产品。

ESE 将通过学术会议和与科学、应用、技术团体的其他形式的对话继续发展和完善这个 25 年的构想。

2. 美国 NASA 的 2030 年地球科学展望

1）概况

NASA 2030 年地球科学展望（Earth Science Vision，ESV）建立了一个研究流程，即先用一组国际地球观测系统进行地球系统的动态观测，然后用一组互动模式描述生物地球物理化学过程。这些模式包括地球所有主要系统组成：大气、海洋、生物圈和固体地球方面的模式。观测完成后，地球信息系统将为系统相互作用进行定量预测，不断根据观测对系统相互作用做出评估。其关键特征如下：

（1）观测整个地球系统，这样就可以用来追踪测量任何组成系统的变化都对整体的影响；

（2）发展整个地球系统和所有组成部分的模式，以预测任何组成变化对地球系统的影响；

（3）不断发展完善对目前观测最佳描述的系统行为研究；

（4）形成具有量化不确定性的预测结果用于公共决策制订过程。

2）ESV 的科学问题

NASA 地球科学事业的核心能力可以归纳在三大主要科学领域中：地球流体系统（包括大气和海洋）、生物圈、固体地球。我们主要概述三大主题领域中的科学问题。每个领域地球预测能力的提高是科学理解重大突破的潜力的证明。这些突破将基于新的观测能力和预测模型，完善新的地球系统预测能力。

基本观测和建模能力的发展，在固体地球研究领域内开展海平面、海岸带变化预测以及利用地球表面和地下运动光谱的地震预报。生物圈过程研究全球资源的可用性、全球生物圈—气候相互作用以及人类对生物圈和气候产生的影响。

为研究这些课题，必须发展新的全球观测能力。新的科学认识，源自观测和预测模型，将产生一个完整的地球系统概念框架。2030 年展望报告假定许多基本现象和过程，目前正在研究或是近期内优先考虑的，可能提前到 2015 年。

3）ESV 的实施

地球科学 2030 年展望主要是整个地球系统开发观测和预测能力，在未来的应用中，我们就可以运用我们的知识通过地球信息系统（EIS）来预测未来变化，并评估人类对这些变化的各种响应。

地球科学 2030 年展望努力提供一个更远大的目标，这需要基于新技术方法的新的观测能力。地球科学 2030 年展望的主题反映了地球科学组成部分之间的主要相互作用的特征，这必将为未来预测能力的提高提供必要的帮助。长期目标为使非常困难的科学目标的实现成为可能。

NASA 以其在地球科学、综合地球观测和建模系统的专长，将在地球信息系统的发展和实施中发挥重要作用。通过与政府机构、国际组织和世界各地研究人员的合作，NASA 能够担负起提供所需技术能力的责任。鉴于其作为研究开发机构，NASA 通过合并、协调许多组织的 EIS 目标将促进合作机构的一体化，结果将确保地球系统预测以实用的形式及时提交。

由于预测变化间的相互关系更加明显，各交叉学科将越来越重要。预测模式必须更加耐用和立即反应，通过国际支持的建模和地球信息交流框架结合不同地球系统过程。许多传感器观测将提供基本测量记录给建模框架。观测系统的要素将回应动态模型预测，其中预测不确定性驱动数据需求。然后这些测量将提供给地球综合信息系统，这是一个运算能力庞大的国际保证。我们认为地球信息系统是庞大的、真正的国际性成果，但 NASA 在其中有很重要的作用，领导观察地球所有组成的新能力的发展，从而将科学知识纳入计算机预测模型，可预见未来地球的可变性和变化。NASA 的任务将是提供观察地球所有组成新的能力开发，并协助预测未来地球的变异和变化的高度，交互计算机数据的处理和建模能力。NASA 2030 年地球测量模拟的部分测量要求和预测目标见表 16.7～表 16.10。

表 16.7　2030 年地球测量和模拟系统要求的主要海平面预测目标

现在	2015 年	2030 年
了解海平面上升重要因素（冰盖、冰川与海岸变化，地壳抬升，空间影响）	了解冰盖状态，演化和动力学	精确预测 10 年或更长时间区域海平面变化，包括对海岸侵蚀、海岸生态和可获取淡水量的影响
初步认识海洋体积的短期变化	理解大洋扩张，并应用于近期气候预测模型中	
对区域变化性理解匮乏	理解海岸对海平面变化的响应	
初步认识海岸生态对海平面变化的适应性	海平面变化对海岸带可居住性影响成为研究重点	

表 16.8　作为 2030 年地球测量和模拟系统一部分要求的地震观测系统测量需求（固体地球）

测量	频率	水平分辨率	准确率
地壳变形	天至周	1～10m	5mm 瞬间 1mm/a（10 年以上速度）准确
地壳物质再分（重力变化）	周	50～100km	0.1
表层探测	周	100m/10m 深度	5% 饱和度

表 16.9　作为 2030 年地球测量和模拟系统一部分要求的海平面变化测量需求

测量	频率	水平分辨率	准确率
海洋/冰的重新分配（重力变化）	月	100～1000km（流域盆地尺度）	0.1mm/a
海洋高度测量	周	开阔海域 50km 海岸 5km	1cm 绝对误差 0.1mm/a 速度
（海洋）深测	一次	5km	1%
海洋混合层深度	周	10km	10%
海岸带地形	月	2～5m	<10cm 高度
冰盖地形变化	<1 年	1～10km 冰川-冰盖	1cm 高度
冰盖动力	月	100m	1m/a 速率
冰盖层特征	10 年	100～1000m	<10m
地壳变形（上升/航降）	天到周	10m	1cm 范围；0.5mm/a 速度；以年为基础
土壤水分	天	<1km	10%
雪盖	周	<1km	0.1mm/a 海平面匀速上升
水库和含水层	月	蓄水池尺度	0.1mm/a 海平面匀速上升

表 16.10　2030 年地球测量和模拟系统要求的固体地球过程预测目标

现在	2015 年	2030 年
30 年地震概率评价	试验 5 年区域地震预报	主要断层体系每月地震灾害评估
地震物理学知识匮乏	地震物理学模型产生，成功再现地层系统相互作用	由构造、水文等因素引起的地壳变形时间变化模型
时空尺度地壳信息的基本认识	抗震和瞬时应急预案备受关注	掌握所有变形的谱信息
每日和每周火山活动预警	每周和每月火山活动警告	每月和更长时间火山活动预警
正在开发岩浆动态模型	评价、审定岩浆动态模型预测喷发	气候模式中考虑潜在喷发对大气成分的影响

4）结语

NASA 2030 年地球科学展望是对现有 NASA 地球科学事业（ESE）使命的延伸：观测和理解地球环境；预测自然和人类活动变化；深入研究气候和天气、生物圈、固体地球、交叉科学课题（如化学、辐射、污染、人类的影响、水循环、碳循环以及地球信息系统的外延目标作为新的重点和方向）；实现地球模拟能力和支持观测系统。

七、欧盟的"欧洲全球环境和安全监测"（GMES）计划

（一）概　　述

人类环境和地球未来的可持续发展问题是世界各国关注的焦点。欧洲为了表明它在制订区域性国际政策、提出可持续发展议程，以及必要时商讨国际协议等方面的能力，已正式启动了"全球环境和安全监测"（GMES）计划。该计划将联合欧洲各自分散的对地观测力量，使其成为综合的观测网络，并能提供运营服务。

2003 年年底在意大利巴维诺举行的用户研讨会上，欧洲委员会和欧洲空间局的指导委员会正式签署了建立 GMES 网的协议。其目标是在 2008 年以前实现天基、陆基和海基遥感器互连系统的正常运营。GMES 作为欧洲对"全球观测系统"（GOS，正在筹划，用于监控世界范围内长期天气、气候及环境变化）所作的贡献，将有利于促进欧洲的一体化进程。

GMES 计划最初是在 1998 年 5 月意大利巴维诺会议上提出的，当时欧盟成员国需要重新调整环境保护政策，并且它们在环境研究和监测方面具有坚实的技术基础。经过 5 年的探讨，GMES 计划最终确定下来，成为欧洲的一项公共空间政策，主要由欧盟、欧洲空间局和欧洲气象卫星组织及其所属成员国来共同参与。

20 世纪八九十年代，欧洲组织和机构广泛参与到 CEOS 和 IGOS 的讨论中，这些机构包括欧洲委员会、欧洲空间局、欧洲气象卫星组织及法国、德国、意大利和英国的航天局。每次 CEOS 全体会议召开之前，在欧洲范围内都要召开合作会议，这对欧洲各国加强对地观测领域的合作具有重要意义。欧洲通过一系列会议达成了这样的共识：欧洲气候研究机构仅运用最先进的计算模式和相关观测数据进行研究，或者各国政府和

民间组织就有关气候问题进行谈判都是远远不够的,欧洲有责任制订一项统一的空间政策,使欧洲从现有和计划的对地观测卫星上获得最大限度的回报,这才是全球环境研究和监测应该努力的方向。

1997年欧洲接受了《京都议定书》,这表明了欧洲国家在长期减少温室气体排放问题上的立场。但确定是否达到标准,用什么来监测温室气体,尤其是二氧化碳的实际产生和吸收率,就涉及了天基对地观测技术。这时欧洲各国政府及官员才真正认识到了发展天基观测的重要性。因此,1998年5月19日欧洲各国在意大利巴维诺举行了第1次会议,号召建立欧洲对地观测战略,与会者主要来自欧洲空间局、欧洲气象卫星组织和英国、法国、德国和意大利航天局以及欧洲遥感联合公司等机构和工业界代表。在这次会议上发表了《巴维诺宣言》,该宣言重申了与空间活动有关的组织和机构希望对欧洲的全球环境监测战略作出贡献的思想。

《巴维诺宣言》之后,欧洲委员会开始着手下一步的工作,包括疏通欧洲政府和议会,建立专业研究队伍,发展欧洲环境研究与监测机构之间的联系,组织第2次巴维诺会议及年度用户研讨会。

第一步的工作是把天基环境监测作为一项主要政策目标。天基信息是观测地球表面和环境最关键的资源,对欧盟政策的执行、全球监测、科学研究及经济应用都会起到战略性作用。1999年5月举行的欧洲空间局部长级会议建议确定整个欧洲的空间战略,同年12月被欧洲理事会采纳。该决定号召欧洲空间局和欧洲委员会在2000年年底草拟出欧洲空间战略的文件。

同时,GMES概念受到了新的推动和重视,2000年10月16～17日,由法国组织的gmes会议在法国里尔召开。这次会议集中了数百位来自欧洲环境研究和监测机构及空间技术领域的专家,他们对现有的天基和地基观测网进行了评估。会议要求加强研究,增强欧洲对影响环境的许多现象及自然灾害的认识。

2001年6月,欧洲空间局和欧洲委员会公布了针对GMES的联合文件,该文件第一次确定了GMES的目标,即提供长期连续的运营数据以满足各类对地观测应用。例如,欧洲气象卫星组织及美国国家海洋和大气局等机构可以用这些数据进行天气预报、农业土地利用规划及其他经济活动、环境工程及灾害防御和安全保障等方面的应用。

该文件同时提出GMES的实施必须满足三方面的要求:

(1) 信息和服务的发送满足用户的需要;

(2) 进行需求和生产过程的评估及建立运营者与用户之间的对话;

(3) 发展必需的基础设施并改善服务。

在2001～2003年最初准备阶段,3个优先发展领域为:监测欧洲环境,直接支持空间机构的政策;调整全球观测策略,使之与地球资源和环境的变化及趋势相适应;发展提供可靠信息以应对危机的能力(如民间防御、人道援助),提高城市的安全性。其具体内容包括9个方面:①欧洲的陆地覆盖变化;②欧洲环境变化;③全球植被监测;④全球海洋监测;⑤全球大气监测;⑥支持区域性援助;⑦危险管理系统;⑧危机管理和人道援助系统;⑨为欧洲空间数据基础设施的发展提供信息管理系统和支持。

与此同时，欧洲苦心经营的一些空间战略项目也纳入其中，成为 GMES 的重要组成部分，这些项目主要侧重于全球变化、环境变化及自然和人为灾难等方面。

在 1998 年的《巴维诺宣言》中，GMES 的最初意思是"全球环境的安全监测"，后来演变为"全球环境和安全监测"。这表明：GMES 并不局限于环境的保护，还应包括欧洲政策、城市防护以及维和行动等方面的安全内容，甚至用于军事，使欧洲在国防方面行动一致。因此，GMES 超出了单纯的民间应用，其安全方面的内容主要包括：

（1）预防和反映与自然及科技灾害有关的危机；

（2）人道援助和国际合作；

（3）防止冲突，包括监测国际条约的执行情况；

（4）公共外交与安全政策，与人道救援、战争冲突及维和有关的欧洲安全与防御政策；

（5）欧盟边界的监视。

目前还不清楚提交给欧洲委员会的有关 GMES 的安全尺度，但是有一点是显而易见的，即把天基对地观测的目的只定在纯民用是愚蠢的想法。过去 15 年中，美国国防部一直是 SPOT 卫星图像的最大客户，使用卫星图像进行绘图。在海洋观测方面也是一样，相同的仪器既可用于监视危险海面的运输状况，也可用于测量出海洋气象参数。GMES 面临的挑战是：其双重应用能力能否得到公认；其服务能否既满足环境监测和科学研究机构的要求，又满足政府安全机构的要求。

（二）GMES 的服务要素（GES）

GES 是完成服务于 GMES 的首项计划，它主要为终端用户提供与政策选购的服务。已完成 10 项服务计划，包括三项全欧级服务计划和 4 项地区性服务计划，2 项以上信息服务于 2005 年完成。

1. 土地信息服务

土地信息服务是基于 SAGE、GMES 城市服务（GUS）以及 Coastwatch 三项计划的主要成果。SAGE 集中于水污染、水提取、农业环境指数以及封地指数；GNES 城市服务计划着重于城市测图和监测服务，其中 Coastwatch 的侧重部分土地，着眼于综合海岸带管理。GES 土地信息服务目的是提供地理信息服务，它们在边界应用时是统一化和标准化的，是空基生产的土地覆盖和植被（LC&V）地理信息。

2. 海洋和海岸带环境

在欧洲，超过 1/3 的人居住在沿海 50km 以内，沿海旅游业雇佣了约 7% 的欧洲就业人口。然而海岸带区也很危险，超过 30% 的运油船通过地中海水域，70% 的欧洲石油进口（等于世界石油总产量的 20%），通过西班牙和法国的水域并通过英吉利海峡。北海生产全球石油的 7%，但那里渔业的压力在增加，因为那里占欧洲渔业产量的 17%

和总值的 27%。

欧洲沿海地区和海洋区域是极其多样的地中海式半封闭海洋，蒸发量超过降水量和径流量；北海具有世界上最强的潮汐流，而波罗的海则是世界上最大的半咸水系统。

欧洲海域拥有多样的生态系统，但是也受范围广泛的环境影响，包括海冰、海岸带侵蚀和沉积物传送。此外，欧洲沿岸也受城市垃圾、农业和工业排放物的威胁，而海洋和海岸带环境也直接影响我们的健康、就业、食品以及休闲，影响人们的生活质量。

欧洲很重视海洋和海岸带环境，欧洲委员会承认海洋环境是他们优先关注的领域之一，同时也通过立法和设立机构加以管理。海岸带水的质量也是欧洲重点关注之一，并立法加以保护。

3. 极地环境服务

欧洲的极地观测队是前所未有的，并可能是全世界极地观测专家中最强和最全面的工程队，主要服务领域包括：①冰山监测；②海洋浮冰边缘；③何冰监测；④冰川监测；⑤高分辨率冰图；⑥海冰厚度图；⑦全球海冰监测；⑧化冰区预报；⑨日常油喷监测（仅限于加拿大）。

极地观测的长期目标是：①给政府用户提供一套对地观测相关的服务产品；②给工业用户提供附加的对地观测相关的服务和产品；③使广大的终端用户认识服务和产品的价值；④从持久的极地观测服务中产生税收。

4. 林业监测服务

可持续地管理林业逐渐被承认是一项紧迫的挑战。林业的未来成为严重的社会经济问题，并受到全球的关注，包括加速的生物多样化的消失以及前后变化。

GES 林业监测计划（GEFM）是一项独特的多学科项目，它将为林业监测活动提供一组标准化产品和服务。

GES 是长期项目，面向全球的。2005 年以后 10 年目标是建立全球用户网络，使其能促进管理并支持全球林业监测系统。

5. 粮食和水灾险情运行信息服务

人口密度增加和社会发展使许多地区增加了自然灾害的危险。由于需要更好地通过更有效地使用地空观测来管理灾害，改善对灾害预报、监测、减灾等应对措施，减少这些潜在的危害，要求对各种对地观测系统数据的综合改进的预测模式，在救灾的各个阶段及时地分发精确的数据。

根据尺度的不同，提供以下几种 GES 水灾和火灾救助：

（1）普通水灾和林火风险管理：每年进行地产测图。

（2）林火灾害专项管理服务：①动态火灾风险监测，区分全欧和国家风险指数；②中尺度的水灾监测；③快速水灾测图，灾后根据请求立即对过水区进行高分辨率测图；④火灾痕迹测图。

（3）水灾管理服务：①突发水灾的早期预警；②水灾的快速测图；③水灾风险分析。

发展前景：2003～2004 年为计划整固阶段；2005～2007 年为计划的作业展开阶段；到 2008 年用户投资于 GSE 水灾和火灾业务，而欧共体和欧空局则负责 GMES 传感器的连续性，其安装和作业。新的卫星性能将带来若干改进。

（4）改进 PLAIADES 的分辨率。

（5）Gosmo-SkyMed 和 TERRASAR 将有更好的全天候获取能力，这将改进快速测图和灾害监测。

（6）地理灾害。过去 10 年地面的不稳定性，包括下沉和滑坡使英国保险业每年损失 5 亿多欧元。通过一系列法律文件来促进对土地不稳定性的认识和警觉。ESA GNES 计划的 Terrafirma 基于新的混合雷达卫星技术，率先对整个城市或区域范围以非介入方式量测了微小的地面运动。Terrafirma 可提供三类产品。①利用归档的卫星数据取得的地面运动的历史记录，可用于沉降危险性评估以及滑坡调查测图；②监测服务：沉降和滑坡监测服务；③高级判读后的产品可供工程地质报告以帮助理解地表运动的成因。

（7）食品安全信息。2002 年世界粮食高峰会议指出，到 2015 年要把世界粮食供应不足的人口从 8 亿减少到 4 亿。为支持这一目标，GSE 的粮食安全项目计划提供可持续的作业信息服务，以帮助粮食救援和粮食安全的决策者。①服务：包括基于农业气候模型的农业产量预报，并结合以对地观测为基础的农业测图；②前景：到 2015 年 GES 粮食安全计划的目标是充分利用欧洲对地观测和服务业的潜在优势以支持决策者使用粮食援助和食品安全监测系统。

（8）大气污染。地球大气的组成正在发生变化。人类的影响可清楚地予以区分，在某些情况下还是很确定的。①服务：从长期看，正在加强致力于气候预报以及理解全球变化的后果。政府间气候变化委员会（IPCC）起着很重要的作用。②前景：8 个月内，臭氧和红外线监测/预报服务将继续使用 ERS，Envisat 并将开始使用 OMI 数据（一天内覆盖全球，空间分辨率为 13km×24km）。

（9）人文关怀。GSE 人文关怀（响应）是欧洲和国际组织与人权界的联盟，以改进其对地图、卫星影像和地理信息的获取。目的是以容易理解的方式和使用的形式向他们提供地理信息。

（10）截至 2005 年 6 月，已实现：①约 130 项测图产品已产生，大部分产品是响应海啸或其他灾害。②在 2004 年 12 月 26 日亚洲海啸之后 4 周内生产了 214 件产品，显示了集团应对危机响应的能力；③在 25 项授权活动中，相应的伙伴生产了约 400 间测图产品。

（11）服务包括：①基础地图（数字的、纸基的，使用对地观测或非对地观测资料）；②危机和损失测图；③形势地图；④灾民/IDP 支持地图；⑤专题图：灾/重建，健康图，环境和影响评价图；⑥通信报告；⑦警报服务。

6. 未来前景

从 2002 年开始，GMES 计划已经进入了初步执行阶段，目前的状况是缺乏满足欧洲环境和安全政策要求的信息流，其原因包括三个方面：

（1）各组织机构间缺乏数据采集和信息产品之间的合作。

（2）大量被搜集的数据缺乏相互校准。

（3）信息用户与信息提供者之间缺乏交流。为了改变这种状况，该项目支持者提出在几个主要欧洲国家中建立欧洲分享信息服务体系，并加强资金管理者之间的对话。

最重要的是，该计划每年至少需要 7.5 亿欧元，以保证包括新的天基系统在内的整个监测网能在 2013 年到位。计划首先必须保证相当一部分非空间渠道（如运输及环境部门）的资金注入欧洲空间领域，以缓解资金不足的状况，这就是 GMES 计划一直没有正式公布的原因。而欧洲委员会与欧洲空间局合作的另一个计划——"伽利略"卫星导航系统早在 2003 年年初就已经推出。

在 2003 年欧洲委员会与欧洲空间局的合作报告中，项目规划人员提议每年年终举办一次 GMES 用户研讨会，并在 2004 年中期前列出用现有不相连系统提供初期服务的清单。利用欧洲委员会与欧洲空间局合作基金中已经到位的 1.83 亿欧元，使系统从 2004 年年底开始向用户提供最初的服务。与此同时，欧洲空间局、欧洲环境局及其他合作伙伴将开发新的必要天基遥感器，以补充现有系统，并通过数据网将其连接起来。有效运营服务只有在 2007 年基础数据网及实际预算额到位以后才能开始。

在一系列空间技术中，高分辨率成像技术是优先投资和开发的，并将于 2005～2008 年投入使用。其他必不可少的系统及设备包括：

（1）高分辨率雷达成像卫星，将于 2010 年前替换 Envisat，监视细微的地面运动、海洋及冰层。

（2）多光谱成像卫星，接替预计于 2008 年到期的 SPOT-5，并提供对云、悬浮颗粒及海洋水色的测量服务（目前由 Envisat 提供）。

（3）用大气化学仪器取代 Envisat 上的化学遥感器。

（4）在欧洲气象卫星组织新的极轨"气象业务卫星"（Metop）和海洋卫星贾森－2（Jason－2）上装载具有极地测高性能的高度计。

八、俄 罗 斯

1. 俄罗斯与 ESA 合作开展地球观测

ESA 的地球观测卫星正在和将观测陆地上的植被覆盖、测量海平面的温度、测量海平面的变化和冰层度的变化、大气的化学成分、气溶胶漂移，从而有助于监测和保护环境、提供更加准确的天气预报。

俄罗斯与 ESA 这一领域的合作开始于 20 世纪 90 年代中期的冰层监测。今后的重点将在卫星和地面观测站之间的配合方面，包括：①里海和咸海盆地；②北海岸的冰层；③全球变暖时北极冰盖的研究；④石油的溢溅；⑤贝加尔湖地区；⑥因为洪水、环境灾难、地震等引起的紧急事件；⑦森林生态系统；⑧永久冻结带。

2. 俄罗斯 2006～2015 年对地观测卫星计划

原苏联在遥感技术方面一直处于领先地位，1961 年就成功地发射了"东方"号宇宙飞船，实现了第一次在宇宙空间的载人飞行。其后从 1962～1989 年共发射"宇宙"号系列卫星 2054 颗。70 年代开始将空间技术应用于资源调查、农作物估产等领域。1986 年起新一代"和平"号太空站开始运行，"和平"号轨道站负有大型的，称之为"自然"的地球遥感计划的使命，"自然"计划具有典型意义。它的主要目的在于应用和发展地球遥感的方法和手段，以获取高精度、高可信度和高空间分辨率的地球表面数据，用于解决生态和资源问题。

2005 年，俄罗斯联邦航天局公布了 10 年（2006～2015 年）对地观测卫星计划（图16.8）。根据这一计划，俄罗斯将研发和制造国家对地观测卫星系统，其主要目标之一是发展和维持气象卫星星座，即保证 3 颗极轨卫星（其中的 1 颗是海洋观测卫星）和 2颗地球静止轨道卫星的在轨运行。与此同时，俄罗斯还要进行 2 个系列环境卫星的设计和发射。第 1 个系列名为 Kanopus-V，用于探测和监控地震以及遥测大气；第 2 个系列名为资源—P（Resurs—P），将用于提供详细的地球表面观测。

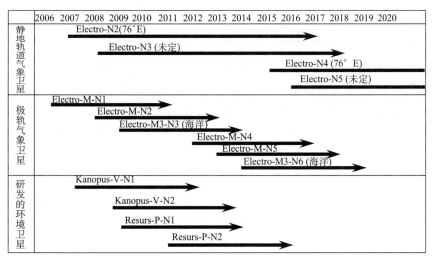

图 16.8　俄罗斯 2006～2015 年对地观测计划

3. "流星"（Meteor）系列极轨气象卫星

Meteor-M 系列的第 1 颗卫星用于提供水文气象学和太阳—地球物理学信息。该卫星运行在太阳同步轨道，轨道高度为 830km，有效载荷质量为 1200kg，设计寿命为 5年，数据分发模式为 HRPT/LRPT。Meteor-M 卫星的主要任务与 NOAA/NPOESS 以及 EPS/METOP 类似，包括大气温度和湿度探测，为数值天气预报（NWP）提供支持

（全球和区域覆盖）；对云、陆地和海洋表面成像（全球和区域覆盖）；对臭氧和其他微量元素进行监测；对海冰和雪覆盖进行监测；提供气候监测；提供太阳—地球物理学信息；数据收集和定位。

为了满足用户的需求（主要是气象和环境监测），未来发射到太阳同步轨道的 Meteor-M 系列卫星将装载必备有效载荷——可见光、红外和微波范围的成像仪以及红外和微波大气探测器（表 16.11）。

表 16.11　Meteor-M 的基本仪器

仪器	应用	光谱波段	刈副/km	分辨率/km
MSU-MR	全球和区域云覆盖绘图，测量地表和海表温度	0.5～12.5μm（6 通道）	3000	1km×1km
KMSS 多通道扫描仪	地球表面监测	0.4～0.9μm（3 通道）	100	0.06/0.1
MTVZA 成像仪/探测器	大气温度和湿度轮廓图，海表面风	10.6～183.3GHz（26 通道）	2600	12～75
IRFS-2 先进红外探测器	大气温度和湿度轮廓图	5～15μm	2000	35
Severjanin（半主动雷达）	冰监测	9500～9700MHz	450	0.4km×0.5km
Radiomet（无线电掩星仪器）	大气温度和压力廓线	—	—	—

Meteor-M 卫星上的多通道微波成像仪/探测器 MTVZA 和先进红外探测器 IRFS-2，用于提供大气温度和湿度的三维遥感图像。MTVZA 是多通道微波圆锥扫描辐射计，其主要测量任务类似于 N0-AA 的先进微波探测器（AMSU）仪器，用于提供全球和区域覆盖的全天候大气温度和湿度探测，支持数字天气预报。MTVZA 由俄罗斯联邦航天局的航天观测中心设计和制造，综合了时间和空间的多谱段和极化测量技术。IRFS-2 是多用途傅里叶转换分光计，其运行光谱范围为 5～15m。在研制该仪器的同时，俄罗斯考虑在卫星上装载名为 Radiomet 的辅助探测仪器，它基于无线电掩星原理，其显著的优势是费用低、质量小，计划装载在 Meteor-M-N2 卫星上。

4. 西奇–1M（Sich-1M）海洋卫星

Sich-1M 卫星由俄罗斯和乌克兰共同研制，是海洋–01（Ocean-01）系列卫星的改进型。它运行在 650km 高的太阳同步轨道。俄罗斯联邦水文气象和环境监测局（Roshydromet）为 Sich—1M 的运营商之一，负责数据获取、处理和分发，其最重要的任务是对侧视雷达 RLSB0 和微波成像仪/探测器 MTVZA-OK 获得的基础测量数据进行处理和利用。

5. 监视器—El（Monitor-El）卫星

Monitor-El 卫星质量为 750 kg，装有 2 台分辨率各为 8m 和 20m 相机，并各自与

200Gbyte 的存储装置相连，能大量存储测量数据并将其传回地面，为自然资源利用、环境污染和紧急情况监控等提供服务。该卫星在 2005 年 8 月 26 日发射，运行在约 540km 高的太阳同步圆轨道上，轨道倾角为 97.5°，原设计寿命为 5 年。但 2005 年 10 月 19 日，俄罗斯联邦航天局称该卫星已失去控制。Monitor-E1 卫星能在可见光频段提供高空间分辨率的地球观测数据，原计划用于整个地区的环境和陆地监测。

6. 资源-DK1（ResurS-DK1）环境卫星

ResurS-DK1 由俄罗斯联邦航天局研制，在可见光频段提供地球表面局部地区的详细观测。卫星将运行在 350～600km 高的近圆轨道，轨道倾角为 65°，设计寿命大于 3 年。卫星安装了新的全色和多通道光电成像仪，其全色模式的光谱波段为 0.58～0.8Fm，空间分辨率为 1m；多通道模式的光谱波段为 0.5～0.6btm、0.6～0.7btm 和 0.7～0.8btm，空间分辨率为 2～3m；刈幅为 28.3km。

九、印度民用空间技术发展计划

进入 21 世纪，印度空间技术呈现快速发展的趋势，取得了世人瞩目的成就。印度已经建立起以 INSAT 为主的通信卫星体系，提供印度 9 亿人口的卫星电视广播服务和 1.83 亿人的手机通信服务。印度的遥感卫星已经成为世界上最大的遥感卫星星座，信息服务商提供了被认为是世界上最好的民用遥感信息之一，广泛应用于土地、海洋。农业、森林、勘探、渔业、生态和环境监测等领域，为全球多个地面站提供遥感数据产品，是全球卫星数据产品市场中深受欢迎的产品。印度的极轨卫星运载火箭，连续 9 次成功发射，成为印度最稳定的发射工具，能够将 1t 左右的卫星发射到 600km 的地球轨道。

近一年来，印度雄心勃勃地提出载人航天计划、登月计划、火星探测计划和开发卫星导航技术等，并将各项计划纳入"十一五（2007～2012）国民经济发展计划之中"，引起了世界的很大关注。

1. 印度民用空间技术发展计划

印度从 20 世纪 70 年代开始，将空间发展计划列入国家重点发展领域，国家不惜倾注巨资打造印度的"大国形象"。20 世纪 90 年代以后，印度逐步建立起了比较完整的空间技术研究体系，从 1996 年以后，印度加快了空间技术开发的步伐。

1）"九五"（1997～2002）印度空间研究计划

从第九个五年计划（1997～2002）开始，印度的空间研究取得了实质性的进展：一是建立起稳定可靠的运载工具系统，即极轨卫星运载火箭（PSLV），具备了发射 1t 左右卫星的能力；二是起步研制低温燃料（混合液氢液氧推进剂）和载重 2t 的地球同步卫星运载火箭（GSLV）；三是开展同步转移轨道的调轨抬升研究；四是利用 PSLV 发射成功了数枚遥感、气象、海洋和地球资源卫星；五是广泛开展国际合作，完成多项对外空间服务的出口合同。例如：将 INSAT-2E 通信卫星上的 11 个 36MHz 脉冲转发器租赁给国际通信组织。另外，利用 PSLV-C2/C3 运载火箭发射了 4 颗外国轻型卫星。

2）"十五"（2002～2007 年）印度空间研究计划

印度第十个五年计划（2002～2007 年）提出印度空间发展目标是：通过自主开发，提供有效的卫星通信服务；建立和完善卫星和运载火箭的地面配套设施，提供基于卫星信息的自然资源管理和气象应用服务；采取适当的政策措施推动产业部门参与空间项目，切实加强产业部门的参与度，使其从一般的装配—生产提升到参与安装、测试系统。子系统的层次，鼓励产业部门积极参与所有空间系统的建立和提供空间技术服务等广泛领域，推动空间技术在社会、经济、教育和国防等领域的大规模应用。作为国家自然资源管理系统的组成部分，遥感技术广泛应用于各个领域，由印度遥感卫星提供的数据在国家建设和社会发展领域中发挥重要作用。

作为印度自己研发的运载工具，"十五"期间极轨卫星运载火箭（PSLV）承担了印度空间科学和地球观测的主要发射任务，均获得成功。印度还完成了 GSLV 的基本技术定型，在低温推进技术的研发和地球同步轨道调轨抬升技术上，取得了较大的进步，不仅样机已经过 6000s 的测试，结果符合要求，而且还试验发射了 GSATDI 和教育实验卫星（EDUSAT）进入地球同步转移轨道，取得了成功。同时，将加强与回收式运载火箭（RLV）相关的关键技术研究，建立返回式载人舱的示范原型。

第十个五年计划期间提供的通信卫星转发器数量达到 116 个，累计总数达到 200 个。研制和发射成功三维制图卫星 Cartosat-1。

十五期间印度政府空间部拨款 1325 亿卢比，计划外拨款 200 亿卢比，总计经费 1525 亿卢比，约合 35 亿美元，占全国全部科技经费的 1/6 左右。

3）"十一五"（2007～2012）印度空间研究计划

印度"十一五"期间的空间计划的总目标是：提升空间通信和导航能力，引领对地观测，在空间运载领域取得突破，在空间科学领域取得重大进展，促进航天技术的民用化。其具体目标如下（表 16.12）。

扩大 INSAT/GSAT 通信卫星的空间段，到"十一五计划"末卫星转发器总数达到 500 个；研制出高功率 Ka 波段卫星和满足点对点连接需求的地面系统；建立区域卫星定位导航系统；加强对卫星通信的研究与开发，在通信技术的社会应用方面取得突破，开展远程医疗、远程教育和农村资源中心的建设。

（1）加强地球观测基础设施建设，发展高级微波成像技术，为全国自然资源管理系统、灾害管理系统提供数据支持，加强在农业，水土资源管理、城市与农村发展上的开发与应用。

（2）发展同步卫星运载火箭（GSLV），使有效载荷提高到 4t；对卫星回收和再入轨技术、火箭重复利用技术开展研究；开展载人航天关键技术研究。

（3）在空间科学领域取得重大进展，开展月球观测、多波长 X 射线天文学项目、火星探测、小行星—彗星探测等空间科学探测项目。

（4）经费总预算："十一五"空间计划总经费 3.975 亿卢比，约合 95 亿美元。

表 16.12　印度民用空间技术概况

项目	经费/亿卢比	占总经费比例/%
完成十五计划余留项目 GKSV Mk Ⅲ火箭，GLSV/PSLVHUOJIAN，INSAT-3/4 卫星，RISAT 卫星，ASTROSAT 卫星，登月计划，Megha-Tropilques，海洋卫星-2， 资源卫星-2 和 IRNSS	698.6	18
十一五开始并完成的项目 GSAT9-15 卫星、ACTS、资源卫星-3、Cartosat-3 卫星、DMSAT-1 卫星、 GEO-HR 成像装置、超光谱技术试验卫星、Altika-Argoes 卫星、登月计划-2、Aditya-1 太阳探测器、SENSE 卫星 I-STAG 卫星、印度新千年计划及应用	1104	28
十一五开始但在十一五以后完成项目 RISAT-3 卫星、Car tosat-4 卫星、Oceansat-3 海洋卫星、超光谱项目、 TES-Atm 技术试验卫星、ACTS-3 高级通信卫星、GSAT16-18 卫星 Astrosat-2 卫星、火星探测、可回收火箭、半低温项目	480.4	12
载人航天计划	500	12
TOPs/研发/设备更换/生产/国产化	476	12
组织与基础设施维护，项目奖励及其他	716	18
总计	3975	100

4）印度运载火箭的发射能力

（1）极轨卫星运载火箭（PSLV）。印度在卫星运载火箭方面最引人瞩目的成就是开发出了四级推进的极轨卫星运载火箭（PSLV）。这种火箭同时使用固体和液体两种推进燃料，能将 1t 左右的卫星送入极地太阳同步轨道（GTO）。

（2）同步卫星运载火箭（GSLV）。从 2001 年开始，印度开展了 GSLV 的试射实验，目的是检验第四级低温燃料与第三级液体燃料的匹配技术。2003 年 5 月和 2004 年 9 月印度分别试射成功了实验地球同步卫星 GSAT-D1 号和教育实验卫星 EDUSAT，卫星进入同步转移轨道（GTO），有效载荷提高到 2t。目前，印度正在研制 4t 的同步卫星运载火箭。

（3）印度通信卫星 INSAT 系列。

INSAT（Indian National Satellite System）是印度国家通信卫星系统的简称。截至 2007 年 4 月，INSAT 系列（也包括 Kalpana-1，GSAT-2，EDUSAT 等）提供总数 200 个的 C 波段、加长 C 波段和 Ku 波段的转发器。通过 1400 个地面传送发射器，约有 9 亿印度人接收 INSAT 传输的电视节目。除了提供无线卫星通信（印度现有 1.83 亿手机用户）外，INSAT 还提供 VSAT（Very Small Aperture Terminals）服务，目前，全印度在运行的 VSAT 站有 25 000 个。EDUSAT 卫星向印度播送卫星教育节目，提供远程教育服务。

（4）印度遥感卫星 IRS 系列。

印度目前已拥有全球最大的遥感卫星星座，其"印度遥感卫星"系列被认为是世界上最好的民用遥感卫星系列之一，广泛用于土地。海洋、农业、森林、勘探、渔业、生态和环境监测等。它为全球多个地面站提供遥感数据产品，是全球卫星数据产品市场中最受欢迎的产品之一。

印度遥感卫星共有 4 个系列，其中遥感卫星-1 是陆地卫星类；遥感卫星-P 是专用卫星系列；遥感卫星-2 是海洋和气象卫星系列；遥感卫星-3 是雷达卫星系列；其他还有地球资源卫星和三维制图卫星系列等。目前，正在实施的是印度遥感卫星-1、P 两个系列和三维制图卫星系列。

印度地球观测计划（NNRMS）也是印度空间计划的重要领域。

（5）印度登月计划、火星探测和卫星导航计划。

到 2020 年，印度空间部计划的 4 项空间探测为：月球探测与登月、火星轨道车、小行星轨道车和黄星探测、太阳系外层技术示范性飞行。在"十一五"期间，印度将实施二期登月计划。小行星和警星探测项目也将在"十一五"期间开始，但将在"十二五"期间实现探测。太阳系外层探测飞行将在 2015～2020 年实现。为了实现"十二五"期间的计划目标，印度还将在十一五期间将建立一座月球观测站。

5）印度登月计划和载人航天计划

十一五期间将进行二期登月计划，主要通过改进成像技术，分析月球矿物和化学成分，进一步探察月球的起源和进化；在轨道车上增加阿尔法和中子光谱仪，对月球环境的辐射状况进行研究。

6）"十一五"印度火星探测计划

"十一五"期间的火星探测项目将主要是了解火星的大气过程，火星气候—尘暴、火星电离层、太阳风的影响、表面磁场、寻找火星水源和其他表面资源。印度将在"十一五"期间开始研制火星轨道车。印度火星计划将首先发射一个太空舱到距离火星 100km 的火星轨道，检测火星空间的辐射、电磁场和能量粒子。

7）"十一五"期间印度还将开展小行星和参星探测项目（2009～2017）

研究小行星和童星的演化过程、早期太阳系的形成过程、小行星和童星的物理和化学特性。项目的关键技术包括：环绕小行星（低重力）的轨道车，满足轨道车入轨所需的推力（6km/s）的技术，指令，通信、导航和轨道控制技术以及小型遥感设备。

8）"十一五"印度卫星导航计划

其主要内容有：

（1）建立以印度卫星为基础的增强系统，用于民航导航。开发卫星导航系统接收器、在印度各领域推广定位和导航服务；

（2）开发印度区域导航卫星系统，发展地面和空间关键技术，包括软件和硬件开发，建立印度原子时间标准；

（3）用卫星导航系统开展天气预报；

（4）开展国际合作，参加全球导航系统如：GLONASS 和 Galileo 计划。

"十一五"期间，印度卫星导航系统将开发的关键技术包括：建立印度原子实践标准、空间原子钟、安全和验证软件、导航软件、轨道定位、iono tropo 模式、定时和同步技术、全球导航卫星系统接收器。

2. 印度空间组织的主要研发机构

印度空间组织（ISRO）是印度空间部所属的国家空间研究机构，其职责是为国家空间发展计划提供技术支持。经过几十年的发展，印度已经建立了完善的服务于其空间项目的研发机构。印度空间研究组织主要有如下研发机构：①维卡拉姆萨拉巴赫空间中心（VSSC）；②ISRO卫星中心（ISAC）；③萨提士达湾空间中心（SDSC）；④液体推进系统中心（IPSC）；⑤空间应用中心（SAC）；⑥发展与教育通信部（DECU）；⑦遥感测试、跟踪与控制网络（ISTRAC）；⑧通信卫星总控制中心（MCF）；⑨惯性系统研究部（IISU）；⑩国家遥感局（NRSA）；⑪区域遥感服务中心（RRSSC）；⑫物理研究实验室（PRL）；⑬国家中间层与同温层雷达站（NMRF）（end）。

十、中国的地球观测系统

（一）中国现有地球监测网站

1. 灾害综合信息与监测系统

1）目标

国家减灾委（民政部）开展灾害综合监测与评估业务工作，包括灾害监测、风险评估与预警、灾害应急评估与损失评估、救灾与恢复重建评估等，业务工作涉及村、乡、镇、县（市）和全国等不同尺度的范围，为我国灾害应急响应与紧急救助提供了重要的辅助决策支持。其主要灾种包括：干旱、洪涝、台风、滑坡、泥石流、地震、雪灾、火灾、沙尘暴、冰凌等。监测评估内容包括孕灾环境、承灾体和灾情的相关参数和指标。

2）灾情监测系统

（1）灾情直报系统网 灾情信息员15万人（包括行政村）。

（2）灾害救助预案体系网 总共2688个监测站，其中包括：①省级（自治区、直辖市、新疆生产建设兵团）《自然灾害救助应急预案》，31个监测站；②地市级《自然灾害救助应急预案》310个监测站（全国共333个地市）；③县市级《自然灾害救助应急预案》2347个监测站（全国共2861个县市）。

其中包括：

（1）小卫星星座系统（第一阶段2颗光学卫星，第二阶段4颗光学卫星4颗雷达卫星）；

（2）运行管理系统；

（3）国家级减灾应用系统。

2. 农业综合监测系统

1）目标

农业部开展全国夏粮、秋粮和全球粮食的面积、长势、产量、品种和品质监测；土壤墒情、旱情、水灾、病虫害和其他农业灾害监测；开展粮食安全预警；进行作物面积、耕地变化普查、耕地质量调查；有关草地生产力、产草量、草地退化、草畜平衡的监控；农业面源污染调查；有关渔业、水产灾害的调查。

2）监测系统

总共 58 个监测站。其中包括：

(1) 土壤生态环境监测网 15 个监测站；

(2) 区域生态环境监测网 18 个监测站；

(3) 农业生物资源监测网 15 个监测站；

(4) 渔业资源环境监测网 7 个监测站；

(5) 有害生物防治监测网 3 个监测站。

3. 水文综合监测系统

1）目标

水利部开展全国主要河流水文监测，包括：径流、地下水、降雨、蒸发、泥沙等；水质监测，包括：水温、pH、浊度、COD、BOD 等；土壤侵蚀监测（主要是侵蚀模数）；水利设施分布、建设、运行监测；洪涝灾害、旱情、滑坡监测；人工造峰、凌汛、河道监测等。地下水监测主要是国土资源部门掌握的承压水数据。

2）现有监测系统

总共约 34 156 个监测站。其中包括：

(1) 水文监测系统。①水文站网 3130 个监测站；②水位站网 1073 个监测站；③雨量站网 14 454 个监测站；④蒸发站网 565 个监测站；⑤地下水监测站网 11 620 个监测站；⑥水质监测站网 3240 个监测站；⑦水文试验站网 74 个监测站。

(2) 水土保持监测系统。全国水土保持监测网络按四级设置：第一级为水利部水土保持监测中心；第二级为七大流域（长江、黄河、海河、淮河、珠江、松辽和太湖）水土保持监测中心站；第三级为各省、自治区、直辖市水土保持监测总站；第四级为各监测总站根据预防保护区、监督区、治理区的分布情况设置的水土保持监测分站。

4. 国土综合监测系统

1）目标

国土资源部（含中国地质调查局部分）开展全国 1：25 万基础地质调查，重点成矿区带 1：5 万地质和矿产调查；全国第二轮土地调查（1：1 万～1：10 万）；重要城市土地利用遥感动态监测（1：1 万～1：2000）；重点成矿区带矿产资源勘查；矿山开发动态监测；区域地面沉降调查；全国地质灾害调查（1：10 万）；重点区域地质环境调查等。

2）监测系统

总共约 21 811 个监测站。其中包括：

(1) 地质灾害监测网 地市级 217 个监测站；

(2) 地下水监测网 国家级 1422 个监测站　省级 20 000 个监测站；

（3）土地利用动态遥感监测 86 个重点城市；

（4）矿山开发遥感动态监测 86 个重点城市；

（5）地质生态环境监测 青藏/环渤海/西南岩溶区。

5. 城镇和风景区综合监测系统

1）目标

建设部对国务院审批的 86 个城市的总体规划实施遥感监测；国家重点风景名胜区遥感监测；全国园林城市遥感监测；节能建筑遥感监测；城市网格化监管信息监测；基于数字摄影测量数据的城市大比例尺地形图相关数据监测；国家重点风景名胜区数字景区示范工程；大都市圈和重点区域城镇体系规划遥感监测；城市建设用地规划和拆迁计划遥感监测；城市历史文化名城遥感监测；国家重点镇遥感监测等。

2）现有监测系统

总共约 1121 个监测站。其中包括：

（1）地面监测系统：①城市规划动态监测监测网 86 个国务院审查城市总体规划城市的监测站；②风景名胜区监测监测网 187 个国家级风景区监测站；③历史文化名城保护监测网 108 个国家级历史文化名城监测站；④城市园林绿化监测网约 100 多个监测站；⑤城市规划督察员监测网约 20 多个监测站；⑥其他站点约 600 个监测站。

（2）天基、空基以及近空间中高空间分辨率遥感卫星对地监测网，有国内外遥感卫星、航空遥感平台以及近空间遥感平台等约 20 多个监测站，这些遥感平台为城市监测提供了不同尺度的监测数据，丰富了城市监测信息。

6. 气象综合监测系统

1）目标

中国气象局开展监测重大气象灾害的发生、发展及其造成的灾害影响，为预防重大气象灾害，及时提供准确的预测、预报与服务。建设天地空一体化的综合监测体系，其中地基监测系统包括地面气象、气候监测、地基遥感探测、地基移动监测、大气边界层探测、大气成分（含沙尘暴）监测、酸雨监测、中高层大气探测系统；空基监测包括飞机、气球、火箭；天基监测包括高轨道、低轨道卫星和飞行器。实现气象监测业务现代化，建设针对五大圈层的气候监测系统，成为地球监测体系的重要组成部分。

2）监测系统

总共约 4262 个监测站，其中包括：

（1）中国气象局地面气象综合监测系统：①基准气候站网 143 个监测站；②基本气象站网 530 个监测站；③一般气象站网 1736 个监测站；④大气辐射站网 98 个监测站；⑤酸雨监测站网 294 个监测站；⑥大气成分（含沙尘暴）监测站网 45 个监测站；⑦土壤湿度监测站网 433 个监测站；⑧农业气象监测站网 624 个监测站；⑨大气本底站网 7 个监测站；⑩闪电定位网 101 个监测站；⑪多普勒雷达站网 101 个监测站；⑫高空探测站网 120 个监测站；⑬地基空间监测站网 30 个监测站（含在建站）。

2005 年，在中国气象局业务技术体制改革的综合监测系统分方案制定过程中，把发展中国气候监测系统作为气象监测系统改革的重要内容之一，并充分吸纳了《中国气候观测系统实施方案》基本思路与重要的成果，重点发展我国 16 个气候关键区的多圈层综合监测，提出了国家气候观象台的建设目标。它遵照地基、空基、天基相结合的综合探测途径和一站多用途、一站多功能原则，对监测布局、监测要素、监测业务流程等进行了统一、集成的优化设计，并实施了国家观象台试点计划。

（2）中国气象局卫星系列监测系统：①极轨气象卫星系列：第一代极轨气象卫星风云一号系列（FY-1），已发射并投入应用 4 颗星；第二代极轨气象卫星风云三号系列（FY-3），第一颗星已发射并正在做卫星在轨测试；②静止气象卫星系列：第一代静止气象卫星风云二号系列（FY-2），已发射并投入应用 4 颗星；第二代静止气象卫星风云四号系列（FY-4），仍处在卫星设计阶段；③国家级地面系统：包括北京、广州、乌鲁木齐、佳木斯 4 个国内气象卫星地面站、并租用一个国外地面站、国家级的业务运行、数据处理应用和存档中心，具备接收、处理、应用、存档、分发、共享国内外极轨和静止业务卫星数据的能力，自动计算生成能反映大气、陆地和海洋变化特征的地球物理参数（表 16.13），与中国气象局的其他监测系统共同组成天-地一体化的综合监测系统；④夸父卫星计划（是一个由三颗卫星组成的空间天气探测系统，包括一颗位于日地连线上距地球约 150 万 km 的日-地系统第一拉格朗日点（即 L1 点）上小卫星和两颗共轭飞行在地球极轨轨道上进行的卫星，该系统是第一个可完整探测太阳活动和地球空间响应的空间天气卫星计划）。

表 16.13　FY-气象卫星基本监测内容

监测领域	监测内容
大气和云	大气：大气运动矢量，降水估计，降水指数，射出长波辐射，对流层上部相对湿度，大气温度廓线，大气湿度廓线，水汽含量、晴空大气可降水，热带气旋卫星监测，大雾监测，大气顶辐射 大气成分：臭氧总量，臭氧廓线，气溶胶 云：云光学厚度，云相态，云分类，总云量，高云量，云顶高度
海洋	海面：海面温度，海冰范围，海洋水色，浮游植物，海面风速，海洋灾害（赤潮、海水污染、浒苔爆发）
陆地	陆表：陆表温度，地表土壤湿度，冰雪覆盖，雪深，植被指数，光合作用有效辐射系数（FAPAR），叶面积指数（LAI），陆表反照率，地球辐射收支（包括太阳辐射），土地覆盖类型，净初级生产力，洪涝指数

7. 地震和地球物理监测系统

1）目标

中国地震局开展以多手段地面监测台网（测震、地形变、地电、电磁、地下流体）为基础，发展热红外、InSAR、卫星电磁、卫星重力等空间对地监测技术，结合必要的航空监测手段，建立基于天空地一体化的地震和地球物理综合监测系统，实现对地震、火山、活动断层变形、热状态、电磁等地球物理场的实时（或准实时）、大范围、连续监测，初步构成立体、多层次、动态的天空地一体化对他综合监测体系。服务于地震预测、地震预警、防震减灾基础研究、地球科学研究、国家大型工程建设、国家外交和国防建设，为构筑我国地震安全提供科技基础数据支撑。

2）观测系统

（1）地面监测综合系统包括：①地面测震台网 1000 余个监测站；②地行变监测网 310 余个观测站；③地面测震台网 120 余个监测站；④电磁监测网 100 个监测站；⑤地下流体监测网 290 余个监测站。

（2）GPS 监测网络包括 2300 余个监测站及空基-天基综合监测系统。①卫星监测系统：充分利用现有卫星资源，发展地震、地磁卫星，实现红外、InSAR、电磁、重力等综合监测，初步构建立体地震监测系统，具备对各类地震前兆信息和多种地球物理场的立体动态监测能力；②低空监测：发展航空电磁和干涉雷达遥感系统，作为天地一体化监测系统的有效补充手段，承担不定期立体对比监测任务，提高应急情况下高分辨率、快速监测能力。

8. 环境保护综合监测系统

1）目标

国家环境保护部完成环境卫星地面应用系统建设，开发分布式环境空间数据服务平台，建立能够长期稳定运行的环境遥感业务系统，形成基于环境卫星和地面生态环境监测网络系统的天地一体化的国家生态与环境质量综合监测体系。开展环境空气质量监测，其中包括 SO_2、NO_x、TSP、PM_{10}、CO、VOC_s 等污染物的监测；开展影响全球气候变化的温室气体（CO_2、CH_4、O_3 等）、长距离输送污染物的遥感监测。开展我国主要河流流域、湖泊水库、近岸海域、河口等水环境综合监测，包括 CHL、BOD、COD、TOC、CDOM、SS、TP、TN 和大肠菌群数、热污染等。定期开展全国和区域生态环境质量、国家级自然保护区、重点生态功能保护区、生态敏感区、大型工程/区域开发项目区、生态治理工程区综合监测与评价。开展土壤和固体废弃物监测，主要包括污灌和菜篮子工程区土壤污染状况、固体废弃物空间分布及影响区域。开展重大环境污染事故的应急监测，包括水华、赤潮、近海溢油、化学品泄漏、秸秆焚烧等。开展污染源监测，包括沿江沿河的有毒有害物质的工业污染源及工业污水排放口，二氧化硫排放量较大的 6000 多家国控重点污染源，以及煤炭、冶金、石油化工、建材等行业的工业废气污染源等。

2）监测系统

总共 2499 个监测站。其中地面监测网，全国已有 2000 多个地方环境监测站。

（1）空气质量监测网：①城市空气环境质量监测网 340 个监测站；②农村空气环境质量监测网 30 个监测站；③东亚酸沉降监测网 9 个湿沉降（降水）监测点、4 个干沉降监测点、4 个内陆水监测点；④沙尘暴监视网 80 个监测站。

（2）水环境质量监测网：①地表水监测网 河流监测断面 593 个，湖库监测点位 152 个，计 745 个监测断面；②近岸海域水环境质量监测网 299 个监测站位；③浅层地下水水质监测网 125 个城市，深层地下水水质监测有 75 个城市。

（3）声环境监测网：①区域环境噪声监测网 378 个城市；②道路交通噪声监测网 398 个城市。

（4）生态监测网：12 个生态监测站。

9. 环境卫星遥感综合监测系统

环境卫星于 2008 年初发射。环境卫星拥有光学、超光谱和雷达等多种遥感探测设备，有利于环保部门快速、实时、动态地监测大范围的生态环境质量状况及其变化，跟踪部分类型的突发环境污染事件的发生、发展，为环境管理工作提供信息获取的技术支持。目前，国家正在组建环保总局环境卫星应用中心。该中心拟通过数据处理分析系统、数据库系统和环境监测业务运行系统等技术体系建设，实现对环境卫星数据、地面环境监测数据和其他相关数据的综合加工处理和集成，提升空气质量、水环境质量、区域生态环境质量、突发性环境污染事故等的业务化综合监测能力。

10. 森林与生态综合监测系统

1）目标

国家林业局开展森林资源监测（含天然林资源、生态林资源的监测）；森林气象及森林特有参数监测；荒漠化监测；湿地资源监测；野生动植物资源监测；森林火灾监测；森林病虫害监测；生态工程及森林生态环境监测等。

2）监测系统

（1）森林资源清查监测系统；

（2）荒漠化沙化土地监测系统；

（3）林火监测系统；

（4）湿地监测系统等 4 个全国林业监测系统；

（5）陆地生态系统野外监测研究中心 1 个；

（6）监测研究网络：包括中国森林生态系统定位监测研究网络（CFERN）、中国荒漠生态系统定位监测研究网络（CDERN）和中国湿地生态系统定位监测研究网络（CWERN）；

（7）生态定位监测站网 42 个站。

11. 海洋基本监测系统

1）目标

国家海洋局开展海洋环境监测和预报，其中包括海面温度、盐度、波浪、海面地形、海面风场、海面气压、海冰、海洋特征图像、叶绿素、悬浮泥沙等；开展海洋减灾防灾监测，其中包括海洋风暴、巨浪、海啸、海冰、赤潮等；进行海洋污染监测，其中包括海上溢油，热循环水、有机污染物、营养盐类和重金属等；海洋资源调查与开发（海水养殖、油气开发）。

开展国家海洋权益维护和海上执法监测；对海洋与全球变化研究相互关系开展研究。建立以自主海洋卫星的天基、空基、船载和水下监测系统，实现天地一体化的海洋立体监测系统，成为我国对地监测重要组成部分。

2）监测系统

总共约 121 个监测站：

（1）国家海洋局直属的海洋基本监测网：1 个国家中心（国家海洋环境监测中心）和 3 个海区中心（黄海、东海、南海）、11 个中心监测站以及 45 个海洋监测站。

（2）沿海地方的海洋基本监测网：11 个省级中心站和大约 50 个地（市）监测站。

12. 测绘综合信息平台

1）目标

国家测绘地理信息局建设覆盖全国、陆海统一的新一代高精度、动态测绘基准体系；完成基础航空摄影 600 万 km² 以上，实现多种分辨率卫星遥感影像对陆地国土的必要覆盖；陆地国土 1∶5 万基础地理信息的覆盖率达到 95％以上，年更新率争取达到 20％；1∶1 万基础地理信息实现必要的覆盖，年更新率争取超过 20％；1∶2000 或更大比例尺基础地理信息基本覆县级以上城镇建成区，年更新率争取超过 30％。基本建成数字中国地理空间框架，形成一批具有影响力的基础测绘公共产品，初步实现基础测绘成果的网络化服务，基本满足经济社会发展对基础测绘的需求。

2）监测系统

卫星定位连续运行参考站网 600 个左右参考监测站陆海统一、全覆盖、高精度的国家空间大地控制站网 5000 个以上控制监测点。

13. 科学监测系统

1）目标

中国科学院建成涵盖我国典型农田、森林、草原、湿地、荒漠、湖泊和海洋生态系统的综合监测系统，继续发挥中国生态系统研究网络在国际长期生态研究网络（ILTER Network）、全球陆地监测系统生态网络（GTN-E）中的示范作用。

2）监测系统

（1）中国生态系统研究网络监测台站 39 个。

（2）特殊环境与灾害监测网络 11 个监测台站（包括冰川、冰冻圈、泥石流、雷电和雹暴、遥感、沙漠、生态与遥感试验场等）与北极、南极监测站和一个综合中心。

（3）中国科学院日地空间环境监测研究网络 9 个综合监测站（包括地磁、中高层大气、电离层、宇宙线、空间天气等）和一个台链网络数据中心。

（4）东半球空间环境地基综合监测子午链研究网络。在目前子午工程拟建的 15 个台站（中科院牵头、中国地震局、信息产业部、教育部、中国气象局、国家海洋局等六部委参加）基础上，再增加 30 个台站，监测内容覆盖中高层大气、电离层、地磁、行星际闪烁和太阳风高密度等离子体、太阳全日面磁场等。

（5）近海海洋监测研究网络。在黄海冷水团、长江口附近、西沙永兴岛和南沙永暑礁各建一个海上监测平台或浮标站，与现有的 CERN 海湾生态环境监测站（胶州湾站、大亚湾站、三亚站）、考察船（"科学一号"、"科学三号"、"实验三号"等）一起构成点、线、面结合，空间、水面、水体、海底一体化，高分辨率、多要素的实时监测的近海生态环境系统综合监测网络。

（6）区域大气本底监测网。它包括依托 CERN 的 4 个站和天文台站的 1 个站构成，共计的 5 个野外站，（东北、华北、华南、西南、西北等地区）。目前监测内容包括：主要温室气体的大气背景浓度、干湿沉降的联网监测。

（二）中国综合观测系统 CIEOS 十年规划草案

1. 引言

科技的不断进步使人类认识自然、利用自然和创造美好生活的能力大大增强。由地球观测所发展的高新技术及所获取的数据对各国国民经济建设和社会可持续发展起到了不可替代的特殊推动作用。

中国已进入全面建设小康社会、加快推进社会现代化的新的发展阶段。中国政府提出了"我们要以人为本，树立科学发展观，促进经济社会全面、协调、可持续的发展"的要求，其中"协调"和"可持续发展"中都强调了人与自然的和谐发展，必然要求我国加强对大气、水、土壤、生态等的观测。

中国是 GEO 的成员国，并为 GEO 的四个主席之一，建立中国综合地球观测系统不仅是中国加强地球观测的需要，也是中国对世界的贡献。

2. 建立中国综合地球观测系统的必要性

（1）国家经济社会发展的需要；

（2）各行业集成应用的需要；

（3）地球观测科技自身发展的需要；

（4）国际科技合作的需要。

3. 中国综合地球观测系统的指导思想、发展目标和总体部署

1）指导思想

指导思想：中国综合地球观测系统的构建，是以资源节约型与整合的新理念将国家、地方和各部门建设的地球观测系统集成起来，对我国的陆地、大气、海洋和空间环境实行全面、全天候、全天时的综合观测，根据国家重大需求，并在了解地球系统

变化规律的大框架下，增强基本观测内容和能力、统一标准和规范，促进数据共享及应用，从而更好地推动国家、地方和各部门的观测工作，为各行业应用、为落实科学发展观、促进国家可持续发展等提供高效、优化、准确规范的数据和基础性服务。

2）原则

（1）满足国家重大需求，充分发挥各部门、各省（市、区）的作用。

（2）明确观测内容和规范、协调观测布局，使现有各种观测系统发挥更大作用。

（3）对各种观测系统平台和观测站点进行集成，包括同一平台的各种观测系统物理集成、同一关键区各种观测系统多功能集成、各种观测系统操作的集成，观测方法和标准集成，满足应用要求的各种观测精度指标、确保各种观测的连续性，通过集成，形成统一、规范的我国业务观测网工程体系。

（4）建立有效的观测质量保证和质量控制，以及评价和反馈机制，加强各种观测数据的管理和共享服务，加强各类服务产品的开发，强调决策服务产品的研制。

（5）加强国内各种观测系统能力建设方面的合作，并着眼于全球，开展广泛的国际合作。

3）发展目标

集成各部门的地球观测系统和省（市、区）的观测工作，减少分散重复，优化总体结构，建成我国先进的天空地一体化的地球观测体系，在农业与粮食安全、国土资源安全、生态安全、灾害管理、城市发展与城镇化管理、基础测绘、重大工程和热点地区监测等诸多方面为国家、行业、地方和部门提供科学、客观、及时、准确、稳定、可靠和持续的地球观测数据和信息服务，带动、引领和提升各部门业务运行系统的技术发展和系统能力，促进经济社会的全面协调可持续发展。

本规划并不涉及卫星、飞船、航空器、专用遥感器的制造，而是侧重面向应用的观测内容、规范、观测布局及初级产品等部署和协调。

4）总体部署

在现有基础上、加强12个依托部门的业务观测系统，实施七个跨部门集成观测计划、建立若干区域地球观测中心，强化对中国关键地域、重点地区的观测，形成一个优化的中国综合地球基本观测网络，获取准确、持续、可靠、规范的基本观测和初级产品，努力实现海量数据的标准化存储、安全性管理、高性能处理，为地球观测数据的交换、分发、共享和服务提供保障，为政府各部门、专家、公众所需的各种应用产品的开发，提供基础服务，如图16.9所示。

5）综合监测系统的架构

（1）7个跨部门地球观测集成系统（图16.10）。

（2）12个行业业务监测系统（图16.11）。

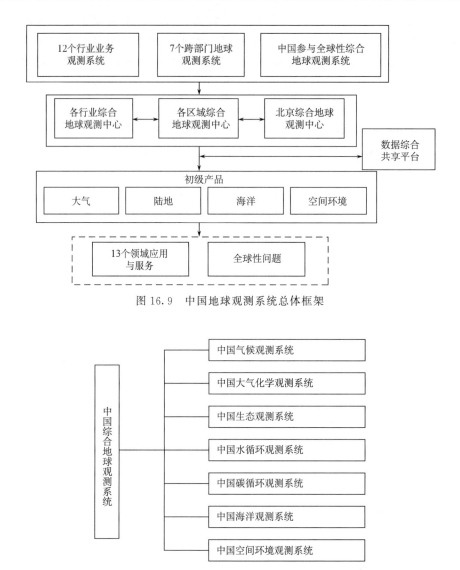

图 16.9　中国地球观测系统总体框架

图 16.10　7 个跨部门地球观测集成系统

　　中国参与全球性综合地球观测系统的工作。地球是一个整体。许多自然现象如灾害、天气、气候变化以及海洋、空间等的研究监测都涉及全球性的合作。中国是一个发展中国家，目前中国各部门和地方的地球观测全部属于国内观测。由于中国加入国际地球观测组织 GEO，中国将以中国综合地球观测系统的名义加强与国际地球观测系统 GEOSS 的合作。中国愿意在 GEO 的框架范围内，开展双边和多边国际和地区间的合作，积极参与一些全球性的地球观测活动，包括：①国际灾害监测和应急环境事件监测；②全球森林和土地覆盖动态遥感观测；③全球农情遥感监测系统；④全球气候和环境变化遥感监测；⑤全球水系统遥感监测；⑥全球海洋环境遥感监测；⑦空间天气国际子午圈；⑧亚洲季风区遥感集成监测 MAIRS 等活动。

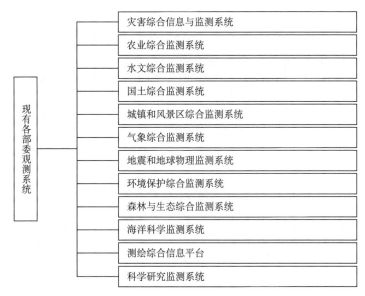

图 16.11 现有各部委监测系统

中国通过与 CEOS、IGOS、GEO、NOAA、NASA、JAXA、CSA、DARA、CNES、ESA、EUMETSAT、UNOOSA、UNEP、FAO、WMO 等国家和国际组织加强与世界空间主要国家的联系，同时加强与东盟等发展中国家的联系，积极承办相关国际会议和设立共同研究开发项目，如伽利略导航项目、龙计划项目等，促进人员互访、技术合作和数据共享，了解最新的学术和技术进展，充分利用我国在卫星、遥感、航天等方面的成就，扩大对外合作，进而提出国际的技术发展和重点方向，把中国地球观测领域真正融入到世界经济发展之中，融入到国际科技合作的大洪流中去。

（三）中国综合地球观测系统提供的数据类型和服务

1. 观测系统数据及初级产品类别

观测产品如图 16.12 所示。

2. 数据共享与服务集成

基于以上述基本观测内容和初级数据产品，可大大推动各种应用产品的开发，按专业和行业对数据资源适当集中管理，从数据的广泛综合应用、数据的有效管理和更新需要出发，构建以分布式数据资源为基础的综合地球观测数据交换共享平台，从而为各方面（政府及各部门、专家、公众）提供及时准确的数据和数据产品服务（图 16.13）。

3. 中国综合地球观测系统主要应用

（1）自然和人为灾害；

（2）与人类健康有关的环境影响；

大气	陆地	海洋	空间环境
太阳辐射、地面气象要素、近地层通量、云、大气垂直结构(温、湿、风)、大气化学、大气污染、台风、龙卷风、暴雨、沙尘暴、寒潮、洪水干旱、冰雹、雷电、急性传染病、环境突发事件	地质结构、土地利用和土地变化、土壤结构、地幔、地热、地磁、森林、沙漠、草地、生态、湖泊、流域、冰川、冻土、雪盖、土壤环境、地形特征、地貌、地震、泥石流、农业病虫害	海洋水文、海洋气象、海啸、风暴潮、海洋污染、海洋生物、海洋化学、海滨水质、海洋生物、海洋底质、洋流、温盐流、海幔、海冰	太阳表面与活动区结构、行星际和太阳风成分和结构、地球磁层状态和扰动、电离层状态和扰动、中高层大气状态和扰动、地磁场参数和扰动、空间碎片

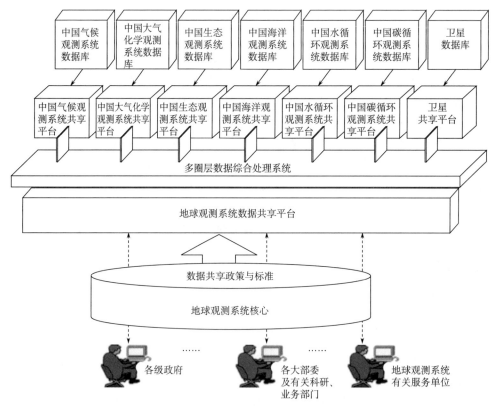

图 16.12 观测系统初级产品主要类别

图 16.13 地球观测系统数据共享平台

(3) 能源管理;

(4) 气候变化;

(5) 水资源和水循环;

（6）气象与空气质量信息、预报和预警；

（7）陆地、海岸带和海洋生态系统；

（8）可持续农业和沙漠化；

（9）生物多样性；

（10）土地利用与变化、城镇发展、规划和管理；

（11）地质和矿产油气资源勘探；

（12）海洋信息、预报和预警。

第三节　模拟器与模拟实验

一、基于 ESDA-GIS 的区域经济发展的时空差异分布

1. 基本概念

探测空间数据分析是指利用全局空间自相关局部空间自相关方法分析区域经济发展差异空间上变化的探索方法，是区域宏观经济模拟器的方法之一。GIS 具有"数据丰富，而理论薄弱"的特点，需要有一种能"让数据说明本身"的分析方法，而 GIS 是一种基于地图驱动特征的技术，虽然具备空间的条件，但不具备空间的理论，所以限制了 GIS 空间分析功能的发挥。如果能将 ESDA 理论与 GIS 方法结合，不仅能进行区域的经济社会发展状况分析，而且也能进行区域的生态环境分析。ESDA 的全局空间的自相关和局部空间自相关理论，是系统理论的一个重要方面，不仅区域经济社会的发展与全局空间自相关理论和局部为自相关提供了科学的空间分析技术，包括提供丰富的经济、社会、资源和环境数据，而且具有它们的空间分布状况，还有丰富的科学空间分析技术，但是缺乏空间分析理论为指导，所以 ESDA 与 GIS 两者结合，不仅是区域宏观经济模拟器的方法论，而且扩展了 GIS 的应用领域。

ESDA 是由一系列的空间数据分析方法和技术的集成。以空间关联测度为核心，通过对事物或现象空间分布格局的描述与可视化，发展空间集聚和空间异常，揭示研究对象之间的空间相互作用机制，为区域经济空间差异分析提供了方法和理论依据。

GIS 借助 ESDA 使空间分析的应用领域扩宽，分析功能加强，ESDA 利用 GIS 平台，使空间关键性分析的结果得到可视化表达，更好地揭示了现象或过程的空间规律，便于分析现象或过程，事件的空间结构特征，也就是从 GIS 的数据分析中得到知识的过程。

ESDA 的基础是数据驱动或地图驱动，重点是发现空间数据的分布式模式，揭示数据的空间依赖性（Spatial Dependence）与空间异质性（Spatial Heterogeneity）的可视化现象。

GIS 和 ESDA 技术的不断发展提供了一种分析空间相关性和聚集性的有效途径，也增加了人们对区域差异的认识。总之有两类空间数据探索分析方法：全局统计（Global Statistics）和局域统计（Local Statistics）。

2. ESDA 的理论基础

ESDA 的理论基础是"全局空间自相关"与"局部空间自相关"理论。它们都是系统科学理论的重要组成部分。

根据系统科学的理论，自组织、自相关和自相似是客观世界的基本特征。在同属一个系统的条件下，组成系统的各要素，或组成部分之间，系统的各要素或组成部分点之间存在着相互关联、相互制约的特征，也就决定了它们之间的"自相关"的特征。

对于一个区域系统来说，它是由区域内部的"经济、社会、资源、环境等要素及其空间组合关系"的影响为主，而与区域周边的上述四种主要的状况及空间组合关系为辅，即内因为主、外因为辅的原则。在其余内部的四大要素，即经济、社会、资源及环境的状况，空间组合关系之间，要素与要素之间，空间与空间之间存在着全局空间自相关和局部空间的社会、资源和环境要素之间不管愿意不愿意，自觉不自觉都存在着密切的关系。同样一个区域的环境与区域的经济、社会和资源之间也存在着不可分割的自相关关系，包括了全局自相关或局部自相关在内。这是普遍存在的规律，也就是 ESDA 的理论基础。

3. 地理计算基于 GIS 的 Agent 的模拟

Openshaw 是地理计算的创始人。他认为地理计算主要包括以下三个方面：地理数据或环境数据、现代计算技术、高性能计算机技术和传统的地理建模方法。

传统的地理建模方法，由于许多地理现象具有非平衡性、多尺度性、不确定性、自相关性、层次性、随机性和交互性等复杂现象特征而不能满足要求。基于方程的建模方法需要完成方程中众多参数的估计，而参数估计是非常困难的；即使在方程和参数估计均已完成的条件下，基于方程的建模最终需要在其所建立的方程组中，需要预设一定的假设获取解析解，这就反过来局限了方程复杂性的提高，很难真正解决复杂地理系统问题。

自主模拟（Agent Based Simulation）又称对象（代理人）模拟，在地学中应用克服了传统模拟上述的缺点。基于 Agent 的模拟与基于方程的模拟的区别：传统的基于方程的模拟时一种自上而下的建模方法；基于 Agent 的模拟是一种自下而上的建模方法，它提供 Agent 的定义将复杂问题进行降解（简单化），从微观层面较简单的个体行为及行为交互产生宏观涌现，达到解决复杂问题的目标，因此在地理计算中得到了广泛的应用。

但基于 Agent 的模拟只是为地理计算提供了一种建模思想，当采集此方法进行地理计算时，最终离不开系统的开发实现。目前对于基于 Agent 的模拟系统的开发主要有两种途径：

一是针对具体应用开发独立的应用软件；

二是开发具有二次开发功能的软件平台。

目前大多数研究者采用前者（独立的应用软件）来解决问题，但这只是针对具体应用来开发软件，程序的"个性特征"太重，不具可重复使用的特征，人力和财力浪费很大。而后者是一个软件平台，可提供二次开发，能用于开发不同的应用研究的软件系统，系统可重复使用性强，且这种软件平台一般都封装了一些基本的方法函数，即组件，简化了二次开发的变成过程，有利于基于 Agent 的模拟技术的推广应用，具有广阔的应用前景，但这种软件平台的开发难度大。

目前应用较广的基于 Agent 模拟软件平台有 Swarm Netlogo，Repast 等，但仍不能满足地理计算，需要建立能整合 GIS 的基于 Agent 模拟软件平台，并有利于地理计算中的二次开发。

地理计算中心的基于 GIS 的 Agent 模拟环境（GIS Based Agent Simulation Environment，GBASE）。

GBASE 是一种地理计算中的新的建模方法，是一种将 GIS 与基于 Agent 的模拟方法整合在一起的建模理论框架和具有二次开发能力的软件平台，它的特征是地理空间分析与经济模拟于一体的软件平台。

4. GBASE 的三个关键部位

（1）地理环境 Agent：是指基于元胞自动（CA）建模的地理环境建模，是 Agent 活动的空间，它承载了地理数据，并具有以状态来表征空间动态变化的特征；

（2）个体 Agent 是对地理环境中具有 Agent 行为决策功能的地理实体的基于 Agent 的建模，并具有自主性、社会性、反应性、主动性、个性空间性、实践性等特征；

（3）组织 Agent 是指包括若干个体 Agent 的集体 Agent，其空间范围是由若干个地理环境 Agent 范围所组成。每个组织 Agent 或集体 Agent 与其所包含的个体 Agent 属于不同的层次，形成了多层次性特征，这就是 GBASE 的特色。

个体 Agent 是微观的建模对象，多个个体 Agent 可以同时位于同一个地理环境自动机中，一个组织 Agent 的空间范围可以包括多个地理环境自动机，其对象实体可以包含多个个体 Agent 或组织 Agent。

GBASE 系统开发中的关键技术：以 Delphi 和 Fascript 为实现技术的核心实现具有复杂性，多样性的控件创建，实现对用户控件的保存及重建；实现 Fastscript 对地理数据的访问操作；实现 Fastscript 对 GBASE 系统中的控件的识别，实现 Fastscript 对后台对象的识别及对后台对象库中函数的调用，最终建立 GBASE 系统。GBASE 是一个面向地学应用的，包含了地理信息数据处理功能，且能进行基于 Agent 模拟的二次开发软件平台。

5. GBASE 平台提供的三大核心对象

GBASE 平台为用户提供的三大核心对象，分别对应理论框架中的三大核心组件，它们的关键属性和方法分别包括：

（1）地理环境自动机 Agent 对象：属性包括行列值、状态值、个体 Agent 集合等；方法包括确定邻居自动机、计算空间相互作用、统计分析等。

（2）个体 Agent 对象：属性包括行列值、屏幕坐标值、个体 Agent 集合、空间位置等；方法包括空间范围确定、计算空间相互作用、空间移动等。

（3）组织 Agent 对象：属性包括个体标签、空间范围、个体 Agent 集合、空间位置等；方法包括空间范围确定、计算空间相互作用和统计分析等。

在基于 DBASE 系统进行基于 Agent 建模开发时除了调用三个核心对象外，对于地图数据的处理，只需将所需的地图数据转化为 ASCLL 码文件，然后直接调用 GBASE 平台对象库中的 Import Map 函数即可导入，省去了大量繁复地读取地图数据的工作，方便了地理研究中基于 Agent 建模的系统开发，有利于基于 Agent 模拟方法的推广应用。

6. 宏观经济政策模拟器

经济政策模拟（Ecomonic Policy Simulation，EPS）是指针对经济政策问题进行的建模，计算模拟和基于计算机的经济政策的虚拟实验；这种模拟和实验的目标是，分析多种政策的特点和它们各自的优越性及它们各自作用，政策模拟可以辅助人们的决策思维，提高制定决策的能力。Mallach 在 2001 年指出：经济政策的决策者可以通过模拟实验去预测决策的效果，或将会发生什么结果，从而帮助决策者可以通过模拟实验去预测决策的效果，或将会发生什么结果，进而帮助决策者选择最优的政策。经济政策的制定者可以通过模拟直观地了解和认识政策的效果。

在经济政策模拟区（EPS）过程中，经济计算与地理计算是融为一体的。经济是具有一定地理特征或与“区位”有关的经济，它是与所在的地理条件密切相关的，如与资源环境和区位条件密切相关。所以经济运算与地理计算或空间分析相结合，是宏观经济分析的必由之路。

“可计算一般均衡”（Computable General Eguilibrium，CGE）模型，是当前公认的经济政策模拟的主要工具之一。从 1990 年开始，在美、澳、法、德和印度等国家进行了深入研究。CGE 技术把宏观经济体系分为大量可计算的部分，通过计算模拟，研究在一般均衡体系下政策变动对宏观经济的影响。CGE 模型具有混合的特点，包括了经济领域的 $10^2 \sim 10^3$ 个议程和变量在内。

CGE 理论是经济学理论生命线的核心，来源于亚当·斯密的“看不见的手”的论断；乞求个人最优的行为人的决策，通过价格机制达到相互间的均衡，或社会最优的资源配置。Walras（1874）将 CGE 思想采用一组方程式表达。他认为经济系统是一个整体，各要素之间存在着复杂的相互作用和依存关系，在一定条件下因供求关系的不均衡或之价格的变动，导致供求关系重新趋向平衡的过程，并可以用一组方程式来表达他们之间的关系；Arrow（1951）、Debyu（1954）运用集合论、拓扑学来表达 CGE 理论，并获得了诺贝尔经济学奖。

与传统 CHE 模型的结合，主要包括了生产行为、消费行为、政府行为、对外贸易和市场均衡等五个方面，但这是不够的。生产行为和消费行为还受到资源与环境很大的影响，而主要与环境的分布的不均匀的和有差别的，并具有明显的空间分布特征，于是又出现了"区位理论"等空间经济理论，也就是经济地理理论，即经济理论与空间区位理论相结合，同时得到 GIS 的技术支持，才能实现宏观经济政策的模拟。

宏观经济政策模拟器（Macro-social-Economical Policy Simulation Database and Model，MSEPSDM）是指一个为政府或顶级管理者服务的决策支持系统（DSS），它的目标是寻求适当的政策去响应未来和发现经济面临冲击的政策对策。

1986 年美国建立了国家宏观经济政策模拟系统，包括 100 多万个方程形成的方程组，1997 年被改造成为美国和世界动态经济一般均衡模型（AMIGA），可用来分析国家经济政策与贸易政策对 200 个部门的经济影响。1993 年澳大利亚研发的 The MONASH Model 包含 113 部门，56 个地区，282 种职业，用于分析财政、税收、环境等方面的经济政策，预测劳力市场和收入分配。1989 年加拿大国家统计局与大学联合建立了政策模拟实验室，2007 年研发了政策模拟器 SPSD/M 已经改进为第 15 版用于国家和省区的经济分析。

二、目前国际上有代表性的政策模拟器

目前国际上有代表性的政策模拟器如表 16.14 所示。

表 16.14　典型的政策模拟器界面

名称	AMlGA	MUrphy MOdel	SPSD/M	Fair-model	MSG2	Storm
建立国家	美国	澳大利亚	加拿大	美国	美、日、德、澳	印度
模拟尺度	一国	一国	一国	一国	多国	一国
模拟焦点	国家宏观经济政策的冲击中短程响应和短期经济预报，环境经济政策	国家宏观经济政策和中期、短期经济预报	国家与地方政府财政、社会福利	国家宏观经济政策和中期、短期经济预报	国家间宏观经济相互作用，政策分析、单国经济预报	国家宏观经济政策、产业政策
时间单位	不详	季	不详	季	年	年
规模	200 个方程，265 个变量	100 个方程，165 个变量	不详	129 个方程，251 个变量	260 个方程，328 个变量	146 个方程，168 变量
分析功能	进出口。投资、消费、能源、就业、环境	汇率、利率、就业、住房、技术变化	税收、财政、人口政策和社会福利	不详	进出口、投资、消费、能源、就业、技术变化	进出口、国家财政、投资、就业、农业政策

第十七章　新一代数字地球与智慧地球

从数字地球（Digital Earth）、新一代的数字地球（Next Generation Digital）到智慧地球（Smart Earth）、智慧城市（Smart City）的发展过程，不仅代表了技术的进步，而且还体现了人们对地球认识水平的提高和深化。

第一节　新一代数字地球

2012年6月21日，《美国科学院院刊》（PNAS，2011年影响因子为 IF＝9.68）刊发了题为《新一代数字地球》（*Next-Generation Digital Earth*）的论文。由 M. Goodchild 和郭华东等共同撰写的这篇论文对数字地球科学领域取得的进展进行了分析，对数字地球内涵进行了剖析，对数字地球未来发展做出了前瞻。

国际数字地球学会秘书处于2011年春天在中国科学院对地观测与数字地球科学中心组织召开了"面向2020数字地球理念"高层研讨会。研讨会由对地观测中心主任、学会秘书长郭华东院士和美国科学院院士 M. F. Goodchild 教授担任共同主席，来自中国、美国、德国、荷兰、澳大利亚、新西兰、加拿大、匈牙利及欧盟等国家和组织的17位学者参加了研讨。初稿形成后，广泛征求了学会执委会成员的意见。这篇论文在 PNAS 上发表，是学会执委集体创作的结晶，也是学会促进数字地球学科发展的重要贡献。

目前，以 Google Earth、World Wind、DEPS/CAS、GeoGlobe 为代表的众多数字地球系统充分诠释并发展了戈尔提出的数字地球理念，特别是互联网和3D技术的深度普及，遥感、地理信息技术和对地观测技术的高速发展，大数据（Big Data）和数据密集型科学（Data Intensive Science）的问世加速了数字地球进程。如今，数字地理信息领域已发生了深刻变化，技术进步使得数字地球可视化及可操作化成为可能，但同时对数据的高效利用、信息的准确表达、预测模型的发展、多种"可视"技术的应用都提出新的要求。该论文提出，新一代数字地球将不再是一个单一的系统，其研究也不再局限于自然科学研究工作者，它将更紧密地联合社会科学工作者共同发展。新一代数字地球的应用和服务将会在注重功能的科学性和注重实际需求的方便性上找到一个折中的解决方案，以利于对地球的未来进行科学预测。民众科学的新形式和"新地理"概念也为下一代数字地球指明方向。文中指出，新一代数字地球的实现需要与领域内重要的国际组织建立合作并开展合作研究计划，如国际科学理事会（ICSU）、联合国教育、科学及文化组织（UNESCO）、地球观测组织（GEO）等；同时，也需要紧密联系行业内公司、开源组织、基金会等团体，为数字地球的发展提供创新思维，从而获得政府关注并争取更多支持。

1998 年，时任美国副总统的戈尔在著名演讲中，提出了数字地球的愿景。他的演讲推动了第一代数字地球的发展，回顾第一代数字地球取得的成果发现，以 Google Earth 为代表的数字地球实现了戈尔提出的大部分愿景。随着科技发展、"大数据"时代到来，普通大众越来越多地借助公民科学（Citizen Science）和众包*（Crowd-sourcing）平台参与信息收集，极大地促进了对地球系统的科学理解。虽然第一代数字地球促进了科学成果的共享，但是社会大众对于科研成果的获取仍存在门槛，有必要重新审视第一代数字地球，并讨论新一代数字地球需要解决的主要问题。

数字地球的概念，本质上就是为整个地球制作数字化副本，借这个副本研究复杂的地球系统。这一概念首次出现在 1992 年戈尔的著作《濒危的地球》（*Earth in the Balance*）一书中。1998 年，戈尔在加利福尼亚州科学中心发表了题为《数字地球：21 世纪我们认识地球的方式》的演讲，数字地球的概念始为世界所共知。在世纪之交的数年间，高级 3D 图形卡成为个人电脑的标准配置，实现了复杂场景的三维实时交互。演讲之后，当时的克林顿政府促成 NASA 成立数字地球办公室，启动了多个原型系统项目。2005 年，Google Earth 推出了高分辨率的数字地球，虽然仅仅是地球表面的信息，但任何人都可以通过宽带访问，这对科学界的影响和冲击非常明显。数字地球用易于理解和可视化的方法表达地球科学数据和计算结果，具有免费、高速和趣味性的特点。数字地球和地球表层的一切研究相关，可以表达人类面临的诸多问题，如全球变化、自然灾害、战争、饥饿、贫穷等（可参考 2009 北京宣言）。1999 年，中国科学院发起组织了第一届数字地球会议，以后每两年召开一次会议，已经成功在加拿大、加拿大、捷克、日本、美国、中国和澳大利亚举办。2006 年，国际数字地球学会（ISDE）成立，每两年一次的数字地球峰会已经在新西兰、德国、保加利亚举行。2008 年，ISDE 的官方刊物数字地球国际期刊也正式创刊。

在数字地球概念框架下，地球科学信息共享的范围远远超出了科学界，一些不太懂技术和计算机的社会大众也成了科学信息共享链上的一员。Google Earth 实现了戈尔提出的"大量地理参考信息"这一愿景。与地理信息系统（GIS）相比，数字地球要容易得多，用户不需要了解空间比例尺和地图投影等深奥的概念，数字地球通过三维的方式直接展示真实的地球，避免了地图投影。在地球上测量地表两点间的曲面距离，不需要任何地理专业背景知识，用鼠标点击起始点和目标点即可。在三维地球浏览过程中的视点放大或者缩小，就隐含了比例尺的变化信息。过去需要 GIS 专业本科生才能处理的操作，如今可以让一个 10 岁的孩子在 10 分钟之内就能实现。

过去，浏览整个地球表面信息或者把地球信息在平面上展示，需要把地球表面按照某种投影方式展开，这个过程总要产生扭曲与变形。三维数字地球作为地表或近地表数据、信息和知识的展示方式，具有巨大优势。数字地球提供了地球信息软件环境，通过叠加不同图层展示地表要素，展示建筑和植被的复杂三维结构，通过点击鼠标，放大缩小场景，在不到一秒的时间内，可以从 PB 级的地理信息中可视化提取关键信息。

---

　　* 众包是一种分布式的问题解决和生产模式。发包方通过互联网将工作任务分配出去，利用志愿者大军的创意和能力完成工作任务，并提供一定额度的报酬。

Google Earth 推出至今 7 年,这期间推出的类似的数字地球包括:NASA 的 World Wind,武大的 GeoGlobe,中科院的数字地球原型系统(DEPS/CAS),微软的 Bing 地图,ESRI 的 ArcGIS Explorer,美国国家大气科学中心(Unidata*)的综合数据浏览器(IDV)和 Diginext** 的 VirtualGeo 等。戈尔演讲至今超过了 10 年,演讲促成了这些成果,有些甚至已经超过他的愿景。此时此刻,有必要回顾第一代数字地球的成就,并提出未来 6~7 年新一代数字地球的发展方向和目标。从科学批判的视角对现有数字地球,特别是 Google Earth 进行了剖析,提出商业软件和科学应用存在的问题。

1. 数字地球的成就

戈尔在演讲中提到数字地球面临的主要挑战是数据量的问题。地球面积大约是 $5 \times 10^{14}\,\mathrm{m}^2$,即使每平方米的空间信息只用一个字节表示,也将产生 0.5PB 级的数据量。个人电脑带宽和缓存有限,如果将数字地球放大到 1m 分辨率浏览,需求非常高效的算法和数据结构。数字地球通常采用离散的全球网格,即多层瓦片数据结构确保快速缩放和浏览。为了避免客户端的密集计算,客户端都进行了瓦片预计算,成熟的 LOD 技术可以只更新视野内的数据,确保了实时渲染的效率。

数字地球最大的优势之一是其可扩展性和适应性,能满足不同科学用户的需求。KML 标记语言可以把各个研究领域的二维数据和三维数据以不同格式在地球上显示。NASA 开源软件 World Wind 可以通过源代码改造完成功能扩展,Google API 可以将 Google Earth 的功能嵌入用户应用程序。

数字地球可以显示地表三维信息,可广泛应用于海洋、大气科学和地形地貌学。Google Earth 还可以显示时间维的数据,即显示历史时间序列数据。Unidata 的实时环境专题数据服务项目的目标就是通过 IDV 平台,在地学科学家之间共享三维的数据,并提供时间维的支持。然而,第一代数字地球也存在一些不足,科学家最关注空间数据的不确定性、可复制性和文档完备性。

2. 空间数据的不确定性

地球表面的形状十分复杂,不能用数学模型精确表达。大地水准面是指平均海平面通过大陆延伸勾画出的一个连续封闭曲面,可以用数学曲面近似的表达这个封闭曲面,即参考椭球体。参考椭球体是计算和现实坐标经纬度、海拔的几何模型。Google Earth 采用 WGS84 椭球体,因此在 Google Earth 上的所有测量计算都应该以 WGS84 为参考标准:从赤道越往南北两极,纬度越高,所有经线汇聚于两极。

可以添加各种类型的图片到地球表面,并且可以自由拖拽。例如,拖拽一个圆会产生几种预期结果:在拖动过程中,圆的半径保持不变,圆的周长朝着两极的方向增长、局部曲率变小。而有些结果是不可预计的:圆的面积朝着两极的方向拖动时,将呈阶梯状的变化。当把圆拖拽到两极或者与 180°经线相交的时候,将产生随机的结果。椭球

---

　　* http://www.unidata.ucar.edu/software/idv

　** http://www.virtual-geo.com/en

体的数学表达比较难，因此，通常都采用简单的方法，把球面投影到平面计算。

处理不确定性问题涉及诸多方面。地球上的位置信息都是测量的结果，结果的准确性和测量仪器有关。长期的科学实践使人们掌握了测量读数的有效数字和误差之间的规律，这样的规律可以评估测量结果的不确定性。然而，Google Earth 的经纬度空间分辨率显示了 6 位有效数字（在赤道的读数大约相当于 10cm）。在测量纽约到洛杉矶的距离时，结果读数显示了百分之一厘米。精度问题导致了城市之间距离测量结果的不可信。很显然，软件的设计者没有遵循测量学的基本规律，而是采用了计算机系统可以达到的最大精度的方法，给出了测量的读数。

数字地球的重要功能之一在于快速定位经纬度。非常容易从地理配准的影像中定位一个十字路口的经纬度，而使用没有经过地理配准的影像会产生误差。把新的影像添加进数字地球，需要在新的坐标系中完成配准操作，这个过程中，以前配准过的要素将产生位置上的偏移。由于测量上的问题，绝对精确的位置测量是不可能的。其实每次配准操作都会产生新的大地基准面，是 WGS84 基准面的局部近似。配准的过程中，科学家需要更多的文档，比如元数据信息、数据的历史记录以及隐藏的信息。

基础影像误配准的误差来源于作为参考点的已知位置的可识别较小要素，以及影像本身的空间分辨率。研究发现，Google Earth 的影像平均误差在 40m 左右，在加利福尼亚圣巴巴拉地区，误差也在 40m 左右。误差是否存在不是最重要的，因为误差不可避免，问题在于误差的存在是否影响实际应用。当然，位置不确定性只是地理数据不确定性问题中一个问题。

3. 第一代数字地球的成就

尽管数字地球取得了巨大进展，但是在几个重要方面上依然没有实现戈尔提出的愿景。首先，戈尔提出的数字地球可以通过历史数据回顾过去，通过计算机模型，模拟未来情景，目前，数字地球主要展现的是地球当前的情景。Google Earth 上的有些区域，可以展示早期的遥感影像，有些区域的历史地图可通过 KML 方式访问。数字地球上还集成了模型模拟的结果和时间序列影像。然而，目前普通大众还不能通过数字地球了解他们的社区过去任意时刻的情景，也不能通过数字地球可视化未来的情景，比如在未来任何时刻，城市如何扩张，气候如何变化，海平面如何上升。

其次，虽然戈尔构想创建一个集成环境，可以存储、检索和共享地球相关的海量数据，但实际上，目前不是所有空间数据都存储在数字地球平台。虽然用户可以把各种各样的数据叠加到数字地球的基础图层之上，但是用户不能控制 Google 访问和共享这些数据，用户条款对结果数据的使用做了严格的限制。目前共享地理数据的策略不是通过数字地球，而是遵循地理库模型，即一种可以检索数据的目录结构，严格结构化的元数据，易于下载数据集的机制。地理数据门户虽然提供了访问分布式数据集的唯一入口，但是用户查询检索、提取数据的过程依然非常复杂，而且用户界面和可视化形式也不如通过数字地球的方式友好。

再次，Google Earth 强调可视化使得一些非可视化的信息交流变得很困难。数字地球可以直观地表达真实的地球，可以自由导航，这种方式容易理解。拓扑信息可以通过三维的方式展示，而不需要地图制图中的等高线或者其他编码技术。通过海岸带洪水的可视化，可以表达海平面上升的影响。而其他科学要素，如温度场、土壤类型的空间变化、植被属性、生物多样性，以及社会、经济等变量，本身不具有可视化的特性，很难直接通过可视化的方法表达。这些数据可视化的不确定性是一个更重要的问题，很难直接表达这些数据的量级和它们的内在联系。我们习惯于看到一个简单而又美好的地球，而不是到处充满矛盾的地球。

4. 新一代数字地球展望

戈尔的演讲发表以来，地理信息的世界发生了巨大的变化。网络带宽和3D图形学的发展，实现了基于桌面电脑的可视化和交互式操作数字地球。基于卫星和地面传感器的地理信息采集的速度快速扩张，产生了新的第四科学范式：大数据和数据密集型科学发现。第四科学范式强调国际合作、数据密集型分析、巨型计算平台和高端可视化。对大数据检索和知识发现的技术需求要求数字地球也能集成实现第四科学范式。

目前大部分数据资源集中于政府部门或者大型国际化企业，其他人很难获取，或者对数据的分发有严格限制。然而，一些科学问题必须从全球的尺度展开研究，因此开放的数据访问成为越来越紧迫的需求。有些国家推行开放数据访问已经取得了实质进展，开始思考数据重复利用的透明访问、行政效率和经济潜力。通过立法和实际政策支持数据开放访问，统一数据产品格式标准，创建数据门户网站。

GPS已经无处不在，可以测量地球上任何位置，精度可以达到米级，利用这些信息可以在数字地球上添加带地理位置信息的照片和标注。众包是地理信息主要的资源来源，OpenStreetMap和Google的MapMaker项目的巨大成功是最好的例证。公民科学（Citizen Science）这种新的形式鼓励大众收集物候学、天气、灾害和其他地学现象相关的数据。这种趋势形成了新的术语：新地理（Neogeography），打破了传统制图学和地理信息专业专家和业余爱好者之间的鸿沟。由于GPS和WEB服务，大众成了地理信息的消费者和生产者，比如车载导航系统，以用户为中心提供瞬时地理信息，通过移动设备提供的地图服务也相当有效，提供了公众参与科学的全新的视角，公众既是志愿观察员，又是科学结果的智能接受者，可以将科学应用到日常生活的方方面面，成为掌握消息的灵通人士，实时把握未来地球的变化趋势。

众包方式生产各种质量的地理信息，这些信息缺乏结构化采样和严格的测量方法这些地理科学家非常重视的方面，需要利用新的方法综合处理这些信息，以保证其质量，让科学家和社会大众放心使用。今后，将数据综合处理技术应用于质量参差不齐的地理信息中将越来越重要，其重要性类似于空间分析技术在GIS中的地位。

新地理中的新技术为科学研究提供了前所未有的机遇，将科学研究的范围从实验室的参考文献扩展到了大众的观察和智慧。数字地球是一个能可视化大量数据信息的工具，其管理数据的规模从全球到区域尺度，因此在科学交流方面，将发挥重大的作用。新一代数字地球的一些功能就是从这个角度派生的。将全球数据和区域数据一体化管理，快速缩放浏览是新一代数字地球的关键功能。

科学家和公众仅仅靠简单的线性模型沟通远远不够。科学家需要学会更多的沟通技术，特别是在处理与测量和预测相关的不确定性问题的时候，"气候门"和其后续事件就是最好的例证*。通过科学家合理详细的解释，并把不确定性作为数字地球系统固有的一部分，公众就可以理解不确定性和其可能的概率。过去20多年，已经充分理解了建模和可视化地理信息的不确定性问题，以及如何给用户解释这些不确定性。下一代数字地球中至关重要的任务就是取代第一代数字地球中过分夸大的数据精度，并明确向用户传达不确定性。社会科学有更多需要沟通的主题，文化差异产生了环境差异，在这些环境之下访问数字地球，就会出现理解和解释数据方式的差异。计算机硬件、软件、互联网，以及用户的技术技能和态度都存在巨大差异。新一代数字地球的使命之一是推动社会科学发展。

地理配准（Georeferencing）最强大的功能是地理上下文环境（Context），也就是地球表面要素的地理位置属性。在丰富的上下文可视化环境中，对某一地理位置的观测，可以很容易收集到与这一位置相关的其他信息。可以把水平下文环境和垂直下文环境区分开来研究。水平上下文环境是某一邻近位置的相关知识，垂直下文环境是同一个位置的不同要素层之间的关联知识。两者都是建立在著名的地理学第一定律 Tobler 定理的基础之上："任何事物都相关，但是相近的事物关联性更紧密"。数字地球可以轻易访问上下文环境，特别是水平上下文，可以从一个地理位置的周边环境推测未知情景。垂直上下文环境难以可视化，因为总是只有一个图层位于数字地球的最上层。地图制图中的交叉阴影线（Cross-hatching）技术可以允许有两个图层，但让用户意识到垂直上下文环境的地理属性存在更重要。有时候，有些深刻的理解不是通过上下文环境获取的，而是通过在地球其他地方找到类比的条件获取的，数字地球在这样的研究中作用尤其重大。

捕获不同位置之间或者不同比例尺之间的关联关系的方法非常重要。地图是可视化位置强有力的工具，比如高程，土壤类型和其他"一元"地理信息。然而，在描述位置之间的关联信息方面显得不足，比如人群迁移流路径、社会网络图，这些称之为"二元"的信息，即每一条信息同时涉及2个位置。在美国3100个城市中，两两城市之间的人群迁移图，将产生大量的连线，没有成熟的摘要知识，是无法理解这些信息的。然而，地图中的城市人均寿命，种族分布等信息就很容易理解。关联信息对于理解环境和社会过程，以及对这些信息的访问是新一代数字地球的重要内容。某一位置的条件变化带来的影响对另外一个位置产生关联影响时，这种信息表达尤为重要。

戈尔的讲话描述了数字地球可以表达预测地球未来情景的能力，比如气候变化、海平面上升和粮食供应。这样的预测是模型模拟的结果，最理想的情况是开发一个数字地

---

* 2009年，黑客窃取英国东英吉利大学（University of East Anglia）邮件服务器，将英国气候学家之间十几年来交流的上千封电子公布于众，并声称这些气候专家不严谨，甚至篡改研究数据，以证明人类活动对气候变化起到巨大作用。同时，人们认为应该让科学数据公开访问。气候科学家辩解，这是由于一些科学家在邮件中的用词不当引起的误解。随后的独立调查报告，维护了东安格利亚大学气候研究中心的诚信。报告指出，这些电邮并不能推翻联合国政府间气候变化委员会（IPCC）有关人类造成全球变暖的结论。

球平台，具有高分辨率的时空预测能力，比如欧洲的 FuturITC*（图 17.1）和日本的地球模拟器。有两种完全不同的实现方法：在计算环境中运行模型，在数字地球上可视化结果；或者直接在数字地球软件环境中运行模型和可视化，比如利用数字地球离散化的全球网格作为有限元计算的基础。后者可以通过用户改变参数或者边界条件，模拟不同的场景。本质上，这样的方法可以允许用户研究地球的内部机理，预测未来的演变趋势，而不仅仅观测地球当前的状态。在新地理的启发下，这样的方法可以让用户从自己的角度通过可视化的方法增强现实。同时，数字地球需要在模型管理方面深入研究，因为目前科学界已经有大量的计算模型，但是缺乏互操作，对这些模型的选择也比较困难。

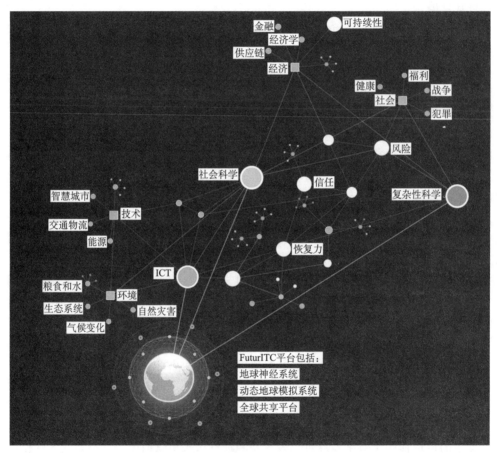

图 17.1　欧盟 FuturITC 项目

---

* 欧盟正斥巨资开展 FuturICT 计划，预测地球未来。FuturICT 为 future（未来）、information（信息）、communication（交流）、technology（技术）的缩写。通过全球传感器网络系统采集地球环境、社会、经济数据，构建地球神经网络，实现实时数据挖掘和知识发现。基于大规模超级计算机系统，集成多源异构数据和全球多级数学模型，实现对地球系统的建模，模拟地球未来的情景。通过开放的平台，共享数据、信息和模拟结果，为决策支持服务。

集成简单的分析功能，评估未来情景，意义重大，可以通过 GIS 分析功能的子集，获得一个区域的统计分析结果，比如，计算相关性。但是全盘采纳 GIS 软件中的功能，可能会导致数字地球与 GIS 软件面临的一样的困境：普通大众无从入手。仔细考虑认知问题，找到一个折中的方案，集成科学家需要的高级功能和普通大众的简单易用的功能。

对未来的任何预测都存在风险（不确定性），但是有些趋势已经很明显了，应该纳入新一代数字地球。我们已经拥有很多跟踪目标的方法：通过 GPS 可以定位车辆和移动电话的使用者，可以收集交通速度数据和拥塞数据，也可以跟踪商业货运、宠物、假释人员、野外动物等。未来通过空间引用信息的物联网，可以随时知道任何事物所处的位置。移动设备的功能正急剧扩张，可以预见未来的世界，计算将无处不在，我们可以随时随地地访问数字地球。

GPS 定位在室外的精度更高，地理信息多数是二维的，但数字地球上的建筑采用 3D 展现方式是主流趋势，可以预测将来数字地球支持地球上任何一点的导航，具有厘米级别的 3D 结构精度。目前在数据归档方面还存在问题，包括：没有理想的方法长期保存呈现指数增长的数据。大量关于地球的历史记录数据都是纸质的，有一些已经存在上百年了。但是，目前如何把现在数字媒介数据保存上 100 年，并且能够查找、检索这些数据还需要进一步研究。最后，现在的数字地区以静音的方式存在，只是通过可视化的渠道和用户交流，而很少有声音的交互式方式，未来数字地球应该通过声音、视频等多媒体方式和用户交流。通过声音查询数据，记录某一个地点有声故事，通过说出一个地名，数字地球将做出响应。一些小型的便携式设备都配置有音频工具，以后将成为访问数字地球的主要方式之一。

5. 实现新一代数字地球的方法

描述新一代数字地球愿景比较简单，但是要实现新一代数字地球需要付出更多努力。通过大规模的政府投资，自顶向下的实现戈尔数字地球的方式，自 2000 年美国大选而终止，在目前基金资助的背景下，自顶向下的项目支持是不可能了。

实际上，第一代数字地球受益于地球观测系统的发展，宽带技术和三维可视化技术的革新，可视化技术部分受视频和游戏产业的驱动；第一代数字地球部分受益于政府资助；受戈尔副总统的推动，受 Google、微软等大型商业公司推进，开源社区的兴趣和热情。由于数字地球本质上是地球科学发展可能的，也是必须的方向，因此以上对数字地球的驱动力都是松散的组织。同样的因素可能会驱动下一代数字地球。

下一代数字地球不是一个单一的系统，而是多基础设施连接的，基于开放访问和共享的多技术平台，满足不同层次的需求。数字地球应该具有更动态的视角，具有地球神经网络的功能，通过传感器网络和环境感知系统（Situation-aware），主动收集地球表面的各种信息。

地理信息共享和通信技术已经取得了很大进展，但是关于语义的问题依然面对重大挑战。通过不同的地图制图实践活动，比如欧共体的 INSPIRE 项目，已经完成了全球土地分类，空间数据属性绑定，但是由于地球表面是异构的，不同的机构不可避免地利用不同的方式描述它们的信息。虽然遥感数据在一定程度上建立了通用的数据标准，但是地理信息的其他资源的描述信息各自为政。例如，通过比较喜马拉雅山区域的Google 地图中文版，印度版和英文版的地图政治边界，可以发现，由于政治等方面的原因，制图是很难达成统一的。

发展新一代数字地球需要新的管理模式。除了国际数字地球学会（ISDE），需要其他组织：包括全球空间数据基础设施协会（GSDI），国际科技数据委员会（CODATA），地球观测组织（GEO），联合国全球地理信息管理委员会（GGIM）和其他很多国家机构，从不同的角度共同探讨未来数字地球的发展。这些组织可以推进新一代数字地球的概念，进一步阐释其愿景。数字地球的发展和这些科学组织紧密结合，可以确保下一代数字地球最大程度地满足科学标准和要求，特别是在文档化和不确定性方面的改进。需要在复杂的社会协同工作环境中，设置数字地球道德守则和行为标准规范。在今天的经济环境现状下，最有可能的创新是来自私营企业和以开源工具为基础的志愿者项目。私营企业是最基本的竞争力，但是开放地理空间组织在很大程度上可以起到协作的作用。私营企业、学术界和非政府组织和政府部门的通力合作，共同专注于数字地球建设，才能取得成功。

社会各界的合作发展数字地球，必须解决与高分辨率地理信息相关的不断严重的隐私和道德问题。GPS 技术和射频识别（RFID）等技术可以跟踪记录任何事物任何时刻所处的位置。高分辨卫星成像，可以识别地面小于 1m 跨度的对象，地面成像可以识别人脸和车牌，创造了 Dobson 和 Fisher 提出的地理奴役*（Geoslavery）世界。目前关于保护隐私的工作才刚刚起步，比如有些国家要求 Google 街景模糊车牌和人脸，美国的移动电话对于位置信息的服务提供者有严格的限制。反对者可以把他们的位置信息通过 FourSquare 或者 Google Lattitude** 发布。目前，需要制定隐私保护条例，在极端全面位置共享和全面位置保护之间，找到一条容易接受的、折中的方案。至少，任何个人可以通过开启或者关闭开关，达到随自己的意愿保护或者共享位置信息的目的。第一代数字地球的功能有限，随着技术快速发展，几年之前不可想象的技术得以实现，人类需要更好的方法认识地球系统本质和结构，对地球科学的知识发现需要和社会大众相结合，社会大众越来越关心地球的未来变化趋势。我们也一直在呼吁，访问地球未来的科学基础数据是每个人的基本权利，无论国家政策如何，都应该对每个人开放，并且以公众容易理解的方式开放。我们只有一个地球，我们都关心地球的明天。数字地球是最可能和最理想的方式组织、可视化和应用这些数据。

6. 技术系统观点（李德仁院士的观点）

Al Gors 等人认为数字地球是属于纯"技术系统"或"信息技术系统"，是各种遥感数据按地球经纬网格进行整合与综合分析的技术系统。以李德仁院士为首的专家对数

---

　*　地理奴役（Geoslavery），指通过 GPS 等位置服务技术（LBS），对人或者动物进行实时监控。
　**　Foursquare 和 Google Lattitude 是两种提供用户地理位置信息的社交网络网站，用户可以通过手机等移动设备分享自己的地理位置信息。

字地球与智慧地球理解基本上与 Al Gors 相同，是"三个"技术系统与网络技术相结合的空间信息系统。

Al Gors 在 1998 年首先提出了"数字地球是指数字化虚拟地球场景"。即数字地球是一个无缝覆盖整个地球信息模型。它既能出自资源、环境、社会和经济的相互关系，又能使人们对地球容易理解和了解。

李德仁院士（2012）将数字地球技术系统归纳为以下五个方面：

（1）天地一体化的空间信息快速获取技术。

（2）海量空间数据的调度管理技术：包括 TB（Peta Byte）级数字后的高效索引、数据库、分布式、存储等技术。

（3）空间信息可视化技术：主要是三维可视化技术，包括可感知、可分析、可控制和可计算等。

（4）空间信息分析与挖掘技术：形成大面积无缝的立体正射影像和沾目标物（街道、河道、道路、河谷）实景影像。

（5）网络服务技术：通过网络整合各种资源、环境、社会和经济信息，通过 Web Service 向大众提供服务。

第二节　从数字地球到智慧地球

数字地球（Digital Earth）与智慧地球（Smart Earth）属地球科学信息化领域。信息化是指采用信息技术为主体的现代高技术的技术系统，包括：数字化、网络化、电脑化和智能化在内。地球系统的信息化是指采用现代信息高技术系统研究地球系统现象与过程的科学技术系统，包括了地球系统信息化的基础理论，技术或信息基础设施及应用服务三大部分。数字地球与智慧地球属于地球系统信息化的两个发展阶段。数字地球包括了数字化网络化和电脑化在内，属于地球系统信息化的初级阶段。而智慧地球，则在数字化、网络化和电脑化的基础上，进一步智能化的技术系统，属于地球系统信息化的高级阶段。

对于数字地球与智慧地球存在两种观点：一种认为不论是数字地球，还是智慧地球，都是属于信息技术系统领域，不涉及它们的基础理论。另一种则认为，数字地球与智慧地球属于现代科学领域，或科学技术领域，除了技术和应用服务外，它们还涉及基础理论，没有基础理论是不成的，而且它们是新的学科或新的科学技术领域。因为不论是数字地球，还是智慧地球，都是地球系统的过程作为研究对象，首先要对地球系统的理论有一定的了解，包括地球系统的方法论一定要熟悉。如果不具备地球系统的基础理论知识，对数字地球或智慧地球，即使作为技术系统，也是认识和理解不深，不会有好的结果，至少也是不完备的。

一、智慧地球技术系统

李德云与潘云鹤两位院士，对智慧地球技术系统提出了"物联网"和"云计算"技术是智慧地球技术系统的核心，并认为智慧地球技术系统共有两个要点。

（1）"物联网"技术是指通过射频识别、红外感应器、全球定位系统（GPS）、激光扫描器等信息传感设备，按规定的协议，把任何物品与互联网连接起来，进行信息交换和通信，以实现智能化识别、定位、跟踪与监控、管理一体化的网络系统。物联网实现了人与人、人与机器、机器与机器的互联互通。估计到 2017 年时，将有 7 万亿个传感器为全球 70 亿人服务。物联网将打破传统物理设施与 IT 设备分离的局面，并与水、电、气、路一样成为通用的公共基础设施。

（2）"云计算"（Cloud Computing）技术，是一种互联网计算机模式，是分布式计算和格网（Grid Computing）技术的发展，是一种完全脱离硬件的虚拟化的计算技术，使得软件和交互服务与硬件无关。云计算中心通过软件的重用和柔性重组，包括服务流程的优化与重构，提高了效率，实现了信息服务的社会化、集约化和专业化。云计算促进了软件资源聚合，信息共享和协同工作，形成了面向服务的计算技术系统。云计算能对"大数据"（Big Data）进行计算与分析，能进行各种精准的、快速的复杂计算和服务。

二、智慧地球的特点

李德仁院士认为智慧地球具有以下五个特点（略有修改）：

（1）智慧地球是建立在数字地球技术系统基础上的，是数字地球的发展与高级阶段，具有智能化的特征。

（2）智慧地球具有一定的自组织功能，能够实现自己组网、自我维护、自动调控和组织接办任务，自动化、智能化水平比较高。

（3）智慧地球与实现世界能融为一体，物联网使智慧地球与客观世界密切联系起来，并融为一体。

（4）智慧地球技术系统实现了全方位的服务，个性化的服务，达到了"无处、无时不在，无所不包，无所不能"的从"e 战略"到"u 战略"的目标。

（5）智慧地球的技术系统中，信息技术的物理形态（硬件如电脑等）可以不再存在，但它们不仅存在，而且得到加强。

三、智慧地球的应用前景

李德仁院士等对智慧地球的空间应用前景作了很好的描述，在物联网与云计算技术的支持下，将实现世界与数字世界的完全融合，达到了以人为本的全方位的服务，主要包括：

（1）位置云：包括美国的 GPS，俄罗斯的 GNSS，欧共体的 Galedio，以及中国的 Compass 卫星导航定位系统，提供全球覆盖的精准实时定位服务。用户将卫星定位信息传送到位置云服务中心，只需 1 秒钟时间就可以获得精准位置信息。

（2）遥感云：在云计算平台的支持下，将大数据的、复杂的遥感资料进行精准的处理和分析，并实时获得所需的信息。这个遥感云平台称为"Open RS-Cloud"。

（3）空天地一体化的传感网与实时 GIS。一体化的空天地传感器网，可以按照用户需求制定卫星轨道及观测角度，用特定空间与光谱分辨率获得所需的数据。

（4）视频与 GIS 的融合：将分布在所监测地方的元数据传感器数据接入 GIS 平台，并通过云计算中心处理后，获得所需信息，达到实时精准监控的目的。

（5）智能手机作为无处不在的传感器，并与泛在网相连接，可以使得人人都是移动传感器，可以获得人们所需的地方，所需的信息，包括位置信息和影像信息。

（6）室内与地下空间定位及导航：卫星遥感与遥测无法到达的室内、地下空间如矿井内，传感器和地面无线信号进行定位，可以采用陀螺仪，电子罗盘，摄像头等作为传感器。地面无线信号包括无线通信网，无线数字电视，蓝牙，WiFi，射频信号等无线信号。将卫星定位导航、传感器定位导航和无线信号定位导航技术综合，可以实现地下定位的目的。

四、潘云鹤院士的观点（智慧地球）

智慧地球和以往的相比，具有"更加透彻的感知，更全面的互联互通，更深入的智慧化"特征。智慧地球的目标是让世界的运转更加智能化、个性化，包括企业、组织、政府，自然和社会之间的互通，提高效率和效益。智慧地球和数字地球不同，它不仅指技术化的本身，还更强调服务，无处不在的服务模式，原有的运行方式，文化和行为都要改变。智慧地球是挖掘社会的智慧潜力，发挥智慧的作为，强大的生产力作用。

1. 数字地球特征

数字地球把遥感技术、地球信息系统和网络技术与可持续发展等社会需要联系在一起，为全球信息化提供了一个基础框架。而物联网是通过射频识别（RFID）、红外感应器、全球定位系统、激光扫描器等信息传感设备，按约定的协议，把任何物品与互联网连接起来，进行信息交换和通信，以实现智能化识别、定位、跟踪、监控和管理的一种网络。我们将数字地球与物联网结合起来，就可以实现"智慧的地球"。

把数字地球与物联网结合起来所形成的"智慧地球"将具备以下一些特征：

第一，"智慧地球"包含物联网。

物联网的核心和基础仍然是互联网，是在互联网基础上的延伸和扩展，其用户端延伸和扩展到了任何物品与物品之间，进行信息交换和通信。物联网应该具备三个特征：

（1）全面感知，即利用 RFID、传感器、二维码等随时随地获取物体的信息；

（2）可靠传递，通过各种电信网络与互联网的融合，将物体的信息实时准确地传递出去；

（3）智能处理，利用云计算，模糊识别等各种智能计算技术，对海量的数据和信息进行分析和处理，对物体实施智能化的控制。

第二，"智慧地球"面向应用和服务。

无线传感器网络是无线网络和数据网络的结合与以往的计算机网络相比，它更多的是以数据为中心。由微型传感器节点构成的无线传感器网络则一般是为了某个特定的需要设计的，与传统网络适应广泛的应用程序不同的是无线传感器网络通常是针对某一特定的应用，是一种基于应用的无线网络各个节点能够协作地实时监测、感知和采集网络分布区域内的各种环境或监测对象的信息，并对这些数据进行处理，从而获得详尽而准确的信息并将其传送到需要这些信息的用户。

第三，智慧地球与物理世界融为一体。

在无线传感器网络当中，各节点内置有不同形式的传感器，用以测量热、红外、声呐、雷达和地震波信号等，从而探测包括温度、湿度、噪声、光强度、压力、土壤成分、移动物体的大小、速度和方向等众多我们感兴趣的物质现象。传统的计算机网络以人为中心，而无线传感器网络则是以数据为中心。

第四，智慧地球能实现自主组网、自维护。

一个无线传感器网络当中可能包括成百上千或者更多的传感节点，这些节点通过随机撒播等方式进行安置。对于由大量节点构成的传感网络而言，手工配置是不可行的。因此，网络需要具有自组织和自动重新配置能力。同时，单个节点或者局部几个节点由于环境改变等原因而失效时，网络拓扑应能随时间动态变化。因此，要求网络应具备维护动态路由的功能，才能保证网络不会因为节点出现故障而瘫痪。

2. 智慧地球的架构及其典型应用

1）智慧地球架构

如图 17.2 所示，智慧地球可从以下四个层次来架构：

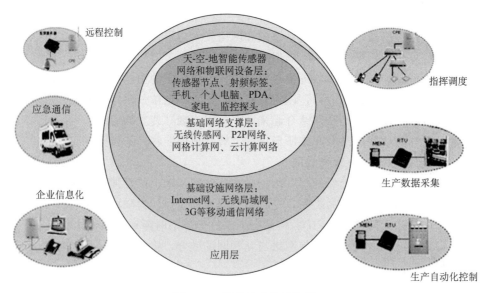

图 17.2　智慧地球的架构图

（1）物联网设备层：该层是智慧地球的神经末梢，包括传感器节点、射频标签、手机、个人电脑、PDA、家电、监控探头。

（2）基础网络支撑层：包括无线传感网、P2P 网络、网格计算网、云计算网络，是泛在的融合的网络通信技术保障，体现出信息化和工业化的融合。

（3）基础设施网络层：Internet 网、无线局域网、3G 等移动通信网络。

（4）应用层：包括各类面向视频、音频、集群调度、数据采集的应用。

2）智慧地球典型应用

"智慧地球"的目标是让世界的运转更加智能化，涉及个人、企业、组织、政府、自然和社会之间的互动，而他们之间的任何互动都将是提高性能、效率和生产力的机会。随着地球体系智能化的不断发展，也为我们提供了更有意义的、崭新的发展契机。

除了在国防和国家安全的应用外，"智慧地球"在各行各业将会有着很广泛的应用，下面列举一些具体的典型应用。

（1）城市网格化管理与服务。"智慧的地球"可以更有效地实现城市网格化管理和服务。例如，武汉市有 200 多万个部件设施，800 多万人，每年超过 60 万件事情，我们可以通过智能采集数据、智能分析，将这些部件设施、人口、事件进行有效的管理和服务。

（2）智能交通。智能交通系统通过对传统交通系统的变革，提升交通系统的信息化、智能化、集成化和网络化，智能采集交通信息、流量、噪音、路面、交通事故、天气、温度等，从而保障人、车、路与环境之间的相互交流，进而提高交通系统的效率、机动性、安全性、可达性、经济性，达到保护环境，降低能耗的作用。图 17.3 为基于智慧地球的智能交通图。

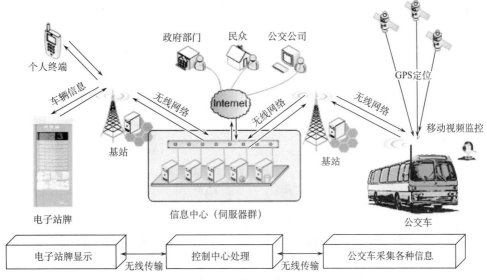

图 17.3　基于智慧地球的智能交通

（3）数字家庭应用。如图 17.4 所示，不论我们在室内还是在户外，通过物联网和各种接入终端，可以让每个家庭都能感受到智慧地球的信息化成果。

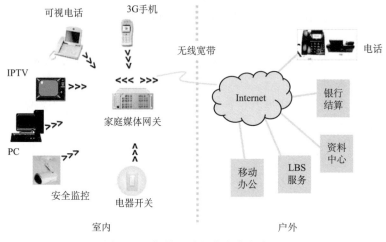

图 17.4　智慧地球的数字家庭应用

（4）智能医疗。基于智慧地球，提供远程诊断、培训、视频会议等视频服务，提供即时通信等短信服务，可以实时使用医学研究资料库，可以实现电子病历、影像远程处理，如图 17.5 所示。

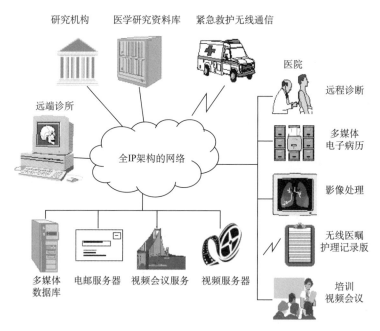

图 17.5　智能医疗服务

在全球时空无缝覆盖的信息获取、信息传输的基础上，在网络计算与高性能计算的支持下，实现以人为本的智慧地球是完全可能的。现在部分目标已经实现，从数字家庭到智慧家庭，从数字社区到智慧社区，从数字城市到智慧城市，从数字区域到智慧区域，再到智慧国家，再到智慧欧洲，美洲、亚洲，再到智慧地球是完全顺理成章的，是完全可能的。以满足每一个人的需求为目标，即"以人为本"目标是地球科学方法的未来的远景定能实现。

智慧地球在 u-战略的基础上达到了全球无缝覆盖、实时准时的监测与数据获取，全球无缝覆盖的，包括所有人与物的实际的通信/泛在网、物联网，通过云计算技术进行大数量的，复杂的计算和处理，虚拟与可视表达将计算结果进行二维，三维，四维和多维的表达，通过 ESM 和 SOA 等技术实现全方位的服务，通过 Google Sky，Google Earth 和 Glass Earth 对整个地球的理解与认识。

建立移动互联网基础上的物联网和以 GEOS 无线传感器网络与观测台站为基础的全球无缝覆盖的数据聚集与传输系统是智慧地球的"电子皮肤"，而以 Web，Grid Computing 与 SOA、ESMF 组成的高性能计算，是智慧地球的"数字神经系统"，它们共同构成了"智慧地球"。

第三节　数字地球和智慧地球的区别

一、学科领域的新观点

关于"数字地球"与"智慧地球"基本上有两类不同的看法，一为"技术系统观点"，持这种观点的代表人物有 Al Gars，潘云鹤院士，李德仁院士，他们的主要观点在上面作了简要的介绍。现在主要介绍第二种观点"学科新领域观点"。我们认为不论是"数字地球"还是"智慧地球"，是属于地球信息科学或信息技术科学的新分支的"学科发展的两个阶段"。地球信息科学或地球信息科学技术，既有自己的独立思想的理论体系，又有独立的研究方法和技术手段，有明确的应用与服务对象，具备形成学科的基本条件。所以可以把它定为"地球科学"的新的分支领域，即地球信息科学新领域，或新的学科分支领域。

由于数字地球与智慧地球同属于地球信息科学技术领域的不同发展阶段，所以它的理论、技术和应用三个方面都有相同之处，发展水平阶段存在差别。尤其是它们的理论基础，数字地球与智慧地球基本相似，只略有区别。两者的技术系统（信息基础设施）与应用服务则有较大差别，现在分别简介如下。

1. 基础理论

（1）数字地球：包括地球科学的基础理论及与其相关的科学方法论，如地球系统方法论，地球信息方法论等。

（2）智慧地球：在数字地球基础理论的基础上，侧重地球系统的自组织、自适应、自更新和自动调节与控制的"地球系统智能体"理论，包括 Gaia 假说等。

　　不论是数字地球还是智慧地球都是以地球系统过程或现象作为研究对象的。关于地球系统科学的基础理论，已经积累了很多，而且对于数字地球与智慧地球是非常主要的，如地球系统过程与现象的复杂性与不确定性理论以及物理学中量子学的"测不准"与"不确定性原理"。在地球科学中，地球系统过程的数据也存在"测不准与测得准并存与不对称现象"和某些数据的不确定性特征，还有地球系统过程的波动性，节律性和不确定性特征等基础理论。对于数字地球和智慧地球来说，都是非常重要的和必不可少的知识。如果人们对于地球系统过程的上述数据一无所知，很难想像会有好的结果，因为"数据"是数字地球与智慧地球技术系统的基础。同样对地球系统过程的波动性、节律性和不确定性了解不深，甚至完全不了解，很难想象对数字地球或智慧地球技术结果进行分析会得出科学的、正确的结论。

　　对于智慧地球来说，还应具备地球系统过程的"自组织"、"自适应"、"自调控"等基础理论和"信息图谱"的各类"诊断图谱"或"诊兆图谱"等理论基础，否则也很难做出科学的监测、预测。

2. 信息技术系统/信息基础设施

　　1）数字地球

　　（1）全球数据无缝覆盖精准快速获取技术：包括遥测及传感器，视频监视器网络技术，地上、地面及地下的信息精准快速获取技术系统。

　　（2）全球无缝覆盖的信息大容量精准传输技术，包括移动宽带互联网、万维网、格网的精准实时传输技术系统。

　　（3）网络计算机与高性能计算技术，包括 Web，Grid Computing 技术，能够进行海量数据的种种复杂计算的技术系统。

　　（4）虚拟与三维立体可视化技术，包括可量测可分析等可视化技术系统。

　　（5）模型与模拟实验技术系统。

　　2）智慧地球

　　（1）物联网系统，在数字地球技术系统的基础上，通过物联网实现人与人、人与物、物与物之间的信息交换，达到全球无缝覆盖的信息获取（地上、地面、地下、水下）及信息传输技术系统，要求达到精准与实时的目的。

　　（2）云计算系统，实现大数据（Big Data）和各种复杂的精准、实时计算与分析，IT 的有关物理形态（硬件）可以不再存在，但它们的功能则得到加强，并具有自组织、自适应、自调控和设计与规划、安排任务的功能，具有高度的自动化和智能化及特征。

　　（3）技术大融合系统，包括空间信息（ICT）与管理信息（MIS）信息的融合，信息化与工业化技术的融合。

　　3）应用与服务

　　（1）数字地球基本上属"e 战略"阶段包括：①EOS、GEOS 和 G^3 OS；②Google Earth，Glass Earth；③完成国家国际合作研究，NASA 的 ESE 计划，ESA 的 GMES 计划。

　　（2）智慧地球开始进入"u 战略"阶段，基本上可以达到"无所不包、无所不能和无处不在"的全方位服务（生产、生活）和以人为本的"个性化服务"的目标。包括：①从智慧地球到智慧城市、智慧农业；②地球"电子皮肤""地球神经系统""地球系统智能体"等；③地球边区划与规划，地球工程（表 17.1）。

（3）将单凭智能化手机，就能与全球立体的或多维的无缝覆盖的电子皮肤（各种传感器，视频系统）与数字神经系统（网络电脑与云计算）24 小时连接个性化全方位（生产、生活）服务。

表 17.1　数字地球、智慧地球应用

	数字地球（Big Earth）	智慧地球（Smart Earth）
1. 基础理论 2. 技术框架/信息基础设施	地球系统基础理论与方法的原理原则。 （1）信息获取：传统方法与信息方法（遥感、遥测）相结合与地面地下水下传感器，视频检测器网络，基本上全球大部分地区的信息。 （2）信息传输：在互联网、万维网和格网的支持下实现大部分地区的信息畅通和大数据传输。 （3）信息处理：在网络计算机支持下，实现 Web, Grid Computing 及各种校正，特征提取，整合与分析。 （4）虚拟与三位可视化表达。 （5）简单的建模与模拟实验。 （6）基本上实现数据获取，数据传输的全球大部分地区覆盖。 （7）EOS、GEOS、G³OS。 （8）Google Earth, Wind, Glass Earth	在一般基础理论与方法论的基础上，强调地球系统的自组织，自适应与自更新发展其自动调控理论。 （1）在物联网/泛在网的支持下，在数字地球数据获取与信息传输的基础上，实现了人与人，人与物，物与物的全面通信与全球无缝覆盖的信息获取与信息传输，而且实时与精准。 （2）在云计算的支持下，在数字地球的网络计算技术基础上，实现了 Cloud Computing，实现了大数据与各种复杂计算，并具有一定的自组织、自适应、自修复，自更新与发展的，自动调节的自动综合与分析的智能化功能。IT 技术的物理形态（硬件）可以不再存在，但 IT 功能得到加强，可以进行复杂的计算与分析。 （3）实现了大融合：包括技术与技术，技术与科学，技术与艺术，空间信息技术与管理信息技术，信息化与工业化的融合。 （4）多维可视化虚拟表达与建模、模拟实验
3. 应用与服务	基本上属于"e 战略"范畴 G³OS, GCOS, GOOS, GTOS Google Earth Glass Earth 简单的有限的应用	已进入"u 战略"范畴 地球"电子皮肤"，地球"神经系统" 地球智能体与地球工程 基本上无时、无处不在和无所不能的生产、生活全方位服务，以人为本的个性化服务

二、从数字城市到智慧城市

1. 智慧城市的基本概念

从数字城市（Ditigal City）到无线城市（WiFi City 或 U-city）到智慧城市（Smart City），是城市信息化的高级阶段。信息化的过程从数字化到网络化，到智慧化经历了三个发展阶段。实际上，信息化就是指计算机网络化的过程，就是将城市的基础地理，基础设施基础功能包括与城市有关的资源，环境、社会经济数字化，网络化与智能化。

从发展战略来看，是从 e 战略到 u 战略的发展过程，即从以技术作为重点，发展为以服务作为重点，而且是全方位服务，满足生活和生产各方面的需求，必须实现智能化才能达到这个要求。人们需要什么，计算机网络就立刻提供什么。现将数字城市，无线城市及智慧城市作一简单的比较，如表 17.2 所示。

表 17.2　数字城市，无线城市及智慧城市比较表

项目	数字城市	无线城市	智慧城市
计算机 网络 计算技术 功能战略	PC 各类计算机 互联网，万维网为主 万维网（Web Computing） 简单计算 e 战略 网络到达之处，人与人 通信 异地同构数据通信	各类计算机 无线宽带网 格网（Grid Computing） 大数据计算 e 战略 无处无时不在 人与人通信 异地同构，异数据通信 闲置计算机，数据模型 部分，外设共享	各类计算机平行处理，大型计算机 物联网 云计算（Cloud Computing） 大数据，复杂计算 e 战略 无所不包，无所不能 人与人，人与物，物与物通信 需要什么都可以联网共享，具有 自组织，自调整，自治功能

智慧城市是指数字城市，无线城市的基础，充分发挥物联网、云计算人工智能，实现生产生活全方位，实时、准实时全球无缝覆盖的智能化的服务技术系统，智慧城市使生产更加自动化与高效率、高效益，使生活更加方便，舒适和安全的以服务为目标的全自动化智能化的新概念。

2. 智慧化城市的主要内容

1984 年康涅狄格州的哈特福德都市大厦称为世界上最早的智能建筑目前，已经有一批 5A 级的智能建筑，即设备自动化（Building Automation）、通信自动化（Communication Automation）和办公自动化系统（Office Automation）、防火自动化（Fire Automation）、保安自动化（Safety Automation）。

智能交通系统是将先进的信息技术、通信技术、传感技术、控制技术以及计算机技术等有效地集成运用于整个交通运输管理体系，而建立起的一种在大范围内、全方位发挥作用的，实时、准确、高效的综合的运输和管理系统。早在 20 世纪 80 年代，世界一些发达国家就开始投入智能交通系统的研究与开发。

u-City 是一个可以把市民及其周围环境与无所不在技术（Ubiquitoustechnology）集成起来的新的城市发展模式。u-City 把 IT 包含在所有的城市元素中，使市民可以在任何时间、任何地点、从任何设备访问和应用城市元素。u-City 发展可以分为互联阶段（Connect）、丰富阶段（Enrich）、启发阶段（Inspire）。互联阶段偏重信息基础设施建设，如布设无线网络、安装传感器；丰富阶段偏重于提供无所不在的服务；启发阶段偏重于智能化应用，即利用无所不在技术，特别是无线传感器网络，达到对城市设施、安全、交通、环境等智能化管理和控制。

利用物联网、云计算、人工智能、数据挖掘、知识管理等技术，在电子政务、两化深度融合、社会信息化三大领域开展创新应用。

建设智慧的城市基础设施有两层含义：一是城市道路以及给排水管网、燃气管网、路灯等市政设施要智慧。例如，道路能够根据干燥度自动启动洒水装置；燃气管道能够探测压力等参数，出现异常时自动关闭并通知维修，以防爆裂。二是网络等城市信息基础设施要智慧。例如，建设无线城市，推进三网融合，建设云计算中心，使城市信息基础设施满足人们"即需即供"的需求，像使用水、电一样方便。实际上，城市信息基础设施应该作为城市基础设施的一部分，纳入城市规划建设范畴。

在电子政务领域，要建设"智慧政府"，包括办公智能化、监管智能化、服务智能化、决策智能化四大领域。各地、各级政府部门可以根据实际情况选取"智慧政府"建设的切入点，如办公智能化系统、政府知识管理系统、具有人脸识别功能的智能视频监控系统、智能远程监测和预警系统、智能应急联动系统、智能执法系统、场景式服务网站、政务智能（GI）系统、信息共享和业务协同、Web2.0技术应用等。

在两化融合领域，要以提高工业生产自动化、智能化程度为目标，开展"工业物联网"应用试点示范工作。将物联网技术应用到物流管理、生产过程控制、生产设备监控、产品质量溯源、工业企业节能减排和安全生产等领域。发展"无人工厂"，通过进料设备、生产设备、包装设备等的联网，提高企业产能和生产效率。在工业企业大力推广无线射频识别（RFID）、机器对机器（M2M）、微传感器（MEMS）、智能工业机器人等技术，将SaaS、云计算等技术应用到企业信息化服务平台建设。

在社会信息化领域，重点发展"未来学校"、"未来教室"、E-Learning，促进优质数字化教育资源共建共享，完善教育公共服务体系。发展基于"电子病历"的智能健康服务系统、远程关爱（Telecare）系统。发展智能社区、智能住宅、智能家居系统，推广虚拟养老院、电子保姆等。实施"电子包容行动计划"，建立高度包容的信息社会，消除数字鸿沟。

在"智慧城市"中，政府管理的物体（包括自然物、人工物）能够感知环境并自动做出相应动作，或将采集的信息发送到处理中心。例如，森林火灾探测器一旦探测到火情，就立即发出报警信息，启动指挥中心的警报。又如，安置具有人脸识别功能的视频监控系统，探头捕获儿童的人脸后，与走失儿童数据库中的儿童人脸特征进行比对，如果符合，就自动提示警察前去看护，并通知走失儿童的家长。

"智慧城市"拥有强大的数据处理能力，并将数据转化为信息、知识。利用云计算平台强大的数据处理能力，"智慧城市"每天可以处理海量数据，发现政府职能范围内的一些事情。例如，通过城市规划图与遥感现状图的比对，自动标出违法建筑，进行统计分析，并调取有关资料。

数字城市、信息城市是被动地接收企业和社会公众的公共服务请求，而"智慧城市"是主动地发现企业和社会公众的公共服务需求，能够提供个性化的公共服务，并提前做好准备。例如，"智慧城市"的门户网站可以通过分析某个客户的网站浏览记录、办事规律等，或分析注册客户的信息（年龄、职业、收入情况等），主动地推送一些服务。

实践表明，信息化发展水平与信息产业发达程度存在一定正相关性。也就是说，一个地方的信息产业越发达，该地方的信息化发展水平往往越高。物联网、云计算等新一代信息技术产业是建设"智慧城市"的重要基础。要建设"智慧城市"，必须重视发展新一代信息技术产业，使两者形成良性互动。

各地要认真贯彻落实《国务院关于加快培育和发展战略性新兴产业的决定》，抓住机遇，加快培育和发展新一代信息技术产业。因地制宜，有选择性地发展物联网产业、云计算产业、三网融合产业、移动互联网产业以及支撑两化融合的生产性服务业。

智慧社区与智慧家庭，包括智慧个人等是智慧城市的主要组成部分。一个远离家庭百里、千里之遥的白领工作人员，或是他正在飞行的旅途中，可以通过无线网和视频技术系统，清楚地看到家中发生的一切，对孩子、老人活动状况也能和在家一样的照顾。自己身上可携带有关自动诊断仪器，通过无线网将健康状况实时传给医院和私人医生，医生的嘱咐也可以实时通知，即使在百里、千里之外或飞机等交通工具旅行中，都不会耽误个性化服务。

3. 智慧城市进入规划建设发展阶段

随着传感网、物联网、云计算、4G 移动通信、卫星导航定位系统、高分辨率遥感等新型信息技术迅速发展和深入应用，信息化发展正酝酿着重大变革和突破，由原来的数字化、智能化向更高阶段的智慧化发展已成为必然趋势，数字城市有了更丰富的内涵，正在向智慧城市迅速发展。无论是国家层面，还是省市层面；无论是学术领域，还是技术领域；无论是政府部门，还是企业部门，都非常重视智慧城市的规划与发展。

1）云计算与物联网推动智慧城市发展

"云计算"被誉为继个人电脑、互联网之后，信息技术领域的第三次变革浪潮。"云计算"已经从一个模糊的概念变成了整个 IT 产业清晰的发展方向。"云计算"通过计算资源的集约化合虚拟化，可以实现 IT 资源的物理集中和逻辑分隔，促进 IT 资源的整合与共享，以及应用的低成本、高可靠性、可扩展性及业务敏捷，更好地开发利用信息资源，正在改变我国的城市信息化进程。

2011 年是我国云计算从云端走向应用的一年。虽然云计算技术应用于城市信息化的顶层设计、应用模式、管理体制还处于摸索阶段，但是，国家高度重视云计算技术对 IT 产业的影响。2011 年 3 月，国家"十二五"规划纲要将云计算列为新一代信息技术产业的发展重点。2011 年财政部政府采购工作要点，将云计算等新型服务业纳入政府采购。2011 年 11 月，国家发改委正式授权北京、上海、深圳、杭州、无锡五个城市为云计算试点城市，开展云计算服务创新发展试点建设。与此同时，多个城市正在实施名目各异的"云计划"，如北京的"祥云计划"、上海的"云海计划"、天津的"翔云计划"、重庆的"云端计划"、广州的"天云计划"、武汉的"黄鹤白云"计划、西安的"高新云"和"长安云"构成的"双云战略"、宁波的"星云计划"等。然而，民众感受比较深的云计算应用是"云存储"服务。云存储服务以"安全、省心、方便"的理念将云存储引入民众的日常生活，具备网络同步、备份共享功能，给工作和生活带来便利。

推动城市信息化发展的另一项新技术就是物联网。物联网是"物质相连的互联网"，是在互联网基础之上的延伸和扩展的一种网络，借助于类型多样、功能各异的传感器与定位技术，诸如射频识别技术（RFID）、红外感应技术、全球定位系统、激光扫描技术等，把任何物品与互联网相连接，进行信息交换和通信，实现智能化识别、定位、跟踪、监控和管理。物联网的用户端延伸和扩展到了任何物品与物品之间，进行信息交换和通信。物联网用途广泛，遍及智能交通、环境保护、政府工作、智能消防、老人护理、个人健康等多个领域，是继计算机、互联网与移动通信玩之后的又一次信息产业浪潮。

我国非常重视物联网的发展，自 2009 年温家宝总理在无锡视察工作时提出"感知中国"的概念以来，无锡部署了"感知中国中心"（包括建设传感网创新园 、传感网产业园和信息服务园），并规划至 2015 年总投资 40 亿元，建成引领中国传感网技术发展和标准制订的中国物联网 产业研究院。2011 年 11 月，工业和信息化部印发《物联网十二五发展规划》，认为物联网是战略性新兴产业的重要组成部分，对加快转变经济发展方式具有重要推动作用，并提出了到 2015 年的发展目标，并将在"攻克核心技术、构建标准体系、推进产业发展、培育骨干企业、开展应用示范、规划区域布局、信息安全保障、公共服务能力"等八个方面实施一系列重点工程。这必将加速物联网的建设，从而促进城市信息化的发展。

2）国家部委力推智慧城市规划与建设试点

2010 年年底，武汉与深圳一起，被科技部列为国家"863 智慧城市"主题项目试点城市，开启了我国城市信息化的新阶段，步入智慧城市发展时期。2011 年 1 月以来，武汉按照"十二五"规划，举全市之力推进智慧城市建设，成立了以市政府主要领导牵头的智慧城市建设领导小组，全面整合科技、发改、城建、电信、广电、交通、卫生、环保、规划、城管等多部门力量，全方位推进智慧武汉建设。武汉科技局投入 1000 万元面向全球公开招标，分"概念设计"与"总体规划与设计"两个阶段的全球公开招标，并形成了局有理论科学性和战略前瞻性的总体规划与设计方案。武汉市科技局本着"总体规划先行、行业应用并举"的发展思路，努力丰富武汉"智慧城市"建设的内涵和体系，在城市交通、市政管理、医疗卫生、文化教育、公共安全等 12 个重点领域制订未来 5～10 年发展路线图，并着手实施一批应用示范工程，组建一批行业创新平台，支持一批重大高新技术产业化项目，构建"规划设计—技术创新—示范推广—应用服务"的武汉"智慧城市"建设与发展模式。

深圳充分发挥信息通信产业发达、信息化基础设施优良等优势，推动"智慧深圳"建设。2011 年 10 月，国家超级计算深圳中心、深圳市云计算产业协会与太平洋电信签署战略合作协议，以基础架构云为核心，为云计算落地提供重要的基础支持，推动深圳市云计算"十二五"产业发展，加快深圳市"十二五"规划目标"智慧深圳"的实现进程。在 2011 年 11 月发布《深圳市"十二五"规划纲要实施方案》中，在"智慧深圳"与信息化建设方面，明确要实施信息设施跃升计划，无线宽带网络覆盖率超过 83%，互联网普及率超过 80%，全面推进光纤入户，提高宽带接入能力。至 2012 年，智慧深圳的手机"网上交警"栏目，为市民提供"交警微博、出行提示、业务办理、法规宣传"等便民直通车业务；"网上交警"的"短信敬高执法、我来拍违章、我来报路况、轻微交通事故快处快赔"等特色应用服务深受市民的欢迎，目前已发展移动用户 110 万，极大地拉近了市民与政府的距离，此外，智慧深圳"城管通"、"警务通"、"智能交通管理"等一系列信息化服务广泛应用于公安执法、人口管理、环境监测、气象预警、政务公开、应急指挥等领域,有效协助政府提高了城市管理水平。

3)众多城市积极开展智慧城市规划与建设

在信息建设发展推动、城市管理与服务需求牵引以及国家政策引导下,2011年我国智慧城市的发展势头强劲,包括北京、上海等直辖市,广州、武汉等省会城市,宁波、扬州等其他城市都在积极开展智慧城市规划与建设工作。

在"十一五"时期,北京市累计建设基站约1.8万个,具备20M宽带接入能力的用户超过176万户。在实施"感知北京"示范项目与"祥云工程"行动计划以来,2011年底北京市整体网民数量接近1400万人,普及率达到70.3%,位列全国第一,城市信息化建设已达到世界发达国家主要城市的中上等水平,数字北京基本实现。在此基础上,北京在"十二五"期间大力推进智慧城市建设,包括加速快无线物联网专网和无线宽带专网等网络基础设施建设,推进感知北京示范工程项目,建设物联网特色产业园区,积极推进物联网在公共服务、交通管理、卫生医疗等领域的应用。北京计划投资1000亿元建设城市高速信息网络,培育10个具有国际影响的企业。到2015年云计算的三类典型服务(LaaS、PaaS、SaaS)形成500亿元的产业规模,带动产业链形成2000亿元产值,云技术应用水平居世界各主要城市前列,成为世界级的云计算产业基地。

2011年7月,天津市委提出,"十二五"期间天津要加速构建"智慧天津"的战略部署,推动天津市信息化向更高阶段迈进;明确了"三步走"的时间表,就是三年打基础、五年大发展、十年成格局。具体而言,就是到2013年,天津市将培育出若干产值超千亿的战略性新兴产业,"物联网"产业得到起步,智能化城市示范工程基本建成。到2015年,天津市将培育形成若干个接近或达到世界先进水平的战略性新兴产业群,数字化、网络化、智能化、无线化成为市民生活工作的主要方式。到2020年,"智慧天津"基本建成,届时天津将成为智慧基础设施完善、智慧应用水平显著提升、智慧产业领先、具有现代化、智能化的北方经济中心和国际港口城市。

2011年9月,上海市政府公布的《推进智慧城市建设2011—2013年行动计划》,未来3年内,上海规划基本建成真正意义的宽带城市、无线城市;使信息产业总值规模达到1.28亿元,成为国内新一代信息技术创新引领区和产业聚集区。构筑智慧城市,上海电信从蓝图上做好了准备,超前发展基础通信能力;全面启动技术上海城市光网行动,实现光纤进楼到户,用3年时间达到"百兆到户"、"千兆进楼、百万兆出口"的网络覆盖和光纤上网。

2011年9月,重庆市"市长国际经济顾问团会议第六届年会"在重庆市会展中心举行,这次会议的主题是"城市信息化与信息产业—全球化背景下云端智能城市发展"。会议代表认为:重庆正处于城市化、工业化、信息化的加速发展阶段,需要全力打造云端智能城市建设,其中重点实施"云端计划",前景广阔、机遇众多。会议代表建议:重庆要推动智能城市建设,首先应该不断完善通信基础设施,包括安装高速的宽带互联网,为云计算提供技术支撑;其次要进一步发展本地人才库,来提高互联网的普及,播种创新的种子,使重庆成为全球范围内极具竞争力的知识中心。最后要进一步开发IT工具,用于城市的规划和管理系统。

智慧广州的建设理念是"智慧技术高度集中、智能经济高端发展、智能服务高效便民"。广州市委市政府在"十二五"规划提出建设新设施、发展新产业、研发新技术、推进新应用、创造新生活等5个"智慧广州"的建设方向。根据"智慧广州"的整体构想，天河智慧广州示范中心以智慧、低碳、幸福为主题，聚集了40个智慧广州基础设施、管理、生活、生产场景，120家全球及广州企业的最新技术，并且着重打造智慧八景；智慧之钥、智慧之球、智慧之核、智慧之舱、智慧之窗、智慧之家、智慧之本、智慧之光。

宁波智慧城市建设目标分两个阶段：第一阶段到2015年，建成一批成熟的智慧应用体系，形成一批上规模的智慧产业基地，取得显著成效；第二阶段到2020年，将宁波建设成为智慧应用水平领先，智慧产业群发展、智慧基础设施完善、具有国际港口城市特色的智慧城市。2011年4月宁波市出台了《加快创建智慧城市行动纲要（2011—2015年）》，安排了智慧城市实施路线图、计划书、时间表。未来5年，宁波智慧城市建设共包括31项工程87个项目，总投资超过400亿元。其中，2011年的投资接近50亿元，从应用体系、产业基地、基础设施、居民信息应用能力和发展环境等5个体系全面展开智慧城市建设。

2011年7月，扬州市政府、扬州市卫生局、神州数码在扬州召开项目启动会，打造"智慧扬州区域卫生信息平台"。通过卫生信息数据交换平台，扬州将为市民建立统一的居民电子健康档案，整合医疗卫生资源，完善各类医疗卫生服务应用，为百姓提供安全、有效、方便、价廉的医疗卫生服务。

2011年7月，浙江省有关领导表示要建设"智慧浙江"，认为"智慧浙江"是新时期"数字浙江"建设的全面提升工程，是运用新的信息技术构筑一个感知化、物联化、智能化的浙江，实现更高质、更高效、更科学、更精细、更便捷地动态管理城市经济社会各种活动，实现发展更科学、社会更和谐、人民更幸福。

4）结语

概括来说，2011年城市信息化更加注重"以人为本"，更强调实用性和长效性机制，更为关注IT技术工具与人的社会关系与行为之间的有机结合，从而利用人的社会关系与行为的本质性规律将信息化无缝嵌入，形成内在的推动力，减少信息化过程的阻力，调动全社会的信息化积极性和促进公众参与。同时，在传感网/物联网、云计算等众多新型信息技术的支持下，数字城市的内涵进一步拓展，智慧城市规划与建设成为2011年城市信息化的最强音，城市信息化建设在一定程度上进入了具有"无线、移动、物联、便捷、智能、高效、参与、服务"等特点的新阶段，或者说正在由数字城市阶段走向智慧城市时代。与此同时，如何将社会发展的需求与最新技术发展成果集成构建智慧城市，使得城市政府高效透明、城市环境绿色和谐、城市生活幸福安康，将成为值得关注与探索的城市信息化新课题。在未来的城市信息化进程中，需要进一步关注核心技术创新、信息产业发展以及民众应用服务等关键问题，使城市信息化真正成为促进城市经济社会科学发展的强有力支撑。

第十八章 地球系统工程

未来的地球科学方法的特征是智能化，信息化的高级阶段。地球科学方法的智能化，虽然包含科学幻想的成分在内，但不纯粹是科学幻想，有相当大的科学性和可实现性。地球的"电子皮肤"与地球"数字神经系统"的基本条件已经存在，但要真正实现尚有一段路要走。

第一节 地球的电子皮肤

美国《商业周刊》在 1999 年 8 月登载的一篇文章中称，21 世纪将使地球盖上一层"电子皮肤"。它将利用数亿个智能传感器、软件和网络布满全球，加上数十亿个"数字宠物"、电子感觉器组成"遥测纤维"，实时或准实时获取整个地球的各类信息。天地一体化的、时空无缝覆盖的全球空间数据。就如同人体的皮肤，任何一个地方的变化，都可以实时监测并及时反映到监控中心。

数字地球神经系统就是利用轨道的、空中的和地面的各种传感器，如同人体的神经末梢一样，获得全球各部位的及外界环境的信息，将这些信息通过网络（相当于人体的神经传给遍布全身的网络节点，相当于神经元）经过集成处理后再通过网络传送到信息中心（相当于人体的神经中枢（大脑）），经过集成、分析和决策后，再通过网络返回到节点（神经元），并采取各种应对措施。信息中心（即神经中枢）将分布全球节点采集来的信息进行集成和分析，利用决策支持软件进行集成，并共同组成协同方式的运作，确保决策的正确性和传输的准确性。各种传感器及数据采集系统、高性能计算机及宽带网三者共同组成数字地球的神经系统（JPC，1998）。在第一次海湾战争中，从侦查卫星获得战场信息到设在美国的指挥中心做出决策，并将决策信息返回到海湾战场的指挥员那里，需经历 3h，而现在还不到 3min 时间，将来可能只要 3s，如同人体的神经系统一样迅速。

地球神经系统是数字地球发展的高级阶段，也是数字中国发展的高级阶段，我们坚信这个战略目标一定能够实现，而且很快就能实现。

地球数字神经系统主要包括以下几个方面：扁平式网络结构；无缝天地一体数据采集系统；分布式数据库及服务型管理体系（Google Earth）；组件化、网络化的建模框架（ESMF）与分析预测功能。

一、扁平式网络结构

地球数字神经系统又称地球"电子皮肤"，指对整个地球系统（包括各个领域、各个区域）"了如指掌"、"全局统领"，面对任何一点变化（包括环境变化），像皮肤一样敏感，立刻反映到神经中枢。

随着人类社会进入信息社会，计算机网络将各个领域、各个区域连接成为整体。不仅企业具有数字神经系统的特征，而且地球系统在计算机网络普及的基础上，同样也具有数字神经系统的特点，虽然有所区别，但它们存在共同的特点是都具有"平面结构特征"。它和树枝状结构的区别是，树枝状网络具有层次性的特点，信息传输要经过不同层次的节点，一个一个传输、速度较慢，而且容易出差错；而平面结构网络，各节点可以直接联系，既快速，又可减少出差错的机会，所以平面结构具有很大的优越性。

二、天地一体化无缝数据采集系统

就卫星遥感来说，它的空间分辨率已达 0.6m，地表什么东西都能看到；时间分辨率，如果采用编队飞行方法，可以达到半天重复一次，甚至每隔 2h 一次。光谱分辨率，以高光谱遥感来说，已经达到纳米级水平，可以识别 30 多种矿物，植物类型更多。

近地球表层（地下、地上、地面、水下、水面、水上）的探测技术，近来也得到了飞速的发展。无线精准传感器网络，有线、无线视频监测网络，卫星视频监测网络等得到飞速发展。地表大气污染监测，水体污染监测，地形变与地应力传感器监测网，气象等的无线传感器网络，海流、海水温度、盐度传感器网络，冰川、冻土传感器网络等的无线传感器网络的信息，通过微波转播台逐级传至地区的信息中心，它们的能源主要靠太阳能提供。

还有地面有人观测台站网络，除了气象、水文、海洋台站网络外，还有农业、林业、草场、生态环境等几万、几十万台站网络，提供连续的地貌实测数据。遥感数据、地面无线传感器数据和有人观测台站数据，形成天地一体的数据源。它们是互补的、相互验证的。

三、分布式数据库网络及其高效的管理系统

遥感数据、遥测数据和地面实测数据是大量的，需分别成立专门数据库进行管理，数据库与数据库之间用网络相连接。数据库之间的网络具有平面结构特征，相互独立，又相互联系，由统一的管理中心按标准与规范进行统一管理。

遥感、遥测和地面实测数据，可能其数据结构、数据空间分辨率和时间及时间分辨率等都是异构的，需要按统一标准和规范进行"归一化"或"融合"后才能应用。

分布式数据库网络及其管理中心，是地球系统数据库管理的一个重要组成部分。它的任务是高效地管理、分发数据。

四、组件式的建模框架与预测系统

数据获取、数据管理和数据分析是数字神经系统的主要任务。数据分析是要以分析

模型作为基础的。传统的地球系统分析模型是不完备的，不能解决复杂的地球系统问题。组件式的建模框架既不是技术，也不是语言或标准，而是解决复杂的地球系统问题的方法，此方法的核心是对地球数据进行空间分析，包括自相关分析等，发现这些关系的确定性与不确定性特征并掌握这些特征为经济和社会发展服务。

地球系统是一个复杂的巨系统，具有确定性与不确定性并存的特征。加上科学技术发展的状况和人们对地球系统的认识水平，尚不能达到做出准确预报的程度。以最好的天气预报来说，大约准确率在 75%；对于难度较大的地震来说，人们尚不能进行"三要素"的正确预报，只能作一些粗略的估计，如地震活动地带的区域和地震活跃期的时段，都是根据长期统计资料分析后得出的结论。最近日本成功地进行了临震前 10s 的正确预报，这是一大进步。

第二节　数字地球神经系统

比尔·盖茨曾指出"数字神经系统"的概念。他认为只有驾驭数字世界的企业才能获得竞争优势。他说：如果企业的竞争在 20 世纪 80 年代的主题是产品的质量，90 年代的主题是企业的结构调整的话，那么 21 世纪企业经营管理的关键就是速度。这种变革的发生，完全取决于数字信息流。无论是文字、声音或影像都以数字形式通过计算机和通信网络进行处理，存储和传输。

JPL (1998) 提出了由各种传感器及数据采集系统，高性能计算机及宽带网三者共同组成了"数字地球神经系统"是科技发展的必然趋势。现在再加上 Grid 及 Grid Computing，地球的数字神经系统将成为现实。现在精准农业的很多传感器，已经可以实时准实时地获取土壤的各种物理的、化学的及生物的参数，包括营养成分和水分等。现在的 Grid 可将分布在全球的传感器连接在一起，形成地球的电子皮肤是完全可能的。

美国的"行星地球使命"（MTPE）计划，包括 EOS 和 GEOSS 等带有 40 多种对地观测仪器及欧洲最近发射的环境卫星（EnviSat）等及多个卫星组成的星座对地球实现多分辨率的、多时相的，时间和空间连续的全天候、全方向的、全覆盖的、无缝的监测并已经成为现实。

一、数字神经系统

数字神经系统（Digital Nervous System）是由比尔·盖茨首先提出来的新概念。美国专家 Harley Hahn 曾指出，由信息、计算机、连接物（外设）和人（操作者）共同组成的网络是一个独立的"生命体"。他认为网络是有生命的，人们一旦产生了它，它就有了独立的生命。但是它和一般的生命体不尽相同，它是属于一个无定形的生命体，它处在不断的运动和变化之中。

数字神经系统是指：利用相互连接的计算机网络（如 Internet）和集成软件，创造新的工作方式，加速信息流通和保证准确性，以确保能做出快速，正确的决策。比尔·盖茨指出：如今商业中的任何事情都没有什么不同，一个公司的成功还是失败，取决于它们的管理信息的方式不同，取决于信息获得的数量、质量和速度的不同，以及根据这些信息，人做出决策的正确性和速度。一个企业的成败取决于信息的管理方式。企业的竞争命运如何是由于信息不对称所造成的。从信息的获取到信息传输，到信息的决策，再经过传输到操作过程，如同一个生命体的神经系统过程，其中的核心之一是"信息"的正确性和全面性，之二是"网络"传输的畅通性和安全性。现代的计算机网络和经济系统相类似。作为节点的计算机和连接外设组成了计算机网络，而人体内的神经网络把神经之（相对于计算机与外设）相互连接起来，构成了神经系统。互联网中的计算机就同神经网络中的神经元，完成刺激即信息的存储和传递，如同人接受来自外部事物的信息对大脑神经产生刺激信号。人脑神经系统作为一个整体通过一系列思维活动，对其做出相应的反应。同样人们可以利用网络中的计算机输入问题信息，在经过与互联网服务相关的信息处理后，计算机给出问题的答案，这就类似于神经系统中的刺激与反应过程。

比尔·盖茨提出的企业神经系统就是指设在母国的总公司与分布在世界各地的许多子公司之间，通过计算机有线或无线网络相连接，不仅母公司与子公司之间相连接，而且子公司与子公司之间也实现相互连接形成网络。母公司与子公司都是网上的节点，相当于神经系统的神经元而网络相当于神经。母公司与子公司之间，子公司与子公司之间实现实时或准实时通信，母公司实时掌握个子公司的业务状况，将决策实时传达到分布在世界各地的子公司，子公司的管理或经营经验，也可以及时在子公司之间进行交流。实现公司系统内管理一体化，提高管理水平。

比尔·盖茨在他的著作《以思维的速度运作企业：利用数字神经系统》中指出：企业的数字神经系统就像人类的神经系统一样。企业通过它把井然有序的信息流，适时地提供给公司适当的单位。数字神经系统包括数字流程，借此了解环境，作出回应；也能察觉竞争者的挑战，顾客的需要，适时提出对应措施。

比尔·盖茨（1999）在《未来时速：数字神经系统与商务新思维》（*Business@The Speed of Thought using A Digtal Nervous System*）书中指出：如果说 80 年代是注重质量的年代，90 年代是注重再设计的年代，那么 21 世纪的头 10 年是流动速度的时代，是企业本身迅速改造的年代，是信息渠道改变消费者的生活方式和企业期望的年代。在即将出现的高速商业世界中具备与对手竞争需要的反应速度。为此人们开发了一种新的数字式基础设施，它就像人的神经系统，能够做出快速反应。企业数字神经系统是由布满企业的各种传感器和信息采集系统与网络共同所组成，它提供了完美的、集成的信息流，在正确的时间到达系统的正确地方，企业数字神经系统由数字过程组成，这些过程使得企业能迅速感知其环境，并做出正确的反应，察觉竞争者的挑战和客户的需求，然后组织及时的反应。企业数字神经系统是由硬件和软件所组成，能够提供精确，及时和丰富的信息，以及这些信息带来的可能的洞察力和协作能力。

与企业数字神经系统十分相似的叫敏捷虚拟企业（Agile Virtual Enterprise，AVE），是指以"市场响应速度第一"的企业，包括以敏捷动态优化的形式组织新产品，新服务的开发和经营，通过动态联盟，具有先进的柔性生产技术和高素质人员的全面集成，迅速响应客户需求，及时交付新的产品，推出新的服务并投入市场，从而赢得竞争优势。

　　信息化企业是以互联网为核心的信息技术进行商务活动和企业资源管理,尤其是高效地管理企业的所有信息和创建一条畅通于客户、企业内部和供应商之间的信息流,并通过高效地管理、增值和应用,把客户、企业、供应商连接在一起,以最快的速度,最低的成本响应市场,及时把握商机,提高竞争能力。

　　企业数字神经系统的目的是利用网络最大限度地满足客户的需求,利用先进的信息技术,正确分析客户需求,为客户服务,建成一个收集、分析和利用各种方式获得客户信息的系统,准确了解客户的需求,及时地提供个性化的服务,从而在最大范围内抓住客户。

　　企业数字神经系统需要及时沟通从客户到仓库,分销中心,生产部门和供应商之间的信息,通过严密的供应链计划,供给管理、物料管理、销售订单管理、售后客户服务管理、质量管理,使所有的供应链信息与企业管理信息同步,提高企业与供应商的协作效率,优化企业采购过程,降低采购成本,提高原材料的质量,为整个企业提供一个统一的、集成的环境,准确掌握企业的需求、供货、存货及供应商的资源状况,通过基于网络供应链简化供应过程,最大限度地降低采购成本。

　　企业数字神经系统首先需要整合与业务相关的所有系统,否则,快速反应市场便成为一句空话。通过整合企业信息,让企业雇员、供应商能够从单一的渠道访问及其所需的个性化信息,利用这些个性化信息做出合理的业务决策,并执行这些决策,这就需要企业能够实现资源管理系统、客户关系管理系统和供应商管理系统等所有与企业业务过程相关的系统紧密集成,并把它们全部延伸到互联网上,让客户、供应商通过互联网与企业进行互动的、实时的信息交流,形成一个以客户为核心,进行业务运作的虚拟企业,最大限度地满足客户的需要,最大限度地降低企业成本,实现从传统的 4P(产品、价格、渠道、促销),即以推销产品为中心的模式,转变到现代营销理论所强调的 4C(客户、成本、便利、促销),即以客户为中心的模式上来,直接面向客户,定向服务,快速反应,从而赢得商机。

　　企业电子市场(eMarket place):它营造的虚拟空间让买卖双方在彼此不见面的情况下进行采购、交易、谈判,很像现实中的市场。它是在一对一的初级电子商务无法满足企业需要的情况下产生的。由于它是依托在互联网上,所以具有任何企业在任何时间和地点均可以在其上进行采购、交易的特性,可谓永不关门的大市场。它的特点是可以帮助买方控制采购过程,优化业务流程,进行供货商业链分析。它可以帮助卖方将大量的订单方便地汇聚在一起,便于进行用户分析,降低开发新客户的成本。细分客户群,帮助企业制定连续性地促销及互销等战略,及连锁店的空间布局,都要用 GIS 协助。对企业而言,电子市场更大的好处还体现在节约成本上。调查表明:54% 的企业认为可以节约成本,42% 的企业认为可以实现产业流程自动化,36% 的企业认为可以扩大供应商和客户范围。根据国外企业的经验,电子市场可以改善企业采购流程,包括从订货到交易处理,到售后服务,而且还可以开拓新的供货渠道。

　　信息(数字)企业是国家信息化的重要组成部分,是电子商务的基础,是企业升级的保障,企业信息包括地理信息系统、管理系统、电子商务、和企业数字神经系统(敏捷虚拟企业)等。在信息化企业中,空间概念十分重要,Web GIS 将有很大的应用前景。

企业信息化已经成为不可阻挡的大趋势。目前至少 1000 万个企业中，实现信息化的还不到 1％，大有发展余地。没有信息化人才与技术的企业可能在 2/3 左右。

二、数字地球神经系统

数字地球技术系统和人体神经系统具有很多相似之处，它是一个复杂的、开放的 E 系统。它是由数据采集系统，计算机处理与存储系统，高速通信网络子系统和无数个分布式数据与 Web GIS、Mob GIS、Grid GIS 组成节点的网络系统，并合理地分布在整个地球各地。

1. 数据采集系统

相当于神经系统中神经末梢，感觉神经，包括：

（1）各类遥感卫星或遥感飞机组成的 "EOS" IEOS 及其组成的星座系统；

（2）全球卫星定位导航系统（GNSS），测地卫星、重力卫星等；

（3）地表各类敏感元件组成的数据自动采集与传输系统；

（4）地面各地的生态站，环境监测站、水文站、海洋站、气象站、农业监测站的数据采集与传输系统；

（5）地面接收、处理、分析、存储及各类系统，也就是分布式数据库与信息处理分析中心，也就是信息节点，相当于神经元。

2. 通信网络系统

尤其是 Grid 即神经系统，它的分布遍及全球的各个部位。

数字地球神经系统就是利用轨道的空中的地面的各种传感器，如同人体的神经末梢一样，获得全球各部位的及外界环境的信息，将这些信息通过网络，相当于人体的神经传给遍布全身的网络节点，相当于神经元，经过集中处理后再通过网络返回到节点，到神经元，并采取各种应对措施。信息中心，即神经中枢将分布于全球的节点采集来的信息进行集成和各种分析，决策支持的软件进行集成，并共同组成协同方式的运作，确保决定的正确性和传输的准确性。各种传感器和数据采集协同，高性能计算机及宽带网三者共同组成了数据地球的神经系统（JPC，1998）。地球神经系统是数字地球发展的高级阶段，也是数字中国发展的高级阶段，也是 Grid 及 Computing 发展的必然结果。

随着科学技术的飞速发展，各类敏捷的、廉价的传感器或敏感元件越来越普及。例如，精准农业方面，土壤湿度分析、土壤养分分析，原来是十分复杂的，现在则变得十分简单，敏感传感器随着拖拉机翻地的过程和速度，可以将该地块的土壤湿度，土壤养分，不仅和拖拉机耕地的速度同步测定，而且将一块地翻耕完毕时，该片耕地的土壤湿度和土壤养分分布的制图工作也同时完成。同样收割机在进行收割的同时，每一块的粮食产量，或棉花产量的分布图也同时完成。加上计算机网络技术，包括无线网络及维修网络技术，可以将这些数据实时或准实时传输到应该送的任何地方。这就是地球神经系统。

　　同时对于湖泊、河流、水库及任何水体中的污染状况的自动、快速检测仪可以将任何地点，仟何时间的水质污染状况通过无线网络，通过卫星传送给任何需要的地方。这就是地球神经系统。

　　2005 年出现了一种十分廉价的敏捷的 CO 检测仪和卫星定位仪一起，只要放在一个小包中，人走到哪里就测到哪里，如果是驾车的话随车到哪里就测到哪里，同时还生成一张 CO 气体浓度分布图，如果还带有无线通信设备的话将检测的结果和污染分布图实时传送到该送到的地方。如果把这种廉价的传感器，布置在任何需布置的地方，就可以实时检测到污染气体的分布状况，这就是地球神经分布系统。

　　这些敏感的电子传感器中，按照 Moore 定律，每隔 18 个月就减价一半的原理，很多检测仪器降价的速度很快，可以实现地球电子皮肤的构想。

第三节　地球工程

　　半个世纪以来，由于自然和人类社会对地球开发利用不当，出现了气候变暖、生态破坏、环境恶化、物种消失、灾害频发、疾病蔓延，人类社会出现了前所未有的危机。自然的原因虽然人类无法抗拒，但可以掌握它的规律，减少对人类造成的危害。人类社会对地球的开发利用违反了自然规律，这是不应该的，而且也是可以克服的，因此人们提出了危机管理的新概念。地球系统的危机管理是对人类社会来说的。危机是指危及人类社会生存的，资源短缺、生态破坏，环境退化（污染），灾害频发疾病蔓延现象。管理是指人类运用科学手段，在遵循自然规律的基础上减小对人类危害的程度，甚至变害为利，造福人类的种种工程和人类行为规范的措施。

一、地球工程内容

　　它主要包括：

　　（1）地球系统，危机管理与地球工程；

　　（2）全球气候变暖危机及其工程对策；

　　（3）能源危机及其工程对策（节能减排与新能源开发）；

　　（4）重大自然灾害及其工程对策；

　　（5）淡水资源危机及其对策；

　　（6）粮食危机及其对策；

　　（7）地球环境规划；

　　（8）应急预案的编制。

（一）地球工程学简介

　　"地球工程学"是指对地球环境进行大规模的调整以适应人类生活的需要工程。美国国家科学院院长拉尔夫奇切罗内在 2007 年 8 月《科学现象变化》杂志上发表了地球工程学的主要研究内容。

针对上述危机的"地球工程"的构想。最早是由德国科学家提出来的"近乎一种科学幻想",但是这个假设很快就得到了许多科学家的支持。尤其是 NASA，美国国家科学院，美国能源部等主要科学家和环境经济学家的支持。

(二) 德国研究联合会的地球工程简介

2000 年德国研究联合会（DFC）推出了未来 15 年的大型地球科学研究计划——"地球工程学"的国家目标。

第一，地球工程学的战略目标是：从地球系统过程的认识到地球系统的管理，包括维护和改造在内。

第二，地球工程学的特点是：

从认识自然的传统研究形态，逐步转变、发展为社会公益型复合形态，从地球系统过程认识到实施地球管理为主线贯穿始终。其最终目的是对地球系统进行有效管理，管理包括科学利用和开发地球资源，科学维护地球环境和科学改造地球。简单地说：地球工程就是管理地球，包括开发、维护和改造三个方面，目的是使人类经济社会与自然资源环境，协调和谐发展。

第三，地球工程的框架体系：

(1) 地球系统过程的认识-理解-管理；

(2) 地球系统的开发-维护-改造；

(3) 国家目标-社会需求-市场驱动；

(4) 自然科学-工程技术-工业企业、多种方式的互动融合。

第四，地球工程所要解决的主要问题：

(1) 地球内部驱动力及其地质过程；

(2) 从宇宙空间观测地球；

(3) 超声波测量方法进行实时监测；

(4) 大陆边缘地带，地球系统的潜在危险；

(5) 沉积盆地，人类最大的资源所在地；

(6) 地球，生命耦合系统中生物圈变化与全球环境监测；

(7) 全球气候变化的原因与结果；

(8) 天然气水合物，能源载体与气候要素；

(9) 物质循环中的地圈与生物质圈之间的链环；

(10) 矿物表层，从原子方法到地球技术；

(11) 地下空间监测、利用和保护；

(12) 地球管理预警系统建设；

(13) 地球管理信息系统开发。

地球工程要求对地球进行大规模的调整，以适应人类的生存，大气化学家、华盛顿国家科学院院长拉尔夫·奇切罗内在《气候变化》（2007.8）杂志上详细介绍了他对使地球降温的地球工程方法。

二、绿色经济概念的演变

1. 成因

2007 年 10 月环境署开始设计一个研究项目——"宏观经济与环境"。它的目的是表明在宏观经济环境的情况下，保护环境，促进经济增长。其目的是激励决策者支持增加投资的环境。该项目的必要性在于继续主流经济决策不能忽视环境的重要性，尽管有无数次首脑会议和声明。

这个项目的灵感来自于一项"宏观经济与健康"的研究项目，是由世界卫生组织在 2005 年提供的。这项研究认为，除其他事项外，预防保健的投资，可以有助于提高生产率和降低医疗费用。这项研究被认为导致增加对卫生部门的融资。

环境署的研究项目"宏观经济环境"的最初目的是要回答两个问题：①新兴的环保产业对经济增长的贡献是什么？②生态基础设施对经济增长的重要性是什么？各种利益相关者参与了这个项目的成形，这两个问题演变成一个大的研究部分：投资可再生能源、清洁生产技术、绿色建筑、公共交通、低碳车辆、废物管理和回收利用对宏观经济的贡献，农业，水利，渔业，林业和旅游业的可持续管理。为更好地沟通，项目名称被改为绿色经济。

该项目是由联合国环境规划署执行主任阿希姆·施泰纳在全球金融和经济危机的高度上，抓住危机的机会于 2008 年 10 月在伦敦的媒体上宣布的。2009 年 2 月为推动全球绿色新政（GGND），绿色经济项目最初集中在环境署的出版物政策简报上。GGND的要点是呼吁政府拨出相当数量的一揽子财政刺激计划，如可再生能源，绿色建筑，公共交通，可持续农业，水资源管理作为一种方法来恢复放缓的全球经济，并为 21 世纪的绿色经济奠定基础。

环境署、GGND 和其他组织和政府的相关工作。在全球范围内，超过了 1.3 万亿美元一揽子财政刺激计划在 2008～2009 年的金融和经济危机之后，被分配到中国与韩国的比例分别大约为 15%，用做可视为绿色的行业。

环境署在 2009 年年底，以绿色经济，超越短期的关注作为 GGND 的重点。这项研究开始便有各行业的专家鉴定和参与，共有约 800 名来自世界各地的专家参与研究。此外，数千名研究人员，来自公共部门的官员，以及来自民间社会团体的代表参加了框架的研究和草案的审查结果。在 2011 年 2 月印发了"绿色经济报告"的综合和完整的报告，2011 年 11 月在北京推出。

2. 概念性问题

当项目名为"宏观经济环境"，改为绿色经济是为更好地沟通，没有特别注意这个词的定义，在当时，没有项目标题。由于这个名词越来越流行，尤其是后来，联合国大会于 2009 年 9 月决定以"绿色经济"的可持续发展和消除贫困为背景，2012 年 6 月在里约热内卢举行的里约＋20首脑会议的议程上，提出绿色经济的定义问题。

环境署将绿色经济定义为，为改善人类社会公平有更好的效果，同时显示减少对环境和生态稀缺的风险，在业务层面，除教育、卫生、社会保障支出推动的，绿色经济是一个收入和就业机会正越来越多地投资于清洁技术和自然保育；在一个纯粹的技术性的水平中，绿色经济可以被看做一个大多数商品和服务，符合国家或商定的国际环境和社会标准。

无论这些解释如何，绿色经济概念上的问题依然存在。一个主要的问题是，绿色经济是否可以取代可持续发展。报告《绿色经济朝着平衡和包容的工作：一个联合国全系统的视角》则表达了这方面的关注，并在2011年12月出版。这促成40个联合国组织，包括布雷顿森林机构。这份报告认为，绿色经济的方法，不是一个可持续发展的替代。该方法的核心是引导公众对环境和人文政策投资的建议。

另一个主要问题是促进绿色经济是否会导致贸易保护主义抬头。的确，这个问题可能出现，一些国家以绿色经济的名义，提高环境和社会标准，单方面限制来自其他国家的产品出口。事实上，一些国家已经尝试在做，而不必诉诸绿色经济的概念。这些问题需要加以解决，通过现有的国际贸易体制的协调，按照既定的多边环境协定的规定。

三、全球气候变暖危机与应对工程

导致地球气候变暖的驱动有两个：一个是进入大气层的太阳辐射能量，另一个是在大气层吸收太阳辐射能量的温室气体，如 CO_2 等，所以现在减缓气候变暖的速度和程度，就要减少进入大气层中的太阳辐射和减少大气中的温室气体的含量。如何减少大气中的温室气体含量的方法也有二，一为减少人为 CO_2 的排放，二为由植物对大气中的 CO_2 含量进行吸收。关于人为减排问题早为人们所熟悉，所以这里不再讨论，而重点讨论如何减少大气中已有的 CO_2 含量的工程措施。

1. 保护和发展绿色植物，吸收大气中的 CO_2

科学家指出，减少大气中温室气体含量的有效方法是保护和发展绿色植物。热带森林是公认的"地球之肺"，"海洋中的蓝绿藻"是另一个地球之肺。一般认为热带森林的贡献率为60％，而海洋蓝绿藻的贡献率为40％，但法国科学家认为相反。美国的一家公益性环保公司对南太平洋给藻类施以"铁粉"作为肥料，促进了蓝藻的繁殖。

科学家指出，只要全球60亿人每人植树26株乔木，就可以达到温室气体的平衡，工业与车辆可以照旧排放 CO_2 气体，所以科学家主张不仅保护现有的森林，而且要大量种植树木，工厂、城市要大量种植乔木树，大量扩大森林种植是减少温室气体的最有效的方法之一。

1）地球之肺之一，种植乔木

专家预测，由于树木的需求量增加，到2050年热带雨林将消失，随之消失的是地球上将近一半的动植物和微生物的生存环境。

种植转基因树木，它们将抢占廉价的热带雨林木材市场。美国南卡罗来纳州查尔斯顿的生物技术公司阿伯基因公司（Arbor Gen）目前正率先进行一项研究。这项研究将帮助农民用目前所需土地的仅 5％大量栽培树木，如果采用这种方法，再也不用砍伐当地热带雨林的树木来生产木材。

为了研发出具备人类所需特性的树木，如生长快，结实和木质素低，这个公司自 2000 年以来一直从 6 种树木和植物中鉴别有用的基因。例如，通过加快树的生长周期，阿伯基因公司正准备把松树成材的时间从 30 年左右缩减到约 18 年。这个公司还研发了一种低木材质素的桉树，这种树非常适合生产纸浆。

下一步计划是为了令这个方法在经济上有可行性，阿伯基因公司计划在全自动树木工厂中培育高级树苗。因此，这个公司现已开始设计能自动移植和评估幼苗的机器。这个公司希望这一技术还能拯救濒危树种。它的一个计划的目的是将防枯萎病的基因植入濒临灭绝的美国栗树。

2)"海洋地球之肺"之二：增加海中藻类植物

英国科学家詹姆斯·洛夫克和克里斯·拉利在英国的《自然》周刊上指出（2007.9）：海洋中的海藻能够吸收 CO_2 气体，所以称为地球之肺第二。而海洋表层的海藻含量越来越少，尤其南太平洋是"海洋沙漠"，因此可以采用两种工程措施增加海水中藻类含量。

（1）在全球海洋的 100～200m 深处，放置数以万计的直径 10m 的巨大垂直管道，促进海水循环，以遏制全球变暖。海洋表面海水温度高，水中藻类少，压力低，而海水 100～200m 深处的海水温度低，水藻含量多，压力高，垂直管道将上下体沟通，使含藻类量高的下层水体上升到海洋表层，而表层的水则通过垂直管道流入下层水体，使得整个海水中藻类含量增加，达到吸收 CO_2 的目的。

（2）给海洋施铁肥以对付全球变暖。英国《星期日泰晤士报》9 月 23 日发表了一篇题为《给海洋施铁肥可能对抗气候变化》（作者乔纳森·利克）的文章，其中称科学家们正考虑一项对付气候变暖的计划，向海洋里倾倒数百万吨铁以改变海水的化学成分。他们相信，铁可以充当"肥料"，刺激浮游生物生长，吸收周围海水中的二氧化碳。浮游生物死后会沉到海底，将碳永久锁在海底。近期，美国"浮游生物"公司在太平洋卸下 100t 铁粉，成功令浮游生物大量繁殖，这项实验重新引起了研究人员的兴趣。伍兹霍尔海洋学研究所的科学家肯·比塞勒说，"研究人员进行了十几项科学实验，有的得出了广有意义的结论"。两年前，他带队在太平洋卸下铁粉，并研究了对浮游生物的影响。他发现，铁粉的确引起了浮游生物激增，但最后锁在海底的碳元素数量差异很大。在一个海域，约一半的浮游生物死后沉到"弱光层"，将碳元素锁到海底，但在另一个海域，将碳带到海底的浮游生物只有百分之几。比塞勒说，"海洋肥化需要进一步研究，但是如果我们有机会减少大气中的碳含量，我们必须认真研究"。"浮游生物"公司首席执行官拉斯·乔治说，增加一吨铁粉就可以消除海洋中多达 10 万 t 溶解的二氧化碳。

2. 改变农业经营方式，将土地变为"碳仓库"或"碳汇"

联合研究报告称：传统农业和牧业产生的 CO_2 排放量远比工业和汽车的影响还大。

在杜克大学发表的题为《在低碳经济中利用农场和森林》的最新报告中，美国科学家为农场主和土地所有者提供指导，帮助他们利用土地宝贵的储碳能力，并用这种能力做交易。

报告的编者在前言中写到："农场主可以通过改变耕作方式从大气中去除二氧化碳，把二氧化碳封存为土壤中的碳。而且农场主和森林拥有者能通过减少排放或封存温室气体获得经济补偿。"

用低耕或免耕种植法，养殖排放废物较少的小型动物（比如养羊而不是养牛）对减少碳排放很有帮助，今天的农牧场还可以让树长大一些再砍伐，或者重新种上草或树，把自己的土地转变为"碳仓库"，也称"碳厂"。

但这能赚钱吗？

农业碳市场工作组成员迪克·威特曼说，"堪萨斯州立大学和其他一些机构最近开展的研究表明，碳（补偿）可以给农业提供价值 80 亿美元的市场"。

墨西哥千年报 7 月 15 日发表文章题为《存储 CO_2 的坟墓》。

文中称，世界上第一套污染气体（如 CO_2 存储体系开始在德国凯钦地区，位于柏林附近）启用，它使科学家将 CO_2 存储到地下的梦想成真。

德国波茨坦地质研究中心及其私人合作伙伴将负责把工业污染气体中的 CO_2 进行过滤和存储，这项工作被认为是保护环境的重要举措。

凯钦的天然气存储系统被用来泵入 CO_2，该系统因此成为第一个 CO_2 储存仓库。科学家希望通过这一系统对 CO_2 的地下储存情况进行分析，并为建设更加大型的 CO_2 存储设施或者"CO_2 坟墓"找到合适的方法。

项目负责人弗兰克·希林戈表示，"我们希望能够详细了解 CO_2 存储的全过程以及可能发生的反应"。希林戈说，对于可以在封闭场所安全长久储存的 CO_2 的数量至今世界在这方面的经验还很少。

为此，矿业工程师挖掘了 3 条 800m 深的隧道，通过其中一条将 CO_2 泵入多砂和多孔的岩石层，而另外两条隧道留作评估测量之用。

希林戈解释说，"这种隧道的挖掘技术是世界上独一无二的，通过它们可以观察 CO_2 气团如何在空间扩散以及扩散的空间"。此外，一系列传感器将会提供有关数据，显示地下温度和吸收 CO_2 岩层强度的变化情况，以及 CO_2 和不同深度的矿物质发生的化学反应。

3. 在空间释放量能反射太阳辐射的漂浮物质，达到减少太阳辐射的目的

科学家指出，菲律宾皮纳图博火山 1991 年的大爆发导致地球的平均温度低约 0.5℃，降温效果持续了三年，通过人工重现这种效果的办法可以有多种多样，如向高层大气中释放少量极细颗粒，就可以挡住 1‰～2‰太阳辐射进入地球表层。一个舰队向空中喷洒海水颗粒，也能反射太阳光回到太空。因为这将增加海上低云层的厚度，达到云层的反射率。甚至把所有建筑换成白色材料如同北非地区建筑一样，也能达到减少气温增高的目的。

美国亚利桑那大学天文学家罗杰·安杰生教授论述了在地球轨道上安装透镜片以折

射太阳光回太空以减少达到地球的太阳光，他估计需约数万亿透镜片，每个宽 2 英尺，质量很轻和一只蝴蝶的重量差不多。

有些科学家认为，地球表面接受来自太阳的辐射能量，约有 30％被自然反射回太空（主要被云层反射），70％被地球表层吸收，其中只有 0.1％的能量被用来供植物的光合作用，其余被水面、土壤、岩石所吸收。

哥伦比亚大学的布洛克指出，在平流层释放二氧化硫（SO_2）颗粒，据估计需用数百架大型氧机才能完成。

1997 年美国氢弹主要发明人之一爱德华·特勒在《华尔街日报》指出，"向平流层投放能散射太阳的微粒，似乎是一种减少大气温度的有效方法，可以尝试一下"。

美国全国大气研究中心的大气物理学家约翰·莱瑟姆指出可通过向海上低空云层喷洒盐水来增加云层厚度和对太阳的反射率。

还有人主张在沙漠上覆盖反射膜，或者用白色塑料制品做成岛屿，漂浮在海面上，以达到反射太阳光的目的。

4. 能源危机及其工程对策

新能源的开发利用、减少温室气体的排放、太阳能的利用、将热能转化为电能，减少了太阳辐射对气温上升的影响。

随着科学技术水平不断提高，清洁能源，如太阳能、风能、水能、地热能和核能技术业相应得到飞速发展，尤其是没有争议的风能和太阳能可以替代大部分的化石能源，从而减少了 CO_2 的排放。

1）风能资源

据研究表明，地球上的风能资源储量约为 274 109MW（兆瓦）。可利用风能为 23 107MW。其能量大大超过地球上的水流的能量，比水能资源大 10 倍，也大于固体燃料和液体燃料能量，即石化能量的总和。

据研究，我国单靠风力发电就能将现有电力生产翻一番。

"风能"是取之不尽、用之不竭的清洁能源，利用风能发电，不仅可以节省对石油和煤等能源的消耗，而且可以减少 CO_2 等有害气体的排放。平均年装一台单机容量为 1 兆瓦的风能发电机，每年可减排 2000t CO_2（相当于种植 1 平方英里的树林），10t SO_2 和 6t NO_2，所以它是一种廉价的"绿色能源"。

还有资料表明，利用风能发电每生产 100 万 kW·h 的电量，便能减少排放600t 的 CO_2 气体。德国利用风能发电一项每年能减速排 CO_2 气体约 1006 万 t。

如果在内蒙古、河北北部等广泛利用风能源后，将原来的风能转化为电能，还可以抑制当地的荒漠化的发展、减少沙尘暴的强度和频度。将风能转化为电力的结果是既可抑制沙漠化和荒漠化的进程，又可以减少沙尘暴的危害。

美国著名学者、美国地球政策研究所所长莱斯特·布朗指出：我们要提倡风力发电，由于风能非常丰富，价格非常便宜，能源不会枯竭，又可以在很大范围内非常干净、没有污染，不会对气候造成影响。目前，还没有任何一种能源有这么多的优点。风力发电不再是一种可有可无的补充资源。而风能又是利用起来比较简单的一种，它不需要采掘，不需要筑坝，不像核能那样需要昂贵的装置和防护设备，风能的利用机动灵活，已成为最具商业化发展前景的成熟技术和新兴产业，有可能成为世界未来发展中最重要的替代能源。

风力发电将能迅速缓解我国能源短缺和电力不足的局面，对缓解缺电具有非同寻常的意义。因为风电一个重要的特点就是上马快，不像火电、水电建设需要用年来计算，风电建设，在有风场数据的前提下只需几个月就可以在短时间内完成风场建设。世界风电正以 25％甚至在部分国家以 60％以上的增速发展，参考发达国家的经验，我国完全有可能以迅速发展风电的模式来解决我国燃眉之急的能源短缺。

风力资源的开发和利用具有较长的历史，如古人就利用风帆航运、风力提水和风力磨坊等。近来侧重在风力发电方面，即从最初的试验，迅速发展成为一项成熟的技术。风力发电成本从最早的每千瓦时 20 美分降到现在的 5 美分，接近常规能源发电，具有广泛的应用前景，可能很快形成一个新兴的产业。

据全球风能协会（GWEC）资料，全球风能发电总量 1991 年为 4800MW（兆瓦）、2005 年为 59 000MW、2007 年已超过了 74 000MW。仅在 2006 年的一年中，风力发电就增长 25％，风力发电量约占总发电量的 17％。

据 2005 年的 GBEC 的资料，德国的装机容量为 18 428MW（兆瓦），西班牙为 10 027MW，美国为 9149MW，印度为 4430MW，丹麦为 3122MW，意大利、英国、荷兰、中国、日本和葡萄牙等的装机容量均已达到或超过 1000MW。

近 10 年来风电的国内外电价呈快速下降趋势，并且日趋接近燃煤发电的成本，已经凸显经济效益。以美国为例，风电机组的每千瓦造价已由 1990 年的 1333 美元降至 2000 年的 790 美元，相应的发电成本由 8 美分/（kW·h）减到 4 美分/（kW·h），预计 2005 年可降至 2.5～3.5 美分/（kW·h）。国外专家指出，"世界风力发电能力每增加一倍，成本就降低 15％"，尽管目前在我国风电电价还比煤电价格高，但是风电产业已经凸显经济效益，在内蒙古辉腾锡勒风场，设备几乎全部是进口的，风电厂的综合造价已降至 7800 元/（kW·h）以内，生产的风电含税上网电价已降至 0.5 元/（kW·h）。如果风机实现国产化，风电电价还会下降 15％左右，无疑将更具竞争力。

现在正规划在甘肃省建立"风力三峡"的国家级风力发电工程。如这个试点成功，将为我国新能源开发与减少 CO_2 排放作出重大贡献。

2）太阳能资源

太阳能是清洁、高效和永不衰竭的新能源。太阳能发电是太阳能源开发的主要形式是"光伏发电"，它具有安全、可靠、无噪声、无污染、制约少、故障低、维修简便等优点。

太阳是一个巨大的能源库，每秒钟放射量约是 $1.6×10^{23}$ kW，一年内到达地球表面的太阳能总量折合标准煤共约 $1.892×10^{13}$ kt，是目前世界化石能源探明储量的一万倍，所以它是取之不尽、用之不竭的，太阳能对于地球上绝大多数地区具有普遍存在的特点，可以就地利用。

太阳能的总量很大，我国陆地表面每年接受的太阳能就相当于 1700 亿 t 标准煤，但十分分散，能流密度较低，到达地面的太阳能每平方米只有 1000W 左右。同时，地面上太阳能还受季节、昼夜、气候等影响，时阴时晴，时强时弱，具有不稳定性。太阳能开发利用是当今国际上一大热点，经过最近20多年的努力，太阳能技术有了长足的进步，太阳能利用领域已由生活热水，建筑采暖、采光、供电扩展到工农业生产许多部门，人们已经强烈意识到，一个广泛利用太阳能和可再生能源的新时代——太阳能时代即将到来。

太阳能已广泛用于"绿色建筑"的照明、取暖，也已用于街道路灯、指示牌的照明，边远地区农村的照明、炊具及一切家用电器（如收音机、电视机、冰箱、空调器）的供电，中东地区的个别城市，如迪拜已全部依靠太阳能供电，包括海水淡化所用的电力。北京的奥运场馆已广泛采用太阳能。河北保定将建成太阳能试点城市。有人估计，如果利用青藏高原，尤其是阿里地区，新疆、宁夏、青海、内蒙古的沙漠和荒漠地区特殊环境进行太阳能发电，其发电量可满足全国能源的需要。

1997年欧洲和美国宣布"百万屋顶光伏计划"。德国最大的太阳能电厂位于巴伐利亚，发电功率为10MW。日本也宣布执行"屋顶光伏计划"安装目标为7600MW。印度计划1998～2002年安装太阳能电池总产量为150MW。

国际光伏发电正在由边远农村和特殊应用向并网发电和与建筑结合的方向发展，光伏发电已由补充能源向替代能源过渡。到目前为止世界太阳能电池销售量已超过60MW，电池转换效率提高到15%以上，系统造价和发电成本已分别降至4美元/峰瓦和25美分/度电（1度电即1kW·h），在太阳能资源利用方面，由于技术日趋成熟，应用规模越来越大，仅美国太阳能热水器年销售量就逾10亿美元。太阳能热发电在技术上也有所突破，目前已有20余座大型太阳能热发电站正在运行或建设。

在欧洲大部分地区，环保推动着替代能源技术的开发。太阳能被公认是一种极好的替代能源，它的利用有利于降低二氧化碳的排放和环境保护。很多国家如丹麦、芬兰、德国和瑞士都认为气候变暖是推动太阳能研究、开发、展示和销售活动的主要因素。

在北非地区，主要用于太阳能制冷装置，太阳能最高可达200℃，但制冷只需90℃就可以，太阳能集热器的温度越高，冰柜就可以越冷。

在很多国家中，一个值得注意的倾向是资助转向光伏（PV）技术的开发和商品化。这反映一种较为普遍的观点，即从长期角度看，光伏投资的回收率将高于主动和被动太阳能热利用技术，比利时就是一个明显的例证。

在很多欧洲国家中，研究开发重点转向太阳能工业和大学，政府特别资助那些本国工业感兴趣和有专长的领域，使其有助于创造就业机会，培育经济增长点。在很多国家，由于实行"小政府"政策，太阳能技术的政府鼓励计划就很难实行了。可是有些国家仍然利用鼓励办法来促进太阳能技术发展。在奥地利，联邦、省和某些地方对太阳能装置提供直接的财政资助和鼓励，在芬兰，公司可以申请政府给予新太阳能装置高达总成本35%的补助，而家庭可申请20%的补助。

丹麦政府对安装太阳能热水器的补助按照在标准状况下节能的多少来计算。目前补助金按每年节能每千瓦3克朗（0.52美元）计算，它相当于总安装成本的10%～30%。太阳热水器在丹麦相当普及，预计2000年后将不再需要补助了。

其他还有一些补助方式，如比利时对公共建筑改造的资助，德国和其他国家的减税和折旧补贴等。

尽管受到常规能源降低的影响，在欧洲很多国家中，太阳能装置市场仍然持续增长。虽然太阳能公司的数量减少了，但保留下来的公司却趋向于更强大，更能抵御市场的波动。在某些国家实行的电力公司私有化可能提高它们把太阳能装置推向市场的兴趣。在奥地利等国，自己动手建造集热器的活动促进了主动太阳能装置的发展。

在丹麦有十几家公司市场主动太阳能加热装置，其中两家占有市场的大部分份额。其中，Marstal 太阳能供热厂（目前世界最大的平板太阳能加热装置生产厂）为 Aeroe 岛上的镇 1250 户 5000 居民提供区域供热，8000m³ 太阳集热器阵列与 2100m³ 的储热水箱相连，6～8 月间可 100％由太阳能供热，全年能供给全区热需求的 12.5％。现在正在计划扩大 Marstal 供热厂以便能供应该镇全年大部分热需求。荷兰开发了太阳能陆面收集系统为住宅和办公楼供暖。阿分鲁化村利用 200 英尺长的路面和一个小的停车站收集的太阳能共四层楼房供暖。荷兰在夏天从 36 000 平方英尺的路面收集的太阳能储存起来到冬天为 16 万平方英尺的工业园区供暖。

国际的"光伏计划"还有德国的"千顶计划"，日本的"朝日七年计划"，美国的"百万屋顶计划"。希腊（1987）在政府支持下成立了可再生能源中心，主要是开发太阳能资源及制订太阳能系统的标准。希腊与德国合作在雅北郊 18km 建立了"太阳能村"，居民有 1600 多人，林房 24 幢，房间 400 多套，用电由太阳能供给。

还有一些学者提出了"太阳能空间发电站"的设想，主张将在轨道上的设置太阳能电站，所生成的电通过无线传输技术送到地面接收站再转发给各地用户。

随着太阳能光电技术的日趋成熟和商业化发展，太阳能光电技术的推广应用有了长足的进展。目前，已建成多座兆瓦级光伏电站，容量为 50MWp，估计 2003 年可建成供电，总投资 1775 万美元。而在美国准备建造的另一座电站规模将达到 100MWp，已与太阳能热发电站容量相匹敌。除此之外，一些国家推出的屋顶计划将更引人注目，显示了阳光发电的广阔应用前景和强大的生命力。1990 年，德国政府率先推出的"千顶计划"，至 1997 年已完成近万套屋顶光伏系统，每套容量 1～5kW，累计安装量已达 33MWp，远远地超出了当初制订的计划规模。日本政府从 1994 年开始实施"朝日七年计划"，总容量 185MWp，1997 年，总容量 280MW。印度于 1997 年实施"全国太阳能屋顶计划"，总投入 5500 亿里拉，总容量达 50MWp。最雄心勃勃的屋顶计划当属 1997 年美国总统克林顿宣布实施的美国"百万屋顶计划"，计划从 1997 年开始至 2010 年，将在百万个屋顶上，安装总容量达到 3025MWp 的光伏系统，并使发电成本降到 6 美分/（kW·h）。上述各国屋顶计划的实施将有力地促进太阳能光电的应用普及，使太阳能光电进入千家万户。

据美国 Spire 公司预测，2003 年世界光电池将达到 350MW，而 2010 年的光电池组件交易达到 700～4000MW/a。

3）美国发明高效太阳能制氢系统，称可吸收 95％太阳热能

美国杜克大学的研究人员发明了一种可铺设在屋顶的太阳能制氢系统。该系统生产的氢气无明显杂质，在效率上也远高于传统技术，能让太阳能发挥更大的用途。

新系统与传统太阳能集热器在外观上区别并不大，但实际上它主要由一系列镀有铝和氧化铝的真空管组成，一部分真空管中还填充有起催化剂作用的纳米颗粒。其中反应物质主要为水和甲醇。与其他基于太阳能的系统一样，新系统也从收集阳光开始，而后的过程却截然不同。当铜管中的液体被高温加热后，在催化剂的作用下就能产生氢气。这些氢气既可以经由氢燃料电池转化为电能，也能通过压缩的形式储存起来以供日后使用。

负责该研究的杜克大学工程学院机械工程学和材料学助理教授尼克·霍茨称，该装置可吸收高达95％的太阳热能，由环境散发出去的则非常少。这一装置能让真空管中的温度达到200℃，而相比之下，一个标准的太阳能集热器只能将水加热到60～70℃。在高温作用下，该系统制氢的纯度和效率远高于传统技术。

霍茨说，他将新系统与太阳能电解水制氢系统和光催化制氢系统的火用（指定状态下所给定能量中有可能做出有用功的部分）效率进行了对比，结果发现，新系统火用效率的理论值分别是28.5％（夏季）和18.5％（冬季），而传统系统在夏冬两季的火用效率只有5％～15％和2.5％～5％。相关研究成果在美国机械工程师协会2011年能源与燃料电池会议上进行了公布。

太阳能甲醇混合系统是最便宜的解决方案，但系统的成本和效率会因安装位置的不同而有所区别。在阳光充沛地区的屋顶铺设这种太阳能装置大体上能满足整个建筑在冬季的生活用电需求，而夏季产生的电力甚至还能出现富余。这时业主可以考虑关闭部分制氢系统或者将多余的电力出售给电网。

霍茨说，对较为偏远或不易获取其他能源的地区，这种新型太阳能制氢系统将会是一个非常好的选择。目前他正在杜克大学建造一个试验系统，以便对其进行更为全面的测试。

5. 十大方案应对能源危机

美国《大众科学》月刊撰文指出，全世界每天消耗8400万桶石油，美国占了1/4，而且其中1/3来自于国家政局动荡的地区。同时，二氧化碳排放导致冻土融化，如果保持目前排放水平，下一代人将面临史无前例的环境灾难。

美国在几十位科学家和能源专家的帮助下，收集整理了一套能源新技术，应用这些技术，将使能源利用进入新时代。预计到2025年，可以使石油消耗减少一半，同时大大降低对煤炭和石油气等矿物燃料的依赖。

进入能源新时代的主要障碍不再是技术而是政治和行政障碍。如果能够克服这些障碍，将降低贸易赤字，加强国家安全，创造数百万就业机会；还可以缓和难以解决的环境问题，大大提高美国的竞争力和能源自给能力。为此，科学家和能源专家提出了应对能源危机的十大方案。

1）风能发电

几十年来，技术使涡轮机桨叶越来越轻，风电装置越来越大，效率越来越高。风机的设计可以满足陆地平原、沿海地区及海上等特定的风力条件，而且规模向更大型化发展。

风能技术开发开始瞄向天空。天空风能公司在研制飞行发电机，能够在4600m的空中利用风能转动，通过电缆与地面连接输送电力。当然这种设计必须克服固定和维护的难题。但是没有人怀疑，高空中的风最强、最稳定也最富含能量。

2）分布式发电

现有的电网是从发电中心向所有用户单向输电。"分布式发电"则更为有效和可靠。按照这种办法，风能和太阳能一类的发电装置设在家庭或工作场所内部或附近，与复杂的数字分配系统和控制系统连通，按照高峰和非高峰期的需求输电，以实现最大能效。

3）混合动力车

一种新型混合动力悍马车可以节省燃料，可以肯定混合动力技术的时代将要到来了。混合动力车集成内燃机和电动机，可以捕获刹车时的能量，并把闲置能量储存起来，同时减少发动机自重以提高效率。而新一代并联式混合动力车，晚上可在车库充电，大大减少了燃料使用量。据能源专家预计，如果目前美国车辆都由并联式混合动力车代替，石油消耗量将减少 70%～90%，这将使美国未来能够自给自足，无需进口石油。而且即使这些车辆的电能来自燃煤火力发电站，二氧化碳排放量也可降低一半以上。如果这些能量来自于可再生能源，燃料又是生物柴油或乙醇，其效果还会大大提高。

能源专家指出，无论用传统发动机还是混合发动机，减轻车辆自重在节省燃料方面的潜力经常遭到忽视。用高强度的轻型复合材料代替钢材，可以把混合动力车的燃效提高一倍左右。这大概是最有效、最可行的办法。

4）纤维素乙醇

2006 年，美国将向市场投放 100 万辆可变燃料车，乙醇加油站也将增加 33%，达到 1000 个左右。

目前美国生产的乙醇多数来自玉米，其生产过程需要消耗大量矿物燃料。能源专家认为，以玉米为原料的乙醇是一种过渡性燃料，想让乙醇对减少汽油消耗和缓解全球变暖等问题发挥作用，需要在大范围内从玉米乙醇转向纤维素乙醇。纤维素乙醇可由柳枝稷、木屑和玉米穗轴一类的农业废料制成，但需采用生物制酶技术，通过微生物能把植物纤维素转化为碳水化合物。有朝一日，汽车将由生物液体燃料提供动能。

5）打开太阳灯

2007 年初，洛杉矶东北部的沙漠将竖起几十架巨大的斯特林凹面镜，直径约 11m 的镜面将把阳光反射到一个热量收集装置，阳光再把氢加热到约 700℃推动发电机。全世界最大的太阳能发电厂建成以后，莫哈韦沙漠将出现大约两万架太阳能集热器，为 27.8 万户居民供电。

斯特林太阳能集热器可以把 30% 的太阳能转化为电，是今天效率最高的太阳能发电技术。太阳能不等同于光伏电池，光伏电池只能转化 15% 左右的太阳能，但可以在用电的同时发电，减轻输电网络的压力，并可以把任何一个晒到阳光的表面变成能源收集装置。在不太遥远的未来，不仅衬衫或外套可以给手机等装置充电；最终混合动力车或许可以利用外表面收集太阳能，以提供动力。这一切将主要通过提高单位面积捕捉的太阳能以及降低关键材料的成本来实现。

6）转向氢燃料

氢经济潜力巨大，但实施起来却绝非易事。大自然没有直接提供纯氢燃料，目前最经济的办法是从石油或天然气中提取，而这无助于减少二氧化碳的排放。

但是，氢动力燃料电池的效率已经比内燃发动机高一倍以上。在冰岛，可再生能源使氢经济变得可行。在美国有朝一日，额外的风能或许将制造出氢。科研人员甚至还可能对有机体进行基因改性，直接把太阳光转化为氢。这或许将带给世界一个光明的氢未来。

7）潮汐能发电

研究表明，美国近岸海域蕴藏着大约 2100TW·h 的电力，其中约有 1/8 可以在几乎不影响环境的条件下开发，相当于现有全部水电站的发电量。

潮汐能强度是风能的 10～40 倍。就技术而言，水动力系统的成熟速度也更快。潮汐能技术从本质上说，就是在密度更大的介质中发电，这种技术的发展速度尤其迅猛。2006 年，纽约东河 2.4m 深处的 6 台机组将开始发电，如果试运行结果令人满意，将增加机组数量，可为 8000 户居民供电。葡萄牙在近岸建设的潮汐能发电装置，将蛇形的钢管链在半潜状态下向外延伸 5km。到 2008 年可为大约 1.5 万户家庭供电。潮汐能利用技术的发展，将为世界带来更多的稳定、清洁能源。

8）向深处挖能

地热技术利用地球内部的热量发电或给建筑供暖。夏威夷、阿拉斯加和西部各州是地热资源丰富的地区。新型地热发电厂将得以利用 70℃ 左右的地热水库发电。

地热的运用大概还不局限于此。科研人员正在设法利用干热岩石采热技术建造地热水库，把水压入过热水晶岩加热，将热水经由生产井送回地表，其热量作为能源得以开采，然后再把这些水压回去，如此循环往复。可利用地热资源远远超过实际应用。

9）垃圾造煤气

旧石器时代就燃烧木材在洞穴中取暖煮食，今天多数生物燃料仍然取自木材。但是，农业废弃物的开发利用技术，如生物质和垃圾发电技术正在得到蓬勃发展。像矿物燃料一样，这些材料燃烧时虽然也释放出二氧化碳，但是排放出来的二氧化碳被植物生长时吸收的二氧化碳抵消了。

在新一代技术中，气化最有潜力。气化装置利用高热在低氧环境下把农业废料转为氢和一氧化碳的混合物，在锅炉中燃烧或代替天然气。这种转换可以提高能源效率 10%，释放出的气体可用来推动蒸汽轮机进行余热发电，整个过程中释放的热量则可用来给城市或建筑物供暖。

10）利用"负瓦特"

20 世纪 70 年代，节能意味着关灯。现在利用技术可以把同样一件事做得更好。美国现在单位经济产出的能耗比 30 年前减少了 47%，这在很大程度上要归功于技术进步。但令人遗憾的是，由于供应方缺乏效率，生产出来的大量能源都在传输途中白白浪费。对此，消费者无能为力，但在家里节约能源却非常简单，电费下降就是报偿。专家研究认为最便宜、最清洁的能源莫过于没有制造出来的能源，被称之为"负瓦特"。节能意味着是更实际有效应对能源危机的方案。

6. 淡水能源危机

地球的邻居火星曾经和地球一样，有丰富的水资源，但现在已变成红色的沙漠，当年流水造成的地貌现象，清晰可见。现在只有两极的地层可能保存有水的痕迹（冰晶）。虽然水体掩盖了地球 70％ 的面积，其中保存在两极和高山高原的冰雪的淡水资源则在日益减少，结果是否会引起整个地球的水体减少尚不得而知。火星是否成为地球的明天？尚待研究。

淡水资源的危机对全球来说可能并不存在，但对于某些地区来说，如中东地区、中亚地区，可能迫在眉睫。有人估计中东地区，现在是为"能源而战"，不久将为"淡水而战"。

气候变暖对于靠高山冰雪融化的"绿洲经济"的中亚地区来说，将是很大的危机。高山的冰雪资源的储存是十分有限的，现在冰川在缩小、冰雪厚度在变薄，一旦冰雪融化殆尽，由它带动的绿洲经济也将消失，将给该地区造成不可抗拒的危机。靠人工降雨、大气中的凝结水来解决淡水资源是不可能的，因为大气中的水汽本来就比较少，解决不了问题。唯一可行的办法是从最近的海边将海水淡化后，用管道输送到中亚地区，如同现在的石油天然气管道一样不过流向相反，内容不同而已。该地区输出去的是石油天然气，输入则为淡水。

沿海的阿拉伯国家根本就没有淡水资源可以利用，现在将来都要靠海水淡化来解决问题。

四、地球环境设计

NASA 等一些地球研究单位，提出了"认识地球，理解地球和管理好地球"是当前地球科学工作的主要任务，而地球管理是目的。地球管理的任务主要是进行地球的生态与环境规划。而人们只能在地球规划的基础上从事一些可以客观的活动去禁止一些不允许的活动。2007 年 6 月 8 日《自然》杂志上发表了大自然保护协会首席科学家彼得·卡雷伊瓦的文章，其中提出："21 世纪是地球环境设计时代"，"人类对地球的利用和开发继续进行严格的管理，首先是要进行科学规划"，"地球规划是当前环境科学的首要任务"。

他指出，截至 1995 年，全球仅有 17％ 的地域处于原生状态，约有 1/2 的土地被利用于种植庄稼或牧场，约有 1/2 多的森林变为耕地，原始生态遭到了严重的破坏，荒漠化及环境污染严重，物种消失，灾害频发，主要由于人们不按自然规律办事造成的，因此首先的任务是加强对地球进行管理，最主要的是进行科学规划。他认为地球环境规划的目的是：科学规范地球不同地区人类对地球开发和利用的行为，以达到人类社会与自然环境管理相处的目的。

日本学者先田荷认为：地球环境设计是环境设计的高级阶段。

五、拯救地球的 5 个折中方案

美国《大众科学》8 月号发表文章，题目是《拯救地球的 5 个折中方案》。文章说，显而易见，所有环保策略的第一步都是停止破坏环境。但如果这没有效果，我们必须富于创造性。

1. 重新冰冻北极

地点：格陵兰岛附近。

费用：500 亿美元。

问题：北极冰正在融化，并导致淡水冲淡咸海水，很多人预测这正在使洋流减弱。由于洋流在全球传递热量，所以它有助于调节全球气候。如果洋流停止，后果将是灾难性的：海洋生物大量死亡、水产业损失惨重，海洋吸收大气中温室气体的能力减弱；一些科学家甚至预言，北欧会骤冷。

补救方法：制造更多北极咸冰。一般情况下，像湾流那样的暖流将热量从热带传递到欧洲。洋流释放热量后，海水会下沉（因为冷水比暖水密度大，咸水比淡水密度大），并贴海底流回赤道附近。海水下沉正是全球洋流的动力。但是对世界末日有这样一种假想：融化的北极冰冲淡了北极海水，以至于流向热带的洋流密度不够大，无法下沉，携带热量的洋流缓慢停滞，欧洲进入新冰河时代。

加拿大艾伯塔大学工业工程师彼得·弗林提出了一种大胆的方法，在洋流开始减弱时推动洋流：往北极拖入 8000 艘能够造冰的驳船，制造一块像美国新墨西哥州那样大的咸冰块。根据这个计划，驳船于秋季抵达格陵兰岛海面。在冬季来临，气温降至 14 华氏度（−10℃）以下时，驳船的风动力水泵向原有的浮冰上撒咸海水，制造出一层层极咸的冰。

春天到来时，驳船向新形成的含盐浮冰浇更多的水，以此推动洋流。浮冰融化时，冷的、密度大的咸海水将沉入深海。其结果是，下沉洋流增加 6％，足以使这个系统保持流动。下一步：弗林并不建议现在就实施这个方案。只有当洋流流速放慢到危险的最低限度（虽然现在还不知道这个最低限度是什么，以及何时会出现），而且其他解决方案都失败时，再采取这个方案。他说，这不是首选方案，而是最后的选择。人们应采取一套更好的方案，首先确保下沉洋流和洋流循环系统不会受到抑制。

2. 用冷水抑制暴风雨

地点：墨西哥湾。

费用：50 亿美元。

问题：气候变化正在使海洋发生改变。暖水海洋是飓风的动力，因为飓风从海面炎热、潮湿的空气中吸取能量。一些科学家警告说，由于海洋温度不断上升，热带风暴将更猛烈。

补救方法：给孕育暴风雨的温暖洋面降温。新墨西哥州的发明家菲尔·基西尔打算在墨西哥湾放入 160 万个海洋冷却泵，并把它们固定在海底。它们会把 4 级飓风降到 3 级，把 3 级飓风降到 2 级。安装工作需要 4 个月的时间、约 100 艘驳船和 50 亿美元。一旦安装好，不管暴风雨什么时候开始孕育，这些绵延 1000 海里长的水冷却器都能对付它。

下个月，基西尔将驾船运送 10 个以海浪为动力的泵去百慕大群岛，尝试冷却一片 0.33 平方海里的海域。一段段如桶粗的软管投入海里后会膨胀，形成 650 英尺（约

198m）长的泵体。每个泵上有一个浮筒，这些浮筒随海浪上下摇摆，使泵有力量把凉的、营养丰富的海水从深海拉上来。浪越大，抽上来的海水越凉。因为大浪是飓风来临的前兆，所以正如基西尔所说，"只有在我们希望海水冷却时——即飓风来临前——冷却器才起作用"。

他的海洋科研公司（Atmocean）已经试验了单个泵，它们能使海面温度暂时降低7华氏度（约 $3.9℃$）。如果试验大规模的泵，效果可能不会这么明显。但模型显示，海面温度降低 1 华氏度（约 $0.6℃$），飓风风力就会减小 5%。基西尔说，如果风力从时速120 英里（约 $193km/h$）降到 110 英里（约 $177km/h$），财产损失可以减少 23%。

下一步：基西尔的研究小组将研究这种做法对海洋生物的影响。他们猜测，由于海水中的养分增加，海洋食物链的健康将得到改善，而且通过促进海面附近浮游生物生长（它们也是鱼的一种食物来源），也许可以增强海洋吸收碳的能力。

3. 在工厂里种超级大树

地点：热带雨林。

费用：每平方英里（约 $2.6km^2$）12 万美元。

问题：每天都有 10 万英亩（约 $405km^2$）热带雨林和热带雨林中的 100 个物种从地球上消失。单是亚马孙河流域的热带雨林每年就缩减 1 万平方英里（约 2.6 万 km^2）。专家预测，由于树木的需求量增加（用于制造木材、纸和生物燃料等产品），到 2050 年热带雨林将消失——随之消失的是地球上将近一半的动植物和微生物的生存环境以及 25% 药物的原料。

补救方法：种植转基因树木，它们将抢占廉价的热带雨林木材市场。美国南卡罗来纳州查尔斯顿的生物技术公司阿伯基因公司（ArborGen）目前正率先进行一项研究。这项研究将帮助农民用目前所需土地的仅 5% 大量栽培树木。如果采用这种技术，再也不用砍伐当地热带雨林中的树木来生产木材（当然，不会影响为获得农田而进行砍伐）。

为了研发出具备人类所需特性的树木，如生长快、结实和木质素低（造纸时必须用化学方法把木质素分离出来），这个公司自 2000 年以来一直从 6 种树木和植物中鉴别有用的基因。例如，通过加快树的生长周期，阿伯基因公司正准备把松树成材的时间从30 年左右缩减到约 18 年。这个公司还研发了一种低木质素的桉树，这种树非常适合生产纸浆。

目前的两大障碍是时间和金钱。培育转基因树木既辛苦，成本又高。即使科学家培育出新的树种，他们仍需从培养皿到种植园分别处理每一棵树苗。

下一步：为了令这个方法在经济上有可行性，阿伯基因公司计划在全自动树木工厂中培育高级树苗。因此，这个公司现已开始设计能自动移植和评估幼苗的机器人。这个公司希望这一技术还能拯救濒危树种，它的一个计划的目的是将防枯萎病的基因植入濒临灭绝的美国栗树。

4. 从无到有建湿地

地点：沿海地区。

费用：每平方英里岛屿 8 亿美元。

问题：湿地正在消失。湿地是数千种鸟类和动物的栖息地。但是，大部分湿地正迅速被农作物和公寓楼侵占，而污染和海面上升正在侵占其余那些湿地。

补救方法：用回收的塑料和泡沫塑料建造群岛，岛的面积从船那样大到篮球场那样大。在岛上种植当地特有的植被。让这样的岛漂浮在所有以前曾有大片天然湿地的地方。

湿地与雨林和珊瑚礁是地球上最活跃、最多种多样的生态系统。湿地是 1/3 的鸟类、190 种两栖动物和 200 多种鱼的家园和繁殖地。湿地可以过滤多余的营养物和污染物：湿地上植物的根部和土壤会捕捉它们，然后植物和细菌再把它们分解为不那么有害的物质。

为了模仿湿地，发明家布鲁斯·卡尼亚用黏性泡沫塑料将一层层聚合网粘在一起，铺上草皮和湿地植被。卡尼亚选择能够吸引昆虫、青蛙、水鸟、海狸的植物或者这个地区其他土生土长的野生植物。随着植物的生长，它们的根迁回穿过塑料母体，伸入水中。微生物依附到聚合纤维上，再转移至根系，形成一层黏糊糊的"生物薄膜"。这种"生物薄膜"可以净化水并向水供氧。

卡尼亚首先在位于美国蒙大拿州的农场中水藻泛滥的池塘里试验了他的"生命之舟"。"生命之舟"过滤了池塘中的肥料废物，并抑制有害藻类生长。现在已有 3000 个这样的生态系统漂浮在世界各地有麻烦的地方，包括新加坡的一个水库。

5. 给冰川隔热

地点：瑞士阿尔卑斯山。

费用：1200 万美元/平方英里。

问题：冰川——地球上最大的淡水库，总面积相当于一个南美洲——正在消失。一些冰川每年缩小几百英尺。阿尔卑斯山冰川到 2050 年将消失 3/4，到本世纪末将全部消失。

补救方法：用足球场大小的人造毯把冰川裹起来隔热。至少瑞士阿尔卑斯山的滑雪场目前就是这样做的。十几家滑雪场厌倦了拿本行业冒险，不再依赖国际社会控制气候迅速变化的能力。它们让当地的弗里茨·朗多纺织公司帮助阻止冰雪融化。这个公司生产的材料"护冰使者"是一种既耐磨又轻便的双层复合材料。其上层是能够反射紫外线的聚酯，下层是聚丙烯——军服和汽车配件用于隔热的一种聚合物。用"护冰保护者"包裹冰雪，可以防止表层雪在夏日骄阳下融化——当然，希望底部的永久性冰也不融化。

2005 年对不断融化的格申冰川进行的小型试验极为成功。用毯子包裹的区域连续两年比周围的冰雪少融化 80%。弗里茨·朗多纺织公司对付的冰川面积现在越来越大，包括在沃拉布山冰川——瑞士最大的滑雪场之一就在这里——包裹一片相当于 6 个足球场大的区域。

参 考 文 献

埃德加·莫兰（法）. 2001. 复杂思想：自学的科学. 北京：北京大学出版社

艾南山. 1994. 城市结构的分形研究. 地理学与国土研究, 10（4）：35-41

艾南山. 1993. 从曼德由罗特景观到分形地貌学. 地理学与国土研究, 9（1）：13-17

艾南山等. 1993. 第四纪研究的非线性科学方法. 第四纪研究,（2）：109-120

艾什比（英）. 1965. 控制论导论. 北京：科学出版社

爱因斯坦. 2001. 广义相对论基础. 史立英等译. 石家庄：河北科学技术出版社

安镇文. 1994. 分形与混沌理论在地震学中的应用于探讨. 地球物理学进展, 9（2）：84-90

贝塔朗菲（奥）. 1987. 一般系统论. 北京：社会科学文献出版社

蔡运龙, Bill W. 2011. 地球学思想经典解读. 北京：商务印书馆

巢俊民. 1991. 现代地理计统分析. 北京：北京师范大学出版社

陈京民. 2002. 数据包库与数据挖掘技术. 北京：北京电子工业出版社

陈静. 2003. 华南中尺度暴雨数值预报的不确定性与集合预实验. 气象学报, 61（4）

陈静. 2003. 物理过程参数化方案对中尺度暴雨数值预报影响的研究. 气象学报, 61（2）

陈守吉, 凌复华译. 上海：上海远东出版社

陈述彭. 2001. 地理信息图谱探索. 北京：科学出版社

陈莹. 2009. "云"在学校计算机公共服务平台. 硅谷杂志, 19

陈之荣. 1983. 地球的一生. 北京：科学出版社

承继成. 1986. 流学地貌的数学模型——分形几何学的应用. 北京：科学出版社

承继成. 1999. 国家空间信息基础设施. 北京：清华大学出版社

承继成. 2001. 面向信息社会的区域可持续发展导论. 北京：商务印书馆

承继成. 2002. 城市数字化. 北京：城市出版社

承继成. 2002. 数字地球导论. 北京：科学出版社

承继成. 2004. 精准农业技术与应用. 北京：科学出版社

承继成. 2004. 遥感数据中的不确定性问题. 北京：科学出版社

承继成. 2005. 数字城市. 北京：科学出版社

承继成. 2006. 数字城市工程（上册）. 北京：城市出版社

承继成. 2008. 数字区域的发展和框架. 北京：电子工业出版社

承继成. 2008. 数字中国导论. 北京：电子工业出版社

承继成. 2009. 地球空间信息技术进展. 北京：电子工业出版社

承继成. 2011. 地球释放 CO_2 及遥感监测研究进展. 北京：电子工业出版社

程士珍. 2001. 浅谈分形的应用. 天津工业大学学报, 20（4）：65-67

丑纪范. 1986. 长期数值天气预报. 北京：气象出版社

崔晋川. 1996. 信息技术革命与运筹学的发展机遇. 中国运筹学会第六届学术交流会论文集上卷

崔伟宏, 承继成. 2012. 自然是气候变化的主要驱动力. 北京：科学出版社

达尔文（英）. 1999. 物种起源. 舒德干等译. 西安：陕西人民出版社

戴维斯. 1997. 超强——一种包罗万象的理论. 北京：中国对外翻译出版社

邓聚龙. 1985. 灰色系统（社会、经济）. 武汉：华中理工大学出版社

邓聚龙. 1990. 灰色系统理论教程. 武汉：华中理工大学出版社

邓南圣. 2003. 生命周期评价. 北京：化学工业出版社

邱凯昌等. 1997. 云理论及其在空间数据挖掘和知识发现中的应用. 中国图象图形学报, 4A（11）：930-935

丁霍振（美）.1997.科学的终结.呼和浩特：远方出版社

段晓静.2003.耗散结构理论及其广泛应用.东山师范学院学报，18（4）：64-67

恩格斯.1971.自然辩证法.北京：人民出版社

冯国瑞.2010.走向智慧.西安：西安交通大学出版社

冯筠等.2003.从空间对地观测到预测地球未来的变化（一）——NASA 地球科学事业（ESE）战略计划述评.遥感
　　技术与应用，18（6）：407-411

冯契.2008.外国哲学大辞典.上海：上海辞书出版社

盖尔曼（美）.1998.夸克与美洲豹——简单和复杂的奇遇.长沙：湖南科学技术出版社

国家气象中心.1991.美国国家气象中心天气预报业务现状和进展.北京：气象出版社

哈肯·赫尔曼（德）.2000.大脑工作原理——脑活动、行为和认识的协同学研究.吕翎译.上海：上海科技教育出
　　版社

哈肯·赫尔曼（德）.2001.协同学——大自然构成的奥妙.凌复华译.上海：上海译文出版社

哈肯·赫尔曼（德）.2005.协同学.北京：原子出版社

海纳特.1987.创造力.陈钢林译.北京：工人出版社

海森堡（德）.1983.量子论的物理原理.王正行等译.北京：科学出版社

郝柏林.1986.分形和分维.科学杂志，38（1）：9-17

胡文耕.1978.生命的起源.北京：科学出版社

胡小强.2009.虚拟现实技术基础与应用.北京：北京邮电大学出版社

胡兆量.2011.地域分异规律：地理科学进展.北京：科学出版社

黄立基等.1991.开创复杂性研究的新学科.成都：四川教育出版社

黄欣荣.2006.复杂性科学的方法论研究.重庆：重庆出版社

惠勒.1982.物理学和质朴.惠勒演讲集.合肥：安徽科学技术出版社

惠勒.1989.科学和艺术中的结构.童世骏，陈先艰译.上海：华东师范大学出版社

惠勒.2006.宇宙逍遥.田松，南宫梅译.北京：北京理工大学出版社

霍金.1998.时间简史.长沙：湖南科学技术出版社

霍兰（美）.2000.隐秩序——适应性造就复杂.上海：上海科技教育出版社

霍兰（美）.2001.涌现——从混沌到有序.上海：上海科技教育出版社

姜璐.1987.自组织管理.上海：上海人民出版社

金惜春.2002.板块构造学基础.上海：上海科学技术出版社

坎普赫.2011.地球系统（第3版）.张晶，戴永久译.北京：高等教育出版社

克莱德·H.莫尔.2008.碳酸盐岩储层.姚根顺译.北京：石油工业出版社

克劳斯.1981.从哲学看控制论.北京：中国科学技术出版社

拉普拉斯（法）.2001.宇宙体系论.李珩译.上海：上海译文出版社

拉兹洛·欧文（美）.1998.系统哲学引论.北京：商务印书馆

莱切尔·卡逊.1999.寂静的春天.吕瑞兰，李长生译.长春：吉林人民出版社

黎麦.2007.地球模拟系统.北京：科学出版社

李才伟.1997.元胞自动机及复杂系统的时空演化模拟.武汉：华中理工大学博士学位论文

李德仁等.2005.论智能化对地观测系统.测绘科学，30（4）：9-11

李德仁等.2009.论地理信息时代.中国科学F辑（信息科学），29（6）：579-587

李德仁等.2010.从数字地球到智慧地球.武汉大学学报（信息科学版），35（2）：127-132

李德仁等.2011.从数字地球到智慧地球的理论与实践.地理空间信息，9（6）：1-5

李德仁等.2012.智慧地球时代测绘地球学的新使命.测绘科学，37（6）：5-8

李德毅.2010.云计算支撑信息服务社会化、集约化和专业化.重庆邮电大学学报（自然科学版），22（6）：689-702

李后强.1995.分形研究若干问题.自然杂志，17（2）：103-105

李后强等.1990.分形与分维.成都：四川教育出版社

李镜池. 1978. 周易探源. 北京：中华书局

李如生. 1984. 岩浆岩中矿物组组分的有序现象和耗散结构. 矿物学报，4：303-310

李政道. 2001. 物理学的挑战. 在中科院建院 50 周年纪念会上的报告

林鸿溢等. 1992. 分形论——奇异性探索. 北京：北京理工大学出版社

刘开第，吴和琴等. 1999 不确定性信息数学处理及应用. 北京：科学出版社

刘开第. 1999. 四种不确定性信息概念与联系. 华中理工大学学报，27（4）：57-64

刘奎林. 1989. 思维科学导论. 北京：工人出版社

刘南威. 2002. 自然地球学. 北京：科学出版社

刘清. 2003. Rough 集及 Rough 推理. 北京：科学出版社

刘式达. 2003. 自然科学中的混沌与分形. 北京：北京大学出版社

刘蔚华. 1988. 方法论词典. 南宁：广西人民出版社

刘振海. 2008. 认识论探索. 北京：北京师范大学出版社

卢华复. 1989. 前龙门山前陆盆地推覆构造的类型和成因. 南京大学学报，25（4）：18-24

卢华复等. 2001. 新疆佳木地区的第四纪断层. 科学通报，19

卢明森. 1994. 思维奥秘探索——思维学导引. 北京：农业大学出版社

陆元炽. 1987. 老子浅释. 北京：北京古籍出版社

吕埃勒. 2001. 机遇与混沌. 上海：上海科学技术出版社

吕埃勒·D. 1993. 机遇与混沌. 刘式达等译. 上海：上海科技教育出版社

洛伦兹（美）. 1997. 混沌的本质. 刘式达译. 北京：气象出版社

迈克尔·巴克兰德. 1994. 信息与信息系统. 刘子明等译. 广州：中山大学出版社

孟宪伟. 1994. 地球化学系统的自组织、自相似与自相关. 地球科学进展，9（6）：53-58

苗东升，刘华杰. 1993. 混沌学纵横论. 北京：中国人民大学出版社

苗东升. 1982. 模糊学导引. 北京：中国人民大学出版社

苗东升. 2001. 复杂性研究的现状与展望. 系统辩证学学报，（4）：20-26

牛顿（英）. 2006. 自然哲学的数学原理. 王克迪译. 北京：北京大学出版社

欧阳首承. 2001. 走进非规则. 北京：气象出版社

朴河春，刘广深等. 1996. Acceleration of Selenate Reduction by Alternative Drying and Wetting of Soils. 中国地球化学学报：英文版. 3

普利高津. 1982. 结构耗散和生命："普利高津与耗散结构理论". 西安：陕西科学出版社

普利高津. 1984. 对科学的挑战："普利高津与耗散结构理论". 西安：陕西科学出版社

普利高津. 1984. 复杂性进化和自然的规律："普利高津与耗散结构理论". 西安：陕西科学出版社

普利高津. 1984. 时间、不可逆性和结构："普利高津与耗散结构理论". 西安：陕西科学出版社

普利高津. 1984. 时间、结构和涨落："普利高津与耗散结构理论". 西安：陕西科学出版社

普利高津. 1984. 时间之探索："普利高津与耗散结构理论". 西安：陕西科学出版社

普利高津. 1995. 确定性的终结. 上海：上海科技教育出版社

钱维宏. 1997 全球气候与地球自转速度的年代际变化. 科学通报，42（13）：1409-1411

钱学森. 1986. 关于思维科学. 上海：上海人民出版社

钱学森. 1986. 新思维科学. 上海：上海人民出版社

钱学森. 2001. 创建系统科学. 太原：山西科学技术出版社

曲建升，高峰. 2005. 21 世纪初的大气科学国际研究计划概览. 科学新闻，（12）：22，23

尚小桦，何继伟. 2002. 日本 JAXA 2025 规划及其航天发展的新动向. 中国航天，（3）：24-28

沈铁元等. 2004. 短期数值预报降雨的不确定性定量研究初探. 湖北：湖北省科协技术学会出版

石磊等. 1988. 哲学新概念词典. 哈尔滨：黑龙江人民出版社

斯宾诺沙. 1983. 伦理学. 贺麟译. 北京：商务印书馆

斯宾诺沙. 1999. 政治学. 冯炳昆译. 北京：商务印书馆

孙小礼. 1993. 自然辩证法. 北京：高等教育出版社

谭跃进等. 1996. 系统学原理. 长沙：国防科技大学出版社

田永清等. 2003. 基于云理论神经网络决策树的生成算法. 上海交通大学学报，37（增刊）：113-117

汪培庄等. 1996. 模糊系统理论与模糊计算机. 北京：科学出版社

王国胤. 2001. Rough 集理论与知识获取. 西安：西安交通大学出版社

王浩. 2003. Gödel 传纪. 上海：上海文献出版社

王鸿祯. 1980. 地史学教程. 北京：地质出版社

王会军. 1997. 试论短期气候预测的不确定性. 气候与环境研究. 2：333-338

王蒙. 2009. 老子十八讲. 北京：生活·读书·新知三联书店

王清印等. 2001. 不确定性信息的概念、类别及其数学表述. 运筹与管理，（4）：9-15

王清印等. 2001. 预测与决策的不确定性数学模型. 北京：冶金工业出版社

王清印等. 2004. 不确定性信息产生的根源与泛灰集合基础. 武汉：华中理工大学学报，28（4）：66-68

王庆波等. 2009. 虚拟化与云计算. 北京：电子工业出版社

王绍武. 1998. 短期气候预测的可预报性与不确定性. 地球科学进展，（1）：8-14

王寿云. 1965. 开放的复杂巨系统. 杭州：浙江科学技术出版社

王献溥. 1994. 生物多样性的理论与实践. 北京：中国环境出版社

王铮. 2011. 计算地理学. 北京：科学出版社

维纳. 1948. 控制论. 赫季仁译. 北京：北京大学出版社

沃尔德罗（美）. 1997. 复杂性——诞生于有序与混沌边缘的科学. 北京：生活·读书·新知三联书店

吴边，吴信才. 2011. Cloud GIS 关键技术研究. 计算机工程与设计，4

吴国盛. 1998. 追思自然——从辩证法到自然哲学. 沈阳：辽海出版社

冼鼎昌. 2004. 门外美谈——一种科学和一书的美学比较. 北京中国艺术报

肖立功. 1998. 寒武纪大爆发与达尔文进化论. 地球，（1）

肖庆辉等，1991. 中国地质科学近期发展战略的思考. 成都：中国地质大学出版社

徐崇刚等. 2004. 生态模型的灵敏度分析. 应用生态学报，（6）：1056-1062

徐冠华. 2005. 创新科技与经济发展. 中国财富报论坛

徐冠华. 2006-04-07. 关于自主创新的几个重大问题. 科技日报

徐冠华. 2010-08-01. 21 世纪中国地球科学发展立足中国走向世界. 科技日报

徐冠华. 2012. 全球变化与可持续发展. 2012 高校 GIS 论坛

徐良英，范岱年. 1976. 爱因斯坦文集（1～3 卷）. 北京：商务印书馆

徐钦琦，刘时潘. 1991. 史前气候学. 北京：科学出版社

许广玉. 2004. 国家创新系统的耗散结构特征分析. 江南大学学报，13（2）：9-11

杨春鼎. 1997. 形象思维学. 合肥：中国科技大学出版社

杨春鼎. 2010. 形象思维学. 长春：吉林人民出版社

杨纶标、高英仪等. 模糊数学原理及其应用. 广州：华南理工大学出版社

杨书案，1997. 庄子. 北京：中国文学出版社

杨志明. 2000. 经典集合与不确定性数学. 邯郸师专学报，（3）

佚名. 1981. 毛泽东选集. 北京：人民出版社

佚名. 1984. 系统理论中的科学方法与哲学问题. 北京：清华大学出版社

佚名. 2011-09-27. 地球生命进化过程的突变与渐变的讨论. 中科院智慧火花. http://idea. cas. cn/viewdoc. action? docid=1262

佚名. 国际地球科学与中国地球科学十年发展态势（1991～2001）. 2002. 中国科学院院资源环境科学信息中心

云中雪. 2009. 关于大地构造的几种学说. 地理教师网站

曾庆存. 1979. 数值天气预报的数学物理基础. 北京. 科学出版社

曾庆存. 1996. 自然控制论. 气候与环境研究

曾庆存等. 2006. 非线性常微分方程的计算不确定性原理—II 理论分析. 中国科学 E 辑

曾维华. 2011. 环境系统工程方法. 北京：科学出版社

张殿祜等. 1997. 熵—度量随机变量不确定性的一种尺度. 系统工程与电子技术，（11）：1-3

张光鉴. 2011. 相似论. 南京：江苏科学技术出版社

张昀. 1998. 生物进化. 北京：北京大学出版社

赵光武. 1993. 现代科学的哲学探索. 北京：北京大学出版社

赵凯华. 1991. 定性与半定量物理学. 北京：高等教育出版社

赵凯华. 2001. 新概念物理教程—量子物理. 北京：高等教育出版社

赵克勤. 1995. 集对分析对不确定性的描述和处理. 信息和控制，24（3）：162-166

赵克勤. 1996. 集对论——一种新的不确定性理论方法与应用. 系统工程，14（1）18-23，72

中共中央马克思恩格斯列宁斯大林著作编译局. 1971～1995. 马克思、恩格斯选集（第 1～42 卷）. 北京：人民出
    版社

中国互联网络信息中心（CNNIC）. 2012. 第 29 次中国互联网络发展状况统计报告

钟义信. 1988. 信息科学原理. 福州：福建人民出版社

朱华. 2011. 分形理论及其运用. 北京. 科学出版社

朱泽霞. 1999. 科学物语. 北京：中国物价出版社

卓正大. 1991. 生态系统. 广州：广东高等教育出版社

Abd-El-Khalick F，Lederman N G. 2000. Improving science teachers'conceptions of the nature of science：A critical re-
    view of the literature. International Journal of Science Education，22（7），655-701

Allcock W，Bresnahan J，Kettimuthu R，et al. 2005. The Globus Striped GridFTP Framework and Server//Proc. of
    2005 ACM/IEEE Conference on Supercomputing. ［S. l. ］：ACM Press，2005.

Arrhenius S. 1896. On the influence of carbonic acid in the air upon the temperature of the ground. Lond. Edinb. Dub-
    lin Phil Mag. J Sci，41（5）：237-276

assessment of reduction strategies and costs. Clim. Change 81，119？59

Atlle J E. 1992. Perspective of Nonlinear Dynammic. New York NY 10011-4211，USA

Barrow J. 1991. Theories of Everything. Clarendon Press Oxford. U. K

Bradfield R，Wright G，Burta G et al. 2005. The origins and evolution of scenario techniques in long range business
    planning. Futures，37（8）：795-812

Bunyard P. 1988. Gaia：Thesis，the Mechanisms，and the lmplication. Wadebridge Ecological Center Cornwall，U. K

Calvin K et al. 2009. Limiting climate change to 450 ppm CO_2 equivalent in the 21st century. Energy Econ，31：
    S107-120

Carpenter S R et al. 2005. Millennium Ecosystem Assessment. Ecosystems and Human Well-being：Scenarios，
    2：xix51

Carter T R et al. 2001. Climate Change 2001：Impacts，Adaptation and Vulnerability. eds by McCarthy J J，Canziani O
    F，Leary N A，Dokken D J & White K S. Cambridge Univ. Press

Carter T R et al. 2007. General Guidelines on the Use of Scenario Data for Climate Impact and Adaptation Assessment
    （Task Group on Data and Scenario Support for Impact and Climate Assessment（TGICA），IPCC，Geneva，2007）

Carter T R，Parry M L，Porter J H. 1991. Climatic change and future agroclimatic potential in Europe. Int. J. Clima-
    tol，11

Carter T R et al. 2007. In Climate Change 2007：Impacts，Adaptation and Vulnerability. eds by Parry M. L，Canziani
    O F，Palutikof，J P，van der Linden P J & Hanson，C. E. ）13371 Cambridge Univ. Press

Casti J. 1988. Randomness in Arithmetic，Scientific American，，6：80-85

Casti J. 1994. Randomness and Complexity in Pure Mathematics. Internation Journal of Bifurcation and Chaos，，4：
    13-15

Chang et al. 2008. "Bigtabal" 一个结构化数据的分布式存储系统. Google 论文

Christensen J H et al. 2007. Climate Change 2007: The Physical Science Basis. eds. Solomon, S., Qin, D. & Manning, M. Cambridge Univ. Press

Clarke L et al. 2007. Scenarios of Greenhouse Gas Emissions and Atmospheric Concentrations (Sub-report 2. 1A of Synthesis and Assessment Product 2. 1, US Climate Change Science Program and the Subcommittee on Global Change Research, Department of Energy, Office of Biological & Environmental Research, Washington DC

Clarke L, Weyant J. 2009. Introduction to the EMF Special Issue on climate change control scenarios. Energy Econ., 31: S6381

Cox P M et al. 2000. Acceleration of global warming due to carbon-cycle feedbacks in a coupled climate model. Nature 408

Crowe, Michael J. 1991. The History of Science: A Guide for Undergraduates, Notre Dame University

Dawkins R. 1976. The Selfish Gene. Oxford University Press

Dawkins R. 2009. The Greatest Show on Earth: The Evidence for Evolution. United States by Free Press

Deutsch D. 1972. Mapping of Interactions in the Pitch Memory Store. Science, 175: 1020-1022

Dirace P A M. 1958. The Principles of Quantum Mechanics. Oxford: Oxford Unir Press

Ermentrout G B. 1993. Cellular automata approaches to biological modeling. J Theor Biol. 7, 160 (1): 97-133

Farndon J. 1992. Dictionary of the Earth, Dorling Kindersley, London: 192

Feynman R. 1967. The Character of Physical Law. MIT Press, Cambridge

Fisher B S et al. 2007. Climate Change 2007: Mitigation (eds Metz, B., Davidson, O. R.,

Friedlingstein P et al. 2006. Climate-carbon cycle feedback analysis: results from the (CMIP) -M-4 model intercomparison. J. Clim. 19

Fujino J et al. 2006. Multigas mitigation analysis on stabilization scenarios using AIMglobal model. Multigas mitigation and climate policy. Energy J. 3 (Special Issue)

Gaffin S R, Rosenzweig C, Xing X et al. 1997. Downscaling and geo-spatial gridding of socio-economic projections from the IPCC Special Report on Emissions Scenarios (SRES). Glob. Environ. Change 14, (2004). seft-orgaNization. Cambridge University Press: 547

Gary B, Lewis D. 2006. Education and Outreach, Geological Society of America Nature of Science and the Scientifi c Method Hawking: 2001. The Universe in A Nutshell Hunan science and technology press

Gerald H. 1993. Science and Anti-Science. Harvard University Press, Cambridge

Gigerenzer G. 1989. The Empire of Chance. Cambridge: Cambridge University Press

Goodchild M F. 1995 Future directure for Geographic Information Science. Proceeding of Geo-informatics'95 Hong Kong

Goody R M, Anderson J, North G. 1998. Testing climate models : An approach. B ull A mer Metor Soc, 79 : 2541-2549

Gregory C. 1988. Randomness and Complexity in Pure Mathematics. . International Journal of Bifurcation and Chaos-No4-1: 3-15

Gregory C. 1988. Randomness in Arithmetic. Scintific American, 6: 80-85

Grubler A, Nakicenovic N. 2001. Identifying dangers in an uncertain climate. Nature 412, 15

Grubler A. et al. 2006. Regional, national, and spatially explicit scenarios of demographic and economic change based on SRES. Technol. Forecast. Soc. Change 74

Gutowitz H A. 1990. A Hierarchical Classifiction of Cellular automata. Physica D: Nonlinear Phenomena, 45 (1-3): 136-156

Haase C S, Chadam J, Feinn D, et al. 1980. Os cil latory zoning in plagiocl as e felds par . Science, 209: 272-274.

Haase et al. 1980. Oscillacory Zoning in Playioc-Lase Feldsper. Science, 209: 272-274

Haefele W, Anderer J, McDonald A et al. 1981. Energy in a Finite World: Paths to a Sustainable Future (Ballinger)

Haken H A. 1995. Synergetic approach to the self-organization of cities and settlements. Environment and planning B:

Planning and Design，22（1）：35-46

Haken H. 2003. The Physics of Atoms and Quanta. 世界图书出版公司

Hawking S. 1988. A Brief History of time. Bantam Books New York

Hawking S. 1988. A Brief History of Time：From the Big Bang to Black Holes. NewYork：Bantarm Books

Hawking S. 2001. The Universe in a Nutshell. Bantam；1st edition（November 6，2001）

Heisenberg W. 1930. The Physical Principles of the Quantum Theory. Chicago：Unversity of Chicago Press

Hibbard K A，Meehl G A，Cox P. 2007. A strategy for climate change stabilization experiments. Eos 88217：219-221

Hijioka Y，Matsuoka Y，Nishimoto H et al. 2008. Global GHG emissions scenarios under GHG concentration stabilization targets. J Glob Environ Eng，13：9708

Horgan J. 1997. The End of Scicence. Copyright Licensed by Arts & Licensing International，Inc

Houghton M. 1992. AL Gore：Earth in the Balance，New York

Huntingford C，Cox P M. 2000. An analogue model to derive additional climate change scenarios from existingGC Msimulations. Clim Dyn，16

Huntingford C，Lowe J. 2007. Overshoot scenarios and climate change. Science 316：829

Hurtt G C et al. 2009. Harmonization of global land-use scenarios for the period 1500-2100 for IPCC-AR5. iLEAPS Newsl. 7：6

IPCC. 2001. Climate Change 2001 ：The Scientific Basis. Cambridge ：Cambridge University Press ：12881

IPCC综合报告 2008. 气候变化 2007 综合报告. 政府间气候变化专门委员会出版

James W. 1956. The Dilemma of Determinsim. in The Will to Belive，New York：Dover

Jefferson M. 1983. Beyond Positive Economics?（ed. Wiseman，J.）12259（Macmillan）

John Webster，Chris Stakutis：2005 Inescapable Data IBM

Kahn H，Weiner A. 2000. A Framework for Speculation on the Next Thirty-three Years（Macmillan，1967）

Kasting et al. 1988. How climate evolved on the terrestrial planets. Scientific American，258：90

Kasting J F et al. 2006. Atmospheric composition and climate on the early Earth philosophical transactions of the Royal society B Biological sciences

Kauffman S. 1991. Antichaos and Adaptation. Science American August ：78-84

Kauffman S. 1993. The origin of the order：evolution of self organization and natural selection. Oxford University press

Kossmann D，Kraska T，et al. 2010. A modular cloud storage system//Proc. of the 36th Int'l Conf. on Very Large Data Bases. Singapore：VLDB Endowment，1533-1536

Lamarque J F et al. 2009. Gridded emissions in support of IPCC AR5. IGAC Newsl，41 ：128

Laplace M. 2010. Theory analytique des probabilites. Nabu Press

Leggett J，Pepper W J，Swart R J. 1992. Climate Change 1992：The Supplementary

Leontief W. 1976. The Future of the World Economy：A Study on the Impact of Prospective

Li Q X，Liu X N，Zhang H Z，et al. 2004. Detecting and adjusting on temporal inhomogeneity in Chinese mean surface air temperature dataset. Advances in Atmospheric Sciences，21（2）：260-268

Lindley D. 1993. The End of Physics. Basic Books. New York

Lovelock J. 1990. The Ages of Gaia：A Biography of Our Living Earth，New York：Bantan Books

Lovelock J. 1991. Healing Gaia，New York：Harmony books

Malone E L，Brenkert A L. 2009. The Distributional Effects of Climate Change：Social and Economic Implications. eds ：Ruth M，Ibarraran M）85

Manabe S et al. 1975. A global ocean-atmosphere climate model：Part I. The atmospheric circulation. J Phys Oceanogr

Manabe S，Wetherald R T. 1967. Thermal equilibrium of the atmosphere with a given distribution of relative humidity. J Atmos Sci，24

Mandelbrot B B（法）. 1975. 分形：形状、机遇和维数. 巴黎：弗拉马利翁出版社，世界图书出版公司第 1 版

Mandelbrot B B（法）. 1982. 大自然的分形几何学

Mandelbrot B. 1983. The Fractal Geometry of Nature. San. Francisco：W. H. Freeman

Manjit K. 2011. 量子理论——爱因斯坦与波尔关于世界本质的伟大论战. 重庆：重庆出版社

Martin H. 1981. Cosmic Discovery. MIT，Presss，Cambridge

Meadows D et al. 1972. The Limits to Growth（Universe Books，1972）

Mearns L O et al. 2001. Climate Change 2001：The Physical Science Basis. eds：Houghton J T，Ding Y，Griggs D J. Cambridge Univ. Press

Medawar P. 1984. The Limits of Science. Oxford University Press，New York

Meehl G A et al. 2009. Decadal prediction：can it be skillful? Bull. Am. Meteorol. Soc. 90，1467485

Meehl G A，Hibbard K A. 2007. A Strategy for Climate Change Stabilization Experiments with AOGCMs and ESMs（WCRP Informal Report No. 3/2007，ICPO Publication No. 112，IGBP Report No. 57，World Climate Research Programme，Geneva，2007）.

Merino E. 1984. Survey of geochemical self-patt erning phenomena//Nicol is G，Baras F，eds . Ch emical In stabilities. Bost on：D Reidel Pub lish ing Company，305-328

Mesarovic M，Pestel E. 1974. Mankind at the Turning Point（Dutton，1974）

Mitchell T D. 2003. Pattern scaling an examination of the accuracy of the technique for describing future climates. Clim. Change 60

Moss R H et al. 1998. Towards New Scenarios for Analysis of Emissions，Climate Change，

NASA. 1999. Understanding Our Changing Planet ：1999 Fact Book

NASA. 2001. Exploring Our Home Planet -Earth Science Enterprise Strategic Plan

NASA. 2002 Earth Science Enterprise Application Strategy for 2002～2012

NASA. 2002. Earth Science Enterprise Technology Strategy

Nicholas R. 1958. Scientific Principles of Quanturn Mechanics. Qxford：Oxford Unir Press

on Long-term World Development（Swedish Council for Planning and Coordination of Research，Stockholm）

Ortoleva P，Merino E ，Moore C. 1987. Geochemical self-organization Ⅰ and Ⅱ. Amer J Sci，287：979-1040

Ortoleva P，Merino E，Strickholm P. 1982. A kinetic theory of met amorphic layering in anisot ropicall ystressed rocks. Amer J Sci，282：617-643

Ortoleva P. 1984. The self-organi zat ion of Liesegan g bands and oth er pr ecip itat e p at t ern s//Nicolis G，Baras F，eds. Chemical Inst abilit ies. Bost on：D Reidel Pu blish ing Company，289-297

Parson E A et al. 2007. Global Change Scenarios：Their Development and Use（Sub-report 2. 1B of Synthesis and Assessment Product 2. 1，US Climate Change Science Program and the Subcommittee on Global Change Research，Department of Energy，Office of Biological & Environmental Research，Washington DC

Paul C. 1988. Dirse. Supestring：A Theort of Everything?. Cambridge University Press，Cambridge，U. K

Pittock A B，Jones R N，Mitchell C D. 2001. Probabilities wilher：l help us plan for climate change. Nature 413：249

Popper K R. 1982. The Open universe. An Argument for Indeterminism. Cambridge，Routledge

Prigogine I. 1968. From Being to Becoming. New Youk：Benjamin

Prigogine I. 1986. Order Out of Chaos. Bantam，New Youk

Prigogine I. 1996. The End of Certainy：Time，Chaos，and the New Laws of Nature. Copyright （c）Editions Odile Jacob

Randall D A et al. 2007. Climate Change 2007：The Physical Science Basis（eds Solomon，S.，Qin，D. & Manning，M. ）（Cambridge Univ. Press，2007）

Rao S et al. 2008. IMAGE and MESSAGE Scenarios Limiting GHG Concentration to Low Levels（IIASA Interim Report IR-08-020，International Institute for Applied Systems Analysis，Laxenburg，Austria，2008）

Rao S，Riahi K. 2006. The role of non-CO_2 greenhouse gases in climate change mitigation：Long-term scenarios for the 21st century. Multigas mitigation and climate policy. Energy J. 3（Special Issue）

Response Strategies Working Group. 1990. Climate Change：The IPCC Scientific Assessment（eds Houghton，J. T.，

Jenkins，G. J. & Ephraums J. J.）32941（Cambridge Univ. Press，1990）.

Riahi K，Gruebler A，Nakicenovic N. 2007. Scenarios of long-term socio-economic and environmental development under climate stabilization. Technol. Forecast. Soc. Change 74

Richard Q S. 1992. The End of Science? Attack and Defense. University press of America，Lanham，Md

Robertson J. 1983. The Sane Alternative ? A Choice of Futures（River Basin，1983）.

Rodriguez-Iturbe I（Princeton University）. 1997. Fractal River Basins—Chance and self-organization. Cambridge Univ，press：547

Rolf H R. 2008. Data assimilation methods in the Earthsciences Advances in WaterResources 31（11）

Rosenfeld A A. 1979. Endogamic incest and the victim-perpetrator model. American Journal of Disabled Children. 133：406-410.

Roy H W. Be the first to review this item Earth Science：New Methods and Studies

Sadredin C. Moosavi Minnesota State University-Mankato Earth Science Teaching Methods：Role in the Program

Schneider S H. 2001. What is dangerous climate change. Nature 411

Schwartz P. 1996. The Art of the Long View：Planning for the Future in an Uncertain World（Doubleday）

Shannon C E. 1991. The Mathematical Theory of Communication University of Illinois Press

Shannon C E. 1948. Prediction and Entropy of Printed English. Bell System Technical

Sieburg H B 1990. Physiological Studies in silico. Studies in the Sciences of Complexity，12：321-342

Smith S J，Wigley T M L. 2006. Multi-gas forcing stabilization with the MiniCAM. Multigas mitigation and climate policy. Energy J. 3（Special Issue）

Snow R S，Mayer L. 1992. Introduction，Geomorphology（Special issue on fractals in Geomorphology），5（1-2）：1-4

Sternberg R J. 1980. Sketch of a componential subtheory of human intelligence. Behavioral and Brain Sciences，3：573-584

Svedin，U，Aniansson，B. 1987. Surprising Futures：Notes From an International Workshop

Trenberth K E，Karl T R，Spence T W. 2002. The need for a systems approach to climate observations. Bull Amer Metoer Soc，83 ：1593-1602

Van Vuuren D P et al. 2008. Temperature increase of 21st century mitigation scenarios. Proc. Natl Acad. Sci. USA 105

Van Vuuren D P et al. 2008. Work plan for data exchange between the integrated assessment and climate modeling community in support of phase-0 of scenario analysis for climate change assessment（representative community pathways）. http：//www. aimes. ucar. edu/docs/RCP _ handshake. pdf

Van Vuuren D P，Eickhout B，Lucas P L. 2006. Long-term multigas scenarios to stabilise radiative forcing ? Exploring costs and benefits within an integrated assessment framework. Multigas mitigation and climate policy. Energy J. 3（Special Issue）

Van Vuuren D P，Lucas P，Hilderink H. 2007. Downscaling drivers of global environmental change. Enabling use of global SRES scenarios at the national and grid levels. Glob. Environ. Change 17：11430

Wang et al. 2009. RNA-Seq：a revolutionary tool for transcriptomics. Nat Rev Genet. Jan；10（1）：57-63. doi：10. 1038/nrg2484. Review

Weyant J et al. 1995. Climate Change 1995：Economic and Social Dimensions of Climat Change（eds：Bruce，J P，Lee H.，Haites E F）（Cambridge Univ. Press）

Weyant J et al. 2009. Report of 2. 6 versus 2. 9 Watts/m2 RCP evaluation panel http：//www. ipcc. ch/meetings/session30/inf6. pdf（31 March）

Wheeler J A. 2000. How Come the Quantum? ——The Glory and the Shame of Quantum Physics，New York Times，December 12.

Wheeler J. 1983. Quantum Theory and Measurement Princeton Univ. Press，Princeton. 1983

Wigley T M L，Richels R，Edmonds J. 2007. Human-Induced Climate Change：an Interdisciplinary Perspective（eds Schlesinger，M. et al.）842（Cambridge Univ. Press）

Winberg S. 1992. Dreams of a Final Theory. Pantheon New York

WMO，IOC ，UNEP，ICSU. 2004. Implementation Plan for the Global Observing System for Climate in Support of the UNFCCC. WMO/TD No. 1219，Geneva

WMO/UNEP/ICSU. 1986. Report of the International Conference on the Assessment of the Role of Carbon Dioxide and of other Greenhouse Gases in Climate Variations and Associated Impacts（WMO No. 661，UNESCO，Geneva）

Wolfram S. 1983. Statistical mechanics of cellular automata. Rev. Mod. Phys. 55：601-644

Wolfram S. 1986. Theory and Application of Cellular Automata. World Scientific

Wolfram，S. 1986. Cellular automton fluids1：Basic theory. Journal of statistical Physics，45（3-4）：471-526

附录：与地球科学方法有关的《标准与规范》及《数据中心及其网站》摘要

从地球科学方法的完整性来说，应该包括了有关《标准与规范》及《数据中心及其网站》，尤其对地球科学的"定量化方法"与"信息化方法"来说，《标准与规范》及《数据中心及其网站》是十分重要的内容，但是由于它的内容太多，这方面的内容又有一定的独立性，所以以"摘要"形式进行简介。

一、标准与规范

根据欧洲已经制定的《标准与规范》进行压缩修改如下。

1. 一般信息技术的标准与规范

信息技术，英文缩写为 IT。IT 由两大部分组成，即信息技术和信息，两者缺一不可。所以它既包括信息技术的标准与规范，也包括信息或数据的标准与规范，信息系统是信息技术的集成，是为某一个特定的任务而组成的有机整体，它也具有自己的标准与规范，现在把它们的主要情况介绍如下。

1) 信息技术（IT）的标准与规范体系

信息技术（IT）的标准与规范体系可以采用下页的框图表达。

2) 信息系统的标准与规范体系

它和上述信息技术（IT）的标准和规范有很多相似之处，但也存在一些区别，主要从系统的角度来讨论应有的标准与规范，主要内容有：

- 网络基础设施标准：基础通信平台标准、网络互联互通标准等；
- 技术基础标准：如信息交换平台标准、电子公文交换标准、电子记录标准、日常管理标准、共享技术标准；
- 信息或数据标准：数据库及其管理系统标准，数据编码标准；
- 信息安全标准：如加密标准、数字签名标准、身份鉴别标准、公匙基础设施标准；
- 管理标准：工程监测标准、工程验收标准、运行管理标准等；
- 应用标准：如元数据标准、代码标准；
- 信息系统本体标准：如框架标准，总体设计标准或规范、术语标准等。

3) 国外信息标准化组织及其标准与规范体系

国际组织有国际标准化组织（ISO）、国际电工委员会（IEC）、国际电信联盟（ITU）、国际 Web 联盟（WSC）、联合国行政、商品和运输业程序和惯例简化中心

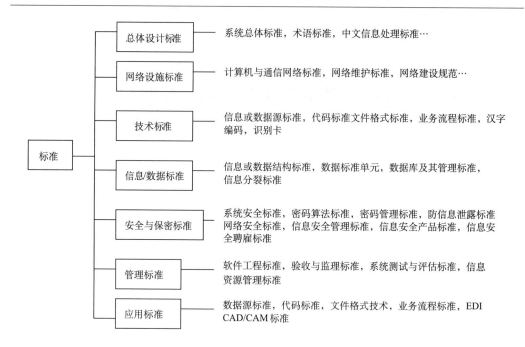

（UN、CEFACT），美国信息标准化组织（ANSI）、欧洲信息技术标准化组织（ETSI）。

在以上国际组织中与全球信息化标准有关的技术委员会有：ISO/TC211、ISO/ICE/JTCI、ISO/TC154、ISO/TC68、ISO/TC184、ISO/TC176、ISO/TC46T、IEO/TC100 等。

2. 国际标准化组织及其任务

（1）ISO/ICE/JTCI 技术委员会下设 17 个分技术委员会（SC）：
- SC2—编码字符集标准；
- SC6—远程通信与信息交换标准；
- SC7—软件与系统工程标准；
- SC11—数字数据交换标准；
- SC17—识别卡及其相关装置标准；
- SC22—程序设计语言标准；
- SC23—信息交换用光盘标准；
- SC24—计算机图形、图像处理接口标准；
- SC25—信息技术设备的互连接口的标准；
- SC27—信息技术的标准；
- SC28—办公设备的标准；
- SC29—音频、图片、多媒体和超媒体信息的编码标准；
- SC31—自动识别与数据采集技术标准；
- SC32—数据管理与交换；
- SC34—文件描述与处理语言标准；

- SC35—用户界面标准；
- SC36—学习技术标准。

ISO/TC211 技术委员会专门制定有关地理信息系统 GIS 技术，遥感技术标准的标准制定工作。ISO/TC154 技术委员会专门制定行政、商业和工业中的标准化及注册标准等。

ISO/TC68 技术委员会专门从事以下规范的制定：

- SC2—安全管理和业务程序标准；
- SC4—证券和相关金融工具标准；
- SC5—零售与金融服务标准。

ISO/TC184 技术委员会专门从事以下规范的制定：

- SC1—物理设备控制标准；
- SC4—工业数据标准；
- SC5—体系结构和通信标准。

ISO9000 技术委员会专门从事以下规范的制定：

- SC1—概念和术语标准；
- SC2—质量体系标准；
- SC3—支持技术标准。

（2）国际电信联盟（ITU）是联合国的一个机构下属的一个技术委员会（ITU-T）设有 14 个研究组（SG）承担以下规范的制定：

- SG2—网络运行规范；
- SG3—经费和结算原则；
- SG4—网络维护标准；
- SG5—电磁环境影响的防护标准；
- SG6—外线设备标准；
- SG7—数据网和开放系统通信标准；
- SG8—远程信息处理业务终端标准；
- SG9—电视和声音传输标准；
- SG10—电信应用语言和软件标准；
- SG11—信令和协议标准；
- SG12—电信网和终端的端对端传输性能标准；
- SG13—网络总体标准；
- SG15—网络传输、系统和设备标准；
- SG16—多媒体服务和系统标准。

（3）联合国行政、商业和运输业程序和惯例简化中心（UN/ECE/CEFACT）成立了 23 个工作组，负责制定适用于行政、商业和运输业的电子数据交换系列标准（UN/EDIFACT）主要有：

- D1—材料管理报文标准；
- D2—采购报文标准；

- D3—产品和质量数据文档标准；
- D4—运输报文标准；
- D5—海关报文标准；
- D6—金融报文标准；
- D7—工程和建筑报文标准；
- D8—统计报文标准；
- D9—保险报文标准；
- D10—旅游、旅行和娱乐报文标准；
- D11—保健报文标准；
- D12—行政管理和雇佣报文标准；
- D13—目录支持服务报文标准；
- D14—会计报文标准。

（4）国内信息标准化组织及其标准：国家质量技术监督局、发展与改革委员会、科技部、原信息产业部和中国人民银行等单位已经联合发布了有关标准如下：

- 《国家经济信息系统设计与应用标准化规范》；
- 《金融电子化系统标准化总体规范》；
- 《CAD 通用技术规范》；
- 《EDI 标准化技术规范》，EDI—电子数据交换；
- 《DOS 中文信息处理系统接口规范》；
- 《UNIX 中文信息处理接口规范》；
- 《国家信息化标准体系建设研究》（国家质量技术监督局）；
- 《电子商务标准化总体规范》。

与信息化有关的标准化组织有：全国信息技术标准化技术委员会、全国电子业务标准化技术委员会、全国金融标准化技术委员会、全国工业自动化标准化委员会。

3. 地理空间信息技术标准与规范

国际标准化组织（ISO）空间信息专题组（ISO/TC211）、美国联邦地理数据委员会（FGDC）、美国国家航天航空局（NASA）、全球变化数据管理国际工作组（IWGD-MGC）、加拿大一般标准委员会（CGSD）、欧洲地图事务委员会（MEGRIN）、欧洲标准化委员会（CEN）TC287 工作组（CEN/TC287），美国的 OpenGIS 协会（OGC）等组织都从事地理空间信息标准与规范的制定工作，并取得很大的成绩。

1）数据质量标准

数据质量标准是由美国联邦地理数据委员会（FGDC，1988）的空间数据质量专业委员会制定的，数据质量标准包括以下内容：

- 数据的生产过程或来源（Lineage）；
- 数据的准确性（Accuracy）：包括位置的准确性（Positional Accuracy）和属性的准确性（Attribute Accuracy）；
- 完整性（Completeness）；

- 逻辑一致性（Logical Consistency）；
- 语义准确性（Semantic Accuracy）；
- 现势性（Currency）。

2）地理空间元数据内容标准（NSDGM）

元数据（Metadata）是国际标准化局 TC211 专门委员会（ISO/TC211）于 2000 年制定的。它由以下部分组成：

- 标识信息（Identification Information），包括引用、描述、时间域、状态、空间、关键词、访问限制、用户限制、联系信息、图解浏览、数据集可信度、安全性数据集环境、相关信息基本特征等；
- 数据质量信息（Data Quality Information），同上；
- 简介空间参考信息（省、区等），直接空间参考信息、非格网点和矢量对象信息、栅格对象信息等；
- 空间参考信息（Spatial Reference Information），水平坐标系统定义、垂直坐标定义；
- 实体和属性信息（Entity and Attribute Information），包括实体和属性信息的详细描述；
- 数据分析信息（Data Distribution Information），包括分发人、资源描述、订购处理标准、顾客订单处理、技术需求、实效等；
- 元数据参考消息（Metadata Reference Information），包括元数据日期、检查日期、元数据联系、元数据标准名称、元数据标准版本、元数据时间惯例、元数据获取限制、元数据用户限制、元数据安全信息、元数据扩展信息等。

3）地理空间数据的目录交换格式

由美国国家航空航天局（NASA）和全球基化数据管理委员会国际工作组（IWGD-MGC）共同制定。

4）政府信息定位服务（GILS）标准

由美国联邦政府制定。

5）描述数字地理参考集的目录信息（DGRMI）

由加拿大一般标准委员会（CGSD）地理信息专业委员会制定。

6）空间数据标准和规范

由欧洲标准化委员会（CEN/TC287）及美国的 Open GIS Consortium（OGC）共同制定，有：

- 数据定义描述标准；
- 数据技术描述标准；
- 数据应用描述标准；
- 数据几何标准；
- 数据质量标准；
- 数据传输标准；
- 数据定位标准。

7) 遥感数据标准

包括 TM 数据标准、SPOT 数据标准、SAR 数据标准、IKONO 数据标准、NOAA 数据标准。

8) 卫星定位标准（略）

9) GIS 系统标准

除了软件标准外，还有数据标准、分类体系标准、分类代码标准、数据字典、各类数据库及管理标准、汉字与符号标准、数据处理标准、数据格式与交换标准、用户操作手册标准等。

10) 国内地理空间数据标准

• 测量与制图规范：国家测绘法、国家图形数据规范、国家基本比例尺地图分幅与编码规范、城市测绘规范等；

• 专题地图规范：国家地质图编制规范、国家土地利用图编制规范、国家森林资源图编制图规范…

• 地籍测量规范：城市地籍访查、测量细则、地籍测量规程、地籍用图规范、土地登记制度、土地权属与登记表格编制、土地登记范本。

4. 电子政务的标准与规范化体系

在《电子政务标准体系》草案中，提出了"6 个方面、22 类、363 个标准"的标准体系框架。6 个方面是：电子政务总体标准、电子政务应用业务标准、电子政务应用支持标准、网络基础设施标准、信息安全标准和电子政务管理标准。

国务院信息化工作办公室于国家标准化管理委员会联合发布了《电子政务标准化指南》。该文件共有五个部分（和一个附件），它们是：

第一部分：总则——概括描述电子政务标准体系及标准化的机制；

第二部分：工程管理——概括描述电子政务工程管理须遵循或参考的标准和管理规定；

第三部分：网络建设——概括描述网络建设须遵循或参考的技术要求、标准和管理规定；

第四部分：信息共享——概括描述信息共享须遵循或参考的技术要求、标准和管理规定；

第五部分：支撑技术——概括描述支撑技术须遵循或参考的技术要求、标准和管理规定；

第六部分：信息安全——概括描述保障信息安全须遵循或参考的技术要求、标准和管理规定。

《电子政务标准化指南》实际上既是电子政务建设的基础框架的核心部分，又是它的标准与规范和管理依据，更重要的是管理标准。人们可以依据《电子政务标准化指南》检查每一个部门或城市的电子政务建设是否符合国家标准。只有按统一的国家标准、规定进行建设，才能确保信息和系统资源共享和畅通。各部门、各地方、各城市的电子政务建设是否合格，要以《电子政务标准化指南》作为依据对电子政务建设进行审核，也就是把它作为国家唯一的标准进行管理。

《电子政务标准化指南》所包括的标准体系分为 5 个方面共计 344 条标准。

另外还有与地球方法有关的《国家标准》、《行业标准》的内容实在太多，只能放弃介绍，不过内容与上述相似，可以省略。

二、世界数据中心（WDC）及其网址

1. 世界数据中心 A（WDC-A）

WDC-A 设在美国，由一个协调办公室和 13 个科学中心组成，协调中心设在美国科学院。

1）冰川学（雪与冰）中心（World Data Center-A for Glaciology）

地址：WDC-A for Glociology（Snow&Ice），CIRES（Cooperative Institute for Research in Environmental Sciences）（环境科学合作研究所）University of Colorado（科罗拉多大学）Borlder（博尔德市），Colorado（科罗拉多），80309-0449，USA（美国）

电话：+1 303 492-5171

传真：+1 303 492-2468

E-mail：rdarry@hryos. colorado. edu

2）大气微量气体中心（World Data Center-A for Atmospheric Trace Gases）

地址：WDC-A for Atmospheric Trace Gases Carbon Dioxide Information Analysis Center（二氧化碳信息分析中心）Oak Ridge National Laboratory（橡树岭国家实验室）Oak Ridge（橡树岭），TN（田纳西州）37831-6335，USA

电话：+1 615 574-0390

传真：+1 615 574-2232

E-mail：cdp@ornl. gov

3）海洋地质学与地球物理学中心（WDC-A for Marine Geology and Geophysics）

地址：WDC-A for Marine Geology and Geophysics NOAA code E/GC3　325 Broadway（百老汇大街）Boulder（博尔德），Colorado（科罗拉多）80303，USA

电话：+1 303 497-6487

电传：+1 23 7401070 WDCA

E-mail：msl@mail. ngdc. noaa. gov

4）气象学中心（WDC-A for Meteorology）

地址：WDC-A for Meteorolgy National Climatic Data Center（国家气候数据中心）Federal Building（联邦大厦）Asheville（阿什维尔），North Carolina（北卡罗州）28801，USA

电话：+1 704 271-4682

传真：+1 704 271-4246

E-mail：wdca@ncdc. noaa. gov

5）日地物理学中心（WDC-A for Solar-Terrestrial Physics）

地址：WDC-A for Solar Terrestrial Physics NOAA Code E/GC2 325 Broadway（百老汇大街）Boulder（博尔德），Colorado（科罗拉多），80303，USA

电话：＋1 303 497-6323

E-mail：jallen@selvax. sel. bldrdoc. gov

6）地震学中心（WDC-A for Seismology）

地址：WDC-A for Seismology, National Earthquake Information Center（NEIC）U. S. Geological Survey（美国地质调查局）P. O. Box 25046 Denver（丹佛），Colorado（科罗拉多）80225，USA

电话：＋1 303 273-8500

传真：＋1 303 273-8450

E-mail：quake@gldfs. cr. usgs. gov

7）环境中人类的相互作用中心（World Data Center-A for Human Interactions in the Environment）

地址：CIESIN 2250 Pierce Road University Center，MI（密歇根）48710，USA

电话：＋1 517 7972727

传真：＋1 517 7972622

E-mail：ciesin. info@ciesin. org

8）海洋学中心 WDC-A for Oceanography

地址：Washington DC，NOAA

电话 301-713-3295

Fax：301-713-3303

E-mail：NODC. wdc@noaa. gov

9）遥感陆地数据中心 WDC-A for Remotely Sensed Land Data

地址：WDC-A for Remotely Sensed Land Data U. S. Geological Survey（美国地质调查局）EROS Data Center Sioux Falls（苏福尔斯），South Dakota 57198，USA

电话：＋1 605 594-6151

传真：＋1 605 594-6589

E-mail：eros@erosa. cr. usgs. gov

10）火箭与卫星中心 . WDC-A for Rockets and Satellites

地址：Maryloand 20771. US. MASA. Goddard cent

通信：＋1301 286-6695，（FAX）＋1301286-4952

E-mail：reguest@nssdca. gsfc. nasa. gov

11）固体地球物理学中心（WDC-A for Solid Earth Geophysics）

地址：WDC-A for Solid Earth Geophysics NOAA Code E/GC1 325 Broadway（百老汇道）Boulder（博尔德），Colorado（科罗拉多）80303，USA

电话：＋1 303 497-6521

传真：＋1 303 497-6513

E-mail：wdcaseg@ngdc. noaa. gov

12）古气候学中心（WDC-a for Paleoclimatology）

地址：WDC-A for Paleoclimatology NOAA code E/GC3 325 Broadway（百老汇大街）Boulder（博尔德），Colorado（科罗拉多州）80303，USA

电话：+1 303 497-6227

传真：+1 303 497-6513

E-mail：paleo@ngdc. noaa. gov

2. 世界数据中心 B（WDC-B）

WDC-B 设在俄国，由四部分组成：

1）日地物理学中心 World Data Center B for Solar Terrestrial Physics

地址：Moscow 117296

通信：+7095 930-5619，（FAX）+7095 930-5559

E-mail：kharin@wdcb. rssi. ru

2）海洋地质与地球物理学中心 WDC-B for Marine Geology and Geophysics

地址：GELEDZHIK

通信：电话+786 141 24582，（FAX）+786 14124491

E-mail：postmaster@cmgd. kaban. su

3）海洋学中心（WDC-B）

地址：Kaliga. reg 249020. RU

通信：电话+70843925，（FAX）7085

E-mail：wdcb@storm. iasner. com

4）气象学、火箭与卫星、地球自转中心（WDC-B for）

地址：Kaliga. reg 249020. RU

通信：电话+70843925，（FAX）7095255-2225

E-mail：wdcb@storm. iasner. com

3. 世界数据中心 C（WDC-C）

分为欧洲（WDC-C1）与日本、印度（WDC-C2）

1）欧洲世界数据中心 C1

- 冰川学中心（英国剑桥）；
- 地球潮汐中心（布鲁塞尔）；
- 地球学中心（哥本哈根，爱丁堡，UKGS；
- 近期地壳运动中心（布拉格）；
- 日地物理学中心（巴黎）；
- 太阳黑子人才济济数据中心（布鲁塞尔）；
- 土壤地理中心（荷兰）。

2）日本世界数据中心 C2
- 气辉中心（东京，天文台）；
- 极光中心；
- 宇宙射线中心（名古屋大学）；
- 地磁学中心（京都大学）；
- 电离层中心（东京，无线电研究室）；
- 核辐射中心（东京气厅）；
- 太阳射电辐射中心（名古屋大学）；
- 日地活动性中心（东京空间与宇航研究所）。

3）印度世界数据中心 C2 为地磁学中心（孟买）

4. 世界数据中心 D（WDC-D）

主要集中在中国（1988），包括：
- 冰川（雪、冰）冻土学中心（WDC-D1）；
- 可再生资源与环境科学中心（EDC-D2）；
- 天文学中心（EDC-D3）；
- 气象学中心（EDC-D4）；
- 地质学中心（EDC-D5）；
- 地球物理学中心（EDC-D6）；
- 空间科学中心（EDC-D7）；
- 海洋科学中心（EDC-D8）；
- 地质学中心（EDC-D9）；

5. 其他世界数据中心

国际科学联合会理事会（ICSU）的国际数据中心有三个独立的数据机构；世界数据中心（WDC）、科学与技术数据委员会（CODATA）和天文与地球物理服务联合会（AGS）等数据中心，包括：
- 天文与地球物理服务联合会（FAGS）；
- 国际重力测量局数据中心；
- Donnes 恒星中心；
- 国际地球潮汐中心；
- 国际地球自转服务中心；
- 国际无线电科学计划和世界日期拂去中心；
- 国际无线电联合会；
- 平均海平面常设服务中心；
- 太阳活动季度报告中心；
- 世界冰川监测服务中心；
- 国际天文联合会（IAU）；

- 国际大地测量与地球物理学协会（IUGG）；
- 国际大地测量协会；
- 国际地震和地球内部物理学协会；
- 国际火山和地球内部化学协会；
- 国际地磁和星体大气物理协会；
- 国际气象和大气科学协会；
- 国际水文学协会；
- 国际海洋物理协会；
- 地震学研究联合会（IRIS）；
- 全球地震台网（GSN）；
- 大陆岩石圈地震台阵研究计划；
- 联合会地震研究计划（JSRP）；
- 地震数据管理系统（DMS）。

六大数据集：

（1）GHCN—the Global Historical Climate Network，全球历史气候网站。

（2）USHCN—US Historieal Climate Network Stations，美国历史气候网站。它连接 1221 个数据站的数据，包括 120 年来的数据。

（3）GISS—NASA'S Goddard Institute for Space Studies，歌达德空间研究所网站。

（4）HadCRUT3—East Anglia，大学气候研究室网站。

（5）UAH satellite—the Univ of Alabama Huntsville，阿尔巴马大学气象卫星数据网站。

（6）RSS statellite—遥感系统卫星网站，设在加利福尼亚 Santa Rosa 包括陆地海洋卫星数据在内。

　　另外还有很多部门的专业数据中心，如学校的数据中心及其网址等，由于本书篇幅有限，不再做介绍。